Von Witzenhausen in die Welt

Karsten Linne

Von Witzenhausen in die Welt

Ausbildung und Arbeit von Tropenlandwirten 1898 bis 1971

Wallstein Verlag

Gedruckt mit freundlicher Unterstützung der
Hamburger Stiftung zur Förderung von Wissenschaft und Kultur

Bibliografische Information der Deutschen Nationalbibliothek
Die Deutsche Nationalbibliothek verzeichnet diese Publikation in der Deutschen Nationalbibliografie; detaillierte bibliografische Daten sind im Internet über http://dnb.d-nb.de abrufbar.

www.wallstein-verlag.de
Vom Verlag gesetzt aus der Stempel Garamond und der Thesis
Umschlaggestaltung: Susanne Gerhards, SG Images, Düsseldorf
unter Verwendung von: »Deutsche Kolonialschule Witzenhausen, Wanderungsziele 1899-1914« und »Deutsche Kolonialschule Witzenhausen, Wanderungsziele 1919-Juli 1933« (beide aus dem Archiv des DITSL)
Druck und Verarbeitung: Hubert & Co, Göttingen
ISBN 978-3-8353-3158-7

Inhalt

I. Einleitung

Witzenhausen? Als ich Freunden und Bekannten von meinem Thema erzählte, stieß ich meistens auf Unkenntnis, wenn ich den Namen dieser Stadt erwähnte. Das ist wohl eine generalisierbare Erfahrung: In Deutschland ist Witzenhausen relativ unbekannt. Im Ausland sieht es nach Aussagen weitgereister Experten der Entwicklungszusammenarbeit ganz anders aus. Vor allem in den tropischen und subtropischen Ländern der sogenannten Dritten Welt ist der Name bestens bekannt, hat seit langer Zeit einen guten Klang.[1] Denn in der zwischen Kassel und Göttingen gelegenen nordhessischen Stadt wurden seit 1899 Landwirte für die Tropen und Subtropen ausgebildet, die zu einem großen Teil nach ihrer Ausbildung im Ausland arbeiteten. Das entsprach dem vorrangigen Ziel der Ausbildungsinstitution, der damaligen Deutschen Kolonialschule (DKS). Sie setzte ihre Tätigkeit bis 1943 fort; nach dem Zweiten Weltkrieg ruhte der Betrieb zunächst bis 1957. Nachfolgeinstitution war die Lehranstalt für tropische und subtropische Landwirtschaft, die 1966 in eine Ingenieurschule umgewandelt wurde. Diese ging dann 1971 als Organisationseinheit Internationale Agrarwirtschaft in die neugegründete Gesamthochschule Kassel ein. Damit verlor die Schule ihren eigenständigen Charakter, deshalb, und aus Quellengründen, endet hier meine Untersuchung. Heute bildet die damalige Organisationseinheit – nach einigen Umstrukturierungen und Umbenennungen – den Fachbereich 11 Ökologische Agrarwissenschaften der Universität Kassel. Damit einher ging, wie der Name schon andeutet, eine Neuorientierung des Ausbildungsziels. Das Studium für Landwirte, die nach wie vor in tropische und subtropische Länder gehen wollen, spielt nur noch eine untergeordnete Rolle; die Studierenden können aber immer noch einen Master-Abschluss in Sustainable International Agriculture und in International Food Business and Consumer Studies machen und im Rahmen des Studiums der Ökologischen Agrarwissenschaften bestimmte, auf das Ausland ausgerichtete Module zur Vertiefung ihres Studiums wählen.

1 Vgl. bspw. die Aussage des Absolventen und späteren Göttinger Professors Klaus Becker: »Wohin man auch auf anderen Kontinenten kommt – Witzenhausen ist ein Begriff.« Zit. nach: Tropenschüler auf jedem Fest dabei, in: Hessische Niedersächsische Allgemeine vom 16.6.1980.

Hier soll die Geschichte dieser Ausbildungsinstitution im weiteren Sinne von ihrer Gründung 1898 bis zum Ende ihrer Selbständigkeit im Jahre 1971 mit ihren Brüchen und Kontinuitäten nachgezeichnet, also eine diachrone Betrachtungsweise gewählt werden. Im Vordergrund stehen dabei drei Komplexe: die Organisationsentwicklung, die Schüler bzw. Studierenden und das Schicksal der Absolventen, also ihr weiterer Lebens- und Berufsweg.

Das scheint auf den ersten Blick zunächst klassische deutsche Schulgeschichte zu sein, bezogen auf eine spezielle Ausbildungsstätte. Bei dem vergleichsweise langen Betrachtungszeitraum wird aber rasch deutlich, dass man es mit der allgemeinen deutschen Geschichte im »kurzen« 20. Jahrhundert »in einer Nussschale« zu tun hat.[2] Alle wichtigen Zäsuren dieser Zeit hatten gravierende Auswirkungen auf die Schule und spiegelten sich in ihrer Entwicklung wider: die Systemumbrüche 1918, 1933 und 1945 sowie die beiden Weltkriege, aber auch die Inflation 1923 und die Weltwirtschaftskrise 1929/30.[3]

Bei einer Schule, deren Absolventen zum größten Teil in das Ausland gegangen sind, kann es allerdings keine Beschränkung auf die nationale Geschichte geben. Unter diesem Blickwinkel betrachtet, handelt es sich um eine Verflechtungsgeschichte, und zwar – auch wenn das ein wenig übertrieben klingen mag – fast mit der ganzen Welt.

Das Projekt geht auf die gemeinsame Idee der Medizinhistorikerin Marion Hulverscheidt und Christian Hülsebusch, dem jetzigen Leiter des Deutschen Instituts für Tropische und Subtropische Landwirtschaft (DITSL), zurück, der über den Schatz von etwas mehr als 3.000 Schülerakten verfügt. Beide waren der Meinung, dieser sollte für die Forschung entdeckt und genutzt werden. Frühe Unterstützung für das Projekt gab es durch Dirk van Laak von der Universität Gießen. Dieser Ausgangslage entsprechend, richtet sich mein Blick in erster Linie auf die Schüler und Absolventen der jeweiligen Lehreinrichtung, ist also akteurszentriert.

Der Titel meiner Arbeit ist, wie ich gestehen muss, keine eigene Erfindung. Er wurde, wenn ich es recht sehe, zum ersten Mal für einen Zeitungsartikel aus

2 So hieß es z.B. im Rechenschaftsbericht für das Jahr 1923/24: Die Schule sei »nun einmal ein deutscher Mikrokosmos, der im Kleinen die Zustände des großen Vaterlandes« abbilde. Vgl. Rechenschaftsbericht der DKS über das sechsundzwanzigste Betriebsjahr (vom 1. April 1923 bis 31. März 1924), in: BAB, R 2301, Nr. 6840, Bl. 109-118, hier Bl. 110 RS (Zitat ebd.).

3 Relativierend muss ich hinzufügen, dass die herrschende geschichtswissenschaftliche Auffassung nicht von einer umfassenden, sondern nur von einer sektoralen Geltung von Zäsuren ausgeht. Sie sind in der Regel ereignisgeschichtlich begrenzt, schlagen nicht zwingend auf die Ebene des menschlichen Lebens durch; historische Zäsuren sind mit biografischen nicht immer deckungsgleich. Vgl. Martin Sabrow, Deutungszäsur und Erfahrungszäsur, in: ders., Zeitgeschichte schreiben. Von der Verständigung über die Vergangenheit in der Gegenwart, Göttingen 2014, S. 160-177.

dem Jahr 1963 benutzt, später dann erneut für einen Bericht über die Verabschiedung Witzenhäuser Absolventen 2009.[4] »Von Witzenhausen in die Welt« erschien mir aber als Ausdruck der eigenen Intentionen sehr geeignet zu sein, da ich mich primär mit den in das Ausland gegangenen Absolventen beschäftige und nicht zuletzt auch deswegen, weil darin prototypisch die Verbindung der lokalen Entwicklung mit der globalen zum Ausdruck kommt.

Roland Robertson hat die Notwendigkeit betont, dem auch hier angemessenen Begriff der »Glokalisierung« einen festen Platz in der Sozialtheorie einzuräumen. Globalisierung erschöpft sich für ihn nicht darin, sich lediglich über das Lokale hinwegzusetzen. Vielmehr werde das Lokale zu einem großen Maß auf trans- oder super-lokaler Ebene gestaltet, auf der anderen Seite finde sich vieles Lokale im Globalen wieder. Insofern gebe es vielschichtige Beziehungen zwischen beiden Ebenen, handele es sich um eine »Gleichzeitigkeit und wechselseitige Durchdringung dessen, was traditionellerweise als das Globale und das Lokale« bezeichnet wurde.[5]

Die Arbeit ist in fünf größere Kapitel aufgeteilt, die der traditionellen Periodisierung folgen: Kaiserreich, Weimarer Republik, Drittes Reich, Bundesrepublik Deutschland und hier noch einmal unterteilt in die zwei unterschiedlichen Schulen. Abgerundet wird die Betrachtung durch einen Ausblick auf die Zeit ab 1971. In den fünf Oberkapiteln gibt es jeweils eine Unterteilung in drei Unterkapitel, zur Schule, zu den Schülern und zu den Absolventen.

Für die Zeit ab 1957 habe ich mich bei den Absolventen auf die stetig wachsende Gruppe derer konzentriert, die in die damals sogenannte Entwicklungshilfe gingen. Zum einen, weil sie zahlenmäßig bald dominierten und zum anderen, weil man bei ihnen und ihrer Tätigkeit am ehesten eine Fortsetzung des zuvor angestrebten »Kulturpioniers« sehen kann, in welcher gewandelten und gebrochenen Form auch immer.

Die gewählten Beispiele beziehen sich, entsprechend der Überlieferung, überwiegend auf Afrika – solche aus Asien und Lateinamerika tauchen nur sporadisch auf. Das gilt für die Kolonialzeit, aber auch für die Zeit nach 1945. Der

4 Vgl. Von Witzenhausen in die Welt, in: Werra-Rundschau vom 5.6.1963, zit. nach: AD, Akte Zeitungsausschnitte über die Lehranstalt; Eberhard Klinge/Klaus Th. Kroeschell, Von Witzenhausen in die Welt. Die Hochschule verabschiedet ihre Absolventen, in: Uu, Nr. 81 vom Juni 2009, S. 17.

5 Vgl. Roland Robertson, Glokalisierung: Homogenität und Heterogenität in Raum und Zeit, in: Ulrich Beck (Hg.), Perspektiven der Weltgesellschaft, Frankfurt a.M. 1998, S. 192-220 (Zitat S. 201); Zygmunt Bauman, Glokalisierung oder Was für die einen Globalisierung ist, ist für die anderen Lokalisierung, in: Das Argument, Nr. 217 (1996), S. 653-664; Angelika Epple, ›Global History‹ und ›Area History‹. Plädoyer für eine weltgeschichtliche Perspektivierung des Lokalen, in: Birgit Schäbler (Hg.), Area Studies und die Welt. Weltregionen und die neue Globalgeschichte, Wien 2007, S. 90-116.

quantitative Aspekt der Auswanderung von Witzenhäuser Absolventen bzw. ihrer Tätigkeit in Afrika scheint dabei wohl nur ein Grund gewesen zu sein, daneben übte der Kontinent offensichtlich eine stärkere Faszination aus, vielleicht bedingt durch eine vergleichsweise größere Fremdheit sowie seine stärker wirksame Rolle als Fantasieraum und Projektionsfläche.

Es mag manchen irritieren – gerade in unserer gender-beseelten Zeit –, dass Frauen als Schülerinnen oder Studierende nicht als eine gesonderte Gruppe thematisiert werden, obwohl es zweifellos Schülerinnen und Studentinnen an den Ausbildungseinrichtungen in Witzenhausen bis 1971 gab. Das hat Gründe: Ich habe die kurze Zeit der Frauenkolonialschule von 1908 bis 1910 nicht berücksichtigt, weil sie nicht in einem unmittelbaren Verhältnis zur DKS stand, und es mir auch nicht um eine möglichst lückenlose Schulgeschichte ging. Die Frauen, die danach die DKS besuchten, stellten quantitativ keine relevante Größe dar; während des Dritten Reichs gab es gar keine. Sowohl in der Lehranstalt als auch in der Ingenieurschule spielten sie zahlenmäßig ebenfalls keine große Rolle.[6]

Zum Schluss noch eine kurze Bemerkung: Da ich weiß, wie politisch umstritten das Thema – besonders bei den mit den Witzenhäuser Ausbildungsinstitutionen näher Verbundenen – ist, hatte ich ursprünglich geplant, ein Kapitel zum Umgang mit der Vergangenheit anzufügen. Dieses hätte nach reiflicher Überlegung den Rahmen gesprengt. Ich hoffe, dass meine eigene Haltung zum Kolonialismus und zum Nationalsozialismus auch so deutlich genug wird. »Heute sind wir alle mehr oder weniger ›postkolonial‹«, merkt Wolfgang Reinhard etwas süffisant an, der, ebenso wie ich, für einen nüchternen und sachlichen Blick auf den Kolonialismus plädiert.[7] Eine kritische Aufarbeitung ist notwendig und geboten,

6 Vgl. zur Frauenkolonialschule Witzenhausen: Friederike Szamborzki, Projekt gescheitert, in: Hessische Niedersächsische Allgemeine vom 7.5.2012; Mechtild Rommel/Hulda Rautenberg, Die Kolonial-Frauenschulen in Witzenhausen/Werra von 1908-1910 und in Bad Weilbach von 1911-1914, in: Die Kolonialen Frauenschulen 1908-1945 (Der Tropenlandwirt. Zeitschrift für die Landwirtschaft in den Tropen und Subtropen, Beiheft Nr. 16), Witzenhausen 1983, S. 6-28; Eckhard Baum, Daheim und überm Meer. Von der Deutschen Kolonialschule zum Deutschen Institut für Tropische und Subtropische Landwirtschaft in Witzenhausen, Witzenhausen 1997, S. 35ff.; Dörte Lerp, Zwischen Bevölkerungspolitik und Frauenbildung. Die Kolonialfrauenschulen in Witzenhausen und Bad Weilbach, in: Marianne Bechhaus-Gerst/Mechtild Leutner (Hg.), Frauen in den deutschen Kolonien, Berlin 2009, S. 32-39. Zu den Frauen an der DKS vgl.: Friederike Szamborzki, »Scheue mich vor keiner Arbeit« (über die erste Absolventin der DKS, Ingeburg Fick), in: Hessische Niedersächsische Allgemeine vom 7.5.2012. Nach meinen Berechnungen befanden sich in dem Zeitraum bis 1971 insgesamt 18 Frauen in den jeweiligen Ausbildungsstätten.

7 Vgl. Wolfgang Reinhard, Kolonialgeschichtliche Probleme und kolonialhistorische Konzepte, in: Jörg Leonhard/Rolf G. Renner (Hg.), Koloniale Vergangenheiten – (post-)imperiale Gegenwart, Berlin 2010, S. 25-41, hier S. 25 (Zitat ebd.).

eine nachträgliche moralische Distanzierung wohlfeil. Gleiches gilt aus meiner Sicht in modifizierter Form auch für den Nationalsozialismus.

Fragestellungen

Grob skizziert, versuche ich anhand des Materials drei Fragen zu beantworten, die sich allerdings jeweils in einen Katalog von Unterfragen auffächern: Wie entwickelte sich die Schule als Organisation? Das bezieht sich zum Beispiel auf ihre institutionelle Entwicklung, ihre Leitung, Lehrkräfte, Lehrinhalte und curriculare Spezifika, ihre Leitbilder, aber auch auf ihr Image und ihre Bedeutung. Also, wie entstand und entwickelte sich koloniale Expertise im Feld der Tropenlandwirtschaft? Wie waren die Aufnahmebedingungen für die Schüler, wie ihre Berufsaussichten? Ferner drängt sich hier die Frage nach dem Einfluss der Politik auf: Wie passte sich die Schule an sich verändernde nationale und internationale Bedingungen an?

Der zweite Komplex ist den Schülern bzw. Studierenden gewidmet: Wer waren sie, wo kamen sie her, wie war ihr sozialer und bildungsmäßiger Background? Wandelte sich ihre Struktur? Gab es Gemeinsamkeiten in der Motivation und bei den Charakteren, die sich für die Witzenhäuser Ausbildungsinstitutionen entschieden? Wie entwickelte sich das alltägliche Zusammenleben in der Schule, welche Konflikte gab es? Vor allem auch: Welche Einstellungen und Werte wurden den Schülern im Unterricht und im Alltagsleben vermittelt?

Die dritte Frage widmet sich den Absolventen: Wie verliefen ihre späteren Lebens- und Berufswege? Also, kurzum: Was machten sie aus dem, was sie auf der Schule gelernt hatten? Gab es einen Wandel der Auswanderungsziele und Betätigungsfelder? Welche Erfahrungen machten sie, wie verhielten sie sich im Ausland? Entwickelten die Absolventen einen Korpsgeist, bauten sie personale Netzwerke auf?

Darin kann man gleichzeitig insgesamt den Versuch sehen, die Tropenlandwirtschaft und ihre Praktiker nicht einfach als neutrale Beobachter zu sehen, sondern als Teil der Geschichte, sie also selbst zum Forschungsgegenstand zu machen und in den jeweiligen historischen Kontext einzubinden.[8]

Diese Herangehensweise impliziert, dass sich ebenfalls Fragen nach Kontinuitäten und Brüchen in der Entwicklung der Schule, ihrer organisatorischen Form und der vermittelten Inhalte stellen. Konkreter also beispielsweise danach, wie sich die Schule an unterschiedliche politische Systeme angepasst hat. Wie beein-

8 Vgl. Frederick Cooper, Kolonialismus denken. Konzepte und Theorien in kritischer Perspektive, Frankfurt a.M. 2012, S. 92.

flusste die durch den Verlust der deutschen Kolonien im Ersten Weltkrieg, das Niederlassungsverbot für Deutsche, die spätere Dekolonisation etc. jeweils geprägte Situation in den potenziellen Zielländern der Absolventen Schule, Schüler und eben Absolventen selbst?[9] Birthe Kundrus und Sybille Steinbacher merken zu Recht an, dass der Begriff »Kontinuität« bislang seltsam unreflektiert geblieben sei. Einerseits scheint er allgegenwärtig, wird aber häufig als selbsterklärend vorausgesetzt. Andererseits besteht kaum Übereinstimmung, was er eigentlich meint. Man kann, ohne den Begriff ganz aufzugeben, mit Thomas Nipperdey von einer »Vielfalt von Kontinuitäten und Diskontinuitäten« ausgehen.[10]

Genauso ist die Frage in Bezug auf den Wandel vom »Kulturpionier« zum Experten der Entwicklungszusammenarbeit zu stellen. Die Schule hat zu allen Zeiten ihres Bestehens ihr Wirken nicht allein in der Wissensvermittlung erschöpft gesehen, sondern wollte ebenso Haltungen, einen gewissen Habitus prägen. Gab es dabei Kontinuitäten, oder wechselten Rollenverständnis, Mentalitäten etc.? Wie wurden die kolonialen Wissensbestände und kolonialen Kompetenzen transformiert? Wie wirkte sich die Umwandlung des Kolonial- in den Entwicklungsdiskurs auf Schule, Schüler und Absolventen aus, wie begleiteten sie ihn? Walter K.H. Hoffmann hat zu diesem Themenkomplex die zu prüfende These aufgestellt: »Die Anforderungsprofile und Funktionen des Kolonialexperten und des heutigen Experten sowie die Inhalte und Formen der Expertenausbildung in kolonialer und postkolonialer Zeit sind weitgehend gleich.«[11]

Hinsichtlich der Entwicklung der Ausbildungsstätte wird rasch deutlich, dass sich einige Problembereiche durch die geschichtliche Entwicklung wie rote Fäden hindurchzogen: Ein dauerhaftes und immer umstrittenes Thema blieb das quantitative Verhältnis von Theorie- und Praxisanteilen im Unterricht, woran sich häufig Konflikte entzündeten. Gleiches galt für die lange Zeit ungeklärte Frage nach dem Charakter der Anstalt als einer Fachschule oder einer Universi-

9 Bezogen auf das verwandte Gebiet der Agrarwissenschaften hat sich Frank Uekötter mit Zäsuren beschäftigt. Vgl. ders., Ist der Gigant zäsurfähig? Zur Problematik von Wendepunkten in den Agrarwissenschaften, in: Rüdiger vom Bruch/Uta Gerhardt/Aleksandra Pawliczek (Hg.), Kontinuitäten und Diskontinuitäten in der Wissenschaftsgeschichte des 20. Jahrhunderts, Stuttgart 2006, S. 281-290.

10 Vgl. Birthe Kundrus/Sybille Steinbacher, Einleitung, in: dies. (Hg.), Kontinuitäten und Diskontinuitäten. Der Nationalsozialismus in der Geschichte des 20. Jahrhunderts (Beiträge zur Geschichte des Nationalsozialismus, Bd. 29), Göttingen 2013, S. 9-29, hier S. 12; Thomas Nipperdey, Deutsche Geschichte 1866-1918, Bd. II: Machtstaat vor der Demokratie, München 2013 (zuerst 1992), S. 880.

11 Walter K.H. Hoffmann, Vom Kolonialexperten zum Experten der Entwicklungszusammenarbeit. Acht Fallstudien zur Geschichte der Ausbildung von Fachkräften für Übersee in Deutschland und in der Schweiz, Saarbrücken/Fort Lauderdale 1980, S. 2.

tät. Verwandt damit war ferner die strittige Bewertung bzw. Anerkennung des jeweiligen Abschlusses.

Forschungsstand und Quellen

Mittlerweile existiert eine recht breite und umfangreiche, vor allem sehr hilfreiche Sekundärliteratur zu den Ausbildungseinrichtungen in Witzenhausen. Insbesondere zur institutionellen Entwicklung gibt es eine Reihe von Arbeiten, neben einer solchen zur Frühgeschichte der DKS von Jens Böhlke,[12] ist hier vor allem das Buch von Eckhard Baum zu nennen, das zum hundertjährigen Jubiläum der Gründung erschien.[13] Mit Peter Wolff widmet sich ein Absolvent der Lehranstalt und späterer Professor am Fachbereich seit langer Zeit sehr intensiv der Geschichte der Schule.[14] Seit einigen Jahren wuchs auch die Zahl der Qualifikationsarbeiten, die sich mit unterschiedlichen Aspekten der Schulgeschichte

12 Vgl. Jens Böhlke, Zur Geschichte der Deutschen Kolonialschule in Witzenhausen. Aspekte ihres Entstehens und Wirkens, Witzenhausen 1995.

13 Vgl. Baum, Daheim.

14 Vgl. Peter Wolff, 85 Jahre tropenlandwirtschaftliche Ausbildung in Witzenhausen, in: ders. (Hg.), Witzenhausen – 85 Jahre im Dienste der Agrarentwicklung in den Tropen und Subtropen (Der Tropenlandwirt, Beiheft Nr. 18), Witzenhausen 1983, S. 7-113; Die Lehranstalt für tropische und subtropische Landwirtschaft in Witzenhausen – ein Rückblick, in: Der Tropenlandwirt, 84 (1983), S. 228-240; Deutsche Ingenieurschule für Tropenlandwirtschaft in Witzenhausen – ein Rückblick (Der Tropenlandwirt, Beiheft Nr. 21), Witzenhausen 1984; Zur Geschichte der tropenlandwirtschaftlichen Ausbildung in Deutschland, Teil 1: Ausbildungsstätten in der Kolonialzeit, in: Der Tropenlandwirt, 90 (1989) 2, S. 111-126; Zur Geschichte der tropenlandwirtschaftlichen Ausbildung in Deutschland, Teil 2: Der Zeitraum zwischen den beiden Weltkriegen, in: Der Tropenlandwirt, 91 (1990) 2, S. 165-175; Tropenlandwirtschaftliche Ausbildungsstätten in Witzenhausen (Arbeiten und Berichte Nr. 26, Universität Kassel, Fachbereich 21), Witzenhausen 1990; 100 Jahre tropenlandwirtschaftliche Ausbildung in Deutschland (Arbeiten und Berichte Nr. 46, Universität Kassel, Fachbereich 11), Witzenhausen 1998; zus. mit Marina Hethke und Karl Hammer, 100 Jahre Gewächshäuser für tropische Nutzpflanzen in Witzenhausen. Von der kolonialen Pflanzensammlung zur Forschungs- und Bildungseinrichtung, Witzenhausen 2002; Von der Deutschen Kolonialschule Witzenhausen zum Fachbereich Ökologische Agrarwissenschaften der Universität Kassel, in: Jacob Maurer (Hg.), Witzenhausen im Werraland. Persönlichkeiten, Geschichte, Naturkunde, Witzenhausen 2008, S. 318-338.

beschäftigten.[15] Daneben gibt es einige kürzere Artikel zum Thema, unter anderem von Esaïe Djomo, Torben Gülstorff, dem Verfasser und zuletzt von Willeke Sandler.[16] Mit der Geschichte der Kolonialschule beschäftigt sich auch das Material zu dem Film »Der Weg in die Welt«, der 1937 gedreht wurde.[17] Eine Arbeit soll noch besonders erwähnt werden, da sie in ihrer grundsätzlichen Intention in eine ähnliche Richtung wie die vorliegende geht: Walter K.H. Hoffmann nahm in seinem Buch »Vom Kolonialexperten zum Experten der Entwicklungszusammenarbeit« von 1980 die Kolonialschule in Witzenhausen und ihre Nach-

15 Vgl. Elke Pryswitt, Die Funktion der Deutschen Kolonialschule in Witzenhausen (1898-1943) bei der Auswanderung nach Übersee, Mag.-Arbeit Universität Göttingen 1993; Christina Amthor, Zwischen Reform und Revisionismus. Die Deutsche Kolonialschule Wilhelmshof in Witzenhausen an der Werra und ihre Entwicklung bis zum Ende des Ersten Weltkriegs, Wissenschaftliche Hausarbeit zur Ersten Staatsprüfung für das Lehramt an Gymnasien im Fach Geschichte, Universität Jena 2007; Maren Hennemuth, Tropenlandwirtschaftliche Ausbildung in Witzenhausen. Der Wandel von der Kolonialschule zur Lehranstalt für tropische und subtropische Landwirtschaft 1938-1964, Mag.-Arbeit Universität Gießen 2011; Christina Wieditz, Gründung und Anfänge der Deutschen Kolonialschule in Witzenhausen: Agrarwissenschaftliche Ausbildung zwischen nationalen und religiösen Ideen und Motiven, Wissenschaftliche Hausarbeit zur Ersten Staatsprüfung für das Lehramt an Gymnasien im Fach Geschichte, Universität Kassel 2013; Melanie Sing, Charles, woher hast du diesen Dolch? Das ›Völkerkundliche Museum Witzenhausen‹ – Entwicklung einer postkolonialen Ausstellungsstrategie, Mag.-Arbeit Universität Oldenburg 2014.

16 Vgl. Esaïe Djomo, Eine Bildungsstätte für Kulturpioniere ohne Betätigungsfeld: Die Deutsche Kolonialschule zu Witzenhausen an der Werra in der Weimarer Republik in: Sven Halse (Hg.), Worte, Blicke, Träume. Beiträge zum deutschen Kolonialismus in Literatur und Ausbildung, Kopenhagen u.a. 2007, S. 165-186; Torben Gülstorff, Vom Wilhelmshof in die Fremde. Einblicke in die Lehre vom Eigenen und Fremden an der Kolonialschule Witzenhausen. Ansätze eines interkulturellen Lernens?, in: Öt Kontinens, 2011, S. 395-412; Karsten Linne, Witzenhausen: »Mit Gott, für Deutschlands Ehr, Daheim und überm Meer«. Die Deutsche Kolonialschule, in: Joachim Zeller/Ulrich van der Heyden (Hg.): Kolonialismus hierzulande. Eine Spurensuche in Deutschland, Erfurt 2008, S. 125-130; Willeke Sandler, Colonial Education in the Third Reich: The Witzenhausen Colonial School and the Rendsburg Colonial School for Women, in: Central European History, 49 (2016) 2, S. 181-207.

17 Vgl. Maren Heimlich, »Der Weg in die Welt«. Die Deutsche Kolonialschule Witzenhausen 1937, Göttingen 1974; Marion Hulverscheidt, Der Weg in die Welt. Propagandafilme für deutsche Kolonialschulen, in: Philipp Osten u.a. (Hg.), Das Vorprogramm. Lehrfilm/Gebrauchsfilm/Propagandafilm/unveröffentlichter Film in Kinos und Archiven am Oberrhein 1900-1970, Heidelberg/Strasbourg 2015, S. 339-361.

folgeinstitutionen als ein Beispiel unter mehreren, um den Wandel in der Ausbildung von Experten für die Tropen zu demonstrieren.[18]

Ich möchte ausdrücklich betonen, dass ich diesen genannten Arbeiten sehr viel verdanke; sie alle haben mir die eigene Konzentration auf die bereits genannten drei Fragenkomplexe sehr erleichtert.

Wie bereits kurz erwähnt, bilden die über 3.000 Schülerakten, die sich im Archiv des DITSL befinden, die wichtigste Grundlage der vorliegenden Arbeit. Sie sind eine sehr ergiebige Quelle, da einige der Absolventen zum Teil jahrzehntelang mit dem jeweiligen Direktor in Kontakt standen und regelmäßig über ihren Werdegang berichteten. Diese intensive Korrespondenz nahm in den Jahren nach 1945 allerdings stark ab. Um die dadurch entstandene Lücke etwas zu füllen, habe ich 19 Interviews mit Absolventen aus der Zeit ab 1957 geführt. Diese ganz andere Quellengattung bedingt einen gewissen Bruch in der Darstellung und wirft die Frage der Vergleichbarkeit auf. Aber auch jenseits der sonstigen Problematik von Interviews,[19] erlauben nur sie in diesem Fall ein Fortschreiben der Geschichte. Sicherlich immer eingedenk der damit verbundenen Beschränkungen, wie sie Harald Welzer formuliert hat: »In der Sicht des Historikers nun wäre das Zeitzeugeninterview nicht als Quelle dafür zu betrachten, wie etwas gewesen ist, sondern wie etwas von heute aus als vergangenes Ereignis wahrgenommen wird.«[20]

Es ist also deutlich, dass ich in meiner Arbeit stark von Ego-Dokumenten (Briefen, Erinnerungen, Interviews etc.) ausgehe.[21] Die Problematik der Interviews gilt analog auch für die Briefe und noch mehr für die Erinnerungen. Hier wirken die Mechanismen, die Peter J. Brenner für die Gattung des Reiseberichts herausgearbeitet hat. Der Reisende – wie der Absolvent – zeigt sich den Erfahrungen, denen er ausgesetzt ist, oft nicht gewachsen, die Konfrontation mit dem Fremden stellt erhebliche Anforderungen an ihn. Die Situation verlangt Strate-

18 Vgl. Hoffmann, Kolonialexperten.

19 Vgl. Ulrike Jureit, Erfahrungsaufschichtung: Die diskursive Lagerung autobiographischer Erinnerungen, in: Magnus Brechtken (Hg.), Life Writing and Political Memoir – Lebenszeugnisse und Politische Memoiren, Göttingen 2012, S. 225-242; dies., Erinnerungsmuster. Zur Methodik lebensgeschichtlicher Interviews mit Überlebenden der Konzentrations- und Vernichtungslager, Hamburg 1999, S. 19ff.; Gabriele Rosenthal, Die erzählte Lebensgeschichte als historisch-soziale Realität. Methodologische Implikationen für die Analyse biographischer Texte, in: Berliner Geschichtswerkstatt (Hg.), Alltagskultur, Subjektivität und Geschichte. Zur Theorie und Praxis der Alltagsgeschichte, Münster 1994, S. 125-138.

20 Vgl. Harald Welzer, Das Interview als Artefakt. Zur Kritik der Zeitzeugenforschung (zuerst 2000), in: Julia Obertreis (Hg.), Oral History, Stuttgart 2012, S. 247-260, hier S. 258.

21 Vgl. dazu: Winfried Schulze, Ego-Dokumente: Annäherungen an den Menschen in der Geschichte?, in: ders. (Hg.), Ego-Dokumente. Annäherungen an den Menschen in der Geschichte, Berlin 1996, S. 11-30.

gien zur lebenspraktischen Selbstbehauptung in der fremden Umwelt und Verhaltensweisen beim Kulturkontakt, die den Umgang mit anderen Kulturen und Gesellschaften erlauben. In die Berichte gehen daher die Wahrnehmungsbedingungen des Reisenden, geht seine Ausgangskultur mit ein. Das Verhältnis zwischen Eigenem und Fremdem prägt nicht nur die Wahrnehmung, sondern auch die Darstellung dieser Wahrnehmung.[22]

Außer den Schülerakten verfügt das Archiv des DITSL noch über eine ganze Reihe von Sachakten, die allerdings weitgehend unaufgearbeitet sind und sowohl zeitlich als auch thematisch große Lücken aufweisen. Das Institut hat einen Teil seines einschlägigen Aktenmaterials 1981 an das Staatsarchiv Marburg abgegeben, der dort im Bestand 314/1 verwahrt wird. Ein weiterer wichtiger Marburger Bestand umfasst die ehemaligen Landwirtschaftsschulen am Standort Witzenhausen (429/07). Im Hessischen Hauptstaatsarchiv Wiesbaden findet sich ergänzendes Material zu den involvierten Landesministerien und Splitter zur Witzenhäuser SA und NSDAP. Kleinere Aktenbestände zur Kolonialschule und ihren Nachfolgeinstitutionen befinden sich ferner im Stadtarchiv Witzenhausen, in den Bundesarchiven Berlin und Koblenz sowie im Politischen Archiv des Auswärtigen Amts in Berlin. Weiteres Material ließ sich im Archiv des Fachbereichs Ökologische Agrarwissenschaften der Universität Kassel und beim Hochschulverband Witzenhausen e.V. finden. In diesem Zusammenhang möchte ich erwähnen, dass sich wider Erwarten kein originäres Quellenmaterial der damals von staatlicher Seite für die Durchführung der Entwicklungspolitik zuständigen Organisationen finden ließ, da es angeblich zehn Jahre nach Beendigung der jeweiligen Projekte makuliert wird. Für Einrichtungen, die zwar formal privatrechtliche Gesellschaften mit beschränkter Haftung, auf der anderen Seite aber komplett steuerfinanziert waren, ein bemerkenswerter Vorgang.[23]

Bei der genutzten Primärliteratur sind in erster Linie die einschlägigen Schriften des Gründers und ersten Direktors der Kolonialschule, Ernst Albert Fabarius, zu nennen, ferner die Zeitschrift der Schule »Der Deutsche Kulturpionier« sowie dessen Nachfolgepublikationen. Eine wichtige Quelle bildet ferner die Festschrift zum 40-jährigen Bestehen der Kolonialschule von 1938.[24]

22 Vgl. Peter J. Brenner, Die Erfahrung der Fremde. Zur Entwicklung einer Wahrnehmungsform in der Geschichte des Reiseberichts, in: ders. (Hg.), Der Reisebericht. Die Entwicklung einer Gattung in der deutschen Literatur, Frankfurt a.M. 1989, S. 14-49, hier S. 14ff.

23 Vgl. zur Zerstörung von Akten in diesem Kontext: Hubertus Büschel, Das Schweigen der Subalternen – Die Entstehung der Archivkritik im Postkolonialismus, in: Anja Horstmann/Vanina Kopp (Hg.), Archiv – Macht – Wissen. Organisation und Konstruktion von Wissen und Wirklichkeiten in Archiven, Frankfurt a.M. 2010, S. 73-88.

24 Vgl. zu den Schriften von Fabarius bspw.: Eine deutsche Kolonialschule. Denkschrift zur Förderung deutsch-nationaler Kultur-Aufgaben und zur Wahrung

Bezugsrahmen

Die Ausbildungsinstitutionen in Witzenhausen waren selbstverständlich Teil der deutschen Schulgeschichte, dementsprechend in ihre Entwicklung und Wandlungen eingebunden. Das kann man vom Kaiserreich mit seinem frühen Bildungsausbau und der starken politischen Indienstnahme der Bildung, in der Weimarer Republik mit den Bildungsreformen und Schulkonflikten, im Nationalsozialismus mit dem Ausbau der beruflichen Bildung und vor allem in der Bundesrepublik mit der Entstehung der Ingenieurschulen und der Gesamthochschulen im Zeichen der »Bildungsexplosion« nachvollziehen. Diese Entwicklungen des allgemeinen Schulsystems hatten unmittelbare Auswirkungen, zum Beispiel auf die Struktur der Bewerber und verstärkt auf die eigene Ausrichtung und Positionierung in diesem System.[25] Bei der keineswegs gradlinigen Entwicklung der DKS hin zu einer Ingenieurschule und dann zu einem universitären Fachbereich, handelt es sich nicht um ein singuläres Beispiel. Im Gegenteil, diesen Weg beschritten etliche höhere landwirtschaftliche Lehranstalten. Damit und darüber hinaus aber bereits mit ihrer Position als fachlich spezialisierte Landwirtschaftsschule, ist die Kolonialschule von vornherein eng mit dem landwirtschaftlichen Bildungswesen in Deutschland verbunden gewesen.[26]

deutsch-protestantischer Interessen in den überseeischen Gebieten, Coblenz 1897; Die Bedeutung der Deutschen Kolonialschule als Hochschule für das Deutschtum im Auslande, Witzenhausen 1921. Der Deutsche Kulturpionier erschien von 1900 bis 1939, dann von 1949 bis 1960, danach bis 1965 als Der Deutsche Tropenlandwirt, dann bis 1999 als Der Tropenlandwirt und seitdem als Journal of Agriculture in the Tropics and Subtropics. Daneben erscheint ab 1962 Unter uns als Mitteilungsblatt der Alumni-Vereinigung. 40 Jahre Deutsche Kolonialschule Witzenhausen. Festschrift zum 40-jährigen Bestehen der Deutschen Kolonialschule Witzenhausen 1898-1938, bearb. von Jakobus Onnen, Witzenhausen 1938.

25 Vgl. Hans-Joachim Hahn, Education and Society in Germany, Oxford 1998; Hans-Georg Herrlitz/Wulf Hopf/Hartmut Titze/Ernst Cloer, Deutsche Schulgeschichte von 1800 bis zur Gegenwart. Eine Einführung, Weinheim/München 2009 (5. Aufl.); Heinz-Elmar Tenorth, Geschichte der Erziehung. Einführung in die Grundzüge ihrer neuzeitlichen Entwicklung, Weinheim/München 2010 (5. Aufl.); Gert Geißler, Schulgeschichte in Deutschland. Von den Anfängen bis in die Gegenwart, Frankfurt a.M. 2011.

26 Vgl. bspw.: Werner Röper, Von der Höheren Lehranstalt für praktische Landwirte zum Fachbereich Agrarwirtschaft der Universität – Gesamthochschule Paderborn, Abteilung Soest: 1923-1998, Werl 1997. Vgl. zur gesamten Entwicklung: Wilhelm Hudde, Zur Geschichte des landwirtschaftlichen Bildungswesens, in: ders./Martin Schmiel (Hg.), Handbuch des landwirtschaftlichen Bildungswesens, München/Basel/Wien 1965, S. 83-136; Kurt Renner, Zur Geschichte des landwirtschaftlichen Bildungswesens, Pfaffenweiler 1992; Martin Schmiel, IV. Landwirtschaftliche Be-

Die reale deutsche Kolonialherrschaft bildete den Hintergrund für die Einrichtung der DKS und ihre Geschichte und deshalb auch den Ausgangspunkt für diese Studie. Für diesen Bereich verfügen wir neben der schon als klassisch zu bezeichnenden Arbeit von Horst Gründer[27] mittlerweile über eine Reihe neuerer, sehr verdienstvoller Darstellungen.[28]

Auch nach dem Verlust der deutschen Kolonien im Ersten Weltkrieg, besiegelt durch den Versailler Vertrag, blieb zumindest Afrika »einer der reichhaltigsten und dauerhaftesten deutschen Phantasieräume«. Die deutsche Kolonialzeit endete als Realgeschichte 1918 – »als Phantasie- und Projektionsgeschichte jedoch noch lange nicht«.[29] Afrika war als Projektionsfläche geeignet, das riesige Land wurde als ein scheinbar freies und herrenloses Territorium imaginiert, das zu planvoller Erschließung geradezu einlud. Daneben avancierte der Kontinent zum Wunschort für alle möglichen, in der bürgerlichen Gesellschaft des Deutschen Reichs unterdrückten Emotionen und Verhaltensweisen. Die zahlreichen damit verbundenen Versuchungen von Exotik und Erotik schienen vom Kolonisator nur durch eine »umso peinlichere ›Hygiene‹ bzw. ein ausgeprägt herrisches Auftreten ausgeglichen werden zu können«. In einer Figur wie Carl Peters,

rufsbildung, in: Christa Berg (Hg.) Handbuch der deutschen Bildungsgeschichte, Bd. 4, München 1991, S. 398-404; ders., IV. Landwirtschaftliches Bildungswesen, in: Dieter Langewiesche/Heinz-Elmar Tenorth (Hg.), Handbuch der deutschen Bildungsgeschichte, Bd. 5, München 1989; S. 294-298; ders., VIII. Das Bildungswesen des Agrarbereichs, in: Christoph Führ/Carl-Ludwig Fuhr (Hg.), Handbuch der deutschen Bildungsgeschichte, Bd. 6, Erster Teilband, München 1998, S. 489-494.

27 Vgl. Horst Gründer, Geschichte der deutschen Kolonien, Paderborn/München/Wien/Zürich 1991 (2. Aufl. – zuerst 1985).

28 Vgl. bspw.: Winfried Speitkamp, Deutsche Kolonialgeschichte, Stuttgart 2005; Dirk van Laak, Über alles in der Welt. Deutscher Imperialismus im 19. und 20. Jahrhundert, München 2005, bes. S. 70ff.; Sebastian Conrad, Deutsche Kolonialgeschichte, München 2008; Shelley Baranowski, Nazi Empire. German Colonialism and Imperialism from Bismarck to Hitler, Cambridge 2011.

29 Vgl. Dirk van Laak, Die afrikanische Welt als Wille und deutsche Vorstellung. Jede Epoche träumt die nächste: Von der nehmenden zur gebenden Kolonisierung, in: Frankfurter Allgemeine Zeitung vom 20.8.2002 (Zitate ebd.); ders., »Ist je ein Reich, das es nicht gab, so gut verwaltet worden?« Der imaginäre Ausbau der imperialen Infrastruktur in Deutschland nach 1918, in: Birthe Kundrus (Hg.), Phantasiereiche. Zur Kulturgeschichte des deutschen Kolonialismus, Frankfurt a.M. 2003, S. 71-90; ders., »Das wahre innere Afrika«. Der ferne Kontinent als europäischer Spiegel und als Erschließungsraum, in: Bernhard Strauß/Michael Geyer (Hg.), Psychotherapie in Zeiten der Globalisierung, Göttingen 2006, S. 220-239; Karsten Linne, Deutschland jenseits des Äquators?. NS-Kolonialplanungen für Afrika, Berlin 2008.

aber eben auch den Witzenhäuser »Kulturpionieren«, konzentrierte sich diese ganze ambivalente Wirkung.[30]

Diese Fixierung ist umso bemerkenswerter, als die deutschen Kolonien auch vor 1914 als Ziel der Auswanderung niemals eine ins Gewicht fallende Rolle gespielt haben. Die Zahl der dort lebenden Deutschen betrug lediglich gut 24.000. Wie gering das insgesamt war, zeigt ein Vergleich mit der Zahl der deutschen Auswanderer, die zwar seit Anfang der achtziger Jahre des 19. Jahrhunderts rückläufig war, aber noch im Jahre 1909 fast 25.000 betrug. Selbst in Deutsch-Südwestafrika, dem einzigen Land, in das eine größere Anzahl von Aussiedlern ging, stiegen die Zahlen nur schleppend an. Während es 1893 in Deutsch-Südwestafrika 590 Deutsche gab, waren es 1903 3.701, ohne die Angehörigen der Schutztruppe. Durch die ersten Diamantenfunde von 1908 wuchs die Zahl der Deutschen dann bis 1912 auf etwas mehr als 12.000 an. Ähnlich gering war die Bedeutung der Kolonien für den Außenhandel des Deutschen Reichs.[31]

Entgegen dieser relativen Bedeutungslosigkeit waren die deutschen Kolonien, auch und gerade nach ihrem Verlust, in der Öffentlichkeit stark präsent. Deutschland war mit und ohne seine Kolonien eng mit dem Projekt Kolonialismus verbunden, die Auswirkungen der kolonialen Erfahrung beeinflussten weit über 1918 hinaus Kultur und Gesellschaft. Dieser Umstand hatte selbstverständlich auch für die weitere Entwicklung der Kolonialschule entscheidenden Charakter.[32] Die Kolonien und ihre Geschichte waren dabei Teil der privaten Erinnerungen, in beträchtlichem Maße aber auch der öffentlichen Erinnerungskultur.[33]

30 Vgl. Dirk van Laak, Im Tropenfieber. Deutschlands afrikanische Kolonien zwischen kollektivem Verlangen und Vergessen, in: Jörg Leonhard/Rolf G. Renner (Hg.), Koloniale Vergangenheiten – (post-)imperiale Gegenwart, Berlin 2010, S. 87-98, hier S. 89 (Zitat ebd.).

31 Vgl. Francesca Schinzinger, Die wirtschaftliche Bedeutung der Kolonien für das Deutsche Reich, in: Harald Winkel/Karl Georg Zinn (Hg.), Probleme der wirtschaftspolitischen Praxis in historischer und theoretischer Sicht. Festgabe zum 60. Geburtstag von Antonio Montaner, Herne/Berlin 1979, S. 79-98, hier S. 83ff.; Carola Siedhoff, Die Auswanderung in die deutschen Kolonien im Spiegel der deutschen Kolonialzeitschriften von 1884 bis zum Ersten Weltkrieg, Diss. phil. Hamburg 2010, S. 24ff.; Sebastian Conrad, Rethinking German Colonialism in a Global Age, in: Journal of Imperial and Commonwealth History, 41 (2013) 4, S. 543-566, hier S. 548.

32 Vgl. Andreas Eckert/Albert Wirz, Wir nicht, die Anderen auch. Deutschland und der Kolonialismus, in: Sebastian Conrad/Shalini Randeria (Hg.), Jenseits des Eurozentrismus. Postkoloniale Perspektiven in den Geschichts- und Kulturwissenschaften, Frankfurt a.M. 2002, S. 372-392.

33 Vgl. Britta Schilling, Imperial Heirlooms: The Private Memory of Colonialism in Germany, in: The Journal of Imperial and Commonwealth History, 41 (2013) 4, S. 663-682; dies., Postcolonial Germany. Memories of Empire in a Decolonized Nation, Oxford 2014; John Phillip Short, Magic Lantern Empire. Colonialism and Society in Germany, Ithaca/London 2012; Kundrus, Phantasiereiche.

Dazu trug die mediale Aufbereitung deutscher kolonialer Erfahrungen bei, unter anderem in einer wahren Flut an Kolonialliteratur für Kinder und Erwachsene.[34] Wahrscheinlich mindestens ebenso großen Einfluss hatten in späteren Jahren die sogenannten Kolonialfilme, die gleichfalls für eine Verbreitung des kolonialen Gedankens im öffentlichen Bewusstsein sorgten.[35]

Nicht zu unterschätzen und für unseren Kontext relevanter ist jedoch die koloniale Grundierung vieler Wissenschaftsbereiche. Wie »blinde Passagiere« (Sebastian Conrad) schmuggelten sich die kolonialen Erfahrungen, aber auch deren Repräsentationen, in Erkenntnisprozesse und Ergebnisse ein. Bereits in der realen deutschen Kolonialzeit galten die Kolonien – wie bei anderen Kolonialmächten auch – als »Laboratorien der Moderne«, in denen neue wissenschaftliche Methoden erprobt werden konnten, ohne die Hemmnisse und Restriktionen im Mutterland beachten zu müssen.[36] Diese Laboratorien boten Raum für Ethnologen, Mediziner, Rassenkundler und nicht zuletzt eben für Agrarwissenschaftler.[37] Zur gleichen Zeit breiteten sich die speziell auf die Kolonien bezogenen Fächer insgesamt aus. Zu diesen sogenannten Kolonialwissenschaften gehörte in dieser Zeit selbstverständlich die Tropenlandwirtschaft.[38]

Die Kolonien dienten nicht nur der Machtpolitik, sondern auch wirtschaftlichen Interessen. In Deutschland setzte man große Hoffnungen in ihre agrarische Ausbeutung. Die dortigen landwirtschaftlichen Nutzflächen waren um ein

34 Vgl. Joachim Warmbold, Germania in Africa. Germany's Colonial Literature, New York/Bern/Frankfurt a.M./Paris 1988; Peter G. Bräunlein, Von Peter Moor zu Kariuki, Afrika, Afrikaner und Afrikanerinnen in der deutschsprachigen Kinder- und Jugendliteratur, in: Susan Arndt (Hg.), AfrikaBilder. Studien zu Rassismus in Deutschland, Münster 2001, S. 271-308.

35 Vgl. Alain Patrice Nganang, Der koloniale Sehnsuchtsfilm. Vom lieben »Afrikaner« deutscher Filme in der NS-Zeit, in: Arndt (Hg.), AfrikaBilder, S. 232-252; Sabine Hake, Mapping the Native Body: On Africa and the Colonial Film in the Third Reich, in: Sara Friedrichsmeyer/Sara Lennox/Susanne Zantop (Ed.), The Imperialist Imagination. German Colonialism and Its Legacy, Ann Arbor 1998, S. 163-187.

36 Vgl. Sebastian Conrad, Doppelte Marginalisierung. Plädoyer für eine transnationale Perspektive auf die deutsche Geschichte, in: Geschichte und Gesellschaft, 28 (2002) 2, S. 145-169; Dirk van Laak, Kolonien als »Laboratorien der Moderne«?, in: Sebastian Conrad/Jürgen Osterhammel (Hg.), Das Kaiserreich transnational. Deutschland in der Welt 1871-1914, Göttingen 2004, S. 257-279; Alexander Honold, Raum ohne Volk. Zur Imaginationsgeschichte der kolonialen Geographie, in: Mihran Dahag/Horst Gründer/Uwe-K. Ketelsen (Hg.), Kolonialismus. Kolonialdiskurs und Genozid, München 2004, S. 95-110.

37 Vgl. Helen Tilley, Africa as a Living Laboratory. Empire, Development, and the Problem of Scientific Knowledge, 1870-1950, Chicago/London 2011, bes. S. 115ff.

38 Vgl. David Arnold, Wissenschaft, Kolonialismus und Moderne, in: Shalini Randeria/Martin Fuchs/Antje Linkenbach (Hg.), Konfigurationen der Moderne. Diskurse zu Indien, Baden-Baden 2004, S. 389-405, insbes. S. 396ff.

Vielfaches größer als die im Deutschen Reich, außerdem war der Anbau wertvoller tropischer und subtropischer Nutzpflanzen möglich, die bislang auf dem Weltmarkt eingekauft werden mussten. Dazu schien der Aufbau einer »kolonialen Landwirtschaft« notwendig, die wissenschaftliche Unterstützung benötigte. Deshalb gründete die deutsche Kolonialverwaltung zahlreiche Versuchsgärten und Versuchsstationen. Zunächst stand dabei weniger die Züchtung im Vordergrund, sondern der Transfer von Nutzpflanzen zur Ausweitung des Spektrums der erzeugten Agrarprodukte.[39]

Den Hintergrund für die Einrichtung einer Kolonialschule bildete somit das bei allen Kolonialmächten anzutreffende frühzeitige Erkennen der Notwendigkeit wissenschaftlich fundierten Wissens und technischer Expertise, vor allem auf den Gebieten der Forschung und Ausbildung in der Tropenmedizin und der tropischen Landwirtschaft. Die anfängliche Skepsis gegenüber der kolonialwissenschaftlichen Forschung wich, und ab 1914 folgte eine Periode der Ausweitung koloniallandwirtschaftlicher Forschungs- und Anleitungs-Netzwerke.[40] Die Bedeutung der tropenlandwirtschaftlichen Expertise nahm nach 1945 noch zu. Landwirtschaftliche und ländliche Probleme prägen bis heute die sozioökonomische Entwicklung ganzer Regionen, der größte Teil der Weltbevölkerung ist direkt oder indirekt von der Landwirtschaft abhängig. Die ländliche Entwicklungspolitik sollte, speziell in ihrer Frühphase, für eine Steigerung der landwirtschaftlichen Produktivität vor allem durch Rationalisierung und Modernisierung der Anbautechniken sorgen.[41]

Zum einen handelt es sich unter diesem Aspekt betrachtet zweifellos um eine Transfergeschichte, da von Witzenhausen aus Experten und Know-how zunächst in die Kolonien und später in die »Entwicklungsländer« gebracht wurden.[42] Zum anderen meine ich aber, dass sich durch die Wandlungen in diesen Ländern selbst, zuerst vermittelt durch die Berichte der Absolventen, später

39 Vgl. Thomas Wieland, »Wir beherrschen den pflanzlichen Organismus besser, …« Wissenschaftliche Pflanzenzüchtung in Deutschland 1889-1945, München 2004, S. 138 ff.

40 Vgl. Joseph Morgan Hodge, Triumph of the Expert. Agrarian Doctrines of Development and the Legacies of British Colonialism, Athens 2007, S. 21 ff.

41 Vgl. Corinna R. Unger, Agrarwissenschaftliche Expertise und ländliche Modernisierungsstrategien in der internationalen Entwicklungspolitik, 1920er bis 1980er Jahre, in: Geschichte und Gesellschaft, 51 (2015) 4, S. 552-579.

42 Lange Zeit ging man hinsichtlich der Wissenschaftsgeschichte von einem Diffusionsmodell aus, bei dem die westlichen Vorstellungen aus den Metropolen in die Kolonien transferiert worden seien. Heute geht man insgesamt eher von einem Modell der gegenseitigen Beeinflussung, der Verflechtung aus. Vgl. Rebekka Habermas/Alexandra Przyrembel, Einleitung, in: dies. (Hg.), Von Käfern, Märkten und Menschen. Kolonialismus und Wissen in der Moderne, Göttingen 2013, S. 9-24, hier S. 10 f. Zur klassischen Formulierung des Diffusionsmodells vgl.: George Basalla,

durch die ausländischen Studierenden und die Reisen der Dozenten, eine Verflechtung herausbildete, die von einem eindimensionalen Transfer zu einer gegenseitigen Beeinflussung führte. In der Tätigkeit der Absolventen, die durch die ganz anderen Verhältnisse im Ausland genauso geprägt wurde wie sie selbst, scheint mir das besonders deutlich zu werden.[43]

Die allgegenwärtige »Globalisierung« hat in der Geschichtswissenschaft insgesamt zu einer Hinwendung zu den transnationalen Dimensionen des Fachs geführt. Die auch hier virulenten Fragen des Kulturtransfers und Kulturkontakts rücken immer mehr in das Zentrum des Interesses.[44] Hinsichtlich der Geschichte überseeischer Expansion und kolonialer Erfahrung ist das wenig verwunderlich, da sie unsere Gegenwart mitbestimmen, und sei es nur vermittelt und gebrochen durch zahlreiche Zwischenträger und Spiegelungen.[45]

Die in das Ausland gegangenen Absolventen der Witzenhäuser Ausbildungsinstitutionen kann man als »moving actors« betrachten, als Menschen unterwegs. Die Erfahrung des Aufbruchs und des Unterwegs-Seins verändert die Menschen. Die Begegnungen mit anderen Menschen führen nicht nur zu neuem Wissen über die ›Fremden‹; jede Beschreibung des Fremden ist auch eine Aussage über das Spezifische des Eigenen.[46] Die Kulturkontakte sind dabei abhängig von den Wahrnehmungsmustern und den Modi der Aneignung. Die jeweiligen Wahrnehmungsperspektiven der Reisenden, das heißt, was auf welche Weise wahrgenommen, wie beurteilt und schließlich beschrieben wird, ergibt sich entscheidend aus dem historischen Kontext, den theoretischen Begriffssystemen, dem soziokulturellen Milieu, den Motiven und Funktionen der Reise sowie durch den Adressa-

The Spread of Western Science, in: Science, 156 (1967) 3775 vom 5.5.1967, S. 611-622.

43 Vgl. Michael Werner/Bénédicte Zimmermann, Vergleich, Transfer, Verflechtung. Der Ansatz der Histoire Croisée und die Herausforderung des Transnationalen, in: Geschichte und Gesellschaft, 28 (2002) 4, S. 607-636, hier S. 615; dies. (Hg.), De la comparaison à l'histoire croisée, Paris 2004; Hartmut Kaelble, Herausforderungen an die Transfergeschichte, in: Comparativ. Leipziger Beiträge zur Universalgeschichte und vergleichenden Gesellschaftsforschung, 16 (2006) 3, S. 7-12.

44 Vgl. Alexander Gallus/Axel Schildt/Detlef Siegfried, Vorwort: Deutsche Zeitgeschichte – transnational, in: dies. (Hg.), Deutsche Zeitgeschichte – transnational, Göttingen 2015, S. 9-23.

45 Vgl. Albert Wirz, Für eine transnationale Gesellschaftsgeschichte, in: Geschichte und Gesellschaft, 27 (2001) 3, S. 489-498.

46 Vgl. Margrit Pernau, Transnationale Geschichte, Göttingen 2011, S. 86. Eine akteurszentrierte Forschung muss sich für die Folgen der Globalisierung, der Erweiterung der Lebenswelt für den Einzelnen interessieren und sich fragen, ob nicht »eine Geschichte der Globalisierung des Menschen als soziales, kulturelles und mentales Geschöpf möglich oder notwendig ist«. Vgl. Bernd Hausberger, Globalgeschichte als Lebensgeschichte(n), in: ders. (Hg.), Globale Lebensläufe. Menschen als Akteure im weltgeschichtlichen Geschehen, Wien 2006, S. 9-27, hier S. 21 (Zitat ebd.).

ten der Niederschrift. Vorwissen präformiert in entscheidendem Maße die individuelle Wahrnehmung, ebenso die im zeitgenössischen Bewusstsein verankerte Vorstellung über Land und Leute.[47]

Eine Einteilung der Schüler nach unterschiedlichen Generationen bietet sich zweifellos an. Allerdings muss man dabei berücksichtigen, dass »Generation« eine sehr schillernde und konstruierte soziokulturelle Ordnungskategorie ist. Der Identitätsbegriff Generation verspreche, »eine spezifische Ausprägung des Denkens, Fühlens und Handelns zu erklären, indem die unterstellte dauerhafte und gleichartige Wirkung von Sozialisationsbedingungen als Erfahrung gedeutet wird – und das nicht nur individuell, sondern auch kollektiv«.[48] Spezifischer sollte man wohl von »politischen Generationen« ausgehen, die jeweils mit bestimmten Schlüsselereignissen konfrontiert wurden und dadurch zu einer ähnlichen Auseinandersetzung mit den Leitbildern und Werten der politischen Ordnung gelangten, in der sie aufwuchsen. Dadurch weisen sie einen Grundbestand gemeinsamer Einstellungen, Verhaltensdispositionen und Werte auf.[49]

Speziell die um den Ersten Weltkrieg herum gruppierten Generationen standen und stehen im Blickpunkt der Forschung. Bereits 1932 unterschied Ernst Günther Gründel, Mitglied des Kreises um die Zeitschrift »Die Tat«, bei der Generation ab dem Jahrgang 1890 drei Gruppen: Die vor 1900 Geborenen, die für ihn die eigentlichen Träger des »Fronterlebnisses« waren, bezeichnete er als »junge Frontgeneration«. Die ab 1900 Geborenen, die den Krieg als Kinder in der Heimat miterlebten, kennzeichnete er als »Kriegsjugendgeneration« und die nach 1910 Geborenen als »Nachkriegsgeneration«. Vor allem die junge Frontgeneration sei durch den Krieg aus dem Gleis geworfen worden, habe an allem zu zweifeln gelernt. Die Kriegsjugendgeneration habe die Umwertung aller Werte erlebt und sei für das kollektive Erleben, für völkische Belange empfänglich geworden, eine Jugend ohne die Vorbilder älterer Autoritäten. Die Nachkriegsgeneration hingegen sei durch Revolution und Inflationsjahre geprägt worden; Gründel bezeichnete sie als die »Unproblematischen«.[50]

47 Vgl. Arnd Bauerkämper/Hans Erich Bödeker/Bernhard Struck, Einleitung: Reisen als kulturelle Praxis, in: dies. (Hg.), Die Welt erfahren. Reisen als kulturelle Begegnung von 1780 bis heute, Frankfurt a.M./New York 2004, S. 9-30, hier S. 15.

48 Vgl. Ulrike Jureit/Michael Wildt, Generationen, in: dies. (Hg.), Generationen. Zur Relevanz eines wissenschaftlichen Grundbegriffs, Hamburg 2005, S. 7-26 (Zitat S. 9); Ulrike Jureit, Generationenforschung, Göttingen 2006, S. 7f.

49 Vgl. Helmut Fogt, Politische Generationen. Empirische Bedeutung und theoretisches Modell, Opladen 1982, S. 21 und S. 127.

50 Vgl. Ernst Günther Gründel, Die Sendung der jungen Generation. Versuch einer umfassenden revolutionären Sinndeutung der Krise, München 1932, S. 23ff. Auch spätere Wissenschaftler gehen von einer speziellen »Frontgeneration« der zwischen 1880 und 1900 Geborenen aus. Sie hätten neben ihrem Kriegseinsatz noch weitere Gemeinsamkeiten, wie das Aufwachsen in relativ stabilen politischen und wirtschaft-

Ulrich Herbert greift die Dreiteilung in Bezug auf den Ersten Weltkrieg auf, legt aber seinen Fokus auf die quantitativ größte Gruppe der Kriegsjugendgeneration, denen der Krieg zu einem starken Jugenderlebnis geworden war. Ihnen wurde »Wahrheitsliebe und Schlichtheit« zugeschrieben, Kühle, Härte und »Sachlichkeit«, sie übernahmen das Frontkämpferideal für den Kampf im Innern und wurden zur wichtigen Trägergruppe der NS-Diktatur. Für die Nachkriegszeit separiert er die zwischen 1925 und 1935 Geborenen, die »45er«, die das Kriegsende als Desillusionierung und tiefgreifenden Umbruch erlebten und dadurch sowie durch die Jahre der Neuorientierung entscheidend geprägt wurden. Sie zeichneten sich laut älterer Publikationen durch Politikferne, Misstrauen gegenüber allen idealistischen Angeboten aus, eben die »skeptische Generation« (Helmut Schelsky). Jüngere Veröffentlichungen, die sich allerdings vorwiegend einer intellektuellen Elite widmen, sehen sie hingegen als Reformer, die an der Überwindung autoritärer und antiliberaler Traditionen arbeiteten. Die »68er« hätten sich von ihnen schon dadurch unterschieden, dass sie keine Kriegsjugend mehr waren. Sie seien geprägt durch Umbruch und Wandel in den späten 50er und frühen 60er Jahren. Der Faktor »Jugend« im Sinne einer eigenen Kultur und einer oppositionellen Haltung gegen überkommene Leitbilder, spielte bei ihnen eine zunehmende Rolle, ebenso der Drang nach gesellschaftlicher Demokratisierung und Liberalisierung des Alltagslebens.[51]

lichen Verhältnissen, kontrastiert von ihrem Schicksal als Erwachsene in extrem unsicheren Verhältnissen. Vgl. Richard Bessel, The ›front generation‹ and the politics of Weimar Germany, in: Mark Roseman (Hg.), Generations in Conflict. Youth revolt and generation formation in Germany 1770-1968, Cambridge 1995, S. 121-136.

51 Vgl. Ulrich Herbert, Drei politische Generationen im 20. Jahrhundert, in: Jürgen Reulecke (Hg.), Generationalität und Lebensgeschichte im 20. Jahrhundert, München 2003, S. 95-114; Christina von Hodenberg, Politische Generationen und massenmediale Öffentlichkeit. Die »45er« in der Bundesrepublik, in: Jureit/Wildt, Generationen, S. 266-294.

II. Gründung und Konsolidierung der Schule 1898 bis 1918

1. Die Gründung der Schule

Vorgeschichte

Die Vorgeschichte der Deutschen Kolonialschule reicht mindestens bis in den Sommer des Jahres 1894 zurück, als Ernst Albert Fabarius einem Freund, dem Oberbergrat Dr. Max Busse, den Plan zur Gründung einer Kolonialschule in ersten Grundzügen vortrug. Busse verfügte über einen dezidiert kolonialen Hintergrund: Er hatte unter anderem eine Land- und Minengesellschaft in Deutsch-Südwestafrika gegründet und war Mitglied im Gesamtvorstand der Deutschen Kolonialgesellschaft (DKG).[1] Einer der ersten, die den Plan von Fabarius unterstützten, war Herzog Johann Albrecht zu Mecklenburg. Seit Frühjahr 1896 trat auch der Geheime Kommerzienrat Erhard August Scheidt aus Kettwig dafür ein. Inhaltliche Hilfe leistete Professor Ferdinand Wohltmann[2] von der Landwirtschaftlichen Akademie Bonn-Poppelsdorf. Als Schirmherr trat Fürst Wilhelm zu Wied auf, und am 3. Mai 1897 gründete dieser Kreis eine »Vereinigung zur Errichtung einer Deutschen Kolonialschule«. Auf dieser Versammlung führte Wohltmann aus: »Es ist in unsern Kolonien ein Bedürfnis vorhanden nach solchen jungen Leuten, die in Beamtenstellungen auf den Plantagen fungi-

1 Vgl. Dortmund postkolonial (http://www.dortmund-postkolonial.de/?page_id=63#B). Vgl. allgemein zur Frühgeschichte der DKS: Böhlke, Geschichte.

2 Vgl. Artikel Ferdinand Wohltmann, in: Wolfgang Böhm, Biographisches Handbuch zur Geschichte des Pflanzenbaus, München 1997, S. 386-388; Deutsche Kolonialpioniere. F. Wohltmann, in: Deutsche Kolonialzeitung, 19 (1902) 38 vom 18.9.1902, S. 379-380; Nachruf für Ferdinand Wohltmann, in: DKP, 17-19 (1917-19) 2-4, S. 9-11; Artikel Ferdinand Wohltmann, in: Biographien von Autoren deutschsprachiger Lehr- und Handbücher zur Agrarwirtschaft in den Tropen und Subtropen, Ms. zusammengestellt von Peter Wolff, Witzenhausen o.Dat., unpag.

ren und Verständniß für ihr Amt mitbringen. [...] Wir besitzen z.Z. in Deutschland keine landwirtschaftliche Unterrichtsanstalt, welche den tropischen Pflanzenbau derart lehrt, daß der Unterricht von praktischem Nutzen ist.«[3]

Auf der ersten Aufsichtsratssitzung am 23. Mai 1898 bestimmten die Teilnehmer die staatliche Domäne Witzenhausen, das alte Wilhelmitenkloster zum Standort und errichteten die Schule offiziell. Bei der Gründungsversammlung beschlossen die Anwesenden, neben Privatpersonen vor allem kolonial interessierte industrielle Kreise und Vertreter hanseatischer Kolonialfirmen, den grundlegenden Gesellschaftsvertrag. Er legte unter anderem den Namen der Gesellschaft fest: Deutsche Kolonialschule GmbH in Witzenhausen. Gegenstand des Unternehmens sollte die »Ausbildung von Kolonisten, Pflanzern, Beamten, Handwerkern u.s.w. für die Kolonien in deutsch-evangelischem Geiste« sein.[4] Am 1. Juli 1898 erfolgte die pachtweise Übernahme der staatlichen Domäne Witzenhausen. Am 15. Mai 1899 begann der Unterricht, zwei Wochen später fand die feierliche Einweihung des Umbaus statt, und im Juli entschloss sich der Aufsichtsrat, den bislang gepachteten Besitz käuflich zu erwerben.[5]

Motive und Ziele

Es gilt als Allgemeinplatz in der Forschungsliteratur, dass die deutschen Kolonien unter einem Mangel an gut ausgebildeten Siedlern litten. Für Südwestafrika konstatiert Winfried Speitkamp eine sehr heterogene Gemeinschaft, deren Kern die aus Deutschland und Südafrika zugewanderten Landwirte bildeten, zu denen sich Abenteurer, ehemalige Offiziere und Soldaten sowie Handwerker und Arbeiter gesellten.[6] Ein gewisser Professor Schaefer hatte bereits im Januar 1890 in der Deutschen Kolonialzeitung seinen Unmut über die mangelnde wissenschaftliche Ausbildung von künftigen Kolonisten in Deutschland kundgetan.

3 Vgl. Versammlung am 3.5.1897 in Köln, in: AD, Ordner Gesellschafterversammlungen, unpag. (Zitat ebd.); Die Deutsche Kolonialschule, Flugblatt Nr. 18 des Evangelischen Afrika-Vereins (Rheinischer Verband) vom Sommer 1906, S. 3ff.

4 Vgl. Protokoll der ersten Aufsichtsratssitzung der Deutschen Kolonialschule Gesellschaft mbH am 23. Mai 1898, in: StAM, 314/1, Nr. 142, unpag.; Niederschrift Gründungsversammlung der Deutschen Kolonialschule am 23. Mai 1898 im Fürstlichen Schloss zu Neuwied vom 3.6.1898, in: ebd., Nr. 150, unpag.

5 Vgl. Wilhelm Arning, Zum 29. Juni 1929, in: DKP, 29 (1929) 1, S. 5-10, hier S. 6.

6 Vgl. Speitkamp, Kolonialgeschichte, S. 81. Zu deren Erfolgen bzw. häufigeren Misserfolgen als »Kulturträger« vgl. Birthe Kundrus, Moderne Imperialisten. Das Kaiserreich im Spiegel seiner Kolonien, Köln 2003, S. 129ff.

Unter Hinweis auf das britische Colonial College forderte er den Aufbau einer entsprechenden Schule in Deutschland.[7]

Zeitgenössisch begründete Fabarius die Einrichtung einer Kolonialschule ebenfalls mit dem Mangel an gut ausgebildeten Leuten. Dafür würden von den Kolonialfirmen Personen eingestellt, »die sich ihrer hohen sittlichen, nationalen und kulturellen Aufgaben als Vertreter und Vorarbeiter deutsch-christlicher Kultur nicht entfernt bewusst« seien.[8] Natürlich muss bei Fabarius immer auch das Eigeninteresse berücksichtigt werden, das mit seiner Argumentation verknüpft war. In einer Denkschrift vom April 1896 hieß es dementsprechend zugespitzt: »In Deutschland fehlt aber zur Zeit noch jede Einrichtung, jede Anstalt, welche dem jungen Manne, der den Wunsch hat, in die Kolonien zu gehen, die Möglichkeit gewährt, sich für diesen Zweck in der Heimat sachgemäß vorzubereiten.«[9]

Weiteren Anlass für die Gründung der DKS boten zweifellos die Kolonialskandale, die seit den neunziger Jahren des 19. Jahrhunderts die deutsche Öffentlichkeit erschütterten und moralische Defizite der Protagonisten offenbarten. Insbesondere die Fälle Leist und Peters sorgten dabei für Aufsehen: Der 1891 zum Reichskommissar für das Kilimandscharogebiet ernannte Carl Peters hatte seine schwarze Geliebte mitsamt ihrem Liebhaber hängen lassen. Die Auseinandersetzungen im Reichstag um den als »Hänge-Peters« Titulierten, schlugen hohe Wellen, bis er schließlich 1897 unehrenhaft aus dem Reichsdienst entlassen wurde. Heinrich Leist hatte als Vertreter des beurlaubten Gouverneurs 1893 in Kamerun eine Rebellion ausgelöst, als er afrikanische Frauen vor den Augen ihrer Männer auspeitschen ließ, weil sie die unbezahlte Arbeit verweigert hatten.[10]

Ein weiteres zentrales Motiv bei der Errichtung der Schule lag in der Konkurrenz des Evangelischen Afrika-Vereins zum organisierten Katholizismus und

7 Vgl. W. Schaefer, Koloniale Bestrebungen in England, in: Deutsche Kolonialzeitung, 3 (1890) 1 vom 4.1.1890, S. 12-14; Nr. 2 vom 18.1.1890, S. 18-20; Nr. 3 vom 1.2.1890, S. 31-32.

8 Schreiben von Fabarius an seine Königliche Hoheit Prinz Albrecht von Preußen vom 18.1.1896, zit. nach: Hoffmann, Kolonialexperten, S. 100f.

9 Denkschrift des Divisionspfarrers E. A. Fabarius zur Gründung einer Kolonialschule für Landwirtschaft, Handel und Gewerbe aus dem Jahre 1896 (23. April 1896), zit. nach: 40 Jahre DKS, S. 83-88, hier S. 83.

10 Vgl. Speitkamp, Kolonialgeschichte, S. 138; Rebekka Habermas, Protest im Reichstag. Kolonialskandale in der politischen Kultur des deutschen Kaiserreichs, in: Michaela Fenske (Hg.), Alltag als Politik – Politik als Alltag. Dimensionen des Politischen in Vergangenheit und Gegenwart, Berlin 2010, S. 281-303; Frank Bösch, Grenzen des »Obrigkeitsstaates«. Medien, Politik und Skandale im Kaiserreich, in: Sven Oliver Müller/Cornelius Torp (Hg.), Das Deutsche Kaiserreich in der Kontroverse, Göttingen 2009, S. 136-153, bes. S. 142ff.

dessen Zugriff auf die Kolonialpolitik.[11] Der Protestantismus ging bei Fabarius Hand in Hand mit seiner deutschnationalen Einstellung. Beide Grundsätze sollten auch die Kolonialschule prägen: »Deutsch-nationale Eigenart und christlich sittlicher Geist sollen der Anstalt unter deutsch-evangelischer Leitung das charakteristische Gepräge verleihen, damit die Deutsche Kolonialschule bei ihren kolonialen und weltwirtschaftlichen Aufgaben zugleich ein Mittelpunkt deutschnationaler und deutsch-christlicher überseeischer Interessen werde.« Die Schüler sollten sich dabei an das Wort David Livingstones halten: »Fürchtet Gott und arbeitet tüchtig!«[12] Diejenigen, die als »Kulturpioniere des deutschen Volkes« – auch zur Festigung des Protestantismus – hinausgingen, sollten »von echt nationalem, gut evangelischem Geist« beseelt und durchdrungen und darüber hinaus vielseitig ausgebildet sein, gleich jenen »Jacks of all trades«, wie sie der gerne von Fabarius zitierte Livingstone für Afrika forderte.[13]

Wer war nun dieser Fabarius, der in der Tat nicht zu Unrecht als der Spiritus Rector, die treibende Kraft bei der Gründung der DKS gelten kann und ihre Konzeption und Ausrichtung für fast drei Jahrzehnte prägen sollte?

Der Gründer: Ernst Albert Fabarius

Paul Schulin, langjähriger Amtsrichter in Witzenhausen, von dem der umfangreichste biografische Beitrag zur Person von Fabarius stammt, charakterisierte ihn zusammenfassend so: »Sein ganzes Leben und Wirken hatte Deutschland, hatte seinen Kolonien gegolten, der Deutschen Kolonialschule und der Betreuung der deutschen Auswanderer.«[14]

Ernst Albert Fabarius kam aus einer alten Gelehrten- und Beamtenfamilie und wurde am 15. September 1859 in Saarlouis geboren, wo sein Vater Garnisons- und Zivilpfarrer war. Drei Jahre nach seiner Geburt wurde sein Vater als Superintendent und Kreisschulinspektor nach Reideburg bei Halle an der Saale ver-

11 Vgl. Ulrich S. Soénius, Koloniale Begeisterung im Rheinland während des Kaiserreichs, Köln 1992. Zum Evangelischen Afrikaverein vgl. ebd., S. 93ff. Zum Verhältnis von Protestantismus und Auslandsdeutschtum vgl.: Stefan Manz, Constructing a German Diaspora. The »Greater German Empire«, 1871-1914, New York 2014, S. 176ff.

12 Vgl. Ernst Albert Fabarius, Deutsch-evangelische Arbeit in den Kolonien, insonderheit in Afrika. Denkschrift im Auftrage des Rheinischen Verbandes vom Evangelischen Afrika-Verein, Coblenz 1899, S. 42 (Zitate ebd.). Zu Livingstone vgl.: Andrew C. Ross, David Livingstone. Mission and Empire, London/New York 2002; Sarah Worden (Hg.), David Livingstone. Man, Myth and Legacy, Edinburgh 2012.

13 Vgl. Fabarius, Kolonialschule, S. 10 (Zitat ebd.).

14 Paul Schulin, Artikel Ernst Albert Fabarius, in: Ingeborg Schnack (Hg.), Lebensbilder aus Kurhessen und Waldeck 1830-1930, Marburg 1942, S. 77-86, hier S. 77.

setzt, wo Fabarius seine Jugend verbrachte. Von 1873 bis 1881 besuchte er die Klosterschule in Roßleben. Die traditionsreiche Schule, ein ehemaliges Zisterzienserkloster, wurde im Zuge der Reformation 1554 in eine Knabenschule umgewandelt. Im 18. und 19. Jahrhundert besuchten vorwiegend Schüler aus dem schlesischen und preußischen Landadel die Schule, die nicht ohne Grund als »Sparta Preußens« bezeichnet wurde: Eine schlichte Ausstattung der Räume, wenig Taschengeld und Verzicht auf jeglichen Luxus prägten den Schulalltag. Es gab auch ansonsten eine Reihe von Ähnlichkeiten mit den späteren Gebräuchen an der Kolonialschule, zum Beispiel die beschränkte Schülerselbstverwaltung, bei der Inspektoren den Ordnungsdienst versahen.[15] Die dort erlebte Gemeinschaftserziehung prägte Fabarius für seinen späteren Lebensweg. Er studierte danach Theologie, Rechts- und Staatswissenschaften sowie Geschichte in Bonn, Berlin, Tübingen und Halle. Den stärksten Eindruck hinterließen bei dem jungen Studenten Heinrich von Treitschke und Adolf Wagner.[16] Fabarius schloss sich rasch dem nationalen Kurs der damaligen Studentenschaft an, wie er sich vor allem in den Vereinen Deutscher Studenten (VDSt) äußerte, die alle nationalgesinnten deutschen Studenten zusammenschließen wollten. Mit Freunden aus der Roßlebener Zeit gründete er 1883 den Tübinger VDSt.[17]

1886 wurde er Hilfspfarrer seines Vaters in Reideburg und kam 1888 als Kadettenpfarrer und wissenschaftlicher Lehrer an das seit 1867 existierende Kadettenhaus Oranienstein bei Dietz a.d. Lahn.[18] Fabarius ging 1891 als Divisions-

15 Vgl. Albrecht Graf von der Schulenburg, Geschichte der Klosterschule Roßleben, München 1977, S. 3 ff.; Ella Luise von Welfesholz, Klosterschule Roßleben. Ihre Bedeutung für den Widerstand im 3. Reich, Saarbrücken 2011.

16 Zu Treitschke vgl. bspw.: Ulrich Langer, Heinrich von Treitschke. Politische Biographie eines deutschen Nationalisten, Düsseldorf 1998; Thomas Gerhards, Heinrich von Treitschke. Wirkung und Wahrnehmung eines Historikers im 19. und 20. Jahrhundert, Paderborn/München/Wien/Zürich 2013. Zu Wagner vgl. bspw.: Martin Heilmann, Adolph Wagner – Ein deutscher Nationalökonom im Urteil der Zeit. Probleme seiner biographischen und theoriegeschichtlichen Würdigung im Lichte neuer Quellen, Frankfurt a.M./New York 1980. Weitere prägende Gestalten für Fabarius waren der Hofprediger Adolf Stoecker und der Tübinger Historiker Bernhard von Kugler. Vgl. Karl Maßmann/R.P. Oßwald, VDSter. Fünfzig Jahre Arbeit für Volkstum und Staat, Berlin 1931, S. 32.

17 Vgl. ebd. Die protestantisch geprägten VDSt waren Vorreiter bei der Verbreitung des akademischen Antisemitismus und auch nach 1918 noch monarchistisch orientiert. Vgl. Michael Grüttner, Die Studentenschaft in Demokratie und Diktatur, in: ders., Die Berliner Universität zwischen den Weltkriegen 1918-1945, Berlin 2012, S. 187-294, hier S. 224.

18 Vgl. zu Oranienstein: Johannes Weniger, Geschichte des Schlosses Oranienstein, vormals Kloster Dirstein, jetziges Kadettenhaus, Diez a.d. Lahn 1899 (Nachdruck 1983). Ein späterer Schüler schilderte die dortige Atmosphäre als eine Welt preußischer Zucht und Ordnung, gewann ihr aber doch ein positives Fazit ab. Vgl. Her-

pfarrer nach Koblenz, dort heiratete er am 15. März 1892 Margarethe Lilly. In Koblenz »keimten alte Neigungen, die er schon 1883 in Berlin in Begegnungen mit Karl Peters, dem Freunde des VDSt Berlin, genährt, von neuem auf und gaben seinem Leben eine neue Richtung«.[19] Koloniale Fragen hatten ihn schon auf Schule und Universität beschäftigt; und seit Deutschland 1884 seine ersten Kolonien erworben hatte, ließ ihn der Gedanke nicht mehr los, dass junge deutsche Pflanzer und Siedler einer gründlichen Vorbildung bedürften. Als Geschäftsführer des Rheinischen Verbands vom Evangelischen Afrika-Verein[20] und als Schriftführer der dortigen Abteilung der DKG kam er mit den später an der Gründung der DKS beteiligten einflussreichen Männern in Verbindung. Nach langjähriger Tätigkeit als Direktor der Kolonialschule verstarb Fabarius am 28. Oktober 1927 in Witzenhausen.[21]

Nationaler und internationaler Kontext der Gründung

Bezogen auf den nationalen Kontext ordnet sich die Gründung der DKS in den Kreis der institutionellen Vorläufer der kolonialpolitischen »Wende« von 1907

bert Maisch, Helm ab – Vorhang auf. Siebzig Jahre eines ungewöhnlichen Lebens, Emsdetten 1968, S. 31. Vgl. allgemein zu den Kadettenanstalten: Helen Roche, Sparta's German children. The ideal of ancient Sparta in the Royal Prussian Cadet Corps, 1818-1920, and in National Socialist elite schools (the Napolas), 1933-1945, Swansea 2013; Klaus Schmitz, Militärische Jugenderziehung. Preußische Kadettenhäuser und Nationalpolitische Erziehungsanstalten zwischen 1807 und 1936, Köln/Weimar/Wien 1997; John Moncure, Forging the King's Sword. Military Education between Tradition and Modernization: The Case of the Royal Prussian Cadet Corps, 1871-1918, New York u.a. 1993; Jürgen-Konrad Zabel, Das preußische Kadettenkorps. Militärische Jugenderziehung als Herrschaftsmittel im preußischen Militärsystem, Frankfurt a.M. 1978, bes. S. 192ff.

19 Maßmann/Oßwald, VDSter, S. 32. Zu Carl Peters vgl. bspw.: Arne Perras, Carl Peters and German Imperialism 1856-1918. A Political Biography, Oxford 2004. Nach Lektüre der Biografie stellt sich die Frage, ob Peters Modell oder sogar Vorbild für die Witzenhäuser »Kulturpioniere« war.

20 Zum Rheinischen Verband des Evangelischen Afrika-Vereins vgl.: Soénius, Begeisterung, S. 93ff.

21 Vgl. Schulin, Fabarius; Adelheid Rehbaum, Verbindung von Theorie und Praxis. Die Deutsche Kolonialschule und Ernst Albert Fabarius (1859-1927), in: Hessische Heimat (Beilage zur Gießener Allgemeinen Zeitung), Nr. 25 vom 31.12.2010, S. 97-99; Curt Winter, Professor Fabarius' 100. Geburtstag, in: DKP, 61 (1960), vom Mai 1960, S. 28-32; Artikel Ernst Albert Fabarius, in: Otto Renkhoff, Nassauische Biographie. Kurzbiographien aus 13 Jahrhunderten, Wiesbaden 1992 (2. Aufl.), Nr. 1016, S. 182; Marianne Harries, Artikel Ernst Albert Fabarius, in: NDB, Bd. 4, Berlin 1959, S. 717f.

ein. Bei allen Kolonialmächten hatte sich seit dem späten 19. Jahrhundert die Überzeugung durchgesetzt, dass sie ihre Kolonialreiche durch eine wissenschaftlich fundierte Politik festigen müssten.[22] In Deutschland begann diese Entwicklung kolonialer Kompetenzen mit der Einrichtung des Seminars für orientalische Sprachen in Berlin im Oktober 1887. Es war in erster Linie für die Ausbildung zukünftiger Kolonialbeamter gedacht, aber auch für Offiziere der Schutztruppe sowie Handlungsreisende. Neben den »orientalischen Sprachen«, wurden afrikanische Sprachen, Tropenhygiene, Kolonialrecht sowie Wirtschaftskunde, Geografie und Geschichte der Kolonien unterrichtet.[23]

Wirtschaft und Regierung erwarteten vor allem Hilfe bei der Lösung agrarwissenschaftlicher Fragen in den Kolonien. Der erste Gouverneur von Kamerun, Julius Freiherr von Soden, regte zur Erprobung des Anbaus tropischer Nutzpflanzen die Anlage eines Versuchsgartens in Viktoria (heute Botanischer Garten Limbe) an, der 1889 eröffnet wurde. In den kommenden Jahren sollten weitere Versuchsgärten in Misahöhe bei Sokonde in Togo und in Simpsonhafen auf

22 Vgl. Dirk van Laak, Imperiale Infrastruktur. Deutsche Planungen für eine Erschließung Afrikas 1880 bis 1960, Paderborn 2004, S. 130; ders., Welt, S. 81ff.; Andrew Zimmerman, Ruling Africa. Science as Sovereignty in the German Colonial Empire and Its Aftermath, in: Bradley Naranch/Geoff Eley (Hg.), German Colonialism in A Global Age, Durham/London 2014, S. 93-108. Vgl. zu den Reformbestrebungen, die eng mit dem Kolonialstaatssekretär Bernhard Dernburg verbunden waren: Franz-Josef Schulte-Althoff, Koloniale Krise und Reformprojekte. Zur Diskussion über eine Kurskorrektur in der deutschen Kolonialpolitik nach der Jahrhundertwende, in: Heinz Dollinger/Horst Gründer/Alwin Hanschmidt (Hg.), Weltpolitik – Europagedanke – Regionalismus. Festschrift für Heinz Gollwitzer zum 65. Geburtstag, Münster 1982, S. 407-425; Werner Schiefel, Bernhard Dernburg – 1865-1937. Kolonialpolitiker und Bankier im wilhelminischen Deutschland, Zürich 1974, S. 80ff.

23 Vgl. zum Seminar: Das »Seminar für Orientalische Sprachen« in der Wissenschaftstradition der Sektion Asienwissenschaften der Humboldt-Universität zu Berlin, Berlin 1990; Holger Stoecker, Das Seminar für Orientalische Sprachen, in: Ulrich van der Heyden/Joachim Zeller (Hg.), Kolonialmetropole Berlin. Eine Spurensuche, Berlin 2002, S. 115-122; ders., Afrikawissenschaften in Berlin von 1919 bis 1945. Zur Geschichte und Topographie eines wissenschaftlichen Netzwerkes, Stuttgart 2008, S. 39ff.; Lothar Burchardt, The School of Oriental Languages at the University of Berlin – Forging the Cadres of German Imperialism?, in: Benedikt Stuchtey (Hg.), Science across the European Empires, 1800-1950, Oxford 2005, S. 63-105. Zur dortigen Ausbildung von Kolonialbeamten: Louis Hamilton, Colonial Education in Germany, in: United Empire, 2 (1911) 1, S. 27-37, hier S. 31ff.; Jake Wilton Spidle jr., The German Colonial Civil Service: Organization, Selection, and Training, Ph.D. Stanford University 1972, S. 272ff.; Jens Ruppenthal, Kolonialismus als »Wissenschaft und Technik«. Das Hamburgische Kolonialinstitut 1908 bis 1919, Stuttgart 2007, S. 37ff.

Neuguinea folgen.[24] Als Beratungsinstanz für den landwirtschaftlichen Sektor, in erster Linie aber als Koordinationsstelle des Pflanzentransfers von und in die Kolonien, gründete die Kolonialabteilung des Auswärtigen Amts 1891 die Botanische Zentralstelle für die Kolonien. Sie fungierte als Bindeglied zwischen Wissenschaft und kolonialwirtschaftlichen Interessen.[25] Ähnliches gilt auch für das unter Führung des Berliner Geschäftsmanns Karl Supf 1896 gegründete Komitee zur Einführung der Erzeugnisse aus deutschen Kolonien, das sich ein Jahr später in Kolonialwirtschaftliches Komitee (KWK) umbenannte. Es sollte die wissenschaftlichen und wirtschaftlichen Vorarbeiten zur intensiveren Erschließung und Entwicklung der Kolonien leisten. Dazu finanzierte es unter anderem Expeditionen und Studienreisen in diese Gebiete.[26]

Die Choleraepidemie von 1892 hatte zur Folge, dass Hamburger Politiker sich unter anderem für die Einrichtung eines Instituts für Schiffs- und Tropenkrankheiten in der Stadt einsetzten, die am 1. Oktober 1900 erfolgte. Das Institut fand seinen Aufgabenschwerpunkt in der Kolonialmedizin, avancierte zur führenden Ausbildungsinstitution für künftige Kolonialärzte und versorgte aus den Kolonien zurückkehrende Kranke. Darüber hinaus machte es sich auch in der tropenmedizinischen Forschung rasch einen Namen.[27] Ebenfalls in Hamburg entstand 1908 das Kolonialinstitut. Es sollte vor allem theoretisches Wissen ver-

24 Vgl. Katja Kaiser/Heike Hartmann, Berlin: Botanischer Garten und Botanisches Museum. Pflanzenjagd und koloniale Landwirtschaft, in: van der Heyden/Zeller, Kolonialismus, S. 145-149; Stefan Schneckenburger, Botanische Gärten in der Zeit des Kolonialismus. Auf der Jagd nach dem »Grünen Gold«, in: Biologie in unserer Zeit, 40 (2010) 6, S. 411-419.

25 Vgl. Bernhard Zepernick, Die Botanische Zentralstelle für die deutschen Kolonien, in: van der Heyden/Zeller, Kolonialmetropole, S. 107-111; ders., Zwischen Wirtschaft und Wissenschaft – die deutsche Schutzgebiets-Botanik, in: Berichte zur Wissenschaftsgeschichte, 13 (1990) 4, S. 207-217; Friedrich Karl Timler/Bernhard Zepernick, German Colonial Botany, in: Berichte der Deutschen Botanischen Gesellschaft, Bd. 100 (1987), S. 143-168, hier S. 147ff.; Michael Flitner, Sammler, Räuber und Gelehrte. Die politischen Interessen an pflanzengenetischen Ressourcen 1895-1995, Frankfurt a.M./New York 1995, S. 24ff.

26 Vgl. van Laak, Infrastruktur, S. 122; Geo A. Schmidt, Das Kolonial-Wirtschaftliche Komitee. Ein Rückblick auf seine Entstehung und seine Arbeiten aus Anlaß des Gedenkjahres 50-jähriger deutscher Kolonialarbeit, Berlin 1934; Richard V. Pierard, A Case Study in German Economic Imperialism: The Colonial Economic Committee, 1896-1914, in: The Scandinavian Economic History Review, 16 (1968) 2, S. 155-167.

27 Vgl. Stefan Wulf, Das Hamburger Tropeninstitut 1919 bis 1945. Auswärtige Kulturpolitik und Kolonialrevisionismus nach Versailles, Berlin/Hamburg 1994; Bernhard-Nocht-Institut Hamburg 1900-2000. Eine Ausstellung zum 100-jährigen Bestehen des Tropeninstituts, hg. vom Bernhard-Nocht-Institut, Hamburg 2000; Erich Mannweiler, Geschichte des Instituts für Schiffs- und Tropenkrankheiten in Hamburg, 1900-1945, Keltern-Weiler 1998; Ruppenthal, Kolonialismus, S. 86ff.

mitteln, keine Konkurrenz für die bereits bestehenden Institute darstellen und vorrangig Kolonialbeamte ausbilden.[28]

Das Biologisch-Landwirtschaftliche Institut Amani in Deutsch-Ostafrika wurde 1902 durch Gouverneur Adolf Graf von Götzen in Ost-Usambara gegründet. In seiner Gründungsverfügung betonte er, dass das Institut neben seinen Aufgaben zur Unterstützung deutscher Pflanzer auch zur Förderung der »Eingeborenenkulturen« und zur Erforschung der Flora und Fauna von Deutsch-Ostafrika bestimmt sei. Der holländische Botanische Garten in Buitenzorg[29] auf Java diente als Vorbild für Amani, das zur damaligen Zeit die größte landwirtschaftliche Versuchsstation in Afrika war.[30]

Nicht nur der deutsche, sondern auch der internationale Rahmen zeichnete sich in dieser Zeit durch eine Verwissenschaftlichung der Kolonialpolitik aus.[31] Als Vorbilder für Aufbau und Konzeption der Deutschen Kolonialschule diente die 1876 gegründete Reichsackerbauschule in Wageningen,[32] in weitaus stärkerem Maße allerdings die 1887 als Privatinstitution, aber mit Unterstützung der

28 Vgl. ebd.; Dörte Fouquet, Die Gründung der Hamburgischen Universität, Potsdam 1999, S. 71 ff.; Johanna Elisabeth Becker, Die Gründung des Deutschen Kolonialinstituts in Hamburg. Zur Vorgeschichte der Hamburgischen Universität, Mag.-Arbeit Hamburg 2005.

29 Vgl. Robert R. Reed, Remarks on the Colonial Genesis of the Hill Station in Southeast Asia with Particular Reference to the Cities of Buitenzorg (Bogor) and Baguio, in: Asian Profile, 4 (1976) 6, S. 545-591.

30 Vgl. Detlef Bald/Gerhild Bald, Das Forschungsinstitut Amani. Wirtschaft und Wissenschaft in der deutschen Kolonialpolitik, Ostafrika 1900-1918, München 1972; William Nowell, The Agricultural Research Station at Amani, London 1934; Christopher A. Conte, Highland Sanctuary. Environmental History in Tanzania's Usambara Mountains, Athens 2004, S. 41 ff.

31 Vgl. bspw.: Benedikt Stuchtey (Hg.), Science across the European Empires, 1800-1950, Oxford 2005; Nathan Reingold/Marc Rothenberg (Hg.), Scientific Colonialism. A Cross-Cultural Comparison, Washington/London 1987; Michael A. Osborne, Nature, the Exotic, and the Science of French Colonialism, Bloomington/Indianapolis 1994; Helen Tilley/Robert J. Gordon (Hg.), Ordering Africa. Anthropology, European Imperialism, and the Politics of Knowledge, Manchester/New York 2007; Richard Drayton, Nature's Government. Science, Imperial Britain, and the ›Improvement‹ of the World, New Haven/London 2000; Harro Maat, Science Cultivating Practice. A History of Agricultural Science in the Netherlands and its Colonies, 1863-1986, Dordrecht/Boston/London 2001; Emmanuelle Sibeud, Une Science Impériale Pour L´Afrique? La construction des saviors africaniste en France 1878-1930, Paris 2002.

32 Vgl. Louk de la Rive Box, Moving downstream upwards, in: Informatie. Voorlichtingsdienst Ontwikkelingssamenwerking van het ministerie van Buitenlandse Zaken, (1992) 9 vom 27.2.1992, S. 1-12. Für einen breiteren Überblick vgl.: Maat, Science, bes. S. 83 ff.

britischen Regierung gegründete Colonial College and Training Farms Limited in Hollesley Bay bei Harwich.[33] Im Herbst 1898 besuchte Fabarius beide Schulen.[34] Besonderen Eindruck hinterließ bei ihm offensichtlich das Colonial College. Dort gingen die Betreiber von einer ähnlichen Ausgangslage wie in Deutschland aus: Man beklagte die versagenden Kolonisatoren aus der Mittel- und Oberschicht (die »Gentlemen Emigrants«), die sich mehr für Sport und Alkohol als für handfeste Arbeit interessierten. Um robuste und zähe Kolonisten zu formen, wurde ein Lehrprogramm geboten, das von Veterinärmedizin bis zum Tischlerhandwerk reichte. Kolonialerfahrene Anleiter führten in die Praxis kolonialer Landwirtschaft ein. Daneben waren Leiter und Lehrkräfte emsig darum bemüht, unter den Schülern einen stärkeren Sinn für das Empire und ihre eigene spätere Rolle als »imperiale Kreuzritter« zu wecken. Pro Jahr besuchten etwa 50 Schüler das College, bis zum Jahre 1900 verließen es über 700 Absolventen. Ein hohes Schulgeld machte den Zweijahreskurs nur für eine soziale Auswahl an Schülern erschwinglich. Nach Ansicht des Leiters der Anstalt, Professor Robert Johnson, war der »ideale Kolonist« ein guter, gesunder Alleskönner. Johnson galt als eine charismatische Figur, als Freund und Mentor der Absolventen. Indem er die Kolonisation als einen qualifizierten Beruf betrachtete und propagierte, gelang es ihm, aus der Ansiedlung in Übersee eine respektable Karriere für ehemals überzählige »gentlemen« zu machen. »›Bright-eyed, clean-limbed, and high-minded‹, the Tom Browns who followed his regimen were ready and fit for a great many careers which might otherwise have been denied to them.«[35]

33 Vgl. Patrick A. Dunae, Education, emigration and empire: the Colonial College, 1887-1905, in: James A. Mangan (Hg.), ›Benefits Bestowed‹? Education and British Imperialism, Manchester 1988, S. 193-210; Robert Johnson, The Colonial College, Hollesley Bay, Suffolk (http://nzetc.victoria.ac.nz/tm/scholarly/tei-Stout62-t2-back-d1-d7.html).

34 Vgl. Fabarius, Kolonialschule, S. 15; Ausländische Kolonialschulen, in: DKP, 1 (1900/01) 1, S. 39-40; Ruppenthal, Kolonialismus, S. 44. Zum Besuch von Fabarius vgl. Protokoll der ersten Aufsichtsratssitzung vom 23. Mai 1898 im Fürstlichen Schlosse zu Neuwied, in: StAM, 314/1, Nr. 142, unpag.; Moritz Schanz, Die deutsche Kolonialschule in Witzenhausen, Berlin 1910 (Beihefte zum Tropenpflanzer, Bd. XI, Nr. 6, September 1910, S. 393-468), hier S. 413.

35 Vgl. Dunae, Education (Zitate S. 208). Gelobt wurde das Colonial College bereits in einer zeitgenössischen deutschen Darstellung aus dem Jahre 1894, einem Überblick über die Ausbildung der Kolonialbeamten anderer Kolonialmächte, der im Auftrage der DKG zusammengestellt wurde und Fabarius offensichtlich als direkte Vorlage diente. Vgl. Max Beneke, Die Ausbildung der Kolonialbeamten, Berlin 1894, S. 48f.

2. Formative Jahre: Die Entwicklung der Schule bis 1914

Aufgaben und Leitbild

Im Frühjahr 1901 konnte Fabarius feststellen, dass von den insgesamt 64 bislang eingetretenen Schülern bereits 20 im Ausland tätig waren. Auf der anderen Seite musste er aber gleichzeitig registrieren, dass zehn Schüler sehr schnell als ungeeignet wieder ausgewiesen werden mussten und weitere sechs aus gesundheitlichen Gründen die Anstalt verließen. Die Veröffentlichung dieser Zahlen sollte die Absicht der Schulleitung dokumentieren, an den aufgestellten Grundsätzen der Anstalt festzuhalten und nicht »gescheiterten Existenzen« als Sprungbrett ins Ausland dienen zu wollen. Vielmehr betonte sie: »Die besten, jungen deutschen Söhne sind für unsere Anstalt und den Kolonialberuf gerade gut genug!«[36] Die Aufgaben der Kolonialschule ergaben sich für Fabarius auch aus der Diskrepanz, dass sich potenzielle Siedler für die Kolonien aus Handwerker- und Bauernkreisen kaum fanden, auf der anderen Seite es aber in den mittleren Schichten der »gebildeten Stände« einen Überfluss an jungen Kräften gäbe, die im Inland keine adäquate Beschäftigung fänden.[37]

»Fähigkeit, Geschick und Ausdauer für körperlich praktische Arbeit!« – In diesen Eigenschaften sah er die Voraussetzungen für den »kolonialen Herrenmenschen«. Das umfasste für ihn aber eben auch die unermüdliche, zähe und zupackende Mitarbeit der künftigen »Kolonialpioniere«. Sie sollten nicht wie die oft verspotteten reichen »Stoppelhopser« vom hohen Ross aus den Betrieb leiten wollen, sondern müssten morgens die Ersten und abends die Letzten sein. Fabarius predigte fleißige und angestrengte Arbeit an Stelle von Abwechslung und Vergnügen.[38]

Die vielseitigen Aufgaben dieses »Kulturpioniers« erforderten eine möglichst breite Ausbildung. Diese sollte Theorie, Praxis und charakterliche Schulung eng verknüpfen. Fabarius wehrte sich gegen den oft erhobenen Vorwurf, die Schule erzöge durch die Fülle des Stoffes nur Dilettanten. Sie wolle vielmehr bewusst

36 Vgl. Fabarius, Rückblick und Ausblick, in: DKP, 1 (1900/01) 4, S. 5-7 (Zitat S. 7).

37 Abschrift eines Schreibens des Direktors der Deutschen Kolonialschule, Fabarius, an Ernst zu Hohenlohe-Langenburg, Leiter der Kolonialabteilung des AA, vom 8.2.1906, in: BAB, R 1001, Nr. 1141, Bl. 84 (im Anhang »Denkschrift über einige kolonialpolitische und Siedelungsaufgaben, vertreten durch die Deutsche Kolonialschule«, Bl. 85-94). Die Denkschrift findet sich auch in: BAB, R 151 F, Nr. 82871, Bl. 2-11.

38 Vgl. Ernst Albert Fabarius, Ausbildung für den Kolonialdienst (Sonderdruck aus: Deutsches Kolonial-Jahrbuch, 2. Jg., 1909), zit. nach: DITSL-Bibliothek, Schriften, unpag.

lediglich ein Fundament legen, auf dem sich jederzeit aufbauen ließe. Damit der zukünftige Kolonialpionier draußen seinen ›Mann stehen‹ könne, bedürfe es aber vor allem der Charakterbildung.[39]

In anderem Zusammenhang resümierte Fabarius die Ziele der Schule; er betonte dabei die praktischen Arbeiten, die einen so breiten Raum einnähmen, wie an keiner anderen höheren Bildungsanstalt. Dazu käme die »gesellschaftliche« Schulung hinsichtlich Lebensart und Auftreten sowie die Prüfung der sittlichen Qualitäten durch das enge Zusammenleben in der Hausgemeinschaft. Die dort herrschende dienstliche Disziplin und Ordnung erinnere an die einer Kriegsschule. Im Gegensatz zu einer solchen sei sie allerdings frei von Engherzigkeit und Schulmeisterei, biete vielmehr ein weitgehendes Maß an Selbstverwaltung.[40]

Wie das Beispiel von Matthias Erzberger, damals kolonialpolitischer Sprecher der Zentrums-Fraktion im Reichstag, zeigt, waren die grundsätzlichen Forderungen von Fabarius offensichtlich in kolonialen Kreisen sehr verbreitet. Auch Erzberger sah den idealen Kolonisten als Christen und Deutschen. Unter keinen Umständen sollten »verkrachte Existenzen« in die Kolonien gehen. Eine spezielle Vorbildung für Koloniallandwirte hielt Erzberger für sehr erwünscht; wer es sich leisten könne, solle diese in der Heimat absolvieren. Genau diesen Zwecken diene die Deutsche Kolonialschule in Witzenhausen.[41]

Einen permanenten Diskussionspunkt bildete in diesen frühen Jahren die konfessionelle Ausrichtung der Schule. Laut Erhard August Scheidt, dem Vorsitzenden des Aufsichtsrats, gab es keinen äußeren Zusammenhang zwischen der Gesellschaft und der evangelischen Mission und einen inneren nur insoweit, als der Charakter der Gesellschaft evangelisch sei. Das verhindere aber nicht die Aufnahme katholischer Schüler.[42] Später schlug der Aufsichtsrat vor, die Satzung in diesem Punkt der dezidiert evangelischen Ausrichtung zu ändern. Nun

39 Vgl. Fabarius, Bedeutung, S. 48; Hoffmann, Kolonialexperten, S. 108f.

40 Vgl. E.A. Fabarius, Die Vorbildung der Kolonialbeamten und die Deutsche Kolonialschule, in: DKP, 3 (1902/03) 1/2, S. 49-58, hier S. 50. Vgl. auch: Deutsche Kolonialschule Witzenhausen-Wilhelmshof a.d. Werra, Berlin o.Dat. (1905/07), S. 4.

41 Vgl. Matthias Erzberger, Kolonial-Berufe. Ratgeber für alle Erwerbsaussichten in den deutschen Schutzgebieten, Berlin 1912, S. 42.

42 Vgl. Nachrichten aus Wilhelmshof, in: DKP, 1 (1900/01) 1, S. 13-15, hier S. 14. Vgl. zur Rolle der Missionsgesellschaften nach wie vor: Horst Gründer, Christliche Mission und deutscher Imperialismus. Eine politische Geschichte ihrer Beziehungen während der deutschen Kolonialzeit (1884-1914) unter besonderer Berücksichtigung Afrikas und Chinas, Paderborn 1982. Ferner: Nils Ole Oermann, Mission, Church and State Relations in South West Africa under German Rule (1884-1915), Stuttgart 1999; Andrew Porter, ›Cultural imperialism‹ and protestant missionary enterprise, 1780-1914, in: The Journal of Imperial and Commonwealth History, 25 (1997) 3, S. 367-391; Ulrich van der Heyden, Christian Missionary Societies in the German Colonies, 1884/85-1914/15, in: Volker Langbehn/Mohammad Salama

sollte die Ausbildung in »deutsch-christlichem und ausgeprägt nationalem Geiste« erfolgen. Grund für die vorgeschlagenen Veränderungen war die Tatsache, dass die Betonung des konfessionellen Charakters Schwierigkeiten bei der Akquirierung von Reichsmitteln bereitete. Insofern verfolgte man damit eher ein taktisches Kalkül; der rein evangelische Charakter der Anstalt sollte gewahrt bleiben.[43]

Kolonialpädagogik

Insgesamt kann man Fabarius den Reformern im Kaiserreich zuordnen, die das Kolonialsystem nicht ablehnten, aber für eine effektivere Form der Ausbeutung und einen damit verbundenen gewissen Schutz der indigenen Bevölkerung plädierten. Stellvertretend für diese Position wird landläufig der Kolonialstaatssekretär Bernhard Dernburg genannt, dessen »neuer Kurs« auch für eine Verwissenschaftlichung der Kolonialpolitik und eine bessere Ausbildung der Kolonialbeamten stand. Im Falle von Fabarius kann man überdies von einem kulturimperialistischen Standpunkt ausgehen. Sein Kulturbegriff war vor allem geprägt von »typisch deutschen« Tugenden wie Arbeitseifer, Kampfgeist, Nationalstolz und religiösen Elementen. Die deutsche »Kulturmission« sah er als eine Pflicht an, allerdings stand diese Haltung nicht im Gegensatz zu jener der meisten anderen europäischen Kolonialmächte, etwa zur französischen »Mission civilisatrice« oder der britischen »White man's burden«.[44]

Um seine »Kulturpioniere« für diese Mission auszubilden und zu formen, entwickelte Fabarius eine eigene »Kolonialpädagogik«.[45] Dabei drängt sich die Frage auf, welche Spezifika sie aufwies, vor allem im Vergleich mit der im Kaiserreich ansonsten gängigen Pädagogik. Sicher war der in den Kolonien gesteckte Rahmen ein ganz anderer, es gab größere Freiheiten, weniger staatliche und soziale Kontrolle, damit aber auch mehr gefährliche »Versuchungen«. Und auch

(Hg.), German Colonialism. Race, the Holocaust, and Postwar Germany, New York 2011, S. 215-253.

43 Vgl. 31. Sitzung des Aufsichtsrats der DKS am 28. und 29. Juni 1907 in Witzenhausen, in: StAM, 314/1, Nr. 144, unpag. Vgl. allgemein dazu: Peter Wolff, Die Deutsche Kolonialschule Witzenhausen im Spannungsfeld zwischen »Kolonialkreisen«, Missiongesellschaften und Reichstag, in: Uu, Nr. 44 vom Oktober 1985, S. 17-24.

44 Vgl. Amthor, Reform, S. 13ff. und 77ff.

45 Vgl. Gülstorff, Wilhelmshof. Allgemeiner: Christel Adick, Praxis und Effekte der Kolonialpädagogik, in: Klaus E. Müller/Alfred K. Treml (Hg.), Ethnopädagogik – Sozialisation und Erziehung in traditionellen Gesellschaften. Eine Einführung, Berlin 1996 (2. Aufl.), S. 149-178; Hoffmann, Kolonialexperten, S. 110ff.

Abb. 1: Blick auf den 1905 errichteten Nordflügel (aus einem Fotoalbum aus den 1930er Jahren)

die Objekte dieser »Kulturmission« waren andere als in Deutschland, allerdings gab es interessante Parallelen, z.B. in der Arbeitserziehung.[46]

Seine pädagogischen Vorstellungen präsentierte Fabarius in paradigmatischer Form in einer Ansprache zur Einweihung des neugebauten Flügels der Kolonialschule am 21. Juni 1905. Da es sich dabei um eine Festrede handelte, fielen seine Formulierungen noch eine Spur pathetischer als sonst aus. Er wolle dem männlichen Tatendrang der Jugend, ihrem Idealismus neue Wege weisen. Darum sei Kern seiner kolonialpädagogischen Ziele der flammende Gedanke: »Und setzet ihr nicht das Leben ein – Nie wird euch das Leben gewonnen sein!« Es käme dabei primär auf die richtige Auswahl besonders geeigneter junger Männer an, deshalb betone die DKS nicht in erster Linie das schulmäßige Lernen und Wissen, sondern die Charakterbildung und -prüfung.[47] Dazu gehörten die Pflege der

46 Vgl. Sebastian Conrad, »Eingeborenenpolitik« in Kolonie und Metropole. »Erziehung zur Arbeit« in Ostafrika und Ostwestfalen, in: ders./Osterhammel, Kaiserreich, S. 107-128.

47 Die Vorstellung, eine Art Auslese vornehmen zu müssen, basierte auf der Erfahrung, dass viele der bisherigen Siedler den moralischen und physischen Anforderungen der Kolonialarbeit nicht gerecht geworden waren. Vgl. Maurus Reinkow-

festen Zucht und Selbstzucht, der Zuverlässigkeit und des Pflichtbewusstseins sowie eine Gewöhnung an tägliche angespannte Arbeitsleistung. Allen diesen Zielen diene das in Deutschland für diese Altersstufen der gebildeten Jugend – im Gegensatz zu England und Amerika – unübliche Internatsleben. Dieses biete einen festen Rahmen, geprägt durch Korpsgeist, ritterliche Gesinnung und Kameradschaft. Korsettstangen der Erziehung bildeten nach Fabarius die Übungen in Autoritätssinn, Disziplin, Ordnung und Unterordnung, die er für die späteren Aufgaben der Absolventen für essenziell hielt. Das zweite Spezifikum dieser Erziehung, neben dem Internatsleben, lag in der engen Verbindung zwischen Theorie und Praxis. Damit grenze sich die Kolonialschule von verwandten höheren Bildungsanstalten landwirtschaftlicher, gärtnerischer und technischer Art ab.[48]

So bilde die Kolonialschule eine vollständige Welt im Kleinen, besonders hinsichtlich der Organisation der Schüler. Gegen die verbreitete Abneigung sich unter unmittelbare Wirkung erzieherischer Einflüsse und Schranken zu stellen, sei mit dem Grundsatz »Biegen oder Brechen« nichts auszurichten. Für die seiner Ansicht nach beste pädagogische Lösung griff Fabarius auf das Bild des Gärtners, des göttlichen Gärtners, zurück. Das bedeutete für ihn das Erziehen als das Wachsen lassen, Leben lehren zu interpretieren. Es komme auf die Stärkung der eigenen Lebenskraft, des eigenen Strebens, der vorhandenen Lust am Vorwärtskommen an. Deshalb müssten Selbsterziehung und Selbstzucht, Selbstregierung und Selbstdisziplin leitende Grundsätze sein. So lebe man in Witzenhausen in einem winzigen konstitutionellen Staate, wo Ordnung und Dienst, Rechte und Pflichten, Arbeit und Feier getragen würden von dem zusammengefassten Willen und Verständnis der Gesamtheit.[49]

Ein weiteres Axiom der in Witzenhausen praktizierten »Kolonialpädagogik« lautete: »Otiosis locus hic non est.« Diese Mahnung, dass in der Kolonialschule für Faulenzer kein Platz sei, bestimmte die komplette Tagesordnung. Nach Ansicht von Fabarius bedeutete das vor allen Dingen, dort arbeiten zu lernen und die Arbeit mit Freude zu tun. Gerade die sogenannten mechanischen Arbeiten

ski/Gregor Thum, Helpless Imperialists: Introduction, in: dies. (Hg.), Helpless Imperialists. Imperial Failure, Fear and Radicalization, Göttingen 2013, S. 7-20.

48 Vgl. Fabarius, Rückblick und Ausblick, in: DKP, 5 (1904/05) 4, S. 7-56 (Zitate S. 17). Vgl. allgemein zur Internatserziehung: Gernot Gonschorek, Erziehung und Sozialisation im Internat. Ziele, Funktionen, Strukturen und Prozesse komplexer Sozialisationsorganisationen, München 1979; Herbert Kalthoff, Wohlerzogenheit. Eine Ethnographie deutscher Internatsschulen, Frankfurt a.M./New York 1997.

49 Vgl. Deutsche Kolonialschule Witzenhausen-Wilhelmshof a.d. Werra, Berlin o.Dat. (1905/07), S. 22ff. (Zitat S. 24). Insofern kann man die DKS den von Erving Goffman analysierten »totalen Institutionen« wie Klöstern, Gefängnissen oder psychiatrischen Anstalten zurechnen. Vgl. Erving Goffman, Asyle. Über die soziale Situation psychiatrischer Patienten und anderer Insassen, Frankfurt a.M. 1973, S. 13ff.; Klaus Johann, Zwischen Idylle und Grauen, in: Die Zeit vom 23.4.2010.

sah er dabei als pädagogischen Prüfstein für die praktische Brauchbarkeit und Leitungsfähigkeit der jungen Leute. Die ohnehin oft recht verwöhnten jungen Leute würden ohne das Gegengewicht eines gewissen Arbeitsdrills tatsächlich zu »Kulturpionieren in Lackstiefeln«, zu unbrauchbaren und überstudierten Leuten.[50]

Kritische Stimmen bewerten die Pädagogik und die Lerninhalte als eher rückwärtsgewandt, trotz des postulierten zukunftsweisenden Modernitätsanspruchs der Kolonialschule. Demnach standen sie in engem Zusammenhang mit den sogenannten Stiehlschen Regulativen, also den vom Geheimen Oberregierungsrat im Preußischen Kultusministerium, Anton Wilhelm Ferdinand Stiehl, inspirierten Preußischen Regulativen für das Volksschul-, Präparanden- und Seminarwesen vom Oktober 1854. Ihr Inhalt war geprägt vom Ziel, die Jugend zu erziehen in christlicher, vaterländischer Gesinnung wie häuslicher Tugend. Die entsprechenden Schlagworte lauteten: Kirchliche Gläubigkeit, Liebe zum Herrscherhaus, Kenntnisse für das praktische Leben. Die didaktischen Grundsätze betonten größere Klarheit und Schärfung des Urteils, Sicherheit der Kenntnisse, Vertiefung der Bildung, die Beschränkung des Lern- und Wissensstoffes auf das Wesentliche etc. Die DKS stand, wie gezeigt werden konnte, immer im Zusammenhang mit protestantischer Frömmigkeit. In der Liebe zum Herrscherhaus ließen sich die Ideen des von Fabarius vertretenen Nationalismus verorten und über die dominierende Praxisorientierung der Ausbildung wurde berichtet.[51]

Die innere Ordnung

Die innere Ordnung des Schul- und vor allem des Internatslebens stand in engstem Zusammenhang mit der skizzierten Kolonialpädagogik. Eine Fülle von »Ordnungen«, von der Haus- bis zur Bootshausordnung, regelte sämtliche Lebensbereiche. Das ist für alle Formen von Internaten typisch, die DKS stellte aber geradezu ein Paradebeispiel für ein solches »Haus der Regeln« dar.[52] Daneben traten ein hierarchisch strukturiertes System der Schüler selbst, mit Stubenältesten, Praktikantenältesten etc. sowie eine eigene Gerichtsbarkeit, die de-

50 Vgl. Fabarius, Rückblick und Ausblick, in: DKP, 8 (1907/08) 1, S. 7-14.

51 Vgl. Wieditz, Gründung, S. 41. Zu den Stiehlschen Regulativen vgl.: Herrlitz u.a., Schulgeschichte, S. 59ff. Interessant erscheint in diesem Zusammenhang der Hinweis auf die Stiehlschen Regulative als Vorbild deutscher kolonialer Erziehung. Vgl. Edward Graham Norris, Die Umerziehung des Afrikaners. Togo 1895-1938, München 1993, S. 100ff.

52 Vgl. Klaus Johann, Grenze und Halt: Der Einzelne im »Haus der Regeln«. Zur deutschsprachigen Internatsliteratur, Heidelberg 2003; Matthias Luserke, Schule erzählt. Literarische Spiegelbilder im 19. und 20. Jahrhundert, Göttingen 1999, S. 11f.

viante Schüler bestrafte. Diese innere Zurichtung der Schüler begann bei den Mahlzeiten. Deren Ablauf und das von den Schülern erwartete Verhalten waren bis ins Kleinste reglementiert: Jede Mahlzeit begann fünf Minuten nach der durch die Hausordnung festgesetzten Zeit, maßgebend dafür war die Schuluhr. Wer erst nach dieser Zeit bzw. nach dem obligatorischen Tischgebet in den Saal trat, hatte sich beim jeweiligen Tischältesten zu entschuldigen. Hatte er keinen dienstlichen Grund, musste er fünf Pfennige in die Tischkasse zahlen. Diese Strafe wurde auch fällig bei einer Verletzung der ebenfalls detailliert beschriebenen Tischsitten – nebenbei bemerkt, hätte Norbert Elias an der Beschreibung seine helle Freude gehabt. Verboten war demnach, sein Messer an den Mund zu führen, in das Tischtuch zu schneiden oder es zu beschmutzen, seinen Teller zu überladen und damit seinen Nachbarn zu beeinträchtigten, eine Hand beim Essen beharrlich unter dem Tisch zu halten, die Ellbogen auf den Tisch zu stützen oder beim Essen zu lesen.[53]

Fabarius grenzte sich scharf gegenüber der Beurteilung der akademischen Freiheit als wertvollstem Prinzip höherer deutscher Bildung ab, er hielt sie für einen pädagogischen Nationalirrtum. Sie behindere die Mehrzahl der deutschen Hochschüler beim sorgsamen Studium; diese müssten in der Regel erst nach ihrer Hochschulzeit intensive Arbeit wieder erlernen. Für die ganz andere Organisation der Ausbildung in Witzenhausen sprachen für ihn dienstliche Gründe wie die angestrebte Nutzung jeder verfügbaren Stunde. Jedoch seien pädagogische Gesichtspunkte für diese Organisationsform genauso wichtig. Allein schon die Gefahr der Cliquenbildung und Zersplitterung in kleinere Interessengruppen oder gar »Kneipgesellschaften« machte für Fabarius den Gedanken an eine Unterbringung der Schüler in »Studentenbuden« vollkommen unmöglich. Zu dieser inneren Ordnung gehörten aber auch die Kameradschaft und Freundschaft untereinander, die Pflege von Sport, Spiel, Musik und freien Künsten, Wanderungen und Bootsfahrten.[54]

Damit die Charakterbildung in die richtige Richtung lief, reglementierte eine strikte Hausordnung das Zusammenleben. Von den Schülern wurde erwartet, dass ihr Benehmen dem Anstaltsleben »das Gepräge einer feinen und guten christlichen Sitte« verlieh. Dazu gehörten auch der Gehorsam und die Achtung gegenüber dem Direktor sowie den Lehrern und Beamten, deren dienstliche Anordnungen sie genau und pünktlich zu befolgen hatten. Für die Einhaltung der diversen Regelungen hatte ein unter dem Vorsitz des Direktors stehender Ehren-

53 Vgl. Tischordnung von Wilhelmshof – Deutsche Kolonialschule vom Mai 1900, in: AD, Sammlung Baum, DKS-Dokumente, unpag.; Norbert Elias, Über den Prozeß der Zivilisation. Soziogenetische und psychogenetische Untersuchungen, Frankfurt a. M. 1976, bes. Bd. 1, S. 110ff.

54 Vgl. Direktor Fabarius, Geist und Aufgaben der Hausordnung und Kameradschaft von Wilhelmshof, in: DKP, 4 (1903/04) 1, S. 7-15, hier S. 8ff.

rat zu sorgen, der zu Ende jedes Halbjahrs von den Schülern aus ihrer Mitte gewählt wurde.[55]

Schule oder Universität: Der Konflikt mit Fesca

Ein Konflikt zog sich durch die Geschichte der DKS und ihrer Nachfolgeinstitutionen hindurch: Die Frage, ob sie eher schulischen oder universitären Charakter haben sollte. Dieser Streit kulminierte früh in einer persönlichen Auseinandersetzung zwischen Fabarius und dem Dozenten Max Fesca.[56] Ein Absolvent berichtete, er habe 1902 zum ersten Mal anlässlich eines Festes in einem kleinen Kreis zu vorgerückter Stunde eine Rede Fescas angehört, die darauf hinauslief, dass sich die Kolonialschule notwendig zu einer Kolonialen Akademie entwickeln müsse.[57]

Den vorläufigen Höhepunkt der Auseinandersetzung um den Charakter der Anstalt bildete dann ein Streik der Schülerschaft am 25. Februar 1909. Unmutsäußerungen der Schüler über das Ausmaß der körperlichen Arbeit und die strenge Zucht auf der Schule hatte es schon länger gegeben, und nun forderten sie mehr akademische Freiheiten und weniger Routinearbeiten. Fesca schlug sich auf die Seite der Schüler, unterstützte ihr Anliegen und warf Fabarius zu große Strenge vor.[58] Der Vorfall des Schülerstreiks zog weite Kreise, wurde Thema in der Presse und erreichte sogar den Reichstag. In der Debatte um den Reichshaushalt ging es am 3. März 1909 um das Budget des Reichskolonialamts und damit auch um die Unterhaltskosten der DKS. Philipp Scheidemann, aus Kassel stammender SPD-Abgeordneter, nahm den Schülerstreik zum Anlass, Beschwerden über die Kolonialschule vorzubringen. Er kritisierte die Art und Weise, wie dort gelehrt werde als »eine wenig erfreuliche«. Laut Scheidemann erzog die Schule zum »Byzantinismus, das heißt zur Kriecherei nach oben«. Ihre Pädagogik bedürfe »einer gründlichen Reparatur«, und er ersuchte den Staatssekretär, »einmal gründlich nachzusehen«.[59]

55 Vgl. Lehr- und Anstaltsplan der DKS vom Januar 1906, S. 26f. (Zitat S. 26), in: AD, AHV, Akte Lehr- und Anstaltspläne, unpag.

56 Fesca war Professor für tropische und heimische Landwirtschaft an der DKS, ein (auslands)erfahrener, renommierter Fachmann. Vgl. Otto Wenig (Hg.), Verzeichnis der Professoren und Dozenten der Rheinischen Friedrich-Wilhelms-Universität zu Bonn 1818-1968, Bonn 1968, S. 73; Artikel Max Fesca, in: Biographien, unpag.; Ruppenthal, Kolonialismus, S. 198.

57 Vgl. Schreiben von Heinrich Hüttenhain an Direktor Fabarius vom 9.1.1910, in: AD, SA Heinrich Hüttenhain, Mappe 1901-1912, Bl. 95-101, hier Bl. 95.

58 Vgl. Baum, Daheim, S. 61f.

59 Vgl. Protokoll der 218. Sitzung des Reichstages am 3. März 1909, S. 7304-7306 (Zitate S. 7304f.), zit. nach: AD, Direktoren, Fabarius, unpag. Vgl. dazu auch: Baum, Daheim, S. 63f.

In der Aufsichtsratssitzung am 30. Juli 1909 legte Fesca seine Ansichten über die pädagogischen und wirtschaftlichen Verhältnisse der Anstalt dar, die in einem grundsätzlichen Gegensatz zu denen von Fabarius standen. Das Kuratorium hielt daher eine Zusammenarbeit beider in der bisherigen Art und Weise nicht mehr für möglich und bat Fabarius einstimmig, sein eingereichtes Entlassungsgesuch zurückzuziehen. Dieser stimmte zu, forderte gleichzeitig aber weitere Punkte ein: Der wichtigste war die Absicht, schärfere Bestimmungen über Alkoholkonsum, Nachturlaub etc. einzuführen. Der Internatscharakter der Anstalt verlange die »rücksichtslose Entfernung ungeeigneter Elemente und strenges Festhalten an der in der Satzung festgelegten Richtung«.[60]

Die Hauptversammlung, die einen Tag später stattfand, nahm das Thema erneut auf. Der Vorsitzende Scheidt monierte, dass sich im letzten Semester in den tonangebenden Kreisen der Kolonialschüler »ein unerfreulicher Drang nach größerer studentischer Freiheit und Bestrebungen gegen die ursprünglichen Grundsätze und Ziele« der Kolonialschule bemerkbar gemacht habe. Das Kuratorium war gewillt, an den bisherigen Grundsätzen festzuhalten und legte Fesca den Rücktritt von seiner Tätigkeit nahe.[61] Dessen Abschiedsgesuch ging zehn Tage später ein. Er begründete es mit seinen abweichenden pädagogischen Ansichten, die von denen des Direktors grundverschieden seien. Mit dem Streik hätten die Schüler gegen die sich mit der Zeit steigernde Willkür protestiert, was ihm gezeigt habe, dass eine humane und gerechte Behandlung die Leitlinie bilden müsse.[62]

Fabarius berichtete mehreren, ihm nahestehenden ehemaligen Schülern über den Konflikt aus seiner Sicht. Er klagte darüber, dass bereits im letzten Jahr bei den Schülern eine übertriebene Neigung bestanden habe, möglichst viel Vergnügen haben zu wollen, und andererseits sehr selbständig und frei nach studentischer Manier zu leben. Es sei bei den Kämpfen letztlich darum gegangen, ob die alten Grundsätze beibehalten werden, oder die von Fesca befürworteten Ideen von akademischer Studentenfreiheit, Aufhebung des Internats, Zurückdrängung der praktischen Arbeit und Bevorzugung der wissenschaftlichen Theorie gelten sollten.[63] Fesca habe die Attacken gegen ihn fortgesetzt, so Fabarius, mit Behauptungen von Willkürherrschaft, mangelnder Freiheit, Autokratie, Ungerech-

60 Vgl. 35. Sitzung des Aufsichtsrats der DKS 30. und 31.7.1909, S. 3ff. (Zitat S. 6), in: StAM, 314/1, Nr. 144, unpag.

61 Vgl. Zwölfte Hauptversammlung der DKS am 31.7.1909 zu Witzenhausen-Wilhelmshof, S. 2 (Zitat ebd.), in: AD, Ordner Gesellschafterversammlungen, unpag.

62 Vgl. Abschiedsgesuch von Prof. Max Fesca an das Kuratorium vom 10.8.1909, in: ebd., Dozenten, Fesca, Bl. 51.

63 Vgl. Schreiben von Direktor Fabarius an Georg Stieffel vom 9.9.1909, in: ebd., SA Georg Stieffel, unpag.; Schreiben von Direktor Fabarius an Max Richter vom 25.9.1909, in: ebd., SA Max Richter, unpag.; Schreiben von Direktor Fabarius an Otto von Scherbening vom 7.2.1910, in: ebd., SA Otto von Scherbening, unpag.

tigkeit usw. Als er dann Anfang Mai krankheitshalber sechs Wochen auf Urlaub gehen musste, »geriet die Gesellschaft hier außer Rand und Band, weil sie sich nun ganz ungebunden fühlte«. Es hätten »Freiheitssabbath« und »akademischer Selbständigkeitsvogel« geherrscht, bei einem inneren Gegensatz gegen alle Disziplin und Autorität.[64]

Dozenten und Lehrpläne

Betrachtet man die ersten Vorlesungsverzeichnisse der Deutschen Kolonialschule, so fällt zunächst die Breite des Angebots ins Auge. Über konkrete Inhalte oder gar die Qualität der jeweiligen Vorlesung bzw. des Dozenten lässt sich mangels Quellen nur schwer ein Urteil fällen. Auf jeden Fall handelte es sich bei den Dozenten häufig um ausgewiesene Fachleute.

Im Sommersemester 1899 bot Fabarius einen Abriss der Kulturgeschichte und las über die deutschen Kolonien. Chemie und Botanik zählten ebenso zu den Grundlagenfächern wie die praktische Geologie, die der Göttinger Professor Adolf von Koenen vertrat. Er war ein bekannter Geologe und Ordentliches Mitglied der Gesellschaft der Wissenschaften zu Göttingen, Mitglied der halleschen Leopoldina sowie korrespondierendes Mitglied der Preußischen Akademie der Wissenschaften.[65] Für die Tierarzneikunde war mit Geheimrat Hubert Jacob Esser ebenfalls ein Professor der Universität Göttingen verantwortlich, der das dortige Tierärztliche Institut leitete.[66] Stabsarzt a.D. Wilhelm Arning bot eine Vorlesung zur Tropengesundheitslehre an, der Pfarrer Dr. Paul Aldinger zur Nationalökonomie mit besonderer Berücksichtigung der Kolonialwirtschaft.[67] Zu den landwirtschaftlichen Fächern gehörte die Allgemeine Pflanzenbaulehre, Gemüse-, Obst- und Weinbau, Feldmesskunde sowie die Land- und Forstwirtschaft, die der Direktor der Königlich Preußischen Forstakademie Hannoversch Münden, Oberforstmeister Wilhelm Weise vertrat. Hervorzuheben ist die Tatsache, dass die Kulturtechnik von Anfang an Bestandteil des Lehrplans war; die Vorlesung hielt Prof. Karl Huppertz von der Landwirtschaftlichen Hochschule

64 Vgl. Schreiben von Direktor Fabarius an Siegfried Bötcher vom 27.9.1909, in: ebd., SA Siegfried Bötcher, Bl. 246-248 (Zitate Bl. 247f.); Schreiben von Direktor Fabarius an Albert Hager vom 17.1.1910, in: ebd., SA Albert Hager, Bl. 54-55.

65 Vgl. Josef Felix Pompeckj, Gedenkrede auf Adolf von Koenen, in Zeitschrift der Deutschen Geologischen Gesellschaft, 67 (1915) 12, S. 229-253.

66 Vgl. Adolf Tolle, Zur Geschichte der Tiermedizin an der Georgia Augusta zu Göttingen, in: Deutsche Tierärztliche Wochenschrift, 103 (1996) 10, S. 371-374, hier S. 372f.

67 Vgl. Barbara Hlauschka-Steffe/Gottfried Uber, Pfarrer Dr. Paul Aldinger in Brasilien und Kleinbottwar. Ein Lebensbild anläßlich seines 120. Geburtstages am 23. August 1989, Kleinbottwar 1989.

Bonn-Poppelsdorf.[68] Spezifisch auf die tropische Landwirtschaft ausgerichtete Vorlesungen boten Fesca (Anlage von Pflanzungen und Betrieb der Pflanzungen sowie eine weitere Vorlesung über die tropischen Nutzpflanzen) und Wohltmann an (Tropische Boden- und Klimalehre mit besonderem Bezug auf die deutschen Kolonien). An diesem Lehrprogramm und der Zusammensetzung der Dozenten änderte sich in den Folgejahren in den Grundzügen kaum etwas. Im Sommersemester 1900 übernahm Stabsarzt a.D. Dr. Karl Mense aus Kassel die Tropengesundheitslehre.[69]

Ab dem Wintersemester 1901/02 war dann der Englischunterricht Pflicht. Der Stundenplan sah von Montag- bis Sonnabendvormittag Vorlesungen im Hörsaal vor, nachmittags bis 16.30 Uhr jeweils Technik, Landwirtschaft, Laboratorium, Garten bzw. am Sonnabend Hof- und anderen Dienst, Turnen, Reiten, Fechten. Von 16.30 bis 19.00 Uhr jeweils (bis auf Sonnabend) blieb die Studierzeit, Englisch, Reiten usw. Außerdem verrichteten die Schüler tägliche Arbeiten in Feld, Garten und Stallungen.[70]

Die Vorbereitung der Schüler auf das Ausland, »das Fremde«, war in erster Linie Fabarius selbst vorbehalten, der für Kulturgeografie, Völkerkunde, Religions- und Kulturgeschichte verantwortlich war. Dazu traten einzelne Aspekte in der Tropenheilkunde sowie der tropischen Land- und Viehwirtschaft. Die Beschäftigung mit dem Fremden auf der DKS besaß zwar keine zentrale, aber doch zumindest eine ausreichende Bedeutung.[71]

Hier soll noch einmal ausführlich der auf vier Semester angelegte, nun konsolidierte, Lehrplan präsentiert werden, wobei nur die Vorlesungsthemen in den zentralen Fächern aufgeführt sind: Im ersten Semester zählten zu den allgemeinbildenden Lehrfächern die Kulturwissenschaften (Kolonialpolitik der europäischen Kulturstaaten, Einführung in die Volks- und Kolonialwirtschaft, Kulturgeografie), die Naturwissenschaften (Offizinelle Pflanzen der Tropen und Subtropen), die sonstigen Fächer (Tropengesundheitslehre: Tropenländer und

68 Vgl. Peter Wolff, Zur Entwicklung der kulturtechnischen Lehre an der Witzenhäuser Ausbildungsstätte für Tropenlandwirte, in: TL, 82 (1981), S. 111-121.

69 Vgl. Vorlesungs- und Unterrichts-Verzeichnis. Für das Sommerhalbjahr 1900, in: DKP, 1 (1900/01) 1, S. 9-10; Vorlesungs- und Unterrichtsverzeichnis der Deutschen Kolonialschule »Wilhelmshof« zu Witzenhausen. Winterhalbjahr 1900/1901, in: ebd., 1 (1900/01) 3, S. 9. Zu Mense, dem Herausgeber des renommierten Archivs für Schiffs- und Tropenhygiene, vgl.: Olaf Brethauer, Der Tropenmediziner Carl Mense (1861-1938). Leben und Werk, Diss. Heidelberg 2001, bes. S. 42ff.

70 Vgl. Vorlesungs- und Unterrichtsverzeichnis der Deutschen Kolonialschule »Wilhelmshof« zu Witzenhausen, Winterhalbjahr 1901/02, in: DKP, 2 (1901/02) 2, S. 14.

71 Vgl. Gülstorff, Wilhelmshof, S. 401ff. Vgl. insgesamt zum völkerkundlichen Unterricht in Witzenhausen: Ulrich Braukämper, Kolonialethnologie in Göttingen und Witzenhausen, in: Bernhard Streck (Hg.), Ethnologie und Nationalsozialismus, Gehren 2000, S. 193-214, hier S. 206ff.

Tropenklima, Einfluss des tropischen Klimas auf den menschlichen Körper und seine einzelnen Teile), Rechtskunde, Samariterkursus, Sprachen: Englisch, Spanisch, Portugiesisch, Holländisch, Französisch, Suaheli. Zu den wirtschaftlichen Lehrfächern gehörten die Landwirtschaft (Allgemeiner Pflanzenbau, mit besonderer Berücksichtigung der tropischen und subtropischen Verhältnisse), Tierzucht und Tierheilkunde, Gärtnerei und Kaufmännisches. Dazu kamen als technische Lehrfächer das Baufach, Kulturtechnik, Baukonstruktionszeichnen und Planzeichnen. Abgerundet wurde das Programm durch die Handwerke (Schmiede, Tischlerei, Sattlerei, Stellmacherei, Maurerei, Zimmerei, Schuhmacherei) und den Sport (Turnen, Reiten, Fechten). Die Sprachen, Tierzucht und Tierheilkunde, Gärtnerei, die kaufmännischen und technischen Fächer, die Handwerke und der Sport blieben in allen Semestern gleich.[72]

Im zweiten Semester umfassten die allgemeinbildenden Lehrfächer die Kulturwissenschaften (Völkerkunde, erster Teil, Die deutschen Kolonien, Grundzüge des Kolonialrechtes), die Naturwissenschaften und die sonstigen Fächer (Tropengesundheitslehre: Die Tropentauglichkeit, Gesundheitliche Bedeutung des Bodens, seine Zusammensetzung und Gestaltung, Krankheitserreger im Boden, in der Luft und im Wasser, Gesundheitliche Bedeutung der blutsaugenden Insekten, besonders der Stechmücken). Die wirtschaftlichen Lehrfächer bestanden aus der Landwirtschaft (Spezieller Pflanzenbau: Ernährungsfrüchte, Zuckerrohr, Stimulanzien, Faserpflanzen) und der Forstwirtschaft (Botanik der tropischen und subtropischen Wälder).[73]

Im dritten Semester bestanden die allgemeinbildenden Lehrfächer aus den Kulturwissenschaften (Völkerkunde, zweiter Teil; Religionsgeschichte, die Religionen der Natur- und Kulturvölker, besonders Buddhismus, Christentum und Islam; Kolonialpolitik), den Naturwissenschaften und den sonstigen Fächern (Tropengesundheitslehre: Hausbau, Kleidung und Körperpflege, Die Ernährung in den Tropen, Die Tropenkrankheiten und ihre Entstehung, Malaria), Rechtskunde, Samariterkursus. Die wirtschaftlichen Lehrfächer umfassten die Landwirtschaft (Allgemeiner Pflanzenbau, mit besonderer Berücksichtigung der tropischen und subtropischen Verhältnisse, Koloniale Betriebseinrichtung, Anlage und Betrieb von Pflanzungen).[74]

Die Grundstruktur blieb auch im vierten Semester gleich: Es gab die allgemeinbildenden Lehrfächer mit den Kulturwissenschaften (Kulturgeschichte; Praktische Volks- und Kolonialwirtschaft: Agrar-, Handels- und Verkehrspoli-

72 Vgl. Vorlesungs- und Unterrichtsverzeichnis für das Wintersemester 1906/07, in: DKP, 6 (1905/06) 4, S. 18-19.

73 Vgl. Vorlesungs- und Unterrichtsverzeichnis für das Sommersemester 1907, in: ebd., 7 (1906/07) 2, S. 20-21.

74 Vgl. Vorlesungs- und Unterrichtsverzeichnis für das Wintersemester 1907/08, in: ebd., 7 (1906/07) 4, S. 20-21.

tik; Wirtschaftliche Ausbreitung der Völker über die Erde), den Naturwissenschaften (Pflanzenkrankheiten, zweiter Teil (tropische)) und den sonstigen Fächern (Tropengesundheitslehre: Malaria (Fortsetzung)), Trypanosomen-Krankheiten und Kala Azar, Ruhr und Leberabszess, Cholera, Typhus, Pest, Gelbfieber, Beriberi, Aussatz oder Lepra, Blattern, Intoxinationen oder Vergiftungskrankheiten, Schmarotzerkrankheiten, Hautkrankheiten, Hitzschlag und Sonnenstich). Es folgten die wirtschaftlichen Lehrfächer mit der Landwirtschaft (Spezieller Pflanzenbau: Palmen, Südfrüchte, Gewürze und Drogen, Ölgewächse (Pflanzenfette, ätherische Öle)), Guttapercha, Farbpflanzen, Gerbstoffe, Rinden, Maulbeerkultur und Seidenraupenzucht) und der Forstwirtschaft.[75] Über Inhalt und Qualität der einzelnen Vorlesungen lassen sich keine Aussagen treffen, das Gesamtprogramm scheint aber umfangreich und für das Ausbildungsziel angemessen gewesen zu sein.

Fabarius machte sich angesichts steigender Ansprüche an die Ausbildung bereits frühzeitig Gedanken über eine Verlängerung des Lehrgangs auf drei Jahre. Jedenfalls erschien ihm vornehmlich für die jüngeren und in der landwirtschaftlichen Praxis nicht vorgebildeten Schüler ein drittes, rein praktisches Ergänzungsjahr als unverzichtbar.[76]

Am Ende des Wintersemesters 1902/03 führte die Schulleitung erstmals Abschlussprüfungen ein, um genauere Einzelzeugnisse für die Absolventen ausstellen zu können. Die immer wieder propagierte Verbindung von theoretischer und praktischer Ausbildung dürfe jedoch nicht »durch eine einseitige Betonung theoretischer Examina in Frage gestellt werden«. Deshalb sollte nach wie vor besonderes Gewicht auf das Hauptzeugnis mit seiner Gesamtbeurteilung gelegt werden, sowohl nach der praktischen wie theoretischen Leistungsfähigkeit als auch der persönlichen Art und Veranlagung des Absolventen hin.[77]

Die wichtigste Ergänzung des Lehrplans bildete die Einrichtung einer neuen Lehrstelle für Viehzucht. Damit stieg die Zahl der akademisch-wissenschaftlichen Lehrstellen im Hauptamt auf vier an. Der Grund dafür lag in der neuen Bewertung deutscher kolonialwirtschaftlicher Aufgaben. Der maßgebliche machtpolitische Bezugspunkt für diese Überlegungen lag in der Niederschlagung des Aufstands der Herero und Nama in Deutsch-Südwestafrika; offiziell endete der Kriegszustand am 31. März 1907.[78] Für diese Erweiterung hatte offensichtlich

75 Vgl. Vorlesungs- und Unterrichtsverzeichnis für das Sommersemester 1908, in: ebd., 8 (1907/08) 2, S. 28-29. Danach ergaben sich während des Kaiserreichs nur noch marginale Änderungen am Lehrplan. Vgl. Lehr- und Anstaltsplan der DKS von 1915, in: StAM, 314/1, Nr. 131, unpag.

76 Vgl. Fabarius, Rückblick und Ausblick, in: DKP, 2 (1901/02) 3, S. 5-7, hier S. 5 f.

77 Vgl. Fabarius, Rückblick und Ausblick, in: ebd., 3 (1902/03) 3/4, S. 7-11 (Zitat S. 8).

78 Vgl. Fabarius, Rückblick und Ausblick, in: ebd., 7 (1906/07) 2, S. 7-11, hier S. 8; Die koloniale Tierzucht im Rahmen der deutschen Kolonialschule, in: ebd., S. 24-25; Gerhard Boetticher, Die landwirtschaftlichen Produktions- und Siedlungsverhält-

auch die Tatsache gesprochen, dass mindestens ein Drittel der Schüler beabsichtigte, später in Tierzuchtbetriebe zu gehen.[79] Eine andere Tendenz schlug sich ebenfalls im Lehrplan nieder: Der verstärkte Einsatz von Maschinen in der Kolonialwirtschaft führte 1913 zur Einrichtung des neuen Lehrfachs für koloniale Maschinenkunde. Damit sollten an der Schule das koloniale Maschinenwesen und die koloniale Technik stärker berücksichtigt werden.[80]

Aufnahmebedingungen und Auswahl

Von Anfang an betonte die Schulleitung die Notwendigkeit einer sorgsamen Auswahl der Schüler, »um unsere nationale Kulturarbeit, ja unseren wirtschaftlichen und sittlichen Ruf in aller Welt vor Schaden zu bewahren«. Das gewann zusätzliche Bedeutung und Brisanz dadurch, dass der erste Absolvent, der in die Kolonien gegangen war, sich als eine große Enttäuschung erwiesen hatte. Konrad Petschelt war mit besten Zeugnissen als Gutsverwalter und Inspektor in die Anstalt aufgenommen worden, blieb aber nur zehn Wochen und übernahm dann eine Stelle bei der Bibundi AG in Kamerun. Nach dem kurzen Eindruck hatte die Schulleitung »gerade die zu Tage getretenen Fehler der Weichheit gegen sich selbst und des daraus folgenden Contractbruches von ihm am wenigsten erwartet«.[81]

Auch die wiederholt vorkommenden Relegationen ungeeigneter Schüler zeigten den Verantwortlichen, dass eine genaue Prüfung ihres Vorlebens bei der Anmeldung geboten war.[82] Dabei waren die formalen Aufnahmebedingungen recht diffus gehalten, die Schulleitung konnte so aber auch flexibel entscheiden. Im Lehr- und Anstaltsplan war lediglich die Rede davon, dass Schüler im Alter zwischen 17 und 27 Jahren aufgenommen würden. Auf eine nähere Regelung der zur Aufnahme notwendigen Schulbildung wurde verzichtet. Dabei sollte der Lehrgang zwei Jahre für solche Schüler mit einer praktischen Vorbildung dauern und drei Jahre für solche, die direkt von der Schule kamen und dementsprechend

nisse in Südwestafrika vor und nach dem Weltkrieg, Diss. Universität Breslau 1930. Tatsächlich vervierfachte sich die Zahl der Rinder zwischen 1907 und 1913, die Zahl an Wollschafen verachtfachte sich sogar. Vgl. Jürgen Zimmerer, Deutsche Herrschaft über Afrikaner. Staatlicher Machtanspruch und Wirklichkeit im kolonialen Namibia, Münster 2004, S. 110.

79 Vgl. Durchschrift eines Schreibens von Direktor Fabarius an Geheimrat Esser vom 9.11.1907, in: AD, Dozenten, Esser, Bl. 139-140.

80 Vgl. Fabarius, Rückblick und Ausblick, in: DKP, 13 (1913) 1, S. 7-9, hier S. 8.

81 Vgl. Einleitung, in: ebd., 1 (1900/01) 2, S. 3-5, hier S. 3f. (Zitate ebd.).

82 Vgl. Farbarius, Rückblick und Ausblick, in: ebd., 1 (1900/01) 3, S. 4-6, hier S. 5.

jünger waren. Für Abiturienten bürgerte sich aber die Regel ein, dass sie sofort in den Hörsaal eintreten konnten.[83]

Alle jungen Leute, die unmittelbar von der Schule kommend ohne jede praktische Vorbildung eintreten wollten, zumal wenn sie noch jünger als 19 Jahre waren, sollten im ersten Jahr des dann insgesamt dreijährigen Lehrgangs als Praktikanten in Landwirtschaft, Gärtnerei und Technik arbeiten.[84] Gegenüber den Angehörigen der Praktikanten ließ Fabarius keinen Zweifel daran, dass er diese »harte Schule« auf dem Vorwerk im Kern als Prüfung dafür betrachtete, ob der Betreffende sich als geeignet für seinen schweren zukünftigen Beruf zeigte – also als eine Art Charaktertest: »Wer das nicht leisten kann und will, der bringt damit zum Ausdruck, dass ihm für den zukünftigen Kulturpionier noch sehr viel wenn nicht Alles fehlt.«[85]

Bei der Frage, ob die Schüler die komplette oder eine verkürzte Praktikantenzeit zu absolvieren hatten, bzw. sofort als Hörsaalschüler aufgenommen werden konnten, setzte sich Fabarius für eine strenge Haltung ein. Er wollte selbst eine einjährige Lehrzeit bei einem Landwirt nicht als Lehre anrechnen, sondern nur eine Lehrzeit von mindestens zwei Jahren.[86] Bei sehr jungen künftigen Schülern empfahl er, dass sie zumindest eine gewisse Zeit in der praktischen Landwirtschaft arbeiten sollten. Sie wollte er jedenfalls nicht sofort als Hörsaalschüler aufnehmen, auch wenn sie das Abiturzeugnis besaßen.[87]

Ein Spezifikum der Schule waren die bei der Anmeldung mit einzureichenden Ergebnisse der Untersuchung auf Tropendiensttauglichkeit. Hier sei eine sorgfältige Anamnese angezeigt, die nicht nur nach der erblichen Belastung, sondern auch nach leichten Störungen und nach dem Temperament zu forschen habe. Menschen, die sich schon bei kleinen Ursachen übermäßig aufregten oder bei gesteigerten dienstlichen Anforderungen nervös und abgespannt würden, passten ebenso wenig in tropisches Klima wie »allgemein Unzufriedene oder geistig minderwertige«. Gleiches gelte für Melancholiker, Hypochonder und Choleriker.[88]

83 Vgl. Lehr- und Anstaltsplan der DKS vom Januar 1906, S. 29, zit. nach: AD, AHV, Akte Lehr- und Anstaltspläne, unpag.

84 Vgl. Fabarius, Rückblick und Ausblick, in: DKP, 3 (1902/03) 3/4, S. 7-11, hier S. 8f.

85 Vgl. Schreiben von Direktor Fabarius an Superintendent Dr. Matthes (Vormund) vom 22.6.1904, in: AD, SA Herbert Zemke, unpag. (Zitat ebd.).

86 Vgl. Schreiben von Direktor Fabarius an O. Güther (Vater) vom 24.1.1908, in: ebd., SA Kurt Güther, Bl. 2.

87 Vgl. Durchschrift eines Schreibens von Direktor Fabarius an Oberstleutnant a.D. Alberti (Vater) vom 19.4.1908, in: ebd., SA Helmut Alberti, Bl. 19.

88 Vgl. Lehr- und Anstaltsplan der DKS von 1915, S. 1 (Zitat ebd.), in: StAM, 314/1, Nr. 131, unpag. Zur Tropentauglichkeit vgl.: Wolfgang U. Eckart, Medizin und Kolonialimperialismus. Deutschland 1884-1945, Paderborn/München/Wien/Zürich 1997, S. 57ff.

Um einen Eindruck davon zu bekommen, wie die Höhe des zu entrichtenden Schulgeldes einzuschätzen ist, zunächst einige Zahlen zur Verdeutlichung: 93,65 % der Familien in Preußen hatten 1912 ein Jahreseinkommen von unter 3.000 Mark (davon 39,77 % unter 900 Mark), nur 6,34 % verfügten über ein Jahreseinkommen von über 3.000 Mark (davon 1,87 % über 6.000 Mark). Die Jahresverdienste der Arbeitnehmer in Industrie, Handel und Verkehr lagen 1900 in Deutschland bei nominal 784 Mark pro Kopf (real 737 Mark), 1905 bei 849 Mark (755 Mark), 1910 bei 979 Mark (789 Mark) und 1913 bei 1.083 Mark (834 Mark).[89]

Das jährliche Schulgeld war zunächst auf 800 Mark festgesetzt worden, wurde aber schon im Juli 1899 auf 1.000 Mark erhöht (400 Mark für Unterkunft und Verpflegung und 600 Mark als Schulgeld). Ab 1. April 1903 nahm die Schule für das Praktikantenjahr 1.000 Mark und für die Hörsaalschüler je nach Ausstattung der Zimmer zwischen 1.300 und 1.500 Mark. Die Begründung für die Erhöhung lag darin, dass der alte Betrag nicht ausreichte, zum anderen aber interessanterweise in der gewandelten Klientel: Hatte man zunächst überwiegend mit Bauernsöhnen gerechnet, so hatte sich nun herausgestellt, dass die Schüler meistens dem mittleren Beamten- und Bürgertum entstammten. Eine etwas zirkuläre Begründung, denn die soziale Auswahl war wohl in erster Linie auf die vergleichsweise hohen Ausbildungskosten an der Schule zurückzuführen. Diesen Umstand hatte bereits Matthias Erzberger 1912 klar erkannt: »Wie schon der Pensionspreis zeigt, kann diese Anstalt von ärmeren Volksschichten nicht benutzt werden.«[90]

Auf der Kuratoriumssitzung Ende Juni 1911 beschlossen die Mitglieder, den Lehr- und Pensionspreis für Kolonialschüler von jährlich 1.400 auf 1.500 Mark anzuheben, da die Schule durch die allgemeine Teuerung nicht mehr nur 500, sondern 650 Mark pro Schüler zusetzen müsse.[91] 1912 betrug das Eintrittsgeld 100 Mark, aber 150 Mark für Ausländer. Der Lehr- und Pensionspreis war auf 750 Mark pro Halbjahr gestiegen, auf 800 Mark für ein Zweibett- und 850 Mark für ein Einzelzimmer. Der Zuschlag für Ausländer verblieb bei 200 Mark. Im folgenden Jahr blieben die Preise gleich.[92]

Es wurden Studienbeihilfen bzw. Freistellen angeboten, die vom Schutzherrn der DKS, Herzog Johann Albrecht zu Mecklenburg, bewilligt wurden. Die fi-

89 Vgl. Gerd Hohorst/Jürgen Kocka/Gerhard A. Ritter, Sozialgeschichtliches Arbeitsbuch, Bd. II: Materialien zur Statistik des Kaiserreichs 1870-1914, München 1978 (2. Aufl.), S. 106 f.

90 Vgl. Baum, Daheim, S. 75 f.; Erzberger, Kolonial-Berufe, S. 43 (Zitat ebd.).

91 Vgl. Durchschrift eines Schreibens des Direktors der DKS an Oberforstmeister von Amsberg (Vater) vom 17.7.1911, in: AD, SA Claus von Amsberg, Bl. 19 (VS + RS).

92 Vgl. Lehr- und Anstaltsplan der DKS 1912, S. 12, zit. nach: ebd., AHV, Akte Lehr- und Anstaltspläne, unpag.; Lehr- und Anstaltsplan der DKS 1913, S. 12, zit. nach: ebd.

nanzielle Unterstützung betrug 500 bis 1.200 Mark pro Jahr bei gleichzeitiger Verpflichtung des Schülers, anschließend in die Kolonien zu gehen. War der Schulbesuch nicht erfolgreich, so war die Beihilfe zurückzuzahlen.[93]

Relegationen und Kündigungen

Es gab bereits in der Anfangsphase der Schule eine bemerkenswert hohe Fluktuation bei den Schülern, bedingt durch vorzeitige Kündigungen auf der einen und zwangsweise Relegationen auf der anderen Seite. In diesem Zusammenhang beklagte sich Fabarius 1904 über die in jedem Semester wiederkehrenden »Bitterkeiten«. Sie würden hervorgerufen durch die ständigen Querelen, die »Versuche einiger unzufriedener Nörgeler, ernst- und arbeitsscheuer, Skat- und Stumpfsinn froher Kneipbrüder, oder unkameradschaftlicher Kliqueleute«. So schmerzlich es dann auch jedes Mal sei, aber erst ein scharfer Schnitt bringe in diesen Fällen Ruhe. Von den bis zum Herbst 1904 eingetretenen 214 Schülern hätten sich einige als körperlich ungeeignet erwiesen und 38 seien aus der Anstalt geworfen worden. Das verbuchte Fabarius als Erfolg, da so die Kolonialschule ihrem Ziel gerecht werde, eine möglichst gründliche »Durchsiebung« vorzunehmen.[94] Allein im Wintersemester 1904 mussten von insgesamt 65 Schülern zwölf als sogenannte »schwierige Elemente« die Anstalt vorzeitig verlassen. Diese Politik entsprach dem ausdrücklichen Beschluss des Aufsichtsrats, lieber die mit einem Schwanken der Schülerzahl verbundenen wirtschaftlichen und finanziellen Nachteile auf sich nehmen zu wollen, als den Ruf der Schule zu schädigen.[95]

Wiederholt kam es aber auch vor, dass Schüler am Schluss eines Halbjahres ohne Einhaltung der Kündigungsfrist die Anstalt verließen.[96] Außerdem gab es offensichtlich viele Schüler, die von vornherein nicht die Absicht hatten, einen vollen Lehrgang zu absolvieren und die oft schon nach zwei bis drei Semestern abgingen. Dabei erboste die Schulleitung besonders, dass diese Schüler sich dann als Kolonialschüler ausgaben und so die DKS als bequemes Sprungbrett für die Kolonien nutzten.[97]

93 Vgl. Pryswitt, Funktion, S. 37; Durchschrift eines Schreibens von Direktor Fabarius an Auguste Dilthey (Mutter) vom 26.8.1909, in: AD, SA Siegfried Dilthey, Bl. 18.

94 Vgl. Fabarius, Rückblick und Ausblick, in: DKP, 5 (1904/05) 1, S. 7-11 (Zitat S. 7).

95 Vgl. Rechenschaftsbericht der DKS über das siebente Betriebsjahr vom 1. Juli 1904 bis 31. März 1905, S. 4, in: AD, Direktoren, Fabarius, unpag.

96 Vgl. 28. Sitzung des Aufsichtsrates der DKS am 23. Mai 1906 in Witzenhausen, in: StAM, 314/1, Nr. 143, unpag.

97 Vgl. Rundschreiben der DKS vom September 1908, in: AD, SA Kurt Bernsau, Bl. 13; Rundschreiben der DKS vom September 1908, in: ebd., SA Eduard Kaempffer, Bl. 18-19.

Den Kritikern, die den hohen Prozentsatz derjenigen bemängelten, die den zwei- bzw. dreijährigen Kursus nicht beendeten, antwortete Fabarius, dass an den höheren Schulen der Prozentsatz der erfolgreich Abschließenden bei 20 Prozent läge und bei den Universitäten nur geringfügig darüber.[98]

Berufsaussichten der Schüler

Die Berufsaussichten der Schüler waren zweifellos gut, sie bekamen in dieser Zeit relativ leicht eine Anstellung in dem von ihnen angestrebten Berufsfeld des Tropenlandwirts. Bereits Ende 1901 trat jedoch ein erster gewisser Sättigungseffekt ein. Die Nachfrage nach Schülern ließ etwas nach, was aber nicht weiter verwunderlich war, da bereits eine große Anzahl von Schülern auf Plantagen in den deutschen Kolonien arbeitete. Man hoffte nun vorrangig auf Möglichkeiten in den anderen Kolonien.[99]

Die Schule stellte die Berufsaussichten für ihre Absolventen natürlich positiv dar. Für die Stellensuche böten überdies ihre vielfältigen Kontakte zu den in den Kolonien tätigen Privatfirmen und der Kolonialverwaltung die Basis für eine vorzügliche Stellenvermittlung. Die Anstellungsbedingungen seien unterschiedlich, das durchschnittliche Anfangsgehalt liege bei 3.000 Mark für Pflanzungsbeamte.[100] Fabarius betrachtete die Berufsaussichten für den Kolonialberuf ebenfalls überaus positiv: Die überwiegende Mehrzahl der bisherigen Absolventen sei in den Dienst von Pflanzungsgesellschaften getreten, einige auch in den der Kolonialverwaltung. Der Mangel an geeigneten und zuverlässigen Kräften habe es sehr schnell ermöglicht, ihnen eine lohnende Stellung zu verschaffen.[101]

Ein außenstehender Beobachter wie Matthias Erzberger sah für die Absolventen der DKS allgemein gute Chancen als landwirtschaftliche Angestellte in Regierungsdiensten oder bei Privatbetrieben.[102] Die Aussichten für junge Landwirte in den Kolonien wurden in der kolonialen Presse ebenfalls als sehr positiv eingeschätzt. Laut einem Artikel in Süsserott's Illustriertem Kolonialkalender gab es dabei zwei Hauptwege für den künftigen kolonialen Landwirt: Einmal der Beginn als Pflanzungsbeamter bei einem größeren Pflanzungsunternehmen mit der Option sich später selbständig zu machen, ferner eine beschränkte Anzahl

98 Vgl. Fabarius, Rückblick und Ausblick, in: DKP, 11 (1911) 2, S. 7-11, hier S. 9.

99 Vgl. Vierte Hauptversammlung der DKS am 19.11.1901, S. 3, in: AD, Direktoren, Fabarius, unpag.

100 Vgl. Lehr- und Anstaltsplan der DKS vom Januar 1906, S. 7, in: ebd., AHV, Akte Lehr- und Anstaltspläne, unpag.

101 Vgl. Fabarius, Einige kolonialpolitische und Siedlungs-Aufgaben, vertreten durch die Deutsche Kolonialschule, in: DKP, 7 (1906/07) 3, S. 59-69, hier S. 59.

102 Vgl. Erzberger, Kolonial-Berufe, S. 43 ff.

junger Landwirte für die Kolonialverwaltung. Wer gleich nach der Schulzeit sich in möglichst kurzer Zeit für die Kolonien vorbereiten wollte, dem empfahl der Artikel den Besuch der Kolonialschule in Witzenhausen.[103]

Image und Bedeutung der Schule

Wie wurde die Schule zur Kenntnis genommen, wie war ihr Image bzw. das ihrer Absolventen? Das Spektrum der Aussagen zu diesem Themenkomplex ist recht bunt, ebenso die Wertungen selbst. In der einschlägigen Ratgeber-Literatur für Ausreisewillige, kam die Schule gut weg: »Der Besuch der Kolonialschule zu Witzenhausen a.d. Werra kann sowohl dem Kleinsiedler als auch dem künftigen Farmer und Plantagenleiter empfohlen werden.«[104]

Ein ehemaliger Schüler berichtete von seiner Überfahrt nach Deutsch-Südwestafrika. An Bord eines Dampfers der Woermann-Linie sprach er mit einem Passagier der Ersten Klasse über die Kolonialschule. Dieser erklärte ihm: »Man lernt eben von jedem etwas und dabei nichts Ordentliches und Praktisches, was für draußen gar nichts wert ist.« Der betreffende Herr war Landwirt, noch nie im Ausland gewesen und wollte ihn nun prüfen; der Absolvent konnte jedoch nach eigenen Aussagen auf alle Fragen antworten, hielt ihm darüber hinaus einen Vortrag über Tierarzneikunde, Tropenhygiene und die Notwendigkeit der englischen Sprache.[105] Dieses Beispiel zeigt die recht weite Verbreitung von Kenntnissen und Meinungen über die Kolonialschule. Auf der anderen Seite zeigt es aber auch das sehr selbstbewusste – vielleicht etwas arrogante und überhebliche – Auftreten der ehemaligen Kolonialschüler.

Offensichtlich gab es bei potenziellen Arbeitgebern ebenfalls Vorurteile. Wo sie herrührten, lässt sich nicht einfach beantworten; möglich wären allgemeine Vorbehalte gegenüber »Schülern« – im Gegensatz zu Praktikern. Ein Farmer aus Windhuk schrieb Fabarius, dass er selbst gewisse Bedenken gegenüber den Kolonialschülern gehegt habe. Nun dankte er aber Fabarius für die Vermittlung eines sehr tüchtigen Absolventen.[106] Dieses selbe Zusammenspiel von Vorurteilen und späterer guter Bewertung findet sich auch in einem Schreiben eines deut-

103 Vgl. Die Aussichten für junge Landwirte in den Kolonien und ihre Ausbildung, in: Süsserott's Illustrierter Kolonialkalender 1912, S. 197-207, hier S. 199ff., zit. nach: AD, Ordner Zeitungsartikel, unpag.

104 Oscar Bongard, Wie wandere ich nach Deutschen Kolonien aus? Ratgeber für Auswanderungslustige, Berlin 1910 (3. Aufl. – zuerst 1907), S. 52.

105 Vgl. Brief des Kameraden Wentzel, an Bord der »Aline Woermann« (vom März 1901), in: DKP, 2 (1901/02) 1, S. 42-51, hier S. 45.

106 Vgl. Abschrift eines Schreibens von John Ludwig aus Windhuk an Direktor Fabarius vom 22.10.1903, in: BAB, R 8023, Nr. 976a, Bl. 49.

schen Pflanzers aus Mexiko, der einen Schüler aus Witzenhausen beschäftigen wollte. Kollegen aus Guatemala hatten sich hingegen gegenüber ihm so geäußert, dass sie »so einen Krawattenmenschen« nicht brauchen könnten. Das bestätigte seine häufige Beobachtung, dass viele nicht über die praktische Art der Ausbildung in Witzenhausen informiert seien: »So denkt halt der deutsche Durchschnittspflanzer, wenn es auch der Ausdruck seiner bedauerlichen Kurzsichtigkeit ist.«[107] Der Direktor der Deutschen Togogesellschaft äußerte sich positiv. Er war mit sämtlichen auf der DKS ausgebildeten Pflanzungsbeamten, die auf den Pflanzungen der Gesellschaft tätig waren, sehr zufrieden und wollte auch künftig für Pflanzerstellen in erster Linie junge Leute aus Witzenhausen einstellen.[108]

Der Afrikareisende Richard Kandt hingegen schrieb 1904 in seinem Bericht über eine Expedition im Nilquellengebiet: »Und einen Triddelfitz, der einen zweijährigen Kursus in Witzenhausen durchgemacht hat, nennen die Zeitungen, wenn er seine Stellung in Sumatra oder Tanga antritt, ›Kulturpionier‹. Ich schätze die Bedeutung der gewiß sehr nützlichen und tüchtigen Schule an der Werra außerordentlich, aber Kulturpionier? – Du lieber Gott, wenn diese Fähigkeit so leicht zu lernen wäre, dann ginge ich gleich für mehr als zwei Jahre nach Witzenhausen.«[109]

Auf ähnliche Vorbehalte traf ein anderer Absolvent gleich an seinem ersten Abend in Deutsch-Südwestafrika. Ihm wurde aufgrund von Erfahrungen mit anderen Absolventen bedeutet, dass man nicht viel von ihnen hielte. Es fielen Worte wie »übergeschnappt, verrückt, Größenwahn«. Als guten Rat gab man ihm mit auf den Weg, er solle lieber verschweigen, dass er Kolonialschüler sei. Und seine eigenen späteren Erfahrungen bestätigten die Berechtigung dieses Rat-

107 Vgl. Abschrift eines Schreibens von P. Furbach, Mexiko, an Direktor Fabarius vom 25.3.1904, in: ebd., Bl. 51-52 (Zitate ebd.); Ruppenthal, Kolonialismus, S. 45.

108 Vgl. Abschrift eines Schreibens von Dr. Hupfeld an Direktor Fabarius vom 16.6.1904, in: BAB, R 8023, Nr. 976a, Bl. 53-54. Diese zitierten Schreiben scheinen Teil der Antworten einer Umfrage von Fabarius bei Arbeitgebern von Witzenhäuser Absolventen gewesen zu sein. Siehe dazu auch: Fabarius, Rückblick und Ausblick, in: DKP, 4 (1903/04) 3, S. 7-10. Diese Umfragen scheint Fabarius regelmäßig durchgeführt zu haben. Vgl. Schreiben von Direktor Fabarius an Walther Kettner vom 22.7.1912, in: AD, SA Walther Kettner, unpag.

109 Richardt Kandt, Caput Nili. Eine empfindsame Reise zu den Quellen des Nils, Berlin 1921 (5. Aufl. – zuerst 1904), S. 184. Siehe dazu: Alexander Honold, Caput Nili. August 1898: Richard Kandt gelingt die letzte Entdeckung der Nilquelle, in: ders./Klaus R. Scherpe (Hg.), Mit Deutschland um die Welt. Eine Kulturgeschichte des Fremden in der Kolonialzeit, Stuttgart 2004, S. 226-235.

schlags. Deshalb würden es auch fast alle Witzenhäuser in Deutsch-Südwestafrika vorziehen, sich nicht überall als Kolonialschüler zu offenbaren.[110]

Statt von den erfolgreichen, redete man von den »monokeltragenden« Kolonialschülern, so etwa der Geheimrat Hermann Paasche, führendes Mitglied, ab 1906 Vizepräsident der DKG. Es verwundert nicht, dass sich Fabarius gerade über solche Äußerungen erbost zeigte.[111] Recht wohlwollend kommentierte hingegen ein hoher Kolonialbeamter aus Ostafrika seine Begegnungen mit Witzenhäusern am Kilimandscharo: »Große Freude hatte ich auch an den jungen Pflanzern, die eine Ausbildung an der Kolonialschule in Witzenhausen genossen hatten. Es waren frische und helläugige Gesellen, die mit Lust und Liebe an ihre Pionierarbeit gingen. Mitunter etwas von der Theorie angekränkelt und das, was man lateinische Bauern nennt, überwanden sie Fehlschläge doch schneller dank ihrer jugendlichen Begeisterung und Elastizität.«[112]

Kennzeichnend für Bedeutung und wohlwollende Betrachtung der Kolonialschule in der Öffentlichkeit scheint der Besuch der Kaiserin am 7. August 1907 gewesen zu sein, um den viel Aufhebens von Seiten der Schule gemacht wurde. »Ein Ehrentag für die Deutsche Kolonialschule, der mit goldenen Lettern in deren Annalen eingetragen zu werden verdient!« Mindestens ebenso wichtig, zumal in politischer Hinsicht, war der Besuch des Staatssekretärs des Reichskolonialamts, Bernhard Dernburg, im Juni 1907. Dernburg zeigte sich sehr zufrieden, mit dem, was er gesehen hatte und wollte für eine entsprechende staatliche Förderung sorgen.[113] Für die Aufmerksamkeit, die Interessierte der Kolonialschule entgegenbrachten, spricht auch die Tatsache, dass sie im Ausland wahrgenommen wurde. Ein Artikel im Magazin der britischen Royal Empire Society lobte die koloniale Ausbildung in Deutschland. Der Autor zählte die Kolonialschule neben dem Berliner Seminar für Orientalische Sprachen und dem Kolonialinstitut in Hamburg zu den drei führenden kolonialen Ausbildungsstätten in Deutschland. Sie könne Vorbild für eine verbesserte koloniale Ausbildung in England sein.[114]

110 Vgl. Schreiben von Hans Lohse an Direktor Fabarius vom 29.5.1904, in: AD, SA Hans Lohse, unpag. In Südwestafrika gab es wohl auch auf der publizistischen Ebene Auseinandersetzungen über den Wert der Ausbildung in Witzenhausen, vor allem der theoretischen. Sie wurde teilweise als nicht notwendig eingestuft. Vgl. Auszug aus den Windhuker Nachrichten vom 5.10.1910, zit. nach: BAB, R 8023, Nr. 980, Bl. 223-224.

111 Vgl. Schreiben von Direktor Fabarius an Oskar Gerth vom 13.12.1905, in: AD, SA Oskar Gerth, Bl. 21-22 (Zitate Bl. 21 VS).

112 Wilhelm Methner, Unter drei Gouverneuren. 16 Jahre Dienst in deutschen Tropen, Breslau 1938, S. 184.

113 Vgl. Fabarius, Rückblick und Ausblick, in: DKP, 7 (1906/07) 3, S. 7-16 (Zitat S. 8).

114 Vgl. Hamilton, Colonial Education. Dazu auch: Charles Theodore Hagberg Wright, German Methods of Development in Africa, in: Journal of the Royal African Society, 1 (1901) 1, S. 23-38.

3. Drückeberger, Kneipgenies und lüderliche Mädchen: Schüler bis 1914

Motivation

Zur Frage, was Schüler in dieser Zeit dazu motivierte, die Kolonialschule zu besuchen, existiert nur wenig aussagekräftiges Material. Man kann aber wohl mit einiger Sicherheit vermuten, dass zwei Motive eine wesentliche Rolle gespielt haben dürften: Zum einen ein eher negatives, da es sich häufig um solche Schüler handelte, die bereits eine schwierige »Karriere« an anderen Schulen hinter sich gebracht hatten und als Zweit- oder Drittgeborene oft nicht auf ein Erbe hoffen konnten. Das zweite Hauptmotiv lag zweifellos in der Abenteuerlust, der mit den Tropen verbundenen lockenden Exotik und nicht zuletzt in der Hoffnung auf schnelle wirtschaftliche Erfolge. Ein wenig davon scheint zumindest durch in dem Schreiben eines Schülers, der die Anstalt vorzeitig verließ, weil er Zeit gewinnen wollte und es kaum abwarten konnte, praktisch zu arbeiten. Er wünschte sich, entweder nach Chile oder Kanada auszuwandern; wenn er länger bliebe, würde er sehr wahrscheinlich nach Deutsch-Ostafrika gehen. Dann hätte er seine persönlichen Wünsche aufgegeben und würde darin Befriedigung suchen, »daß ich nationalen Zwecken diene und an der Erfüllung großer Aufgaben arbeiten helfe zum Wohle des Vaterlandes«.[115]

Günter Tessmann, der später als Ethnologe bekannt wurde, notierte in seinem Tagebuch zu seiner eigenen Motivation: »Auf der anderen Seite lockte mich, wie gesagt, das Wort ›Kolonial‹ wie ein süsses Geheimnis. Es stiegen vor meinem Geiste die sonnigen afrikanischen Gefilde empor: über den Pflanzungen wölbten sich wie ein Dach die Kronen der riesigen ›Schattenbäume‹ des Urwaldes, die man hatte stehen lassen. Ich hatte diese Bilder von den bunten grossen Darstellungen von Kaffeepflanzungen usw. im Museum direkt in mich hineingefressen.«[116]

Einen anderen Aspekt betonte ein Absolvent, der nach Deutsch-Ostafrika ging: Er habe nicht das gleiche Leben wie seine Eltern führen wollen, nicht den Gelderwerb in den Mittelpunkt stellen, sondern eine Idee und ein glückliches Familienleben. Das sei seine Motivation für den kolonialen Beruf gewesen; eine Entscheidung, die er nie bereuen werde, vor allem dann nicht, wenn er sich einige

115 Vgl. Schreiben von Hans Eskuchen an Direktor Fabarius vom 28.12.1910, in: AD, SA Hans Eskuchen, Bl. 15-16 (Zitat Bl. 15 RS).

116 Vgl. Günter Tessmann, Mein Leben. Tagebuch in 12 Bänden, Abschnitt I-II, hg. von Sabine Dinslage/Brigitte Templin, Lübeck 2012, S. 97f. (Zitat S. 98).

seiner früheren Schulkameraden anschaue, die »Spiessbürger und ideallose, unzufriedene, unglückliche Menschen« geworden seien.[117]

Armin Preusser wurde als Sohn eines Kunstmalers in Dresden geboren. Er absolvierte nach der Schule eine Lehre als Buchhändler und fand dort reiche Gelegenheit, Bücher über Reisen in ferne Länder zu studieren. Sein an sich schon vorhandener Drang, aus dem engen Deutschland einmal herauszukommen, wurde dadurch noch mehr angeregt und so bezog er mit seinem um zwei Jahre jüngeren Bruder Wolfgang 1904 die Kolonialschule.[118]

Bisweilen spielten auch persönliche Beziehungen eine wichtige Rolle. So bekam ein Schüler seinen »Kolonial-Vogel«, wie sein Vater sich ausdrückte, dadurch, dass er die alten Ausgaben des »Kulturpioniers« von einem Absolventen erhielt.[119]

Curt Winter, Dozent und Schwiegersohn von Fabarius, beschrieb die damalige Klientel im Rückblick: »Es war eine besondere Art Menschen, die Studierenden der DKS. [...] Kaum einer, den der Vater oder die besorgte Mutter schickte; aber viele, die sich die elterliche Zustimmung, zur DKS zu gehen, erst ertrotzt, erkämpft hatten, die in der DKS den Weg sahen, der sie aus der heimatlichen Enge und Schablone herausführte; eigentlich alle mit dem großen Sehnen nach dem Erlebnis der Ferne, des Bunten, Unberührten in Landschaft und Mensch.«[120]

Hintergrund der Schüler

Die Schülerzahlen stiegen seit dem Sommersemester 1899 (19) fast kontinuierlich an und erreichten im Sommersemester 1914 zum ersten Mal die Zahl von 100 Schülern.[121] Im Wintersemester 1903/04 gab es 67 Schüler; im Hauptgebäude fanden nur 41 von ihnen Platz, für 26 Schüler mussten in den Nebengebäuden und auf dem Vorwerk Zimmer eingerichtet werden. Das war der Grund für den im Juni 1905 eröffneten Erweiterungsbau. Das Ziel war es, die erforderlichen Ergänzungen an Lehrsälen und Lehreinrichtungen zu schaffen, um dann

117 Vgl. Schreiben von Reinhold Körner an Direktor Fabarius vom 4.5.1904, in: AD, SA Reinhold Körner, Bl. 27-32, hier Bl. 29f. (Zitat Bl. 30).

118 Vgl. Schreiben von Conrad Preusser an Dr. Winter vom 29.10.1952, in: ebd., AHV, Korrespondenz, N-P, unpag.

119 Vgl. Schreiben von Otto Steinmeister an Theodor Bindel vom 14.12.1924, in: ebd., SA Otto Steinmeister, unpag.

120 (Curt Winter), Lebenswege, in: DKP, 1954, S. 73-76, hier S. 72. Zu Winter vgl. ders., Aus meinem Leben, in: DTL, 64 (1963), S. 101-109; Dr. Curt Winter, in: ebd., S. 8-10.

121 Vgl. Rechenschaftsbericht der DKS über das sechzehnte Betriebsjahr (vom 1. April 1913 bis 31. März 1914), in: BAB, R 8023, Nr. 983, Bl. 348-356, hier Bl. 350 RS.

70 Schüler aufnehmen zu können. Diese Zahl wurde bereits im Wintersemester 1905/06 überschritten.[122]

Bis zum Ende des Ersten Weltkriegs besuchten nach meinen Berechnungen, die sich vorrangig aus dem Schülerbuch und den Schülerakten ergeben, 742 Schüler die DKS, darunter befanden sich zwei Frauen.[123] Von den Schülern waren 662 evangelisch-lutherischer Konfession – neben neun Evangelisch-reformierten – und lediglich 54 katholischen Glaubens, also nur 7,3 %. Die übrigen verteilten sich auf die anderen Religionsgemeinschaften.

572 von ihnen wurden auf dem Gebiet der heutigen Bundesrepublik geboren. Schlüsselt man die Geburtsorte der Schüler nach den heutigen Bundesländern auf, so ergibt sich ein klares Nord-Süd-Gefälle, orientiert an der konfessionellen Verteilung. Mit 96 stammten die meisten von ihnen aus Nordrhein-Westfalen, gefolgt von Sachsen mit 85 und Hessen mit 70. Aus Bayern kamen beispielweise lediglich 23. Bemerkenswert ist, dass sich unter den 96 aus Nordrhein-Westfalen kommenden Schülern auch nur 18 Katholiken befanden, da der überwiegende Teil von ihnen aus dem protestantisch geprägten südlichen Westfalen stammte.

Insgesamt gab es in dieser Zeit 13 Ausländer an der DKS. Beim Rest handelte es sich um sogenannte Auslandsdeutsche,[124] außer bei denen aus den Gebieten, die damals zum Deutschen Reich gehörten. In unserem Falle vor allem Teile der heutigen Länder Frankreich, Polen und Russland. Hervorgehoben werden müssen dabei die agrarisch geprägten Gebiete Polens mit 73 und Russlands mit zwölf Schülern.

Das Eintrittsalter der Schüler lag bei 18,97 Jahren, in der Regel waren sie 16 bis 25 Jahre alt. Aufgeschlüsselt nach Alterskohorten ergibt sich folgendes Bild: 56 waren vor 1880 geboren, 361 vor 1890, 314 vor 1900 und 9 vor 1910. Fast alle wurden also komplett im Kaiserreich sozialisiert, ein nicht geringer Teil von ihnen sollte später zur »jungen Frontgeneration« gehören. Man kann davon ausgehen, dass sie überwiegend in einem patriotischen, wahrscheinlich häufig in einem nationalistischen Sinne erzogen wurden und dass sie den deutschen Kolonialbesitz als eine Selbstverständlichkeit ansahen.

Ordnet man die Berufe der Väter einem einfachen Schichtmodell zu, so ergibt sich für die soziale Herkunft der Schüler diese Zugehörigkeit: Aus der Ober-

122 Vgl. Sechste Hauptversammlung der DKS am 21.11.1903, in: AD, Direktoren, Fabarius, unpag.

123 Diese sowie die folgenden Angaben ergeben sich aus der von mir aufgebauten und ausgewerteten Datenbank. Die Quellen dafür bildeten – neben dem Schülerbuch und den Schülerakten – die Publikationen der Schule und des Altherrenverbands (DKP, Uu, Verzeichnisse der Mitglieder etc.) sowie Hinweise aus weiterer Literatur.

124 Vgl. Bradley D. Naranch, Inventing the Auslandsdeutsche. Emigration, Colonial Fantasy, and German National Identity, 1848-71, in: Eric Ames/Marcia Klotz/Lora Wildenthal, Germany's Colonial Pasts, Lincoln/London 2005, S. 21-40.

schicht kamen 184 von ihnen (24,8 %), aus der Oberen Mittelschicht 354 (47,7 %), aus der Mittleren Mittelschicht 188 (25,3 %) und aus der Unteren Mittelschicht 3 (0,4 %), bei 13 fehlen brauchbare Angaben (1,8 %). Dabei liegt auf der Hand, dass man anhand der Berufsbezeichnung nicht immer eine genaue Zuordnung vornehmen kann.[125]

Interessant ist die Verteilung der Herkunftsmilieus; so stammten 148 Schüler (19,9 %) aus einem akademischen Milieu, gefolgt von 134 (18,1 %) aus dem Bereich Handel und Banken und 88 (11,9 %) aus einem industriellen Milieu. Erst danach folgte das agrarische Milieu mit 83 Schülern (11,2 %). Bemerkenswert erscheint der hohe Anteil von 62 Schülern (8,4 %), die aus dem kirchlichen Milieu stammten.

Die meisten von ihnen hatten ein Gymnasium besucht (293), 102 eine Realschule. Von einem Gymnasium, Realgymnasium, Reform-Realgymnasium oder einer Oberrealschule kamen insgesamt 487 Schüler (62,6 %). Die Art der Abschlüsse belegt, dass die meisten die weiterführenden Schulen nicht bis zum Ende besuchten. Nur 65 verfügten über Abitur, hingegen 380 über das Einjährigen-Zeugnis (das man nach erfolgreich absolvierter zehnter Klasse bekam und das zur Ableistung eines lediglich einjährigen Militärdiensts berechtigte) und 59 über die Obersekundareife, die meisten Übrigen nur über die Primareife. Die überwiegende Mehrheit der Schüler, 460 (62,0 %), verfügte über keine weitere berufliche Ausbildung, aber immerhin 88 hatten eine landwirtschaftliche Lehre absolviert, 48 waren Eleven und 7 Volontäre in der Landwirtschaft gewesen. Darüber hinaus brachten 27 eine gärtnerische, 49 eine kaufmännische und 32 eine technisch-handwerkliche Vorbildung mit.

Auffällig ist die hohe Zahl der Abbrecher: 444 (59,8 %) verließen die DKS vorzeitig. Unter den wenigen von ihnen, bei denen man die konkreten Gründe eruieren kann, stechen die Ausgewiesenen mit 49 hervor (das entsprach immerhin 6,6 % der Gesamtzahl der Schüler!). Weitere 42 gingen freiwillig, 41 wurden von ihren Eltern abgemeldet, 19 gingen auf Anraten der Schule und 14 aus gesundheitlichen Gründen.

125 Der Oberschicht habe ich unter anderem die ausgesprochenen Besitz- und Bildungsbürger, höhere Militärs und Adelige zugerechnet (Fabrikanten, Großkaufleute, Professoren etc.), der Oberen Mittelschicht leitende Angestellte, Akademiker, große Landwirte (Amtsgerichtsräte, Rektoren, Gutsbesitzer, Betriebsleiter etc.), der Mittleren Mittelschicht Selbständige, mittlere Beamte, Handwerksmeister (Kaufleute, Landwirte, Pfarrer, Lehrer, Steuerbeamte etc.), der Unteren Mittelschicht untere Angestellte, Facharbeiter (Dreher, Postsekretäre, Buchhalter, Gastwirte etc.) und der – ohnehin sehr selten vertretenen – Unterschicht einfache Arbeiter (Bauarbeiter, Kraftfahrer, Posthilfsboten etc.).

Alltagsleben

Leider gibt es keine umfangreichere Überlieferung zum Alltagsleben der Schüler. Einiges kann aber aus den allfälligen Konflikten, ex negativo, herausgelesen werden – dazu später mehr. Auf jeden Fall war der Alltag der Schüler geprägt durch das enge Zusammenleben im Internat und durch einen strukturierten Tagesablauf, der wenig Freizeit und damit individuelle Spielräume ließ.[126]

Von allen anderen Entwicklungen, die es bezüglich des Tagesplans im Laufe der Jahre gab, unterschied sich der feststehende Rhythmus zwischen dem Winter- und dem Sommerhalbjahr. Nimmt man den Plan für das Sommersemester 1900, so sieht man, dass zumindest für einige Schüler der Tag sehr früh begann, um 4 Uhr mit dem Stalldienst. Von 7 bis 8 Uhr standen an den fünf Hörsaaltagen pro Woche die privaten Sprachstunden auf dem Programm. Von 8 bis 11.45 Uhr gab es an diesen Tagen die theoretischen Vorlesungen. Nach der Mittagspause folgten dann von 13.15 bis 19 Uhr die handwerklichen Fächer, Landwirtschaft, Gärtnerei, Laboratorium, Reiten und Ausflüge, aufgeteilt in vier Gruppen. An einem der Hörsaaltage war ab 16 Uhr frei. Um 19.30 Uhr begann das Abendessen. Dazu kam ein weiterer Tag, der komplett für die praktischen Arbeiten reserviert war, wechselnd nach Wetter und Umständen. Lediglich der Sonntag stand den Schülern zur freien Verfügung.[127] Im Winterhalbjahr änderte sich der Tagesablauf: Von Montag bis Samstag standen dann von jeweils 8 bis 12 Uhr die Vorlesungen an. Nachmittags folgten montags, dienstags, donnerstags und freitags von 13.30 bis 16.30 Uhr die praktischen Unterweisungen in den Handwerken, Landwirtschaft, Gärtnerei und Laboratorium, während der Mittwochnachmittag für Ausflüge usw. und der Samstagnachmittag für Hof- und andere Dienste, Turnen, Reiten und Fechten vorgesehen waren. An den anderen Tagen der Woche begannen ab 16.30 Uhr die Studierzeit, Privatstunden, Reiten usw., die bis 19 Uhr dauerten. Samstags war ab 16.30 Uhr frei. Außerdem mussten die Schüler tägliche Arbeiten in Feld, Garten und Stallungen verrichten.[128]

Bei der strikten Zeiteinteilung war es nicht verwunderlich, dass die Schüler die wenige freie Zeit an den Abenden und an den Sonntagen weidlich nutzten – nicht immer im Sinne der Schulleitung. Ein Schüler berichtete, wie er unter Verzicht auf den Morgenkaffee sonntags länger im Bett blieb und von seinen Mitschülern, die ihm einen Streich spielen wollten, mitsamt Bett in den Flur geschoben wurde – dem Direktor, der zum Gottesdienst schritt, direkt in den Weg.[129]

126 Vgl. Schanz, Kolonialschule, S. 446f.
127 Vgl. Stundenplan für das Sommerhalbjahr 1900, in: DKP, 1 (1900/01) 1, S. 12.
128 Vgl. Stundenplan für das Winterhalbjahr 1900/01, in: ebd., 1 (1900/01) 2, S. 12.
129 Vgl. Brief Kehrmann (Wilhelm Kehrmann), in: Uu, Nr. 10, Oktober 1968, S. 28-29.

Das engmaschige Netz an unterschiedlichen Funktionsposten und die damit für die Träger dieser Positionen verbundene Macht über andere Schüler, missbrauchten offensichtlich einige. So sah sich Fabarius wiederholt veranlasst, daran zu erinnern, dass die Gruppenführer zwar eine Vertrauensstellung als Vormänner, Anführer und Sprecher ihrer Gruppen einnähmen, nicht aber als vorgesetzte Beamte und Lehrer. Letzteren gegenüber galten sie als Gruppenmitglieder. Sie hätten – was wohl vorgekommen war – jedenfalls nicht das Recht, Anfang und Ende der Dienstzeit eigenmächtig zu bestimmen.[130]

Das Wohnen in der Schule glich nicht gerade dem Aufenthalt in einer Komfortzone: Nur die Einzelzimmer sowie einige wenige andere im Hauptgebäude waren geheizt. Die Zimmer im Praktikantenhaus waren nicht heizbar, lediglich die Gemeinschaftsräume. Es war üblich, kalt zu duschen; Schülern, die darauf verzichten wollten, attestierte Fabarius einen »Mangel an jungmännlicher Frische«. Warme Vollbäder kamen nur im Einzelfall aus dienstlichen Gründen in Betracht.[131] Zum Alltag gehörte auch das gemeinsame Essen der Schüler. Bei Heranwachsenden, die zudem hart zu arbeiten hatten, ist es nicht unverständlich, dass sich die Kritik am zubereiteten Essen wie ein roter Faden durch die Geschichte der Schule zieht. Nicht immer nahm sie so drastische Formen an, wie in der Beschwerde eines Vaters, der behauptete, mehrere Schüler hätten nach dem Verzehr angeblich schlechten Schinkens Vergiftungssymptome aufgewiesen.[132]

Darüber hinaus bleibt zu betonen, dass dieses Alltagsleben geprägt war durch die strenge Hausordnung, aber eben auch durch einen Zyklus von Feiern, Semestereröffnungs- und Abschlussfesten, Weihnachtsfeiern, Sommer- und Erntefesten, dem feierlich begangenen Auszug der jeweiligen Absolventen und nicht zuletzt den Feiern zu Kaisers Geburtstag am 27. Januar.[133]

Konflikte

»Frische und Gesundheit des Körpers gepaart mit Klarheit des Verstandes und Geistes, Geschicklichkeit und Übung in allerlei praktischer Hantierung, verbun-

130 Vgl. Eintrag im Dienstbuch vom 7.12.1905, in: AD, Dienstbuch, Bl. 15.

131 Vgl. Durchschrift eines Schreibens von Direktor Fabarius an Frau Juliane von Zitzewitz (Mutter) vom 26.10.1911, in: ebd., SA Johann-Adolf von Zitzewitz, unpag.; Durchschrift eines Schreibens von Fabarius an Herrn Burckas (Vater) vom 9.6.1908, in: ebd., SA Gerhard Burckas, Bl. 20 (Zitat ebd.).

132 Vgl. Bericht von Erhard August Scheidt und Moritz Schanz vom 4.8.1906, in: ebd., SA Wilhelm Hermes, Bl. 12-17, hier Bl. 14.

133 Vgl. z.B.: Spielplan zur Geburtstagsfeier Seiner Majestät des Kaisers Wilhelm II., in: DKP, 4 (1903/04) 2, S. 30.

den mit trefflichen Kenntnissen und offenem Auge, getragen von mannhafter, edler christlicher Gesinnung, Selbstbeherrschung, Ausdauer in der Arbeit und Treue auch im Kleinen – das sind die Forderungen, die hier an den Kulturpionier gestellt werden.«[134] Diesem Idealbild entsprachen freilich nicht alle Schüler. Konflikte mit der Schulleitung waren an der Tagesordnung. Man sollte sie aber keinesfalls überbewerten, sie schlugen sich naturgemäß stärker in den Akten nieder als der normale Betrieb. Das kann leicht zu einer verzerrten Wahrnehmung führen. Auf der anderen Seite kann man aus den Konflikten einiges über das Leben der Schüler erfahren, ebenso über die Ziele der Schulleitung. Häufig handelte es sich dabei um die »klassischen« Themen, wie sie in allen Internaten und Kadettenanstalten eine Rolle spielten, also Probleme mit devianten Schülern, mit Alkohol, Frauen, Homosexualität etc.

Trotz der rasch wachsenden Zahl an Schülern und der relativ hohen Fluktuation unter ihnen, entwickelte sich wohl im Großen und Ganzen doch die von der Schulleitung angestrebte und proklamierte Kameradschaft innerhalb der Gruppe. Umso schmerzvoller fielen diejenigen Schüler ins Gewicht, von denen man sich trennte bzw. trennen musste.[135] So weit ging es nicht in jedem Fall, und viele der Konflikte können auf die Jugendlichkeit der Schüler zurückgeführt werden – und natürlich auf die Einstellung von Fabarius. Das wird deutlich, wenn er z.B. bei einem Schüler monierte, dieser lese zu viele Bücher aus der Leihbibliothek, was weder für sein Gemüts- noch Verstandesleben gut sei.[136]

Oftmals waren es Haltungen, die Fabarius kritisierte, etwa die verbreitete, dass sich die Jugend »austoben« müsse. Das entsprach nicht seinen Prinzipien. Unzweifelhaft kamen häufig einige der von ihm kritisierten Attitüden bei einem Schüler zusammen und genauso häufig bildeten diese ähnlich strukturierten Schüler eigene Freundeskreise. Bei einem ehemaligen Schüler präsentierte Fabarius gleich eine ganze Galerie von Freunden, die entweder bereits aus der Anstalt geflogen waren oder – wie er sich ausdrückte – auf dem »Aussterbe-Etat« standen. Ihnen allen habe es an der Neigung gemangelt, sich Disziplin und Ordnung zu fügen.[137] Überhaupt war die »minderwertige Haltung und Gesinnung« ein zusammenfassender Vorwurf, mit dem Relegationen von Schülern legitimiert wurden.[138]

134 Schanz, Kolonialschule, S. 446.
135 Vgl. Das erste Jahr von Wilhelmshof!, in: DKP, 1 (1900/01) 1, S. 3-5, hier S. 4.
136 Vgl. Durchschrift eines Schreibens von Direktor Fabarius an Anna Dehnhardt (Mutter) vom 28.7.1906, in: AD, SA Willibald Dehnhardt, Bl. 30.
137 Vgl. Durchschrift eines Schreibens von Direktor Fabarius an Rudolf Baumbach vom 18.6.1904, in: ebd., SA Rudolf Baumbach, Bl. 32 (Zitate ebd.).
138 Vgl. Eintrag im Dienstbuch vom 1.6.1905, in: ebd., Dienstbuch, Bl. 2.

Eignung der Schüler

Auseinandersetzungen gab es immer wieder um die aus Sicht der Schulleitung mangelnde Eignung der Schüler in körperlicher, intellektueller, vor allem aber in charakterlicher Hinsicht. Jemand, dem von ärztlicher Seite das kalte Duschen verboten worden war, erschien Fabarius nicht für die anstrengende Arbeit in den Tropen geeignet.[139] Er riet aber auch bei nach seiner Einschätzung fehlender »innerer Bestimmtheit« bzw. fehlender »Arbeitsenergie« vom kolonialwirtschaftlichen Beruf dringend ab.[140] Ungeeignet erschien naturgemäß ebenfalls ein Schüler, dessen »eigentümliche Art« vom Arzt als »unnormal und krankhaft« eingestuft wurde.[141]

Zu den Defiziten konnte auch mangelndes Taktgefühl gehören, wie bei einem Schüler, der Fabarius in stürmischer Weise um sechs Wochen Urlaub angegangen war. Fabarius hielt dessen Anschauungen und Ansichten für völlig ungeeignet; er laufe konsequent immer in die falsche Richtung.[142] Insgesamt wird deutlich, dass diese charakterlichen Mängel aus Sicht des Direktors oftmals komplex waren und unterschiedliche Facetten aufwiesen. Daraus ergab sich aber letztlich immer ein ähnliches Bild – um nicht zu sagen ein »Feindbild«. Das waren die sogenannten »Kulturpioniere in Lackstiefeln«. Also jene Schüler, denen es auf der einen Seite an Arbeitsenergie mangelte, die sich auf der anderen Seite zu oberflächlichen Vergnügungen hingezogen fühlten. Der so konstruierte Gegenentwurf zum zäh arbeitenden »Kulturpionier« war der großstädtische Jugendliche, harter Arbeit und Entbehrungen entfremdet, zu sehr moderner »Kulturmensch«.[143]

Unter diesem Blickwinkel gingen mangelnde Fähigkeiten und Leistungen oft Hand in Hand mit Charakterfehlern, waren für Fabarius häufig Ausdruck eines schwachen Charakters und Willens. Das konnte dann übertriebene Geldausga-

139 Vgl. Durchschrift eines Schreibens von Fabarius an Herrn Burckas (Vater) vom 9.6.1908, in: ebd., SA Gerhard Burckas, Bl. 20.

140 Vgl. Durchschrift eines Schreibens von Direktor Fabarius an Herrn von Berswordt (Vater) vom 27.8.1904, in: ebd., SA Ludwig von Berswordt-Wallrabe, Bl. 20-21.

141 Vgl. Durchschrift eines Schreibens von Direktor Fabarius an Direktor Diether (Vater) vom 9.9.1905, in: ebd., SA Ernst Diether, Bl. 27 (Zitate ebd.); Durchschrift eines Schreibens von Direktor Fabarius an Direktor Diether (Vater) vom 26.7.1907, in: ebd., Bl. 49; Durchschrift eines Schreibens von Direktor Fabarius an Direktor Diether (Vater) vom 15.8.1907, Bl. 51, in: ebd.

142 Vgl. Durchschrift eines Schreibens von Direktor Fabarius an Dr. von Boetticher (Vater) vom 27.9.1906, in: ebd., SA Wolfgang von Boetticher, Bl. 41.

143 Vgl. Durchschrift eines Schreibens von Direktor Fabarius an Oberleutnant a.D. Kürzel (Vater) vom 3.9.1907, in: ebd., SA Hans Kürzel, Bl. 17-18. In diesem Zusammenhang ist es wichtig hervorzuheben, dass Fabarius hier offensichtlich zwischen der modernen, städtischen Kultur und einer »wahren« Kultur unterschied. Vgl. Durchschrift eines Schreibens des Direktors der DKS an Natalie Klein (Mutter) vom 3.3.1909, in: ebd., SA Hellmuth Klein, unpag. (Zitat ebd.).

ben genauso umfassen wie den Hang zum Alkohol und zum »Kneipen«.[144] In diesem Kontext entwarf Fabarius ein Bild der Kolonien als besonders gefährliche Gebiete für charakterlich nicht gefestigte Menschen. Da dort »die Unabhängigkeit und die Versuchung zu ungebundenem Leben ja unendlich viel grösser« seien als in Deutschland, träten die Defizite, wie die Neigung zum Alkohol, weitaus stärker und dominierender in Erscheinung.[145]

Arbeit und Disziplin

In der Kolonialschule stand die Erziehung zur Arbeit im Mittelpunkt der pädagogischen Anstrengungen. Dementsprechend streng verfuhr die Leitung bei Verfehlungen gegen die Arbeits- und Dienstauffassung. Vor allem die notorischen »Drückeberger« waren Fabarius ein Dorn im Auge. Selbst bei dem Sohn eines Bekannten aus Koblenz mochte er keine Ausnahme machen. Dieser versäume regelmäßig den pünktlichen Dienstantritt, käme beinahe jeden Tag zu spät zur Vorlesung oder überhaupt nicht. Mit diesem Verhalten schädige er nicht nur die Kolonialschule, sondern auch seine Kameraden. Fabarius riet sogar dazu, den Sohn mitten im Semester von der Schule zu nehmen, da es ihm doppelt peinlich sei, ihn rauswerfen zu müssen.[146] Bei Schülern, denen nach seiner Ansicht die rechte Lust und Liebe und der nötige Eifer für die Arbeit fehlten, fand Fabarius harsche Worte. Da er Engagement forderte und Gleichgültigkeit gegenüber den dienstlichen Pflichten hasste, oder, wie er es nannte, »Wurschtigkeit«, rief er einem abgegangenen Schüler hinterher: »Er hatte zur Arbeit noch weniger Lust als Geschick, ging interesselos an allem vorüber, was sich auch im praktischen Dienst ereignen mochte.«[147] Selbst Schüler, die sich keine ernsten, disziplinarisch zu ahndenden Vergehen zuschulden kommen ließen, gerieten in Konflikt

144 Vgl. Durchschrift eines Schreibens von Direktor Fabarius an Frau Marguerite Dittrich (Mutter) vom 1.9.1908, in: ebd., SA Waldemar Dittrich, Bl. 17; Durchschrift eines Schreibens von Direktor Fabarius an Frau Marguerite Dittrich (Mutter) vom 12.3.1909, in: ebd., Bl. 29-30 (Zitat Bl. 29).

145 Vgl. Durchschrift eines Schreibens von Direktor Fabarius an Lehrer R. Grün (Vater) vom 5.5.1903, in: ebd., SA Ernst Grün, Bl. 10-11 (Zitat Bl. 10); Durchschrift eines Schreibens von Direktor Fabarius an Graf von Finckenstein vom 4.3.1905, in: ebd., SA Ernst von Finckenstein, Bl. 27. Schaut man sich den durchschnittlichen Alkoholkonsum eines höheren deutschen Kolonialbeamten in Togo von 30 Flaschen Wein und 72 Flaschen Bier pro Monat an, könnte Fabarius wohl richtiggelegen haben. Vgl. Marek Czapliński, The German Colonial Civil Service: Image and Reality, in: Africana Bulletin, 34 (1987), S. 107-119, hier S. 118.

146 Vgl. Durchschrift eines Schreibens von Direktor Fabarius an Generalleutnant von Davidson (Vater) vom 20.12.1908, in: AD, SA Max von Davidson, Bl. 23-25.

147 Vgl. Durchschrift eines Schreibens von Direktor Fabarius an Justizrat Böhmcker (Vater) vom 26.5.1908, in: ebd., SA Werner Böhmcker, Bl. 19; Durchschrift eines

mit der Schulleitung, wenn sie die Arbeiten allzu leichtnahmen und sich geschickt zu drücken suchten. Die gleiche Kritik galt dem »Herumbummeln«, das genauso der von Fabarius geforderten ernsten Arbeit widersprach. In dieser Hinsicht konnte bereits der Verkehr mit den »weniger Tüchtigen« seinen Verdacht erregen.[148]

Gerade diese Gefahr der gegenseitigen negativen Beeinflussung, also der Gruppendynamik, hatte Fabarius stets genau im Blick. Das konnte Lob für einen Schüler bedeuten, der es verstanden hatte, sich seine Selbständigkeit und Arbeitsfreudigkeit auch da zu bewahren, »wo er seiner sonstigen Umgebung und freundschaftlichen Beziehung nach hätte in die Gefahr geraten können, sich in falsche Anschauungen und falsche Art hineinziehen zu lassen«.[149] Auf der anderen Seite standen kompromisslose Hinauswürfe von Schülern, bei denen Fabarius befürchtete, sie könnten mit ihrer negativ beurteilten Art einen ungünstigen Einfluss auf ihre Mitschüler ausüben.[150]

Bei dem strengen Regiment und der hierarchischen Struktur in der Schule fielen Verstöße der Schüler gegen die Disziplin oder gar die Autorität von Vorgesetzten besonders stark auf. Zum unmittelbaren Rauswurf führte das Verhalten eines Schülers, der dem dienstführenden Inspektor eine freche Antwort gab: »Ich werde ja ohnehin bald meine Sachen packen, da ich nicht Lust habe, mich hier wie ein dummer Junge behandeln zu lassen und man dabei nichts Ordentliches zu fressen kriegt.«[151] Klassisch war auch die Formulierung bei einer anderen Relegation: »Herr Wolff ist wegen schwerster Insubordination und Achtungsverletzung, verbunden mit wiederholt sichtlich zu Tage getretenem Mangel an Autoritätsgefühl und Neigung zu Ungehorsam und tactloser Haltung aus der Anstalt ausgewiesen.«[152]

Schreibens von Direktor Fabarius an Justizrat Böhmcker (Vater) vom 19.3.1909, in: ebd., Bl. 27-28 (Zitate Bl. 27).

148 Vgl. Durchschrift eines Schreibens von Direktor Fabarius an Pfarrer Blech (Vater) vom 28.12.1908, in: ebd., SA Kurt Blech, Bl. 21; Durchschrift eines Schreibens von Direktor Fabarius an Herrn Fabrikbesitzer Barry (Vater) vom 27.7.1906, in: ebd., SA Otto Barry, Bl. 21; Durchschrift eines Schreibens von Direktor Fabarius an Herrn Fabrikbesitzer Barry (Vater) vom 3.8.1906, in: ebd., Bl. 24-25.

149 Vgl. Durchschrift eines Schreibens des Direktors der DKS an Richard Bernsau (Vater) vom 14.10.1909, in: ebd., SA Karl Bernsau, Bl. 26 (Zitat ebd.).

150 Vgl. Durchschrift eines Schreibens des Direktors der DKS an Frau Gaulke (Mutter) vom 15.3.1911, in: ebd., SA Erich Gaulke, Bl. 27; Durchschrift eines Schreibens von Direktor Fabarius an den Königlichen Opernsänger Grüning (Vater) vom 31.7.1911, in: ebd., SA Siegfried Grüning, Bl. 28-29.

151 Vgl. Durchschrift eines Schreibens von Fabarius an Herrn Ingenieur Schroeter (Vater) vom 11.6.1904, in: ebd., SA Paul Schroeter, unpag.

152 Eintrag im Dienstbuch vom 24.3.1906, in: ebd., Dienstbuch, Bl. 20.

Besonders gravierend erschien ein ungebührliches Benehmen gegenüber der höchsten Autorität, Direktor Fabarius. Ein Schüler antwortete Fabarius auf Vorhaltungen während eines Gesprächs hin mit dem Gruß »Mahlzeit«. Daraufhin erklärte ihm der Schulleiter, dass er es sich verbitte, von ihm gegrüßt zu werden, wie das vielleicht zwischen gleichgestellten Maurergesellen üblich sei; er habe vielmehr entweder »Guten Tag« zu sagen oder »Adieu«.[153]

Ehre, Kameradschaft, Diebstähle

Wie in allen ähnlichen Ausbildungsinstitutionen gehörten die »Ehre« und die »Kameradschaft« zu den Schlüsselbegriffen, zu den zentralen Prinzipien, die das Zusammenleben strukturierten. Verstöße gegen diese Prinzipien ahndeten der Ehrenrat und der Kameradschaftsausschuss. Daneben waren Gruppenführer, Hausordner und Tischobere dazu aufgerufen, solchen Verhaltensweisen energisch und mit allen Mitteln entgegenzuwirken. Sie hatten viel zu tun, da es immer wieder einzelne Kolonialschüler gab, die es in ihrem Auftreten an Takt, Selbstzucht und »ritterlichem Sinn« fehlen ließen.[154] Wer dann auch noch vor einem dieser Gremien unwahre und falsche Aussagen machte, wurde unverzüglich der Anstalt verwiesen. Gleiches galt selbstverständlich für Schüler, die sich nicht dem Urteil dieser Gremien unterwerfen wollten.[155]

Zu der an der Schule gepflegten Kameradschaft gehörte es, sich ihren Manifestationen, wie den Feiern, nicht entziehen zu dürfen. So konnte ein Schüler keinen Urlaub bekommen, weil er bei der Abschiedsfeier für die Absolventen anwesend sein musste. Fabarius hielt solche Feste für wichtig, um das Zusammengehörigkeitsgefühl zu betonen, sie spielten aus seiner Sicht für die menschliche Entwicklung des Schülers eine wichtige Rolle.[156] Schüler, die mit ihrem Verhalten gegen diesen »Geist« der Kameradschaft und der Schule verstießen, wurde vom Direktor das »freiwillige« Ausscheiden nahegelegt.[157]

Besonders schwer wogen offensive Verstöße gegen diesen Kameradschaftsgeist. So konnte zum Beispiel das Plündern der Fischreusen, das an und für sich ein einfacher Mundraub war, als »unehrenhafte Dieberei« aufgefasst werden und

153 Vgl. Durchschrift eines Schreibens von Direktor Fabarius an Herrn Intendanturrat Marcard (Vater) vom 25.3.1908, in: ebd., SA Kurt Marcard, unpag.

154 Vgl. Eintrag im Dienstbuch vom 12.12.1913, in: ebd., Dienstbuch, Bl. 187-188.

155 Vgl. Eintrag im Dienstbuch vom 1.3.1911, in: ebd., Bl. 124; Schreiben von Direktor Fabarius an Frau Franken (Mutter) vom 20.8.1907, in: ebd., SA Gotthold Franken, Bl. 24-25; Eintrag im Dienstbuch vom 24.8.1907, in: ebd., Dienstbuch, Bl. 61.

156 Vgl. Durchschrift eines Schreibens des Direktors der DKS an Anna Reichardt (Mutter) vom 20.8.1908, in: ebd., SA Hermann Reichardt.

157 Vgl. Eintrag im Tagesdienstbuch vom 9.7.1900, in: ebd., Tagesdienstbuch, unpag.

zum Abgang von der Schule führen.[158] In eine ähnliche Kategorie fiel das Vorgehen eines Schülers, der versucht hatte, hinter dem Rücken von Fabarius und seiner Kameraden, eine Stelle bei der Neuguinea-Compagnie zu ergattern, die einem anderen Mitschüler zugedacht war. Er wurde aus der Kameradschaft ausgeschlossen und musste die Anstalt unverzüglich verlassen.[159] Wie rigide der an der Schule gepflegte Ehrbegriff war, zeigt der Fall eines Schülers, der sich an einem öffentlichen Ort ohrfeigen ließ und nach eigener Darstellung selbst den Anlass für die Züchtigung geboten hatte. Fabarius hielt dazu im Dienstbuch fest: Die »schleunige Lösung des Verhältnisses zwischen ihm und uns« sei »zur Wahrung der Ehre der Kolonialschule und aller ihrer Glieder leider unumgänglich«.[160]

Die Auseinandersetzungen um Ehre und Kameradschaft nahmen bisweilen leicht bizarre Formen an. Eine solche Auseinandersetzung entzündete sich am Verhalten einiger Schüler, die Mitglieder eines Ausschusses waren, den Fabarius zur Förderung der Selbstverwaltung eingerichtet hatte. Der eigentliche Anlass dabei war eher läppisch: Der Ausschuss wollte einen missliebigen Kameraden, der sich angeblich bei einem Maskenball und im Café taktlos benommen hatte, von der Anstalt verwiesen sehen. Lehrer und andere Teilnehmer an dem Ball widersprachen der Version, woraufhin Fabarius die Sache an den Ausschuss zur erneuten Beratung zurückgab. Dieser konnte sich jedoch nicht einigen und übergab die Angelegenheit dem Ehrenrat, der sich nur zu einem scharfen Verweis durchringen konnte. Vier Ausschussmitglieder wollten daraufhin ihre sämtlichen Ämter niederlegen. Das interpretierte Fabarius als »Obstruktion« und planmäßige Gegenarbeit, ihm werde der »Stuhl vor die Türe« gesetzt. Er erklärte ihnen, wenn sie dies täten, könnten sie nicht auf der Anstalt bleiben. Bei der anschließenden Versammlung aller Schüler schlug Fabarius massiver Protest entgegen. Er wies allen die Tür, die Mehrheit stürmte hinaus und versammelte sich in einem Gasthaus; sie wollten aus Solidarität abreisen. Ein Dozent brachte die Schüler schließlich zur Besonnenheit.[161]

Nörgler und Querulanten

Ein wiederkehrendes Element in jedem Semester waren die Klagen des Direktors über Nörgler und Querulanten. Man möchte sagen, aus seiner Sicht fanden sich gerade die Unzufriedenen in den ersten Wochen in oppositionellen Zirkeln zusammen und übten so lange einen schlechten Einfluss aus, bis die ersten von

158 Vgl. Durchschrift eines Schreibens von Direktor Fabarius an Staatsanwalt Egelhaaf (Vater) vom 23.8.1909, in: ebd., SA Ruprecht Egelhaaf, Bl. 14-15.

159 Vgl. Eintrag im Tagesdienstbuch vom 21.6.1904, in: ebd., Tagesdienstbuch, unpag.

160 Vgl. Eintrag im Dienstbuch vom 7.5.1907, in: ebd., Dienstbuch, Bl. 52 (Zitat ebd.).

161 Vgl. Durchschrift eines Schreibens von Direktor Fabarius an Hermann Geipel (Schwager) vom 27.2.1909, in: ebd., SA Fritz Brucker, Bl. 7-9 (Zitate Bl. 8).

ihnen die Anstalt zwangsweise verlassen mussten und die anderen sich an die Verhältnisse angepasst hatten.[162] So kam es regelmäßig zu »kleinen Revolten«, die laut Fabarius nicht aus äußeren Anlässen entstanden, sondern eher aus seinen Vorhaltungen, die er den Schülern wegen deren »Vergnügungssucht«, ihres mangelnden Arbeitseifers und der fehlenden Lust zum ernsten Studium machte.[163] Und so hatte Fabarius zu kämpfen mit »Andeutungen, Klatschereien, Reibereien, Quertreibereien, Intriguen und namentlich auch Lügen und Hinterhältigkeiten«, die aus mangelndem Vertrauen bis hin zur Gegnerschaft zum Direktor entsprangen.[164]

Die immer wieder auftauchenden »schwierigen Elemente« bildeten häufig von Fabarius so bezeichnete »Nörgeler- und Oppositionscliquen«. Auch wenn deren Mitglieder nicht immer durch direkte Verstöße gegen Ordnung und Disziplin der Schule auffielen, so doch oftmals durch einen wenig festen Charakter, Hang zum Alkohol und zum Feiern.[165] Diese Cliquen hatten natürlich auch ihre jeweiligen Anführer, von Fabarius als »Hetzer« bezeichnet, die – ähnlich wie in der politischen Arena – um die Volksgunst buhlten. Die häufig von ihnen vorgebrachten diffusen Änderungswünsche seien Wasser auf die Mühlen der »Drückeberger, Knüseler und Oberflächlichen«.[166] Fanden die Nörgelei und das Schimpfen im Geheimen statt und untergruben so die Autorität der Schulleitung, erschien das fast als noch schlimmer.[167]

Phasen unruhigerer Entwicklung der Schule und stärkerer Fluktuation bei den Schülern, in denen sich die neuen Schüler erst einleben mussten, bildeten den idealen Nährboden für Nörgelei und Opposition. So wie im Sommersemester 1904 als es einigen »minder geeigneten und weniger strebsamen Leuten« gelang, sich einen gewissen Einfluss auf die Mitschüler zu verschaffen, der erst durch wiederholtes energisches Eingreifen von Fabarius »gebrochen werden mußte«.

162 Vgl. dazu exemplarisch: Durchschrift eines Schreibens von Fabarius an Ingenieur a.D. von Corswant (Vater) vom 26.4.1905, in: ebd., SA Walther von Corswant, Bl. 14. Von Corswant machte dann letztlich noch einen guten Abschluss, nachdem die Mehrzahl seiner »kleinen, zur Unsolidität und ewiger Nörgelei neigenden Gruppe« mehr oder minder freiwillig die Anstalt verlassen hatte. Vgl. ebd. (Zitat ebd.).

163 Vgl. Durchschrift eines Schreibens von Direktor Fabarius an Generalleutnant von Davidson (Vater) vom 10.3.1909, in: ebd., SA Max von Davidson, Bl. 35-36.

164 Vgl. Durchschrift eines Schreibens von Direktor Fabarius an Wilhelm Bergholz vom 14.4.1913, in: ebd., SA Wilhelm Bergholz, Bl. 48-49 (Zitat Bl. 48 RS).

165 Vgl. Durchschrift eines Schreibens von Direktor Fabarius an Kaufmann Arnold (Vater) vom 10.3.1905, in: ebd., SA Eduard Arnold, Bl. 9-10.

166 Vgl. Durchschrift eines Schreibens von Direktor Fabarius an Fritz Brucker vom 2.3.1909, in: ebd., SA Fritz Brucker, Bl. 14-15.

167 Vgl. Durchschrift eines Schreibens von Direktor Fabarius an Paul Staerk (Vormund) vom 20.3.1911, in: ebd., SA Erich Gaulke, Bl. 29-30.

In der Folgezeit schied eine größere Zahl an Schülern mehr oder minder freiwillig aus. Der Direktor handelte hierbei nach der Devise: »Drückeberger, Kneipgenies, liederliche und unlustige Nörgeler können wir nicht gebrauchen, weil solche Leute nirgends, am wenigsten aber in den Kolonien brauchbar sind und für Kulturaufgaben wie die Faust aufs Auge passen.«[168]

Alkohol

Bei der im Kaiserreich vorherrschenden engen Verknüpfung von Alkoholkonsum und Männlichkeitsbildern sowie den – vor allem im studentischen Milieu anzutreffenden – stark ritualisierten Trinksitten, ist es verständlich, dass der Alkohol auch bei den jungen Kolonialschülern ein wichtiges Thema bildete.[169] Gegenüber der Schulleitung war es auf jeden Fall ein Thema mit erheblichem Konfliktpotenzial, sah doch Fabarius im exzessiven Alkoholkonsum nicht nur eine Gefährdung der sittlichen Haltung bei den Schülern, sondern auch ihren sicheren zukünftigen körperlichen und seelischen Ruin in den Kolonien.

Selbst wenn bei Schülern, die dem Alkohol zuneigten, die abstinenten Phasen länger andauerten und sie sich gut entwickelten, konnte es plötzlich zu einem Rückfall kommen. Wie Fabarius es in einem Falle ausdrückte, bekam er bei einem Schüler unerwartet die Gewissheit, dass dieser »gegenüber der eigentlichen Gefahr seines Lebens« noch nicht gefestigt sei. Der Alkohol sei sein größter Feind, und wenn er davon einmal zu viel genossen habe, verliere er seine sichere Haltung in weitgehendem Maße. Gerade das sei aber in Übersee besonders gefährlich. Kurz vor den Ferien habe sich dieser Schüler mit einigen »nicht geeigneten Kameraden« zu einer benachbarten Dorfkirmes begeben und sei erst in den frühen Morgenstunden »ziemlich direktionslos heimgekehrt«. Auch hier stellte sich trotz vieler Versprechungen keine Besserung ein. »In den Kolonien, fürchte ich, zumal wenn er nicht Anhalt an einer guten Familie und energischen, ständigen, täglichen Einfluss gewinnt, geht er zu grunde.«[170]

Dieses Spiel wiederholte sich auch bei anderen Schülern, die das feste Versprechen, keinen Alkohol mehr zu trinken, immer wieder brachen. Einen Schüler, der wegen eines abendlichen Besäufnisses die Vorlesungen am nächsten Morgen verpasst hatte, ermahnte Fabarius ernstlich. Der Schüler versicherte ihm immer wieder, er wolle keinen Alkohol mehr trinken. Umso mehr empörte den Direk-

168 Vgl. Fabarius, Rückblick und Ausblick, in: DKP, 4 (1903/04) 4, S. 7-11 (Zitate S. 7f.).

169 Vgl. Alfred Heggen, Alkohol und bürgerliche Gesellschaft im 19. Jahrhundert. Eine Studie zur deutschen Sozialgeschichte, Berlin 1988.

170 Vgl. Durchschrift eines Schreibens von Direktor Fabarius an Graf Beissel von Gymnich (Vater) vom 15.10.1903, in: AD, SA Karl Beissel von Gymnich, Bl. 23-24 (Zitate Bl. 23); Durchschrift eines Schreibens von Direktor Fabarius an Gräfin von Gymnich (Mutter) vom 15.6.1904, in: ebd., Bl. 26-27 (Zitat Bl. 27).

tor, dass er zwei Wochen später einen Arbeiter traf, der eine erhebliche Menge Wein und Arrak auf das Zimmer des Schülers brachte; dieser erklärte, er habe sich Freunde zu einem Punsch eingeladen, obwohl es nicht gestattet war, sich Alkoholika auf das Zimmer bringen zu lassen. Auf sein Versprechen angesprochen, erwiderte er, es sei ja nicht gesagt, dass er selbst trinke, wenn er andere einlade. Fabarius klassifizierte das als »jesuitische Ausrede« und ging davon aus, dass der Schüler aufgrund der erfolgten Warnung sein Vorhaben aufgeben würde. Tatsächlich betrank er sich bodenlos bei dem Treffen.[171]

Der Besuch von Gaststätten in den späten Abendstunden verführte viele Schüler dazu, den Toresschluss zu verpassen, dann häufig sogar die ganze Nacht außerhalb der Anstalt zu verbringen. So wie drei von ihnen, welche die Nacht von Sonntag auf Montag ohne Urlaub außerhalb der Anstalt verbracht hatten, um morgens um fünf Uhr »völlig betrunken«, lärmend und »Unfug treibend« zu erscheinen. Der Ehrenrat verurteilte sie zu jeweils 14 Tagen Hausarrest.[172] Manche versuchten nach Toresschluss auf anderem Weg, z. B. mit einem Nachschlüssel, in die Anstalt zu gelangen – in erheblich betrunkenem Zustand kein leichtes Unterfangen.[173]

Sexualität

Generell betrachtete die Schulleitung den Kontakt zwischen den Kolonialschülern und jungen Frauen mit dem größten Argwohn. Dabei standen die weiblichen Bediensteten der Kolonialschule, darüber hinaus aber generell Mädchen und Frauen aus den unteren Gesellschaftsschichten im Fokus. Man kann wohl zu Recht unterstellen, dass – neben dem allgegenwärtigen Standesdünkel – auch die Parallele zu den Kolonien eine Rolle spielte: Wer sich in Deutschland mit einer solchen Frau einließ, bei dem konnte man befürchten, dass er in den Kolonien mit den dortigen Frauen sexuell verkehrte. Exemplarisch dafür steht ein Schüler, der außerdem eine Vorliebe für Alkohol und Schuldenmachen hatte. Seine Schulden hätten ihn aber nicht daran gehindert, sich wiederholt »mit jungen Mädchen aus den einfachsten Kreisen der hiesigen Bürgerschaft« zusammenzutun und sie in den Kneipen freizuhalten.[174]

171 Vgl. Durchschrift eines Schreibens von Direktor Fabarius an Superintendent Steinbach (Vater) vom 10.4.1905, in: ebd., SA Johann Steinbach, unpag.

172 Vgl. Eintrag im Dienstbuch vom 8.2.1907, in: ebd., Dienstbuch, Bl. 43 (Zitate ebd.).

173 Vgl. Durchschrift eines Schreibens von Direktor Fabarius an Kaufmann H. Schüren (Vater) vom 13.12.1902, in: ebd., SA Otto Schüren, unpag.

174 Vgl. Durchschrift eines Schreibens von Direktor Fabarius an Regierungsrat Hausbrand (Vater) vom 30.8.1904, in: ebd., SA Erich Hausbrand, Bl. 14-15 (Zitat Bl. 14 RS).

Ein anderer Schüler blieb über Nacht bei einem eher harmlosen Tanzvergnügen, dem Maskenball einer Bürgergesellschaft. Der Kameradschaftsausschuss wollte ihn daraufhin wegen des unerlaubten nächtlichen Verweilens außerhalb der Anstalt rauswerfen lassen, was auch geschah. Fabarius betonte gegenüber dem Vater, dass es unschicklich und ungehörig für Kolonialschüler sei, »wenn sie mit Dienstmädchen und dergleichen verkehren«. Für geradezu gewissenlos hielt Fabarius es aber, wenn junge Männer aus höherem Stande sich solchen Mädchen aus dem Volke näherten, denn eine gesellschaftliche Gemeinschaft sei da nicht möglich, also könne es sich auf die Dauer nur um einen »minderwertigen Verkehr« handeln.[175]

Noch strenger beurteilte der Direktor die Angelegenheit, wenn es sich von vornherein um »lüderliche Mädchen«, also solche mit einem zweifelhaften Ruf handelte. Im Falle eines Schülers, der Umgang mit der Tochter eines Knechts der Schule pflegte, wollte sich Fabarius nicht auf eine genaue Einzeluntersuchung einlassen. Er fürchtete um den Ruf der Schule, vor allen Dingen aber um Zucht und Ordnung in der Anstalt.[176] Ein anderer Schüler war beschuldigt worden, mit einem Mädchen, das nicht im »besten Ruf« stand, lediglich spazieren gegangen zu sein. Er gab an, er sei mit einer Tochter der Wäscherin unterwegs gewesen, um mit ihr Geschäftliches abzumachen. Der Kameradschaftsausschuss, mahnte entschieden an, auch nicht mit anständigen Dienstmädchen und Wäscherinnen bei Dunkelheit spazieren zu gehen, da dadurch leicht der Schein eines intimen Rendezvous erweckt werden könne.[177]

Besonders streng geahndet wurde der Umgang mit weiblichem Personal der Schule. Selbst bei eher harmlosen Vorgängen, wie bei einem Schüler, der sich während der Ferien wiederholt »unnütz und längere Zeit in den Räumen zu schaffen machte, wo die Mädchen aus der Küche mit Fensterputzen und Scheuern beschäftigt waren«. Aus Sicht von Fabarius war die Grenze zwischen dem Harmlosen und dem Nichtharmlosen gerade dann sehr schmal, wenn junge Männer aus gebildeten Ständen sich an ungebildete Dienstmädchen heranzumachen suchten.[178] Ein anderer Schüler wurde nach nur zwei Wochen der Anstalt

175 Vgl. Beschluss des Kameradschaftsausschusses über Herrn Justrow am 16. Februar 1909, in: ebd., SA Paul Justrow, Bl. 6; Durchschrift eines Schreibens von Direktor Fabarius an Postmeister a.D. Justrow vom 18.2.1909, in: ebd., Bl. 7 (Zitate ebd.).

176 Vgl. Durchschrift eines Schreibens von Direktor Fabarius an Pfarrer Heber vom 13.5.1908, in: ebd., SA Arnold Heber, Bl. 15-16.

177 Vgl. Durchschrift eines Schreibens von Direktor Fabarius an Clara Lins-Morstadt (Mutter) vom 6.8.1908, in: ebd., SA Otto Lins-Morstadt, unpag.

178 Vgl. Durchschrift eines Schreibens von Direktor Fabarius an Herrn Hamel (Vater) vom 26.5.1908, in: ebd., SA Willy Hamel, Bl. 11-12 (Zitate Bl. 11 VS+RS).

verwiesen, weil er sich mit einer Bediensteten in der Küche eingesperrt und sie erst dann rauslassen wollte, wenn sie ihm einen Kuss gegeben hätte.[179]

Das Schicksal des Rauswurfs teilte er mit einem weiteren Schüler, der sich mit einer Arbeiterin aus den Betrieben der Schule eingelassen hatte und dabei nach dem Urteil des Ehrenrats eine so minderwertige Gesinnung bewiesen hatte, dass er abgehen musste. Dem Vater schrieb Fabarius, er handele nach dem Grundsatz, »junge Herren, die hier bei uns sind und von denen mir geschlechtliche Ausschweifungen bekannt werden, ohne weiteres als durchaus unbrauchbar für hier und draussen zu entfernen«.[180] Ein Schüler, der mehrmals versuchte, »sich an Mädchen heranzuschlängeln«, musste die Schule ebenfalls verlassen. Wegen seiner Avancen hatte angeblich sogar ein Küchenmädchen gekündigt, um ihm aus dem Wege zu gehen. Fabarius sorgte sich um den Ruf der ehrlichen und ordentlichen unter den Küchenmädchen und um deren spätere Heiratschancen mit »Burschen ihres Standes«.[181]

Noch pikanter und für die Kolonialschule unangenehmer wurde die Affäre um ein Küchenmädchen, das wegen unordentlichen Lebenswandels entlassen wurde und bei dem sich herausstellte, dass eine ganze Reihe von Kolonialschülern mit ihm verkehrt hatte. Die betreffenden Schüler wurden allesamt der Anstalt verwiesen.[182] Eindeutig zu weit ging für Fabarius der Fall eines Schülers, der sich offensichtlich eine Geschlechtskrankheit zugezogen hatte. Das abschließende Schreiben an den Vater des relegierten Schülers nutzte Fabarius zu einigen grundsätzlichen Bemerkungen in dieser Hinsicht: Die Kolonialschule habe nicht die Grundsätze eines Priesterseminars, aber ihr Grundsatz sei, junge Leute, die in die Kolonien gehen wollten, »auf ihre Charakterfestigkeit und auf ihre Fähigkeit, Zucht, Sitte und Mass zu üben, zu prüfen«. Denn, wenn sich junge Leute schon in den heimischen Verhältnissen nicht beherrschen könnten, »wieviel weniger werden sie es dann in dem versuchungsreichen Leben über See können?«.[183]

179 Vgl. Durchschrift eines Schreibens von Direktor Fabarius an Pfarrer Grohmann (Vater) vom 30.4.1902, in: ebd., SA Johannes Grohmann, Bl. 7-8.

180 Vgl. Durchschrift eines Schreibens von Direktor Fabarius an Kaufmann Krankenhagen (Vater) vom 18.7.1903, in: ebd., SA Wilhelm Krankenhagen, Bl. 18 (Zitat Bl. 18 VS).

181 Vgl. Durchschrift eines Schreibens von Direktor Fabarius an Herrn Wünsch (Vormund) vom 25.5.1908, in: ebd., SA Wilhelm Pätz, unpag. (Zitate ebd.).

182 Vgl. Durchschrift eines Schreibens von Direktor Fabarius an Postsekretär Hueske (Vater) vom 10.4.1913, in: ebd., SA Rudolf Hueske, Bl. 39. Mit gleichem Datum und Wortlaut an Professor Scheller, den Vater von Helmut Scheller, in: ebd., SA Helmut Scheller, unpag.

183 Vgl. Durchschrift eines Schreibens von Direktor Fabarius an Freifrau von Knobelsdorff (Mutter) vom 26.7.1906, in: ebd., SA Karl Georg von Knobelsdorff, Bl. 31; Durchschrift eines Schreibens von Direktor Fabarius an Freiherrn von Knobelsdorff (Vater) vom 3.8.1906, in: ebd., Bl. 42-43 (Zitate Bl. 42 VS+RS).

Homosexualität war im Kaiserreich verpönt, gleichzeitig erschütterte eine Reihe von homosexuellen Affären und die damit verbundenen Skandale um Politiker und andere Prominente die Öffentlichkeit. Das seit 1872 gültige Strafgesetzbuch stellte in seinem Paragrafen 175 sexuelle Handlungen zwischen Personen männlichen Geschlechts unter Gefängnisstrafe.[184] Gleichwohl kamen sie natürlich immer wieder vor – gerade in rein männlich geprägten Institutionen wie der Kolonialschule. Diese behandelte die Fälle diskret, weil man den Skandal fürchtete. Deshalb kann man davon ausgehen, dass längst nicht alle dokumentiert wurden. Ein erster rekonstruierbarer Fall betraf einen auslandsdeutschen Schüler aus Chile, der von seinen Kameraden »häßlicher Unzucht« bezichtigt worden war. Nach Ansicht des Direktors fiel seine Verfehlung umso schwerer ins Gewicht, als er offensichtlich seinen Freund erst mit hereingezogen habe.[185]

In einem zweiten Fall hatte ein Zeuge zwei Mitschüler zusammen im Bett liegen sehen und das offensichtlich zur Anzeige gebracht. Beide Beschuldigten wurden auf Beschluss der Lehrerkonferenz ausgewiesen, weil sie sich »schwerer sittlicher Verfehlungen schuldig gemacht« hätten, die geeignet seien, »den Ruf der Anstalt aufs schwerste zu gefährden«.[186] Einer der beiden bestätigte, gegen den Paragrafen 175 verstoßen zu haben. Deswegen sei es im Interesse des Rufes der Schule wie auch in seinem eigenen dringend notwendig gewesen, so Fabarius, dass er sofort die Anstalt verließ.[187] Der andere involvierte Schüler gab hingegen an, so betrunken gewesen zu sein, dass er von der Sache nichts wisse, er habe sich nie in der Richtung betätigt. Er hatte allerdings vorher die Aussage des Zeugen bestätigt. Deshalb vertrat der Lehrkörper die einstimmige Ansicht, dass er möglichst schnell die Anstalt zu verlassen habe. Fabarius begründete den sofortigen Rauswurf mit der Gefahr, dass die Angelegenheit bekannt werden und zu Erpressungsversuchen gegen den Schüler führen könnte.[188]

184 Vgl. Susanne Zur Nieden, Homosexualität und Staatsräson. Männlichkeit, Homophobie und Politik in Deutschland 1900-1945; Frankfurt a.M. 2005; Martin Lücke, Männlichkeit in Unordnung. Homosexualität und männliche Prostitution in Kaiserreich und Weimarer Republik, Frankfurt a.M. 2008; Norman Domeier, Der Eulenburg-Skandal. Eine politische Kulturgeschichte des Kaiserreichs, Frankfurt a.M. 2010.

185 Vgl. Durchschrift eines Schreibens von Direktor Fabarius an Julius Valck (Vormund) vom 9.12.1901, in: AD, SA Wilhelm Valck, unpag. (Zitate ebd.).

186 Vgl Durchschrift eines Schreibens von Direktor Fabarius an Frau Amtsrichter Flick (Mutter) vom 25.7.1910, in: ebd., SA Bernhard Flick, Bl. 28 (Zitat ebd.); Durchschrift eines Schreibens von Direktor Fabarius an Luise Grosch (Mutter) vom 25.7.1910, in: ebd., SA Alfred Grosch, Bl. 26.

187 Vgl. Durchschrift eines Schreibens von Direktor Fabarius an August Theodor Simon vom 3.8.1910, in: ebd., SA Bernhard Flick, Bl. 29.

188 Vgl. Schreiben von Staatsanwalt A. Grosch (Onkel) an Direktor Fabarius, vom 29.7.1910, in: ebd., SA Alfred Grosch, Bl. 35; Durchschrift eines Schreibens von

Auch bei dem letzten Fall spielte das vorherrschende Klima von Verdächtigungen und Denunziationen eine bestimmende Rolle. Ein Schüler und sein Freund waren von ihren Kameraden der Homosexualität bezichtigt worden, sie wollten daraufhin ein Ehrengerichtsverfahren anstrengen. Die beiden waren am späten Abend zusammen auf dem Bett des einen Schülers liegend von anderen Kameraden gesehen worden, was Anstoß erregte. Fabarius riet von einem Ehrengerichtsverfahren ab und bemühte sich um eine private Vermittlung, die aber nicht mehr möglich war, da die Sache publik wurde. Der Vorgang zeigt den vorherrschenden Ehrbegriff: Der erste Beobachter hatte sich vertraulich drei weiteren Kameraden mitgeteilt, welche die Sache weitererzählten und so die beiden Freunde in eine missliche Lage brachten. Der Kameradschaftsausschuss verurteilte das Verhalten der mitteilsamen Schüler. Daraufhin wollten die beiden Freunde auf ein Ehrengerichtsverfahren verzichten. Der Lehrkörper stimmte jedoch mit dem Beschluss des Ausschusses nicht überein und legte ihnen den Abgang nahe.[189]

Gewalt

Beim engen Zusammenleben junger Männer in dem Alter der Kolonialschüler spielt Gewalt immer eine Rolle, ob nach innen oder außen. Zu erwähnen ist hier der »normale« Vandalismus, die »immer von neuem sich wiederholenden wüsten Zerstörungen von Gebrauchsgegenständen, Möbeln, Türen und dergleichen«, die offensichtlich zum Schulalltag gehörten.[190]

Weitaus spektakulärer war ein Vorfall im Juli 1909, bei dem Kolonialschüler in einem Witzenhäuser Hotel Radau machten und das Publikum durch unflätige Redensarten belästigten, wie es in der Anzeige hieß, die gegen die Schüler gestellt wurde. Der Nachtwächter gebot Ruhe, was aber nur für größere Heiterkeit bei den Schülern sorgte und zu Beleidigungen führte. Auch der hinzukommende Polizist wurde schwerstens beleidigt. Der Rädelsführer unter den Schülern weigerte sich, seine Ausweiskarte zu zeigen und leistete Widerstand bei dem Versuch, ihn auf die Wache zu bringen. Er schlug dem Polizisten mit der Faust ins Gesicht und mit einem Bierglas nach ihm; dem Polizisten wurde mehrmals der Helm vom Kopf gestoßen. Diese Vorgänge mündeten in einer Anzeige wegen Körperverletzung und Widerstands gegen die Staatsgewalt.[191] Der Fall schlug

Direktor Fabarius an Staatsanwalt A. Grosch (Onkel) vom 1.8.1910, in: ebd., Bl. 36.

189 Vgl. Durchschrift eines Schreibens von Direktor Fabarius an Dr. Karl Büren vom 2.2.1912, in: ebd., SA Hermann Papentin, unpag.

190 Vgl. Durchschrift eines Schreibens von Direktor Fabarius an Otto Bertling (Vater) vom 22.9.1911, in: ebd., SA Walter Bertling, Bl. 26.

191 Vgl. Anzeige gegen den Kolonialschüler Leo Irmer wegen Beleidigung, Körperverletzung und Widerstands vom 19.7.1909, in: ebd., SA Leopold Irmer, Bl. 48-49.

hohe Wellen und selbst der Aufsichtsrat der Schule beschäftigte sich mit ihm. Fabarius wollte sich »den Vorwurf unangebrachter Strenge« ersparen, sah deshalb von einer Verfolgung des Vorfalls ab und übergab ihn dem Kuratorium. Dieses beschloss die beteiligten vier Kolonialschüler von der Anstalt zu entfernen.[192]

Aber die Gewalt richtete sich auch nach innen, vornehmlich gegen Schwächere. Der Vater eines Schülers, der aus Krankheitsgründen vorzeitig abgemeldet wurde und kurz danach verstarb, behauptete, er sei gestorben infolge der nächtlichen Misshandlung genannt »Taufe« durch den »Knochenbund«. Der nächtliche Überfall und Schrecken habe Zuckerkrankheit zur Folge gehabt.[193] Das Verprügeln von Kameraden scheint die Spezialität des »Knochenbunds« gewesen zu sein, nach Ansicht von Fabarius eine »kleine Rotte von nächtlichen Störenfrieden«. Sie erschreckten durch Gespensteraufführungen, nächtliche Wassertaufen usw. vor allem die schwächeren, unbeliebteren und stilleren Kameraden.[194] Verprügelt wurde auch ein Schüler, der durch Erzählungen aus dem Frankfurter Pennälerleben die Spottlust anderer Kameraden herausgefordert hatte und der einen Sonderklub bilden wollte. Er setzte sich gegen Hohn und Spott zur Wehr und wurde bei der anschließenden »Hauerei«, wie Fabarius feststellte, »ernstlich mißhandelt«.[195]

4. Erfahrungen, Wahrnehmungen und Einstellungen: Absolventen bis 1914

Die Erfahrungen, Wahrnehmungen und Einstellungen der Absolventen stehen im Mittelpunkt der Betrachtung ihres späteren beruflichen und persönlichen Werdegangs. Sie werden aus Ego-Dokumenten rekonstruiert, hauptsächlich aus Briefen an den Direktor der Schule. Diese Schilderungen sind subjektiv gefärbt, haben aber durchaus jeweils auch für andere Personen Gültigkeit. Aus ihnen

192 Vgl. 35. Sitzung des Aufsichtsrates der DKS am 30. und 31. Juli 1909 in Witzenhausen, in: StAM, 314/1, Nr. 144, unpag.

193 Vgl. Durchschrift eines Schreibens von Direktor Fabarius an Alfred Breiting vom 31. 1. 1911, in: AD, SA Alfred Breiting, Bl. 46.

194 Vgl. Durchschrift eines Schreibens von Direktor Fabarius an Staatsanwalt Egelhaaf (Vater) vom 23. 8. 1909, in: ebd., SA Ruprecht Egelhaaf, Bl. 14-15.

195 Vgl. Durchschrift eines Schreibens von Direktor Fabarius an Prof. Dr. Froning (Vater) vom 27. 7. 1909, in: ebd., SA Alexander Froning, Bl. 29-30; Schreiben von Direktor Fabarius an Prof. Dr. Froning (Vater) vom 21. 4. 1911, in: ebd., Bl. 88-89.

lässt sich viel über die Verinnerlichung kollektiver Dispositionen und den Habitus der Absolventen erfahren.

Über den weiteren Weg von 169 Absolventen gibt es leider überhaupt keine Informationen.

Bei 126 ist es als sicher anzunehmen, dass sie in Deutschland verblieben, bei weiteren steht es zu vermuten. Eine genaue Zahl für die in das Ausland gegangenen Absolventen ist daher kaum zu ermitteln. Klar ist jedoch, dass viele von ihnen nach einigen Jahren wieder nach Deutschland zurückkehrten, bei 154 von ihnen scheint das sicher. Im Ausland verblieben für immer nur recht wenige, etwa 97.

Von denjenigen, die in das Ausland gingen, wurden alle bekannten Stationen erfasst, sodass ein Bild davon entsteht, wo Angehörige dieser schulischen Generation im Laufe ihres Lebens gearbeitet haben. Typisch sind dabei zwei Muster: Der langjährige Aufenthalt in einem Land – oftmals einer damaligen deutschen Kolonie – und der unstete Wechsel der Länder, oft auch der Kontinente bei anderen Absolventen. Diese Muster entwickelten sich in erster Linie entlang des individuellen wirtschaftlichen Erfolgs im jeweiligen Land.

Schaut man sich an, wo die Absolventen arbeiteten, dominiert Afrika mit 290, vor Nord- und Südamerika mit zusammen 201. In Afrika lagen bei den Ländern nicht überraschend die (ehemaligen) deutschen Kolonien mit insgesamt 248 vorne, speziell Südwestafrika mit 100 und Ostafrika mit 94 Absolventen; 225 gingen bis 1918 in diese vier Länder. Danach immerhin noch 16 in das Mandatsgebiet Südwestafrika, was die Attraktivität des Landes demonstriert. Bei den beiden Amerikas arbeiteten die meisten Absolventen mit 49 in Argentinien, 25 in Brasilien, gefolgt von Kanada mit 24. Bemerkenswerterweise lag Paraguay mit 22 Absolventen noch vor den USA mit 21. In Asien mit insgesamt 88 Absolventen stachen Java und Sumatra mit zusammen 28 Absolventen sowie Samoa mit 13 und Neu-Guinea mit elf hervor.[196]

Wirft man einen Blick auf die Richtung der Auswanderung, dann arbeiteten laut Fabarius Ende 1906 rund 50 ehemalige Schüler in Afrika, acht in Ozeanien, zwei in Asien, in Amerika 29, zwei in den »Ostmarken«, ebenfalls zwei in Ungarn, einer in Holland und 32 in Deutschland.[197] In einem Resümee vom Beginn der 1920er Jahre konnte die Schulleitung feststellen, dass seit der Gründung 1.180 Absolventen die Schule verlassen hatten, von denen bis zum Beginn des Kriegs

196 Diese, wie auch die in den folgenden Kapiteln präsentierten statistischen Angaben zu Schülern und Absolventen stammen aus der eigenen Datenbank. Vgl. allgemein zur deutschen Migration: Klaus J. Bade, Europa in Bewegung. Migration vom späten 18. Jahrhundert bis zur Gegenwart, München 2000, bes. S. 169ff.; ders.(Hg.), Deutsche im Ausland – Fremde in Deutschland. Migration in Geschichte und Gegenwart, München 1992.

197 Vgl. Fabarius, Rückblick und Ausblick, in: DKP, 6 (1905/06) 4, S. 7-9, hier S. 8.

rund 500 im Ausland, vornehmlich in den deutschen Kolonien tätig geworden waren, und zwar in Afrika etwa 270, in Amerika etwa 145, in der Südsee und Australien an 50, in Asien zehn – der Rest war über alle Länder, auch in Europa und in Deutschland selbst verteilt. Die größte Gruppe hatte in Deutsch-Südwestafrika ihren Beruf gefunden, nämlich 133, während in Ostafrika 88 und in Kamerun 32 der Schüler vor dem Kriege lebten.[198]

Es war nicht untypisch, dass die Absolventen ihr angestammtes Berufsfeld verließen, eine ansehnliche Zahl von ihnen verdingte sich später als Kaufleute. Daneben gab es aber auch ungewöhnliche Karrieren als Musikdirektor, Zeitungsredakteur, Prediger, Polizeikommissar oder Modellbauer. Einige schlugen die wissenschaftliche Karriere ein; zu den bekanntesten zählen Hermann Consten[199] und Günther Tessmann,[200] die beide mit ethnologischen Studien hervortraten.

Stellensuche

Am Anfang stand die Stellensuche, damit der berufliche Beginn in einer abhängigen Beschäftigung, da nur ein sehr geringer Teil der Kolonialschüler finanziell dazu in der Lage war, sich sofort selbständig machen zu können. Gleichwohl bedeutete die Selbständigkeit für viele von ihnen ein angestrebtes Ziel. In der Regel begannen die Kolonialschüler als Assistenten auf den Pflanzungen. Das hatte den Nachteil, dass es sich um recht schlecht bezahlte Tätigkeiten handelte. Andererseits lernten sie so die praktische Seite der tropischen Landwirtschaft von Grund auf kennen. Derart vorbereitet konnten viele von ihnen danach beruflich aufsteigen – oder sich eben selbständig machen.

Die Schule, insbesondere ihr Direktor, half bei der Stellensuche intensiv mit. Man verfügte über gute Kontakte zu Pflanzungsgesellschaften und Farmern in den tropischen und subtropischen Gebieten, außerdem gab es mittlerweile ein Netz von Absolventen, die sich ebenfalls häufiger dazu bereitfanden, neue Ab-

198 Vgl. Fabarius, Vor fünfundzwanzig Jahren, in: ebd., 23 (1923) 1, S. 3-16, hier S. 16.

199 Vgl. Doris Götting; »Etzel« – Forscher, Abenteurer und Agent. Die Lebensgeschichte des Mongoleiforschers Hermann Consten (1878-1957), Berlin 2012, zu seiner DKS-Zeit vgl. S. 40ff.; Rita Mielke, Erinnerungen an einen fast Vergessenen. Der Mongolei-Forscher Hermann Consten (1878-1957), in: Doris Götting (Hg.), »Bilder aus der Ferne«. Historische Fotografien des Mongoleiforschers Hermann Consten, Bonn 2005, S. 12-19.

200 Vgl. Thomas Klockmann, Artikel Günther Theodor Tessmann, in: Alken Bruns (Hg.), Lübecker Lebensläufe aus neun Jahrhunderten, Neumünster 1993, S. 400-402; Hans Otto Neuhoff, Lebensweg und Veröffentlichungen Dr. Günter Tessmanns, in: Afrika heute, 7 (1969) 8, S. 117-120; Kamerad Dr. Günter Tessmann 85 Jahre alt, in: Uu, Nr. 12, Oktober 1969, S. 8-10; Tessmann, Leben.

solventen aus Witzenhausen aufzunehmen. Trotz einiger Fehlschläge sprach sich die Qualifikation der Kolonialschüler herum, und die Firmen nahmen sie recht gern. Außerdem boomte die deutsche Kolonialwirtschaft in der Zeit nach den Aufständen und Kriegen in Afrika, wenn auch auf einem nicht allzu hohen Niveau.[201] Manche Firmen suchten gleich mehrere Kolonialschüler auf einmal für ihre Pflanzungen, was das Angebot an geeigneten Kandidaten teilweise überstieg. Auch das spricht für den relativen Erfolg der Schule in dieser Hinsicht vor dem Ersten Weltkrieg.[202]

Einige Stellenvermittlungen erwiesen sich jedoch als äußerst schwierig und langwierig. Bei einem Absolventen zogen sich diese Bemühungen über insgesamt drei Jahre hin; ihm wurden diverse Stellenangebote von namhaften Firmen aber auch vom Reichskolonialamt zugesandt.[203] Einem weiteren Absolventen übermittelte Fabarius in einem guten halben Jahr insgesamt sieben Stellenangebote: Von der Firma Hernsheim & Co. für Neu-Guinea, der Firma C. Woermann für Kamerun, der Afrikanischen Frucht-Compagnie ebenfalls für Kamerun, der Deutschen Togo-Gesellschaft für Togo, des Absolventen Petzholtz für Deutsch-Ostafrika, des Kameraden König ebenfalls für Deutsch-Ostafrika und der Debundscha-Pflanzung für Kamerun.[204] Im Laufe der Zeit häuften sich die Stellenangebote ehemaliger Kolonialschüler, die sich erfolgreich selbständig gemacht hatten oder einflussreiche Posten auf den Pflanzungen bekleideten. Sie versuchten, neue Absolventen nachzuziehen. So bildete sich auch auf dieser Ebene ein Netzwerk der »Witzenhäuser«.[205]

In den Fällen, in denen Kolonialschüler aus dem einen oder dem anderen Grund nicht erfolgreich waren, galt es aus Sicht der Schule, das verlorene Vertrauen der Firmen wiederzugewinnen. So erklärte Fabarius, als er das Stellenangebot der in Deutsch-Ostafrika tätigen Rheinischen Handel-Plantagen-Gesellschaft für eine Assistentenstelle an einen potenziellen Bewerber weiterleitete:

201 Vgl. Schinzinger, Kolonien, S. 117ff.; Lewis H. Gann, Economic Development in Germany's African Empire, 1884-1914, in: Peter Duignan/Lewis H. Gann (Hg.), Colonialism in Africa 1870-1960, Bd. 4: The Economics of Colonialism, Cambridge 1975, S. 213-255.

202 Vgl. Durchschrift eines Schreibens des Direktors der DKS an Erich Arnhardt vom 15.4.1912, in: AD, SA Erich Arnhardt, Bl. 40.

203 Vgl. Durchschrift eines Schreibens von Direktor Fabarius an Waldemar Streetz vom 17.12.1909, in: ebd., SA Waldemar Streetz, unpag.

204 Vgl. Schreiben von Direktor Fabarius an Arthur Mitzschke vom 10.10.1913, 13.11.1913, 1.12.1913, 22.12.1913, 14.1.1914, 15.7.1914, 22.7.1914, in: ebd., SA Arthur Mitzschke, unpag. Vgl. zur Plantagenwirtschaft in Kamerun: Kerstin Wilke, »Die deutsche Banane«. Wirtschafts- und Kulturgeschichte der Banane im Deutschen Reich 1900-1939, Diss. Phil. Hannover 2004.

205 Vgl. Durchschrift eines Schreibens des Direktors der DKS an Hermann Bayha vom 24.9.1910, in: AD, SA Hermann Bayha, Bl. 32.

»Es kommt mir darauf an, einen besonders zuverlässigen und tüchtigen Mann hinzuschicken, der das durch [Hermann, K.L.] Constens Grossspurigkeit und sonstige merkwürdige Art geschädigte Vertrauen zu den Kolonialschülern wieder herstellen könnte.«[206]

Die präferierten Ziele der Auswanderung wechselten, es gab dabei regelrechte »Moden«. Eine Zeitlang stand Kanada hoch im Kurs, sehr zum Leidwesen von Fabarius. Dieser bevorzugte eindeutig Südwestafrika. Wie er mehrfach betonte, wollte er auf keinen Fall, dass die Kolonialschüler den anderen Kolonialstaaten mit ihrem Fleiß und ihrer Tüchtigkeit nur als »Kulturdünger« dienten.[207]

Ausreise

Die lang dauernde und teure Ausreise hatte in der damaligen Zeit für die Kolonialschüler offensichtlich den Charakter einer Grenzüberschreitung, eines Initiationsritus, sie bedeutete auch, dass sie sich aus den Fesseln der deutschen Gesellschaft lösten.[208] Sie war deshalb in eminenter Form ein Schritt in eine »neue Welt«, gleichzeitig der erste Schritt in den Beruf. Wohl die allerwenigsten unter den Absolventen waren vorher im nicht-europäischen Ausland gewesen. So bildete die Schiffsreise nach Afrika, Asien oder Lateinamerika für sie den ersten Kontakt mit den exotischen »südlichen Gefilden«. Zunächst einmal verließen sie aber Deutschland und damit auch ihre Familien und Freunde. In einer Zeit, in der die Reisen entsprechend lange dauerten, war es nicht klar, wann die Absolventen wieder zurückkehren würden.

206 Vgl. Durchschrift eines Schreibens von Direktor Fabarius an Wilhelm Magdeburg vom 14.9.1906, in: ebd., SA Wilhelm Magdeburg, unpag. (Zitat ebd.). Vgl. zu Ostafrika: Juhani Koponen, Development for Exploitation. German colonial policies in Mainland Tanzania, 1884-1914, Helsinki/Hamburg 1995; Michael Pesek, Koloniale Herrschaft in Deutsch-Ostafrika. Expeditionen, Militär und Verwaltung seit 1880, Frankfurt a.M./New York 2005.

207 Vgl. Durchschrift eines Schreibens von Direktor Fabarius an Friedrich Bertling vom 11.7.1913, in: AD, SA Friedrich Bertling, Bl. 67-68. Zu den Vorstellungen von Fabarius vgl. bspw.: Ernst Albert Fabarius, Die Deutsche Kolonialschule zu Witzenhausen a.d. Werra, in: Das Neue Jahrhundert, 1 (1899) 15 vom 7.1.1899, S. 327-330, hier S. 327. Zu den Zielen vgl.: Richard Hindorf, Der landwirtschaftliche Werth und die Besiedelungsfähigkeit Deutsch-Südwestafrikas, Berlin 1895 (2. Aufl.); Ernst Hermann, Viehzucht und Bodenkultur in Südwestafrika. Zugleich Ratgeber für Auswanderer, Berlin 1900; August Leue, Die Besiedlungsfähigkeit Deutsch-Ostafrikas. Ein Beitrag zur Auswanderungsfrage, Leipzig 1904.

208 Vgl. allgemein dazu: Hans Erich Bödeker, Alteritäten und Identitäten: Einleitung, in: Bauerkämper/Bödeker/Struck, Welt, S. 295-300.

Für die Absolventen bedeutete die Ausreise in der Regel ein erhebendes Gefühl, wie es ein Absolvent beschrieb, der allerdings bereits in Afrika gearbeitet hatte: »Im Februar fuhren wir mit der ›Wahehe‹ raus, 34 Mann hoch; mit wenigen Ausnahmen alte Afrikaner. War das ein Gefühl! Schon die Abfahrt von Hamburg, unterwegs die altbekannten Anlaufhäfen und dann das Ziel, das so einzig schön gelegene Victoria.«[209]

Besonders beeindruckend war für viele offenbar Funchal auf Madeira, weil sie hier einen ersten Eindruck des »Südens« mit seinem Licht, seinen Farben und seiner subtropischen Vegetation bekamen. Entsprechend enthusiastisch und farbig fielen die Schilderungen aus: »Ich darf es gar nicht versuchen, die Schönheiten dieser Küste zu schildern, meine Feder ist dazu zu schwach; die schroffen Felsenpyramiden in allen Farben vom hellsten Weiß bis zum dunkelsten Rotbraun und Blauschwarz, dort zogen sich grüne Streifen bis zum Meere hinab, das in seinem tiefen Blau in majestätischer Ruhe dalag, kaum bewegt von dem leichten West, der zum Lande hinströmte. Dort am Hang der Berge lagen versteckt zwischen hellgrünen Bananenhainen und Zuckerrohrfeldern die kleinen Hütten, deren helles Weiß so freundlich herüber grüßte. Man glaubte sich in ein Märchenland versetzt und das Auge, das daheim die kahlen, noch winterlichen Gefilde gewohnt war, es schwelgte in der Pracht und konnte sich nicht satt sehen an dem frischen, satten Grün, das den Frühling verkündet.«[210]

Eine Zwischenstation bildeten die Kanarischen Inseln, eigentlich noch europäisch geprägt, aber aufgrund ihres Klimas so etwas wie die Vorboten Afrikas. Ein Absolvent berichtete, dass sie in Las Palmas zum ersten Mal an Land durften und er dachte mit Sehnsucht daran zurück.[211]

In Monrovia kamen dann »Schwarze« an Bord, die für Trubel an Deck sorgten. Und es kam die Hitze zum Tragen. Aber: »Immerhin konnte man es aber sehr gut aushalten, und in Witzenhausen haben wir manchesmal bei nicht viel weniger Hitze praktisch gearbeitet.«[212]

Diese Szene scheint typisch gewesen zu sein, denn sie wird auch von anderen sehr ähnlich beschrieben. Mit teilweise unverhohlener Verachtung für den »nobelen Negerfreistaat« Liberia, dessen dort wehende Fahne als »schmutziger Lappen« beschrieben wurde. Belustigend wurde für die europäischen Ankömmlinge die Szenerie allerdings, als Kanus an das Schiff herankamen, die berstend voll mit Afrikanern waren, die ihre Waren zum Verkauf anboten und darum wetteiferten,

209 Schreiben von Wilhelm Holverscheit an die Kameraden des Altherrenverbandes vom 20.7.1925, in: AD, SA Wilhelm Holverscheit, Bl. 77-78, hier Bl. 77 VS.

210 Auszug aus einem Reisebericht unseres Kameraden Bachmann, in: DKP, 1 (1900/01) 1, S. 16-22, hier S. 18.

211 Vgl. Schreiben von Walther von Corswant an Direktor Fabarius vom Februar 1907, in: AD, SA Walther von Corswant, Bl. 56-65, hier Bl. 57.

212 Vgl. ebd. (Zitat ebd.).

alles heil und trocken an Bord zu bringen. Die Reisenden machten sich ein Vergnügen daraus, Münzen ins Wasser zu werfen, nach denen die Afrikaner dann – voll bekleidet – tauchten: »In vollen Kleidern sage ich, ja diese Kleider!« Die Kleidung forderte ohnehin den ganzen Spott der Deutschen heraus, die so ihre vermeintliche kulturelle Überlegenheit demonstrierten. Ausführlich waren dementsprechend die Beschreibungen dieses offensichtlich für europäische Augen karnevalesken Aufzugs: »Hier kommt einer mit einem bunten Tuch um die Hüften und trägt mit unendlichem Stolz eine Weste, die er natürlich verkehrt angezogen hat, denn die Schnalle sitzt ihm im Nacken und die Taschen sehen nach unten. Dort läuft einer in seinem langen blauen Hemde umher, auf dem Kopf hat er einen großen Schutztrüppler mit aufgeschlagener Krempe. Jetzt klettert gerade einer über die Reeling [sic!] in Frack und weißen Hosen, eine bunte Faschingsmütze auf dem Kopf. [...] Erfinden Sie die drastischste Robe und kommen Sie dann nach Afrika, Sie werden blutige Thränen weinen, wenn Sie das, was Sie für neu hielten, hier als schon lang dagewesen finden. Denn kann's etwas originelleres geben, als einen Menschen im Rock eines Königsulanen und in roter Badehose? Wohl kaum!«[213]

Ähnlich bunt fiel die Beschreibung aus, die ein anderer Absolvent von Monrovia gab. Bezeichnend bleibt auch hier die frappierende erste Begegnung mit Afrika und seinen Bewohnern: »Nun gab es Leben in der Bude, die Kerls erfüllten alsbald das ganze Schiff mit ihrem Geschnatter und Geschrei und Gelächter und auch Gestank, und die Offiziere und Bootsleute mußten immer brüllen, um mit ihnen fertig zu werden. Es waren tiefschwarze Prachtgestalten, mehr oder weniger unbekleidet, und in ihren Einbäumen, wahren Seelenverkäufern, hatten sie uns in der tüchtigen Brandung gezeigt, daß sie Wasserratten erster Güte waren, von deren glänzendem Felle das Wasser abrieselte wie von Fischschuppen.« Hier wird die allgegenwärtige Dichotomie von Anziehung und Abstoßung deutlich: Auf der einen Seite stellte ihr »kindisches Gebaren« etwas Neues dar, bedeutete auf der anderen Seite aber viel Unruhe für die bislang ungestörte Gemütlichkeit an Deck. Es kam in diesem Falle dann noch zu einem Schiffsunglück und anschließenden Auseinandersetzungen sowie Plünderungen durch die betrunkenen Afrikaner, die entsprechend kommentiert wurden: »Geradezu köstlich sah es aus, wie einer einen hohen Stehkragen um den Hals und Manschetten um die Hand- und Fußgelenke gebunden hatte; sonst hatte er kaum irgendwelche Kleidung an. Den Vogel schoß ein anderer Bengel ab, der ein Damenbeinkleid mit breiten Spitzen als Bluse über die Brust gezogen hatte, die flatternden Bänder im

213 Vgl. Fortsetzung des Briefes von Hermann Bachmann, in: DKP, 1 (1900/01) 3, S. 14-17 (Zitate S. 16f.).

Nacken zugebunden. Insofern unterschied sich das ganze Bild von einem Affenkäfig nur dadurch, daß die Bewohner des letzteren sich nicht betrinken.«[214]

Nach der Seereise fand das Erstaunen über die fremdartige Umgebung an Land seine Fortsetzung. Ein Absolvent berichtete, dass er in Kamerun zum ersten Mal Palmen und den Urwald sah. Als eine Art Initiationsritus kann man auch seinen ersten Tag auf der neuen Arbeitsstelle beschreiben: »Nach schöner Bootsfahrt auf spiegelglattem Meer und bei prallem Sonnenschein kam ich in meiner neuen Heimat an und hielt meinen Einzug in die neue Tätigkeit. Wie an dem ersten Abend das Essen gut schmeckte!«[215]

Beruflicher Werdegang

Fabarius forderte die Absolventen immer wieder auf, Informationen über ihren beruflichen Werdegang, die Lage in den jeweiligen Ländern, die wirtschaftlichen Aussichten etc. zu übermitteln. Das waren in der damaligen Zeit wichtige Ressourcen. Die Briefe wurden teilweise im Unterricht verlesen. Der berufliche Werdegang – vulgo: der Erfolg oder Misserfolg bildet ein zentrales Kapitel bei der Beschreibung des Lebenswegs.

Zwei Einflussfaktoren gilt es dabei zu bedenken: Die Auswanderungsziele der Absolventen und ihre persönlichen Voraussetzungen. Dieser letzte Punkt bezieht sich auf die Qualifikation der Schüler, aber vor allem auf ihre finanzielle Ausstattung. Der überwiegende Teil von ihnen konnte sich aufgrund seiner monetären Möglichkeiten nicht sofort selbständig machen, sondern musste zunächst eine abhängige Beschäftigung annehmen. Prägend für den beruflichen Werdegang der Absolventen aus der Zeit vor 1914 waren zweifellos der Verlust der deutschen Kolonien im Ersten Weltkrieg, die damit verbundene Enteignung und die häufig erfolgte Internierung.

Recht typisch für einen Absolventen aus der Zeit vor 1914 erscheint der Lebensweg des bereits erwähnten Armin Preussers gewesen zu sein. Er enthält zumindest viele Facetten, die man auch bei anderen ehemaligen Schülern finden kann. Preusser besuchte zusammen mit seinem zwei Jahre jüngeren Bruder Wolfgang ab 1904 die Kolonialschule. Nach zwei Jahren Militärpflicht erhielt er eine erste Anstellung auf der Regierungsfarm Neudamm in Deutsch-Südwestafrika. 1910 trafen sich die Brüder am Kilimandscharo und erwarben Land bei Moschi. Die erste Kaffee-Ernte stand gerade bevor, als der Erste Weltkrieg aus-

214 Vgl. Die Seereise (erste Überfahrt nach Afrika, Pfingsten 1903), in: Manuskript von Siegfried Bötcher (wohl Anfang der 30er Jahre) (Zitate S. 10 und S. 16), in: DITSL-Bibliothek, Sammlung.

215 Vgl. Briefe der Kameraden, S. 34-49, Brief von Theodor B. (Bindel) aus Kamerun an den Direktor vom 19.7.1903, in: DKP, 4 (1903/04) 1, S. 34-36 (Zitat S. 34).

brach. Beide wurden sofort eingezogen und trafen sich dann in Kriegsgefangenschaft wieder. 1925 ging Wolfgang erneut nach Ostafrika und wurde der erste deutsche Farmbesitzer im Iringadistrikt nach dem Krieg. Bereits ein Jahr zuvor hatte Armin die Leitung einer Teeplantage auf Java übernommen, musste diese Stelle aber schon nach zwei Jahren wieder aufgeben, da sich die im Krieg zugezogene chronische Malaria und Dysenterie bemerkbar machten. Er lebte dann in Brandenburg/Havel, wo er sich langsam erholte. Die Zustände nach dem Kriegsende belasteten ihn stark, und er verstarb am 2. Mai 1952 an einer Gehirnhautentzündung. Wolfgang war seit Januar 1945 mit seiner Frau im Warthegau verschollen.[216]

Ebenfalls durchaus exemplarisch ist der Bericht eines Schülers, der die Schule 1903 verließ und nach Deutsch-Südwestafrika ging. Wilhelm Holverscheit, so der Name des Schülers, absolvierte eine viermonatige Volontärszeit auf der Farm »Hoffnung«, später richtete er für einen sächsischen Gutsbesitzer eine Farm in Hoornkranz ein. Er erlebte dann den Herero-Aufstand als Freiwilliger in der Schutztruppe mit. Angesichts der Unsicherheit im Lande fuhr er 1905 nach Deutschland zurück, hatte aber bereits sechs Wochen später einen Dreijahresvertrag der Deutschen Togogesellschaft in der Tasche und kam zu einem ehemaligen Witzenhäuser auf die Agupflanzung. Nach einiger Zeit bekam er einen Schwarzwasserfieberanfall und wurde von der Gesellschaft zur Erholung nach Teneriffa geschickt. Nach seiner Genesung leitete er das Vorwerk der Pflanzung. Wegen Differenzen über das Gehalt übernahm er 1911 nicht wie geplant die Leitung einer neu anzulegenden Baumwollpflanzung, sondern schloss einen Vertrag nach Kamerun ab, wo er zwei bestehende und zwei anzulegende Ölpflanzungen übernahm. Er gab dann aber seine Stellung auf, rodete ab Anfang 1913 den Urwald bei Duala und begann mit dem Aufbau einer kleinen Kakaopflanzung. Holverscheit wurde auf Urlaub in Deutschland vom Kriegsausbruch überrascht und konnte nicht mehr ausreisen. Er machte den Krieg von Anfang bis Ende mit und bekam 1919 eine Siedlerstelle. Diese musste er wegen der Inflation aufgeben; ab 1921 arbeitete er als Büroangestellter in Berlin. Von 1925 bis 1928 war er als Inspektor und Vertreter des Direktors der Moliwe-Pflanzung in Kamerun tätig. Wegen persönlicher Differenzen verließ er die Stelle, wollte nach Costa Rica gehen, was sich aber zerschlug. So endete seine »koloniale Tätigkeit«.[217]

Die Geschichten ähneln sich; entscheidende Determinanten waren immer wieder ehemalige Witzenhäuser, also die Netzwerke der Absolventen. Neben den weltpolitischen Zäsuren war das ein ganz wesentlicher Faktor. Ein weiterer Absolvent, Wilhelm Petzholtz, ist dafür ein gutes Beispiel: Er heiratete eine Witzenhäuserin, war dadurch noch enger mit Stadt und Schule verbunden; seine

216 Vgl. Schreiben von Conrad Preusser an Dr. Winter vom 29.10.1952, in: AD, AHV, Korrespondenz, N-P, unpag.

217 Vgl. Mein Leben in Afrika, Bericht von Wilhelm Holverscheit vom 1.6.1952, in: ebd., Korrespondenz, He-Hü, unpag.

Schwester heiratete einen Semesterkollegen und sein Sohn besuchte die Kolonialschule zu Beginn der dreißiger Jahre. Petzholtz ging zunächst im Herbst 1907 nach Deutsch-Ostafrika, zu Hans Luis, der sich selbst nach zweijähriger Assistentenzeit am Kilimandscharo selbständig gemacht hatte und einen Helfer suchte. Im Februar 1908 begann er auf der Pflanzung Kibohöhe als Assistent, die ebenfalls von einem ehemaligen Witzenhäuser geleitet wurde. Nur kurze Zeit später, im April 1908 machte sich Petzholtz mit einer kleinen Pflanzung selbständig. Er fuhr im April 1911 nach Deutschland, um in Witzenhausen zu heiraten. Während seiner Abwesenheit vertrat ihn mit Carl Landgrebe ebenfalls ein Absolvent der Kolonialschule. Petzholtz geriet im März 1916 in Gefangenschaft, er wurde zunächst nach Nairobi, dann nach Indien gebracht. Vier Jahre später betrat er wieder deutschen Boden. Er stand wirtschaftlich vor dem Nichts, hatte sein Vermögen und mit der Pflanzung seine Existenzgrundlage verloren. Er fand aber recht schnell eine Stelle in Berlin beim Reichsausgleichsamt, ab 1922 beim Staatlichen Wasserbauamt in Potsdam. Ab Januar 1925 war er als Kirchenkassenrendant in Brandenburg/Havel tätig. Petzholtz fuhr im September 1930 noch einmal nach Ostafrika und kaufte eine kleine Pflanzung für Kaffeeanbau, an der sich Heinrich Haeberlin beteiligte, der Semesterkollege und Schwager. 1932 ging auch sein Sohn Ludwig Petzholtz hinaus, der aber bald als Assistent auf eine andere Pflanzung wechselte. Petzholtz verkaufte dann 1939 kurz vor Ausbruch des Kriegs seine Pflanzung an einen Deutschen.[218]

Das Ziel der Kolonialschule war es, eine gewisse Vorbereitung für die Schüler zu leisten, ihre Lehrzeit in den Tropen so zu verkürzen. Dass diese praktische Lehrzeit nach der Schule aber unumgänglich war, negierte wohl keiner. Die Absolventen sammelten, meistens als Assistenten, erste Erfahrungen, konnten sich mit dem jeweils fremden Land und seiner Sprache sowie der anderen Mentalität etwas vertraut machen. Absolventen, die bereits einige Zeit in den Tropen zugebracht hatten, waren diese Zusammenhänge durchaus bewusst; sie hatten selbst oft »Lehrgeld zahlen müssen«.[219] Die Assistenten wurden offensichtlich häufig als billige Arbeitskräfte ausgenutzt. Einer von ihnen bekundete, er habe mit der Unterschrift unter einem Dreijahresvertrag bei dem legendären Tom von Prince[220] in Deutsch-Ostafrika wohl die größte Dummheit seines Lebens begangen. Er hatte zu spät erfahren, dass sein Arbeitgeber in Pflanzerkreisen für seine Hungerlöhne sowie dafür bekannt war, dass er fast nur Anfänger beschäftigte.

218 Vgl. Skizze des Lebensganges des Wilhelm Petzholtz (04/07) nach dem Weggange von Witzenhausen vom 18.1.1953, in: ebd., Korrespondenz, N-P, unpag.

219 Vgl. Schreiben von Richard Barthel an Bindel vom 31.8.1924, in: ebd., SA Richard Barthel, Bl. 55.

220 Vgl. zu von Prince, dem »Helden von Tanga«: Herbert Patera, Bwana Sakkarani. Deutsch-Ostafrika 1888-1914. Leben und Taten des Schutztruppenhauptmannes Tom von Prince, Wien 1933.

Der Lohn reichte gerade dazu aus, um Essen und Trinken zu bezahlen, Letzteres in »homöopathischen Dosen«. Er brach dann seinen Vertrag – wie einige andere Witzenhäuser auch –, weil er mit den Bedingungen nicht einverstanden war.[221] Ähnlich erging es einem anderen Absolventen, der bei Heinrich Hüttenhain,[222] ebenfalls Witzenhäuser, in Deutsch-Südwestafrika beschäftigt war. Dieser verlangte von dem Neuling sofort selbständiges Arbeiten, kritisierte dessen mangelnde handwerkliche Fähigkeiten und ganz allgemein seine Leistungsfähigkeit. Der Betreffende kehrte umgehend nach Deutschland zurück.[223] Ein weiterer in Deutsch-Südwestafrika tätiger Absolvent machte bereits in den ersten Wochen die »bittersten Erfahrungen« und verließ seinen ersten Arbeitgeber – übrigens auch ein Witzenhäuser – nach noch nicht einmal einem Monat bereits wieder. Er war mit ihm aneinandergeraten, weil er dessen menschenunwürdige Behandlung seiner afrikanischen Arbeiter kritisiert hatte: »Er schlug seine Angestellten blutig, selbst die Frauen, auch seine eigene Frau.« Fabarius hielt ihn für krank; er habe in seinem letzten Sommersemester auf der Schule bereits gesundheitliche Probleme bekommen.[224]

Insgesamt betrachtet waren die ersten Erfahrungen der Absolventen wohl durchaus in aller Regel recht hart. Für einen Absolventen, der wie er sich ausdrückte, nur eine »Gastrolle« in Südamerika gegeben hatte, gehörten die Erinnerungen daran nicht zu den schönsten seines Lebens, es sei nicht leicht, dort Fuß zu fassen, aber man müsse auch einmal die harte Seite des Lebens durchgemacht haben.[225] Auf jeden Fall eröffnete sich für die Absolventen eine im wahrsten Sinne des Wortes »neue Welt«; die neuen Eindrücke waren häufig so fremdartig und schwer zu beurteilen, dass eine längere Akklimatisationsphase vonnöten war.[226] Bei anderen verlief diese Eingewöhnung schneller, und sie fühlten sich bereits nach relativ kurzer Zeit als »Afrikaner«. Dazu trug zweifellos das im Vergleich zu Deutschland ungebundene Leben, die selbständige Arbeit und die

221 Vgl. Schreiben von Paul Pagel an Direktor Fabarius vom 11.7.1907, in: AD, SA Paul Pagel, unpag.

222 Vgl. zu seiner Person: Out of Africa: Heinrich Hüttenhain (1881-1946) und die Farm in Deutsch-Südwest, in: Die Familie Hüttenhen – Hüttenhein – Hüttenhain. Ein Siegerländer Geschlecht mit 18 Generationen in fünf Jahrhunderten, Düsseldorf 2000 (3. Aufl.), S. 108-112.

223 Vgl. Schreiben von Werner Glass an Direktor Fabarius vom 29.4.1908, in: AD, SA Werner Glass, Bl. 50-51.

224 Vgl. Schreiben von Hermann Bayha an Direktor Fabarius vom 4.1.1911, in: ebd., SA Hermann Bayha, Bl. 43-48 (Zitat Bl. 43 RS); Durchschrift eines Schreibens vom Fabarius an Hermann Bayha vom 27.2.1911, in: ebd., Bl. 49-50 (Zitat Bl. 50 RS).

225 Vgl. Schreiben von Richard Calov an Direktor Fabarius vom 7.3.1909, in: ebd., SA Richard Calov, Bl. 88-89.

226 Vgl. Schreiben von Franz Bernoully an Direktor Fabarius vom 1.7.1906, in: ebd., SA Franz Bernoully, Bl. 40-41.

frühe Übernahme von Verantwortung bei.[227] Wie ein Absolvent in diesem Zusammenhang zu Recht feststellte: »(W)er hat in der Heimat mit 20-22 Jahren schon selbständige und verantwortungsvolle Tätigkeit wie der Pflanzer!«[228]

Demgegenüber war die Stellung als Assistent meistens eine untergeordnete, stellte aber ein berufliches Sprungbrett dar. Der Assistent lernte den Betrieb kennen und sammelte praktische Erfahrungen. Der nächste Schritt war oftmals der zum selbständigen Pflanzungsleiter. Dabei waren erfahrungsgemäß vor allem die praktischen Kenntnisse ausschlaggebend. Nach Ansicht von Fabarius kamen die theoretischen Kenntnisse sowie die Allgemeinbildung erst später zum Zuge, wenn der Betreffende Boden unter den Füßen gewonnen hätte, könne er mit Intelligenz und Wissen die wirtschaftliche Lage viel besser ausnutzen als jemand, »der nur im alten Gleis dahin trottet und schliesslich nicht viel mehr versteht wie irgendein tüchtiger Eingeborener, der in der alten Väter Weise das Vieh züchtet oder sich seine Pontoks baut«.[229]

Viele Absolventen hatten aber mit der von Fabarius vermittelten »Kolonialpädagogik« auf jeden Fall ein gewisses Stand- und Beharrungsvermögen übernommen und ließen sich nicht so schnell von ihrem einmal eingeschlagenen Weg abbringen. Wie es einer von ihnen ausdrückte, hätten sie gelernt, sich zu fügen ohne dabei zu Duckmäusern zu werden. So konnten sie nach seiner Meinung auch widrigen Situationen eher trotzen.[230] Diese Beharrlichkeit, gepaart mit Fleiß, imponierte auch vielen Arbeitgebern. Ein Farmbesitzer aus Deutsch-Südwestafrika gab offen zu, gewisse Vorurteile gegenüber Kolonialschülern gehegt zu haben. Er wurde aber durch einen von Fabarius vermittelten Absolventen eines Besseren belehrt. Dieser hatte sich zu seiner vollen Zufriedenheit bewährt.[231]

Das eigentliche Ziel für die meisten Absolventen bildete die berufliche Selbständigkeit. Nicht bei allen klappte es allerdings so schnell, wie bei dem bereits erwähnten Wilhelm Petzholtz. Er erwarb bereits nach kurzer Zeit eine kleine Pflanzung am Kilimandscharo. Sie war noch nicht bepflanzt, lediglich zu einem Viertel gerodet, sodass er dem Verkäufer nur dessen geleistete Arbeit bezahlen

227 Vgl. Schreiben von Wilhelm Krempel an Direktor Fabarius vom 12.4.1911, in: ebd., SA Wilhelm Krempel, Bl. 54 (Zitate ebd.).

228 Schreiben von Rolf Voigt an Direktor Fabarius vom 8.12.1913, in: ebd., SA Rolf Voigt, unpag.

229 Vgl. Schreiben von Heinrich Haeberlin an Direktor Fabarius vom 25.3.1910 in: ebd., SA Heinrich Haeberlin, Bl. 80-81; Durchschrift eines Schreibens von Direktor Fabarius an Heinrich Haeberlin vom 4.8.1910, in: ebd., Bl. 82 (Zitat ebd.).

230 Vgl. Schreiben von Rudolf Baumbach an Direktor Fabarius vom 30.8.1906, in: ebd., SA Rudolf Baumbach, Bl. 79-80.

231 Vgl. Abschrift eines Schreibens von John Ludwig an Direktor Fabarius vom 22.10.1903, in: ebd., SA Siegfried Bötcher, Bl. 56.

musste und das Pachtgebiet übernehmen konnte.[232] Der frühe Schritt in die Selbständigkeit war zuweilen auch durch die Aussicht oder die Hoffnung auf raschen finanziellen Erfolg bedingt. Wie sich ein Absolvent ausdrückte, hätte er sich sonst die Kosten für die Schule ersparen können.[233]

Die angestrebte Selbständigkeit war aber in erster Linie eine Frage der vorhandenen finanziellen Mittel. In Südwestafrika wurden ohnehin eher diejenigen Einwanderer bevorzugt, die zumindest über ein gewisses Kapital verfügten, um sich später selbständig machen zu können. Solche ohne Kapital hatten geringe Chancen, eine Stelle mit guter Bezahlung zu bekommen, kapitalkräftigere waren hingegen erwünscht, auch zur Stärkung des »Deutschtums«.[234]

Neben den Erfolgen gab es natürlich auch Misserfolge in den beruflichen Karrieren der Kolonialschüler. Bei den Absolventen aus der Zeit vor 1914 traten sie gehäuft in Kamerun auf. Und zwar in einem solchen Maße, dass der Ruf der Schule dadurch geschädigt wurde. Ein alter Absolvent, der zweite Schüler überhaupt, versuchte sich ab 1906 entgegen dem Rat von Fabarius bei einer Firma in Kamerun. Sein Engagement endete in einem Misserfolg, er zog sich eine Krankheit zu und verstarb kurze Zeit später in den Niederlanden. Der Vorgesetzte wollte daraufhin keine Kolonialschüler mehr einstellen. Fabarius war aber optimistisch, dass die tüchtigen und erfolgreichen Absolventen, die es in Kamerun auch gab, das Bild korrigieren könnten.[235] Auch bei einem anderen ehemaligen Schüler, der seine Stellung in Kamerun aus gesundheitlichen Gründen aufgeben musste, hatte Fabarius dieses angeblich vorausgesehen. Auf der anderen Seite bedauerte er es, »weil mehrere andere untüchtige unserer früheren Kameraden uns

232 Vgl. Briefe von Kameraden, in: DKP, 8 (1907/08) 2, S. 50-70 (Brief von Wilhelm Petzholtz an den Direktor, aus Deutsch-Ostafrika, vom 21.5.1908, S. 50-51). Vgl. zur Region: Ludger Wimmelbücker, Kilimanjaro – A Regional History. Volume One: Production and Living Conditions, c. 1800-1920, Münster/Hamburg/London 2002.

233 Vgl. Schreiben von Wilhelm Petzholtz an Direktor Fabarius vom 18.6.1910, in: AD, SA Wilhelm Petzholtz, unpag. Abgedruckt (o. Dat.) in: DKP, 10 (1910) 2/3, S. 58-61.

234 Vgl. Schreiben von Paul Ritter an Theodor Bindel vom 30.7.1927, in: AD, SA Paul Ritter, unpag. (Zitat ebd.). Vgl. dazu auch die zeitlich viel frühere, inhaltlich aber sehr ähnliche Argumentation in: Die Aussichten für den Auswanderer und Stellungsuchenden in den Kolonien, in: Deutscher Kolonial-Kalender und statistisches Handbuch für das Jahr 1903, 15 (1902), S. 227-242, hier S. 237. Prägender Typ war aufgrund der Natur des Landes die Farmsiedlung (Einzelsiedlung) mit vom Norden nach Süden zunehmender Betriebsgröße. Vgl. Udo Kaulich, Die Geschichte der ehemaligen Kolonie Deutsch-Südwestafrika (1884-1914). Eine Gesamtdarstellung, Frankfurt a.M. u.a. 2001, S. 337f. Insgesamt zur landwirtschaftlichen Entwicklung vgl. ebd., S. 355ff.

235 Vgl. Durchschrift eines Schreibens von Direktor Fabarius an Hans-Albert Ossmann vom 5.1.1907, in: AD, SA Hans-Albert Ossmann, unpag.

dort in einen so schlechten Ruf gebracht haben«.[236] Offensichtlich hatte sich der Leiter einer dieser Firmen vehement über das ungehörige Verhalten der ehemaligen Schüler beschwert. Sie seien ohne jegliche Lebenserfahrung, nähmen aber keine Ratschläge an, hingen wie die Kletten zusammen, wenn es gegen Vorgesetzte und Nichtkolonialschüler ginge, beherrschten die einfachsten Dinge nicht. Fabarius warf ihnen deshalb Minderwertigkeit und mangelnde Selbstzucht vor, fehlendes Pflichtgefühl und Ehrverständnis.[237] An den »Versagern« ließ Fabarius kein gutes Haar: Sie hätten ihre »widerwärtige Manier« der Nörgelei und Hetzerei sowie ihr Aufbegehren gegen Vorgesetzte fortgesetzt, wie man es von ihnen bereits aus Witzenhausen kannte. Ihr falsches Ehrgefühl und Selbstbewusstsein stünden in umgekehrtem Verhältnis zu ihrer praktischen Leistung und Tüchtigkeit, denn da brächten sie praktisch nichts zustande. Wie ihm mitgeteilt worden sei, »sie verstünden nicht die einfachste Buchführung und das einfachste Kassenwesen, streuten den Kunstdünger statt auf die Erde in die Baumkronen, wüssten nicht das Einfachste von der Ernährung der Pflanzen, verstünden nicht Stecklinge zu machen, könnten nicht den Regen messen und wären vor allen Dingen in erster Linie immer auf ihre Freiheit und auf ihr Vergnügen bedacht«.[238]

Dienst als Soldat

Die Absolventen der Kolonialschule waren in der Regel in dem Alter, dass sie nach der Schule ihren Militärdienst ableisten mussten. Einige von ihnen absolvierten ihn in den Kolonien, vornehmlich in Deutsch-Südwestafrika. Der dabei häufig präsente Eifer kommt in den Zeilen eines Absolventen deutlich zum Ausdruck: »Mich drängts, Ihnen in einigen Abschiedszeilen ein Lebewohl zu sagen. Es geht hinaus, vorwärts. Bis vor kurzem bestand Ungewissheit in meiner Militairsache und mochte deshalb nicht von mir hören lassen. Jetzt bin ich endlich so glücklich, Ihnen anzeigen zu können, dass mich der Befehl des Oberkommandos ehebaldigst nach Windhuk ruft.«[239] Angesichts solcher Äußerungen, die of-

236 Vgl. Durchschrift eines Schreibens von Direktor Fabarius an Alfred Fischer vom 27.5.1907, in: ebd., SA Alfred Fischer, Bl. 21 (Zitat ebd.).

237 Vgl. Durchschrift eines Schreibens von Direktor Fabarius an Walther Werner vom 15.10.1907, in: ebd., SA Walther Werner, unpag.

238 Vgl. Durchschrift eines Schreibens von Direktor Fabarius an Hermann Wackermann vom 17.10.1907, in: ebd., SA Hermann Wackermann, Bl. 53-54 (Zitat Bl. 53 RS). Die Bibundi AG thematisierte den Fall sogar in einer Vorstandssitzung. Fabarius konnte es den Verantwortlichen nicht verübeln, dass ihr Urteil hart und vielleicht etwas überzogen ausfiel. Vgl. Durchschrift eines Schreibens von Direktor Fabarius an Walther Kettner vom 18.10.1907, in: ebd., SA Walther Kettner, unpag.

239 Schreiben von Friedrich Bergstedt an Direktor Fabarius vom 15.1.1905, in: ebd., SA Friedrich Bergstedt, Bl. 30.

fensichtlich eher die Regel denn die Ausnahme waren, muss man sich die Frage stellen, ob das noch mit dem damals üblichen und verbreiteten Nationalismus und Kolonialismus zu erklären ist. Oder handelte es sich um die Symbiose der Figuren »Bauer« und »Krieger«, verteidigte hier der deutsche »Kulturpionier« seine imaginierte zukünftige Scholle?[240]

Das zentrale Ereignis bildete die Beteiligung der Kolonialschüler an der blutigen Niederschlagung des Aufstands der Herero und Nama in Deutsch-Südwestafrika während der Jahre 1904 bis 1908.[241] Die Gründe für den Aufstand lagen in erster Linie in der Existenzbedrohung durch den Verlust immer größerer Weidegebiete und in den Demütigungen durch die Kolonisten. Der Aufstand begann am 12. Januar 1904 mit der Zerstörung einer Eisenbahnbrücke und einer Telegrafenverbindung. Ein Kolonialschüler berichtete, er sei bereits drei Tage später kurz vor Windhuk von fünf Soldaten aufgehalten worden. »Wir wurden gefragt, wo wir herkämen, wir antworteten ›aus dem Schafrevier‹; darauf frug man uns, ob wir vom ›Orloch‹ nichts wüßten. (Orloch ist die Bezeichnung für Krieg in der Afrikanersprache.) Wir mußten die Frage verneinen, da wir in der Tat noch nichts davon gehört hatten. Darauf riet uns der Erste, vorsichtig zu sein, denn tags zuvor wären die Hereros oder Kaffern aufständig geworden.« Sie sahen dann in Windhuk die ersten Toten und Verwundeten, die aus Okahandja kamen.[242]

Ein Kolonialschüler, der sich freiwillig zur Schutztruppe gemeldet hatte, mochte die Schuld am Aufstand nicht gierigen Händlern geben, sondern sah den einzigen Grund im Hass der Afrikaner auf die »weiße Haut«. Aus seiner Sicht solle man die Afrikaner entwaffnen, dann müsse genügend lange »mit unserer Faust regiert« werden, »bis er [»der Eingeborene«, K.L.] völlig kaputt ist, dann keinen von ihnen Milde fühlen lassen und den Segen der Zivilisation, jetzt aber nur Strafe und Zwang«.[243] Moderater und reflektierter fiel die Meinung eines Kolonialschülers aus, der die Ereignisse von Südafrika aus beobachtete, obwohl

240 Vgl. dazu den Abschnitt »Wehrbauer oder Feudalfarmer?«, in: Kundrus, Imperialisten, S. 55ff.

241 Vgl. dazu exemplarisch aus der mittlerweile kaum noch zu überblickenden Literatur: Jürgen Zimmerer/Joachim Zeller (Hg.), Völkermord in Deutsch-Südwestafrika. Der Kolonialkrieg (1904-1908) in Namibia und seine Folgen, Berlin 2003; Gesine Krüger, Kriegsbewältigung und Geschichtsbewußtsein. Realität, Deutung und Verarbeitung des deutschen Kolonialkriegs in Namibia 1904 bis 1907, Göttingen 1999.

242 Vgl. Nachrichten aus dem Kameradenkreise, in: DKP, 4 (1903/04) 4, S. 36-58 (Brief von Hermann (Harry) Wolff an seine Eltern vom 2.2.1904, S. 36-39, hier S. 37 (Zitat ebd.)).

243 Vgl. Schreiben von Siegfried Bötcher an Direktor Fabarius vom 25.3.1904, zit. nach: Manuskript von Siegfried Bötcher (wohl Anfang der 30er Jahre), S. 1104-1111 (Zitate S. 1106f.), in: DITSL-Bibliothek, Sammlung.

auch er nicht den rassistischen Blickwinkel verleugnen konnte. Furchtbare Grausamkeiten seien in Deutsch-Südwestafrika verübt worden, der »entfeßelte Kaffer« sei kein Mensch mehr, Schonung kenne er nicht. Die Ursache für den Aufstand sah er allerdings bei den Deutschen selbst. Die Behandlung der Afrikaner sei falsch gewesen, man habe nicht genügend Geduld aufgebracht, nicht bedacht, »daß es ja doch nur ungelernte Naturkinder« seien.[244]

Über die Härte des Kampfes gibt ein Brief eines nicht genannten Kolonialschülers vom August 1904 Auskunft, also aus der Endphase des Krieges gegen die Herero: »Nach bestandenem, siegreichem Gefecht hier, das ich bei der Avantgarde mitgefochten und glücklich überstanden habe, trotzdem wir den Hereros gegenüber, welche in völlig uneinsehbarem Gelände, in Wasserlöchern versteckt lagen und sich sehr energisch verteidigten, einen sehr schweren Stand hatten, sende ich Ihnen und Ihren verehrten Angehörigen, sowie den Herren Lehrern und Kameraden von Wilhelmshof herzliche Grüße.«[245]

Der Krieg gegen die Herero ging im August 1904 mit der Vernichtungsschlacht am Waterberg und dem Abdrängen der restlichen Herero-Bevölkerung in die wasserlose Omaheke-Wüste genozidal zu Ende. Der Aufstand der Nama, oder »Hottentotten«, wie sie damals genannt wurden, begann aufgrund dieser Ereignisse im Oktober 1904.

Ein bislang nicht einberufener Kolonialschüler kam nun doch zur Schutztruppe und berichtete mit leicht ironischem Unterton über die Ausbildung, bei der die Vorgesetzten »in christlicher Nächstenliebe« miteinander wetteiferten, aus den Rekruten Soldaten zu machen. Nach neunwöchiger Ausbildung zogen sie in den Krieg; »es war aber auch allerhöchste Zeit, denn der Hottentotten-Oorlog dauerte nun schon über ein halbes Jahr, da mußten wir ja notwendig hin, um ihn baldigst zu Ende zu bringen, was dann nach zwei Jahren ja auch glücklich erreicht war.«[246] Für die Schutztruppe war es schwierig, mit der flexiblen Guerillataktik der Nama umzugehen. Laut den Aussagen des Kolonialschülers handelte es sich um einen unaufhörlichen Kampf gegen einen »unsichtbaren und ungreifbaren Feind«, gegen »kleine Banden«, die sich erst nach der Besetzung der Wasserstellen zurückzogen. Das belastete die Truppe mehr als eine Kampfesweise von Gefecht zu Gefecht, den Feind immer vor sich hertreibend, wie es im Herero-Krieg der Fall gewesen war. Aber der »gottlose Krieg« gegen die Nama war eben anders und forderte alles von den Soldaten, die der Natur weitgehend

244 Vgl. Schreiben von Paul Hamel an Direktor Fabarius vom 17.4.1904, in: AD, SA Paul Hamel, Bl. 31-34 (Zitat Bl. 31).

245 Nachrichten aus dem Kameradenkreise, in: DKP, 5 (1904/05) 1, S. 34-40 (Brief eines nicht namentlich genannten Kolonialschülers an Direktor Fabarius vom August 1904, S. 40).

246 Vgl. Manuskript von Siegfried Bötcher (wohl Anfang der 30er Jahre), Kapitel »Abmarsch ins Feld«, S. 1 (Zitat ebd.), in: DITSL-Bibliothek, Sammlung.

schutzlos ausgeliefert waren und im wahrsten Sinne vor Dreck und Ungeziefer erstarrten.[247]

Über die Gefechte östlich von Gibeon Ende April 1905 äußerte sich Siegfried Bötcher sehr deutlich; klar wird aus seinen Worten, wie unbarmherzig der Kampf geführt wurde sowie eine gewisse – wenn auch rassistisch grundierte – Bewunderung für den Gegner: »Dort in der Gegend waren wir etwa 4 Wochen lang (in der Zeit um Ostern) auf Jagd nach Hottentotten, haben aber trotz aller Mühe und Anstrengung nur einmal etwas Beutevieh gemacht, während die Besitzer uns just vor der Nase entwischten. Es ist zu unglaublich schwer, diesen flüchtigen Gegner zu jagen und zu fangen, weit schwerer als den dummen, frechen, plumpen Herero.«[248]

Arbeit als zentrale Kategorie: Kulturpioniere

Wie bereits angemerkt, bildete das Konzept der (deutschen) Arbeit und der damit verbundenen protestantischen Arbeitsethik einen zentralen Bezugspunkt für die Kolonialschüler. Das schlug sich auch in ihren Ego-Dokumenten nieder.[249] Besonders anschaulich wurde Pionierarbeit im wörtlichen Sinne in einem Artikel über die Entstehung einer Pflanzung in Kamerun geschildert, aus dem deshalb ausführlicher zitiert werden soll. Die Neuanlage einer Pflanzung sei wohl mit die interessanteste Arbeit für einen Pflanzer: »Vor seinen Augen sieht er einen Teil jener undurchdringlichen, immergrünen Mauer, die sich vor ihm nach allen Seiten zu auftürmt, zusammenbrechen. Besiegt geht der Wald in Flammen auf, um dann wie ein Phönix in regelmäßigen geraden Reihen als Nutzpflanzung wieder zu erstehen. Ein Stück des ewigen Weltenlaufes, Vergehen und Entstehen.« Und genauso schwärmerisch schildert der Autor die eigentliche Arbeit: »Sind nun die Flächen vom Unterholz gereinigt, kommen die Schlägerkolonnen. Kräftige Kerle, die ihre Axt wohl zu brauchen wissen. Ordentlich Freude gewährt es, diesen schwarzen, fast nackten Gestalten zuzuschauen, wie bei dem

247 Vgl. ebd., Kapitel »Ostern im Felde«, S. 1f.

248 Nachrichten aus dem Kameradenkreise, in: DKP, 5 (1904/05) 4, S. 92-101 (Brief von Siegfried Bötcher an Direktor Fabarius vom 19.6.1905, S. 96-101, hier S. 96).

249 Vgl. Holger Schatz/Andrea Woeldike, Freiheit und Wahn deutscher Arbeit. Zur historischen Aktualität einer folgenreichen antisemitischen Projektion, Hamburg/Münster 2001; Richard van Dülmen, Protestantismus und Kapitalismus. Max Webers These im Lichte der neueren Sozialgeschichte, in: Christian Gneuss/Jürgen Kocka (Hg.), Max Weber. Ein Symposion, München 1988, S. 88-101. Sebastian Conrad betrachtet das Konzept der »Deutschen Arbeit« als Verbindung zwischen der spezifisch deutschen Stellung im Globalisierungsprozess und dem nationalistischen Diskurs. Vgl. ders., Globalization effects: mobility and nation in Imperial Germany, 1880-1914, in: Journal of Global History, 3 (2008) 1, S. 43-66, hier S. 62f.

Ebenmaß die Muskeln spielen bei jedem Hieb. Vielleicht 4 oder 5 Mann schlagen an dem Stamm. Schlag auf Schlag vertieft sich die Kerbe. Jetzt ein Knacken. ›Der Baum spricht‹, warnt einer der Schläger, es ist sein Schwanengesang. Oben der Wipfel beginnt sich zu neigen, erst langsam, dann schneller und schneller. Paß au … f! Die Aeste brechen schon halb von dem Luftdruck und dann ein Prasseln, ein Krachen – und der erste Urwaldriese liegt bezwungen. Ein fröhliches Juchzen, der Triumph der alles vernichtenden Menschen. Bald überall schallen die Axthiebe, schrillen Warnrufe. Von allen Seiten brechen und prasseln die Stämme. Ein reiner Höllensabbath. Wo vordem tiefes, dunkles Waldesschweigen, da jetzt ein endlos Geschwirr von Stämmen, Lianen und zersplitterten Aesten, das alles getaucht in sengende Sonnenglut.«[250]

Eine ähnliche Pionierleistung war bei einer vollkommen verwahrlosten Pflanzung vonnöten. Auch hier betonte der Kolonialschüler die systematische Arbeit, die in diesem Falle freilich in erster Linie von Afrikanern geleistet wurde. »Da die Schamba [Pflanzung, K.L.] in einem dermaßen vernachlässigten, verwachsenen Zustande sich befand, so konnte ich mich nur auf das Hacken um die Palmen und auf das Abhacken des Busches beschränken.« Da es an Gerätschaften mangelte, musste die Arbeit nur mit Hacken und Buschmessern verrichtet werden. Auch das Zurückgeworfensein auf einfachste Hilfsmittel ist ein häufig auftretender Topos.[251] War diese erste Arbeit getan, bedeutete dies für den Pflanzer ein erhabenes Gefühl, auf dem Boden zu pflanzen und das Gepflanzte wachsen zu sehen, dort, wo vor Kurzem noch dichter Urwald stand. Ein Kolonist, der Reichtümer sammeln wolle, werde unter solchen Bedingungen nicht zu seinem Recht kommen, sondern nur derjenige, der mit Lust und Liebe arbeite und sein Glück in der Freude an dem Segen seiner Arbeit auf eigenem Grund und Boden suche.[252]

Viele ehemalige Kolonialschüler betonten ihre Fülle an Arbeit, wenn sie sich bei Direktor Fabarius schriftlich meldeten. Das mag zum einen eine beliebte Ausrede für Schreibfaulheit gewesen sein, geht aber nach meiner Ansicht weit darüber hinaus, auch über den Faktor der Selbstlegitimation durch Arbeit. Ohne vorschnelle, psychologisierende Schlüsse daraus ziehen zu wollen, halte ich es für ein intrinsisch motiviertes Streben, eine internalisierte Attitüde, einen Habitus. Ein schnell avancierter Kolonialschüler, der rasch die Leitung einer kleinen Gesellschaft in Deutsch-Ostafrika übernehmen konnte, schrieb begeistert von seinem vollkommen selbständigen Posten, der sehr viel Arbeit bereite. Trotzdem

250 Walter von Corswant, Wie eine Pflanzung in Kamerun entsteht, in: DKP, 10 (1910) 2/3, S. 89-94, hier S. 89.

251 Vgl. Schreiben von Karl Dörfer an Direktor Fabarius vom 10.7.1913, in: AD, SA Karl Dörfer, Bl. 75-79, hier Bl. 77 (Zitat ebd.).

252 Vgl. Schreiben von Richard Calov an Direktor Fabarius vom 28.9.1902, in: ebd., SA Richard Calov, Bl. 24-34, hier Bl. 32f.

fühlte er sich wohl und war in jeder Weise hochzufrieden: »Die Arbeit läßt einen ja kaum zur Besinnung kommen, aber das macht nichts.«[253] Diese »besinnungslose« Arbeit ruhte allenfalls am »heiligen« Sonntag, aber auch dann nicht ganz. Ein Absolvent beschrieb den Sonntag als den schrecklichsten Tag auf der Farm. Häufig seien sehr dringende Arbeiten zu erledigen, dann käme der Sonntag dazwischen, und man sitze wie auf Kohlen bis zum Montagmorgen.[254]

Allerdings konnte es über die Art der zumutbaren Arbeit auch Differenzen geben, wie das Zusammentreffen dreier Witzenhäuser bei der Nomtsas Schafzuchtgesellschaft in Deutsch-Südwestafrika zeigte. Zwei frische Absolventen hatte Fabarius dorthin vermittelt. Ein älterer Witzenhäuser wurde deren Vorgesetzter. Fabarius hatte ihn ausdrücklich ermahnt, sich als pädagogischer Lehrmeister zu zeigen und von den jungen Absolventen nicht zu viel zu verlangen. Trotzdem kam es zu Konflikten. Einer der beiden jüngeren beschwerte sich in einem langen Schreiben an Fabarius über »erniedrigende Arbeiten«, die es eigentlich für die Weißen draußen überhaupt nicht gebe.[255]

Naturerfahrungen

Wie schon beim Kapitel über die Ausreise der Absolventen deutlich wurde, beeindruckte die fremde Natur der Tropen die meisten der Absolventen stark. Die Schilderungen von Flora und Fauna, aber auch der Landschaft sind geprägt von einer großen Bewunderung ebenso wie einem Hang zum Exotismus. Gleichzeitig wird darin aber auch die Gefährlichkeit der tropischen Natur deutlich.[256] Etwa bei einem Absolventen, den die Malaria nach Deutschland zurückzwang. Die Tropenländer übten auf ihn immer noch einen eigenen, unvergesslichen Reiz aus. Es zog ihn nach wie vor hin zu deren üppiger Natur und er betonte, auch noch härtere Strafen zu ertragen, wenn er noch einmal unter ihren Palmen wandeln und die eigentümliche, aromatische Treibhausluft atmen dürfte.[257] Auch

253 Vgl. Schreiben von Gustav Ahlert an Direktor Fabarius vom 7.12.1913, in: ebd., SA Gustav Ahlert, unpag.; Schreiben von Gustav Ahlert an Direktor Fabarius vom 6.6.1913, in: ebd., unpag. (Zitat ebd.).

254 Vgl. Schreiben von Otto Karlowa an Direktor Fabarius vom 27.9.1910, in: ebd., SA Otto Karlowa, Bl. 105.

255 Vgl. Durchschrift eines Schreibens von Direktor Fabarius an Siegfried Bötcher vom 12.4.1912 ebd., SA Siegfried Bötcher, Bl. 287-288; Schreiben von Georg Haase an Direktor Fabarius vom 10.2.1913, in: ebd., SA Georg Haase, Bl. 67-74; Durchschrift eines Schreibens von Direktor Fabarius an Georg Haase vom 28.4.1913, in: ebd., Bl. 75-77.

256 Vgl. dazu insgesamt: Kundrus, Imperialisten, S. 138ff.

257 Vgl. Briefe der Kameraden, S. 26-36, Brief des Kameraden Bicker Caarten, aus Maastricht (vom 8.2.1901), in: DKP, 1 (1900/01) 4, S. 26-27, hier S. 27.

andere schwärmten in diesem Zusammenhang von der brennenden Sonne des Südens, dem flimmernden Äther und dem Duft von Akazienblüten und Blumen.[258]

Selbst ein Kolonialschüler, der angesichts der Weihnachtszeit in Erinnerungen an die Heimat schwelgte, bekannte, dass Deutsch-Südwestafrika trotz der Wildheit des Landes und seiner Bewohner, einen großen Reiz auf ihn ausübe. Ja, so Harry von Schoenermarck, dieses raue Land mit seiner unermesslichen Steppe, seinem ewig klaren Himmel und seiner erdrückenden Sonnenglut habe er immer fester in sein Herz geschlossen. Mit geradezu dämonischer Stärke halte es jeden gefesselt und gestatte es nur für eine kurze Zeitspanne die geliebten heimatlichen Gefilde anzuschauen.[259]

Besonders eindrucksvoll fallen die Schilderungen der furchteinflößenden Naturgewalten aus, wie beispielsweise bei einem Unwetter auf Papua-Neuguinea: »Draußen fliegen Sturmvögel, Vorboten des Unwetters, und auch schon hat der Sturm eingesetzt. Die hohen, schlanken Palmen biegen sich und schwanken unaufhörlich, ihre Kronen neigen sich fast zur Erde. Die Wedel werden vom Sturm nach einer Richtung geblasen, eines übergeklappten Regenschirms nicht unähnlich. Das Meer ist tief schwarz mit unzähligen Katzenpfötchen, eine Welle jagt die andere, als wenn sie sich überholen möchten; dauernd brechen sich die Wogen an dem der Küste vorgelagerten Riff und überstürzen sich, bis ihnen das Festland Halt gebietet. Dort spritzen sie noch einmal Meter hoch auf, feiner Wasserstaub benetzt die Gräser. Blitze zucken, der sonst schwarze Himmel sieht wie Feuer aus, Donner krachen und rollen und machen das Haus erzittern.«[260]

Der Kontakt mit der Natur war oft ein sehr unmittelbarer – anders als in Deutschland. Hans-Anton Aschenborn berichtet darüber: »Herrlich lebt's sich doch im Freien, nur muß man eben einige kleine Unannehmlichkeiten in Kauf nehmen. Im ersten Jahre wohnte ich etwa 350 Nächte unter freiem Himmel, und als ich dann endlich ein Zimmer beziehen konnte, hielt ich's nicht aus in den vier Wänden, schleppte meinen alten Paddecken hinaus und schlief unter strahlendem Sternenhimmel beim Sang der Zikaden, wie ich's gewohnt war.«[261]

Ein ehemaliger Kolonialschüler, der inmitten einer Farm am Kamerunberg sehr idyllisch wohnte, hörte unter sich das Rauschen der Brandung und sah hinter sich den steil ansteigenden Kegel des kleinen Kamerunberges. Sein Haus ver-

258 Vgl. Schreiben von Wolf Boetticher an Direktor Fabarius vom 19.1.1909, in: AD, SA Wolfgang von Boetticher, Bl. 94-97, hier Bl. 94.

259 Vgl. Briefe von Kameraden, in: DKP, 7 (1906/07) 3, S. 53-57 (Brief von Harry von Schoenermarck an den Direktor aus Deutsch-Südwestafrika vom 1.1.11907, S. 53-54, hier S. 53).

260 Schreiben von Heinrich Haeberlin an Direktor Fabarius vom 22.11.1911, in: AD, SA Heinrich Haeberlin, Bl. 83-87, hier Bl. 83f.

261 Hans Anton Aschenborn, Die Farm im Steppenlande. Elf Jahre Farmerleben und Jagd in Afrika, Neudamm 1925, S. 29.

fügte über keine separate Decke, was etwas unangenehm war, da er so die Eidechsen, Schlangen oder Ratten in den Sparren des Wellblechdaches und an den Wänden rumkrabbeln sah und hörte. Nach seiner Einschätzung gewöhne man sich aber bald daran; in der ersten Nacht sei er noch den Eidechsen auf der Veranda mit seinem Revolver zu Leibe gerückt, heute sehe er sie kaum noch.[262]

Gerade der Urwald – Sinnbild der Exotik – hatte es vielen Absolventen angetan.[263] Einer von ihnen begeisterte sich dafür, Entdeckungsreisen in den Urwald zu unternehmen, die sein größtes Vergnügen seien. Er klettere die steinigen Flussläufe aufwärts, um einen besseren Blick zu bekommen, da dieser bei aller Großartigkeit der Pflanzenwelt im dichten Urwald fehle. Solche Klettereien seien sehr anstrengend, jedoch werde man durch herrliche Szenerien belohnt.[264]

Der Umgang mit den Menschen

Wie war der Umgang der Kolonialschüler mit den Menschen in den Kolonien und den anderen außereuropäischen Gebieten? Welche Einstellung hatten sie ihnen gegenüber? Ganz generell lässt sich sagen, dass die Absolventen sie fast ausschließlich als Arbeitskräfte wahrnahmen und sie auf diese Rolle reduzierten. Die Einstellung zu ihnen war bei den meisten Absolventen geprägt durch einen »kolonialen Blick«, eine präformierte Haltung, welche die indigene Bevölkerung als inferior einstufte.[265]

In der richtigen Erkenntnis der deutschen Farmer und Pflanzer, in diesen Gebieten auf die einheimischen Arbeitskräfte angewiesen zu sein, kreisten ihre Debatten um das Thema, wie man die »Eingeborenen« zur Arbeit bringen könne und wie man sie behandeln solle. Die Diskussion in diesem Punkt bewegte sich – vereinfacht ausgedrückt – zwischen den Polen Prügel und einer verständnisvollen, gleichwohl strengen Behandlung. Die Mehrzahl der ehemaligen Kolonial-

262 Vgl. Briefe von Kameraden, in: DKP, 5 (1904/05) 2, S. 38-64 (Brief von Walther Werner (?) aus Kamerun an Direktor Fabarius aus Kamerun vom 14.11.1904, S. 40-43, hier S. 41).

263 Vgl. Michael Flitner, Gibt es einen ›deutschen Tropenwald‹? Anleitung zur Spurensuche, in: ders. (Hg.), Der deutsche Tropenwald. Bilder, Mythos, Politik, Frankfurt a.M./New York 2000, S. 9-20; Albert Wirz, Innerer und äußerer Wald. Zur moralischen Ökologie der Kolonisierenden, in: ebd., S. 23-48.

264 Vgl. Schreiben von Walther Werner an Direktor Fabarius vom 26.5.1905, in: AD, SA Walther Werner, unpag.

265 Vgl. dazu: Mary Louise Pratt, Imperial Eyes. Travel Writing and Transculturation, London 1992; Ute Zurmühl, Der »Koloniale Blick« im entwicklungspolitischen Diskurs. Welt-Bilder und Bilder-Welten in der Entwicklungszusammenarbeit, Saarbrücken 1995.

schüler scheint eher diesen letzten, paternalistischen Standpunkt eingenommen zu haben.[266]

Generell hatten die Kolonialschüler ein unkritisches Verhältnis zur deutschen Kolonialpolitik; auch in punkto Menschenbehandlung verklärten sie diese. Im Gegensatz zu den anderen Kolonialmächten habe Deutschland stets den Grundsatz vertreten, dass der größte Reichtum einer Kolonie nicht in seinen Bodenschätzen und seinen landwirtschaftlichen Erzeugnissen bestehe, sondern in der indigenen Bevölkerung, die daher unter allen Umständen zu erhalten sei.[267] Auch andere Absolventen gingen davon aus, dass die »Arbeiterfrage« entscheidend für die wirtschaftliche Entwicklung war. Um mehr Arbeitskräfte zu gewinnen, gab es prinzipiell mehrere Wege: Neben höheren Löhnen kam auch eine Förderung der Konsumneigung in Betracht, die so die Notwendigkeit zur Lohnarbeit erhöhte. Letzteres betrachtete ein Kolonialschüler aber als ein längerfristiges Projekt, man brauche die Arbeitskräfte jedoch sofort, und zwar solche, die durchgängig arbeiteten und nicht monatelang aussetzten. Die Lösung sah er in ihrer besseren Behandlung und verbesserten Bedingungen am Arbeitsplatz selbst. »Das soll aber keineswegs bedeuten, dass man nun in falscher Gefühlsduselei den Neger zu seinem lieben Bruder erheben und ihm alle Übergriffe und Dreistigkeiten straflos durchgehen lassen soll.« Im Gegenteil, er hielt die gemilderten Strafgesetze für die indigene Bevölkerung in Deutsch-Ostafrika für schwächlich und der Stellung der Weißen als »Herrenvolk« nicht gemäß.[268]

266 Vgl. dazu: Anton Markmiller, »Die Erziehung des Negers zur Arbeit«. Wie die koloniale Pädagogik afrikanische Gesellschaften in die Abhängigkeit führte, Berlin 1995, S. 145 ff.; Harald Sippel, »Wie erzieht man am besten den Neger zur Plantagen-Arbeit?« Die Ideologie der Arbeitserziehung und ihre rechtliche Umsetzung in der Kolonie Deutsch-Ostafrika, in: Kurt Beck/Gerd Spittler (Hg.), Arbeit in Afrika, Hamburg 1996, S. 311-333; Renate Nestvogel, Die Erziehung des »Negers« zum deutschen Untertan, in: Eva-Maria Bruchhaus/Leonhard Harding (Hg.), Hundert Jahre Einmischung in Afrika 1884-1984, Hamburg 1986, S. 215-255. Zum zeitgenössischen Diskurs vgl.: Alexander Merensky, Wie erzieht man am besten den Neger zur Plantagen-Arbeit?, Berlin 1896; Johann Karl Vietor, Die Arbeiterfrage in den deutschen Kolonien, in: Verhandlungen des Deutschen Kolonialkongresses zu Berlin am 10. und 11. Oktober 1902, Berlin 1903, S. 518-526.

267 Vgl. Manuskript von Siegfried Bötcher (wohl Anfang der 30er Jahre), Kapitel Die Eingeborenen: Es ging spazieren vor dem Tor – Ein kohlpechrabenschwarzer Mohr, S. 1 ff. (Zitate S. 15), in: DITSL-Bibliothek, Sammlung.

268 Vgl. Schreiben von Reinhold Körner an Direktor Fabarius vom 10.10.1906, in: AD, SA Reinhold Körner, Bl. 53-55 (Zitat Bl. 55). Zum Zusammenhang zwischen Pflanzungen und kolonialen Ordnungsvorstellungen vgl.: Hanan Sabea, Pioneers of Empire? The Making of Sisal Plantations in German East Africa, 1890-1917, in: Nina Berman/Klaus Mühlhahn/Patrice Nganang (Hg.), German Colonialism Revisited. African, Asian, and Oceanic Experiences, Ann Arbor 2014, S. 114-129, hier S. 117 f.

Es gab jedoch auch einige wenige kritische Stimmen. So hielt es ein ebenfalls in Deutsch-Ostafrika tätiger Schüler für einen Skandal, wie wenig auf den meisten Pflanzungen für die Gesundheit der Arbeiter gesorgt werde. Wenn man sich etwas Mühe gebe bei der Behandlung der Afrikaner, spreche sich das schnell herum. Schlagen und Schimpfen finde er fehl am Platze. Nach seiner Ansicht erreichte man mit Ruhe sehr viel mehr.[269]

Einer der Absolventen betonte gegenüber Fabarius, man könne ihn unter keinen Umständen zu denen zählen, die mit Prügeln Kultur bringen wollten. Aber ein gewisser Zwang müsse sein, in diesem Zusammengang hielt er auch die in Deutschland bis in das 18. Jahrhundert bestehenden Frondienste für verständlich.[270] Dieser Zwang erschien vielen auch deshalb als angebracht, da sie die Afrikaner für »große schwarze Kinder« hielten, die geführt werden mussten, da sie sonst die Segnungen der von den Deutschen gebrachten Kultur überhaupt nicht erkennen würden.[271]

Neben dieser eher moderaten Haltung gab es einige Kolonialschüler, die aufgrund ihrer Erfahrungen davon ausgingen, dass auf Prügel nicht verzichtet werden könne. Aber dafür müsse es einen triftigen Grund geben, wie etwaige Anzeichen von »Frechheit« oder Gehorsamsverweigerung. In solchen Fällen müsse man »gründlich« schlagen, mit Ohrfeigen oder mit der Reitpeitsche, »ohne natürlich roh zu werden«.[272] Ein Absolvent, der mit seinen Arbeitern eigentlich zufrieden war, räumte ein, dass er ihnen bei schlechter Arbeit auch schon einmal ein paar »Jagdhiebe« mit der Reitpeitsche verpasse. Prügeln um zu prügeln, den Leuten mit Fußtritten und Faustschlägen gegenüber aufzutreten, hielt er für verwerflich. »Aber dann und wann so einem unverbesserlichen Faulenzer einmal ein paar gründlich überziehen zu lassen, halte ich für unumgänglich notwendig.«[273]

Manche Kolonialschüler gaben Empfehlungen zur Behandlung der afrikanischen Arbeiter ab: Oberstes Gebot sei es, im Dienst nichts durchgehen zu lassen, und was man einmal angeordnet habe, konsequent durchzuführen, ferner alle möglichst an einer Stelle arbeiten lassen, sodass man alles selbst überwachen

269 Vgl. Schreiben von Hermann von Kügelgen an Direktor Fabarius vom 10.7.1908, in: AD, SA Hermann von Kügelgen, Bl. 78-90, hier Bl. 85f.

270 Vgl. Schreiben von Fritz Linder an Direktor Fabarius vom 5.2.1901, in: ebd., SA Fritz Linder, Bl. 44-47, hier Bl. 44.

271 Vgl. Schreiben von Fritz Linder an Direktor Fabarius vom 7.6.1903, in: ebd., SA Fritz Linder, Bl. 113.

272 Vgl. Schreiben von Walther von Corswant an Direktor Fabarius vom Februar 1907, in: ebd., SA Walther von Corswant, Bl. 56-65, hier Bl. 63.

273 Vgl. Nachrichten aus dem Kameradenkreise, S. 25-52, Brief des Kameraden Consten (vom 26.3.1901), in: DKP, 2 (1901/02) 1, S. 37-42, hier S. 41f. (Zitat S. 41).

könne. Die Behandlung solle – so auch das Credo der meisten anderen deutschen Kolonialisten – streng, aber gerecht sein, keinen bevorzugen.[274]

Interessant ist der Vergleich, den ein in Deutsch-Ostafrika tätiger Absolvent bemühte. Nach seiner Erfahrung mache es Freude, mit der indigenen Bevölkerung zu arbeiten, wenn man sie richtig zu behandeln wisse. Er war früher als selbständiger Inspektor in Schlesien beschäftigt gewesen und kannte von daher die dortigen deutschen und polnischen landwirtschaftlichen Arbeitskräfte. Verglichen damit sei es mit den Afrikanern eine viel angenehmere Arbeit, sobald sie Vertrauen zu einem Europäer hätten.[275]

Viele vertraten die Ansicht, dass man die afrikanischen Arbeiter zwar für die schweren Arbeiten benötige, wenn aber etwas wirklich gelingen solle, sei das immer Sache des Weißen, müsse er selbst Hand anlegen; jedenfalls werde die Arbeit dann schneller und besser ausgeführt.[276] Auf der anderen Seite sahen sich die meisten Absolventen nicht als Mitarbeitende, sondern eher als Führungskräfte. Für viele gab es eine klare Arbeitsteilung: Aufgrund der klimatischen Verhältnisse könnten Europäer in Afrika keine körperliche Arbeit leisten. Deshalb sei man keine Konkurrenz für die Afrikaner, welche die körperliche Arbeit zu leisten hätten. »Wir sind hier die Arbeiter mit dem Kopf und dem Charakter und wir sind die Herrn.«[277]

Alltagsleben

Wie gestaltete sich das Alltagsleben der »Kulturpioniere«? Es war wohl vor allem ein recht eintöniges Leben, meistens fernab jeglicher Zivilisation und damit in der damaligen Zeit auch fernab von aller Unterhaltung und Zerstreuung, dafür angefüllt mit harter Arbeit. Andere Siedler oder Stationen lagen oft sehr weit entfernt, sodass es selten Kontakte gab.[278] Nachgerade zu Depressionen neigte ein Schüler, der in Kamerun tätig war: »Sie wissen gar nicht, wie eigenartig einem manchmal zu Mute ist, wenn man so 14 Tage ganz allein unter nicht nur fremden, sondern vollständig tiefstehenden Menschen weilt und kein vernünftiges

274 Vgl. Schreiben von Walther von Corswant an Direktor Fabarius vom Februar 1907, in: AD, SA Walther von Corswant, Bl. 56-65, hier Bl. 62.

275 Vgl. Schreiben von Rudolf Findeisen an Direktor Fabarius vom 31.1.1907, in: ebd., SA Rudolf Findeisen, Bl. 43-44. Vgl. dazu den etwas anders gelagerten Vergleich: Conrad, Eingeborenenpolitik.

276 Vgl. Schreiben von Friedrich Bertling an Direktor Fabarius vom 2.12.1913, in: ebd., SA Friedrich Bertling, Bl. 83-92, hier Bl. 84.

277 Vgl. Schreiben von Karl Orth an Direktor Fabarius vom 8.4.1911, in: ebd., SA Karl Orth, unpag. (Zitat ebd.).

278 Vgl. Briefe der Kameraden, in: DKP, 10 (1910) 4, S. 43-44 (Brief von Karl Trau an den Direktor von der Namanne Insel vom 29.8.1910, S. 43-44).

Wort mit jemandem reden kann. Da überkommen einem schon manchmal sonderliche Stimmungen ...«[279]

Ein in Deutsch-Südwestafrika tätiger Absolvent schilderte detailliert seinen Tagesablauf: Er stand bei Sonnenaufgang, jetzt 6.15 Uhr auf, rief dann den Viehhirten, um die Kühe zum Melken zu holen. Die Kühe wurden von den Frauen gemolken, während die Männer Backsteine fertigten, Termitenhaufen abtrugen, Büsche rodeten, oder was sonst gerade zu tun war. Mittagspause war von 12.00 bis 14.00 Uhr, in der Regenzeit von 11.30 bis 14.30 Uhr. Er selbst ging morgens mit ein bis zwei Mann fort, um Steine zu sprengen oder zu brechen; für den Nachmittag gab es genug kleine Arbeiten auf dem Hofe, Buttermachen, Brotbacken, Sattlern usw. Mit Sonnenuntergang kam das Vieh nach Hause; um 18.30 Uhr endete der Arbeitstag, er las dann noch etwas und begab sich gegen 20.00 Uhr zu Bett. Den freien Sonntag nutzte er zum Briefe schreiben oder zu Besuchen bei den Nachbarn.[280] Recht ähnlich berichtete ein anderer Kolonialschüler ebenfalls aus Deutsch-Südwestafrika: Er stand schon kurz vor Sonnenaufgang auf, schlug eine alte Pflugschar als Glocke und rief damit seine Arbeiter zur Arbeit. Die Arbeit ging am Samstag weiter; nach dem Kaffee kastrierte er zusammen mit drei Helfern 15 Schafe, zentrifugierte 70 Liter Milch und demontierte den defekten Windmotor. Am Nachmittag reparierte er dessen Gestänge.[281]

Von einer Kakaopflanzung auf Samoa berichtete ein anderer Absolvent. Er wohnte mit einem weiteren Europäer dort, dazu kamen 20 Chinesen und 35 Arbeiter vom Bismarckarchipel. Der Dienst war nicht leicht und begann für ihn morgens zwischen 5.00 und 5.30 Uhr, dann rückte er mit den Arbeitern ab und teilte sie für bestimmte Arbeiten ein. Er selbst ritt dann wieder nach Hause, um zu frühstücken und blieb bis gegen 11.00 Uhr bei den Leuten, danach begann die einstündige Mittagspause für die Arbeiter. Für ihn ging es erst wieder um 16.30 Uhr mit der Arbeit weiter.[282]

Natürlich beeinflusste das tropische Klima auch das Alltagsleben – gerade in einer Zeit, ohne technische Errungenschaften wie Klimaanlagen, Kühlschränke etc. Ein in Deutsch-Ostafrika arbeitender ehemaliger Schüler klagte über die wenig tropengemäße Lebensweise der meisten Deutschen, denen es erst nach recht

279 Briefe der Kameraden, S. 34-49, Brief von Theodor B. (Bindel) aus Kamerun an L.K. (Liebe Kameraden) vom 5.7.1903, in: ebd., 4 (1903/04) 1, S. 37-43, hier S. 37.

280 Vgl. Schreiben von Richard Wolff an Direktor Fabarius vom 9.8.1908, in: AD, SA Richard Wolff, unpag. Zeit war auch eine kulturelle Konstruktion und bildete ein Mittel zur Disziplinierung und Differenzierung. Vgl. Andreas Eckert, Zeit, Arbeit und die Konstruktion von Differenz. Über die koloniale Ordnung in Afrika, in: Comparativ, 10 (2000) 3, S. 61-73.

281 Vgl. Schreiben von Eberhardt Krekel an Direktor Fabarius vom 3.5.1925, in: AD, SA Eberhardt Krekel, unpag. Abgedruckt in: DKP, 24/25 (1924/25) 4, S. 38-40.

282 Vgl. Schreiben von Georg Buchholtz an Direktor Fabarius vom 5.11.1904, in: ebd., SA Georg Buchholtz, Bl. 48-54, hier Bl. 49f.

langer Zeit gelänge, sich anzupassen. Er monierte ebenfalls das vorherrschende geistige »Klima« unter den Deutschen, eine sehr unschöne Kritisier- und Klatschsucht, Kriecherei nach oben und selbstgefällige Überheblichkeit gegenüber materiell schlechter Gestellten. Dazu kämen dann noch auf der einen Seite unangebrachte Härte gegen Afrikaner aus Unkenntnis ihrer Lebensverhältnisse und Sitten, andererseits aber ein Herabsinken auf deren Niveau, zum Entsetzen der Engländer.[283] Auf einer ähnlichen Ebene bewegte sich die Kritik am exzessiven Alkoholkonsum. Es werde stellenweise mehr als in Deutschland getrunken.[284] Ein Absolvent, der nach eineinhalb Jahren in Togo nach Deutschland zurückgekehrt war, berichtete etwas ernüchtert, er sei wohl seiner Veranlagung nach in einiger Hinsicht nicht für die tropischen Verhältnisse geeignet. Er bezog das vor allem auf den gesellschaftlichen Umgang, besonders auf den Alkoholkonsum und die sexuellen Aktivitäten. Im ersten Punkt bezeichnete er sich als Temperenzler, im zweiten als Abstinenzler, sodass er bei manchen Leuten als eine etwas lächerliche Figur gegolten habe.[285]

Im Gegensatz zu den öffentlich breit und vehement geführten Debatten um sexuelle Beziehungen der (männlichen) Deutschen mit der weiblichen indigenen Bevölkerung, spielt dieser Punkt bei den Kolonialschülern eine eher untergeordnete Rolle.[286] Wobei man natürlich berücksichtigen sollte, dass sich viele wohl nicht allzu gerne zum Thema äußerten. Lediglich ein Absolvent gab unumwunden zu, dass er sich »ein schwarzes Weib halte«, sie eventuell auch kaufen wolle.[287] Bei einem auf Samoa arbeitenden Kolonialschüler gab es Gerüchte um seinen Lebenswandel. Angeblich lebte er mit einer Samoanerin zusammen. Direktor Fabarius war sich jedenfalls sicher, wenn nur die Hälfte der Gerüchte der Wahrheit entspräche, würde der Betreffende dem Ruf Witzenhausens sehr schaden.[288]

283 Vgl. Schreiben von Reinhold Körner an Direktor Fabarius vom 22.11.1904, in: ebd., SA Reinhold Körner, Bl. 40. Vgl. zur Situation der Siedler in Ostafrika: Philippa Söldenwagner, Spaces of Negotiation. European Settlement and Settlers in German East Africa 1900-1914, München 2006.

284 Vgl. Schreiben von Walther von Corswant an Direktor Fabarius vom Februar 1907, in: AD, SA Walther von Corswant, Bl. 56-65, hier Bl. 63 VS.

285 Vgl. Schreiben von Franz Bernoully an Direktor Fabarius vom 17.7.1907, in: ebd., SA Franz Bernoully, Bl. 55-65, hier Bl. 55 f.

286 Vgl. dazu allgemein: Kundrus, Imperialisten, S. 219ff. Zur zeitgenössischen Diskussion vgl. auch: Cornelia Essner, Zwischen Vernunft und Gefühl. Die Reichstagsdebatten von 1912 um koloniale »Rassenmischehe« und »Sexualität«, in: Zeitschrift für Geschichtswissenschaft, 45 (1997) 6, S. 503-519.

287 Vgl. Schreiben von Walther von Corswant an Direktor Fabarius vom 27.9.1908, in: AD, SA Walther von Corswant, Bl. 73-77, hier Bl. 74 (Zitat ebd.).

288 Vgl. Durchschrift eines Schreibens von Direktor Fabarius an Paul Puttfarcken vom 5.8.1907, in: ebd., Paul Puttfarcken, unpag.

Dagegen gibt es hin und wieder erotisch aufgeladene Beschreibungen, zweifellos nicht immer so eindeutig, wie bei Hermann Consten: »Afrikanische Frauen und Mädchen schreiten, wie ein Spielzeug Gottes, im wiegenden Schwebeschritt, mit Fesseln, die mit den Sprunggelenken der Antilopen ihrer Steppenheimat wetteifern, in stolzer Haltung zum Lager. Mitten unter ihnen, schön wie ein Traumbild, ein fleischgewordenes Märchen, Bibi Faida, die Weggenossin des Europäers. Nur Bibi Faida ist in einen weißen indisch-seidenen Kanga gehüllt, der ihre hellbraune Farbe und ihr gemmenhaftes Gesicht noch vorteilhafter hervorhebt. Die anderen Frauen und Mädchen tragen ihren jugendlich, köstlich gewachsenen Leib der sich auf schlanke Fußgelenke und schmale Füße wie eine antike Urne aufbaut, ohne jede Scheu nackt durch den Urwald. Knospige Weiber einer uralten Rasse, schmal und doch üppig, dunkel und heiß wie die Hölle, haben auf ihrer frischen, sammetartigen Haut der Hüften eine Perlenkette zart und fein in leuchtender Farbe geschlungen.«[289]

Allgegenwärtige Gefahren

Auf den »Kulturpionier« lauerten in den tropischen Gebieten jede Menge Gefahren: von wilden Tieren bis zu exotischen Krankheiten. Ein Kolonialschüler schilderte einen längeren Marsch durch Ostafrika, hin zu seinem Bestimmungsort als Angestellter einer Hamburger Firma. Dabei betonte er, dass sie die ganze Strecke von Kilwa nach Liwale zu Fuß gegangen seien, ohne wie sonst üblich in Hängematten getragen zu werden. Interessant auf der Reise seien die ersten Morgenstunden gewesen, in denen man mitunter Wild sehen konnte. Für viele Europäer bildeten die Raubtiere einen Hinderungsgrund, um schon bei Nacht aufzubrechen. Es käme vor, dass Leoparden solche Trupps von hinten angriffen und mehrere Leute verletzten.[290]

Aber nicht nur die großen Tiere, auch sehr kleine konnten den Kolonialschülern das Leben zur Hölle machen. Zu diesen kleinen Plagegeistern zählten in Ostafrika die Sandflöhe. Sie bohrten sich in die Fußsohle zwischen die Zehen und die Nägel und legten dort Eier. Ihr Herausoperieren verursachte größere Wunden. Bei der einheimischen Bevölkerung, die oft zu faul dazu sei, könne man teilweise abgefressene Zehen beobachten.[291]

289 Hermann Consten, »... und ich weine um dich, Deutsch-Afrika«, Stuttgart 1926, S. 174.

290 Vgl. Mein Aufenthalt in Afrika. Vortrag von Karl Kübel gehalten im Kursaal, Neubau zu Cannstatt, in: DKP, 14 (1914) 1/2, S. 85-97, hier S. 87f.

291 Vgl. 4. Brief des Kameraden Paul Weise an den Direktor (vom 12.10.1900), in: ebd., 1 (1900/01) 3, S. 21-23.

In Bolivien waren es nicht nur die Leoparden, die für Gefahr sorgten, an die gewöhne man sich. Die Angst des Neulings bei einem Nachtlager im tiefen Wald verfliege rasch, das beklemmende Gefühl der Unruhe verliere sich bald und man schlafe ruhig in seiner Hängematte ein. Auf der Hut müsse man allerdings trotzdem sein, denn es gebe noch viele wilde Indianerstämme, die den Reisenden angriffen, sobald sich ihnen eine günstige Gelegenheit biete.[292]

Zu den häufig auftretenden Krankheiten zählten Fieberanfälle jeder Art, vor allem im dafür berüchtigten Togo. Befördert wurde das Fieber nach Ansicht eines Absolventen durch den großen Alkoholkonsum. Den Zusammenhang zwischen den Fieberattacken und dem Alkoholkonsum sahen auch andere Kolonialschüler. Aus Samoa berichtete einer, dass ihm trotz einsetzender Regenzeit und entsprechend schwülem Wetter das Klima gut bekomme. Wenn dort so viele Europäer krank würden, so sei das weniger dem Klima zuzuschreiben, als der Lebensweise, die sie führten. Gerade in Apia, der größten Stadt, könne man viele Europäer sehen, die bereits am frühen Morgen total betrunken seien.[293]

Nachrichten über Fieberanfälle waren an der Tagesordnung. Aber auch schwere Malaria mit sechswöchiger Bettruhe konnte drohen. Ein für die Deutsche Togogesellschaft arbeitender Absolvent gab an, mehrfach unter dem Fieber gelitten zu haben, aber immer schnell wieder gesund geworden zu sein; von all den Europäern, die auf der Pflanzung angestellt waren, habe er am besten ausgehalten. Der ehemalige Leiter war übrigens am Schwarzwasserfieber gestorben.[294]

Insofern konnte man froh sein, wenn man in eine gesündere Gegend kam. Aus San Salvador schrieb ein Absolvent, dass er sich sehr wohlfühle und es ihm auch gesundheitlich gut gehe. Die Gegend überhaupt sei ohne jedes Fieber, jedoch steige die Temperatur im Sommer sehr stark an, hinzu kämen die vielen Moskitos. Sehr unangenehm seien die vielen Schlangen, bis zur großen Boa. Das mache Gamaschen oder lange Stiefel notwendig, die allerdings auch wegen der gefährlichen Dornen angezeigt seien.[295] Als gesünder galt auch Deutsch-Ostafrika. Besonders in den höher gelegenen Gegenden traten Malaria und Schwarzwasserfieber relativ selten auf. Der Gesundheitszustand der meisten Europäer war deshalb

292 Vgl. Schreiben von Ernst Völker an Direktor Fabarius vom 28.6.1907, in: AD, SA Ernst Völker, unpag.

293 Vgl. Brief des Kameraden Robert Willi an den Direktor (vom 2.10.1900), in: DKP, 1 (1900/01) 3, S. 23-24; Schreiben von Georg Buchholtz an Direktor Fabarius vom 5.11.1904, in: AD, SA Georg Buchholtz, Bl. 48-54, hier Bl. 51f.

294 Vgl. Schreiben von Hermann Bachmann an Direktor Fabarius vom 9.6.1900, in: ebd., SA Hermann Bachmann, Bl. 22-24, hier Bl. 22 VS; Schreiben von Walther von Bodecker an Direktor Fabarius vom 31.5.1903, in: ebd., SA Walther von Bodecker, Bl. 41; Schreiben von Robert Willi an Direktor Fabarius vom 10.4.1901, in: ebd., SA Robert Willi, unpag.

295 Vgl. Schreiben von Kurt Bernsau an Direktor Fabarius vom 2.7.1913, in: ebd., SA Kurt Bernsau, Bl. 68-70, hier Bl. 70.

ein recht guter. Das Klima sei dort – so der zitierte ehemalige Angestellte der Deutschen Togogesellschaft, der nun hier gelandet war – auf jeden Fall viel besser als in Togo oder Kamerun. Die Hitze sei geringer und die Nächte sogar recht kühl. Verschiedene Europäer lebten schon seit über fünf Jahren dort, ohne den geringsten Schaden an ihrer Gesundheit genommen zu haben.[296]

Ein Absolvent empfahl für Deutsch-Ostafrika trotzdem eine strenge Prophylaxe, die fast unbedingten Schutz gewähre. Obwohl ein gesunder Mensch viele Fieberanfälle ohne dauernde Schädigung aushalte, sei doch eine Vermeidung des Fiebers geboten, da eine zeitweise Arbeitsunfähigkeit und »Herabminderung der Selbstbeherrschung damit verbunden« sei. Selbst den geringsten Verletzungen müsse man größte Aufmerksamkeit schenken; einige aufgekratzte Moskitostiche am Fuß hätten ihm viele Wochen lang Schwierigkeiten bereitet.[297]

Aber nicht immer war es mit der Prophylaxe getan. Manche hielten das tropische Klima und die entsprechenden Krankheiten einfach nicht aus. Aus Kamerun berichtete ein Absolvent von zwei Assistenten der Bibundi-Pflanzung, die nach kurzer Zeit nach Deutschland zurückgeschickt wurden, weil sie bis jetzt mehr krank als gesund gewesen seien. Er plädierte dafür, sich nicht bei jedem Unwohlsein hinzulegen.[298]

Deutsche im Ausland

Wie verhielten sich die Kolonialschüler als Deutsche im Ausland? Das Thema war stark geprägt durch die Debatten um das »Deutschtum« im Ausland allgemein.[299] Hinein spielte der Grad der Anpassung an die neue Umgebung; das

296 Vgl. Schreiben von Robert Willi an Direktor Fabarius vom 3.8.1907, in: ebd., SA Robert Willi, unpag.

297 Vgl. Schreiben von Reinhold Körner an Direktor Fabarius vom 22.11.1904, in: ebd., SA Reinhold Körner, Bl. 40 (Zitat Bl. 40 VS). Zu den Debatten um Akklimatisation und einen dauerhaften Aufenthalt von Europäern in den Tropen vgl.: Eckart, Medizin, S. 514ff.; Kundrus, Imperialisten, S. 162ff.; Michael A. Osborne, Acclimatizing the World: A History of the Paradigmatic Colonial Science, in: Osiris. A Research Journal Devoted to the History of Science and its Cultural Influences, 15 (2000), S. 135-151.

298 Vgl. Schreiben von Hermann Bachmann an Direktor Fabarius vom 22.7.1900, in: AD, SA Hermann Bachmann, Bl. 28.

299 Vgl. Krista O'Donnell/Renate Bridenthal/Nancy Reagin (Hg.), The Heimat Abroad. The Boundaries of Germanness, Ann Arbor 2005; Daniel Joseph Walther, Creating Germans Abroad. Cultural Policies and National Identity in Namibia, Athens 2002, S. 28ff. Vgl. allgemein zur Situation der Auswanderer: Leo Driedger, The Stranger: Finding New Homes, Networks, Identities, in: Michael Baffoe u.a.

konnte von der eher harmlosen Frage der Namensänderung bis hin zur vielbeschworenen und befürchteten »Verkafferung« gehen.[300]

Für Mexiko stellte ein Absolvent kurz und bündig fest: »Hier ist und bleibt man fremd im fremden Land. Das Deutschtum hier ist gleich Null. Wenn einige Geschäftsinteressen die Deutschen nicht zusammenhielten, dann wäre es gar nichts.«[301] Und zu Neu-Guinea schrieb ein anderer: »Also während man dort [in Afrika, K.L] verniggert, verkanakert man hier. Aber nicht so leicht, denn diese Sorte hier ist denn doch noch zu wenig kultiviert bzw. verdorben, um uns so leicht zu sich herabzuziehen wie in Afrika.«[302]

Selbst hinsichtlich Südwestafrikas herrschte eher Skepsis vor, ob es nach dem Ersten Weltkrieg gelingen könnte, einen Kern an deutschen Siedlern zu bewahren. Nach Ansicht eines Absolventen ruinierten Regierung und Banken sowie das »beide beherrschende Judentum« das »Deutschtum« im Lande wirtschaftlich. Er hatte erhebliche Zweifel daran, ob es gelingen könne, einen festen Stamm Deutscher im Lande zu halten, der die deutsche Kultur bewahre. Die Buren stellten dabei für ihn ein abschreckendes Beispiel dar; sie seien denkfaul, träge, verlogen und ohne jede Ideale. Die eintönige und arme Natur, das »erschlaffende Klima« waren für ihn die Ursachen dieser Erscheinung.[303] Auch für Argentinien schloss ein Absolvent die Möglichkeit aus, das »Deutschtum« auf Dauer bewahren zu können. Insofern erschien ihm eine deutsche Ansiedlung als unzulässig. Er habe es häufig mit ansehen müssen, wie das »Deutschtum« der »Überzahl fremder Rassen und der Willkür der Regierungsvertreter« unterlegen gewesen sei. Spätestens die zweite Generation sei so für das »Deutschtum« verloren und passe sich an die argentinischen Gegebenheiten an.[304]

(Hg.), Strangers in New Homelands: The Social Deconstruction and Reconstruction of »Home« among Immigrants in the Diaspora, Cambridge 2012, S. 2-12.

300 Vgl. Felix Axster, Kolonialer Reinheitsdiskurs und die Transformation von Männlichkeit – der ›verkafferte‹ Kolonisator. Vortrag bei der Zweiten Tagung des Arbeitskreises für interdisziplinäre Männer- und Geschlechterforschung vom 7.-9.11.2002 in Stuttgart-Hohenheim (www.ruendal.de/aim/tagung02/abstracts.php3); ders., Die Angst vor dem »Verkaffern«. Politiken der Reinigung im deutschen Kolonialismus, in: WerkstattGeschichte, Bd. 39 (2005), S. 39-53.

301 Schreiben von Rudolf Baumbach an Direktor Fabarius vom 2.1.1907, in: AD, SA Rudolf Baumbach, Bl. 82-84, hier Bl. 83 RS.

302 Schreiben von Theodor Bindel an Direktor Fabarius vom 18.7.1908, in: ebd., SA Theodor Bindel, Bl. 116-118, hier Bl. 118 RS.

303 Vgl. Schreiben von Alfred Breiting an Direktor Fabarius vom 10.3.1921, in: ebd., SA Alfred Breiting, Bl. 94-98, hier Bl. 95 f. (Zitate ebd.); Durchschrift eines Schreibens von Direktor Fabarius an Alfred Breiting vom 18.4.1921, in: ebd., Bl. 109-110; Kundrus, Imperialisten, S. 174ff.

304 Vgl. Briefe von Kameraden, in: DKP, 9 (1908/09) 2/3, S. 55-70 (Brief von Carl Köster an den Direktor aus Argentinien, vom 7.3.1909, S. 55-57, hier S. 55, Zitat ebd.).

Insbesondere Direktor Fabarius sorgte sich darum, dass seine ehemaligen Schüler ihr »Deutschtum« im Ausland bewahrten. Sehr empört zeigte er sich deshalb angesichts des Briefs eines vorzeitig ausgewiesenen Kolonialschülers, der in den USA lebte und auf Englisch nach der Adresse eines Semesterkameraden fragte. Das erschien Fabarius typisch für die charakterlose Art gewisser Deutscher, und es sei schlicht beschämend, dass jemand, der Schüler der Deutschen Kolonialschule gewesen war, solche »lächerliche Auslands-Liebedienerei treibt«.[305] In eine ähnliche Richtung ging seine vehemente Kritik an einem in Paraguay tätigen Kolonialschüler, der seinen Vornamen »Karl« in »Carlos« umgewandelt hatte. Fabarius fragte, ob man sich einen Engländer, Franzosen oder Spanier vorstellen könne, der diese »deutsche Schlappmichelei« mitmache. So kindisch handelten nur die Deutschen, weil es ihnen an dem nötigen Selbstbewusstsein fehle.[306]

Auch ein in Deutsch-Ostafrika tätiger Absolvent äußerte sich kritisch zur Anpassung an fremde Gegebenheiten. Nach nur zehn Wochen in Lindi sei er auch so ziemlich »Afrikaner« geworden mit den gewöhnlichen Symptomen: Der Spazierschritt sei vom Tempo 110 auf 90 gefallen, der Kiboko, die Nilpferdpeitsche, ersetze den Spazierstock und gebe dem »gesteigerten Rasseselbstbewusstsein erzieherischen Ausdruck«. Seinem »boy« mache man mit Befehlen die Sitten Europas klar und fühle sich wohl bei der Anrede »bana mkubwa« (großer Herr). Der Whisky-Soda werde zum Lebenselixier. Schon bald nach seiner Ankunft in der deutschen Kolonie sei es ihm aufgefallen, dass es eigentlich nur »alte Afrikaner« dort gebe.[307] Aber unabhängig davon, ob diese Assimilierung nun kritisch oder zustimmend betrachtet wurde, war sie doch offensichtlich ein Faktum, wie auch andere Zeugnisse dokumentieren. Ein weiterer Absolvent bezeichnete sich selbst bereits nach kurzer Zeit als »Deutsch-Ostafrikaner«. Das Land sei ihm zur zweiten Heimat geworden, und er habe es sehr lieb gewonnen.[308]

305 Vgl. Eine Seltsamkeit!, in: ebd., 9 (1908/09) 4, S. 45 (Zitat ebd.).

306 Vgl. Schreiben von Direktor Fabarius an Karl Meinert vom 3.1.1908, in: AD, SA Karl Meinert, unpag. (Zitate ebd.). Fast wörtlich wiederholte Fabarius diese Kritik gegenüber einem ehemaligen Schüler, der in Mexiko tätig war und ebenfalls seinen Vornamen »verspanischt« hatte. Er schrieb das einer »Manie der Deutschen« zu, sie seien national so schlapp. Vgl. Durchschrift eines Schreibens von Direktor Fabarius an Rudolf Baumbach vom 13.1.1909, in: ebd., SA Rudolf Baumbach, Bl. 93.

307 Vgl. Schreiben von Karl Orth an Direktor Fabarius vom 22.3.1907, in: ebd., SA Karl Orth, unpag. Teilweise zitiert in: Fabarius, Rückblick und Ausblick, in: DKP, 7 (1906/07) 2, S. 7-11, hier S. 9f.

308 Vgl. Schreiben von Hermann von Kügelgen an Direktor Fabarius vom 1.11.1910, in: AD, SA Hermann von Kügelgen, Bl. 100-104, hier Bl. 100.

Netzwerke

Es war von Anfang an ein wichtiges Ziel von Fabarius, dass die Schüler der Deutschen Kolonialschule einen gewissen Korpsgeist entwickelten. Dazu diente unter anderem ihre Zusammenfassung und Titulierung als »Kameradschaft«. Auch für die Zeit nach ihrem Abgang legte Fabarius Wert auf einen möglichst engen Kontakt; das bot mehrere Vorteile, zum Beispiel eine gute Informationsgrundlage für den Unterricht, vor allem aber die gegenseitige Hilfe im Ausland und die Vermittlung von Stellen. Im Laufe der Zeit bildeten sich regelrechte Netzwerke, auch an der Schule selbst, etwa durch den Zuzug von Verwandten und Bekannten, durch Heiraten etc. Im Ausland zogen die ersten herausgegangenen Kolonialschüler weitere nach, speziell in Deutsch-Südwestafrika. Gefördert wurde der Zusammenhalt durch den seit 1900 herausgegebenen »Deutschen Kulturpionier« und durch den 1906 gegründeten Kameradschaftsverband.[309]

Bereits 1904 berichtete ein Absolvent aus Deutsch-Südwestafrika, dass sich dort viele Witzenhäuser befänden und man bald einen Club bilden könne.[310] Diese Zusammenballung wurde auch von dem langjährigen stellvertretenden Gouverneur, Oskar Hintrager, bestätigt: »Auf dem Weg vom Waterberg nach Okahandja wurden die ersten nach dem Kriege im Hererolande begründeten Farmbetriebe besucht. Hier haben nach dem Ende des Hereroaufstandes ehemalige Schüler der Kolonialschule Witzenhausen als erste Ansiedler sich angekauft und Tüchtiges geleistet. [...] Der Volksmund nannte den Weg Okahandja-Waterberg ›die Witzenhäuser Pad‹.«[311]

Als Beispiel kann der Lebensweg des bereits erwähnten Wilhelm Petzholtz herangezogen werden, der zunächst zu einem älteren Witzenhäuser nach Deutsch-Ostafrika ging, danach auf einer Pflanzung arbeitete, die ebenfalls von einem ehemaligen Kolonialschüler geleitet wurde. Als Besitzer einer eigenen kleinen Pflanzung vertrat ihn während seiner Abwesenheit ein Witzenhäuser. Später erwarb er eine kleine Kaffeepflanzung in Tanganjika, an der sich Heinrich Haeberlin beteiligte, sein Konsemester und Schwager. 1932 ging auch sein Sohn Ludwig Petzholtz auf die Pflanzung, der einige Monate Gasthörer an der Kolonialschule gewesen war.[312]

309 Zum DKP vgl.: Peter Wolff, Anmerkungen zur Entwicklung des Journal of Agriculture and Rural Development in the Tropics and Subtropics, in: Journal of Agriculture and Rural Development in the Tropics and Subtropics, 110 (2009) 2, S. 97-105, hier S. 98 ff.

310 Schreiben von Walther Zipplitt an den Direktor der DKS vom 29.12.1904, in: AD, SA Walther Zipplitt.

311 Oskar Hintrager, Südwestafrika in der deutschen Zeit, München 1956, S. 87.

312 Vgl. Skizze des Lebensganges des Wilhelm Petzholtz (04/07) nach dem Weggange von Witzenhausen vom 18.1.1953, in: AD, AHV, Korrespondenz, N-P, unpag.

Aber natürlich klappte es mit den jungen Absolventen aus Witzenhausen nicht immer gut. Fritz Linder, der in Deutsch-Ostafrika als Pflanzungsleiter beschäftigt war, beklagte sich über einen von Fabarius empfohlenen jungen Witzenhäuser, der nun ein schönes Gehalt bezog, bei dem er sich aber fragte, wie man ihn empfehlen konnte. Mit ihm habe man einen sehr teuren weißen Aufseher, aber keine europäische Hilfskraft.[313] In einem ähnlich gelagerten Fall in Deutsch-Ostafrika beschwerte sich ebenfalls ein älterer Witzenhäuser Absolvent über einen jüngeren, der ihm von einem Kollegen auf der Schwesterfarm zugesandt wurde, weil er nicht mit ihm zurechtkam. Die Kritik fiel pointiert aus: Der Neue könne nicht nur nichts, sondern zeichne sich darüber hinaus durch eine bemerkenswerte Faulheit und Dickfelligkeit aus. Auch wohlwollende Unterstützung habe nichts gebracht. Bezeichnend für dessen Verhalten sei, dass er, als ihm der Genuss von Whisky-Soda am helllichten Tage untersagt worden war, auf Wermut umstieg. Er wurde dann rausgeworfen.[314] Überhaupt scheinen sich die älteren Absolventen häufiger über das Verhalten der jüngeren – vor allem über deren Arbeitsauffassung – beschwert zu haben. Handelte es sich dabei lediglich um ein Generationenproblem, oder wandelte sich die Einstellung wirklich? Ein Fall aus Tanganjika legt die Vermutung nahe, dass der zweite Punkt zutreffend sein könnte. Hier vertrat der jüngere Absolvent nach Ansicht des älteren den Standpunkt, dass Arbeit schände. Auf jeden Fall äußerte er recht unverhohlen, dass man in Witzenhausen allgemein die Ansicht vertrete, ein Angestellter brauche dort draußen nicht mitzuarbeiten.[315]

Von den älteren Absolventen wurde häufig kritisiert, dass es bei den jüngeren am richtigen Zusammenhalt untereinander fehle und sie auch nicht den Anschluss bei den älteren Kameraden suchten.[316] Um den Zusammenhalt und eben den guten Ruf zu wahren, wurden Absolventen, die in ihrem Verhalten nicht dem Selbstbild der Kameradschaft entsprachen, aus dieser ausgeschlossen. Im Jahr 1904 gab es gleich drei solcher Fälle.[317]

313 Vgl. Schreiben von Fritz Linder an Direktor Fabarius vom 4.9.1910, in: ebd., SA Karl-Ernst Peres, unpag.

314 Vgl. Schreiben von Paul Pagel an Direktor Fabarius vom 16.2.1913, in: ebd., SA Paul Pagel, unpag.

315 Vgl. Schreiben von Julius Stock an Doktor Arning vom 31.3.1928, in: ebd., SA Julius Stock, unpag.

316 Vgl. Schreiben von Paul Pagel an Direktor Fabarius vom 23.12.1912, in: ebd., SA Paul Pagel, unpag.

317 Vgl. Durchschrift eines Schreibens von Fabarius an Alexander von Borcke vom 26.3.1904, in: ebd., SA Alexander von Borcke, Bl. 66-67 (Zitate Bl. 66). Siehe dazu auch die »offizielle« Notiz in: DKP, 4 (1903/04) 2, S. 37, in der stand, dass von Borcke nicht mehr als Mitglied der Kameradschaft anerkannt und ihm das Recht zum Tragen des Abzeichens aberkannt wurde.

Bindung an die Schule

Bemerkenswert ist die starke Bindung der ehemaligen Schüler an ihre Schule, gerade bei den Absolventen aus der Zeit vor 1914. Das drückte sich nicht nur in einer teilweise jahrzehntelang aufrechterhaltenen Korrespondenz mit dem Direktor aus, sondern zum Beispiel auch durch regelmäßige Spenden für die völkerkundliche Sammlung, das Gewächshaus und die Bibliothek.[318] Gerade die eigene Zeitschrift »Der Deutsche Kulturpionier«, sollte, neben dem Kameradschaftsverband, für die Aufrechterhaltung dieser Bindung sorgen. Wie es im ersten Heft hieß, sollte die Zeitschrift »nichts anderes sein als ein geistiges und doch sichtbar wirkendes Band, welches die Glieder der deutschen Kolonialschule daheim und über'm Meer zusammenhält«.[319] Und diese Aufgabe erfüllte die Zeitschrift ganz offensichtlich sehr gut. Wohl die meisten ehemaligen Kolonialschüler freuten sich über die Zusendung des »Kulturpioniers« und schätzten »jenes verknüpfende Band«. Wie es ein in Kamerun tätiger Absolvent formulierte: »Denn je länger ich hier draussen bin, je mehr lerne ich kennen, die Vorzüge von Wilhelmshof im Allgemeinen und des Kulturpioniers im Besonderen.«[320] Für das »Bindeglied zwischen der alten und neuen Heimat« bedankten sich viele Absolventen. Man werde, wie einer schrieb, immer wieder wehmütig erinnert an die alten schönen Witzenhäuser Tage mit ihren Sturm- und Drangperioden, wie sie bei dem Alter der Schüler selbstverständlich waren. So sei man fest an diese Stätte gebunden und verfolge aufmerksam deren Entwicklung, die man aus dem »Kulturpionier« erfahre.[321]

Selbst Schüler, die aus der Schule rausgeworfen oder denen ein Abgang dringend nahegelegt worden war, hielten in einigen Fällen den Kontakt aufrecht. Ein ehemaliger Schüler meldete sich nach zwei Jahren wieder und bereute sein damaliges Verhalten. Er bat Direktor Fabarius nachträglich um Verzeihung und hoffte, dass diese Bitte angenommen werden würde.[322] Ein Schüler, der kurz vor dem Diplom stehend die Anstalt verlassen musste und entsprechend verärgert war, meldete sich ebenfalls wieder. Trotz alledem habe er immer gern an die schöne Zeit in Witzenhausen gedacht. Die Freundschaften, die er dort geschlos-

318 Auf diesen Punkt wird hier nicht näher eingegangen, es sei aber auf die entsprechenden Meldungen im »Kulturpionier« verwiesen. Vgl. bspw.: Museum und Sammlungen, in: ebd., 3 (1902/03) 3/4, S. 41. Zu den Spenden für die völkerkundliche Sammlung vgl. Sing, Charles, bes. S. 51 ff.

319 Zur Einführung, in: DKP, 1 (1900/01) 1, S. 2.

320 Schreiben von Walther von Corswant an Direktor Fabarius vom 3.9.1907, in: AD, SA Walther von Corswant, Bl. 66-69, hier Bl. 66 VS.

321 Vgl. Schreiben von Waldemar Henop an Direktor Fabarius vom 15.6.1913, in: ebd., SA Waldemar Henop, Bl. 65-66, hier Bl. 65 RS.

322 Vgl. Schreiben von Kurt Betz an Direktor Fabarius vom 18.3.1914, in: ebd., SA Kurt Betz, Bl. 31-32.

sen habe, seien zu einem Band geworden, das den ganzen Erdkreis umfasse, und alle wechselnden Schicksale überdauern werde.[323]

Die enge Bindung der Schüler an ihre Schule und die daraus resultierende intensive Korrespondenz, sorgten auch dafür, dass die Schule so ein Feedback für ihre Ausbildung aus der Praxis bekam und darüber hinaus Nachrichten aus aller Welt. Die ehemaligen Schüler sparten dabei nicht mit Lob, aber auch nicht mit konstruktiver Kritik. Bezeichnend dafür war, dass ein Absolvent fast dreißig Jahre, nachdem er die Schule verlassen hatte, an den nunmehrigen Direktor schrieb: »Wir alten Kameraden hängen so sehr an Wilhelmshof, dass man allein aus diesem Grunde schon sich freuen würde, mit ganzem Eifer am Aufbau der Schule mithelfen zu dürfen. Von anderen Hochschulen gehen die Menschen in die Welt mit tausend verschiedenen Berufen. Jedoch bei der Kolonialschule eint uns das Wort ›Kulturpionier‹, wenn auch nach allen Richtungen ausstrahlend. In Wilhelmshof laufen die Fäden wieder zusammen.«[324]

Aus Argentinien kam von einem Absolventen der Ratschlag, die Ausbildung auf jeden Fall möglichst breit zu gestalten, da das Ziel der Ausreise wechseln könne. Er plädierte für eine möglichst gute Grundlage der entsprechenden Sprachen, immer müsse aber Englisch dabei sein. Im kaufmännischen Bereich hielt er vor allem die Grundlagen der Buchführung und des Geldverkehrs, ein Minimum an Rechtskunde, vor allem Vertragsrecht, für notwendig. Dazu müssten Feldmessen, einfache Drainagearbeiten und Wegebau, einfacher Hausbau und Bohrungen nach Wasser, Einzäunungen etc. kommen. Neben guten Grundlagen der Landwirtschaft und Tierzucht gehörte für ihn auch das Veterinärwesen dazu. Kenntnisse in der Düngeranwendung, Maschinen- und Motorenkunde, aber auch die praktischen Handwerke wie Schmiede, Stellmacherei, Schreinerei, vor allem Sattlerei, hielt er aus seiner Erfahrung heraus für unabdingbar.[325] Den Wert der praktischen Arbeit unterstrich ebenfalls ein in Deutsch-Ostafrika tätiger Absolvent. Er betonte dabei vor allem die Bedeutung der Handwerke. Und wie viele andere hob er die Relevanz der Sprachen – in seinem Fall des Suaheli – hervor und bedauerte, es nicht in ausreichendem Maße gelernt zu haben.[326]

Aus Uruguay schrieb ein Absolvent, dass er die handwerklichen Kenntnisse und Fähigkeiten oft benötige. Vor allem das, was er in der Schmiede gelernt habe, käme ihm bei der Reparatur der landwirtschaftlichen Maschinen zugute. Glei-

323 Vgl. Schreiben von Franz Deussing an Direktor Fabarius vom 19.4.1912, in: ebd., SA Franz Deussing, Bl. 31-34, hier Bl. 31f.

324 Schreiben von Otto Bode an den Direktor der DKS vom 5.9.1940, in: ebd., SA Otto Bode, Bl. 184.

325 Vgl. Schreiben von Kurt Bernsau an Direktor Fabarius vom 4.3.1921, in: ebd., Kurt Bernsau, Bl. 84-87; Durchschrift eines Schreibens von Direktor Fabarius an Kurt Bernsau vom 30.4.1921, in: ebd., Bl. 88-89.

326 Vgl. Briefe von Kameraden, in: DKP, 5 (1904/05) 2, S. 38-64 (Brief von Oskar Gerth (?) aus DOA an Direktor Fabarius aus DOA vom 31.10.1904, S. 38).

ches gelte für die Tischlerei. Die in Witzenhausen gelernten praktischen Fähigkeiten seien wie geschaffen für die kleinen Kolonisten in Uruguay.[327]

Der Absolvent und spätere langjährige Dozent Theodor Bindel hielt die Auswahl der Schüler für entscheidend, sie müssten im Berufsleben imponieren durch Tüchtigkeit, Fleiß, Mäßigung im Lebenswandel usw. Deshalb müssten Schüler, die diesem Bild nicht entsprachen, rigoros ausgewiesen werden.[328] Den Beifall von Fabarius wird auch die Ansicht eines Absolventen aus Deutsch-Südwestafrika gefunden haben, der betonte, dass ein fester Charakter das Wichtigste überhaupt sei. Insofern solle in Witzenhausen eine strenge Charakterauslese getroffen werden.[329]

Es gab aber auch Kritik. Ein in Brasilien beschäftigter Absolvent hatte offensichtlich moniert, er habe vieles von dem, was er bei der Arbeit bräuchte, nicht gelernt. Fabarius hielt ihm entgegen, er habe das Dargebotene nur nicht genügend ausgenützt, außerdem behaupte niemand, dass fertige Urwaldkolonisten hinausgesendet würden.[330] Deutlicher wurde ein Kritiker, der bereits neun Jahre in Südamerika gearbeitet und sich wegen Differenzen lange nicht gemeldet hatte. Er hoffte, dass Fabarius nicht mit seinem System der »Bemutterung à la Kadettenanstalt« von 16- bis 18-jährigen Jungen weitergemacht habe. Er hatte wohl bereits früher vorgeschlagen, nur gediente Leute von bester Gesundheit und Herkunft aufzunehmen.[331]

327 Vgl. Schreiben von Karl Koch an Direktor Fabarius vom 27.1.1907, in: AD, SA Karl Koch, Bl. 25-28, hier Bl. 25f.

328 Vgl. Schreiben von Theodor Bindel an Direktor Fabarius vom 19.7.1903, in: ebd., SA Theodor Bindel, Bl. 36-49, hier Bl. 36f.; Durchschrift eines Schreibens von Direktor Fabarius an Theodor Bindel vom 9.9.1903, in: ebd., Bl. 50-52.

329 Vgl. Schreiben von Hermann Middendorf an Direktor Fabarius vom 10.7.1909, in: ebd., SA Hermann Middendorf, unpag.

330 Vgl. Durchschrift eines Schreibens von Direktor Fabarius an Richard Calov vom 13.11.1902, in: ebd., SA Richard Calov, Bl. 35-37.

331 Vgl. Schreiben von Erwin Reiniger an Direktor Fabarius vom 20.1.1914, in: ebd., SA Erwin Reiniger, unpag. (Zitat ebd.).

5. »Gegen eine Welt von Feinden« – Schule und Schüler im Ersten Weltkrieg

Der Beginn des Ersten Weltkriegs am 1. August 1914 traf die Deutsche Kolonialschule und ihre Schüler mit Wucht.[332] Die aufgeheizte nationale Stimmung, später als »August-Erlebnis« verklärt, ließ viele Schüler sofort die Schule verlassen und in den Krieg ziehen.[333] Die allermeisten waren im wehrfähigen Alter, darüber hinaus waren sie im Schnitt wohl ohnehin nationaler als andere Vergleichsgruppen eingestellt. Das Dienstbuch der Schule verzeichnet für den 4. November 1914 folgenden Eintrag, der die Einstellung gut wiedergibt: »Auch für uns bedeutet der gewaltige Kampf, den unser Volk und Vaterland in West und Ost um seine Weltmachtstellung kämpft, eine große, ernste Belastungsprobe unserer Widerstandskraft und inneren wie äußeren Rüstigkeit.« Alle waffenfähigen Glieder der Kolonialschule seien dem Ruf ›Mit Gott für Kaiser und Reich!‹ gefolgt.[334] Fabarius schrieb in der ersten Kriegsnummer des »Kolonialpioniers« emphatisch dazu: »Der Deutsche Krieg – der Weltkrieg hat mit seinem lohenden Feuer vaterländischer Begeisterung, mit seiner gewaltigen Vertiefung aller Lebenswerte und seiner scharfen Prüfung jeglicher Arbeit auch uns, die Deutsche Kolonialschule, Wilhelmshof und seinen Kameradenkreis, die Wilhelmiter daheim und überm Meer ergriffen. Was so manchmal schon, namentlich seit dem schweren Marokkojahr uns sorgend oder hoffend durch den Sinn ging und doch immer wieder wegen der nicht auszudenkenden Begleiterscheinungen, Folgewirkungen zurückgedrängt wurde, das ist nun Wirklichkeit geworden, – der Deutsche Krieg gegen eine Welt von Feinden ringsum.«[335]

Der Schulbetrieb

Die Schule musste ihren Betrieb praktisch sofort einstellen; in einem späteren Rechenschaftsbericht heißt es dazu: »Fast mit einem Schlage wurde am Tage der Kriegserklärung unsere Aufgabe erledigt, unsere wesentliche Arbeit stille gelegt. Von 100 jungen Herren, die als bisherige Höchstzahl, im Sommerhalbjahr 1914

332 Zum Beginn des Ersten Weltkriegs vgl. zuletzt das vieldiskutierte Buch von Christopher Clark, Die Schlafwandler. Wie Europa in den Ersten Weltkrieg zog, München 2013.

333 Vgl. Jeffrey Verhey, Der »Geist von 1914« und die Erfindung der Volksgemeinschaft, Hamburg 2000, bes. S. 129ff.

334 Eintrag im Dienstbuch vom 4.11.1914, in: AD, Dienstbuch, Bl. 205.

335 Ernst Albert Fabarius, Rückblick und Ausblick, in: DKP, 14 (1914) 3/4, S. 7-10, hier S. 7f.

die Kolonialschule besuchten, blieben nur vier zurück, darunter zwei nicht dienstpflichtige Auslandsdeutsche.«[336] Fabarius hatte den Schülern, die zu Kriegsbeginn kurz vor der Diplomprüfung standen, versprochen, dass sie nach dem Ende des Feldzugs das Diplom-Zeugnis ohne eine besondere Prüfung ausgehändigt bekämen. Es werde lediglich die Ablieferung der Diplomarbeit gefordert.[337]

Seit Anfang September 1914 wurde die Schule als Lazarett genutzt.[338] Ihre Schülerzahl sank im Sommersemester 1915 auf elf Schüler. Die Kolonialschule stellte wie andere höhere Lehranstalten ihren wissenschaftlichen Lehrbetrieb im Wintersemester für die Dauer des Kriegs ein.[339] Im August 1915 befanden sich noch sieben Kolonialschüler auf der Anstalt. Das Lazarett war seit Juli wieder mit über 90 Verwundeten belegt; im Oktober waren es 106 Verwundete.[340] Laut Geschäftsführer waren seit Herbst 1915 sämtliche Lehrkräfte mit Ausnahme des Direktors und eines diensttuenden Lehrers zum Heeresdienst eingezogen worden. Im Winterhalbjahr 1915 waren nur noch vier Praktikanten anwesend, im Sommerhalbjahr 1916 sieben Praktikanten und im Wintersemester 1916 acht Praktikanten.[341] Die Schulleitung hoffte aber, den Lehrbetrieb in allen praktischen Betrieben der Landwirtschaft, Molkerei, Gärtnerei und der Handwerke für die Praktikanten und solche, die auf die Vorlesungen während des Wintersemesters verzichten wollten, aufrechterhalten zu können.[342]

Ende 1916 war es in der Schule noch »stiller geworden«. Zwei weitere Gärtner wurden eingezogen, ebenso zwei von den bis zu diesem Zeitpunkt noch ver-

336 Vgl. Rechenschaftsbericht der DKS über das siebenzehnte Betriebsjahr (vom 1. April 1914 bis 31. März 1915), in: BAB, R 8023, Nr. 983, Bl. 307-314, hier Bl. 308 (Zitat ebd.). Mindestens 90 Kolonialschüler hatten sich bei der Mobilmachung teils pflichtmäßig, teils als Freiwillige, zum Kriegseinsatz gemeldet. Vgl. Durchschrift eines Schreibens des Direktors der DKS an Eduard Richter (Vater) vom 20.8.1914, in: AD, SA Alwin Richter, unpag.; Durchschrift eines Schreibens des Direktors der DKS an Adolf Andreas vom 19.11.1914, in: ebd., SA Adolf Andreas, Bl. 49.

337 Vgl. Durchschrift eines Schreibens von Direktor Fabarius an Frau Disselhoff (Tante) vom 15.9.1915, in: ebd., SA Dietrich Disselhoff, Bl. 72.

338 Vgl. Ernst Albert Fabarius, Rückblick und Ausblick, in: DKP, 14 (1914) 3/4, S. 7-10, hier S. 8f.

339 Vgl. Lehr- und Anstaltsbericht 1915, in: ebd., 15 (1915) 1-4, S. 42.

340 Vgl. Durchschrift eines Schreibens von Direktor Fabarius an Richard Conrad vom 26.8.1915, in: AD, SA Richard Conrad, Bl. 46; Durchschrift eines Schreibens von Direktor Fabarius an Richard Conrad vom 18.10.1915, in: ebd., Bl. 49.

341 Vgl. 44. Sitzung des Aufsichtsrats der DKS am 25. Oktober 1916 in Halle, in: StAM, 314/1, Nr. 145, S. 5.

342 Vgl. Durchschrift eines Schreibens des Direktors der DKS an C. C. Luttropp (Vater) vom 19.8.1914, in: AD, SA Walther Luttropp, unpag.

bliebenen acht Praktikanten.[343] Interessenten beschied Fabarius noch Anfang 1917 damit, dass nach seiner Ansicht die Aussichten für spätere Koloniallandwirte sehr günstig seien. Fast täglich liefen Aufnahmegesuche für die Zeit nach dem Krieg ein, und man wollte sofort nach Kriegsende den vollen Betrieb wieder eröffnen.[344] Diese Ansicht vertrat Fabarius auch gegenüber den Eltern von Schülern, die wegen des Kriegs vorzeitig abgegangen waren. Sie könnten nach einem »guten deutschen Frieden« wieder an die Schule zurückkehren.[345]

In einem rückblickenden Rechenschaftsbericht für die Zeit von April 1916 bis März 1917 skizzierte Fabarius die Entwicklung der Schule: Im zweiten Kriegsjahr gab die Nutzung der Einrichtungen durch den Aufbau eines Lazaretts noch Hoffnung, im dritten Kriegsjahr stiegen die Belastungen jedoch stark an und schwächten die Kraft zum Durchhalten weiter. Damit empfand Fabarius die Schule nicht mehr wie früher als »ein kleines Spiegelbild der Deutschen Welt im Großen«, denn sie wurde aus seiner Sicht als Teil der deutschen Kolonialarbeit »doppelt und dreifach von den Hemmungen des Krieges in Mitleidenschaft gezogen«.[346]

Das Schicksal der Schüler

Die Schülerschaft hatte den Kriegsbeginn ebenfalls gefeiert: »Die Mobilmachungsorder rüttelte mit einem Schlage alles in uns auf! Spontan marschierten wir DKSer zum Marktplatz, wo, auf dem Brunnen vor dem Rathause stehend, unser unvergeßlicher Dürr [Otto Dürr war Oberlehrer und Dozent, K.L.] begeisternde Worte zu diesem historischen Ereignis und als Antwort der deutschen studentischen Jugend zu dem Appell der Nation fand.«[347]

Angesichts der bereits oben geschilderten Anhänglichkeit der Schüler an ihre Schule, nahmen sie sofort – auch als Soldaten – wieder Kontakt mit Direktor Fabarius auf. Sehr zu seiner Freude hatten viele von ihnen beim Dienst die Er-

343 Vgl. Durchschrift eines Schreibens des Direktors der DKS an Karl Nisch vom 27.11.1916, in: ebd., SA Karl Nisch, unpag.

344 Vgl. Durchschrift eines Schreibens des Direktors der DKS an Wilhelm Löhner (Vater) vom 3.1.1917, in: ebd., SA Hans Löhner, unpag.

345 Vgl. Durchschrift eines Schreibens des Direktors der DKS an Julius Beidek (Vater) vom 14.6.1917, in: ebd., SA Richard Beidek, Bl. 18. Richard Beidek starb am 23. November 1918 im Lazarett in Braila.

346 Vgl. Rechenschaftsbericht der DKS über das neunzehnte Geschäftsjahr (vom 1. April 1916 bis 31. März 1917), in: StAM, 150, Nr. 1494, Bl. 231 RS-235 (Zitate Bl. 232 RS).

347 Friedrich Krause-Wichmann, DKSer im Weltkrieg, in: DKP, 38 (1938) 1/2, S. 14-20, hier S. 16. Vgl. zur Kriegsgeneration: Robert Wohl, The Generation of 1914, Cambridge 1979, S. 42ff.

fahrung gemacht, dass dieser ihnen aufgrund der Ausbildung in Witzenhausen viel leichter fiel als vielen anderen jungen Männern.[348] Stellvertretend für die Kriegserfahrungen sei hier nur aus einem der zahlreichen Feldpostbriefe zitiert: »Nehmen Sie heute etwas Ausführliches aus dem Felde entgegen. Die kurze Ruhepause, die unser Bataillon für 3 Tage hat, will ich benutzen, um meine Gedanken nach der Heimat herüberschweifen zu lassen. Dann, morgen in der Nacht geht es weiter in die Vorpostenstellung, die wir hier vor Verdun [schrieb aus Mangiennes, K.L.] nun seit 6 Wochen inne haben. Uns geht es trotz des schlechten Wetters ganz leidlich. Der Aufenthalt in den Schützengräben, die mitunter knöchelhoch mit Wasser gefüllt sind und in denen wir nächtelang ausharren müssen, wird sehr sehr unangenehm. Kehren wir am Tage aus ihnen zurück und legt man sich im feuchten Stroh zur Ruhe, sausen über unsere Köpfe die Granaten hinweg, krepieren vor oder neben uns unter gewaltigem Getöse oftmals, wenn die 21 cm Fortgeschütze donnern, ein tiefes, 5 m im Durchmesser großes Loch wühlend. Die nächtl. Offizierspatrouillen ›ran an den Feind, bis er feuert‹, dann wieder zurück. Nicht ihm auf den Leibe rückend, sondern immer geduldig ausharren, das geht doch schließlich auf die Nerven! Wie schön wäre es in der offenen Feldschlacht. Wir stehen am r. Flügel vor einer gewaltigen Entscheidung, möge sie uns den vollen Sieg bringen u. den Anfang zum Ende unserer Gegner.«[349]

Bereits Ende August gab es den ersten Toten zu vermelden: Der 21-jährige Karl Theodor Nordmann war bei Charleroi verwundet worden und verstarb dann am 26. August im Lazarett in Aiseau.[350] Im September fielen vier weitere Schüler: Gerhard Roth und Max Stein am 9. September in Korrango in Deutsch-Ostafrika,[351] Hans Höppner erlag seinen Verletzungen am 12. September im Lazarett in Aachen[352] und Willy Knoth fiel am 27. September bei Champagne.[353] Insgesamt kamen durch den Krieg und seine Folgen mindestens 80 Schüler ums Leben, dazu kam eine Reihe von Dozenten sowie anderen Mitarbeitern der Kolonialschule. Bei ihnen ist es dokumentiert; wahrscheinlich lag die Zahl weit hö-

348 Vgl. Durchschrift eines Schreibens von Fabarius an Eberhard Bahr vom 19.11.1914, in: AD, SA Eberhard Bahr, Bl. 63.

349 Schreiben von Harry von Schoenermarck an Direktor Fabarius vom 17.11.1914, in: ebd., SA Harry von Schoenermarck, unpag.

350 Vgl. Gedenkblatt, in: DKP, 14 (1914) 3/4, S. 28; Nachruf, in: ebd., 17-19 (1917-19) 2-4, S. 60.

351 Vgl. Nachruf, in: ebd., 17-19 (1917-19) 2-4, S. 33-34; Ehrentafel der Deutschen Kolonialschule, in: ebd., S. 3.

352 Vgl. Gedenkblatt, in: ebd., 14 (1914) 3/4, S. 28. Nachruf, in: ebd., 17-19 (1917-19) 2-4, S. 60.

353 Vgl. Nachruf, in: ebd., S. 48-49.

her.[354] Allein von den 96 Schülern, die direkt 1914 in den Krieg zogen, fielen 33, also ein Drittel.[355]

Deshalb war Fabarius, der selber zwei Söhne im Krieg verlor, häufig gezwungen, Kondolenzschreiben an die Eltern der Schüler zu verfassen. Wie für einen evangelischen Pfarrer in dieser Zeit wohl nicht unüblich, changierten sie zwischen echter Anteilnahme, moralischer Unterstützung und Patriotismus: »Wir müssen uns in dieser schweren Zeit mit dem Gedanken trösten, dass das Vaterland diese grossen Opfer fordert und mit der Gewissheit, dass unserer Söhne Kraft und Streben eine Saat für reichen Segen bedeutet.«[356] Neben den Toten gab es eine Reihe von Kolonialschülern, die mit Kriegsverletzungen, gleich welcher Art, zurückkehrte. Bei ihnen war es häufig fraglich, ob sie den alten Beruf wieder aufnehmen könnten. Viele mussten einen neuen Beruf erlernen, der weniger anstrengend war.[357]

Die Trauerarbeit ging – in Gestalt der Korrespondenz mit den Angehörigen – auch in der Nachkriegszeit weiter. Nun mischte sich bei Fabarius auch die Enttäuschung über den Kriegsausgang mit ein. Für ihn gab es »nicht einmal den Trost, dass unser Volk so vieler herrlicher Opfer wert ist, wenn nicht anders wir einen Trost darin finden, dass unsere Jugend diese erbärmliche Schmach unseres Vaterlandes, zum grossen Teil vom eigenen Volk verschuldet, nicht zu erleben braucht.«[358] Diese und ähnliche Wendungen, welche die ganze politische, aber auch persönliche Verbitterung von Fabarius dokumentierten, gebrauchte er häufiger. Darin fanden sich immer wieder die »scheinbar vergeblichen Opfer«, die wenigstens »diesen schmachvollen Untergang unseres Volkes, für das sie mit glühendem Idealismus in den Tod gegangen« seien, nicht mehr zu erleben bräuchten.[359] Nicht zuletzt angesichts des Verlustes der eigenen beiden Söhne,

354 Zahlen aus den Schülerakten, dem DKP etc. zusammengestellt.

355 Vgl. Friedrich Krause-Wichmann, DKSer im Weltkrieg, in: DKP, 38 (1938) 1/2, S. 14-20, hier S. 15.

356 Durchschrift eines Schreibens von Fabarius an Marta Bahr (Mutter) vom 27.10.1915, in: AD, SA Eberhard Bahr, Bl. 66 (VS + RS).

357 Vgl. Schreiben von Wilhelm Witter (Vater) an den Direktor der DKS vom 25.11.1918, in: ebd., SA Heinrich Witter.

358 Durchschrift eines Schreibens von Direktor Fabarius an Herrn Beidek (Vater) vom 24.6.1919, in: ebd., SA Richard Beidek, Bl. 26. Auch später hielt Fabarius an der Dolchstoß-Legende fest und brandmarkte die Demokratisierung von 1918 als »Schweinerevolution«. Vgl. Durchschrift eines Schreibens von Fabarius an Walther Werner vom 31.12.1921, in: ebd., SA Walther Werner, unpag. (Zitat ebd.).

359 Durchschrift eines Schreibens von Direktor Fabarius an Fritz Böhlen vom 31.3.1919, in: ebd., SA Fritz Böhlen, Bl. 58.

ging Fabarius sogar so weit zu sagen, man müsse bekennen, »dass Deutschland der Opfer nicht wert war, die da gebracht« wurden.[360]

In der Gedächtnisnummer des »Kulturpioniers« folgte ein kollektives Abschiednehmen von den Verstorbenen. Rund 400 ehemalige Kolonialschüler waren »eingetreten in den Krieg gegen eine Welt von Feinden an den Grenzen hier daheim und fern überm Meer«. Von ihnen fielen – Dozenten und Mitarbeiter der DKS eingerechnet – 89. Nach Ansicht von Fabarius waren sie für die alten Ideale gestorben, »ohne den schmachvollen Zusammenbruch eines sich selbst verratenden« Volkes miterleben zu müssen. Für sie gelte noch das alte Wort »Dulce et decorum est pro patria mori«; der Geist, der sie beseelt habe, solle an der Deutschen Kolonialschule weiterhin gepflegt werden.[361]

Nachrufe sind eine besondere literarische Gattung und schon aufgrund ihres Bedeutungszusammenhangs behutsam zu interpretieren. Auf der anderen Seite offenbaren sie mehr von der Vorstellungswelt der Lebenden als der Toten. Deshalb sei hier exemplarisch einer für einen ehemaligen Kolonialschüler angeführt, der im März 1916 in Deutsch-Ostafrika fiel. Für ihn sei der Tod eine Gnade gewesen, da er das Ende der Kolonie nicht miterleben musste, damit sei ihm das Leid erspart geblieben, die Vernichtung alles dessen, was er geschaffen hatte, mit ansehen zu müssen. Er habe Großes geleistet, dadurch, dass er rücksichtslos gegen sich selbst gewesen sei und seine ganze Persönlichkeit immer voll und ganz eingesetzt habe, im Berufsleben wie im Kriege. Dabei sei er zart und warmherzig gegenüber seiner Familie und seinen Mitmenschen gewesen, kurzum: ein »Vollmensch«.[362]

Nachkriegsplanungen

Sein persönliches Kriegszielprogramm formulierte Fabarius 1915, er widmete es seinen akademischen Lehrern Heinrich von Treitschke und Adolf Wagner. Seine Kriegsziele zeichnete eine in erster Linie anti-britische Stoßrichtung aus. Gleich vielen anderen forderte er für Deutschland angrenzende Territorien, die östlichen Teile Frankreichs und Belgiens, die russischen Teile Polens, dazu noch Häfen an der holländischen und französischen Nordseeküste. In Afrika sollten ebenfalls wichtige Häfen (Casablanca, Agadir, Cap Arguin, Dakar, Libreville etc.) unter deutsche Herrschaft kommen, daneben einige Inseln wie Martinique, Guadeloupe und die Komoren. Diese Stützpunkte hielt er für die Absicherung

360 Durchschrift eines Schreibens von Direktor Fabarius an Kurt Döhler vom 14.12.1918, in: ebd., SA Kurt Döhler, Bl. 97.

361 Vgl. Ernst Albert Fabarius, Geleitwort (zur Gedächtnisnummer), in: DKP, 17-19 (1917-19) 2-4, S. 4 (Zitat ebd.).

362 Vgl. Nachruf für Karl Kinzelbach, in: ebd., S. 34-36.

der deutschen Seeherrschaft und Weltmachtstellung für unabdingbar. Insgesamt betrachtete Fabarius die Vermehrung des Kolonialbesitzes als den »Siegespreis« des Weltkrieges. Er forderte unter anderem Stützpunkte in Marokko und Betschuanaland. Frankreich habe alle Kolonien außer Algerien und das Saharagebiet an Deutschland abzutreten. Belgisch-Kongo und Angola sollten ebenfalls an Deutschland fallen. Eine vollkommene Konzentration auf Afrika lehnte Fabarius freilich ab, deshalb beanspruchte er in Asien Französisch-Indochina.[363]

Ende 1915 machte sich Fabarius in der zweiten Kriegsnummer des »Kulturpioniers« Gedanken über die deutsche Kolonialpolitik nach dem Kriege. Er beklagte den »Raub« der Kolonien, der »allerdings in unehrlichem, unritterlichem Kampfe« vor sich gegangen sei. Allerdings werde sich das Schicksal der deutschen Kolonien nicht in Afrika, sondern auf den Schlachtfeldern Europas entscheiden. Für die Nachkriegszeit mahnte er »neue Wege der kolonialen Arbeit« an. Gerade der Krieg, den er als »Kampf um die Scholle« interpretierte, habe bei allen Beteiligten den Wunsch nach weiterer Ausdehnung im neuen Reich geweckt. Die Soldaten, die große Teile fremden Landes eroberten, würden sich nicht mehr mit ihren engen Wohnungen in luft- und lichtarmen Quartieren begnügen. Deutschland müsse sich seiner weltpolitischen Aufgabe bewusst werden. Dabei spiele die Kolonialarbeit eine entscheidende Rolle für das nationale Selbstbewusstsein des Volkes. Erst durch den Kolonialbesitz hätte es großzügiger und weitsichtiger zu denken und handeln gelernt. Aber damit stünde man noch am Anfang; das deutsche Volk müsse sich in Zukunft »erst recht auswachsen und innerlich wie äußerlich tüchtig, ausdauernd, widerstandsfähig werden«. Außerhalb Europas boten sich für Fabarius vor allem Marokko und Deutsch-Südwestafrika sowie Deutsch-Ostafrika an. Auf jeden Fall forderte er für Deutschland »einen gehörigen Platz an der Sonne«.[364]

363 Vgl. Ernst Albert Fabarius, Deutsche Friedenshoffnungen oder Was fordern wir von unseren Feinden? Eine politisch-, wirtschaftlich-, militär-geographische Studie, Witzenhausen 1915. Die Kriegsziele, die Fabarius hier formulierte, bewegten sich im Rahmen der damals in Deutschland diskutierten. Vgl. dazu nach wie vor die klassische Studie von Fritz Fischer, Griff nach der Weltmacht. Die Kriegszielpolitik des kaiserlichen Deutschland 1914/18, Düsseldorf 1979 (zuerst Düsseldorf 1961), bes. S. 132ff. und S. 258ff. Speziell zu den Kolonialzielen vgl.: Jan Esche, Koloniales Anspruchdenken in Deutschland im Ersten Weltkrieg, während der Versailler Friedensverhandlungen und in der Weimarer Republik (1914 bis 1933). Phil. Diss. Hamburg 1989.

364 Vgl. Ernst Albert Fabarius, Rückblick und Ausblick. Neue Wege der deutschen Kolonialpolitik nach dem Kriege, in: DKP, 15 (1915) 1-4, S. 7-31 (Zitate S. 7 und S. 30). Erschien später als gedruckte Broschüre, Berlin 1916. Zum Krieg in den Kolonien vgl.: Christoph Cornelißen, Europäische Kolonialherrschaft im Ersten Weltkrieg, in: Wolfgang Kruse (Hg.), Eine Welt von Feinden. Der Große Krieg 1914-1918, Frankfurt a.M. 1997, S. 43-54; Wolfgang Petter, Der Kampf um die

Auch die Schüler machten sich angesichts des militärischen Verlustes der deutschen Kolonien Gedanken über die künftige Kolonialpolitik und damit verbunden über ihre eigene künftige Position. Fabarius antwortete einem dieser Schüler unter Verweis auf einen Beitrag im »Kulturpionier«. Darin entwickelte er, dass Deutschlands nationale Ehre und sein Ansehen als Weltmacht eng mit den Kolonien verknüpft seien: »Wir müssen sie in einer dieser unserer Stellung gebührenden Unabhängigkeit, Freiheit und Sicherheit wieder gewinnen, da bleibt uns keine Wahl!«[365] Dem Schüler schrieb er weiter, auch die maßgebenden Politiker seien der Überzeugung, dass Deutschland seine sämtlichen Kolonien wieder zurückerhalten werde. Fabarius konnte sich einen vollständigen Verlust der Kolonien nur nach einer vernichtenden deutschen Niederlage vorstellen, die er aber nicht für möglich hielt. Aber er fuhr zweigleisig und hatte sich auch bereits mit dem Reichs-Kolonialamt sowie mit einer neuen Siedlungsvereinigung in Verbindung gesetzt, um die Mitwirkung der Kolonialschule auch bei den anvisierten Ostsiedlungen zu sichern.[366] Für die Zeit nach dem Krieg rechnete Fabarius noch Mitte 1917 nicht nur mit einem Erhalt des deutschen Kolonialreichs, sondern mit dessen Ausdehnung nach dem Kriege. Die großen deutschen Pflanzungsgesellschaften würden dann verstärkt auf die Kolonialschüler zurückgreifen.[367]

In einer Denkschrift mit dem Titel »Welche Anforderungen wird der Friede an die Deutsche Kolonialschule stellen?«, die wohl von Ende 1917 stammt, räsonierte Fabarius über zukünftige Veränderungen an der Schule. In Zukunft sollte die knappe Ausbildungszeit noch besser ausgenutzt werden. Demnach bedurfte der praktische Lehrbetrieb nur einiger geringer Verbesserungen, in erster Linie bezogen auf die praktischen Unterweisungen in Feldmessen und Kulturtechnik, die stärker auf die kolonialen Bedürfnisse hin orientiert werden sollten, sowie in Landwirtschaft. Insgesamt plädierte Fabarius angesichts des umfangreichen Lehrplans für eine Erweiterung des Lehrgangs auf sechs Hörsaalsemester. Darüber hinaus sollte vor allem die Stellung der Kolonialschule nach außen hin verbessert werden. Darunter verstand Fabarius in erster Linie eine Gleichstel-

deutschen Kolonien, in: Wolfgang Michalka (Hg.), Der Erste Weltkrieg. Wirkung – Wahrnehmung – Analyse, München 1994, S. 392-411; Hans Krech, Die Kampfhandlungen in den ehemaligen deutschen Kolonien in Afrika während des 1. Weltkrieges (1914-1918), Berlin 1999.

365 Vgl. Ernst Albert Fabarius, Der Kriegswert unserer Kolonien, in: DKP, 16 (1916), S. 37-45 (Zitat S. 41).

366 Vgl. Durchschrift eines Schreibens von Direktor Fabarius an Heinrich Conrady vom 5.10.1916, in: AD, SA Heinrich Conrady, Bl. 54. Conrady landete interessanterweise nach dem Krieg selbst bei einer Siedlungsgesellschaft in der Nähe von Schwante in Brandenburg.

367 Vgl. Durchschrift eines Schreibens des Direktors der DKS an Gustav Reuter vom 22.6.1917, in: ebd., SA Gustav Reuter, unpag.

lung der Kolonialschule mit anderen landwirtschaftlichen Bildungsanstalten wie Hohenheim, Weihenstephan und Hamburg oder auch mit den Handelshochschulen und Forstakademien. Bislang zumindest werde die Kolonialschule vielfach nicht für »voll« angesehen, »unterschätzt als irgendeine beliebige Landwirtschaftsschule oder gar missachtet als koloniale Abenteurer-Presse für schwer zu erziehende Tunichtgute«.[368]

Anfang 1919 kam dann aber auch Fabarius zu dem Ergebnis, dass zunächst der Wiederaufbau der deutschen Volkswirtschaft im Vordergrund stehen werde. Trotzdem hielt er an der Vorstellung eigenen Kolonialbesitzes fest und prognostizierte, es werde in Deutschland selbst bald an Raum fehlen, sodass die jungen Männer hinausgehen müssten. Sie sollten sich, »wenn nicht in eigenen Kolonien, so doch im überseeischen Deutschland« eine Lebensstellung schaffen und von dort aus für das Deutschtum wirken.[369]

Angesichts der Entwicklung erschien ihm die kolonialwirtschaftliche Arbeit in überseeischen Gebieten wichtiger denn je. Gleichzeitig erweise sich aber auch eine Stärkung der heimischen Landwirtschaft als notwendig; auch diese Binnenkolonisation bilde eine Aufgabe für die DKS.[370]

368 Vgl. Denkschrift »Welche Anforderungen wird der Friede an die Deutsche Kolonialschule stellen?«, von Fabarius, o.Dat. (1917), in: BAB, R 8023, Nr. 981, Bl. 83-94; Leitsätze zur Denkschrift: Welche Anforderungen wird der Friede an die Deutsche Kolonialschule stellen? von 1917/18, in: StAM, 314/1, Nr. 145, unpag. (Zitat ebd.).

369 Vgl. Durchschrift eines Schreibens des Direktors der DKS an Otto Schüler (Vater) vom 13.1.1919, in: AD, SA Fritz Schüler, unpag. (Zitat ebd.).

370 Vgl. Ernst Albert Fabarius, Rückblick und Ausblick, in: DKP, 17-19 (1917-19) 1, S. 7-14. Diese beiden Ziele verbanden sich über den Begriff des »Lebensraums«. Vgl. Dörte Lerp, Farmers to the Frontier: Settler Colonialism in Eastern Prussian Provinces and German Southwest Africa, in: The Journal of Imperial and Commonwealth History, 41 (2013) 4, S. 567-583.

III. Bewegte Jahre 1918 bis 1933

1. Die Schule in den schwierigen Zeiten der Weimarer Republik

Nach dem Ersten Weltkrieg verlor Deutschland seine Kolonien im Versailler Vertrag. Ein schwerer Schlag für eine »Kolonialschule«. Die »Kolonisierer« wurden in ihrer Selbstwahrnehmung zu »Kolonisierten«.[1] Die Kolonien – und speziell Afrika – blieben jedoch Bestandteil einer Fantasiegeschichte. Sie bildeten nach wie vor Projektionsflächen für Wünsche und Sehnsüchte.[2]

Die wichtigste Zäsur in der Entwicklung der Schule in der Zeit der Weimarer Republik bildete zweifellos der Tod von Direktor Fabarius am 28. Oktober 1927. Mit ihm verstarb der Gründer und Spiritus Rector der Deutschen Kolonialschule. Kuratorium und Aufsichtsrat beschlossen am 6. Januar 1928 Wilhelm Arning zum neuen Direktor der Anstalt zu wählen.[3]

1 Vgl. Baranowski, Nazi Empire, S. 116ff.; Jared Poley, Decolonization in Germany. Weimar Narratives of Colonial Loss and Foreign Occupation, Bern 2005; Chantal Metzger, D´une puissance colonial à un pays sans colonies: l'Allemagne et la question coloniale (1914-1945), in: Revue d'Allemagne et des Pays de Langue Allemande, 38 (2006) 4, S. 555-569; Marcia Klotz, The Weimar Republic. A Postcolonial State in a Still-Colonial World, in: Ames/Klotz/Wildenthal, Pasts, S. 135-147; Schilling, Postcolonial Germany; Florian Krobb/Elaine Martin (Hg.), Weimar Colonialism. Discourses and Legacies of Post-Imperialism in Germany after 1918, Bielefeld 2014.

2 Vgl. van Laak, Tropenfieber; Birthe Kundrus, Die Kolonien – »Kinder des Gefühls und der Phantasie«, in: dies., Phantasiereiche, S. 7-18; Sara Friedrichsmeyer/Sara Lennox/Susanne Zantop, Introduction, in: dies. (Hg.), The Imperialist Imagination. German Colonialism and Its Legacy, Ann Arbor 1998, S. 1-29.

3 Vgl. Durchschrift eines Schreibens des Vorsitzenden des Kuratoriums und Aufsichtsrats der DKS, Erhard August Scheidt, an den Lehrkörper der DKS, Dr. Peppler, vom 8.1.1928, in: StAW, Ordner DKS, Aufsichtsrat, unpag.; Schreiben der Deutschen Kolonialschule, Arning, an Oberpräsidenten Dr. Schwander in Kassel vom 2.2.1928, in: StAM, 150, Nr. 1494, Bl. 280.

Arning war der Schule seit ihrer Gründung eng verbunden, zunächst als Mitglied des Schulbeirats, seit Kriegsende im Aufsichtsrat und zeitweilig als Dozent. Er wurde am 20. Dezember 1865 als Sohn eines Gastwirts in Hannover geboren. Nach dem Abitur am dortigen Ratsgymnasium Ostern 1884 studierte er zunächst Jura, dann Medizin in Göttingen, Leipzig, Kiel, München, Rostock und Würzburg. 1890 legte er die Medizinische Staatsprüfung in Würzburg ab und promovierte 1899 in Leipzig. Zwischen Februar 1892 und Mitte 1896 war Arning als Militärarzt in Ostafrika. 1900 unternahm er eine längere Reise zu wissenschaftlichen Zwecken nach Klein- und Vorderasien; 1904/05 leitete er eine geologische Forschungsexpedition in Deutsch-Ostafrika. 1905 folgte ein Aufenthalt in der Südafrikanischen Union zu Studienzwecken. Ab 1907 saß er für die Nationalliberalen im Reichstag, ab 1908 war er Abgeordneter im Preußischen Landtag. 1914 überraschte ihn der Krieg auf einer Reise in Deutsch-Ostafrika, und er nahm am dortigen Feldzug teil. Im November 1917 verbrachten ihn die Briten als Kriegsgefangenen zunächst nach Indien, später nach Ägypten und England; im Februar 1919 wurde er ausgeliefert. Danach betätigte er sich politisch in seiner Heimatstadt Hannover, wurde Provinziallandtagsabgeordneter und stellvertretendes Mitglied des Preußischen Staatsrats für die Deutschnationale Volkspartei. Von Anfang 1928 bis Ende 1934 fungierte er als Direktor der DKS. Danach folgte ein längerer Aufenthalt in Südwestafrika, der Kapkolonie und Ostafrika. Von August 1939 bis Ende 1940 versah er freiwillig Dienst bei der Wehrmacht, er hielt Vorträge an der Universität Göttingen, deren Ehrenbürger er war, an der Technischen Hochschule Hannover und im Auftrag der SS zur Vorbildung der für den Kolonialdienst bestimmten Beamten. Auf Veranlassung des Auswärtigen Amtes überarbeitete er sein Buch über Ostafrika, weil es »unentbehrlich für den Wiederbeginn dortiger kolonialer Arbeit« sei. Arning verstarb am 11. November 1943 in Hannover.[4]

Aufgaben und Leitbild

Nach dem Ende des Ersten Weltkriegs bzw. nach dem Verlust der deutschen Kolonien, veränderte sich die Situation für die DKS entscheidend. Hatte sie bislang primär Schüler für eine Arbeit in den deutschen Kolonien ausgebildet, so blieben diese nun auf Jahre hin für Deutsche verschlossen. Die Schule musste sich auf andere Auswanderungsziele für ihre Absolventen konzentrieren und forcierte andererseits die Ausbildung für die heimische Landwirtschaft.

4 Vgl. Lebenslauf von Dr. Arning, o.Dat., in: BAB, R 9361 V, Nr. 3851, Bl. 380-381; Tätigkeitsübersicht von Arning zum Schreiben des Präsidenten der Reichsschrifttumskammer vom 28.5.1941, in: ebd., Bl. 424-425; Alfred Stolowsky, Artikel Heinrich Friedrich Wilhelm Arning, in: NDB, Bd. 1, Berlin 1953, S. 375.

Im ersten Rechenschaftsbericht nach dem Krieg hieß es etwas resignativ: »Zusammenbruch drinnen und draußen, daheim und überm Meer, das kennzeichnet unsere Gesamtlage.« Die DKS sei davon stärker betroffen als andere deutsche Bildungsstätten. Eine Kolonialschule ohne Kolonien könne wie ein Widerspruch in sich erscheinen. Das habe intern die Frage aufgeworfen, ob man die Schule nicht abbauen solle. Aber die Antwort lautete: Jetzt sei die Arbeit der Schule erst recht vonnöten.[5] In einem Werbeblatt betonte die Schule, die veränderten Verhältnisse erforderten es, vermehrten Einfluss auf die überseeischen Wirtschaftsgebiete zu gewinnen, außerdem die Auswanderer so zu schulen, dass sie nicht lediglich als »Kulturdünger« fremder Völker dienten. Daneben solle aber auch die Schulung von Landwirten und Siedlern für die Arbeit in der Heimat forciert werden.[6] Im Lehr- und Anstaltsplan von 1919 konstatierte die Schulleitung, dass angesichts des Weltkriegs der kolonialwirtschaftliche Beruf eine besonders große Bedeutung für das deutsche Volk im Sinne seiner weltwirtschaftlichen Betätigung bekommen habe.[7] Angesichts der partiell weggebrochenen Legitimation sowie finanzieller Schwierigkeiten, war die Schule gezwungen, sich gleichsam neu zu erfinden. Nach außen hin trat Fabarius dabei gewohnt forsch auf: Deutschland habe zwar keine Kolonien mehr, aber die DKS sei wichtiger als zuvor; denn der koloniale Gedanke müsse um der nationalen Ehre und der weltwirtschaftlichen Stellung willen wacherhalten werden.[8] Die Inflation brachte auch die DKS in erhebliche finanzielle Schwierigkeiten.[9]

Nur wenig später, die Inflation war gerade überwunden, die politischen Verhältnisse in der Weimarer Republik schienen sich zu stabilisieren, konnte Fabarius schon wieder recht selbstbewusst auftreten. Zu den Aufgaben der Schule meinte er, die Kolonialschule stünde zwar vor ganz besonderen neuen Aufgaben, diese könnten aber von der bewährten Grundlage aus angegangen werden. Es müsste aber »Qualitätsware« hinausgesandt werden, »in Gestalt einzelner tüchtiger, wertvoller Menschen mit Sonderleistung und Führergeist« – eben jene

5 Vgl. Rechenschaftsbericht der DKS über das zwanzigste und einundzwanzigste Betriebsjahr (vom 1. April 1917 bis 31. März 1919), in: BAB, R 8023, Nr. 983, Bl. 103-116, hier Bl. 104 (Zitat ebd.).

6 Vgl. Mitteilungen und Rat zur Berufswahl für Landwirte in Übersee und Heimat. Deutsche Kolonialschule, Witzenhausen o.Dat. (1919), in: AD, Konvolut Studentenangelegenheiten, unpag.

7 Vgl. Lehr- und Anstaltsplan der DKS 1919, in: ebd., AHV, Ordner Lehr- und Anstaltspläne 1906-1941, S. 5.

8 Vgl. Durchschrift eines Schreibens der DKS, Fabarius, an das AA vom 4.7.1921, in: PAA, R 67335, unpag. Auch in: BAB, R 1501, Nr. 106044, Bl. 3.

9 Vgl. Rechenschaftsbericht der DKS über das sechsundzwanzigste Betriebsjahr (vom 1. April 1923 bis 31. März 1924), in: AD, Ordner Gesellschafterversammlungen unpag.

»Deutschen Kulturpioniere«, die man in Witzenhausen ausbildete.[10] Dabei müsse die kolonialwirtschaftliche Tätigkeit zu einem echten, gesonderten Beruf werden, damit solche gebildeten Kolonialwirte sowohl nach Leistung wie nach sozialer Stellung wertvolle Stützen des Deutschtums im Ausland werden könnten.[11] In diesem Sinne sollte es Aufgabe und Ziel der DKS sein, den Strom der Auswanderer zu durchsetzen mit einem Stamm besonders tüchtiger, national eingestellter Männer, die ihren Landsleuten mit Rat und Tat zur Seite stehen könnten und das deutsche Volkstum stärken sollten.[12]

Der Nachfolger von Fabarius als Direktor, Wilhelm Arning, hielt weitgehend an den Zielsetzungen seines Vorgängers fest. Er ging von einer starken kolonialen Neigung im deutschen Volk aus, die mit dem Verlust der Kolonien gewachsen sei. Eine Beobachtung, die auch andere Zeitgenossen machten, und die sich in dem damals kursierenden Bonmot zusammenfassen lässt, die Kolonien seien nie so populär gewesen wie nach ihrem Verlust.[13] Der zu Werbezwecken dienende Lehr- und Anstaltsplan der Schule von 1929 verfolgte die gleiche Linie: Die DKS wolle mehr denn je bei der Gestaltung der überseeischen wirtschaftlichen Verhältnisse mitwirken. Ihr Zweck sei es nicht, junge Leute heranzubilden, die daheim hocken bleiben wollten. »Wer zu uns kommt, soll mit dem Willen eintreten, dem Deutschtum in Uebersee zu dienen, wenngleich unsere Ausbildung die Fähigkeit verleiht, einem heimischen Betriebe vorzustehen.« Die Existenz der DKS sei nicht nur ein äußeres Zeichen des ungebrochenen kolonialen Willens, sondern die Institution, welche die Beziehungen zur praktischen Kolonialwirtschaft aufrechterhalte.[14] In dieser Hinsicht änderte sich an der Haltung während der Weimarer Republik nur wenig. So waren die Ziele der Kolonialschule auch einige Jahre zuvor bereits beschrieben worden. Die eigene singuläre Position hob man mit dem Verweis auf die höheren Anforderungen an das Wissen, das Können und den Charakter des kolonialen Landwirts hervor; des-

10 Vgl. Fabarius, Rückblick und Ausblick. Die neuen Aufgaben und Arbeiten der Deutschen Kolonialschule als Kolonialhochschule seit dem Weltkriege, in: DKP, 24/25 (1924/25) 2, S. 3-7 (Zitat S. 4).

11 Vgl. Direktor Fabarius, Aufgabe und Arbeit der Deutschen Kolonialschule nach dem »Vertrage« von Versailles, in: Koloniale Rundschau, (1925) 1, S. 11-13, zit. nach: AD, Sammlung Wolff, DKS, unpag.

12 Vgl. Durchschrift eines Schreibens der DKS, Fabarius, an den Deutschen Städtetag vom 10.10.1925, in: BAB, R 1501, Nr. 106044, Bl. 187-188 (im Anhang: Anlage zur Eingabe der Deutschen Kolonialschule, Bl. 189-194).

13 Vgl. Wilhelm Arning, Altes und Neues aus Wilhelmshof, in: DKP, 28 (1928) 2, S. 5-9, hier S. 5.

14 Vgl. Lehr- und Anstaltsplan der DKS 1929, in: AD, AHV, Ordner Lehr- und Anstaltspläne 1906-1941, unpag.

halb seien die Aufgaben der DKS als kolonial-landwirtschaftlicher Hochschule weiter gesteckt als die der landwirtschaftlichen Hochschulen.[15]

Der Gedanke der »Ostsiedlung« tauchte in der Kolonialschule immer wieder auf. So bemühte sich der Bund Artam, der zum völkischen Flügel der Jugendbewegung zählte und den freiwilligen Arbeitsdienst propagierte, einen Aufsatz im »Kulturpionier« abdrucken zu lassen. Die Ostlandsiedlung betrachtete man als höchstes Ziel, die Arbeit als Dienst am Volk, wobei man die gesunde Landarbeit gegen die »lärmende Hohlheit der Großstadt« mit ihren »hohlen undeutschen Genüsse(n) und Zerstreuungen« in Stellung brachte.[16] Dem Vater eines Kolonialschülers, der die Schule vorzeitig verlassen hatte und nun Landwirt in der Ostsiedlung werden wollte, beschied Direktor Arning, dass er die Ostsiedlung für notwendig hielt. Eine leitende Persönlichkeit, die aus der Deutschen Kolonialschule hervorgegangen sei, befasse sich sogar mit Plänen, die Absolventen der Schule als führende Figuren in der Ostsiedlung zu verwenden.[17] Mit dieser etwas kryptisch beschriebenen Persönlichkeit war Richard Walther Darré gemeint, der Mai/Juni 1933 Reichsbauernführer und Reichsminister für Ernährung und Landwirtschaft werden sollte. Zu seiner Person folgen weitere Ausführungen an anderer Stelle. Hier interessiert die angesprochene Ostorientierung der DKS, die allerdings, anders als es Arning zu suggerieren versuchte, hoch umstritten war. Darré hatte sich an Arning gewandt und warb für den Gedanken einer Förderung der Binnenkolonisation und der Ostlandsiedlung. Sie werde die Schule erst ihrer eigentlichen Bestimmung zuführen, da es in Deutschland so gut wie gar keine vernünftigen Schulen für den Siedlungsgedanken gebe. Hier sah er eine große Aufgabe für die DKS.[18] Arning äußerte ein gewisses Verständnis für diesen Gedanken, hielt jedoch eine Kolonialpolitik, die von der Ostgrenze ausgehend bis in die südlichen Gebiete Russlands reichte, in absehbarer Zeit für nicht möglich. Deshalb müsse man an der Überseeentwicklung festhalten. Zu Darrés Position fand er klare Worte: »Sollte jedoch Ihr Radikalismus die Oberhand zu gewinnen Aussicht haben, so wäre, da Ihre Bewegung ja die ganze

15 Vgl. Lehr- und Anstaltsplan der DKS 1925, in: ebd., unpag.

16 Vgl. Schreiben des Bundes Artam (freiwilliger Arbeitsdienst), Gauamt für Schlesien, an die Schriftleitung (des Kulturpioniers) vom 19.9.1927, in: ebd., Dozenten, Bernhard, unpag. (Zitat ebd.). Zu den Artamanen vgl.: Peter Schmitz, Die Artamanen. Landarbeit und Siedlung bündischer Jugend 1920-1945, Bad Neustadt a.d.S. 1985; Alwiß Rosenberg, Bäuerliche Siedlungsarbeit des Bundes Artam. Ein agrarpolitischer Versuch bündischer Jugend, in: Jahrbuch des Archivs der Deutschen Jugendbewegung, 9 (1977), S. 199-229.

17 Vgl. Durchschrift eines Schreibens von Direktor Arning an Dr. Cuwie (Vater) vom 8.12.1931 in: AD, SA Gerhard Cuwie, Bl. 4.

18 Vgl. Schreiben von Walther Darré an Direktor Arning vom 24.4.1931, in: ebd., SA Walther Darré, unpag. Zur Biographie Darrés vgl.: Anna Bramwell, Blood and Soil. Richard Walther Darré and Hitler's ›Green Party‹, Kensal 1985, S. 13ff.

Persönlichkeit mit Beschlag belegt, jedes Mitglied der Bewegung gezwungen, die D.K.S. zu verlassen, da ein Studium daselbst deren Grundsätzen dann widersprechen sollte.«[19]

Die innere Ordnung

Das Internatsleben, die Selbstverwaltung und die Vielzahl der schriftlich fixierten Ordnungen prägten auch in der Weimarer Republik die innere Organisation der Schule. Unter diesen war und blieb die Hausordnung, niedergelegt in der Verfassung der Kolonialschule vom August 1919, die wichtigste. Sie regelte grundsätzlich das Zusammenleben der Schüler. Von ihnen wurde erwartet, dass sie in ihrem ganzen Verhalten, in Zucht und Wandel, durch Eifer und Treue dokumentierten, sich ihrer zukünftigen Aufgabe bewusst zu sein. Die Dienstordnung forderte von den Schülern eine strenge Dienstauffassung, die sich namentlich in Disziplin, Pünktlichkeit und Arbeitsenergie erweisen sollte. Es gab – wie bei der Hausordnung auch – einen umfangreichen Strafenkatalog mit detaillierten Regelungen, die, falls sie wortwörtlich befolgt und ausgeführt worden wären, den Alltag komplett reglementiert und geordnet hätten. Innerhalb der Selbstverwaltung der deutschen Studierenden, die ausländischen waren nicht Teil der Kameradschaft, war der Ehrenrat zuständig für Ehrenkränkungen der Schüler untereinander sowie zwischen ihnen und dritten Personen. Im Allgemeinen Studentenausschuss (AStA) waren ebenfalls nur die deutschen Mitglieder der Studentenschaft vertreten. Ein ausgefeiltes System von Aufpassern, etwa die Hausordner und Flurwarte, sorgte für die Aufrechterhaltung der Ordnung unter den Studierenden. In den Stuben waren dafür die vom AStA benannten Stubenältesten verantwortlich, bei den Mahlzeiten waren es Tischälteste, für Einzeltische Tischobere. Für den Verkauf von Getränken wurde vom Ausschuss ein Getränkewart ernannt; die Bücherei wurde von einem Bücherwart verwaltet. Daneben gab es einen Badewart. Alle zwei Wochen durften die Schüler ein Wannenbad nehmen, zusätzlich pro Woche ein Brausebad, Ausnahmen gab es bei

19 Vgl. Durchschrift eines Schreibens von Direktor Arning an Walther Darré vom 6.5.1931, in: AD, SA Walther Darré, unpag. (Zitat ebd.). Anlässlich eines Artikels des von ihm sehr geschätzten Hans Grimm, ließ Arning Darré wissen, dass sich aus seiner Sicht derjenige, der einseitig den Ostraumgedanken gegenüber einer Rückforderung der Kolonien favorisiere, gegen den Nutzen des deutschen Volkes vergehe. Vgl. Durchschrift eines Schreibens von Direktor Arning an Walther Darré vom 13.7.1931, in: ebd., unpag.

besonderem Dienst (Kuhstall etc.). Die Eintragung in ein Badebuch war vorgeschrieben.[20]

Diese Bestimmungen wurden hin und wieder leicht modifiziert, blieben aber in ihren Grundzügen gleich. Die Ehrenordnung von 1920 sah beispielsweise vor, dass alle Studierenden und Praktikanten der Ehrengerichtsbarkeit unterlagen. Ihr Auftrag war weit gefasst: Ihre Aufgabe lag in der Beurteilung der Frage, ob sich der Studierende durch sein Verhalten in und außer der Hochschule der Achtung würdig zeige, die sein zukünftiger Beruf erfordere. Sie wurde ausgeübt durch den Ehrenrat, die Ehrenzuchtkammer und die Ehrenschiedskammer.[21] Die später erlassenen Bestimmungen erweiterten offensichtlich den Kreis der aktiven Kameradschaft auf alle Studierende, Gasthörer und Praktikanten. Die Zugehörigkeit zu ihr wurde durch die Verpflichtung auf die Verfassung und Satzungen der DKS erworben. Sie sollte in erster Linie ein Vertretungsorgan sein und die Selbstverwaltung wahrnehmen, ferner an der Verwaltung der Schule mitarbeiten, das geistige und gesellige Leben sowie die Leibesübungen pflegen. Der aus der Kameradschaft gebildete Kameradschaftsausschuss sollte die Studierenden zur tätigen Mitarbeit heranziehen und sie dadurch zu einer Gemeinschaft zusammenschließen.[22]

In späteren Jahren forderten die Schüler – oder Studenten, wie sie nun meistens genannt wurden – eine Neugestaltung der Verfassung der aktiven Kameradschaft, bei der die Zuständigkeit der einzelnen Organe klarer voneinander abgegrenzt werden sollte. Für besondere, die gesamte Hochschule betreffende Aufgaben sollten gemischte Ausschüsse eingesetzt werden. Die gegenwärtige Selbstverwaltung sei weitgehend zwecklos, soweit sie sich auf ausübende Pflichten stütze, aber keinerlei Rechte oder nur Scheinrechte zu vertreten habe.[23]

Gegenüber diesen idealtypischen Regelungen gibt ein Bericht Curt Winters, der im Oktober 1920 von der Wirtschaftsoberschule Dresden als Dozent nach Witzenhausen wechselte, und später Schwiegersohn von Fabarius wurde, einen guten Einblick in das Zusammenleben an der Schule. Die mit Spannung geladene allgemeine Atmosphäre dieser Zeit zerrte an seinen Nerven. Die Studierenden, wenigstens die älteren Semester, ehemalige Berufs- und Reserveoffiziere des Weltkriegs, fühlten sich, so Winter, berufen, die Reform des Lehrbetriebs in Weiterentwicklung zur staatlich anerkannten Hochschule selbst in die Hand zu

20 Vgl. Verfassung der Deutschen Kolonialschule Wilhelmshof vom 26.8.1919, in: ebd., Konvolut Studentenangelegenheiten, S. 9, 19, 27ff., 44ff., 56ff., 62.

21 Vgl. Verfassung der Kameradschaft Wilhelmshof an der Deutschen Kolonial-Hochschule für In- und Auslandssiedlung, Witzenhausen 1920, S. 22, 25.

22 Vgl. Verfassung der Kameradschaft Wilhelmshof von 1923, in: AD, AHV, Verbandssatzung, unpag.

23 Vgl. Gedanken zur Arbeits- und Studienreform für die Studierenden und Praktikanten der Kolonialhochschule in Witzenhausen/Werra, o.Dat. (Juni 1932), in: ebd., SA Theodor Frank, Bl. 54-57, hier Bl. 54.

nehmen. Sie stellten sich mit diesem eigenmächtigen Vorgehen in Widerspruch zum Direktor. Noch stärker wirkten sich auf das Zusammenleben die innerhalb des vierten Semesters bestehenden inneren Gegensätze aus, die dazu führten, dass der Ehrenrat wochenlang jeden Tag zusammentrat und ein Verfahren nach dem anderen abwickeln musste.[24] Auch der offizielle Rechenschaftsbericht der Schule spiegelte diese Verwerfungen wider. Das Zusammenleben wurde ohnehin durch die rasch gestiegene Schülerzahl schwieriger. Vor allem aber durch die studentische Bewegung, die alle Hochschulkreise Deutschlands erfasste und auf Reformen drängte.[25] Erst 1922 beruhigte sich die Situation an der Schule wieder etwas. »Die Entwicklung ist nach dem Sturm und Drang der Semester nach dem Kriege wieder in ruhigere Bahnen gelenkt und allgemach tritt auch wieder die gute Seite des Vorkriegs-Geistes zutage.«[26]

Neben der Flut an Regeln und Verboten, war es auch während der Zeit der Weimarer Republik vor allem das Internatsleben, das spezifisch für die Schule und prägend für die Ausbildung war. Gerade diese besondere Form des Zusammenlebens, verbunden mit der Selbstverwaltung, bot die Voraussetzungen für die »Heranbildung von Führernaturen«. Sie sorge für eine fortwirkende Beeinflussung des Charakters, denn sie erfordere eine strenge Selbstdisziplinierung des Einzelnen. Auf der anderen Seite barg das Zusammenleben starke Reibungsflächen. »Aber Eigenkraft und Eigenbewusstsein bilden sich nur im Sturm und nicht im geschützten Treibhaus.« Gerade diese Aspekte der Persönlichkeitsbildung seien für eine Tätigkeit im Ausland von großer Wichtigkeit. Wer nicht Selbstzucht und Selbsterziehung zu üben gelernt habe, werde sich nicht auf einsamem Posten behaupten können.[27]

Schule oder Universität?

Seit 1919 hieß die DKS »Hochschule für In- und Auslandssiedlung«, ein Zeichen sowohl für eine gewisse Aufwertung der heimischen Landwirtschaft als auch des Status der Schule. In den späteren Worten von Fabarius war es allerdings eher ein Notbehelf, ein unerfreulicher Kompromiss, erzwungen durch den Verlust

24 Vgl. Curt Winter, Aus meinem Leben, in: DTL, 64 (1963), S. 101-109, hier S. 103f.

25 Vgl. Rechenschaftsbericht der DKS über das zweiundzwanzigste Betriebsjahr (vom 1. April 1919 bis 31. März 1920), in: BAB, R 8023, Nr. 983, Bl. 53-62, hier Bl. 55.

26 Vgl. Rechenschaftsbericht der DKS über das vierundzwanzigste Betriebsjahr (vom 1. April 1921 bis 31. März 1922), in: ebd., Bl. 11-19, hier Bl. 12 VS+RS (Zitat Bl. 12 RS).

27 Vgl. Abschrift eines Schreibens von Erich Müller-Boedner an Herrn Haniel vom 4.7.1922, in: AD, SA Erich Müller-Boedner, unpag.; Manuskript von Erich Müller-Boedner »Die Deutsche Kolonialschule – Witzenhausen«, o.Dat. (1931/32), in: ebd., unpag. (Zitate ebd.).

der Kolonien im Versailler Vertrag.[28] Die Diskussionen um den Charakter der DKS als einer Fach- oder einer Hochschule, bekamen in der Nachkriegszeit durch die Anerkennung ihrer Studentenschaft als Mitglied der Deutschen Studentenschaft (DSt) neue Nahrung.[29] Die Studierenden wandten sich – unter Federführung von Darré als Ältestem – an das Auswärtige Amt mit der Bitte um Gleichstellung der Studiensemester mit denen der Landwirtschaftlichen Hochschulen. Die DKS habe nach dem Krieg bewusst den Weg zur Hochschule beschritten. Bislang bliebe den Studierenden jedoch die Möglichkeit verschlossen, auf anderen Hochschulen weiterzustudieren und zu promovieren. Sie forderten eine Verstaatlichung der Schule oder wenigstens eine massive staatliche Unterstützung.[30] Danach wandte sich der AStA an das Wissenschafts- und das Landwirtschaftsministerium. Nachdem der Antrag der Hauptgeschäftsstelle der Vertretung der DSt auf Verstaatlichung der Schule abgelehnt worden war, baten sie darum, die DKS als einer Deutschen Hochschule gleichwertig anzuerkennen.[31] Ende 1920 bekräftigte die Schulleitung das Ziel, die Schule möge eine »der Führerrollen übernehmen, um den kolonialen Gedanken in der Erinnerung der Jugend Deutschlands nicht verblassen zu lassen«. Die Kameradschaft Wilhelmshof gehöre nun der DSt als Mitglied an; die an den Universitäten neu eingeführte freie Selbstverwaltung sei auch an der Kolonialschule übernommen worden, man habe sich so der neuen Zeitströmung angepasst.[32] Im Mai 1921 beantragten die landwirtschaftlichen Fachgruppen der DSt den Titel »Diplomlandwirt für Übersee« für die Absolventen der DKS.[33] Der Vorstand der DSt befürwortete die Anerkennung der DKS als Hochschule und die Gewährung staatlicher Unter-

28 Vgl. Rechenschaftsbericht der DKS über das zweiundzwanzigste Betriebsjahr (vom 1. April 1919 bis 31. März 1920), in: BAB, R 8023, Nr. 983, Bl. 53-62, hier Bl. 55; Schreiben der DKS, Fabarius, an das AA vom 18.12.1923 (im Anhang »Kurzer Ueberblick über die Bedeutung und Entwicklung der Deutschen Kolonialschule, Witzenhausen«), in: PAA, R 67335, unpag.

29 Vgl. zur DSt: Jürgen Schwarz, Studenten in der Weimarer Republik. Die deutsche Studentenschaft in der Zeit von 1918 bis 1923 und ihre Stellung zur Politik, Berlin 1971; Konrad Jarausch, Deutsche Studenten 1800-1970, Frankfurt a.M. 1984, S. 117ff.

30 Vgl. Schreiben der Vertretung der DSt an das Reichsministerium des Äußeren vom 8.6.1920, (im Anhang Denkschrift des AStA der DKS), in: PAA, R 67335, unpag.

31 Vgl. Denkschrift des AStA an der DKS vom 17.7.1920, in: AD, Akte Hochschulangelegenheit, unpag.

32 Vgl. Zur Einführung, in: DKP, 20 (1920) 2/3, S. 4 (Zitat ebd.).

33 Vgl. Denkschrift von Wolfgang Delfs-Fritz zur Entwicklung und zum Status der DKS, anlässlich der Frage der Nachgraduierung, o.Dat. (Mai 1971), in: AD, AHV, Ordner Schriftwechsel mit Delfs-Fritz ab 1968, unpag.

stützung zu ihrem weiteren Ausbau. Von dieser Seite hielt man eine zentrale wissenschaftliche Ausbildungsstätte des kolonialen Nachwuchses für notwendig.[34]

Daneben bemühten sich Kuratorium und Aufsichtsrat der DKS um den Aufbau einer Arbeitsgemeinschaft mit der Universität Marburg. In Gesprächen mit dem Kurator und dem Rektor der Universität wurde das Vorhaben vorangetrieben; man war sich einig, dass eine solche Arbeitsgemeinschaft beiden Anstalten nützen würde. Ziel war es, Absolventen der DKS zu ermöglichen, die Landwirtschaftslehrerprüfung in Marburg abzulegen oder dort zu promovieren.[35]

In einem recht offenen Schreiben an einen ehemaligen Schüler, in dem sich Fabarius unter anderem über die »schwarz-rot-goldene Demokratie« und die »Schweinewirtschaft einer verdorbenen, verlogenen, sozialistisch-jüdischen Bürokratie« ausließ, beklagte er sich darüber, dass sich das Landwirtschaftsministerium noch nicht entschließen konnte, den Hochschulcharakter der DKS anzuerkennen. Nun liege die Angelegenheit zur Entscheidung beim Kultusministerium und beim Auswärtigen Amt.[36] Kurze Zeit später verkündete Fabarius den Entschluss, nicht mehr als »Hochschule für In- und Auslandssiedlung«, wie es seit 1919 der Fall gewesen war, sondern als »Kolonialhochschule« zu firmieren. Zusätzlich sei die Schule als »reichswichtige, gemeinnützige Anstalt« anerkannt worden, weil sie die »Heranbildung von führenden deutschen Siedlern im Auslande« bezwecke. 1924 erfolgte die offizielle Namensänderung in Kolonialhochschule.[37] Darré hielt diesen Schritt für eine glückliche Lösung. Als Kolonialhochschule stehe ihr die Bahn frei, eine wirkliche Lücke im deutschen Bildungswesen auszufüllen. Daraus resultierte die Unterstellung unter das Aus-

34 Vgl. Durchschrift eines Schreibens der DSt an das RdI vom 16.6.1921, in: PAA, R 67335, unpag.

35 Vgl. Aufzeichnung über eine Besprechung am 17. Juli 1922 in Witzenhausen vom Kurator der Universität Marburg vom 22.7.1922, in: StAM, 150, Nr. 1494, Bl. 254-257. Der AR hielt die Arbeitsgemeinschaft mit der Universität Marburg für möglich. Ein Gutachten des mit der DKS eng verbundenen Professors Richard Arthur Golf, Agrarwissenschaftler an der Universität Leipzig, bezeichnete sie als nützlich und wünschenswert. Vgl. Niederschrift über die AR-Sitzung am 17.7.1921, in: AD, Akte AR-Protokolle 1920-1939, Bl. 8-18, hier Bl. 18.

36 Vgl. Schreiben von Direktor Fabarius an Erich Müller-Boedner vom 4.1.1924, in: ebd., SA Erich Müller-Boedener, unpag. (Zitate ebd.).

37 Vgl. Fabarius, Rückblick und Ausblick, in: DKP, 23/24 (1923/24) 3, S. 3-6 (Zitate S. 3); Erich Müller-Boedner, Kolonialhochschule, in: ebd., 24/25 (1924/25) 2, S. 34-36. Man könnte hier von Public-private-Partnership sprechen. Vgl. Jakob Vogel, Public-private partnership. Das koloniale Wissen und seine Ressourcen im langen 19. Jahrhundert, in: Habermas/Przyrembel, Käfern, S. 261-284.

wärtige Amt und das Innenministerium, mit deren Zustimmung die Namensänderung vollzogen worden sei.[38]

Arning vertrat die These eines breit angelegten Studiums an der DKS. Während die Universitäten und Hochschulen ihr Lehrangebot jeweils auf ein einzelnes Fach spezialisierten, also einen vertikalen Ausschnitt aus dem Gesamtbereich des Wissens böten, vermittele die Kolonialschule einen horizontalen Ausschnitt. Aufgrund der gestiegenen Anforderungen habe die Ausbildung nach dem Ersten Weltkrieg, als die Absolventen mit Ausländern in deren Kolonien konkurrierten, intensiver und auch wissenschaftlicher werden müssen.[39] Aber auch er musste einräumen, dass gewisse Einrichtungen der Deutschen Kolonialschule keinen Hochschulcharakter aufwiesen; andererseits erreiche die Ausbildung in mancher Beziehung nicht nur diejenige einer landwirtschaftlichen Hochschule, sondern gehe darüber hinaus.[40]

Als einen Schritt in Richtung Verlängerung des Studiums auf fünf Semester und auch als eine Art »Akademisierung«, eröffnete die Schule im Mai 1924 ein Kolonialkundliches Institut.[41]

Curt Winter schrieb anlässlich von dessen 30-jährigem Bestehen, dass in dieser Zeit die hochschulmäßige Vorlesung die Regel für den Unterricht an der Schule und die Arbeit der Studierenden im Wesentlichen rezeptiv gewesen sei. Hier fehlte nach seiner Ansicht das Seminar, als Institut und als Methode. Das Kolonialkundliche Institut sollte in dieser Hinsicht Abhilfe schaffen. Es bot für die Studierenden die nötigen Räumlichkeiten, Archiv und Bücherei, und neben den sachlichen die personalen Voraussetzungen.[42]

Hinsichtlich des Abschlusses an der DKS gab sich Fabarius sehr selbstbewusst: Das Diplom der Kolonialschule entspreche dem nach vier Semestern auf einer landwirtschaftlichen Hochschule zu erlangenden.[43] Andere sahen das durchaus differenzierter. Ein berufsständischer Interessenverband, der Reichsbund akademisch gebildeter Landwirte, erhob Einspruch dagegen, dass Witzenhäuser Absolventen sich als Diplomlandwirte bezeichneten und die Schulleitung in ihren Prospekten von einer Diplomprüfung sprach. Der in den Streit einge-

38 Vgl. Schreiben von Direktor Fabarius an Walther Darré vom 26.9.1925, in: AD, SA Walther Darré, unpag.; Schreiben von Walther Darré an Direktor Fabarius vom 8.10.1925, in: ebd., unpag.

39 Vgl. Wilhelm Arning, Die Deutsche Kolonialschule zu Witzenhausen, Kolonialhochschule, in: Düsseldorfer Vorträge, 1 (1928), S. 74-81, zit. nach: ebd., Unsortiertes Material, unpag.

40 Vgl. Abschrift eines Schreibens von Arning an Legationsrat Martin (?) vom 9.12.1931, in: PAA, R 67338, unpag.

41 Vgl. Lehr- und Anstaltsplan der DKS vom Juni 1931, S. 28.

42 Vgl. Curt Winter, Das Kolonialkundliche Institut 1924-1954, in: DKP, 1953, S. 5-20.

43 Vgl. Durchschrift eines Schreibens des Direktors der DKS an Theodor Amsinck (Vater) vom 31.8.1920, in: AD, SA Rudolph Amsinck, unpag.

schaltete Preußische Minister für Landwirtschaft, Domänen und Forsten entschied, die Bezeichnung »Diplomlandwirt« solle den akademisch gebildeten Landwirten vorbehalten bleiben.[44]

Dozenten und Lehrpläne

Die zweifellos wichtigste Änderung in der Dozentenschaft betraf den Wechsel des Direktors. Curt Winter, der ebenfalls für diesen Posten in Betracht gekommen wäre und sich auch große Hoffnungen gemacht hatte, sollte in diesen Jahren eine herausgehobene Stellung erhalten.[45]

Im Zeichen der nun stärker berücksichtigten heimischen Landwirtschaft kam es kurz nach Kriegsende zur Einrichtung eines zweiten Lehrstuhls für wissenschaftliche Landwirtschaft, zur Einstellung eines hauptamtlichen Wiesenbaumeisters sowie zu einer zahlenmäßigen Aufstockung bei den Lehr- und Betriebskräften.[46] Der Lehrkörper setzte sich Mitte der 20er Jahre wie folgt zusammen: Studiendirektor war der ehemalige Kolonialschüler Walter Feldmann;[47] Kolonialwirtschaft, Völkerkunde, Kultur- und Kolonialgeschichte usw. vertrat Direktor Fabarius, für Chemie, Botanik usw. war Dr. August Peppler[48] zuständig, für heimische und tropische Landwirtschaft Feldmann, Volkswirtschafts-, Privatwirtschaftslehre und landwirtschaftliche Buchführung las Dr. Curt Winter, Tierheilkunde und Tierzucht Dr. Ernst Schäle.[49] Das Kolonialkundliche Institut

44 Vgl. Abschrift eines Schreibens des Preußischen Ministeriums für Landwirtschaft, Domänen und Forsten an den Reg.-Präs. in Kassel vom 22.11.1921, in: ebd., Akte Hochschulangelegenheit, unpag.

45 Vgl. Protokoll der AR-Sitzung am 6.1.1928, in: ebd., Akte AR-Protokolle 1920-1939, Bl. 57-63, hier Bl. 58; Curt Winter, Aus meinem Leben, in: DTL, 64 (1963), S. 101-109, hier S. 104.

46 Vgl. Fabarius, Rückblick und Ausblick, in: DKP, 20 (1920) 1, S. 1-3, hier S. 2.

47 Vgl. Artikel Walter Feldmann, in: Biographien, unpag.

48 Peppler wurde am 7. August 1873 in Grünberg geboren, studierte in Erlangen und promovierte dort. Danach war er Assistent am Hygienischen Institut in Hamburg und selbständiger Apotheker. Peppler war von 1906 bis 1939 Dozent für Botanik, Chemie und Physik an der DKS. Vgl. Wolff/Hethke/Hammer, 100 Jahre, S. 57; August Peppler, Zum Nachweise der Typhusbakterien mit besonderer Berücksichtigung der Piorkowskischen Methode, Diss. Erlangen 1899; ders., Die Deutsche Kolonialschule in Witzenhausen, in: Der Biologe, 6 (1937) 4, S. 133-135.

49 Zu Schäle vgl.: Paul Wegener, Dr. Ernst Schäle, in: DKP, 1952, S. 39-41; Undatierter Lebenslauf, in: UAG, Rektoratsakte Dr. med. vet. Ernst Schäle, unpag.; Ernst Schäle, Über Behandlungsarten von Trypanosomiasen. Beschälseuche, Nagana, Schlafkrankheit, Diss. Tierärztliche Hochschule Hannover 1921.

und das Archiv leitete Dr. Adolf von Duisburg.[50] Für Kulturtechnik, Feldmessen und Planzeichnen sowie landwirtschaftliche Baukunde war der Wiesenbaumeister Fritz Schumacher[51] zuständig, für die Tropische Betriebslehre der ehemalige Kolonialschüler Theodor Bindel, für Tropengesundheitslehre Dr. Otto Buchinger,[52] für Rechtskunde der Geheime Justizrat Clemens Driessen. Forstwissenschaft las Prof. Hans Sellheim von der Forstlichen Hochschule Hannoversch Münden,[53] Missionskunde Prof. Carl Mirbt aus Göttingen.[54] Für die praktischen Übungen im Garten-, Obst- und Weinbau war der Garteninspektor Carl Bonstedt aus Göttingen zuständig, für die praktischen landwirtschaftlichen Vorführungen der Amtmann Dodt, für Maschinenbau und -technik der Maschinen-Fabrikant Bölke. Die Sprachen Englisch, Spanisch, Portugiesisch, Malaiisch, Holländisch und Russisch lehrte der Konsulats-Dolmetscher a.D. Conrad Harder. Von Duisburg unterrichtete Englisch, Spanisch, Holländisch, Malaiisch und die Haussasprachen, Pfarrer Theodor Tönjes Englisch und die Bantusprachen, Feldmann Englisch und Holländisch und Schäle Suaheli. Daneben gab es zwei Diplom-Kolonialwirte, also ehemalige Schüler, als Assistenten.[55]

Ein Blick in den Lehrplan zeigt, dass sich im Vergleich zur Vorkriegszeit kaum etwas geändert hatte. Exemplarisch sei das am Wintersemester 1920/21 und am darauffolgenden Sommersemester 1921 demonstriert, wobei hier nur die kolonial orientierten Vorlesungen genannt werden. Im Wintersemester wurde in den allgemeinbildenden und grundlegenden Lehrfächern gelesen: Kulturwissenschaften (Kulturgeschichte, Geschichte der Landwirtschaft, Einführung in die Volkswirtschaftslehre, Deutsche Auswanderungspolitik, Mission und Kolonial-

50 Von Duisburg wurde am 15. Juli 1883 auf Sumatra geboren, besuchte das Seminar für Orientalische Sprachen in Berlin und diente bis 1914 als Offizier der Schutztruppe in Kamerun. Nach seiner Internierung in Spanien war er ab Mai 1920 als Dozent an der DKS tätig. Vgl. AD, Dozenten, von Duisburg, unpag.; Adolf von Duisburg, Wer will in die Kolonien? Ein Wegweiser zur kolonialen Arbeit, Berlin 1938.

51 Vgl. Peter Wolff, Kulturbauingenieur Fritz Schumacher zum 80. Geburtstag, in: TL, 70 (1969) 2, S. 218-219; Bliss/Wolff, Kamerad Fritz Schumacher zum 85. Geburtstag, in: Uu, Nr. 22, Oktober 1974, S. 12-14.

52 Zu Buchinger vgl.: Claus Bernet, Artikel Otto Buchinger, in: Friedrich Wilhelm Bautz/Traugott Bautz (Hg.), Biographisch-Bibliographisches Kirchenlexikon, Bd. 21, Nordhausen 2008, S. 236-248; ders., Der Mediziner Otto Buchinger (1878-1966), in: Zeitschrift des Vereins für hessische Geschichte, 112 (2007), S. 227-234; Otto Buchinger jun., Dr. med. Otto Buchinger sen., Pionier der Fastenheilkunde, in: Artur Künzel (Hg.), Witzenhausen und Umgebung. Beiträge zur Geschichte und Naturkunde, Witzenhausen 1983, S. 73-76; Munzinger-Archiv, Ausgabe 28 vom 4.7.1966.

53 Zu Sellheim vgl.: Biographien bedeutender hessischer Forstleute, hg. von der Georg-Ludwig-Hartig-Stiftung, Frankfurt a.M. 1990, S. 659-661.

54 Zu Mirbt vgl.: Rudolf Schieffer, Artikel Carl Mirbt, in: NDB, Bd. 17, Berlin 1994, S. 557.

55 Vgl. Lehr- und Wirtschaftsbetrieb, in: DKP, 24/25 (1924/25) 2, S. 10-11, hier S. 10.

politik), Naturwissenschaften, Handelswissenschaften, Tropenheilkunde (Das Klima und sein Einfluss auf die Organe), Rechtskunde, Samariterkursus. Die wirtschaftlichen Lehrfächer bestanden aus: Landwirtschaft (Allgemeine tropische Landwirtschaft, Heimischer und tropischer spezieller Pflanzenbau, erster Teil: Reizpflanzen, Palmen, Kautschuk, Guttapercha, Balata, Harz-, Kork- und Rindenpflanzen), Tierzucht und Tierheilkunde, Gartenbaulehre, Forstwirtschaft, Praktische Landwirtschaft, Praktische Gärtnerei, Praktische Forstwirtschaft. Die technischen Lehrfächer waren aufgeteilt in: Kulturtechnik, Landmessen. Dazu traten die Handwerke (Schmiede, Tischlerei, Stellmacherei, Zimmerei, Maurerei, Sattlerei, Schuhmacherei), die Sprachen (Englisch, Spanisch, Holländisch, Malaiisch, Russisch) und die Leibesübungen (Turnen, Fechten, Wasser-, Rasen- und anderer Sport).

Das Sommersemester brachte in den allgemeinbildenden und grundlegenden Lehrfächern: Kulturwissenschaften (Kolonial- und Siedlungspolitik der europäischen Kulturvölker, Agrar-, Handels- und Kolonialpolitik), Naturwissenschaften, Handelswissenschaften, Tropengesundheitslehre (Die Tropenkrankheiten, 1. Teil). In den wirtschaftlichen Lehrfächern wurde gelesen: Landwirtschaft (Heimischer und tropischer spezieller Pflanzenbau, zweiter Teil: Mehlfrüchte, Ölfrüchte, Gemüse, Wurzel- und Knollengewächse, Tabak, Zuckerrohr, Gespinstpflanzen, Hülsenfrüchte, Futteranbau und -bereitung, Moorkultur, Schädigungen und Krankheiten der Kulturpflanzen und ihre Bekämpfung, Lehrausflüge und Demonstrationen), Tierzucht und Tierheilkunde (Seuchenlehre, Tropenkrankheiten). Bei den übrigen Fächern gab es keine Unterschiede zum Vorsemester.[56] Auch später gab es nur geringfügige Modifikationen am Lehrangebot, wie ein Blick in den kompletten viersemestrigen Kursus vom Sommer 1925 zeigt. Gemäß der Eigenart des Lehrplans der DKS, der steten Verbindung von Praxis und Theorie, war die Hälfte der Arbeitszeit – im Sommer mehr, im Winter weniger – für die praktische Ausbildung und Arbeitsübung in den landwirtschaftlichen, gärtnerischen und technischen Betrieben reserviert.[57]

Im August 1924 führte die DKS eine neue Prüfungsordnung ein. Nun waren eine Vor- und eine Abschlussprüfung abzulegen. Die mündliche Vorprüfung fand am Ende des zweiten Semesters statt und beinhaltete den gesamten Vorlesungsstoff der ersten beiden Semester. Die Abschlussprüfung bestand aus einer schriftlichen Diplomarbeit, einer mündlichen Prüfung in allen Fächern, falls sie nicht durch die Vorprüfung als erledigt galten, einer qualitativen Analyse und einer Prüfung in allen praktischen Lehrbetrieben. Das Zeugnis enthielt neben den Zensuren ein Urteil über die »hier gezeigten Fähigkeiten und Leistungen, sowie Eigenart und Lebenshaltung«. Vorzeitig abgehende Schüler erhielten le-

56 Vgl. Vorlesungsverzeichnis. Winter-Semester 1920/21, in: ebd., 21 (1921/22) 1, S. 55-56; Sommer-Semester 1921, in: ebd., S. 56-57.

57 Vgl. Lehrplan für den vollen Lehrgang, in: ebd., 24/25 (1924/25) 4, S. 9-13.

diglich eine Bescheinigung, in der die Kolonialschule erklärte, dass sie »keinerlei Gewähr für die Eignung des Betreffenden für den kolonialwirtschaftlichen Beruf« übernehme.[58]

Der erst relativ kurzzeitig als Dozent tätige Walter Feldmann hielt schon im Frühjahr 1926 eine Erweiterung und Ausgestaltung der Lehrtätigkeit nach der praktischen Seite hin für notwendig. Statt einer Aufstockung der Vorlesungen schlug er schärfere Aufnahmebedingungen vor. Eine weitere Option zur Verbesserung der theoretischen Vorlesungen sah Feldmann in einer seminaristischen Gestaltung und einer stärkeren Einbindung der Studierenden durch eigene Vorträge in Seminaren.[59]

Auch Winter gab immer wieder Empfehlungen dazu ab, wie die Ausbildung zu verbessern sei. Dabei hielt er an den von Fabarius formulierten Grundsätzen fest. Fehler sah er in der Art und Weise der Ausbildung selbst: Sie sei zu theoretisch und wissenschaftlich geworden, es gebe ein Übermaß an Stoff. Methodisch schlug auch er eine verstärkte Arbeit in Seminaren und Übungen vor, zu Lasten der Vorlesungen. Die praktischen Unterweisungen in Landwirtschaft, Viehzucht, Maschinenkunde, Handwerken usw. sollten nach Winters Ansicht noch stärkere Beachtung finden.[60]

Aus der Studentenschaft gab es ebenfalls Vorschläge zu einer Reform der Ausbildung in Witzenhausen. Theodor Frank, frischgebackener Absolvent, plädierte im Sommer 1932 für eine verstärkte praktische Ausbildung vor dem Studium, inklusive einer Prüfung vor der Landwirtschaftskammer. In den ersten beiden Semestern sollte nur noch eine handwerkliche Unterweisung erfolgen, landwirtschaftliche Arbeiten lediglich in Ausnahmefällen. Im dritten und vierten Semester sollte es keinen praktischen Dienst mehr geben, nur noch praktische Unterweisungen. Anstelle des praktischen Dienstes sollten Seminare eingerichtet werden, die eine aktive Mitarbeit jedes einzelnen Studierenden verlangten und einer gewissen Spezialisierung dienten.[61]

Im Sommer 1932 gab es weitere Initiativen, den Lehrplan zu reformieren. Das Kuratorium hatte in seiner Sitzung am 16. Juli 1932 beschlossen, dass eine Überprüfung der gegenwärtigen Organisation und des Lehrbetriebs der DKS durchgeführt werden sollte. Dafür stellte Winter einen Fragebogen zusammen, der zwei Mitgliedern des Aufsichtsrats, sämtlichen Mitgliedern des Lehrkörpers,

58 Vgl. Fabarius, Rückblick und Ausblick, in: ebd., 24/25 (1924/25) 1, S. 3-6 (Zitate S. 5 f.).

59 Vgl. Schreiben von Walter Feldmann an Direktor Fabarius von Ende Mai 1926, in: AD, Dozenten, Feldmann, Bl. 50-54, hier Bl. 51.

60 Vgl. Grundsätzliches über den Lehrbetrieb der Deutschen Kolonialschule von Winter, o.Dat. (1928), in: ebd., Winter (1), Bl. 87-89.

61 Vgl. Gedanken zur Arbeits- und Studienreform für die Studierenden und Praktikanten der Kolonialhochschule in Witzenhausen/Werra, o.Dat. (Juni 1932), in: ebd., SA Theodor Frank, Bl. 54-57.

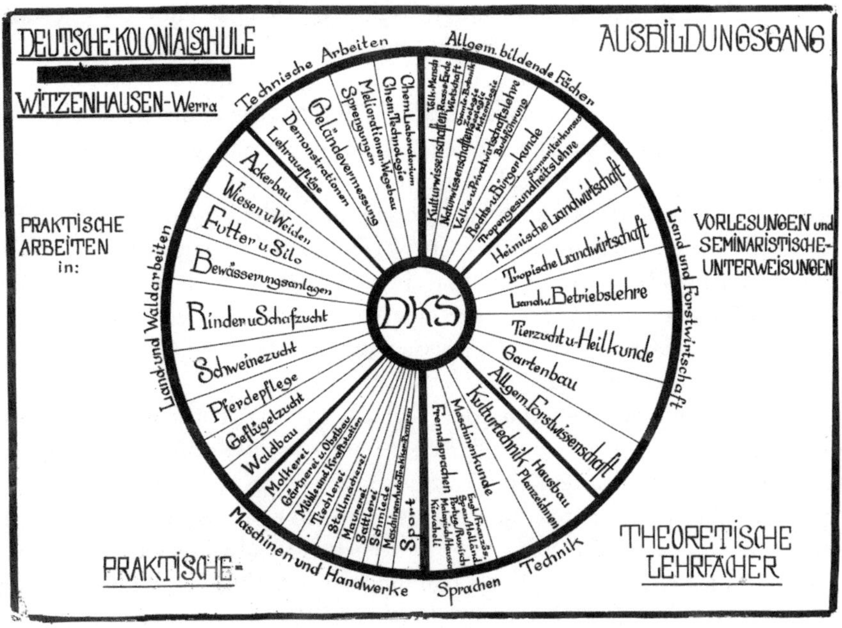

Abb. 2: Darstellung der unterrichteten Fächer und praktischen Arbeiten (aus der Zeit der Weimarer Republik)

dem Altherrenverband, der Kameradschaft sowie einer externen Persönlichkeit, die die Ausbildung an der DKS kannte, vorgelegt wurde. Der Fragebogen enthielt unter anderem Fragen zu den Aufnahmevoraussetzungen (Lebensalter, Schulbildung etc.), zur Praktikantenzeit (Länge, Ausbildungsinhalte, Praktikantenprüfung), zur Ausbildung der Studierenden (Grundsätze, Stoffgebiete, Stundenplan etc.) und zu den Prüfungen.[62]

Der für Tierzucht zuständige Erwin Schäle plädierte in seiner Antwort dafür, dass die rein landwirtschaftlichen Tätigkeiten, Ackerbau und Viehzucht, Wiesen- und Waldwirtschaft mit den zugehörigen, handwerklichen Arbeiten nach wie vor den Schwerpunkt der Ausbildung bilden sollten. Er wandte sich gegen eine zu vielseitige Ausbildung, da diese die kurze Ausbildungszeit überfrachten würde. Sein bündiges Fazit lautete: »Praktiker, nicht Theoretiker, sollen aus unserer Anstalt hinausgehen.«[63]

62 Vgl. Aktennotiz zum Fragebogen zur Umgestaltung oder Ausgestaltung des Lehrbetriebs der Deutschen Kolonialschule Witzenhausen vom 20.10.1932, in: ebd., Dozenten, Winter (1), Bl. 209-210 (Im Anhang Fragebogen, Bl. 211-214).

63 Vgl. Erwin Schäle, Betr.: Ausgestaltung des Lehrbetriebs der D.K.S. vom November 1932, in: ebd., Akte Veränderungen des Lehrplans 1934, unpag. (Zitat ebd.).

Die Antwort des Kuratoriumsmitglieds und Vorsitzenden des KWK, Geo A. Schmidt, fiel sehr kritisch aus. Er habe seit 1927 eine Änderung des Lehrplans gefordert, da er sowohl die theoretische als auch die praktische Ausbildung für nicht ausreichend hielt. Aufgrund der Kürze der zur Verfügung stehenden Zeit könne der sehr umfangreiche Lehrstoff kaum vermittelt werden. Ohne eine scharfe Zusammenfassung des Lehrstoffes und eine stärkere Ausnutzung der vorhandenen Lehrkräfte sei auch die theoretische Ausbildung unzulänglich. Für die von ihm monierten hohen Kosten werde letztlich wenig geboten. In der nachfolgenden Beantwortung des Fragebogens kam Schmidt zu dem Schluss: »Gelehrte können nie und sollen auch nicht in Witzenhausen herangebildet werden, sondern Männer, die ins Leben passen und die sich unter den schwierigsten Verhältnissen zurechtfinden.«[64]

Auf die gestiegene Bedeutung der Technik wies der Kulturtechniker Fritz Schumacher hin. Er hatte dementsprechend der Ausgestaltung der technischen Ausbildung erhöhte Aufmerksamkeit geschenkt. Der erste Schritt bestand in der Einrichtung einer Lehrerstelle für Kulturtechnik im Jahre 1919. Sie erfasste bald nicht mehr das gesamte Gebiet der erforderlichen Landwirtschaftstechnik, sodass 1923 die landwirtschaftliche Baukunde der Kulturtechnik angegliedert wurde. Daneben erfolgte die Heranziehung eines Praktikers für die Maschinenkunde; die reine Landwirtschaftstechnik erhielt erst einen Aufschwung durch den der DKS angegliederten Versuchs- und Wirtschaftsring für den Kreis Witzenhausen.[65] Auch Arning vertrat die Ansicht, dass der Technik ein immer größerer Raum an der Schule gewährt werden müsse. Er hielt die bisherige technische Ausbildung an der Schule für ergänzungsbedürftig und veranlasste die Studierenden zum Besuch von Kursen der Deutschen Landkraftführerschule in Zeesen bei Königswusterhausen.[66]

Aufnahmebedingungen und Auswahl

In einer Polemik mit einem Kritiker äußerte sich Fabarius Ende 1919 auch zur Auswahl der Kolonialschüler. Insgesamt sei es die Aufgabe der Kolonialschule,

64 Vgl. Abschrift eines Schreibens von Geo A. Schmidt an Min.Dir. Dammann, RdI, vom 5.12.1932, in: StAM, 314/1, Nr. 74, unpag. (im Anhang Abschrift »Beantwortung des Fragebogens zur Umgestaltung des Lehrbetriebes der Deutschen Kolonialschule, Witzenhausen« vom 24.11.1932 – Zitat ebd.).

65 Vgl. Schumacher, Die Technik an der Deutschen Kolonialschule, in: DKP, 27 (1927) 1/2, S. 29-34.

66 Vgl. Schreiben von Direktor Arning an Bruno Fleischel vom 18.6.1930, in: AD, SA Bruno Fleischel, Bl. 15; Hans-Herbert Lohde, Die deutschen Landmaschinenschulen – DEULA, in: Hudde/Schmiel, Handbuch, S. 395-399.

unter den gebildeten jungen Leuten, die überwiegend aus dem praktisch-wirtschaftlichen, und insbesondere dem landwirtschaftlichen Leben mehr oder minder fernstehenden Verhältnissen kämen, eine Auslese zu treffen. Dabei seien sie in erster Linie auf ihre praktische Veranlagung und auf ihre Motivation für die praktische Arbeit hin zu prüfen, außerdem auf ihren gesamten Charakter. Alle Schüler, die sich als ungeeignet für die zukünftige koloniale Tätigkeit erwiesen, vor allem solche, denen es an Freudigkeit zu praktischer Arbeit, Zuverlässigkeit, nationaler Gesinnung sowie Disziplin und Autoritätsgefühl mangele, sollten nach dem ersten und zweiten Semester, die als Probezeit galten, wieder ausgewiesen werden.[67]

Bevor es dazu kommen konnte, hatten die Bewerber erst einmal die Zulassungsbedingungen zu erfüllen. Nach dem Krieg sahen diese mindestens die Reife für die Obersekunda und eine zweijährige landwirtschaftliche Vorbildung oder das Reifezeugnis einer neunklassigen höheren Lehranstalt und eine einjährige landwirtschaftliche Tätigkeit vor. Bei Kriegsteilnehmern, die mindestens ein Jahr lang einem mobilen Truppenteil angehört hatten, konnte auf den Nachweis einer praktischen landwirtschaftlichen Betätigung verzichtet werden. Leute mit entsprechender Schulbildung, aber ohne praktische Kenntnisse mussten eine einjährige Praktikantenzeit absolvieren.[68] Schwierigkeiten und Probleme mit der Praktikantenzeit in Witzenhausen, Diskussionen um ihren Nutzen und ihre Anerkennung, gab es regelmäßig. Auch später blieb es dabei, dass das Reifezeugnis für Obersekunda Voraussetzung für den Eintritt war, um die Einheitlichkeit des Lehrbetriebs zu gewährleisten.[69] Dem Wunsch vieler Eltern, ihre sehr jungen Söhne direkt nach der Schule in den Hörsaal zu schicken, widersprach Fabarius. Selbst Abiturienten müssten mindestens ein halbes Jahr als Praktikant tätig sein. Junge Leute ohne jegliche praktische Vorkenntnis könnten die angebotenen Vorlesungen nicht mit Erfolg hören.[70] Die Eltern wurden sehr direkt darauf hingewiesen, dass es bei der späteren Stellensuche von Nachteil sei, wenn ein junger Mann, der weder eine landwirtschaftliche, technische oder kaufmännische Vorbildung besaß, nach einem Semester Praktikantenzeit bereits in den Hörsaal übernommen werde. Man war zu Ausnahmen bereit, verlangte dann aber, dass

67 Vgl. Memorandum von Fabarius »Zum Antrag der Deutschen Kolonialschule Witzenhausen gegenüber den Ausführungen des Herrn Dr. Schulte im Hofe«, o.Dat. (Ende 1919), in: BAB, R 8023, Nr. 980, Bl. 230-239, hier Bl. 203 f.

68 Vgl. Deutsche Kolonialschule. Hochschule für In- und Auslandssiedlung. Lehrbetrieb, Witzenhausen 1920, S. 8.

69 Vgl. Lehr- und Anstaltsplan der DKS vom Juni 1931, S. 6.

70 Vgl. Durchschrift eines Schreibens des Direktors der DKS an Ernst Albrecht (Vater) vom 30.10.1924, in: AD, SA Ferdinand Albrecht, unpag.

die Betreffenden nach Abschluss ihres Studiums noch mindestens ein halbes Jahr in einen größeren landwirtschaftlichen Betrieb gingen.[71]

Im Allgemeinen riet Arning den Bewerbern, das Abitur zu machen, denn man könne nie wissen, ob sie nicht später ein Hochschulstudium ergreifen wollten. Allerdings war er selbst nicht der Ansicht, dass man nur mit dem Abitur etwas leisten könne und befürchtete gar, »wenn das in dieser Richtung so weiter geht, so wird man bald selbst für das Kinderwarten und die Müllkutscherei das Maturum verlangen«. Er wollte auch künftig Studierende ohne höheren Bildungsabschluss annehmen.[72]

Der Lehr- und Pensionspreis der Kolonialschule spiegelte die wirtschaftliche Entwicklung in der Weimarer Republik wider. Noch im Rechenschaftsbericht für das Jahr 1923/24 klagte die Schulleitung, die Not der Zeit drücke auf die Stimmung und Nerven aller Volksteile, und das mache sich auch in der Schule deutlich bemerkbar. Jede Änderung – sprich: Erhöhung – des Lehr- und Pensionspreises als Anpassung an die Geldentwertung könne sich »im Halbdunkel der ungewissen Zeitverhältnisse zu gespenstigen Schatten auswachsen«. Die Schule sei »nun einmal ein deutscher Mikrokosmos, der im Kleinen die Zustände des großen Vaterlandes« abbilde.[73]

Schaut man sich die Zahlen genauer an, ergibt sich, dass der Lehr- und Pensionspreis 1919 360 Mark pro Semester betrug, das Eintrittsgeld 100 Mark, für Ausländer 150 Mark. An weiteren relevanten Kosten fielen an für Wohnung, Heizung etc. 180 Mark, für Beköstigung 210 Mark, Bedienung 20 Mark, Unfallversicherung und Krankenkasse 36,75 Mark, Sprachunterricht 20 Mark und für den (freiwilligen) Reitunterricht 30 Mark pro Semester.[74] Bis zum Sommer 1920 explodierten die Preise im Zeichen der Geldentwertung. Nun zahlten die Schüler einen Lehr- und Pensionspreis in Höhe von 3.100 Mark – im vorliegenden Exemplar bezeichnenderweise handschriftlich korrigiert auf 3.250 Mark –, die Praktikanten 2.600 Mark (2.750 Mark). Die Mehrkosten für ein Einzelzimmer beliefen sich auf 200 Mark, für ein Doppelzimmer auf 100 Mark; Ausländer zahlten 500 Mark mehr pro Semester, da die Schule für sie keine Reichszuschüsse erhielt. Das Eintrittsgeld lag bei 150 Mark, die Kosten für den Sprachunterricht

71 Vgl. Durchschrift eines Schreibens von Direktor Arning an Reg.Rat Merckle (Stiefvater) vom 11.7.1931, in: ebd., SA Kurt Allmendinger, Bl. 34.

72 Vgl. Durchschrift eines Schreibens von Direktor Arning an Reg.Rat Merckle (Stiefvater) vom 11.3.1930, in: ebd., Bl. 17; Durchschrift eines Schreibens des Direktors der DKS an Bernhard Lignau (Vater) vom 6.6.1930, in: ebd., SA Hubert Lignau, unpag. (Zitat ebd.).

73 Vgl. Rechenschaftsbericht der DKS über das sechsundzwanzigste Betriebsjahr (vom 1. April 1923 bis 31. März 1924), in: BAB, R 2301, Nr. 6840, Bl. 109-118, hier Bl. 110 RS (Zitate ebd.).

74 Vgl. Lehr- und Anstaltsplan der DKS 1919, S. 19.

bei 30-50 Mark pro Semester.[75] Die Lehr- und Pensionspreise blieben nach ihrer Konsolidierung Mitte der 1920er Jahre dann bis 1931 stabil, ebenso die anderen Kosten.[76]

Berufsaussichten der Schüler

Naturgemäß war die Sorge um die Berufsaussichten der Schüler nach dem verlorenen Krieg groß. Mehrere Eltern fragten deswegen an. Fabarius antwortete einem Vater, dass man trotz des Kriegsausgangs Hoffnung auf eine überseeische Tätigkeit haben könne, zumindest für die Witzenhäuser Absolventen. Das hätten die bisherigen Erfahrungen mit den Kolonialschülern und die Urteile anderer darüber gezeigt.[77]

Auch im Lehr- und Anstaltsplan für 1919 gab sich die Schulleitung optimistisch, was die Zukunftsaussichten ihrer Absolventen anbelangte. Zwar seien durch den politischen Wandel die sehr guten Perspektiven der deutschen Kolonialarbeit stark beeinträchtigt, es läge aber kein Grund vor, eine weitere wirtschaftliche und persönliche koloniale Betätigung auszuschließen. Im Gegenteil, zwingende Gründe sprächen dafür, dass Deutschland, selbst bei völligem Mangel an eigenem Kolonialbesitz »unentwegt um den Platz an der Sonne, um den Mitbesitz am Weltmarkt in treuer zielbewußter Arbeit zu ringen und zu kämpfen« habe. Darüber hinaus könne die Welt der deutschen Arbeit und Tüchtigkeit nicht entbehren.[78]

Nach dem Verlust der deutschen Kolonien im Versailler Vertrag und der auch ansonsten restriktiven Haltung der Siegermächte sanken diese Hoffnungen etwas. Neue Nahrung bekamen sie erst, als in einigen ehemaligen deutschen Kolonien das Niederlassungsverbot für Deutsche Mitte der 20er Jahre wieder aufgehoben wurde. Anlass genug für Direktor Fabarius, die Zukunftsaussichten gerade in Südwestafrika zu preisen. Trotz der aktuell nicht sehr rosigen Situation, sah er dort gute Möglichkeiten für deutsche Auswanderer.[79]

75 Vgl. Lehr- und Anstaltsplan der DKS 1920, S. 13, 15.

76 Vgl. Lehr- und Anstaltsplan der DKS 1929, S. 9f.; vgl. Lehr- und Anstaltsplan der DKS 1931, S. 9f.

77 Vgl. Durchschrift eines Schreibens von Direktor Fabarius an Jakob Ried (Vater) vom 11.3.1919, in: AD, SA Jakob Ried, unpag.; Durchschrift eines Schreibens von Direktor Fabarius an Anton Schmid (Vater) vom 17.3.1919, in: ebd., SA Eugen Schmid, unpag.

78 Vgl. Lehr- und Anstaltsplan der DKS 1919, in: ebd., AHV, Ordner Lehr- und Anstaltspläne 1906-1941, S. 9 (Zitat ebd.).

79 Vgl. Durchschrift eines Schreibens von Direktor Fabarius an Fürstin zu Stolberg-Wernigerode (Mutter) vom 25.9.1926, in: ebd., SA Friedrich-Wolfgang Graf zu Castell-Rüdenhausen, Bl. 14.

Zwischenzeitlich stimmte vor allem die Entwicklung in Niederländisch-Indien optimistischer: Dort fanden nach Aussagen Arnings in den zwanziger Jahren etwa 60 Absolventen eine Anstellung, was mir zahlenmäßig zwar zu hoch gegriffen erscheint, von der Tendenz her aber zweifellos stimmte. Einzelne von ihnen seien sogar beruflich sehr rasch vorangekommen.[80]

Der New Yorker Börsenkrach vom Oktober 1929 leitete dann jedoch eine tiefgehende Krise des Welthandels und einen Verfall der Rohstoffpreise ein. Unter diesen Bedingungen war es schwer für die Absolventen, einen Arbeitsplatz in den überseeischen Ländern zu bekommen. Trotzdem sei es im Wintersemester immerhin noch zu 19 Erstausreisen und vier Zweitausreisen gekommen.[81] Aber die Berufsaussichten wurden noch trüber. Noch zwei Jahre zuvor wurden die Absolventen von der Schule weg engagiert. Danach erfolgte der wirtschaftliche Einbruch. Immerhin meinte Arning im August 1931 Anzeichen für eine Besserung bei einzelnen der überseeischen landwirtschaftlichen Erzeugnisse erkennen zu können. Ungeachtet dessen würden die Pflanzungsunternehmen nach wie vor Beschäftigte abbauen und kein neues Personal einstellen.[82]

Und auch die Absolventen, die sich im Ausland befanden, konnten ihren Nachfolgern kaum Hoffnung machen. Aus Südafrika schrieb Lothar Sittig,[83] den das Schicksal selbst stark gebeutelt hatte, dass die Aussichten in Transvaal nicht gut seien. Deutsche Arbeitskräfte seien zwar gefragt, aber wer sich ohne genügend Kapital als Farmer selbständig machen wolle, werde nur zur Vermehrung der »armen Weißen« beitragen.[84]

80 Vgl. Durchschrift eines Schreibens des Direktors der DKS an Elisabeth Zarnack (Mutter) vom 14.12.1931, in: ebd., SA Wolfgang Zarnack, unpag. Vgl. insgesamt zur dortigen Entwicklung: Suzanne Moon, Technology and Ethical Idealism. A History of Development in the Netherlands East Indies, Leiden 2007.

81 Vgl. Durchschrift eines Schreibens von Direktor Arning an den Geheimen Regierungsrat Georg Fritz (Vater) vom 19.3.1930, in: AD, SA Wolfgang Delfs-Fritz, Bl. 70-71. Zur Weltwirtschaftskrise vgl. aus der Fülle der einschlägigen Literatur bspw.: Jan-Otmar Hesse/Roman Köster/Werner Plumpe, Die Große Depression. Die Weltwirtschaftskrise 1929-1939, Frankfurt a.M. 2014.

82 Vgl. Schreiben von Friedrich Baumann (Vater) an Direktor Arnig vom 17.8.1931, in: AD, SA Konrad Baumann, Bl. 68; Durchschrift eines Schreibens von Direktor Arning an Friedrich Baumann vom 18.8.1931, in: ebd., Bl. 70; Durchschrift eines Schreibens von Direktor Arning an Konrad Baumann vom 11.6.1932, in: ebd., Bl. 74.

83 Vgl. seine autobiografischen Aufzeichnungen: Lothar Sittig, Miner: 1356, Nationalität: deutsch, Angehörige: keine. Tagebuch eines Deutschen in Afrika, Leipzig 1940.

84 Vgl. Briefe, in: DKP, 32 (1932) 1, S. 51-62 (Brief von Lothar Sittig aus Südafrika an die Kameraden vom 14.11.1931, S. 53-57, hier S. 53).

Mit Abdullah Karimjee, dem Inhaber einer großen ostafrikanischen Firma, traf sich Arning Anfang 1933 in Bad Kissingen, verbrachte einen Tag mit ihm und sorgte für die Aufnahme mehrerer Schüler. Karimjee sagte zu, weitere aufzunehmen, wollte aber den Besuch eines Mitarbeiters im nächsten Frühjahr in Witzenhausen abwarten. Er kam dann selbst nach Witzenhausen und Arning traf ihn noch einmal in Hamburg. Arning war sich sicher: »Ich glaube, daß, sobald die Verhältnisse sich einigermaßen günstiger gestaltet haben, für unsere jungen Kameraden daraus weitere gute Folgen gezeitigt werden dürften.«[85]

Image und Bedeutung der Schule

Wie entwickelte sich die Reputation der DKS in der Zeit der Weimarer Republik? Die Schule konnte nun auf mehr als zwanzig Jahre Ausbildung zurückblicken, und zahlreiche ihrer Absolventen hatten erfolgreich im Ausland gearbeitet. Sie waren und blieben der eigentliche Gradmesser bei der Beurteilung des Erfolgs bzw. Misserfolgs der Schule.

In dieser Hinsicht konnte ein in Südwestafrika tätiger Absolvent Erfreuliches berichten. Ein weiterer, recht erfolgreicher Ehemaliger hatte eine Farmwirtschaftsgesellschaft und einen Verband der Verwertungsvereinigungen gegründet, bei denen ehemalige Witzenhäuser die feste Stütze bildeten. Sie seien früher wenig geachtet gewesen, aber heute habe der Name Witzenhausen einen sehr viel besseren Klang im Land.[86]

Immer wieder tauchen allerdings Berichte von Absolventen auf, die negative Urteile über die Witzenhäuser kolportierten. In Kamerun hatte sich offensichtlich der Ruf der Kolonialschule bis zum Ende der Weimarer Republik noch nicht wieder gebessert. Ein Absolvent berichtete, dass alte Pflanzer ganz unbegründete Vorurteile gegen Kolonialschüler hegten. Der Vorwurf, den man am häufigsten höre, zieh sie der Besserwisserei und Arroganz, ohne jegliche Kenntnisse der Praxis mitzubringen. In der Tat galten offensichtlich für Viele dort die Kolonialschüler als großmäulig und angeberisch, vor allem gegenüber älteren, erfahrenen Kollegen.[87] In genau dieselbe Richtung zielten die Bemerkungen eines Absol-

85 Vgl. Schreiben von Direktor Arning an Rudolf Findeisen (Vater) vom 7.3.1933, in: AD, SA Ulrich Findeisen, Bl. 55-57 (Zitat Bl. 55). Zu Karimjee vgl.: Gijsbert Oonk, The Karimjee Jivanjee Family. Merchant Princes of East Africa 1800-2000, Amsterdam 2009. Eine Kurzbiografie zu Abdullah Mohamedali Karimjee findet sich auf S. 90ff.

86 Vgl. Schreiben von Alfred Breiting an Direktor Fabarius vom 5.8.1920, in: AD, SA Alfred Breiting, Bl. 90-92, hier Bl. 91.

87 Vgl. Schreiben von Walter Kettner an Direktor Arning vom 3.5.1929, in: ebd., SA Walter Kettner, unpag.; Schreiben von Heiko Arndt, Moliquo/Kamerun, an den

venten, der in Ostafrika tätig war. Auch dort eilte den Kolonialschülern der Ruf einer gewissen Großspurigkeit voraus.[88] Aus Südwestafrika berichtete ein Ehemaliger, er sei beinahe mit einem Herrn wegen Witzenhausen aneinandergeraten. Der Kontrahent warf den Witzenhäusern Arroganz vor, sie dächten, sie hätten die »Weisheit mit Löffeln gefressen«. Daraufhin sprang der Absolvent in die Bresche und wies diese allgemeine Behauptung vehement zurück. Auch er musste aber konzedieren, dass es einige Versager unter den Ehemaligen gegeben habe.[89]

Ebenfalls aus Südwestafrika schrieb ein anderer Absolvent, man sei auf die Kolonialschule dort im Allgemeinen nicht gut zu sprechen und hielte sie für eine überflüssige Einrichtung. Der vorherrschende Eindruck sei, dass einerseits der dortige Betrieb rückständig sei und andererseits die Studierenden anstatt wirklich etwas zu lernen, dort als ungelernte Landarbeiter ausgenutzt würden.[90] Bisweilen nahm die Kritik an den Kolonialschülern scharfe Formen an, wie bei einem Vorgesetzten in Tanganjika. Er beschwerte sich über einen Absolventen bei seiner Firma in Berlin. Ihm sei in den langen Jahrzehnten der kolonialen Tätigkeit wohl noch nie ein so wenig vorgebildeter Beamter oder Assistentenanwärter untergekommen. Er monierte fehlende Kenntnisse über Bakterien und Tropenkrankheiten ebenso Feldmessungsarbeiten und Kisuaheli. »Kurz, wo man nach den geringsten Anfängen einer fachlichen Ausbildung sucht, greift man ins Leere.«[91]

Im Urteil der deutschen Presse kam die Kolonialschule hingegen in der Regel gut weg. Ein Artikel der renommierten Frankfurter Zeitung würdigte die Schule mit warmen Worten; sie spiele seit 28 Jahren für die deutsche »Qualitätsauswanderung« eine weit über die Grenzen Deutschlands hinaus gewürdigte Rolle. Ihre Bedeutung liege in der guten Vorbereitung ihrer Schüler, die beste Vertreter deutscher Auswanderung darstellten und als solche für die anderen Deutschen

Verband Alter Herren der DKS vom 29.10.1932, in: ebd., SA Heiko Arndt, Bl. 66 (VS + RS).

88 Vgl. Schreiben von Direktor Arning an Reichsbahnoberrat von Strenge (Vater) vom 25.6.1930, in: ebd., SA Hans von Strenge, unpag. Das war die Antwort Arnings auf einen Brief von Hans von Strenge, den der Vater weitergeleitet hatte und den der Direktor zu seinen Geheimakten nehmen und nicht bekanntgeben wollte.

89 Vgl. Schreiben von Ludwig Fechter an Bindel vom 4.6.1926, in: ebd., SA Ludwig Fechter, Bl. 138-141, hier Bl. 140 (Zitat ebd.).

90 Vgl. Schreiben von Hans Meinberg an Dr. Winter vom 17.11.1927, in: ebd., SA Hans Meinberg unpag.

91 Vgl. Abschrift eines Schreibens von Udo von Katte an die Tungi-Estates Limited, Berlin, vom 10.6.1930, in: ebd., SA Gunter Lademann, unpag. (Zitat ebd.); Durchschrift eines Schreibens von Direktor Arning an Rechtsanwalt Paul Beyer vom 30.10.1930, in: ebd., unpag.

im Ausland Führer, Vorbild und Lehrer seien.[92] In der Fachliteratur gab es teilweise vorbehaltlose Zustimmung. Die DKS habe sich zu einer Anstalt entwickelt, »die von ähnlichen Einrichtungen alter Kolonialvölker nicht übertroffen« werde.[93]

Arning bemühte sich, in ein besseres Verhältnis zur DKG zu kommen, als es unter Direktor Fabarius der Fall war. Er selbst hatte ihr immer recht nahe gestanden und die Annäherung sollte dazu dienen, die Schule stärker im kolonialen Milieu zu verankern. Theodor Seitz, Präsident der DKG und ehemaliger Gouverneur von Kamerun und Deutsch-Südwestafrika, betonte die Wertschätzung, welche die DKS genieße und betonte, dass man den größten Wert darauf lege, wieder in nähere Beziehungen zur Kolonialschule zu treten.[94]

2. »Söhne ohne Väter und Lehrer«: Schüler bis 1933

Motivation

»Als kleines Kind spielte ich mit den leeren Zigarrenschachteln meines Vaters. Auf diesen waren immer die wunderbaren bunten Bilder mit Kokospalmen, Tabak und schwarzen und braunen Menschen. Indianer mit Federn auf dem Kopf. Für einen Jungen von 6 Jahren war das alles sehr faszinierend. Er wollte in die Länder gehen, wo diese Menschen lebten.« So beschreibt ein Kolonialschüler seine Motivation, die DKS zu besuchen. Zumindest bei ihm verfestigte sie sich im Laufe der Jugendzeit weiter. Nachdem er lesen konnte, schenkte ihm sein Vater ein Buch mit einem Bild eines weißen Mannes, gehüllt in Felle, dazu ein schwarzer Mann, nur mit einem Lendenschurz bekleidet. Er las diese Geschichte wieder und wieder – es war »Robinson Crusoe«. Er war beeindruckt von Robinson und seinem Freitag, die beiden wurden seine Helden. Er wollte später

92 Vgl. Die Deutsche Kolonialschule, in: Abendblatt der Frankfurter Zeitung vom 28.8.1926, zit. nach: PAA, R 67337, unpag. Und auch in populären Wochenzeitungen wurde das Beharrungsvermögen der DKS gelobt. Vgl. Alfred Eisenstaedt, Junge Pflanzer an der Werra, in: Neue Illustrierte Zeitung, 8 (1932) 49 vom 1.12.1932, in: StAW, Mappe DKS, unpag.

93 Otto Wohlfarth, Der Landwirt in den Tropen und Halbtropen, Berlin-Wilmersdorf 1921, S. 102.

94 Vgl. Schreiben von Arning an den Präsidenten der DKG, Gouverneur Seitz, vom 15.11.1927, in: BAB, R 8023, Nr. 982, Bl. 22-24; Abschrift eines Schreibens des Präsidenten der DKG an Arning vom 14.11.1927, in: ebd., Bl. 25.

auch an einem Ort leben wie Robinson mit seinem schwarzen Freund, ein Leben führen wie sie und alles selbst machen.[95]

Ein anderer begründete seine Berufswahl hingegen recht rational: Er wollte keinesfalls Beamter werden, sondern sein eigener Herr bleiben, am liebsten als Besitzer eines Guts. Da der Erwerb eines solchen nicht möglich schien, dachte er an eine Farm in Afrika. Für Afrika hatte er seit seiner Kindheit an durch die kolonialen Zeitschriften, die er bei den Großeltern lesen konnte, Interesse entwickelt. Lettow-Vorbeck und die Erzählungen seines Onkels, der selbst in Afrika gewesen war, taten ein Übriges. Er schrieb nach Witzenhausen und ließ sich Prospekt und Studienplan der DKS schicken. Die Lektüre begeisterte ihn, und er eröffnete seiner Mutter, nach Witzenhausen gehen und Tropenlandwirt werden zu wollen.[96]

Auf jeden Fall Landwirt wollte ein anderer Kolonialschüler werden, der viele Ferienaufenthalte auf der Domäne seines Onkels in Mecklenburg verbrachte. Diese Erfahrung hatte ihn, obwohl Stadtkind, so für diesen Beruf eingenommen, dass er vom 12. Lebensjahr an keinen Zweifel mehr an seinem Berufsziel hegte. Die Wirtschaftskrise machte es allerdings hoffnungslos, Arbeit in der Landwirtschaft zu finden. Da berichtete ihm ein Freund aus Witzenhausen, dass er dort tropische und subtropische Landwirtschaft studiere und mit Leib und Seele dabei sei. Sein Vater fuhr dann mit ihm nach Witzenhausen und sie besprachen sich mit Direktor Arning. Er war von allem sehr angetan und bat um Aufnahme.[97]

Etwas ironisch skizzierte eine weit verbreitete Wochenzeitung die gängigen Motive zum Besuch der DKS: »Die Geheimnisse der Dschungel, die Wunderwelt des Malaiischen Archipels, die Diamantfelder Südafrikas sind von jeher der Wunschtraum jedes richtigen, deutschen Jungen, dem der Wandertrieb seines Volkes im Blut sitzt. In seiner Vorstellung sieht er Löwenjagden, Kampf mit Menschenfressern und gefährliche Expeditionen in Ländern, die auf der Landkarte nur als weiße Flecke vermerkt sind. Die Wirklichkeit sieht freilich anders aus. Sie ist ganz und gar unromantisch und heißt – genau wie bei uns – Arbeit. In der Steppe Australiens und unter der Glutsonne Afrikas verschwinden die lockenden Phantasie-Gebilde. Sie machen der nüchternen Erkenntnis Platz, daß der europäische Pflanzer von 1932 sehr fleißig und energisch arbeiten muß, wenn er nicht verhungern und zugrundegehen will.«[98]

95 Vgl. Werner Voigt, 60 Jahre in Ost-Afrika. Memoiren eines Siedlers, Manuskript (gedruckt Ontario 1995), S. 2 (Zitat ebd.), in: DITSL-Bibliothek, Voigt-Memoiren.

96 Vgl. Fritz Bauer, Auszug aus dem Manuskript »Vita Fritz Bauer«, o.Dat., S. 84 (von Egon Schülke zur Verfügung gestellt).

97 Vgl. Hans-Jürgen von Hase, Studienjahre auf der Deutschen Kolonial-Hochschule Witzenhausen 1930-1932 und die folgenden 50 Berufsjahre 1933-1983, Manuskript vom Januar 1994, S. 1 (von Egon Schülke zur Verfügung gestellt).

98 P. Wiesner, Im Vorzimmer der Welt, in: Die grüne Post, Nr. 51 vom 18.12.1932, zit. nach: BAB, R 57 neu, Nr. 1038/1, unpag.

Hintergrund der Schüler

Bereits Ende 1918 – der Waffenstillstand war gerade einmal sechs Wochen alt – berichtete Fabarius über eine interessante Entwicklung: Die Anfragen stapelten sich bei ihm und er riet potenziellen Bewerbern, sich zu beeilen.[99] Hatte der Höchststand der Schülerzahl in der Vorkriegszeit im Wintersemester 1913/14 bei 96 gelegen, so gab es im Wintersemester 1919/20 mit 125 Rückmeldungen einen neuen Rekord. Der Anstieg sollte sich übrigens – trotz einiger Rückschläge – bis 1938 mit 170 Schülern fortsetzen.[100] Im Sommer 1925 hatte die Schülerzahl dann zum ersten Mal seit dem Ansturm nach dem Kriegsende mit 106 wieder die Grenze von 100 überschritten.[101] Auch Nachfolger Arning konnte im April 1930 von einem starken Andrang zur Kolonialschule berichten. Er sei mittlerweile so ausgeprägt, dass er sich, wenn er denn wollte, nur Söhne reicher Leute aussuchen könnte.[102]

Ein Absolvent aus dieser Zeit, er verließ die Schule im Herbst 1928, schilderte die Zusammensetzung der Gruppe im Nachhinein so: »Wie schon erwähnt, setzte sich die Studentenschaft aus nicht alltäglichen Typen und Charakteren zusammen. Der Adel war stark vertreten, darunter viele Balten. Ein paar Perser und Türken belebten die Gemeinschaft, die nur wenig Spiesser und Streber aufwies, um so mehr aber Luftikusse, Pfundskerle und tolle Hechte.«[103]

Während der Weimarer Republik besuchten 968 Schüler die DKS, darunter fünf Frauen. Ihr konfessioneller Hintergrund war mit 794 Schülern eindeutig evangelisch-lutherisch geprägt (82,0 %). Hinzu kamen noch sechs Evangelisch-reformierte. Die Zahl der Katholiken hatte sich mit 111 leicht auf 11,5 % erhöht. Beim Rest dominierten die Muslime mit 28.

667 Schüler wurden auf dem Gebiet der heutigen Bundesrepublik geboren, davon die meisten mit 128 (13,2 %) in Nordrhein-Westfalen, gefolgt von Sachsen mit 88 und Niedersachsen mit 66.

Bei den Geburtsorten im Ausland lag Polen mit 88 wieder weit vorne, gefolgt von Russland mit 19 und Frankreich mit zwölf. Auffällig ist wiederum das Nord-Süd-Gefälle sowie der hohe Anteil an Schülern aus den ehemaligen deutschen Ostgebieten. In dieser Zeit besuchten insgesamt 73 Ausländer die Schule; größere Gruppen kamen aus dem Iran (14) und der Türkei (12).

99 Vgl. Rundschreiben der DKS an Herrn Gestefeld (Vater) vom 27.12.1918, in: AD, SA Otto Gestefeld, Bl. 34.

100 Vgl. Djomo, Bildungsstätte, S. 167.

101 Vgl. Fabarius, Rückblick und Ausblick, in: DKP, 24/25 (1924/25) 4, S. 3-4.

102 Vgl. Schreiben von Direktor Arning an Kurt Weigelt vom 24.4.1930, in: AD, SA Gilbert Graf von Hoyos, Bl. 17.

103 Bauer, Vita, S. 89.

Das Eintrittsalter der Schüler lag im Durchschnitt bei 19,29 Jahren. Das Gros der Schüler wurde in der Dekade von 1900 bis 1910 geboren (600), 254 zwischen 1910 und 1920. Es waren also überwiegend Schüler aus der Kriegsjugendgeneration, die als eine Generation der Härte und Sachlichkeit beschrieben wird und die zu einer wichtigen Basis des Nationalsozialismus werden sollte. Die nach 1910 Geborenen gehören zur Nachkriegsgeneration, geprägt durch Revolution und Inflation. Peter Suhrkamp bezeichnete die jungen Menschen der Nachkriegszeit 1932 als eine Generation der »Söhne ohne Väter und Lehrer«.[104]

60 der Schüler kamen aus Familien, die zur Oberschicht zu zählen waren (6,2 %), 595 aus der Oberen Mittelschicht (61,5 %), 290 aus der Mittleren Mittelschicht (30,0 %), 18 aus der Unteren Mittelschicht und einer aus der Unterschicht. Bei den Herkunftsmilieus gab es gewisse Verschiebungen: Bei 184 Schülern waren die Väter im Bereich Handel und Banken tätig (19,0 %), dahinter folgte aber nun das agrarische Milieu mit 153 Schülern (15, 8 %), danach das akademische mit 147 Schülern (15,2 %), ein relevanter Teil der Schüler kam ferner mit 133 aus einem staatlich-bürokratischen Milieu (13,7 %).

Ein Gymnasium, Realgymnasium, Reform-Realgymnasium oder eine Oberrealschule hatten zuvor insgesamt 710 der Schüler besucht (73,3 %). Wiederum verfügten aber nur 211 von ihnen über das Abitur, hingegen 355 über die Obersekundareife und 48 hatten das Einjährigen-Zeugnis. Die Unterprimareife hatten 69, die nicht näher bezeichnete Primareife 38 und die Oberprimareife 30 Schüler. 524 Schüler hatten keine weitere berufliche Ausbildung absolviert (54,1 %). Eine landwirtschaftliche Ausbildung hatten immerhin 209, hinzu kamen 115 Eleven und Volontäre. Bei den übrigen Ausbildungen ragte mit 35 die kaufmännische heraus.

Immer noch 394 Schüler brachen die Schule vorzeitig ab (40,7 %). Davon lagen in der Weimarer Republik mit 62 jene vorne, die es aus familiären und finanziellen Gründen taten (immerhin 6,4 % der Gesamtschülerzahl). Gehäuft trat der Abgang aus finanziellen Schwierigkeiten natürlich in der Inflationszeit, speziell 1923, und in der Weltwirtschaftskrise 1929/30 auf.

Alltagsleben

Zur Situation direkt nach dem Krieg schrieb Massow von Prince: »Ich hatte nichts ausser der feldgrauen Uniform, so fuhr ich nach Witzenhausen. Aber auch dort gähnte die Armut aus allen Löchern. Mein Bruder Hasso, mit dem ich die Fahrt gemacht hatte, war in einen schäbigen Anzug gekleidet. Im Hörsaal sassen

104 Vgl. Peter Suhrkamp, Söhne ohne Väter und Lehrer. Die Situation der bürgerlichen Jugend, in: Die Neue Rundschau, 63 (1932) 1, S. 681-696.

mehr in feldgrau Uniformierte als in Zivil gekleidete.«[105] Abgesehen davon, handelte es sich nach 1918 um eine bunt zusammengewürfelte Schülerschaft aus älteren Kriegsteilnehmern, die ihr Studium beenden wollten und jüngeren, die gerade anfingen. Die Schülerzahlen stiegen rasch an. Geprägt war die Atmosphäre durch die Nachwirkungen der »Kriegspsychose« sowie eine selbstbewusste, auf Veränderungen und vor allem mehr Mitspracherechte drängende Schülerschaft.[106]

Die Schilderungen des Alltagslebens in der Kolonialschule durch ehemalige Studierende wirken häufig etwas verklärt bzw. verklärend, wie das bei Rückblicken allerdings bekanntlich nicht unüblich ist. Ein gutes Beispiel dafür bildet ein längerer Brief von Fritz Jung, der sich Ende 1967 zurückerinnerte. Da wurde Direktor Fabarius zum strengen guten »Alten«, der zwar den Studierenden ihre Fehler deutlich aufzeigte, das aber mit einem gewissen Witz. Als sie das Fundament der Kapelle im Innenhof ausschachteten, es zu regnen begann und sie sich ins Trockene begaben, war seine ebenfalls trockene Reaktion: »Meine Herren, Sie sind doch nicht aus Zucker! Ein zukünftiger Tropenmensch muß sich an den Regen gewöhnen! Hinaus mit Euch an die Arbeit!« Überhaupt war Fabarius – so Jung – gleichermaßen gefürchtet wie verehrt.[107]

In den Erinnerungen von Martin Schrader, der die Schule von 1925 bis 1928 besuchte, kam dem Sport eine besondere Bedeutung zu. Die Mitglieder seines Semesters hatten fast alle das Turn- und Sportabzeichen. Es gab verschiedene Abteilungen wie Leichtathletik, die Bootsgruppe, Tennisgruppe und die Möglichkeit zu fechten oder zu boxen. Abends konnte man seine Zeit unter anderem mit Billardspiel verbringen, wenn man sich nicht zum Dämmerschoppen im »König von Preußen« traf. Viele von den Schülern waren in den vaterländischen Verbänden wie dem Jungdeutschen Orden und dem Bund Wiking organisiert gewesen, wobei es häufiger zu Auseinandersetzungen mit Andersdenkenden kam.[108]

Vor dem Hörsaalbetrieb stand für die meisten die halb- bis einjährige Praktikantenzeit, die zumindest für jene unter den Praktikanten, die über gar keine landwirtschaftlichen Erfahrungen verfügten, sehr schwer und anstrengend gewesen sein muss. Fritz Bauer berichtete, dass ihr Dienst im Sommer um 6 Uhr begann, im Winter um 7 Uhr, das Wecken geschah eine Stunde vorher. Dann

105 Massow von Prince, Was war kommt nicht wieder, o.O. (Muden) o.Dat. (1982), S. 54.

106 Vgl. Rechenschaftsbericht der DKS über das zweiundzwanzigste Betriebsjahr (vom 1. April 1919 bis 31. März 1920), in: BAB, R 8023, Nr. 983, Bl. 53-62, hier Bl. 55.

107 Vgl. Brief von Fritz Jung, Jamaika, (an Gerhard Sontag vom 17.12.1967), in: Uu, Nr. 9, April 1968, S. 19-21 (Zitat S. 20).

108 Vgl. »Erinnerungen« von Martin Schrader vom November 1993, S. 1 ff. (Zitat S. 4) (von Egon Schülke zur Verfügung gestellt).

folgte das Antreten im malerischen Innenhof, über der Tür zum Refektorium mahnte ein in Stein gehauenes »Ora et labora«, Bete und arbeite. Wöchentlich wurden die Praktikanten einem bestimmten Betrieb zugeteilt. Es gab Landwirtschaft, das Vorwerk, Arbeitspferde, Kutschpferde, Ochsengespann, Schafstall, Wald, Gemüsebau, Baumschule, Gewächshaus, Schmiede, Stellmacherei, Tischlerei, Maurerei, Mühle, Bäckerei und je zwei Wochen für Kuhstall mit Schweinestall und Molkerei. Besonders gefürchtet war der Kuhstall; dort hatte man bereits um 4 Uhr zu erscheinen. Es standen zwei Bullen und etwa 40 Kühe im Stall, das Ausmisten und Füttern war mit harter körperlicher Arbeit verbunden, ebenso das Melken. Im Winter kam noch das Putzen der Kühe hinzu; zudem machte sich der Oberschweizer einen Spaß daraus, die Jungen aus der Stadt, für die das ungewohnte Arbeiten waren, zu veralbern.[109]

In der Weimarer Republik wurde das Alltagsleben an der Schule stark durch die gesamtwirtschaftliche Entwicklung geprägt. Besonders in der Phase der Inflation und dann seit Beginn der Weltwirtschaftskrise musste eine Reihe von Studierenden die Kolonialschule verlassen, weil ihre Eltern das Schulgeld nicht mehr aufbringen konnten.[110] Angesichts der Entwicklung bemühten sich einige Eltern noch intensiver um die Verkürzung der Praktikantenzeit bei ihren Söhnen bzw. um Ermäßigungen beim Lehr- und Pensionspreis.[111]

Interessanterweise blieb aber das zentrale Thema des Alltagslebens die Verpflegung der Schüler, in erster Linie das Mittagessen. Die Kritik führte häufig sogar zu kleinen kollektiven Aufständen. Nun mag es in der frühen Nachkriegszeit durchaus Engpässe bei der Lebensmittelversorgung gegeben haben, für die Folgejahre erscheint das, bei einem Betrieb, der über eigene Landwirtschaft, Molkerei etc. verfügte, weniger plausibel.

Ende 1919 schrieb ein besorgter Vater Direktor Fabarius, er müsse aus den Berichten seines Sohnes ersehen, dass die Ernährung auf der Schule recht knapp sei. Er habe seinen Sohn auf die Anstalt geschickt in der Erwartung, dass eine reichliche Verpflegung dort sichergestellt werde, da dies nicht der Fall sei, bat er um Auflösung des Vertrags. Die Antwort von Fabarius fiel harsch aus; er machte dem Vater umgekehrt den Vorwurf, er habe sich überhaupt nicht um die tatsäch-

109 Vgl. Bauer, Vita, S. 88f.

110 Vgl. Schreiben von Senta Birlbauer (Mutter) an Direktor Arning vom 2.10.1931, in: AD, SA Anton Birlbauer, Bl. 35. Parallel dazu war die Zahl der Neuanmeldungen zurückgegangen. Vgl. Durchschrift eines Schreibens von Arning an die Vorsitzenden des Kuratoriums und Aufsichtsrats der Deutschen Kolonialschule vom 27.3.1931, in: StAW, Ordner DKS, Aufsichtsrat, unpag.

111 Vgl. Schreiben von Constanze von Braunschweig (Mutter) an Direktor Arning vom 13.8.1932, in: AD, SA Fritz von Braunschweig, Bl. 31; Durchschrift eines Schreibens von Direktor Arning an Constanze von Braunschweig vom 16.8.1932, in: ebd., Bl. 32; Durchschrift eines Schreibens von Direktor Arning an Staatssekretär Dr. Brugger vom 24.11.1932, in: ebd., Bl. 43-44.

lichen Verhältnisse gekümmert. »Wenn Sie bei den Plänen für Ihren Sohn damit gerechnet haben, diesen dünnen, langaufgeschossenen und einen etwas verhungerten Eindruck machenden Sohn hier auf einem Gut herausfüttern zu lassen, so haben Sie allerdings falsch gerechnet.« Fabarius legte den Speisezettel der letzten Woche zur Demonstration bei sowie eine Aufstellung darüber, was nach den gesetzlichen Bestimmungen und der Lebensmittelverteilung in Witzenhausen einer einzelnen Person zustand.[112] Aber auch er musste in dieser Zeit teilweise Probleme bei der Verpflegung der Schüler einräumen. Es bestand nach seiner Meinung keine Aussicht, die Beköstigung in naher Zukunft zu verbessern. Im Gegenteil werde es angesichts der wirtschaftlichen Schwierigkeiten eher schlechter. Anfang 1920 führten die Versorgungsprobleme sogar zu der Erwägung, den Schulbetrieb unter Umständen zu schließen.[113]

Zu einem Eklat kam es im Februar 1923 als eine größere Anzahl an Schülern aus Protest gegen das Schulessen ein eigenes Abendessen im Hotel »Zum Löwen« veranstaltete, das nach Ansicht von Fabarius nicht nur Aufsehen erregte, sondern den Ruf der Kolonialschule schwer schädigte. In die gleiche Richtung ging die Nichtteilnahme vieler Schüler an der Morgenmahlzeit, die sich auf eigene Kosten selbst verpflegten und deren Anteil zeitweise bis auf 90 Prozent stieg.[114]

Ein exemplarischer Blick auf den Speisezettel für die letzte Aprilwoche 1927 zeigt, dass zumindest in dieser Zeit die Portionen sicherlich nicht zu gering waren; über die Auswahl der Gerichte lässt sich aus heutiger Sicht nur schwer urteilen, sie scheinen sich aber im Rahmen des damals Üblichen gehalten zu haben. Am Montag gab es zum Mittagessen Suppe, Schweinerippen, Äpfel, Kartoffeln (Kürbis), zum Abendessen Suppe, Pfannkuchen mit Obst. Am Dienstagmittag Suppe, Rouladen, Selleriesalat, Kartoffeln und am Abend Suppe, Bratkartoffeln, Schüsselsülze, Gurke. Am Mittwoch zum Mittagessen Suppe, Schweinebraten, Bohnen, Kartoffeln und kaltes Abendessen mit Tee. Am Donnerstagmittag Suppe, Fleischpfannkuchen und zum Abendessen Linsensuppe, Brot, Butter, Tee. Am Freitag gab es zum Mittagessen Suppe, Kalbsragout mit Reis, Kartoffeln und abends Suppe, Heringssalat. Am Samstagmittag Dicke Suppe, Speise und am Abend Suppe, Sauerkraut, Würstchen, Kartoffelbrei. Am Sonntagmittag wurden Suppe, Kalbsbraten, Salat, Kartoffeln, Speise serviert, kaltes Abendessen mit Kakao. Der Verpflegungsplan weist für das jeweilige Frühstück Kaffee,

112 Vgl. Schreiben von Carl Vahlensieck (Vater) an die Direktion der DKS vom 1.2.1919, in: ebd., SA Otto Vahlensieck, unpag.; Durchschrift eines Schreibens von Direktor Fabarius an Carl Vahlensieck vom 3.2.1919, in: ebd., unpag. (Zitat ebd.).

113 Vgl. Durchschrift eines Schreibens des Direktors der DKS an Franz Heinrich Witthoefft (Vater) vom 23.2.1920, in: ebd., SA Peter-Ernst Witthoefft, unpag.

114 Schreiben des Direktors der DKS an die Kammer der Kameradschaft Wilhelmshof vom 27.2.1923, in: StAM, 314/1, Nr. 75, unpag.

sechs Schnitten Brot mit Marmelade, Butter und Aufschnitt aus, für die Kaffeepause Kaffee mit drei Schnitten Brot (Marmelade), für das kalte Abendessen sechs Schnitten Brot, für das warme zwei bis drei Schnitten. Die Fleischportion betrug mittags: 150 Gramm (ohne Knochen), die Speckportion 100 Gramm, die Wurstportion 50 Gramm, bzw. 20 Gramm bei warmem Abendbrot.[115]

Trotzdem rissen die Auseinandersetzungen um die Verpflegung nicht ab. Den nächsten größeren Zwischenfall gab es im Sommer 1930. Am 2. August waren die Studierenden des 1. und 2. Semesters und auf deren Veranlassung sämtliche Praktikanten bis auf einen dem Mittagessen ferngeblieben. Grund war Kritik am Sonnabend-Mittagessen, das gewöhnlich nur aus einer dicken Suppe bestand, um das Küchenpersonal zu entlasten. An dem Sonnabendmittag nahmen mehrere ältere Absolventen aus Chile, welche die Schule besuchten, an dem Mittagessen teil. Sie erklärten, dass sie derart anspruchsvolle junge Leute, die ein solches Mittagessen als für sie nicht geeignet bezeichneten, nicht als Angestellte gebrauchen könnten.[116]

Noch schwieriger wurde es mit Sonderwünschen bei der Verpflegung. Ein Vater machte sich Sorgen, da die ganze Familie vegetarisch und tabak- und alkoholfrei lebte, sodass seinem Sohn eine etwa erforderliche Umstellung auf die übliche Fleischkost die größten inneren Schwierigkeiten bereiten würde. Arning glaubte nicht, dass die Wünsche bei der Hausdame auf Gegenliebe stoßen würden. Tabak- und alkoholfrei zu leben sei auf jeden Fall möglich und empfehlenswert – und angeblich von einigen Schülern praktiziert. Er hielt es darüber hinaus für unwahrscheinlich, dass die Ernährung nach Abzug des Fleisches für die geforderte harte Arbeit genügen würde. Außerdem sei es eine prinzipielle Frage, er könne nicht allen Sonderwünschen nachkommen. Das gelte auch für die sunnitischen und schiitischen Schüler, die auch mit dem Fleisch der jährlich etwa 40 selbst gemästeten und geschlachteten Schweine versorgt würden, selbst wenn ihnen deren Genuss zu Hause verboten sei. Hindus hätten sich ebenfalls damit abfinden müssen, wenn sie an der Schule bleiben wollten.[117]

115 Vgl. Speise-Zettel der DKS für die Woche vom 25. April bis 2. Mai 1927, aufgestellt am 21.4.1927, in: BAB, R 1501, Nr. 106046, Bl. 108.

116 Vgl. Durchschrift eines Schreibens von Direktor Arning an Reg.Rat Dinkelacker (Vater) vom 5.8.930, in: AD, SA Ottheinrich Dinkelacker, Bl. 73.

117 Vgl. Schreiben von Dr. Boehncke (Vater) an Direktor Arning vom 27.8.1929, in: ebd., SA Heinz Boehncke, Bl. 6; Durchschrift eines Schreibens von Direktor Arning an Dr. Boehncke vom 28.8.1929, in: ebd., Bl. 7. Heinz Boehncke blieb dann auch nur ein Jahr auf der Schule. Auch einem Vater, der einen speziellen Speisezettel eingereicht hatte, beschied Arning, dass es nicht möglich sei, auf solche Sonderwünsche einzugehen. Er schlug vor, der Schüler solle Frühstück und Abendbrot in der Anstalt einnehmen, weil man da eher auf seine Wünsche eingehen könne, das Mittagessen jedoch in einem nahe gelegenen Hotel zu sich nehmen. Vgl. Durchschrift eines Schreibens von Direktor Arning an Reg.Rat Merckle (Vater) vom 16.4.1932, in: ebd., SA Kurt Allmendinger, Bl. 61.

Konflikte

Kleinere Konflikte gab es allenthalben – bei der Menge an jungen Leuten kaum verwunderlich. So konnte es eine Geldstrafe setzen, wenn eine größere Zahl an Kolonialschülern nächtens lärmend durch die Straßen Witzenhausens zog, dabei die Nachtwächter hänselte und auch ansonsten allerlei groben Unfug verübte.[118] Dazu zählten auch die nächtlichen Ruhestörungen, bevorzugt auf der Werrabrücke inszeniert.[119] Mit zwei Wochen Stubenarrest belegt wurden Praktikanten, die einen Apfelbaum in einem privaten Garten geplündert hatten. Ihr Glück war wohl, dass sie nicht versuchten, die Sache zu leugnen. Deshalb ging es als Dummejungenstreich durch.[120] In eine ähnliche Richtung gingen die Überschreitungen der Polizeistunde bei Wirtshausbesuchen.[121]

Besonders spektakulär war der Fall des Kolonialschülers von Bethmann-Hollweg, der vom sozialdemokratischen Kasseler Volksblatt aufgegriffen wurde. Er hatte seine Abschlussprüfung bestanden und wollte nun zu seinem Vater in Kolumbien, der dort eine Farm betrieb. »Aber vor seiner Abreise mußte doch das Examen erst begossen und auch Abschied gefeiert werden. Und da die Kolonialschüler selbstverständlich sich zu den Hochschülern rechnen, muß das mit viel Bier vor sich gehen, wie überhaupt studentische Unsitten dieser Art zu den geselligen Gepflogenheiten der Schüler zählen, die dermaleinst berufen sind, Deutschtum im Auslande zu vertreten.« Die dabei veranstaltete »Nachtmusik« passte dem Polizeibeamten nicht, der daraufhin die Personalien des Haupttäters feststellen wollte. Dabei kam es zu einem Gerangel, bei dem von Bethmann-Hollweg den Beamten stieß und seinen Umhang wegriss. Das brachte ihm eine Anklage wegen Widerstands gegen die Staatsgewalt ein, die er laut Urteil des Amtsgerichts zu Kassel mit 5.000 Mark Geldstrafe büßen sollte. Die Geldstrafe wurde später herabgesetzt, weil die Verurteilung, die in erster Instanz gefällt worden war, juristisch unhaltbar erschien.[122]

Für einige Verärgerung sorgte ein Schüler bei Arning, der dessen Unterschrift auf Geschäftspapier gefälscht hatte und daraufhin entlassen worden war. Arning

118 Vgl. Abschrift einer Strafverfügung der Polizeiverwaltung vom 27.6.1926, in: ebd., SA Andreas von Hahn, Bl. 41.

119 Vgl. Ausfertigung einer Strafverfügung der Polizeiverwaltung Witzenhausen vom 21.6.1926, in: ebd., SA Georg-Dietlof von Arnim, Bl. 25.

120 Vgl. Aktenvermerk von Arning vom August 1928, in: ebd., SA Hanns Bagdahn, Bl. 70.

121 Vgl. Strafbefehl gegen Eduard Dehn vom 25.5.1929. in: ebd., SA Eduard Dehn, Bl. 29.

122 Vgl. Aus dem Gerichtssaal: Für fünftausend Mark Radau, in: Kasseler Volksblatt vom 19.12.1929, zit. nach: ebd., SA Wolfdietrich von Bethmann-Hollweg, Bl. 63 (Zitat ebd.).

betonte, dass die DKS solche Personen nicht in ihren Reihen dulden und ihnen auch kein Abgangszeugnis verleihen dürfe.[123]

Eignung der Schüler

Insgesamt diente die Probezeit, die jeder Neueintretende zu durchlaufen hatte, dazu, um »unsolide, wenig eifrige, verwöhnte, sowie körperlich zu wenig leistungsfähige und daher für die Kolonialwirtschaft ungeeignete Elemente möglichst rechtzeitig wieder ausscheiden zu können«. Bei den Praktikanten erfüllte das Praktikantenjahr diese Funktion, bei denen, die sofort als Studierende eintraten, galt das erste Semester als Probezeit, die jedoch im Zweifelsfall verlängert werden konnte. Falls der Betreffende sich nach Meinung der Schulleitung nicht eignete, hatte der Direktor das Recht, ihn während oder am Ende der Probezeit ohne Angabe von Einzelgründen zu entlassen.[124] Insbesondere die Praktikantenzeit galt als eine besonders anstrengende Lehrzeit, die eine entsprechende ernste Dienstauffassung und unbedingte Pflichterfüllung erforderte. Deshalb fielen ungünstige Urteile der Betriebsleiter hier noch schwerer ins Gewicht und führten zur Entlassung.[125] In weniger gravierenden Fällen wurde die Probezeit um ein halbes Jahr verlängert, wenn es zwar Kritik und Beanstandungen der Betriebsleiter gab, zumindest aber die Arbeitswilligkeit vorhanden war.[126]

Bei einigen Studierenden hegte die Schulleitung generelle Zweifel an ihrer Eignung für den Besuch der Schule bzw. für den späteren Beruf des Koloniallandwirts. Diese Zweifel konnten sich auf die körperliche, intellektuelle oder charakterliche Eignung beziehen, wobei die Grenzen oftmals fließend waren. So schlug Fabarius die Bitte nach Urlaub bei einem erkälteten Schüler ab. »Wohin sollte das führen, wenn junge Männer, die ins Ausland gehen wollen, bei jeder Gelegenheit, wenn sie irgendwo der Schuh drückt, sofort nach Hause zu Muttern eilen könnten. Das gäbe ein für die koloniale Arbeit unbrauchbares Geschlecht.«[127]

123 Vgl. Durchschrift eines Rundschreibens von Arning an die Mitglieder des Kuratoriums vom 10.6.1930, in: StAW, Ordner DKS, Aufsichtsrat, unpag.

124 Vgl. Lehr- und Anstaltsplan der DKS 1931, S. 8 (Zitat ebd.), zit. nach AD, Ordner Lehr- und Anstaltspläne 1906-1941.

125 Vgl. Durchschrift eines Schreibens von Direktor Fabarius an Polizeipräsident von Alten (Vater) vom 14.9.1926, in: ebd., SA Konrad von Alten, Bl. 37; Durchschrift eines Schreibens von Direktor Fabarius an Polizeipräsident von Alten vom 12.3.1927, in: ebd., Bl. 58 (Zitat ebd.).

126 Vgl. Durchschrift eines Schreibens von Direktor Fabarius an Rittergutsbesitzer von Arnim (Vater) vom 2.10.1926, in: ebd., SA Georg-Dietlof von Arnim, Bl. 30.

127 Vgl. Durchschrift eines Schreibens des Direktors der DKS an Frau Bremer (Mutter) vom 22.3.1926, in: ebd., SA Richard Bremer, Bl. 19.

Schwieriger lag der Fall bei einem Schüler, der unter Enuresis (Bettnässen) litt. Er hatte sich ansonsten als sehr tüchtig und fleißig erwiesen und Arning wollte ihn an der Schule halten, das sei aber nur möglich, wenn er von seinem Leiden geheilt werde, denn man könne nur ganz gesunde junge Leute in der Anstalt brauchen und später in das Ausland entsenden.[128] Selbstverständlich waren Hypochonder nicht gerne gesehen. Die Neigung zur Kränklichkeit galt als Makel. Ein Praktikant, der nur drei Wochen auf der Schule blieb und dann ausgewiesen wurde, hatte eine Woche im Bett gelegen. Grund war eine angebliche leichte Halsentzündung. Die Hausdame stellte nur eine leichte Rötung fest. Fabarius fand ihn wohlauf. Er gab an, sein Onkel, der Arzt sei, habe ihm geraten, vorsichtig zu sein, damit ihm nicht mal die Mandeln herausgeschnitten werden müssten. »Ich habe ihm darauf geantwortet, er wäre doch kein kleines Mädchen und wir wären kein Mädchenpensionat, eine derartige schlappe Haltung passe nicht für uns.«[129]

Die psychische Geeignetheit konnte auf eher harmlose Weise beeinträchtigt sein, wenn sich zum Beispiel der Schüler einfach nicht wohlfühlte, eventuell unter Heimweh litt. So hatte sich ein Schüler in der ersten Woche noch gut gemacht, einen frischen Eindruck hinterlassen, nach einem ihm nicht genehmen Einzeldienst sich jedoch eine Handentzündung zugezogen. Danach behauptete er, sich nicht einleben zu können. Fabarius vermutete, dass »die Erinnerung an die heimatlichen Verhältnisse zu stark in den Vordergrund« trat.[130] Gefährlicher wurde die psychische Disposition bei dem spektakulären Fall eines Selbstmords: Der Schüler hatte sich in den ersten zwei Wochen auf der Schule durch sein Verhalten ein Verfahren vor dem Ehrengericht zugezogen und sollte der Anstalt verwiesen werden. Einen Tag später erschoss er sich mit einem Revolver im Garten der Schule. Der Vater antwortete auf das Kondolenzschreiben von Fabarius in seinem an die »Missleitung« der Kolonialschule adressierten Brief mit wüsten Beschimpfungen (»salbungsvolle Heuchlerphrasen«, »schmähliche Pfaffenrhetorik«, »jesuitische Tücken Ihrer Mucker-Erziehungsanstalt« etc.) und Drohungen gegen Fabarius, auf den nach seiner Meinung die Waffe seines Sohnes eher hätte gerichtet sein sollen.[131]

128 Vgl. Durchschrift eines Schreibens von Direktor Arning an Hermann Kiessling (Vater) vom 7.6.1930, in: ebd., SA Kurt Kiessling, Bl. 23; Durchschrift eines Schreibens von Direktor Arning an Gartenamtmann Hermann Kiessling vom 17.7.1931, in: ebd., Bl. 41.

129 Vgl. Durchschrift eines Schreibens des Direktors der DKS an Helena Bach (Mutter) vom 25.6.1924, in: ebd., SA Wilhelm Bach, Bl. 5 VS+RS (Zitat Bl. 5 VS).

130 Vgl. Durchschrift eines Schreibens des Direktors der DKS an Theodor Amsinck (Vater) vom 21.11.1920, in: ebd., SA Rudolph Amsinck, Bl. 22 (Zitat ebd.).

131 Vgl. Durchschrift eines Schreibens von Direktor Fabarius an Hermann Kunkel (Vater) vom 3.11.1922, in: ebd., SA Waldemar Kunkel, unpag.; Schreiben von Her-

Offensichtlich eine psychische Störung hatte ein Schüler, dem Arning »verwunderliche Anschauungen« attestierte. Der Gipfel für den Direktor war erreicht, als er seine jugendlichen Pickel im Gesicht auf Unreinlichkeit in der Küche zurückführen wollte, was der herbeigerufene Dr. Buchinger natürlich bestritt. Arning betrachtete seine »Verstörtheit« als »krankhafte Einbildung« und riet der Mutter, ihn in ihre Obhut zu nehmen und einer Behandlung »ausserhalb jeder Arbeit und Erregung« zuzuführen.[132]

Im Fokus standen, ganz im Sinne des von der DKS propagierten Gedankens, als Sieb zu fungieren, die charakterlichen Mängel. Bereits im Lehr- und Anstaltsplan von 1920 verwies die Schule darauf, nicht geeignet zu sein für junge Leute mit haltlosem Charakter, deren Erziehung schon vor ihrem Eintritt hier Schwierigkeiten gemacht hätten.[133] Zu den charakterlichen Mängeln zählte unter anderem mangelnde Autoritätsgläubigkeit, oft gepaart mit einem eher freieren Lebensstil. So etwa bei einem Schüler, der – neben den allfälligen Kneipereien – auch noch eine Jazz-Kapelle gegründet hatte, die entgegen dem Willen der Direktion öffentlich auftrat. Fabarius riet daraufhin, den Sohn von der Schule zu nehmen, auf eine Empfehlung für den Kolonialdienst könne er nicht mehr rechnen, weil er sich immer wieder als allzu schwierig und »direktionslos« erwiesen habe.[134]

Über intellektuelle Mängel bzw. solche in der schulischen Vorbereitung mochte die Schulleitung eher hinwegsehen – vor allem bei Auslandsdeutschen. Rudolf Findeisen bat als alter Kolonialschüler um Aufnahme seines Sohnes an der DKS. Dessen schulische und sonstige Bildung, so räumte er selbst ein, habe gelitten durch den Wechsel nach Südwestafrika und dann zurück nach Ostafrika. Der Sohn wurde selbstverständlich angenommen.[135] Ein anderer, in Deutsch-Ostafrika geborener Schüler, kam nun aus der Türkei und hätte aufgrund seiner praktischen Vorbildung gleich in den Hörsaal rücken können, verblieb aber bei den Praktikanten. Arning beließ ihn dort, da seine theoretische Vorbildung nicht den Anforderungen entsprach, was man bei Auslandsdeutschen als einen entschuldbaren Mangel auffasste. Vor allem aber müsse man, wie Arning es aus-

mann Kunkel an die Missleitung der DKS vom 15.11.1922, in: ebd., unpag. (Zitate ebd.).

132 Vgl. Durchschrift eines Schreibens von Direktor Arning an Frau Anders (Mutter) vom 14.6.1929, in: ebd., SA Hans Helmut Anders, Bl. 60 (Zitat ebd.); Durchschrift eines Schreibens von Direktor Arning an Frau Anders vom 28.6.1929, in: ebd., Bl. 62 (Zitate ebd.); Durchschrift eines Schreibens von Direktor Arning an Frau Anders vom 28.6.1929, in: ebd., Bl. 65.

133 Vgl. Lehr- und Anstaltsplan der DKS vom Sommer 1920, in: ebd., AHV, Ordner Lehr- und Anstaltspläne 1906-1941, unpag.

134 Vgl. Durchschrift eines Schreibens von Direktor Fabarius an Frau Weska von Schoeller (Mutter) vom 30.8.1926, in: ebd., SA Axel von Schoeller, unpag.

135 Vgl. Schreiben von Rudolf Findeisen (Vater) an Direktor Arning vom 7.7.1931, in: ebd., SA Ulrich Findeisen, Bl. 2-3.

drückte, sein zivilisatorisches Verhalten den allgemeinen deutschen und insbesondere den Verhältnissen der DKS anpassen, ehe er sich unter den Studierenden in gleichberechtigter Form bewegen könne. Über diese Defizite hinaus, haperte es auch mit der deutschen Sprache, in der er ganz außerordentlich zurückgeblieben war.[136]

Autorität, Disziplin und Dienstauffassung

Probleme der Schüler mit der Disziplin bzw. der Unterordnung unter die Autorität der Dienstleiter, Betriebsleiter und Dozenten traten oft in Verbindung mit einer mangelnden Dienstauffassung oder anderen Formen nicht tolerierten Verhaltens auf.

Am letzten Semestertag des Wintersemesters 1931/32 gab es einen Arbeitsstreik, an dem sich auch das abgehende vierte Semester beteiligte. Das wurde von Arning als ein grobes Vergehen gegen die Disziplin gewertet, sodass er die Teilnehmer nicht für Stellungen empfehlen mochte, weil er befürchten müsse, dass sie sich auch später zu Unbotmäßigkeiten hinreißen lassen könnten.[137]

Ein heikler Fall von Verstoß gegen die Disziplin und gegen die Autorität eines Vorgesetzten, wurde im Juni 1932 vor dem Studentengericht verhandelt. Ein Schüler hatte seinen Gruppenführer, ebenfalls einen Studierenden, nach einer Auseinandersetzung während des Arbeitsdienstes geschlagen. Es war aber unbestritten, dass der Gruppenführer seinen Untergebenen gereizt hatte, bis dieser die Beherrschung verlor. Zwar liege ein grober Verstoß gegen Zucht und Ordnung der Schule vor, der schwer zu rügen und zu bestrafen sei. Aufgrund der Disziplinarordnung konnte – zum Leidwesen des Studentengerichts – nur eine sehr scharfe Rüge erteilt werden.[138]

Wie bei den meisten anderen Konflikten, handelte es sich auch bei der mangelnden Dienstauffassung häufig um einen von mehreren Kritikpunkten. So bei einem Schüler, der die Diplomprüfung nicht bestand und außerdem versuchte, sich durch eine bewusste Täuschung einen Vorteil in der Beurteilung zu verschaffen. Gleichzeitig entsprach er aber eben auch den Anforderungen an eine strenge Dienstauffassung sowie an die Gesamthaltung nicht und erhielt deshalb kein Diplom der Kolonialschule.[139]

136 Vgl. Durchschrift eines Schreibens von Direktor Arning an Karl Bechert (Vater) vom 9.5.1932, in: ebd., SA Benno Bechert, Bl. 10; Durchschrift eines Schreibens von Direktor Arning an Karl Bechert vom 15.11.1932, in: ebd., Bl. 39-41.

137 Vgl. Durchschrift eines Schreibens von Direktor Arning an Else Schütte (Mutter) vom 21.3.1932, in: ebd., SA Erich Schütte, unpag.

138 Vgl. Abschrift eines Urteils des Studentengerichts vom 27.6.1932, in: ebd., SA Hans Ahlfeld, Bl. 44.

139 Vgl. Durchschrift eines Schreibens des Studiendirektors der DKS an Hermann Bongartz vom 22.3.1921, in: ebd., SA Hermann Bongartz, Bl. 88.

Dass es sich bei der Kritik an der Dienstauffassung um einen Sammelbegriff gehandelt hat, zeigt auch das Beispiel eines Schülers, der mehrfach Anlass zu dienstlichem Tadel gab, einmal, weil er sich während der Arbeit den Weisungen des Betriebsleiters nicht fügte und das nächste Mal, weil er sich vor dem Dienst überhaupt gedrückt hatte. Den folgenden Tag hatte er sich – ohne ordnungsmäßige Krankmeldung – mit angeblichen Kopf- und Bauchschmerzen zu Bett gelegt. Der gerufene Arzt konnte nichts von Bedeutung finden. Dann stand er auf, um sich im Speisesaal Essen geben zu lassen, weil ihm die Krankenkost angeblich nicht genügte. Hinterher blieb er dem Nachmittagsdienst fern. Aus all diesen kleinen Einzelheiten entnahm Fabarius, dass es ihm an der nötigen ernsten Dienstauffassung fehlte.[140]

Dazu gehörte auch ein häufiger beobachtetes arrogantes Benehmen, wie bei einem Schüler, dem Fabarius vorwarf, »sich hochgestochen und selbstbewusst über den eigentlichen Zweck seiner hiesigen Berufsausbildung anscheinend erhaben zu fühlen«, dafür aber Nebensächlichkeiten, wie dem Sport, eher Bedeutung beizumessen.[141] Bei einem anderen Schüler fassten die Betriebsleiter ein ähnliches Auftreten kurz und bündig so zusammen: »Faul, einseitig interessiert, hält wissenschaftliche Vorträge den anderen Kollegen und stellt lieber andere an, statt selbst praktisch zu arbeiten; oberflächlich, nicht fleissig; (Kolonialschule anders einrichten), geht der praktischen Arbeit aus dem Wege; Pfeife nicht aus dem Mund.«[142] Die Pfeife im Mund verweist auf eine häufig kritisierte lässige bis laxe Haltung. Explizit formuliert bei einem Schüler, der vorzeitig abgehen musste, weil er eine derartige Lässigkeit in seinem Verhalten zur Schau trug, dass Arning, wie er meinte, die letzten Bande der Disziplin lockern müsste, wenn er eine Persönlichkeit mit einem derartigen Benehmen an der Schule behalten wollte.[143]

Einen ernsten Mangel an der richtigen Dienstauffassung warf Arning einem Schüler vor, der auf die Beendigung einer Arbeit gepocht hatte, weil es Zeit für das Mittagessen war. Obwohl nur noch ein kleines Stück an Arbeit zu tun war, brachte er seine Klage in einem Ton vor, der den Betriebsleiter bewog, ihn wegzuschicken. Arning attestierte ihm, er habe »eine höchst eigenartige Auffassung über Arbeitsverpflichtung bei dieser Gelegenheit gezeigt«. Schließlich seien die jungen Leute nicht an der Schule, »damit sie wie der aus einer Gewerkschaft

140 Vgl. Durchschrift eines Schreibens von Direktor Fabarius an Generaldirektor Alfermann (Vater) vom 4.6.1924, in: ebd., SA Rolf Alfermann, Bl. 13.

141 Vgl. Durchschrift eines Schreibens von Direktor Fabarius an Polizeipräsident z.D. von Alten (Vater) vom 11.8.1926, in: ebd., SA Konrad von Alten, Bl. 23.

142 Notiz von der Betriebsleiterbesprechung vom 17.3.1927, in: ebd., SA Eberhard Würth von Würthenau, unpag.

143 Vgl. Durchschrift eines Schreibens des Direktors der DKS an Hans Quaet-Faslem (Vater) vom 17.3.1931, in: ebd., SA Georg Quaet-Faslem, unpag.

stammende Arbeiter nur eine ganz bestimmte Arbeitsverpflichtung erledigen, sondern wir verlangen und erwarten, den freien Willen zur Arbeit«.[144]

Ehre, Kameradschaft, Diebstähle

Fragen der Kameradschaft und der Ehre spielten in der Schule nach wie vor eine große Rolle, vor allem kurz nach dem Krieg. Bereits 1919 erfolgte die Ausweisung eines Schülers, der nur vier Monate auf der Kolonialschule verblieb. Er hatte sich zwar auch antisemitisch geäußert und mit Juden geschlagen, ausschlaggebend für die Ausweisung war aber ein anderer Umstand: Der Schüler hatte einen Gegenstand aus dem Schrank seines Stubenkameraden entwendet und versucht, sich einem anderen in »unnatürlicher Weise zu nähern«.[145]

Zuständig für solche Fälle war die Ehrengerichtsbarkeit der DKS, der jeder Studierende und die Praktikanten unterstanden. Gegenstand der studentischen Ehrengerichtsbarkeit sollte in erster Linie die Beurteilung der Frage sein, ob sich der Studierende durch sein Verhalten in und außerhalb der Hochschule der Achtung würdig zeigte, die sein Beruf erforderte. Sie wurde ausgeübt durch den Ehrenrat, eine Ehrenzuchtkammer und die Ehrenschiedskammer. Den Ehrenrat bildeten zwei Dozenten oder alte Kameraden und drei Studenten.[146] Einen sehr speziellen Fall verhandelte dieser Ehrenrat im November 1920. Der später prominente Schüler Richard Walther Darré, der bereits vor dem Krieg auf der Schule gewesen war und danach zurückkehrte, hatte einen Ehrenwortbruch begangen. Darré war nach seiner Rückkehr Mitglied des AStA, sehr aktiv bei den Reformbemühungen und im Sommersemester 1920 Studentenältester gewesen.[147] Er hatte von einem Kommilitonen erfahren, dass dieser das uneheliche Kind eines Fürsten Pless sei und dieses Geheimnis, auf das nicht zu verraten er sein Ehrenwort gegeben hatte, in einer Kneipe unter Alkoholeinfluss ausgeplaudert.[148] Der Ehren-

144 Vgl. Durchschrift eines Schreibens von Direktor Arning an Adolf Eugen Boemcke (Vater) vom 4.5.1932, in: ebd., SA Walter Boemcke, Bl. 56-57 (Zitate Bl. 56).

145 Vgl. Durchschrift eines Schreibens von Direktor Fabarius an Prof. Grosse (Vater) vom 3.9.1919, in: ebd., SA Justus Grosse, Bl. 31; Beschluß des Ausschusses der Kameradschaft Wilhelmshof vom 1.9.1919, in: ebd., Bl. 32 (Zitat ebd.); Durchschrift eines Schreibens von Direktor Fabarius an Prof. Grosse vom 13.10.1919, in: ebd., Bl. 42.

146 Vgl. Verfassung der Kameradschaft Wilhelmshof an der Deutschen Kolonial-Hochschule für In- und Auslandssiedlung, Witzenhausen 1920, S. 25.

147 Vgl. Abschrift eines Schreibens der Hauptgeschäftsstelle Göttingen der Vertretung der DSt an die DKS vom 8.6.1920, in: BAB, R 8023, Nr. 983, Bl. 83-86; Denkschrift des AStA an der DKS vom 17.7.1920, in: AD, Akte Hochschulangelegenheit, unpag.

148 Vgl. Schreiben von Walther Darré an Direktor Fabarius vom 8.9.1920, in: ebd., SA Walther Darré, unpag.; Schreiben von Paul Hager an Direktor Fabarius vom November 1920, in: ebd., SA Paul Hager, Bl 115.

rat beschloss in einer Sitzung vom 25. November 1920 die Ausweisung von Darré, der kurz vor seinem Diplom stand.[149] Er verließ die Kolonialschule also ohne Abschluss,[150] studierte später aber erfolgreich Landwirtschaft an der Universität Halle und verfolgte jahrelang seine Rehabilitierung sowie die nachträgliche Verleihung des Diploms.[151] Nachdem er durch mehrere völkische landwirtschaftliche Schriften aufgefallen war und im agrarpolitischen Apparat der NSDAP Karriere gemacht hatte, rehabilitierte ihn die Schule 1929 und verlieh ihn 1930 »nachträglich in Würdigung seiner wissenschaftlichen Leistungen« das Diplom; seiner Bitte um Aufnahme in den Altherrenverband wurde ebenfalls entsprochen.[152]

Auch die Ausgrenzung und Drangsalierung von Außenseitern – heute würde man von Mobbing sprechen – gehörte zu der »Kameradschaft«. Nach nur drei Monaten verließ ein auslandsdeutscher Praktikant die Anstalt bereits wieder, weil er sich bei seinen früheren Peinigern Genugtuung hatte verschaffen wollen. Daraus entstand laut Fabarius »eine neue Hetze« und dann eine Prügelei, die seine Stellung sehr erschwerte. Die ihm feindlichen Kameraden forderten ihn auf, die Anstalt zu verlassen, was er ohne Rücksprache mit der Schulleitung tat.[153]

Wahrscheinlich mehr über den Rassismus des Direktors als über den an der Schule vorherrschenden Ehrbegriff sagt ein Vorfall mit einem aus Ostafrika stammenden farbigen Hausdiener aus, in den mindestens zwei Schüler verwickelt waren. Bei einer »Besichtigung« der Unterkunftsräume der Hausdiener kam zutage, dass der farbige Hausdiener Geschäfte mit Schülern machte, ihnen Kleidungsstücke verkaufte, ihre Kleidung instand hielt, was aus Sicht von Arning »unbedingt unzulässig« war. Besonders verwerflich fand dieser, dass er einigen früheren Praktikanten Geld geliehen hatte. Arning konnte sich über-

149 Vgl. Durchschrift eines Schreibens von Adolph von Duisburg an die Direktion der DKS vom 27.10.1928, in: ebd., SA Walther Darré, unpag.

150 Eine zeitgenössische Darstellung behauptete, er sei mit Diplom abgegangen, und auch in der renommierten Neuen Deutschen Biographie findet man diese Darstellung. Vgl. Hermann Reischle, Der Bauernführer R. Walther Darré, in: DKP, 33 (1933) 1, S. 37-42, hier S. 38; Heinz Haushofer, Artikel Richard Darré, in: NDB, Bd. 3, Berlin 1957, S. 517.

151 Vgl. Schreiben von Walther Darré an Direktor Fabarius vom 8.10.1925, in: AD, SA Walther Darré, unpag.

152 Vgl. Feldmann, Nachrichten des Verbandes Alter Herren, in: DKP, 30 (1930) 2, S. 29-35, hier S. 32. Das Diplom wurde mit Datum vom 1.5.1930 ausgestellt. Vgl. Diplomzeugnis, in: AD, SA Walther Darré, unpag.

153 Vgl. Durchschrift eines Schreibens des Direktors der DKS an August Becker (Pflegevater) vom 10.7.1924, in: ebd., SA Walter Töpke, unpag. (Zitat ebd.).

haupt nicht vorstellen, wie man »einen Farbigen anpumpen kann«, zumal einen Hausdiener, der das Essen aufträgt.[154]

Ein weiterer Schüler duzte sich mit den Hausdienern, wichtiger war in diesem Fall aber wohl, dass er sich von seinen Mitschülern zurückzog. Diese versuchten ihn, wie Arning es eher freundlich formulierte, zu erziehen, ihm seine angeblich unmännlichen Eigenschaften abzugewöhnen. Konkret war darunter zum Beispiel zu verstehen, dass er häufiger nachts mit Wasser übergossen wurde, angeblich, weil er eine Abneigung gegen das Baden hatte.[155] Neben den notorischen Außenseitern galt die besondere Abneigung der Kameradschaft denjenigen, die andere bestahlen. Ein Schüler hatte das Englischbuch eines Kameraden entwendet und dieses zunächst hartnäckig geleugnet. Er hatte außerdem über längere Zeit das Rad eines weiteren Kameraden unbefugterweise benutzt. Die Kommilitonen seines Semesters waren nicht gewillt, »derartige Schüler als Kameraden bezeichnen zu müssen«. Die gesamte Kameradschaft rückte von ihm ab, der Vorstand der Studentenschaft hielt ihn für »charakterlich den Anforderungen der Kolonialhochschule nicht gewachsen« und empfahl, seinen Abgang zu veranlassen.[156]

Alkohol

Alkoholmissbrauch war und blieb ein großes Thema in der Schülerschaft – wohl, weil andere Rauschmittel nicht zur Debatte standen. Jedenfalls gibt es keine entsprechenden Berichte darüber. Außerdem gehörte der Gang in Gaststätten, die in einem weitaus stärkeren Maße als heute Orte der Freizeitgestaltung und der Kommunikation waren, ohnehin zum sozialen Leben der Schüler.

154 Vgl. Durchschrift eines Schreibens von Direktor Arning an Prof. W. Scholtz (Vater) vom 12.2.1930, in: ebd., SA Rudolf Scholtz, unpag. (Zitate ebd.); Schreiben von Prof. Scholtz an Direktor Arning vom 15.2.1930, in: ebd., unpag.; Durchschrift eines Schreibens von Direktor Arning an Prof. Scholtz vom 17.2.1930, in: ebd., unpag. (Zitat ebd.). Ein weiterer Schüler wurde wegen desselben Umstands sofort von der Anstalt verwiesen. Vgl. Durchschrift eines Schreibens von Direktor Arning an Major a.D. von Bültzingslöwen (Vater) vom 13.2.1930, in: AD, SA Wulff von Bültzingslöwen, Bl. 43-44; Durchschrift eines Schreibens von Direktor Arning an Major a.D. von Bültzingslöwen vom 7.4.1930, in: ebd., Bl. 65-67 (Zitat Bl. 65 f.).

155 Vgl. Schreiben der DKS (Winter?) an Prof. Dr. O. Schmidt (Vater) vom 24.3.1931, in: ebd., SA Otto-Georg Schmidt, unpag.

156 Vgl. Schreiben des Vorstands der DSt an der Kolonialhochschule Witzenhausen an Direktor Arning vom 12.11.1932 (im Anhang: Tatsachenbestandsbericht an die Kammer einer verehrlichen Kameradschaft »Wilhelmshof« von Ernst Fuchs, Beauftragter des 2. Semesters), in: ebd., SA Ernst Meinicke, unpag.

Die betrunkenen Schüler sorgten in ihrem Zustand auch ansonsten häufig für Ärger und Aufsehen. So waren zwei Praktikanten, die sich in einer Gaststätte von einem Göttinger Kaufmann freihalten ließen, so betrunken, dass sie nacheinander aus dem Lokal flogen. In ihrem stark angetrunkenen Zustand verursachten sie ruhestörenden Lärm. Die Polizei bat Fabarius um die Festsetzung einer empfindlichen Geldstrafe. Der eine Schüler sollte daraufhin ausgewiesen werden, weil er zudem Hausarrest gehabt hatte. Bei ihm befürchtete Fabarius angesichts seines »direktionslosen Verhaltens«, er werde auf die Dauer den Ansprüchen der Schule an Charakterfestigkeit und Selbstzucht nicht stark genug genügen.[157]

Die »Direktionslosigkeit« und vor allen Dingen die Vorliebe für den Alkohol kritisierte Fabarius auch bei einem Schüler in der Probezeit. Er erschien nachmittags gegen 18 Uhr schwer betrunken in der Vorlesung von Justizrat Driessen. Seine Entfernung aus der Vorlesung war kaum möglich, sodass man ihn schlafend darin beließ. Vor der Vorlesung hatte er sich mit einem anderen Kameraden, den er zur Kneiperei und Trunkenheit verführt hatte, auffällig singend und johlend auf der Straße gezeigt und sich flegelhaft gegenüber älteren Damen benommen. Konsequenz war die sofortige Ausweisung.[158]

Bei einem Schüler, der nur knapp an der Relegation vorbeigeschrammt war, bat dessen Vater um Aufklärung darüber. Fabarius schilderte ihm, dass sich sein Sohn in einer Streiterei nicht einwandfrei verhalten habe, was das Ehrengericht nicht dulden konnte. Fabarius war bereits eine Woche vor der Verhandlung genötigt, den Sohn darauf hinzuweisen, dass er »gewisse Manieren landwirtschaftlicher Verwalter und die Vorliebe für Alkohol mit der Wirkung häufiger Trunkenheit zu unterlassen habe«, weil sonst seine Probezeit nicht anerkannt würde. Sein Freund, mit dem er bis spät in die Nacht hinein zechte, wurde unmittelbar nach der Ehrengerichtsverhandlung aus der Anstalt ausgewiesen, »weil er in erneuter Trunkenheit sich auf der Strasse und in der Vorlesung aufs äusserste unziemlich benommen hatte«.[159]

Auch die Feste der DKS waren naturgemäß ein Anlass für manche Schüler, in exzessiver Weise dem Alkohol zuzusprechen. Auf dem Winterfest 1928 hatte sich ein Schüler infolge reichlichen Alkoholgenusses auffällig benommen. Er war auf einen Wink Arnings hin von Kameraden aufgefordert worden, sich auf

157 Vgl. Abschrift einer Anzeige des Polizeiassistenten Landshöft vom 15.2.1926, in: ebd., SA Richard Carnier, Bl. 27; Durchschrift eines Schreibens von Direktor Fabarius an Josef Carnier vom 23.2.1926, in: ebd., Bl. 28.

158 Vgl. Durchschrift eines Schreibens von Direktor Fabarius an Reinhard Hartwig (Vater) vom 3.2.1927, in: ebd., SA Oskar Hartwig, Bl. 22; Durchschrift eines Schreibens von Direktor Fabarius an Reinhard Hartwig vom 7.2.1927, in: ebd., Bl. 25-26.

159 Vgl. Durchschrift eines Schreibens des Direktors der DKS an Richard Ahles (Vater) vom 11.2.1927, in: ebd., SA Albert Ahles, unpag. (Zitate ebd.).

sein Zimmer zurückzuziehen, erschien dann aber nach kurzer Zeit wieder und benahm sich »haltlos«. Nachdem er wiederum zum Verlassen des Festes aufgefordert worden war, kam er dann mit einer Dame, die er als seine Braut vorstellte, zurück zu Arning und beschwerte sich, dass die Dame durch dessen Verhalten bloßgestellt worden sei. Arning entschuldigte sich, bestand aber darauf, dass der Schüler das Fest verließ. Er wollte die Sache nicht weiterverfolgen. Sie hatte aber ein Nachspiel mit einer Verhandlung vor dem Studenten- und dem Berufungsgericht. Das Urteil lautete auf Verweis. Dem Schüler wurde daraufhin der Abgang nahegelegt, und er ging.[160]

Die Schule war bei den Alkoholeskapaden ihrer Zöglinge immer in berechtigter Sorge um das eigene Image in der Witzenhäuser Bevölkerung. Bei den oftmals völlig betrunkenen Schülern war die Reaktion häufig so, dass die Bewohner es als typisch für die Kolonialschule ansahen. In solchen Fällen ahndete die Kammer das Verhalten streng, wie bei einem Schüler, der bei einem Fackelzug komplett betrunken war und sich erbrach. Er sollte mit sofortiger Wirkung von der Anstalt verwiesen werden, da die Schule »als Erziehungsinstitut für derartige Elemente zu schade« sei.[161] Dass solche Vorkommnisse der Bevölkerung nicht gefielen, dokumentierte die Semesterzeitung für die nach dem Wintersemester 1930/31 Abgehenden. Sie trug den bezeichnenden Untertitel »Konservativ-demokratisch-faschistisches Kampfblatt für die Nachtruhe der Witzenhäuser Bürger« und auch ein »Veranstaltungshinweis« sprach Bände: »Der Verein für Heimkrach und Stillsuff ›Rotkäppchen‹ wird vollzählig erscheinen.«[162]

Sexualität

Das Thema »Frauen« blieb aktuell – in einer fast reinen Männerinstitution wenig verwunderlich. Es hat den Anschein, dass sein Stellenwert allerdings sank. Daraus aber zu schließen, es habe eine im Vergleich zum Kaiserreich liberalere Einstellung geherrscht, scheint mir übertrieben.

Um einen eher atypischen und zudem etwas seltsam anmutenden Fall handelte es sich bei einem Schüler, dem ein Witzenhäuser Fabrikdirektor den Verkehr mit seiner Tochter verbot. Er bezog sich dabei auf Äußerungen eines dortigen Polizeioberwachtmeisters. Fabarius stellte sich auf die Seite des Schülers, bezeichnete die Äußerungen des Polizisten als »verleumderische Ausstreuun-

160 Vgl. Schreiben von Direktor Arning an Herrn Scheffler (Vater) vom 16.2.1928, in: ebd., SA Werner Scheffler, unpag.

161 Vgl. Abschrift eines Schreibens des Vorstands der DSt an der Kolonialhochschule Witzenhausen an Direktor Arning vom 12.8.1929, in: ebd., SA Hans Behn, Bl. 59 (Zitat ebd.).

162 Witzenhäuser Intelligenzblatt, o.Dat. (Ende 1930), in: ebd., SA Helmuth Aschenbrenner, Bl. 128-133, hier Bl. 128 und Bl. 133.

gen«, die jeder Grundlage entbehrten, vollständig aus der Luft gegriffen seien und gegen die man im Klagewege vorgehen wolle. Die Verleumdungen des Mannes beruhten auf seiner Voreingenommenheit gegen die Kolonialschüler, »die ihm anscheinend hier von judenfreundlicher Seite eingetrichtert« worden sei.[163]

Schon typischer war da der Fall eines Dienstmädchens der DKS, das in der Frauenklinik Marburg ein Kind zur Welt brachte. Als Vater des Kindes gab sie einen Kolonialschüler an, der aber zu diesem Zeitpunkt schon nicht mehr die Schule besuchte. Fabarius wies darauf hin, dass sich das Dienstmädchen mit mehreren Männern eingelassen habe und dass es, als ihr Lebenswandel bekannt geworden war, entlassen wurde.[164]

Der Zwischenfall bei dem Winterfest der DKS wurde oben bereits beschrieben. Auch dort zeichnete sich das schwierige und belastete Verhältnis der Schulleitung zu Frauen ab, obwohl sich Arning zunächst sogar entschuldigte, nachdem der Schüler seine weibliche Begleitung als seine Braut vorstellte. Das »ungebührliche Verhalten« gegenüber seiner Braut war dann aber einer der Hauptgründe für den Verweis des Schülers aus der Anstalt.[165]

Der Studentenälteste teilte in einem anderen Fall dem Direktor mit, er habe gerüchteweise gehört, dass ein Schüler über mehrere Tage Damenbesuch gehabt haben solle und mit der Dame auf einem Zimmer in einer Gastwirtschaft in Bischhausen nächtigte. Unter Zeugen gab der Schüler den Damenbesuch zu, behauptete aber, es habe sich um seine Cousine gehandelt, mit der er sich verloben wolle. Er habe mit ihr in einem Zimmer übernachtet, was nach Ansicht des Stu-

163 Vgl. Schreiben von Direktor Fabarius an Direktor Ernst Filter (Vater) vom 9.2.1920, in: ebd., SA Wilhelm Filter, Bl. 49 (Zitat ebd.). Die Vermutung eines antisemitischen Hintergrunds bei dem Schüler liegt allerdings nahe, da er von einem Kommilitonen dem Reichshammerbund zugeordnet wurde. Vgl. Goldene Worte zur Beherzigung und Erinnerung von Paul Hager, 1920, in: ebd., SA Paul Hager, unpag. Der Reichshammerbund war eine von Theodor Fritsch 1912 gegründete völkische und antisemitische Sammlungsbewegung. Vgl. Michael Bönisch, Die »Hammer«-Bewegung, in: Uwe Puschner/Walter Schmitz/Justus H. Ulbricht (Hg.), Handbuch zur »Völkischen Bewegung« 1870-1918, München u.a. 1996, S. 314-365.

164 Vgl. Schreiben der Amtsvormundschaft des Jugendamts der Stadt Marburg an die Direktion der DKS vom 23.4.1926, in: AD, SA Erwin Schmidt, unpag.; Durchschrift eines Schreibens des Direktors der DKS an die Amtsvormundschaft des Jugendamts der Stadt Marburg vom 24.4.1926, in: ebd., unpag.

165 Vgl. Durchschrift eines Schreibens von Direktor Arning an Herrn Scheffler (Vater) vom 16.2.1928, in: ebd., SA Werner Scheffler, unpag.; Durchschrift des Urteils des Berufungsgericht in der Klagesache gegen Herrn Werner Scheffler vom 6.3.1928, in: ebd., unpag.

dentenältesten den »Ruf der Dame und was noch bedeutend schlimmer ist, den Ruf der Deutschen Kolonialschule« schädige.[166]

Ein anderer Schüler wurde von der Anstalt verwiesen, weil er eine Beziehung mit einem Dienstmädchen der Schule eingegangen war. Das war strengstens verboten; hinzu kam, dass das Mädchen in der Folge einen erfolglosen Selbstmordversuch unternahm und sich die Pulsadern aufschnitt.[167]

Politisierung

Im Vergleich zum Kaiserreich gewann ein Konfliktfeld, analog zur gesamtgesellschaftlichen Entwicklung, rapide an Bedeutung: das der Politik.[168] In der Kolonialschule bedeutete es zunächst, dass die aus dem Krieg zurückkehrenden Studierenden, die das Gros in den ersten Nachkriegssemestern stellten, sich, geprägt durch ihre Kriegserfahrungen, stärker in den schulischen Angelegenheiten engagierten. Eine der Galionsfiguren dieser politisierten Studentengeneration war der schon mehrfach erwähnte Richard Walther Darré. Er war auch der Hauptinitiator einer Denkschrift des AStA der DKS, die an verschiedene Reichsministerien geschickt wurde. Darin setzten sich die Studierenden für eine Gleichstellung der Studiensemester der DKS mit denen der Landwirtschaftlichen Hochschulen ein und pochten auf vergleichbare Strukturen.[169]

Unter den Schülern zeigten sich früh antisemitische Tendenzen. Einer von ihnen war im September 1919 »infolge einer sehr ungeschickten und taktlose Formen annehmenden Agitation gegen die Juden in eine schwere Hauerei verwickelt«, außerdem mit Sturmhaube und Revolver bewaffnet spät nachts auf die Straße geeilt, um sich an den Beleidigern zu rächen. Der Schüler wurde ausgewiesen.[170] Dieser Antisemitismus der frühen Weimarer Jahre wird auch an der Semesterzeitung eines abgehenden Schülers deutlich. In einem darin abgedruckten Gedicht hieß es: »Ein Antisemit, das ist er auch. Denn jeder zeitgemäße

166 Vgl. Schreiben des Kameradschafts-Ältesten, Hans Berg, an den Direktor Arning vom 17.3.1930, in: ebd., Konvolut Studentenangelegenheiten, Mappe Studentengericht, unpag.; Protokoll der Rücksprache des Ältesten mit von Guilleaume vom 17.3.1930, in: ebd., unpag.; Schreiben des Anklageausschusses an das Studentengericht vom 18.3.1930, in: ebd., unpag.

167 Vgl. Durchschrift eines Schreibens von Direktor Arning an Gertrud Faehre (Mutter) vom 3.10.1930, in: ebd., SA Hans Faehre, unpag.

168 Vgl. Wolfgang R. Krabbe, Kritische Anhänger – unbequeme Störer. Studien zur Politisierung deutscher Jugendlicher im 20. Jahrhundert, Berlin 2010, S. 25ff.

169 Vgl. Schreiben der Vertretung der DSt an das Reichsministerium des Äußeren vom 8.6.1920 (im Anhang: Denkschrift des AStA der DKS), in: PAA, R 67335, unpag.

170 Vgl. Durchschrift eines Schreibens von Direktor Fabarius an Prof. Grosse (Vater) vom 3.9.1919, in: AD, SA Justus Grosse, Bl. 31 (Zitat ebd.); Durchschrift eines Schreibens von Direktor Fabarius an Prof. Grosse vom 13.10.1919, in: ebd., Bl. 42.

Brauch Findet im Herrn Leutenant Eine liebende Freundeshand.« Es finden sich darin auch Hinweise auf zwei Mitglieder des antisemitischen Reichshammerbunds unter den Schülern, auf allgemeinen Antisemitismus, Rassenhygiene etc. sowie jede Menge Hakenkreuze.[171]

Der wachsende Antisemitismus bildete auch den Hintergrund für den Fall eines Schülers, der von seinen Kameraden angefeindet wurde. Was zunächst wie übliches Mobbing aussah, entpuppte sich später als antisemitisch motivierte Attacken: Einer seiner Kameraden hatte kurz nach seinem Eintritt in die DKS die Behauptung aufgestellt, der Schüler sei ein Jude, mindestens habe er jüdisches Blut in sich. Seitdem wurde er verhöhnt und verspottet, keiner seiner Kameraden wollte mit ihm verkehren. Arbeitete er zu eifrig, so hieß es »Sie mit ihrer jüdischen Hast!« – arbeitete er langsam, so sagte man »Sie denken zu oft an Jerusalem!«. Seine persönlichen Utensilien wurden mit Hakenkreuzen beschmiert, ebenso sein Platz im Hörsaal, wo ihm außerdem ein Sowjetstern draufgemalt wurde. Nachdem Fabarius in seiner Vorlesung »auf die üblen Gewohnheiten der jüdischen Rasse markant hingewiesen« hatte, drehten plötzlich alle Hörer die Köpfe und richteten ihre Blicke auf den besagten Schüler.[172]

1921 erschütterte der Auftritt von Ludwig Christian Haeusser, auch Louis Haeusser genannt, Wanderprediger und einer der sogenannten »Inflationsheiligen«, Schülerschaft und Schule. Haeusser predigte innere Einkehr und Selbstreinigung.[173] Ein Schüler, der bereits länger mit ihm in Verbindung stand, hatte ihn zu einem Vortrag in den Räumlichkeiten der Anstalt eingeladen. Fabarius ließ die Veranstaltung zu, weil er fürchtete, ein Verbot würde »die verhetzte, irregeleitete oder misstrauische Jugend das für ein Zeichen der Schwäche unserer Stellung und aus Angst vor der Wahrheit ausgelegt worden sein; während wir umgekehrt die Absicht hatten, den Mann in seiner Widerwertigkeit zu entlarven«.[174] Das gelang wohl nicht ganz; mehrere Schüler schlossen sich offensichtlich der Bewegung an und wurden »Jünger« von Haeusser.[175]

171 Goldene Worte zur Beherzigung und Erinnerung von Paul Hager, 1920, in: ebd., SA Paul Hager, unpag.

172 Vgl. Schreiben von Herrn Ernst Schüssler (Vater) an Direktor Fabarius vom 25.11.1923, in: ebd., SA Günther Schüssler, unpag. (Zitate ebd.); Durchschrift eines Schreibens von Direktor Fabarius an Ernst Schüssler vom 29.11.1923, unpag. (Zitate ebd.).

173 Vgl. zu Haeusser: Ulrich Linse, Barfüßige Propheten. Erlöser der zwanziger Jahre, Berlin 1983, S. 156ff.; Eduard Gugenberger, Boten der Apokalypse. Visionäre und Vollstrecker des Dritten Reichs, Wien 2002, S. 45ff.

174 Vgl. Durchschrift eines Schreibens von Direktor Fabarius an Polizeioberwachtmeister M. Gleisberg (Vater) vom 15.4.1921, in: AD, SA Erich Gleisberg, Bl. 52 (Zitat ebd.).

175 Vgl. Durchschrift eines Schreibens von Direktor Fabarius an Sanitätsrat Dr. Gmelin (Vater) vom 26.1.1921, in: ebd., SA Konrad Gmelin, Bl. 33.

Die nationale Einstellung der Schülerschaft wurde nicht zuletzt in der Kampagne gegen den (jüdischen) Philosophen und Journalisten Theodor Lessing deutlich. Lessing hatte eine für die nationalen Kreise verdammungswürdige Charakterstudie über Hindenburg verfasst, seine Hannoveraner Studenten hatten dagegen gewalttätig protestiert und zehn von ihnen waren daraufhin relegiert worden. Am 15. Juni 1926 stellten sich die Schüler und Dozenten der DKS geschlossen hinter die Studentenschaft der Technischen Hochschule Hannover und forderten die Entfernung von Professor Lessing sowie die Zurücknahme der Relegationen.[176]

Ein Vorfall, der zunächst als Schülerstreich begann, dann aber politische Dimensionen annahm, schlug hohe Wellen: Am Sonntag, den 24. Juli 1927 waren insgesamt fünf Kolonialschüler randalierend und lärmend durch die Brückenstraße gezogen, versuchten über das Geländer der Werrabrücke zu laufen etc. Dann kam es aber zu einem Zusammenstoß mit einer Gruppe der Arbeiterjugend aus Kassel, der in einer Prügelei endete.[177] Das sozialdemokratische Kasseler Volksblatt griff den Vorfall auf. Die Beschuldigten – von der Zeitung als »Rowdies« tituliert – hätten einen Jugendlichen blutig geschlagen und sich stolz als Kolonialschüler präsentiert. »Also Menschen, die sonst immer Bildung und Anstand in Erbpacht haben. Aber bei diesen Burschen scheint auf diesem Gebiete ebenfalls Inflation zu sein, sodass ihre Bildung und Anstand vollkommen vernichtet sind.«[178] Das Protokoll der Witzenhäuser Polizei war dann schon detaillierter und aussagekräftiger. Demnach war an dem Sonntag ein Wandervogeltrupp mit schwarzer Fahne, auf der zwei Fäuste und ein zerbrochenes Gewehr abgebildet waren, die Internationale singend durch Witzenhausen zum Bahnhof gezogen. Auf dem Marktplatz begegneten sie einigen Schülern, von denen einer aus der Gruppe heraustrat und mit dem Finger an den Kopf zeigte. Von den Wandervögeln ging einer auf ihn zu. Welcher der beiden dann zuerst angriff, blieb aufgrund unterschiedlicher Aussagen unklar, auf jeden Fall beteiligte sich

176 Vgl. Schreiben des Vorstandes der Studentenschaft der Kolonialhochschule Wilhelmshof an den Vorstand der DSt vom 16.6.1926, in: BAB, R 129, Nr. 169, unpag. Vgl. zum »Fall Lessing«: Helmut Heiber, Universität unterm Hakenkreuz, T. 1, München 1991, S. 54ff.; Julius H. Schoeps, Der ungeliebte Außenseiter. Zum Leben und Werk des Philosophen und Schriftstellers Theodor Lessing, in: Walter Grab/Julius H. Schoeps (Hg.), Juden in der Weimarer Republik, Tel Aviv 1984, S. 200-217; Anette Schröder, Vom Nationalismus zum Nationalsozialismus. Die Studenten der Technischen Hochschule Hannover von 1925 bis 1938, Hannover 2003, S. 38ff.

177 Vgl. Abschrift des Polizeiprotokolls vom 25.7.1927, in: AD, SA Georg-Dietlof von Arnim, Bl. 50-52; Abschrift eines Schreibens des Bürgermeisters von Witzenhausen an die Deutsche Kolonialschule vom 28.7.1927, in: ebd., Bl. 46-48.

178 Vgl. Rowdies, in: Kasseler Volksblatt vom 26.7.1927, zit. nach: ebd., Bl. 53-54 (Zitat Bl. 53).

ein weiterer Kolonialschüler an der folgenden Schlägerei. Diese beiden wurden dann in Schutzhaft genommen, da ihnen ein Teil der »kommunistischen Arbeiterschaft« Prügel angedroht hatte. Der Haupttäter, Dietrich-Werner Graf von Hardenberg, wurde ausgewiesen; der zweite Kolonialschüler, Wolfdietrich von Bethmann-Hollweg, zunächst auch, dann wurde ihm von Fabarius eine Bewährungsfrist für das Wintersemester eingeräumt.[179] Die kommunistische Neue Arbeiterzeitung hatte drei Tage nach dem Vorfall mit einem Plakatanschlag in Witzenhausen noch einmal nachgelegt. Die Schüler der Deutschen Kolonialschule hätten durch den Verrat, der an der Wiener Arbeiterschaft verübt wurde [gemeint war die blutige Niederschlagung der Julirevolte 1927, K.L.], gelernt, dass man auch in Deutschland Arbeiter ungestraft misshandeln könne. Diese »faschistische Bande« rotte sich jeden Sonntag zusammen, um friedliche Arbeiter zu überfallen. Bereits am 17. Juli sei eine Gruppe der Sozialistischen Arbeiterjugend geschlagen worden. Eine Woche später »hatten diese Herren, die auf Kaffern und Kulies [sic!] dressiert werden, wieder einen Tropenkoller«. Sie hätten sich verabredet und gezielt auf eine kleinere Gruppe der Sozialistischen Arbeiterjugend gestürzt. Der Anschlag endete mit dem Aufruf: »Reiht Euch ein in die Rote Front des Proletariats und schickt die Burschen, wenn sie frech werden, so nach Hause, wie früher die Arbeiter von Witzenhausen die Göttinger Studenten nach Hause geschickt haben!!«[180]

In der Krise der DSt im Winter 1928, wurde die vormals staatlich anerkannte Organisation und alleinige Vertretung der deutschen Studenten nach Ablehnung des Studentenrechtsentwurfs als staatsfeindlich betrachtet. Ein neuer, republikanischer Deutscher Studentenverband gründete sich, mit dem die Vertretung der DKS aber keine gemeinsame Basis finden konnte. Der Vorsitzende des AStA plädierte für eine weitere Unterstützung der Deutschen Studentenschaft: »Wir als Mitglied der D.St. müssen nun das Unsrige tun, um das Werk, das die zurückgekehrte Frontgeneration geschaffen hat, aufrechtzuerhalten. Allein der Gedanke, einer nationalen Sache zu dienen, sollte uns genügen, dieser Organisation weiter treu zu bleiben.«[181] Sprach das für eine antirepublikanische Einstellung der Studierenden, so deutete die Tatsache, dass viele dem Jungdeutschen Orden angehörten und dessen Tageszeitung Der Jungdeutsche lesen wollten, die trotz

179 Vgl. Protokoll der Polizei Witzenhausen vom 9.8.1927, in: ebd., Akte Ministerium für Landwirtschaft – Regierungspräsident in Kassel, unpag.; Schreiben von Direktor Fabarius an den Reg.-Präs. in Kassel vom 15.9.1927, in: ebd., unpag. (Zitate ebd.).

180 Vgl. Anschlag der Neuen Arbeiterzeitung vom 27. Juli 1927 zu Witzenhausen, in: ebd., SA Wolfdietrich von Bethmann-Hollweg, Bl. 26 (Zitat ebd.).

181 Vgl. Paul Wegener, Aus der Kameradschaft Wilhelmshof. Semesterbericht über das S.-S. 28, in: DKP, 28 (1928) 2, S. 120-121 (Zitat S. 120). Zu Wegener vgl.: Herbert Schwarzwälder, Das Große Bremen-Lexikon, Bd. 2: L-Z, Bremen 2003 (2. Aufl.), S. 957-958.

freier Belieferung nicht im Lesezimmer auslag, auf deren völkisch-nationale Gesinnung hin.[182]

Neben der NSDAP war es vor allem der Stahlhelm, der die Schüler anzog. In einem Bericht über die Lage des Stahlhelms in Kassel und Kurhessen vom November 1929 wurden die Schüler der DKS besonders hervorgehoben.[183] Einer von ihnen, der später als Politiker der rechten Turnhallenallianz in Namibia Karriere machen sollte, Hans-Jürgen von Hase, wurde zeitweilig der Anstalt verwiesen, weil er nachts mit anderen Kameraden Wehrübungen veranstaltet hatte, bei denen die Gruppe von der Polizei beobachtet und festgenommen worden war.[184] Von Hase berichtete später, dass der Stahlhelm 60 Mitglieder an der DKS gehabt habe. Es sei zu »blutigen Keilereien« mit Kommunisten gekommen sowie zu verbotenen Nachtgeländeübungen. Deswegen sei er zeitweise von der Schule geworfen, nach Intervention von Theodor Duesterberg, dem Vorsitzenden des Stahlhelms, später aber wieder aufgenommen worden.[185]

Die enge Verbindung vieler Studierender zum Stahlhelm zeigte sich auch darin, dass eine vier Mann starke »Wehrsportgruppe« aus Witzenhausen 1932 an den »Wehrsportkämpfen« in Naumburg a.d.S. sehr erfolgreich teilnahm. Die Preise überreichte Bundesführer Franz Seldte »seinen Witzenhäuser Buschnegern«. Er gab mehrfach »seiner Freude darüber Ausdruck, daß gerade seine zukünftigen Auslandsvertreter so ausgezeichnet abgeschnitten hätten«.[186]

182 Vgl. Schreiben des Nachrichtenwarts des Jungdeutschen Ordens an den Oberpräsidenten der Provinz Hessen-Nassau vom 12.6.1929, in: StAM, 150, Nr. 1494, Bl. 282; Entwurf eines Antwortschreibens des Oberpräsidenten an den Jungdeutschen Orden vom 21.6.1929, in: ebd., Bl. 283. Vgl. zum Jungdeutschen Orden: Clifton Ganyard, Artur Mahraun and the Young German Order. An alternative to National Socialism in Weimar political culture, Lewiston u.a. 2008; Alexander Kessler, Der Jungdeutsche Orden auf dem Wege zur Deutschen Staatspartei (1928-1930), München 1980.

183 Vgl. Bericht des Gauführers von Buch »Die Lage des Stahlhelms in Kassel und Kurhessen« vom 25.11.1929, in: BAB, R 72, Nr. 76, Bl. 118-121, hier Bl. 119f.

184 Vgl. Durchschrift eines Schreibens von Direktor Arning an Min.Dir. Dammann vom 10.11.1931, in: AD, SA Hans-Jürgen von Hase, Bl. 69. Zum Stahlhelm vgl.: Joachim Tautz, Militaristische Jugendpolitik in der Weimarer Republik. Die Jugendorganisationen des Stahlhelm, Bund der Frontsoldaten: Jungstahlhelm und Scharnhorst, Bund deutscher Jungmannen, Regensburg 1998; Volker R. Berghahn, Der Stahlhelm. Bund der Frontsoldaten 1918-1935, Düsseldorf 1966; Anke Hoffstadt, Frontgemeinschaft? Der »Stahlhelm. Bund der Frontsoldaten« und der Nationalsozialismus, in: Gerd Krumeich (Hg.), Nationalsozialismus und Erster Weltkrieg, Essen 2010, S. 191-206.

185 Vgl. Hans Jürgen von Hase, Der Kalahari abgerungen. Mein Leben in Namibia als Farmeleve – Karakulzüchter – Politiker, Windhoek 2006, S. 22.

186 Vgl. Bericht über die 3. Reichsführertagung des Stahlhelm-Studentenbundes »Langemark«, in: DKP, 32 (1932) 1, S. 75-76 (Zitate S. 76).

Einen Einblick in die Situation an der Schule zu Ende des Jahres 1931 gibt ein Brief Arnings an einen ehemaligen Kolonialschüler: Die Schüler seien sämtlich ausgesprochen national eingestellt, darunter befänden sich Nationalsozialisten, viele Stahlhelmer usw. »Wir sitzen hier sozusagen auf einem Pulverfaß, und insbesondere sitze ich in der D.K.S. auf einem solchen in verkleinertem Maßstabe.«[187] Mit dem Ende des Wintersemesters kulminierte die Situation an der Kolonialschule. Dies passiere regelmäßig, wie Arning anmerkte, weil das enge Zusammensein so vieler mit »latenter Dynamik« besonders geladener junger Leute zu irgendeiner Entladung führe. Der Umstand, dass Arning den Antrag, den Völkischen Beobachter auszulegen, ablehnte, hatte die Lage ebenso verschärft, wie der Beschluss des Kuratoriums, den Schülern das Tragen von politischen Abzeichen im Bereich der Schule sowie in der Stadt zu verbieten. Ein Schüler beleidigte die Frau des Lehrers der israelitischen Schule durch die Bemerkung »hier riecht's nach Knoblauch«. Der Schüler wurde ausgewiesen, die Kameradschaft protestierte gegen das aus ihrer Sicht brüskierende Vorgehen Arnings und verweigerte den Dienst.[188]

Arning wollte nach eigenen Aussagen den Schülern nicht hinterherspionieren und ihnen auch eine gewisse politische Betätigung nicht verbieten. Problematisch wurde es für ihn in dem Augenblick, wenn diese Betätigung ihr Studium behinderte und das Missfallen der Behörden erweckte, die über die staatlichen Zuschüsse für die Kolonialschule zu entscheiden hätten.[189]

Die Nazifizierung der Schülerschaft

Spektakulärstes Beispiel für die Nazifizierung der Kolonialschüler während der Weimarer Republik sowie für den an der DKS grassierenden Antisemitismus war zweifellos die sogenannte »Judenschlacht« von Wendershausen, bei der am 4./5. August 1931 Schüler die Mitglieder eines jüdischen Wanderbunds im nahe gelegenen Wendershausen überfielen. Die Anfänge dieser Entwicklung reichten aber zweifellos viel weiter zurück: Die von Direktor Fabarius seit Gründung der

187 Vgl. Durchschrift eines Schreibens von Direktor Arning an Wilhelm Schwarze vom 20.11.1931, in: AD, SA Wilhelm Schwarze, unpag. (Zitat ebd.).

188 Vgl. Aktennotiz von Arning zu den Vorgängen vom 15.3.1932, in: ebd., SA Friedrich Sorge, unpag.; Durchschrift eines Schreibens von Direktor Arning an Min. Dir. Dammann vom 21.3.1932, in: ebd., unpag.; Schreiben von Medizinalrat Dr. Sorge (Vater) an das Kuratorium der DKS, Konsistorial-Präsident Dr. Groos, vom 30.3.1932, in: ebd., unpag.

189 Vgl. Schreiben von Paul Fuchs (Vater) an Direktor Arning vom 2.4.1932, in: ebd., SA Ernst Fuchs, Bl. 42; Durchschrift eines Schreibens von Direktor Arning an Paul Fuchs vom 5.4.1932, in: ebd., Bl. 33; Durchschrift eines Schreibens von Direktor Arning an Paul Fuchs vom 23.3.1933, in: ebd., Bl. 63.

Schule geforderte »deutsch-nationale Gesinnung« machte die Schüler früh für nationalsozialistisches Gedankengut anfällig.[190]

Bereits am Kapp-Putsch im März 1920 nahmen drei Schüler teil, von denen sich der eine nach dem Scheitern der Aktion erschoss.[191] Mit Otto von Scherbening beteiligte sich ein Absolvent am Hitlerputsch vom 9. November 1923, und 1927 nahm eine Abordnung von 27 Mann der DKS am NSDAP-Reichsparteitag Mitte August in Nürnberg teil.[192] Auf jeden Fall kam wohl der erste SA-Mann Witzenhausens aus den Reihen der Kolonialschüler. Bela von Christen trat der SA und der NSDAP am 1. November 1928 bei.[193] Nach der SA-Gauchronik war hingegen der Kolonialschüler Carl-Ernst Goertz der Gründer, der zusammen mit den zwei anderen, Max Krell und eben von Christen die »Urzelle« der Witzenhäuser SA bildete und deren Führung übernahm. Er soll im selben Jahr auch die NSDAP-Ortsgruppe ins Leben gerufen haben. Am 9. November 1928 legten sie einen Kranz mit Hakenkreuzschleife am Witzenhäuser Kriegerdenkmal nieder. Angeblich war den Schülern bereits im Februar 1929 das Tragen der Uniform verboten worden, wodurch der Sturm 65 20 Mitglieder verloren haben soll.[194]

190 Vgl. Hans Giesen, Geschichte der Studentenschaft an der Deutschen Kolonialschule, in: 40 Jahre DKS, S. 71-76, hier S. 71. »Die Ideale der Kameradschaft entsprachen einer vaterländischen Gesinnung, und so hat hier Liebe zu Volk und Reich zu allen Zeiten stets eine besondere Pflegestätte gefunden.« Ebd.

191 Vgl. Karl List, Die Deutsche Kolonialschule in Witzenhausen – ein Rückblick vom 21.2.1983, in: StAW, Mappe DKS, unpag.

192 Vgl. Otto von Scherbening, Zum 9. November, in: DKP, 35 (1935) 2, S. 66-67; Böhlke, Geschichte, S. 93; 40 Jahre DKS, S. 73. Vgl. zum NSDAP-Reichsparteitag 1927 in Nürnberg: Siegfried Zelnhefer, Die Reichsparteitage der NSDAP in Nürnberg, Nürnberg 2002, S. 29ff.

193 Vgl. Durchschrift eines Schreibens von Direktor Koch an die Landesbauernschaft Kurhessen vom 31.5.1939, in: AD, SA Bela von Christen, Bl. 61. Zur SA in Hessen vgl.: Eberhart Schön, Die Entstehung des Nationalsozialismus in Hessen, Meisenheim am Glan 1972, S. 116ff. Zur Geschichte der SA allgemein vgl.: Peter Longerich, Geschichte der SA, München 2003 (zuerst München 1989); Sven Reichardt, Faschistische Kampfbünde. Gewalt und Gemeinschaft im italienischen Squadrismus und in der deutschen SA, Köln 2002.

194 Vgl. Die Geschichte der Kurhessischen SA, hg. von der SA-Brigade 47 (Kassel), Kassel 1935, S. 44 und 52; Giesen, Geschichte, S. 71; Herbert Reyer, Vom »Entscheidungsjahr« 1932 bis zu den Anfängen der nationalsozialistischen Herrschaft in Witzenhausen 1933/34, in: Künzel, Witzenhausen, S. 77-130, hier S. 104f. Der Lokalhistoriker Herbert Reyer bezeichnet die DKS als »Keimzelle des Nationalsozialismus« in Witzenhausen. Vgl. insgesamt zum Aufstieg der NSDAP in Hessen: Eike Hennig (Hg.), Hessen unterm Hakenkreuz. Studien zur Durchsetzung der NSDAP in Hessen, Frankfurt a.M. 1983; Schön, Entstehung.

Bei einem Vorfall an der Schule, bei dem im November 1929 ein Schüler von mehreren Mitschülern verprügelt und zwangsweise gebadet worden war, musste Direktor Arning zugeben, dass der wahre Grund in der nationalsozialistischen Gesinnung der Angreifer lag. Er hatte Angst, dass dieser Umstand publik werden konnte und von den Zeitungen aufgegriffen würde. Dann, so glaubte Arning, würde er größere Schwierigkeiten bekommen, zumal er bereits mit dem sozialdemokratischen Landrat und dem Regierungspräsidenten Ferdinand Friedensburg[195] über diesen Punkt Auseinandersetzungen gehabt hatte.[196]

Dass Arnings Befürchtungen nicht ganz aus der Luft gegriffen waren, demonstrierte ein weiterer Vorfall von Anfang 1930. Im Auftrage des Regierungspräsidenten zeigte ihm ein Kriminalkommissar ein nationalsozialistisches Plakat »Der Sturm beginnt ... am ersten Februar«.

Es handelte sich dabei um Werbung für eine neue Zeitung. 80 bis 100 Stück der Plakate waren an den Anführer der Nationalsozialisten in der DKS, Josef Horschik, gegangen. Dieser hatte einen Teil der Plakate selbst angeklebt. Der Regierungspräsident war der Ansicht, dass eine Schule, deren Angehörige so etwas täten, keine Unterstützung vom Reich verdiene. Arning betonte, er werde jeden, der das Ansehen der Schule durch sein öffentliches Auftreten beschädige und für Unannehmlichkeiten sorge, sofort entlassen. Horschik nahm die Schuld allein auf sich und wurde später – nach einem weiteren Zwischenfall – am 18. März entlassen. Arning verbot daraufhin die SA an der Schule. Horschik war von seiner Behandlung recht angetan: »Der Direktor war sehr liebenswürdig, ebenso die Dozenten, die alle, auch der Direktor, Nazis sind; alle sagten mir ihre Unterstützung zu.«[197]

In einem Schreiben an den Tübinger Professor Carl Uhlig, dessen Sohn Kolonialschüler werden wollte, bekannte Arning, dass der nationale Geist an der Anstalt gepflegt werde, die Mitgliedschaft in der NSDAP lehne er für Praktikanten ab. Auch die Studierenden würden dadurch über Gebühr von einem regelmäßigen Studium abgehalten. Er war der Ansicht, »daß ich der politischen Ge-

195 Friedensburg war damals Mitglied der Deutschen Demokratischen Partei. Zu seiner Person vgl.: Marc Zirlewagen, Ferdinand Friedensburg, in: Biographisch-Bibliographisches Kirchenlexikon, Bd. 26, Nordhausen 2006, Sp. 313-321.

196 Vgl. Schreiben von Direktor Arning an Amtsgerichtsrat Georg Laves vom 19.11.1929, in: AD, SA Fritz Hoffmann, Bl. 62-64.

197 Vgl. Aktennotiz von Direktor Arning vom 18.2.1930, in: ebd., SA Josef Horschik, Bl. 39-41; Abschrift eines Briefs von Horschik an einen Walter vom 26.2.1930, in: ebd., Bl. 42-43 (Zitat Bl. 43). In der SA-Gauchronik heißt es dazu: »Da nahm der SA-Mann Horschik der Kolonialschule alle Schuld auf sich, meldete sich als alleiniger Kleber, rettete alle seine Kameraden und trug die schwere Strafe der Entlassung als Opfer für die Bewegung.« Geschichte der Kurhessischen SA, S. 70. Tatsächlich besuchte Horschik ab Herbst 1933 die Schule erneut und schloss sie Ostern 1935 erfolgreich ab.

sinnung nicht nachspüren darf, und es für unanständig halten würde, wenn dieses geschähe, von mir aus kann jeder nach seiner Façon selig werden«. Aber auf jeden Fall sei auf das über der Schule schwebende »Damoklesschwert« Reichsinnenminister Joseph Wirth zu achten. Wenn bekannt würde, dass Kolonialschüler nationalsozialistische Propaganda betrieben, so könnte der jährliche Zuschuss von 600 Mark je Schüler des Reichsministeriums des Innern entzogen werden. »Ich habe in dieser Beziehung schon die Tscheka im Hause gehabt, die mir der hier verordnete Oberherr dieser G.P.U., unser Regierungspräsident, Herr Friedensburg in Kassel, auf den Hals geschickt hatte.«[198]

Die Entwicklung an der DKS fand nicht im luftleeren Raum statt. Die NSDAP war bei den Reichstagswahlen am 14. September 1930 mit 20,8 Prozent der Stimmen zweitstärkste Kraft hinter der SPD in Witzenhausen geworden. Bei den Juliwahlen 1932 wurde sie mit 47,8 Prozent sogar stärkste Partei vor der SPD, bei der Novemberwahl 1932 ging ihr Anteil auf 42,8 Prozent zurück.[199]

Am Tag des Überfalls von Wendershausen befanden sich nach eigenen Recherchen 151 Schüler inklusive Praktikanten auf der Schule.[200] Von ihnen waren 23 NSDAP-Mitglieder – alleine 7 von ihnen erst am 1. August 1931 in die Partei eingetreten.[201] Diese Zahlen sind zwar interessant, aber letztlich nicht sehr aussagekräftig, da die Schüler überwiegend sehr jung waren und deshalb wohl nicht zwingend eine NSDAP-Mitgliedschaft anstrebten. Zu der – wahrscheinlich sehr viel häufigeren – SA-Mitgliedschaft von Schülern fehlen die entsprechenden Unterlagen.[202]

In einem langen Schreiben an Ministerialdirektor Bruno Dammann aus dem Reichsministerium des Innern (RdI), der als großer Gönner der Schule galt, musste Arning am 5. August 1931 über »eine sehr unangenehme Angelegenheit« berichten, die in der Nacht vor sich gegangen war. Als er morgens aufstand, klin-

198 Vgl. Durchschrift eines Schreibens von Direktor Arning an Prof. Carl Uhlig (Vater) vom 8.4.1930, in: AD, SA Gerhard Uhlig, unpag. (Zitate ebd.). Bereits 1929 hatte die Schulleitung in den Lehr- und Anstaltsplan einen Zettel einkleben lassen: »Wenn ein Angehöriger der Deutschen Kolonialschule durch politische Umtriebe das Wohl oder Ansehen der Deutschen Kolonialschule gefährdet, so ist das ein Grund für die Entlassung.« Lehr- und Anstaltsplan der DKS 1929, S. 8.

199 Vgl. Reyer, Entscheidungsjahr, S. 87ff. (Zitat S. 103).

200 Ermittelt anhand des Schülerbuchs sowie der Schülerakten.

201 Ermittelt anhand der Unterlagen des ehemaligen Berlin Document Center im Bundesarchiv Berlin, vor allem der Orts- und der Zentralkartei der NSDAP. 22 weitere Schüler wurden bis zum 30. Januar 1933 Mitglied, 48 später. Also waren 93 von 151 Schülern des Stichtages 5. August 1931 NSDAP-Mitglieder, was 61,6 Prozent entspricht – ein recht hoher Prozentsatz.

202 Vgl. die Unterlagen in: HHStAW, 483, Nr. 4800e, 4800j und 6315c. Vgl. zur Mitgliedschaft in der NSDAP u.a.: Wolfgang Benz (Hg.), Wie wurde man Parteigenosse? Die NSDAP und ihre Mitglieder, Frankfurt a.M. 2009.

gelte schon die Polizei bei ihm, um Untersuchungen in der Schule anzustellen. Mehrere Kolonialschüler hatten im drei Kilometer entfernten Wendershausen Mitglieder eines jüdischen Wanderbunds überfallen.

Laut Arning drückte sich der Polizeileutnant noch recht vage aus, sprach von einer großen Schlägerei, bei der den Wendershäusern Teilnehmer einer nationalsozialistischen Versammlung aus Unterrieden zu Hilfe gekommen seien. Darunter hätten sich auch Angehörige der Kolonialschule befunden.[203]

Was also war wirklich geschehen? Einen ersten Aufschluss bietet der Bericht des Polizeikommandos Witzenhausen über seinen Einsatz. Die Polizei war in der Nacht gegen 1.15 Uhr durch einen Anruf aus Wendershausen unterrichtet worden, dass eine dort lagernde Abteilung des Jung-Jüdischen Wanderbunds Brith-haolim von einer größeren Anzahl Nationalsozialisten überfallen worden sei. Gleichzeitig erfolgte ein Anruf eines Oberlandjägers aus Hundelshausen, der aus gleichem Anlass um Entsendung des Überfallkommandos nach Wendershausen ersuchte. In Unterrieden hatte am Abend eine Versammlung der NSDAP stattgefunden, die von einem Landjägermeister überwacht wurde. Während der Versammlung soll ein Anruf erfolgt sein, dass in Wendershausen »Kameraden in Gefahr seien«. Aufgrund dieses Anrufes hin sollen sich die Versammlungsteilnehmer nach Wendershausen begeben haben. Dort überfielen sie die in einer Scheune lagernden Angehörigen des jüdischen Jugendbunds. Beim Eintreffen der Landjäger und der Schutzpolizisten war die Schlägerei bereits beendet. Den in der Scheune überfallenen Jugendbündlern waren Kameraden aus einer Gastwirtschaft in Wendershausen zu Hilfe gekommen. Nachdem der Angriff abgeschlagen worden war, flohen die Angreifer zum Teil durch die Werra. Nach Aussagen von Zeugen waren an dem Überfall Schüler der DKS beteiligt, die an der NSDAP-Versammlung in Unterrieden teilgenommen hatten. Bei der Durchsuchung in der Kolonialschule wurden neben den durchnässten Kleidungsstücken zwei Pistolen, drei Gummiknüppel, eine Schlagrute sowie eine Kiste mit Munition gefunden.[204]

203 Vgl. Abschrift eines Schreibens von Arning an Min.Dir. Dammann vom 5.8.1931, in: PAA, R 67338, unpag. Zum Wanderbund vgl.: Richard Markel, Brith Haolim. Der Weg der Alija des Jung-Jüdischen Wanderbundes (JJWB), in: Bulletin des Leo Baeck Instituts, 9 (1966) 33-36, S. 119-196, bes. S. 178. Vgl. allgemein zu Wendershausen: Werner Troßbach, Der Überfall auf den Brith Ha'olim / Jungjüdischer Wanderbund in Wendershausen am 4./5. August 1931, in: Jugendbewegung und Jugendkulturen / Jahrbuch, 11 (2015), S. 227-251; Dirk Walter, Antisemitische Kriminalität und Gewalt. Judenfeindschaft in der Weimarer Republik, Bonn 1999, S. 200f.; Geschichte der Kurhessischen SA, S. 100.

204 Vgl. Bericht des Polizeikommandos Witzenhausen über landespolizeilichen Einsatz in Witzenhausen-Wendershausen vom 5.8.1931, in: StAM, 274 Kassel, Nr. 957/1, Bl. 1-4. Ein Zeitzeuge, Sohn des ehemaligen Gärtnermeisters der DKS, berichtete in seinen Erinnerungen, dass die SA-Leute der DKS richtiggehend ver-

Dass es sich bei dem Angriff nicht um eine zufällig eskalierte Auseinandersetzung, sondern um eine gezielte, antisemitisch motivierte Attacke mit einer Vorgeschichte handelte, schilderten zwei der Angegriffenen. So war es bereits drei Tage zuvor zu Belästigungen anlässlich der Eröffnungsfeier des Treffens des Jugendbundes in einem Steinbruch in der Nähe des Ludwigssteins gekommen. Dabei wurden die Teilnehmer mit Steinen beworfen und Sprechchöre angestimmt, wie »Deutschland erwache, Juda verrecke!«, »Heil Hitler!« und Ähnliches.[205] Am 3. August war nachts ein Motorradfahrer mit Sozius an der Scheune in Wendershausen erschienen, in der ein Teil der Mitglieder des Jugendbundes übernachtete. Der Beifahrer äußerte unter Anspielung auf die Attacken des Vortags im Steinbruch: »Schade, dass Ihr nicht richtig verhauen worden seid!«[206]

Natürlich wurde die Presse sofort auf den Fall aufmerksam. Nicht immer mit ganz korrekten Angaben zu Orten und Personen, aber mit durchaus unterschiedlicher Bewertung, je nach parteipolitischer Ausrichtung. Der Berliner Vorwärts schoss sich schon mit dem Untertitel des ersten Artikels auf die Kolonialschule ein: »Eine saubere vom Reich subventionierte Schule!« Im Artikel selbst hieß es dann dazu: »Die Kolonialschule von Witzenhausen ist, obwohl sie vom Reich subventioniert wird, durch ihre ausgesprochen reaktionäre Einstellung berüchtigt.«[207] Die Jüdische Wochenschau forderte die Streichung des Zuschusses: »Es wäre ein passender Anlaß für die zuständigen Stellen, der Kolonialschule, die durch ihre ausgesprochen reaktionäre Einstellung bekannt ist, endlich den staatlichen Zuschuß zu entziehen.«[208]

Arning versuchte weiter, die Eltern zu beruhigen, auch die der am Überfall beteiligten Schüler, und die Angelegenheit angesichts des Medienechos herunterzuspielen. Es hätten sich »große Unannehmlichkeiten« ereignet, »die einen, sagen wir: politischen Zusammenhang haben«. Auf der Kolonialschule sei, wie auf

prügelt worden seien. Vgl. Karl List, Die Deutsche Kolonialschule in Witzenhausen – ein Rückblick vom 21.2.1983, in: StAW, Mappe DKS, unpag.

205 Vgl. Zeugenvernahme des Landarbeiters Adolf Feibelsohn, Berlin-Pankow, am 5.8.1931, in: StAM, 274 Kassel, Nr. 957/1, Bl. 22-24 (Zitat Bl. 22).

206 Vgl. Zeugenvernahme des Schülers Leo Katzmann, Fulda, am 5.8.1931, in: ebd., Bl. 15-17 (Zitat Bl. 15).

207 Schüler überfallen Jungsozialisten. Eine saubere vom Reich subventionierte Schule!, in: Vorwärts, Nr. 363 vom 6.8.1931, zit. nach: BAB, R 3001, Nr. 183923, unpag. Die Vossische Zeitung brachte die gleiche Meldung: Nationalsozialistische Schülerschlacht. Sechs Schwerverletzte, in: Vossische Zeitung, Nr. 186 vom 6.8.1931, 1. Beilage, zit. nach: DITSL-Bibliothek, Zeitungsartikel. Das Witzenhäuser Kreisblatt und Tageblatt brachte am gleichen Tag lediglich einen Hinweis ohne eigene Überschrift unter den Nachrichten, der aber bezeichnenderweise kein Wort über die Kolonialschule bzw. Kolonialschüler enthielt. Vgl. ebd.

208 Feiger Überfall auf das Bundeslager des Brith Haolim durch Nationalsozialisten, in: Jüdische Wochenschau vom 7.8.1931, zit. nach: ebd.

anderen Hochschulen aber auch, eine Anzahl von NSDAP-Mitgliedern, ein Umstand, der »mancherlei Unbequemlichkeiten mit sich gebracht« habe. Er habe aber erst durch die Presseberichte von den etwa 15 NSDAP-Mitgliedern erfahren, die an der Versammlung in Unterrieden teilgenommen hatten. Dieser Gruppe sei zwar bislang eine Beteiligung an der »politischen Prügelei« zunächst nicht nachgewiesen worden; er bezweifelte aber, ob damit der Fall erledigt sei.[209]

Die Befürchtungen Arnings bewahrheiteten sich insofern, als zwei SPD-Abgeordnete eine Kleine Anfrage im Preußischen Landtag stellten. Da es in den letzten Jahren schon des Öfteren Klagen über die Schule gegeben habe, fragten sie das Staatsministerium, ob es bereit sei, auf den Justizminister einzuwirken, damit die Strafverfolgung energisch durchgeführt werde, ferner, ob das Reich Schritte unternehme, die Schüler, die sich als »politische Rüpels schlimmster Art aufführen«, von der Schule zu entlassen, oder aber das Reich der Schule keine Zuschüsse mehr zahle.[210] Am 5. Oktober 1931 hatte Arning anlässlich der SPD-Anfrage bei der Reichsregierung eine Unterredung mit dem Regierungspräsidenten in Kassel. Dabei betonte er seine persönliche Abneigung gegenüber der NSDAP, schon wegen Hitlers antikolonialer Haltung.[211]

Am 26. August 1931 erhob der Oberstaatsanwalt in Kassel Anklage gegen insgesamt 13 Personen, darunter die Kolonialschüler Horst Otto, Walter von Mohrenschildt, Hans Otto, Fritz Otto, Otto Heinrich Dinkelacker, Karl Schreiber, Wolf-Diethelm Erhardt, Harry Hoffmann, Franz Seiberl und Anton Birlbauer. Sämtliche Beschuldigten wurden angeklagt, »an der öffentlichen Zusammenrottung einer Menschenmenge, die mit vereinten Kräften gegen Personen und Sachen Gewalttätigkeiten beging, teilgenommen zu haben«.[212] Die Presse berichtete ausführlich über den Prozess, der am 26. September begann. Das Witzenhäuser Amtsgericht, in dem der Prozess stattfand, habe seinen »großen Tag« gehabt. Der Fall habe großes Aufsehen erregt; im Saal befanden sich zwölf Pressevertreter, zum Teil auch von »Großstadtzeitungen«.[213]

209 Vgl. Durchschrift eines Schreibens von Direktor Arning an Regierungsrat Dinkelacker (Vater) vom 12.8.1931, in: AD, SA Ottheinrich Dinkelacker, Bl. 114-117.

210 Vgl. Kleine Anfrage, Nr. 2682 im Preußischen Landtag von Kraft und Traudt (SPD) am 14.8.1931, in: BAB, R 3001, Nr. 183923, unpag.; Der feige Ueberfall bei Witzenhausen, in: Kasseler Volksblatt, Nr. 194 vom 21.8.1931, zit. nach: ebd., unpag.

211 Vgl. Abschrift eines Schreibens von Arning an Min.Dir. Dammann vom 5.10.1931, in: PAA, R 67338, unpag.

212 Vgl. Anklageschrift des Oberstaatsanwalts in Kassel für das Amtsgericht Kassel gegen Engelbert Langebeckmann und andere vom 26.8.1931, in: BAB, R 3001, Nr. 183923, unpag. (Zitat ebd.).

213 Wendershäuser Vorgänge vor Gericht, in: Witzenhäuser Kreisblatt und Tageblatt vom 29.9.1931, zit. nach: DITSL-Bibliothek, Zeitungsartikel.

In den Berichten wurde der Tathergang, an dem es kaum Zweifel geben konnte, erneut in aller Breite aufgerollt. Allerdings leugneten die Angeklagten die Tat – wie »es sich für Nazis von echtem Schrot und Korn gehört«, so der sarkastische Kommentar des Kasseler Volksblatts. Als interessantes Aperçu sei am Rande vermerkt, dass die Zeitung weiter berichtete, in Lesebüchern, die an Kasseler Schulen zum Unterricht dienten, sei zu lesen, die jungen Leute würden in der Kolonialschule »zu tapferen und starken deutschen Männern erzogen«. Gerade dieser Vorfall werfe aber ein bezeichnendes Licht auf die Früchte dieser Erziehung.[214] Es gab stark belastende Zeugenaussagen, die auch klar auf den antisemitischen Hintergrund des Überfalls hinwiesen. So hatte ein Zeuge gehört, wie einer der Angeklagten angesichts der jüdischen Jugendlichen im Gasthaus sagte: »Die müßten auch mal Schläge kriegen, wie die da rumtollen. Wir sind mit 100 Mann hier unten durch und wollen die Juden überfallen.« Ein anderer Zeuge wollte bereits bei der NSDAP-Versammlung in Unterrieden gehört haben, wie die Juden überfallen werden sollten und habe gesehen, wie die Witzenhäuser SA-Leute, fast alles Kolonialschüler, nach Wendershausen gingen.[215]

Nach zweitägiger Verhandlung wurde dann am 29. September das Urteil verkündet: Die Kolonialschüler Horst Otto, von Mohrenschildt, Fritz Otto und Schreiber wurden wegen einfachen Landfriedensbruchs zu je vier Monaten Gefängnis, Hans Otto zu zwei Monaten Gefängnis verurteilt. Dinkelacker wegen Vergehens gegen das Schusswaffengesetz zu einer Geldstrafe von 50 RM oder zehn Tagen Gefängnis, Hoffmann wegen Vergehens gegen das Gesetz über Kriegsgerät zur selben Strafe. Die übrigen Beschuldigten wurden freigesprochen.[216]

In einer längeren Aufzeichnung, die vermutlich an Ministerialdirektor Dammann geschickt wurde, rekapitulierte die Schulleitung noch einmal die Situation aus ihrer Sicht. Grobe Verstöße gegen die öffentliche Ordnung hatte es demnach kaum gegeben. Die Zahl der Mitglieder der NSDAP war der Verwaltung nicht bekannt. Eingezogenen Erkundigungen zufolge gehörten etwa 20 bis 24 Schüler der NSDAP an, also etwa 14 bis 16 Prozent, dies sei ein sehr geringer Satz im

214 Vgl. Aus dem Gerichtssaal: Der Naziüberfall in Wendershausen, in: Kasseler Volksblatt, Nr. 226 vom 28.9.1931 (Zitat ebd.), zit. nach: ebd.

215 Vgl. Der Nazi-Ueberfall in Wendershausen, in: Kasseler Volksblatt, Nr. 228 vom 30.9.1931, zit. nach: ebd.

216 Vgl. Durchschrift eines Schreibens des Oberstaatsanwalts in Kassel an den Preußischen Justizminister vom 1.10.1931, in: BAB, R 3001, Nr. 183923, unpag. Vgl. dazu: Brutalität und Feigheit – die Stärke der Nazis, in: Kasseler Volksblatt, Nr. 227 vom 29.9.1931, zit. nach: ebd., unpag.; Urteil im Witzenhäuser Landfriedensbruch-Prozeß, in: Kasseler Volksblatt, Nr. 227 vom 29.9.1931, zit. nach: DITSL-Bibliothek, Zeitungsartikel; Urteil im Landfriedensbruchprozeß, in: Kasseler Tageblatt, Nr. 270 vom 30.9.1931, zit. nach: StAM, 274 Kassel, Nr. 957/4, Bl. 90.

Verhältnis zu den Universitäten und Hochschulen, an denen sich 50 bis 80 Prozent der Studierenden zur nationalsozialistischen Bewegung bekannten.[217]

Die Ausweisungen erfolgten prompt, wie im Falle Karl Schreibers.[218] Auf der anderen Seite äußerte Arning aber auch starkes Mitgefühl mit den relegierten Schülern, die offensichtlich keine Ahnung davon gehabt hätten, in welche Schwierigkeiten sie sich bringen würden und das Ganze wohl eher für einen »Dummen-Jungen-Streich« hielten. Leider aber seien die politischen Verhältnisse so, dass wohlwollende Erwägungen nicht mehr am Platze seien. Deshalb müsse er auf die Verweisungen aus der Anstalt bestehen. Falls keine Verurteilung in der Berufung erfolge, so stehe einem Wiedereintritt in die Kolonialschule voraussichtlich nichts entgegen.[219] In einem Gespräch mit Arning beklagte der Dozent Clemens Driessen die Radikalisierung der Schüler, an deren Endpunkt die Vorgänge in Wendershausen stünden. Arning hielt das für eine »allgemeine Erscheinung« der Jugend. Die Vorfälle in Wendershausen stufte er als eine »Dummheit und Pflegelei« ein, für die er – ganz an die kolonialen Verhältnisse in Deutsch-Ostafrika gewöhnt –, am liebsten jeden der Teilnehmer mit 25 Schlägen mit dem Kiboko, der Nilpferdpeitsche bestrafen wollte.[220]

Da es an der Kolonialschule keine Korporationen gab, hatte der Nationalsozialistische Deutsche Studentenbund (NSDStB) relativ leichtes Spiel und verfügte bereits Ende 1931 über einige Mitglieder. Anfang 1932 waren es jedenfalls 38.[221]

217 Vgl. Abschrift einer Aufzeichnung aus der DKS (vermutlich von Arning an Dammann gesandt) vom 30.9.1931, in: PAA. R 67338, unpag. An den nahe gelegenen Universitäten Marburg und Göttingen erreichte der NSDStB bei den AStA-Wahlen 1931 jedenfalls bereits über 50 bzw. über 54 Prozent der Stimmen. Vgl. Michael Grüttner, Studenten im Dritten Reich, Paderborn 1995, S. 496 (Tabelle 25).

218 Vgl. Durchschrift eines Schreibens des Direktors der DKS an Thea Schreiber (Mutter) vom 30.9.1931, in: AD, SA Karl Schreiber, unpag.

219 Vgl. Durchschrift eines Schreibens des Direktors der DKS an Thea Schreiber (Mutter) vom 2.10.1931, in: ebd., unpag.

220 Vgl. Protokoll eines Gesprächs zwischen Arning und Driessen am 22.10.1931, in: ebd., Dozenten, Driessen, Bl. 87-94, hier Bl. 87. Von den 22 vernommenen Schülern gehörten immerhin zehn der SA an, dazu kamen noch drei Mitglieder des Stahlhelms. Vgl. Polizeiliche Vernehmungen, in: StaAM, 274 Kassel, Nr. 957/1, Bl. 92 ff.

221 Vgl. Schreiben des Hochschulgruppenführers der DKS, Theodor Frank, an Gerhard Krüger vom 31.12.1931, in: BAB, NS 38, Nr. 3668, unpag.; Schreiben des NSDStB Witzenhausen, Theodor Frank, an die Reichsleitung des NSDStB vom 8.2.1932, in: ebd., unpag. Bis zum Mai 1932 sank die Zahl der Mitglieder auf 36. Vgl. Durchschrift eines Schreibens von Heinz Weber an den Referenten für Hochschulpolitik im NSDStB vom 24.5.1932, in: ebd., unpag. Zum NSDStB vgl.: Anselm Faust, Der Nationalsozialistische Deutsche Studentenbund. Studenten und

Über die »politische Verhetzung«, wie er sich ausdrückte, berichtete ein sehr aktives Mitglied des Altherrenverbands, der seit Oktober 1931 NSDAP-Mitglied war.[222] Im Dezember 1931 sei Dr. Winter beim Verlassen der Stadtverordnetenversammlung mit einem Stein beworfen worden. Anfang Februar 1932 kam es dann bei einer NSDAP-Versammlung zu Gewalttätigkeiten. Die Kommunisten versuchten, die Versammlung zu sprengen. Schon vorher hätten sie Kolonialschüler angegriffen und geschlagen. Nach Schluss der Versammlung sei es dann zu regelrechten Straßenschlachten gekommen, an denen sich auch Kolonialschüler aktiv beteiligt hätten.[223]

Im April 1932 kam es zur Berufungsverhandlung im Fall Wendershausen vor der Kasseler Strafkammer. Die Richter verschärften dabei das Strafmaß aus der ersten Instanz. Insgesamt vier Kolonialschüler wurden nun zu vier Monaten Gefängnis und jeweils einer zu drei bzw. zwei Monaten verurteilt.[224] Selbst die liberale Vossische Zeitung sprach anlässlich des Prozesses von »der zwar vom Reich subventionierten, aber von Nationalsozialisten beherrschten Deutschen Kolonialschule« und betonte, dass der Überfall auf die Jugendlichen aus dem Hinterhalt erfolgt sei.[225] Am Tag des Prozessendes sprach Hitler in Kassel vor etwa 50.000 Menschen, unter ihnen auch eine Reihe von Schülern der DKS.[226] Eine Abordnung der Schule nahm auch an der Wahlkampfrede Hitlers am

Nationalsozialismus in der Weimarer Republik, Düsseldorf 1973; Grüttner, Studenten, S. 19ff.

222 Vgl. Karteikarte Hans Karl Treue, in: BAB, 3200, Nr. X 34, Bl. 1554.

223 Vgl. Schreiben des AHV, Hans Karl Treue, an Werner Heine vom 9.3.1932, in: AD, SA Werner Heine, Bl. 62. Laut Reyer geschah der Vorfall mit Winter am 17. November. Vgl. Reyer, Entscheidungsjahr, S. 80. Bei der genannten Veranstaltung handelte es sich wohl um eine solche im Vorfeld der Reichspräsidentenwahl am 17. Februar 1932 im »Capitol«. Vgl. ebd., S. 91.

224 Vgl. Die Nazirohheit in Wendershausen, in: Kasseler Volksblatt, Nr. 92 vom 20.4.1932, zit. nach: BAB, R 3001, Nr. 183923, unpag.; Urteil der Großen Strafkammer des Landgerichts in Kassel in der Berufsverhandlung am 20.4.1932, in: StAM, 274 Kassel, Nr. 957/3, Bl. 7-28; »Ich kann nie mehr recht arbeiten …«, in: Kasseler Volksblatt, Nr. 93 vom 21.4.1932, zit. nach: BAB, R 3001, Nr. 183923, unpag.; Die Wendershäuser Vorgänge vor Gericht, in: Witzenhäuser Kreisblatt und Tageblatt vom 21.4.1932, zit. nach: DITSL-Bibliothek, Zeitungsartikel, unpag. Das Reichsgericht zu Leipzig bestätigte am 12. Oktober 1932 dieses Urteil. Vgl. Der Ueberfall auf das Lager der Brith Haolim in Wendershausen vor dem Reichsgericht, in: Der Israelit, Nr. 44 vom 27.10.1932, S. 5, zit. nach: ebd., unpag.

225 Vgl. »Helden« aus dem Hinterhalt, in: Vossische Zeitung, Nr. 192 vom 21.4.1932, zit. nach: BAB, R 3001, Nr. 183923, unpag. (Zitat ebd.).

226 Vgl. Schreiben der DKS (vermutlich von Franz Rüdrich) an Hans-Jürgen von Hase und Herbert Köhne vom 21.4.1932, in: AD, SA Hans-Jürgen von Hase, Bl. 78.

21. Juli 1932 in Göttingen teil.[227] An der Schule gingen die Zusammenstöße mit Direktor Arning weiter: Trotz Verbots trugen manche Schüler weiterhin das Hakenkreuzabzeichen auf dem Schulgelände; sie legten es aber auf Verlangen hin ab. Arning drohte ihnen mit einem Verweis von der Schule.[228]

Die in den Fall Wendershausen verwickelten Kolonialschüler waren fast alle wieder auf der Schule aufgenommen worden, auch die verurteilten. Mit der Amnestie vom Dezember 1932 kehrten wohl die letzten zurück.[229] Lediglich bei zwei der verurteilten Schüler kam es offensichtlich nicht zu einer Rückkehr an die Schule.[230] Der Fall Wendershausen hatte noch ein Nachspiel: Offensichtlich sollte im »Kulturpionier« vom Juni 1935 ein Artikel des Schülers Kurt Fischbach zu Wendershausen erscheinen. Fischbach war im August 1931 natürlich noch nicht auf der Schule, hatte sich aber wohl als SA-Mitglied und Stellvertretender Studentenschaftführer dafür qualifiziert. Da aber von Regierungsseite zu dieser Zeit noch Wert darauf gelegt wurde, solche »Judenverfolgungen« zu leugnen und man auf die Stimmung im Ausland Rücksicht nahm, wurde er nicht abgedruckt bzw. nachträglich entfernt.[231] Ein entsprechender Artikel über die »Die Judenschlacht von Wendershausen« erschien dafür anonym im »Kulturpionier« vom Mai 1938, bei dem man mutmaßen kann, dass es sich um den genannten von Fischbach handelte. Nun spielte die Rücksichtnahme auf das Ausland keine Rolle mehr. Der Artikel folgte der gängigen Darstellung anderer Schriften über die SA vor 1933. In einer langen, heroisierenden Kampfbeschreibung wurde die eigene zahlenmäßige Unterlegenheit betont, die angeblich aber durch Mut und Einsatz wettgemacht werden konnte. »Nein, es waren keine großen kriegerischen Leistungen, welche uns da geboten wurden. Sie, die achtmal mehr waren als wir, hätten uns mit ein wenig Mut blitzschnell überrennen können.« Die

227 Vgl. Durchschrift eines Schreibens des Verbands der Alten Herren, Hans Karl Treue, an Wennemar von Altenbockum vom 22.7.1932, in: ebd., SA Wennemar von Altenbockum, unpag.

228 Vgl. Aktennotiz von Direktor Arning vom 26.5.1932, in: ebd., SA Wolf-Diethelm Erhart, Bl. 83.

229 Vgl. Handschriftlicher Lebenslauf von Hans Otto vom September 1934, in: HHStAW, 483, Nr. 4800j, unpag.

230 Vgl. Abschrift eines Schreibens des Reichsministers des Innern, Pfundtner, an Carl Otto (Vater) vom 25.4.1933, in: AD, SA Horst Otto, unpag.; Schreiben des Sonderbeauftragten für die Bauernschulen des Reichsbauernführers, Curt Winter, (weitergeleitet von Karl Schreiber an die NSDAP-Ortsgruppe Bad Harzburg am 13.5.1936) vom 12.5.1936, in: BAB, PK, Nr. L 38, Bl. 754.

231 Vgl. Schreiben von Otto von Scherbening an Präsident Dr. D. Groos vom 29.6.1935, in: AD, Akte Korrespondenz von Scherbening II, Bl. 122-125, hier Bl. 124f. Fischbach war am 1.5.1933, kurz nach seinem Eintritt in die Schule, SA-Mitglied geworden. Vgl. Stärkemeldung des SA-Trupp 1 Fuchs, o.Dat., in: HHStAW, 483, Nr. 4800e, unpag.

»Schlacht bei Wendershausen« sei jetzt schon »in die ruhmreiche Geschichte der DKS eingegangen«.[232]

3. Kolonialisten ohne Kolonien: Absolventen bis 1933

Bei 268 Absolventen aus dieser Zeit ist ihr weiterer Weg gänzlich unbekannt. Bei 233 ist es als sicher anzunehmen, dass sie in Deutschland verblieben, bei einigen weiteren ist es zu vermuten. Eine genaue Zahl für die in das Ausland gegangenen Absolventen ist kaum zu ermitteln. Klar ist jedoch, dass viele von ihnen nach einigen Jahren wieder nach Deutschland zurückkehrten, bei 230 von ihnen scheint das sicher. Für immer im Ausland verblieben nur recht wenige, etwa 140. Im Zweiten Weltkrieg fielen aus dieser Gruppe 61. 36 begannen ein Studium, zwölf absolvierten den Indologischen Kursus in Amsterdam als Vorbereitung für eine Stelle in Niederländisch-Indien.

Von denjenigen, die in das Ausland gingen, wurden alle bekannten Stationen erfasst, sodass ein Bild entsteht, wo Angehörige dieser schulischen Generation im Laufe ihres Lebens gearbeitet haben. Afrika lag als Kontinent mit 343 Absolventen wiederum vorne, vor Nord- und Südamerika mit 246 Absolventen. In Afrika dominierte Tanganjika mit 96 Absolventen, vor Südafrika mit 63 und Südwestafrika mit 51. Es folgten Angola mit 37 und Kamerun mit 35 Absolventen. Bei den beiden Amerikas lagen nun Brasilien und Guatemala mit jeweils 35 Absolventen vorn, gefolgt von Kanada mit 26 und Argentinien mit 25. In Asien mit insgesamt 110 Absolventen dominierten Sumatra mit 40, vor Java mit 19 und der Türkei mit 13 Absolventen. Das europäische Ausland hatte mit insgesamt 91 Absolventen aufgeholt; vorne lag Österreich mit 15 vor Spanien mit 13 Absolventen.

In dieser Gruppe gab es 41 SA-Mitglieder. Die wirkliche Zahl war sicher um einiges größer, es existieren hierzu aber kaum verwertbare Unterlagen. SS-Mitglieder konnten lediglich fünf gezählt werden.

Auch in dieser Schülergeneration kam es häufig zu vollkommen anderen als den ursprünglich geplanten Berufskarrieren, unter anderem bedingt durch die schwierigen wirtschaftlichen Verhältnisse in dieser Zeit. Absolventen wurden zu Ärzten, Spediteuren, Kaufleuten im Obsthandel, Pfarrer, sie arbeiteten für die

232 Vgl. Anonym, Die Judenschlacht von Wendershausen, in: DKP, 38 (1938) 1/2, S. 20-23 (Zitate S. 20f.). Vgl. als klassisches Beispiel für eine nachträgliche Heroisierung die Darstellung der »Schlacht« in den Berliner Pharus-Sälen vom 11. Februar 1927, der »Feuertaufe« der Berliner SA, in: Julek Karl von Engelbrechten, Eine braune Armee entsteht. Die Geschichte der Berlin-Brandenburger SA, Berlin 1937, S. 54f.

Lufthansa, wurden Filmschauspieler, Regisseur, Hoteldirektor, Postamtmann oder Buchhändler.

1938 gaben die aufkommende Vorstellung, an der Schwelle zu neuer kolonialer Arbeit zu stehen sowie die Diskussionen um den weiteren Kurs der Kolonialschule Anlass für eine Befragung unter den Mitgliedern des Altherrenverbandes. Hierbei ging es primär um die Frage, was aus den Absolventen ab 1920 geworden war. Bei der Auswertung wurden jene nicht berücksichtigt, die eine weitere Ausbildung angeschlossen hatten und nun in einem entsprechenden Beruf tätig waren sowie sonstige Ausfälle; damit verblieben von den 698 Absolventen seit 1920 600. An 510 von ihnen (85 %) verschickte der Verband Fragebögen, die 292 (57,2 %) beantworteten, was immerhin noch 48,6 % der Gesamtzahl entsprach und damit als repräsentativ gelten kann.

Von 1920 bis Frühjahr 1938 wanderten 153 Absolventen (52,4 %) aus. Interessant ist ein Blick auf die Auswanderungsziele; Ostafrika lag mit 38 (24,8 %) der Auswanderer auf Platz eins, gefolgt von Westafrika mit 28 (18,3 %) und Südamerika mit 27 (17,6 %). Erst dahinter folgten Süd- und Südwestafrika mit 19 (12,4 %), Zentralamerika mit 18 (11,8 %), Asien mit 17 (10,5 %) und am Schluss Nordamerika mit sieben (4,6 %). Im zeitlichen Verlauf der Phase von 1920 bis 1929 verglichen mit dem Zeitabschnitt 1930 bis 1938 war nur für die afrikanischen Regionen ein Anstieg zu verzeichnen: In Ostafrika von 13 auf 25 Auswanderer, in Westafrika von zehn auf 18 und in Süd- und Südwestafrika von acht auf elf. In allen anderen Weltregionen gingen die Zahlen jeweils zurück. Von diesen Auswanderern waren bis 1938 59 (38,5 %) wieder zurückgekehrt. Aus Nordamerika 85,7 Prozent, aus Asien die Hälfte, während aus Südamerika nur 22,2 Prozent wiederkamen und aus Ostafrika 26,3 Prozent. In diesem Zusammenhang erstaunt der relativ hohe Anteil der Rückkehrer aus Süd- und Südwestafrika mit 42,1 Prozent. Bei den Motiven für die Rückkehr dominierten die wirtschaftlichen Gründe mit insgesamt 31 Rückkehrern. Mitte 1938 hatten von den Vorkriegssemestern 52,2 % im Ausland und 47,8 % im Inland, von den Absolventen aus der Zeit von 1920 bis 1929 52,7 % im Inland und 47,3 % im Ausland und von den Absolventen der Jahre 1930 bis 1938 35,7 % im Ausland und 64,3 % im Inland gearbeitet. Von den im Inland tätigen Diplomkolonialwirten war nahezu die Hälfte zumindest mittelbar in der Landwirtschaft tätig; davon 23,9 % als Selbständige, genauso viele als landwirtschaftliche Beamte und 52,2 % im Reichsnährstand und den angeschlossenen Organisationen.

Ein genauerer Blick auf die berufliche Beschäftigung der Absolventen ergibt signifikante Unterschiede für die zwei Betrachtungszeiträume. Der Anteil derjenigen, die ihre aktive Dienstzeit bei der Wehrmacht oder dem Reichsarbeitsdienst (RAD)[233] ableisteten bzw. dort als Offiziere und Arbeitsdienstführer tätig

233 Zum RAD vgl.: Kiran Klaus Patel, »Soldaten der Arbeit«. Arbeitsdienste in Deutschland und den USA 1933-1945, Göttingen 2003; Manfred Seifert, »Ehren-

waren, stieg von 1,5 auf fast 30 Prozent bezogen auf die insgesamt im Inland tätigen Absolventen. Der Anteil der selbständigen Landwirte und Bauern sank von 20,5 auf 6,1 Prozent. Bei den unselbständig Beschäftigten stieg der Anteil der landwirtschaftlichen Beamten von 4,5 auf 14,5 Prozent, während der Anteil der Angestellten im öffentlichen Dienst von 45 auf 23,7 Prozent sank. Bei den im Ausland Beschäftigten fällt bei den Selbständigen vor allem das Absinken des Anteils der Farmer von 14,9 auf 2,1 Prozent ins Auge. Bei den unselbständig Beschäftigten sank der Anteil der Pflanzungsleiter von 27,6 auf 6,4 Prozent, während der der Pflanzungsassistenten von 34,1 auf 44,7 bzw. bei den Farmverwaltern von 8,5 auf 23,4 Prozent stieg.

Im Durchschnitt gesehen ergab sich so für die Absolventen nur eine bescheidene Entlohnung, da es ihnen im Allgemeinen nicht gelang, in gehobene Stellungen vorzurücken. Die Kosten für die Ausbildung stünden daher nicht in einem tragbaren Verhältnis mit dem erzielten Einkommen. Die Untersuchung kam deshalb zu dem Ergebnis, dass entweder die Ausbildung radikal verkürzt und verbilligt werden müsse, oder sie sollte so vertieft werden, dass eine Gleichstellung mit akademischen Studiengängen erreicht werden könnte.[234]

Stellensuche

Die Absolventen ab 1918 beendeten die Kolonialschule überwiegend in wirtschaftlich schlechten Zeiten. Vielen von ihnen gelang die angestrebte Ausreise gar nicht, manche mussten eine Zwischenphase in Deutschland überbrücken oder sich weiterbilden. Auch wenn sich die Schulleitung nach Kräften bemühte, war die Stellensuche sehr schwierig und oftmals langwierig.

Bereits sehr frühzeitig gingen Witzenhäuser Absolventen an das Amsterdamer Kolonialinstitut, um sich dort weiterzubilden bzw. eine spezifische Vorbereitung für die Arbeit in Niederländisch-Indien zu absolvieren. Die dort tätigen Firmen waren dazu übergegangen, ihren Bewerbern den Besuch des Indologischen Lehrgangs am Amsterdamer Kolonialinstitut vorzuschreiben. Die Ausbildung dauerte zunächst drei Monate. Die Kosten für Kursus und Aufenthalt hatte der Bewerber selbst zu tragen. Vormittags gab es zwei Vorlesungen pro Tag und der Nachmittag diente zur Arbeit in der Bibliothek und Ausarbeitung und Ver-

dienst am deutschen Volke« und »Schule der Volksgemeinschaft« – Der Reichsarbeitsdienst (RAD), in: Stephanie Becker/Christoph Studt (Hg.), »Und sie werden nicht mehr frei sein ihr ganzes Leben«. Funktion und Stellenwert der NSDAP, ihrer Gliederungen und angeschlossenen Verbände im »Dritten Reich«, Berlin 2012, S. 105-140.

234 Vgl. Theodor Frank, Der Diplomkolonialwirt in Beruf und Leben, in: DKP, 38 (1938) 4, S. 19-25.

tiefung des Vorlesungsstoffs. Unter anderem wurde Völkerkunde, Geografie, Malaiisch, Koloniale Ökonomie und Koloniale Produktionslehre unterrichtet. Nach erfolgreich absolviertem Kursus gab es offensichtlich beste Aussichten, eine gut dotierte Anstellung zu bekommen.[235]

Mitte der 1920er Jahre entspannte sich die Situation zunächst etwas, da sich Deutsche nun wieder in den ehemaligen Kolonien Ostafrika und Südwestafrika niederlassen durften. Angebote von Absolventen, gerade abgehende Schüler nach Angola zu holen, waren deshalb nicht mehr so attraktiv.[236] In dieser Zeit konnte es mitunter rasch mit einer Stelle gehen, wie ein Absolvent berichtet, der zunächst als Verwalter auf dem Gut der DKS arbeitete. Eines Tages im Herbst 1926 wurde er ans Telefon gerufen. Am anderen Ende war Fabarius: »Herr Voigt, wollen Sie nach Ostafrika? Wenn ja, fahren Sie sofort nach Berlin und melden Sie sich bei Dr. Hindorf, dem Direktor der deutschen ›Planting and Trading Co.‹.« Der Absolvent bekam die Stelle und blieb die nächsten 60 Jahre in Afrika.[237]

Mit dem Beginn der Weltwirtschaftskrise verschlechterte sich die Situation bei der Stellensuche erneut rapide. Angesichts der wirtschaftlichen Lage bürgerte es sich offensichtlich ein, dass Volontäre kein Gehalt mehr bekamen und auch die Überfahrt sowie Pensionsgeld zahlen mussten. So war es für Absolventen, die auf den Verdienst angewiesen waren, unmöglich solche Stellen anzunehmen.[238] Mehrfach gelang es nicht, trotz bestehender Verbindungen und Zusagen, Absolventen unterzubringen, weil die zuvor entlassenen Arbeitskräfte vor Ort sich anboten und wegen der Ausreisekosten etc. die wesentlich billigere Alternative darstellten.[239] Trotzdem gelang es immer wieder einzelnen Absolventen –

235 Vgl. Schreiben von Paul Hager an Direktor Fabarius vom 21.9.1920, in: AD, SA Paul Hager, Bl. 108; Adolf von Duisburg, Der Indologische Lehrgang am Kolonialinstitut Amsterdam, in: DKP, 24/25 (1924/25) 4, S. 25-27.

236 Vgl. Durchschrift eines Schreibens von Direktor Fabarius an Rudolf Alfermann (Vater) vom 29.12.1925, in: AD, SA Rolf Alfermann, unpag.; Schreiben von Rudolf Alfermann an Direktor Fabarius vom 15.9.1926, in: ebd., unpag.

237 Vgl. Voigt, 60 Jahre, S. 6 (Zitat ebd.).

238 Vgl. Schreiben von Walter Breipohl an Direktor Arning vom 8.10.1930, in: AD, SA Walter Breipohl, Bl. 116; Durchschrift eines Schreibens von Direktor Arning an Herrn F. Westermann vom 15.2.1932, in: ebd., SA Kurt Pflanz-Jäger, unpag. Vgl. zu den Auswirkungen der Krise allgemein: Dietmar Rothermund, Einleitung: Weltgefälle und Wirtschaftskrise, in: ders. (Hg.), Die Peripherie in der Weltwirtschaftskrise: Afrika, Asien und Lateinamerika 1929-1939, Paderborn 1983, S. 13-35.

239 Vgl. Durchschrift eines Schreibens von Direktor Arning an Frau Elise Koehn (Mutter) vom 6.1.1931, in: AD, SA Gerhard Koehn, Bl. 76.

meistens aufgrund persönlicher Beziehungen –, bezahlte Stellen zu ergattern.[240] Ende 1932 glaubte Arning dann bereits Anzeichen für eine leichte Besserung der wirtschaftlichen Situation erkennen zu können. Aber noch immer schlug er Absolventen vor, eher eine Führerstellung im Freiwilligen Arbeitsdienst (FAD) anzustreben. In dieser Richtung hatte er in Hannover Verhandlungen mit der Arbeitsdienststelle »Ardin« (Arbeitsdienst in Niedersachsen) geführt. Ihm wurde zugesagt, dass empfehlenswerte Absolventen, die zu Ostern 1933 fertig würden, zur Schulung für den Führerdienst herangezogen werden sollten.[241] Für den im Sommer 1931 gegründeten FAD schienen die Kolonialschüler aufgrund ihrer Ausbildung geradezu prädestiniert zu sein, »da sie über die Art der Organisation von der DKS aus« mit dessen Organisationsform schon vertraut seien, und deshalb nicht selten zu Führeranwärtern ausgebildet wurden.[242] Ein Absolvent durchlief eine FAD-Schulung im Lager Riefensbeek bei Osterode im Harz. Die feste Lagerordnung und das Prinzip unbedingten Gehorsams waren ihm in der Tat von der Kolonialschule her vertraut. Er wurde später zum Führer eines neu errichteten Lagers ernannt.[243] Die Kandidaten für die Führerschulungslager sollten möglichst bereits in einem FAD-Lager tätig gewesen sein. Einem Kandidaten für eine solche Schulung riet Arning deshalb, sich ein solches Lager in der Gegend zu suchen. Danach sollte er sich durch die Vermittlung eines ihm nahestehenden Dienstträgers (Jungdeutscher Orden, Stahlhelm etc.) um die Berufung zu einem Führerschulungskurs bemühen.[244] Auch laut Arning war die Vorbildung aus Witzenhausen für eine solche Führerstellung »eine ganz besonders geeignete«, deshalb zeigten die entsprechenden Verantwortlichen eine »hohe Zufriedenheit mit den Leistungen unserer Herren«. Trotzdem bildeten diese Führerstellen nach seiner Ansicht nur eine Übergangsposition für Übersee, »eine schätzenswerte Vorübung und Empfehlung für draussen«.[245]

240 Vgl. Schreiben von Heiko Arndt an Direktor Arning vom 22.7.1932, in: ebd., SA Heiko Arndt, Bl. 63 (VS + RS).

241 Vgl. Durchschrift eines Schreibens des Direktors der DKS an Wera von Wurmb (Mutter) vom 16.12.1932, in: ebd., SA Hans von Wurmb, unpag.

242 Vgl. Durchschrift eines Schreibens des AHV-Verbandes, Treue, an Max Baumgartner vom 13.8.1932, in: ebd., SA Max Baumgartner, Bl. 73 (Zitat ebd.).

243 Vgl. Bericht über meine Tätigkeit beim Ardin (Arbeitsdienst Niedersachsen) von Gerd Stachow vom 12.10.1932, in: AD, SA Gerd Stachow, unpag. Vgl. zum Freiwilligen Arbeitsdienst und speziell zu dessen Lagern: Peter Dudek, Erziehung durch Arbeit. Arbeitslagerbewegung und freiwilliger Arbeitsdienst 1920-1935, Opladen 1988, S. 232ff.; Patel, Soldaten, S. 209ff.

244 Vgl. Durchschrift eines Schreibens von Direktor Arning an Friedrich-Walter Emrich vom 31.10.1932, in: AD, SA Friedrich-Walter Emrich, Bl. 35.

245 Vgl. Durchschrift eines Schreibens des Direktors der DKS an Rudolf Bartholl vom 18.1.1933, in: ebd., SA Rudolf Bartholl, Bl. 94 (VS + RS) (Zitate Bl. 94 VS).

Ausreise

Die Ausreise und die Fahrt mit dem Schiff, die – je nach Ziel und Zwischenaufenthalten – vier bis sechs Wochen dauerte, behielt auch in dieser Zeit ihre Bedeutung als Grenzüberschreitung, als Vorstoß in eine »neue Welt«, dem ein gewisser Zauber innewohnte. Oder, wie es ein Absolvent sehr treffend ausgedrückt hat: »Nur wer eine erste Schiffsreise einer Auswanderung erlebt hat, wird ermessen können, was man empfindet, wenn der Anker gelichtet und die Schiffstaue am Kai gelöst werden. Es ist ein Abschied der alten Heimat, gleichzeitig die Spannung auf alles Neue, was auf einen zukommen wird.«[246]

Bereits die Abfahrt in Hamburg oder Bremerhaven war eine hochemotionale Angelegenheit. Die Zeit vor dem Gang an Bord nutzten die Ausreisenden zu letzten Kartengrüßen. Das Einziehen der Landungsstege kappte die letzte Verbindung mit der Heimat, Abschiedsworte gingen vom Kai zum Schiff hin- und herüber. Nachdem die Leinen losgemacht wurden, erklang »Muß i denn zum Städtele hinaus«. Vielen war wohl bewusst, dass es ein Abschied für immer sein würde. Die Stimmung an Bord wurde von der Hoffnung auf die Zukunft bestimmt.[247]

Auf recht dramatische Weise bestätigte dieses Muster ein Absolvent, der nur einen Monat nach seinem schwärmerischen Brief über die Ausreise in Kamerun verstarb. Er war wohl zum ersten Mal im Ausland, berichtete über seine »herrliche Seereise«, die er offensichtlich in vollen Zügen genoss. Von Rotterdam aus fuhr er nach Amsterdam und Den Haag. Die Kanarischen Inseln vermittelten ihm einen ersten Eindruck von der Farbenpracht des Südens: »Zuletzt gings gar nicht mehr in die Augen hinein, all das Bunte und Lebensfrohe.« In Freetown erlebte er zum ersten Mal Afrika. Ihm war es – nach seiner Beschreibung – nicht so fremd, da er in Witzenhausen manches darüber gehört hatte.[248]

Auch die Widrigkeiten einer Seereise erwischten die Ausreisenden, häufig schon im Ärmelkanal. In der Biskaya wartete dann oftmals schwere See auf die Passagiere. Danach war das Gröbste überstanden und man konnte See und Reise genießen. »Eine tiefdunkle See mit einem silbernen Streifen spiegelte glatt bis zum Horizont. Andererseits war es bei Tage ein mir unvergesslicher Anblick, wie die weite Fläche des Meeres uns umgab, die See tiefblau wie dünnflüssige Tinte, doch so klar, dass man bis 15 m und tiefer ins Wasser sehen konnte.« Über Madeira und die Kanarischen Inseln ging es weiter. Eine Woche später landete

246 Hanns Bagdahn, »Mein Leben«, Witzenhausen 2003, S. 15f.

247 Vgl. Bericht von Robert Massow »Von Bremen über Buenos Aires nach Chile. 13.X. bis 13.XI. 1923«, in: AD, SA Robert Massow, unpag.

248 Vgl. Abschrift eines Schreibens von Wolfgang Schuster an Dr. Winter vom 2.7.1928, in: ebd., SA Wolfgang Schuster, unpag. (Zitat ebd.). Abgedruckt in: DKP, 28 (1928) 2, S. 59-63.

man in Monrovia, mit seinem feuchten und heißen tropischen Klima. Wenig später kam der Kamerunberg in Sicht, das Ziel vieler Reisender. »Der Anblick war überwältigend schön. Im Vordergrund das schwarze Meer, dann die blauen Höhen von Viktoria, und dahinter der purpurrote Himmel mit dem aufgehenden glühenden Sonnenball, links abgeschlossen von dem erdrückenden Massiv.«[249] Durch die langen Aufenthalte in den einzelnen Häfen wurde die Reise interessant; die Passagiere bekamen viel zu sehen. Dem geschulten Auge fielen dabei besonders die Bewässerungsanlagen der Bananenplantagen in Teneriffa und die Pflanzungen in São Tomé auf.[250] Die meisten Auswanderer genossen offensichtlich die Schiffsreise, besonders dann, wenn auch das Wetter mitspielte. Dann konnte man an Deck liegen, zeitweise dort auch schlafen. Zu den gepflogenen Ritualen gehörte die Äquator-Taufe. Anfang 1929 erhielt dabei ein Absolvent bezeichnenderweise bereits den Namen »Tropennazi«.[251]

Beruflicher Werdegang

Die Mitgliederverzeichnisse des Altherrenverbands geben Aufschluss über die geografische Verteilung, zumindest für die dort organisierten Absolventen. Das waren 1928 408; von diesen arbeiteten 163 in Deutschland, 18 im übrigen Europa. Mit insgesamt 91 war die größte Gruppe außerhalb Europas in Amerika tätig, davon zwölf in Nordamerika, 29 in Zentralamerika (davon zwölf in Guatemala) und 50 in Südamerika (davon alleine 13 in Argentinien, jeweils zehn in Brasilien und Paraguay). 76 Absolventen arbeiteten in Afrika, 43 in Süd- und Südwestafrika (davon 30 in Südwest-Afrika), 21 in Ostafrika (davon 17 im ehemaligen DOA), und zwölf in Westafrika (davon neun in Kamerun). 40 Absolventen entfielen auf Asien, Australien und die Südsee (davon 33 auf Niederländisch-Indien). Die Adressen von 20 Absolventen waren unbekannt.[252]

Nicht zuletzt aufgrund der wirtschaftlich schwierigen Zeiten, verblieb ein recht hoher Anteil der Absolventen in Deutschland. Exemplarisch sei hier ein Schüler genannt, der im März 1932 sein Diplom erhielt. Seinen ursprünglichen Plan, ins Ausland zu gehen, gab er auf, als ihm eine gute Stellung beim Viehwirtschaftsverband Mecklenburg angeboten wurde. Den Entschluss, Landwirtschaft

249 Vgl. Schreiben von Rudolf Leonhardt vom 27.11.1923, in: ebd., Ordner Auslandsbriefe, Bl. 172-174 (Zitate Bl. 172).

250 Vgl. Abschrift eines Schreibens von Hans Knorz an Direktor Arning vom 2.11.1929, in: ebd., SA Hans Knorz, unpag. (Zitate ebd.).

251 Vgl. Schreiben von Joseph Deubner an Direktor Arning vom 4.2.1929, in: ebd., SA Joseph Deubner, Bl. 102.

252 Vgl. Mitgliederverzeichnis des Verbandes »Alter Herren«, in: DKP, 28 (1928) 1, S. 53-61.

zu studieren, konnte er erst 1945 nach seiner Entlassung aus der Kriegsgefangenschaft verwirklichen. Drei Jahre später promovierte er in Kiel; danach übernahm er die Landwirtschaftliche Beratung für Rhenania-Dünger, der Verkaufsgemeinschaft Deutscher Kaliwerke, im Gebiet Weser-Ems. Diese Position, in der er sehr erfolgreich tätig war, hatte er bis zu seinem Tod im Jahre 1965 inne.[253]

Ebenfalls in Deutschland verblieb der spätere hessische NPD-Landtagsabgeordnete Hartwig Golf, Sohn des eng mit der Kolonialschule verbundenen Professors Richard Arthur Golf. Er besuchte von 1930 bis 1932 die DKS und war danach in der Landwirtschaft und als Verwalter tätig. Es folgte ein Jahr freiwilliger Wehrdienst, und ab 1936 begann Golf ein Studium, das er 1939 mit der landwirtschaftlichen Diplomprüfung beendete. 1940 promovierte er in Leipzig; bereits 1939 war er zum Wehrdienst einberufen worden, jedoch nach dem Polenfeldzug wieder entlassen. Längere Zeit war Golf dann als Betriebsleiter im östlichen Reichsgebiet tätig, bevor er erneut einberufen wurde. Nach seiner Entlassung aus der Kriegsgefangenschaft 1947 begann er bei der Land- und Forstwirtschaftskammer für Hessen-Nassau als Wirtschaftsberater, war dann ab 1959 als Fachberater für Flurbereinigung tätig. Seit 1965 war Golf Mitglied der NPD und saß für diese Partei von 1969 bis 1970 im Hessischen Landtag.[254]

Bei den ins Ausland gehenden Absolventen ergaben sich die vielfältigsten Lebenswege, bedingt durch unterschiedliche Einflussfaktoren wie Zeitpunkt und Ziel der Auswanderung, wirtschaftliche Entwicklung sowie in der Person selbst liegende subjektive Gründe. Aber auf jeden Fall war für viele der Absolventen ein rasches berufliches Vorwärtskommen kaum möglich. So berichtete einer von ihnen aus Argentinien, dass man wohl acht bis zehn Jahre praktisch tätig sein müsse, um auch nur die Aussicht zu haben, eine gute Stellung angeboten zu bekommen. Frustriert war er drauf und dran, das Land zu verlassen und wollte nach Niederländisch-Indien. Er blieb dann aber doch für Jahrzehnte dort.[255]

Die meisten der Witzenhäuser Absolventen mussten beruflich weit unten beginnen; wie das dann konkret aussah, hing vom jeweiligen Land, vom Arbeitgeber etc. ab. Wahrscheinlich war es in den allgemein als gut geführt beschriebenen

253 Vgl. Diplomlandwirt Dr. Erich Schütte verstorben, in: Landwirtschaftliches Blatt Weser-Ems vom 27.8.1965, zit. nach: AD, SA Erich Schütte, unpag.; Erich Schütte, Weidemast und Milchviehhaltung in der schleswigschen Weidemarsch, Diss. Universität Kiel 1948.

254 Vgl. Jochen Lengemann, Das Hessen-Parlament 1946-1986. Biographisches Handbuch des Beratenden Landesausschusses, der Verfassungsberatenden Landesversammlung und des Hessischen Landtags (1.-11. Wahlperiode), Frankfurt a.M. 1986, S. 267; Hartwig Golf, Der Einfluß des Landwirtschaftstarifs auf die Verwendung der Elektrizität in landwirtschaftlichen Gebieten der Energie A.-G. Leipzig, Diss. Universität Leipzig 1940.

255 Vgl. Schreiben von Herbert Forstmann an Direktor Fabarius vom 25.8.1921, in: AD, SA Herbert Forstmann, Bl. 145.

Pflanzungen in Niederländisch-Indien noch am einfachsten. Ein dort tätiger Absolvent meldete sich, kurz nachdem er dort begonnen hatte und war stolz darauf, seine in Witzenhausen erworbenen Kenntnisse in die Praxis umzusetzen, was ihm schon einige anerkennende Worte seitens seines Chefs eingetragen hatte. Er hob die Größe der Pflanzung hervor und die Vielseitigkeit seiner Tätigkeit. Momentan bauten sie Häuser für die Assistenten mit Stallungen und Bedientenwohnungen sowie ein Hospital mit 1.500 Betten für die 6.000 Arbeiter. Er selbst war gerade mit dem Bau einer Feldbahn beschäftigt, in ziemlich schwierigem Gelände und mit eher primitiven Mitteln, was ihm, der im Fach Kulturtechnik nicht allzu intensiv aufgepasst hatte, einiges Kopfzerbrechen bereitete. Aber er wollte sich als echter »Kulturpionier« zeigen und mit frischem Mut an die Aufgabe herangehen.[256]

Auch Hans-Jürgen von Hase, der sich später erfolgreich selbständig machen sollte, begann nach erfolglosen Bemühungen um eine Stelle, auf einer der Farmen des Vaters seines Semesterkollegen Harald Voigts als unbezahlter Eleve. Das war nach seinen Aussagen eine harte Schule, jeder Tag war mit Arbeit voll ausgefüllt, allerdings lernte er auch viel dazu.[257] Der Start als unbezahlter Volontär war jedenfalls keine Ausnahme.[258]

Nicht alle trafen es gut, die meisten Witzenhäuser sahen sich als Neulinge ziemlichen Schwierigkeiten gegenüber. Sie kamen nach eigener Aussage nur mit Arbeit, Geduld und Ausdauer weiter. Die alteingesessenen Arbeitskräfte verteidigten ihr Terrain gegen sie.[259] Ziemlich frustriert äußerte sich nach einem halben Jahr in Südafrika Wolfgang Delfs-Fritz, von 1927 bis 1930 an der Kolonialschule. Er sah nur die Möglichkeit, dass sich Kolonialschüler dort selbständig machten, denn Assistentenstellen, die eine gewisse Verantwortung beinhalteten, seien kaum zu finden, da der Bedarf durchweg durch junge, im Lande geborene Leute gedeckt werde. Seine eigene Anstellung sei reine Gefälligkeit gewesen, was man auch an seinen Arbeiten ersehen könne, welche die eines Praktikanten seien, teilweise sogar solche, »die sonst die Kaffern allein machen«.[260] Eine ähnliche Empfehlung gab ein Absolvent aus Chile; auch dort müssten sich die jungen Ko-

256 Vgl. Schreiben von Ernst Poll an Professor Fabarius vom 28.7.1920, in: ebd., SA Ernst Poll, unpag.

257 Vgl. Hans-Jürgen von Hase, Farmer in Südwestafrika, in: DTL, 63 (1962), S. 69-77, hier S. 71.

258 Vgl. Schreiben von Hans Ahlfeld an Direktor Arning vom 25.3.1933, in: AD, SA Hans Ahlfeld, Bl. 52.

259 Vgl. Schreiben von Paul Schwabe an Direktor Fabarius vom 30.12.1923, in: ebd., SA Paul Schwabe, unpag. Schwabe verübte später Selbstmord; die Gründe waren nicht klar. Vgl. Schreiben von Rudolf Haeckel an die DKS und den Altherrenverband der Kameradschaft Wilhelmshof vom 22.11.1927, in: ebd., unpag.

260 Vgl. Abschrift eines Schreibens von Wolfgang Delfs-Fritz an Direktor Arning vom 15.5.1932, in: ebd., SA Wolfgang Delfs-Fritz, Bl. 95 (Zitat ebd.).

lonialschüler nach vier bis fünf Jahren selbständig machen können, denn als Angestellter käme man nicht sehr weit.[261]

Als abhängig Beschäftigte waren diese Absolventen naturgemäß vom Wohl und Wehe ihrer Vorgesetzten abhängig. Da spielten – wie heute auch – persönliche Sympathien oder eben Antipathien eine nicht zu unterschätzende Rolle. Das konnte zu Spannungen und Unzufriedenheit führen.[262] Wenn es nicht der Vorgesetzte war, konnte es die Frau des Hauses sein, die für Unfrieden sorgte, wie ein Absolvent aus Kenia berichtete. Mit dem Chef kam er zurecht, aber dessen Frau schikanierte die Angestellten mit Herrschaftsgesten und einem entsprechenden Umgangston in ordinärstem Deutsch. Er empfahl Arning bei künftigen Assistenten, die angefordert würden, darauf Rücksicht zu nehmen.[263]

Je nach konkreter Situation wurden die Assistenten aber auch durchaus mit anspruchsvolleren Tätigkeiten betraut. So berichtete einer aus Ostafrika, dass auf seiner im Aufbau befindlichen Kaffeepflanzung Traktoren eingesetzt würden, bei denen er die Störungen selbst behob. Im Mittelpunkt seiner Arbeit stand der Bau einer Kaffeeaufbereitungsanlage, die er zusammen mit seinem Chef vorbereitet hatte. Nun überwachte und kontrollierte er die Bauarbeiten.[264] Gleiches konnte ein Assistent auf einer Sisalpflanzung ebenfalls aus Ostafrika berichten. Auch er war für den ganzen Außenbetrieb der Pflanzung, für die Einteilung und Beaufsichtigung der Arbeiter, Schneiden, Reinigen, Wegebau, Roden und Neupflanzung verantwortlich.[265]

Die Situation der Assistenten verschärfte sich im Zuge der Weltwirtschaftskrise erheblich; viele von ihnen wurden entlassen oder ihre Verträge nicht verlängert, und sie konnten dann natürlich nur sehr schwer neue Anstellungen finden. Ein Absolvent berichtete aus Ostafrika, dass er schon seit Monaten auf der Suche nach einem neuen geeigneten Posten sei. Er hatte aber seltenes Glück, bewarb sich bei der sehr begehrten Deutsch-Ostafrikanischen Gesellschaft (DOAG) und sollte im kommenden Jahr einen Posten bekommen. Da überraschend auf einer Pflanzung der Gesellschaft ein Leiterposten frei wurde, konnte er diesen für fünf Monate zur Überbrückung übernehmen.[266]

261 Vgl. Schreiben von Otto Ankelen vom 26.3.1929, in: ebd., Ordner Auslandsbriefe, Bl. 205.

262 Schreiben von Irmfried Ringhardtz an Direktor Arning vom 12.7.1930, in: ebd., SA Irmfried Ringhardtz, unpag.

263 Vgl. Schreiben von Joseph Deubner an Direktor Arning vom 27.3.1929, in: ebd., SA Joseph Deubner, Bl. 103-104.

264 Vgl. Schreiben von Joachim Näumann vom 18.3.1928, in: ebd., Ordner Auslandsbriefe, Bl. 47.

265 Vgl. Schreiben von Hans Karl Treue an Direktor Fabarius vom 2.7.1927, in: ebd., SA Hans Karl Treue, Bl. 132-133.

266 Vgl. Schreiben von Joachim Näumann vom 7.12.1930, in: ebd., Ordner Auslandsbriefe, Bl. 78.

Erst im Laufe der Zeit – vor allem mit wachsender beruflicher Erfahrung – war es für die Absolventen möglich, Positionen zu erreichen, die besser bezahlt waren und eine größere Selbständigkeit mit sich brachten. So erging es einem Absolventen in Brasilien, dem seine ursprüngliche Arbeit auf der Fazenda mit der Zeit nicht mehr recht zusagte. Er hatte das Glück, bei derselben Firma eine Stelle als Administrator auf einer ihr ebenfalls gehörenden Milchviehwirtschaft zu finden. Das war eine sehr vielseitige, verantwortungsvolle Tätigkeit.[267]

In führende Positionen vorzurücken, gelang aber nur wenigen Absolventen. So zum Beispiel einem, der nach mehrjähriger Tätigkeit auf Samoa und Fernando Póo eine Stelle als Leiter des Bezirks Missellele der Westafrikanischen Pflanzungsgesellschaft Victoria in Kamerun bekam.[268] Bis zum Leiter einer Pflanzung brachten es einige Absolventen. Einer davon war Erich Mylord, der die Kolonialschule von 1919 bis 1921 besuchte. Er arbeitete dann zwei Jahre auf Fernando Póo, anschließend drei Jahre auf einer Kaffeepflanzung in Mexiko. 1926 begann er als Pflanzungsleiter für die Westafrikanische Pflanzungsgesellschaft Viktoria in Kamerun. Während des Krieges folgte die Internierung, zunächst in Nigeria und dann bis 1946 auf Jamaika. In der Nachkriegszeit arbeitete er bis 1953 als Dolmetscher an einer englischen Militärdienststelle in Hamburg. Dann reiste er noch einmal nach Liberia aus, wo er in leitender Position auf einer Kaffee- und Kakaopflanzung tätig war. 1962 kehrte er nach Deutschland zurück und ließ sich in Witzenhausen nieder.[269]

Diejenigen Absolventen, die sich unmittelbar selbständig machen konnten – sehr viele waren es ohnehin nicht –, fingen ebenfalls oft sehr klein an. Ein Absolvent, der nach Chile gegangen war, um eine Melonenpflanzung aufzubauen, berichtete nach einem Jahr, dass seine ersten drei Monate wegen seiner mangelnden Spanischkenntnisse schier zum Verzweifeln gewesen seien. Es folgten Monate schwerster körperlicher Arbeit, mit nächtlichem Wachen auf der Pflanzung und Schlafen unter dem Sternenzelt, um nicht alle Frucht durch Raub zu verlieren. Der Ertrag war mäßig, doch konnte er während des ganzen Jahres im Hause eines Witzenhäuser Kollegen leben, der seine Schwester geheiratet hatte.[270]

Nach Jahren abhängiger Beschäftigung baute Werner Voigt eine Pflanzung im Hochland von Mufindi in Ostafrika auf. Wie so viele verlor er seinen Besitz im

267 Vgl. Schreiben von Werner Plaas an die Kameradschaft vom 21.3.1926, in: ebd., SA Werner Plaas, unpag.

268 Vgl. Schreiben von Kurt Güther an Direktor Fabarius vom 23.10.1925, in: ebd., SA Kurt Güther, Bl. 119-121, hier Bl. 119 VS.

269 Vgl. Johann Georg Thierolf, Erich Mylord gestorben, in: Uu, Nr. 50, Oktober 1988, S. 2-4; Erich Mylord, Kakao. Anbau und Düngung, Bochum (Ruhr-Stickstoff AG) 1953; ders., Neues vom Kakao, in: DKP, 1953, S. 32-39; ders., Neue Forschungsergebnisse und Erfahrungen beim Kakao, in: DTL, 64 (1963), S. 49-59.

270 Vgl. Schreiben von Arno Göttner an Theodor Bindel vom 12.6.1926, in: AD, SA Arno Göttner, Bl. 74-76.

Abb. 3: Erich Roeber, Absolvent von 1927, auf seiner Farm in Otjiwarongo/Südwestafrika (aus seinem Fotoalbum von 1935)

Krieg, kehrte jedoch nach achtjähriger Kriegsgefangenschaft mit seiner Frau zurück und fing von vorne an. Er kaufte das Land und legte eine Teepflanzung an. »Für viele Jahre arbeitete ich mit Afrikanern, half ihnen bei der Entwicklung ihres Landes und schaffte uns zur gleichen Zeit eine Existenz. Wir sprechen ihre Sprache. Sie sind unsere Freunde.« Die Tee-Ernten waren recht gut, Mufinditee galt als afrikanische Spitzenqualität. Seine Farm Kifyulilo wurde später zu einer staatlichen Tee-Versuchsstation.[271]

Ein Teil der Absolventen war in angrenzenden oder gar völlig fremden Berufsfeldern tätig. Sehr exotisch war dabei sicher der Lebensweg von Albert Matterstock, der die Kolonialschule von 1928 bis 1930 besucht hatte, auf Drängen des Vaters hin aber vorzeitig abgegangen war, weil er nach Südwestafrika gehen sollte. Er schlug dann aber einen gänzlich anderen Weg ein und stieg zu einem damals recht bekannten Film- und Bühnenschauspieler auf. Matterstock trat in insgesamt über 30 Filmen auf, verdiente gut, konnte dann aber im Nachkriegsdeutschland nicht mehr an seine früheren Erfolge anknüpfen. Er verfiel nach

271 Vgl. Voigt, 60 Jahre, S. 235 (Zitat ebd.); Gerhard Sontag, Kameradenbrief, in: Uu, Nr. 18, Oktober 1972, S. 33-43, hier S. 35. Vgl. zur Kifyulilo Research Sub-Station: www.agriculture.go.tz/Organization%20structure/ARD/southern%20highlands%20zone.html.

einer Krankheit dem Morphium. Matterstock endete im Obdachlosenasyl und starb am 29. Juni 1960 infolge seines jahrelangen Medikamentenmissbrauchs.[272]

Hans-Wilhelm Lippoldes, von 1925 bis 1927 auf der DKS, besuchte nach Abschluss die School voor Suiker-Industrie in Amsterdam, war dann von 1929 bis 1932 als Chemiker auf Java tätig. Von 1933 bis 1935 studierte er Staatswissenschaften in Freiburg und promovierte mit einer Arbeit über die Zuckerindustrie auf Java. Von Ende 1935 bis 1939 war er als Betriebsleiter und Fabrikbesitzer in Tanganjika tätig. Nach seiner Entlassung aus der Internierung wurde er 1947 als Chefdolmetscher beim Länderrat der Bizone in Frankfurt eingestellt. Nach einjähriger Tätigkeit als freier Journalist trat er 1951 in das Auswärtige Amt ein. Er war auf Posten in Pretoria und Djakarta. Seit Anfang 1961 war er in der Handelspolitischen Abteilung des Auswärtigen Amts tätig; 1963 wurde er Deutscher Botschafter in Ruanda; 1968 in Lesotho. Lippoldes verstarb 1992.[273]

Gerade für diese Generation gilt in besonderem Maße, dass ihr Berufsweg durch den Einschnitt des Zweiten Weltkriegs sehr häufig entscheidende Änderungen erfuhr, sei es durch den Verlust ihres Eigentums, durch Internierung und Kriegsgefangenschaft oder durch andere prägende Ereignisse. Viele Absolventen verblieben nach Kriegsende in Deutschland, einigen gelang der erneute Absprung in das Ausland. Einer derjenigen, die zu der zweiten Gruppe gehörten, war Wolfgang Menzel. Er besuchte die Kolonialschule von 1929 bis 1932, jugendliche Abenteuerlust und ein starkes Interesse am kolonialen Gedanken sollen ihn dazu motiviert haben. Nach der Schule ging er nach Ostafrika, schlug sich mehr schlecht als recht durch, arbeitete über ein Jahr als Berufsjäger. 1939 befand er sich im Erholungsurlaub in Deutschland, als er vom Krieg überrascht wurde, der eine Rückkehr nach Ostafrika verhinderte. Bis Oktober 1940 gehörte er der Wehrmacht an; danach arbeitete er im Referat für koloniale Sozialpolitik des Arbeitswissenschaftlichen Instituts der Deutschen Arbeitsfront (AwI).[274]

272 Vgl. Hans Stein, Alles hat am Eibsee begonnen, in: Abendpost vom 25.10.1963, zit. nach: AD, SA Albert Matterstock, unpag.; In Memoriam Albert Matterstock, in: Der Spiegel, Nr. 28 vom 6.7.1960, S. 63.

273 Vgl. Deutscher Botschafter in Ruanda, in: Afrika-Post, 9/1962, zit. nach: AD, SA Hans-Wilhelm Lippoldes, unpag.; Dr. Lippoldes Botschafter für Lesotho, in: Afrika-Post, 2/1968, zit. nach: ebd., unpag.; Hans-Wilhelm Lippoldes, Die Javazuckerindustrie, Diss. Universität Freiburg i.Br. 1935.

274 Vgl. Ich treffe einen Elefantenjäger in Berlin, in: Berliner illustrierte Zeitung vom 11.1.1941, zit. nach: AD, SA Wolfgang Menzel, unpag. Zum AwI vgl.: Karl Heinz Roth, Intelligenz und Sozialpolitik im »Dritten Reich«. Eine methodisch-historische Studie am Beispiel des Arbeitswissenschaftlichen Instituts der Deutschen Arbeitsfront. München u.a. 1993. In diesem Zusammenhang ist ein weiterer AwI-Witzenhäuser zu nennen: Horst Weitzenberg, der seine Kindheit in Südwestafrika verbracht hatte, 1928 nur kurz die Kolonialschule besuchte, dann nach Tanganjika ging, dort eine eigene Kaffee-Pflanzung betrieb und als Verwalter einer Zinn-Mine

Ab Oktober 1934 Mitglied der NSDAP, konnte er seine koloniale Kompetenz, die er auf der DKS und bei seiner praktischen Tätigkeit in Ostafrika erworben hatte, für die Kolonialplanungen der Deutschen Arbeitsfront (DAF) einsetzen. Menzel zeichnete für eine Reihe von Denkschriften verantwortlich, unter anderem für einen sozialen Organisationsplan für Ostafrika und eine Abhandlung über die arbeits- und sozialpolitische Entwicklung im afrikanischen Bergbau.[275] Er war ab 1950 bei Wolfgang Zarnack in Südafrika tätig, einem Mitschüler aus Witzenhausen. Seit 1965 war Menzel Seniorbeamter für die landwirtschaftliche Entwicklung der Ovambo-Kaoko-Damaragebiete Südwestafrikas. Ab 1970 war er wieder in Südafrika tätig.[276]

Bei den fachfremd tätigen ehemaligen Kolonialschülern traten ab 1933 NS-spezifische Beschäftigungen hinzu, vorwiegend aber zumindest mit Verbindung zur Landwirtschaft oder zur Kolonialpolitik. Häufig konnten sie dabei auf bereits etablierte »Kameraden« zurückgreifen. Nicht zu Unrecht konnte Theodor Frank über die »außerordentlich hohe Zahl führender Männer in Partei und Staat« berichten, welche die Kolonialschule absolviert hatten.[277] Besonders deutlich wurde das im Fall des Reichsbauernführers und Reichsministers für Ernährung und Landwirtschaft, Richard Walther Darré, der mindestens 15 Kolonialschüler, die vor 1933 die Schule absolviert hatten, in den Reichsnährstand, ihm nachgeordnete Organisationen oder das Reichsministerium holte. Sieben von ihnen kannte er noch persönlich aus seiner eigenen Zeit in Witzenhausen. Alleine sechs von diesen 15 zog er in sein Stabsamt, ein weiterer wurde sein Adjutant.[278] Einer von ihnen landete interessanterweise bei der Kreisbauernschaft Witzenhausen.[279]

arbeitete. Seine kolonialen Erfahrungen nutzte er ab 1940 im AwI, wo er zum Abschnittsleiter Tropischer Landbau, Eingeborenenarbeit und -erziehung aufstieg. Vgl. Undatierter Zeugnisentwurf für Weitzenberg von Wilhelm Rothhaupt [nach dem 9.2.1943], in: BAB, NS 5 VI, Nr. 39830, Bl. 125.

275 Vgl. Undatierter Zeugnisentwurf für Menzel von Wilhelm Rothhaupt [nach dem 9.2.1943], in: ebd., Bl. 114. Zu den Denkschriften: Der soziale Organisationsplan Deutsch-Ostafrikas. Richtlinien für die praktische Durchführung, o.Dat., in: ebd., Nr. 39652; Die arbeits- und sozialpolitische Entwicklung im afrikanischen Bergbau, Dezember 1940, zit. nach: Sozialstrategien der Deutschen Arbeitsfront, hg. von der Hamburger Stiftung für Sozialgeschichte des 20. Jahrhunderts, München u.a. 1986ff., B/2, Nr. 31, Fiche 21-22, Bl. 1913-1947.

276 Vgl. Wolfgang Menzel, Die Grundprinzipien der landwirtschaftlichen Entwicklungsplanung in Bantugebieten, in: TL, 69 (1968), S. 65-68; Gerhard Sontag, Kameradenbrief, in: Uu, Nr. 10, Oktober 1968, S. 29-42, hier S. 31.

277 Theodor Frank, Liebe Kameraden!, in: DKP, 37 (1937) 1/2, S. 47-49, hier S. 47.

278 Eigene Berechnungen anhand der Schüler-Datenbank.

279 Vgl. R.u.S.-Fragebogen von Albert Ullrich vom 30.8.1937, in: BAB, RS, Film G 369, Bl. 1404-1408, hier Bl. 1406. Darré hatte diese Absicht, trotz seiner Abneigung

Karl-August Stuckenberg, der die Schule von 1927 bis 1929 besuchte, wurde danach Assistent am Kolonialkundlichen Institut der DKS. Ab April 1930 war er in verschiedenen Funktionen in Ostafrika tätig, bevor er im September 1935 nach Deutschland zurückkehrte und Kolonialreferent bei der Antikomintern wurde, einer NS-Propagandaorganisation zur Bekämpfung der Kommunistischen Internationale. Sie unterstand praktisch dem Reichsministerium für Volksaufklärung und Propaganda (RMVP). Qualifiziert hatte er sich dafür durch seinen Parteieintritt im November 1933 und die Mitbegründung einer NSDAP-Ortsgruppe in Ostafrika.[280] Er hatte die Stelle über seinen Semesterkollegen Friedrich Wilhelm Runge bekommen, der bereits im Ministerium beschäftigt war, und an den er sich mit der Bitte um Hilfe gewandt hatte.[281] Stuckenberg bewährte sich hervorragend, galt als außerordentlich pflichteifriger, unbedingt zuverlässiger und charakterlich einwandfreier Mitarbeiter. Sein Ausscheiden wurde als schwerer Verlust für die Antikomintern betrachtet, trotzdem wechselte er im Juli 1938 in das RMVP.[282]

Auch ansonsten waren die Absolventen während des Zweiten Weltkriegs gezwungen, ihre kolonialen Kompetenzen in anderen Bereichen einzubringen, zum Beispiel in den besetzten Gebieten. So waren einige von ihnen bei der Ostdeutschen Landbewirtschaftungsgesellschaft mbH (Ostland) bzw. der späteren Reichsgesellschaft für Landbewirtschaftung mbH (Reichsland) beschäftigt. Sie

gegen die Ausrichtung der Kolonialschule, offensichtlich schon sehr frühzeitig. Man kann unterstellen, dass er die Kolonialschüler als loyale und kompetente Mitarbeiter betrachtete. Vgl. Schreiben von Paul Fuchs (Vater) an Direktor Arning vom 5.7.1933, in: AD, SA Ernst Fuchs, Bl. 65.

280 Vgl. Formblatt Beschäftigung vor der Einstellung vom 16.9.1935, in: BAB, R 55, Nr. 24626, Bl. 6; Anlage zum undatierten Lebenslauf »Betr.: Aufenthalt im ehem. Deutsch-Ostafrika«, in: ebd., Bl. 29-31. Zur Antikomintern vgl.: Martin Finkenberger, Artikel Antikomintern, in: Wolfgang Benz (Hg.), Handbuch des Antisemitismus, Bd. 5: Organisationen, Institutionen, Bewegungen, Berlin/Boston 2012, S. 28-30.

281 Vgl. Schreiben von Karl-August Stuckenberg an Friedrich Wilhelm Runge, RMVP, vom 12.7.1935, in: BAB, R 55, Nr. 24626, Bl. 4. Vgl. zu Runge: Friedrich Wilhelm Runge, Kolonialpolitik auf völkischer Grundlage, in: DKP, 34 (1934) 2, S. 7-8; ders., Die deutsche Handels- und Kolonialpolitik der Vorkriegszeit, in: ebd., 39 (1939) 1/2, S. 1-4.

282 Vgl. Schreiben der Antikomintern an das RMVP, Referat II/4 vom 13.3.1936, in: BAB, R 55, Nr. 24626, Bl. 25; Schreiben des Reichsministers für Volksaufklärung und Propaganda an die Antikomintern vom 11.7.1938, in: ebd., Bl. 51; Karl-August Stuckenberg, »Kolonialbolschewismus«, in: Deutscher Kolonial-Dienst, 36 (1936) 1, S. 20-26; Bolschewismus in den Kolonialländern, in: ebd., 36 (1936) 3, S. 8-11. Stuckenberg war ab 1954 als Oberregierungsrat im Amt für Auswanderung des Bundesverwaltungsamtes tätig.

wurden vor allem im Warthegau eingesetzt.[283] Ein weiteres interessantes Einsatzgebiet bildeten Südrussland und die Südukraine, einschließlich der Krim, mit ihren Spezialkulturen wie Tabak, Tee, Baumwolle, Zitrusfrüchten etc.[284]

Arbeitsfeld »Entwicklungshilfe«

Einige Absolventen aus der Zeit vor 1933 entdeckten in der Nachkriegszeit das Arbeitsfeld »Entwicklungshilfe« für sich. Eigentlich ein nachvollziehbarer Vorgang, da sie selbst in aller Regel reiche Erfahrungen aus der tropischen Landwirtschaft mitbrachten und es andererseits zunächst an gut ausgebildeten jüngeren Experten in diesem Bereich mangelte.[285]

Das Wachstum der Bevölkerung in den Entwicklungsländern gerann in den 60er Jahren häufig zum Schlagwort der »Bevölkerungsexplosion«. Damals ging man verbreitet davon aus, durch eine effizientere Produktion an Nahrungsmitteln, vor allem durch den Einsatz von Kunstdünger, den wachsenden Bedarf befriedigen zu können. So argumentierte auch Constantin Heinemann, in der Vorkriegszeit lange Jahre auf Java tätig und seit 1953 für die Ruhr-Stickstoff AG und deshalb wohl nicht ganz zu Unrecht als Industrielobbyist anzusehen. Er hielt die Aufgabe für groß, aber lösbar, wenn verantwortungsbewusst gearbeitet, koordiniert und geholfen werde. Dabei falle der Entwicklungshilfe, welche die fortgeschrittenen Nationen zu leisten bereit waren, eine hervorragende Rolle bei der Lösung dieses Problems zu. Entscheidender Hebel zur Sicherung der Ernährung und Verbesserung des Lebensstandards sei die Landwirtschaft: »Wer Entwicklungshilfe leisten will, muß also Ausschau halten nach Mitteln, mit welchen die

283 Vgl. Schreiben von Gerd Stachow an das Archiv des Instituts für tropische und subtropische Landwirtschaft vom 19.12.1964, in: AD, AHV, Ordner Schriftwechsel 1964, M-Z, unpag.

284 Vgl. Lebenslauf von Gerhard Storbeck vom 18.6.1958, in: StAM, 314/1, Nr. 196, unpag.

285 Vgl. zur Kritik des Konzepts u.a.: Helga Engelbrecht (Hg.), Materialien zur Entwicklungshilfekritik. Aktuelle Beiträge zur Diskussion um die deutsche Entwicklungspolitik, Bonn 1969; Ansgar Skriver, Das Konzept der Hilfe ist falsch. Entwicklung in Abhängigkeit, Wuppertal 1977; Brigitte Erler, Tödliche Hilfe. Bericht von meiner letzten Dienstreise in Sachen Entwicklungshilfe, Freiburg i.Br. 1987; Dietmar Dirnmoser, Das »Projekt Entwicklung«. Eine Polemik, in: ders./Marianne Gronemeyer/Georgia A. Rakelmann (Hg.), Mythos Entwicklungshilfe. Entwicklungsruinen: Analysen und Dossiers zu einem Irrweg, Gießen 1991, S. 13-26; Marianne Gronemeyer, Hilfe, in: Wolfgang Sachs (Hg.), Wie im Westen, so auf Erden. Ein polemisches Handbuch zur Entwicklungspolitik, Reinbek 1993, S. 170-194; James Shikwati, Fehlentwicklungshilfe. Mit eigenständigen Lösungen kann Afrika eine neue Rolle spielen, in: Internationale Politik, 61 (2006) 4, S. 6-15.

Leistungen der Landwirtschaft verbessert werden können. Dieses sind die Urbarmachung neuer Landflächen und die Ertragssteigerung auf den vorhandenen Kulturflächen. Beide Wege müssen gegangen werden.« Die extensive Verwendung von Dünger sah er dabei als den Königsweg an. Die Düngemittelindustrie leiste so seit vielen Jahren »Entwicklungshilfe«.[286]

Diese Argumente waren Teil eines Rückständigkeits-Diskurses, der weit verbreitet und wirkungsmächtig war. Wolfgang Menzel, seit 1965 Seniorbeamter für die landwirtschaftliche Entwicklung der Ovambo-Kaoko-Damaragebiete Südwestafrikas, hielt vor allem eine Entwicklungsplanung für notwendig, die allerdings berücksichtigen müsse, dass die Landbaumethoden der Bantu »in unser hochentwickeltes ökonomisches System nicht hineinpassen«. Die Art und Weise, in welcher die Bantu ihre Ländereien bewirtschaften, sei überholt, außerdem vernachlässigten sie in aller Regel ihren Grund und Boden aus Unkenntnis und dem Festhalten an Traditionen.[287]

Die Verantwortlichen der Kolonialschule bemühten sich frühzeitig, Absolventen bei Stellenbesetzungen in der in den 50er Jahren anlaufenden Entwicklungspolitik ins Gespräch zu bringen. Für Stellen bei der Food and Agriculture Organization of the United Nations (FAO) hatte man vier Ehemalige empfohlen, von denen der Bundesminister für Ernährung, Landwirtschaft und Forsten den drei promovierten unter ihnen Personalfragebögen der FAO übersandte. Er wollte sie nach Prüfung der Unterlagen für die FAO benennen.[288] Winter sandte auch Listen mit Sachverständigen, die über Erfahrungen im Anbau von tropischen und subtropischen Kulturen verfügten, an das Bundesministerium für Ernährung, Landwirtschaft und Forsten (BML). Dort begrüßte man die Initiative; die Informationen seien für die Auswahl von Sachverständigen für einen Einsatz in den »unterentwickelten Gebieten« sehr wertvoll. Entsprechende Delegationen für Abessinien und Thailand waren bereits zuvor zusammengestellt worden. Ein Absolvent, Niklot von Blücher, war dabei für Thailand vorgesehen.[289] Bereits zuvor war von Blücher für einen anderen Auftrag eingeplant gewesen: Die Bundesregierung hatte anlässlich des Besuchs von Präsident Sukarno Ende Juni 1956 die Entsendung einer Sachverständigen-Delegation nach Indonesien angekündigt, zu der auch ein landwirtschaftlicher Experte gehören sollte. Die Mitglieder der Delegation sollten im Auftrage der Bundesregierung die indonesische

286 Vgl. Constantin Heinemann, Die Aufgabe der Mineraldünger in der Entwicklungshilfe, in: DTL, 66 (1965), S. 24-35 (Zitat S. 27).

287 Vgl. Wolfgang Menzel, Die Grundprinzipien der landwirtschaftlichen Entwicklungsplanung in Bantugebieten, in: TL, 69 (1968), S. 65-68 (Zitat S. 65).

288 Vgl. Schreiben des Bundesministers für Ernährung, Landwirtschaft und Forsten an die Deutsche Kolonialschule vom 22.12.1955, in: AD, Akte KKI 47-57, 4/5, Bl. 102.

289 Vgl. Schreiben des BML, Dr. Specks, an Reichslandwirtschaftsrat a.D. Dr. Curt Winter vom 6.7.1956, in: ebd., Bl. 226.

Regierung beraten und während ihrer ein- bis dreimonatigen Tätigkeit Gutachten erstellen. Der Bundesminister für Ernährung, Landwirtschaft und Forsten hatte von Blücher als Experten benannt. Es klappte wohl nicht; von Blücher wurde dann 1957 mit einer Delegation über Bangkok nach Vietnam geschickt.[290]

Im selben Jahr befanden sich bereits zwei Witzenhäuser Absolventen als Landwirtschaftliche Sachverständige im sudanesischen Regierungsdienst: Hans von Strenge wurde als Senior Project Officer, insbesondere für die Entwicklung des Kaffeeanbaus in den südlichen und westlichen Provinzen des Sudan und Roderich von Schönau-Wehr als Coffee Project Officer auf dem gleichen Arbeitsgebiet eingesetzt. Die Aussichten waren gut: »Die Besetzung der noch offenen Stellen auf dem landwirtschaftlichen Sektor durch deutsche Fachleute wird fortgesetzt.«[291]

Neben staatlichen Stellen entdeckten auch private Firmen dieses lukrative Arbeitsfeld. Die Agrar- und Hydrotechnik, eine Ingenieurfirma, erhielt 1962 durch die Europäische Wirtschaftsgemeinschaft (EWG) einen Auftrag für die Planung und das komplette Management eines Teeprojekts in der Republik Ruanda. Die Parzellen der zu errichtenden 1.000 ha großen Teeplantage sollten in das Eigentum afrikanischer Kleinpflanzer übergehen; daneben sollte eine Teefabrik gebaut werden. Ein vierköpfiges Team europäischer Tropenlandwirte und technischer Fachkräfte wurde entsandt und die Arbeiten begannen recht vielversprechend. Deshalb plante man für Frühjahr 1963 bereits ein weiteres Projekt.[292] Leiter der Afrika-Abteilung der Agrar- und Hydrotechnik war Werner Ocker, der die DKS von 1926 bis 1928 besucht hatte. Er engagierte wiederum Werner Voigt, den er aus Witzenhausen kannte. Voigt hatte lange Jahre in Ostafrika gearbeitet, ebenso wie Ocker selbst.[293] Ocker sah in den wachenden Planungs- und Beratungsaufgaben in den Entwicklungsländern die große kommende Aufgabe für die Absolventen der Schule in Witzenhausen. Er prognostizierte, sie würden sowohl von den afrikanischen Regierungen und noch mehr von den europäischen Kontraktorfirmen gesucht werden. Entsprechend hatte er auch beim Teeprojekt für deren Beschäftigung gesorgt: von insgesamt sieben Europäern hatten in der Zeit fünf die Ausbildung in Witzenhausen durchlaufen. Zwei stammten noch aus der Zeit vor 1933 und drei – später sogar vier – aus dem Lehrgang 1962.[294]

290 Vgl. Abschrift eines Schreibens des Bundesministers für Wirtschaft an Niklot von Blücher vom 4.7.1956, in: ebd., Bl. 43; Niklot von Blücher, Meine Lebenserinnerungen, Merzhausen 2000, S. 129ff.

291 Vgl. Schreiben der Gesandtschaft der Bundesrepublik Deutschland in Khartoum an das AA vom 26.10.1957, in: PAA, B 58-407, Nr. 3, unpag. (Zitat ebd.).

292 Vgl. Schreiben der Agrar- und Hydrotechnik GmbH, Werner Ocker, an Legationsrat Dr. Berger, Auswärtiges Amt, vom 27.2.1963, in: ebd., B 58-III B 2, Nr. 470, unpag.

293 Vgl. Voigt, 60 Jahre, S. 200ff.

294 Vgl. Werner Ocker, Praktische Entwicklungshilfe, in: DTL, 65 (1964), S. 77-80.

Mit Konstantin Senfft von Pilsach kam zudem ein weiterer Absolvent, der die DKS von 1929 bis 1931 besucht hatte, als Regierungsberater ab Juli 1964 nach Ruanda. Zu seinen Aufgaben gehörte der Wiederaufbau des Veterinärdienstes, vor allem aber sollte er an einer Änderung der Einstellung zum Vieh insgesamt mitarbeiten. Senfft von Pilsach half der Viehzuchtabteilung bei der Erstellung eines Notprogramms, das wenig Förderung fand, da es Geld kostete. Er war zunächst mit den Ergebnissen seiner Arbeit nicht sehr zufrieden, für das Planministerium sei er eine große Enttäuschung. Dort nahm man an, er bräuchte der Bundesregierung nur zu schreiben und schon kämen die Gelder angerollt.[295] Später sah er es als wichtigste Aufgabe an, das Misstrauen der Mitarbeiter, das zum großen Teil durch Komplexe bedingt sei, zu überwinden, um Kontakt zu bekommen. Dahinterzukommen, was die Counterparts dachten, bleibe der wichtigste und auch schwierigste Punkt der Arbeit.[296] Senfft von Pilsach unterbreitete Vorschläge zur Verbesserung der landwirtschaftlichen Bodennutzung in Ruanda. Er klagte über wenige und praxisferne einheimische Agronomen, die für die notwendige landwirtschaftliche Beratung nicht geeignet seien und schlug vor, mit der Betreuung zunächst in einem begrenzten Gebiet mit einem Team zu beginnen. Den fortschrittlicheren Bauern sollte auf ihrem eigenen Land gezeigt werden, was sie besser machen könnten. Wenn sie durch die Resultate überzeugt würden, könnten sie als Vorbild für die Nachbarn dienen.[297] Er verblieb auch in den Folgejahren in der Viehabteilung und litt unter dem Desinteresse der Regierung an der Landwirtschaft. Seine Hauptaufgaben als Berater bestanden in der Instandhaltung und Erweiterung des Viehdippnetzes, der Einrichtung von Deckstationen mit guten Vatertieren. Alles ging nach seiner Ansicht nur sehr mühsam und sehr langsam voran, da keine Mittel und kein geeignetes Personal dafür vorhanden seien.[298]

295 Vgl. Bericht Nr. I von Konstantin Senfft von Pilsach, Landwirtschaftlicher Regierungsberater am Planministerium der Republik von Rwanda, an die Deutsche Förderungs- und Treuhandgesellschaft vom 16.10.1964, in: BAK, B 213, Nr. 21970, unpag.

296 Vgl. Kurzbericht von Konstantin Senfft von Pilsach an die GAWI (für die Tagung der Leiter landwirtschaftlicher Projekte) vom 28.10.1966, in; ebd., B 116, Nr. 31898, unpag.

297 Vgl. Schreiben von Konstantin Senfft von Pilsach an Reg.Rat Wichmann, BMZ, vom 26.6.1967, in: ebd., B 213, Nr. 21970, unpag.

298 Vgl. Bericht von Konstantin Senfft von Pilsach an die GAWI vom 14.12.1967, in: ebd., unpag.

Arbeit als zentrale Kategorie: Kulturpioniere

Das Selbstbild der Absolventen kreiste auch in dieser Generation um die Zentralbegriffe »Arbeit« und »Kulturpionier«. Ein auf Sumatra tätiger Absolvent beschrieb es sehr pathetisch mit seinen Leitsätzen »Lerne leiden, ohne zu klagen« und »Durch Kampf zum Ziel«. Das koste natürlich viel Selbstbeherrschung und Willenskraft, um den Mut nicht sinken zu lassen, um weiter das zu erstreben, was man sich erhoffe. Diese »heroische« Lebenseinstellung bezahlte er allerdings mit einer angeschlagenen Gesundheit, die ihn zur Rückkehr nach Deutschland zwang.[299]

Ein Absolvent, der in die USA gegangen war, kehrte die harte Arbeit hervor. Wer dorthin ginge, müsse sich klar sein, dass hart gearbeitet werde, nicht nur acht Stunden, sondern meistens zehn, zwölf und vierzehn Stunden pro Tag. Er selber habe über einen längeren Zeitraum sogar achtzehn Stunden gearbeitet, Tag für Tag. In der letzten Zeit habe er für gewöhnlich vierzehn Stunden und mehr im Sattel gesessen bei über 40 Grad, ohne Schatten, oft genug auch ohne Wasser.[300]

Die wahre Pionierarbeit fand aber aus Sicht der ehemaligen Kolonialschüler nach wie vor im Urwald statt, bei dessen Urbarmachung. So wie im Falle von Werner Voigt, der sich eine verwilderte Kokospflanzung südlich von Bagamoyo gekauft hatte. Er berichtete über die primitiven Verhältnisse, unter denen er sein Zelt aufschlug und mit einfachsten Werkzeugen, Äxte, Harken und Buschmesser, mit der Arbeit begann. Zusammen mit seinen Arbeitern baute er innerhalb eines Monats sein Haus, drei Arbeiterhäuser und ein Magazin, »wo vor 4 Wochen noch nichts als Busch und einige Mangobäume waren«. Die Hauptarbeit bestand im Reinigen der Pflanzung und im Schlagen des Buschs.[301]

Ein Absolvent, dem es nach langer Arbeit in Ostafrika gelungen war, ein Stück Land zu erwerben, sah darin den Gipfelpunkt der ideellen Wünsche der Kolonialschüler, die ersehnte und endlich erreichte Selbständigkeit auf eigener Scholle. Der Weg dahin sei für den einzelnen Kulturpionier – wie ihn selbst – immer mit vielen Enttäuschungen, Mühen und Ärger verbunden. Harte Arbeit sei die Voraussetzung, um das Lebensnotwendige dem Boden abzuringen. Aber mehr wolle er auch nicht, nur wenigstens daran arbeiten, dass der Besitz in deutschem Sinne gehalten und der deutsche Charakter gewahrt werde. In diesem

299 Vgl. Schreiben von Hermann Wagenseil an Direktor Fabarius vom 9.7.1924, in: AD, SA Hermann Wagenseil, unpag.; Schreiben von Hermann Wagenseil an Direktor Fabarius vom 12.10.1925, in: ebd., unpag.

300 Vgl. Schreiben von Hans Zassenhaus an Theodor Bindel vom 19.9.1925, in: ebd., SA Hans Zassenhaus, unpag.

301 Vgl. Schreiben von Werner Voigt an Direktor Fabarius vom 24.4.1927, in: ebd., SA Werner Voigt, unpag. (Zitat ebd.).

Sinne sah er sich als deutschen »Vorposten«, den man in engster Verbindung mit der Heimat für sie halten wolle.[302] Ähnlich der Tenor bei Lothar Sittig: Das Wort Kulturpionier allein umreiße »klar und deutlich die Verpflichtung, sich für Deutschland überall und unter allen Umständen restlos einzusetzen und zugleich ein wahrer Träger deutscher Kultur zu sein«.[303]

In der NS-Zeit wurde der Begriff des Kulturpioniers von den Absolventen neu aufgeladen und von manchen auf die neue Generallinie zurechtgebogen. Die Kolonialschüler seien die berufenen Mitarbeiter am »kolonialen Ausbau« des nationalsozialistischen Reichs, sie müssten sich der Ziele von Fabarius erinnern, die in Siedlung und Kultivation gelegen hätten. Die Kultivation wurde in einen scharfen Gegensatz zur Kolonisation, zur Massensiedlung in neuem Land gestellt. Afrika sei auf Dauer kein Ort für eine deutsche Massensiedlung.[304]

Selbst in Nachkriegsbeschreibungen hallt diese Pionierarbeit noch nach. Ein Absolvent hatte von der Bethel-Mission Land in Ostafrika gepachtet. Es war völlig unbearbeitet und er hatte alle notwendigen Erschließungsarbeiten selbst gemacht, 10 km Fahrwege angelegt, 3,5 km Wassergräben, Brücken etc. Die Hauptaufgabe bestand in der Aufforstung und der Anlage einer Kaffee-Pflanzung. Außerdem legte er Felder mit Roggen, Weizen, Kartoffeln, Mais usw. an.[305] Auch in den Lebenserinnerungen des bereits zitierten Werner Voigt findet man diese Attitüde des Kulturpioniers bezogen auf die Nachkriegszeit wieder. Er war 1948 am Nachingwea Erdnuss-Projekt beteiligt, das Teil des Tanganyika Groundnut Scheme war. Auch dort hieß es Bambus schlagen, Straßen und Häuser bauen, dafür Ziegel selber produzieren, Sand und einen Steinbruch finden etc. »Kurz gesagt, wir mußten etwas aufbauen, unter primitivsten Verhältnissen, mitten im Busch. Gerade der richtige Job für mich – Pionier-Arbeit.«[306]

302 Vgl. Ekkehard Hillmer, Der Sanya, in: DKP, 35 (1935) 2, S. 75-77.

303 Vgl. Lothar Sittig, Briefe aus dem Ausland, in: ebd., 38 (1938) 3, S. 8-11 (Zitat S. 8).

304 Vgl. Brief von Wolfgang Delfs-Fritz aus Südafrika an die Kameraden zum Fabarius-Tag 1934 vom 17.12.1933, in: ebd., 34 (1934) 1, S. 48-53.

305 Vgl. Bescheinigung der Bethel-Mission für Franz Mummert vom 27.11.1953, in: AD, Akte KKI 47-57, 4/5, Bl. 13.

306 Vgl. Voigt, 60 Jahre, S. 165 (Zitat ebd.). Zum Tangayika Groundnut Scheme vgl.: Jan S. Hagendorn/K.M.Scott, Very Large-Scale Agricultural Projects: The Lessons of the East African Groundnut Scheme, in: Robert I. Rotberg (Hg.), Imperialism, Colonialism and Hunger: East and Central Africa, Lexington/Toronto 1983, S. 167-198; Juhani Koponen, From dead end to new lease of life: development in South-Eastern Tanganyika from the late 1930s to the 1950s, in: Joseph M. Hodge/Gerald Hödl/Martina Kopf (Hg.), Developing Africa. Concepts and Practices in Twentieth-Century Colonialism, Manchester 2014, S. 37-62, hier S. 41 ff.

Naturerfahrungen

Die Schilderungen ihrer Natureindrücke blieben für die Absolventen ein Thema, wenngleich es offensichtlich etwas an Bedeutung verlor. Trotzdem war die »Urwaldromantik«, wie Otto Stutte es nannte, der über zehn Jahre in Niederländisch-Indien verbrachte, für viele beeindruckend. In seinem Text kommt das bekannte Wechselspiel von Anziehung und Abstoßung gut zur Geltung. Auf der einen Seite die Gefahren: »Immer mehr beschäftigen sich die Gedanken mit der nahen, frohen Zukunft: Ich habe ihn schon, ihn, den Tiger, der sich in den letzten Wochen immer dreister und frecher aufführt. Holte er mir vor einigen Abenden noch den treuesten Hund von der Treppe weg, so erlag gestern der Hirsch in frühester Morgenstunde mit wehem Todesschrei seinem Blutdurst, hart an der Gartenumzäunung.« Und die Herausforderung: »Ich nehme meinen Helmhut und bin bald an der Südgrenze, wo sich unter dem fernen, in hellem Licht bläulich-violett schimmernden Gebirge der Urwald in gewaltiger Fläche dehnt. Heute komme ich zu ihm mit anderen Augen: ich habe mit ihm zu ringen. Nicht mit dem Blick des Reisenden, des flüchtigen Weltenbummlers sehe ich ihn. In seiner letzten Stellung an der Südseite unserer Konzession wird er mir ein gefährlicher Gegner werden. Es ist schwerer, schwerster Urwald.« Auf der anderen Seite die Anziehung und Faszination: »Erhaben, stolz und düster baut er sich auf. Bis zum Rand, weiter dringt das Auge nicht. Wie eine Mauer dicht, wuchert ewiges Grün. Verschlossen bleibt dem Blick, was sich hinter dieser im hellen Sonnenschein sich spiegelnden Wand bewegt. Dieses Geheimnis umhüllt tausendfaches Leben im Dunkel der dichten Laubkrone.« Dem Kampf mit dieser Natur stellt sich der Kulturpionier: »Diese unbekannte Natur soll nun angepackt und ihrer Geheimnisse beraubt werden. Sie liegt bereits gefesselt zwischen Steinen, die innerhalb der Konzession die einzelnen Abteilungen festlegen. Es wird interessant werden, Richtpfade über vier – fünf – sechs Kilometer durch Busch und Sumpf in seinen Panzer zu schlagen, ohne zu wissen, ob man auch wirklich nach tagelanger, mühseliger Arbeit auf den Grenzstein irgendwo im Innern des Waldes stößt; ohne zu wissen, welche Hindernisse auf dem Wege zu ihm zu überwinden sind. [...] Bald werde ich mit ihm ringen, um jeden Meter kämpfen müssen; aber ich fresse mich durch seine Eingeweide. Unter Axt und Schlagmesser werden Rotan, Lianen und Wucherpflanzen bald dahinwelken. Endlich werden die Waldriesen, wenn auch kurz nur vor dem tödlichen Streich, freistehen in Licht und Luft. Ihr Bett wird weich sein, auf das sie fallen. Sie werden sich zur Wehr setzen, in tagelangem Trotz sich aufbäumen gegen die immer tiefer fressenden Axthiebe. Umsonst! Leises, unheimliches Knacken, ein Zerreißen sich spannender Holzfaser verrät: ins Mark getroffen. Dann senkt sich müde der steinalte Kämpe und fällt. Sechs Monate gönne ich ihm Ruhe, bis, in glühendem Sonnenbrand halbwegs ausgetrocknet, lodernde Flamme seinen Stamm zu Asche brennt. Ein Zeitalter hindurch trotzet ihr Wind und Wetter in riesiger

Höhe. Eure Stunde hat geschlagen!« Der Kampf verändert ihn selbst, schreibt sich in seinen Körper ein, auch wenn er ihn gewonnen hat: »Und wie werde ich aussehen, wenn dieses wuchernde Pflanzenchaos mich zu später Stunde wieder freigibt? Die Haare kleben verfilzt am Kopf, Hemd und Unterzeug verlieren ihr Weiß. Schweiß und Pflanzensaft kehren die Farbe in grünlich-braun. Dorngestrüpp mit unzähligen Widerhaken versehene Rotanranken reißen große Löcher ins Tuch, dringen durch bis ins Fleisch. Auf Gesicht und Armen zeigt die Haut tiefe, verkrustete Schrammen. Geronnenes Blut wird dunkelrote Flecken auf Hemd und Hose hinterlassen. Durch Schuh und Wickelgamaschen werden Blutsauger ihren Weg finden, sich festsaugen und als runde, fette Egel heruntergerissen werden. Mikroskopisch kleine Rotanläuse, mit Zangen bewehrte Buschameisen beißen sich wie Zecken in die Haut und verursachen bis spät in die Nacht noch schlafraubenden Juckreiz. Unter den Stichen blutdürstiger Moskitos schwellen Arme und Gesicht an, bis ich müde und abgekämpft den Schritt heimwärts lenke. Urwaldromantik.«[307]

Ganz so eindrucksvoll fielen andere Schilderungen nicht aus, aber auch aus ihnen sprachen ähnliche Motive, wie das Wechselverhältnis von landschaftlichen Reizen und der Einsamkeit, der Stille und Ruhe, bei der man sich zwingen musste, selber ruhig zu bleiben.[308]

Insgesamt war es bei vielen die direkte, unmittelbare Verbindung mit der Natur – die es in Deutschland in dieser Form weitaus seltener gab – und die dadurch anziehend wirkte. Dazu zählte nicht zuletzt das Schlafen im Freien, das für den zivilisationsmüden Europäer mit Romantik und Freiheit codiert war und ist. So sah es jedenfalls ein in Guatemala tätiger Absolvent, der den Nexus zwischen dem insgesamt freieren Leben in dem mittelamerikanischen Land und dem Kampieren im Freien, in »Gottes freier Natur« herstellte. Er kontrastierte dieses einfache Leben mit dem aus seiner Sicht pseudo-zivilisierten der wohlhabenderen Leute dort, deren Häuser vollkommen ohne jeden Bilderschmuck seien, große Räume, aber chaotisch eingerichtet, ohne Bücher und vor allem ohne Toiletten – die Notdurft wurde hinter dem Haus verrichtet, die Aasgeier sorgten für Reinlichkeit.[309]

Hans von Strenge lieferte eine eher konventionelle Landschaftsbeschreibung aus Tanganjika, vom Südhang des Kilimandscharo. Dass es dort schön sei, brauche er wohl nicht erst zu betonen. Neben dem gesunden Klima hob er vor allem

307 Otto Stutte, Urwaldromantik, in: DKP, 38 (1938) 4, S. 25-26. Siehe dazu: Wirz, Wald; Wolfgang Fuhrmann, Der Urwald, in: Jürgen Zimmerer (Hg.), Kein Platz an der Sonne. Erinnerungsorte der deutschen Kolonialgeschichte, Frankfurt a.M./New York 2013, S. 56-67.

308 Vgl. Schreiben von Hans Karl Treue an Direktor Fabarius vom 12.11.1927, in: AD, SA Hans Karl Treue, Bl. 141.

309 Vgl. Abschrift eines Schreibens von Hans Karpe an seine Mutter vom 12.12.1929, in: ebd., SA Hans Karpe, Bl. 66.

den weiten, unendlichen Blick in die Steppe bis hin nach den Pure-Bergen, dem Massaigebirge, dem Meru und dem Kibo hervor. Nachts könne man die Feuerschlangen unten in der Steppe entlanglaufen sehen, während man selbst unter Palmen sitze. Gewaltige Gegensätze prägten die Landschaft, Schneegipfel, heiße Steppe, Gebirge und Tropen. Er fühlte sich wohl und wollte mit den an der Küste in den Sisalplantagen Tätigen nicht tauschen, trotzdem müsse man sich an das Tropenklima und die Höhe erst gewöhnen.[310]

Der Umgang mit den Menschen

Wie wurden die »Fremden« betrachtet? Die indigene Bevölkerung trat den Absolventen in der Regel als Arbeiter gegenüber; dementsprechend nahmen die Fragen, wie sie zu »führen« seien, breiten Raum ein.[311] Deshalb sollte dieses Thema nach Ansicht vieler Absolventen auch im Unterricht der DKS stärker berücksichtigt werden. Gar nicht so abseitig wie auf den ersten Blick erscheint daher in diesem Zusammenhang die Klage eines auf Sumatra tätigen Absolventen, man höre in Witzenhausen nichts über das Arbeiten mit Chinesen. Laut seinen Erfahrungen hätten sie die Gewohnheit zu betrügen, das aber sehr schlau. Er arbeitete mit 120 chinesischen Holzsägern und meinte, man müsse jedes abgelieferte Holzstück einzeln prüfen, sonst bekäme man zusammengenagelte Bretter, solche mit Ästen, halbe Bretter etc. untergeschoben.[312]

Globaler betrachtete diese Frage ein in Tanganjika tätiger Absolvent. Er forderte die Heranbildung von Führerpersönlichkeiten in Witzenhausen. Dabei hatte er insbesondere die »richtige Eingeborenenbehandlung« im Sinn, denn das sei für den Pflanzer die wichtigste Fähigkeit. Die Verhältnisse hätten sich gegenüber der Zeit vor dem Kriege ganz bedeutend geändert. Die unter deutscher Herrschaft übliche Prügelstrafe wurde abgeschafft und zu seinem sichtlichen Bedauern durch keine gleichwertige ersetzt. So hätten die Pflanzer kein wirksames Mittel in der Hand, Disziplin und Ordnung unter den Arbeitern aufrechtzuerhalten. Genau da setze der Wert der (Führer-)Persönlichkeit ein. Diese müsse die

310 Vgl. Schreiben von Hans von Strenge vom 8.11.1929, in: ebd., Ordner Auslandsbriefe, Bl. 55. Vgl. zu den Verhältnissen am Kilimandscharo: Wimmelbücker, Kilimanjaro. Zur Rezeption des Bergs in Deutschland: Iris Schröder, Der deutsche Berg in Afrika. Zur Geographie und Politik des Kilimandscharo im Deutschen Kaiserreich, in: Historische Anthropologie, 13 (2005), S. 19-44; Christof Hamann/Alexander Honold, Der Kilimandscharo, in: Zimmerer, Platz, S. 81-95.

311 Vgl. zur Arbeit als Bezugspunkt: Felix Axster, Arbeit, Teilhabe und Ausschluss. Zum Verhältnis zwischen kolonialem Rassismus und nationalsozialistischem Antisemitismus, in: Kundrus/Steinbacher, Kontinuitäten, S. 121-133.

312 Vgl. Schreiben von Hermann Wagenseil an Theodor Bindel vom 2.4.1925, in: AD, SA Hermann Wagenseil, unpag.

Charaktereigenschaften der in den Küstengebieten lebenden Arbeiter als Disziplinierungsinstrument nutzen. Nämlich einen gewissen Stolz auf die eigene Arbeit sowie deren Ehrgeiz. Solche Leute hätten die Anlagen als Aufseher zu fungieren. Er selbst setzte die Aufseher bewusst als Mittelsmänner und Ansprechpartner ein, die verantwortlich für die Güte der Arbeit waren. Im Gegensatz zu diesen »Küstennegern« könne man mit den »typischen Buschnegern« gar nichts anfangen; sie seien selbst für die einfachsten Handreichungen zu dumm. Allerdings sei jede sichtbare Aufregung oder gar Wut darüber unzweckmäßig, da man ihnen damit nur ein willkommenes Schauspiel böte. Einzig richtig sei, in solchen Fällen zu zeigen, dass die Weißen so weit überlegen sind, dass die Afrikaner gar nicht imstande seien, sie beleidigen zu können. »Man stellt einfach fest mit dem Schein äusserster Ruhe, dass dieser Mann mit den Worten sehr gefehlt hat und verabfolgt ihm mit Nachdruck eine Backpfeife, die zwar auch verboten ist, aber verabfolgt wird.« Die »Faulen« versuchte er mit scharfen Worten, fühlbarem Ziehen am Ohr oder leichten Schlägen in den Nacken davon zu überzeugen, die angewiesene Arbeit zu tun.[313]

Interessant ist in diesem Zusammenhang der Quervergleich mit Südamerika. Ein Absolvent, der in Argentinien arbeitete, hatte viele Deutsche erlebt, die aus seiner Sicht den Charakter der Arbeiter total verkannten. Überhaupt sei die Arbeiterfrage, oder besser die Leutebehandlung, nicht so einfach wie in Afrika, gerade die »Mischrassen« wollten mit Glacéhandschuhen angefasst werden, und wer sich nicht den herrschenden Sitten anpasse, sei von vorneherein für die Behandlung der Leute untauglich. Es sei in der Tat oft nicht leicht, den goldenen Mittelweg väterlichen Wohlwollens gepaart mit Strenge zu wahren, gegenüber permanenter Indolenz gemischt mit spanischem Hochmut. Mit ein paar kräftigen Flüchen sei es da nicht getan, das Messer sitze locker in der Scheide.[314]

Es gibt viele Beispiele dafür, wie die »richtige Behandlung« der indigenen Arbeiter aussehen sollte. Sie laufen meistens auf ein ähnliches Schema hinaus, das man wohl mit »streng, aber gerecht« bezeichnen könnte. Prinzipiell sollte man – so ein Absolvent aus Tanganjika – versuchen, alles im Guten zu regeln. Wenn es irgendwie nicht klappte, schimpfte er kräftig auf Deutsch. Dadurch habe man sich Luft gemacht, die Leute fühlten sich nicht persönlich gekränkt, verstünden aber den tieferen Sinn.[315] Ähnlich argumentierte ein auf Java tätiger Absolvent, der bei der indigenen Bevölkerung einen ausgeprägten Gerechtigkeitssinn be-

313 Vgl. Abschrift eines Schreibens von Wilhelm Schwarze an Dr. Winter vom 11.7.1928, in: ebd., SA Wilhelm Schwarze, unpag. (Zitat ebd.). Abgedruckt in: DKP, 28 (1928) 2, S. 52-59.

314 Vgl. Schreiben von Kuno von Plocki an Direktor Fabarius vom 4.8.1927, in: AD, SA Kuno von Plocki, unpag. (Zitat ebd.).

315 Vgl. Schreiben von Konrad Baumann an den AHV der DKS vom 26.3.1933, in: ebd., SA Konrad Baumann, Bl. 99.

merkte. Deshalb dürfe man nicht zu scharf oder gar ungerecht mit ihnen umgehen.[316]

Aber es gab durchaus auch die gewalttätigere Variante. Aus Südafrika ließ ein Absolvent verlauten, mit den »Kaffern« käme man ganz gut aus, wenn man ihnen bei passender Gelegenheit »mal ganz gehörig die Jacke verhaut«. Und zwar so, dass sie Angst hätten, zum Gericht zu gehen.[317]

Anders argumentierte Lothar Sittig aus Südafrika. Der Faustschlag sei zwar ein »Überredungsmittel«, aber der so schnell und mühelos erzielte Erfolg stünde in keinem Verhältnis zu dem unwiederbringlich verlorenen Vertrauen. Und genau auf dem müsse letzten Endes das Verhältnis zu der indigenen Bevölkerung aufbauen. Der Schlag, der einer Herausforderung antworte, sei allerdings etwas ganz anderes. Er müsse hart, kühl überlegt und wirkungsvoll sein, denn er bestätige die unantastbare Tatsache, dass die Vorherrschaft des weißen Mannes jenseits aller Zweifel stehe.[318]

Ansonsten herrschte oft das Klischee des »dummen Negers« vor. Besonders deutlich wird das in den humoristisch gemeinten Anekdoten von Hanns Bagdahn aus Angola: Zwei Arbeiter sollten eine Halle ausfegen, er schloss sie ein, »damit sie möglichst wenig stehlen konnten«. Sie taten sich dafür am noch nicht vergorenen Apfelsinenwein gütlich und mussten sich, sobald er wieder öffnete, draußen erleichtern. Sie bekamen keine Strafe, er nahm scheinbar die Schuld auf sich, da er die nicht verschlossenen Fässer hatte stehen lassen. Ähnlich der Küchenjunge, der sich seine schmutzigen Füße in der Aufwaschschüssel für das Geschirr wusch, oder der Koch, der statt die Servierplatte für die Ente mit heißem Wasser vorzuwärmen, die gebratene Ente in heißem Wasser auf die Platte stellte etc.[319]

Ein Absolvent, der bei der Bibundi in Kamerun arbeitete, vertrat die Ansicht, die afrikanischen Arbeiter – seine »Rasselbande« – müsse man wie große Kinder ansehen. Als Beweis führte er den Ausspruch eines Afrikaners an, der vor einem defekten Trecker stand: »Ja, Blackmann kann doch nicht solche Maschinen bauen, nicht Sens genug.« Entsprechend fände man selten Leute, die ihre Arbeit mit Verstand auffassten.[320]

Neben dem »Kinder«-Diskurs hatte der über die angebliche Faulheit der »Eingeborenen« eine lange Tradition. Hanns Bagdahns Leute bekamen immer

316 Vgl. Schreiben von Peter-Ernst Witthoefft an Direktor Fabarius vom 25.5.1924, in: ebd., SA Peter-Ernst Witthoefft, unpag.

317 Vgl. Schreiben von Hans Sircoulomb vom 15.1.1931, in: ebd., Ordner Auslandsbriefe, Bl. 147 (Zitat ebd.).

318 Vgl. Sittig, Miner, S. 31f.

319 Vgl. Bagdahn, Leben, Anhang: Erinnerungen aus meiner Angolazeit, S. 4f. (Zitat S. 4).

320 Vgl. Abschrift eines Schreibens von Wolfgang Schuster an Dr. Winter vom 2.7.1928, in: AD, SA Wolfgang Schuster, unpag. (Zitat ebd.). Abgedruckt in: DKP, 28 (1928) 2, S. 59-63.

Arbeit zugewiesen, die sich in vier, fünf Stunden schaffen ließ. Wenn einer bummelte, wovon er ausging, weil er zwischendurch noch einen Spaziergang im Busch machen wollte oder weil er lieber an der Feuerstelle saß und rauchte, brauchte er eben insgesamt acht oder neun Stunden.[321] Etwas differenzierter sah das ein in Guatemala tätiger Absolvent, der Kaffee anbaute. Für diese Kultur seien die indigenen Arbeiter wie geschaffen. Ihre Arbeitsweise sei langsam und umständlich, was er aber nicht als faul bezeichnen wollte. Es sei vielmehr die Freude am beschaulichen Arbeiten.[322]

Alltagsleben

Das Alltagsleben der Absolventen war durch ihre Arbeit bestimmt und strukturiert, andere Themen tauchten nur am Rande auf. Der Tag eines Assistenten begann in Kamerun um fünf Uhr morgens mit dem Wecken, um sechs Uhr war Dienstantritt und Arbeitsverteilung. Danach begann auf den Pflanzungen der Bibundi das Reinigen der Felder; zwischen 13 und 15 Uhr war die Arbeit dann beendet, so ging es Tag für Tag, so lange, bis ein noch jüngerer Assistent kam und dasselbe machte.[323] Ein Absolvent berichtete aus Südwestafrika, die Arbeit ginge von Sonnenauf- bis Sonnenuntergang, häufig stünde er auch noch um Mitternacht auf dem Land, um Saatbeete zu bewässern. Besonders in der klimatisch heißen Zeit würde Tag und Nacht gearbeitet.[324] Sein Nachfolger konnte dies nur bestätigen; auch er schrieb davon, dass die Arbeit bei Sonnenaufgang begann, und, unterbrochen von zwei Stunden Mittagspause, erst mit dem Sonnenuntergang endete. Daneben mussten sich die Assistenten noch um Kochen, Essen etc. kümmern.[325]

Das sonstige Leben – eben von der schweren Arbeit abgesehen – verlief, wie ein Absolvent aus Argentinien berichtete, ziemlich öde. Ob man einmal ins Dorf ritte, überlege man sich gut, wenn man die ganze Woche auf einem Pferderücken verbracht habe. Immerhin war das Essen ausgezeichnet, ebenso die Wohnung.

321 Vgl. Arbeit mit Schwarzen verlangt Ruhe, in: Werra-Blitz vom 9.4.2000, zit. nach: AD, Dokumente zu Fachbereich und DITSL, unpag.

322 Vgl. Schreiben von Rudolf Winter an Direktor Fabarius vom 31.7.1921, in: ebd., SA Rudolf Winter, unpag.

323 Vgl. Schreiben von Werner Starke vom September 1929, in: ebd., Ordner Auslandsbriefe, unpag.

324 Vgl. Durchschrift eines Schreibens von Hans Feldhoff an seinen Onkel Ernst Feldhoff vom 14.8.1927, in: ebd., SA Hans Feldhoff, Bl. 118.

325 Vgl. Schreiben von Ludwig Fechter an Direktor Fabarius vom 20.11.1927, in: ebd., SA Ludwig Fechter, Bl. 153-158, hier Bl. 154f.

Der einzige Mangel bestand im Fehlen von Öfen; nachts sanken die Temperaturen unter null Grad, während es am Tag bis zu 20 Grad warm war.[326]

Die Vielseitigkeit der Arbeiten und Aufgaben wurde bereits häufiger betont. Ein ebenfalls in Argentinien tätiger Absolvent zählte sie auf; man müsse ein bisschen Schmied sein und ein bisschen Tischler, um dies und das ändern oder neu machen zu lassen. Daneben Brunnen bohren, Land vermessen, im Notfall ein Haus bauen können. Persönlich bedauerte er, nicht Kochen gelernt zu haben. So war er auf eine »Kochlady« angewiesen, die ihm einen »Schlangenfrass« zubereitete, »dass man für einen Monat kein Abführmittel mehr brauchte«.[327]

Auch im Alltag brachen neue Zeiten an: Das Autofahren hielt Einzug – zumindest in Tanganjika. Ein Absolvent hatte bereits in der Bahn nach Dodoma den örtlichen Vertreter von Chevrolet kennengelernt, und von diesem einen neuen Chevrolet erstanden. Von Dodoma ging die erste Fahrt mit dem Wagen nach Iringa, um Land zu suchen. Inklusive einer berüchtigten Bergstraße, die in den Stein gehauen und zwölf Meilen lang war, dabei 700 Meter Höhenunterschied überwand. In der letzten Trockenzeit waren dort acht Wagen abgestürzt. Der Absolvent war findig und hatte seinen Wagen selbst modernisiert, sodass er mehr Last transportieren konnte.[328]

Das Thema Frauen spielte nur am Rande eine Rolle – erstaunlich und wahrscheinlich einer gewissen Zurückhaltung gegenüber den Direktoren geschuldet. Ein in Argentinien tätiger Absolvent deutete das Thema nur an. Das »lieblich Geschlecht« könne das Indianerblut in seinem Charakter nicht verleugnen; die Frauen seien »stolz und unruhig, vergnügungssüchtig, frühreif und als Hausfrauen faul, aber mit der Grandezza des Spaniers und mit der Vorliebe für billige Eleganz«. Hinzu kam ihre Neigung, sich schön zu machen und besonders zu pudern. Kurzum: »Für das anlehnungsbedürftige, nicht allzu anspruchsvolle Europäerherz ist Sorge getragen!«[329]

326 Vgl. Schreiben von Harald Leuckfeld an Theodor Bindel vom 25.10.1926, in: ebd., SA Harald Leuckfeld, unpag.

327 Vgl. Schreiben von Kuno von Plocki an Direktor Fabarius vom 4.8.1927, in: ebd., SA Kuno von Plocki, unpag. Vgl. zum Hauspersonal – hier bezogen auf Afrika – und dem »domestic colonialism«: Nancy Rose Hunt, Colonial Fairy Tales and the Knife and Fork Doctrine in the Heart of Africa, in: Karen Tranberg Hansen (Hg.), African Encounters with Domesticity, New Brunswick 1992, S. 143-171.

328 Vgl. Auszug aus einem Brief von Rolf Schlieben vom 9.3.1930, in: AD, SA Rolf Schlieben, unpag.

329 Vgl. Schreiben von Kuno von Plocki an Direktor Fabarius vom 4.8.1927, in: ebd., SA Kuno von Plocki, unpag. (Zitate ebd.).

Allgegenwärtige Gefahren

Gefahren lauerten auf die »Kulturpioniere« allenthalben, besonders natürlich im »Urbusch«, wie ein Absolvent aus Sumatra berichtete. Dort könne man sich nicht ohne Kompass und Flinte vom Lager entfernen und wenn man sein Lager auf Elefantenwegen aufbaue, laufe man Gefahr morgens zu Brei getreten zu sein, während man am Flussufer von Moskitos aufgefressen werde. Während die Tiger relativ harmlos und vorsichtig seien, müsse man auf die Krokodile achten.[330] Auch auf den Farmen – wie in diesem Fall in Tanganjika – gab es Schlangen. An die gewöhne man sich aber, nur in den seltensten Fällen griffen sie an. Nur bei Riesenschlangen sei große Vorsicht geboten; unlängst sei ein Afrikaner erdrückt worden.[331]

Ebenfalls aus Tanganjika berichtete Werner Voigt über seine Begegnungen mit Löwen, Schlangen und Skorpionen, die alle glimpflich verliefen. Ebenso typisch seine Schilderung der ersten Malaria, trotz regelmäßiger Einnahme von Chinin. Auch er hob die primitiven Verhältnisse hervor, keine chemischen Mittel, nur Moskitonetze zum Schutz. Eine Typhuserkrankung, die er sich zuzog, weil der Koch den Salat mit nicht abgekochtem Wasser gewaschen hatte, brachte ihn dem Tode nahe.[332]

Gefährlich konnten auch die Reisen sein. Ein in Guatemala tätiger Absolvent berichtete über eine Rückfahrt zur Finca mit Hindernissen. Das von ihm bestellte Auto war nicht gekommen, unangenehm, weil Zahltag war und er das Geld geholt hatte. So blieb nur noch die Möglichkeit mit dem Omnibus zu fahren, mit dem er aber erst spät abends auf der Finca sein konnte. Unter strömendem Regen fuhr der Bus los. Und unter dem gleichen Regen kam er abends auf der Station an, wo sein »Junge« mit einem Reittier warten sollte. Der hatte die gute Gelegenheit genutzt, und sich vollkommen betrunken. Trotzdem setzte er ihn auf sein Tier und sie ritten los. Auf dem Weg zur Finca mussten sie zwei Flüsse durchqueren. Der erste war derartig angeschwollen, dass an ein Durchkommen nicht zu denken war. Es hatte aber inzwischen aufgehört zu regnen und so warteten sie, bis die Wassermengen sich etwas verlaufen hätten. Mittlerweile war es aber schon Mitternacht geworden und sein »Junge«, der noch nicht ganz nüchtern war, hatte keine Geduld mehr zu warten und versuchte durchzureiten und kam mit Mühe und Not durch; er sollte Hilfe holen. Vier Mann halfen ihm

330 Vgl. Schreiben von Werner Ohlhorst an die Kameraden vom 6.1.1933, in: ebd., SA Werner Ohlhorst, unpag. Abgedruckt in: DKP, 3 (1933) 1, S. 80-83.

331 Vgl. Schreiben von Hans Karl Treue an Direktor Fabarius vom 2.7.1927, in: ebd., SA Hans Karl Treue, Bl. 132-133.

332 Vgl. Voigt, 60 Jahre, S. 34ff. und S. 51f.

dann mit Seilen bei der Durchquerung des Flusses: er schwamm längs der Leine rüber.[333]

Dazu kamen die »sozialen« Gefahren. Ein auf Sumatra tätiger Absolvent empfahl dringend, keine Schulden zu machen; daran gingen viele zugrunde. Noch wichtiger aber, nicht in betrunkenem Zustand nach den »Häusern« zu laufen, denn eine Geschlechtskrankheit in den Tropen sei weit bösartiger als in Europa. Stattdessen solle man lieber eine Haushälterin engagieren und diese zuerst vom Doktor untersuchen lassen. Das Beste sei eine javanische Frau als Haushälterin; sofort mit einer europäischen Frau in die Tropen zu gehen, hielt er für unverantwortlich.[334]

Ein anderer, ebenfalls auf Sumatra tätiger Absolvent, sah ähnliche Gefahren für den »Jüngling«. Vor allem der gute Verdienst eröffnete dem Mann dort ein Leben, wie man es von Europa kaum gewöhnt sei, allerdings ohne äußeren moralischen Zwang. Die Folgen seien oft recht drastisch und entfremdeten ihn dann dem Europäischen ganz. Alkohol, eingeborene Mädchen, Autofahren, luxuriöse Diners und sonstige Veranstaltungen sorgten neben dem Klima für »Degeneration«. Was bliebe seien Schulden, Alkoholismus und Geschlechtskrankheiten.[335]

Einem Absolventen, der sich in Guatemala nicht zur Zufriedenheit seines Arbeitgebers entwickelt hatte, schickte Arning mahnende Worte. Wenn nur die Hälfte der Behauptungen stimme, habe er sich als gänzlich unfähig erwiesen. Vor allem habe er in solchen Dingen versagt, in denen es gewiss nicht nötig gewesen wäre, so z.B. in der Vernachlässigung seines äußeren Erscheinungsbildes. Arning wies darauf hin, dass sich gewisse Charaktereigenschaften unter dem Einfluss des tropischen Klimas verschärften, bei dem Absolventen war es die Ruhe und Langsamkeit. Der Arbeitgeber hielt ihn gar für nicht zurechnungsfähig, er stünde wohl am Anfang eines Tropenkollers. Jedenfalls zeigte er kein Interesse für die Arbeit, gab keine Antworten etc.[336]

333 Vgl. Abschrift eines Schreibens von Hans Karpe an seinen Vater vom 18.9.1929, in: AD, SA Hans Karpe, Bl. 63-64.

334 Vgl. Schreiben von Hermann Wagenseil an Theodor Bindel vom 2.4.1925, in: ebd., SA Hermann Wagenseil, unpag.

335 Vgl. Schreiben von Gustav-Adolf Kausche an Theodor Bindel vom 17.4.1926, in: ebd., SA Gustav-Adolf Kausche, Bl. 94-95.

336 Vgl. Durchschrift eines Schreibens von Direktor Arning an Johannes Goetze vom 25.7.1928, in: ebd., SA Johannes Goetze, Bl. 70-72; Auszug aus einem Brief von W. Greite an Direktor Arning vom 20.12.1928, in: ebd., Bl. 80. Vgl. zum Diskurs um den »Tropenkoller« Sandra Maß, Welcome to the Jungle: Imperial Men, »Inner Africa«, and Mental Disorder in Colonial Discourse, in: Reinkowski/Thum, Imperialists, S. 92-116; Eva Bischoff, Tropenkoller: Male Self-Control and the Loss of Colonial Rule, in: ebd., S. 117-136; Stephan Besser, Tropenkoller: the Interdiscursive Career of a German Colonial Syndrome, in: George Sebastian Rousseau (Hg.), Framing and Imagining Disease in Cultural History, Basingstoke 2003,

Netzwerke

Die eigene Zeitschrift spielte auch während der Weimarer Republik eine wichtige Rolle für den Zusammenhalt und die Kommunikation unter den Absolventen sowie mit der Schule. Sie richtete sich darüber hinaus aber in dieser Zeit auch auf das gesamte Auslandsdeutschtum aus.[337] Ein Absolvent bedankte sich in diesem Sinne für die Zusendung der Zeitschrift, die ihn sehr gefreut habe. Er nehme immer noch gerne jede Art Hochschulnachricht zur Hand und meinte, es müsste jedem so gehen, der in Witzenhausen eine Ausbildung absolviert habe. »Dieses richtige Zusammengehörigkeitsgefühl tritt eben nur auf der D.K.S. so recht in Erscheinung.«[338]

Aber nicht immer herrschte Einigkeit über den Inhalt des »Kulturpioniers«. Ein Absolvent, der in Südwestafrika arbeitete, beschwerte sich über eine scharfe Kritik an einem Kameraden, dessen Namen er, obwohl nicht genannt, wusste. Er hatte mit ihm ein halbes Jahr auf der Farm Haribes zusammengearbeitet und betonte, dass er in jeder Beziehung seine Pflicht und Schuldigkeit getan habe. Auch sein damaliger Vorgesetzter habe sich positiv geäußert. Der ihn kritisierende Arbeitgeber habe Fernprognosen gestellt, da er sich gar nicht auf der Farm befunden habe. Solche negativen Darstellungen könnten für den Betreffenden schlimme Folgen haben. Fabarius reagierte recht gereizt darauf. Er habe keinen Namen genannt, also sei dem Betreffenden auch kein Schaden daraus entstanden. Dieser habe keinerlei Schonung verdient, weil er gerade in dem Kreise der alten Farmer wieder einmal den Ruf der Kolonialschüler schwer geschädigt habe.[339]

Das Zusammengehörigkeitsgefühl wirkte auch beim Nachzug von Absolventen, der sich fest etabliert hatte. Immer wieder nahmen ältere Absolventen jüngere auf, und sei es auch nur, um ihnen einen ersten Anlaufpunkt zu bieten. So konnte ein nun in Paraguay tätiger Absolvent berichten, er sei gut aufgenommen worden, machte sich aber gleichwohl um die Zukunft Sorgen, wie es weitergehen sollte.[340] Nicht in allen Fällen waren die Älteren mit den nachrückenden

S. 303-320; Hubertus Büschel, Im »Tropenkoller« – Hybride Männlichkeit(en) in ethnologischen Texten 1900-1960, in: Ulrike Brunotte/Rainer Herrn (Hg.), Männlichkeiten und Moderne. Geschlecht in den Wissenskulturen um 1900, Bielefeld 2008, S. 241-256.

337 Vgl. Zur Einführung, in: DKP, 20 (1920) 2/3, S. 4.

338 Vgl. Schreiben von Max Baumgartner an den Direktor der DKS vom 22.9.1922, in: AD, SA Max Baumgartner, Bl. 60 (Zitat ebd.).

339 Vgl. Schreiben von Erich Bohne an Theodor Bindel vom 9.7.1927, in: ebd., SA Erich Bohne, Bl. 74; Durchschrift eines Schreibens von Direktor Fabarius an Erich Bohne vom 12.8.1927, in: ebd., Bl. 75. Zu der Kritik vgl.: Fabarius, Rückblick und Ausblick, in: DKP, 27 (1927) 1/2, S. 3-6, hier S. 4f.

340 Vgl. Schreiben von Ludwig Mick an Theodor Bindel vom 20.12.1924, in: ebd., SA Ludwig Mick, unpag.

Jüngeren zufrieden. Ein älterer Absolvent berichtete aus Guatemala über einen jüngeren, es handele sich dabei um eine »leider etwas missliche Angelegenheit«, mit der er sich eingehender beschäftigen müsse. Im Großen und Ganzen sei er mit seiner praktischen Arbeit zufrieden. Doch auch dabei habe er mit der Zeit Nachteile seines Charakters bemerkt, die wiederum nicht gerade seine Arbeitsgüte hoben. Es handelte sich, so der Bericht, um eine gewisse Fahrigkeit und mangelnde Ordnungsliebe, was insbesondere bei den Schreibarbeiten zu beobachten sei.[341]

Auch in anderen Fällen klappte es mit den jüngeren Absolventen nicht unbedingt reibungslos. Paul Ritter hatte einen von ihnen, der ihn bereits bei seinem Besuch in Witzenhausen 1925 um eine Volontärstelle angesprochen hatte, diese gegeben, nachdem er sein Diplom bekommen hatte. Kurz nach dessen Ausreise erhielt er einen Warnbrief von Fabarius, der dringend von einer Einstellung abriet, da sein Charakter bedenkliche Schwächen und Mängel aufweise. Zunächst war er jedoch durchaus fleißig und ehrgeizig. Er kam dann mit seiner Braut aus Deutschland zurück und bekam eine Verwalterstelle bei einer alleinstehenden Frau, die Ritters zweite Farm pachtete. Er besaß ihr Vertrauen und tätigte sämtliche Viehkäufe, bei denen er allerdings große Summen veruntreute, später die Frau terrorisierte und schlug. Ritter verwies ihn von seiner Farm, woraufhin auch er von ihm verfolgt wurde. Er erpresste Ritter, der bei dessen erstem Besuch mit seiner Braut auf der Farm ein Wildschwein in der Schonzeit geschossen hatte.[342]

Bindung an die Schule

Die Bindung an die Schule war auch in dieser Generation bei vielen Absolventen sehr ausgeprägt. Sie äußerte sich in einer regen Korrespondenz, die vor allem Mitteilungen über die jeweiligen eigenen Lebensumstände enthielt, daneben aber auch sehr häufig Ratschläge für die Ansiedlung und die Gestaltung des Unterrichts in Witzenhausen. In dieser Hinsicht ergab sich also ein Kommunikationsnetz, das wichtige Informationen transportierte und ein Feedback für den Unterricht bot.

Einen dabei häufig angesprochenen Punkt bildete der Anteil der praktischen Arbeit am Unterricht der DKS. Ein in Guatemala tätiger Absolvent zählte in

341 Vgl. Schreiben von Rudolf Haeckel an Direktor Arning vom 14.11.1928, in: ebd., SA Rudolf Haeckel, Bl. 124-126, hier Bl. 125.

342 Vgl. Schreiben von Paul Ritter an Dr. Winter vom 24.8.1929, in: ebd., SA Wilhelm Lessmann, unpag. Zu Ritters Biographie vgl. die etwas unkritische Darstellung in: Werner Tabel, Autoren Südwestafrikas. Biografien, Rezensionen und Hintergrundinformationen, Göttingen/Windhoek 2007, S. 83ff.

einem Brief seine aktuellen Aufgaben auf. Er sollte unter anderem eine Kaffeewaschanlage einrichten, dafür baute er ein Kaffeeschüttelsieb und Eisentüren für die Kaffeeschwemmanlage. Aber auch das Kastrieren von Bullen mit einem Rasiermesser und das Abbrennen der Samenstränge zählten zu seinen Aufgaben. Damit wollte er zeigen, welche vielfältigen Aufgaben an einen Kolonialschüler herangetragen wurden. Bei allen diesen Herausforderungen habe er immer an Witzenhausen gedacht und er empfahl, dass sich die aktuellen Schüler stärker auf die praktischen Übungen konzentrieren sollten.[343] Derselbe Absolvent hielt die Vermittlung der praktischen Arbeiten in Witzenhausen auch deshalb für nötig, damit man sie den indigenen Arbeitern zeigen und sie so anleiten könne. Ihnen könne man keine großen wissenschaftlichen Vorträge halten, sondern müsse persönlich mit zufassen. Deshalb seien besonders die Handwerke wichtig. Nach seiner Ansicht musste jeder ein Pferd beschlagen können, das Mauern verstehen, oder Anweisungen im Hausbau oder bei der Zimmerei geben können.[344]

Ein in Mexiko arbeitender Absolvent freute sich auf einen Besuch in Witzenhausen und betonte, dass er nach seinen praktischen Erfahrungen nichts Unnützes gelernt habe, es schien ihm im Gegenteil, als sei die Kolonialschule ausgerechnet für so einen Fall wie seinen eingerichtet. Man müsse dort alles können, die Leute sähen sehr darauf, wie man etwas mache und was man könne.[345]

Noch in seinen Erinnerungen schwärmte Hanns Bagdahn, dass im Nachhinein betrachtet alle praktischen wie theoretischen Fächer in seinem späteren Aufgabenbereich von großem Nutzen gewesen seien. Vor allem habe man arbeiten und den Umgang mit anderen Menschen gelernt. Dadurch habe er den Afrikanern zeigen können, wie gearbeitet werden sollte, und vor allem beurteilen, was man einem anderen Menschen an Arbeit zumuten könne.[346]

Die einfachen Arbeiten als notwendige Grundlage hob ein in Guatemala tätiger Absolvent hervor. Er habe einen Skeptiker, der der Schule zu große Theorielastigkeit vorwarf, damit überzeugen können, dass er in der konkreten Situation wusste, wie man Schmiedekohlen herstellt. Jeder sollte seiner Meinung nach lernen, wie man sich selbst hilft, also praktisch denken lernen. Das könne man aber nur dann, wenn man von Grund auf mit der einfachsten Handlangerarbeit begänne, sei es Steineklopfen oder Rübenhacken, sei es Kuhstalldienst oder

343 Vgl. Schreiben von Hans Beer an Bindel vom 26.10.1925, in: AD, SA Hans Beer, Bl. 65.

344 Vgl. Schreiben von Hans Beer an Direktor Fabarius vom 25.6.1923, in: ebd., Bl. 51-53, hier Bl. 52 VS.

345 Vgl. Schreiben von Göran von Bruemmer an Direktor Arning vom 14.12.1928, in: ebd., SA Göran von Bruemmer, Bl. 96.

346 Vgl. Bagdahn, Leben, S. 7.

Steinelesen auf dem Acker. Nur wer diese grundlegenden Arbeiten kenne, der könne dann auch zu feineren Arbeiten übergehen.[347]

Ein indischer Schüler, der sich nach Abschluss der Kolonialschule ein Jahr Europa angesehen hatte, lobte ebenfalls die praktische Ausbildung. Im Vergleich zu den entsprechenden Ausbildungsstätten in England und den Niederlanden, die zu theorielastig seien und die praktische Ausbildung vernachlässigten, steche sie in Witzenhausen hervor. Überhaupt präge die dortige breite und vielfältige Ausbildung für das ganze Leben. Die Charakterformung produziere »wahre Menschen und Kämpfer« für die Welt.[348]

Ein in Südwestafrika tätiger Absolvent teilte das Lob der praktischen Arbeit an der Schule jedenfalls nicht. Im Gegenteil, es trage dort zum schlechten Ruf der Kolonialschule bei, dass die Schüler in der Hauptsache als ungelernte Landarbeiter ausgenützt würden. Er bemühte sich zwar, diesen teilweise falschen Anschauungen entgegenzutreten, vertrat sie vielfach aber auch selbst. Er hielt eine grundlegende Änderung des Systems der praktischen Arbeit an der Schule für dringend erforderlich. Außer in den wenigen Wochen seines Einzeldienstes, bei denen es aber auch auf die Person des betreffenden Betriebsleiters angekommen sei, habe er von dem praktischen Dienst nicht sehr viel profitiert.[349]

Es gab auch andere Hinweise zur Ausbildung, beispielsweise den, dass die künftigen Absolventen unbedingt Autofahren lernen sollten. Zumindest in Südwestafrika war das Auto auf den Farmen in den 20er Jahren allgemein eingeführt.[350] In eine ähnliche Richtung ging der Rat, dass angesichts des technischen Fortschritts mehr Wert auf Motoren und Maschinen zu legen sei. Ein Absolvent berichtete aus Ceram, dass er sich sein Ansehen durch die Reparatur eines Autos erworben habe. Aus seiner Sicht vermittelte die Kolonialschule Schlüsselqualifikationen, die es einem gestatteten, sich einzuarbeiten und zu spezialisieren.[351] Auf einen ebenfalls modernen Bereich wies ein Absolvent aus Argentinien hin, auf die Schädlingsbekämpfung. Am besten sei es, diesen Mangel in der Ausbil-

347 Vgl. Schreiben von Hans Beer an Direktor Fabarius vom 13.1.1926, in: AD, SA Hans Beer, Bl. 69-71.

348 Vgl. Schreiben von Keshodatt Singh Joneja an Direktor Fabarius vom 21.5.1925, in: ebd., SA Keshodatt Singh Joneja, Bl. 44-46 (Zitat Bl. 45). Abgedruckt in: DKP, 24/25 (1924/25) 4, S. 42-43.

349 Vgl. Schreiben von Hans Meinberg an Dr. Winter vom 17.11.1927, in: AD, SA Hans Meinberg unpag.

350 Vgl. Schreiben von Hans Ax, Farm Etendera, Omaruru, SWA, an Theodor Bindel vom 16.9.1926, in: ebd., SA Hans Ax, Bl. 85 (VS + RS).

351 Vgl. Schreiben von Karl Stoll vom 24.9.1929, in: ebd., Ordner Auslandsbriefe, Bl. 259-260.

dung der Kolonialschule durch die Einrichtung einer speziellen Dozentur zu beseitigen.[352]

Häufig mussten die Kolonialschüler dieser Generation die Erfahrung machen, dass ihre in Witzenhausen erworbenen Sprachkenntnisse für den Beruf nicht ausreichten. Ein in Chile tätiger Absolvent hob hervor, wie wichtig es sei, mit den Verhältnissen im Lande schon einigermaßen vertraut zu sein und vor allem, die spanische Sprache zu beherrschen. Er selbst hätte viel schneller eine Stelle finden können, wenn er besser Spanisch gekonnt hätte. Deshalb sollten die Sprachstudien auf der Kolonialschule viel ernster betrieben werden.[353] Ein ebenfalls gerade in Chile angekommener Absolvent, der zuvor in Spanien gearbeitet hatte, berichtete, er verdanke seine Anstellung seinen Sprachkenntnissen und verurteilte die jungen Deutschen, die »ohne eine blasse Ahnung oder nur stümperhaften Kennens des Spanischen« ins Land kämen. Er empfahl ebenfalls, den Sprachunterricht in Witzenhausen ernster zu nehmen.[354]

Hinsichtlich der Schülerauswahl an der DKS übte ein vorzeitig abgegangener Schüler vehemente Kritik. Seiner Ansicht nach würden bei der Neuaufnahme nicht die nötigen strengen Anforderungen an die Persönlichkeit und die individuelle Befähigung gestellt werden. So könne das Wort von »den Besten Deutschlands Jugend, die hier zusammenkommen«, wie es im Anstaltsplan stünde, leider nur ironisch gebraucht werden. Er fand, dass nur ein Fünftel der Kolonialschüler so sei, wie alle sein sollten.[355]

Auch in späteren Erinnerungen schlugen sich die Bindungen an die Schule nieder. In den 30er Jahren stand dabei die Betonung einer engen Verbindung zum Nationalsozialismus im Vordergrund. So schrieb ein Absolvent 1936 im »Kulturpionier«, der Kreis der Kameraden, der sich nach dem Krieg zusammenfand und kameradschaftlich zusammenwuchs, sei kein zufälliger gewesen. Ein besonderer Typ sei in dieser Zeit auf der Schule geformt worden, der das Bewusstsein, Teil eines »Volkes ohne Raum« zu sein, in sich trug und in die Reihen der deutschen Kulturpioniere treten wollte. Die Schule sei in der Zeit »eine Pflegestätte wahrhaft nationalen Lebens« gewesen, die der »Heranbildung bewußten deutschen Führertums« diente. Diesem Ziel habe Fabarius in unvergesslicher Weise seine markante Note verliehen. »Wie Predigten in der Wüste mochten sich seine Vorlesungen abheben gegenüber den demokratisch-pazifistischen Redensarten

352 Vgl. Schreiben von Jacques Krämer an Theodor Bindel vom 9.4.1925, in: ebd., SA Jacques Krämer, Bl. 95.

353 Vgl. Schreiben von Kurt Stöpel vom 14.3.1929, in: ebd., Ordner Auslandsbriefe, Bl. 206-207.

354 Vgl. Schreiben von Karlheinz Espenschied an Direktor Arning vom 28.3.1931, in: ebd., SA Karlheinz Espenschied, Bl. 78-79, hier Bl. 78 RS.

355 Vgl. Abschrift eines Schreibens von Wolfgang von Haller an Wilhelm von Trotha vom 23.1.1927, in: ebd., SA Wolfgang von Haller, Bl. 38; Durchschrift eines Schreibens von Direktor Fabarius an Wilhelm von Trotha vom 4.2.1927, in: ebd., Bl. 39.

an manchen anderen deutschen Hochschulen der damaligen schwarz-rot-goldenen Epoche.« In diesem Milieu sei unter den suchenden und strebenden Schülern ein politisches Erwachen aufgebrochen, das nach 1933 viele Ehemalige in amtliche Stellungen und einen von ihnen in die erste Reihe der Entscheidungsträger gebracht habe. Jene könnten »über die verwandte Ideologie einer nationalistischen Lebenszelle, wie sie sich uns damals in Wilhelmshof bot, und der heutigen allumfassenden Kraft des Nationalsozialismus Würdigendes und Anerkennendes« sagen.[356]

Rückkehr nach Deutschland

Die Rückkehr nach Deutschland war für die meisten Absolventen hart. Häufig traten sie die Rückreise unfreiwillig an, wegen Krankheiten, der wirtschaftlichen Situation oder des Kriegs. Dann verfügten sie in der Regel über kein großes Vermögen, waren also gezwungen, sich rasch eine neue Arbeit zu suchen.

Ein Absolvent, der aus gesundheitlichen Gründen von Sumatra nach Deutschland und damit in ein »erträglicheres Klima« zurückgekehrt war, hatte selbst um seine Entlassung nachgesucht. Nach reiflicher Überlegung hatte er keine andere Möglichkeit gesehen, weil er als körperlich nicht sehr starke Natur seine Gesundheit durch die harte Arbeit ruiniert hatte. Außer an drei Tagen war er niemals krank, um nicht den Anschein der Drückebergerei zu erwecken. Allmählich vereinsamte er immer mehr, kam nicht mehr zu den anderen Kollegen, was ihm sehr übel genommen wurde. Die Folge war, dass er sich ausgestoßen fühlte und gerade das hatte einen schlechten Einfluss auf seinen Gesundheitszustand. Mit der Zeit wurde er immer aufgeregter und gereizter, bis er sich gesundheitlich nicht mehr in der Lage fühlte, einen größeren und schweren Posten auszufüllen.[357]

Während der Weltwirtschaftskrise verloren viele Kolonialschüler ihre Arbeitsplätze. Ein Absolvent aus Tanganjika hatte nach dem Verlust seiner Stelle dort versucht, eine neue zu bekommen, war aber erfolglos geblieben. Er kehrte nach Deutschland zurück, hatte aber die vage Aussicht, im April 1932 bei Daressalam eine neue Stelle auf einer Geflügel- und Milchviehfarm zu bekommen. Deshalb wollte er zur Vorbereitung gerne in der Witzenhäuser Molkerei arbei-

356 Vgl. Gustav Adolf vom Stein, Erinnerungen ans Werra- und Weserland, in: DKP, 36 (1936) 1, S. 41-44 (Zitate S. 41 f.).

357 Vgl. Schreiben von Hermann Wagenseil an Direktor Fabarius vom 12. 10. 1925, in: AD, SA Hermann Wagenseil, unpag.; Schreiben von Hermann Wagenseil an Direktor Fabarius vom 23. 10. 1925, in: ebd., unpag.

ten und ein 5. Semester bei Dr. Schäle studieren. Er verlor dann jedoch bei einem Unfall einen Arm, was ihn für Übersee untauglich machte.[358]

Diejenigen, die nach 1933 zurückkehrten, drängten verstärkt in die NS-Organisationen. Der aus Costa Rica kommende Dietrich-Wilhelm Linze hatte sich bereits längere Zeit nach seiner Rückkehr bemüht, eine Arbeit zu finden, »um im Sinne des Führers am Aufbau des neuen Reiches mitzuhelfen«. Direktor Karl Koch antwortete ihm, dass leider viele zurückgekehrte Absolventen sich in ähnlicher Lage befänden. Es werde erst besser werden, wenn Deutschland wieder eigene Kolonien habe. Er regte an, Linze solle über Darré versuchen, beim Reichsnährstand unterzukommen; einigen Absolventen sei das gelungen.[359]

Der Parteigenosse Hans-Karl Treue kam krankheitsbedingt mit der Empfehlung aus Tanganjika zurück, dort die Presse- und Aufklärungsstelle der Landesgruppe Tanganyika Territory geleitet zu haben. Nach dem Zeugnis des NSDAP-Landesgruppenleiters hatte er diese Aufgaben mit größter Gewissenhaftigkeit, Zuverlässigkeit und Eifer erledigt. Das war eine gute Ausgangsposition, um eine Stelle im Amt für Wiederaufbau in der Auslandsorganisation der NSDAP zu bekommen und später im Warthegau eingesetzt zu werden.[360]

Ebenfalls aus Tanganjika kehrte ein weiterer Absolvent zurück, der dort zuletzt eine Sisalpflanzung der DOAG geleitet hatte. Er wurde bei Kriegsbeginn interniert und kam im Januar 1940 in Deutschland an. Er wandte sich an die Kolonialschule und bat um die Vermittlung einer Stelle als Verwalter oder Inspektor auf einem großen Gut. Er war auch bereit, nach Polen zu gehen, aber nicht siedeln, da er »nach Beendigung des Krieges wieder sofort in die dann deutschen Kolonien gehen« wollte.[361]

Ein anderer Absolvent kehrte 1939 aus Kamerun zurück, wo er als Pflanzungsassistent tätig gewesen war. Nach einem kurzen Intermezzo beim Reichskolonialbund wurde er ab Januar 1940 erster Sachbearbeiter und stellvertretender Kreislandwirt der Nebenstelle Obornik der Reichsland eingesetzt. Obornik war ein Kreis im Warthegau, nördlich von Posen gelegen. Die Reichsland war für die

358 Vgl. Schreiben von Wilhelm Reinhold an Direktor Arning vom 20.6.1931, in: ebd., SA Wilhelm Reinhold, unpag.

359 Vgl. Schreiben von Dietrich-Wilhelm Linze an den Direktor Koch vom 28.8.1935, in: ebd., SA Dietrich-Wilhelm Linze, unpag. (Zitat ebd.); Durchschrift eines Schreibens von Direktor Koch an Dietrich-Wilhelm Linze vom 29.8.1935, in: ebd., unpag.

360 Vgl. Abschrift des Zeugnisses des Landesgruppenleiters der NSDAP-Landesgruppe Tanganyika für Hans Karl Treue vom 24.2.1937, in: ebd., SA Hans Karl Treue, Bl. 235; Karteikarte Hans Karl Treue, in: BAB, 3200, Nr. X 34, Bl. 1554; Friedrich Wilhelm Schwarze, Kamerad Hans-Karl Treue †, in: Uu, Nr. 9, April 1968, S. 2-3.

361 Vgl. Schreiben von Richard Schatz an die DKS vom 10.1.1940, in: AD, SA Richard Schatz, unpag. (Zitat ebd.).

Bewirtschaftung und Verwaltung der ehemals polnischen Güter verantwortlich. Danach wurde er Soldat.[362]

Ein Absolvent, der bis 1940 in Kamerun gearbeitet hatte, dann in Nigeria und Jamaika interniert worden war, kehrte erst 1947 nach Deutschland zurück. Er war seit 1965 Rentner und es war ihm sehr schwergefallen, nach dem Krieg nicht wieder als Pflanzer hinausgehen zu können, doch musste er nach eigenen Aussagen, da er noch keinen Anspruch auf irgendeine Rente hatte, zuerst an seine Altersversorgung denken. Damit ist er ein gutes Beispiel für die unversorgt Zurückgekehrten: Eigentlich hätte er seit 1923 in der Angestellten-Versicherung sein können; so war er erst seit 1947 versichert und bezog eine entsprechend kleine Rente.[363]

362 Vgl. Memorandum »Meine Tätigkeit bei der Reichsgesellschaft für Landbewirtschaftung G.m.b.H. (»Ostland« bzw. später »Reichsland«) im Kreise Obornik« vom Januar 1964, in: ebd., SA Gerd Stachow, unpag.

363 Vgl. Schreiben von Otto Zillessen an Franz Rüdrich und Gerhard Sontag vom 26.3.1969, in: ebd., SA Otto Zillessen, unpag.

IV. Schule in der Diktatur 1933 bis 1945

1. Die Kolonialschule unterm Hakenkreuz

Direktoren im Wechsel

Wiesen die ersten dreißig Jahre der Deutschen Kolonialschule durch den Gründer und Direktor Fabarius eine erstaunliche Kontinuität in der Leitung der Anstalt auf, so amtierte dessen Nachfolger lediglich gut sechs Jahre lang. Arning hatte – wie beschrieben – in der Endphase der Weimarer Republik mit einer sich radikalisierenden Studentenschaft ebenso wie mit dem zunehmenden politischen Druck von außen zu kämpfen. Nach der Machtübergabe an die Nationalsozialisten erschien er, trotz beträchtlicher rhetorischer Anpassungsleistungen an das neue Regime, auf Dauer offensichtlich nicht mehr tragbar. Die neuen Machthaber benötigten für die prestigeträchtige Schule keinen Deutschnationalen, sondern einen waschechten Nationalsozialisten. Das implizierte aber auch von vornherein eine stärkere Politisierung der Funktion und vehementere Auseinandersetzungen mit den unterschiedlichen Flügeln der alles andere als homogenen und monolithischen NS-Bewegung. In einer Sitzung entschied die Kommission des Aufsichtsrats Mitte Juni 1933, dass Arning angeblich mit Rücksicht auf sein Lebensalter Ende 1934 aus seinem Dienstverhältnis als Direktor und Geschäftsführer der DKS ausscheiden sollte. Als seinen Nachfolger bestimmte die Kommission zunächst den langjährigen Dozenten und Schwiegersohn von Fabarius, Curt Winter.[1]

Der Dienstleiter Kurt Oertel hoffte auf Winter als Nachfolger, er habe es verdient und sei als Einziger dazu in der Lage, »den Laden hier restlos in jeder Beziehung zu schmeißen«. Schon Anfang Januar 1934 musste Oertel aber berichten, dass Winter aus seiner Sicht infolge einer infamen Intrige um die Früchte

1 Vgl. Sitzung der Kommission des AR am 15.6.1933, in: AD, Akte AR-Protokolle 1920-1939, Bl. 107-109, hier Bl. 108; Sitzung des AR der DKS am 16.6.1933, in: StAM; 314/1, Nr. 147, unpag. (Zitat ebd.).

seiner Arbeit für die Schule gebracht werden sollte. Die Initiatoren dabei seien Arning und ein ehemaliger Kolonialschüler, Walter von Mohrenschildt.[2] Dieser hatte die Schule im Oktober 1931 abgeschlossen, wurde danach Adjutant von SA-Obergruppenführer Karl Ernst. Wie sein Vorgesetzter war er angeblich in den Reichstagsbrand verwickelt und wurde im Zuge des »Röhm-Putsches« erschossen.[3] In diesem Kontext war bereits spätestens Anfang Februar 1934 der langjährige SA-Mann Karl Koch als Kandidat für den Posten des Direktors ins Gespräch gebracht worden.[4] Auf der Sitzung des neuen Aufsichtsrats am 19. März 1934 entschieden sich die Teilnehmer, dem Wunsche des Reichsinnenministers Wilhelm Frick zu entsprechen, und Koch zum Direktor der DKS zu bestimmen.[5] Koch wurde am 3. August 1882 in Frankfurt a.M. geboren. Nach seiner Militärausbildung war er zunächst ab 1903 in der englischen Goldküste und von 1905 bis 1909 beim Shanghai Volunteer Corps in Ostasien eingesetzt. Bis 1916 war er dann in Kamerun für die Gesellschaft Süd-Kamerun tätig, wurde in Spanien interniert, nach Fluchtversuchen bis 1919 in englischer Kriegsgefangenschaft. Nach dem Krieg war er bei der »Eisernen Division« im Baltikum und übernahm 1920 die Stelle Baltikum im Reichswehrministerium und war bis 1921 Verbindungsoffizier der Heeresfriedenskommission im besetzten Gebiet. Von 1924 bis 1930 arbeitete Koch als Farmer in Angola und war Mitbegründer der Siedlungsgesellschaft »Wikobe«, die pleiteging. Seit 1932 war er SA-Mitglied und Mitarbeiter des Kolonialreferats der Reichsleitung der NSDAP sowie führendes Mitglied der DKG. Anfang 1933 wurde er als Führer des Berliner SA-Sturms 30 bei einer Schlägerei mit Kommunisten erheblich verletzt. Seit 1933 war er Berliner Gaureferent für Kolonialfragen der NSDAP. Nach seiner Zeit als Direktor der DKS war er zunächst als Hauptmann im Offiziersdurchgangslager IX Spangenberg, dann ab 1943 bei der Abwehr, dem militärischen Nachrichtendienst, in Frankreich. Ab November 1944 soll er dem Amt VI des Reichssicherheitshauptamts der SS zugeordnet gewesen sein. Bis 1946 war er in französischer

2 Vgl. Schreiben von Dienstleiter Kurt Oertel an Otto Hahner vom 1.12.1933, in: AD, SA Otto Hahner, Bl. 77 (Zitat ebd.); Schreiben von Kurt Oertel an Otto Hahner vom 9.1.1934, in: ebd., Bl. 78.

3 Vgl. Franz Frank, Das »Geständnis« von Ernst (Leserbrief), in: Frankfurter Allgemeine Zeitung vom 17.4.1962, zit. nach: ebd., SA Walter von Mohrenschildt, unpag.; Berndt Rieger, Mohrenschildt und die Verschleppung von Zamosc, Lexington 2010, S. 143ff.; Baum, Daheim, S. 129f.

4 Vgl. Durchschrift eines Schreibens von Dr. Winter an F.F. Eiffe vom 5.2.1934, in: AD, SA Heinz Bertholdt, Bl. 41.

5 Vgl. Niederschrift über die Sitzung des AR der DKS am 19.3.1934, in: StAM, 314/1, Nr. 148, unpag.; Niederschrift über die Sitzung des AR am 19.3.1934, in: AD, Akte AR-Protokolle 1920-1939, Bl. 109-112, hier Bl. 111f.

Kriegsgefangenschaft. Koch starb am 2. Juni 1970 in Witzenhausen, wohin er nach der Gefangenschaft zurückgekehrt war.[6]

Von Anfang an gab es Widerstände gegen Koch als Direktor, sowohl von studentischer als auch von politischer Seite. Die Vorwürfe gegen ihn richteten sich zum einen auf seine Vergangenheit, speziell seine Tätigkeit in Angola und zum andern auf seine Arbeit als Direktor der DKS.[7] Auch weite Teile des Altherrenverbands sprachen sich frühzeitig gegen Koch aus. Es gab offensichtlich bei ihnen Beschwerden über diesen aus dem In- und Ausland. Unter anderem von einem nicht näher genannten Alten Herren aus Angola, der Koch aufgrund seiner dortigen Vergangenheit für untragbar hielt; nach dessen Meinung sollte er ganz aus kolonialen Dingen herausgehalten werden.[8]

Koch gelang es, die gegen ihn erhobenen Vorwürfe zurückzuweisen, ebenso die Gerüchte, der SA-Obergruppenführer Ernst und sein Adjutant von Mohrenschildt hätten an seiner Berufung mitgewirkt. Nach Aussagen aus dem KPA hatte Franz Xaver Ritter von Epp Koch vorgeschlagen, nachdem Frick als Nachfolger einen Mann verlangte, der erstens selbst in den Kolonien gearbeitet hatte, zweitens die Schule der SA durchgemacht habe und SA-Führer war.[9] Nach Ansicht des Aufsichtsrats bewährte sich Koch in Witzenhausen zunächst durchaus. Er hatte seine anfänglichen Differenzen mit der Gauleitung in Kassel angeblich beseitigen können. Auch die örtlichen Streitigkeiten mit dem Bürgermeister schienen beigelegt.[10]

Im Juli 1936 eskalierte die Situation an der Kolonialschule; die Schüler machten ihrem Unmut in einer Denkschrift über die Verhältnisse an der Anstalt Luft,

6 Vgl. Werner von Langsdorff, Deutsche Flagge über Sand und Palmen. 53 Kolonialkrieger erzählen, Gütersloh 1936, S. 371; Schreiben der Geheimen Staatspolizei, Staatspolizeistelle Kassel, an den Präsidenten der Reichsschrifttumskammer vom 24.4.1940, in: BAB, R 9361 V, Nr. 7122, Bl. 1696-1697; Material von Volker Storck, in: DITSL-Bibliothek.

7 Vgl. Abschrift eines Schreibens von Franz Ritter von Epp an den Reichsminister des Innern, Dr. Frick, vom 3.8.1934, in: AD, Direktoren, Scherbening, Bl. 2-4.

8 Vgl. Abschrift eines Schreibens von Scherbenings an Präsident Groos vom 1.11.1934, in: ebd., Bl. 76-81, hier Bl. 76f.

9 Vgl. Abschrift eines Schreibens des KPA, Dr. Jung, an Konsistorialpräsident a.D. Groos vom 6.11.1934, in: ebd., Bl. 101.

10 Vgl. Aktenvermerk aus dem RdI für den Minister vom 12.12.1934, in: BAB, R 1501, Nr. 5445, Bl. 206-208. Ein gewisser Friedrich Wilhelm Klopsch hatte Koch wegen seiner früheren Tätigkeit in Angola und der Gründung der Pflanzungsgesellschaft Wikobe angegriffen, und zwar offensichtlich massiv, als »Lump, Schädling, skrupelloser Mensch«. Deshalb sollte eine feste Anstellung Kochs von der Klärung der gegen ihn erhobenen Vorwürfe abhängig gemacht werden. Vgl. Sitzung des Aufsichtsrats der DKS am 14.12.1934, in: AD, Akte AR-Protokolle 1934-1943, unpag. (Zitat ebd.).

die sie an die Reichsstudentenführung, das KPA, das RdI, den NSDStB sowie sämtliche Kuratoriumsmitglieder sandten. Sie zeigten sich darin tief enttäuscht über die konkrete Umsetzung des Ziels der DKS, koloniale Praktiker heranzubilden, die planmäßig in deutschen Interessensgebieten eingesetzt werden sollten. Gegen diesen Willen der Schüler habe Koch als oberste Maxime die ökonomische Rentabilität der Anstalt gestellt. Die Schüler forderten eine Abänderung des Studienplans, die Verstaatlichung der Anstalt und die Ablösung des Direktors. Ferner kritisierten sie das Niveau seiner kolonialpolitischen Vorlesungen, hielten ihm vor, einen Keil zwischen Studentenschaft und Altherrenverband treiben zu wollen, zudem habe er angeblich homosexuelle Vorgänge geduldet.[11] Als Reaktion auf diese Denkschrift warf Koch einige der Initiatoren, darunter den Studentenschaftführer von der Schule. Nach diesen Entlassungen legten die übrigen studentischen Funktionsträger ihre Ämter nieder, die Schülerschaft trat in den Streik und Koch schloss die Schule auf unbestimmte Zeit.[12]

Einige Tage später sollte die Kolonialschule dann aber wieder eröffnet werden und »vollkommener Burgfrieden herrschen«. Auch die Verfasser der Denkschrift sollten wieder aufgenommen werden. Die Studentenschaft nahm den Vorwurf, Koch habe die homosexuellen Vorgänge decken wollen, zurück und akzeptierte den Burgfrieden; es wurde allerdings deutlich, dass sie kein Vertrauen zu Koch mehr besaß.[13] Die interne Kritik an Koch riss nicht ab. In einem Schreiben an die Gebietsführung der Hitlerjugend (HJ) erhob ein Schüler schwere Vorwürfe gegen die Schule. Vor allem das politische Wissen und die weltanschauliche Haltung der Kameradschaft ließen viel zu wünschen übrig.[14]

Mit den Schülern gab es auch weiterhin Probleme: So verblieb der vorzeitig abgegangene Studentenschaftführer Richard Senftleben, sehr zum Unwillen Kochs noch einige Wochen in Witzenhausen. Aus seiner Sicht war es eine kleine Clique, die hetzte und Unruhe stiftete: »Die Herrschaften wollen, unterstützt

11 Vgl. Durchschrift eines Schreibens der Studentenschaft der DKS an den stellvertretenden Reichsfachgruppenleiter in der Reichsstudentenführung vom 8.7.1936, in: BAB, NS 38, Nr. 3764, unpag. Auch gesandt an den Reichsführer der DSt, mit Datum vom 8.7.1936, in: ebd., R 129, Nr. 1013, Bl. 115-128.

12 Vgl. Rundschreiben der Studentenschaft der DKS, Bachmann, vom 22.7.1936, in: AD, AHV, Verbandssatzung, unpag.

13 Vgl. Durchschrift eines Schreibens des Gau-Geschäftsführers des Gaues Kurhessen an den stellvertretenden Gauleiter Dr. Burkhart vom 28.7.1936, in: ebd., Akte Korrespondenz von Scherbening II, Bl. 35-39, hier Bl. 38f. (Zitat Bl. 38); Durchschrift eines Schreibens von Otto von Scherbening an Theodor Frank vom 28.7.1936, in: ebd., Bl. 218-219.

14 Vgl. Abschrift eines Schreibens von Albert Mertes an Bannführer Rehbein, Gebiet 14 Kurhessen der HJ vom 22.7.1937, in: ebd., SA Albert Mertes, unpag.; Abschrift eines Schreibens von Direktor Koch an Gauleiter Weinrich vom 2.8.1937, unpag., in: ebd.

durch die Gaustudentenführung, wieder einmal für die sogenannte studentische Freiheit kämpfen und bilden sich ein, damit etwas Hervorragendes zu leisten. Stattdessen stiften sie Unruhe, erregen Unzufriedenheit und erschweren uns unsere Arbeit.«[15] Der Konflikt schwelte weiter und entzündete sich erneut an der Abnahme studentischer Plakate durch den Dienstleiter Paul-Ludwig Bellinger, der daraufhin vom Studentenschaftführer angepöbelt wurde. Die Studierenden streikten und zogen auf den Ludwigstein, wo am nächsten Tag ein NS-Schulungslager durch Kreisleiter Christian Sponsel eröffnet werden sollte.[16]

In der Aufsichtsratssitzung Ende November 1938 spitzte sich die Lage für Koch zu. Der Reichsminister des Innern zeigte sich, wie sein Vertreter kundtat, über die Vorfälle in der DKS sehr befremdet und stellte die Zuschüsse in Frage, die dann zunächst gesperrt wurden. Die schwersten Geschütze fuhr der stellvertretende Gauleiter Max Solbrig auf: Koch habe während seiner gesamten Amtszeit versagt; weder seine Leistungen hätten befriedigt, noch habe er zu den Parteidienststellen ein vertrauensvolles Verhältnis aufbauen können. Er sei nicht die richtige Führerpersönlichkeit, derer die Anstalt bedürfe; ihm fehle das richtige Gefühl für die Volksgemeinschaft und er verfüge nicht über das für die Durchführung der ihm übertragenen Aufgabe erforderliche soziale Verständnis.[17] Einige Tage später nahmen die Studierenden den Dienst wieder auf. Die Gauleitung hielt den Lehrplan aber nach wie vor nicht für ausreichend und bemängelte die Erziehung der Studenten, aus der sich verschiedene Schwierigkeiten ergeben hätten.[18]

Am 1. April 1939 wurde mit Georg Boss[19] ein neuer kommissarischer Direktor eingesetzt. Koch blieb jedoch Betriebsleiter bzw. Wirtschaftsdirektor, so

15 Vgl. Schreiben von Direktor Koch an Dr. Karl Jung vom 17.11.1938, in: ebd., Handakte Dr. Karl Jung, unpag. (Zitat ebd.).

16 Vgl. Schreiben von Direktor Koch an den Vorsitzenden des Aufsichtsrates der DKS, Dr. Karl Jung, vom 20.11.1938, in: ebd., unpag.; Baum, Daheim, S. 162; Martin Röder, »100 Jahre Witzenhausen als Standort Internationaler Agrarausbildung« – oder: Wer feiert was?, in: Der Wutzenhäuser, 1998, Nr. 2, S. 12-20, hier S. 18.

17 Vgl. Niederschrift über die AR-Sitzung am 28.11.1938, in: AD, Akte AR-Protokolle 1934-1943, unpag.

18 Vgl. Schreiben von Edgar Nölting (Vater) an Direktor Koch vom 5.12.1938, in: ebd., SA Klaus-Peter Nölting, unpag.

19 Boss wurde am 31. Oktober 1903 als Sohn eines Landwirts in Biebrich a.Rh. geboren. Nach Besuch des dortigen Reform-Realgymnasiums studierte er von Ostern 1922 bis Ostern 1926 Naturwissenschaften in Frankfurt a.M., wo er 1927 promovierte. Von 1931 bis 1937 war er als Physiklehrer an der Deutschen Höheren Schule in Swakopmund tätig. Während dieser Zeit sammelte er Pflanzen und Mineralien in Südwestafrika und Angola und publizierte zu diesen Themen. Boss kehrte 1937 nach Deutschland zurück und übernahm eine Stelle an der Nationalpolitischen Erziehungsanstalt in Plön, bevor er in Witzenhausen angestellt wurde. Nach seinem

dass Konflikte vorprogrammiert waren. Ein Externer, Walther Böhmer, ehemals Farmer in Südwestafrika, untersuchte die Verhältnisse in Witzenhausen, offensichtlich ohne konkreten Auftrag. Bereits dessen erste Beobachtungen klangen beunruhigend. Die DKS sei von einer Studienanstalt zu einer gewöhnlichen Schule herabgesunken, die bisherige umfassende wissenschaftliche Vorbereitung für den kolonialen Dienst sei nicht mehr gewährleistet worden.[20] Böhmer hielt sich zwei Wochen in Witzenhausen auf und kam in seinem Bericht zu einem vernichtenden Urteil: Die dort betriebene Agrarwirtschaft sei des Reichsnährstands unwürdig; eine Weiterführung des Betriebs in der jetzigen Form im Interesse des deutschen Ansehens sofort zu unterbinden. »Nur mit Potemkinschen Dörfern vergleichbar wird der laienhafte Beschauer geblufft. Die Wirklichkeit ist einfach grauenhaft – außerhalb der Paradestücke herrscht unvorstellbarer Schmutz und Verwahrlosung – trotz des Mangels an Arbeitskräften herrscht hier ein Überfluß an solchen, die aber unproduktiv eingesetzt werden – die primitivsten Gesetze nationalsozialistischer Wirtschaftlichkeit gelten hier nicht.« Die »koloniale Belehrung« habe bis zur Amtsübernahme von Boss nur auf dem Lehrplan gestanden. Auch jetzt verfügten die wenigsten Lehrkräfte über eigene koloniale Erfahrungen.[21]

Laut Boss bestanden die Schwierigkeiten an der Schule vor allem in der mangelnden Abgrenzung der Befugnisse des schulischen und des wirtschaftlichen Leiters, also zwischen ihm und Koch. Zunächst hatte er angenommen, dass die Studierenden die meisten Probleme bereiten würden, er konnte sie aber mit Hilfe einer vom Reichserziehungsministerium erlassenen besonderen Schulordnung,

Abgang wurde er zur Luftwaffe eingezogen und zum Regierungsrat auf Kriegszeit ernannt. 1954 führte er im Auftrag der Deutschen Forschungsgemeinschaft eine Expedition in Angola durch. Boss verstarb am 13. Mai 1972 in Wiesbaden. Vgl. Material Bibliothek des DITSL; Mary Gunn/L.E.Codd, Botanical Exploration of Southern Africa, Capetown 1981, S.100; Georg Boss, Beiträge zur Zytologie der Ustilagineen, Diss. Frankfurt a.M. 1927, Umschlagseite.

20 Vgl. Durchschrift eines Schreibens von Walther Böhmer an Studiendirektor Georg Boss vom 15.5.1939, in: AD, Direktoren, Boss, Bl. 12.

21 Vgl. Bericht aufgrund der Ergebnisse eines zweiwöchigen Studiums der Verhältnisse auf der »Deutschen Kolonialschule« von Walther Böhmer vom 19.5.1939, in: ebd., Bl. 16-26 (Zitat Bl. 17). Auch in: BAB, R 43 II, Nr. 915c, Bl. 23-33. Der Bericht ging auch an Landwirtschaftsminister Darré, der sich dazu nicht weiter äußerte und ihn an die Reichskanzlei weitersandte. Abschriften erhielten ferner das RdI, das die Aufsicht über die Anstalt ausübte sowie das KPA. Vgl. Abschrift eines Schreibens des Reichsministers für Ernährung und Landwirtschaft, Walther Darré, an den Reichsminister und Chef der Reichskanzlei Lammers vom 27.5.1939, in: ebd., Bl. 22; Vermerk aus der Reichskanzlei vom 7.7.1939, in: ebd., Bl. 34.

die dem schulischen Leiter Handhabe für ein scharfes Durchgreifen bot, recht schnell disziplinieren.[22]

In einer Aufsichtsratssitzung Ende Juni 1939 berieten die Teilnehmer erneut über die Verhältnisse an der Schule. Ministerialrat Wagner vom RdI, der die Schule Mitte Mai inspiziert hatte, schilderte sie als unerträglich. Er berichtete unter anderem über Disziplinwidrigkeiten und Strafmaßnahmen, insonderheit den Überfall von sechs Studierenden auf einen ihrer Kameraden. Das Innenministerium habe sich im Interesse der Aufrechterhaltung eines geordneten Anstaltsbetriebs und zur Vermeidung weiterer unliebsamer Vorkommnisse zu grundlegenden Änderungen genötigt gesehen. In der Folge wurde Koch zum 1. Oktober 1939 zusammen mit zwei Dozenten entlassen, Boss übernahm nun die komplette schulische Leitung. Dazu kamen neue Mindestanforderungen für das Abschlussexamen, die Einführung einer Prüfungsordnung, die Überwachung der Prüfungen durch einen staatlichen Kommissar etc.[23]

Bereits im Herbst 1939 wurde Boss aber von seinen Dienstpflichten entbunden und ein Student, der ihn besuchte, wurde deswegen ausgewiesen. Der Betreffende gab an, dass seine Reise zu Boss rein privater Natur gewesen sei. Gegen Boss, den er von der Nationalpolitischen Erziehungsanstalt Plön her kannte und als väterlichen Freund schätzte, seien »derart ungeheuerliche Gerüchte und Anschuldigungen im Umlauf«, dass er von ihm selbst die Wahrheit erfahren wollte.[24] Worum es sich bei den Gerüchten bzw. bei den Gründen der Ablösung von Boss handelte, wurde bei der Suche nach einem Nachfolger deutlich: Ministerialrat Valentin Döring vom Reichserziehungsministerium hatte sich an einen erfahrenen Schulleiter gewandt, Reinhold Köster, und hatte ihm recht offen die verfahrene Situation an der Kolonialschule dargelegt. Seine beiden Vorgänger hätten versagt, der eine, weil er kein Erzieher gewesen sei und aus der Schule einen Wirtschaftsbetrieb gemacht habe, der andere, weil er homosexuell veranlagt gewesen sei. Bei den sogenannten »Studierenden« – Döring setzte den Begriff bewusst in Anführungszeichen – handelte es sich überwiegend um schwierige Personen, die überdies glaubten, sich alle möglichen akademischen Freiheiten herausnehmen zu können. Deshalb bedürfe es beim Direktor großen

22 Vgl. Durchschrift des Berichts des schulischen Leiters der DKS, an Gauleiter Weinrich vom 12.6.1939, in: AD, Direktoren, Boss, Bl. 87-91; Durchschrift eines Schreibens des Reg.-Präs. in Kassel, von Monbart, an den Oberpräsidenten, Verwaltung des Bezirksverbandes Hessen, vom 17.11.1941, in: ebd., Direktoren, Koch, Bl. 140-142.

23 Vgl. Niederschrift über die AR-Sitzung am 23.6.1939, in: ebd., Akte AR-Protokolle 1934-1943, unpag.

24 Vgl. Niederschrift über die Sitzung der Dozenten am 14. November 1939 vom 15.11.1939, in: AD, SA Harald Köhne, Bl. 42 (Zitat ebd.). Zu Plön vgl.: Matthias Paustian, Die Nationalpolitische Erziehungsanstalt Plön 1933-1945, in: Informationen zur Schleswig-Holsteinischen Zeitgeschichte, Heft 26 (1994), S. 3-100.

Takts und harter Hand.[25] Die Gerüchte um Boss befeuerte auch der im Juli 1939 als Nachfolger von Koch eingesetzte neue wirtschaftliche Leiter, Landwirtschaftsrat Friedrich Schwend. Angeblich sei er sogar mit dem Paragrafen 175 Strafgesetzbuch in Konflikt gekommen. Schwends Tätigkeit wurde dann zum 30. April 1940 beendet.[26]

Es gab offensichtlich Schwierigkeiten bei der Neubesetzung der Stelle, »da neben persönlicher und charakterlicher Geeignetheit auch eine entsprechende pädagogische Vorbildung und tunlichst Kolonial-Erfahrung gefordert« wurden. Auf Vorschlag des Reichsministers für Wissenschaft, Erziehung und Volksbildung (RMWEV) wurde – wenn auch ohne Kolonialerfahrung – Landwirtschaftsrat Reinhold Köster als Direktor berufen, gleichzeitig Linze, der zuletzt an der Bauernschule in Leer als Lehrer tätig gewesen war, als Kolonialfachmann geholt.[27] Köster wurde am 4. Dezember 1892 in Cleve als Sohn eines Gymnasialoberlehrers geboren. Das Gymnasium in Köln verließ er Ende 1912 als Oberprimaner, um eine landwirtschaftliche Lehre zu beginnen. Er nahm als Kriegsfreiwilliger am Ersten Weltkrieg teil und trat 1920 eine Verwalterstelle auf einem Gut in Wesel an. Köster holte dann aber sein Abitur nach und studierte an der Landwirtschaftlichen Hochschule in Bonn, wo er 1922 seine Diplomprüfung ablegte. Nach dem Staatsexamen arbeitete er als Landwirtschaftslehrer und bestand während dieser Zeit das pädagogische Examen in Leipzig. 1925 wurde Köster zum Leiter der Landwirtschaftsschule in Zwickau berufen.[28] Köster plante bei seinem Amtsantritt, das Verhältnis zur Studentenschaft zu klären, die Studiengebühren zu senken, eine bessere Auslese bei den Studierenden vorzunehmen sowie die Einrichtungen der Schule zu modernisieren, vor allem das Kolonialkundliche Institut auszubauen.[29]

25 Vgl. Abschrift eines Schreibens von Min.Rat Dr. Döring, RMWEV, an Köster vom 18.11.1939, in: AD, Direktoren, Köster, Bl. 1-2.

26 Vgl. Schreiben des Landrates Dr. Gerber in Witzenhausen an den Reg.-Präs. von Monbart in Kassel vom 27.3.1940, in: ebd., Direktoren, Schwend, Bl. 38-40; Schnellbrief des RMWEV an das Verwaltungsamt des Reichsbauernführers vom 22.4.1940, in: ebd., Bl. 51, Durchschrift eines Schreibens des Reg.-Präs. in Kassel, von Monbart, an den Oberpräsidenten, Verwaltung des Bezirksverbandes Hessen, vom 17.11.1941, in: ebd., Direktoren, Koch, Bl. 140-142.

27 Zur Vita von Linze vgl.: Abschrift eines Schreibens des Ortsgruppenleiters Witzenhausen der NSDAP an die Kreisleitung vom 23.7.1941, in: BAB, R 55, Nr. 23036, Bl. 9-10.

28 Vgl. Abschrift des Lebenslaufs von Köster vom 28.9.1945, in: AD, Direktoren, Köster, Bl. 43.

29 Vgl. Niederschrift über die Sitzung des AR der DKS am 12. April 1940, in: StAM, 314/1, Nr. 149, unpag. (Zitat ebd.). Auch in: AD, Akte AR-Protokolle 1934-1943, unpag.

Am 18. Januar 1940 wurde der neue Direktor feierlich in sein Amt eingeführt. Ministerialrat Wagner kündigte dabei die Absicht des Reichsministers an, die DKS in eine Reichsanstalt umwandeln zu wollen.[30] Er kritisierte in seiner Rede zur Amtseinführung Kösters, dass sich in der Vergangenheit Zucht und Ordnung an der Schule gelockert hätten.[31] Döring vom Reichserziehungsministerium wandte in seiner Rede den Blick in die Zukunft: Die Kolonialschule sollte Fachschule bleiben. Die heutige Erziehung fordere über das Fachliche hinaus die Bildung einer Persönlichkeit, die durch ihren tiefen Einblick in das Leben und in die Welt zur Menschenführung befähigt sei; dieses gelte auch gerade für die an der Kolonialschule Studierenden.[32]

Auf dem Weg zur staatlichen Schule

Laut ihrem Gesellschaftsvertrag war die DKS, trotz der staatlichen Einflüsse und Zuschüsse, nach wie vor eine Privatfirma, eine Gesellschaft mit beschränkter Haftung.[33] Sie war als reichswichtig und gemeinnützig anerkannt. Das RdI, Abteilung Deutschtum, betreute sie, die Schulaufsicht übte das RMWEV aus. De facto gehörte die Schule aber dem RdI, denn dessen Zuwendungen überschritten bereits das Vermögen der DKS. Deshalb sah man aus rechtlichen und anderen Gründen die Notwendigkeit einer Verstaatlichung. Damit verbunden sollte das Diplom der Schule staatliche Anerkennung finden und für begabte Schüler die Möglichkeit bestehen, ihnen die Hochschulreife zuzuerkennen.[34]

30 Vgl. Der neue Leiter der Deutschen Kolonialschule, in: Witzenhäuser Allgemeines Tageblatt vom 19.1.1940, zit. nach: StAM, 180 Landratsamt Witzenhausen, Nr. 100, Bd. 2, unpag.

31 Vgl. Ansprache von Min.Rat Wagner, RdI, bei der Einführung des neuen Direktors Köster am 18.1.1940, in: AD, Akte Veränderungen des Lehrplans 1934, unpag.; Abschrift eines Artikels »Ein bedeutungsvoller ministerieller Beschluss. Feierliche Einführung des neuen Anstaltsleiters«, in: Kurhessische Landeszeitung vom 19.1.1940, zit. nach: ebd., Direktoren, Köster, Bl. 2-4.

32 Vgl. Ansprache von Min.Rat Dr. Döring, RMWEV, bei der Einführung des neuen Direktors Köster am 18.1.1940, in: ebd., Akte Veränderungen des Lehrplans 1934, unpag.; Die Zukunft der Kolonialschule, in: Kasseler Post vom 19.1.1940, zit. nach: ebd., unpag.; Abschrift eines Artikels »Ein bedeutungsvoller ministerieller Beschluss. Feierliche Einführung des neuen Anstaltsleiters«, in: Kurhessische Landeszeitung vom 19.1.1940, zit. nach: ebd., Direktoren, Köster, Bl. 2-4.

33 Vgl. Gesellschaftsvertrag der Deutschen Kolonialschule Gesellschaft m.b.H. vom 24. März 1899, zuletzt geändert am 26. Juni 1937, in: StAM, 314/1, Nr. 19, unpag.

34 Vgl. Durchschrift einer Denkschrift »Ausbau der Deutschen Kolonialschule« vom 29.3.1938, in: ebd., unpag.

Der Regierungspräsident in Kassel und das RdI einigten sich darauf, dass die Schulaufsicht vom Regierungspräsidenten ausgeübt werden sollte, gleichzeitig erklärten sie die DKS zur Fachschule. Angestrebt wurde die Übernahme der Kolonialschule durch das Reich, da der bisherige Schulträger nicht die notwendige Sicherheit für die Weiterentwicklung der Kolonialschule biete.[35] Direktor Koch legte die Notwendigkeit eines raschen großzügigen Ausbaus der DKS in einer Aufsichtsratssitzung im September 1938 dar. Die Rechtsform der GmbH entspreche nicht mehr den heutigen Bedürfnissen; man müsse der Anstalt den Charakter einer Körperschaft des öffentlichen Rechts geben.[36]

Sein Nachfolger gab dann im April 1939 wichtige Neuerungen bekannt, die in Richtung auf eine stärkere staatliche Kontrolle zielten. Die Schulaufsicht sollte strikter durchgeführt werden, inklusive mehrerer Besichtigungen und Unterrichtsbesuche. Die Abschlussprüfung stand nun unter dem Vorsitz eines staatlichen Prüfungskommissars, was zu einer staatlichen Anerkennung des Abschlusses im Sinne einer Höheren Landbauschule (HLS) führen sollte.[37] Nach der Abschlussprüfung erhielten die Absolventen der Kolonialschule kein Diplom mehr, sondern das Zeugnis zum »Staatlich geprüften Koloniallandwirt«. Studierenden, die diese Prüfung mindestens mit »Gut« bestanden, wurden drei Semester bei einem landwirtschaftlichen Studium angerechnet, außerdem stand ihnen die Offizierslaufbahn offen.[38]

Bei der Amtseinführung von Köster kündigte Döring vom Reichserziehungsministerium an, die DKS solle zukünftig eine Reichsschule werden und zu den benachbarten Hochschulen engste Beziehung unterhalten. Das Ministerium wollte am Charakter einer Fachschule festhalten.[39] Den Hintergrund dafür bildete die Entwicklung der Höheren Lehranstalten für praktische Landwirte, aus denen 1935 die einjährigen HLS hervorgegangen waren, die zum »Staatlich ge-

35 Vgl. Bericht über die Dienstreise nach Kassel und Witzenhausen von Min.Rat Dr. Döring, RMWEV, vom 23.6.1938, in: BAB, R 4901, Nr. 15281, Bl. 20-21.

36 Vgl. Niederschrift über die AR-Sitzung am 19.9.1938, in: AD, Akte AR-Protokolle 1934-1943, unpag.

37 Vgl. Sitzungsbericht vom 13. April 1939, in: ebd., Sitzungsberichte des Lehrkörpers der DKS, Bl. 274-275. Vgl. zu den im September 1935 eingeführten HLS: Erziehung und Unterricht in den landwirtschaftlichen Berufs- und Fachschulen, hg. vom RMWEV, Langensalza/Berlin/Leipzig 1940, S. 99ff.; Karl Büscher, Entstehung und Entwicklung des landwirtschaftlichen Bildungswesens in Deutschland, Münster-Hiltrup 1997, S. 217ff.

38 Vgl. Durchschrift eines Schreibens des Direktors der DKS an Hans Quitzau (Vater) vom 15.12.1939, in: AD, SA Karl Quitzau, unpag.

39 Vgl. Deutsche Kolonialschule wird Reichsanstalt, in: Völkischer Beobachter vom 20.1.1940, zit. nach: BAB, NS 22, Nr. 538, unpag.; Die Deutsche Kolonialschule in Witzenhausen wird Reichsanstalt, in: Frankfurter Zeitung, Nr. 36/37 vom 21.1.1940, zit. nach: ebd., NS 5 VI, Nr. 19020, Bl. 55.

prüften Landwirt« ausbildeten. Die Fachschulen erfuhren außerdem dadurch eine Aufwertung, dass erfolgreiche Absolventen nun zum Hochschulstudium ohne Reifeprüfung zugelassen wurden. Die Nationalsozialisten forcierten die Entwicklung der landwirtschaftlichen Berufs- und Fachschulen, weil sie im Bauerntum die Grundlage völkischer Erneuerung sahen.[40]

Döring wollte unbedingt am Charakter einer höheren Fachschule festhalten, an einen Ausbau zur Hochschule war aus seiner Sicht keinesfalls zu denken.[41] Im Hintergrund agierte Winter gegen diese Vorstellungen. Er vertrat die Ansicht, Döring und Köster würden nicht verstehen, »daß eine Kolonialschule sich niemals in bürgerlichem Selbstbescheiden brav in die Reihe der Fachschulen hineinstellen kann, sondern immer nach der Sonne greifen muß, immer hinaufdrängen muß in die freie Luft«.[42]

Im August 1940 wurden – angesichts der scheinbar in Kürze anstehenden Rückgewinnung der Kolonien – umfangreiche Neu- und Erweiterungsbauten für die Zeit nach Kriegsende angekündigt. Dann werde das Reich die DKS als Reichskolonialschule übernehmen.[43] Zum 1. Oktober 1940 traten neue Grundbestimmungen für die Kolonialschule in Kraft, die das RMWEV im Einvernehmen mit dem RdI ausgearbeitet hatte. In einem Vorwort betonte Köster, das Reich Adolf Hitlers werde die Ausbildung deutscher Koloniallandwirte nicht auf die Dauer einer GmbH überlassen können. Nun habe der Reichsminister für Wissenschaft, Erziehung und Volksbildung durch die Herausgabe der Grundbestimmungen einen weiteren und entscheidenden Schritt zur Verstaatlichung der Anstalt getan. Die Anlehnung an die Grundbestimmungen für die HLS zeige, dass die DKS über alle aufgetretenen Hochschulbestrebungen und -tendenzen hinweg nun in ganz betonter Form eine Fachschule geworden sei. In allen mit dem Unterrichtsbetrieb zusammenhängenden Fragen unterstand die Schule nach wie vor der Aufsicht des Reichsministers für Wissenschaft, Erziehung und Volksbildung, in allen übrigen Fragen, insbesondere organisatorischer und finanzieller Art, der Aufsicht des Reichsministers des Innern. Voraussetzung für die Aufnahme als ordentlicher Studierender der Anstalt bildete das Abschlusszeugnis einer anerkannten Mittelschule bzw. eines Aufbauzugs einer Volksschule oder das Zeugnis der Versetzung in die siebte Klasse einer Höheren Schule oder das Abgangszeugnis einer Landwirtschaftsschule oder Gartenbau-

40 Vgl. Anne C. Nagel, Hitlers Bildungsreformer. Das Reichsministerium für Wissenschaft, Erziehung und Volksbildung 1934-1945, Frankfurt a.M. 2012, S. 213ff.

41 Vgl. Niederschrift über eine Besprechung im RMWEV am 3. April 1940 vom 4.4.1940, in: AD, Akte Korrespondenz von Scherbening, Bl. 36-42.

42 Vgl. Abschrift eines Schreibens von Curt Winter an Dietrich-Wilhelm Linze vom 4.5.1940, in: ebd., Bl. 68-71, hier Bl. 68 (Zitat ebd.).

43 Vgl. Lehr- und Anstaltsplan der DKS vom August 1940, in: StAH, 361-2 VI, Oberschulbehörde VI, Nr. F XXI b 11, unpag. Zur Kolonialeuphorie im Sommer 1940 vgl. Linne, Deutschland, S. 81ff.

schule mit mindestens dem Gesamturteil »Gut«. Darüber hinaus mussten künftige Studierende eine zweijährige Landwirtschaftslehre nach den Bestimmungen des Reichsnährstands mit abschließender Landwirtschaftsprüfung nachweisen. Der Lehrgang dauerte vier Studienhalbjahre mit je 20 Unterrichtswochen. Die bestandene Abschlussprüfung berechtigte zur Führung des Titels »Staatlich geprüfter Koloniallandwirt«. Damit verbunden war die Zulassung zur Sonderreifeprüfung zum Studium der Landwirtschaft, bei mindestens mit »Gut« bestandenem Abschlusszeugnis auch ohne Sonderprüfung, sowie der Eintritt in die Offizierslaufbahn ohne Reifezeugnis.[44]

Im November 1940 besichtigte eine Gruppe von Ministerienvertretern die Schule. Dabei bestätigte Staatssekretär Hans Pfundtner aus dem RdI, dass sein Haus die Übernahme der Schule durch das Reich vorbereitete. Er strebte ferner eine Vereinbarung mit Epp darüber an, dass Witzenhausen und Rendsburg die einzigen staatlichen Schulen für die Kolonialausbildung blieben. Witzenhausen war für 80 Schüler eingerichtet und sollte auf 250 Schüler ausgebaut werden, damit die Anstalt allen zukünftigen Anforderungen gewachsen sei.[45]

Etwas eingetrübt wurden die Zukunftsaussichten durch eine Regelung des Reichserziehungsministeriums, nach der die Anwärter für den landwirtschaftlichen Dienst in den Kolonien nach Bestehen der landwirtschaftlichen Diplomprüfung zwei Zusatzsemester Kolonialwissenschaft studieren und zum Abschluss eine Zusatzprüfung zum »Diplom-Kolonial-Landwirt« absolvieren sollten. Studium bzw. Prüfung waren in Hamburg und Göttingen möglich. Die

44 Vgl. Grundbestimmungen für die Deutsche Kolonialschule Witzenhausen (Fachschule) vom Oktober 1940, in: StAM, 314/1, Nr. 37, unpag.; Bekanntmachung Deutsche Kolonialschule in Witzenhausen vom 30.8.1940 (als Anlage: Grundbestimmungen der DKS), in: Deutsche Wissenschaft, Erziehung und Volksbildung, 6 (1940) 18 vom 20.9.1940, S. 437-446 (Zitat S. 437), zit. nach: ebd., Nr. 19, unpag.; »Staatlich geprüfter Koloniallandwirt«, in: Deutsche Bergwerks-Zeitung, Nr. 231 vom 3.10.1940, zit. nach: BAB, R 2501, Nr. 3155, T. 1, Bl. 159.

45 Vgl. Vermerk aus dem Reichsfinanzministerium, ORR Gündel, über eine Besichtigung der DKS am 12.11.1940, in: ebd., R 2, Nr. 4978, Bl. 4-6; Abschrift eines Vortrags von Direktor Köster, anlässlich des Besuchs von Staatssekretär Pfundtner am 12.11.1940, in: AD, Direktoren, Köster, Bl. 14-15; Großzügiger Ausbau der Kolonialschule, in: Kurhessische Landeszeitung vom 13.11.1940, zit. nach: ebd., Diverses, Unsortiertes Material, unpag.; Ausbau der Kolonialschule Witzenhausen geplant, in: Hannoversches Tageblatt vom 14.11.1940, zit. nach: ebd. Auch mitten im Krieg gingen die Verhandlungen über eine Übernahme der Kolonialschule durch das Reich weiter. Köster erwartete jedoch, dass die Verstaatlichung erst nach dem Krieg erfolgen werde. Vgl. Durchschrift eines Schreibens des Direktors der DKS an Jost Bernd Tenge vom 14.7.1942, in: StAM, 314/1, Nr. 129, unpag.

Absolventen aus Witzenhausen sollten ebenfalls erst nach dem Landwirtschaftsstudium zum Zusatzstudium zugelassen werden.[46]

Einbruch der Politik

Waren schon die politischen Verhältnisse an der DKS vor 1933 alles andere als idyllisch, so stieg der politische Druck – intern wie extern – danach rasant an. Zunächst war Arning noch angetan von der politischen Entwicklung. Die Machtübergabe an Hitler begrüßten Schüler und Dozenten der Kolonialschule gleichermaßen enthusiastisch. Die erste Nummer 1933 des »Kulturpioniers«, die im Juni erschien, hallte davon nach. Der Dozent für tropischen und subtropischen Pflanzenbau, Walter Feldmann, erinnerte in seinem Brief an die Kameraden an die Tradition der Kolonialschule, deren Gründung bereits »in echt vaterländischer Gesinnung erfolgt« sei, und an der »die Liebe zu Volk und Vaterland« stets gepflegt wurde. Zwar habe man nicht auf den gewaltsamen Umsturz der bestehenden Verhältnisse hingearbeitet, aber die »heiße Hoffnung auf Aenderung und Wiedererstehen« habe in den Herzen fortgelebt. Nun habe die »Erhebung« die Hoffnungen erfüllt.[47]

Der Sprecher der aktiven Kameradschaft jubilierte ebenfalls: »War die erste Hälfte des W.S. für die Mehrzahl der deutschen Studenten ziemlich niederschmetternd gewesen, so wurden wir dafür in der zweiten Hälfte um so reichlicher entschädigt. Am 30. Januar wurde unser Führer Adolf Hitler deutscher Reichskanzler. [...] Endlich ist unser sehnlichster Wunsch in Erfüllung gegangen: Deutschland hat seine Ehre wieder.«[48]

Auch der Deutschnationale Arning zeigte sich tief beeindruckt. Nach den Reichstagswahlen am 5. März 1933 schrieb er über »den entscheidenden Sieg des nationalen Deutschland« und die damit verbundenen Aussichten, deren Bedeutung man noch gar nicht absehen könne. Den Weg dahin – so Arning in einer durchaus treffenden Analyse – hätten die nationalen Kreise geebnet, derer sich die demokratischen Regierungen nach der unvollständigen Revolution von 1918 zur eigenen Verteidigung gegen die »Bolschewisten« bedienten.[49]

46 Vgl. Rundschreiben des RMWEV vom 14.11.1941, in: ebd., Nr. 39, unpag.

47 Vgl. Feldmann, Nachrichten des Verbandes Alter Herren, in: DKP, 33 (1933) 1, S. 28-34 (Zitate S 28).

48 Hermann Vergin, Bericht der aktiven Kameradschaft über das W.-S. 1932/33, in: ebd., S. 85.

49 Vgl. Abschrift eines Schreibens von Direktor Arning an Rudolf Findeisen vom 7.3.1933, in: AD, SA Ulrich Findeisen, Bl. 55-57 (Zitat Bl. 56). Noch immer sah Arning die Deutschnationalen als gleichberechtigten Partner der Regierung, und Gegenwind erwartete er vor allem von SPD-Anhängern, rechnete aber damit, dass einige »Dummheiten« machen würden, »daß man sie an die Wand stellen« könne,

Arnings Anpassungsleistungen an die neuen politischen Machthaber nahmen teilweise servile Formen an. Am 21. März 1933, dem »Tag von Potsdam«, hielt Arning eine Rede, in der er die Zeit der Weimarer Republik als »fortlaufende Kette schwerster Enttäuschungen« schilderte, beherrscht durch das »marxistische Bonzentum«. Dagegen stand die jugendliche Kraft des »Volkskanzlers« Adolf Hitler: »Fast märchenhaft ist es, wie vor dieser legalen nationalen Revolution sang- und klanglos zusammenbrach, was unser nationales Leben bedrohte und vernichtend niederzwang.«[50]

Arnings Tage als Direktor waren trotzdem gezählt, da war die Empörung der Schülerschaft über eine Ansprache zum zehnten Jahrestag des Hitler-Putsches, in der er angeblich seine eigenen Verdienste zu stark betont hatte, und die in einer Meuterei gipfelte, nur der Auslöser. Offensichtlich hatte sich die Gauleitung über Arning beschwert und ihm unter anderem sein Verbot des Abzeichentragens als anti-nationalsozialistische Einstellung ausgelegt.[51]

Die nationalsozialistische Ideologie hielt nun vollends Einzug in Lehrplan und Schülerschaft. Die Schaffung eines neuen Studententyps, Rassenfragen und verstärkter Sportunterricht standen auf der Tagesordnung.[52] Ansonsten beeinflusste das ambivalente Verhältnis zu Darré die politische Lage: Auf der einen Seite fürchtete die Schulleitung dessen Einstellung zur Kolonialschule und sein Faible für die Ostsiedlung, auf der anderen Seite glaubte man von seinem Einfluss als Reichsernährungsminister profitieren zu können, da er schon einige Absolventen untergebracht hatte.[53] Darré erschien zum Altherrentag 1933; als Reichsführer der Agrarpolitischen Abteilung der NSDAP besaß er zu diesem Zeitpunkt bereits einige Bedeutung und avancierte kurze Zeit später zum Reichsernährungsminister. Diesen Karriereschritt verfolgte Arning mit einem lachenden und einem weinenden Auge, da zwar ein Kolonialschüler an diese Stelle rückte, der bisherige Minister, Alfred Hugenberg, aber ein persönlicher Freund von ihm war.[54]

die anderen aber würden Wühlarbeit leisten, im In- und Ausland. Vgl. Schreiben von Direktor Arning an Emil Seher vom 8.3.1933, in: ebd., SA Emil Seher, unpag. (Zitat ebd.).

50 Vgl. Rede gehalten am Nationalfeiertag am 21. März 1933, von dem Direktor der Deutschen Kolonialschule, Dr. Arning (Manuskript), in: ebd., Direktoren, Arning, unpag. (Zitate ebd.). Abgedruckt u.d.T. Der Weg seit Weimar! (Rede von Arning am Nationalfeiertag, dem 21. März 1933), in: DKP, 33 (1933) 1, S. 5-8.

51 Vgl. Sitzung des AR der DKS am 16.11.1933, in: StAM, 314/1, Nr. 147, unpag.

52 Vgl. Carlheinz Uhlitzsch, Bericht der aktiven Kameradschaft über das W.-Semester 1933/34, in: DKP, 34 (1934) 1, S. 68.

53 Vgl. Durchschrift eines Schreibens von Direktor Arning an Rolf Schlieben vom 28.8.1933, in: AD, SA Rolf Schlieben, unpag.

54 Vgl. Durchschrift eines Schreibens von Direktor Arning an Walther Kettner vom 7.7.1933, in: ebd., SA Walther Kettner, unpag. Darré habe, so Arning, beim Som-

Mit Franz Seldte, Reichsarbeitsminister und Bundesführer des Stahlhelms, konnte ein Arning Nahestehender seine Position halten. Arning war selbst Stahlhelmer und in den Ring der Hochschullehrer des Stahlhelms berufen worden. Deshalb erhoffte er sich Unterstützung von Seldte. Dieser erklärte auch tatsächlich, er könne die an der Kolonialschule ausgebildeten Leute als Führer im Arbeitsdienst nicht entbehren.[55] Weitere Unterstützung gab es durch den späteren Leiter des KPA, Franz Xaver Ritter von Epp. Er versprach, sich für die Erhaltung der DKS in ihrer bisherigen Form einzusetzen. Dessen Mitarbeiter, der spätere Aufsichtsratsvorsitzende der Schule, Karl Jung, erklärte Arning, die Partei habe die feste Absicht, dass die Anstalt ihre bisherige Zielrichtung behalten solle.[56]

Blieb das Kuratorium der Kolonialschule im Jahre 1933 gegenüber der Weimarer Republik noch unverändert, so gab es ein Jahr später personelle Wechsel. Die neuen Mitglieder standen für eine deutliche Politisierung: Der Kolonialreferent bei der Reichsleitung der NSDAP, besagter Karl Jung, der Staatssekretär im Reichsministerium für Ernährung und Landwirtschaft, Herbert Backe, Theodor Gunzert als Vortragender Legationsrat im Auswärtigen Amt, Prinz Philipp von Hessen als Oberpräsident der Provinz Hessen-Nassau, der Präsident der DKG, Heinrich Schnee, Karl Weinrich als Gauleiter von Kurhessen sowie Adolf Friedrich von Oertzen, Bannführer im Stabe des Reichsjugendführers und Kolonialreferent der HJ-Führung.[57] Bis 1938 blieb die Zusammensetzung des Kuratoriums dann weitgehend unverändert.[58]

Auch die Studentenschaft der Kolonialschule schaltete sich immer wieder in die Debatten um Struktur und Organisation der Anstalt ein. So mit der bereits erwähnten Denkschrift vom Juni 1936, in der sie die Notwendigkeit der Ausbildung zu Praktikern betonte, den Charakter der Schule als Lehrbetrieb, ohne Rücksicht auf die Rentabilität, eine verlängerte Lehrzeit in der landwirtschaft-

merfest zweimal das Wort ergriffen, sich dabei aber keineswegs kolonialfeindlich geäußert. Im Gegenteil, er habe ausgeführt, dass er für das Unterkommen der Kolonialschüler im Auslande sorgen könne. Vgl. Durchschrift eines Schreibens von Direktor Arning an Heinrich Hüttenhain vom 18.7.1933, in: ebd., SA Heinrich Hüttenhain, Mappe 1913-1933, Bl. 263-265.

55 Vgl. Durchschrift eines Schreibens von Direktor Arning an Artur Gütt (Vater) vom 29.5.1933, in: ebd., SA Georg Gütt, Bl. 62; Durchschrift eines Schreibens von Direktor Arning an Rolf Schlieben vom 28.8.1933, in: ebd., SA Rolf Schlieben, unpag.

56 Vgl. Abschrift eines Briefs des Direktors der DKS, Dr. Arning, an Min.Dir. Dammann vom 16.6.1933, zit. nach: Klaus Hildebrand, Vom Reich zum Weltreich. Hitler, NSDAP und koloniale Frage 1919-1945, München 1969, S. 859-860.

57 Vgl. Nachrichten aus Wilhelmshof, in: DKP, 32 (1932) 1, S. 13; Nachrichten aus Wilhelmshof, in: ebd., 33 (1933) 1, S. 14f.; Nachrichten aus Wilhelmshof, in: ebd., 34 (1934) 1, S. 10f.

58 Vgl. 40 Jahre DKS, S. 101.

lichen Praxis von zwei Jahren sowie die staatliche Anerkennung der Prüfungen forderte.[59] Verstärkt politischen Einfluss nahm auch die Reichsstudentenführung. Ein ehemaliger Kolonialschüler war bei ihr für die Betreuung der DKS verantwortlich. Carlheinz Uhlitzsch besuchte den Aufsichtsratsvorsitzenden Jung im Dezember 1936, um mit ihm über die Verhältnisse an der Schule zu sprechen. Da er sie aus eigener Anschauung gut kannte, hatte er ein klares Urteil darüber. Jung schlug vor, dass Uhlitzsch nach Witzenhausen führe, um die Haus- und Disziplinarordnung mit Koch durchzugehen.[60] Die Studenten wandten sich auch immer wieder direkt an die relevanten Ministerien. Auf ihr Bitten hin fand im Mai 1939 ein Treffen mit den zuständigen Behördenvertretern statt. Dabei beklagten sie sich über die Zustände an der Schule; insbesondere die Relegationen in der Vergangenheit hätten für Verbitterung gesorgt. Sie mahnten eine engere Verbindung zwischen Theorie und Praxis an, unter Reduzierung der Routinearbeiten wie Jäten oder Koks-Schippen.[61]

Die Frage der Zurückgewinnung der deutschen Kolonien gewann ab 1936 im Zeichen des Vierjahresplans zunehmend an Bedeutung. 1938 ließen politische Initiativen eine baldige Lösung dieser Frage erwarten. Nach Ansicht von Gauleiter Weinrich sollte bereits mit den Vorarbeiten für die »unbedingt notwendige Umstellung der Kolonialschule« begonnen werden.[62]

Aufgaben und Leitbild

Sehr viel musste am Leitbild und den Zielvorstellungen der Kolonialschule im Dritten Reich nicht modifiziert werden. Auffällig war die versuchte Indienstnahme von Fabarius für den Nationalsozialismus. Dieser Versuch entsprang dem Wunsch nach eigener Legitimation und einer ungebrochenen Tradition und Kontinuität. Dafür wurde Fabarius nicht nur als ein Vorkämpfer der kolonisatorischen Bestrebungen, sondern auch des rassischen Gedankens präsentiert. Er habe ihn und die Idee der Binnensiedlung mit dem Ideal des deutschen Bauern erfasst und ihre Bedeutung für das deutsche Volk erkannt. In dieser Ausrichtung

59 Vgl. Aktennotiz von Duisburg vom 24.7.1936, in: AD, Dozenten, Duisburg, Bl. 187.

60 Vgl. Schreiben des KPA, Dr. Jung, an Direktor Koch vom 17.12.1936, in: ebd., Akte Veränderungen des Lehrplans 1934, unpag.

61 Vgl. Niederschrift über die Aussprache zwischen Min.Dir. Vollert, Min.Rat Wagner und Vertretern der Studentenschaft am 12. Mai 1939, in: ebd., Direktoren, Koch, Bl. 61-63.

62 Vgl. Rundschreiben der Gauleitung Kurhessen der NSDAP, Gauleiter Weinrich, u.a. an Direktor Koch, vom 17.8.1938, in: StAM, 314/1, Nr. 255, unpag. (Zitat ebd.). Zur Situation 1938 vgl.: Jost Dülffer, Kolonialismus ohne Kolonien. Deutsche Kolonialpläne 1938, in: Franz Knipping/Klaus-Jürgen Müller (Hg.), Machtbewußtsein in Deutschland am Vorabend des Zweiten Weltkrieges, Paderborn 1984, S. 247-270.

habe er die Generation mit herangebildet, die berufen war, diese Gedanken zu verwirklichen. Wie stark hierbei sein Anteil und Einfluss gewesen sei, zeige die große Zahl seiner Schüler, an der Spitze Reichsminister Darré, die an maßgebender Stelle wirkten.[63] So ganz weit hergeholt scheinen diese Behauptungen nicht gewesen zu sein, wenn man bedenkt, dass auch Arning als alter Deutschnationaler starke Sympathien für die Rassenlehre äußerte. Arthur Gütt, Vater eines Kolonialschülers, gratulierte er zu seiner Berufung in das RdI, wo er im Amt Volksgesundheit tätig war und zur Freude Arnings rassenhygienische Fragen zu bearbeiten hatte. Gütt galt als Hauptautor des »Gesetzes zur Verhütung erbkranken Nachwuchses«, das am 14. Juli 1933 in Kraft trat. Zu diesem Erfolg seines »wissenschaftlichen und volkskundlichen Strebens« übermittelte Arning seinen allerherzlichsten Glückwunsch. Auch er habe sich mit diesen Fragen seit jeher beschäftigt und halte aufgrund seiner rein persönlichen Studien so ein Gesetz für unbedingt notwendig. Arning hielt gerade eine Vorlesung über »Rasse und Kultur«, die lediglich die erweiterte Fassung einer Vorlesung sei, die er bereits vor vier Jahren gehalten habe. Er sei dabei von dem Gedanken ausgegangen, dass gerade junge Leute, die hinausgehen und Gefahr liefen, mit farbigen Frauen in Verbindung zu geraten, sich ihres »Rassenstolzes« bewusst sein sollten.[64]

Die Schule behielt das Prinzip der Gemeinschaftserziehung bei. Als gewünschtes Endziel definierte man nun die »Schaffung einer organisch gewachsenen und aufgebauten Volksgemeinschaft«, wobei die Einzelpersönlichkeit auf ihrem zugewiesenen Platz stärkste Förderung und Berücksichtigung finden sollte. Dazu hielt man von Seiten der Studierenden gewisse Modifikationen des Internatssystems für notwendig, es seien aber gute Traditionen vorhanden. Der Weg zur »Kameradschaft« sei markiert mit »zerbrochenen Türrahmen und bläulichen Augen«. Disziplin müsse sein, aber auch mal über die Stränge schlagen.[65]

63 Vgl. Rundbrief an die Kameraden von Hansjörg Souchon, in: DKP, 34 (1934) 1 vom Juni 1934, S. 53-55; Curt Winter, Rückschau, in: ebd., 38 (1938) 1/2, S. 2-7.

64 Vgl. Durchschrift eines Schreibens von Direktor Arning an Artur Gütt (Vater) vom 18.5.1933, in: AD, SA Georg Gütt, Bl. 60; Schreiben von Direktor Arning an Medizinalrat Gütt vom 26.7.1933, Bl. 72 (Zitat ebd.). In der Vorlesung referierte er u.a. zur »Nordischen Rasse« als dem Bestandteil des deutschen Volkes, der besonders gepflegt werden müsse, und auf der anderen Seite zur »Ausmerzung des Unbrauchbaren«. In den darauf bezogenen Maßnahmen sah er den Schlüssel zur deutschen Zukunft. Vgl. Vorlesungsmanuskripte, in: UAG, Cod. Ms. Wilhelm Arning, 8:1, unpag. Zum Gesetz vgl.: Robert Detzel, Das Gesetz zur Verhütung erbkranken Nachwuchses vom 14. Juli 1933. Seine Entstehungsgeschichte, Diss. Heidelberg 1992; Udo Benzenhöfer, Zur Genese des Gesetzes zur Verhütung erbkranken Nachwuchses, Münster 2006.

65 Vgl. Albert Mertes, Kameradschaft DKS., in: DKP, 37 (1937) 1/2, S. 50-51 (Zitate S. 50).

Winter verteidigte die alten Ziele der Schule, mahnte aber gleichwohl ebenfalls Reformen an. Ziel der Ausbildung müsse nach wie vor die Vorbereitung für den Beruf des praktischen überseeischen Landwirts und Siedlers sein. Die Fehler lagen für Winter eher in der Art und Weise der Ausbildung selbst. Sie sei zu theoretisch und zu wissenschaftlich geworden.[66]

Das erzieherische Ziel der Schule blieb auch unter Köster die sogenannte Menschenbildung. Nach einer strengen Auslese sollte der charakterfeste, zielbewusste und zähe deutsche Kulturpionier geformt werden. Der junge Koloniallandwirt müsse seiner ganzen inneren Veranlagung nach Praktiker sein. Draußen sei er auf sein eigenes handwerkliches Können angewiesen und müsse sich in jeder Lage selbst zu helfen wissen. Neben praktischer und geistiger Veranlagung verlange das Erziehungsziel der Schule eine besondere charakterliche Disposition. »Muttersöhnchen und Musterknaben sind für den Kolonialdienst ungeeignet; ebenso ungeeignet sind aber auch die vielen haltlosen charakterlichen Schwächlinge, die glauben, draußen ein ungebundenes Herrenleben führen zu können.«[67]

Im Lehr- und Anstaltsplan 1941 waren Aufgaben und Ziele der Schule wie folgt formuliert:

Die Absolventen müssten in der Lage sein, nach gründlicher praktischer Erfahrung in den Kolonien, Leiter von Pflanzungen und Farmen sowie landwirtschaftliche Berater der Eingeborenen zu werden. Lehrplan und Lehreinrichtungen seien auf dieses Lehrziel hin ausgerichtet. Dabei beschränkte sich die Aufgabe der Schule nicht auf die Erreichung eines fachlichen Lehrziels, sondern erstrecke sich auch auf ein besonderes Erziehungsziel, den oben beschriebenen Kulturpionier, der ganz auf sich selbst gestellt seine Aufgabe mit soldatischer Pflichterfüllung und in nationalsozialistischer Haltung lösen werde.[68]

Angesichts der Tatsache, dass Deutschland eben keine Kolonien besaß, wurde die DKS als ein Ausdruck des Glaubens an die deutsche koloniale Zukunft betrachtet. Koch sah in den jungen Koloniallandwirten den kämpferischen »Stoßtrupp, der auf den Einsatz zu gegebener Zeit« wartete, die »koloniale Garde der Zukunft«.[69] Bei einigen Studierenden kamen während des Kriegs Bedenken hin-

66 Vgl. »Grundsätzliches über den Lehrbetrieb der Deutschen Kolonialschule« von Curt Winter (gesandt an Dr. Jung am 28.5.1934 – als Anhang zur Sitzung des AR der DKS vom 23.6.1934), in: AD, Akte AR-Protokolle 1934-1943, unpag.

67 Vgl. Woher kommt der koloniale Nachwuchs?, in: Berliner Börsen-Zeitung, Nr. 473 vom 6.10.1940, zit. nach: BAB, R 2501, Nr. 3155, T. 1, Bl. 153 (Zitat ebd.).

68 Vgl. Lehr- und Anstaltsplan der DKS vom April 1941, S. 6.

69 Vgl. »Ich war Student in Witzenhausen«, in: Mitteldeutsche Nationalzeitung, Nr. 205 vom 28.7.1937, zit. nach: BAB, NS 5 VI, Nr. 19019, unpag.; Karl W.H. Koch, Die deutsche Kolonialschule. Kolonialhochschule Witzenhausen a.d. Werra, in: Deutsche Kolonial-Zeitung, 48 (1936) 1, S. 10-11 (Zitat S. 11); Karl W.H. Koch, Zur Kolonialfrage, in: DKP, 34 (1934) 2, S. 67-69.

sichtlich der Aktualität der überseeischen Kolonien auf. Sie könnten zugunsten der Ostgebiete ganz in den Hintergrund treten: »Sonst bereitet man sich jetzt auf den Anbau eines guten Bohnenkaffees in O. A. vor, und nach dem Kriege pflanzt die ganze DKS Baumwolle in der Ukraine.« Direktor Köster entgegnete, dass kein Grund bestehe, von der alten Forderung nach Kolonialbesitz in Afrika abzurücken.[70]

Ende 1943 musste aber auch er einräumen, dass er sich über die Zukunft der DKS viele Gedanken machte. Von einigen Seiten werde gesagt, die Schule habe ihre Bedeutung verloren, es sei am besten, sie in eine Art Landbauschule mit besonderer Betonung des Ostraums umzuwandeln. Die Einstellung weiter Volkskreise, sich auf den Ost- und Südostraum zu konzentrieren, hielt er jedoch für ein Zeichen politischer Unreife. Das deutsche Volk könne ohne die frische Salzluft der Ozeane und ohne den Verkehr mit fremden, überseeischen Küsten auf die Dauer nicht existieren. Deshalb müsse er als Leiter der Kolonialschule den alten Kolonialgedanken und Überseegedanken für die Schule aufrechterhalten.[71]

Die innere Ordnung

An der Schulordnung änderte sich während des Dritten Reichs nicht allzu viel; sie wurde allerdings durch ein von den Studierenden eingefordertes Bekenntnis zum Nationalsozialismus ergänzt. In der Einleitung hieß es nun: »Ehrenhaftigkeit, Kameradschaft, Einordnungswille und Pflichtbewußtsein sind die Grundtugenden des deutschen Menschen und sind oberstes Gebot für den Hörer. Die Bejahung des nationalsozialistischen Staates wird vorausgesetzt.« Zusammenschlüsse von Studierenden außerhalb des Rahmens des NSDStB waren verboten.[72] Diese Bestimmungen wurden in den späteren Fassungen der Schulordnung lediglich modifiziert.[73]

Im Zuge des Erlasses der Grundbestimmungen für die DKS bestand die Absicht, die vorhandenen Satzungen sowie Hausordnung, Bursenordnung, Lehrbetriebsordnung usw. durch eine kürzere und präzisere Regelung zu ersetzen. Darin sollte auch das Verhältnis der Studierenden zur Schulleitung endgültig

70 Vgl. Schreiben von Wilhelm Küpper an das Sekretariat der DKS vom 1.11.1942, in: AD, SA Wilhelm Küpper, unpag. (Zitat ebd.); Durchschrift eines Schreibens des Direktors der DKS an Wilhelm Küpper vom 9.11.1942, in: ebd., unpag.

71 Vgl. Durchschrift eines Schreibens von Direktor Köster an Min.Rat Döring, RMWEV, vom 16.12.1943, in: StAM, 314/1, Nr. 185, unpag.

72 Vgl. Schulordnung vom 24.9.1935, in: ebd., Nr. 36, unpag. (Zitat ebd.).

73 Vgl. Schulordnung für die DKS vom 1.4.1939 (Entwurf für das RMWEV), in: AD, Direktoren, Boss, Bl. 52-53.

festgelegt werden. Köster hatte durch viele Beobachtungen und Unterhaltungen mit den Studierenden den Eindruck gewonnen, dass man ihnen die Selbstverwaltung nicht restlos nehmen sollte. Er hielt es aber für notwendig, die Rechte und Pflichten des Studentenführers auf der einen und des Direktors der Schule auf der anderen Seite klar und eindeutig niederzulegen.[74]

Der Reichsminister für Wissenschaft, Erziehung und Volksbildung setzte am 26. Juni 1940 die neue Schulordnung sowie die Internats- und Hausordnung in Kraft und hob gleichzeitig die im April 1939 erlassene vorläufige Schulordnung auf. In der Internats- und Hausordnung war festgelegt, dass die Studierenden im Internat der Schule zu wohnen hatten. Hausherr war der Direktor der Schule. Er übertrug die Beaufsichtigung über das Internat dem vom Reichsstudentenführer ernannten Führer der örtlichen Studentenschaft, der dem Direktor und dem Reichsstudentenführer für die Durchführung der Internats- und Hausordnung verantwortlich war und dabei durch die Semesterältesten unterstützt wurde.[75]

Die entsprechenden Ausführungen in den später veröffentlichten Grundbestimmungen waren weitgehend identisch. Erwähnt werden sollen hier nur einige Regelungen, die das Zusammenleben im Internat strukturierten. So hatte in den Unterkunftsräumen peinliche Ordnung und Sauberkeit zu herrschen. Die Stubenfrauen sollten nur die Zimmer reinigen und die Betten machen. Alkoholische Getränke durften nur ausnahmsweise nach vorheriger Genehmigung des Direktors getrunken werden. Zu den festgesetzten Mahlzeiten hatten die Studierenden, die nicht aus dienstlichen Gründen daran gehindert waren, pünktlich und ordentlich gekleidet zu erscheinen. Die Tischordnung während der Mahlzeit führte der Sprecher der Studentenschaft. Die Tore der Anstalt wurden um 23 Uhr und sonnabends um 24 Uhr geschlossen. Nach Toresschluss war der Einlass nur durch ein Tor möglich. Der Nachtwächter führte ein Einlassbuch, das er dem Direktor vorzulegen hatte.[76]

74 Vgl. Durchschrift eines Schreibens des Direktors der DKS an den Reichsminister für Wissenschaft, Erziehung und Volksbildung vom 13.2.1940, in: StAM, 314/1, Nr. 36, unpag.

75 Vgl. Abschrift eines Schnellbriefs des Reichsministers für Wissenschaft, Erziehung und Volksbildung an den Reg.-Präs. in Kassel vom 26.6.1940, in: ebd., unpag.

76 Vgl. Bekanntmachung Deutsche Kolonialschule in Witzenhausen vom 30.8.1940 (als Anlage: Grundbestimmungen der DKS), in: Deutsche Wissenschaft, Erziehung und Volksbildung, 6 (1940) 18 vom 20.9.1940, S. 437-446, hier S. 442f., zit. nach: ebd., Nr. 19, unpag.

Schule oder Universität?

Der alte Konflikt um den hochschulmäßigen Charakter der Kolonialschule wurde in der NS-Zeit eindeutig entschieden, was nicht zuletzt an den Direktoren lag. Bereits mit Koch wandelte sich die Anstalt eher in einen Produktionsbetrieb mit angeschlossenem Schulunterricht und spätestens mit Köster war der Weg zu einer landwirtschaftlichen Fachschule beschritten worden.

Bereits 1936 vertraten die Aufsichtsratsmitglieder einhellig die Auffassung, dass die Probleme mit den Schülern, ihre teilweise anmaßende Haltung und überhebliche Art darauf zurückzuführen waren, dass sich die DKS in ihrem Prospekt als Kolonialhochschule bezeichnete. Die Anstalt sei aber in Wirklichkeit eine Fachschule für koloniale Landwirtschaft und führe den Namen einer Hochschule völlig zu Unrecht. Die Bezeichnung Kolonialhochschule sollte daher aus den Prospekten entfernt, der vollzogene Anschluss der Schule an die DSt rückgängig gemacht werden.[77]

Demgegenüber schlug die Reichsstudentenbundführung vor, der DKS Hochschulcharakter zu verleihen. Als Übergangslösung sollte den Absolventen die Zeit von drei Semestern auf ein Hochschulstudium angerechnet werden.[78] In seiner Antwort gab der Aufsichtsratsvorsitzende Jung zu bedenken, dass für eine Gleichstellung mit den anderen Hochschulen die notwendigen Vorbedingungen hinsichtlich der Finanzierung aber auch der Qualifikation der Studierenden erst geschaffen werden müssten. Er ging aber von einer baldigen Rückgabe der deutschen Kolonien aus; dann würden sicher auch die nötigen Mittel bereitgestellt werden, um die Kolonialschule als Kolonialhochschule auszubauen.[79]

Das RMWEV vertrat dagegen eine klare Haltung: Das Ministerium hatte die DKS als Fachschule eingestuft, daher gab es keine Anrechnung der Schulzeit auf ein Hochschulstudium. Nur im Einzelfall zeigte man sich bereit, zu prüfen, ob einem geeigneten Kolonialschüler, der zudem alle Voraussetzungen für die Zulassung zum Studium erfüllte, der Übergang zu einer Hochschule erleichtert werden könne.[80] Der Reichsminister des Innern nahm Bezug auf die oben zi-

77 Vgl. Sitzung des AR der DKS am 31.7.1936, in: AD, Akte AR-Protokolle 1934-1943, unpag.

78 Vgl. Durchschrift eines Schreibens der Reichsfachgruppe Land- und Forstwirtschaft der Reichsstudentenbundführung an das RdI vom 21.8.1936, in: BAB, NS 38, Nr. 3764, unpag.

79 Vgl. Schreiben des KPA, Dr. Jung, an die Reichsfachgruppe Land- und Forstwirtschaft der Reichsstudentenbundführung, Gross, vom 8.9.1936, in: ebd., unpag.

80 Vgl. Schreiben des Reichs- und Preußischen Ministers für Wissenschaft, Erziehung und Volksbildung an die Reichsfachgruppe Land- und Forstwirtschaft der Reichsstudentenbundführung vom 10.10.1936, in: ebd., unpag. Auch in einem Schreiben an den Reichsstudentenführer bekräftigte der Reichserziehungsminister diese Auffassung und wies darauf hin, »dass die Deutsche Kolonialschule in Witzenhausen

tierte Entscheidung des Aufsichtsrats der Kolonialschule. Auch nach seiner Ansicht fand sie im Rahmen der deutschen Schulorganisation ihren Platz bei den höheren Fachschulen.[81]

Döring hob bei der Einführung Kösters als neuem Direktor hervor, dass der Beruf Dienst am Volksganzen darstelle. Berufsehre, Berufswissen und Berufskönnen seien auf die Bedürfnisse des völkischen Lebens auszurichten. Diese Forderungen erfüllten seiner Ansicht nach die Fachschulen. Gerade in Witzenhausen seien die Voraussetzungen dazu in idealer Weise erfüllt, denn hier stünden neben den Lehrsälen die verschiedenen praktischen Betriebe. In diesem Sinne unterstrich er den Charakter der DKS als einer Fachschule und forderte von den Studierenden »unbedingte Disziplin«. Die Zeiten der akademischen Freiheiten seien endgültig vorbei.[82]

Durch die am 30. August 1940 vom Reichsminister für Wissenschaft, Erziehung und Volksbildung herausgegebenen Grundbestimmungen für die DKS wurde die Anstalt als Fachschule für koloniale Landwirtschaft endgültig staatlich anerkannt. Im Vorwort Kösters zu der gedruckten Fassung der Grundbestimmungen hieß es dazu: »Die Anlehnung der Grundbestimmungen für die Deutsche Kolonialschule an die Grundbestimmungen für die HLS zeigt deutlich die zukünftige Entwicklungsrichtung der Anstalt. Über alle von Zeit zu Zeit aufgetretenen Hochschulbestrebungen und -tendenzen hinweg ist die Deutsche Kolonialschule nun in ganz betonter Form eine Fachschule geworden.«[83]

Dozenten und Lehrpläne

Zunächst änderte sich an der Zusammensetzung des Lehrkörpers der Kolonialschule nach 1933 nicht sehr viel. Auch unter dem neuen Direktor Koch blieben

nach Organisation, Lehrplan und Lehrziel keine Hochschule, sondern eine Fachschule« sei. Vgl. Abschrift eines Schreibens des Reichs- und Preußischen Ministers für Wissenschaft, Erziehung und Volksbildung an den Reichsstudentenführer vom 9.2.1937, in: ebd., R 4901, Nr. 15281, Bl. 15 (Zitat ebd.).

81 Vgl. Schreiben des Reichs- und Preußischen Ministers des Innern an die Reichsfachgruppe Land- und Forstwirtschaft der Reichsstudentenbundführung vom 14.10.1936, in: ebd., NS 38, Nr. 3764, unpag.

82 Vgl. Ansprache des Vertreters des Reichserziehungsministers Min.Rat Dr. Döring bei der Einweisung des neuen Leiters der DKS am 18. Januar 1940, in: AD, Akte Korrespondenz von Scherbening, Bl. 7-10, hier Bl. 7.

83 Vgl. Grundbestimmungen für die Deutsche Kolonialschule Witzenhausen (Fachschule) vom Oktober 1940, in: StAM, 314/1, Nr. 37, unpag. (Zitat ebd.); Abschrift eines Zeugnisses für Dr. Wilhelm Manthey vom 17.12.1940, in: AD, Dozenten, Manthey, Bl. 26-27.

die prägenden Figuren, wie Winter, Feldmann, Schumacher und Schäle.[84] Lediglich der für die Tropengesundheitslehre zuständige Otto Buchinger legte sein Amt aufgrund der politischen Situation im April 1933 nieder. Offensichtlich waren Vorwürfe gegen ihn erhoben worden, seine Frau habe sich bei einer NSDAP-Sammlung abfällig geäußert und kein Geld spenden wollen. Außerdem war sie im NS-Sinne Halbjüdin. Buchinger selbst betonte seine nationale Haltung und seine Loyalität gegenüber der DKS. Hitler sei ihm schon als Vegetarier und Alkoholgegner sympathisch.[85] Im Oktober 1933 nahm er seine Lehrtätigkeit wieder auf, da die Kolonialschule keinen Nachfolger gefunden hatte, und setzte sie bis zum Sommer 1935 fort. In seinen Lebenserinnerungen schilderte er die damalige Situation. Es sei eine zunehmende Unruhe und Unsicherheit eingekehrt, bei einer Bücherverbrennung, die in Witzenhausen wohl schon im April stattfand,[86] hätten die Studenten auf dem Marktplatz auch sein »Paasche-Buch«[87] verbrannt. Mitte April 1933 habe man ihm dann sein Dozentenamt an der Kolonialschule genommen. Seine Kollegen vom Lehrkörper aber hätten sich so einwandfrei gezeigt, dass sein Andenken an die Kolonialschule kaum getrübt sei. Von den Studenten hielt er auch im Nachhinein weniger: Sie seien ahnungslos Verführte des Nazismus gewesen. Besonders dumme Hitzköpfe unter den jungen Leuten hätten im Übereifer sogar die Kolleghefte seiner Vorlesungen auf dem Marktplatz mitverbrannt, sodass sechs von ihnen im Examen durchfielen.[88]

Der zweite bekannte Dozent, der Probleme mit dem neuen Regime bekam, war der für tropische und heimische Landwirtschaft zuständige Walter Feldmann. Er lehnte es aus religiösen Gründen ab, den Eid auf Hitler zu leisten. Da alle Lehrpersonen an privaten, staatlich anerkannten Fachschulen diesen Eid leisten mussten, sollte die fristlose Entlassung Feldmanns folgen. Er erklärte sich dann aber doch grundsätzlich bereit, den Eid abzulegen, da seine Lehrtätigkeit mit Religion nichts zu tun habe und er dementsprechend keine Konflikte auf sich zukommen sah. Koch hegte jedoch Zweifel an der Vorbehaltlosigkeit des Treuegelöbnisses von Feldmann: »In weltanschaulicher Hinsicht entspricht m.E. Feldmann nicht den besonderen Pflichten eines Jugenderziehers dem national-

84 Vgl. Nachrichten aus Wilhelmshof, in: DKP, 34 (1934) 1, S. 10-13.

85 Vgl. Schreiben von Otto Buchinger an Direktor Arning vom 15.4.1933, in: AD, Dozenten, Buchinger, Bl. 38; Abschrift eines Schreibens von Buchinger an Arning vom 18.4.1933, in: ebd., Bl. 40-42.

86 Vgl. Reyer, Entscheidungsjahr, S. 117.

87 Vgl. O. Wanderer [d.i. Otto Buchinger], Paasche-Buch, Hamburg 1921. Hans Paasche, Freund von Buchinger, war Pazifist und Schriftsteller mit einem gewissen Einfluss auf die deutsche Jugendbewegung. Zu Paasche vgl.: Winfried Mogge, Hans Albert Ferdinand Paasche, in: NDB, Bd. 19, Berlin 1999, S. 735f.; Werner Lange, Hans Paasche. Militant Pacifist in Imperial Germany, Victoria 2005.

88 Vgl. Otto Buchinger, Vom Marinearzt zum Fastenarzt. Metamorphosen eines Wandernden, Freiburg i.Br. 1955, S. 146ff.

sozialistischen Staat gegenüber.« Die Schulaufsicht untersagte Feldmann die Lehrtätigkeit, und Koch entband ihn von seinen Aufgaben. Feldmann wurde dann erst mit Kriegsbeginn wieder als Dozent an der DKS reaktiviert.[89] Das Oberste Parteigericht hatte ihn im Juli 1939 rehabilitiert; das Parteigerichtsverfahren wurde eingestellt. Feldmann war selbst bereits am 1. Mai 1933 der NSDAP beigetreten, er erklärte im Verfahren, dass er den Eid leisten könne. Aufgrund des Urteils erhielt er seine Lehrbefugnis zurück.[90]

Im Oktober 1934 verließ mit Curt Winter, der zwei Mal vergeblich darauf gehofft hatte, Direktor zu werden, eine der prägenden Figuren unter den Dozenten die Schule. Er war sowohl ein Gegner Arnings als auch Kochs gewesen und zur Beruhigung der Situation vom Aufsichtsrat auf eine längere Studienreise nach Ostafrika geschickt worden. Darré beabsichtigte, ihm einen Sonderauftrag zu erteilen, der etwa ein bis zwei Jahre dauern werde. Er wurde dann Leiter einer Bauernhochschule, später Sonderbeauftragter für die Landwirtschaftsschulen. Mit Wirkung vom 1. November 1935 wechselte der zunächst beurlaubte Winter endgültig in den Dienst des Reichsnährstandes über.[91] Im November 1938 berief Darré ihn in seiner Eigenschaft als Sonderbeauftragter und Inspekteur für das gesamte Schulwesen innerhalb des Reichsnährstands in den Deutschen Reichsbauernrat.[92]

Später verließen im Zuge der Ablösung von Koch als Direktor noch zwei ihm nahestehende Dozenten die Schule: Der für tropische und heimische Landwirtschaft zuständige Horst Magers und der Sprachlehrer Jakobus Onnen. Magers

89 Vgl. Abschrift eines Schreibens des Reg.-Präs. an Walter Feldmann vom 2.8.1937, in: AD, Dozenten, Feldmann, Bl. 124; Durchschrift eines Schreibens von Feldmann an den Reg.-Präs. vom 13.8.1937, in: ebd., Bl. 125; Durchschrift eines Schreibens von Direktor Koch an den Reg.-Präs. vom 15.9.1937, in: ebd., Bl. 134 (Zitat ebd.); Durchschrift eines Schreibens von Direktor Koch an den Vorsitzenden des AR der DKS, Dr. Jung, vom 17.12.1937, in: ebd., Bl. 138 (im Anhang Protokoll über Verhandlung mit Feldmann am 17.12.1937, Bl. 140-141); Eintrag Wintersemester 1939/40, in: ebd., Protokollbuch, Bl. 59. Zu Feldmann vgl.: Artikel Walter Feldmann, in: Biographien, unpag.; Kamerad Dr. Walter Feldmann †, in: Uu, Nr. 6, Oktober 1966, S. 5.

90 Vgl. Urteil des Obersten Parteigerichts vom 19.7.1939, in: BAB, PK, Nr. C 156, Bl. 2032-2042; Abschrift eines Schreibens des Reichsministers für Wissenschaft, Erziehung und Volksbildung an den Reg.-Präs. in Kassel vom 31.10.1939, in: ebd., R 4901, Nr. 15281, Bl. 32.

91 Vgl. Schreiben des Reichsministers für Ernährung und Landwirtschaft, Darré, an die Deutsche Kolonialschule vom 10.10.1934, in: AD, Dozenten, Winter (2), Bl. 45; Ehrenvolle Berufung, in: Kurhessische Landeszeitung vom 16.10.1934, zit. nach: ebd., Bl. 95; Schreiben des Verwaltungsamtes des Reichsnährstandes an die DKS vom 26.10.1935, in: ebd., Bl. 153; Curt Winter, Aus meinem Leben, in: DTL, 64 (1963), S. 101-109, hier S. 105f.

92 Vgl. Durchschrift eines Schreibens des Reichsbauernführers an Curt Winter vom 5.11.1937, in: BAB, R 16 I, Nr. 153, unpag.

hatte sich durch zwei Vorfälle unmöglich gemacht. Einmal hatte er Boss und Schwend mit Koch verglichen: »Wenn ich die Physiognomie der beiden neuen Direktoren mit der Physiognomie von Direktor Koch vergleiche, so muss ich feststellen, dass Koch haushoch über Beiden steht.«[93] Zuvor hatte er einen aus Bolivien stammenden Schüler, dessen Familie deutsche Wurzeln hatte, als »Bastard« beschimpft.[94] Boss ließ das RdI wissen, dass Magers und Onnen den aufgestellten Grundsätzen nicht entsprächen; sie brachten unter anderem keine Tropenerfahrung mit. Onnen hatte sich zudem eine Reihe pädagogischer Ungeschicklichkeiten gegenüber den Studierenden und disziplinarischer Verstöße gegen Boss zuschulden kommen lassen.[95] Beide wurden zusammen mit Koch zum 1. Oktober 1939 entlassen.[96]

Spätestens mit Boss nahm die Kontrolle der Dozenten zu. Er machte zusammen mit dem Referenten des Regierungspräsidenten Unterrichtsbesuche und übersandte die Berichte darüber an das RdI. Sie fielen bisweilen recht kritisch aus, wie der Bericht über eine Vorlesung von Magers im Fach Wirtschaftslehre. Sie habe sich auf verhältnismäßig niedrigem Niveau bewegt. Dem Vortrag selbst fehlte die notwendige Frische und Lebendigkeit, dabei ließ die Haltung des Dozenten vor der Hörerschaft zu wünschen übrig. Wesentlich positiver lautete ein Bericht über die Vorlesung von Wilhelm Manthey im Fach Chemie. Der Vortrag war lebendig, die Versuche anschaulich und geschickt durchgeführt, wenngleich die Zahl der Versuche hätte verringert werden können. Manthey verstand es im Übrigen, die Hörer zu reger Mitarbeit heranzuziehen.[97]

93 Vgl. Aktennotiz von Rüdrich vom 19.7.1939, in: AD, Dozenten, Magers, Bl. 73.

94 Vgl. Anzeige wegen Schädigung des deutschen kulturellen Ansehens gegenüber dem Ausland gegen Horst Magers durch Walther Böhmer vom 11.5.1939, in: ebd., Bl. 54-55. Im Auftrag von Min.Dir. Vollert und Wagner hatte Boss auf Magers eingewirkt, sich für die Beleidigung des Deutsch-Bolivianers Bandt als »Bastard« öffentlich zu entschuldigen. Er gab im Beisein der Studenten des ersten Semesters an, »dass er von dem Umfang und der Schwere einer solchen Beleidigung, die in tropischen Gebieten als besonders belastend angesehen wird, nicht die rechte Vorstellung gehabt« habe. Bandt nahm die Entschuldigung an. Vgl. Durchschrift eines Schreibens von Boss an das RdI, Min.Rat Wagner, vom 21.6.1939, in: ebd., Direktoren, Boss, Bl. 141 (Zitat ebd.).

95 Vgl. Durchschrift eines Schreibens von Boss an das RdI, Min.Rat Wagner, vom 21.6.1939, in: ebd., Bl. 149-150.

96 Vgl. Niederschrift über die AR-Sitzung am 23.6.1939, in: ebd., Akte AR-Protokolle 1934-1943, unpag.

97 Vgl. Durchschrift eines Schreibens von Boss an den Reichsminister des Innern, Min. Rat Wagner, vom 16.6.1939, in: ebd., Direktoren, Boss, Bl. 111; Bericht über die Vorlesung des Diplomlandwirts Dr. Magers im Fach Wirtschaftslehre am 16.6.1939, in: ebd., Bl. 112; Bericht über die Vorlesung des Dr. phil. Manthey im Fach Chemie am 16.6.1939, in: ebd., Bl. 122.

Im Lehrplan änderte sich einiges: Der Sportunterricht bekam eine verstärkte Bedeutung, organisatorisch wurde er nun »SA-mäßig aufgezogen«. Damit stand vor allem die Leistung der Gesamtheit im Vordergrund, deshalb betrieb man vorwiegend Sportarten, bei denen sich zu gleicher Zeit mehrere Kameraden beteiligen konnten: Hand-, Fuß- und Faustball, sowie Tauziehen und Rugby standen im Vordergrund. Diese Spiele seien vorzüglich dazu geeignet, den SA-Mann zum Gemeinschaftsgeist und zur Einsetzung seiner Kräfte im Interesse des Ganzen zu erziehen.[98]

Die Rassenkunde wurde in die Völkerkunde-Vorlesungen integriert. Der Göttinger Dozent Walter Nippold schlug vier Vorlesungen mit je einer Wochenstunde für den rassenkundlich-völkerkundlichen Unterricht an der Kolonialschule vor. Im ersten Semester sollten »Die Rassen und Völker der Erde« behandelt werden, im zweiten und dritten »Die Kulturformen der Erde« und im vierten die »Entdeckungsgeschichte und Europäisierung der Erde unter rassen- und kulturgeschichtlichen Gesichtspunkten«. Dabei wollte er vor allem einen Überblick über die Rassen und ihre Verbreitung geben sowie die Darstellung ihrer körperlichen und geistig-seelischen Merkmale. Besonderes Augenmerk sollte dabei auf die Rassen und Völker in den ehemaligen deutschen Kolonien gelegt werden.[99]

Wie weit solche ideologischen Versatzstücke in den Unterricht eindrangen, zeigt sich an den Zielvorstellungen der Vorlesungen in Botanik und Zoologie. Überall sei darauf »Bedacht zu nehmen, dass die biologischen Grundgesetze, die alles pflanzliche und tierische Leben beherrschen und ohne die ein klares Verständnis der nationalsozialistischen Weltanschauung unmöglich ist, herausgearbeitet werden«. Bei der Erblehre sollten die Studierenden »die Regeln der Pflanzen- und Tierzüchtung aufgrund der Erkenntnisse der allgemeinen Erblehre verstehen und von der Unumstösslichkeit der Erbgesetze, denen alle Lebewesen, auch der Mensch und seine Sippe unterliegen, überzeugt werden«.[100]

98 Vgl. Heinz Oelke, Sportbericht des W.-Semesters 1933/34, in: DKP, 34 (1934) 1, S. 69.

99 Vgl. Schreiben von Walter Nippold an Direktor Köster vom 29.1.1940, in: AD, Akte Stoffverteilungspläne 1941, unpag. Nippold hatte bereits vorher mit Boss eine Erweiterung der völkerkundlichen Vorlesungen vereinbart. Vgl. Schreiben von Nippold an Dr. Manthey, DKS, vom 25.9.1939, in: ebd., Dozenten, Nippold, Bl. 15. Zu Nippold vgl.: Hans Plischke, Walter Nippold, in: Zeitschrift für Ethnologie, 96 (1971) 1, S. 1-2; Renate Kulick-Aldag, Die Göttinger Völkerkunde und der Nationalsozialismus zwischen 1925 und 1950, Hamburg 2000, S. 80ff. Kulick-Aldag geht davon aus, dass der Unterricht sich auf relativ niedrigem Niveau bewegte; in der Kürze der Zeit und angesichts der Dichte des Stoffs sei nur ein grober Überblick möglich gewesen. Sie hält es für fraglich, ob die Schüler mehr als nur einen flüchtigen Eindruck von der Andersartigkeit der fremden Kulturen erhielten. Vgl. ebd., S. 83.

100 Vgl. Dr. Pfalzgraf, Biologie (Botanik und Zoologie), eingegangen 20.3.1940, in: AD, Akte Stoffverteilungspläne 1941, unpag. (Zitate ebd.).

Abb. 4: Arbeit an der Baumwolle im Gewächshaus (wohl in den 1930er Jahren).

Auch die Reichsstudentenführung mischte sich in diese Fragen ein und forderte mehr Stunden für die weltanschauliche und körperliche Erziehung der Studenten im Lehrplan der DKS. Und zwar ging es um wöchentlich einen freien Nachmittag und zehn Stunden. Bei der starken Beanspruchung der Studierenden und der verhältnismäßig knapp bemessenen Zeit für Nacharbeiten und Examensvorbereitungen ließen sich diese Stunden nach Ansicht von Köster nur einführen, wenn der Lehrplan der Kolonialschule insgesamt geändert würde.[101]

Am Unterricht selbst gab es kaum Änderungen, wie Koch im April 1939 berichtete. Demnach arbeiteten die Studierenden des ersten und zweiten Semesters an den Nachmittagen weiterhin praktisch, außerdem wurde im Sommersemester ein ganzer praktischer Arbeitstag für alle Semester durchgeführt. Das dritte und vierte Semester hatte zwar grundsätzlich vormittags Vorlesungen, die Studierenden arbeiteten jedoch zwischendurch in Handwerken und landwirtschaftlichen Nebenbetrieben und füllten den Nachmittag mit der Besichtigung von Betrieben, botanischen, geologischen und kulturtechnischen Exkursionen usw. aus,

101 Vgl. Durchschrift eines Schreibens des Direktors der DKS an den Reichsminister für Wissenschaft, Erziehung und Volksbildung vom 21.4.1941, in: StAM, 314/1, Nr. 73, unpag.

sodass immer wieder praktische und theoretische Beziehungen zur Landwirtschaft hergestellt wurden.[102]

Ein genauerer Blick auf die Veranstaltungen im Wintersemester 1939/40 ergibt für die wichtigsten Fächer folgendes Bild:[103]

Fach	**Semester**				**Insges.**
	1.	**2.**	**3.**	**4.**	
Botanik	3	2	-	-	5
Mineralogie, Geologie	2	2	-	-	4
Zoologie	1	1	-	-	2
Mikroskopische Übungen	2	-	-	-	2
Botanische und Wiederholungsübungen			2		
Anorganische Chemie und Düngemittellehre	3	-	-	-	3
Organische Chemie und Tierernährungslehre	-	2	-	-	2
Chemische Technologie (landw. Nebengewerbe)	-	1	-	-	1
Boden und Pflanze	2	1	1	-	4
Chemisches Praktikum mit chemisch-landwirtschaftlichen Untersuchungen	-	2	-	-	2
Bodenkundliche Untersuchungen	-	-	3	2	5
Bodenkundliches Seminar	-	-	-	1	1
Nutzungslehre des Landbaues	-	2	4	4	10
Heimischer Pflanzenbau mit Übungen	-	-	4	4	8
Tropischer Pflanzenbau mit Übungen	-	-	5	5	10
Klimalehre	1	1	1	1	4
Anatomie und Physiologie der Haustiere	2	2	-	-	4
Tierzucht mit Übungen	-	-	5	5	10
Tierhaltung und Tierfütterung	2	2	1	1	6
Tierheilkunde	-	-	1	1	2
Landeskultur und Wasserwirtschaft	2	2	1	-	5
Baukunde	-	1	1	1	3

102 Vgl. Bericht über die landwirtschaftliche Ausbildung der Praktikanten und der Studierenden auf der Deutschen Kolonialschule von Direktor Koch vom 29.4.1939, in: AD, Handakte Dr. Karl Jung, unpag.

103 Vgl. Verzeichnis der Vorlesungen und Unterrichtsstunden im WS 39/40, in: Mitteilungen des Verbandes deutscher Koloniallandwirte e.V., 39 (1939) 1, 1. Kriegsausgabe vom 1. Dezember 1939, S. 11-12.

Fach		Semester				Insges.
		1.	2.	3.	4.	
Vermessungskunde mit Übungen		-	-	3	2	5
Wiederholungsübungen		1	1	1	1	4
Völkerkunde		-	1	1	1	3
Bauerntum und völkische Wirtschaft		1	1	2	2	6
Buchführung, Übungen		1	1	1	1	4
Landwirtschaftliche Maschinen und Geräte		1	1	-	-	2
Sport		3	3	3	3	12
Handwerke		2	2	2	2	8
Praktischer Dienst		8	4	-	-	12
Englisch	5 Wochenstunden für alle Sem. Pflicht					20
Spanisch	4 Wochenstunden (freiwillig)					
Holländisch	4 Wochenstunden (freiwillig)					
Kisuaheli	2 Wochenstunden (freiwillig)					

Tab. 1: Anzahl der Semesterwochenstunden im Wintersemester 1939/1940, nach Fächern

Bei den internen Debatten um eine Neugestaltung des Lehrplans wurde unter anderem eine Verstärkung des Sprachunterrichts gefordert. Das bezog sich vor allem auf das Englische. Deshalb sollte der Englischunterricht nun für alle vier Semester obligatorisch sein, ab dem dritten konnte Spanisch gewählt werden. Die anderen Sprachen (Holländisch, Portugiesisch, Malaiisch, Französisch und Kisuaheli) sollten bei Bedarf im vierten Semester unterrichtet werden.[104]

Winter hatte einen Fragebogen an Absolventen, Dozenten und Aufsichtsrat gesandt, aus deren Antworten er Vorschläge für eine Reform des Lehrbetriebs der Kolonialschule destillierte. Insgesamt waren demnach Ziele und Grundsätze der Arbeit durchaus aktuell, die Fehler lägen in der Art und Weise der Ausbildung selbst. Sie sei zu theoretisch und zu wissenschaftlich geworden, Lehrplan und Vorlesungen böten zu viel Stoff. Auf der anderen Seite müssten die künftigen Führungskräfte mehr als das für die wirtschaftliche Arbeit Notwendige lernen. Dafür sollten die naturwissenschaftlichen gegenüber den betriebswirtschaftlichen Kernfächern zurücktreten. Übungen und Seminare sollten gegenüber

104 Vgl. Jakobus Onnen, Sprachunterricht, in: DKP, 35 (1935) 1, S. 16. Bislang war der Englisch-Unterricht wohl nicht sehr erfolgreich verlaufen. Klagen der Lehrer über die diesbezüglichen Leistungen der Studierenden waren an der Tagesordnung. Vgl. Jakobus Onnen, Bericht über die Sprachkurse im Sommersemester 1934, o.Dat., in: AD, Dozenten, Onnen, Bl. 19-20.

den Vorlesungen gestärkt werden.[105] Im Zeichen des NS-Regimes forderte Winter eine Erziehung gemäß den Ideen des neuen Staats, eine Erziehung zu unbedingter Disziplin und Selbstbeherrschung. Dafür müssten die Möglichkeiten, die das System des Zusammenlebens und Zusammenarbeitens biete, ausgeschöpft, die Schwierigkeiten im Internat überwunden werden.[106]

Koch hatte selbst große Pläne zur Umgestaltung des Unterrichts an der Schule. So sollten nach Wiedererlangung eigener Kolonien die Studierenden des zweiten Semesters nach bestandener Vorprüfung auf Schulungspflanzungen und Farmen in Übersee geschult werden. Für begabte Studierende waren zwei weitere Semester geplant, um die wissenschaftlichen Kenntnisse zu vertiefen und Personal für Sonderstellungen auszubilden.[107] Boss arbeitete ebenfalls einen Vorschlag für die Ausgestaltung des Lehrplans der Kolonialschule aus: Neben der straffen Zusammenfassung des Stoffs und der eindeutigen Ausrichtung auf koloniale Fragen müssten die methodischen Fragen besonders berücksichtigt werden. Zur Kontrolle der Lernfortschritte sollte in jedem Semester eine Facharbeit geschrieben werden. Erst nach Beendigung des Kurses sei an ein Spezialstudium – etwa in Verbindung mit einer benachbarten Universität – zu denken.[108]

Der Lehrplan wurde dann auf Veranlassung des Reichsinnenministeriums und unter Mitwirkung des Reichsnährstands in der praktischen und theoretischen Ausbildung umgestaltet. Nunmehr wurde größerer Wert als bisher auf die Ausbildung in der heimischen Landwirtschaft gelegt. Die praktische Ausbildung auf dem zur Schule gehörenden größeren Lehrbetrieb wurde nach den Grundsätzen des Reichsnährstands durchgeführt und mit einer praktischen Prüfung ähnlich der landwirtschaftlichen Prüfung abgeschlossen; das Studium selbst nunmehr durch eine staatliche Prüfung, abgehalten unter dem Vorsitz des staatlichen Prüfungskommissars Prof. Arthur Golf von der Universität Leipzig.[109]

Mit den Grundbestimmungen bzw. dem Wechsel des Direktors, wurde auch ein neuer Lehrplan ausgearbeitet. Fixpunkte dabei waren das Erziehungs- und

105 Vgl. Schreiben von Curt Winter an Dr. Jung, Kolonialreferent bei der Reichsleitung der NSDAP, vom 28.5.1934, in: ebd., Akte Korrespondenz von Scherbening II, Bl. 502-503.

106 Vgl. »Grundsätzliches über den Lehrbetrieb der Deutschen Kolonialschule« von Curt Winter (gesandt an Dr. Jung am 28.5.1934 – als Anhang zur Sitzung des AR der DKS vom 23.6.1934), in: ebd., Akte AR-Protokolle 1934-1943, unpag.

107 Vgl. Durchschrift eines Berichts des Direktors der DKS vom 18.5.1938, in: StAM, 314/1, Nr. 74, unpag.

108 Vgl. Durchschrift eines Schreibens der DKS an das RdI, Min.Dir. Dr. Vollert, vom 1.6.1939, in: AD, Direktoren, Boss, Bl. 45.

109 Vgl. Abschrift eines Rundschreibens der DKS an die Kreisbauernschaften vom 11.8.1939, in: StAM, 314/1, Nr. 186, unpag. Zu Golf vgl.: Hallesches akademisches Vademecum, Bd. 1, Halle 1910, S. 288-290.

das Lehrziel. Das Erziehungsziel sei der charakterfeste und anspruchslose deutsche Kulturpionier, das Lehrziel der Betriebsleiter größerer landwirtschaftlicher Unternehmungen in deutschen Kolonien. Dieses weitgesteckte Lehrziel erfordere eine breite Ausbildung in tropischer und subtropischer Landwirtschaft und verbiete eine einseitige Spezialausbildung. Die Grundausbildung müsse dabei durch die heimische Landwirtschaft erfolgen. Methodisch bevorzugt wurde der freie Vortrag des Lehrers, unterbrochen durch Zwischenfragen, um die Studierenden zur Mitarbeit heranzuziehen.[110] Der Aufsichtsrat genehmigte den von Köster vorgelegten Lehrplan im April 1940. Bei dem Stellenplan wies das RMWEV darauf hin, dass der neue Lehrplan spezielle Anforderungen an die Dozenten stelle. Insbesondere müsse zukünftig von der Beschäftigung von Dozenten abgesehen werden, die über eine einseitige Spezialausbildung verfügten, es sollten vielmehr solche mit einer allgemeineren Ausbildung eingestellt werden, die infolgedessen mehrere Fächer übernehmen könnten.[111] Im endgültigen Lehrplan für die Schule traten die naturwissenschaftlichen Fächer und die für heimische Landwirtschaft zugunsten der kolonialen Fächer stark in den Hintergrund. Diese Maßnahme war Kösters Ansicht nach notwendig, um den Charakter der Kolonialschule stärker hervorzuheben.[112]

Der im April 1941 veröffentlichte Lehrplan versprach einen organischen Aufbau. Das erste Semester war noch zur Hälfte der weiteren praktischen Ausbildung gewidmet. Bei der Kürze der Zeit und der Vielseitigkeit der gärtnerischen und handwerklichen Betriebe könne es sich nur darum handeln, dass die Studierenden eine Ergänzung ihrer landwirtschaftlichen Ausbildung bekämen. Die ersten beiden Semester standen ganz im Zeichen der Naturwissenschaften als grundlegende Lehrfächer. Am Ende des zweiten Semesters hatte der Studierende in einer Vorprüfung nachzuweisen, dass seine Kenntnisse zum Weiterstudium ausreichten. Die beiden letzten Semester waren der Kolonialkunde und der Landwirtschaft gewidmet. Die heimische Landwirtschaft bildete dabei die Grundlage für die Landwirtschaft in den Kolonien. Der Lehrstoff in deutscher Landwirtschaft sei so abgerundet, dass der Absolvent der Schule unter Umständen auch eine Anstellung in heimischen Betrieben finden könne. Dominierend

110 Vgl. Erläuterungen zum Entwurf eines Lehrplanes für die DKS vom 28.3.1940, in: StAM, 314/1, Nr. 74, unpag.

111 Vgl. Durchschrift eines Schreibens von Direktor Köster an Dr. Erwin Schirrmeister vom 20.5.1940, in: AD, Dozenten, Schirrmeister, Bl. 43; Durchschrift eines Schreibens des RdI, Dr. Vollert, an Dr. Schirrmeister vom 29.5.1940, in: ebd., Bl. 45.

112 Vgl. Durchschrift eines Schreibens von Direktor Köster an Gauleiter Weinrich vom 17.6.1940, in: ebd., Bl. 63-66; Lehr- und Anstaltsplan der DKS vom August 1940, S. 12ff.

in der Fülle des gebotenen Lehrstoffs und der Stundenzahl waren aber die Landwirtschaft in den Kolonien und die Kolonialkunde.[113]

Das Kolonialkundliche Institut, die Bücherei, die Zeitschriftensammlung, das Bildarchiv usw. sollten im kolonialkundlichen Seminar den Studierenden über die allgemeinen Vorlesungen hinaus nutzbar gemacht werden. Dafür sollte ihnen schon während der allgemeinen grundlegenden Ausbildung Gelegenheit gegeben werden, den Stoff in der kolonialen Richtung zu vertiefen, sich selbst zu spezialisieren. Die Studierenden sollten sich möglichst im kolonialkundlichen Seminar unter Anleitung so einarbeiten, dass sie später in der Lage waren, sich selbständig wissenschaftlich fortzubilden. Daraus sollte sich idealerweise eine spätere Zusammenarbeit und ein Gedankenaustausch nach der Ausbildung, von Übersee zur Schule und umgekehrt ergeben, zum Nutzen beider Seiten.[114]

Aufnahmebedingungen und Auswahl

Formal gehörte ab 1937 eine zweijährige landwirtschaftliche Lehrzeit nach den Grundsätzen des Reichsnährstands auf einem von ihm anerkannten Betrieb zu den Aufnahmevoraussetzungen der Kolonialschule. Dabei wurde in Erwägung gezogen, die einjährige praktische Betätigung in Witzenhausen und die viermonatige Tätigkeit bei einem Erbhofbauern mit einem Jahr auf die praktische Lehrzeit anzurechnen.[115]

Im September 1938 hob der Reichsminister für Wissenschaft, Erziehung und Volksbildung den Begriff »Mittlere Reife« auf. An Fachschulen, die bisher Obersekundareife bzw. eben die Mittlere Reife als Aufnahmebedingung verlangten, war künftig das Zeugnis der Versetzung in die siebte Klasse einer Höheren Schule oder das Schlusszeugnis einer anerkannten Mittelschule oder eines Aufbauzugs einer Volksschule zu fordern. Das galt auch für die Kolonialschule.[116]

Abgesehen davon, begutachtete die Schulleitung die eingereichten Zeugnisse der Bewerber durchaus kritisch. Den Eltern eines Bewerbers teilte Koch mit, dass sich ihr Sohn, wenn er das Ziel der Kolonialschule erreichen wolle, unbedingt große Mühe geben müsse, da seine Schulnoten mehr als mäßig seien. Hinzu kam, was ebenfalls kritisch vermerkt wurde, dass er keiner politischen Organi-

113 Vgl. Lehr- und Anstaltsplan der DKS vom April 1941, S. 12f.

114 Vgl. Dietrich Wilhelm Linze, Zweck und Ziel des Kolonialkundlichen Seminars vom 28.3.1940, in: AD, Akte Stoffverteilungspläne 1941, unpag.

115 Vgl. Durchschrift eines Schreibens des Reg.-Präs. in Kassel an den Direktor der DKS vom 19.11.1937, in: ebd., SA Dietmar Tschierske, unpag.

116 Vgl. Abschrift eines Rundschreibens des Reichsministers für Wissenschaft, Erziehung und Volksbildung an die Reg.-Präs. vom 7.9.1938, in: ebd., Briefwechsel mit der Regierung in Kassel, unpag.

sation angehörte. Dies erschien Koch unverständlich, und er bat um eine entsprechende Erklärung. Ferner setzte er den Beitritt zu einer NS-Formation an der DKS voraus, was er für einen guten Deutschen als eine Selbstverständlichkeit ansah.[117]

Absolventen der HLS, Staatlich geprüfte Landwirte, hatten nach Ansicht des Reichsministers für Wissenschaft, Erziehung und Volksbildung durch eine Staatsprüfung nachgewiesen, dass sie auf dem Gebiet der heimischen Landwirtschaft und den damit zusammenhängenden naturwissenschaftlichen und wirtschaftswissenschaftlichen Gebieten ein umfassendes Wissen mitbrächten. Diese Absolventen konnten ohne Vorexamen gleich in das dritte Semester der Kolonialschule aufgenommen werden.[118] Gegen diesen Beschluss des Reichserziehungsministers protestierte Köster; im Ministerium werde offensichtlich die Tendenz vertreten, die Kolonialschule mit den HLS »gleichzuschalten«. Köster war hingegen von einer Unterschiedlichkeit der beiden Schultypen überzeugt.[119]

Neben den formalen Voraussetzungen zur Aufnahme, traten die persönlichen. Die Schule propagierte, wie schon zu Zeiten von Fabarius, nach außen hin, dass »verkrachte Existenzen oder haltlose Muttersöhnchen« dort keine Aussichten hätten. Es sei im Gegenteil Pflicht der Anstalt, nur solche Schüler anzunehmen, »die nicht nur gesund an Leib und Seele sind, sondern die auch den notwendigen moralischen Halt besitzen, um draußen bei den Fährnissen des Lebens bestehen zu können«.[120] Der junge Kolonialpionier müsse durchdrungen sein vom gleichen Geist wie die Ostlandreiter, die angeblich aus Wildnis deutsches Kulturland schufen. Es sollten sich daher nur junge Leute im Alter von ca. 18 bis 26 Jahren um die Aufnahme in die DKS bewerben, »die dem körperlichen, geistigen und charakterlichen Idealtyp des deutschen Kolonialpioniers nahe kommen«.[121]

Die Auslese vollziehe sich, so stellte es zumindest ein Zeitungsartikel dar, dann fast von selbst. Nur allseitig Begabte könnten den umfangreichen prakti-

117 Vgl. Durchschrift eines Schreibens des Direktors der DKS an Oberst Karl Bahrdt (Vater) vom 24.3.1939, in: ebd., SA Karl Bahrdt, Bl. 17.

118 Vgl. Abschrift eines Schreibens des Reichsministers für Wissenschaft, Erziehung und Volksbildung an den Reg.-Präs. in Kassel vom 9.11.1940, in: BAB, R 4901, Nr. 15281, Bl. 49; Durchschrift eines Schreibens des Direktors der DKS an Hans Wenck (Vater) vom 11.3.1942, in: AD, SA Rolf Wenck, unpag.

119 Vgl. Durchschrift eines Schreibens des Direktors der DKS an Min.Rat Wagner, RdI, vom 23.11.1940, in: StAM, 314/1, Nr. 72, unpag.; Durchschrift eines Schreibens des Direktors der DKS an den Reg.-Präs. in Kassel vom 10.1.1941, in: ebd., unpag.

120 Vgl. Mit Gott für Deutschlands Ehr – Daheim und überm Meer, in: Deutsche Metallarbeiter-Jugend, 16 (1935) 21 vom 25.5.1935, S. 483-487 (Zitate S. 485), zit. nach: AD, Unsortiertes Material, unpag.

121 Vgl. Lehr- und Anstaltsplan der DKS vom April 1941, S. 7f. (Zitat ebd.).

schen und wissenschaftlichen Lehrstoff bewältigen. Wichtiger noch als die Begabung sei jedoch die charakterliche Eignung, für deren Beurteilung das Internatsleben und die kameradschaftliche Zusammenarbeit beste Gewähr böten. »Vorstellungen mißverstandener Romantik verflüchtigen sich vor der energischen Wirklichkeit ebenso rasch wie Träume falschen Herrentums, – oder die Träumer verflüchtigen sich aus einer Schule, die echte Männer und Pioniere erziehen will. [...] Die Zaghaften zieht es nicht hierher, sondern die, denen leicht einmal die Jacke zu eng wird.«[122]

Einen besonderen Fall bildeten unter den herrschenden politischen Bedingungen Bewerber, die als sogenannte jüdische Mischlinge galten. Juden waren von der Ausgrenzung schon früher betroffen, und im April 1935 begründete die Schulleitung die geringe Zahl von zwanzig Neuaufnahmen unter anderem damit, dass aufgrund des Arierparagrafen sechs Schüler abgelehnt werden mussten. Mit den Nürnberger Gesetzen vom 15. September 1935 wurde dann die rassische Ausgrenzung zu geltendem Recht erhoben.[123] Diese Entwicklung bestätigte Koch in einem Schreiben vom August 1936: »Die strikte Durchführung des Arier-Paragraphen hat uns eine erhebliche Zahl von Stellen gekostet ...«[124]

Nach einem Runderlass des Reichsministers für Wissenschaft, Erziehung und Volksbildung vom Februar 1937 konnten jüdische Mischlinge an deutschen Fachschulen grundsätzlich aufgenommen werden, die Entscheidung lag in der Hand des jeweiligen Direktors. Das zeigte sich im Falle eines Gasthörers, der dem Antrag für seine endgültige Aufnahme den Nachweis der deutschen Abstammung seines Vaters beigefügt hatte. Die Mutter war Jüdin. Koch teilte dessen Vormund mit, dass es nicht möglich sei, den Schüler an der Schule zu behalten.[125]

Im Jahre 1938 musste ein Schüler, der ab Juni 1937 auf der Kolonialschule war, im Sekretariat einen »arischen Ausweis« vorlegen.[126] Auch später mussten die Bewerber bestätigen, dass sie keine Juden waren.[127] Jüdische Mischlinge durften nur aufgenommen werden, solange die Anmeldungen »deutschblütiger«

122 Vgl. Docky Hammer, Die künftige Reichsschule der Kolonialpioniere, in: Deutschland und Afrika (Kolonialpolitische Beilage der Münchner Neuesten Nachrichten) Nr. 363 vom 28.12.1940 (Zitat ebd.), zit. nach: AD, Unsortiertes Material, unpag. Auch in: BAB, NS 5 VI, Nr. 20447, Bl. 22-23.

123 Vgl. Baum, Daheim, S. 146.

124 Durchschrift eines Schreibens von Direktor Koch an die Leitung der AO der NSDAP vom 12.8.1936, in: AD, SA Klaus Blasberg, Bl. 17.

125 Vgl. Durchschrift eines Schreibens des Direktors der DKS an Carl Stahlberg (Vormund) vom 7.12.1937, in: ebd., SA Edgar von Rüdgisch, unpag.; Baum, S. 146f.

126 Schreiben von Walther Bandt an das Sekretariat der DKS vom 9.2.1941, in: ebd., SA Walther Bandt, Bl. 113.

127 Vgl. Erklärung von Karl-Heinz Hilke vom 13.9.1940, in: ebd., SA Karl-Heinz Hilke, Bl. 4.

Bewerber die zulässige Höchstschülerzahl nicht überschritt. Unter diesen Voraussetzungen wurde beispielsweise im Oktober 1940 ein »Halbjude« an der Schule aufgenommen.[128] Köster beklagte sich über diesen Umstand, und seine Klagen hatten Erfolg: Der Reichserziehungsminister ersuchte den Regierungspräsidenten bis auf Weiteres von der Aufnahme jüdischer Mischlinge in die DKS abzusehen.[129] In den Ausführungsbestimmungen zu den Grundbestimmungen wurde dann verlangt, dass bei der Anmeldung die Zugehörigkeit zur HJ bzw. zur NSDAP nachzuweisen war. Juden und Mischlinge waren nun generell vom Besuch der Kolonialschule ausgeschlossen.[130]

Der Initiative des Reichserziehungsministers, nach der in Zukunft auch Bewerber ohne die vorgeschriebene schulische Vorbildung aufgenommen werden konnten, wenn sie sich einer Aufnahmeprüfung in Deutsch, Rechnen, Geschichte und nationalsozialistischer Weltanschauung unterzogen, stand die Dozentenschaft der DKS grundsätzlich positiv gegenüber. Eine genügend strenge Auslese sollte durch eine entsprechende Prüfungsordnung gewährleistet werden.[131]

Der Lehr- und Pensionspreis für Studierende und Gasthörer betrug 1934 RM 750 und für Praktikanten RM 600 pro Semester.[132] Im Sommer 1935 waren die Preise gleich geblieben; Ausländer zahlten pro Semester 300 RM mehr, da sie von den staatlichen Zuschüssen ausgenommen waren. Zusätzlich fielen 100 RM für den Eintritt in die Schule, 10 RM für die Bescheinigung der Vorprüfung und 50 RM für die Abschlussprüfung an Kosten an.[133] Für das Jahr 1937 blieben die Kosten gleich. Die Mehrkosten für Einzel- und Doppelzimmer wurden mit 25 bzw. 15 RM angegeben.[134]

Bei einem Besuch der Schule durch Ministerialbeamte unter Führung von Ministerialdirigent Döring vom RMWEV im Juni 1938, erschienen den Teilnehmern die Lehr- und Pensionspreise in Höhe von 600 bzw. 750 RM sowie die

128 Vgl. Abschrift eines Schreibens des Reichsministers für Wissenschaft, Erziehung und Volksbildung an Frau Frieda Michaelis (Mutter) vom 21.9.1940, in: StAM, 314/1, Nr. 72, unpag.

129 Vgl. Abschrift eines Schreibens des Reichsministers für Wissenschaft, Erziehung und Volksbildung an den Reg.-Präs. in Kassel vom 12.9.1941, in: BAB, R 4901, Nr. 15281, Bl. 59. Auch in: StAM, 314/1, Nr. 37, unpag.

130 Vgl. 5. Entwurf zu den Ausführungs- und Übergangsbestimmungen zu den Grundbestimmungen der Deutschen Kolonialschule GmbH Witzenhausen (Fachschule), o.Dat. (Oktober 1940), in: ebd., unpag.

131 Vgl. Niederschrift über die Dozentenbesprechung vom 4.7.1941, in: ebd., Nr. 41, unpag.

132 Vgl. Bericht über die Prüfung der Ausgaben für die Deutsche Kolonialschule von 1932 bis 1934 des RdI vom 1.4.1935, in: BAB, R 2301, Nr. 6840, Bl. 2-20, hier Bl. 9.

133 Vgl. Lehr- und Anstaltsplan der DKS 1935, S. 14.

134 Vgl. Lehr- und Anstaltsplan der DKS 1937, S. 16f.

Prüfungsgebühr von 50 RM als »unverantwortlich hoch«. Bei diesen hohen Gebühren werde der Besuch der Schule nur Söhnen einer bestimmten Bevölkerungsschicht möglich sein.[135] Im Sommer 1940 betrug das Schulgeld, inklusive Wohnung und Verpflegung 600 bzw. 700 RM pro Semester, die Gebühren für die Aufnahme 50 RM und für die Abschlussprüfung 15 RM.[136]

Bewertungen und Zeugnisse

Die Unklarheiten um die Bewertung des Abschlusszeugnisses der DKS hielten auch während der NS-Zeit an. Noch im Sommer 1933 teilte die Schulleitung einem anfragenden Vater mit, das Zeugnis der Kolonialschule habe gar keinen staatlich anerkannten Wert und verleihe keine Berechtigung bürgerlicher, akademischer oder wirtschaftlicher Art.[137] Hinsichtlich der Anerkennung des Zeugnisses für ein Weiterstudium an einer deutschen Hochschule hatte sich ebenfalls noch nichts Konkretes ergeben. Die Schulleitung hoffte aber auf eine baldige positive Veränderung. Es fanden diesbezügliche Verhandlungen in Berlin statt.[138]

Ende 1934 baten die Studierenden um die staatliche Anerkennung des Diploms der DKS, da es aufgrund der staatlichen Nichtanerkennung bisher keinerlei Ansprüche für heimische Verhältnisse eröffnet habe; das hielten sie nicht mehr für tragbar. Die Studierenden machten den etwas naiven Vorschlag einer Trennung zwischen Abiturienten, denen die beiden Praktikantensemester als Studiensemester angerechnet werden sollten und die als »Diplom-Kolonialwirt« abschließen sollten, und Nicht-Abiturienten, die eine zweijährige landwirtschaftliche Praxis nachweisen und dann nach vier Semestern als »akademisch geprüfte Kolonialwirte« abgehen sollten. Bei nachträglicher Ablegung der Reifeprüfung sollte auch ihnen das Diplom zuerkannt werden. Viele der Absolventen würden, so Koch, nun in der heimischen Landwirtschaft verbleiben und das nicht anerkannte Diplom erweise sich dabei als Hindernis.[139]

Im April 1939 vermerkte der Reichsminister für Wissenschaft, Erziehung und Volksbildung, dass selbst das Zeugnis der Obersekundareife in Verbindung mit

135 Vgl. Niederschrift über die Besichtigung der Kolonialschule Witzenhausen am Mittwoch den 15. Juni 1938, in: BAB, R 4901, Nr. 15281, Bl. 17-19 (Zitat Bl. 17 RS).

136 Vgl. Lehr- und Anstaltsplan der DKS 1940, S. 27.

137 Vgl. Durchschrift eines Schreibens des Direktors der DKS an Herbert Wengler (Vater) vom 24.8.1933, in: AD, SA Gerd-Herbert Wengler.

138 Vgl. Durchschrift eines Schreibens des Direktors der DKS an Hermann von Kirchbach vom 5.9.1933, in: ebd., SA Hermann von Kirchbach.

139 Vgl. Schreiben der Studentenschaft der DKS, Studentenschaftsführer Carlheinz Uhlitzsch, an Direktor Koch vom 1.12.1934, in: ebd., Akte Ministerium für Landwirtschaft – Regierungspräsident in Kassel, unpag.; Durchschrift eines Schreibens von Direktor Koch an das RdI vom 16.2.1935, in: ebd., unpag.

dem Abschlusszeugnis der DKS nicht dem Reifezeugnis einer Höheren Schule gleichzustellen sei. Auf jeden Fall werde es von der Universität Göttingen nicht als Reifezeugnis einer höheren Schule anerkannt. Nur über den Weg der Sonderreifeprüfung konnten die Absolventen der Kolonialschule zum Studium der Landwirtschaft an Hochschulen bzw. Universitäten zugelassen werden.[140]

Bereits vor dem Erlass der Grundbestimmungen erhielten die Absolventen nach erfolgreicher Abschlussprüfung das Zeugnis zum »Staatlich geprüften Koloniallandwirt«. 1938 wurde erreicht, dass den Studierenden, welche die Abschlussprüfung mit »Gut« bestanden hatten, drei Semester bei einem landwirtschaftlichen Studium angerechnet wurden. Außerdem stand ihnen die Offizierslaufbahn offen.[141]

Bei den Eltern der Schüler lösten die Diskussionen um die Anerkennung und den Wert des Witzenhäuser Zeugnisses Unsicherheit aus. Ein Vater hatte sich bei den maßgebenden Stellen in Berlin erkundigt und den Eindruck gewonnen, dass die DKS dort kein großes Ansehen genoss. Man spreche den Absolventen mehr oder weniger jede Möglichkeit eines weiteren Fortkommens ab, sie könnten sowohl im Inland wie auch im Ausland nur ganz untergeordnete Stellungen erreichen.[142] Auch einige Schüler zeigten sich besorgt über die Änderungen; besonders die auslandsdeutschen sowie die ausländischen waren darauf angewiesen, ein Diplom zu bekommen. Ein bolivianischer Staatsangehöriger merkte an, in seiner Heimat lege man weniger Wert auf eine staatliche Abschlussprüfung als auf das Diplom.[143]

Die Kritik der Eltern an der Neuregelung riss nicht ab. Besonders bitter beklagte sich ein Vater, dessen Sohn unter den alten Prüfungsbestimmungen in die Schule eingetreten war, und nun plötzlich kein Diplom mehr erhalten sollte. Da könne man in einem regulären landwirtschaftlichen Betrieb schneller und billiger seinen staatlich geprüften Landwirt machen. Der Vater meldete seinen Sohn drei Monate später ab.[144] Der Direktor konnte dem Regierungspräsidenten einen ganzen Stapel an Beschwerdebriefen übersenden, in denen die Eltern gegen die Änderung des Abschlusszeugnisses Protest einlegten. Eltern wie Schüler waren der Ansicht, durch den Wegfall des »Diploms« geschädigt zu sein. Nur in Bezug

140 Vgl. Abschrift von Abschrift eines Schreibens des Reichsministers für Wissenschaft, Erziehung und Volksbildung an den Württembergischen Kultusminister vom 3.4.1939, in: BAB, R 4901, Nr. 15281, Bl. 29.

141 Vgl. Durchschrift eines Schreibens des Direktors der DKS an Hans Quitzau (Vater) vom 15.12.1939, in: AD, SA Karl Quitzau, unpag.

142 Vgl. Schreiben von H. Keßler (Vater) an Direktor Koch vom 22.1.1939, in: ebd., SA Karl-Robert Kessler, Bl. 40.

143 Vgl. Schreiben von Walther Bandt an Direktor Boss vom 25.7.1939, in: ebd., SA Walther Bandt, Bl. 108.

144 Vgl. Schreiben von Ewald Gronow (Vater) an die DKS vom 28.12.1939, in: ebd., SA Ulrich Grunow, Bl. 19.

auf das in der alten Form ausgefertigte Schlusszeugnis rechtfertige sich der hohe Pensionspreis und die hohen Studiengebühren.[145]

Die Schulleitung versuchte natürlich die Eltern entsprechend zu beruhigen; beim Abschlusszeugnis der DKS sei keine nennenswerte Änderung eingetreten, lediglich der Form nach. Mit dem Zeugnis sei nach wie vor die Berechtigung verbunden, in den Kolonien eine leitende Stellung einnehmen zu können. Darüber bestehe der Vorteil des neuen Zeugnisses darin, dass der Inhaber die Möglichkeit habe, an einer Hochschule Landwirtschaft zu studieren und auch zu promovieren.[146] Ein darauf bezogener Erlass des Reichsministers für Wissenschaft, Erziehung und Volksbildung verfügte, dass Absolventen der HLS, der DKS und der Höheren Gärtnerlehranstalten, welche die Abschlussprüfung mindestens mit »Gut« bestanden hatten, nun ohne Sonderreifeprüfung zum Studium der Landwirtschaft oder des Gartenbaus zugelassen wurden. Bei den Absolventen der DKS durften bis zu drei Semester auf das Studium angerechnet werden.[147]

Bei der Bewertung für die Offizierslaufbahn stufte das Heer das Diplom der Deutschen Kolonialschule seit längerer Zeit als dem Reifezeugnis einer neunklassigen höheren Schule, sprich dem Abitur, gleichwertig ein. Bis April 1940 übernahmen auch die Kriegsmarine und die Luftwaffe diese Entscheidung.[148]

Berufsaussichten der Schüler

Nach wie vor wandten sich Eltern und Schüler mit der Bitte um Stellenvermittlung an die Schulleitung. Diese nutzte ihre guten Beziehungen in kolonialen

145 Vgl. Durchschrift eines Schreibens des Direktors der DKS an den Reg.-Präs. in Kassel vom 29.12.1939, in: ebd., SA Joachim Putzke.

146 Vgl. Schreiben des Direktors i.V., Dr. Pfalzgraf, an Otto Hachmeister (Vater) vom 1.12.1939, in: ebd., SA Fritz Hachmeister, Bl. 42.

147 Vgl. Auszugsweise Abschrift eines Erlasses des Reichsministers für Wissenschaft, Erziehung und Volksbildung vom 29.4.1939, in: StAM, 314/1, Nr. 39, unpag. Auch in: StAM, 314/1, Nr. 178; abgedruckt: Amtliches. Zulassung zum Studium ohne Reifezeugnis, Sonderreifeprüfungen, in: Mitteilungen des Verbandes deutscher Koloniallandwirte e.V., 39 (1939) 1, 1. Kriegsausgabe vom 1. Dezember 1939, S. 12-13. Bei jenen Absolventen, die nicht mindestens mit »Gut« abgeschnitten hatten, galt nach wie vor die Regelung aus den Grundbestimmungen. Demnach ermöglichte das Abschlusszeugnis der DKS die Zulassung zur Sonderreifeprüfung für das Studium der Landwirtschaft ohne Reifezeugnis. Vgl. Durchschrift eines Schreibens der DKS an Armin Bachmann vom 12.10.1942, in: AD, SA Otto-Armin Bachmann, Bl. 104.

148 Vgl. Abschrift eines Schreibens des Reichskriegsministers an den Reichsminister des Innern vom 26.6.1935, in: StAM, 314/1, Nr. 39, unpag.; Abschrift eines Schreibens des OKW an den Reichsminister des Innern vom 13.4.1940, in: ebd., unpag.

Kreisen, um den Studierenden Stellungen im Ausland zu beschaffen. Sie lehnte es aber ab, in dieser Beziehung irgendwelche Verpflichtungen zu übernehmen. Nach 1933 trat Ostafrika verstärkt in den Fokus als Auswanderungsziel; dessen Hochland bot bei durchaus günstigen klimatischen Verhältnissen für Siedler gesunde Berufsmöglichkeiten.[149] Arning selbst hatte einer am Mato Grosso in Brasilien tätigen Firma einige Absolventen empfohlen, die sich auch beworben hatten. Aus Unterredungen mit Repräsentanten der Firma wusste er, dass sie noch weitere Absolventen anfordern werde.[150]

Ein Vater hatte sich bereits an die DKG und an das KWK gewandt, von Letzterem die Mitteilung erhalten, dass die Vermittlung über deutsche Arbeitsämter geschehe. Koch betonte in seinem Antwortschreiben, dass er sich selbst um die Vermittlung der Absolventen bemühe: »Richtig ist m.E., daß diese gesamte Stellenvermittlung durch mich geht, denn ich kenne die einzelnen Studierenden und weiß, ob sie sich für vorliegende Stellen eignen oder nicht.«[151]

Es gab in diesen Jahren – nicht zuletzt bedingt durch die Auseinandersetzungen um Koch – aber auch generelle Zweifel an den Berufsaussichten der Witzenhäuser Absolventen. Ein Schüler hatte den Verband Deutscher Koloniallandwirte e.V., Berlin wegen eines Kommentars im »Kulturpionier« um Aufklärung gebeten.[152] Der Artikel hatte an der Schule für Aufsehen gesorgt, weil darin über ein Abkommen des Verbands der deutschen Koloniallandwirte mit der Auslandsorganisation der DAF (DAF-AO) berichtet wurde, in dem beide Richtlinien für den Einsatz koloniallandwirtschaftlicher Fachkräfte vereinbart hätten, die den Nachweis einer zweijährigen praktischen Tätigkeit erforderten. Aus dem Antwortschreiben sei hervorgegangen, so der Vater, dass das Studium an der Kolonialschule »für ganz wesentliche Belange des kolonialen Arbeitsgebietes als nicht ausreichend angesehen wird und daher den Absolventen der Schule in ihrem späteren Beruf ganz wesentliche Beschränkungen auferlegt« würden. Koch hob in seiner Antwort die Protektion durch den Reichsminister des Innern hervor, der es nicht zulassen werde, dass den Zöglingen einer Anstalt, die ihm unterstellt sei,

149 Vgl. Durchschrift eines Schreibens des Direktors der DKS an E. Scheffler (Vater) vom 28.2.1934, in: AD, SA Carl-Heinz Scheffler, unpag.

150 Vgl. Durchschrift eines Schreibens von Direktor Arning an Kurt Allmendinger vom 3.11.1933, in: ebd., SA Kurt Allmendinger, Bl. 84.

151 Vgl. Schreiben von Fritz Hacker (Vater) an Direktor Koch vom 28.1.1936, in: ebd., SA Fritz Hacker, Bl. 34; Durchschrift eines Schreibens von Direktor Koch an Fritz Hacker vom 31.1.1936, in: ebd., Bl. 35 (Zitat ebd.).

152 Vgl. Theodor Frank, Koloniale Landwirtschaft und Arbeitseinsatz, in: DKP, 38 (1938) 3, S. 18-20. Koch bezeichnete das als einen erneuten Versuch des Verbandes, Unruhe in die DKS zu tragen. Das Abkommen sei aber nicht von einer Regierungsstelle und nur auf den Verband bezogen. Vgl. Durchschrift eines Schreibens von Direktor Koch an den Reg.-Präs. in Kassel vom 13.12.1938, in: AD, Akte Ministerium für Landwirtschaft – Regierungspräsident in Kassel, unpag.

die Zukunftsmöglichkeiten verbaut würden.[153] Und auch Nachfolger Boss wandte sich energisch gegen derartige Behauptungen. Einem Vater, der seinen Sohn abmelden wollte, antwortete er, die Annahme, der Abschluss der Kolonialschule biete keinerlei Aussicht auf Anstellung als Verwalter oder dergleichen bei einer deutschen Kolonialgesellschaft, träfe absolut nicht zu. Das letzte Jahr habe bewiesen, dass viele der Absolventen in überseeischen Stellungen gut untergekommen seien.[154]

Die Aussichten der Kolonialschüler stiegen und fielen mit dem Besitz eigener Kolonien. Ab 1936 setzte eine gewisse Kolonialeuphorie in Deutschland ein, die Erwartungen schürte, dass es zu einem Wiedererwerb der ehemaligen deutschen Kolonien kommen könnte. Ein Vater sah diesen Erfolg bereits greifbar vor Augen; damit hätten die gegenwärtigen Schüler der Kolonialschule die größte Aussicht, Verwendung und Anstellung zu finden. »Ich bin überzeugt, daß auch in der Kolonialfrage der Führer mit sicherer Hand im richtigen Augenblick zufassen wird. Und dann heißt es: ›Jungens an die Front!‹«[155]

Während des Kriegs stand – vor allem im Sommer 1940 – ein Wiedererwerb der ehemaligen deutschen Kolonien in der Öffentlichkeit erneut zur Debatte. Ein Absolvent wollte unter Bezugnahme auf eine Verfügung des Reichsministers des Innern in Erfahrung gebracht haben, dass bereits Erhebungen über Arbeitskräfte für die ehemaligen deutschen Kolonien angestellt würden. Er bat die Kolonialschule ihm nach seiner Entlassung aus dem Heeresdienst die nötigen Schritte und Wege in solche Arbeitsstellen mitzuteilen. Die Antwort fiel dann eher negativ aus, da sich die Verfügung des Reichsinnenministers nur auf Ver-

153 Vgl. Schreiben von H. Ganß (Vater) an Direktor Koch vom 24.10.1938, in: ebd., SA Herbert Ganß, Bl. 31-32 (Zitat Bl. 32); Abschrift eines Schreibens des Verbandes Deutscher Koloniallandwirte e.V, Frank, an Herbert Ganss vom 21.10.1938, in: ebd., Bl. 33-34; Durchschrift eines Schreibens von Direktor Koch an H. Ganß vom 25.10.1938, in: ebd., Bl. 35. Das RdI engagierte sich tatsächlich und teilte der DAF mit, die praktische landwirtschaftliche Ausbildung in Witzenhausen genüge vollkommen den Ansprüchen, die an einen Pflanzungs- oder Farmassistenten gestellt würden. Bei der Besetzung von überseeischen Stellen sei es überaus wichtig, dass der richtige Mann an den richtigen Platz käme. Das könne mit Hilfe der Schülerakten und der persönlichen Kenntnis der einzelnen Schüler am besten von Witzenhausen aus beurteilt werden. Vgl. Abschrift eines Schreibens des Reichs- und Preussischen Ministers des Innern, Dr. Vollert, an die DAF-AO vom 31.10.1938, in: ebd., SA Gerhard Dunz, Bl. 47-48.

154 Vgl. Durchschrift eines Schreibens von Direktor Boss an Otto Franke (Vater) vom 18.1.1939, in: ebd., SA Heinz Franke, Bl. 27.

155 Vgl. Schreiben von Max Lochner (Vater) an Direktor Koch vom 1.2.1937, in: ebd., SA Ewald Lochner, unpag. (Zitat ebd.). Zur Kolonialeuphorie ab 1936 vgl.: Linne, Deutschland, S. 48ff.

waltungsbeamte und sonstige Beamte bezog, die nach dem Kriege in den deutschen Kolonien eingesetzt werden sollen.[156]

Image und Bedeutung der Schule

Das Image der Kolonialschule war während des Dritten Reichs gut, jedenfalls bezogen auf die Öffentlichkeit, vor allem die publizistische Öffentlichkeit. Von den Querelen um Koch, dem Wegfall des Diploms etc. bekamen neben den Eltern und Schülern nur die involvierten Ministerien und andere aus dem direkten Umfeld etwas mit. Vor allem in kolonial interessierten Kreisen behielt die Schule ihren guten Ruf. So berichtete ein Bekannter Arning über seine Erlebnisse auf der Kolonialen Ausstellung in Berlin 1933, dass er sich längere Zeit bei dem Stand der Kolonialschule aufgehalten und dabei Bemerkungen von Besuchern gehört habe, wie: »Ah, hier, Witzenhausen. Allerhand wie die Schule durch die ganze schwere Zeit durchgehalten hat. Oder: Tüchtige Leute daraus hervorgegangen. Oder: Wo man auch hinkommt in der Welt, überall trifft man Leute aus Witzenhausen.«[157] Bezeichnend ist, dass der DKS nach 1933 auch in der offiziellen Publizistik eine gesteigerte Bedeutung beigemessen wurde.[158]

Positive Zeitungsberichte erschienen während der gesamten NS-Zeit. Hier können nur einige wenige zitiert werden. Unter dem Titel »Schule der Kulturpioniere« schrieb die Kurhessische Landeszeitung im August 1935 nach einem Loblied auf die »Kulturpioniere« bewundernd, dass sich die Kolonialschule nach dem Weltkrieg trotz aller Widrigkeiten hätte halten können. »Frischpulsendes Leben ist der erste Eindruck, der den Besucher der Kolonialschule umfängt. Nichts atmet hier die beklemmende Oede des der Praxis abgewandten reinen Wissens, das bewußt in den vergangenen Jahren auf so vielen deutschen Hochschulen großgezogen wurde.«[159]

Die Zeitschrift »Der Deutsche im Auslande« hob hervor, die Ausbildung tüchtiger deutscher Koloniallandwirte sei unabhängig davon, ob Deutschland

156 Vgl. Schreiben von Albert Müller an das Sekretariat der DKS vom 17.7.1940, in: ebd., SA Albert Müller, unpag.; Durchschrift eines Schreibens des Direktors der DKS an Albert Müller vom 3.8.1940, in: ebd., unpag.

157 Vgl. Manuskript von Arning, o.Dat. (1933), in: ebd., Direktoren, Arning, unpag. (Zitat ebd.). Zur Ausstellung vgl.: Jeff Bowersox, »Neuer Lebensraum in unseren Kolonien«. Die Berliner Kolonialausstellung von 1933, in: Ulrich van der Heyden/Joachim Zeller (Hg.), »Macht und Anteil an der Weltherrschaft«. Berlin und der deutsche Kolonialismus, Münster 2005, S. 177-183.

158 Vgl. Die deutsche Kolonialschule Witzenhausen, in: Völkischer Beobachter vom 15.7.1934, zit. nach: BAB, R 57 neu, Nr. 1038/1, unpag.

159 Vgl. Schule der Kulturpioniere, in: Kurhessische Landeszeitung vom 24./25.8.1935, zit. nach: AD, Unsortiertes Material, unpag. (Zitat ebd.).

Kolonien besitze oder nicht. Die Schule verfüge über die besten Verbindungen zu den bedeutendsten deutschen Pflanzungsgesellschaften und zu vielen deutschen Pflanzern in überseeischen Ländern, um deren Bedarf an geeigneten jungen Männern auch befriedigen zu können. Sie bliebe so auch stets auf dem Laufenden in Fragen der praktischen Ausbildung.[160] Auch der Völkische Beobachter, offizielles Zentralorgan der NSDAP, schwärmte für die »Hohe Schule der deutschen Kulturpioniere für Übersee«. Ein Beweis für das Ansehen der DKS könne man darin sehen, dass Auslandsdeutsche in Übersee und vor allem Angehörige fremder Nationen – kürzlich sei der Neffe des griechischen Ministerpräsidenten Metaxas unter den Studierenden der Deutschen Kolonialschule gewesen – ihre Söhne nach Witzenhausen schickten.[161] Ein weiterer Artikel im Völkischen Beobachter betonte die Güte des Lehrkörpers, alte erfahrene Afrikaner, und die Ausgeglichenheit des Lehrplans. So bekämen die »Pioniere unserer kolonialen Zukunft« die bestmögliche Ausbildung und ein tiefes Verständnis dafür, »dass ihrer nicht Rechte, sondern Pflichten harren«.[162]

1937 gab es gleich eine ganze Reihe ähnlicher Beiträge in der deutschen Presse, in denen in der Regel die gute Vorbereitung gelobt wurde sowie die Vielseitigkeit des Lehrstoffs. Hintergrund dieser Artikel war der »Glauben an unsere koloniale Zukunft«, wobei die Kolonialschule als ein Ausdruck dieses Glaubens betrachtet wurde.[163] Auch wenn aktuell die Absolventen in »fremde Länder und fremde Dienste« gingen, so werde »der Sinn der Anstalt doch erst wieder vollste Erfüllung finden, wenn die hier in echter Kameradschaft ausgebildete junge Mannschaft in Länder hinausfahren kann, über die stolz die deutsche Flagge weht«.[164] Auch in populären Werken über die Kolonien wurde die DKS gelobt: »Jene, die wieder einmal als Pioniere für Deutschland nach drüben gehen, als Landwirte, Farmer und Siedler, erhalten ihr Rüstzeug dazu an der Deutschen Kolonialschule (Kolonialhochschule) in Witzenhausen a.d. Werra, einer Einrichtung, der kein anderes Land in der Welt in gleicher Vollkommenheit etwas Ähnliches an die Seite zu stellen in der Lage ist.«[165] Am 31. Mai 1937 gab es einen

160 Vgl. Die Deutsche Kolonialschule in Witzenhausen, in: Der Deutsche im Auslande, 24 (1936) 21 vom 15.5.1936, S. 528-529.

161 Vgl. Hanns Mesecke, Die Hohe Schule für Übersee, in: Völkischer Beobachter vom 8.9.1937, zit. nach: BAB, NS 22, Nr. 538, unpag.

162 Vgl. Paul H. Kuntze, Pioniere unserer kolonialen Zukunft, in: Völkischer Beobachter vom 28.12.1937, zit. nach: ebd., NS 5 VI, Nr. 19019, unpag. (Zitat ebd.).

163 Vgl. Deutschlands Kolonialschule. Besuch in Witzenhausen, in: National-Zeitung vom 12.11.1937, zit. nach: ebd., unpag.

164 Vgl. Fritz Horstmann, Hauptfächer: Kisuaheli und Traktorfahren, in: Danziger Vorposten, Nr. 248 vom 23.10.1937, zit. nach: ebd., unpag. (Zitat ebd.).

165 Heinz Wilhelm Bauer, Kolonien im Dritten Reich, Bd. 2, Köln-Deutz 1936, S. 248.

Funkbericht des Deutschlandsenders aus der DKS.[166] Im selben Jahr erschien ein Lehr- und Werbefilm von Regisseur Paul Lieberenz über die DKS mit dem Titel »Der Weg in die Welt«. Er erhielt das Prädikat »volksbildend« und zunächst auch die Auszeichnung »staatspolitisch wertvoll«.[167]

Zum vierzigjährigen Bestehen der Anstalt erschienen zahlreiche Artikel, natürlich auch in der regionalen Presse, wie den Kasseler Neuesten Nachrichten. Dort nahm man die bisherigen fast 700 nach dem Kriege nach Übersee ausgewanderten Absolventen und deren oftmals erfolgreichen Lebensweg als Beweis für die Bedeutung, die Deutschlands erster Kolonialschule zukomme.[168]

Mit Paul Rohrbach[169] bestätigte ein ausgesprochener Kolonialexperte das »Ende des kolonialen Abenteurers«. Leute, die dauerhaft in den Kolonien berufstätig sein wollten, müssten eine gründliche Vorbildung bekommen, ohne die sie keinen Erfolg haben würden. Für solche Leute gebe es die Deutsche Kolonialschule in Witzenhausen an der Werra, die jetzt schon, so Rohrbach, den Charakter einer Kolonialakademie höherer Art habe.[170]

Auch international erregte die DKS Aufsehen. Das New York Times Magazine überschrieb einen Bericht über die Schule etwas reißerisch »Nazi Empire Builders at School«. Der Artikel selbst fiel dann nüchterner aus; dort war nur die Rede von der Schulung kolonialen Nachwuchses für den Rückerhalt der Kolonien, aber auch generell für die Arbeit in Übersee.[171]

166 Vgl. Pressedienst Deutschlandsender, Woche 30. Mai bis 5. Juni 1937, zit. nach: AD, Unsortiertes Material, unpag.

167 Vgl. Heimlich, Weg; Hulverscheidt, Weg.

168 Vgl. Künftige Kolonisten. Zur Vierzig-Jahrfeier der Kolonialschule Witzenhausen am 28. und 29. Mai, in: Kasseler Neueste Nachrichten vom 29.5.1938, zit. nach: DITSL-Bibliothek, Schriften; Neue Aufgabe – kolonialpolitische Pioniere, in: Kurhessische Landeszeitung vom 30.5.1938, zit. nach: AD, Unsortiertes Material, unpag.

169 Zu Rohrbach vgl. Horst Bieber, Paul Rohrbach. Ein konservativer Publizist und Kritiker der Weimarer Republik, München-Pullach 1972; Walter Mogk, Paul Rohrbach und das »Größere Deutschland«. Ethischer Imperialismus im Wilhelminischen Zeitalter, München 1972.

170 Vgl. Paul Rohrbach, Berufsausbildung für die Kolonien, in: Münchener Neueste Nachrichten vom 14.11.1940, zit. nach: BAB, NS 22, Nr. 538, unpag. (Zitat ebd.).

171 Vgl. Nazi Empire Builders at School, in: New York Times Magazine vom 2.1.1938, S. 11. Siehe aus anderer Sicht: La Scuola di Witzenhausen dove si forgiano i colonizzatori dell'Africa tedesca di domani, in: L´Azione Coloniale, Nr. 30 vom 24.7.1941, zit. nach: BAB, NS 5 VI, Nr. 19021, Bl. 5 (VS+RS).

Konkurrenzinstitutionen

Zum ersten Mal entstanden in dieser Zeit nationale Konkurrenzinstitutionen für die DKS, die ebenfalls direkt auf dem Gebiet der tropenlandwirtschaftlichen Ausbildung tätig wurden. Der Leiter des Bitterfelder IG-Farben-Kraftwerks, Oberingenieur Quack gründete die Umschulungswerkstätte für Siedler und Auswanderer (USA) mit Mitteln der Industrie, vor allem der IG Farben, 1931 bei Bitterfeld. Dort richtete er eine stillgelegte Mühle als Kolonialschule ein. Junge Männer aus allen Berufen, vorrangig Arbeitslose, erhielten dort eine kurze Ausbildung von einem Jahr, die zwar auch die Landwirtschaft umfasste, vorrangig aber auf praktische Handwerke ausgerichtet war, Mauern, Tischlern, Schmieden etc. Die handwerkliche Ausbildung erfolgte gruppenweise und wurde durch Schulunterricht ergänzt. Der Lehrplan beinhaltete auch koloniale Fächer wie Kolonialwirtschaft, Kolonialgeografie und Tropenhygiene sowie Sprachunterricht. Die Umschulungswerkstätte arbeitete mit dem Reichskolonialbund zusammen und wurde vom KPA und dem Auswärtigen Amt anerkannt. Es gelang ihnen, einige ihrer Zöglinge vor dem Kriegsbeginn in Stellungen in Afrika unterzubringen, vornehmlich im ehemaligen Deutsch-Ostafrika.[172]

In Witzenhausen betrachtete man die Bitterfelder von vornherein als Konkurrenz, die man etwas hämisch als »Kolonialschule auf Strohsäcken« abqualifizierte. Arning führte in dieser Angelegenheit Gespräche mit dem Herausgeber der Afrika-Nachrichten und Theodor Gunzert vom Auswärtigen Amt, in denen es um die USA in Bitterfeld ging. Arning sammelte sogar Material gegen das »Umschulungslager«, wie er es nannte.[173] Ein ehemaliger Schüler, der offensichtlich in Ostafrika USA-Leute getroffen hatte, hielt Standesdünkel im Verhältnis zu ihnen für fehl am Platze. Koch vertrat hingegen die Auffassung, dass ein direkter Gegensatz zwischen Bitterfeld und Witzenhausen schon deswegen nicht bestehen könne, da jede Vergleichsmöglichkeit fehle. Eine abgeschlossene Ausbildung wie in Witzenhausen habe nichts mit der Umschulung in Bitterfeld zu tun, der er die Existenzberechtigung absprach.[174]

172 Vgl. Bei den Bitterfelder »Afrikanern«, in: Von Werk zu Werk, 32 (1941) 2, S. 35-36; Hans Gerd Esser, Kolonialschulen im Dienst der kolonialen Vorbereitung, in: Deutscher Lebensraum, 7 (1940) 1 vom 1.1.1940, S. 15, Nr. 3 vom 1.2.1940, S. 45-46, Nr. 4 vom 15.2.1940, S. 63-64, hier S. 63f.

173 Vgl. Durchschrift eines Schreibens von Direktor Arning an Emil Seher vom 7.1.1933, in: AD, SA Emil Seher, unpag.; Durchschrift eines Schreibens des Direktors der DKS an Rudolf Bartholl vom 10.5.1933, in: ebd., SA Rudolf Bartholl, Bl. 106.

174 Vgl. Abschrift eines Schreibens von Dietrich Jellinghaus an den AHV vom 25.9.1934, in: ebd., SA Dietrich Jellinghaus, Bl. 118-119, hier Bl. 119; Durchschrift eines Schreibens von Direktor Koch an Dietrich Jellinghaus vom 2.11.1934, in: ebd., Bl. 120-121.

In der »Kolonialstadt« Hamburg[175] gab es gleich mehrere Initiativen, Konkurrenzinstitutionen zu Witzenhausen einzurichten. In einer Denkschrift des KWK[176] vom Februar 1940 wurde angesichts der erwarteten Rückgabe der deutschen Kolonien der Mangel an wissenschaftlich gut vorgebildetem landwirtschaftlichem Fachpersonal beklagt, das für die Erschließung der Kolonien notwendig sei, um deren Erzeugung zu steigern. Das Komitee schlug als Grundlage eine mit der Diplomprüfung abgeschlossene Ausbildung vor, die dann durch eine koloniale Spezialausbildung ergänzt werden sollte. Eine solche gebe es aber bis heute noch nicht. Die Kolonialschule Witzenhausen kam dabei für das KWK aufgrund ihrer ganzen Struktur und ihres Lehrkörpers hierfür nicht in Betracht. Stattdessen favorisierte man als geeigneten Ort für eine derartige Einrichtung einstimmig Hamburg und empfahl die Einrichtung je eines Instituts für tropischen allgemeinen Landbau sowie für tropische Tierzucht und tropische Tierseuchenkunde.[177] Nach einer Debatte in Hamburg, bei der die Denkschrift die Grundlage bildete, beantragte der Reichsstatthalter die Einrichtung je eines Lehrstuhls für koloniale Bodenkunde und für koloniale Tierzucht beim Reichsminister für Wissenschaft, Erziehung und Volksbildung.[178] Eine vorherige Besprechung zwischen Vertretern des Ministeriums und der Hamburger Universität hatte ergeben, dass das Kolonialstudium für Landwirtschaft und Forstwirtschaft in Hamburg ausgebaut und ein zweisemestriges Aufbaustudium für Diplom-Land- und Forstwirte eingerichtet werden sollte. Es sei, so Ministerialrat Döring, nichts dagegen einzuwenden, dass Witzenhäuser Absolventen in Hamburg ihre Kolonialausbildung fortsetzten, aber keinesfalls das Diplom bekämen.[179]

Ein Witzenhäuser Absolvent, der in Hamburg weiterstudieren wollte, wandte sich an den hamburgischen Gauleiter und Reichsstatthalter Kaufmann mit einer Kritik an seiner ehemaligen Ausbildungsstätte: Dort seien nicht die Einrichtungen und Lehrkräfte vorhanden gewesen, die für eine gute Ausbildung die Vor-

175 Vgl. Karsten Linne, Auf dem Weg zur »Kolonialstadt Hamburg« – eine spezifische Form der Standortpolitik, in: Angelika Ebbinghaus/Karsten Linne (Hg.), Kein abgeschlossenes Kapitel: Hamburg im »Dritten Reich«, Hamburg 1997, S. 177-212.

176 Zum KWK vgl.: van Laak, Infrastruktur, S. 122; Schmidt, Komitee; Pierard, A Case Study.

177 Vgl. Abschrift einer »Denkschrift betreffend die Notwendigkeit einer zusätzlichen Ausbildung von Diplomlandwirten für den Kolonialdienst« des KWK, vom 26.2.1940, in: BAB, R 4901, Nr. 1853, Bl. 24-28. Auch in: StAH, 364-5 I, Universität I, K 20.1.475 und in ebd., M 20.7.5, Bl. 11-15.

178 Vgl. Schreiben des Reichsstatthalters in Hamburg an den Reichsminister für Wissenschaft, Erziehung und Volksbildung vom 18.11.1940, in: BAB, R 4901, Nr. 1853, Bl. 3-10.

179 Vgl. Abschrift eines Vermerks aus dem RMWEV, ORR Dr. Demmel, über eine Besprechung am 24.10.1940, in: ebd., Bl. 19-21.

aussetzung bildeten.[180] Köster hatte von Studierenden erfahren, dass an der Hamburger Universität die Möglichkeit bestand, nach zwei absolvierten Trimestern ein Auslandsdiplom für Koloniallandwirte zu erlangen. Das Gerücht über dieses Auslandsdiplom verbreitete sich offensichtlich schnell unter den Studierenden, und die unzufriedenen unter ihnen nutzten es gegen die Kolonialschule. Eine Reihe Studierender der Kolonialschule hatte bereits von Hamburg aus uk-Anträge eingereicht, mit der Begründung, dass sie dort studieren wollten.[181]

Durch Erlass des RMWEV vom 14. November 1941 wurde die kolonialwissenschaftliche Ausbildung der Diplomlandwirte als eine koloniale Zusatzprüfung in Hamburg eingerichtet und in einer Studien- und Prüfungsordnung geregelt. Diplomlandwirte mussten demnach zwei zusätzliche Semester Kolonialwissenschaft studieren; auch an der Universität Göttingen war das möglich. Mit dem Bestehen der Prüfung erwarb der Anwärter den akademischen Grad »Diplom-Kolonial-Landwirt« und war berechtigt, diesen Grad anstelle eines »Diplom-Landwirts« zu führen.[182]

Bewegten sich die oben geschilderten Hamburger Aktivitäten im universitären Bereich, so stand der Plan, dort eine Kolonialfachschule einzurichten, in unmittelbarer Konkurrenz zu Witzenhausen. Er ging interessanterweise auf eine Eingabe von elf unzufriedenen Studierenden aus Witzenhausen zurück. Der Reichsstatthalter stand dem Anliegen positiv gegenüber. Die Hamburger Schule sollte im Gegensatz zu Witzenhausen ausschließlich auf die Kolonien bezogen sein und ebenfalls den Charakter einer Fachschule tragen.[183] Der Plan wurde aber erst einmal auf Eis gelegt und sollte erst weiterverhandelt werden, wenn vom KPA Erhebungen darüber angestellt worden seien, in welchem Umfange

180 Vgl. Abschrift eines Schreibens von Herbert Ganß an den Gauleiter und Reichsstatthalter der Hansestadt, vom 16.4.1940, in: StAH, 361-2 VI, Oberschulbehörde VI, Nr. F XXI b 11, unpag.

181 Vgl. Durchschrift eines Schreibens des kommissarischen Direktors Köster an den Reg.-Präs. in Kassel vom 22.3.1940, in: StAM, 314/1, Nr. 245, unpag. Einer der aus Witzenhausen gekommenen Studierenden wandte sich an das KWK und kündigte den Wechsel weiterer Kolonialschüler an. Vgl. Abschrift eines Schreibens von Herbert Ganß an das KWK vom 4.4.1940, in: AD, Akte Korrespondenz von Scherbening, Bl. 58-59.

182 Vgl. Gustav Bredemann, Das Studium der kolonialen Landwirte in Hamburg, in: Der Diplomlandwirt, 23 (1942) 8 vom 15.8.1942, S. 109-112, hier S. 110; Kolonialwissenschaftliche Ausbildung in Hamburg und Göttingen, in: Zeitungsdienst des Reichsnährstandes, Nr. 193 vom 22.8.1942, zit. nach: BAB, NS 5 VI, Nr. 19020, Bl. 19.

183 Vgl. Niederschrift über eine Besprechung in der Universität betr. die »Gründung einer kolonial-landwirtschaftlichen Fachschule« am 12.10.1940, vom 14.10.1940, in: Archiv der Handelskammer Hamburg, 30, Nr. G.1.13, unpag.

jährlich staatlich geprüfte Koloniallandwirte im Kolonialdienst gebraucht würden.[184]

Die Göttinger Universität bemühte sich zeitgleich ebenfalls um ein kolonial-landwirtschaftliches Institut. Der Kurator verhandelte deswegen im RMWEV, wo man allerdings die Verhältnisse in Hamburg für geeigneter hielt. Nach Meinung des Kurators traf das allenfalls auf die »Negersprachen« und die Tropenmedizin zu, ansonsten könne Göttingen mit seiner landwirtschaftlichen Abteilung in der Mathematisch-Naturwissenschaftlichen Fakultät und der Forstwirtschaftlichen Fakultät punkten. Außerdem sei eine kleinere Universität für Kolonialschüler geeigneter. Ein sechssemestriges Studium sei zu lang für die »angehenden Kolonialpioniere«; er schlug stattdessen drei Semester vor.[185]

Das am 5. Oktober 1940 an der Universität Göttingen eingerichtete kolonial-landwirtschaftliche Institut sollte weniger eine Konkurrenz, denn eine komplementäre Einrichtung zu Witzenhausen bilden. Bei den Göttinger Bemühungen um dieses Institut gab es von Anfang an eine enge Zusammenarbeit mit der Kolonialschule. Der stellvertretende Rektor, Hans Plischke, hob bei der Eröffnung des Instituts die Nähe zur Kolonialschule Witzenhausen hervor; die Beziehungen seien zu einer engeren Zusammenarbeit ausgebaut worden und sollten auch in Zukunft gegenseitig nutzbar gemacht werden.[186]

Bereits im Vorwege hatte am 22. April 1940 eine Besprechung des Kasseler Regierungspräsidenten mit Vertretern der Universität Göttingen stattgefunden. Diese begrüßten den Ausbau Witzenhausens als Fachschule und betonten, sie hätten keinerlei Absicht einer Angliederung, sondern zu einer Zusammenarbeit. Studierende der DKS, die ihr Examen mit »Gut« bestünden, sollten ohne Weiteres in Göttingen zugelassen werden und nach einem Semester Vorexamen sowie nach drei weiteren Semestern ihren Abschluss als Diplom-Koloniallandwirt machen können.[187] Insgesamt kann man von einer Arbeitsteilung sprechen: Die

184 Vgl. Schreiben des Reichsministers für Wissenschaft, Erziehung und Volksbildung an den Reichsstatthalter in Hamburg, vom 28.7.1941, in: StAH, 361-2 VI, Oberschulbehörde VI, Nr. F XXI b 11, unpag.

185 Vgl. Abschrift eines Schreibens des Kurators der Georg-August-Universität Göttingen an den Reg.-Präs. in Kassel vom 21.5.1940, in: StAM, 314/1, Nr. 178, unpag.

186 Vgl. Hans Plischke, Das Institut für Koloniale Landwirtschaft und die Kolonialwissenschaften an der Georg-August-Universität zu Göttingen (Ansprache bei der Eröffnung des Institutes für Koloniale Landwirtschaft, gehalten am 5. Oktober 1940), in: Ansprachen bei der Verpflichtung der Ersteingeschriebenen des dritten Trimesters 1940 und bei der Eröffnung des Institutes für Koloniale Landwirtschaft am 5. Oktober 1940 in der Aula der Universität, Göttingen 1940, S. 8-17 (Zitat S. 8). Vgl. dazu auch: Wegweiser in die Zukunft, in: Göttinger Nachrichten, Nr. 235, vom 7.10.1940, zit. nach: BAB, NS 5 VI, Nr. 20447, Bl. 29.

187 Vgl. Durchschrift eines Vermerks des Reg.-Präs. in Kassel vom 24.4.1940, in: StAM, 314/1, Nr. 178, unpag.

Kolonialschule diente der Ausbildung von Praktikern für die Kolonien, bildete also Farmer, Siedler und Züchter aus. Das neue Göttinger Institut dagegen sollte Wissenschaftler heranziehen, Forscher und landwirtschaftliche Verwaltungsbeamte.[188]

Das geplante sechssemestrige Studium hatte eine zweijährige Praxis in der heimischen Landwirtschaft zur Voraussetzung. Die ersten beiden Semester umfassten die naturwissenschaftliche Grundausbildung. Danach stand eine Vorprüfung an; das Studium der Hauptfächer umfasste vor allem Boden- und Pflanzenkunde, Tierzucht, Wirtschaftslehre und politische Fächer mit kolonialer Ausrichtung. Der Lehrauftrag für Tierzucht wurde Erwin Schäle aus Witzenhausen erteilt.[189]

Der Plan eines sechssemestrigen Studiums ließ sich letztlich nicht durchsetzen. Aber mitten im Krieg wurde immerhin ein zweisemestriges Zusatzstudium für Diplomlandwirte an den Universitäten Göttingen und Hamburg eingerichtet. Dieser neue Aufbaustudiengang zum Diplom-Koloniallandwirt spielte in Göttingen vom Erlass der Studienordnung im November 1941 bis zum Ende des Krieges allerdings keine große Rolle mehr.[190]

Die übrigen Aktivitäten zur Einrichtung von kolonialen Ausbildungsinstitutionen sollen hier nur kurz erwähnt werden. In Bremen gab es den Plan, in Zusammenarbeit mit der DAF eine kaufmännische Kolonialschule aufzubauen, als Ergänzung zur DKS. Für die Witzenhäuser Schüler sollte jedes Semester ein Lehrgang eingerichtet werden, um ihnen kaufmännische Kenntnisse zu vermitteln.[191]

188 Vgl. Göttingen schult Koloniallandwirte, in: Hannoversches Tageblatt vom 3.11.1940, zit. nach: AD, Mappe Koloniale Lehr- u. Forschungs-Einrichtungen, unpag.

189 Vgl. Hanns Mesecke, Hochschulausbildung für Kolonialpioniere, in: Völkischer Beobachter vom 18.10.1940, zit. nach: BAB, NS 22, Nr. 538, unpag.; Hans Plischke, Das Institut für koloniale Landwirtschaft in Göttingen, in: Deutscher Kolonial-Dienst, 5 (1940) 12, S. 191-192; Erwin Mai, Kolonialwissenschaftliche Neuigkeiten, in: Koloniale Rundschau, 32 (1941) 1, S. 63-64.

190 Vgl. Heinrich Becker, Von der Nahrungssicherung zu Kolonialträumen. Die landwirtschaftlichen Institute im Dritten Reich, in: ders./Hans-Joachim Dahms/Cornelia Wegeler (Hg.), Die Universität Göttingen unter dem Nationalsozialismus. Das verdrängte Kapitel ihrer 250-jährigen Geschichte, München/London/New York/Oxford/Paris 1987, S. 410-436, hier S. 427.

191 Vgl. Reisebericht über eine Fahrt nach Oldenburg am 29.8.1938, von Rendemann, vom 30.8.1938, in: Archiv der Handelskammer Bremen, U, Nr. 8d 8, Bd. 2, unpag. Der bremische Senator für das Bildungswesen trat auch später für eine enge Zusammenarbeit zwischen der – immer noch nicht eingerichteten – Fachschule für Kolonial- und Überseehandel in Bremen und der DKS ein. Vgl. Schreiben des Bremischen Senators für das Bildungswesen an die DKS vom 26.6.1941, in: StAM, 314/1, Nr. 245, unpag.

Der Gauverband Berlin des Reichskolonialbunds gründete Ende 1937 eine eigene »Werkfarm«. Man war der Ansicht, dass die DKS die »Oberführer« ausbilde und sah eine Lücke bei den einfacheren landwirtschaftlichen Tätigkeiten; hier gebe es nur die Umschulungswerkstätten für Auswanderer in Bitterfeld und Herrieden in Mittelfranken. Deshalb hielt man die Ausbildung von mehreren Hundert jungen Leuten in Landwirtschaft, Gärtnerei und Handwerk auf einer Werkfarm für notwendig.[192] Diesen Einrichtungen, zu denen noch einige weitere kamen, maß die Schulleitung in Witzenhausen keine allzu große Bedeutung bei. Allerdings bestünde die Gefahr, dass dadurch unerfüllbare Hoffnungen geweckt würden und dass eine einheitliche Ausrichtung kolonialer Schulen verwässert werde. Deshalb hielt man es für notwendig, die Kolonialschule als einzige Reichskolonialschule anzuerkennen und auszubauen und alle anderen Bestrebungen zu verhindern.[193]

Nicht vergessen werden soll hier die internationale Konkurrenz, etwa die Kolonialen Landbauschulen in Wageningen und Deventer. Sie blieben auch für Witzenhausen interessant; Boss wollte die dortige Unterrichtsweise und die Einrichtungen der genannten Institute kennenlernen. Er beabsichtigte, zwei bis drei Tage zum Studium zu bleiben.[194]

2. Meutereien und Auszüge: Schüler bis 1945

Hintergrund der Schüler

Zur Motivation der Schüler zum Besuch der DKS ist für diese Zeit kaum Material vorhanden. Man kann aber davon ausgehen, dass sie sich nicht gravierend

192 Vgl. Paul Kaltenborn, Was wollen unsere Farmwerkstätten?, in: Vom Wesen, Wollen, Wirken der Kolonialen Arbeitsgemeinschaft des Reichskolonialbundes, Gauverband Berlin, Folge 2/3 vom Nov./Dez. 1937, S. 7-12, zit. nach: AD, Mappe Koloniale Lehr- u. Forschungs-Einrichtungen, unpag.

193 Vgl. Durchschrift eines Schreibens von Direktor Koch an den Reichsminister des Innern vom 20.6.1938, in: ebd., unpag. Auch Reichsführer-SS Heinrich Himmler ging diese große Zahl an kolonial ausgerichteten Ausbildungsstätten zu weit. Er befürchtete eine zu starke Propagierung der künftigen Siedlung in Kolonien und hielt die Kolonialschule für die Ausbildung der benötigten Landwirte für ausreichend. Vgl. Durchschrift eines Schreibens von Heinrich Himmler an Martin Bormann vom Januar 1939, in: BAB, R 19, Nr. 414, unpag.

194 Vgl. Durchschrift eines Schreibens von Direktor Boss an den Direktor der Landbouwhoogeschool, Koloniale Landbouw, in Wageningen vom 16.5.1939, in: AD, Direktoren, Boss, Bl. 14.

von der Motivationslage in der Weimarer Republik unterschied, vielleicht mit Ausnahme des ab 1936 erwarteten Rückerwerbs der Kolonien.

Während der Zeit des Nationalsozialismus besuchten 582 Schüler die DKS. 415 von ihnen waren evangelisch-lutherisch (71,3 %), dazu kamen noch zwei Evangelisch-Reformierte. Die Zahl der Katholiken hatte sich weiter leicht auf 110 (18,9 %) erhöht. Die nächstgrößere Gruppe bildeten die Gottgläubigen mit 24.

Bei den Geburtsorten lag wiederum Nordrhein-Westfalen mit 85 (14,6 %) vorne, vor Sachsen mit 42, Berlin mit 41 und Hessen mit 39 Schülern.

Insgesamt gab es in dieser Zeit 30 Ausländer auf der DKS, davon 15 aus Österreich und fünf Austauschstudenten aus England, Letztere waren überwiegend als Englischlektoren tätig. Immerhin noch 63 Schüler kamen aus den ehemals deutschen Gebieten Polens (10,8 %).

Ihr Eintrittsalter lag im Durchschnitt bei 18,96 Jahren. 351 von ihnen waren zwischen 1910 und 1920 geboren, 224 zwischen 1920 und 1930. Hier haben wir es also zum einen noch mit der Nachkriegsgeneration zu tun, zum anderen aber mit einer Generation, die in den wirtschaftlich und politisch schwierigen Zeiten der Weimarer Republik aufwuchs und zum Teil im jugendlichen Alter durch den Nationalsozialismus geprägt wurde.

Beim sozialen Hintergrund hatten sich deutliche Verschiebungen ergeben: Nur noch ein Schüler stammte aus der Oberschicht, aber 291 aus der Oberen Mittelschicht (50,0 %), 247 aus der Mittleren Mittelschicht (42,4 %), 37 aus der Unteren Mittelschicht (6,4 %) und zwei aus der Unterschicht.

Bei den Herkunftsmilieus dominierte der Bereich Handel und Banken mit 125 (21,5 %) vor dem akademischen mit 100 (17,2 %) und dem staatlich-bürokratischen mit 79 (13,6 %); erst danach folgte das agrarische Milieu mit 77 (13,2 %).

Wiederum hatte der überwiegende Teil der Schüler mit insgesamt 356 (61,2 %) ein Gymnasium, eine Oberrealschule, Oberschule (ab 1937), ein Realgymnasium oder Reform-Realgymnasium besucht. 41 kamen von einer Privatschule, 33 von einer Mittelschule. Lediglich 86 der Schüler hatte Abitur, 44 die Mittlere Reife, 85 hatten die Versetzung in die siebte Klasse geschafft, 214 besaßen die Obersekundareife, 28 die Oberprimareife, neun die Primareife und 39 die Unterprimareife.

Zwar konnten 357 keine weitere Ausbildung nachweisen (61,3 %), aber immerhin 119 eine landwirtschaftliche (20,4 %). Dazu kamen 43 Eleven, 21 Schüler mit einer kaufmännischen und 14 mit einer gärtnerischen Ausbildung.

Insgesamt brachen 368 Schüler die Schule vorzeitig ab (63,2 %). Dabei fielen nun vor allem die 167 zum Arbeits- oder Militärdienst Eingezogenen ins Gewicht (45,4 % der Abbrecher und 28,7 % der Gesamtschülerzahl). Wie man unschwer erkennen kann, beeinflussten die Einberufungen zum RAD und zur Wehrmacht das schulische Geschehen massiv. Auch viele Schüler, denen es gelang, sich beurlauben zu lassen, wurden immer wieder erneut eingezogen.

Alltagsleben

Das Alltagsleben der Schüler wurde nach wie vor in erster Linie durch das enge Zusammenleben im Internat geprägt. Daneben blieben auch die beherrschenden Themen – vielleicht mit Ausnahme der verstärkten politischen Indienstnahme der Schüler – weitgehend die gleichen. Die Kritik an der Verpflegung gewann unter den Vorzeichen des Kriegs eine neue Dimension. Ansonsten sehen wir anhand der Konflikte ähnliche Muster wie in der Weimarer Republik.

Ein ehemaliger Schüler umschrieb das enge Zusammenleben der jungen Leute mit dem Begriff der »Gemeinschaftserziehung«. Sie füge sich ideal ein in das Bestreben, der Schaffung einer organisch gewachsenen und aufgebauten »Volksgemeinschaft«. Allerdings hielt auch er Modifikationen am Internatssystem für notwendig, aber sie könnten auf guten Traditionen aufbauen.[195] Das nach außen propagierte Idealbild der engen Arbeits- und Lebensgemeinschaft im Internat war bestimmt durch die gegenseitige Erziehung, Selbstdisziplin und freiwillige Unterordnung. Das alles fördere die Charakterbildung und die Erziehung zu »echt deutscher Weltanschauung im Sinne des heutigen Staates«.[196]

Ansonsten wurde der Alltag, spätestens unter Koch, dominiert durch die vielen praktischen Arbeiten, wie Rüben ernten, Getreide dreschen etc., die nicht nur die Praktikanten, sondern auch die Studierenden zu leisten hatten. Unterbrochen wurde dieser Rhythmus durch die regelmäßigen Feste, zu denen, wer nicht zu schüchtern war, »die Schönheiten des Städtchens« einlud. Die Abende bestritten die Schüler durch gegenseitige Besuche auf den Buden, Kino- oder Kneipengänge sowie Tanzveranstaltungen. Auch der Sport kam nicht zu kurz, wie z.B. Leichtathletik und Fechten. In der Freizeit unternahmen die Schüler häufig Fahrten in die nähere Umgebung. Den Vorlesungen konnten einige aus »jugendlichem Übermut und nächtlichen Gelagen« nicht immer ganz folgen oder erschienen überhaupt nicht.[197]

In seinen Erinnerungen an die Schulzeit in Witzenhausen 1933 bis 1936 schrieb ein Ehemaliger, dass die Praktikanten hart rangenommen wurden und den gesamten Gutsbetrieb mitmachen mussten, meistens für zwei Wochen in jedem Bereich. Der Dienst im Kuhstall war der unbeliebteste, vor allem wegen des frühen Aufstehens, des Handmelkens und Ausmistens. Der gewöhnliche Arbeitstag begann um 5.30 Uhr mit Frühsport, meistens ein Dauerlauf an der Werra

195 Vgl. Albert Mertes, Kameradschaft DKS., in: DKP, 37 (1937) 1/2, S. 50-51 (Zitate S. 50).

196 Vgl. Lehr- und Anstaltsplan der DKS 1935, S. 4 (Zitat ebd.), in: AD, AHV, Ordner Lehr- und Anstaltspläne 1906-1941, unpag.

197 Vgl. »Rückblick« von Gunnar Wijkman vom Januar 1994, S. 1f. (Zitate S. 1) (von Egon Schülke zur Verfügung gestellt.)

entlang. Um 7 Uhr fingen die Vorlesungen an; das erste Studiensemester machte am Nachmittag noch praktischen Dienst, die letzten drei hatten Vorlesungen.[198]

Für die Mitglieder des NSDStB ergab sich noch ein weiterer Dienstplan, der unter anderem eine wöchentliche Erziehungsstunde, einen Politischen Abend sowie zweistündigen Sport- und Schießunterricht vorsah.[199]

Die Verpflegung war und blieb ein steter Quell der Unzufriedenheit bei den Praktikanten und Studierenden. Ein Praktikant bezeichnete bei seiner Abmeldung das Essen im Praktikantenhaus als »katastrophal« und mit dem bei Arbeitsdienst und Wehrmacht nicht vergleichbar. Sie bekämen nicht die ihnen zustehenden Portionen an Butter und Fleisch usw.[200] Anlässlich der Musterung im Dezember 1940 hatte der Stabsarzt bei über der Hälfte der vorgestellten Studierenden und Praktikanten leichte Herzfehler festgestellt. Ein anwesender Oberstleutnant machte dafür zu starke körperliche Betätigung bzw. übertriebenen Sport verantwortlich. Köster widersprach und hielt die schlechte Ernährungslage für den Auslöser. Die Studierenden würden eine zu geringe Brotration bekommen, klagten ständig über Hunger, trotz aller Bemühungen der Küche.[201] Während des Kriegs verschärfte sich die Ernährungssituation weiter: Das Wirtschaftsamt der Stadt Witzenhausen verfügte, dass die Praktikanten auf dem Gelsterhof bezüglich der Fleisch- und Fettrationen nicht mehr als Selbstversorger, sondern als Normalverbraucher gelten sollten. Direktor Köster protestierte dagegen, sie seien keine Studierenden der DKS, sondern Landwirtschaftslehrlinge und hätten die gleiche Arbeitszeit wie Landarbeiter.[202]

Konflikte

Zu den allgemeinen Konflikten zählten auch die Schülerstreiche bis hin zum Rowdytum. Etwa ein Eklat um eine verunreinigte Toilette im Praktikantenhaus, die Arning schließen ließ. Am anderen Morgen fanden sich dort Zettel mit unflätigstem Inhalt. Die Täter waren zunächst nicht zu ermitteln, nach einer Strafpredigt durch Arning meldeten sie sich jedoch. In diesem Fall entschied die

198 Vgl. Klaus Behrend, Mein Freund Klaus-Günther, vom Mai 1997, in: HVW-Archiv, Ordner Ehemalige Mitglieder – Verstorben, A-G, unpag.

199 Vgl. Dienstplan des NSDStB der DKS vom 2.7.1940, in: StAM, 314/1, Nr. 73, unpag.

200 Vgl. Abschrift eines Aktenvermerks vom 23.10.1941, in: AD, Direktoren, Koch, Bl. 98-99.

201 Vgl. Durchschrift eines Schreibens von Direktor Köster an den Reg.-Präs. in Kassel vom 23.1.1941, in: StAM, 314/1, Nr. 244, unpag.

202 Vgl. Durchschrift eines Schreibens des Direktors der DKS an den Landrat des Kreises Witzenhausen vom 1.12.1941, in: ebd., Nr. 40, unpag.

Schulleitung, dass der Vorgang aus den Akten getilgt werden sollte, falls sie sich während ihres Studiums nichts mehr zuschulden kommen lassen würden.[203]

Eher in Richtung groben Unfugs ging ein Vorfall, bei dem fünf Studierende in der Nacht den Kutschwagen in den Schwäneteich gestürzt hatten. Sie wurden wegen dieses undisziplinierten Verhaltens mit einem Verweis bestraft. Außerdem hatten sie die Kosten der Wiederherstellung des beschädigten Wagens zu tragen.[204] In eine ähnliche Kategorie fiel ein Diebstahl der besonderen Art: Eine Gruppe von Kolonialschülern hatte etwa zwölf Karpfen aus dem Fischteich entwendet. In der Nacht zuvor war bereits versucht worden, die verschlossene Ablaufeinrichtung des Teiches aufzubrechen, was Arning der Polizei gemeldet hatte. Diese ging nun gegen die Diebe vor, die im Zweifelsfall allesamt der Schule verwiesen werden sollten. Angesichts der in dieser Zeit wiederholt aufgetretenen Disziplinlosigkeiten waren die Schüler mit einem Verweis und Urlaubsentzug für zwei Wochen noch gut bedient, zumal sie auch im Verdacht standen, die am Teich liegenden Schwäne beschossen zu haben.[205] Ebenfalls zwischen grobem Unfug und Sachbeschädigung changierte ein Vorgang, bei dem mehrere Stühle mutwillig zersägt worden waren. Dafür machte man die Praktikanten verantwortlich, welche die Tat verurteilten und ihre Beteiligung abstritten. Sie erklärten ehrenwörtlich, dass sie keinerlei Anhaltspunkte zur Feststellung des Täters geben könnten.[206] Ähnlich gelagert war eine aus dem Ruder gelaufene Geburtstagsfeier, während der Studierende Motorrad im Speisesaal fuhren, Nebelbomben, Raketen und Sprengkörper durch den Saal warfen und mit alten Pistolen schossen.[207]

Nächtliche Ruhestörung war in einem kleinen beschaulichen Städtchen wie Witzenhausen ein heikles Thema. Ein Nachbar der DKS beschwerte sich entsprechend über Studierende, die nächtens laut lärmend nach Hause kamen. Der Lärm ließ erst nach, als er mit der Polizei gedroht hatte. Der Aufsichtführende versicherte ihm, dass alles in Ordnung sei, aber seiner Ansicht nach hatte dieser keinen Einfluss auf seine Kameraden. Sein »nationalsozialistisches Pflichtbewußtsein der Allgemeinheit gegenüber« verlange es deshalb, diesen Fall anzuzei-

203 Vgl. Meldung des Praktikantenältesten vom 18.3.1933, in: AD, SA Achim Born, Bl. 54.

204 Vgl. Aktennotiz von Dr. Winter vom 1.12.1933, in: ebd., SA Günther Albrecht, Bl. 52.

205 Vgl. Durchschrift eines Schreibens von Direktor Arning an Oberbergrat Bellinger (Vater) vom 20.11.1933, in: ebd., SA Paul-Ludwig Bellinger, Bl. 54-55; Aktennotiz von Arning vom 17.5.1933, in: ebd., Bl. 56.

206 Vgl. Ehrenwörtliche Erklärung von neun Praktikanten an den Direktor der DKS vom 19.5.1941, in: StAM, 314/1, Nr. 40, unpag.; Ehrenwörtliche Erklärung von neun Praktikanten an den Direktor der DKS vom 25.5.1941, in: ebd., unpag.

207 Vgl. Aktennotiz des Direktors der DKS vom 10.11.1938, in: AD, SA Horst Behre, Bl. 26.

gen, auch im Interesse der Kolonialschüler selbst, unter denen »ungeeignete Elemente rücksichtslos zu eliminieren« seien.[208]

Ernster war schon das Abreißen von Verkehrsschildern in der Brückenstraße durch drei Studierende. Da bei derartigen Vergehen höhere Strafen verhängt wurden, bedurfte es des Einschreitens von Koch, der eine Rücksprache mit dem Bürgermeister hielt, um eine ernstere Strafe zu vermeiden. Die Täter erhielten dann eine Polizeistrafe von je 50 RM, zu zahlen an die Nationalsozialistische Volkswohlfahrt.[209]

Komplizierter zu beurteilen waren die Verwüstungen im Zimmer eines Studierenden, bei denen zwei seiner Kameraden verdächtigt wurden. Auf jeden Fall waren entsprechende Auseinandersetzungen vorausgegangen, und Alkohol war auch mit im Spiel. Ein als Soldat zum Weiterstudium Beurlaubter kommentierte die Verwüstungen: »Solche Zerstörungen habe ich in Frankreich nur von den Schwarzen gesehen und diese waren häufig nicht so schlimm wie hier.«[210]

Eignung der Schüler

Es kam hin und wieder vor, dass Lehrlinge bzw. Praktikanten der harten Arbeit körperlich einfach nicht gewachsen waren, zumal es sich in aller Regel ja um sehr junge Leute handelte. Ein Vater schrieb Köster, sein Sohn sei gesundheitlich nicht in der Lage, die Arbeit und Strapazen, die als Landwirtschaftslehrling verlangt würden, durchzuhalten. Er versäumte es allerdings auch nicht, auf die seiner Ansicht nach zu schlechte Verpflegung auf dem Gelsterhof hinzuweisen, die bei den sehr anstrengenden Arbeiten nicht förderlich sei.[211] Ähnliche Bedenken gab es bei Schülern, deren geistige Gesundheit angezweifelt werden konnte. Ein Studierender zeigte Anzeichen nervöser Störungen und verhielt sich so merkwürdig, dass Kameraden dieses der Schulleitung meldeten. Die daraufhin befragte leitende Schwester des Krankenhauses, wo er bis vor Kurzem wegen Masern gelegen hatte, zeigte dem stellvertretenden Direktor das Krankenzimmer. Es befand sich in einem solchen Zustand, dass man an der Geistesverfassung des Studierenden zweifeln konnte. Dazu erzählte die Krankenschwester, der Studie-

208 Vgl. Schreiben von Dr. C. Frey an die Direktion der DKS vom 7.12.1939, in: ebd., Dozenten, Frey, Bl. 7-9 (Zitat Bl. 9).

209 Vgl. Aktennotiz des Direktors der DKS vom 16.7.1937, in: ebd., SA Horst Fressel, Bl. 37; Durchschrift eines Schreibens des Direktors der DKS an Ernst Fressel (Vater) vom 2.11.1937, in: ebd., Bl. 41.

210 Vgl. Bericht von Dietrich-Wilhelm Linze vom 19.12.1940, in: ebd., SA Gerhard Lüttken, unpag. (Zitat ebd.); Durchschrift eines Schreibens von Direktor Köster an den Reg.-Präs. in Kassel vom 30.1.1941, in: StAM, 314/1, Nr. 244, unpag.

211 Vgl. Schreiben von Paul Schumann (Vater) an Direktor Köster vom 23.10.1941, in: AD, SA Günther Schumann, unpag.

rende habe sich als Teufel verkleidet und vom Boden gegessen. Seiner Mutter wurde geraten, ihren Sohn abzuholen, was auch geschah.[212]

Allgemein machten die jungen Leute, vor allem solche aus nicht landwirtschaftlichen Milieus, während des ersten Jahres ihrer praktischen Tätigkeit häufig Krisenzeiten durch, bedingt durch die schwere Arbeit in der Landwirtschaft und den langen Arbeitstag. Köster legte aus erzieherischen Gründen größten Wert darauf, dass sie Durchhaltevermögen bewiesen und solche Krisenzeiten überstanden.[213] Genauso galt die geforderte zweijährige landwirtschaftliche Lehre als Auslese für die Bewerber. Diejenigen jungen Leute, die sich vor dieser Lehrzeit etwa fürchteten oder sie nicht durchhielten, würden für den praktischen Dienst in den Kolonien auch nicht brauchbar sein. Es war gleichsam ein Test für die Gesundheit und Charakterfestigkeit der Bewerber.[214]

Zu den körperlich und gesundheitlich Ungeeigneten kamen solche jungen Leute, die intellektuell schlicht nicht in der Lage waren, das Studium erfolgreich zu absolvieren. In einem besonders drastischen Fall galt das bereits für einen Praktikanten, der zwar als willig und fleißig eingestuft wurde, dem man jedoch gleichzeitig sehr geringe Intelligenz attestierte. Bei der Bewertung seiner Praktikantenprüfung hieß es, dass Intelligenz und Kenntnisse nicht zum Studium ausreichten und er deshalb zum Koloniallandwirt ungeeignet sei.[215]

Hinzu traten die Fälle, in denen aufgrund mangelnden Fleißes der Erfolg gefährdet war. Die Eltern von Studierenden, bei denen das von vornherein zu befürchten stand, wurden von der Schulleitung aufgefordert, entsprechend auf ihre Söhne einzuwirken und sie zum nötigen Eifer anzuhalten. Nur diejenigen, welche die Praktikantenprüfung erfolgreich ablegten und tüchtige Vertreter des Deutschtums zu werden versprachen, wurden in das Studium übernommen.[216]

Noch wichtiger als Gesundheit, Intellekt und Fleiß war der Schule aber ein guter starker Charakter und – speziell in der Zeit des Nationalsozialismus – das Vermögen, zu »richtigem politischen Denken«. Wem es daran mangele, müsse die Schule verlassen. Wer seinen »inneren Schweinehund« nicht besiegen könne

212 Vgl. Aktenvermerk des stellvertretenden Direktors der DKS, Dr. Pfalzgraf, vom 19.1.1941, in: ebd., SA Ulrich Ruland, unpag.

213 Vgl. Durchschrift eines Schreibens des Direktors der DKS an Walter Bauermeister (Vater) vom 11.7.1941, in: ebd., SA Hans-Joachim Bauermeister, Bl. 25.

214 Vgl. Durchschrift eines Schreibens des Direktors der DKS an Georg Bühmann (Vater) vom 17.10.1940, in: ebd., SA Georg Bühmann, Bl. 20-21.

215 Vgl. Aktennotiz von Schwend zur Praktikantenprüfung von Entholt vom 16.3.1940, in: ebd., SA Peter Entholt, Bl. 27.

216 Vgl. Durchschrift eines Schreibens des Direktors der DKS an Rudolf Axmann (Vater) vom 11.3.1940, in: ebd., SA Hans Axmann, Bl. 7.

und wem die politische Denkungsart fehle, der werde in Übersee nie den deutschen Menschen repräsentieren können.[217]

Autorität, Disziplin und Dienstauffassung

Probleme mit Autorität und Disziplin gab es auf der Kolonialschule allenthalben. Manchmal mag die Beurteilung im Auge des Betrachters gelegen haben, etwa, wenn der Dozent Onnen einen Studierenden wegen seines ungebührlichen Verhaltens – er hatte behauptet, Onnens Unterricht sei so schlecht, dass man nichts bei ihm lernen könne – der Klasse verweisen wollte.[218] Eindeutiger lag der Fall da schon bei einem Studierenden, der sich weigerte, Rüben zu verziehen, da seine Semesterkameraden angeblich eine bessere Arbeit hätten, nämlich Kartoffeln hacken.[219] Um Arbeitsverweigerung handelte es sich ebenfalls bei sechs Studierenden, die gegen den Willen des Gruppenführers die Fortsetzung der Arbeit aufgegeben hatten. Der Dienstleiter traf einige von ihnen vorzeitig auf dem Hof an, mindestens eine Stunde vor Arbeitsende. Beim Verhör erklärten sie Arning, geglaubt zu haben, sie hätten Akkordarbeit zu leisten und diese abgeschlossen. Zur Strafe sollten sie einen Nachmittag extra arbeiten. Die Gehorsamsverweigerung wurde in die Schülerakten eingetragen, außerdem wurde ihnen im Wiederholungsfall schwerste Bestrafung angedroht.[220] Schon die Frage eines Studierenden, ob ein Assistent das Recht habe, ihn nach Erledigung seines Schafstalldienstes in den Kuhstall zu schicken, wertete Koch als Disziplinlosigkeit. Als dieser die Ausführungen Kochs in etwas nachlässiger zweifelnder Haltung entgegennahm, rief ihn der Direktor ganz energisch zur Ordnung.[221]

Oft kamen bei denjenigen Studierenden, die Probleme mit Autorität und Disziplin hatten, verschiedene Vorfälle zusammen. So bei einem Studierenden, der unentschuldigt zwei Tage verspätet aus den Osterferien zurückkam, ebenso unentschuldigt beim praktischen Dienst fehlte, und über dessen Auftreten Dozenten und Dienstleiter klagten. Koch antwortete er bei einem Seminar mit der Hand in der Hosentasche – heute klingt der Vorwurf etwas anachronistisch, damals gehörte es zum Comment, es nicht zu tun. Seine »überhebliche Eigenwilligkeit« bewies er dann vollends, bei einem Tanztee, zu dem er ohne Wissen und

217 Vgl. Heinz Mentzel, Die Deutsche Kolonialschule. In Witzenhausen werden junge Deutsche für Uebersee ausgebildet, in: Kasseler Post vom 17.1.1937 (Zitate ebd.), zit. nach: DITSL-Bibliothek, Schriften.

218 Vgl. Schreiben von Jakobus Onnen an Studiendirektor August Peppler vom 29.5.1935, in: AD, Dozenten, Onnen, Bl. 23.

219 Vgl. Aktennotiz vom 20.6.1938, in: ebd., SA Heinz Wendler, unpag.

220 Vgl. Aktennotiz von Direktor Arning vom 5.5.1933, in: ebd., SA Wolfgang Greverus, Bl. 84.

221 Vgl. Aktennotiz des Direktors der DKS vom 20.11.1935, in: ebd., SA Walter Bresele, Bl. 53.

Einwilligung des Direktors einlud. Koch forderte den Vater auf, seinen Sohn streng zu ermahnen.[222]

Auf eine größere Gruppe bezogen sich die Klagen des Studentenführers, der sie vor der Dozentenversammlung vortrug. Das Benehmen eines großen Teils der Kameraden sei geradezu unmöglich. Es sei wohl eine Folge des Kriegs, dass viele Kameraden gar kein Empfinden mehr dafür hätten, was sich gehöre und was nicht. Es sei z.B. vorgekommen, dass Studierende Damenbesuch recht zweifelhaften Charakters mit auf ihre Buden genommen hätten. Andere seien wiederum mit Kellnerinnen in Witzenhäuser Gaststätten per Du. Der Direktor suchte eine Erklärung für die Zustände in der heterogenen Zusammensetzung der Studentenschaft: Soldaten und Zivilisten, sehr junge Kameraden und reichlich ältere Kameraden, die bereits verheiratet seien.[223]

Ebenfalls durch den Krieg beeinflusst war der Fall eines Praktikanten, der sich ausgerechnet in Gegenwart von französischen und polnischen Kriegsgefangenen sowie den in der Gärtnerei beschäftigten Frauen unanständig benommen hatte. Zurechtgewiesen vom zuständigen Gartenbauinspektor wurde er dann frech und beschwerte sich über die Verpflegung. Er behauptete, sie bekämen nur Kartoffeln und Brot. Gerade diese Bemerkung empörte Köster besonders: »Wir tun hier das Beste, um trotz der kriegsbedingten Ernährungslage unseren Praktikanten und Studierenden möglichst eine ausreichende Ernährung zu geben. Es muß von einem jungen Menschen mit einigermaßen Bildung von vornherein erwartet werden, daß er auf die durch den Krieg bedingten Verhältnisse Rücksicht nimmt.«[224]

Der Vorwurf mangelnder Dienstauffassung wog schwer, denn wer seinen Dienst vernachlässigte, weckte ernste Zweifel an seiner Eignung als Koloniallandwirt. Etwa bei einem Studierenden, der zudem im Verdacht stand, einen Diebstahl begangen zu haben, sich keine Sympathien innerhalb der Kameradschaft erworben hatte, und auch aus dem Nationalsozialistischen Kraftfahrerkorps ausgeschlossen wurde. Wenn so ein »Vorbelasteter« sich krank meldete, jedoch am Abend ein Gasthaus besuchte, überdies einen Praktikanten veranlasste, gegen Bezahlung seinen Dienst in der Kraftstation zu übernehmen und ohne Erlaubnis nach Göttingen fuhr, wurde die Luft dünn. Koch suspendierte

222 Vgl. Durchschrift eines Schreibens des Direktors der DKS an Otto Ulitz (Vater) vom 12.11.1938, in: ebd., SA Otto Ulitz, unpag.

223 Vgl. Niederschrift über die Dozentenbesprechung am 10.2.1943, in: StAM, 314/1, Nr. 41, unpag.

224 Vgl. Durchschrift eines Schreibens des Direktors der DKS an Franz Solfrank (Vater) vom 21.11.1940, in: AD, SA Erich Solfrank, unpag. (Zitat ebd.). Zu den Kriegsgefangenen vgl.: Artur Künzel (Hg.), Witzenhausen 1938 bis 1948. Das Kriegstagebuch Ferdinand Trautvetter, Witzenhausen 1980, S. 16ff.

ihn vom Dienst und riet dem Vater dringend zur Abmeldung, was auch geschah.[225]

Ähnlich eklatant war der Fall eines Praktikanten, der am zweiten Weihnachtsfeiertag seinen Dienst beim Gespannführer ohne Urlaub und ohne die Tiere versorgt zu haben verließ. Er wurde umgehend entlassen, dann aber doch wieder aufgenommen, weil die Entscheidung noch nicht bestätigt worden war.[226] Genauso brisant war das Verhalten von zwei Praktikanten, die Hecken schneiden sollten, dann aber vom Hofmeister hinter der Hecke liegend schlafend aufgefunden wurden, zu allem Überfluss in Gegenwart der polnischen Arbeiter.[227]

Ehre, Kameradschaft, Diebstähle

Ehre und Kameradschaft bildeten auch und gerade während der NS-Zeit zentrale Leitbilder an der DKS und sollten idealerweise das Zusammenleben prägen. Umso schlimmer war es für die Schulleitung dann natürlich, wenn die Kameradschaft in ihr Gegenteil umschlug, einzelne Studierende regelrecht gemobbt wurden. Zu Attacken auf Einzelne kam es offensichtlich häufiger. Wenn es sich im Rahmen einer mehr oder minder normalen Keilerei hielt, wurden die Übeltäter nur mit einer scharfen Rüge bestraft.[228] In einem ernsteren Fall bat ein Studierender, der von Kameraden heimtückisch überfallen und blutig geschlagen worden war, sogar beim Direktor um Schutz. Koch betrachtete den Überfall als Ergebnis der Spannungen innerhalb der Studentenschaft, der bei der einen Seite zu »Terrormassnahmen« führte. Den Überfall hielt er für geplant und ließ mit Hilfe der Polizei zwei Studierende aus der Anstalt entfernen, da er weitere Angriffe befürchtete.[229]

225 Vgl. Durchschrift eines Schreibens von Direktor Koch an Dr. Johannes Driver (Vater) vom 10.2.1936, in: AD, SA Jobst Driver, Bl. 24.

226 Vgl. Aktennotiz von Dietrich-Wilhelm Linze vom 10.1.1941, in: ebd., SA Franz Hinz, Bl. 34.

227 Vgl. Durchschrift einer Aktennotiz des Direktors der DKS vom 1.2.1941, in: ebd., SA Ulrich Ruland, unpag.

228 Vgl. Urteil des Studentengerichts vom 20.3.1933, in: ebd., SA Hermann von Kirchbach, unpag.

229 Vgl. Schreiben von Direktor Koch an den Vorsitzenden des AR der DKS, SS-Oberführer Dr. Jung, vom 10.2.1939, in: ebd., Handakte Dr. Karl Jung, unpag. Die sechs Angreifer wurden aus der Anstalt ausgewiesen. Ein Vierteljahr später beschloss der Aufsichtsrat jedoch, ihnen zu erlauben, das Abschlussexamen abzulegen. Vgl. Durchschrift eines Schreibens des Direktors der DKS an Frieda Klehe (Mutter) vom 8.3.1939, in: ebd., SA Hermann Klehe, Bl. 27; Abschrift eines Schreibens des Direktors der DKS, Boss, an die Eltern der fünf Studierenden vom 24.6.1939, in: ebd., Bl. 29; Durchschrift eines Schreibens von Dr. Boss an die

Ebenfalls um einen Fall von Mobbing durch die Kameraden handelte es sich bei einem Studierenden, der mutmaßlich nach nationalsozialistischen Maßstäben als Halbjude galt. Er war offensichtlich das Opfer einer »dauernden Verfolgung«, wie Koch es bezeichnete. Sein Vater nahm ihn dann auf Anraten Kochs von der Schule, weil dieser nach einem »Bandenüberfall« nicht mehr für dessen Gesundheit garantieren konnte.[230]

Problemfälle innerhalb der Studentenschaft bildeten naturgemäß die Außenseiter, die anders als die anderen und deshalb häufig das Ziel von Attacken waren. Ein Vater beklagte sich über den Gesundheitszustand seines Sohnes und das Kameradschaftsleben. Viele von dessen Mitpraktikanten würden die Erziehung zu einem »tüchtigen Kerl« recht merkwürdig auffassen und darunter offenbar Trunkenheit, Rauflust und Zerstörungstrieb verstehen. »Gemeinschafts- und Kameradschaftsgeist wird für sie erst vollkommen bei Bierkrug und Schnapsflasche, auf Tanzsaal und Kneipe.« Sein Sohn hingegen sei von Jugend auf an Enthaltsamkeit gewöhnt und habe nach wenigen Proben diese Art »Freizeitgestaltung« ernstlich abgelehnt. Er sei daraufhin von seinen Mitpraktikanten drangsaliert, verprügelt, aus dem Schlafsaal geworfen und mit Schuhcreme angeschmiert worden.[231]

Genauso Außenseiter wie die Abstinenzler waren Vegetarier. Ein Praktikant, der kein Fleisch aß, hatte es unter den gleichaltrigen Praktikanten schwer, die sich »meist wenig rücksichtsvoll« benahmen. Die fleischlose Versorgung klappte auch nicht immer, aber die Arbeit machte ihm Freude, er gehörte zu den strebsamen Arbeitern. Der ansonsten eher verschlossene junge Mann kam später mit seinen Kameraden besser klar, die seine Leistungen anerkennen mussten.[232] Nicht so gut erging es einem anderen Vegetarier, der am gemeinsamen Mittag- und Abendessen nicht teilnehmen konnte und auch ansonsten dazu neigte, sich abzukapseln. Er litt außerdem als Folgen einer langwierigen Meningitis unter einer gewissen Langsamkeit, an Gicht und an einem Herzfehler, der bei der Musterung festgestellt wurde. »Er steht ganz vereinsamt unter seinen Kameraden, die mit der der Jugend eigenen Grausamkeit jeden, der ihrem Durchschnitt nicht entspricht, von sich stossen.« Auch Koch hatte erhebliche Zweifel, ob er für den

Reichsstudentenführung, Rechts- und Gerichtsamt, vom 17.7.1939, in: StAM, 314/1, Nr. 79, unpag.

230 Vgl. Schreiben von Direktor Koch an Herrn Reinhard Strauß (Vater) vom 14.3.1939, in: AD, SA Reinhard Strauß, unpag. (Zitat ebd.); Schreiben von Leutnant Strauß an die DKS vom 5.9.1940, in: ebd., unpag.; Schreiben von Leutnant Strauß an die DKS vom 23.9.1940, in: ebd., unpag.

231 Vgl. Schreiben von Max Heßler (Vater) an Direktor Koch vom 27.11.1935, in: ebd., SA Wolf-Christian Hessler, Bl. 31-34 (Zitate Bl. 32).

232 Vgl. Durchschrift eines Schreibens des Praktikantenältesten, Siegfried Wilcke, an Gustav Caesar (Vater) vom 5.6.1938, in: ebd., SA Wolfgang Caesar, Bl. 29-30 (Zitat Bl. 29).

Beruf eines kolonialen Landwirts geeignet sei. Jedenfalls fehle ihm das für die Kolonien erforderliche Derbe und Harte.[233] Ein Studierender, der sich bei dem Streik gegen die Masse seiner Kameraden gestellt hatte, wurde dadurch ebenfalls zum Außenseiter innerhalb der Kameradschaft, die ihn daraufhin mobbte. Sein Vater betonte, dies träfe ihn umso mehr, als er mit Lust und Liebe bei der Arbeit sei und er wünschte sich, dass die anderen »irregeleiteten Jünglinge« nur ein wenig von dieser Freude an der Arbeit und der Leistung ihrer Bildungsanstalt empfinden möchten.[234]

In einigen Fällen ging der Ausschluss aus der Kameradschaft von der Studentenführung selbst aus. So weigerte sie sich, drei Angehörige des ersten Semesters in die Kameradschaft des NSDStB aufzunehmen, weil sie aus ihrer Sicht bei der Praktikantenprüfung hinlänglich bewiesen hätten, nicht für die Kolonialschule geeignet zu sein. Die Studentenführung bedauerte es außerordentlich, dass der Kameradschaft zugemutet wurde, mit ungeeigneten Leuten zusammenleben zu müssen.[235]

Fragen der Ehre berührte auch ein Zwischenfall, bei dem ein Praktikant mit einem Hut auf dem Kopf im Speisesaal erschien, was zu einem Streit, später einer Rauferei mit einem Studierenden führte, der ihn dabei mit einem Messer verletzte. Der Studierende sollte aufgrund des Vorfalls zunächst die Anstalt verlassen, entschuldigte sich aber bei dem Praktikanten. Der stellvertretende Studentenschaftführer setzte sich für ihn ein und auch der Praktikant bat darum, ihn auf der Anstalt zu belassen, sodass dieser lediglich einen strengen Verweis erhielt.[236]

Angesichts der Einstellungen zu Ehre und Kameradschaft, wie sie sich aus den geschilderten Fällen herauslesen lassen, wog deshalb der »Kameradendiebstahl« besonders schwer. Ein Vater berichtete, seinem Sohn sei ein wertvoller Dolch, den er als Wandschmuck über seinem Bett hängen hatte, entwendet worden. Der Sohn hatte den Vater aus Rücksicht auf die Kameradschaftlichkeit von einer Anzeige zurückgehalten. Dieser kam auf das Thema zurück, weil während der Semesterferien nun auch noch ein teurer Fotoapparat gestohlen worden war. Koch bedauerte, nicht eher davon Kenntnis erhalten zu haben. Bezeichnend seine Aus-

233 Vgl. Schreiben von Rechtsanwalt A. Dormann (Vater) an Direktor Koch vom 11.1.1935, in: ebd., SA Ruprecht Dormann, Bl. 27; Schreiben von A. Dormann an Direktor Koch vom 7.8.1935, in ebd., Bl. 40-41 (Zitat Bl. 40 RS); Durchschrift eines Schreibens von Direktor Koch an A. Dormann vom 8.8.1935, in: ebd., Bl. 42.

234 Vgl. Schreiben von Heinz Brackemann (Vater) an Direktor Koch vom 30.7.1936, in: ebd., SA Hans-Jürgen Brackemann, Bl. 9 (Zitat ebd.); Durchschrift eines Schreibens von Direktor Koch an Heinz Brackemann vom 29.7.1936, in: ebd., Bl. 10.

235 Vgl. Schreiben des Studentenführers an die Direktion der DKS vom 24.4.1940, in: StAM, 314/1, Nr. 73, unpag.

236 Vgl. Vernehmungen zu dem Vorfall Bischoff-Helber im Speisesaal am 26. Januar 1937, in: AD, SA Hans-Meinhard Bischoff, Bl. 34-37.

sage zu dem Fall: »Ich gehe derartigen Vorkommnissen, die allerdings selten sind, in der schärfsten Weise nach und verweise selbstverständlich jeden, der sich eines Diebstahls schuldig macht, sofort von der Anstalt. Es war durchaus unrichtig von Ihrem Sohn, aus Gründen von Kameradschaftlichkeit zu schweigen; denn diese darf nur bis zu einer ganz bestimmten Grenze gehen.«[237]

Alkohol

Alkohol war und blieb ein wichtiges Thema in der Anstalt, hier zeigte sich – wie in der gesamten Haltung des Nationalsozialismus zu diesem Komplex – eine gewisse Ambivalenz. Hielten sich die Vorfälle im Rahmen, fielen auch die Strafen recht milde aus. Diese Situation verschärfte sich mit Kriegsbeginn, wenn auch hauptsächlich in Richtung auf moralische Appelle. Häufig waren die Alkoholexzesse verbunden mit anderen »Vergehen«. Das konnte harmlose Formen annehmen, wie bei zwei Studierenden, die mit einer mündlichen Verwarnung bestraft wurden, weil sie in angetrunkenem Zustand Meinungsverschiedenheiten auf ihrem Zimmer »mit einem die Nachtruhe störenden Lärm und Krach austrugen und den übermäßig genossenen Alkohol aus dem Fenster nach der Straße zu ausgossen«.[238] Manchmal kam es zu handfesteren Vorfällen. So bei einem bereits ermahnten Studierenden, der unter Alkoholeinfluss aus einem Café Bierflaschen durch das Fenster auf die Straße warf und zusammen mit zwei anderen Kameraden nachts ein Verkehrs- und ein Parkzeichen abmontierte. Nur durch Verhandlungen mit dem Bürgermeister konnte Koch eine Freiheitsstrafe verhindern und ein Bußgeld für beide Fälle von zusammen 70 RM erreichen.[239]

Kamen solche Eskapaden zu häufig vor, drohte die Ausweisung aus der Anstalt. Ein Studierender hatte, nachdem er zuvor schon häufiger total betrunken gewesen war, im Vollrausch sein Zimmer verunreinigt. Er wurde von der Kameradschaft auf unbestimmte Zeit mit einem Verbot des Besuchs sämtlicher Lokale in Witzenhausen belegt. Nach den Weihnachtsferien setzte er seinen starken Alkoholkonsum jedoch fort, war häufig so betrunken, dass er oft nicht mehr allein nach Hause gehen konnte, hin und wieder sogar getragen werden musste. Auf dem Winterfest fiel er dann erneut durch sinnlose Trunkenheit auf und stellte damit die Kameradschaft und die DKS bei einer gesellschaftlichen Veranstaltung in schwerster Weise bloß, wie jedenfalls die übrige Kameradschaft befand. Auf

237 Vgl. Schreiben von Günther Deneke (Vater) an die Direktion der DKS vom 5.1.1939, in: ebd., SA Diether Deneke, Bl. 30; Durchschrift eines Schreibens von Direktor Koch an Günther Deneke vom 6.1.1939, Bl. 32 (Zitat ebd.).

238 Vgl. Aktennotiz von Dr. Pfalzgraf vom 8.12.1939, in: ebd., SA Heinrich Fuhrmann, Bl. 34 (Zitat ebd.).

239 Vgl. Durchschrift eines Schreibens von Direktor Koch an Studienrat Schulz (Vater) vom 17.6.1937, in: ebd., SA Werner Schulz, unpag.

Abb. 5: Private Feier in der Zeit nach 1933 (aus einem Fotoalbum aus den 1930er Jahren)

der Fahrt in die Osterferien war er bereits wieder derartig betrunken, dass sich seine Kameraden schämten, mit ihm zusammen zu reisen. Das Spiel wiederholte sich am 1. Mai, als er in voller Kleidung in seinem völlig verunreinigten Zimmer auf dem Boden liegend aufgefunden wurde. Damit war das Maß dann nach allgemeiner Ansicht endgültig voll: Die Ehrenkammer zog den Schluss, dass der Betreffende ein völlig haltloser Charakter und in keiner Beziehung geeignet sei, die Schule in irgendeiner Stellung zu vertreten. Die Kammer übergab den Fall dem Direktor und forderte ihn auf, den Studierenden von der Anstalt zu entfernen.[240]

Dafür, dass es sich bei dem Alkoholismus um ein gravierendes Problem gehandelt haben muss, spricht die Tatsache, dass Köster es sogar als Argument im Streit um die von ihm vorgelegte neue Hausordnung anführte. Im Verlauf des vorigen Semesters waren fünf Studierende wegen totaler Trunkenheit ausgewiesen worden, sieben Studierende hatten einen verschärften Verweis mit Androhung der Ausweisung erhalten. Mit einer richtigen Hausordnung, so Köster, hätte ein Teil der Bestrafungen vermieden werden können. Er führte dazu unter

240 Vgl. Aktennotiz von Direktor Arning vom 23.2.1933, in: ebd., SA Karl Gneist, Bl. 25; Abschrift Tatsachenbestand zum Fall Gneist vom 2.5.1933, in: ebd., Bl. 34-35; Abschrift eines Schreibens des Vorstands der DSt an der Kolonialhochschule Witzenhausen an Direktor Arning vom 2.5.1933, in: Bl. 33.

anderem die Vorfälle bei einem Tanztee im März 1940 an. Köster selbst konnte daran nicht teilnehmen; er musste aber hinterher feststellen, dass ein Teil der Studierenden total betrunken gewesen war und sich in Gegenwart der eingeladenen Damen mitten im Gesellschaftssaal der Schule erbrochen hatte. Im Anschluss demolierten einige Studierende zudem Einrichtungsgegenstände der DKS und mussten schwer bestraft werden. Als Köster Mitte Mai 1940 eine Revision der Zimmer vornahm, fand er zwischen 10 und 11 Uhr zwei Studierende im Bett. Auf dem Tisch ihres Zimmers standen ausgetrunkene Likörflaschen, auf dem Boden lagen die Trümmer einer Sektflasche. Die beiden Studierenden hatten am Abend vorher im Internat so lange getrunken, bis sie restlos bezecht waren. Sie wurden mit einem verschärften Verweis unter Androhung der Entfernung aus der Schule bestraft. Nur Tage später stürzte ein Studierender betrunken auf der Treppe des Internats und zog sich eine schwere Gehirnerschütterung zu. Am nächsten Tag wurden zwei Studierende nachts auf der Straße von der Polizei wegen ruhestörenden Lärms und totaler Betrunkenheit angehalten. Einer der beiden musste ausgewiesen werden, weil er bereits früher einen verschärften Verweis erhalten hatte. In allen diesen Fällen beklagte Köster die fehlende Rücksichtnahme auf die Kriegszeiten, vermisste Disziplin und nationalsozialistische Haltung sowie die Zusammenarbeit zwischen Schulleitung und Studentenschaft.[241] In der entsprechenden Bekanntmachung Kösters hieß es, der übermäßige Genuss von Alkohol sei in der heutigen ernsten Zeit eines Nationalsozialisten und Studierenden der DKS unwürdig, harte Strafen daher am Platz.[242]

Es war offiziell verboten, auf den Zimmern Alkohol zu konsumieren, trotzdem kamen diese Fälle häufig vor. Drei Studierende wurden ausgewiesen, weil sie in einem Witzenhäuser Hotel gezecht und sich dann mit Getränken versorgt hatten, um das Gelage auf ihrem Zimmer fortzusetzen. In ihrer Trunkenheit zerschlugen sie die Türen von vier Zimmern und zerstörten einen Ofen. Die Angestellten ließen angesichts der Zerstörungen Bemerkungen fallen wie »schlimmer als in Polen«.[243]

241 Vgl. Durchschrift eines Schreibens des Direktors der DKS, Köster, an den Reg.-Präs. in Kassel vom 20.5.1940, in: StAM, 314/1, Nr. 73, unpag.; Durchschrift eines Schreibens des Direktors der DKS an den Reichsminister für Wissenschaft, Erziehung und Volksbildung vom 29.5.1940, in: ebd., unpag. Siehe zu den zwei im Bett liegenden Studierenden auch: Niederschrift über die Dozentenkonferenz am 18.5.1940, in: ebd., Nr. 41, unpag.; Durchschrift eines Schreibens des Direktors der DKS an Herrn Lüttcher (Vormund) vom 21.5.1940, in: AD, SA Werner Kloas, Bl. 26.

242 Vgl. Bekanntmachung von Direktor Köster vom 24.5.1940, in: ebd., SA Heinrich Magerl, unpag.; Durchschrift eines Schreibens von Direktor Köster an Dr. Magerl (Vater) vom 24.5.1940, in: ebd., unpag.

243 Vgl. Durchschrift eines Schreibens von Dr. Pfalzgraf an Freifrau von Liebenstein (Pflegemutter) vom 3.11.1939, in: ebd., SA Gerhard Buschkiel, Bl. 50; Aussage von

Sexualität

Der Kontakt der Kolonialschüler zu Frauen blieb ebenfalls ein heikles Thema, dabei genügten bereits Hinweise, um zu ernsten Konsequenzen zu führen. Ein etwas dubioser Vorfall, mit eindeutig sexuellem Hintergrund sei Beleg dafür: Ein Vater aus Bad Sooden-Allendorf hatte sich wegen einer an seine Tochter gerichteten Karte beschwert: »Liebe Christa! Auf Deinen besonderen Wunsch hin nur eine Karte. Vielen Dank für den netten Abend. Hoffentlich bleibt er ohne Folgen, sonst könnte ich mich aufhängen. Hätte nie gedacht, dass man so billig ein nettes Zimmer bekommt. Vielen Dank für diesen Fig. [sic!] Vielleicht Mittwoch Fortsetzung. Bis dahin alles Gute und hoffentlich haben wir noch einmal Glück. Dein Schnucki.« In der Nacht randalierten dann drei Kolonialschüler vor dem Haus des Vaters, darunter der mutmaßliche Schreiber der Karte, der sich wohl dafür entschuldigen wollte. Das nutzte ihm aber nichts, er wurde von der Anstalt verwiesen und versuchte später erfolglos wieder aufgenommen zu werden.[244] Die Kolonialschüler fassten solche Schreiben an Frauen offensichtlich als einen Scherz auf. Bereits früher hatte es einen ähnlichen Vorfall gegeben, bei dem sich eine Frau aus Hann. Münden über einen »in jeder Beziehung zotigen Brief« beklagte, den ihr zwei Kolonialschüler geschrieben hatten. Auch Winter musste einräumen, dass der Brief »nach Form und Inhalt so voller Zoten (war), daß es unmöglich war, ihn irgend jemand zum Lesen zu geben«. Sie hatte sich an die Polizei gewandt und wollte Anzeige erstatten, falls sich die beiden nicht entschuldigten. Der eine von ihnen gab auf Befragen zu, der Autor des Briefs zu sein und behauptete, der andere sei völlig unbeteiligt gewesen. Der geständige Schüler hatte zudem in den Weihnachtsferien einige Tage mit einem »Mündener Mädel« auf der Jagdhütte seines Vaters im Reinhardswald verbracht. Der Vater meldete ihn daraufhin ab.[245]

Mit einem schriftlichen Verweis wurde ein Studierender bestraft, der sich allein mit einer Frau nachmittags im Gesellschaftssaal der Schule getroffen hatte

Buschkiel vom 9.11.1939, in: ebd., Bl. 56-57; Durchschrift eines Schreibens von Dr. Pfalzgraf an den RMWEV vom 20.11.1939, in: ebd., Bl. 58-59 (Zitat Bl. 58). Zumindest zwei der Ausgewiesenen wurden später wieder aufgenommen. Einer von ihnen, weil er sich an der Front bewährt hatte und mit dem Eisernen Kreuz ausgezeichnet worden war. Vgl. Abschrift eines Schreibens des Reichsministers für Wissenschaft, Erziehung und Volksbildung, Döring, an den Reg.-Präs. in Kassel vom 22.10.1940, in: ebd., SA Rudolf Wolff, unpag.; Schreiben von Direktor Köster an den Reichsminister für Wissenschaft, Erziehung und Volksbildung vom 29.10.1940, in: ebd., unpag.

244 Vgl. Bericht von Dienstleiter Schleber vom 5.12.1938, in: ebd., SA Heinz Wendler, unpag.

245 Vgl. Aktennotiz von Winter vom 21.2.1934, in: ebd., SA Hans Wetterau, unpag. (Zitate ebd.); Aktennotiz von Winter vom 21.2.1934, in: ebd., SA Achim Born, Bl. 80-81 (Zitat Bl. 80).

und dabei vom Direktor erwischt worden war.[246] Ein grober Verstoß gegen die Vorschriften der Schule war es hingegen, Frauen mit auf das Zimmer zu nehmen und dort womöglich auch noch übernachten zu lassen. In diesem Fall drohte die sofortige Ausweisung aus der Anstalt. Einer der deshalb Ausgewiesenen bemühte sich später vergeblich um die Wiederaufnahme an der Kolonialschule und gab an, es habe sich um eine »Jugendtorheit« gehandelt. Er sei angetrunken gewesen und habe ein Mädchen vom Küchenpersonal mit auf sein Zimmer genommen.[247]

Vielleicht noch deutlicher von Vorurteilen, Vorverurteilungen und Gerüchten geprägt war die in einer »Männergesellschaft« wie der Kolonialschule allgegenwärtige Homosexualität. Noch brisanter geworden durch die nationalsozialistische Verfolgung Homosexueller, die es mit sich brachte, dass die bloße Verdächtigung oft genügte.[248]

Bisweilen bildete das Motiv Homosexualität nur einen Nebenaspekt bei Gewalttätigkeiten innerhalb der Kameradschaft. In einer wohl recht typischen Verhandlung des Studentengerichts ging es um das Verprügeln eines Studierenden durch mehrere Kommilitonen. Die Beschuldigten waren zum Teil geständig, sie hatten mit Riemen zugeschlagen. Der Geschädigte konnte keinen von ihnen identifizieren, da sie ihm eine Decke über den Kopf gezogen hatten und nicht sprachen. Der Gedanke ihn zu verprügeln, so einer der Beschuldigten, habe in der Luft gelegen, da man allgemein nicht gut auf ihn zu sprechen war. Man warf ihm »unstudentisches Verhalten« vor, in erster Linie wurde sein Aus- und späterer Wiedereintritt in die SA nach dem 30. Januar offensichtlich als Feigheit aufgefasst. Er soll angeblich auch mit runtergelassener Hose einen Tanz aufgeführt haben; es gab dementsprechend das Gerücht, dass er homosexuell sei. Vier der Beschuldigten wurden mit einer scharfen Rüge bestraft.[249]

Anscheinend wimmelte es geradezu von derartigen Gerüchten an der Schule. Im Falle eines SA-Sturmführers verwahrte sich sogar Direktor Koch gegen sie. Er kenne den Betreffenden seit seinem Amtsantritt und habe niemals irgendetwas bemerkt, was darauf schließen lassen könne, dass er homosexuell veranlagt

246 Vgl. Aktennotiz des Direktors der DKS vom 8.5.1939, in: ebd., SA Waldemar Lemke.

247 Vgl. Durchschrift eines Schreibens von Direktor Koch an Notar Dr. Körling (Vormund) vom 14.10.1936, in: ebd., SA Günther Mehlich, unpag.

248 Vgl. Michael Schwartz, Homosexuelle im Nationalsozialismus. Neue Forschungsperspektiven zu Lebenssituationen von lesbischen, schwulen, bi-, trans- und intersexuellen Menschen 1933 bis 1945, München 2014; Stefan Micheler, Denunziert, verfolgt, ermordet. Homosexuelle Männer und Frauen in der NS-Zeit, Hamburg 2002.

249 Vgl. Mappe Studentengericht: Protokoll der Verhandlung des Studentengerichts in Angelegenheit Lehmann am 22.3.1933, in: AD, Konvolut Studentenangelegenheiten, unpag.

sei. Persönlich habe er den festen Eindruck gewonnen, dass der Studierende »ein durchaus normaler Mensch« sei, der keinerlei homosexuelle Neigungen habe, darin sah sich Koch durch sein »straffes soldatisches Auftreten« bestärkt, das eine gesunde Veranlagung nahelege.[250]

Die Anschuldigungen basierten bisweilen auf reinem Hörensagen. So gab ein Studierender an, er habe von zwei weiteren erfahren, der Beschuldigte habe im Kino den Versuch gemacht, sich unsittlich zu vergreifen. Er soll jeweils das Bein bzw. den Oberschenkel eines anderen berührt und sie dabei scheu von der Seite angesehen haben. Auch ansonsten lege er ein scheues Benehmen an den Tag und bleibe immer für sich. Hier war der Verdacht offensichtlich richtig, denn der Beschuldigte erschien einen Tag später zum Verhör, leugnete zunächst, gab dann aber zu, homosexuell veranlagt zu sein. Auch die Vorfälle im Kino bestritt er nicht.[251] Koch verwies ihn aus der Anstalt, weil »er für unser Internat eine Gefahr bedeutet«. Er übergab den Fall nach Rücksprache mit der Gestapo der örtlichen Polizei.[252]

Ähnlich endete der Fall eines Studierenden, bei dem der Zimmergenosse darüber berichtet hatte, der Beschuldigte habe sich nackt seinem Bett genähert, auf die Bettkante gesetzt. Er habe in das Bett hineingewollt, was er ablehnte und ihn zurückschickte. Zu unsittlichen Handlungen sei es nicht gekommen, der Beschuldigte habe ihn auch nicht angerührt. Der Studierende wurde übrigens später selbst der Homosexualität verdächtigt, weil er sich auffallend oft mit jungen Burschen beschäftigte, diese auch bisweilen schlug und fesselte.[253] Der Beschuldigte war bereits sechs Tage zuvor von der Gestapo verhaftet worden und wurde im Witzenhäuser Amtsgericht vernommen wegen Vergehens gegen den Paragrafen 175 des Strafgesetzbuchs. Direktor Koch verwies ihn umgehend von der Kolonialschule.[254] Doch er war nur Teil einer größeren Gruppe: Die gleichen Schreiben Kochs gingen an die Eltern von sechs weiteren Studierenden der Kolonialschule.[255] Offensichtlich wurden alle Beteiligten sofort aus der Anstalt aus-

250 Vgl. Erklärung von Direktor Koch vom 13.8.1935, in: ebd., SA Hugin Hugershoff, Bl. 38 (Zitate ebd.).

251 Vgl. Aktennotiz von Franz Rüderich vom 5.11.1936, in: ebd., SA Hans-Adam Oldenburg, unpag.

252 Vgl. Durchschrift eines Schreibens von Direktor Koch an Theodor Reinicke (Vater) vom 6.11.1936, in: ebd., SA Ulrich Reinicke, unpag. (Zitat ebd.).

253 Vgl. Aktennotiz von Direktor Koch über die Aussage von Hessler vom 27.7.1936, in: ebd., SA Wolf-Christian Hessler, Bl. 62; Aktennotiz des Direktors der DKS vom 27.7.1936, in: ebd., SA Horst Fressel, Bl. 25.

254 Vgl. Durchschrift eines Schreibens von Direktor Koch an Otto Hecker (Vater) vom 21.7.1936, in: ebd., SA Otto-Siegfried Hecker, Bl. 41.

255 Vgl. bspw.: Durchschrift eines Schreibens des Direktors der DKS an Irmgard Baum (Mutter) vom 21.7.1936, in: ebd., SA Hans-Helmuth Baum, Bl. 36.

gewiesen.[256] Mitte Dezember 1936 verhandelte die Strafkammer des Landgerichts Kassel die Fälle. Der genannte Beschuldigte galt dabei als der Haupttäter, er sei an vier Fällen von homosexuellen Handlungen beteiligt gewesen und wurde zu viereinhalb Monaten Gefängnis verurteilt. Ein weiterer Studierender, der einen Praktikanten verführt haben sollte, wurde zu drei Monaten Gefängnis verurteilt. Drei weitere Angeklagte bekamen geringfügige Gefängnisstrafen, die durch die Untersuchungshaft erledigt waren, sodass sie entlassen wurden. Bei zwei Angeklagten sah das Gericht wegen ihrer Jugend von einer Bestrafung ab.[257]

Nur kurze Zeit nach dem beschriebenen Vorfall forderte die Kasseler Gestapo erneut einen Praktikanten an und damit wohl den letzten Beteiligten, wie Koch meinte. Die Oberstaatsanwaltschaft Aschaffenburg hatte gegen den Beschuldigten aufgrund früherer Vorfälle ein Verfahren wegen Vergehens gegen die Paragrafen 175 und 176 Strafgesetzbuch in Gang gesetzt. Er wurde der Anstalt verwiesen.[258]

Politische Konflikte

Die politischen Konflikte in der Kolonialschule bekamen in der NS-Zeit einen anderen Charakter: Zum einen handelte es sich um die politische Indienstnahme der Schüler durch das Regime, zum anderen – und entscheidender – um eine Form der Selbstmobilisierung der Schülerschaft. Sie richtete sich in erster Linie gegen den Direktor Koch und war weniger Ausdruck einer Fraktionierung innerhalb des Nationalsozialismus, als vielmehr eine neue Form von »Selbstbewusstsein«. Streiks und Rebellionen gegen den jeweiligen Direktor hatte es immer gegeben; nun nahmen diese Missfallenskundgebungen allerdings radikale Formen an – wohl deshalb, weil sich die Studierenden mit der Staatsführung einig wähnten.

Auch bei anderen Fragen zeigte sich die verstärkte, wenngleich natürlich sehr einseitige, Politisierung der Kolonialschüler. Wie bereits beschrieben, wurde diese Entwicklung maßgeblich durch die Aufnahme in die DSt und die Monopolstellung der NSDStB-Hochschulgruppe gefördert.[259]

256 Vgl. Aktennotiz von Direktor Koch vom 22.7.1936, in: ebd., SA Günter Hansen, Bl. 19.
257 Vgl. Aktennotiz von Rüdrich vom 16.12.1936, in: ebd., SA Carl-Heinz Scheffler, unpag.; Aktennotiz über telefonische Auskunft der Strafkammer des Landgerichts in Kassel am 16.12.1936, in: ebd., SA Hans-Helmuth Baum, Bl. 40.
258 Vgl. Durchschrift eines Schreibens von Direktor Koch an Dr. Jung, Vorsitzender des Kuratoriums der DKS, vom 23.10.1936, in: ebd., SA Carl-Heinz Scheffler, unpag.
259 Vgl. Lehr- und Anstaltsplan der DKS 1935, S. 12, in: ebd., AHV, Ordner Lehr- und Anstaltspläne 1906-1941, unpag.

Ein Kolonialschüler pries die politische Schulung, die es sich zur Aufgabe gemacht habe, die Kameraden zunächst mit den Grundsätzen des Nationalsozialismus vertraut zu machen und darüber hinaus einen neuen Studententyp zu schaffen. Der politische Student müsse mit den Rassenfragen und der Bedeutung des deutschen Volkstums vertraut gemacht werden.[260]

Die Unzufriedenheit der Schülerschaft mit Direktor Koch entzündete sich vor allem an zwei Punkten: Der eine betraf einen »klassischen« Streitpunkt, den angestrebten Hochschulcharakter der Kolonialschule, der zweite die Produktivierung der landwirtschaftlichen Betriebe an der Schule, bei der sich die Studierenden als billige Arbeitskräfte ausgenutzt sahen. Diese Unzufriedenheit fand ihren ersten Höhepunkt in einer Denkschrift der Studentenschaft, die an die Reichsstudentenführung, das KPA, das RdI, den Reichsführer des NSDStB sowie sämtliche Kuratoriumsmitglieder gesandt wurde. Bildete schon dieser Umstand einen Vertrauensbruch gegenüber Koch, so ließ der Inhalt aufhorchen. Die Studierenden formulierten sehr unverblümt, sie hätten eine nach klaren Zielen ausgerichtete Hochschule erwartet, die wirkliche koloniale Praktiker heranbilden sowie Männer schulen würde, die an wissenschaftlichen und organisatorischen Aufgaben mitarbeiten könnten. Sie seien hingegen zu einfachsten praktischen Arbeiten herangezogen worden, unter Vernachlässigung solcher Tätigkeiten, die zur Erreichung des gestellten Ausbildungsziels unbedingt erforderlich erschienen. Deshalb verlangten sie die Abänderung des Studienplans, die Verstaatlichung der Anstalt und die Ablösung des Direktors. Beim Stundenplan sollten die meisten praktischen Arbeiten gestrichen werden, ebenso die Vorlesungen zur Fisch- und Geflügelzucht. Dagegen wünschten sich die Studierenden eine Verstärkung der Handelswissenschaften und vor allem des Sprachunterrichts.[261]

Am 20. Juli 1936 wies Koch den stellvertretenden Studentenschaftführer aus der Anstalt aus, einen Tag später drei weitere Studierende wegen ihrer Mitarbeit an der Denkschrift. Diese Relegationen bildeten den unmittelbaren Anlass für einen Streik der Studenten, die tags darauf auf den Ludwigstein zogen, dort aber abgewiesen wurden und in der Nähe ein Lager bezogen. Süffisanter Kommentar im Protokollbuch: »Witzenhausen hat also jetzt auch seinen Studentenauszug.«[262]

260 Vgl. Carlheinz Uhlitzsch, Bericht der aktiven Kameradschaft über das W.-Semester 1933/34, in: DKP, 34 (1934) 1, S. 68.

261 Vgl. Durchschrift eines Schreibens der Studentenschaft der Deutschen Kolonialhochschule an den stellvertretenden Reichsfachgruppenleiter in der Reichsstudentenführung vom 8.7.1936, in: BAB, NS 38, Nr. 3764, unpag. Die Denkschrift wurde auch an den Reichsführer der DSt gesandt, mit Datum vom 8.7.1936, in: ebd., R 129, Nr. 1013, Bl. 115-128.

262 Vgl. Einträge vom 15.7.1936, 20.7.1936, 21.7.1936 und 22.7.1936 im Protokollbuch, in: AD, Protokollbuch, Bl. 6ff. (Zitat Bl. 8); Durchschrift eines Schreibens von Direktor Koch an Otto Bachmann vom 20.7.1936, in: ebd., SA Otto-Armin

Am Nachmittag des 21. Juli hatte Direktor Koch die Schule für unbestimmte Zeit geschlossen. Die Studentenschaft bat die Kuratoriumsmitglieder eiligst zusammenzutreten unter Hinzuziehung eines Vertreters des Innenministeriums, des KPA, des Reichsführers der DSt, des NSDStB, um sämtliche Punkte der Denkschrift sowie die augenblickliche Lage unverzüglich zu prüfen.[263]

Koch begann offensichtlich am nächsten Tag sämtliche Eltern anzuschreiben, auf jeden Fall die der stark involvierten Schüler. Ein Vater antwortete unmittelbar am nächsten Tag und verurteilte das Verhalten seines Sohnes, dem er mit gleichem Datum schrieb. In diesem Brief brandmarkte er den Streik als Meuterei.[264] An die Eltern ergingen fast identische Schreiben. Koch habe sich gezwungen gesehen, die Söhne aus der Kolonialschule zu entfernen. Bei den Mitautoren der Denkschrift hieß es, sie hätten ihn dabei beschuldigt, er decke Vorfälle, die gegen den Paragrafen 175 verstoßen.[265] Bei vielen von ihnen hieß es in einer Aktennotiz von Koch: »Herr XY hat sich an der Meuterei am 21. Juli 1936 sehr stark beteiligt.« Handschriftlich fügte er in solchen Fällen hinzu: »Rädelsführer«.[266]

Am 25. Juli sollte die DKS wieder eröffnet werden und vollkommener Burgfrieden herrschen. Auch die vier Verfasser der Denkschrift sollten gegen den Widerstand von Dr. Jung wieder aufgenommen werden. Der hatte sich auf die Seite von Koch gestellt und vertrat den Standpunkt, dass eine Meuterei vorliege und dass unter allen Umständen scharf durchgegriffen werden müsse. Der Burgfrieden wurde von der Studentenschaft akzeptiert. In einer Rede vor der versammelten Studentenschaft führte Jung aus, es habe 1933 eine Revolte gegeben und nun 1936, eine dritte werde nicht mehr stattfinden. Er organisierte eine Vernehmung aller 120 Schüler durch die Gestapo.[267]

Bachmann, Bl. 36; Schreiben von Heino Messerschmidt an die Reichsstudentenführung, Reichsfachgruppe Land- und Forstwirtschaft, Herbert Gross, vom 20.8.1936, in: BAB, NS 38, Nr. 3764, unpag.

263 Vgl. Rundschreiben der Studentenschaft der DKS, Bachmann, vom 22.7.1936, in: AD, AHV, Verbandssatzung, unpag.

264 Vgl. Schreiben von W. Cratz (Vater) an Direktor Koch vom 23.7.1936, in: ebd., SA Adolf Cratz, Bl. 33; Durchschrift eines Schreibens von W. Cratz an Adolf Cratz vom 23.7.1936, in: ebd., Bl. 34; Durchschrift eines Schreibens von Direktor Koch an W. Cratz vom 27.7.1936, in: ebd., Bl. 35.

265 Vgl. Durchschrift eines Schreibens von Direktor Koch an Wilhelm Heinrich (Vater) vom 23.7.1936, in: ebd., SA Hans-Peter Heinrich, Bl. 51; Durchschrift eines Schreibens des Direktors der DKS an Fritz Messerschmidt (Vater) vom 23.7.1936, in: ebd., SA Heinz Messerschmidt, unpag.

266 Undatierte Aktennotiz von Koch, in: ebd., SA Walter Dietrich, Bl. 47.

267 Vgl. Schreiben des Gau-Geschäftsführers des Gaues Kurhessen an den stellvertretenden Gauleiter Dr. Burkhart vom 28.7.1936, in: ebd., Akte Korrespondenz von Scherbening II, Bl. 35-39; Schreiben von Heino Messerschmidt an die Reichsstu-

Im November 1938 eskalierte die Situation an der Schule abermals. Der Pressewart der Studentenschaft hatte am 8. November einen Artikel zur Verabschiedung des Studentenführers im Witzenhäuser Kreis- und Tageblatt veröffentlicht, der auf Kritik stieß, weil Koch in der Hervorhebung des »Quertreibers« eine Spitze gegen die Schulleitung sah. Außerdem war der Artikel mit »Die Deutsche Kolonialschule berichtet« überschrieben, was suggerierte, der Artikel stamme von der Verwaltung. Obwohl Koch ausdrücklich eine Berichtigung, die der Pressewart anbot, abgelehnt hatte, weil er noch größere Aufmerksamkeit dadurch fürchtete, erschien sie zwei Tage später.[268] Es kam erneut zu einem Streik, nachdem ein Dienstleiter auf Anweisung Kochs einen Anschlag der Studentenschaft abgenommen hatte und daraufhin angepöbelt worden war. Unmittelbarer Anlass war jedoch wiederum die Ausweisung von vier Studierenden, die, entgegen einem achttägigen Ausgehverbot ab 20 Uhr, verspätet von einem Treffen mit dem Kreisleiter und dem Gaustudentenführer zurückkamen. Am nächsten Morgen verließen die Studierenden in Uniform mit der Fahne des NSDStB die Anstalt.[269] Und Koch reagierte – offensichtlich mit Billigung Jungs – hart: Die Studierenden sollten ohne Befehl von Jung oder dem RdI nicht in die Anstalt zurückkehren. Der Zutritt zu den Wohnräumen war nur gruppenweise unter Aufsicht zur Abholung weiteren Gepäcks gestattet. Die Dienstleiter sollten einen Wachdienst einrichten, um ein Eindringen der Studierenden zu verhindern.[270]

Am 28. November 1938 beriet der Aufsichtsrat über die Vorkommnisse; anwesend waren auch der stellvertretende Gauleiter und der Witzenhäuser Kreisleiter. Der Vertreter des Innenministeriums zeigte sich über die Vorfälle äußerst befremdet und drohte mit einem Stopp der Zuschüsse seines Ministeriums. Durch den geschlossenen Abmarsch aus der Kolonialschule hätten die Studierenden ihren Austritt aus der Anstalt bekundet, die Wiederzulassung zum Studium sei daher von einem neuen Aufnahmegesuch jedes einzelnen Schülers abhängig zu machen. Jung wertete das geschlossene Verlassen der Anstalt erneut als Meuterei, die unter keinen Umständen geduldet werden könne und an sich mit dauernder Entfernung hätte bestraft werden müssen. Der Gaustudentenfüh-

dentenführung, Reichsfachgruppe Land- und Forstwirtschaft, Herbert Gross, vom 20.8.1936, in: BAB, NS 38, Nr. 3764, unpag.

268 Vgl. Auszug aus dem Protokoll über die Sitzung am 12.11.1938, in: AD, SA Klaus Buddenberg, Bl. 61; Durchschrift eines Schreibens von Peppler an Direktor Koch vom 2.12.1938, in: ebd., Dozenten, Peppler, Bl. 196-197.

269 Vgl. Durchschrift eines Schreibens von Direktor Koch an den Vorsitzenden des AR der DKS, Dr. Karl Jung, vom 20.11.1938, in: ebd., Handakte Dr. Karl Jung, unpag.; Durchschrift eines Schreibens des Kreisleiters an das Kreisgericht der NSDAP vom 23.11.1938, in: HHStAW, 483, Nr. 4789, unpag.

270 Vgl. Durchschrift eines Schreibens von Direktor Koch an Studiendirektor Peppler vom 21.11.1938, in: AD, Dozenten, Peppler, Bl. 195.

rer wandte sich gegen den Vorwurf der Widersetzlichkeit und Disziplinlosigkeit. Die Schüler hätten lediglich den Befehl der Studentenführung befolgt. Die Schulleitung habe jegliches Vertrauen bei der Studentenschaft verloren. Nach Auffassung der Gauleitung hatte Direktor Koch während seiner gesamten Amtszeit versagt. Er sei nicht die Führerpersönlichkeit, derer die Anstalt bedürfe; ihm fehle das richtige Gefühl für die Volksgemeinschaft und er verfüge nicht über das für die Durchführung der ihm übertragenen Aufgabe erforderliche soziale Verständnis. Bei dieser Sachlage habe sich der Gauleiter veranlasst gesehen, Koch mit Ende dieser Sitzung aus der Partei auszuschließen.[271]

Koch blieb bei seiner Position, der Streik sei auf das Werk »unverantwortlicher Hetzer« zurückzuführen, die mit allen möglichen Gerüchten arbeiteten. Die eigentlichen Urheber der Vorkommnisse seien Außenstehende gewesen – gemeint waren Kreisleiter, Gauleitung und Gaustudentenführer –, die letzten Endes die Schülerschaft missbraucht hätten, von der die Mehrzahl überhaupt nicht wusste, worum es sich handelte.[272]

Auch unter Köster hielten die Probleme mit einer Studentenschaft an, die versuchte, Einfluss auf die Geschicke der Anstalt zu nehmen. Nach wie vor verliefen die Fronten nicht nur zwischen Studentenführung und Schulleitung, sondern bezogen sich auch auf deren Unterstützer. Im einen Fall waren das die Kreisleitung und die Gaustudentenführung, im anderen der Aufsichtsrat. Insofern hatte sich seit Arnings Zeiten, als Partei, Gauleiter, Reichsnährstand, Reichsstudentenführung, Kreisleiter und Bürgermeister intervenierten, kaum etwas geändert.[273] Zu einem ähnlichen Ergebnis kam der Leiter des Außenamts der Reichsstudentenführung, Helmut Bauersfeld, der das Verhalten der Studentenschaft näher untersucht hatte. Häufige Wechsel in der Schulleitung, unfähige Schulleiter und die Uneinigkeit unter den Behörden hätten zur Parteien- und Cliquenbildung unter den Studierenden geführt und in der Folge zu dauernden Reibungen mit der Schulleitung.[274]

Diverse »Dienste«

Wie an anderen Schulen und Hochschulen auch, waren die Studierenden der Kolonialschule in das zeitraubende System der durch die NS- und Reichs-Organisationen geforderten »Dienste« eingebunden – teils freiwillig, teils als Pflicht.

271 Vgl. Niederschrift über die Sitzung des AR der DKS am 28. November 1938, in: StAM, 314/1, Nr. 148, unpag.
272 Vgl. Durchschrift eines Schreibens von Direktor Koch an Peter Blasberg (Vater) vom 13.12.1938, in: AD, SA Klaus Blasberg, Bl. 86 (Zitat ebd.).
273 Vgl. Niederschrift über die Konferenz am 24.6.1940, in: StAM, 314/1, Nr. 41, unpag.
274 Vgl. Niederschrift über eine Besprechung am 26.6.1940, in: ebd., Nr. 73, unpag.

Bereits vor, verstärkt aber nach 1933, forderte der SA-Dienst den Studierenden Zeit ab (ähnliches galt für die HJ). Das wurde bisweilen auch klar gesagt: »Das Semester stand im Zeichen schärfster Anspannung aller Kräfte, waren doch durch den für das vergangene Semester wieder eingeführten praktischen Montag und den für S.A.-Dienst bestimmten Samstag die Vorlesungen auf die restlichen vier Wochentage zusammengedrängt. [...] So blieb für persönliche Freizeit nur sehr wenig übrig.«[275] Darüber hinaus waren im März 1933 einige in SA und Stahlhelm aktive Schüler zu Hilfspolizisten ernannt worden, da die neuen Machthaber nach wie vor einen Aufstand befürchteten und den politischen Gegner niederhalten wollten.[276]

Zu den Diensten gehörte auch der »Einsatz« in den Ferien. Drei Studierende waren so beispielsweise im Sommer 1935 mit Vorarbeiten für einen Wirtschaftsplan im Gebiet Lesum-Unterweser beschäftigt. In der Nachbetrachtung wurden solche Arbeiten heroisiert als selbstloser Einsatz für das Vaterland. Der nationalsozialistische Student unterscheide sich grundlegend von dem Vorkriegsstudenten, er dämmere nicht mehr in seliger Bierromantik dahin, sondern opfere jede freie Minute für ein höheres Ziel.[277]

Zumindest in der Anfangsphase wurden die Studierenden der Kolonialschule – im Gegensatz zu anderen Studierenden – während des Studiums nicht zum Arbeitsdienst eingezogen. Mit der DSt hatte man die Abmachung getroffen, dass ab dem Sommersemester 1934 alle Studenten verpflichtet waren, nach Ablegung ihres Examens für zehn Wochen zum Arbeitsdienst zu gehen.[278] Offensichtlich griff diese Regelung aber nicht immer, wie Bitten der Schulleitung um eine Befreiung von der Arbeitsdienstpflicht zeigen. In einem Fall ging es um die

275 Herwarth Driesen, Bericht über das Sommersemester 1935, in: DKP, 35 (1935) 2, S. 39-40, hier S. 39. Vgl. zur Rolle der HJ in der Schule: Peter D. Stachura, Das Dritte Reich und Jugenderziehung: Die Rolle der Hitlerjugend 1933-1939, in: Manfred Heinemann (Hg.), Erziehung und Schulung im Dritten Reich, Teil 1: Kindergarten, Schule, Jugend, Berufserziehung, Stuttgart 1980, S. 90-112, bes. S. 101 ff.

276 Vgl. Vermerk von Polizeimeister Landshöft vom 2.3.1933, in: StAW, IV.A.2 Hilfspolizeibeamte, Bl. 55; Undatierte Liste der ernannten Hilfspolizeibeamten (März 1933), in: ebd., Bl. 100; Rundbrief von Feldmann an die Kameraden, in: DKP, 33 (1933) 1, S. 28-34, hier S. 29.

277 Vgl. Alfons Godai, Ferieneinsatz der DKS im Hochschulkreis Niedersachsen, in: ebd., 35 (1935) 2, S. 44-45.

278 Vgl. Durchschrift eines Schreibens von Direktor Koch an Georg Degner (Vater) vom 16.2.1934, in: AD, SA Joachim Degner, Bl. 14. Seit Ostern 1934 mussten alle Abiturienten, die ein Hochschulstudium aufnehmen wollten, vor der Immatrikulation ein halbes Jahr Arbeitsdienst leisten. Bereits ab 1933 mussten die Studenten der ersten vier Semester zehn Wochen in ein Arbeitslager gehen. Vgl. Grüttner, Studenten, S. 227.

Abb. 6: Kolonialschüler des Witzenhäuser SA-Sturms 27, Trupp 1, Semester 1932/34 (aus einem Fotoalbum aus den 1960er Jahren)

letzten drei abzuleistenden Wochen, die in das Wintersemester 1934/35 hineinfielen. Die beiden Studierenden sollten Ostern 1935 ihre Abschlussprüfung machen. Deshalb sei es dringend nötig, so Koch, dass sie nichts mehr von ihrem Studium versäumten. Falls keine Befreiung möglich sei, könnten sie den Rest des Arbeitsdienstes nach Ostern ableisten.[279] Später gab es mehr Fälle von Erstimmatrikulierten, die ihren Arbeitsdienst bereits abgeleistet hatten. Diejenigen, bei denen das nicht der Fall war, sollten nach wie erst nach vollendetem Studium zum Arbeitsdienst gehen.[280]

In den Sommermonaten kam dann noch der Landdienst hinzu, an dem sich die Kolonialschüler eifrig beteiligten.[281] Auf Anordnung des Reichsstudentenführers sollten alle Studenten ab dem 15. Juli 1939 zur Erntehilfe eingesetzt werden. Dafür verkürzte die Kolonialschule ihre Ferien von sieben auf zweieinhalb

279 Durchschrift eines Schreibens von Direktor Koch an den NS-Arbeitsdienst in Homberg vom 22.10.1934, in: AD, SA Fritz von Braunschweig, Bl. 73.

280 Vgl. Schreiben des Amtsleiters für Arbeitsdienst der Studentenschaft der DKS an die DSt, Amt für Arbeitsdienst, vom 18.6.1935, in: BAB, NS 38, Nr. 3275, unpag.

281 Vgl. Schreiben des Amtsleiters für Grenz- und Auslandsdeutschtum der Studentenschaft der DKS an das Amt Landdienst der DSt vom 17.2.1936, in: ebd., Nr. 3123, unpag. Vgl. zu Landdienst und Erntehilfe der Studenten: Grüttner, Studenten, S. 341ff.

Wochen. Nur das vierte Semester war von der Erntehilfe befreit, bei ihm konnte der Unterricht fortgeführt werden.[282] Die Fachgruppe Landwirtschaft meldete stolz, dass 75 Kolonialschüler zum Ernteeinsatz antreten würden. Man bat um nähere Anweisungen bezüglich des Einsatzortes, der Dauer des Einsatzes, des Transports etc.[283] Offensichtlich war die Schätzung zu optimistisch, denn es meldeten sich zunächst nur 43 Kolonialschüler für die Erntehilfe und man rechnete mit insgesamt 50 bei Meldeschluss.[284]

3. Zwischen Wirtschaftskrise und Krieg: Absolventen bis 1945

Der weitere berufliche Weg ist bei 234 Absolventen gänzlich unbekannt. Bei 228 ist es als sicher anzunehmen, dass sie in Deutschland verblieben, bei einigen weiteren ist es zu vermuten. Eine genaue Zahl für die in das Ausland gegangenen Absolventen ist kaum zu ermitteln. Klar ist jedoch, dass es vor Kriegsbeginn nicht mehr allzu vielen gelang, eine Stelle im Ausland anzutreten. Nach Deutschland zurück kehrten im Laufe der Zeit etwa 37. Im Ausland verblieben für immer nur recht wenige, etwa 61. Im Zweiten Weltkrieg fielen aus dieser Gruppe mindestens 118.

Von denjenigen, die in das Ausland gingen, wurden alle bekannten Stationen erfasst, sodass ein Bild entsteht, wo Angehörige dieser schulischen Generation im Laufe ihres Lebens gearbeitet haben. Afrika lag mit 67 vorn; die meisten waren mit 21 in Kamerun tätig, wo es kurz vor Beginn des Zweiten Weltkriegs eine Reihe hin verschlug. Es folgten Tanganjika mit elf und Südwestafrika mit zehn Absolventen. Bei den 63 in Nord- und Südamerika tätigen Absolventen waren mit neun die meisten in Brasilien, gefolgt von Kanada und den USA mit jeweils acht und Argentinien mit sieben.

Berücksichtigt man nur die Zeit bis Kriegsbeginn, wird es noch deutlicher, wie schwierig die Auswanderung war und in welche Länder sie primär erfolgte. Nur etwa 50 Absolventen gelang die Ausreise bis Kriegsbeginn. Die Hauptziele

282 Vgl. Durchschrift eines Schreibens von Boss an den Reichsminister des Innern, Min.Rat Wagner, vom 20.6.1939, in: AD, Direktoren, Boss, Bl. 135-136. Vgl. dazu: Grüttner, Studenten, S. 341 ff.

283 Vgl. Schreiben der Fachgruppe Landwirtschaft der DKS an die Fachgruppe Landwirtschaft der Reichsstudentenführung vom 16.6.1939, in: BAB, NS 38, Nr. 3045, unpag.

284 Vgl. Meldung der DKS an die Zentralstelle Erntehilfe 1939 vom 24.6.1939, in: ebd., unpag.

waren Kamerun mit 19 Ausreisen, Tanganjika mit zehn und Südwestafrika mit fünf, danach folgten Südafrika, Guatemala und Chile mit jeweils zwei. Der Rest verteilte sich auf unterschiedliche Länder.

In dieser Gruppe gab es zwölf SA-Mitglieder. Die wirkliche Zahl war sicher um einiges größer, es existieren hierzu aber kaum verwertbare Unterlagen. SS-Mitglieder konnten lediglich sechs gezählt werden.

Auch in dieser Absolventengeneration kam es häufig zu vollkommen anderen als den ursprünglich geplanten Berufskarrieren, in dieser Zeit in erster Linie bedingt durch die politischen Verhältnisse und vor allem den Krieg. Absolventen arbeiteten deshalb in der Staatlichen Moorverwaltung, eröffneten Autovertretungen, waren als Verleger und Weinbauern tätig, als Veterinäre, Ärzte, Fahrlehrer, Polizeibeamte und Gastwirte.

Die Vermittlung von Stellen über Beziehungen zu Ehemaligen, die beruflich Fuß gefasst hatten und nun spätere Absolventen nachzogen, war ein wichtiger Faktor. Hierbei spielte vor allem Kurt Weigelt eine Rolle.[285] Das Kuratoriumsmitglied der DKS war auch bereits früher bei der Unterbringung der Absolventen behilflich gewesen. Diese Netzwerke hielten auch in der Nachkriegszeit.

Spätestens ab 1933 ergaben sich durch die Unterstützung Darrés Beschäftigungsmöglichkeiten im agrarpolitischen Apparat der NSDAP, später auch im Reichsnährstand und im Landwirtschaftsministerium. Bei dieser jüngeren Generation handelte es sich allerdings häufig nicht mehr um hochrangige Funktionen, sondern beispielsweise um Stellen in den Kreis- und Landesbauernschaften.

Ab 1939 ergaben sich über diese Verbindung neue Einsatzmöglichkeiten in den besetzten Ostgebieten, allerdings für diese Jüngeren auch eher eingeschränkt, da sie vorrangig zur Wehrmacht eingezogen wurden. Deshalb waren nur wenige im landwirtschaftlichen Bereich eingesetzt, zwei dafür im Umsiedlungsapparat des Reichskommissars für die Festigung deutschen Volkstums.

Nach dem Kriege gingen bis 1936 205 Absolventen nach Afrika (davon 44 nach Südwest, 88 nach Ostafrika, 27 nach Westafrika, 24 nach Südafrika, 21 nach Angola, 1 nach Ägypten), 103 nach Asien, 5 nach Australien und der Südsee, 34 nach Nordamerika, 68 nach Mittelamerika, 103 nach Südamerika und 63 nach dem europäischen Ausland.[286] Nach anderen Zahlen gingen in der Zeit von 1918 bis 1937 von insgesamt 634 Absolventen 241 nach Afrika (96 nach Ostafrika, 55 nach Westafrika, 28 nach Südafrika, 26 nach Angola und einer nach Ägypten), 216 nach Amerika (110 nach Südamerika, 72 nach Mittel- und 34 nach Nordamerika), 105 nach Asien und sechs nach Australien und in die Südsee. In den

285 Zu Weigelt vgl.: Karsten Linne, Afrika als »wirtschaftlicher Ergänzungsraum«: Kurt Weigelt und die kolonialwirtschaftlichen Planungen im »Dritten Reich«, in: Jahrbuch für Wirtschaftsgeschichte, 2006/2, S. 141-162.

286 Vgl. Die Deutsche Kolonialschule in Witzenhausen, in: Der Deutsche im Auslande, 24 (1936) 21 vom 15.5.1936, S. 528-529, hier S. 529.

Jahren von Ostern 1937 bis Ostern 1941 legten 145 Studierende der Kolonialschule ihre Abschlussprüfung ab.[287]

Stellensuche

Die Suche nach einem Arbeitsplatz gestaltete sich für die Absolventen nach 1933 zunächst nicht viel einfacher. Zwar hatte sich die Weltwirtschaft – und damit auch die tropische Landwirtschaft in den Überseegebieten – etwas erholt. Die Firmen reagierten aber immer noch zögerlich mit Neueinstellungen. Die Schulleitung bemühte sich nach wie vor, ihre Kontakte zur Stellenvermittlung zu nutzen.

Schwierigkeiten bei der Stellenvermittlung bereitete auch die Tatsache, dass Bewerber häufig im wahrsten Sinne des Wortes Geld mitbringen mussten. Zumindest im ehemaligen Deutsch-Ostafrika war das oftmals der Fall. Trotzdem gingen von Anfang 1933 bis zum Oktober desselben Jahres 16 von insgesamt 42 Ausreisenden dorthin. Hier machte sich die Konkurrenz der Bitterfelder Absolventen bemerkbar, die eine Zuzahlung von 25 Mark monatlich erhielten. Und die Pflanzer legten vielfach größeren Wert auf bares Geld als auf die vorhandene Ausbildung.[288] Immerhin gab es unbezahlte Stellen in Tanganjika. Für solche Absolventen, die in der Lage waren, die Überfahrt selbst zu zahlen und auf ein Gehalt in der ersten Zeit zu verzichten, gab es ab und zu Arbeitsplätze. So suchten zwei Absolventen der Kolonialschule, die im Iringabezirk ansässig waren, Volontäre.[289] Aber es waren auch recht dubiose Angebote dabei, z.B. von einem Pflanzer aus Oldeani. Der Absolvent, mit dem er verhandelte, sollte Ausreise und Ausrüstung selbst bezahlen und im ersten Jahr 25, im zweiten 30 Prozent des Gewinns der Kaffee-Ernte bekommen, angeblich etwa 200 bis 300 Mark pro Monat. Koch hielt das Angebot in der Höhe für unbestimmbar, rechnete aber auf jeden Fall mit wesentlich weniger Geld als angegeben und riet dem Absolventen, weiter zu verhandeln.[290] Es gelang aber auch immer wieder, Absolventen

287 Vgl. Schreiben des Stabsamts des KPA, Dr. Dresler, an die DKS vom 28.3.1941, in: StAM, 314/1, Nr. 177, unpag.; Durchschrift eines Schreibens von Direktor Köster an die Reichsleitung der NSDAP vom 23.4.1941, in: ebd., unpag.

288 Vgl. Durchschrift eines Schreibens von Direktor Arning an Walther Hartig vom 13.10.1933, in: AD, SA Walther Hartig, Bl. 127.

289 Vgl. Durchschrift eines Schreibens von Direktor Arning an Otto Deuss (Vater) vom 3.2.1934, in: ebd., SA Reinhard Deuss, Bl. 40.

290 Vgl. Schreiben von Alfred Cetto an Direktor Koch vom 11.12.1935, in: ebd., SA Alfred Cetto, Bl. 44; Durchschrift eines Schreibens von Direktor Koch an Alfred Cetto vom 13.12.1935, in: ebd., Bl. 46; Durchschrift eines Schreibens von Direktor Koch an Alfred Cetto vom 6.2.1936, in: ebd., Bl. 52.

in seriöse Stellungen in Tanganjka zu vermitteln, manchmal sogar gleich mehrere auf einmal.[291]

Gleich mehreren Absolventen bot die Finanzbank AG, welche die Kolonisation in Mato Grosso/Brasilien leitete, Arbeitsplätze an. Einem Absolventen wurde aber dringend abgeraten, dorthin zu gehen, da das Klima ungesund und unerträglich heiß sei. Er erkundigte sich bei Winter, gab an, die Entbehrungen gerne auf sich nehmen zu wollen, wenn es aber derart gesundheitsschädlich sei und er nicht einmal wisse, ob er so viel verdiene, um nach Deutschland zurückkehren zu können, wollte er die Stelle nicht annehmen.[292]

Selbst 1936 zeigten sich die meisten Pflanzungsgesellschaften in Kamerun und Ostafrika noch sehr zurückhaltend in Bezug auf Neueinstellungen. Koch mutmaßte, sie rechneten mit einer Lösung der Kolonialfrage und wollten sich vorher nicht stärker engagieren. Aus Südwestafrika kämen häufiger Angebote des Deutschen Bunds, aber das seien Stellen für Eleven mit einem Taschengeld, bei eigener Zahlung der Überfahrt.[293] Entsprechend vertröstete Koch einen Absolventen, der noch bis zum Herbst 1938 seinen Arbeits- und Wehrdienst ableistete und dann ausreisen wollte. Vielleicht sei bis dahin die Kolonialfrage gelöst; auf jeden Fall werde es möglich sein, ihm bis dahin eine Anstellung zu verschaffen. Momentan gebe es eine Reihe von Anfragen und jeden Monat gingen Absolventen hinaus.[294]

Wie prekär die Situation in Kamerun war, zeigte die eindringliche Warnung Kochs an einen Absolventen. Die Ansprüche, die in Kamerun gestellt würden, seien recht hoch. Er bat den Absolventen, sich viel Mühe zu geben und seinen Arbeitgeber, die Deutsch-Westafrikanische Handelsgesellschaft, nicht zu enttäuschen. Er habe eine große Verantwortung gegenüber seinen Kameraden, denn wenn ein Einziger nicht erfolgreich arbeite, verderbe er vielen anderen die Aussichten – und Koch hoffte, bei der Firma noch einige Absolventen unterbringen zu können.[295] So unberechtigt waren die Hoffnungen wohl nicht, denn die nächsten Absolventen standen bereit. Offensichtlich wählte Koch wirklich immer die besten Absolventen aus. Sie hatten in diesem Falle beide die Prüfung mit

291 Vgl. Durchschrift eines Schreibens des Direktors der DKS an R. von Brandis, Tanga, vom 6.12.1934, in: ebd., SA Günter Albrecht.

292 Vgl. Schreiben von Hans-Jürgen Eysen an Dr. Curt Winter vom 18.11.1933, in: ebd., SA Hans-Jürgen Eysen, Bl. 73; Durchschrift eines Schreibens von Dr. Curt Winter an Hans-Jürgen Eysen vom 23.11.1933, in: ebd., Bl. 74.

293 Vgl. Durchschrift eines Schreibens von Direktor Koch an Hans-Heinrich Fiene vom 3.8.1936, in: ebd., SA Hans-Heinrich Fiene, Bl. 75.

294 Vgl. Durchschrift eines Schreibens des Direktors der DKS an Heinz Bock vom 28.12.1936, in: ebd., SA Heinz Bock, Bl. 71.

295 Vgl. Durchschrift eines Schreibens des Direktors der DKS an Ernst Witzell vom 28.1.1937, in: ebd., SA Ernst Witzell.

»Gut« bestanden und gute Zeugnisse über ihren Charakter und ihre Entwicklungsmöglichkeiten erhalten.[296]

In einem weiteren Fall verhinderte die DAF-AO ein Engagement bei der Kameruner Moliwe-Pflanzungsgesellschaft. Der Absolvent, Dienstleiter der DKS, und von Koch wärmstens empfohlen, wollte bereits einen Arbeitsvertrag unterschreiben, als die Gesellschaft zurückruderte, weil die Auslandsorganisation Einspruch erhoben hatte. Koch vermutete eine Attacke von Frank, der sich mit seinen Abmachungen mit der DAF-AO durchgesetzt habe.[297]

Angesichts der schlechten Situation im Ausland blieb, wie schon vor 1933, der Arbeitsdienst eine Alternative. Arning gelang es immer wieder Absolventen dorthin zu vermitteln. Ein Absolvent, der bereits eineinhalb Jahre in Südwestafrika gewesen war, wollte in den Arbeitsdienst eintreten, um seine Eignung für Führungsstellen prüfen zu lassen. Arning empfahl ihn jedenfalls wärmstens.[298] Eine andere Möglichkeit bildete der Eintritt in die Reichswehr bzw. ab März 1935 in die Wehrmacht. Dieser Ausweg erschien vielen als durchaus attraktiv, da das Diplom der Kolonialschule dort als Abitur anerkannt wurde und so die Offizierslaufbahn eröffnete.[299]

Beruflicher Werdegang

Die Lebenswege der Absolventen aus der Zeit ab 1933 waren außerordentlich bunt und vielfältig. Wie die Zahlen zeigen, gelang es letztlich doch überraschend vielen von ihnen, ins Ausland zu gehen. Von denen, die sich im Ausland befanden, kehrte ein Teil vor Kriegsbeginn nach Deutschland zurück. Eine größere Gruppe wurde interniert; sie konnten später teilweise während des Krieges nach Deutschland zurückkehren. Nur einer kleinen Gruppe gelang es, vor allem in

296 Vgl. Durchschrift eines Schreibens von Direktor Koch an die Deutsch-Westafrikanische Handelsgesellschaft vom 15.10.1938, in: ebd., SA Arnold Breustedt, Bl. 66.

297 Vgl. Durchschrift eines Schreibens von Direktor Koch an den Reichsminister des Innern, Abteilung VI, vom 21.11.1938, in: ebd., SA Hans Giesen, Bl. 46-47; Abschrift einer Mitteilung des Gauamtsleiters Kurhessen an die DAF-AO vom 8.12.1938, in: ebd., Bl. 53; Abschrift eines Schreibens des Gauobmannes der Sozialabteilung der DAF-AO an die Reichsleitung des KPA vom 12.12.1938, in: ebd., Bl. 59-60; Persönliches Schreiben des KPA, Dr. Jung, an Direktor Koch vom 14.12.1938, in: ebd., Bl. 71.

298 Vgl. Durchschrift eines Schreibens von Direktor Arning an die Gauleitung des Arbeitsdienstes Hessen-Nord, Oberstfeldmeister Zimmer, vom 30.10.1933, in: ebd., SA Heinz Freyer, Bl. 111.

299 Vgl. Schreiben von Günther Albrecht an Direktor Koch vom 6.11.1934, in: ebd., SA Günther Albrecht, Bl. 101.

den südamerikanischen Ländern, die Kriegszeit dort zu verbringen. Entsprechend unterschiedlich verliefen die Wege nach 1945: Alle mussten sich neu orientieren, einige landeten in der ehemaligen DDR, viele in fachfremden Berufen. Nur ein kleiner Teil ging wieder ins Ausland, manche von ihnen in die gerade anlaufende »Entwicklungshilfe«.

Exemplarisch für die Lebenswege der Absolventen der Kolonialschule während der NS-Zeit, sollen hier einige präsentiert werden: Ein Absolvent war nach seiner Zeit auf der Schule 1935 zunächst mit anderen Mitschülern im Arbeitsdienst im Emsland und dann von 1935 bis 1937 beim Militär. Zwar hatte er bereits eine Anstellung bei einem Witzenhäuser sicher, musste jedoch ein zweites Jahr dienen. Im Winter 1937 ging er dann für die DOAG nach Ostafrika und arbeitete als Pflanzungsassistent auf einer Sisalpflanzung, die ebenfalls von einem Witzenhäuser geleitet wurde. »Die Zeit in Afrika gehört zu der schönsten meines Lebens. Jung, sorgenfrei und unbeschwert habe ich diese 1 1/2 Jahre so recht genossen.« Bei Kriegsbeginn wurde er von den Briten in Tanga interniert, bis er dann ausreisen durfte und im Februar 1940 wieder in Deutschland landete. Bereits im März diente er wieder als Soldat. Mit einem ehemaligen Mitschüler war er für zwei Monate beim KPA in Paris, wahrscheinlich zur Auswertung von Akten des französischen Kolonialministeriums. Bei Kriegshandlungen verlor er Anfang 1945 seinen linken Arm und sein linkes Bein. Im Frühjahr 1946 kehrte er nach Hamburg zurück, arbeitete zunächst als Buchhalter in einer Großhandlung, machte sich dann aber im Zuge der Währungsreform mit einem Kaffee-Versandhandel selbständig. Er erweiterte das Geschäft später auf Groß- und Einzelhandel und gründete 1959 einen Versand für Auslandsdeutsche, die ihren Angehörigen in Deutschland zu besonderen Anlässen ein Geschenkpaket zukommen lassen wollten.[300]

Der aus Thüringen stammende Peter Soergel war 1933/34 als Praktikant an der Kolonialschule, offensichtlich aber nur für kurze Zeit. Nach Aufenthalten in Belgien und Frankreich wurde sein Vater, der eine Puppenfabrik besaß, durch die Nationalsozialisten wegen Beschäftigung jüdischer Mitbürger zwangsenteignet. Nach dem Wehrdienst musste Soergel in den Krieg und war als Kompanieführer beim Afrikakorps und in Italien eingesetzt. Ende 1942 kehrte er noch einmal an die Kolonialschule zurück, wurde Ende März 1943 aber erneut eingezogen. Nach schwerer Verwundung und Kriegsgefangenschaft kam er 1946 nach Lauingen im schwäbischen Donautal, wohin es den Vater verschlagen

300 Vgl. Schreiben von Günter Krause an Dr. Winter vom 11.1.1953, in: ebd., AHV, Korrespondenz, Ko-Ku, unpag. (Zitat ebd.); Lebenslauf von Günter Krause, o. Dat., in: ebd., Ordner Schriftwechsel 1962/63, A-L, unpag. Zur »Sicherungsstelle« des KPA in Paris vgl. Karl Heinz Roth, Klios rabiate Hilfstruppen. Archivare und Archivpolitik im deutschen Faschismus, in: Archivmitteilungen, 41 (1991) 1, S. 1-10, hier S. 6.

hatte. Mehrere Jahre war er als Korrespondent und Redakteur für die Alliierten in Karlsruhe und Ansbach tätig. Zusammen mit seiner Frau baute er in Lauingen eine Leihbücherei auf. Schon seit Ende der vierziger Jahre engagierte sich Soergel politisch, war zunächst Mitglied des Bundes der Heimatvertriebenen und Entrechteten, später der SPD. 16 Jahre lang war er als Mitglied des Lauinger Stadtrates und als Sport- und Baureferent tätig, 25 Jahre lang, von 1966 bis 1991 leitete er das städtische Volksbildungswerk. Hauptberuflich war er ab 1960 als kaufmännischer Angestellter bei den Lauinger Elektrizitätswerken beschäftigt. »Peter Soergels Leben war geprägt von der Hilfe für andere. Der allseits geschätzte und hochgeachtete Mitbürger bewahrte stets Disziplin und reagierte flexibel auf die Wechselfälle des Lebens.«[301]

Ebenfalls schwer verwundet kehrte ein Absolvent aus dem Krieg zurück, der die Schule im Herbst 1934 abgeschlossen hatte. Im Anschluss war er ein halbes Jahr beim Arbeitsdienst und von April 1935 bis Frühjahr 1936 als Assistent im Kolonialkundlichen Institut. Von Sommer 1936 bis zum Kriegsausbruch arbeitete er als Pflanzungsassistent auf der Moliwe-Pflanzung in Victoria/Kamerun. Über Fernando Póo kehrte er 1940 nach Deutschland zurück. Nach dem Krieg konnte er durch die Verwundung seinen Beruf nicht mehr ausüben. Er orientierte sich um und arbeitete als Fachkorrespondent für den Sektor Pflanzenschutz in warmen Ländern bei der Cela GmbH in Ingelheim, danach als Sachbearbeiter für Fragen der tropischen und subtropischen Landwirtschaft bei der Ruhr-Stickstoff AG.[302]

Ein Schüler, der aus Stettin stammte und die Schule zu Ostern 1936 abschloss, ging zunächst als landwirtschaftlicher Beamter nach Pommern. Er heiratete die Schwester eines Semesterkollegen und wanderte im April 1939 nach Australien aus. Die Jahre von 1940 bis 1946 musste er im Internierungslager zubringen. Nach einer Tätigkeit auf einer Farm arbeitete er seit 1960 an einem College als Lehrer für Landwirtschaft und Naturwissenschaften. Er blieb bis zu seinem Tode 1997 in Australien.[303] Den Weg zum Lehrer schlug auch ein Absolvent ein, der die Schule zu Ostern 1935 verließ und auf Java eine gute Stellung in Aussicht hatte, aber die politischen Verhältnisse verhinderten die Annahme. Stattdessen fand er bei der Regierung in Osnabrück einen Arbeitsplatz als Wirtschaftsassistent in der Moor-Administration. Nach zweieinhalb Jahren wurde er Hilfslehrer, 1939 bekam er die Zulassung zum Studium der Pädagogik für land-

301 Vgl. Peter Soergels Leben war geprägt vom Einsatz für andere, in: Dillinger Zeitung, Nr. 218 vom 22.9.1997 (Zitat ebd.), zit. nach: HVW-Archiv, Ordner Ehemalige Mitglieder – Verstorben, S, unpag.

302 Vgl. Durchschrift einer Bescheinigung von Dr. Schäfer, DITSL, für Max Bernhardt vom 13.10.1965, in: AD, SA Max Bernhardt, Bl. 112-113.

303 Vgl. Gerhard Sontag, Kameradenbrief, in: Uu, Nr. 13, April 1970, S. 28-40, hier S. 36.

wirtschaftliche Schulen. Er wurde im August 1939 zur Wehrmacht eingezogen und konnte erst im Mai 1947 sein Studium zum landwirtschaftlichen Berufsschullehrer fortsetzen. Danach wurde er zunächst Lehrer, dann Hauptlehrer, später Schulleiter und Berufsschuldirektor in Weißenburg in Bayern, wo er bis zu seiner Pensionierung im Juli 1975 blieb.[304]

Noch vor dem Krieg berichtete ein aus Peru stammender Auslandsdeutscher, der dorthin nach seinem Abschluss Ostern 1936 zurückgekehrt war, über seine Arbeit. Er war auf einer großen Baumwollplantage in der Nähe von Piura beschäftigt. Die Hacienda gehörte einer Pflanzungsgesellschaft, die sich überwiegend aus deutschen Aktionären zusammensetzte. Auch sein Vorgesetzter war ein Deutscher, sodass sich ein gutes Verhältnis zwischen ihnen entwickelte. Seine Hauptarbeiten bestanden in der Kontrolle der Eingeborenenverwalter, der Buchführung der Plantage, der Nivellierung und Einrichtung neuer Felder und der Auszahlung der Löhne an die Arbeiter. Für das Pflücken war es schwierig, Arbeiter zu bekommen, da ein Wettbewerb mit den anderen Haciendas stattfand. Sie fuhren die Arbeiter mit Lastautos zu den Feldern, was seiner Ansicht nach ein gutes Werbemittel war: »Männer und Weiber freuen sich wie die Kinder auf den Wagen herumgefahren zu werden. Man muss immer versuchen, die Leute an ihren Schwächen zu fassen, der Erfolg bleibt dann nicht aus. Bei den sonstigen Kontrollarbeiten heisst es auch immer aufpassen und nochmals aufpassen; im Klauen und Begaunern sind die Indios Meister.«[305]

Viele wurden während der Kriegszeit bereits vor Beendigung von Praktikanten- bzw. Schulzeit zum RAD oder zur Wehrmacht einberufen. So erging es einem Praktikanten, der zwei Monate vor Ablauf seiner Praktikantenzeit zum RAD eingezogen wurde. Er fragte nach, ob er die Prüfung vorziehen könne, was von der Kolonialschule abgelehnt wurde. Köster beschied ihm, er brauche sich um seine zukünftige Ausbildung zunächst keine Sorgen zu machen. Nach dem Kriege würden diejenigen, die ihren Dienst für das Vaterland getan hätten, in irgendeiner Weise gegenüber den anderen zeitlich gefördert, so weit wie sich das mit dem Ausbildungsziel der Kolonialschule vereinbaren ließe. Für diesen Praktikanten – wie für viele andere – wurde das nicht mehr relevant, da er im Dezember 1942 im Osten fiel.[306]

Während des Kriegs versuchten viele Absolventen der Kolonialschule, zum Afrikakorps zu kommen. Einer von ihnen, der allerdings die Praktikantenprüfung nicht bestanden hatte und dann zur Wehrmacht eingezogen worden war,

304 Vgl. Gerhard Sontag, Kameradenbrief, in: ebd., Nr. 49, April 1988, S. 31-50, hier S. 44f.

305 Vgl. Schreiben von Ernst Arens an Direktor Koch vom 15.10.1936, in: AD, SA Ernst Arens, Bl. 115-116 (Zitat ebd.).

306 Vgl. Durchschrift eines Schreibens des Direktors der DKS an Hans Axmann vom 18.6.1941, in: ebd., SA Hans Axmann, Bl. 32.

bat die Schule bereits während dieser Zeit um Unterrichtung über die geplante Unterstützung für Ansiedler (Farmer) in Afrika und Russland. Sehr konkret wollte er die Art der geforderten Berufsausbildung, die Menge des erforderlichen Eigenkapitals sowie die voraussichtlich höchste Hektarzahl wissen, bei der es eine Unterstützung durch das Reich geben werde. Am 8. November 1942 landeten anglo-amerikanische Truppen in Marokko und Algerien (Operation Torch) und besiegelten damit den Anfang vom Ende des Deutschen Afrikakorps, dessen Reste schließlich am 13. Mai 1943 kapitulierten. Drei Tage nach der alliierten Landung teilte Hans Pfalzgraf dem ehemaligen Praktikanten mit, dass aktuell keine Stelle die Anfragen beantworten könne. Auf jeden Fall werde man nicht in der Lage sein, Ansiedler für Russland oder Afrika zu stellen, sondern Farmer oder Beamte, die Eingeborenenwirtschaften beraten.[307]

Im »Osteinsatz« befand sich ein ehemaliger Schüler, der selbst Volksdeutscher aus dem Komitat Bistritz war und im Warthegau eingesetzt wurde. Vom Reichsstatthalter in Posen wurde er zum SS-Arbeitsstab in die Kreisstadt Scharnikau eingeteilt. Bis die übrigen Studenten nach Beendigung des Sommersemesters auf den Hochschulen kamen, war er dort der einzige Student. Er war mit verantwortlich für die Betreuung der umgesiedelten Volksdeutschen, die auf polnischen Höfen angesiedelt werden sollten. Vorrangig war aber die »Evakuierung«, sprich Vertreibung der Polen, unterbrochen nur während der Erntezeit, damit die Arbeit nicht ins Stocken geriet.[308]

Rückblickend resümierte Winter 1951 die Lebenswege einiger Absolventen in Kriegs- und Nachkriegszeit. Mit dem ihm eigenen verklärenden Blick machte er die »Enge des heimatlichen Raumes« und die »unendlichen Schwierigkeiten, die der Wanderung nach Übersee entgegenstehen« dafür verantwortlich, dass manche von ihnen gezwungen waren, der Landwirtschaft den Rücken zu kehren. Den meisten sei dieser Entschluss schwergefallen ist. Aber die Tatsache, dass sie auch in anderen Berufsfeldern vorangekommen seien und »ihren Mann« gestanden hätten, zeige wiederum die Flexibilität der Kolonialschüler, die in allen Sätteln gerecht seien und sich nicht so leicht unterkriegen ließen. Winter führte als Beispiele einige Absolventen an, die in der Textilbranche arbeiteten, in der chemischen Industrie, vorrangig der Schädlingsbekämpfung. Er berichtete über drei Berufsschullehrer, einen holsteinischen Volksschullehrer, der das deutsche Lehrerseminar in São Leopoldo im Staat Rio Grande do Sul besucht hatte. Lediglich ein Absolvent, der vorher im Bauernschuldienst tätig gewesen war, stand vor der

307 Vgl. Schreiben von Hans-Ludwig Schneider an die DKS vom 30.10.1942, in: ebd., SA Hans-Ludwig Schneider, unpag.; Durchschrift eines Schreibens von Dr. Pfalzgraf an Hans-Ludwig Schneider vom 11.11.1942, in: ebd., unpag.

308 Vgl. Schreiben von Felix Heinrich an Direktor Köster vom 22.8.1942, in: ebd., SA Felix Heinrich, Bl. 36.

Ausreise nach Südwestafrika. Und auch nur deshalb, weil dortige Kameraden ihm finanziell und durch persönlichen Einsatz den Weg bereitet hatten.[309]

Arbeitsfeld »Entwicklungshilfe«

Einige der Absolventen aus der Zeit ab 1933 fanden in der Nachkriegszeit ebenfalls den Weg in die frühe deutsche Entwicklungspolitik. Besonders bemerkenswert ist dabei zweifellos der Lebensweg von Roderich Freiherr von Schönau-Wehr, Sohn eines Schutztruppenoffiziers, der die Kolonialschule im Sommer 1935 abschloss. Er trat danach als Freiwilliger seinen Wehrdienst an und reiste im Januar 1937 nach Tanganjika aus. Dort begann er als Pflanzungsassistent auf einer Sisalpantage, später arbeitete er bis zum Kriegsbeginn auf einer Kaffeepflanzung. Nach kurzer Internierung konnte er Anfang 1940 nach Deutschland zurückkehren. Bereits kurze Zeit später wurde er zur Wehrmacht eingezogen, wohl aufgrund seiner Kisuaheli-Kenntnisse zu einer Einheit, aus der die Division Brandenburg hervorging, eine Sonderformation der Wehrmacht, die direkt der Abwehr unterstand und Kommandounternehmen durchführte. Nach Kämpfen an verschiedenen Fronten geriet Schönau-Wehr bei Kriegsende in sowjetische Gefangenschaft. Als einer der letzten Kriegsgefangenen konnte er erst 1955 nach Deutschland zurückkehren. Bereits ab 1957 wurde er dann als Berater für die Regierung im Süd-Sudan tätig. Ab 1964 arbeitete er für die Deutsche Förderungsgesellschaft für Entwicklungsländer (GAWI) in Somalia, Sierra Leone und Zaire, bis er 1976 in seine Heimatstadt Sigmaringen zurückkehrte, wo er im Oktober 1997 verstarb. Er litt darunter, dass seine Arbeit durch die jahrelangen Bürgerkriege in Afrika wieder zunichte gemacht wurde.[310]

Ein typisches Kriegsschicksal ereilte einen Schüler, der die Vorprüfung bestanden hatte, dann aber vor Beendigung der Schule im September 1941 eingezogen wurde. Nach dem Krieg studierte und promovierte er in Berlin, ging 1951 nach Südafrika. Ab 1967 war er für die FAO im Irak tätig. Seine Arbeit machte gute Fortschritte, wenn er sich auch manchmal etwas mehr Aktivität von seinen Mitarbeitern wünschte, »aber der orientalische Einfluß ist halt nicht wegzuleugnen«. Danach war er für die GAWI in Brasilien und später noch in den Vereinigten Arabischen Emiraten.[311]

309 Vgl. Curt Winter, Liebe Kameraden!, in: DKP, 1951, S. 69-86, hier S. 83.

310 Vgl. Des Freiherrn Liebe galt dem fernen Afrika, in: Süddeutsche Zeitung vom 13.10.1997, zit. nach: HVW-Archiv, Ordner Ehemalige Mitglieder – Verstorben, S, unpag.

311 Vgl. Schreiben von Konrad Männel an Gerhard Sontag vom 18.12.1968, in: AD, AHV, Ordner Schriftwechsel 1969, L-Z, unpag.; eigene Datenbank; Konrad Männel, Untersuchungen über die Wirtschaftlichkeit und die Marktleistung von Ka-

Ein anderer ehemaliger Witzenhäuser, der allerdings nur kurze Zeit als Praktikant auf der Schule war, sich dem Kreis aber offensichtlich zugehörig fühlte, ging vor dem Krieg nach Kamerun. Bereits 1945 wurde er für den Lutherischen Weltbund als Leiter eines Hilfswerks für Flüchtlinge aus Palästina in Syrien tätig. Dann ging er 1961 nach Togo, um im Zuge der landwirtschaftlichen Entwicklungshilfe der Bundesrepublik verschiedene Aufgaben zu übernehmen. Während der letzten drei Jahre seiner Tätigkeit dort war er Projektleiter der Versuchsstation für Tierzucht und Pflanzenbau bei Palimé. Mit dem Aufbau der Station war 1964 begonnen worden. An ihm nahmen auch drei weitere Witzenhäuser Absolventen des Jahrgangs 1963 teil. Ab 1968 war er wieder in Deutschland und besaß einen niederelbischen Obsthof, auf dem er Äpfel, Birnen und Erdbeeren anbaute. Er verstarb im September 1996.[312]

Ebenfalls in die Entwicklungspolitik ging ein Absolvent, der die Schule 1937 verlassen und vor dem Krieg in Kamerun gearbeitet hatte. Er wurde bis 1946 auf Jamaika interniert, studierte und promovierte in Gießen, bevor er nach Frankreich ging. Ab 1965 leitete er ein Entwicklungsprojekt in Kamerun. Dort wurden Versuche mit den verschiedensten Kulturen durchgeführt, unter anderem mit Kaffee, Tee, Tabak und Mais. Er blieb bis 1972 in Kamerun, ging 1976/77 noch einmal in die Türkei und verstarb 1978 bei einem Autounfall in Frankreich.[313]

Bindung an die Schule

Die zweifellos bei vielen Absolventen vorhandene emotionale Bindung an die Schule konnte vielfältige Formen annehmen, von der Bitte um Hilfe bis hin zu guten Ratschlägen. Eine spezielle Form der ersten Variante bildete das Schreiben eines Rechtsanwalts an Koch. Sein Mandant, ein Kolonialschüler, der die Schule im Oktober 1934 abgeschlossen hatte, war wegen fahrlässiger Körperverletzung zweier Personen mit dem Auto unter Alkoholeinfluss zu acht Monaten Gefängnis verurteilt worden und musste die Strafe nun antreten. Der Rechtsanwalt wollte aufgrund familiärer Härten ein Gnadengesuch stellen und bat um ein

ninchen unter Benutzung von Ergebnissen aus dem Lande Brandenburg, Diss. HU Berlin 1950; ders., Geflügelzucht im Highveld, in: DTL, 63 (1962), S. 42-45; ders., Förderung der Geflügelwirtschaft im Irak, in: LiA, 2 (1968) 4, S. 9-14.

312 Vgl. Gerhard Sontag, Kameradenbrief, in: Uu, Nr. 13, April 1970, S. 28-40, hier S. 38. Siehe dazu: Wilhelm Steinhausen, Sortenfragen im Bananenbau, in: DKP, 1954, S. 39-49; ders., Die Banane. Anbau und Düngung, Bochum (Ruhr-Stickstoff AG) 1958.

313 Vgl. Gerhard Sontag, Kameradenbrief, in: Uu, Nr. 8, Oktober 1967, S. 30-44, hier S. 34; eigene Datenbank; Karl Thies, Intensive Bewirtschaftungsformen durch Zusammenwirken von künstlicher Beregnung und künstlicher Trocknung, Diss. Gießen 1948.

positives Zeugnis der DKS. Außerdem hatte die Mutter angeregt, die Schule könne sich mit einer Eingabe an den Reichsminister Darré wenden und sich dafür einsetzen, dass der Absolvent wieder auf freien Fuß gesetzt werde.[314]

Ebenfalls um ein gutes Leumundszeugnis bat eine Mutter, deren Sohn die Schule zu Ostern 1934 abgeschlossen hatte. Er hatte dem studentischen Stahlhelm angehört, war dann in die SA überführt worden. Dort avancierte er zum Truppführer. Als Feldwebel der Fallschirmjäger geriet er am Suez-Kanal in britische Gefangenschaft. Angeblich aufgrund seiner SA-Vergangenheit saß er seit eineinhalb Jahren unter ungünstigsten Umständen in einem politischen Isoliercamp. Die Mutter versuchte mit Hilfe der Bescheinigung eine Überprüfung bzw. Verbesserung seiner Situation herbeizuführen.[315]

Die Absolventen überbrachten auch schlichtweg Informationen, durch ihre Schreiben oder persönlichen Besuche in Witzenhausen. So berichtete ein Absolvent, der gerade aus Kamerun zurückgekehrt war, dass man bei der Gesellschaft, für die er arbeitete, mit den Leistungen eines anderen Absolventen nicht zufrieden sei. Es stellte sich sogar die Frage, wie man den Betreffenden überhaupt hätte nach Kamerun schicken können. Diese Schilderungen beunruhigten Koch, der sich in der Verantwortung sah. Der Kritisierte antwortete, er habe wenige Tage nach seiner Ankunft in Kamerun allein ein Vorwerk übernehmen müssen. Er gab zu, dass seine Sprachkenntnisse in Pidgin-Englisch dürftig und seine Kenntnisse in praktischer Landwirtschaft, dem Einteilen der Leute usw., gemessen an den Erfahrungen der anderen Angestellten, klein waren. So habe er im Anfang Fehler gemacht. Von dem Pflanzungsleiter auf verschiedene Mängel aufmerksam gemacht, habe er sich umso mehr bemüht, sein Vorwerk in Ordnung zu halten.[316] Von Klagen aus Südwestafrika über mangelnde Eignung der Kolonialschüler hatte bereits früher ein dort tätig gewesener Absolvent berichtet. Koch hielt dem entgegen, die Ausbildung sei besser geworden. Wenn einzelne Absolventen versagt hätten, so seien nicht die richtigen Männer an die richtigen Stellen gebracht worden. Außerdem sei es so, dass ein Versager der Masse der guten Absolventen die Aussichten verderben könne.[317]

Eher kritisch blickte ein Absolvent zurück, der gerade erst sein Diplom erhalten hatte und nun seinen Arbeitsdienst ableistete. Dort gefiel es ihm sehr gut. Vor allem sei die Kameradschaft dort besser als in Witzenhausen. Koch bedauerte,

314 Vgl. Schreiben von Rechtsanwalt Hans Senger an Direktor Koch vom 8.1.1937, in: AD, SA Martin Bode, Bl. 124.

315 Vgl. Schreiben von Hertha Cuwie (Mutter) an die DKS vom 8.1.1947, in: ebd., SA Gerhard Cuwie, Bl. 76; Bescheinigung der DKS vom 25.1.1947, in: ebd., Bl. 78.

316 Vgl. Durchschrift eines Schreibens von Direktor Koch an Hans-Heinrich Fiene vom 24.7.1937, in: ebd., SA Hans-Heinrich Fiene, Bl. 94; Schreiben von Hans-Heinrich Fiene an Direktor Koch vom 15.8.1937, in: ebd., Bl. 95.

317 Vgl. Durchschrift eines Schreibens von Direktor Koch an Heinz Freyer vom 22.1.1935, in: ebd., SA Heinz Freyer, Bl. 128.

dass der Absolvent über die Witzenhäuser Kameradschaft so »vergleichsweise abfällig« dachte und wünschte sich eine Begründung. Die folgte auf dem Fuße: Der Absolvent vertrat die Ansicht, eine wirkliche Kameradschaft könne aus sehr verschiedenen Ursachen entstehen, z.B. aus einem gemeinschaftlichen Erleben, das groß und einschneidend sei wie der Weltkrieg. Immer aber stelle sich wahre Kameradschaft in Verbindung mit einer Gemeinschaft dar, die organisch verwächst, den gleichen Weg gehe und dieselben Aufgaben zu erfüllen habe. Dem stand für ihn die aus Zweckmäßigkeitserwägungen entstehende Vereinigung gleicher Interessenten entgegen. Zu den Voraussetzungen wahrer Kameradschaft in Witzenhausen zählte er neben Unterordnung und Selbstdisziplin die »rücksichtslose Entfernung aller Elemente, die geeignet sind, das innere Gleichgewicht« der Kameradschaft zu stören.[318]

In die Kategorie der konstruktiven Kritik fiel ein Bericht von Heino Messerschmidt, der aufgrund seiner Beteiligung an der Denkschrift gegen Koch ausgewiesen worden war und danach Landwirtschaft in Göttingen studierte. Der Bericht basierte auf seinen eigenen Schulerfahrungen sowie aus einer Reise nach England und Kamerun. Ein Ausbildungsgang wie der in Witzenhausen, so Messerschmidt, könne praktische Erfahrungen nicht ersetzen, wie sie von Pflanzungsassistenten gefordert würden. Die Absolventen der Kolonialschule seien dagegen häufig überladen mit theoretischem Wissen in vielen Fächern, allerdings ohne die hinreichende Tiefe für die immer anspruchsvoller werdenden seltenen Führungspositionen. Die Tätigkeit als Pflanzungsassistenten, die sie häufig ausübten, enttäuschte sie und stünde auch in keinem Verhältnis zur aufgewandten Zeit und den Kosten der Ausbildung. Die Tatsache, dass Einzelne von ihnen sich draußen hervorragend weitergebildet und bewährt hätten, auch teilweise in Spitzenstellungen gekommen seien, könne die Zweifel an der Richtigkeit des Witzenhäuser Ausbildungswegs nicht beseitigen. Gemäß seinen alten Positionen plädierte Messerschmidt dafür, die DKS in ein Programm zur Vorbereitung der zukünftigen deutschen Tropenarbeit einzubauen und als vollgültige akademische Ausbildungsstätte zum Tropenfachmann für landwirtschaftliche Verwaltung, Forschung und Versuchswesen auszubauen.[319]

Es gab auch weniger kritische Töne. Ein Absolvent schrieb, seine neue Tätigkeit sei sehr interessant und er habe schon öfter feststellen können, dass man auf

318 Vgl. Schreiben von Max Bernhardt an Direktor Koch vom 4.11.1934, in: ebd., SA Max Bernhardt, Bl. 91; Durchschrift eines Schreibens von Direktor Koch an Max Bernhardt vom 6.11.1934, in: ebd., Bl. 92; Schreiben von Max Bernhardt an Direktor Koch vom 25.11.1934, in: ebd., Bl. 93-96 (Zitat Bl. 96).

319 Vgl. Heino Messerschmidt, Bericht über eine Studienreise nach England und Kamerun in den Sommer-Semesterferien 1937. Erstattet im Dezember 1937, S. 66f., in: ebd., Akte Zeitungsausschnitte über die Lehranstalt, unpag. Zu Messerschmidt vgl.: Klaus Meyn, Persönliches: Dr. h.c. Heino H.H.Messerschmidt 70 Jahre, in: TL, 87 (1986) 1, S. 70-72.

der DKS doch allerlei lernt, sodass man sich in allen möglichen Berufen zurechtfindet. Das war aus seiner Sicht auch der Hauptzweck der Schule.[320] Ein Absolvent, der die Schule kurze Zeit zuvor abgeschlossen hatte, berichtete aus Südwestafrika, dass Witzenhausen dort sehr bekannt sei. Die alten Farmer hielten diese Ausbildung oft nicht für richtig, sondern bevorzugten stattdessen zwei Jahre praktisches Lernen im Land. Trotz der Kosten für das Studium, müsse man doch zugeben, manchen praktischen und theoretischen Wink mitbekommen zu haben. Er jedenfalls könne viel davon verwerten, z.B. mauern, bewässern, tischlern, reparieren der verschiedenen Pumpen und des Autos.[321]

Rückkehr nach Deutschland

Sehr speziell war die Situation für diejenigen, die während des Kriegs nach Deutschland zurückkehrten. Beispiel dafür war ein Absolvent, der direkt nach Abschluss der Schule 1935 nach Guatemala gegangen war, seit Kriegsbeginn in den USA interniert und 1942 ausgetauscht wurde. Er bat die DKS um Rat, wo er sich melden könne, um als Landwirt im Osten eingesetzt zu werden. Pfalzgraf riet ihm, sich durch die für ihn zuständige Landesbauernschaft der Zentralstelle für den Osteinsatz zur Verfügung zu stellen. Der Absolvent wollte als Sonderführer in der Landwirtschaft im Osten eingesetzt werden und wandte sich an die Landesbauernschaft, die seinen Antrag nach Berlin weiterleitete. Von der Hamburger Firma Nottebohm, für die er in Guatemala gearbeitet hatte, bekam er ein Angebot, in die Ukraine oder das Kuban-Kaukasusgebiet zu gehen, um dort am Aufbau der Baumwollkulturen sowie beim Tabak-, Tee- und Gewürzanbau mitzuhelfen. Kulturen, die er aus Mittelamerika kannte. Die für seinen Antrag zuständige Zentral-Handelsgesellschaft Ost wandte sich an die Kolonialschule, die er als Referenz angegeben hatte. Man bat – in »Anbetracht der Größe und entscheidenden Wichtigkeit der uns gestellten Aufgabe« – um eine besonders eingehende und sorgfältige Beurteilung des Bewerbers, sowohl in charakterlicher als auch in fachlicher Beziehung. Die DKS sandte die sehr positive Beurteilung aus dem Abgangszeugnis mit der Note 1 zu.[322]

320 Vgl. Schreiben von Georg Holzapfel an Franz Rüdrich vom 23.9.1938, in: AD, SA Georg Holzapfel, Bl. 29.

321 Vgl. Schreiben von Joachim Wetjen an Direktor Koch vom 29.7.1935, in: ebd., SA Joachim Wetjen, unpag.

322 Vgl. Schreiben von Kurt Fischbach an die DKS vom 10.8.1942, in: ebd., SA Kurt Fischbach, Bl. 72; Durchschrift eines Schreibens des vertretenden Direktors Dr. Pfalzgraf an Kurt Fischbach vom 13.8.1942, in: ebd., Bl. 73; Schreiben von Kurt Fischbach an die DKS vom 10.9.1942, in: ebd., Bl. 74; Schreiben der Zentral-Handelsgesellschaft Ost an die DKS vom 8.10.1942, in: ebd., Bl. 76; Durchschrift eines

Für viele, die vom Ausland nach Deutschland zurückkehrten, gestaltete sich diese Rückkehr schwierig. Sicherlich allerdings nicht in jedem Fall so schwierig, wie für einen Absolventen, der wegen großer Schulden und weiterer Verfehlungen Angola 1961 zwangsweise mit seiner Familie verlassen musste und danach in Stuttgart lebte. Er wurde »wegen nicht einwandfreier Lebensführung in Angola« aus dem Verzeichnis des Altherrenverbandes gestrichen.[323]

Wie schwierig sich der Wiedereinstieg in einen Beruf, zumal im fortgeschrittenen Alter, gestalten konnte, erlebte ein Absolvent, der lange Jahre in Afrika tätig gewesen war. Ein Abteilungsleiter der Ruhr-Stickstoff AG, der auch Mitglied im Verband war, hatte sich für ihn eingesetzt. Aber selbst diese Protektion half nichts, das Alter von 67 Jahren war das unüberwindliche Hindernis. Er empfahl, es stattdessen bei der FAO oder als Gutachter bei der Zentralstelle Landwirtschaft (ZL) der Deutschen Stiftung für Entwicklungsländer (DSE) zu versuchen.[324]

Die allermeisten aus dieser Generation, die aus dem Ausland zurückkehrten, hatten keine Reichtümer ansammeln können. Auch ihre Rente fiel in der Regel nicht sehr hoch aus; besonders gravierend bei denen, die als Selbständige tätig gewesen waren. Viele wandten sich an die Schule, um die für die Rente wichtige Bestätigung zu bekommen, was sie mutmaßlich verdient hätten, wenn sie in ihrem erlernten Beruf hätten verbleiben können. So schrieb ein Absolvent, der bis zum Kriegsbeginn in Kamerun gewesen war, dann im Krieg schwer verwundet wurde und deshalb danach seinen Beruf nicht mehr ausüben konnte. Er hatte

Schreibens des vertretenden Direktors Dr. Pfalzgraf an die Zentral-Handelsgesellschaft Ost vom 15.10.1942, in: ebd., Bl. 77.

323 Vgl. Durchschrift eines Schreibens von Gerhard Sontag an Hermann Freiherr von Heeremann vom 21.1.1963 (Zitat ebd.), in: ebd., AHV, Allgemeine Korrespondenz, September 1962-Dezember 1963, L-Z.

324 Vgl. Durchschrift eines Schreibens von Ermisch an Kurt Stade (Monrovia/Liberia) vom 1.10.1969, in: ebd., AHV, Ordner Schriftwechsel 1969, L-Z, unpag. Zur DSE vgl. Rudolf Schloz, Deutsche Entwicklungspolitik. Eine Bilanz nach 25 Jahren, München/Wien 1979, S. 72ff.; Horst Dumke, Anfänge der deutschen staatlichen Entwicklungspolitik. Eine Korrektur des politischen Bildes, St. Augustin 1997, S. 42; Friedrich Georg Seib, Die ersten Jahre der DSE, in: Winfried Böll/Erika Wolf (Hg.), 25 Jahre Dialog und Training – Was haben wir gelernt?, Baden-Baden 1985, S. 35-41. Zur ZL vgl.: Zentralstelle Landwirtschaft nimmt Arbeit in München auf, in: Mitteilungen der Deutschen Stiftung für Entwicklungsländer, Nr. 13 vom 1.7.1963, S. 2; Regierungslandwirtschaftsrat Ruhenstroth, Aufgaben der Zentralstelle Landwirtschaft, in: Deutsche Agrarhilfe für Entwicklungsländer. Grundsätze und Erfahrungen, München 1963, S. 22-29; Der Beitrag der freien Welt zum agrarwirtschaftlichen Fortschritt in den Entwicklungsländern. Ansprachen zur Eröffnung der Zentralstelle Landwirtschaft am 17.1.1964 in München, München 1964; Erhard Krüsken, Die Rolle der Zentralstelle für Landwirtschaft in Ausbildung und Beratung, in: LiA, 4 (1970) 1, Februar 1970, S. 9-10.

in der Nachkriegszeit in der chemischen Industrie gearbeitet und nach Ansicht des DITSL dabei bei Weitem nicht das verdient, was er gemäß seines Studiums der tropischen bzw. subtropischen Landwirtschaft verdienen würde. Die Absolventen der früheren DKS, die auf dem Gebiet der Entwicklungspolitik oder als Pflanzungsdirektor tätig seien, verdienten angeblich 1965 im Durchschnitt 2.500 bis 3.500 DM im Monat. Gehälter von 4.000 DM und mehr seien keine Seltenheit, was jederzeit bei der GAWI festgestellt werden könne.[325] Einem anderen Absolventen bestätigte man sechs Jahre später, er habe das Diplom der DKS, Kolonialhochschule, erworben und damit die Titel »Dipl. rer. Col. und Diplomkolonialwirt«. Mit Erlass des RMWEV vom 19. Juni 1942 habe das Diplom zurückgegeben werden können, und die Absolventen hätten das Recht gehabt, sich Staatlich geprüfte Koloniallandwirte zu nennen. Mit Erlass des Hessischen Kultusministers vom 16. März 1971 wiederum sei eine Nachgraduierung möglich geworden und damit der Titel »Ing. (grad.)«. Der Absolvent würde demnach in seinem ursprünglichen Beruf 2.000 bis 3.000 DM monatlich verdienen. 250 Absolventen seien im Ausland tätig, Monatseinkommen von 700 bis 800 Dollar und mehr seien bei ihnen keine Seltenheit.[326]

Bei einem Absolventen, der ebenfalls eine schwere Kriegsverletzung davongetragen, später studiert und promoviert hatte, unterstellte der Geschäftsführer des DITSL bei der Berechnung, es habe keine Unterbrechung der Berufslaufbahn durch Kriegseinwirkung stattgefunden. Dann hätte der Absolvent in der Regel nach etwa zehnjähriger Berufstätigkeit eine leitende Position bekleidet. Gemäß der Einteilung hätte es sich um die Gruppe Ia, leitende Positionen mit unternehmerischen Funktionen und Aufsichts- und Dispositionsbefugnis gehandelt, etwa entsprechend dem Direktor einer Bankfiliale. Die Mehrheit der Tropenlandwirte habe im Ausland leitende Positionen innegehabt und sei mit handelsrechtlichen Vollmachten ausgestattet gewesen.[327]

Diese Auseinandersetzungen um die Höhe der Rente betrafen auch noch die Hinterbliebenenversorgungen. Auch Witwen wandten sich in solchen Fragen an das DITSL. In einer Bestätigung teilte der Geschäftsführer 1966 mit, dass für die Absolventen der früheren Deutschen Kolonialschule jetzt auf dem Gebiete der Entwicklungshilfe sehr gute Verdienstmöglichkeiten bestünden. In führenden

325 Vgl. Durchschrift einer Bescheinigung von Dr. Schäfer, DITSL, für Max Bernhardt vom 13.10.1965, in: AD, SA Max Bernhardt, Bl. 112-113, hier Bl. 113.

326 Vgl. Durchschrift eines Schreibens des DITSL, Rüdrich, an das Katasteramt Friedberg vom 29.6.1971, in: ebd., SA Hans-Joachim Wilke, unpag.; Anordnung des Hessischen Kultusministers zur Nachgraduierung der Absolventen vom 16.3.1971, in: Staats-Anzeiger für das Land Hessen, Nr. 17 vom 26.4.1971, S. 725, zit. nach: ebd., AHV, Ordner Diverses.

327 Vgl. Durchschrift eines Schreibens von Geschäftsführer Dr. Lenken an den 8. Senat des Landessozialgerichts Württemberg in Stuttgart vom 23.5.1973, in: ebd., SA Otto Geissler, unpag.

Positionen verdienen sie 2.500 bis 3.500 DM und mehr im Monat. Vielfach stünden sie sich wesentlich besser als Diplomlandwirte in Deutschland. Man gab der Witwe ferner den Rat, die hypothetischen Einkommensverhältnisse nicht so sehr auf eine Tätigkeit im Landwirtschaftsministerium oder im Bundesministerium für wirtschaftliche Zusammenarbeit (BMZ) zu stützen, sondern auf ein Beschäftigungsverhältnis in Übersee oder bei der GAWI.[328]

4. Schule und Schüler im Zweiten Weltkrieg

Der Schulbetrieb

Der Beginn des Zweiten Weltkriegs traf die Kolonialschule zunächst nicht ganz so hart wie der Beginn des Ersten Weltkriegs. Hatten sich 1914 noch fast alle Schüler freiwillig gemeldet oder waren eingezogen worden, so lief 1939 der Betrieb anfangs normal weiter. Gestoppt wurde aber die geplante bauliche Erweiterung der Anstalt. In einem ersten Bauabschnitt war ein Lehrgebäude mit Hörsälen, Sammlungs- und Vorbereitungsräumen vorgesehen, außerdem der Bau einer eigenen Turn- und Festhalle sowie die Anlage eines Sportplatzes.[329]

Einen Tag vor Kriegsbeginn übernahm Landwirtschaftsrat Friedrich Schwend als kommissarischer Leiter die Position von Boss, der eingezogen worden war. Er mahnte angesichts des Ernstes der Stunde und der vielen Einberufungen »vorbildliche Pflichttreue und Fleiss« von jedem Gefolgschaftsmitglied an.[330]

Offensichtlich war man sich auf Seiten der Schulleitung zunächst unsicher, wie es weitergehen würde. In einem Rundschreiben an die Eltern hieß es, das

328 Vgl. Entwurf einer Bescheinigung von Dr. Schäfer vom 5.10.1968. in: ebd., SA Adolf Cratz, Bl. 62; Durchschrift eines Schreibens von Franz Rüdrich an Frau Gretel Cratz vom 29.1.1969, in: ebd., Bl. 66. Zum BMZ vgl.: Manfred Glagow/Wilfried Gotsch/Andreas Stucke, Das Bundesministerium für wirtschaftliche Zusammenarbeit (BMZ): Entstehungszusammenhang, Personalpolitik, Steuerungsfähigkeit, Pfaffenweiler 1989; Wolfgang Gieler (Hg.), 50 Jahre deutsche Entwicklungszusammenarbeit. Das BMZ von Walter Scheel bis Dirk Niebel, Bonn u.a. 2011; Sebastian Harnisch/Siegmar Schmidt, Auf Augenhöhe. 50 Jahre Bundesministerium für wirtschaftliche Zusammenarbeit und Entwicklung, Baden-Baden 2012.

329 Vgl. Theodor Frank, Liebe Kameraden!, in: Mitteilungen des Verbandes deutscher Koloniallandwirte e.V., 39 (1939) 1, 1. Kriegsausgabe vom 1. Dezember 1939, S. 3-7, hier S. 5.

330 Vgl. Rundschreiben von Schwend vom 31.8.1939, in: AD, Direktoren, Schwend, Bl. 23.

Wintersemester 1939/40 werde nur dann eröffnet, wenn eine ausreichende Zahl von Studierenden daran teilnehmen könnte. Nach Auswertung der Antworten werde entschieden, ob die Vorlesungen wiederaufgenommen werden könnten.[331] Es kursierten auch Gerüchte, die Kolonialschule könne wegen des Kriegs ganz geschlossen werden.[332]

Das Wintersemester 1939/40 wurde trotz der Einberufungen von Studierenden zum Heeresdienst am 3. Oktober 1939 eröffnet. Landwirtschaftsrat Schwend sprach über die Pflichten der Studierenden eines Kriegssemesters und stellte die neu eintretenden Dozenten vor, darunter Feldmann und Pfalzgraf, der die Vertretung des schulischen Leiters übernahm. Das Semester begann mit insgesamt 73 Studierenden sowie 34 Praktikanten.[333]

Der Regierungspräsident hatte beim Wehrbezirkskommando II in Kassel erreicht, dass nur die dienstpflichtigen Jahrgänge 1914 bis 1919 im Laufe des Wintersemesters eingezogen würden. Die vor 1914 liegenden Jahrgänge sowie die in der Zeit vom Herbst 1919 bis zum Herbst 1920 Geborenen sollten erst im Frühjahr, nach Beendigung des Wintersemesters eingezogen werden.[334] Dementsprechend zufrieden kommentierte Schwend die Situation in einem Schreiben an einen Absolventen, der die Anstalt gerade im August verlassen hatte: »Hier hat das Semester in Ordnung begonnen und wird auch ordnungsmäßig bis zum Schluß durchgeführt. Ich glaube, daß Sie mit dem hier herrschenden Geist recht zufrieden und einverstanden wären, wenn auch hier und da noch der Versuch gemacht werden sollte, querzutreiben, so wird dieser im Keime erstickt, da es unmöglich ist, daß an dem Wiederaufbau der Anstalt einzelne Studierende als Störenfriede sich betätigen.«[335]

Dieser Optimismus sollte sich als nicht gerechtfertigt erweisen, denn es kam zu häufigen Ausschreitungen und Disziplinlosigkeiten. Während des Wintersemesters wurden vier Studierende aus Disziplinargründen von der Anstalt verwiesen, neun erhielten einen verschärften Verweis. Der strenge und anhaltende Winter, verbunden mit der Knappheit an Heizmaterial brachte ebenfalls viel Unruhe in den Schulbetrieb. Die Hörsäle konnten nicht genügend geheizt werden, ebenso die Internatsräume. An Stelle der Hörsäle mussten je nach Bedarf klei-

331 Vgl. Rundschreiben an die Eltern der Studierenden der DKS vom 5.9.1939, in: ebd., SA Gerhard Findeisen, Bl. 38.

332 Vgl. Schreiben von Oberst Karl Bahrdt (Vater) an die DKS vom 15.9.1939, in: ebd., SA Karl Bahrdt, Bl. 32.

333 Vgl. Eintrag Wintersemester 1939/40 (3.10.1939) im Protokollbuch, in: ebd., Protokollbuch, Bl. 59.

334 Vgl. Abschrift eines Schreibens des Reg.-Präs. in Kassel an den stellvertretenden Direktor der DKS vom 16.10.1939, in: ebd., Akte Briefwechsel mit der Regierung in Kassel, unpag.

335 Durchschrift eines Schreibens des Wirtschaftlichen Leiters der DKS, Schwend, an Helmut Osberghaus vom 24.11.1939, in: ebd., SA Helmut Osberghaus, unpag.

nere Räume verwendet werden. Erkältungskrankheiten unter Studenten und Dozenten wirkten sich störend aus. Infolge des Mangels an Gemüse, das in den Aufbewahrungsräumen zum Teil erfroren war, blieb die Verpflegung oft einseitig.[336]

Durch die Einberufungen, der Rückkehr auf die Schule nach der Grundausbildung und im Urlaub, trat eine gewisse Fluktuation ein.[337] So bat ein Studierender, der wegen Krankheit ausgesetzt hatte und dann eingezogen worden war, darum, sich während seines Urlaubs auf die Abschlussprüfung vorzubereiten. Dem Ansinnen wurde von Seiten der Schule nicht entsprochen, da er das vierte Semester überhaupt nicht durchlaufen hatte und entsprechend große Lücken aufwies. Pfalzgraf riet ihm, nach Beendigung des Krieges an einem für die Soldaten einzurichtenden Kurzkursus teilzunehmen und dann die Abschlussprüfung abzulegen.[338] Ähnliche Empfehlungen, sich nicht vom Heeresdienst beurlauben zu lassen, gab es auch in Bezug auf die Vorprüfung. Auch hier warnte die Schulleitung im Einzelfall vor existierenden Wissenslücken aufgrund der versäumten Zeit und entsprechend zu erwartenden schlechten Zensuren. Und auch hier erfolgte der Hinweis auf ein nach Beendigung des Krieges einzurichtendes Kurzsemester für alle Soldaten, die aus der DKS kamen und ein Examen nicht hatten ablegen können. Sie sollten in diesem Semester zusammengefasst und besonders auf die Vorprüfung bzw. Abschlussprüfung vorbereitet werden.[339]

Derweil bemühte sich die Schule um die Zurückstellung der aktuell Studierenden und befürwortete deren entsprechende Gesuche. In der Regel mit der Begründung, dass eine Unterbrechung des Studiums durch Arbeits- und Militärdienst den Erfolg des Studiums insgesamt in Frage stellen würde.[340] Außerdem, so argumentierte Direktor Köster, sei die Kolonialschule die einzige Schule, in der junge Leute für den Beruf als kolonialer Landwirt vorbereitet werden. Mit Rücksicht auf die Kriegsziele und auf den zu erwartenden erheblichen Bedarf an vorgebildeten Kräften für die künftigen deutschen Kolonien, käme ihr gerade in

336 Vgl. Jahresbericht für das Schuljahr vom 1.4.1939 bis 31.3.1940 von Direktor Köster vom 29.4.1940, S. 4f., in: StAM, 314/1, Nr. 33, unpag.

337 Vgl. Schreiben von Karl Bahrdt (Vater) an Schwend vom 10.12.1939, in: AD, SA Karl-Friedrich Bahrdt, Bl. 40.

338 Vgl. Durchschrift eines Schreibens von Dr. Pfalzgraf an Günter Friedemann vom 13.12.1939, in: ebd., SA Günter Friedemann, Bl. 63.

339 Vgl. Durchschrift eines Schreibens des Direktors der DKS an Karl Aust vom 22.2.1940, in: ebd., SA Karl Aust, Bl. 55; Durchschrift eines Schreibens von Direktor Köster an Ernst Hebel, Hans Weinbrenner und Paul Alfred Brenner vom 1.3.1940, in: ebd., SA Paul Alfred Brenner, Bl. 25; Aktenvermerk von Linze vom 11.3.1940, in: ebd., Bl. 27.

340 Vgl. Durchschrift einer Bescheinigung des Direktors der DKS für Günter Baule vom 8.1.1940, in: ebd., SA Günter Baule, Bl. 26.

dieser Zeit eine erhebliche Bedeutung zu. Dieser Aspekt müsse bei den Entscheidungen über die Rückstellungen gebührend berücksichtigt werden.[341]

Der Reichsminister für Wissenschaft, Erziehung und Volksbildung legte großen Wert darauf, dass auch etwaige Notabschlussprüfungen unter der Leitung des staatlichen Prüfungsleiters abgehalten wurden. Der Regierungspräsident in Kassel sollte für alle wehrpflichtigen Studierenden des vierten Semesters die Zurückstellung vom Wehrdienst bis zum 20. Juli 1940 beantragen. Diese Studierenden durften ausnahmsweise die Abschlussprüfung im Hinblick auf die Lage bereits Mitte Juli ablegen.[342]

35 neue Praktikanten begannen das Sommersemester am 2. April 1940, dazu kamen noch neun Altpraktikanten sowie 58 Studierende. Infolge der Kriegsverhältnisse schwankten die Zahlen der Praktikanten und Studierenden; der Lehrbetrieb konnte jedoch zunächst noch regelmäßig durchgeführt werden. Die Abschlussprüfung des vierten Semesters bestanden am 5. Juli 1940 alle sieben Prüflinge, die Vorprüfung des zweiten Semesters am 10. August ebenfalls alle 13 Prüflinge. Das Semester wurde am 16. August 1940 beendet.[343]

Nach dem militärischen Sieg über Frankreich kannte der Optimismus von Direktor Köster kaum Grenzen: »Wir alle hoffen, daß der letzte und entscheidende Schlag gegen England in kurzer Zeit erfolgen wird und daß wir dann alle zu einer großen Siegesfeier in Witzenhausen zusammenkommen werden.«[344] Genauso siegessicher zeigte sich der Autor eines Zeitungsartikels, der nach Kriegsende mit einem großen Ansturm auf die Schule rechnete. Selbstverständlich, weil Deutschland nach einem siegreich beendeten Krieg wieder Kolonien haben würde. Man werde aber die Zahl der Schüler auf 180 begrenzen, sodass dann im Jahr 90 fertige Koloniallandwirte hinausgehen könnten. Wenn nur die Hälfte

341 Vgl. Durchschrift eines Schreibens des Direktors der DKS an die Wehrersatzinspektion Kassel vom 26.4.1940, in: ebd., SA Axel Dobbek, Bl. 32. Im Kolonialen Taschenbuch hieß es: »Die Deutsche Kolonialschule ist die einzige staatlich anerkannte Fachschule Großdeutschlands für die Ausbildung zum praktischen Koloniallandwirt.« Wolfgang Schubert, Koloniale Forschungsstätten und Lehranstalten, in: Koloniales Taschenbuch 1942, hg. von der Bundesführung des Reichskolonialbundes, Berlin 1942, S. 115-153, hier S. 152.

342 Vgl. Abschrift eines Schnellbriefs des Reichsministers für Wissenschaft, Erziehung und Volksbildung, Döring, an den Staatlichen Prüfungsleiter der DKS, Prof. Golf in Leipzig vom 30.5.1940, in: AD, SA Dietmar Tschierske, unpag.

343 Vgl. Jahresbericht über das Schuljahr vom 1.4.1940 bis 31.3.1941 vom 14.5.1941, S. 1f., in: StAM, 314/1, Nr. 33, unpag.

344 Durchschrift eines Schreibens von Direktor Köster an Karl Klumpp vom 28.7.1940, in: AD, SA Carl Klumpp, Bl. 88.

von ihnen sich bewähre, dann sei das ein gutes Ergebnis, denn in Witzenhausen solle eine Führungsschicht für Afrika heranreifen.[345]

So schnell kam es aber nicht dazu, und Köster musste damit fortfahren, Rückstellungsanträge zu schreiben, auch bezüglich des RAD. Der Lehrplan der DKS sei so aufgebaut, dass eine Unterbrechung des Studiums von großem Nachteil für die Studierenden sein würde. Besonders der Lehrstoff in den beiden letzten Semestern bedinge ein zeitlich zusammenhängendes Studium.[346] Allerdings zeigte sich der Reichsminister für Wissenschaft, Erziehung und Volksbildung mittlerweile bei Zurückstellungen bzw. Beurlaubungen vom Wehrdienst nicht mehr hilfsbereit und wollte sie nicht weiter befürworten. Bei aller Anerkennung der Bedeutung der Kolonialschule könne er aus rein sozialen Gründen heraus solchen Gesuchen nicht stattgeben. Es sei zwar klar, dass nach dem Kriege rasch Kolonialschüler gebraucht würden, das Gleiche könne man aber auch von den jungen heimischen Landwirten sagen, für die aber auch keine Möglichkeit bestünde, sie vom Heeresdienst zurückstellen zu lassen.[347]

Das Wintersemester 1940/41 begann am 6. Oktober 1940. Die Zahl der Praktikanten lag bei 42, von denen 16 neu aufgenommen wurden, dazu kamen 34 Studierende. Die Vorprüfung im Januar 1941 bestanden elf von 14 Prüflingen, die Abschlussprüfung, die aus Rücksicht auf die Einberufungen an zwei Terminen im Januar und März 1941 stattfand, bestanden alle zehn Prüflinge. Am Schluss des Semesters waren noch zehn Studierende auf der Kolonialschule.[348]

Die Kolonialschule stellte Räume und Dozenten nun auch für das Reichsforstamt zur Verfügung, das dort Forstanwärter für den Kolonialdienst schulen ließ. Ein erster Kursus mit 59 Teilnehmern fand von Ende September bis Ende November 1940 statt.[349] In der Zeit vom 5. bis 18. Januar 1941 fand in der Schule ein kolonialtechnischer Lehrgang für Wehrmachtsbeamte statt. Es nahmen 50 Beamte daran teil, und sie hatten insgesamt 40 Unterrichtsstunden.[350]

345 Vgl. Besuch in der Deutschen Kolonialschule, in: Hamburger Fremdenblatt, vom 9.11.1940, zit. nach: StAH, 361-2 VI, Oberschulbehörde VI, Nr. F XXI b 11, unpag.

346 Vgl. Durchschrift eines Schreibens von Direktor Köster an das Wehrkreiskommando Kassel II vom 14.8.1940, in: AD, SA Klaus Macke, unpag.

347 Vgl. Durchschrift eines Schreibens von Direktor Köster an Werner Buddenberg und August Wulf vom 11.9.1940, in: ebd., SA Werner Buddenberg, Bl. 46.

348 Vgl. Jahresbericht über das Schuljahr vom 1.4.1940 bis 31.3.1941 vom 14.5.1941, S. 3, in: StAM, 314/1, Nr. 33, unpag.

349 Vgl. ebd. Ein vom Reichsforstmeister geplanter zweiter kolonialforstlicher Lehrgang sollte wegen der im Reichsgebiet eingetretenen großen Windbruchschäden frühestens im Mai 1941 beginnen. Vgl. Durchschrift eines Schreibens von Direktor Köster an den Reg.-Präs. in Kassel vom 20.1.1941, in: ebd., Nr. 179, unpag.

350 Vgl. die Vorgänge in: ebd.

Anfang Januar 1941 berichtete Köster, die Einberufungen von Studierenden der Kolonialschule zum RAD und zur Wehrmacht hätten in letzter Zeit stark zugenommen. Am 1. Januar befanden sich 17 Neupraktikanten, 20 Altpraktikanten, sieben Studierende des I. Semesters, 14 des II., vier des III. und zehn des IV. in der Anstalt. Diese Zahlen unterlagen dauernden Schwankungen. Nach den Musterungen im Dezember müsse nunmehr damit gerechnet werden, dass der größere Teil der jetzt noch Studierenden mit einer baldigen Einberufung zu rechnen habe. Das Wehrbezirkskommando in Kassel hielt Rückstellungen für unmöglich. Alle Anzeichen deuteten darauf hin, dass die militärische Lage die Einberufung aller wehrfähigen Deutschen erfordere. Ein geregelter Vorlesungsbetrieb ließe sich dann nicht mehr durchführen. Köster schlug vor, bis Ende Januar des Jahres den Vorlesungsbetrieb ganz intensiv weiterzuführen, um dann eine Abschlussprüfung abhalten zu können. Der Vorlesungsbetrieb sollte nach den Vorstellungen Kösters auch über den 1. April 1941 hinaus nicht wieder aufgenommen werden, da die Situation der Altpraktikanten zu unsicher sei, es müsse immer damit gerechnet werden, dass sie nur wenige Wochen studieren könnten, um dann auch eingezogen zu werden. Praktikanten dagegen könnten im beschränkten Umfang nach wie vor aufgenommen werden.[351]

Das Schuljahr 1941/42 stand in noch stärkerem Maße als das vorhergehende im Zeichen des Kriegs. Die Zahl der Studierenden nahm infolge der schärferen Durchführung der Einberufungen mehr und mehr ab, sodass zum Beginn des Sommersemesters am 16. April 1941 nur noch 13 Studierende anwesend waren. Auf dem Gelsterhof wurden zu den schon im vorigen Semester eingetreten sieben Praktikanten 16 Neupraktikanten aufgenommen, von denen zwei im Laufe des Semesters abgemeldet wurden. Der gesamte Lehrbetrieb lief weitgehend ohne Störungen. Die neue Hörsaalbaracke konnte mit Beginn des Sommersemesters in Benutzung genommen werden. Am 17. April schied Linze als Leiter des Kolonialkundlichen Instituts aus und ging zum Reichsnährstand zurück. Ende März 1941 wurde Pfalzgraf die vertretungsweise Wahrnehmung der Geschäfte des Direktors vom Regierungspräsidenten übertragen. Am 24. und 25. September 1941 fand die Vorprüfung statt; beide angetretenen Prüflinge bestanden sie. Die Praktikantenprüfung bestanden neun Prüflinge, zwei nicht. Eine Abschlussprüfung fand im Sommersemester 1941 nicht statt, da der einzige Studierende des vierten Semesters bald nach Beginn eingezogen wurde.[352]

Der Reichsminister der Luftfahrt erkundigte sich bei der Kolonialschule, da beim Personal-Eignungsprüfwesen der Luftwaffe die Frage des Kolonialdienstes besondere Beachtung finden sollte. Dabei könne die DKS mit ihrer langjährigen

351 Vgl. Durchschrift eines Schreibens des Direktors der DKS an den Reg.-Präs. in Kassel vom 10.1.1941, in: ebd., Nr. 42, unpag.

352 Vgl. Jahresbericht über das Schuljahr vom 31.3.1941 bis 1.4.1942 vom 1.8.1942, S. 1f., in: ebd., Nr. 33, unpag.

Ausbildungs- und Auslesearbeit wertvolle Dienste leisten. Köster antwortete mit einem langen Schreiben, in dem er die Grundsätze und Ziele der Schule darlegte, inklusive der Auslese durch die zweijährige landwirtschaftliche Lehre. Der größte Teil der Anwärter für die Kolonialschule rekrutiere sich mittlerweile aus einem großstädtischen Milieu von Jungen, die häufig auf höheren Schulen nicht recht vorwärtsgekommen seien. Interessant ist es, was Köster zu deren Motivation ausführte: »Abenteurerlust, der Drang, die Welt zu sehen und Naturliebe sind meistens die Triebfeder für die Anmeldung zur Kolonialschule. Solche ›Landsknechtsnaturen‹ sind uns gerade recht, wenn sie anständig sind, ihre Begeisterung echt ist und ausreichend Energie und Selbstbeherrschung vorhanden ist.« Gerade junge Leute aus einfachen und ärmeren Volkskreisen hätten sich meistens draußen am besten bewährt.[353] Hinsichtlich der Praktikanten äußerte sich Köster auch in anderem Zusammenhang noch einmal eindeutig: Praktikanten sollte es nach dem Krieg nur in sehr begrenzter Zahl geben, nämlich die entlassenen Wehrmachtssoldaten, die für eine kurze Übergangszeit aufgenommen würden. Ansonsten gelte eine zweijährige Landwirtschaftslehre als Zugangsvoraussetzung, da sich herausgestellt habe, dass die einjährige »Massen-Lehrlingszüchterei«, von wenigen Ausnahmen abgesehen, keine brauchbaren Erfolge hatte.[354]

Derweil war Köster aber ganz praktisch mit den Folgen des Kriegs für die Studierenden befasst. Beurlaubungs- bzw. Zurückstellungsgesuche waren in Fällen einer drohenden Einberufung nunmehr weitgehend erfolglos. Diese wurden nur noch berücksichtigt, wenn es sich um Studierende handelte, die vor der Vor- oder Abschlussprüfung standen. Ab dem Besuch der Hälfte der Vorlesungen konnte das erste Semester bei einer dann folgenden Einberufung angerechnet werden.[355] Für das kommende Wintersemester musste ein Übergangslehrplan aufgestellt werden.[356]

Vor Beginn des Wintersemesters, fand am 27. Oktober 1941 eine für die Entwicklung der DKS bedeutungsvolle Kuratoriumssitzung statt, in der Regierungspräsident Konrad von Monbart über den Stand der Planungen für den Neubau der Schule berichtete. Als Maßstab der Planungen sollte die Bauweise und Anlage der Nationalpolitischen Erziehungsanstalten gelten, da die DKS als einzige ihrer Art in Deutschland gegenüber Anstalten anderer Art in der Aus-

353 Vgl. Schreiben des Direktors der DKS an den Reichsminister der Luftfahrt und Oberbefehlshaber der Luftwaffe vom 9.4.1941, in: ebd., Nr. 29, unpag. (Zitat ebd.).

354 Vgl. Mitteilungsblatt Nr. 1 für die im Felde stehenden Dozenten, Gefolgschaftsangehörigen und Studierenden der Deutschen Kolonialschule vom 26.8.1941, in: AD, Akte Ministerium für Landwirtschaft – Regierungspräsident in Kassel, unpag.

355 Vgl. Durchschrift eines Schreibens von Direktor Köster an Johann Biering (Vater) vom 17.4.1941, in: ebd., SA Siegfried Biering, Bl. 47.

356 Vgl. Niederschrift über die Dozentenbesprechung am 23.9.1941, in: StAM, 314/1, Nr. 41, unpag.

führung ihres Baues nicht zurückstehen dürfe. Das Semester begann mit 21 Studierenden. Darunter befanden sich sechs Wehrmachtsurlauber und zwei Kriegsversehrte. Auf dem Gelsterhof befanden sich zehn Altpraktikanten und vier Neupraktikanten, darunter vier Wehrmachtsurlauber. Köster erkrankte und musste bis nach den Weihnachtsferien aussetzen. Im Dezember 1941 und Februar 1942 fanden Schulungstagungen des Reichskolonialbundes in den Räumlichkeiten der DKS statt. Die Zahl der Studierenden war gegen Ende des Wintersemesters 1941/42 auf sieben gesunken, auch von diesen wurden die meisten zur Wehrmacht eingezogen, sodass für das Sommersemester nur noch wenige Ausländer übrig blieben. Auch die Dozentenschaft war massiv von Einberufungen betroffen. Anfang März 1942 wurde die Vorprüfung des zweiten Semesters abgehalten, die alle drei Prüflinge bestanden. In derselben Zeit fand die Praktikantenprüfung statt, die alle neun Prüflinge bestanden. Die eine Woche später folgende Abschlussprüfung wurde von allen drei Prüflingen bestanden. Am 14. März 1942 wurde das Wintersemester geschlossen.[357]

Laut einer Anordnung des Oberkommandos des Heeres (OKH) konnten ab Mitte November 1941 Soldaten, »deren Leistungen und Führung dies rechtfertigen«, auf eigenen Antrag zur Berufsausbildung beurlaubt werden, wenn sie bis dahin drei Jahre Dienst geleistet hatten. Dazu gehörten auch Studierende der DKS, wenn sie ihr Studium bis zum 1. Oktober 1939 begonnen hatten; sie bekamen dann Urlaub bis Mitte März 1942.[358] Trotzdem rechnete Köster für das kommende Wintersemester lediglich mit einem Studenten im vierten und zwei im dritten Semester.[359] Auch in einem Schreiben an einen eingezogenen Studierenden berichtete er, es sei recht still geworden an der Schule, man müsse wohl in Kürze vorübergehend den gesamten Lehrbetrieb aus Mangel an Lehrkräften einstellen.[360] Genau so kam es auch: Infolge weiterer Einberufungen von Dozenten und Angestellten der Deutschen Kolonialschule wurde der Lehrbetrieb der

357 Vgl. Jahresbericht über das Schuljahr vom 31.3.1941 bis 1.4.1942 vom 1.8.1942, S. 2f., in: ebd., Nr. 33, unpag.; Bericht der DKS für das Jahr 1942, gesandt von Direktor Köster an den Bürgermeister in Witzenhausen am 9.2.1943, in: ebd., unpag.

358 Vgl. Rundschreiben von Dr. Pfalzgraf an die Studierenden der DKS vom 21.11.1941, in: AD, SA Wolfgang Oechssler, unpag.

359 Vgl. Durchschrift eines Schreibens von Direktor Köster an Dr. Walter Nippold vom 20.10.1941, in: ebd., Dozenten, Nippold, Bl. 25.

360 Vgl. Durchschrift eines Schreibens von Direktor Köster an Axel Dobbek vom 6.2.1942, in: ebd., SA Axel Dobbek, Bl. 69. Er selbst verlegte sich auf ein anderes Gebiet und sagte zu, an dem von der Bundesführung des Reichskolonialbundes geplanten »Handbuch der Kolonialpraxis« mitzuarbeiten. Köster wollte den Teil »Koloniale Berufserziehung« übernehmen. Beim RKB war man erfreut, dass so »die in der Kolonialschule zu Witzenhausen gewonnenen reichen Erfahrungen aus der Kolonialpraxis« für das Projekt genutzt werden konnten. Vgl. Schreiben des RKB, Bender, an Direktor Köster vom 16.12.1941, in: StAM, 314/1, Nr. 32, unpag.

DKS mit Zustimmung des Reichsministers des Innern mit Ablauf des Wintersemesters vorläufig eingestellt. Man hoffte aber, zum kommenden Wintersemester den Betrieb wieder aufnehmen zu können. Die leer stehenden Räume wurden der Wehrmacht ab Anfang März für ein Reservelazarett zur Verfügung gestellt. Das Hauptgebäude, die Lehrbaracke und das Collmannhaus waren damit belegt, ebenfalls ein Teil der Verwaltungsräume. Insgesamt konnten so 400 Soldaten untergebracht werden. Das Sommersemester wurde nicht eröffnet, die Praktikantenausbildung auf dem Gelsterhof lief hingegen weiter.[361]

Interessenten empfahl Köster in dieser Zeit, als der Betrieb ruhte, sofern sie die schulische und praktische Voraussetzung für die Aufnahme in die DKS bereits besaßen, den Besuch einer HLS. Nach den absolvierten zwei Semestern könnten sie dann ohne Vorexamen gleich in das dritte Semester der Kolonialschule aufgenommen werden.[362]

Pfalzgraf ging davon aus, dass das Wintersemester 1942/43 mit Sicherheit eröffnet werden würde. Er hoffte darauf, dass alle, die eine dreijährige Dienstzeit hinter sich hatten, beurlaubt und zum Weiterstudium eintreffen würden. Köster hatte seit Frühjahr die Leitung des Gelsterhofes übernommen und Pfalzgraf seine Vertretung auf dem Wilhelmshof. Einige Studierende arbeiteten noch selbständig im Archiv, ihnen sollte das Sommersemester angerechnet werden.[363]

Der Reichserziehungsminister konnte sich nicht dazu durchringen, Studierende, die sich einzeln vorbereiteten, zur Abschlussprüfung der DKS zuzulassen. Seiner Ansicht nach setzte eine Verwendung in den Kolonien nicht nur eine ausreichende fachliche Eignung, sondern auch eine vorbildliche charakterliche Haltung voraus. Die Erziehungsaufgabe sei deshalb ebenso bedeutsam, wie die fachliche Ausbildung. Durch ein Selbststudium könnten deshalb die für eine Verwendung in den Kolonien notwendigen Eigenschaften nicht erworben werden.[364]

An einem Kurzlehrgang des Reichskolonialbunds in der DKS Mitte Mai 1942 beteiligten sich die noch anwesenden Dozenten Feldmann, Köster, Pfalzgraf und Nippold. Themen waren unter anderem »Erfahrung in der Behandlung der Ein-

361 Vgl. Niederschrift über die Dozentenbesprechung am 29.1.1942, in: ebd., Nr. 41, unpag.; Rundschreiben der DKS an die Mitglieder des AR vom 6.3.1942, in: ebd., Nr. 149, unpag.; Durchschrift eines Schreibens von Dr. Pfalzgraf an Axel Dobbek vom 23.4.1942, in: AD, SA Axel Dobbek, Bl. 78.

362 Vgl. Durchschrift eines Schreibens des Direktors der DKS an Hans Wenck (Vater) vom 11.3.1942, in: ebd., SA Rolf Wenck.

363 Vgl. Durchschrift eines Schreibens von Dr. Pfalzgraf an Götz Bartels vom 7.5.1942, in: ebd., SA Götz Bartels, Bl. 30; Durchschrift eines Schreibens der DKS, Dr. Pfalzgraf, an Carlheinz Lülves vom 13.5.1942, in: ebd.v, SA Carlheinz Lülves.

364 Vgl. Abschrift eines Schreibens des RMWEV an den Reg.-Präs. in Kassel vom 13.5.1942, in: StAM, 314/1, Nr. 42, unpag.

geborenen«, »Das Problem der kolonialen Rohstoffe« und »Rassen, Völker und Kulturen Afrikas in ihrer Bedeutung für die koloniale Praxis«.[365]

Im Sommer 1942 wurde das Kaiserhaus freigemacht; in ihm sollten die Studierenden im kommenden Wintersemester untergebracht werden.[366] Im Oktober 1942 verhandelte die Schulleitung mit dem Reichsforstmeister über die Übernahme der kolonialen Forstausbildung durch die DKS. Die Kolonialschule erklärte sich bereit, nach dem Krieg die Ausbildung zu übernehmen. Auch die koloniale Ausbildung von Wehrmachtsbeamten blieb weiterhin als Option im Gespräch.[367]

Der Reichserziehungsminister genehmigte die geplante Eröffnung des Wintersemesters. Es sollte am 1. Dezember 1942 beginnen. Noch wartete man aber darauf, dass das OKH wieder, wie im vorangegangenen Wintersemester, Urlaub zur Aufnahme oder Fortsetzung des Studiums an Hoch- und Fachschulen für Wehrmachtsangehörige erteilte. Anfragen von Interessenten seien jedenfalls in großer Zahl eingegangen, sodass man mit einer starken Beteiligung rechnete.[368] Tatsächlich erließ das OKH eine Verfügung, nach der Beurlaubungen zum Studium und zur Ablegung von Prüfungen im Winterhalbjahr 1942/43 ab dem 28. November 1942 durch die vorgesetzten Dienststellen möglich waren, auch für die DKS als höherer Fachschule. Vorbedingung war wiederum der mindestens dreijährige aktive Wehrdienst.[369]

Die Studierenden sollten in der Schule untergebracht werden. Für Verpflegung hatte jeder von ihnen selbst zu sorgen, da in dem größten Teil der Räume der Kolonialschule das Reservelazarett untergebracht war, das die Kücheneinrichtung mit beschlagnahmte. Die Schule hatte aber mit einer Witzenhäuser Gastwirtschaft ein Abkommen getroffen, sodass eine ordentliche Verpflegung wohl sichergestellt war.[370] Die Vorlesungen im Wintersemester 1942/43 fanden

365 Vgl. Kurzlehrgang des RKB in der DKS vom 12.5.-15.5.1942, in: ebd., Nr. 180, unpag.

366 Vgl. Durchschrift eines Schreibens von Dr. Pfalzgraf an Axel Dobbek vom 3.8.1942, in: AD, SA Axel Dobbek, Bl. 82.

367 Vgl. Bericht über das laufende Geschäfts- und Schuljahr an der DKS, von Direktor Köster an den Reg.-Präs. in Kassel gesandt am 16.12.1942, S. 3, in: StAM, 314/1, Nr. 33, unpag.; Durchschrift eines Schreibens von Direktor Köster an den Oberfeldintendanten Dr. Sperlich vom 23.12.1942, in: ebd., Nr. 180, unpag.

368 Vgl. Durchschrift eines Schreibens von Dr. Pfalzgraf an Felix Heinrich vom 26.8.1942, in: AD, SA Felix Heinrich, Bl. 37; Durchschrift eines Schreibens von Dr. Pfalzgraf an Axel Dobbek vom 15.9.1942, in: ebd., SA Axel Dobbek, Bl. 83.

369 Vgl. Rundschreiben der DKS, Dr. Pfalzgraf, vom 11.9.1942, in: ebd., SA Konrad Geitz, unpag.

370 Vgl. Durchschrift eines Schreibens des Direktors der DKS an Hans Wenck (Vater) vom 9.11.1942, in: ebd., SA Rolf Wenck, unpag.; Durchschrift eines Schreibens des Direktors der DKS an Hans Wenck (Vater) vom 21.11.1942, in: ebd., unpag.

in den Dienstzimmern, im kleinen Hörsaal und im Kolonialkundlichen Institut statt.[371]

Die von der Wehrmacht Beurlaubten bekamen die vollen Gebühren für das Wintersemester 1942/43 erlassen. Ferner stand ihnen ein Unterhaltszuschuss für diese Zeit von monatlich 100 RM zu.[372] Das Semester wurde dann mit 19 Studierenden und zehn Praktikanten eröffnet; aufgrund der Kriegsverhältnisse schwankte die Belegungsstärke. Gegen Ende des Semesters waren die Zahlen auf zehn Studierende und vier Praktikanten abgesunken. Diejenigen unter ihnen, die schon längere Zeit Soldat gewesen waren, wiesen naturgemäß Kenntnislücken auf. Sie waren aber mit großem Fleiß und Interesse bei der Sache. Die Vorprüfung Mitte März 1943 wurde für insgesamt sechs Prüflinge abgehalten. An der Abschlussprüfung am 20. März nahm nur ein Studierender teil; das Wintersemester wurde vier Tage später beendet. Es konnten einige nebenamtliche Dozenten gewonnen werden, unter anderem Nippold aus Göttingen für Völkerkunde, die Tropenhygiene übernahmen Dozenten des Tropeninstituts in Hamburg. Köster hielt die Dozentenfrage für die künftige Entwicklung der Schule für ausschlaggebend. Es müsse der Deutschen Kolonialschule durch kolonialerfahrene Dozenten weit mehr als bisher ein kolonialer Charakter gegeben werden.[373]

Die DKS beabsichtigte, 1943/44 erneut ein Kriegs-Wintersemester zu eröffnen. Selbst wenn das Oberkommando der Wehrmacht (OKW) keine Verfügungen über einen allgemeinen Studienurlaub erlassen sollte, hielt man das für erforderlich, da sich bisher bereits zehn Studierende fest angemeldet hatten. Es handelte sich bei ihnen in der Hauptsache um Verwundete und von der Wehrmacht entlassene Studierende. Ferner hatten sich 16 Studierende angemeldet, bei denen eine Beurlaubung wahrscheinlich erschien. Das Semester sollte am 1. November 1943 eröffnet und in ähnlicher Form wie das vorige Wintersemester durchgeführt werden. Der Reichsminister erklärte sich mit der Wiedereröffnung des Unterrichtsbetriebs im Winter 1943/44 einverstanden.[374] Doch der Optimismus war nicht gerechtfertigt. Die Bemühungen, ein Wintersemester ausrichten

371 Vgl. Bericht über das laufende Geschäfts- und Schuljahr an der DKS, von Direktor Köster an den Reg.-Präs. in Kassel gesandt am 16.12.1942, S. 2, in: StAM, 314/1, Nr. 33, unpag.

372 Vgl. Durchschrift eines Schreibens von Direktor Köster an Horst Baur vom 11.12.1942, in: AD, SA Horst Baur, Bl. 12.

373 Vgl. Niederschrift über die AR-Sitzung am 15.1.1943, in: ebd., Akte AR-Protokolle 1934-1943, unpag.; Jahresbericht für die Zeit vom 1.4.1942 bis 31.3.1943 von Direktor Köster vom 16.7.1943, S. 3, in: StAM, 314/1, Nr. 33, unpag.; Bericht der DKS für das Jahr 1943, von Direktor Köster an den kommissarischen Bürgermeister Witzenhausens am 25.1.1944, in: ebd., unpag.

374 Vgl. Durchschrift eines Schreibens von Direktor Köster an den RMWEV vom 10.9.1943, in: ebd., Nr. 42, unpag.; Schnellbrief des RMWEV an den Reg.-Präs. in Kassel vom 28.9.1943, in: ebd., unpag.

zu können, blieben vergeblich. Die Studierenden erhielten keinen Urlaub, es gab lediglich fünf Teilnehmer für das erste Studiensemester, die in der Hauptsache in der Praxis ausgebildet wurden. Hinzu kam noch einer für das vierte Semester, der sich mit Hilfe der Dozenten privat auf das Abschlussexamen vorbereiten und dieses auch ablegen durfte.[375]

In der Nacht vom 22. auf den 23. Oktober 1943 griffen 569 alliierte Bomber Kassel an, dabei kamen rund 7.000 Menschen ums Leben, 80 Prozent der Häuser in den Außenbezirken und 97 Prozent in der Altstadt wurden zerstört. Danach wurden die übrigen Wohnräume in der Kolonialschule mit Ausgebombten aus Kassel belegt. Es waren nur noch einige Zimmer für die Studierenden des Wintersemesters übrig geblieben, die hauptsächlich in den wirtschaftlichen Betrieben beschäftigt waren. Mit Feldmann und dem Gartenbauinspektor Meyer waren nur noch zwei Dozenten verfügbar, Pfalzgraf hatte wieder die Leitung der Witzenhäuser Mittelschule übernommen.[376]

Köster konnte Anfragen im Sommer 1944 nur ausweichend beantworten. Ob es ein künftiges Wintersemester geben werde, hinge von der militärischen Lage ab und von der Frage, ob das OKW in der Lage sein werde, Studienurlaub zu erteilen. Sobald eine offizielle Nachricht vorläge, wollte er umgehend die Studierenden informieren. Zu diesem Zeitpunkt kämpften etwa 155 aktive Studierende der DKS als Soldaten.[377]

Köster hatte dem Reichsminister des Innern mitteilen lassen, er möge von einer offiziellen Schließung der Schule absehen, da sie keine Vorteile brächte. Vorlesungen fänden nicht mehr statt. Sämtliche Dozenten mit Ausnahme des 65-jährigen Dr. Feldmann und Köster selbst seien eingezogen. Feldmann solle die Bibliothek neu ordnen, da nur während des Kriegs dazu Zeit sei. Köster war nur mit Verwaltung und Überwachung der wirtschaftlichen Betriebe beschäf-

375 Vgl. Durchschrift eines Schreibens von Direktor Köster an Dr. Walter Nippold vom 3.11.1943, in: AD, Dozenten, Nippold, Bl. 48; Schreiben von Direktor Köster an den Reichsminister für Wissenschaft, Erziehung und Volksbildung vom 11.11.1943, in: ebd., SA Gustav Schoeltzke, unpag.; Bericht der DKS für das Jahr 1944, von Direktor Köster an den kommissarischen Bürgermeister Witzenhausens am 6.2.1945, in: StAM, 314/1, Nr. 33, unpag.

376 Vgl. Durchschrift eines Schreibens von Direktor Köster an Dr. Gerhard Weydling vom 19.11.1943, in: AD, Dozenten, Weydling, Bl. 74; Durchschrift eines Schreibens von Direktor Köster an Min.Rat Döring, RMWEV, vom 16.12.1943, in: StAM, 314/1, Nr. 185, unpag.; Bericht der DKS für das Jahr 1943, von Direktor Köster an den kommissarischen Bürgermeister Witzenhausens am 25.1.1944, in: ebd., Nr. 33, unpag.

377 Vgl. Durchschrift eines Schreibens des Direktors der DSK an Kurt Müller vom 5.7.1944, in: AD, SA Kurt Müller, unpag.; Durchschrift eines Schreibens von Direktor Köster an den Reichsstudentenführer vom 8.7.1944, in: StAM, 314/1, Nr. 78, unpag.

tigt. Eine der größten Sorgen in allen Betrieben sei die Arbeiterfrage. »Man müht sich fast nur noch mit ausländischen Arbeitskräften aller Nationen ab und entbehrt die eingearbeiteten deutschen Facharbeiter mächtig.«[378] Köster hatte sich bereits vorher über die nachlassende Arbeitsleistung der ausländischen Arbeitskräfte mokiert. Wenn es trotzdem gelang, die Arbeiten mit ihnen zu bewältigen, so sei das in erster Linie der energischen und zielbewussten Führung des Hofmeisters zu verdanken.[379]

Die wirtschaftlichen Betriebe der Schule wurden jedenfalls von Ministerialrat Döring gelobt; überhaupt sei Köster ein Beispiel dafür, dass man gleichzeitig »Schulmeister« und guter Betriebsleiter sein könne. Er kündigte im September 1944 die Schließung der Landwirtschaftsschulen »im Zuge der Totalisierung des Krieges« für das kommende Winterhalbjahr an. Die Koloniale Frauenschule Rendsburg sei in die Liste der zu schließenden Schulen aufgenommen worden, während Witzenhausen, wenn notwendig, weitergeführt werden könne, etwa für Kriegsversehrte.[380]

Doch daraus wurde offensichtlich nichts mehr, jedenfalls ist es nicht dokumentiert. Amerikanische Truppen besetzten Witzenhausen am 7. April 1945. Durch Granaten der amerikanischen Streitkräfte wurden die Glasscheiben des Gewächshauses zerstört, und der größte Teil der tropischen Nutzpflanzen erfror im Winter 1945/46.[381]

Das Schicksal der Schüler

Bereits zwei Tage nach Kriegsbeginn sammelten die Briten in Tanganjika deutsche Männer, darunter auch die Absolventen der Kolonialschule, in Lagern. Die Frauen und Kinder durften vorerst in ihren Wohnungen verbleiben. Drei Wochen später wurden die über das ganze Land verteilten Einzellager in Daressalam zusammengelegt. Ende 1939 und Anfang 1940 begann ihre Repatriierung. Alle, die als Soldaten am Ersten Weltkrieg in Ostafrika teilgenommen hatten sowie alle Techniker und leitenden Angestellten mussten zurückbleiben. Diese ungefähr 400 Deutschen hatten über sieben Jahre der Internierung vor sich. Ende

378 Vgl. Durchschrift eines Schreibens von Direktor Köster an Min.Rat Döring, RMWEV, vom 28.8.1944, in: ebd., Nr. 185, unpag. (Zitat ebd.).

379 Vgl. Bericht über den landwirtschaftlichen Lehrbetrieb der DKS »Der Gelsterhof« im Wirtschaftsjahr 1943/44 (vom 1.4.1943 bis 31.3.1944). Erstattet vom Direktor der DKS, Landwirtschaftsrat Reinhold Köster, vom Juli 1944, S. 9, in: ebd., Nr. 136, unpag.

380 Vgl. Schreiben von Min.Rat Döring, RMWEV, an Direktor Köster vom 4.9.1944, in: ebd., Nr. 185, unpag.

381 Vgl. (Curt Winter), Die Deutsche Kolonialschule im Jahrzehnt 1939/49, in: DKP, 1949, S. 5-10, hier S. 7f.

1940 wurde das Lager nach Südafrika verlegt. Die Witzenhäuser bildeten eine eigene Gemeinschaft im Lager. Erst 1944 kam es zur Zusammenführung der Familien der Internierten; Ende 1945 erfolgte der Umzug in ein anderes Lager in Südrhodesien.[382]

Insgesamt 35 Witzenhäuser Absolventen befanden sich bei Kriegsbeginn im britischen Mandatsteil Kameruns, davon sechs auf Heimaturlaub. Von etwa 400 Deutschen durften sich 67 mit Einverständnis der Landesgruppenleitung der NSDAP am 30. August 1939 nach Fernando Póo (Bioko) absetzen. Die übrigen blieben im Land; an ihrem Leben änderte sich zunächst nicht viel. Die Verhaftungen erfolgten erst am 19. Juni 1940. Kurze Zeit später wurden sie nach Nigeria verlegt, in die Agricultural School nach Ibadan, die als Internierungslager umgebaut worden war. Am 26. Juni 1940 trafen dort auch die Deutschen aus dem französischen Mandatsteil Kameruns ein. Vier Monate später wurden sie nach Jamaika abtransportiert. Im Mai 1946 durfte die erste Gruppe nach Deutschland abfahren, Mitte Januar 1947 kam die letzte Gruppe dort an.[383] Die Kolonialschüler, die auf Fernando Póo interniert waren, konnten im Dezember 1940 nach Deutschland zurückkehren. Die in Südwestafrika tätigen Kolonialschüler wurden in Lagern in Südafrika zusammengezogen.[384]

Im niederländischen Kolonialreich erfolgte die Verhaftung und Internierung der Deutschen – darunter einige ehemalige Kolonialschüler – direkt am 10. Mai 1940, dem Tag des deutschen Angriffs auf das Mutterland. Sie wurden im Juli 1940 zentral auf Nord-Sumatra untergebracht und nach dem japanischen Kriegseinritt Ende 1941 nach Indien transportiert. Sie konnten erst im November 1947 nach Deutschland zurückkehren.[385]

Viele der einberufenen Kolonialschüler versuchten ab Februar 1941 zum neu gebildeten Deutschen Afrikakorps zu kommen.[386] Das OKH hielt den Wunsch der Studierenden, in das Afrikakorps aufgenommen zu werden, für durchaus verständlich. Allerdings hätten die bisherigen Erfahrungen aus den Kämpfen ge-

382 Vgl. Hans von Strenge, Ostafrikaner hinter Stacheldraht, in: ebd., 1950, S. 13-27.

383 Vgl. Sepp Willscher, Kriegserinnerungen unserer Jamaica-Kameruner, in: ebd., S. 29-39.

384 Vgl. Linze, Liebe Kameraden!, in: Mitteilungen des Verbandes deutscher Koloniallandwirte e.V., 41 (1941) 1/2, 3. Kriegsausgabe vom 1. April 1941, S. 4-6, hier S. 5.

385 Vgl. Erich Voigt, Als Internierter in Ostasien im Zweiten Weltkrieg, in: DKP, 1952, S. 29-38.

386 Vgl. Schreiben von Karl-August Stuckenberg, Referat Pro/7 an die Personalabteilung vom 4.7.1941, in: BAB, R 55, Nr. 23933, Bl. 30. Vor dem Krieg stand bei ihnen das in Hamburg-Wandsbek stationierte Infanterieregiment 69 hoch im Kurs, das die Tradition der deutschen »Schutztruppen« aus den Kolonien fortführen sollte. Vgl. Durchschrift eines Schreibens von Direktor Koch an Generalmajor Kurt von Briesen, Kommandeur des Infanterieregiments 69, vom 18.11.1937, in: AD, SA Eberhard Jany, Bl. 30.

zeigt, dass zu junges »Menschenmaterial« für einen Einsatz in Nordafrika nicht vorteilhaft sei. »Es besteht Gefahr, dass in Libyen bei vielen jungen Leuten die Freude und das Interesse am schwarzen Erdteil nicht nur gehemmt, sondern u.U., sogar erstickt wird.« Die für den zukünftigen Koloniallandwirt unerlässliche harte Schule der Soldaten könne auch an anderen Fronten durchlaufen werden. Deshalb stimmte man einer generellen Einreihung der Studierenden der Kolonialschule in das Deutsche Afrikakorps nicht zu.[387] Ein Absolvent bat, vom Afrikakorps zu einem anderen Verband versetzt zu werden. Er hatte Fieberanfälle bekommen, und befürchtete, die Tropendienstfähigkeit zu verlieren. Damit wäre seine Berufsausbildung vergeblich gewesen, so Köster.[388]

Eine andere interessante Alternative für die Absolventen der Kolonialschule bot der Einsatz in den subtropischen Gebieten Russlands. Auch für Studierende ergab sich in den Ostgebieten ein neues Betätigungsfeld. Aus dem Warthegau berichtete einer von ihnen über seinen »Osteinsatz«. Er war einem SS-Arbeitsstab zugeteilt worden und nun mit für die Vertreibung der Polen von ihren Höfen, bzw. die Betreuung und Ansiedlung der Volksdeutschen mit zuständig.[389] Offensichtlich wurden Landwirte für die Wiederingangsetzung der Landwirtschaft in der Ukraine und auf der Krim gesucht. Ein Vater fragte in dieser Angelegenheit bei der Schule nach, ob dort auch Koloniallandwirte benötigt bzw. ob sie durch Vermittlung der DKS dort eingesetzt würden. Pfalzgraf antwortete, dass sich (Landwirtschafts-)Sonderführer zum Teil an der Kolonialschule kurz orientiert hätten. Sie wurden aber von den Landesbauernschaften bereitgestellt. Im Übrigen hielt er den Einsatz von Koloniallandwirten für die subtropischen Kulturen in der Ukraine und auf der Krim für sehr erfolgversprechend.[390] Wie bereits angedeutet, gab es für die Absolventen der Kolonialschule im Zweiten Weltkrieg vermehrt Einsatzmöglichkeiten in den »Ostgebieten«. Bevorzugt im Warthegau, der in das Reich eingegliedert wurde. Dort waren mehrere tätig. Einer von ihnen als erster Sachbearbeiter und stellvertretender Kreislandwirt der Nebenstelle Obornik der Reichsland (Reichsgesellschaft für Landbewirtschaftung mbH), die für die Bewirtschaftung und Verwaltung der ehemals polnischen

387 Vgl. Abschrift eines Schreibens des OKH, Befehlshaber des Ersatzheeres, an den Reichsminister des Innern vom 21.4.1942, in: ebd., SA Friedrich Karl Oltersdorf, unpag. (Zitat ebd.).

388 Vgl. Durchschrift einer Bescheinigung des Direktors der DKS für Eilert Baumann vom 21.10.1942, in: ebd., SA Eilert Baumann, Bl. 73.

389 Vgl. Schreiben von Felix Heinrich an Direktor Köster vom 22.8.1942, in: ebd., SA Felix Heinrich, Bl. 36.

390 Vgl. Schreiben von Victor Dick (Vater) an die Direktion der DKS vom 21.12.1941, in: ebd., SA Victor Dick, Bl. 85; Durchschrift eines Schreibens von Dr. Pfalzgraf an Victor Dick vom 23.12.1941, in: ebd., Bl. 87.

Güter verantwortlich war.[391] Ein aus Tanganjika nach Deutschland zurückgekehrter Absolvent, der zuletzt eine Sisalpflanzung der Deutsch-Ostafrikanischen Gesellschaft geleitet hatte, bat die Schule um die Vermittlung einer Stelle als Verwalter oder Inspektor auf einem großen Gut in Polen. Er beabsichtigte aber nicht, dort zu siedeln, weil er »nach Beendigung des Krieges wieder sofort in die dann deutschen Kolonien gehen« wollte.[392]

Aus dem Osten klangen die Nachrichten nicht mehr so hoffnungsvoll. Ein ehemaliger Praktikant berichtete von der Krim, wo er mit seiner Einheit vor Sewastopol lag. Er schrieb, dass sich »der Russe« bis zum äußersten verteidige, jeder Tag fordere große Opfer. Außerdem starte die Rote Armee ständig Landungsversuche in Feodosia und bei Kertsch zur Entlastung von Sewastopol. »Hoffentlich bringt uns dieses Jahr die Entscheidung des russischen Feldzuges.« Die Eroberung von Sewastopol sollte noch ein halbes Jahr dauern; der Schreiber war bereits neun Tage später tot.[393] Angesichts der Härte der Kämpfe war es kein Wunder, dass Köster immer häufiger solche Zeilen schrieb: »Die Nachricht vom Heldentod Ihres Sohnes erfüllt uns mit Trauer und Stolz. Wir werden die Namen aller Kolonialschüler, die ihr junges Leben für Führer und Vaterland hingegeben haben, in würdiger Weise der nachkommenden Schülergeneration erhalten. Sie sollen leuchtendes Vorbild sein und bleiben.«[394]

Ein Studierender schrieb von der Front seine Gedanken zur Zukunft. Wer den Geist des Orts Witzenhausen in sich aufgenommen habe, könne sich schlecht von ihm trennen. Deshalb sei es auch wohl der Wunsch aller, nach Kriegsende das Studium wieder aufzunehmen. Er stellte sich bereits vor, im Hörsaal zu sitzen, es werde wohl eine schwere Zeit: »Oft wird uns unsere Sehnsucht, wenn wir in den Hörsälen sitzen, nach Afrika ziehen. Wir werden die Weite eines Raumes vermissen, es wird uns etwas fehlen.« Diese Sehnsucht werde sie jedoch zur

391 Vgl. Memorandum »Meine Tätigkeit bei der Reichsgesellschaft für Landbewirtschaftung G.m.b.H. (»Ostland« bzw. später »Reichsland«) im Kreise Obornik« vom Januar 1964, in: ebd., SA Gerd Stachow, unpag.

392 Vgl. Schreiben von Richard Schatz an die DKS vom 10.1.1940, in: ebd., SA Richard Schatz, unpag. (Zitat ebd.).

393 Vgl. Feldpostbrief von Peter Berlit an den Direktor der DKS vom 3.1.1942, in: ebd., SA Peter Berlit, Bl. 27-28 (Zitat Bl. 28).

394 Durchschrift eines Schreibens des Direktors der DKS an Georg Berlit (Vater) vom 11.3.1942, in: ebd., SA Peter Berlit, Bl. 32. Siehe dazu z.B.: Durchschrift eines Schreibens von Direktor i.V. Pfalzgraf an Frau Käte Becker (Mutter) vom 29.4.1942, in: ebd., SA Peter Becker, Bl. 74; Durchschrift eines Schreibens des Direktors der DKS an Rudolf Axmann (Vater) vom 5.1.1943, in: ebd., SA Hans Axmann, Bl. 42.

intensivsten Arbeit anspornen, damit die Übergangszeit so schnell wie möglich vorbei sei. Acht Monate später fiel er bei den Kämpfen um Toropez.[395]

Ein ehemaliger Praktikant hoffte Ende 1943 wie viele auf ein Ende des Kriegs: »Wir wollen ja alle hoffen, dass das neue Jahr uns den Frieden bringt. Dann wird die ganze Welt aufatmen. Auch die Arbeit auf der D.K.S. wird ja dann wieder allmählich auf vollen Touren laufen können. Aber dies sind ja im Augenblick alles Traumbilder, die bald zergehen. Sie rufen Erinnerungen wach an eine schöne Zeit. Wenn ich ehrlich sein will, war meine schönste Zeit des bisherigen Lebens die Zeit im schönen Witzenhausen.«[396]

395 Vgl. Schreiben von Götz Bartels an Direktor Köster vom 25.4.1942, in: ebd., SA Götz Bartels, Bl. 27-29 (Zitat Bl. 28).

396 Schreiben von Hans-Joachim Bauermeister an den Direktor der DKS vom 12.12.1943, in: ebd., SA Hans-Joachim Bauermeister, Bl. 48.

V. Schwieriger Neubeginn 1945 bis 1966

1. Auf dem Weg zur Wiedereröffnung

In seinem Rückblick auf die Jahre 1939 bis 1949 verglich Curt Winter die Situation der Kolonialschule nach dem Ersten Weltkrieg mit der nach dem Zweiten. Wohl habe die DKS Leben und Substanz wiederum über Krieg und Zusammenbruch retten können, aber ihre Arbeit ruhe vier Jahre nach Kriegsende immer noch. Nach 1918 sei man mit einem Direktor, der nicht kapitulieren konnte und mit einem Lehrkörper, der darauf wartete, die Arbeit wieder aufzunehmen ans Werk gegangen. Jetzt sei die Situation weitaus schwieriger, die Schule habe in den letzten Jahren viel an innerer Festigkeit und Halt verloren.[1] Dabei seien die äußeren Bedingungen gar nicht so schlecht, meinte Winter, der sich von Anfang an für eine Wiedereröffnung der Schule engagierte. Für die Aufgaben der kolonialen Landwirtschaft, insbesondere die Erschließung der wirtschaftlichen Möglichkeiten Afrikas in internationaler Zusammenarbeit werde auch der deutsche Tropenlandwirt benötigt. Deshalb bestehe für die Kolonialschule keinerlei Anlass, nach neuen Grundlagen für ihre Arbeit zu suchen, sondern allenfalls kleinere Modifikationen vorzunehmen.[2]

In einer Denkschrift vom Januar 1946 resümierte der formal noch amtierende Direktor Köster Lage und Perspektiven der Kolonialschule: Die Trümmer seien weggeräumt worden, die Schäden ausgebessert, Schuleinrichtungen und Sammlungen waren sichergestellt, die wirtschaftlichen Betriebe zum überwiegenden Teil wieder in Gang und ein Teil der Lehrkräfte und Angestellten zurückgekehrt. Man werde die DKS langfristig betrachtet benötigen, denn eine der zukünftigen Hauptaufgaben liege in der Verringerung des deutschen Bevölkerungsüberschusses durch Auswanderung in die menschenarmen Räume der

1 Vgl. (Curt Winter), Die Deutsche Kolonialschule im Jahrzehnt 1939/49, in: DKP, 1949, S. 5-10, hier S. 5.

2 Vgl. Manuskript von Curt Winter »Die Deutsche Kolonialschule. Die Frage der Wiederaufnahme ihrer Arbeit« vom Juni 1951, in: AD, AHV, Akte Aktion Nansen, unpag.

Welt. Die Welt könne, so Köster, auf »die organisatorischen und wirtschaftlichen Fähigkeiten des aufbauwilligen deutschen Menschen mit seinem Fleiß, seiner Ordnungsliebe und fachlichen Tüchtigkeit in den noch wenig erschlossenen weiten Gebieten Afrikas, Südamerikas, Australiens usw.« nicht verzichten. Er schlug deshalb vor, die Schule als Auswandererschule weiterzuführen. Unter Einbeziehung der handwerklichen und gärtnerischen Betriebe würde eine HLS entstehen, die sich durch die praktische Ausbildung von den übrigen deutschen Landbauschulen deutlich unterscheide.[3]

Einen gewissen Lichtblick bot der Besuch von Professor Robert R. Hudelson von der Urbana University Illinois, Berater der amerikanischen Militärregierung in Hessen für landwirtschaftliches Forschungs-, Lehr- und Beraterwesen, in der Kolonialschule im Sommer 1946. Er sah ebenfalls große Möglichkeiten für gut ausgebildete deutsche Tropenlandwirte, auch im Außendienst amerikanischer Firmen. Witzenhausen könne als Ausbildungsstätte erhalten bleiben, allerdings mit anderen Zielen als früher.[4]

Nach dem Gesetz 52 der Militärregierung wurde die DKS dann unter Vermögenskontrolle gestellt und Regierungspräsident Fritz Hoch zum Treuhänder bestellt. Der Regierungspräsident ersuchte Köster »mit sofortiger Wirkung seine bisherige Tätigkeit für die Kolonialschule in jeder Eigenschaft, insbesondere als Leiter der Kolonialschule und als Geschäftsführer einzustellen«.[5]

Es gab ernsthafte Planungen, nicht nur Gebäudeteile und Einrichtungen, sondern das gesamte Unternehmen der Landwirtschaftskammer zur Verfügung zu stellen. Die Räume und Einrichtungen der DKS eigneten sich gut für die HLS der Landwirtschaftskammer für den Regierungsbezirk Kassel, die früher von ihr in Kassel-Wolfsanger betrieben und im Kriege zerstört worden war.[6] Ab 1947 waren die Witzenhäuser Landwirtschaftsschule und die HLS in der Kolonialschule untergebracht. Die Raumproblematik bildete aber das kleinere Problem;

3 Vgl. Rundschreiben des Direktors der DKS, Karl Köster, an den Ministerpräsidenten und weitere Minister des Landes Hessen vom 16.1.1946 (im Anhang: Denkschrift »Die Deutsche Kolonialschule G.m.b.H., Witzenhausen – Rückblick und Ausblick« vom Januar 1946) (Zitat S. 14), in: HHStAW, 502, Nr. 4912, unpag.

4 Vgl. Peter Piekenbrock, Ausbildungsstätte für junge Tropenlandwirte, Ms., o.Dat. (1950), in: AD, Sammlung Baum – DKS-Dokumente, unpag.

5 Vgl. Aktenvermerk der Rechtsabteilung vom 18.9.1946, in: HHStAW, 509, Nr. 1702, Bl. 1; Abschrift eines Aktenvermerks vom 30.9.1946, in: ebd., Bl. 4 (Zitat ebd.).

6 Vgl. Durchschrift eines Schreibens von Untertreuhänder Gabriel, DKS, an den Reg.-Präs. Hoch vom 23.10.1946, in: ebd., Bl. 27; Entwurf eines Vertrags zwischen dem Regierungspräsidenten als Treuhänder der DKS und der Landwirtschaftskammer in Kassel vom 7.11.1946, in: ebd., Bl. 73-75. Vgl. insgesamt zur Geschichte der HLS: 50 Jahre Ausbildung für die Landwirtschaft. Wolfsanger – Witzenhausen 1921-1971, Kassel 1971; Wurzeln bis ins Jahr 1921, in: Witzenhäuser Merkur vom 9.6.1996, zit. nach: AD, Akte Zeitungsausschnitte über die Lehranstalt, unpag.

auch die Gefahr einer Beschlagnahme der Bücherei durch die Militärregierung war gebannt, da man kein »Instrument imperialistischer Kolonialpolitik« sein werde. Vorrangig schien demgegenüber die finanzielle Seite: Die Aussicht, die für eine Wiederinstandsetzung der Schule erforderlichen beträchtlichen Mittel vom Staat zur Verfügung gestellt zu bekommen, sei eher gering. Ein Ausweg könne in der Streichung der ersten beiden Semester, die durch die HLS abgedeckt werden könnten, und in einer Beschränkung auf insgesamt zwei Semester liegen, die sich auf die Tropenlandwirtschaft konzentrierten.[7] Wolff bezeichnet den Einzug der HLS im Nachhinein als »Glücksumstand« für den Fortbestand der tropenlandwirtschaftlichen Ausbildung in Witzenhausen.[8]

Inzwischen entwickelte der Aufsichtsrat erste Pläne zur vorübergehenden Nutzung der Gebäude, zum Beispiel als Hotel im Rahmen der Betreuung von Auswanderern. Das Kolonialkundliche Institut und das Archiv sollten ihre Tätigkeit fortsetzen, für den Gelsterhof wurde der Aufbau einer Versuchsanstalt für die Akklimatisation ausländischer Nutzpflanzen und Verwertung überseeischer Agrarprodukte in Erwägung gezogen.[9] Das war nur der Auftakt für eine Reihe ähnlicher Überlegungen: 1947/48 etwa zu einer möglichen Zusammenarbeit mit dem Deutschen Evangelischen Missionsrat, dem angeboten wurde, seine Hauptgeschäftsstelle in den Gebäuden der Gesellschaft unterzubringen. Der Evangelischen Auswandererfürsorge (Auswanderermission) Bremen, wurden ebenfalls Räumlichkeiten angeboten und auch vermietet, allerdings bereits 1949 wieder gekündigt. Die Planungen für eine Siedlervolkshochschule und eine Heimoberschule für Kinder von Vertriebenen und Auslandsdeutschen ab dem Jahre 1951 scheiterten später genauso.[10] Der Gedanke einer Auswandererschule wurde befeuert durch den Besuch des Gutachters der UNO bzw. der UNESCO für deutsche Flüchtlingsfragen, Odd Nansen, im März 1950.[11]

Der Aufsichtsrat beauftragte Winter im Mai 1952 offiziell mit der Vorbereitung der schulischen Aufgaben für die Wiedereröffnung des Lehrbetriebs an der

7 Vgl. (Curt Winter), Die Deutsche Kolonialschule im Jahrzehnt 1939/49, in: DKP, 1949, S. 5-10 (Zitat S. 9); Schreiben von Curt Winter an Fischer vom 5.2.1948, in: StAM, 314/1, Nr. 13, unpag.

8 Vgl. Wolff, Kolonialschule, S. 327.

9 Vgl. Niederschrift über die Versammlung der Mitglieder des AR der DKS am 23. Juni 1947, in: StAM, 314/1, Nr. 23, unpag.

10 Vgl. die Vorgänge in: ebd., Nr. 11, 14, 15 und 17.

11 Vgl. Vorgänge in: AD, AHV, Akte Aktion Nansen. Tatsächlich war die DKS in die Planungen der Bundesregierung zu einer Auslandssiedlung deutscher Flüchtlinge eingeschaltet worden. Die Schule sollte diese auf Arbeit und Leben in der neuen Heimat vorbereiten. Vgl. Dr. Winter, Rückblick und Ausblick, in: DKP, 1950, S. 5-9, hier S. 8.

Kolonialschule.[12] Und Winter war immerhin so flexibel, sich bereits von dem Namen »Deutsche Kolonialschule« zu verabschieden. Er fürchtete, jemand könnte auf den Gedanken kommen, »hinter der DKS stünde heute noch die starre, enge, politische Forderung nach eigenem deutschen Kolonialbesitz«. Diese Zeiten schienen im Zeichen einer rasch fortschreitenden Dekolonisierung vorbei zu sein. Dabei gebe es keine Gründe, die Grundlagen der Arbeit radikal zu ändern.[13] Die Schule müsse aber der Tatsache, dass das koloniale Zeitalter endgültig vorüber sei, Rechnung tragen und »der Mentalität der souverän gewordenen und werdenden ›kolonialen‹ Völker dieses Opfer bringen«. Die Aufgabe bleibe jedoch die fachliche Ausbildung von Farmern und Pflanzern für Übersee bei »betonter Erziehung zu deutschen Menschen«, die bei allem nationalen Bewusstsein Verständnis für die Belange und Gefühle fremder Völker und Achtung vor fremder Überzeugung hätten.[14]

Gleichzeitig versuchte man über diverse organisatorische Kontakte und Verknüpfungen, einen Resonanzboden für eine Wiedereröffnung der Schule zu schaffen. Der Altherrenverband trat als korporatives Mitglied der im Februar 1954 gegründeten »Gesellschaft der Freunde Afrikas e.V.« bei, man sah darin die zentrale Zusammenfassung aller in Deutschland lebendigen Afrikainteressen.[15] Langsam aber sicher gelang es Winter, die Verbindungen mit den im Ausland tätigen Mitgliedern des Altherrenverbands wieder zu knüpfen. Er versuchte sie auch für eine Unterstützung zur Wiedereröffnung der Schule zu gewinnen. Die in Argentinien ansässigen Absolventen bekundeten anlässlich ihres Jahrestreffens 1954 ihr uneingeschränktes Interesse an der »Wiedererstehung der Deutschen Kolonialschule« als Lehranstalt für tropische und subtropische Landwirtschaft.[16]

Mit einer großangelegten Initiative versuchte man im November 1954 von Seiten der Schule, eine Wiedereröffnung zu forcieren. In Schreiben an das Bundesministerium des Innern und an das Auswärtige Amt wurde eine Artikelserie aus »Tropical Agriculture« über die Ausbildung von Tropenlandwirten in den Niederlanden, Frankreich und Belgien als Beweis für die Dringlichkeit des Pro-

12 Vgl. Niederschrift über die Versammlung der Mitglieder des Aufsichtsrats der DKS am 20. Mai 1952, in: StAM, 314/1, Nr. 23, unpag.

13 Vgl. Curt Winter, Rückblick und Ausblick, in: DKP, 1952, S. 5-11 (Zitat S. 7); ders., Die Deutsche Kolonialschule. Die Frage der Wiederaufnahme ihrer Arbeit, Oktober 1952, in: ebd., S. 14-19.

14 Vgl. Kurt Winter, Die Deutsche Kolonialschule in Witzenhausen, in: Akademische Blätter, 56 (1954) 6, S. 159-161, hier S. 161 (Zitate ebd.).

15 Vgl. Curt Winter, Liebe Kameraden!, in: DKP, 1954, S. 77-96, hier S. 91. Siehe zur Gesellschaft: van Laak, Welt, S. 166.

16 Vgl. Entschließung der Alten Herren in Argentinien vom 31.7.1954, in: AD, AHV, Landes- und Ortsgruppen, unpag. Abgedruckt als: Altherrentag in Argentinien, in: DKP, 1954, S. 70-72.

blems präsentiert.[17] Die Umwälzungen zeigten sich auch in der Erschließung neuer Gebiete als Ersatz oder Ergänzung alter Produktionsstandorte, nicht zuletzt auf dem Gebiet der tropischen und subtropischen Landwirtschaft. Hier trete das Problem der Beschaffung der notwendigen Fachkräfte immer dringlicher in Erscheinung. Deutschland benötige, wie alle europäischen Länder, seine Lehranstalt für die tropische und subtropische Landwirtschaft. Sie könne auf der DKS aufgebaut werden.[18] Die schulischen und wissenschaftlichen Einrichtungen seien weitgehend erhalten geblieben. Als neuen Namen schlug man vor: Deutsches Institut für tropische und subtropische Landwirtschaft. Grundsätzlich bestünde aber kein Anlass, nach neuen Formen und Wegen für Lehrgang und Lehrplan zu suchen. Die Ausbildung werde vier Semester umfassen, die ersten beiden Semester der heimischen Landwirtschaft gewidmet sein. Die Grundlage bilde der Lehrplan der HLS mit der Abschlussprüfung als Staatlich geprüfter Landwirt. Die weiteren beiden Semester gehörten der kolonialen Landwirtschaft, der Bodenlehre der Tropen, der Klimalehre, dem tropischen Pflanzenbau, der subtropischen Tierhaltung und Tierzucht, der Betriebslehre von Farm und Pflanzung, der kolonialen Technik, insbesondere der Wasserwirtschaft usw. neben den für den Überseelandwirt erforderlichen allgemeinen Fächern, wie Wirtschafts- und Verkehrsgeografie, Völkerkunde, Handelskunde, Buchführung etc. Das Abschlusszeugnis sollte wie früher das Diplom der Schule sein. Daneben könnte ein freiwilliges fünftes und sechstes Semester für eine vertiefte Ausbildung auf einem Sondergebiet der überseeischen Landwirtschaft angeboten werden. Die Aufnahmebedingungen müssten denen der HLS angeglichen werden, also neben der Mittelschulreife eine praktische landwirtschaftliche Lehre fordern.[19]

Die – natürlich positiven – Zuschriften der Absolventen wiederholten weitgehend diese Argumentation. Deshalb nur ein typischer Auszug aus einem Schreiben von Klaus Blasberg, der an der Deutschen Botschaft Buenos Aires tätig war: »Ich wünsche mir eine Kolonialschule, die in enger Verbindung mit Industrie und Handel deutsche Fachkräfte ausbildet, die als unerläßliche Vorposten der deutschen Wirtschaft und des deutschen Volkstums im Ausland ihre

17 Vgl. (Curt Winter), Die tropenlandwirtschaftliche Ausbildung in den europäischen Ländern, in: ebd., S. 9-27.

18 Vgl. Schreiben der DKS, Fischer, an den Bundesminister des Innern vom 25.11.1954, in: StAM, 314/1, Nr. 5, unpag. Mit gleichem Datum ging das gesamte Material an den Bundesminister des Auswärtigen, in: ebd., Nr. 164, unpag. Siehe dazu auch: Das kommende Deutsche Institut für tropische und subtropische Landwirtschaft. Eingabe der DKS an den Bundesminister, in: DKP, 56 (1955), S. 11-20; Hoffmann, Kolonialexperten, S. 203.

19 Vgl. Denkschrift »Deutsche Kolonialschule. Deutsches Institut für tropische und subtropische Landwirtschaft« (Zitate S. 3), in: StAM, 314/1, Nr. 5, unpag.

Aufgabe als Pioniere dort erfüllen, wohin sie entsandt werden.«[20] Peter Wolff merkt zu Recht an, dass die flankierenden Denkschriften zeigen, wie stark die Verfasser in der Tradition der DKS standen und wie wenig sie die weltpolitischen Veränderungen in ihre Überlegungen mit einbezogen.[21]

Mittlerweile tat sich auch auf der ministeriellen Ebene etwas; die Schreiben und Besuche von Repräsentanten der Schule in Bonn hatten wohl eine gewisse Wirkung erzielt. Ministerialrat Hans Hartan hatte angedeutet, dass das Bundesernährungsministerium, dessen Schulabteilung er leitete, nicht abgeneigt sei, »der Deutschen Kolonialschule, wenn sie aus eigener Kraft beginnen würde, laufende Zuschüsse zu gewähren«. Die genannte Summe der benötigten Zuschüsse von jährlich 300.000 DM erschien Hartan allerdings als eine zu hohe Belastung des Etats seines Ministeriums.[22] Insgesamt fanden die Bemühungen um eine Wiedereröffnung vor allem bei Heinrich Lübke im Bundesernährungsministerium eine positive Resonanz. Er war der Meinung, dass eine solche Schule unbedingt wieder eingerichtet werden solle, aber nicht in den Zuständigkeitsbereich des Innenministeriums gehöre. Im Auswärtigen Amt zeigte sich Gesandtschaftsrat Hans-Georg Steltzer vom Afrika-Referat aufgeschlossen und sagte aktive Unterstützung zu.[23]

Und tatsächlich, in der Fragestunde des Bundestags am 4. Mai 1955 erklärte Lübke als Bundesminister für Ernährung, Landwirtschaft und Forsten seine grundsätzliche Bereitschaft, sich für die Wiedereröffnung der Kolonialschule in Witzenhausen einzusetzen. Er sah in den tropischen und subtropischen Ländern durchaus einen Bedarf für speziell ausgebildete deutsche Landwirte. Die Wiederaufnahme der Tätigkeit bedinge jedoch eine Änderung des Namens, »da niemand mehr von Kolonien etwas wissen wolle«. Auch im Auswärtigen Amt begrüßte man diesen Schritt, vor allem, weil in Witzenhausen auch junge Afrikaner ausgebildet werden könnten. Die Motive lagen eindeutig in der Systemauseinandersetzung: »Versagt der Westen diesen unterentwickelten Ländern seine Hilfe, so werden sie sich notgedrungen an die Staaten hinter dem Eisernen Vorhang oder Asiens wenden.«[24]

20 Auszüge und Abschriften von Schreiben und Telegrammen ehemaliger Angehöriger der DKS anläßlich des Altherrentages Pfingsten 1954, S. 1, in: ebd., unpag.

21 Vgl. Peter Wolff, Die Lehranstalt für tropische und subtropische Landwirtschaft in Witzenhausen – ein Rückblick, in: TL, 84 (1983) 2, S. 228-240, hier S. 231.

22 Vgl. Durchschrift eines Schreibens von Fischer an Curt Winter vom 7.4.1955, in: AD, Dozenten, Winter (3), Bl. 69-70.

23 Vgl. Durchschrift eines Schreibens von Dr. Winter an Klaus Blasberg vom 19.4.1955, in: ebd., AHV, Landes- und Ortsgruppen, unpag.

24 Vgl. Protokoll der 79. Sitzung des Deutschen Bundestages am 4.5.1955, in: Verhandlungen des Deutschen Bundestages. Stenographische Berichte, 7 (1955), S. 4333-4398, hier S. 4339; Für Wiedereröffnung der Deutschen Kolonialschule in Witzenhausen, in: Kasseler Post vom 5.5.1955 (Zitat ebd.), zit. nach: AD, Unsortiertes

Die Bundesregierung erklärte sich dann im November bereit, in den Haushalt 1956/57 100.000 DM für den Schulbetrieb der künftigen Lehranstalt für tropische und subtropische Landwirtschaft einzustellen. Den notwendigen Rest von 150.000 DM sollten die Länder aufbringen.[25] Bei Besprechungen im Hessischen Ministerium für Landwirtschaft und Forsten in Wiesbaden schlugen Geschäftsführer Wolfgang Fischer und Winter eine viersemestrige Ausbildung vor, davon zwei Aufbausemester, welche die Schüler auf das Niveau der HLS bringen sollten und zwei Semester für die Vermittlung der »Kolonialfächer«. Im Ministerium präferierte man hingegen, den Abschluss an einer HLS als Zugangsvoraussetzung für die Kolonialschule anzusetzen. Winter und Fischer sollten möglichst bald einen Lehrplan aufstellen und einen Finanzierungsvorschlag unterbreiten.[26] In einer offiziellen Verhandlung am 10. Januar 1956 in Wiesbaden stand man vor der Tatsache, dass die vorhandenen Mittel keinesfalls für viersemestrige Lehrgänge ausreichten. Da aber keinerlei Aussicht bestand, weitere Mittel zu erhalten, blieb nur der vom Landwirtschaftsministerium vorgeschlagene Ausweg einer Kürzung auf zwei Semester.[27]

Der hessische Landwirtschaftsminister erließ im August 1956 Grundbestimmungen für das Deutsche Institut für tropische und subtropische Landwirtschaft. Demnach habe es als höhere landwirtschaftliche Fachschule die Aufgabe, »seinen Hörern die für den Beruf des Landwirts in den Tropen und Subtropen erforderlichen Kenntnisse zu vermitteln und sie für die besondere Verantwortung, in die sie im Ausland gestellt sein werden, zu erziehen«. Träger der Anstalt war die »Deutsches Institut für tropische und subtropische Landwirtschaft Gesellschaft mit beschränkter Haftung« (DITSL). Die Schulaufsicht oblag dem Hessischen Ministerium für Landwirtschaft und Forsten, die Aufsicht in Orga-

Material, unpag.; Schreiben des AA an den Bundesminister für Ernährung, Landwirtschaft und Forsten vom 22.10.1955, in: BAK, B 116, Nr. 22539, unpag. (Zitate ebd.). Vgl. zur Systemauseinandersetzung in der Entwicklungspolitik: Hans-Joachim Spanger, Die beiden deutschen Staaten in der Dritten Welt. Die Entwicklungspolitik der DDR – eine Herausforderung für die Bundesrepublik Deutschland?, Opladen 1987; Ulf Engel/Hans-Georg Schleicher, Die beiden deutschen Staaten in Afrika. Zwischen Konkurrenz und Koexistenz 1949-1990, Hamburg 1998; Ulf Engel, Die Afrikapolitik der Bundesrepublik Deutschland 1949-1999. Rollen und Identitäten, Hamburg 2000, S. 117ff.

25 Vgl. Wiedergeburt der Kolonialschule steht bevor, in: Kasseler Post vom 17.11.1955, zit. nach: AD, Akte KKI II, 12-13, unpag.; Die Welt braucht deutsche Farmer, in: Kasseler Zeitung vom 19.11.1955, zit. nach: ebd., Unsortiertes Material, unpag.; Ausbildung von Farmern, in: Frankfurter Allgemeine Zeitung vom 28.11.1955.

26 Vgl. Vermerk über eine Besprechung mit Vertretern der DKS am 25.11.1955 vom 30.11.1955, in: HHStAW, 509, Nr. 7628, unpag.

27 Vgl. Curt Winter, Rückblick und Ausblick, in: DKP, 57 (1956), S. 5-12, hier S. 6.

nisations- und Haushaltsfragen dem BML. Der Lehrgang umfasste zwei Semester mit insgesamt 40 Unterrichtswochen.[28]

Winter kommentierte diese Grundbestimmungen. Sie zeigten seiner Ansicht nach in der Aufgabenstellung gegenüber der alten DKS keine ins Auge fallende Änderung, außer dem Wegfall der praktischen Ausbildung in der Landwirtschaft, insbesondere in den Handwerken. Die auffallendste Änderung sah er in der Beschneidung der Lehrgänge auf zwei Semester. Diese Lösung war für ihn nicht befriedigend, da die Ausrichtung auf tropische und subtropische Landwirtschaft auf der HLS nicht gegeben und außerdem die gestiegenen Anforderungen insgesamt ein höheres Niveau der Ausbildung erforderten.[29]

Die feierliche Eröffnung des ersten Lehrgangs des Deutschen Instituts für tropische und subtropische Landwirtschaft – unter diesem Namen firmierte die spätere Lehranstalt nur kurzzeitig – fand dann tatsächlich wie geplant am 8. Januar 1957 statt. Vor allem für die Alten Herren war es mehr noch der Tag der Wiederaufnahme der durch Kriegs- und Nachkriegsjahre unterbrochenen Arbeit als Lehranstalt, der Tag der Wiedereröffnung ihrer alten Alma Mater. Der Vorsitzende des Aufsichtsrats, Landespfarrer Erich Freudenstein, erinnerte in seiner Festrede an Fabarius. Das Institut wolle junge Menschen fachlich und sachlich für ihre Arbeit in der Fremde vorbereiten. Diese Lehrarbeit würde jedoch auch im Zeichen christlicher Verantwortung und wirklich deutschen vaterländischen Denkens stehen. Nahezu 500 Millionen Menschen in der Welt müssten immer noch Hunger leiden. Hier könne mitgeholfen werden, »den Tisch der Welt zu decken«.[30] Auch in der DDR registrierte man die Wiedereröffnung,

28 Vgl. Vorläufige Bestimmungen für das Deutsche Institut für tropische und subtropische Landwirtschaft in Witzenhausen des Hessischen Ministers für Landwirtschaft und Forsten vom 13.8.1956, in: Hessischer Staatsanzeiger, Nr. 43 vom 27.10.1956, S. 1112-1115 (Zitat S. 1113), zit. nach: PAA, B 85, Nr. 376, unpag.; Abschrift des Erlasses des Hessischen Ministers für Landwirtschaft und Forsten vom 13.8.1956, in: BAK, B 116, Nr. 22541, unpag. Am 25. Oktober 1956 erfolgte die Umbenennung der Deutsche Kolonialschule GmbH in Deutsches Institut für tropische und subtropische Landwirtschaft GmbH. Vgl. Wolff, 85 Jahre, S. 34.

29 Vgl. Curt Winter, Gedanken zu den »Vorläufigen Bestimmungen über das Deutsche Institut für tropische und subtropische Landwirtschaft«, in: DKP, 57 (1956), S. 19-33.

30 Vgl. Tropeninstitut nimmt heute den Lehrbetrieb wieder auf, in: Hessische Nachrichten vom 8.1.1957, zit. nach: AD, Karton Presse – Veröffentlichungen, unpag.; Junge Menschen sollen in Witzenhausen lernen, den »Tisch der Welt zu decken«, in: Kasseler Post vom 9.1.1957, zit. nach: ebd., unpag. (Zitat ebd.); Einweihungsfeier des Deutschen Instituts für tropische und subtropische Landwirtschaft, in: Niederhessische Zeitung vom 9.1.1957, zit. nach: ebd., Akte KKI II, 12-13, unpag.; »Ein Werk an den Menschen leisten«, in: Kasseler Zeitung vom 9.1.1957, zit. nach: ebd., unpag.; Der 8. Januar 1957, in: DKP, 57 (1956), S. 66-69, hier S. 66.

fügte jedoch an, dass »ebenso wie im Kaiserreich und in der Nazi-Zeit wieder Fachkräfte für den Kolonialdienst ausgebildet« werden sollten.[31] Selbst der Staatssicherheitsdienst wertete fleißig entsprechende Zeitungsausschnitte aus und kam zu dem Schluss, dass es sich um die »ehemalige ›Reichskolonialschule‹ der Nazis« handele, wobei deren Nähe zur eigenen Staatsgrenze betont wurde.[32]

2. Die Lehranstalt für tropische und subtropische Landwirtschaft

Institutionelle Entwicklung

Um es vorwegzunehmen: Die Lehranstalt für tropische und subtropische Landwirtschaft bestand nur zehn Jahre – eine kurze Zeit im Vergleich mit der Deutschen Kolonialschule. Trotzdem bildete sie einen wichtigen Markstein, da sie die Tradition tropenlandwirtschaftlicher Ausbildung am Standort Witzenhausen nach dem Zweiten Weltkrieg wieder aufnahm. Sie leitete die Orientierung der Ausbildung auf die damals sogenannte »Entwicklungshilfe« ein. Insofern war die Lehranstalt mitentscheidend für den Weg der Bildungsinstitution hin zum heutigen Fachbereich Ökologische Agrarwissenschaften.[33]

Der neue Direktor, Oskar F. Kaden,[34] erklärte in einem Zeitungsartikel die Zielsetzung der Lehranstalt: »Die Jungen sollen so nüchtern und unabhängig wie möglich von hier hinaus gehen. Ich werde bewußt auch die künftige internationale Note des Instituts unterstreichen.« Als Studierende wünschte er sich, neben

31 Vgl. Wie in des Kaisers »glorreicher Zeit«, in: Freie Presse (Zwickau) vom 11.1.1957, zit. nach: AD, Akte KKI II, 12-13, unpag. (Zitat ebd.).

32 Vgl. Aktennotiz, o.Dat. (1957), in: BStU, MfS ZAIG, Nr. 9173, Bl. 3-4 (Zitat Bl. 3). Selbst in späteren Publikationen wurde die Lehranstalt noch als »Zentrale zur Ausbildung westdeutscher Verwaltungs- und Diversionskader für die Tätigkeit in Afrika« bezeichnet. Jakov Etinger, Bonn greift nach Afrika, Berlin (-Ost) 1961, S. 38.

33 Vgl. Wolff, Lehranstalt, S. 228 und S. 233.

34 Kaden wurde am 25. April 1899 in Mühlhausen/Elsaß geboren. Nach seinem Kriegsdienst und dem Abitur an einem Gymnasium in Freiburg, studierte er von 1919 bis 1922 an der dortigen Universität Chemie und Physik, danach in Hamburg Botanik und Chemie. Dort promovierte er 1925. Nach ausgedehnten Auslandsaufenthalten wurde er im August 1957 Direktor des Kakao-Instituts in Hamburg. Vgl. Oskar F. Kaden, Über eine biologische Funktion der Gerbstoffe insbesondere derjenigen der Brenzkatechinreihe, Math.-naturwiss. Diss. Hamburg 1925, Umschlagseite; Cacao. Inter-American Cacao Center, 2 (1952) 25-27, unpag.

deutschen Landwirten, viele Ausländer und vor allem die Söhne von Auslandsdeutschen. Winter, der nach wie vor das Archiv betreute, äußerte recht unverblümt: »Sie können ruhig in der Zeitung bringen, daß Wert darauf gelegt wird, die Tradition zu hüten, weil man den Altherrenverband braucht. Einesteils, um Verbindung mit der Welt zu haben, andernteils, um die Absolventen draußen unterzubringen.« Insofern war es vielleicht mehr als ein Menetekel, dass die frisch überpinselte Inschrift »Deutsche Kolonialschule« am Eingangsgebäude immer wieder durchschimmerte.[35] Während also teilweise durchaus die Gemeinsamkeiten mit der Kolonialschule, eine Kontinuität in den Zielen hervorgehoben wurde, klang es in einem Bericht des DITSL nüchterner: »Die Lehranstalt hat die Aufgabe, ihre Hörer in zweisemestrigen Lehrgängen zu Ingenieuren für tropische und subtropische Landwirtschaft heranzubilden.« Die Unterschiede zur DKS lagen aus dieser Sicht in erster Linie in dem nunmehrigen Wandel von einer grundständigen Ausbildung hin zu einem Aufbaustudium. Und ein anderer wichtiger Aspekt war hinzugetreten, der die Lehranstalt von der auf private Interessen ausgerichteten Kolonialschule unterschied: Sie sollte »in stetig wachsender Weise den Interessen des Bundes« angepasst werden, indem sie vor allem Hörer aus den sogenannten Entwicklungsländern aufnehme.[36]

In einer Kuratoriumssitzung Anfang Februar 1957 wurde die Einigkeit beschworen, also keine Auseinandersetzungen zwischen GmbH und Schule führen zu wollen. Davon sei die Zukunft der Gesamtinstitution abhängig. Der Schulträger war die GmbH, Geschäftsführer Wolfgang Fischer, der seine Aufgabe in Zusammenarbeit mit dem Aufsichtsrat erfüllen sollte. Für die schulischen Belange war Kaden verantwortlich, der für das erste Semester vom Kuratorium als kommissarischer Leiter eingesetzt worden war. Zur Beratung in schulischen Aufgaben fungierte Winter als Mitglied des Kuratoriums.[37]

Der erste Lehrgang startete am 8. Januar 1957 mit zunächst 14 Teilnehmern. Für einen Neustart war das durchaus bemerkenswert. Wie Kaden hervorhob, waren die überwiegend von den HLS kommenden Teilnehmer gut ausgebildet. Der umfangreiche Lehrplan war – ganz wie zu Zeiten der Kolonialschule – auf die Ausbildung eines »all-round-man« abgestimmt.[38] Im September 1957 erfolgte die Umbenennung der Fachschule in »Lehranstalt für tropische und sub-

35 Vgl. Kolonialschüler ohne Tropenhelm, in: Süddeutsche Zeitung vom 6.2.1957, zit. nach: AD, Akte KKI II, 12-13, unpag. (Zitate ebd.). Zur personellen Kontinuität vgl.: Hennemuth, Ausbildung, S. 59.

36 Vgl. Bericht des DITSL über die LTSL vom 10.8.1959 (Zitate S. 1 f.), in: StAM, 314/1, Nr. 168, unpag.

37 Vgl. Schreiben von Erich Freudenstein, Landespfarrer für Innere Mission und Beauftragter des Kuratoriums, an die verantwortlichen Mitarbeiter des DITSL vom 11.2.1957, in: ebd., Nr. 20, unpag.

38 Vgl. Tropen-Träume in nördlichen Breiten, in: Hessische Nachrichten vom 14.2.1957, zit. nach: AD, KKI II, 12-13, unpag.

tropische Landwirtschaft«.[39] Kurz vor Weihnachten 1957 fand dann die erste Prüfung der jungen Ingenieure für tropische und subtropische Landwirtschaft, wie sie nun heißen sollten, statt. Während dieses ersten Lehrgangs hatte Horst Bieber Kaden als schulischen Leiter abgelöst.[40] Bieber wurde am 26. Oktober 1900 als Sohn eines Rittergutspächters in Kallisten/Ostpreußen geboren. Mit Obersekundareife verließ er die Oberrealschule in Königsberg und arbeitete als Eleve auf verschiedenen landwirtschaftlichen Betrieben. Nach dem Ersten Weltkrieg studierte er Landwirtschaft und beendete das Studium 1928 mit dem Staatsexamen und der Promotion. Danach ging er in die Düngerindustrie und promovierte während dieser Zeit in der Volkswirtschaft. Von 1929 bis 1939 war Bieber für die IG-Farben als landwirtschaftlicher Berater in Mittel- und Südamerika tätig. 1933 machte er sich in Ostpreußen selbständig und bewirtschaftete ein Gut, bis er im Januar 1945 vor der Roten Armee floh. Anfang 1946 erhielt er eine Assistentenstelle an der Universität Rostock und war gleichzeitig Leiter des Instituts für Acker- und Pflanzenbau. Aus politischen Gründen wanderte er 1949 nach Venezuela aus, wo er zunächst für eine Tabakfirma arbeitete und sich dann als Farmer selbständig machte. 1955 bis 1957 lehrte Bieber an der landwirtschaftlichen Fakultät in Maracay und folgte 1957 dem Ruf als Dozent an die Lehranstalt.[41]

Am 16. Dezember 1958 bestanden alle ordentlichen Teilnehmer des zweiten Lehrgangs das Examen. Selbst Direktor Bieber musste einräumen, dass es für die Studierenden nicht leicht gewesen war, den Umfang des Stoffs zu bewältigen, der ihnen von elf Dozenten, darunter zwei hauptamtlichen geboten worden war. Insgesamt erwies sich also bereits jetzt die Zeit von einem Jahr für den umfassenden Lehrstoff als zu kurz. Besonders das Sprachprogramm müsse noch erweitert werden, da gerade die Fremdsprachen bei der Stellensuche die größte Rolle spielten.[42]

39 Vgl. Abschrift eines Schreibens des Hessischen Ministers für Landwirtschaft und Forsten, Hacker, an das DITSL vom 7.9.1957, in: StAM, 314/1, Nr. 151, unpag. Abgedruckt in: Staatsanzeiger für das Land Hessen, Nr. 47/1957, S. 1180.

40 Vgl. Entwurf eines Schreibens von Erich Freudenstein, Vorsitzender des Aufsichtsrats des DITSL, an die Alten Herren des AHV im Ausland vom Januar 1958, in: StAM, 314/1, Nr. 153, unpag.

41 Vgl. Abschrift eines undatierten Lebenslaufs von Horst Bieber, in: AD, Direktoren, Horst Bieber 1956-1960, Bl. 13; Dr. Dr. Horst Bieber †, in: Uu, Nr. 6, Oktober 1966, S. 6; Horst Bieber, Die verschiedene Zeit der Aussaat und die verschiedene Zeit und Art der Ernte in ihrem Einfluss auf »b« und auf die Sicherheit der Versuche, Diss. Universität Königsberg 1928; ders., Die Düngung im Lichte der Intensitätslehre, Diss. Universität Königsberg 1930.

42 Vgl. Protokoll der Kuratoriumssitzung vom 27.2.1959, gesandt an Legationsrat I. Kl. Dumke, AA, am 23.3.1959, S. 2f., in: PAA, B 58-III B 2, Nr. 303, unpag. Auch in: StAM, 314/1, Nr. 155, unpag.

Einer der früheren Absolventen, Oswald Nixdorf aus Brasilien, wandte sich im Juni 1959 an Bundeskanzler Konrad Adenauer. Das Schreiben sorgte für einige Unruhe; das Bundeskanzleramt schickte es in Abschrift an das BML mit der Bitte um Stellungnahme und Übersendung eines Antwortentwurfs. Nixdorf schrieb, weil ihn nach eigenen Worten die Situation der Lehranstalt sehr bedrückte. Deren Eröffnung könne nur ein erster Schritt gewesen sein, sie müsse dringend ausgebaut werden. Er warb dafür, die Lehranstalt zu einer Einrichtung des Bundes zu machen, die adäquat ausgestattet sein sollte. Seiner Ansicht nach sollte das Studium wieder auf vier Semester erweitert und im Internat wieder die Selbstverwaltung eingeführt werden, wodurch es automatisch zu einer Charakterauslese käme. Kurzum: »Man sollte sich das so sehr bewährte System der alten Kolonialschule auf moderner Basis zum Vorbild nehmen.«[43]

Direktor Bieber monierte, dass die Doppelkonstruktion DITSL und Lehranstalt immer wieder strukturelle Probleme hervorbrachte, die zu Streitigkeiten bei der Kompetenzabgrenzung mit dem neuen Geschäftsführer der GmbH, Wilhelm Heinrich Cohrs, führten. Cohrs hatte einen Organisationsplan entworfen, der eindeutig eine Unterstellung der Lehranstalt unter die GmbH vorsah. Der Leiter der Lehranstalt sollte nach diesem Plan lediglich Unterricht erteilen, er wäre bestenfalls eine Art erster Dozent oder Studiendirektor. Laut Bieber wollte Cohrs seine Stellung untergraben.[44] Der Haushaltsausschuss des Bundestags besprach im Juni 1960 eine Empfehlung, nach der das Vermögen der Gesellschaft geordnet, die Funktionen von Geschäftsführer der Gesellschaft und Leiter der Schule zusammenzufassen und eine Namensänderung der Lehranstalt zu prüfen sei.[45]

Es zeichnete sich 1960 ab, dass die Höheren Landwirtschaftsschulen ihren Unterricht auf vier Semester erweitern würden. Das bedeutete eine Änderung der Zulassungsbedingungen für die Lehranstalt; wünschenswert erschien eben-

43 Vgl. Abschrift eines Schreibens des Staatssekretärs des Bundeskanzleramtes an den Bundesminister für Ernährung, Landwirtschaft und Forsten vom 21.4.1959, in: PAA, B 58-III B 2, Nr. 303, unpag. Abschrift des Schreibens von Oswald Nixdorf an Bundeskanzler Adenauer vom 26.3.1959 auch in: BAK, B 116, Nr. 22539, unpag.

44 Vgl. Durchschrift eines Schreibens der LTSL, Bieber, an Min.Rat Hartan, BML, vom 16.6.1959, in: StAM, 314/1, Nr. 165, unpag.; Schreiben des BML, Min.Rat Hartan, an den Direktor der LTSL, Bieber, vom 30.6.1959, in: ebd., unpag.; Durchschrift eines Schreibens der LTSL, Bieber, an Min.Rat Hartan, BML, vom 8.2.1960, in: ebd., unpag.; Durchschrift eines Schreibens der LTSL, Bieber, an Min.Rat Hartan, BML, vom 9.2.1960, in: ebd., unpag.

45 Vgl. Durchschrift eines Schreibens des Bundesministers für Ernährung, Landwirtschaft und Forsten an die LTSL und interne Dienststellen vom 19.12.1960, in: BAK, B 116, Nr. 15920, unpag.

falls eine Verlängerung auf zwei Jahre.[46] Im Zuge der von der Kultusministerkonferenz beschlossenen Vereinheitlichung der Ausbildung an den Ingenieurschulen und Höheren Fachschulen entwickelten sich die HLS ab 1962 zu Ingenieurschulen für Landbau. Dies führte letztlich zum sechssemestrigen Ingenieurstudium und zur Graduierung der Absolventen zum Ingenieur.[47]

Der Lehrgang 1963 der Lehranstalt endete noch im Dezember. Der neue Lehrgang sollte aber, entsprechend dem veränderten, zum Teil auf drei Semester und mehr verlängerten Studiengang der HLS erst am 1. April 1964 beginnen. Die Zwischenzeit sollte mit einem Vorbereitungslehrgang für ausländische Bewerber ausgefüllt werden, die nicht ganz die Vorbedingungen zur Aufnahme in die Lehranstalt erfüllten. Der weitere Ausbau der Anstalt selbst war in Planung. Staatssekretär Friedrich Karl Vialon vom Bundesministerium für wirtschaftliche Zusammenarbeit hatte bei der Feier zum 65-jährigen Bestehen der Schule im Juni die Bereitstellung von über einer halben Million DM zum weiteren Ausbau der Lehreinrichtungen angekündigt.[48] Die Entwicklung an den HLS, ihre Umwandlung in Ingenieurschulen, führte im Oktober 1964 zur Entscheidung, die Lehranstalt ebenfalls zu einer sechssemestrigen Ingenieurschule für tropische und subtropische Landwirtschaft weiterzuentwickeln.[49]

Der neue Lehrgang – es sollte der letzte zweisemestrige an der Lehranstalt sein und wurde dann der letzte insgesamt –, begann am 21. April 1965 mit vierzehntägiger Verspätung. 37 Studierende hatten sich eingefunden, darunter fünf aus dem Lehrgang 1964/65, dessen Abschlussprüfung sie nicht bestanden hatten. Der zahlenmäßige Rückgang der Studierenden im Lehrgang 1965/66 im Vergleich zu den Zahlen der beiden vergangenen Jahre mit jeweils 57 Hörern war bemerkenswert und wohl in erster Linie auf die Verlängerung des Unterrichts an den HLS zurückzuführen.

Der Lehrgang 1965/66 war der neunte seit der Wiedereröffnung der Schule nach dem Kriege im Jahre 1957. Insgesamt absolvierten in diesen neun Jahren ca. 330 Schüler die Lehranstalt. 1957 begann man mit 16 Schülern und erreichte – wie schon erwähnt – in den Jahren 1963 und 1964/65 die Schülerzahl von je 57. Es war also eine ständige Aufwärtsentwicklung zu verzeichnen – mit Ausnahme des laufenden Jahres. Der Direktor zog ein positives Fazit der Arbeit der Lehranstalt, vor allem eingedenk der finanziellen und personellen Restriktionen. Er bedauerte im Nachhinein, dass man sich nicht früher dazu entschlossen hatte, die

46 Vgl. Jahresbericht über den Lehrgang 1960 der LTSL vom 14.3.1961, S. 1 f. und S. 7, in: StAM, 314/1, Nr. 156, unpag.

47 Vgl. Wolff, Lehranstalt, S. 238; Bruno Hamann, Geschichte des Schulwesens. Werden und Wandel der Schule im ideen- und sozialgeschichtlichen Zusammenhang, Bad Heilbrunn 1993 (2. Aufl.), S. 274.

48 Vgl. Neues aus Witzenhausen, in: Uu, Nr. 3, Oktober 1963, S. 27-28.

49 Vgl. Wolff, Lehranstalt, S. 239.

Schule grundständig und dreijährig auszubauen. Dann wäre der Übergang von dieser Schule zur Ingenieurschule für tropische Landwirtschaft leichter gewesen – wie etwa bei den Ackerbauschulen in Bayern.[50]

Mit der Vereinbarung über die Einrichtung und Unterhaltung einer Ingenieurschule für Tropenlandwirtschaft in Witzenhausen zwischen dem Land Hessen und der Bundesrepublik Deutschland vom 6. Oktober 1966 sowie dem Erlass des Hessischen Ministeriums für Landwirtschaft und Forsten vom 1. November 1966 zur Einrichtung der Deutschen Ingenieurschule für Tropenlandwirtschaft, ging die Geschichte der Lehranstalt formal zu Ende.[51]

Die Entwicklungspolitik als neues Ausbildungsfeld

Es war sicher nicht von vornherein absehbar, aber die »Entdeckung« der bundesrepublikanischen Entwicklungspolitik als neues Ausbildungs- und Betätigungsfeld für die Lehranstalt und ihre Absolventen sollte zum Dreh- und Angelpunkt für die Zukunft der tropenlandwirtschaftlichen Ausbildung in Witzenhausen werden. Steckte die Entwicklungspolitik selbst noch in den Kinderschuhen, so gab es erste Hinweise auf ein Engagement der Schule bereits mit Beginn des ersten Lehrgangs an der Lehranstalt.[52]

Ein Bericht über das DITSL vereinnahmte 1959 gleich alle Absolventen, die in den tropischen und subtropischen Ländern als »Entwicklungshelfer« arbeiteten, da sie im Dienste der Entwicklung dieser Länder dort seien. Die Wiedereröffnung der Schule sei nur aufgrund der Erkenntnis gelungen, dass sich auch

50 Vgl. Bericht über das Schuljahr 1965/66 der LTSL, S. 3ff., in: BAK, B 116, Nr. 22542, unpag. Auch in: DITSL, Jahresberichte der Lehranstalt, unpag. und in: StAM, 314/1, Nr. 175, unpag.

51 Vgl. Wolff, Lehranstalt, S. 239.

52 Vgl. Junge Menschen sollen in Witzenhausen lernen, den »Tisch der Welt zu decken«, in: Kasseler Post vom 9.1.1957, zit. nach: AD, Karton Presse – Veröffentlichungen, unpag. Vgl. zu den Anfängen bundesdeutscher Entwicklungspolitik: Schloz, Entwicklungspolitik; Jürgen Bellers/Ingo Haase, Deutsche Entwicklungspolitik 1960-1990 (Diskussionspapiere des Faches Politikwissenschaft der Universität GH Siegen, Nr. 70/2002), Siegen 2002; Dumke, Anfänge; Bastian Hein, Die Westdeutschen und die Dritte Welt. Entwicklungspolitik und Entwicklungsdienste zwischen Reform und Revolte 1959-1974, München 2006, S. 16ff.; Markus Lohmann, Von der Entwicklungspolitik zur Armenhilfe. Die Entwicklungspolitik der Bundesrepublik Deutschland 1961-1989 auf dem Weg in die Wirkungslosigkeit?, Berlin 2010; Michael Bohnet, Geschichte der deutschen Entwicklungspolitik, Konstanz/München 2015; Andreas Eckert, Westdeutsche Entwicklungszusammenarbeit mit Afrika. Ein Blick auf die 1950er bis 1970er Jahre, in: Gallus/Schildt/Siegfried, Zeitgeschichte, S. 27-44.

Deutschland an der Förderung und Unterstützung der Entwicklungsländer beteiligen müsse und dazu geeignete Fachkräfte erforderlich seien.[53]

Ein Artikel in der Zeitung »Die Welt« vom Juni 1960 griff das Thema dann explizit im Untertitel auf: »›Entwicklungshilfe‹ aus Witzenhausen«. Die Bundesrepublik gebe jährlich einen großen und ständig steigenden Betrag dafür aus, aber mit Geld allein sei es nicht getan; die Entwicklungsländer bräuchten Menschen, vor allem Ingenieure und Landwirte. Es fehlten aber Experten mit den entsprechenden Kenntnissen, diese Lücke versuche die Lehranstalt auf dem Sektor der Landwirtschaft zu schließen.[54]

Der Studienausschuss Ländliche Entwicklungshilfe der DSE, dem mit Heino Messerschmidt vom Auslandskontor der deutschen Tierzucht in Bonn ein Absolvent der Kolonialschule von 1936 angehörte, arbeitete im Oktober 1961 Empfehlungen für die fachliche Vorbereitung von Agrartechnikern aus. Sie sollte für die Absolventen höherer Fachschulen, die in Entwicklungsländer gingen, an einer zentralen Institution erfolgen. Dafür bot sich nach Ansicht des Studienausschusses die Lehranstalt für tropische und subtropische Landwirtschaft in Witzenhausen an.[55]

Das Kuratorium der DSE besichtigte die Lehranstalt Ende März 1962. Zweck des Besuchs war es zu prüfen, ob und inwieweit sie in die eigene Arbeit eingebunden werden konnte. Die Vorteile des Standorts lagen auf der Hand: Es war genügend Raum vorhanden, auch für Erweiterungsbauten, eine spätere Nutzung der im Bau befindlichen Deutschen Landmaschinenschule[56] war möglich, es gab eine gute Fachbibliothek und ein Gewächshaus, ein sofortiger Unterrichtsbeginn könnte gewährleistet werden, dazu kam aus finanzieller Sicht die Zonenrandförderung. Die Nachteile waren allerdings auch nicht zu übersehen. Hier muss in erster Linie die Belastung des Vermögens mit hohen Ruhegehaltsansprüchen genannt werden. Es handelte sich um alte Gebäude, die keinen einheitlichen Komplex bildeten, hohe Investitionen waren erforderlich. Die Reputation war ambivalent: »Der Name Witzenhausen stellt zum Teil ein Positivum dar, ist zum Teil aber auch mit Erinnerungen an die alte Kolonialzeit belastet.« Man kam zu dem Schluss, dass die Lehranstalt weitergeführt werden sollte, eine Ausbildung

53 Vgl. Bericht über das DITSL, o.Dat. (1959), S. 3f. und S. 12f., in: DITSL-Bibliothek, Sammlung.

54 Vgl. Hier lernen 27 Schüler alles über die Tropen, in: Die Welt vom 24.6.1960, zit. nach: AD, Akte Zeitungsausschnitte über die Lehranstalt, unpag.

55 Vgl. Empfehlungen des Studienausschusses »Landwirtschaftliche Entwicklungshilfe« der DSE, Berlin-Tegel Dezember 1961, S. 2; Protokoll über die Sitzung des Studienausschusses »Landwirtschaftliche Entwicklungshilfe« am 14. November 1961 in Berlin-Tegel, S. 2, in: BAK, B 116, Nr. 22540, unpag.

56 Vgl. Henry Thiele/Stefan Forbert, Die Deula-Lehranstalt für angewandte Technik befindet sich seit 60 Jahren in Witzenhausen, in: Uu, Nr. 86 vom Juni 2014, S. 22-25.

für die DSE hielt man nur neben der Schule für möglich.[57] Man blieb im Gespräch: Der Aufsichtsratsvorsitzende des DITSL, Erich Keup, übersandte der DSE Mitte Juni 1962 eine Ausarbeitung über die »Ausbildung landwirtschaftlicher Praktiker für den Einsatz in den Entwicklungsländern«, die zeigen sollte, »wie man sich auf unserer Seite die Ausnutzung der altbewährten Ausbildungsstätten in Witzenhausen vorstellt«. Der Bedarf an landwirtschaftlichen Führungskräften, so Keup, könne durch Absolventen der Lehranstalt gedeckt werden. Ihre Ausbildung müsste jedoch noch um einige Fächer erweitert werden, was eine Verlängerung der bisherigen Ausbildungszeit um etwa zwei Semester erforderlich mache.[58]

Bieber hielt es für wünschenswert, dass aus der Lehranstalt jährlich ca. 50 bis 60 Ingenieure für tropische und subtropische Landwirtschaft hervorgingen. Unter Berücksichtigung der Tatsache, dass sie die einzige Ausbildungsstätte dieser Art in Westdeutschland war und dass es etwa 80 Entwicklungsländer gab, sei diese Zahl eher zu niedrig, um die gestellten Aufgaben erfüllen zu können.[59] Aber es gab auch mahnende Worte. Peter Wolff, Absolvent des Lehrgangs 1958, der nun in Berlin studierte, kritisierte, die Lehranstalt habe in den letzten Jahren viele Chancen verpasst, die sich bezüglich der Entwicklungsländer boten. Andere Institutionen hätten Aufgaben übernommen, die eigentlich nach Witzenhausen gehörten. So würden nun die landwirtschaftlichen Experten für tropische

57 Vgl. Vermerk betr. Lehranstalt für tropische und subtropische Landwirtschaft in Witzenhausen vom 2.4.1962, in: BAK, B 116, Nr. 22540, unpag. (Zitat ebd.). Siehe dazu: Aufzeichnung über die Vorstands- und Beiratsbesprechung am 7. und 8. April 1962, in: AD, AHV, Korrespondenz, Juni 1961, unpag. Der Vorsitzende der Stiftung, Rudolf Vogel, äußerte sich dann offensichtlich später günstiger über die Lehranstalt. Eine Entscheidung über eine engere Zusammenarbeit zwischen beiden Institutionen war jedoch noch nicht gefallen. Vgl. Niederschrift über die Sitzung des AR der DITSL GmbH am 25.4.1962 in Hannover vom 28.4.1962, in: PAA, B 58-III B 2, Nr. 303, unpag.

58 Vgl. Durchschrift eines Schreibens von Erich Keup, AR-Vorsitzender des DITSL, an den Präsidenten der DSE, Dr. Vogel, vom 12.6.1962 (im Anhang: Denkschrift »Ausbildung landwirtschaftlicher Praktiker für den Einsatz in den Entwicklungsländern« von Erich Keup, o.Dat.), in: BAK, B 116, Nr. 22540, unpag. Die Denkschrift findet sich auch in: ebd., Nr. 52314, unpag. dort am 28.6.1962 von Min.Dir. Franz Herren (BML) an Ministerialdirigent Hermann Martinstetter (BML) gesandt. Keup war 1945 Mitarbeiter der von Kurt Weigelt geleiteten Gruppe Deutscher Kolonialwirtschaftlicher Unternehmungen und leitete nach Kriegsende den Wiederaufbau der DOAG. Vgl. Eberhard Czaya, Die alt- und neokolonialistischen Propagandaorganisationen und Interessenverbände des deutschen Imperialismus, in: DWI-Berichte, 17 (1966) 11, S. 10-18, hier S. 13; O.S. (Otto Schmaltz), Persönliches: Dr. Erich Keup 85 Jahre alt, in: TL, 71 (1970) 2, Oktober 1970, S. 169-172.

59 Vgl. Schreiben von Direktor Bieber an das HMLF vom 5.11.1962, in: AD, Akte Lehranstalt – Hessisches Landwirtschaftsministerium, unpag.

und subtropische Gebiete in Berlin am Institut für Ausländische Landwirtschaft der Technischen Universität ausgebildet.[60]

Eine Gruppe von Witzenhäuser Studierenden wurde im Auswärtigen Amt dem Leiter des US-Friedenscorps Sargent Shriver, dem Schwager von John F. Kennedy anlässlich von dessen Deutschland-Besuch im Juni 1963 vorgestellt. Die Presse kommentierte dieses Ereignis: »Damit avanciert die ehemalige Kolonialschule offiziell zum Entwicklungsinstitut.« Das sei zwar schon seit Jahren der Fall gewesen, nur hätte niemand von den Studierenden als »Entwicklungshelfern« gesprochen, sie selbst am wenigsten.[61]

Ende 1964 bestand bereits weitgehend Einigkeit zwischen den involvierten Ministerien, aus der Lehranstalt eine staatliche Anstalt zu machen. Der Staatssekretär im hessischen Landwirtschaftsministerium, Tassilo Tröscher, argumentierte, die Schule müsse so ausgebaut werden, dass deren Zeugnisse in den Entwicklungsländern respektiert würden.[62] Der Hessische Minister für Wirtschaft und Verkehr wies in einer Phase, als die Ingenieurschule bereits fest geplant war, ebenfalls darauf hin, dass der Bedarf an nichtakademischen Ingenieuren für die Tropenlandwirtschaft in den nächsten Jahren in den Entwicklungsländern steigen werde. Wenn die Schule die Anerkennung ihres Abschlusszeugnisses in den Entwicklungsländern erreichen wolle, werde sie den Organisations- und Lehrplan so aufstellen und so qualifizierte Lehrkräfte einsetzen müssen, dass die Absolventen den im Ausland an sie gestellten Anforderungen gerecht werden könnten. Mit der bisherigen einjährigen Ausbildung sei dies nicht zu erreichen; deshalb begrüße er grundsätzlich die Umwandlung der bisherigen Lehranstalt in eine sechssemestrige Ingenieurschule für Tropenlandwirtschaft.[63]

60 Vgl. Schreiben von Peter Wolff an Gerhard Sontag vom 9.11.1962, in: ebd., AHV, Korrespondenz, R-Z, unpag.

61 Vgl. Dieter Tasch, Tropendienst beginnt im Gewächshaus. Ehemalige Kolonialschule für künftige Entwicklungshelfer, in: Hannoversche Allgemeine Zeitung vom 22./23.6.1963 (Zitat ebd.), zit. nach: ebd., Unsortiertes Material, unpag.

62 Vgl. Protokoll der 2. Sitzung des Fachausschusses Landwirtschaft der ZL am 6.11.1964 in Wiesbaden, in: BAK, B 116, Nr. 31959, unpag. Zu Tröscher, der vor 1933 unter anderem im Reichskuratorium für Technik der Landwirtschaft und ab 1938 als Verbandsgeschäftsführer der Wirtschaftsgruppe Chemische Industrie tätig war, vgl.: Lengemann, Hessen-Parlament, S. 410f. Tröscher trat am 1.3.1933 in die NSDAP ein, mit der er nach eigenen Angaben auch bereits früher sympathisiert hatte. Vgl. BAB, 3200, X37, Bl. 1313; Hans-Peter Klausch, Braunes Erbe. NS-Vergangenheit hessischer Landtagsabgeordneter der 1.-11. Wahlperiode (1946-1987), Oldenburg/Wiesbaden 2011, S. 8.

63 Vgl. Durchschrift eines Schreibens des Hessischen Ministers für Wirtschaft und Verkehr, Abteilung IIa, Min.Dir. Barth, an die Abteilung Ia vom 5.4.1965, in: HHStAW, 507, Nr. 11207, unpag.

Exkurs: Das Seminar für ländliche Entwicklungshilfe

»Freunde in Entwicklungsländern gewinnen«, so lautete die Überschrift eines Artikels zur Eröffnung des Seminars für ländliche Entwicklungshilfe in Witzenhausen am 1. Juli 1963.[64] Bereits am 30. Juni 1959 war die DSE gegründet worden, die vorrangig die Aufgabe hatte, deutsche und ausländische Fachkräfte für Aufgaben im Bereich der Technischen Hilfe auszubilden.[65] Dabei setzte sie unter anderem auf kurze Informationskurse für künftige Entwicklungshelfer, die über eine abgeschlossene Fachschul- bzw. Berufsausbildung verfügten.[66] Der erwähnte Studienausschuss »Landwirtschaftliche Entwicklungshilfe« der Stiftung beriet im Herbst 1961 über die fachliche Vorbereitung von Agrartechnikern für einen Auslandseinsatz. Diese Vorbereitung sollte an einer zentralen Institution erfolgen. Einigkeit herrschte bei den Experten in der Frage, dass sie eine Ergänzung der fachlichen Vorbereitung durch Länderkunde, Entwicklungspolitik, Deutschlandkunde, Soziologie, Sprachunterricht etc. als notwendig betrachteten.[67]

Franz-Hermann Riebel übernahm im Oktober 1962 die Leitung der neuen ZL. Er wurde am 3. April 1928 in Emsdetten als Sohn eines Gewerbeoberlehrers geboren. Nach dem Abitur an einem Gymnasium in Rheine, begann er im Herbst 1947 eine landwirtschaftliche Lehre, die er im Herbst 1949 mit der Landwirtschaftsprüfung abschloss. Riebel studierte danach an der Universität Bonn Landwirtschaft, bestand 1952 die Prüfung zum Diplom-Landwirt und setzte in den zwei anschließenden Jahren sein Studium der Landwirtschaft an der State University of New York fort, ergänzt durch ein Studium der Volkswirtschaft an der University of California. In den Jahren bis 1956 wirkte er als Abteilungsleiter, Fachberater und Dozent für Landwirtschaftsfragen in Nicaragua im Rahmen des US-amerikanischen Punkt 4-Programms. Er arbeitete anschließend drei Jahre lang an einem Forschungsauftrag der Deutschen Forschungsgemeinschaft und promovierte zum Dr. agr. an der Universität Bonn mit dem Thema »Entwicklung und Stand der Landwirtschaft in Nikaragua«. Von Dezember 1959 bis 1962 war Riebel Dozent für Weltwirtschaft und Entwicklungspolitik an der Deutschen Landjugendakademie Klausenhof und Fachleiter der Vorbereitungs-

64 Vgl. Freunde in Entwicklungsländern gewinnen, in: Hessische Allgemeine vom 3.7.1963, zit. nach: AD, Akte Zeitungsausschnitte über die Lehranstalt, unpag.

65 Vgl. Schloz, Entwicklungspolitik, S. 42; Dumke, Anfänge, S. 42; Seib, Jahre.

66 Vgl. Inhalt und Methodik kurzfristiger Vorbereitungskurse für Führungskräfte, die in Entwicklungsländer gehen. Protokoll eines Expertengespräches vom 24.-25. Mai 1961, hg. von der DSE, Berlin-Tegel 1961, S. 27f.

67 Vgl. Empfehlungen des Studienausschusses »Landwirtschaftliche Entwicklungshilfe« der DSE, Berlin-Tegel Dezember 1961, S. 5ff. und S. 11f.; Protokoll über die Sitzung des Studienausschusses »Landwirtschaftliche Entwicklungshilfe« am 14. November 1961 in Berlin-Tegel, in: BAK, B 116, Nr. 22540, unpag.

kurse für landwirtschaftliche Fachleute, die in den Entwicklungsländern arbeiten wollten, der Arbeitsgemeinschaft für Entwicklungshilfe.[68]

Im April 1963 legte Riebel den Entwurf eines »Leitbildes« vor. Demnach sollte der Lehrgang für landwirtschaftliche Fachkräfte der mittleren Ebene (Staatlich geprüfte Landwirte, Meister der Landwirtschaft, Ingenieure und Meister des Gartenbaus etc.) auf eine Tätigkeit im Rahmen der Entwicklungshilfe vorbereiten. Diese Fachkräfte hätten künftig in erster Linie arbeitstechnische und betriebsorganisatorische Kenntnisse und Fertigkeiten unter der Führung eines Projektleiters an die einheimische Bevölkerung zu vermitteln. Dazu sei es erforderlich, die Teilnehmer »mit denen ihnen noch weitgehend fremden allgemeinen Bedingungen vertraut zu machen«. Dabei sollten nicht nur die wirtschaftlichen, sondern auch die politischen, kulturellen und sozialen Verhältnisse berücksichtigt werden. Ziel des Lehrgangs war es nicht, sie zu Tropenlandwirten auszubilden, sondern nur die wirklich erforderlichen Grundlagen zu legen. Besonderen Wert legte Riebel auf eine berufspädagogisch-methodische Schulung, die allerdings der didaktischen Ergänzung bedürfe. Daneben sei ein intensiver Sprachunterricht vonnöten und das Erlernen der ersten »100 Worte« einer indigenen Sprache.[69]

Zur Mitberatung bei Entscheidungen über alle wesentlichen, das Seminar betreffenden Fragen wurde ein Arbeitskreis Witzenhausen aus je einem Vertreter des BMZ, des BML, des Hessischen Ministers für Landwirtschaft und Forsten, des DITSL und der ZL gebildet.[70] Die Berichte über das neue Seminar fielen positiv aus. Angesichts von Entwicklungsprojekten, die oft unter Personalmangel litten, sei es eine sinnvolle Einrichtung.[71] Im Dezember 1963 stand der erste Agrartechnikerlehrgang vor dem Abschluss. Er wurde als ein Versuch gewertet,

68 Vgl. Dr. Riebel übernimmt Aufbau der Zentralstelle für Landwirtschaft, in: Mitteilungen der Deutschen Stiftung für Entwicklungsländer, Nr. 21 vom 1.11.1962, S. 3.; Kurzporträt Riebel, in: Der Agraringenieur, (1967) 9, S. 17, zit. nach: AD, Zeitungsausschnittsammlung, unpag.; Franz-Hermann Riebel, Entwicklung und Stand der Landwirtschaft in Nikaragua, Landwirtschaftl. Diss. Bonn 1960, S. 225; Hans-Joachim Glauner, Nachruf Prof. Dr. Franz-Hermann Riebel, in: Uu, Juni 2015, S. 35.

69 Vgl. Schreiben der ZL, Riebel, an das BML, Min.Rat Hartan, vom 17.4.1963, in: BAK, B 116, Nr. 22541, unpag. (Zitat S. 2). Auch in: StAM, 314/1, Nr. 248.

70 Vgl. Vereinbarung über Errichtung und Unterhaltung eines Seminars für ländliche Entwicklungshilfe, in: Staats-Anzeiger für das Land Hessen, Nr. 19/1964, S. 613, zit. nach: AD, Akte Vertragsangelegenheiten, unpag.

71 Vgl. Lehrgang für Entwicklungshelfer eröffnet, in: Hessische Allgemeine vom 2.7.1963, zit. nach: ebd., Zeitungsausschnittsammlung, unpag.; Freunde in Entwicklungsländern gewinnen, in: Hessische Allgemeine vom 3.7.1963, zit. nach: ebd.

neue Wege bei der Vorbereitung von Menschen auf dem Gebiet der Entwicklungspolitik zu gehen.[72]

Man kann das Seminar für ländliche Entwicklungshilfe als eine gewisse Konkurrenz für die Lehranstalt betrachten, zumindest in der Zeit, als die Agrarberater-Lehrgänge noch liefen. Joachim Wadsack, Absolvent des Seminars von 1965, räumt ein, dass er und die anderen Absolventen des SLE zu 90 Prozent sicher eine Stelle hatten, während das bei den Tropenschülern nicht der Fall war. Außerdem wurden sie von Anfang an recht großzügig finanziert. Aus seiner Sicht wurde das aber vor allem von der Lehranstalt problematisiert, wohl nicht ganz zu Unrecht: »Also auf der Lehranstalt mussten sie was bezahlen, jetzt mal vereinfacht ausgedrückt, und im Seminar haben sie Geld bekommen. Also insofern, ist natürlich schon eine gewisse Spannung.«[73] Bieber sah diese Konkurrenz jedenfalls sofort, rechnete mit ca. 50 potenziellen Bewerbern, die der Lehranstalt dadurch pro Jahr verloren gingen. Er befürchtete, dass Staatlich geprüfte Landwirte nicht lediglich wegen des Ingenieurtitels zur Lehranstalt kommen würden, wenn sie im Seminar alles umsonst und dazu noch Unterstützung für Familien und Kinder bekommen könnten.[74]

Grund zur Klage bot die schlechte Zusammenarbeit zwischen Lehranstalt und Seminar. Ministerialrat Hans Hartan aus dem BML sah die Gründe in den unterschiedlichen Trägern der beiden Institutionen, vor allem aber in den Persönlichkeiten der dort Tätigen. Ein nicht geringer Teil der Schwierigkeiten schien ihm in der Person von Riebel begründet zu sein. Die Lehranstalt klage immer wieder über die sehr einseitige Zusammenarbeit mit dem Seminar, dessen Möglichkeiten, wie das Sprachlabor und die Teilnahme an Vorträgen beim Seminar, nicht offen stünden. Hartan hielt Witzenhausen an und für sich für »ein schwieriges Pflaster«.[75] Heinz Haushofer, Leiter der ZL, antwortete, dass es durchaus eine Zusammenarbeit gebe, Bieber und Albrecht Schäfer seien als Honorarkräfte in den Unterricht des Seminars eingebunden, finanziell habe das Institut durch die Errichtung des Seminars einige Vorteile erlangt. Er räumte aber auch ein, dass »es mit der menschlichen Seite nicht so gut bestellt« sei. Für diese atmosphärischen Störungen mochte er aber nicht allein Riebel verantwortlich machen, sondern sah sie eher durch das »Witzenhausener Klima« bedingt. Die »durch die persönliche Nähe des kleinen Ortes verstärkten Spannungen« ließen sich nach Haushofers Ansicht teilweise im Zuge der angestrebten »großen Lö-

72 Vgl. Agrartechniker für Entwicklungsländer, in: Hessische Allgemeine vom 6.12.1963, zit. nach: StAM, 429/07, Nr. 125, unpag.

73 Vgl. Interview mit Joachim Wadsack.

74 Vgl. Schreiben der LTSL, Bieber, an Min.Rat Hartan, BML, vom 24.4.1963, in: BAK, B 116, Nr. 22541, unpag.

75 Vgl. Durchschrift eines Schreibens von Min.Rat Hartan an Min.Rat Dr. Haushofer, ZL, vom 31.7.1964, in: ebd., unpag. (Zitat ebd.).

sung« für Witzenhausen beseitigen.[76] Mit der »großen Lösung« waren der im Hintergrund bereits seit längerer Zeit diskutierte Ausbau der Lehranstalt und deren weitgehende Übernahme durch Bund und Land gemeint.[77]

Im Juli 1967 wurde das bisherige Seminar für ländliche Entwicklungshilfe in »Beraterseminar für ländliche Entwicklungshilfe« umbenannt und Ende 1967 in die Ingenieurschule eingegliedert.[78] Aufgrund des sinkenden Bedarfs liefen die zwei sechsmonatigen Lehrgänge pro Jahr für ca. 15 Agrarberater (früher: Agrartechniker) aus. Sie sollten ab 1968 nur bei Bedarf durchgeführt werden; der Schwerpunkt der Arbeit des Beraterseminars sollte nun auf der Fortbildung der Fachkräfte der Entwicklungsprojekte liegen.[79]

In den ersten fünf Jahren des Beraterseminars für ländliche Entwicklungshilfe wurden rund 50 Lehrgänge unterschiedlicher Dauer mit insgesamt über 500 Lehrgangsteilnehmern durchgeführt. Der wichtigste Lehrgangstyp war der sechsmonatige Grundlehrgang für Agrarberater mit insgesamt 123 Teilnehmern, von denen 107 den Lehrgang erfolgreich abschlossen. Dabei bildeten die Tropenagraringenieure mit 42 Teilnehmern die zweitgrößte Gruppe hinter den Agraringenieuren mit 46.[80]

Sicher war der Besuch des Seminars für viele Absolventen ein wichtiger Schritt in ihrer beruflichen Karriere, wie es auch Wadsack schildert: »Also man muss sehen, ohne den Besuch des Seminars wäre ich gar nicht in die Entwicklungshilfe gekommen. Ich hätte mich vielleicht irgendwo melden können, dann wäre ich vielleicht angenommen worden oder auch nicht angenommen worden. Aber ich hatte ja keine Auslandserfahrung, wie viele. Und ich meine schon, dass

76 Vgl. Schreiben der ZL, Dr. Haushofer, an das BML, Min.Rat Dr. Hartan, vom 3.9.1964, in: ebd., unpag. (Zitate ebd.). Zu Haushofer vgl.: Heinz Haushofer, Mein Leben als Agrarier. Eine Autobiographie 1924-1978, München etc. 1982.

77 Vgl. Schreiben der LTSL, Dr. Bieber, an das BML, Min.Rat Harten, vom 17.9.1964, in: BAK, B 116, Nr. 22541, unpag.

78 Vgl. Umbenennung des Seminars für ländliche Entwicklungshilfe in Witzenhausen, in: Staats-Anzeiger für das Land Hessen, Nr. 34/1967, S. 1036, zit. nach: AD, Akte Vertragsangelegenheiten, unpag.; Wolff, 85 Jahre, S. 59.

79 Vgl. Durchschrift eines Vermerks aus dem HMLF, Frau Hoffmann, über die 10. Sitzung des Arbeitskreises Witzenhausen in Wiesbaden am 2.11.1967 vom 6.11.1967, in: BAK, B 116, Nr. 22542, unpag.

80 Vgl. Franz-Hermann Riebel, Konzept und Gestalt der Ausbildung von Experten der ländlichen Entwicklungshilfe, in: TL, 70 (1969), S. 125-138. Zuerst erschienen u.d.T.: Spezifische Berufsvorbereitung für Erwachsene – Konzept und Gestalt der Ausbildung von Entwicklungshilfe-Experten, in: Ernst Prokop/Georg M. Rückriem (Hg.), Erwachsenenbildung. Grundlagen und Modelle, Weinheim u.a. 1969, S. 265-279.

wir da einen Grundstock, dass wir überhaupt mal Verständnis dafür gekriegt haben, dass das anders ist, ja.«[81]

Peter Wolff, Absolvent der Lehranstalt und Dozent am Fachbereich, sieht die Bedeutung des Seminars für die Entwicklung tropenlandwirtschaftlicher Ausbildung am Standort Witzenhausen nicht nur in der damit verbundenen Verbreiterung des Ausbildungsangebots. Das Seminar habe auch wesentlich zu einer Verbesserung der Lehreinrichtungen der Lehranstalt beigetragen.[82] Gegenüber dieser eher formalen Betrachtung stellt Riebel die Inhalte in den Vordergrund: Das Beraterseminar habe nicht zuletzt die Weiterentwicklung der Curricula der tropenlandwirtschaftlichen Ausbildung in Witzenhausen beeinflusst, zum Beispiel durch Einführung solcher Lehr- und Forschungsgebiete wie Agrarberatung und Agrarkulturen, Agrarpädagogik, Entwicklungspolitik, Kommunikationswissenschaft und Hochschuldidaktik.[83] Hans-Joachim Glauner, der 1967 als Dozent an das Seminar kam, resümiert rückblickend, dass bei dessen Arbeit »nicht nur der Sektor Landwirtschaft im technischen Sinn, sondern offensichtlich auch der Mensch im ländlichen Raum gemeint« gewesen sei. Ziel sei es gewesen, »Kompetenz zur interkulturellen Kommunikation« zu vermitteln, »im Besonderen durch die Erkennung adäquater Theorien und Praktiken der Kommunikation bzw. des Lernens und Anleitens«.[84]

Reform der Lehranstalt

Vom Beginn ihrer Tätigkeit an stand die Lehranstalt in der Kritik. Ursprünglich hatte man eine grundständige Schule – oder womöglich sogar eine Hochschule – angestrebt; herausgekommen war aber nur ein Aufbaustudium. Da die Dauer der Lehrgänge von lediglich zwei Semestern ohnehin einen Kompromiss darstellte, gab es unmittelbar Forderungen nach deren Verlängerung. Diese nahmen

81 Interview mit Joachim Wadsack.

82 Vgl. Wolff, 85 Jahre, S. 60.

83 Vgl. Franz-Hermann Riebel, Anmerkungen zu: Peter Wolff, Tropenlandwirtschaftliche Ausbildungsstätten in Witzenhausen, vom April 1990, in: AD, Sammlung Wolff, DKS in der NS-Zeit, unpag. Das 25-jährige Jubiläum des Beraterseminars vollzog sich in aller Stille. Es war nach den Worten von Riebel ein wichtiger Meilenstein, um die Struktur des landwirtschaftlichen Bildungszentrums Witzenhausen zu stärken und attraktiver zu gestalten. Vgl. Entwicklungshilfe: Seminar nun 25 Jahre alt, in: Uu, Nr. 50, Oktober 1988, S. 35.

84 Vgl. Hans-Joachim Glauner, Leben und Arbeiten mit fremden Kulturen – eine Betrachtung aus der Sicht eines Agrarökonomen »alter Schule«, in: Siawuch Amini/Eckhard Baum (Hg.), Leben und Arbeiten mit fremden Kulturen (Der Tropenlandwirt, Beiheft Nr. 45), Witzenhausen 1991, S. 55-66 (Zitate S. 57f.).

an Schärfe zu, als die HLS zu Ingenieurschulen umgewandelt wurden.[85] Gleichzeitig wuchs der Druck auf die Lehranstalt durch die Einrichtung von Universitätsinstituten mit einer ähnlichen Ausrichtung. Zu guter Letzt hemmte die private Form der Schule bzw. der Dualismus zwischen Schule und GmbH die Entwicklung.

Der Bundesminister für Ernährung, Landwirtschaft und Forsten hatte im Dezember 1955 eine Kommission für die Forschungseinrichtungen seines Geschäftsbereichs eingesetzt. Als die Kommission ihren Bericht erstellte, befand sich das DITSL noch im Aufbau. Gleichwohl betonte man von dieser Seite, dass für die Aufgaben des im Kommissionsbericht erwähnten zu gründenden »Hochschulinstituts für ausländische Landwirtschaft« die Einrichtungen in Witzenhausen zur Verfügung stünden.[86] Auch ein externer Beobachter, wie der bekannte Tropenlandwirt Horst Dequin, der den landwirtschaftlichen Versuchsbetrieb bei Djidda in Saudi-Arabien aufgebaut hatte, forderte für Deutschland ein Hochschulinstitut für tropische und subtropische Landwirtschaft. Es sollte allerdings losgelöst sein von den sentimentalen Erinnerungen alter Herren an »ihre Schule« und die ehemals deutschen Kolonien, sondern Teil einer Landbaufakultät bilden.[87]

Offensichtlich angeregt durch die Gründung eines Instituts für ausländische Landwirtschaft an der TU Berlin, startete der Altherrenverband im Mai 1959 eine Rundfrage bei seinen Mitgliedern. Es ging im Kern um den Ausbau der Schule, dafür wollte man den entsprechenden Vertretern der Ministerien Material an die Hand geben. Die Mitglieder sollten berichten, welche Bedingungen sie an die Ausbildung der Studierenden stellten, um im jeweiligen Land vorwärtskommen zu können. Grundsätzlich sollte es aber eine Verlängerung der Lehrgangsdauer auf vier Semester und eine Ergänzung der theoretischen Ausbildung um einen intensivierten Sprachunterricht, mehr Stunden im Labor, Unterricht zu Düngungsfragen und dergleichen geben.[88]

85 Vgl. Büscher, Entstehung, S. 246ff.; Peter Wolff, Entwicklung zum landwirtschaftlichen Fachhochschulstudium. Von der Höheren Lehranstalt für praktische Landwirte zum Fachbereich einer Fachhochschule oder Gesamtschule, Münster-Hiltrup 1987, S. 76ff.

86 Vgl. Durchschrift eines Schreibens des DITSL, Dr. Fischer, an den Bundesminister für Ernährung, Landwirtschaft und Forsten vom 13.7.1957, in: StAM, 314/1, Nr. 159, unpag.

87 Vgl. Horst F. Dequin, Forschungsarbeit über tropische und subtropische Landwirtschaft, in: Mitteilungen der Deutschen Landwirtschafts-Gesellschaft, 72 (1957) 52 vom 26.12.1957, S. 1341-1342. Diese Herausforderung wurde in Witzenhausen sehr genau registriert. Vgl. Rundschreiben des DITSL an die Mitglieder des AR vom 31.1.1958, in: StAM, 314/1, Nr. 151, unpag.

88 Vgl. Vertrauliches Rundschreiben von Treue an die Kameraden vom 19.5.1959, in: AD, AHV, Allgemeine Korrespondenz, September 1962-Dezember 1963, L-Z.

Der Haushaltsausschuss des Bundestags beschloss in einer Sitzung am 23. Juni 1960 eine Empfehlung für die Witzenhäuser Schule: Das Vermögen der Gesellschaft sei zu ordnen, auf eine möglichst wirtschaftliche Nutzung der Vermögensbestandteile hinzuarbeiten. Die Funktionen des Geschäftsführers der GmbH und des Leiters der Schule sollten möglichst bald zusammengefasst werden. Eine Namensänderung der Lehranstalt sollte geprüft, ein Ausbauplan mit Finanzierung erstellt werden.[89] Bieber überreichte dem BML daraufhin eine Denkschrift mit Gedanken zur Ausgestaltung der Lehranstalt, die darauf abzielten, neben dem bisherigen mittleren Ausbildungsweg auch einen akademischen einzurichten.[90] Er hatte selbst aber massive Zweifel daran, ob sich ein akademischer Ausbildungsgang realisieren lassen könnte. Für unabdingbar hielt er jedoch eine Verstaatlichung der Schule. Den Dualismus von GmbH und Schule bezeichnete er jedenfalls als unglücklich.[91]

Hartan erteilte ihm auf einer Kuratoriumssitzung Ende November 1960 den Auftrag, für unterschiedliche Situationen Stundenpläne auszuarbeiten: Für den einjährigen Lehrgang in der bestehenden Form, jedoch mit Verschiebung der Fächer hin zu den wichtigeren, für einen verlängerten Lehrgang bei Beibehaltung der jetzigen Zulassungsbedingungen und für Schüler aus Entwicklungsländern, die eventuell nicht mehr über die HLS kommen, sondern direkt nach der praktischen Ausbildung an die Lehranstalt. Bieber wies darauf hin, dass die Lehranstalt unmöglich auf die Ausbildung von Akademikern verzichten könne, ohne der Schule größeren Schaden zuzufügen, da nicht nur die wissenschaftlichen Stellen, sondern die zahlenmäßig häufiger vorkommenden Staatsstellungen mit Akademikern besetzt würden.[92]

Auch die Dozenten der Lehranstalt forderten frühzeitig eine Verlängerung der Studiendauer, da die Anforderungen an die Hörer in einem einjährigen Lehrgang zu hoch seien. Vgl. Sitzung des Lehrkörpers am 20.8.1959, in: BAK, B 116, Nr. 22545, unpag.

89 Vgl. Aktennotiz aus dem DITSL vom 23.6.1960, in: StAM, 314/1, Nr. 165, unpag. Am 11.1.1961 sollte die Bundesregierung zu den Vorschlägen Stellung nehmen. Vgl. Durchschrift eines Schreibens des Bundesministers für Ernährung, Landwirtschaft und Forsten an die Lehranstalt und interne Dienststellen vom 19.12.1960, in: BAK, B 116, Nr. 15920, unpag.

90 Vgl. Schreiben der LTSL, Bieber, an Min.Rat Hartan, BML, vom 10.10.1960 (im Anhang: »Gedanken zur Ausbildung der Studierenden an der Lehranstalt für tropische und subtropische Landwirtschaft« von Bieber vom 8.10.1960), in: ebd., Nr. 22540, unpag. Auch in: StAM, 314/1, Nr. 165, unpag.

91 Vgl. Durchschrift eines Schreibens der LTSL, Bieber, an Min.Rat Hartan, BML, vom 11.10.1960, in: ebd., unpag.

92 Vgl. Schreiben der LTSL an Legationsrat I. Klasse Dumke vom 29.12.1960, in: PAA, B 58-III B 2, Nr. 303, unpag. Protokoll auch in: StAM, 314/1, Nr. 156, unpag.

Offensichtlich griff Winter seine Idee zur Befragung der Mitglieder des Altherrenverbands über das weitere Schicksal der Lehranstalt im Frühjahr 1962 wieder auf. Die Fragen zielten auf den Namen der Anstalt, die Aufnahmebedingungen, die Lehrplangestaltung und die Prüfungen sowie auf eine Verlängerung des Lehrgangs auf drei oder vier Semester.[93] Eine Mehrheit der Befragten sprach sich für den Namen »Deutsches Institut für tropische und subtropische Landwirtschaft« aus. Als Untergrenze für das Eintrittsalter wurden 21 Jahre angesehen, zur Vorbildung wurde der Abschluss einer HLS als Minimum gefordert. Alle Befragten votierten für eine Verlängerung des Lehrgangs, wobei die meisten vier Semester für richtig hielten. Mensa und Wohnheim wurden von den meisten Befragten für zweckmäßig gehalten, sollten aber nicht obligatorisch sein. Für die gesamte Ausbildung wurde Hochschulniveau befürwortet.[94]

Bieber überreichte dem Hessischen Ministerium für Landwirtschaft und Forsten Abänderungsvorschläge des Studiengangs der Lehranstalt, die im Kern die Umwandlung von einer Aufbauschule zu einer dreijährigen Vollschule für tropische und subtropische Landwirtschaft vorsahen. Zugelassen werden sollten Bewerber, die das 20. Lebensjahr vollendet hatten und wenigstens über die Mittlere Reife verfügten.[95]

Zumindest im BML hatte man nun auch erkannt, dass der notwendige Unterrichtsstoff nicht in zwei Semestern vermittelt werden konnte. Vor allem gab es angesichts des gedrängten Stoffs keine Möglichkeit zu einer Spezialisierung in verschiedenen Disziplinen. Diese könne bei einer Verlängerung um weitere zwei Semester erfolgen.[96] Seitens des hessischen Landwirtschaftsministeriums setzte sich Staatssekretär Tröscher für einen Ausbau der Lehranstalt als zentrale Ausbildungsstätte der Bundesrepublik für den praktischen Tropenlandwirt ein. Auch der Minister selbst befürwortete öffentlich den Ausbau der Lehranstalt. Es sei vorgesehen, dass der Bund die laufende Unterhaltung der Institution übernehme, während das Land Hessen für die erforderlichen Investitionen in der nächsten Zeit aufkommen wolle.[97]

93 Vgl. Entwurf eines Fragebogens von Dr. Winter vom 13.4.1962, in: AD, AHV, Briefwechsel, Sch-Z, unpag.

94 Vgl. Durchschrift eines Schreibens von Max Bernhardt an Wolfgang Delfs-Fritz vom 5.3.1963, in: ebd., AHV, Ordner Schriftwechsel 1962/63, A-L, unpag.

95 Vgl. Durchschrift eines Schreibens der LTSL, Bieber, an das HMLF vom 9.5.1962 (im Anhang: »Abänderungsvorschläge des Studienganges der Lehranstalt für tropische und subtropische Landwirtschaft Witzenhausen«), in: BAK, B 116, Nr. 22540, unpag. Auch in: AD, Akte Lehranstalt – Hessisches Landwirtschaftsministerium, unpag.

96 Vgl. Vermerk von ORR Dr. Kappenstein, BML, vom 9.7.1962, in: BAK, B 116, Nr. 52314, unpag.

97 Vgl. Ergebnisprotokoll über die Aussprache im HMLF in Wiesbaden am 11. Juli 1962 vom 12.7.1962, in: ebd., unpag.; Minister Hacker: HLS in Witzenhausen be-

Gleichzeitig berieten die Vertreter der Ministerien über die Möglichkeiten und Form einer Zusammenarbeit zwischen Bund, Land Hessen, GmbH und DSE bei der Vorbereitung von Agrartechnikern für eine Tätigkeit in Entwicklungsländern. Die Finanzierung der laufenden Kosten wollten sich Bund und Land Hessen teilen. Als Dauerlösung schwebte ihnen eine eigene Anstalt zur Ausbildung von Agrartechnikern vor.[98] Der Fluchtpunkt, auf den der Ausbau hinauslaufen sollte, blieb die Wiedereinrichtung einer Vollanstalt, wie sie früher bestanden hatte. Mittlerweile war von allen beteiligten Stellen erkannt worden, dass auch für das bisherige Studium an der Lehranstalt der Zeitraum von einem Jahr nicht mehr ausreichte. Deshalb war geplant, von 1965 ab die Ausbildung an der LTSL zunächst um ein Semester auf insgesamt drei Semester zu erhöhen.[99] Der Kurator der DSE, Gerhard Fritz, hielt nach einem Besuch in Witzenhausen das Ziel eines Ausbaus zur sechssemestrigen Tropen-Ingenieurschule für das einzig richtige. Er vertrat den Standpunkt, dass die beteiligten Ministerien, die DSE und das Land Hessen den Ausbau rasch vorantreiben sollten, bei einer Drittelung der Anteile (ein Drittel Bund, ein Drittel Hessen, ein Drittel private oder daran interessierte Gesellschaften). Das Land Hessen wollte erhebliche Mittel zum Ausbau und für den laufenden Etat zur Verfügung stellen und auch Staatssekretär Vialon war der Ansicht, dass Witzenhausen nun endlich großzügig und auf das Modernste ausgebaut werden sollte.[100] Die Vertreter des Bundesministeriums für Ernährung, Landwirtschaft und Forsten sowie des Hessischen Ministeriums für Landwirtschaft und Forsten forderten Direktor Bieber auf, bis Mitte September 1964 den Grundriss der Lehrstoffverteilung für einen sechssemestrigen Lehrgang zu entwerfen.[101] Der eingereichte Lehrplanentwurf für eine Ingenieurschule ging von folgenden Überlegungen aus: Der Studiengang könne nicht über sechs Semester hinaus ausgedehnt werden, um auch von der Dauer her attraktiv zu bleiben. Er sah drei Vor- und drei Hauptsemester vor, enthielt viele Fragezeichen hinsichtlich der möglichen Stellenbesetzung und war insgesamt wohl in erster Linie darauf ausgerichtet worden, die Kosten möglichst gering zu halten. In den ersten drei Semestern sollte ein Überblick über die heimische Landwirtschaft durch sorgfältig ausgewählte Kernstoffe unter Verzicht auf Voll-

lassen!, in: Niederhessische Zeitung vom 7.9.1962, zit. nach: AD, Zeitungsausschnittsammlung, unpag.

98 Vgl. Kurzprotokoll über eine Dienstbesprechung im BMZ am 8.2.1963 vom 6.3.1963, in: BAK, B 116, Nr. 22541, unpag. Auch in: AD, Ordner DSE, Arbeitskreis, Seminar, unpag.

99 Vgl. Hartwig Golf, Rückblick und Ausblick, in: TL, 65 (1964), S. 5-9, hier S. 7.

100 Vgl. Durchschrift eines Schreibens von Gerhard Sontag an Kai-Uwe von Hassel vom 20.6.1964, in: AD, AHV, Ordner Schriftwechsel 1964, A-L, unpag.

101 Vgl. Durchschrift eines Schreibens des Hessischen Ministers für Landwirtschaft und Forsten an die Lehranstalt vom 3.8.1964, in: BAK, B 116, Nr. 22541, unpag.

ständigkeit geboten werden. Das vierte Semester war dann überwiegend der Tropenlandwirtschaft gewidmet, das fünfte und sechste komplett.[102]

Hinsichtlich des Organisationsproblems waren sich der hessische Ministerpräsident und Bundesverteidigungsminister Kai-Uwe von Hassel als Aufsichtsratsmitglied einig, dass die GmbH für die Schule keine geeignete Rechtsform darstellte. Das Land Hessen hatte sich bereit erklärt, Anteile zu übernehmen, um parallel zu den Ingenieurschulen daraus eine staatliche Anstalt zu entwickeln.[103] Diese Linie vertrat auch das Hessische Kultusministerium. Dort schlug man vor, die GmbH sollte auf das Recht, eine Schule zu betreiben, verzichten und diese Aufgabe aus ihren Satzungen streichen. Träger der Schule sollte das Land Hessen werden, die Lehrkräfte hessische Landesbeamte. Der Bund sollte dem Land jährlich 85 Prozent der Aufwendungen für die Schule erstatten, da es sich um eine über das Land hinausgehende Aufgabe handele. Auch dort ging man von einer Umwandlung in eine grundständige sechssemestrige Ingenieurschule aus.[104] Darauf liefen auch die Ergebnisse einer Besprechung im Hessischen Landwirtschaftsministerium Anfang Februar 1965 hinaus. Demnach sollte die Lehranstalt in eine Ingenieurschule übergeleitet werden und in der Übergangsphase vom Sommersemester 1965 bis zum Wintersemester 1966/67 jeweils ein erstes und zweites Semester anbieten, die Ingenieurschule dann vom Sommersemester 1967 an ein drittes (bis zum sechsten im Sommersemester 1968) und dann im Wintersemester 1968/69 wieder ein drittes Semester.[105]

Das hessische Kabinett beschloss die Umwandlung der HLS Witzenhausen in eine Agraringenieurschule für den 1. Oktober 1965 und die Überleitung der Lehranstalt in eine Staatliche Ingenieurschule für tropische Landwirtschaft unter Trägerschaft des Landes Hessen für den 1. Juli 1966. Die Vorteile dieser Überleitung laut Tröscher: »Konsequenter Ausbau der Anstalt in materieller und personeller Hinsicht, Sicherstellung der Lehrkräfte als hessische Staatsbeamte, Möglichkeiten des Austausches von Lehrkräften mit anderen höheren Landbau-

102 Vgl. Schreiben der LTSL, Dr. Bieber, an das BML, Min.Rat Hartan, vom 17.9.1964, in: ebd., unpag.

103 Vgl. Protokoll der 2. Sitzung des Fachausschusses Landwirtschaft der ZL am 6.11.1964 in Wiesbaden, in: ebd., Nr. 31959, unpag. Zu von Hassel vgl.: Mark Speich, Kai-Uwe von Hassel – Eine politische Biographie, Diss. Phil. Bonn 2001; Volker Koop, Kai-Uwe von Hassel. Eine politische Biographie, Köln/Weimar/Wien 2007.

104 Vgl. Abschrift einer Aktennotiz für den Staatssekretär im Hessischen Kultusministerium vom 11.12.1964, in: AD, Akte DKS – Unterlagen zur historischen Entwicklung, unpag.

105 Vgl. Gedanken zur Planung einer Ingenieurschule für Tropenlandwirtschaft (Ergebnisse einer Besprechung im Hessischen Landwirtschaftsministerium am 8.2.1965), in: BAK, B 116, Nr. 22541, unpag.

schulen usw.«[106] Nachfolger von Bieber wurde auf Vorschlag Tröschers hin Riebel. Keup hielt diese Wahl für wenig glücklich; er charakterisierte Riebel als »streng katholisch, aus der Miserior-Bewegung [sic!] stammend und parteimäßig vermutlich sozialdemokratisch«. Außerdem sei er sehr spät über diese Absichten informiert worden und habe vergeblich versucht, diese Wahl abzuwenden.[107]

Als Partner für die zukünftige »Deutsche Ingenieurschule für Tropenlandwirtschaft« traten nun der Bund auf, vertreten durch das BMZ, und weiterhin das Land Hessen, vertreten durch das Hessische Staatsministerium für Landwirtschaft und Forsten, und zwar je zur Hälfte. Das Land Hessen sollte Schulträger werden, der Unterricht etwa Mitte November 1966 mit dem dritten Semester beginnen. Die ersten beiden Semester waren vorerst noch auf der neu erbauten Max-Eyth-Schule (MES), der »Ingenieurschule für heimische Landwirtschaft«, in Witzenhausen zu absolvieren. Erst später, wenn die Hörerzahl größer geworden sei, sollte die neue Schule auch die beiden ersten Semester erhalten. Bei der GmbH verblieben das Archiv mit Bibliothek, das Museum und die Verwaltung der Liegenschaften. Insbesondere aber sollte die GmbH mit Aufgaben der weiteren Entwicklungspolitik betraut werden, die im Rahmen der Ingenieurschule nicht durchgeführt werden könnten.[108]

Die innere Ordnung

Zur Tradition der DKS gehörte zweifellos das obligatorische Internat. Diese Einrichtung wurde von der Lehranstalt zunächst übernommen. Allerdings gab es Modifikationen; das Internatsleben gestaltete sich deutlich liberaler. Im Gegensatz zu früheren Zeiten verfügte jeder Bewohner nun über einen Hausschlüssel, konnte kommen und gehen, wann er wollte, und sich seinen Stubengenossen

106 Vgl. Niederschrift über die Sitzung am 14.7.1965 im HMLF in Wiesbaden, in: AD, Akte Lehranstalt – Hessisches Landwirtschaftsministerium, unpag.; Vermerk, Abteilungsleiter II, vom 17.9.1965, in: BAK, B 116, Nr. 22541, unpag. (Zitat ebd.); Tropische Lehranstalt soll Ingenieurschule werden, in: Hessische Allgemeine vom 24.7.1965, zit. nach: AD, Zeitungsausschnittsammlung, unpag.

107 Vgl. Aktenvermerk von Keup über eine Besprechung mit Ruhenstroth, BMZ, am 18.8.1966 vom 19.8.1966, zit. nach: Rundschreiben von Prof. Franz-Hermann Riebel »Zu: Geschichte und Geschichten in Witzenhausen (1966)«, o.Dat., in: ebd., Sammlung Baum, Kolonialgeschichte, unpag.; Schreiben von Erich Keup an Bundesverteidigungsminister Kai-Uwe von Hassel vom 19.8.1966, zit. nach: ebd. (Zitat ebd.).

108 Vgl. Otto Schmaltz, Neues aus Witzenhausen, in: Uu, Nr. 6, Oktober 1966, S. 9-11. Vgl. zur MES: Hans Stahl, Wiederaufbau und Weiterentwicklung nach dem Kriege, in: 50 Jahre Ausbildung, S. 14-18, hier S. 16ff.; Heinz Feltz, Max-Eyth-Schule – Ingenieurschule für Landbau 1967-1971, in: ebd., S. 18-22.

aussuchen. Nach Ansicht von Winter eine etwas zu freizügige Handhabung, den neuen Verhältnissen geschuldet. Notwendig war das Internat nach seiner Ansicht aber immer noch deshalb, »weil diese Menschen in die Welt hinausgehen und dort den deutschen Typ repräsentieren müssen«.[109] Der Geschäftsführer Fischer lehnte das Gesuch eines Vaters ab, der seinen Sohn aus Kostengründen privat unterbringen wollte, da man keine Ausnahme machen könne. Das Zusammenleben in einer Gemeinschaft sei von großer Bedeutung. Weil die Gemeinschaft aus Ausländern, Auslandsdeutschen und Deutschen bestünde, von denen auch ein großer Teil schon im Ausland tätig gewesen sei, könne so einer dem anderen für das spätere Leben manches mitgeben. Dies sei umso wichtiger, als später draußen jeder von den jungen Menschen im Wesentlichen auf sich selbst gestellt sein werde und der Lehrgang nur ein Jahr dauere.[110]

Direktor Bieber hingegen zeigte sich skeptischer, ob ein Internatsbetrieb im eigentlichen Sinne durchführbar sei mit Leuten, die im Durchschnitt 25 Jahre alt waren und damit entschieden älter als die ehemaligen Kolonialschüler. Trotzdem hielt auch er die Vorteile, dass sich die Studierenden im Internatsbetrieb näher kennenlernten und untereinander abschliffen, für größer als die Nachteile. Insofern tendierte Bieber dahin, den Internatsbetrieb aufrechterhalten zu wollen, aber auf freiwilliger Basis.[111] Die Skepsis war berechtigt, denn bereits beim Lehrgang 1960 gab es massive Proteste der Studierenden gegen den Internatsbetrieb.[112] Aber noch hielt man von Seiten der Schulleitung daran fest, dass alle Hörer im Internat wohnten. Die Argumente dafür waren im Wesentlichen die gleichen wie vor 1945: Das gemeinsame Zusammenleben bot nach Überzeugung der Schulleitung den Studierenden »mannigfaltige Gelegenheit zur Anregung untereinander. Der Verkehr miteinander ermöglicht es jedem Einzelnen, sich aus der Zahl verschiedenartiger einen oder mehrere Freunde fürs Leben zu gewinnen.« Bei aller nach außen hin demonstrierten Liberalität war aber zum Beispiel der Aufenthalt von weiblichen Personen in den Wohnräumen der Wohnheime nicht gestattet, und zwar im Interesse des guten Rufs der Lehranstalt. Die Schulordnung war übrigens ebenfalls noch vom alten Geist der Kolonialschule durchzogen: Für einen störungsfreien Ablauf des Lehrbetriebs sei die Einordnung jedes Hörers unerlässlich. Wie zu Zeiten der Kolonialschule herrschte ein Vorlesungszwang. Zuwiderhandlungen gegen die Schul- und Internatsordnung und Verstöße gegen Ehre und Ansehen der Lehranstalt wurden wie früher durch

109 Vgl. Kolonialschüler ohne Tropenhelm, in: Süddeutsche Zeitung vom 6.2.1957, zit. nach: AD, Akte KKI II, 12-13, unpag. (Zitat ebd.).

110 Durchschrift eines Schreibens des DITSL, Dr. Fischer, an Karl Buchner (Vater) vom 19.1.1957, in: ebd., SA Burkhard Buchner.

111 Vgl. Durchschrift eines Schreibens der LTSL, Bieber, an Min.Rat Hartan, BML, vom 16.6.1959, in: StAM, 314/1, Nr. 165, unpag.

112 Vgl. Schreiben des DITSL, Cohrs, an den Vorsitzenden des Kuratoriums, Min.Rat Hartan, vom 7.4.1960, in: BAK, B 116, Nr. 22545, unpag. (Zitat ebd.).

ein abgestuftes System von Strafen geahndet. Es gab den mündlichen Verweis, den Verweis, den verschärften Verweis unter Androhung der Entfernung von der Schule und die Entfernung von der Schule selbst.[113]

Finanzen

Das DITSL bekam in der Anfangsphase einen jährlichen Zuschuss aus Bundesmitteln in Höhe von 100.000 DM über das BML und einen weiteren vom Land Hessen in Höhe von 10.000 DM. Auf der Landwirtschaftsminister-Konferenz im April 1959 forderte der schleswig-holsteinische Landwirtschaftsminister Claus Sieh seine Kollegen auf, das DITSL aus Landesmitteln mit zu unterstützen. Das BML wies in diesem Zusammenhang auf die Bedeutung und die Aufgabe des Instituts für tropische und subtropische Landwirtschaft im Hinblick auf die »entwicklungsfähigen Länder« hin.[114] Der Zuschuss des BML deckte in diesen Jahren über die Hälfte der laufenden Mittel der Lehranstalt.[115] Darin zeigte sich das große Interesse des Bundes an der Institution. Der Haushaltsausschuss des Bundestags beschloss in seiner Sitzung vom 23. Juni 1960 eine Empfehlung Nr. 9, die vorsah, dass das Vermögen der Gesellschaft geordnet und auf eine möglichst wirtschaftliche Nutzung der Vermögensbestandteile hingearbeitet werden sollte.[116]

Die finanzielle Bewegungsfreiheit des DITSL war vor allem durch »enorme Ruhestandsverpflichtungen und durch die kostspielige Unterhaltungspflicht ihrer Gebäude« stark eingeschränkt. Der hauptsächliche Finanzträger blieb das BML, neben kleineren Zuschüssen aus Hessen und Schleswig-Holstein. Durch die Rechtsform der GmbH für das Institut und vor allem durch die Verantwortung des Aufsichtsrats, kam es laufend zu Interessenkollisionen zwischen der Gesellschaft einerseits und der Lehranstalt andererseits. Die Ausgaben für den Gesellschafterzweck mussten dort begrenzt werden, wo sie das Stammkapital der Gesellschafter und die Interessen der Ruhegehaltsempfänger gefährdeten.[117]

Individuell betrachtet, betrugen im ersten Lehrgang die Kosten für Unterhalt und Verpflegung monatlich 190 DM, das Unterrichtsgeld pro Semester 200 DM,

113 Vgl. Wohnheim-Hausordnung, o.Dat., in: AD, Akte DKS – HLS, unpag. (Zitat ebd.); Schulordnung für die LTSL, o.Dat., in: ebd., unpag.

114 Durchschrift eines Rundschreibens des Bundesministers für Ernährung, Landwirtschaft und Forsten, Dr. Herren, an die Minister und Senatoren für Ernährung, Landwirtschaft und Forsten vom 2.7.1959, in: HHStAW, 509, Nr. 7628, unpag.

115 Vgl. Schreiben der DFG, Dr. Müller-Daehn, an das AA, Kulturabteilung vom 15.9.1959, in: PAA, B 90, Nr. 741, unpag.

116 Vgl. Aktennotiz aus dem DITSL vom 23.6.1960, in: StAM, 314/1, Nr. 165, unpag.

117 Vgl. Vermerk aus dem Referat 802 des AA vom 5.2.1962, in: PAA, B 58-III B 2, Nr. 303, unpag.

also für den gesamten Lehrgang 400 DM. Dazu kamen eine Aufnahmegebühr und eine Prüfungsgebühr von je 50 DM. Daneben fielen noch kleinere Beträge für Versicherung und dergleichen an.[118] Die gleichen Beträge an Unterrichtsgeld und Gebühren fielen auch noch 1961 an. Die Wohnheimgebühren für beide Semester betrugen im Einzelzimmer 564 DM, im Zweibettzimmer mit Waschbecken 564 DM, im Zweibettzimmer ohne Waschbecken 504 DM und im Drei- oder Vierbettzimmer 384 DM.[119] Für den Lehrgang 1964 hob die Lehranstalt das Unterrichtsgeld von jährlich 400 DM auf 480 DM und die Prüfungsgebühr von 50 DM auf 70 DM an. 1965 blieben die Kosten gleich.[120]

Eigene Mittel für Stipendien standen nicht zur Verfügung. Es bestand lediglich die Möglichkeit, im Laufe des zweiten Semesters aus Mitteln des »Grünen Plans«, dem Programm zur Förderung der Nachkriegsagrarwirtschaft, einen den finanziellen Verhältnissen und den schulischen Leistungen des einzelnen Hörers entsprechenden kleinen Zuschuss zu bekommen.[121]

Dozenten und Lehrpläne

In seinen Memoiren kritisiert Peter Wolff, dass das Studium an der Lehranstalt, insbesondere die Vermittlung des Fachwissens, deutliche Mängel aufwies. Dies war seiner Ansicht nach vor allem auf das Fehlen an modernem Lehrmaterial zurückzuführen, in dem die neueren wissenschaftlichen Erkenntnisse zur Landnutzung und Tierhaltung in den Tropen und Subtropen didaktisch aufbereitet waren. Dieser Umstand stellte auch die Lehrkräfte vor besondere Herausforderungen. Hinzu kam, dass die Studierenden zahlreiche Fragen zu den politischen und wirtschaftlichen Veränderungen in den Ländern der Tropen und Subtropen hatten, die ihnen niemand befriedigend beantworten konnte.[122] Wolff, Absolvent von 1958, merkt an, dass es zu dieser Zeit kaum eine Beschäftigung mit tropischer Landwirtschaft an den Universitäten in Deutschland gab. In Witzenhausen fing man dann wieder an, und es existierte nur wenig einschlägige deutsche

118 Vgl. Durchschrift eines Schreibens des DITSL, Dr. Fischer, an Karl Buchner (Vater) vom 1.12.1956, in: AD, SA Burkhard Buchner, unpag.

119 Vgl. Aufnahme-Vertrag für Frank Greiling vom 10.1.1961, in: ebd., SA Frank Greiling, unpag.

120 Vgl. Schreiben der LTSL, Dr. Dr. Bieber, an Siegbert Buß vom 27.6.1963, in: ebd., SA Siegbert Buß, unpag.; Anmeldungsformular der Lehranstalt vom 5.3.1965, in: ebd., SA Gerhard Weinbrenner, unpag.

121 Vgl. Durchschrift eines Schreibens der LTSL, Dr. Dr. Bieber, an Walter Fraedrich (Onkel) vom 22.8.1963, in: ebd., SA Jürgen Fraedrich, unpag.

122 Vgl. Peter Wolff, Meine persönlichen Erlebnisse während siebeneinhalb Jahrzehnten bewegter deutscher Geschichte (1933-2008). Ein erster Entwurf, Ms. Witzenhausen 2008, S. 94.

Literatur. Man war weitgehend auf ältere Literatur angewiesen, in erster Linie auf das von Geo A. Schmidt und August Marcus herausgegebene »Handbuch der tropischen und subtropischen Landwirtschaft« von 1943. Dazu kam später die Schriftenreihe der Ruhr-Stickstoff AG über tropische Kulturpflanzen, an der einige ehemalige Witzenhäuser mitgewirkt hatten. Bieber arbeitete dann selbst daran, ein entsprechendes Lehrbuch zu verfassen.[123] Auch Carl Hoeppe ging auf das von Bieber geplante Lehrbuch ein. Er habe versucht, seine Vorlesung, die er frei sprach, zu Papier zu bringen, was nicht zufriedenstellend gelungen sei. Diese Konzeption hätten dann erst Rehm und Espig realisiert.[124] Martin Skottke, Absolvent des Lehrgangs von 1960 bestätigt, dass es um die Lehrmittel schlecht bestellt war; verglichen mit heute sei das frühes 19. Jahrhundert gewesen. Man habe nur über einige wenige Lehrbücher über tropische Landwirtschaft, Bodenkunde und Klimakunde verfügt, oft nur über Fotokopien. Dafür seien aber das Völkerkundemuseum und vor allem das Tropengewächshaus und der dort vermittelte Anschauungsunterricht für die damalige Zeit hervorragend gewesen.[125] Auch zu Zeiten von Eberhard Klinge, Absolvent des Lehrgangs von 1963, war das vorhandene Lehrmaterial noch recht überschaubar. Er berichtete unter anderem ebenfalls von der Reihe der Ruhr-Stickstoff AG und von den Skripten, die z.B. Direktor Bieber geschrieben hatte.[126]

Der Lehrkörper wurde angeführt von Direktor Dr. Dr. Horst Bieber, der im zweiten Halbjahr 1957 die Leitung der Lehranstalt übernahm und die Gebiete Tropischer Pflanzenbau und Betriebswirtschaft vertrat. Daneben gab es folgende Dozenten: Zweiter Hauptamtlicher Dozent war Dr. Peter Piekenbrock,[127] der

123 Vgl. Interview mit Peter Wolff. Vgl. Horst Bieber, Der Pflanzenbau in den Tropen und Subtropen auf betriebswirtschaftlicher Grundlage, 2 Bde., Ms. Witzenhausen 1964. Zu den Lehrbüchern vgl.: Peter Wolff/Eckhard Baum/Claudia Blaue, Bericht über die Sonderausstellung »Deutschsprachige Lehr- und Handbücher zur Agrarwirtschaft in den Tropen und Subtropen aus 12 Jahrzehnten« aus den Beständen des Deutschen Instituts für tropische und subtropische Landwirtschaft (DITSL) in Witzenhausen, in: Journal of Agriculture and Rural Development in the Tropics and Subtropics, 104 (2003) 1, S. 91-100.

124 Vgl. Interview mit Carl Hoeppe; Siegfried Rehm/Gustav Espig, Kulturpflanzen der Tropen und Subtropen. Anbau, wirtschaftliche Bedeutung, Verwertung, Stuttgart 1976.

125 Vgl. Interview mit Martin Skottke.

126 Vgl. Interview mit Eberhard Klinge.

127 Piekenbrock wurde am 28. Februar 1901 als Sohn eines Apothekenbesitzers in Eschweiler geboren. Er legte 1920 die Notreifeprüfung ab und begann eine landwirtschaftliche Lehre. Ab 1922 studierte er Landwirtschaft in München, Berlin und Halle, wo er 1927 promovierte. Ab 1925 arbeitete er gleichzeitig als Versuchsringleiter des Groß-Versuchsrings Magdeburg. Vgl. Peter Piekenbrock, Untersuchungen über das Verhalten des Ustilago tritici an Sorten und Kreuzungen, Diss. Halle 1927, Umschlagseite.

für Boden- und Klimalehre zuständig war; er verstarb 1960 und seine Stelle übernahm Dr. Albrecht Schäfer. Alle anderen Lehrgebiete wurden von nebenamtlichen Dozenten vertreten, die vor allem von der Universität Göttingen kamen. Peter Wolff vermerkte dazu, dass die Zusammensetzung des Lehrkörpers, insbesondere die weltmännische Art des Direktors die liberale, weltoffene Atmosphäre an der Lehranstalt prägte. Damit habe die Lehranstalt eben gerade nicht an den deutschnationalen, konservativen Geist der Deutschen Kolonialschule angeknüpft.[128] Zu den anderen wichtigen Dozenten zählten Prof. Walter Menk, Prof. Eilhard Mitscherlich, Prof. Willi Czajka, Dr. Walter Nippold sowie der Kulturbauingenieur Fritz Schumacher, der bereits in der Weimarer Republik an der Schule tätig war.[129] Noch 1962 bestritten nebenamtliche Kräfte die Hälfte der an der Lehranstalt erteilten 39 Unterrichtsstunden. Gerade den Göttinger Dozenten verdankte laut Bieber die Lehranstalt außerordentlich viel.[130]

Bei den Lehrkräften hob Wolff – neben Direktor Bieber – ebenfalls besonders die Gastdozenten aus Göttingen hervor. Mit dem Wirtschaftsgeografen Professor Czajka habe man ausgesprochenes Glück gehabt, er habe viel Erfahrung mitgebracht und den Lehrstoff gut vermitteln können. Aus Sicht von Wolff hatte auch Nippold seine Sache gut gemacht, vielleicht hätte der Unterricht moderner sein können, aber er vermittelte die Grundlagen der fremden Völker recht gut. Insgesamt sei man mit den Lehrkräften zufrieden gewesen.[131] Die Lehrkräfte

128 Vgl. Wolff, Lehranstalt, S. 234.

129 Zu Menk: Ludger Weß, Tropenmedizin und Kolonialpolitik. Das Hamburger Institut für Schiffs- und Tropenkrankheiten 1918-1945, in: 1999. Zeitschrift für Sozialgeschichte des 20. und 21. Jahrhunderts, 7 (1992) 4, S. 38-61, hier S. 53 (Anm. 54); Artikel Walter Menk, in: Ernst Klee, Das Personenlexikon zum Dritten Reich. Wer war was vor und nach 1945, Frankfurt a.M. 2003, S. 402-403. Zu Mitscherlich: Undatierter Lebenslauf, in: UAG, Rektoratsakte Prof. Dr. med. vet. Eilhard Mitscherlich, unpag.; Ekkehard Scupin, Eilhard Mitscherlich 60 Jahre alt, in: Deutsche Tierärztliche Wochenschrift, 80 (1973) 15, S. 341-342; Bernd Ließ, In memoriam Eilhard Mitscherlich, in: TiHo-Anzeiger, 31 (2002) 4, S. 10. Zu Czajka vgl.: Lebenslauf vom 29.3.1955, in: UAG, Rektoratsakte Prof. Dr. phil. Willi Czajka, unpag.; Hans-Jürgen Nitz (Hg.), Landerschliessung und Kulturlandschaftswandel an den Siedlungsgrenzen der Erde. Symposium anläßlich des 75. Geburtstages von Prof. Dr. Willi Czajka vom 9.–11. November 1973 im Geographischen Institut der Universität Göttingen, Göttingen 1976; Hans-Jürgen Klink, Willi Czajka zum Gedächtnis, in: Geographische Zeitschrift, 77 (1989) 3, S. 129-136.

130 Vgl. Schreiben des Direktors der LTSL, Dr. Bieber, an den Geschäftsführer des DITSL vom 26.3.1962, in: AD, Dozenten, Nippold, Bl. 54.

131 Vgl. Interview mit Prof. Peter Wolff; Michael Fremerey, Der Blick für das Ganze: Kulturtechnik jenseits fachlicher Einengung. Interview mit dem Jubilar Peter Wolff, in: Siawuch Amini/Michael Fremery (Hg.), Nachhaltige Wassernutzung in der Landwirtschaft. Festschrift für Prof. Dr. Peter Wolff, Kassel 1998, S. 9-31, hier S. 11.

hätten, so Ehrenfried Zillich, Absolvent des Lehrgangs von 1961, zwar noch recht traditionell doziert, sich aber durchaus Zeit für Fragen genommen.[132] Winfried Manig, ein »62er«, schätzt die fachliche Qualifikation der meisten Dozenten als gut ein; einigen jüngeren habe es allerdings an pädagogischer Erfahrung gemangelt, sodass sie Probleme mit den Studierenden hatten. Manig lobt ebenfalls Direktor Bieber als einen sehr erfahrenen Mann, Schumacher als praxisorientierten Dozenten für Kulturtechnik, ebenfalls mit viel Erfahrung ausgestattet. Der Wirtschaftsgeograf Czajka hatte lange Zeit in Südamerika zugebracht und konnte begeisternd davon erzählen. Beeindruckt war er auch von Mitscherlich; Nippold sei ebenfalls sehr gut gewesen. Insgesamt waren die Dozenten aus seiner Sicht durchaus kompetent.[133] Hugo Klöckner, Absolvent des Lehrgangs von 1964, war von einigen Lehrkräften sehr angetan. Direktor Bieber habe eine nette Art gehabt, konnte aber auch seinen Lehrstoff gut vermitteln. Imponierend fand Klöckner auch Professor Fritz Haring von der Universität Göttingen, der zwar eine etwas grobe Art hatte, aber in seinem Fachgebiet, der Tierzucht, sehr kompetent war. Zu den Koryphäen hätten ebenfalls Mitscherlich, Nippold und Czajka gezählt.[134] Auch Jörg Thierolf, Absolvent des letzten Lehrgangs der Lehranstalt im Jahre 1965, hob die Rolle der Göttinger Gastdozenten hervor. Neben den Stammkräften Bieber, Schäfer und Schumacher prägten sie den Lehrgang: »Und dann kamen ja die Göttinger Professoren und die haben sehr viel gebracht. Also, das war hoch interessant, Mitscherlich, Haring, sind ja alles richtige Größen, und auch Völkerkunde usw. Also es war ein schönes Rundumpaket.« Insgesamt betrachtet meint Thierolf, dass auf eine solide Grundausbildung, die alle mitbrachten, in Witzenhausen eine sehr qualifizierte Fortbildung erfolgte.[135]

Einen kleinen Einblick in den konkreten Unterricht bietet der Bericht von Bieber über die Vorlesungen im speziellen tropischen Pflanzenbau im zweiten Semester 1957. Trotz Zeitmangels entschloss er sich, nicht nur über die Ausfuhrkulturen, die lokal wichtigen Kulturen, sondern auch über diejenigen zu lesen, »die jeder gebildete Tropenmann wenigstens theoretisch kennen sollte«. Eine frühzeitige Spezialisierung sei ohnehin nur dann möglich, wenn der Studierende wüsste, mit welchen Kulturen er es später zu tun haben werde. Ein möglichst vollkommener Überblick sei nur möglich gewesen bei vollem Einsatz der Hörer und fleißiger Mitarbeit, wobei, wie Bieber selbstkritisch einräumte, von einem wohlfundierten Wissen nicht gesprochen werden konnte, sondern nur von einer wertvollen Ansatzbasis, von der aus die Absolventen später ihre Kenntnisse er-

132 Vgl. Interview mit Ehrenfried Zillich.
133 Vgl. Interview mit Winfried Manig.
134 Vgl. Interview mit Hugo Klöckner.
135 Vgl. Interview mit Jörg Thierolf (Zitat ebd.).

weitern könnten.[136] Detaillierter kann man anhand des Berichts von Bieber über das erste Semester 1958 etwas zum Unterricht erfahren. In fünf Wochenstunden behandelte er unterschiedliche Getreidearten, ferner Zuckerrohr und Faserpflanzen, Ölpflanzen, Genussmittelpflanzen, außerdem Kautschuk, Guttapercha und verwandte Arten sowie Knollenfrüchte. Es verblieben das umfangreiche Gebiet der Hülsenfrüchte, das der Obstkulturen, der Gemüse, der Gewürze, der Drogen und Heilpflanzen, der ätherische Öle liefernden Pflanzen sowie der Weide- und Futterpflanzen. Bei den Vorlesungen wurde Wert darauf gelegt, die Hörer nicht nur mit dem äußeren Habitus der Pflanze, ihren Standortserfordernissen und ihrer Physiologie bekannt zu machen, sondern auch das Interesse in betriebswirtschaftlicher und technischer Hinsicht zu wecken.[137]

Insgesamt beinhaltete der Lehrplan der Lehranstalt für das erste Semester 1958 Vorlesungen zu den folgenden neun Fachgebieten: Wirtschaftsgeografie und Wirtschaftspolitik (Prof. Czajka), Boden- und Klimalehre (Dr. Piekenbrock), Tropischer Pflanzenbau, einschließlich Betriebslehre der Pflanzung (Dr. Dr. Bieber), Tierzucht, Tierhaltung und Tierseuchen warmer Länder (Dr. Schirrmeister), Kulturtechnik (Kulturbauingenieur Schumacher), Phytopathologie (Dr. Großmann), Handelskunde, Buchhaltung und Schriftwerk (Gewerbeoberlehrer Rudloff), Völkerkunde (Dr. Nippold), Molkereiwesen (Petry, Direktor der Molkerei der Schule).[138]

Der Lehrgang 1961 umfasste die folgenden Fächer mit der entsprechenden Gesamtstundenzahlt: Tropischer Pflanzenbau (160 Stunden), Betriebswirtschaft (40 Stunden), Gewächshausdemonstration (40 Stunden), Boden- und Klimakunde (160 Stunden), Kulturtechnik (160 Stunden), Völkerkunde (80 Stunden), Wirtschaftsgeografie (160 Stunden), Tierheilkunde (160 Stunden), Handelskunde (80 Stunden), Molkereiwesen (80 Stunden), Phytopathologie (80 Stunden), Englisch (80 Stunden), Spanisch (80 Sunden).[139]

Die Tropenlandwirtschaft sei natürlich das Kerngebiet des Lehrangebots gewesen, so Martin Skottke, Absolvent des Lehrgangs von 1960. Ob es sich um Bewässerungslandwirtschaft handelte, um tropische Klimakunde oder Bodenkunde, die extrem wichtig war, er habe alles gut gebrauchen können. Vielleicht sei der Unterricht nicht intensiv genug gewesen, aber das konnte man in einem Jahr sicherlich auch nicht erwarten. Allerdings, so räumt er ein, sei der Unterricht nicht in allen Fächern auf der Höhe der damaligen Zeit gewesen.[140]

136 Vgl. Jahresbericht über die schulische Tätigkeit vom 8. Januar bis 18. Dezember 1957 der LTSL, in: StAM, 314/1, Nr. 167, unpag.

137 Vgl. Bericht über die Vorlesungen im speziellen tropischen Pflanzenbau ab 6. Januar 1958 von Dr. Bieber, in: ebd., Nr. 155, unpag.

138 Vgl. Wolff, Erlebnisse, S. 94.

139 Vgl. Bescheinigung des DITSL für Frank Mertens vom 14.11.1968, in AD, SA Frank Mertens.

140 Vgl. Interview mit Martin Skottke.

Egon Schülke, Absolvent des Lehrgangs von 1962, betont, dass dieses eine Jahr in Witzenhausen in der Tat den Charakter eines Aufbaustudiums gehabt habe. Die Grundlagen wurden vorausgesetzt und waren, da fast alle Teilnehmer die HLS besucht hatten, auch vorhanden gewesen. Auf diesen Grundlagen habe beispielsweise Professor Mitscherlich aus Göttingen, der Veterinärmedizin unterrichtete, gezielt aufgebaut. Die Anforderungen waren nicht zuletzt dadurch sehr hoch. Schülke, der vorher die landwirtschaftlichen Schulen in Osnabrück und in Wilhelmshaven besucht hatte, hob hervor, dort habe man gelernt, in Witzenhausen hingegen habe man »gebüffelt«.[141] Auch Klöckner betonte die von den Studierenden zu verarbeitende Fülle des Lehrstoffs; in der kurzen Zeit habe man stramm lernen müssen: »Wir mussten da in einem Jahr was reinfressen in uns.« Zwangsläufig musste das dann in komplexen Lehrfächern wie dem Tropischen Pflanzenbau in sehr komprimierter Form erfolgen. Im Nachhinein vermisste Klöckner etwas die pädagogische Ausbildung, beispielweise in »Menschenführung«.[142]

Wie straff das System aus Vorlesungen und Klausuren war, spiegelte sich darin, dass eine Gruppe der Studierenden nach der Vorlesung mit der Schreibmaschine den gesamten Vorlesungsstoff nachschrieb. Daraus entwickelten sie dann ein »Spickzettel-System«, das abfotografiert und als kleine Bilder vervielfältigt wurde, der Stoff wurde dabei komprimiert und auf das Wesentliche gekürzt, um überhaupt durchzukommen.[143]

Die Vorbereitung auf das Ausland, auf das »Fremde« bzw. den »Fremden« wurde in erster Linie im Fach Völkerkunde geleistet. Die Darstellung war nach der Erinnerung von Wolff recht objektiv, Nippold habe keine irgendwie negativen Eindrücke erweckt, im Gegenteil. Versuche einer Beeinflussung der anderen Art seien eher vom Altherrenverband gekommen. Da gab es häufiger Vorträge ehemaliger Schüler, wie von Hase aus Südwestafrika, der erwartete, dass die Studierenden »Heia Safari« brüllten oder Ähnliches. Das stieß bei ihnen in der Zeit aber schon auf wenig Gegenliebe.[144] Erfahrungen mit kulturellen Differenzen brachte Skottke mit, der als Flüchtlingskind nach Deutschland kam. Von diesem Fundus habe er im Ausland zehren können und niemals Probleme gehabt. Der Unterricht an der Lehranstalt habe ihm in dieser Beziehung nicht viel gegeben. Die Völkerkunde-Vorlesungen seien zwar interessant gewesen, aber letztlich zu praxisfern.[145]

Klinge sieht die Vorbereitung auf das Ausland an der Lehranstalt als eine Mischung verschiedener Fächer an. Auch in Wirtschaftsgeografie sei man beispiels-

141 Vgl. Interview mit Egon Schülke.
142 Vgl. Interview mit Hugo Klöckner (Zitat ebd.).
143 Vgl. Interview mit Egon Schülke.
144 Vgl. Interview mit Peter Wolff.
145 Vgl. Interview mit Martin Skottke.

weise mit unterschiedlichen Mentalitäten und daraus resultierenden Produktionssystemen vertraut gemacht worden, ebenso natürlich in Völkerkunde. Allerdings sei das nicht sehr umfassend und intensiv geschehen, wie das heute geschehe. Eher im Sinne einer Sensibilisierung für kulturelle Unterschiede.[146] Thierolf ist ebenfalls der Meinung, dass im Fach Völkerkunde eher ein allgemeiner Überblick über die verschiedenen Völker und Kulturen vermittelt wurde. Wirklich vertieft habe man das dann bei der konkreten Arbeit vor Ort.[147]

Berufsaussichten der Studierenden

Die Berufsaussichten für die Absolventen der Lehranstalt waren zweifellos recht gut. Sie bildete einige Zeit als einzige Institution in Deutschland für den Bereich der tropischen und subtropischen Landwirtschaft aus. Mit dem verstärkten Anlaufen der westdeutschen Entwicklungspolitik wuchsen diese Chancen sogar noch, was dazu führte, dass ein steigender Anteil der Absolventen in diesem Berufsfeld tätig wurde. Einen gewissen Einbruch gab es später, als sich die Konzeption der Entwicklungspolitik änderte und nun eher die akademisch gebildeten Tropenlandwirte gefragt waren.

Fischer schilderte 1957 in einer Antwort an eine Bewerberin die Berufsmöglichkeiten für die Absolventen als positiv, sie könnten in den verschiedensten Bereichen tätig werden. Dazu zählte er die Anstellung als Assistent in einer Pflanzung oder Farm in Übersee, oft mit dem Ziel, sich später selbständig zu machen. In Betracht käme aber auch eine Arbeit für die heimische und ausländische Düngermittelindustrie oder sonstige exportierende Wirtschaftsunternehmungen sowie als Lehrer an Schulen in Übersee oder als Berater von Dienststellen in Entwicklungsländern.[148] Ähnlich fiel die Antwort von Bieber an einen Bewerber 1963 aus: Möglichkeiten gebe es in den klassischen Berufsfeldern, in zunehmendem Maße aber auch in Entwicklungsprojekten. Insgesamt seien die Zukunftsaussichten im Ausland für junge Landwirte ohne eigenes Kapital besser als in Westdeutschland.[149]

Der größte Teil der Absolventen des Lehrgangs 1958 hatte bereits kurz nach der Abschlussprüfung Stellen im Ausland gefunden, einige von ihnen durch private Kontakte. Einer der Absolventen begann bei Schering in Berlin, zwei bei

146 Vgl. Interview mit Eberhard Klinge.
147 Vgl. Interview mit Jörg Thierolf.
148 Vgl. Durchschrift eines Schreibens von Dr. Fischer, DITSL, an Helga Bartels vom 27.8.1957, in: AD, SA Helga Bartels.
149 Vgl. Durchschrift eines Schreibens der LTSL, Dr. Dr. Bieber, an Siegbert Buß vom 22.1.1963, in: ebd., SA Siegbert Buß.

Mannesmann; ein anderer wollte weiterstudieren.[150] Im Jahresbericht über den Lehrgang 1960 findet sich noch eine eher zurückhaltende Einschätzung der Berufsaussichten im Ausland: Sie dürften nach Überwindung der Anfangsschwierigkeiten zwar als nicht ungünstig zu bezeichnen sein, schwierig bliebe jedoch nach wie vor die Vermittlung der Stellen, da die entsprechenden Arbeitgeber im Ausland nur ungern jemanden anstellten, ohne den Bewerber vorher gesehen zu haben. Sie müssten sich auf die Empfehlung der Lehranstalt verlassen. Beklagt wurden die vielfach recht geringen angebotenen Löhne, die nicht gerade verlockend seien.[151] Auch ein Jahr später erwies sich die Unterbringung der Absolventen immer noch als ein nicht ganz einfaches Unterfangen. Wiederum bildeten die fehlenden Mittel für die Ausreise die Hürde. Immerhin fanden von 37 Absolventen nach kurzer Zeit 23 eine feste Stellenzusage, ganz überwiegend im Ausland. Neun befanden sich in Verhandlungen und lediglich fünf hatten noch keinen Arbeitsplatz in Aussicht. Einer der Absolventen ging zur FAO.[152]

Geschäftsführer Schäfer führte auf einer Aufsichtsratssitzung Ende 1964 aus, dass künftig der Bedarf an gut ausgebildeten Tropenlandwirten noch ansteigen werde, bedingt durch die konzeptionelle Wandlung der Entwicklungspolitik. Ministerialdirigent Horst Dumke, Abteilungsleiter im BMZ, bestätigte den zukünftig steigenden Bedarf an Tropenlandwirten der mittleren Ebene.[153]

Beim Lehrgang 1965/66 war schon eine deutliche Veränderung sichtbar: Von den 34 Absolventen besuchten sieben nach dem Abschluss das Seminar für ländliche Entwicklungshilfe in Witzenhausen, um dann danach direkt in einem Land der Dritten Welt mit der Tätigkeit zu beginnen. Zwei gingen zur Agrar- und Hydrotechnik, einer zu einer im Bereich der Entwicklungspolitik tätigen privaten Consultingfirma, ein weiterer zu Diensten in Übersee, einer zur EWG nach Brüssel, um dann in Ruanda eingesetzt zu werden, und einer zum Büro für internationale soziale Hilfe. Zwei Absolventen studierten Landwirtschaft in Göttingen bzw. Hohenheim. Die ausländischen Studierenden gingen überwiegend

150 Vgl. Protokoll der Kuratoriumssitzung vom 27.2.1959, gesandt an Legationsrat I. Kl. Dumke, AA, am 23.3.1959, S. 4f., in: PAA, B 58-III B 2, Nr. 303, unpag. Auch in: StAM, 314/1, Nr. 155, unpag.

151 Vgl. Jahresbericht über den Lehrgang 1960 der LTSL vom 14.3.1961, S. 5f., in: ebd., Nr. 156, unpag.

152 Vgl. Jahresbericht 1961 der LTSL vom 5.2.1962, S. 16f., in: ebd., unpag.

153 Vgl. Protokoll der AR-Sitzung des DITSL in Bonn, Verteidigungsministerium, am 29.10.1964 vom 6.11.1964, S. 1f., in: AD, Hassel-Akte, unpag. Im Hessischen Ministerium für Wirtschaft und Verkehr teilte man im Frühjahr 1965 die Ansicht. Vgl. Durchschrift eines Schreibens des Hessischen Ministers für Wirtschaft und Verkehr, Abteilung IIa, Min.Dir. Barth, an die Abteilung Ia vom 5.4.1965, in: HHStAW, 507, Nr. 11207, unpag.

zurück in ihre Heimatländer.[154] Im Bericht über dieses Schuljahr erinnerte die Schulleitung daran, dass die Absolventen 1958 noch froh gewesen seien, wenn sie eine Stellung bekamen, in der sie neben Wohnung und Kost nur eine Art Taschengeld in Höhe von ca. DM 200,- bis DM 300,- erhielten. Demgegenüber verdienten einige der Absolventen nun im Ausland bis 1.000 US-Dollar.[155]

Image und Bedeutung der Schule

Es war unverkennbar, dass es im Ausland von Anfang an ein reges Interesse an der Lehranstalt gab. So arbeitete die Schule frühzeitig daran, ihren Kurzprospekt auf Englisch und Spanisch anbieten zu können. Der interessierten Niederländischen Gesandtschaft in Bonn, die bereits wiederholt nach einem Prospekt nachgefragt hatte, sollte jedoch nicht der Kurzprospekt, sondern die Grundbestimmungen zugesandt werden, weil man meinte, damit mehr Eindruck machen zu können und so nicht zu sehr gegenüber den holländischen Instituten abzufallen.[156] Im Kurzprospekt präsentierte sich die Lehranstalt als einzige Institution ihrer Art in Deutschland, die junge Landwirte für eine spätere Tätigkeit in den Tropen und Subtropen ausbildete. Dabei knüpfte man explizit an die frühere Kolonialschule an. Man renommierte mit den im Kuratorium vertretenen staatlichen Ministerien und ebenso mit den 350 im Ausland tätigen ehemaligen Schülern.[157]

Bereits im März 1958 besuchte eine Gruppe iranischer Studierender unter Führung des Botschaftsrats die Lehranstalt. Der Diplomat hielt sie für die ideale Ergänzungslehrstätte für iranische Studierende.[158] Direktor Bieber konnte am 6. September 1962 den Landwirtschaftsminister des Niger in Witzenhausen begrüßen. In seiner Ansprache erläuterte er Sinn und Zweck der Lehranstalt, betonte, dass Hunderte von ehemaligen Schülern in allen Ländern dieser Welt tätig seien, die Entwicklungsarbeit leisteten.[159]

154 Vgl. Bericht über das Schuljahr 1965/66 der LTSL, S. 13, in: StAM, 314/1, Nr. 175, unpag.

155 Vgl. Bericht über das Schuljahr 1965/66 der LTSL, S. 14, in: ebd., unpag.

156 Vgl. Aktenvermerk über die Arbeitsbesprechung am 19. und 20.2.1957 vom 24.2.1957, in: ebd., Nr. 20, unpag.

157 Vgl. Kurz-Prospekt der LTSL, o.Dat. (1962), in: BAK, B 116, Nr. 52314, unpag.

158 Vgl. Das Witzenhäuser Institut bietet sich als Ergänzungslehrstätte an, in: Kasseler Post vom 29.3.1958, zit. nach: StAW, Mappe Ingenieurschulen in Witzenhausen, unpag.

159 Vgl. Begrüßung des Herrn Landwirtschaftsministers Jagouba Djibo aus Niger durch Direktor Dr. Dr. Bieber am 6.9.1962, in: AD, Jahresberichte der Lehranstalt, unpag. Siehe zur Einstellung Biebers auch: Gute Landwirte für Entwicklungslän-

Die internationale Reputation der Ausbildungsstätte hob Bundesverteidigungsminister von Hassel bei dem Festakt anlässlich der Übergabe des neuen Gewächshauses und der Bewässerungsdemonstrationsanlage im Juni 1965 hervor. Seiner Ansicht nach hatte die gute Atmosphäre in Witzenhausen junge Menschen mit einem Leistungsvermögen hervorgebracht, das internationale Anerkennung finde. Die Bewährung des Instituts sei Anlass genug, dieser zentralen Ausbildungsstätte alle nur mögliche Unterstützung zuteilwerden zu lassen.[160]

Der nächste prominente Gast war Bundesminister Walter Scheel, der die Lehranstalt und das Seminar für ländliche Entwicklungshilfe besuchte, dabei auch die Bewässerungsdemonstrationsanlage und die Gewächshäuser besichtigte, die mit finanzieller Hilfe seines Ministeriums für Lehrzwecke gebaut worden waren.[161]

Nach Hoeppe sei die Reputation der Lehranstalt eine gute gewesen, wozu auch der Ingenieur-Titel beitrug, der im Ausland sehr hilfreich gewesen sei. Hinsichtlich des Rufs der Schule habe man an die alte Kolonialschule anknüpfen können, die weltweit Anerkennung genossen habe.[162]

Konkurrenzinstitutionen

In der Nachkriegszeit erhöhte sich die Zahl der Konkurrenzinstitutionen, vor allem im universitären Bereich: Im Frühjahr 1959 wurde das Institut für ausländische Landwirtschaft an der TU Berlin gegründet, die Leitung übernahm Prof. Dr. Hans Wilbrandt. Dem Institut wurde unter anderem die Aufgabe gestellt, »den wissenschaftlichen und diplomatischen Nachwuchs für Institutionen der Wissenschaft, Wirtschaft und Verwaltung mit einer internationalen Aufgabenstellung sowie für Entwicklungsländer auszubilden«. Auf dieser Grundlage

der, in: Niederhessische Zeitung vom 20.9.1962, zit. nach: ebd., Akte Zeitungsausschnitte über die Lehranstalt, unpag.

160 Vgl. Entwicklungshilfe weltweite Aufgabe, in: Hessische Allgemeine vom 21.6.1965, zit. nach: ebd., unpag.

161 Vgl. »Große Aufgabe Entwicklungshilfe«. Bundesminister Scheel besuchte Tropeninstitut in Witzenhausen, in: Hessische Nachrichten vom 14.9.1965, zit. nach: ebd., Zeitungsausschnittsammlung, unpag.; Monatsbericht Seminar Witzenhausen von Linze, Monat September 1965 vom 8.10.1965, in: ebd., Ordner DSE, Arbeitskreis, Seminar, unpag. Zu Scheel vgl.: Michael Bohnet, Walter Scheel. Der erste Entwicklungsminister der Bundesrepublik Deutschland (1961-1966). Die Anfänge der deutschen Entwicklungspolitik, Bonn/Berlin 2009; Wolfgang Gieler/Rebecca Miltsch, Walter Scheel 1961-1966, in: Wolfgang Gieler (Hg.), Deutsche Entwicklungsminister von 1961-2008. Biographie, Konzeptionen und Einfluss auf nationale und internationale Entwicklungspolitik, Bonn 2008, S. 12-25; Wolfgang Gieler, Walter Scheel 1961-1966, in: ders., 50 Jahre, S. 16-39.

162 Vgl. Interview mit Carl Hoeppe.

sollte im Rahmen des Instituts ab November 1962 ein laufendes Seminar für landwirtschaftliche Entwicklung von je einjähriger Dauer für etwa 20 qualifizierte Teilnehmer mit abgeschlossener Hochschulbildung veranstaltet werden. Erfahrungsgemäß reichte das normale Hochschulstudium nach Inhalt und Methode zur Vorbereitung auf eine erfolgreiche Fachtätigkeit in Entwicklungsländern nicht aus. Eine Beratungs-, Lehr- oder Planungstätigkeit dort erforderte nicht nur fachliches Wissen und Können, sondern auch die Fähigkeit, sich den besonderen Gegebenheiten der verschiedenen Länder und Kulturen anzupassen. Das Programm sollte deshalb auf jeden Fall enthalten: eine Einführung in die Besonderheiten der Landbautechnik, in die wirtschaftliche Problematik der Entwicklungsländer, die ländliche Sozialstruktur, eine allgemeine Einführung in Länder- und Volkskunde sowie eine sprachliche Ausbildung.[163] Diese umfasste einen intensiven Sprachunterricht in Englisch; das Erlernen einer zweiten Fremdsprache wurde dringend empfohlen. Die inhaltlichen Schwerpunkte lagen bei der theoretischen und angewandten Wirtschaftslehre, der Soziologie, Sozialanthropologie, Psychologie, bei gesamtwirtschaftlicher Planung etc. Ein dreimonatiger Erfahrungsaufenthalt in einem Entwicklungsland war Pflicht.[164] Ziel war die Ausbildung von jährlich ca. 20 Hochschulabsolventen für Entwicklungsländer und internationale Organisationen.[165] In der Rückschau zeigte sich, dass das Seminar wohl recht erfolgreich war: 90 Prozent seiner Absolventen nahmen eine Tätigkeit im Berufsfeld der Internationalen Agrarentwicklung auf.[166]

Das Bundeslandwirtschaftsministerium entschied sich frühzeitig für eine Aufgabenteilung zwischen der Lehranstalt und dem Berliner Institut: »Eine Überschneidung der Aufgaben des Instituts für ausländische Landwirtschaft in Berlin-West mit den Aufgaben der Lehranstalt für tropische und subtropische Landwirtschaft in Witzenhausen besteht auf dem Gebiet der Technischen Hilfe

163 Vgl. Prospekt über das Seminar für landwirtschaftliche Entwicklung in Berlin vom 13.4.1962, in: BAK, B 116, Nr. 31833, unpag., Reinhold Sachs, Das Berliner »Seminar für Landwirtschaftliche Entwicklung« im Vergleich mit verwandten Institutionen in Westeuropa, in: Zeitschrift für ausländische Landwirtschaft, 7 (1968) 1, S. 107-118; ders., Über das »Berliner Seminar«, in: Zwanzig Jahre Seminar für Landwirtschaftliche Entwicklung, Berlin 1983, S. 6-16, hier S. 7 (Zitat ebd.).

164 Vgl. Studienplan des Seminars für landwirtschaftliche Entwicklung, Berlin, vom 11.10.1962, in: StAM, 314/1, Nr. 253, unpag.; Tätigkeitsbericht 1963 des Instituts für Ausländische Landwirtschaft an der Technischen Universität Berlin, S. 9f.

165 Vgl. Agrarexperten für Übersee. Seminar für Landwirtschaftliche Entwicklung an der TU eröffnet, in: Der Tagesspiegel vom 6.11.1962, zit. nach: AD, AHV, Allgemeine Korrespondenz, September 1962-Dezember 1963, L-Z; Tätigkeitsbericht 1962 des Instituts für Ausländische Landwirtschaft an der Technischen Universität Berlin, S. 7.

166 Vgl. Fünfundzwanzig Jahre Seminar für Landwirtschaftliche Entwicklung, Berlin 1988, S. 9.

nicht.« Berlin war aus dieser Sicht für die Ausbildung des wissenschaftlichen Nachwuchses, Mitarbeiter für internationale Organisationen, Regierungsberater für Entwicklungsländer etc. zuständig. Die Lehranstalt sollte hingegen die Ausbildung von praktischen Landwirten sicherstellen.[167]

Die Gründung des Leipziger Instituts für tropische Landwirtschaft bekam im Rahmen der Systemauseinandersetzung bzw. eines verstärkten Engagements der DDR in der Entwicklungspolitik Bedeutung. Wurde von DDR-Seite die Wiedereröffnung der Witzenhäuser Anstalt genau registriert, so schreckte umgekehrt die Leipziger Initiative die bundesrepublikanische Seite auf.[168] Der Aufbau des Instituts lief offensichtlich seit 1957 mit großen Mitteln an. Entsprechend fürchtete man von westdeutscher Seite, dass »sich dieses Institut in absehbarer Zeit unter deutscher Flagge in den Überseeländern einen Namen« machen könnte. Das war gleichzeitig ein Signal, über die Konsolidierung des DITSL nachzudenken, das die Aufgaben der ehemaligen »zu Weltruf gelangten Deutschen Kolonialhochschule in Witzenhausen« übernommen, dabei jedoch mit großen Schwierigkeiten hinsichtlich der Mittelbereitstellung zu kämpfen habe.[169] Es gab ab 1957 wohl tatsächlich erste tropenlandwirtschaftliche Vorlesungen des Instituts für Sonderkulturen; zu einer eigenen Institutsgründung kam es in Leipzig aber erst 1960.[170]

Bieber hörte im Sommer 1960 von verschiedener Seite, dass in Göttingen am 1. November des Jahres ein Seminar für tropische und subtropische Landwirtschaft eröffnet werden sollte. Der Direktor betrachtete die Entwicklung in Göttingen mit Sorge, zumal es an der Universität Gießen ähnliche Planungen gab.[171] In einem Memorandum über den Ausbau von Lehre und Forschung auf dem Gebiet der tropischen und subtropischen Landwirtschaft an der Landwirtschaftlichen Fakultät der Universität Göttingen nahm man den wachsenden Bedarf an jungen und speziell in den Fragen der Tropen- und Subtropenkultur er-

167 Vgl. Ergebnisprotokoll über eine Dienstreise nach Witzenhausen am 22./23.10.1959 aus der Abteilung VII des BML vom 27.10.1959, in: BAK, B 116, Nr. 22539, unpag.

168 Vgl. Schreiben von Herbert Minkowski an Dr. Winter vom 11.2.1955, in: AD, AHV, Landes- und Ortsgruppen, unpag.

169 Vgl. Abschrift eines Schreibens des Archivs für gesamtdeutsche Fragen, Abteilung für Ernährung und Landwirtschaftliche Erzeugung, an das Bundesministerium für Gesamtdeutsche Fragen vom 21.8.1958, in: ebd., Ordner Schriftwechsel 1962/63, A-L, unpag.; Schreiben des Bundesministers für Gesamtdeutsche Fragen an den Bundesminister für Ernährung, Landwirtschaft und Forsten, Min.Rat Hartan, vom 28.8.1958, in: BAK, B 116, Nr. 22539, unpag.

170 Vgl. Gunther Franke/Horst Mutscher/Albrecht Pfeiffer, Das Institut für tropische Landwirtschaft der Karl-Marx-Universität Leipzig 1960 bis 1992. Zeitzeugen berichten, Leipzig 2009, S. 11f.

171 Vgl. Durchschrift eines Schreibens von Cohrs an Erich Keup vom 31.8.1960, in: AD, Dozenten, Piekenbrock, Bl. 113-114.

fahrenen deutschen Landbauwissenschaftler zum Ausgangspunkt. Das geplante Göttinger Studienzentrum sollte auf den vorhandenen Instituten aufbauen und Spezialabteilungen in diesen einrichten, dazu sollte ein besonderer Lehrstuhl nur für tropischen Pflanzenbau treten, ferner der Aufbau einer zentralen Fachbücherei und eines Archivs.[172] Die Göttinger Bemühungen basierten auf einer Empfehlung des Wissenschaftsrats, der dafür plädiert hatte, dieses Fachgebiet in Gießen und Göttingen auszubauen.[173] 1961 wurde deshalb das Göttinger Studienzentrum für Tropische und Subtropische Landwirtschaft ins Leben gerufen. Im Zusammenhang damit wurden 1963 Lehrstuhl und Institut für Ausländische Landwirtschaft eingerichtet, dessen Forschungs- und Lehraufgaben das Gebiet der Sozialökonomik der Weltagrarwirtschaft und Agrarfragen in Entwicklungsländern umfassen sollte. Die Einrichtung eines Lehrstuhls und Instituts für Tropischen und Subtropischen Pflanzenbau waren vorgesehen.[174]

Die steigende Bedeutung der tropischen Landnutzung für die Welternährung und Rohstofferzeugung hatte zur Folge, dass an vielen Stellen ein großer Bedarf an Wissenschaftlern, die mit den Problemen der tropischen Land- und Forstwirtschaft vertraut waren, bestand. So argumentierte eine Darstellung des Studienzentrums für tropische und subtropische Land- und Forstwirtschaft der Landwirtschaftlichen und Forstlichen Fakultäten der Universität Göttingen vom Dezember 1967. Das Studienzentrum sei geschaffen worden, um die planmäßige Ausbildung auf allen Gebieten der tropischen Landwirtschaft an der Universität Göttingen zu gewährleisten und um der Förderung tropischer Landnutzung durch Forschung zu dienen.[175]

An der Universität Gießen wurde 1961 das Institut für Landwirtschaft, Veterinärmedizin und Ernährung in den Tropen und Subtropen gegründet, nach eigenen Aussagen als erstes landwirtschaftlich orientiertes Tropeninstitut in der

172 Vgl. Memorandum über den Ausbau von Lehre und Forschung auf dem Gebiet der tropischen und subtropischen Landwirtschaft an der Landwirtschaftlichen Fakultät der Universität Göttingen vom 15.7.1960, in: BAK, B 122, Nr. 5215, Bl. 22-29, hier Bl. 22ff.

173 Vgl. Schreiben des Dekans der Landwirtschaftlichen Fakultät der Georg-August-Universität Göttingen, Prof. Hanau, an den Bundespräsidenten Lübke vom 9.3.1961, in: ebd., Bl. 20-21; Durchschrift eines Schreibens des Bundespräsidialamtes, Ministerialdirigent Einsiedler, an den Dekan der Landwirtschaftlichen Fakultät der Georg-August-Universität Göttingen, Prof. Hanau, vom 16.3.1961, in: ebd., Bl. 19.

174 Vgl. Tätigkeitsbericht 1965 des Instituts für Ausländische Landwirtschaft der Georg-August-Universität Göttingen, S. 3.

175 Vgl. Ausarbeitung über das Studienzentrum für tropische und subtropische Land- und Forstwirtschaft der Landwirtschaftlichen und Forstlichen Fakultäten der Universität Göttingen vom Dezember 1967, in: StAM, 429/07, Nr. 132, unpag.

Bundesrepublik. Es nahm im Wintersemester 1961/62 die Arbeit auf.[176] Ebenfalls 1961 wurde an der Landwirtschaftlichen Hochschule Hohenheim ein Institut für Ausländische Landwirtschaft eingerichtet. Man dachte dabei auch an den Aufbau eines Studienschwerpunkts Tropische und subtropische Landwirtschaft. Angesichts der weltweiten Entwicklung erschien dies immer vordringlicher. Wesentlicher Teil dieses Beitrags sollte auch sein, deutsche Diplomlandwirte und Studierende der Agrarwissenschaften aus den Entwicklungsländern für die Tätigkeit in den Tropen und Subtropen spezifisch vorzubereiten. Im Juli 1979 erfolgte die Einrichtung eines Tropenzentrums.[177]

In gewisser Weise bildeten auch die entsprechenden ausländischen Institutionen eine Konkurrenz, zumindest aber Referenzmodelle. Die traditionsreichen ausländischen Ausbildungseinrichtungen für tropische Landwirtschaft setzten ihre Arbeit fort. So beispielsweise die Staatliche Lehranstalt für tropische und subtropische Landwirtschaft (Opledingscentrum voor tropische en subtropische Landbouw) im niederländischen Deventer, das zwei- bis vierjährige Kurse anbot. So einen drei Jahre dauernden allgemeinen Lehrgang, sowie einen anschließenden einjährigen Sonderkurs. Damit war eine breite Ausbildung gewährleistet. Aufnahmevoraussetzung war ein Oberschulabschluss, das Diplom berechtigte zum Weiterstudium in Wageningen. Diese im Vergleich zu Witzenhausen längere Dauer bot dort Gelegenheit, das einjährige System in Frage zu stellen.[178]

Ein Artikel des bekannten Tropenlandwirts Horst Dequin betonte, im Ausland seien überwiegend Engländer, Franzosen, Holländer, Italiener und US-Amerikaner tätig. An diesen Ländern müsse sich Deutschland orientieren, zum

176 Vgl. Jochen Alkämper/Alfred Westphal, 25 Jahre Tropeninstitut. Aufbau und Entwicklung, in: Spiegel der Forschung, 3 (1986) 4, S. 5-6; Wolff, 100 Jahre, S. 24ff.

177 Vgl. Harald Winkel, Universität Hohenheim – Die letzten 25 Jahre, in: ders. (Hg.), Festschrift zum 175-jährigen Jubiläum der Universität Hohenheim, Stuttgart 1993, S. 67-305, hier S. 262ff. Es hatte bereits vor 1961 internationale Aktivitäten und Arbeiten zur ausländischen Landwirtschaft, besonders zum Iran in Hohenheim gegeben. Zwischen 1950 und 1975 promovierten dort 55 Iraner. Vgl. Erwin M. Reisch, Universität Hohenheim – Eine Einrichtung der Internationalen Forschung und Lehre, in: ebd., S. 307-358, hier S. 309.

178 Vgl. Schreiben der LTSL, Bieber, an das BML, Min.Rat Hartan, vom 13.4.1959, in: BAK, B 116, Nr. 22539, unpag.; Stundenplan der Staatlichen Lehranstalt für tropische und subtropische Landwirtschaft, Deventer/Niederlande (Dreijähriger allgemeiner Lehrgang vom September 1958 bis Juli 1961), in: StAM, 314/1, Nr. 253, unpag.; Die Vorbereitung von Fachkräften der Land- und Forstwirtschaft und Veterinärmedizin im Rahmen der Entwicklungshilfe. Ausbildungsstätten in Westeuropa, hg. von der DSE, Berlin Juni 1962, S. 34f., zit. nach: ebd., 429/07, Nr. 155, unpag. Zu Wageningen vgl.: Wageningen – Centre of Agricultural Science 1956, Wageningen 1956.

Beispiel am Institut für tropische Landwirtschaft in Florenz.[179] Bieber war der Auffassung, man könne vieles von den verschiedenen tropischen Instituten in Italien, Belgien, Holland usw. lernen. Darum hielt er es für wünschenswert, Exkursionen nach dorthin zu unternehmen, damit sowohl Dozenten als auch Studierende eine Anschauung über die dort geleistete Arbeit bekämen.[180] Der Lehrgang von 1962 besuchte dann im Sommer das Institut für ausländische Landwirtschaft in Florenz. Im Bericht über diese Exkursion hieß es, es sei der »Wunschtraum« aller Studierenden und Dozenten der Lehranstalt einmal vergleichbare Einrichtungen zur Verfügung zu haben.[181]

Eine Konkurrenz auf dem Gebiet der entwicklungspolitischen Schulung bildete der Klausenhof. Die Deutsche Landjugendakademie Klausenhof in Hamminkeln bei Bocholt begann ihre Arbeit 1959 als zentrale Bildungsstätte der katholischen Landjugendbewegung. Entsprechend dem Bildungsbedarf der Zeit beschränkten sich die Bildungsangebote aber nicht auf die Jugendarbeit, sondern bezogen sich von Anfang an auch auf pädagogisch Verantwortliche für die ländliche Erwachsenenbildung. Daneben hatte die Akademie den Auftrag, junge Menschen auf eine Tätigkeit als Entwicklungshelfer vorzubereiten. Der Lehrplan des Vorbereitungskurses Entwicklungshilfe für landwirtschaftliche Fachkräfte sah unter anderem folgende Fächer vor: Religions- und Völkerkunde, Geschichte der Entwicklungsländer, Wirtschaftskunde und Entwicklungspolitik, Agrarentwicklung in den Entwicklungsländern (inklusive das ländliche Genossenschaftswesen und Community Development), Berufspädagogik, Sozialkunde, Theologie, Sprachunterricht (Englisch, Französisch oder Spanisch), Kurs in Erster Hilfe und Tropenhygiene, Praktische Arbeit in verschiedenen Handwerksbetrieben sowie Exkursionen. Besonders interessant ist für den späteren Zusammenhang wohl der Punkt Berufspädagogik. Eine Schulung in diesem Bereich war für die damalige Zeit durchaus innovativ.[182]

179 Vgl. Dequin, Forschungsarbeit, S. 1341.

180 Vgl. Schreiben der LTSL, Bieber an Reg.Dir. Kraft, HMLF, vom 5.2.1958, in: HHStAW, 509, Nr. 1425, unpag.

181 Vgl. Italien-Exkursion des Jahrgangs 1962 vom 26. Juni bis 10. Juli 1962, Reisebericht von Ortwin Neuendorf, S. 6, in: StAM, 314/1, Nr. 172, unpag.

182 Vgl. Lehrplan des Vorbereitungskurses Entwicklungshilfe für landwirtschaftliche Fachkräfte der Deutschen Landjugendakademie Klausenhof, o.Dat. (1962), in: AD, AHV, Ordner Schriftwechsel 1962/63, A-L, unpag.; Schreiben von Max Bernhardt an Wolfgang Delfs-Fritz vom 12.6.1962, in: ebd., unpag. Bernhardt hatte Delfs-Fritz den Lehrplan übersandt. Vgl. allgemein zur Institution: 50 Jahre Akademie Klausenhof 1959-2009. Durch Wandel zum Erfolg. Festschrift zum 50-jährigen Jubiläum der Akademie Klausenhof, Klausenhof 2009.

3. In kurzer Zeit zum »Ingenieur«: Studierende ab 1957

Motivation

Welche Motive führten Studierende in die Lehranstalt? Die Gründe waren zweifellos vielschichtig. Neben der verbreiteten Sehnsucht nach dem Ausland, dem idealistischen Motiv, anderen Völkern zu helfen, gab es auch pragmatische Gründe, da es sich um eine relativ kurze Ausbildungszeit handelte, mit der man immerhin den Ingenieurtitel erwerben konnte.

Recht ausführlich geht Peter Wolff auf die Situation Ende der 50er Jahre ein. Demnach waren es vor allem die politischen Entwicklungen in Afrika und anderswo, die das Interesse der Studierenden fanden und diskutiert wurden. Fast ein Jahr vor Beginn seines Studiums am 6. März 1957 war Ghana als erste Kolonie in Afrika unabhängig geworden. Den Studierenden wurde spätestens dadurch bewusst, dass die Kolonialzeit ihrem Ende entgegenging. Unsicher waren sie darüber, inwieweit diese Veränderungen ihre beruflichen Pläne beeinflussen würden. Regierungschef in Ghana wurde Kwame Nkrumah, in Zusammenhang mit den afrikanischen Unabhängigkeitsbestrebungen eine Art Lichtgestalt. Seine Ideen und Visionen bewerteten viele Studierende positiv, seine marxistischen Ansichten hingegen eher skeptisch. Auf jeden Fall war den meisten klar, dass die Welt sich am Anfang einer gewaltigen Umbruchsituation befand. Wolffs persönliches Interesse an den Problemen und Herausforderungen der Landwirtschaft des Auslandes, insbesondere in den Tropen und Subtropen, wurde durch ein Buch von Fritz Baade, Leiter des Instituts für Weltwirtschaft in Kiel, angeregt, das Entwicklung und Zukunft der Welternährung analysierte.[183]

Ein späterer Studierender des Lehrgangs 1961 war durch den Besuch von Direktor Bieber in der HLS Michelstadt auf die Lehranstalt aufmerksam geworden und interessierte sich für das Studium in Witzenhausen.[184] Neben den Besuchen sorgten auch Rundschreiben an die entsprechenden Schulen für Aufmerksamkeit bei den dortigen Schülern und für Zulauf an der Lehranstalt.[185] Dazu kamen Artikel in Zeitungen und Zeitschriften oder Beiträge im Radio, die über Witzenhausen berichteten: »Und kam dann, während ich noch als Lehrling tätig war, durch irgendeinen kleinen Artikel in der Niedersächsischen Landwirt-

183 Vgl. Wolff, Erlebnisse, S. 95 f.; Fritz Baade, Welternährungswirtschaft, Hamburg 1956.

184 Vgl. Schreiben von Frank Greiling an das Sekretariat des DITSL vom 8.4.1960, in: AD, SA Frank Greiling, unpag.

185 Vgl. Schreiben von Georg Brunner an die LTSL vom 7.1.1965, in: ebd., SA Georg Brunner, unpag.

schaftlichen Zeitung, kam ich auf Witzenhausen.«[186] Andere inspirierten Freunde und Verwandte dazu, im Ausland tätig werden zu wollen. Bei Hoeppe war es beispielsweise ein Onkel, der als Soldat und im Forstdienst in Deutsch-Ostafrika gearbeitet hatte, bei Richard Muttscheller ebenfalls ein Onkel, der in Südwestafrika tätig gewesen war.[187]

Explizit Bezug auf eine spätere Tätigkeit in »Entwicklungsländern« nahmen einige in ihren Bewerbungsschreiben. Ob es wie in manchen Fällen ein wirkliches Ziel war, oder wie in anderen eher der wirtschaftlichen Situation Staatlich geprüfter Landwirte in Deutschland zu dieser Zeit geschuldet, lässt sich nicht immer zweifelsfrei entscheiden.[188] Einige formulierten ihre Vorstellungen zwar etwas ungelenk, aber nicht ohne Pathos: »Mein Ziel ist, Ingenieur für tropische und subtropische Landwirtschaft zu werden, um später einmal eine helfende Kraft in entwicklungsfähigen Ländern zu werden.«[189] Wieder andere Bewerber hatten bereits konkretere Vorstellungen von ihrer Zukunft als »Entwicklungshelfer«, wie etwa ein späterer Studierender des Lehrgangs 1963, der im Dienst einer Mission tätig werden wollte. Er arbeitete tatsächlich nach Abschluss seines Studiums auf einer Missionsstation auf Neuguinea für »Brot für die Welt«.[190] Häufig ging die Vorstellung, in das Ausland gehen zu wollen, bereits direkt einher mit einer angestrebten Tätigkeit in der »Entwicklungshilfe«. Diese hatte sich zweifellos als Berufsfeld – zumindest in der Vorstellungswelt von Landwirten – fest etabliert. Sicher auch, weil man den vorhandenen Bedarf an Fachkräften sah und entsprechende eigene Berufschancen damit verknüpfte.[191]

In den ersten Lehrgängen waren vergleichsweise viele Studierende, die aus der DDR und den ehemals deutschen Gebieten im Osten kamen. Sie hatten wohl in erster Linie das Motiv, in relativ kurzer Zeit einen im Westen anerkannten Ab-

186 Interview mit Martin Skottke; vgl. Interview mit Jörg Thierolf. Zu den Anzeigen vgl. bspw.: Landwirtschaftsblatt Weser-Ems vom 26.6.1958, Bauernblatt für Schleswig-Holstein vom 28.6.1958, zit. nach: AD, Akte Zeitungsausschnitte über die Lehranstalt, unpag. Zu den Artikeln: Lehranstalt Witzenhausen – Tropische und subtropische Landwirtschaft, in: Rheinische Bauernzeitung vom 8.11.1958, Tropenlandwirte werden in Witzenhausen ausgebildet, in: Landwirtschaftliches Wochenblatt für Hessen-Nassau vom 12.10.1960, zit. nach: ebd., unpag.

187 Vgl. Interview mit Carl Hoeppe; Interview mit Richard Muttscheller; Interview mit Ehrenfried Zillich.

188 Vgl. Schreiben von Ehrenfried Zillich an die LTSL vom 4.12.1960, in: AD, SA Ehrenfried Zillich, unpag.; Schreiben von Max Köberl an das Direktorat der LTSL vom 18.12.1960, in: ebd., SA Max Köberl, unpag.

189 Handschriftlicher Lebenslauf von Ernst Brendbach vom 14.9.1961, in: ebd., SA Ernst Brendbach, unpag.

190 Vgl. Handschriftlicher Lebenslauf von Gottfried Glatzle vom 3.8.1962, in: ebd., SA Gottfried Glatzle, unpag.; Informationen aus der Datenbank.

191 Vgl. Interview mit Ehrenfried Zillich.

schluss machen zu können. Eine Studierende des zweiten Lehrgangs war Hals über Kopf aus Ostberlin direkt von ihrer Arbeitsstelle nach Westberlin geflohen, weil sie eine telefonische Warnung erhalten hatte, dass sie verhaftet werden sollte. Auf eine in ihre Wohnung geschickte Freundin wartete bereits der Staatssicherheitsdienst, ihre Vermieter und Kollegen im Betrieb wurden verhört.[192] Gemeinsam war den »Ostzonenflüchtlingen«, dass sie in der Regel gut ausgebildet waren und mindestens Fachschulen besucht hatten. Häufig hatten ihre Eltern Landbesitz, der enteignet worden war.[193] Wie Manig betont, landeten viele Flüchtlinge, die aus den Ostgebieten, bzw. aus der DDR kamen, in der »Entwicklungshilfe«. Hier war das Berufsfeld noch nicht so stark abgesteckt. Bei denen, die wie Manig selbst aus der DDR kamen, war das Ausland zweifellos eine Option. Sie standen relativ besitzlos dar und mussten sich selbst eine neue Existenz aufbauen.[194]

Auch die Eltern der Bewerber aus den ehemals deutschen Gebieten im Osten hatten in der Regel durch die Flucht alles verloren, es gab also keine Möglichkeiten, etwa einen Bauernhof zu erben. So bot die Lehranstalt für Menschen aus dem landwirtschaftlichen Milieu einen gewissen Ausweg, es auch ohne eigenen Landbesitz »zu etwas zu bringen«.[195] »Witzenhausen, wie gesagt, stand auf der Agenda. Grund dafür war, dass ich als Landwirt tätig sein wollte. Ich wollte landwirtschaftliche Praxis und letztendlich auch meinen eigenen landwirtschaftlichen Betrieb haben. Das hoffte ich in Afrika eher zu erreichen, als in Deutschland.«[196] Generell bot die Lehranstalt für aufwärtsorientierte Landwirte eine Chance unterhalb der Ebene eines regulären Hochschulstudiums. Wer, wie Schülke, von der HLS kam und weiterkommen wollte, für den war Witzenhausen eine echte Option.[197]

Häufig war es aber auch schlicht der Drang, den repressiven Verhältnissen in der Bundesrepublik der späten 50er und frühen 60er Jahre zu entfliehen und eine Tätigkeit im Ausland aufzunehmen, das der Lehranstalt neue Interessenten bescherte. Bei Wolff wuchs dieser Wunsch nach einer Auslandstätigkeit verstärkt im Verlauf seines Studiums an der HLS. Er konnte sich gut vorstellen einmal in der tropischen bzw. subtropischen Landwirtschaft ein ihm zusagendes berufliches Tätigkeitsfeld zu finden. Zumal das bei ihm seinem generellen Interesse am

192 Vgl. Schreiben von Helga Bartels an Dr. Fischer vom 17.12.1957, in: AD, SA Helga Bartels, unpag.

193 Vgl. Schreiben von Oskar F. Kaden an das DITSL, Dr. Fischer, vom 15.10.1957, in: ebd., SA Harm Wulf; Interview mit Winfried Manig; Interview mit Hugo Klöckner; Interview mit Jörg Thierolf.

194 Vgl. Interview mit Winfried Manig.

195 Vgl. Interview mit Carl Hoeppe; Interview mit Martin Skottke; Interview mit Ehrenfried Zillich; Interview mit Egon Schülke; Interview mit Eberhard Klinge.

196 Interview mit Martin Skottke.

197 Vgl. Interview mit Egon Schülke.

Ausland, an anderen Kulturen etc. entgegenkam. Er hatte bereits als kleiner Junge durch die auf dem elterlichen Hof beschäftigten »Fremdarbeiter« eine gewisse Neugierde auf das Ausland entwickelt. Wolff las dann als Jugendlicher das Buch von Anton Weller »Ab dafür, nach Afrika ... Eine Bubengeschichte aus vergangenen Tagen« [München 1940, K.L.], »da wurde so ein bisschen die Kolonialtätigkeit verherrlicht, kann man sagen«. Zusätzliches Interesse wurde bei ihm durch einen Auslandsaufenthalt als Austauschschüler auf einer größeren Farm in den USA geweckt.[198]

Leute, die wie Klinge selbst schon Auslandserfahrung mitbrachten, waren geradezu prädestiniert für die Lehranstalt. Er war nach Lissabon getrampt, dort auf ein portugiesisches Schiff gegangen und in Westafrika gelandet. »Das war für mich natürlich unglaublich exotisch. Die Idee war allerdings schon damals, weil ich sah das mit der Landwirtschaft hier nicht so doll, wenn man da keinen eigenen Hof hatte, die Chancen nicht so toll waren. Also, habe ich mir gesagt, also gehe ich mal in die Tropen. Und da ich sehr abenteuerlustig war und mich das immer gereizt hat, was da passiert in der Welt, habe ich dann gesagt, gut, wir machen das so, bevor ich da nach Witzenhausen gehe, so habe ich auch da meine Mutter überzeugen können, gucke ich mir das erstmal an.«[199] Eine gewisse Rolle scheint auch der Direktor selbst gespielt zu haben, mit seiner eigenen Auslandserfahrung. So erklärte er dem 63er-Lehrgang bereits in der Begrüßungsansprache, dass sie am besten ein gewisses Quantum Abenteurerblut in ihren Adern verspüren müssten, falls nicht, sollten sie schnellstens die Anstalt wieder verlassen.[200]

Hintergrund der Studierenden

Bis einschließlich 1965/66 kann man die Schülerzahlen jahrgangsweise angeben, da es sich jeweils um einen abgeschlossenen Lehrgang handelte. Sie entwickelten sich nach einer schwierigeren Startphase sehr positiv.

198 Vgl. Wolff, Erlebnisse, S. 93 f.; Interview mit Peter Wolff (Zitat ebd.); Fremerey, Blick, S. 12.
199 Vgl. Interview mit Eberhard Klinge (Zitat ebd.).
200 Vgl. ebd.

Lehrgang		Stud. gesamt	Ausländische Stud.	Stud. aus EL	Weibl. Stud.	Berufl. Vorbildung		
Nr.	Jahr					SgL	DL	Sonst.
1	1957	17	3	2	1	11	2	4
2	1958	18	4	2	5	11	2	5
3	1959	35	8	7	1	32	2	1
4	1960	26	5	5	0	25	0	1
5	1961	41	7	4	1	36	1	4
6	1962	47	7	5	0	41	1	5
7	1963	56	12	10	0	46	0	10
8	1964/65	57	20	18	0	41	0	16
9	1965/66	34	11	8	1	23	0	11
Insgesamt		331	77	59	9	266	8	57

Tab. 2: Anzahl der Studierenden und Zusammensetzung der Lehrgänge der Lehranstalt[201] Stud. = Studierende, EL = Entwicklungsländer, SgL = Staatlich geprüfte Landwirte, DL = Diplom-Landwirte

Die Lehranstalt besuchten nach meinen – leicht abweichenden – Berechnungen bis 1966 insgesamt 334 Schüler, darunter befanden sich neun Frauen. Die konfessionelle Zugehörigkeit spielte insgesamt nach dem Zweiten Weltkrieg keine entscheidende Rolle mehr. Trotzdem ist die Vorherrschaft der evangelisch-lutherischen Schüler mit 191 (57,2 %), zu denen noch neun anderer evangelischer Ausrichtung kamen, deutlich. Die katholischen Schüler waren mit 85 (25,4 %) in der deutlichen Minderheit. Als nächstgrößere Gruppe kamen 25 Muslime dazu.

Die Verteilung der regionalen Herkunft hatte sich stark gewandelt: Bei den 192 Schülern, die aus dem Gebiet der heutigen Bundesrepublik stammten, lag Bayern nun mit 36 (10,8 %) vorn, gefolgt von Nordrhein-Westfalen mit 21 (6,3 %), dahinter rangierte Berlin mit 17. Es gab keine Schüler aus Bremen und dem Saarland, nur drei aus Hamburg. Im Falle der Hansestädte lag das wohl am Niedergang der kolonial- bzw. auslandsorientierten Kaufmannschaft.

Insgesamt gab es 64 Ausländer (19,2 %) auf der Lehranstalt. Auffällig ist der hohe Anteil an Schülern, die aus der DDR (Brandenburg, Mecklenburg-Vorpommern, Sachsen, Sachsen-Anhalt und Thüringen) und den ehemaligen deutschen Ostgebieten oder deutschen Siedlungen im Osten (Polen, Rumänien, Russland, Tschechien) stammten. Es waren insgesamt 108 (32,3 %), deren Eltern

201 Vgl. Wolff, Lehranstalt, S. 235. Vgl. dazu auch: Besucherzahl der LTSL in der Zeit von 1957 bis 1965/66 des DITSL, Rüdrich, vom 29.5.1970, in: StAM, 423/11, Nr. 44, unpag.

Wohnort und Besitz aufgaben bzw. aufgeben mussten, und die sich durch die Schule eine neue Chance erhofften.

Das Eintrittsalter lag im Durchschnitt bei 23,9 Jahren, hatte sich also beträchtlich erhöht, bedingt auch durch die durch den Zweiten Weltkrieg beeinflussten Lebenswege, vor allem aber durch die veränderten Zugangsvoraussetzungen. Die Mehrzahl der Schüler war mit 246 in der Dekade zwischen 1930 und 1940 geboren worden, 78 in der Dekade zwischen 1940 und 1950. Die Mehrzahl war wohl nur noch zum Teil durch die nationalsozialistische (Jugend-)Erziehung geprägt, dafür stärker durch Kriegsende und Wiederaufbau.

Auch die soziale Herkunft hatte sich weiter verschoben. Aus der Oberen Mittelschicht stammten 98 (29,3 %) der Schüler, aus der Mittleren Mittelschicht 198 (59,3 %), aus der Unteren Mittelschicht 33 (9,9 %) und aus der Unterschicht vier (1,2 %).

Noch deutlicher waren die Veränderungen bei den Herkunftsmilieus: Hier lag nun das agrarische mit 155 Schülern (46,4 %) klar in Front, danach folgte mit deutlichem Abstand das staatlich-bürokratische Milieu mit 39 Schülern (11,7 %) vor dem Bereich Handel und Banken mit 38 Schülern (11,4 %).

Interessant erscheint, dass von den insgesamt 104 aus der DDR und den ehemaligen deutschen Ostgebieten stammenden Schülern 51 (49,0 %) aus einem agrarischen Milieu stammten; sie machten damit fast ein Drittel (32,9 %) aller aus diesem Milieu stammenden Schüler aus und immerhin 15,3 % der gesamten Schülerzahl. Noch deutlicher wird dieses Verhältnis mit Blick auf die nun zu Polen gehörenden Gebiete: Von insgesamt 32 Schülern stammten sogar 21 (65,6 %) aus dem agrarischen Milieu – bezogen auf Brandenburg waren es 62,5 %.

Die Angaben zu den allgemeinbildenden Schulformen sind nicht mehr so detailliert; es wurde mehr Wert auf den Nachweis der landwirtschaftlichen Ausbildung gelegt. Gymnasien, Oberrealschulen, Oberschulen und Höhere Schulen besuchten insgesamt 49 Schüler (14,7 %), dagegen 94 eine Volksschule. Landbau- und Ackerbauschulen besuchten 48 Schüler, Höhere Ackerbauschulen 13. Landwirtschaftsschulen hatten 22 besucht, Höhere Landwirtschaftsschulen 196. Von diesen absolvierten 46 (23,5 %) die HLS in Witzenhausen.

Entsprechend gab es 37 Schüler mit Abitur, drei mit der Primareife, 129 mit Mittlerer Reife und 93 mit einem Volksschulabschluss. 239 der Schüler waren Staatlich geprüfte Landwirte, elf Diplom-Landwirte.

Da eine abgeschlossene Lehre bzw. mehrjährige landwirtschaftliche Praxis zu den Zugangsvoraussetzungen zählte, gab es nur neun Schüler, die offensichtlich keine entsprechende Ausbildung vorweisen konnten. Immerhin 26 Schüler hatten auch bereits im Ausland praktische Erfahrungen gesammelt.

Alltagsleben

Bei den folgenden Kapiteln über die Studierenden bzw. Absolventen der Lehranstalt macht sich zum ersten Mal der Rückgang an Korrespondenz in den Schülerakten stark bemerkbar, der sich bereits für die Zeit des Zweiten Weltkriegs abzeichnete, wenngleich damals auch aus anderen, naheliegenden Gründen. Für die Zeit der Lehranstalt und der nachfolgenden Ingenieurschule ab 1966 liegen die Ursachen für diesen Rückgang wohl in mehreren Faktoren: Die Studierenden waren älter, als sie in die Lehranstalt eintraten, daher war dieses schulische und gemeinschaftliche Erlebnis für sie nicht mehr so prägend wie für die noch sehr jugendlichen Schüler der Zeiten vor 1945. Der Lehrgang lief nur über ein Jahr und eben nicht mehr zwei bzw. drei Jahre, wie früher. Insgesamt hatten sich gesamtgesellschaftlich die Einstellungen zu Schule, Lehrern und Ausbildung gewandelt. Die Schüler betrachteten ihre Zeit in Witzenhausen zunehmend als eine reine Ausbildungszeit, als einen Schritt in das Berufsleben, aber eben auch nicht als mehr. Gleichwohl sorgte zumindest bei einigen von ihnen diese Zeit nach wie vor für eine feste Bindung an Ausbildungsinstitution und Stadt. Wegen der fehlenden Korrespondenz müssen wir verstärkt auf andere Quellen zurückgreifen.

Peter Wolff hat sich sehr intensiv mit seiner Studienzeit an der Lehranstalt, also dem zweiten Lehrgang von 1958, auseinandergesetzt. Auch das »Alltagsleben« wird von ihm thematisiert. Als relativ kleine Gruppe von Studierenden mit gleichen beruflichen Interessen fand der Lehrgang recht schnell zu einer lebendigen Gemeinschaft zusammen. Die Gemeinschaft begann allerdings bald etwas zu bröckeln, als sich einige Liebespaare zusammenfanden. Aus vier Paaren wurden schon bald nach Studienabschluss Ehepaare. In der Freizeit unternahm man viel zusammen. Dazu gehörten Wanderungen in der Umgebung von Witzenhausen, der Besuch der Stammkneipen, die Teilnahme an öffentlichen Tanzveranstaltungen im Gasthaus Johannisberg etc. Im Sommer standen traditionsgemäß das Rudern auf der Werra und der Besuch des neuen Schwimmbads auf dem Programm. Den Höhepunkt des öffentlichen Lebens stellte das alljährliche Erntefest dar, an dem sie sich mit einem eigenen Festwagen beteiligten. Die Ausstattung des Wagens fiel noch recht »kolonial« aus: Auf einem großen Fruchtsaftfass, das als Buschtrommel hergerichtet wurde, saß ein Studierender mit zwei Keulen und bemühte sich »afrikanische Klänge« hervorzuzaubern. Um das Fass herum tanzten zwei weitere Studierende. Alle drei hatten sich mit Hilfe von Ruß und süßer Sahne schwarz bemalt. Ab und an sprangen sie während des Umzugs vom Wagen und stürzten sich in die am Straßenrand stehende Zuschauermenge. Immerhin kamen bei Wolff – und anderen Mitstreitern – später Zweifel auf, ob diese Form der Darstellung von Menschen mit dunkler Hautfarbe ein besonders guter Einfall gewesen war.

Wie in früheren Jahren spielte der Alkohol eine nicht unwichtige Rolle, führte aber offensichtlich nicht mehr zu den entsprechenden Konflikten mit der Schulleitung. So nahmen die Studierenden der Lehranstalt als Tropenschüler am Faschingsball der HLS teil, was bei einigen zu gewissen Gleichgewichtsstörungen führte.

Aber auch andere studentische – oder eher jugendliche? – Späße standen auf dem Programm. So beschlossen die männlichen Kommilitonen bei einer Wanderung nach einigen Bieren, sich einen Bart wachsen zu lassen. Derjenige, der sich den Bart zuerst abnahm, sollte ein kleines Fass Bier spendieren. Damals war es für junge Männer völlig unüblich einen Bart zu tragen und entsprechend kritisch wurden sie in der Öffentlichkeit beäugt. Deshalb gingen sie nur noch als Gruppe in die Stadt. War das nur eine kleinere gesellschaftliche Devianz, so eskalierten gegen Ende des Lehrgangs die Auseinandersetzungen der Teilnehmer mit dem Altherrenverband. Wolff sieht den Fehler darin, dass der Verband aus seiner zweifellos wichtigen Rolle für die Wiedereröffnung der Anstalt ein Mitspracherecht bei deren Gestaltung ableitete. Unter anderem versuchten sie die an der DKS übliche Organisation der Studentenschaft wieder einzuführen. Sie stifteten zwei Ruderboote und bemühten sich darum, eine leistungsorientierte Rudergruppe aufzubauen. Dies stieß bei den Studierenden auf wenig Gegenliebe, da sie eher an der sportlichen Betätigung als Freizeitaktivität zur Erholung vom Studium interessiert waren. So setzten sie als »Steuermänner« junge Frauen aus Witzenhausen ein, sehr zum Ärger der Alten Herren. Die Zusammenfassung der Studierenden zu einer sogenannten »Kameradschaft« lehnten sie ebenfalls ab und wollten auch nicht automatisch Mitglieder des Altherrenverbands werden, sondern betrieben die Gründung eines Verbands der Ingenieure für tropische und subtropische Landwirtschaft, dem allerdings kein langes Leben beschieden war. Zum Abschluss des Studiums gab es eine vom Altherrenverband ausgerichtete Abschlussfeier, bei der die Studierenden zur feierlichen Aufnahme in den Verband vor die Verbandsfahne treten und ein Gelöbnis ablegen sollten. Dies erschien den Studierenden unzeitgemäß und sie leisteten dieser Aufforderung nicht Folge. Die Urkunde als Mitglieder des Verbands sowie das Verbandsabzeichen erhielten sie trotzdem. Als einige bei dem anschließenden feucht-fröhlichen Zusammensein in einer Witzenhäuser Gaststätte die Kellnerinnen mit den Abzeichen dekorierten, kam es zum Eklat, der aber ohne Folgen blieb.[202]

Wolff schildert abseits davon einen anderen Aspekt des Alltagslebens als für ihn prägendste Erfahrung aus der Zeit als Studierender der Lehranstalt: das Zusammensein mit Leuten, die sehr unterschiedliche Lebenswege und Werdegänge hatten und aus unterschiedlichen Ländern stammten. In Witzenhausen traf man schon damals mit jungen Leuten zusammen, die aus Südamerika zum Studium kamen oder auch aus Australien. Das Zusammensein mit ihnen und die dabei entstandenen engen Freundschaften bewertete Wolff besonders hoch.[203]

202 Vgl. Wolff, Erlebnisse, S. 96ff.
203 Vgl. Fremerey, Blick, S. 11.

Bei Carl Hoeppe war die Ausbildung in Witzenhausen 1959 – er war Diplom-Landwirt – durch die gleichzeitigen Arbeiten an seiner Dissertation überlagert. Trotz zeitlicher Nöte empfand er die Zeit als sehr lohnend und profitabel für ihn. Wohl auch, weil er zusammen mit Richard Muttscheller, dem anderen Diplom-Landwirt in diesem Lehrgang, immer mit Vorschusslorbeeren und guten Noten bedacht wurde.[204] Auch Muttscheller bestätigt, dass sehr viel geboten wurde, jeder habe daraus machen können, was er wollte. Viele Kommilitonen hätten das nicht genutzt, sondern dem studentischen Leben gefrönt, inklusive alkoholischer Ausschweifungen.[205] Martin Skottke lobt die sehr gute Atmosphäre, die in Witzenhausen herrschte. Die Dozenten hätten sie nicht als Schüler betrachtet, da sie je bereits alle eine gewisse Berufserfahrung mitbrachten. So gab es zum Teil sehr enge Verbindungen zu den Dozenten, und die Kollegialität unter den Studierenden, war ebenfalls sehr gut. Freundschaften wurden geschlossen, die teilweise bis heute halten.[206]

Die Teilnehmer des Lehrgangs von 1962 wollten den nachfolgenden Studierenden einen Überblick über ihre Erlebnisse und Erfahrungen geben: Zu Beginn des Jahres wurde ihnen mitgeteilt, dass 44 Klausuren zu schreiben wären. Bedingt durch Exkursion und Ferien kamen sie inklusive der Staatsklausuren dann auf 30 Arbeiten. Da der Lehrgang das Studium ziemlich ernst nahm, kam der in Witzenhausen beliebte Sport zu kurz; es blieb nur Zeit für etwas Tennis und Fußball. Trotz dieser und jener Meinungsverschiedenheit hielt der Lehrgang zusammen, und es kam nicht zur Bildung irgendwelcher Cliquen. Auf jeden Fall trafen sie sich monatlich alle einmal außerhalb der Lehranstalt. Dabei zeigte sich ein engeres Verhältnis zum Altherrenverband als beispielsweise beim Lehrgang von 1958. Man sprach sich nämlich dafür aus, dass zukünftige Mitglieder des Verbands bereits als Aktive beweisen sollten, ob sie sich in den Rahmen einfügen konnten und wollten. An den Abenden sollten entsprechend Vorträge der Studierenden oder geladener Gäste aus dem In- und Ausland gehalten werden. Ferner sollten Belange und Vorkommnisse des Lehrgangs besprochen werden, da die Pausen zwischen den Vorlesungen dazu nicht ausreichten. Die Pflege alter Trink- und Burschenlieder dürfte dabei eine nicht unwesentliche Rolle spielen. Anfangs hätten sie mit Skepsis dem Altherrenverband gegenüberstanden, was sich im Laufe des Jahres aber änderte. In eigener Regie veranstalteten die Teilnehmer ein Herbstfest sowie das Abschlussfest. Am Erntefest beteiligte man sich aufgrund von Unstimmigkeiten mit der Stadt nicht. Einen weiteren Misston gab es im Herbst, als aus ihrer Sicht die Polizei über einen »Scherz« der Studieren-

204 Vgl. Interview mit Carl Hoeppe.
205 Vgl. Interview mit Richard Muttscheller.
206 Vgl. Interview mit Martin Skottke.

den innerhalb des Schulgeländes falsche Eintragungen vornahm und die Presse diese trotz Richtigstellung bei der Polizei übernahm.[207]

Der Bericht der Studierenden des Lehrgangs 1963 betonte die Multinationalität der 57 Teilnehmer. Unter ihnen waren vier Iraner, drei Afrikaner aus Togo, Nigeria und Ghana, zwei Kolumbianer, ein Studierender aus Panama, ein Mexikaner, ein Thailänder, ein Holländer und ein Schweizer. Nach dem von Direktor Bieber in seiner Begrüßungsansprache geäußerten Wunsch sollten sie alle in diesem Jahr eine Gemeinschaft, eine Familie werden, um den Geist von Witzenhausen weiterzutragen. Da das Hauptgebäude noch zur Hälfte von der HLS belegt war, wurden 25 Mann in dem benachbarten Collmannhaus einquartiert. In der Stadt wohnten nur die vier verheirateten Kommilitonen. Die sanitären Einrichtungen entsprachen an beiden Standorten nicht den Erwartungen der Studierenden. Nur an zwei Tagen in der Woche konnten sie die Duschräume der HLS benutzen. Dieses gemeinschaftliche Leben war einer der Gründe, dass der Lehrgang sich rasch zusammenfand und zusammenarbeitete, ohne dass es zu einer Aufspaltung in einzelne Gruppen kam. Der Sport bereicherte seit dem Frühjahr den Alltag: Tennisplatz, Bootsfahrten, Fußball und Handball. Zur »geistigen« Entspannung traf man sich zu Bierabenden im Saal der »Krone«, auf dem Johannesberg oder im eigenen Festsaal. Daneben organisierten die Studierenden, die auf gemeinsames Erleben großen Wert legten, zwei Parkfeste im Bootshaus und das Faschingsfest »Carnaval Tropicál«. Den gesellschaftlichen Höhepunkt des Jahres 1963 bildete die Feier zum 65-jährigen Bestehen der DKS. Drei Tage lang war Witzenhausen der Treffpunkt vieler Ehemaliger aus der ganzen Welt und Blickpunkt für Presse und Fernsehen. Aufgabe der Aktivitas war die Ausschmückung der Säle und Innenhöfe zum großen Festball. Außerdem trugen sie beim Umzug und während des Gedenkgottesdienstes in der Kapelle die Fahne der DKS. Hier zeigte sich – wie auch beim vorherigen Lehrgang – eine starke Identifikation mit dem Altherrenverband und damit auch den Traditionen der Kolonialschule. Im zweiten Semester dominierte die Vorbereitung auf die Abschlussprüfungen. Angesichts der Fülle des Lehrstoffs wurden teilweise auch die Nächte am Schreibtisch verbracht. Sport und Schwimmen traten in den Hintergrund. Im September folgte als eine freudige Abwechslung das Erntefest, an dem sich die Studierenden mit zwei Wagen beteiligten. Der eine stand unter dem Motto »65 Jahre DKS« und stellte die »gute alte Zeit« von 1898 dar, der andere hatte die Entwicklungspolitik zum Thema, wie man meinte, ein »heißes Eisen«.[208]

Der folgende Jahrgang konnte im März 1965 nach eigenen Angaben auf eine herrliche Zeit zurückblicken. Unvergessen blieb vielen der schöne Frühling in Witzenhausen, der einige offensichtlich animierte, enger mit jungen Frauen der

207 Vgl. Semester-Bericht der Studierenden des Lehrganges 1962 der LTSL, von Ortwin Neuendorf, in: StAM, 314/1, Nr. 213, unpag.

208 Vgl. Semesterbericht des Lehrgangs 1963 der LTSL, in: ebd., Nr. 214, unpag.

Stadt in Kontakt zu treten. Den ersten Kontakt mit dem Verband gab es beim Altherrentreffen, das Ende Mai 1964 stattfand. Auch bei diesem Lehrgang scheint sich ein enges Verhältnis zum Altherrenverband entwickelt zu haben; an der Totengedenkfeier in der Kapelle hielt eine Abordnung der Studierenden in der alten DKS-Uniform die Ehrenwache. Im Sommer stand – zumindest im humoristisch gehaltenen Rückblick – die Wahl zwischen Vorlesung oder Schwimmbad an. Im Collmannhaus bildete sich, bis auf die unvermeidlichen Außenseiter, eine nette Kameradschaft heraus, die sich bis zuletzt bewährte. Anfang September fand das schon traditionelle Hammelfest am Bootshaus statt. Am 24. September feierte der Dozent Schumacher seinen 75. Geburtstag. Die Studierenden ehrten ihn mit einem Fackelzug, dem Vortrag einiger Volkslieder und einem Feuerwerk. Dann setzten die Klausurvorbereitungen ein. Im Oktober und November feierte man mit den Alten Herren im Collmannhaus Kameradschaftsabende. Weihnachten bereiteten einige der deutschen Studierenden ihren ausländischen Kommilitonen »deutsche Weihnachten«, mit Tannenbaum, Gebäck, Kaffee und Weihnachtsliedern. Ende Januar 1965 fuhr man zusammen zur »Grünen Woche« nach Berlin. Trotz des anstehenden Examens wurde noch ausgiebig Karneval gefeiert. Mit einem Trunk aus dem DKS-Pokal vollzog sich die feierliche Aufnahme in den Altherrenverband.[209]

Die Sprecher des letzten Lehrgangs der Lehranstalt hielten ihren für einen ganz normalen Lehrgang. Das bezog sich auf »Wein, Weib und Gesang«, aber auch auf die »Büffelei« und das »Schwänzen«. Auch bei ihnen ging das erste Semester offensichtlich lockerer vorbei, wurde weniger mit dem Lernen als mit dem gegenseitigen Kennenlernen sowie allerlei Geselligem verbracht. Auch bei diesem Lehrgang entwickelten sich enge Beziehungen zum Altherrenverband, die mit einem Bierabend begannen. Höhepunkt des ersten Semesters bildete das Stiftungsfest im Juni 1965 mit der Einweihung des neuen Gewächshauses und der Bewässerungs-Demonstrationsanlage. Das zweite Semester wurde durch die Exkursion nach Südfrankreich und Spanien eingeleitet. Erst danach begann nach eigenem Eingeständnis das ernsthafte Studium. Die Zeit bis Weihnachten war lang und endete mit einer Weihnachtsfeier. Das Jahr 1966 begann von der ersten Stunde an mit straffer Arbeit. Mit Interesse und schließlich einiger Enttäuschung verfolgten die Studierenden das Gezerre um die Zukunft der Lehranstalt. Auch hier kam beim Endspurt der Fasching in die Quere. Trotzdem bestanden alle die Abschlussprüfungen.[210]

209 Vgl. Horst Czech, Semesterbericht Lehrgang 1965/66 [i.e. 1964/65, K.L.], in: Uu, Nr. 5, Oktober 1965, S. 22-24.

210 Vgl. Jörg Thierolf/Dankwart von Websky, Jahresbericht des Lehrganges 1965/66, in: ebd., Nr. 6, Oktober 1966, S. 20-22.

Kameradschaft – Zusammenhalt

Ein wenig über die Kameradschaft und den Zusammenhalt in den einzelnen Lehrgängen war bereits aus den Berichten herauszulesen, die zum Alltagsleben zitiert wurden. Klar ist, dass jeweils verschiedene Faktoren dazugehören, ein Zusammengehörigkeitsgefühl hervorzubringen: eine homogene Gruppe, enges Zusammenleben, entsprechende Meinungsführer, Druck von außen etc. Selbstverständlich waren diese Faktoren nicht bei allen Lehrgängen in gleichem Maß gegeben. Außerdem kam hinzu, dass sich in der Nachkriegszeit eine grundsätzliche Skepsis gegen eine gewisse Form von »Kameradschaft« eingestellt hatte, da viele deren negative Aspekte miterlebt hatten.[211]

Muttscheller berichtete über den Lehrgang 1959 recht pathetisch, den guten Besuch mit 31 Studierenden könne man als ein Zeichen dafür sehen, dass »der altüberkommene Pioniergeist in unserem Volke noch nicht ganz verschwunden« sei. Die Studierenden bemühten sich, den »Geist« der Anstalt aufzunehmen und seien ehrlich bemüht gewesen, »neben der intensiven Arbeit im Kolleg und danach noch zu Hause, den Gemeinschaftsgeist zu pflegen, ohne den früher ein Leben an dieser Ausbildungsstätte undenkbar gewesen wäre«.[212]

Der Lehrgang von 1960 war offensichtlich ein sehr spezieller, der für seine Quertreiberei bekannt wurde. Dessen Sprecher sah die Teilnehmer durch Vorurteile und traditionelle Abmachungen stark eingeschränkt. Auf der anderen Seite lobte er Einsatz und sauberen Kameradschaftsgeist des zweiten Sprechers, Eigenschaften, die insgesamt ein Charakteristikum des Jahrgangs gewesen seien. Dieser lud unter anderem auch nicht zu seinen Treffen ein, veranstaltete also keine »Kameradschaftsabende« im klassischen Sinne. Die geselligen Treffen ergaben sich, so der Sprecher, von selbst, »als sei ein geheimes Losungswort ausgegeben worden. Gerade in dieser Spontanität sehe ich den Beweis einer echten Kameradschaft, deren Gedeihen ich einzig und allein der Bereitwilligkeit aller Kameraden zuschreibe. Ich glaube, daß sich aus diesem Grunde unser Lehrgang gewiß in den Rahmen unserer geliebten DKS einpaßt.«[213]

Ein Absolvent des Lehrgangs von 1961 betonte, die Studierenden hätten erst nach längerer Zeit und Überwindung mancher Missverständnisse zu einer »Gemeinschaft mit eigener Prägung« werden können. Das lag nach seinem Verständ-

211 Siehe dazu die Erinnerungen von Sebastian Haffner, der im Referendarlager in Jüterbog erlebte, wie die »Kameradschaft als Gift« wirkte. Vgl. Sebastian Haffner, Geschichte eines Deutschen. Die Erinnerungen 1914-1933, München 2002, S. 279ff.

212 Vgl. Richard Wilhelm Muttscheller, Semesterbericht des Lehrganges 1959 der Lehranstalt für tropische und subtropische Landwirtschaft, in: DKP, 61 (1960), S. 26-28 (Zitate S. 26f.).

213 Vgl. Wolfram Körner, Semesterbericht des Lehrganges 1960 der Lehranstalt für tropische und subtropische Landwirtschaft, in: DTL, 62 (1961), S. 94-97, hier S. 94f. (Zitat S. 95).

nis unter anderem daran, dass ein Teil von ihnen im Hauptgebäude, ein Teil in der ausgebauten Molkerei wohnte und der Rest in der Stadt logierte. Hinzu sei das unterschiedliche charakterliche und bildungsmäßige Niveau des Lehrgangs gekommen. Aufgrund dieser Erfahrungen forderte er – bemerkenswert genug –, die Lehranstalt solle künftig bei der Auswahl der jungen Leute strengere Maßstäbe anlegen, vor allem, was die charakterliche Reife und Eignung anbelange.[214]

Bereits erwähnt wurde der gute Zusammenhalt unter den Teilnehmern des Lehrgangs von 1962. Das betont auch Manig, dafür sei der Jahrgang allenthalben bekannt. Er räumt zwar ein, dass es wie in jeder großen Gruppe natürlich auch immer irgendwelche Außenseiter gab, aber insgesamt sei das Verhältnis sehr gut gewesen. Es habe sich in den Jahren nach dem Abschluss, als man in unterschiedliche Länder ging, eher noch verbessert. Ein Teil der Absolventen studierte noch zusammen an Universitäten, jeweils in größeren Gruppen. Auch danach traf man sich regelmäßig, beim Stiftungsfest in Witzenhausen seien immer Teilnehmer des Jahrgangs gewesen. Anders als bei anderen Jahrgängen. Dadurch dominierte man die Veranstaltung, weil es eine Kontinuität gab.[215]

Klöckner kommt für den Lehrgang von 1964 zu einem anderen Ergebnis: Es habe Gruppen gegeben; er nennt speziell die ausländischen Kommilitonen, die etwas herausfielen. Die Südamerikaner deshalb, weil sie über größere finanzielle Mittel verfügten, ein Perser wegen Frauengeschichten. Aber es habe keinen großen Streit und große Kämpfe gegeben. Dafür gab es aus seiner Sicht aber auch keinen stärkeren Zusammenhalt und er fragt sich bezeichnenderweise, ob sich der Jahrgang überhaupt schon einmal nach dem Abschluss getroffen habe und kann die selbst gestellte Frage nicht beantworten.[216]

Konflikte

Die Konflikte, die sich aus dem Zusammenleben der Studierenden und gegenüber Schulleitung und Dozenten ergaben, waren oft dieselben wie vor 1945. Allerdings muss man sagen, dass sie etwas durch die liberalere Haltung – gerade

214 Vgl. Harald Schmidt-Barthmes, Semesterbericht des Lehrgangs 1961 der Lehranstalt für tropische und subtropische Landwirtschaft, in: ebd., 63 (1962), S. 87-89, hier S. 88.

215 Vgl. Interview mit Winfried Manig. Als einen Grund für diesen guten Zusammenhalt gibt Schülke die Bemühungen um die Publikation von Bieber an. Da habe man intensiv zusammengearbeitet, was Schnülke damals gar nicht so bewusst wurde, da es für viele eigentlich nur darum gegangen sei, nebenbei Geld zu verdienen. Diese gemeinsame Arbeit habe den Zusammenhalt gefördert, ebenso die Tatsache, dass die Lehrgänge in sich abgeschlossen waren, es eine Semesterbindung gab. Vgl. Interview mit Egon Schülke.

216 Vgl. Interview mit Hugo Klöckner.

auch was die abendliche Schließung des Internats anbelangt – gemildert wurden. Frauen war das Betreten des Wohnheims hingegen immer noch strikt verboten.[217]

Die vom Geschäftsführer des DITSL gegenüber Bieber im Mai 1959 vorgebrachten Beschwerden klingen hingegen durchaus vertraut: Die Putzfrauen hatten sich beklagt, dass die Hörer an den Samstagen zu spät aufstünden. Ein Hörer wurde in seinem Zimmer angetroffen, als er Besuch von einer Dame hatte; ein weiterer Hörer wurde vom Direktor der HLS im Internat mit einer Dame angetroffen. Ein Studierender hatte bereits zweimal sein Zimmer verunreinigt, indem er in der Trunkenheit dort seine Notdurft verrichtete. Es gab Klagen über beträchtlichen Lärm in den Unterbringungsräumen nach 22.00 Uhr. Eher zur Kategorie Unfug gehörte das Zünden sogenannter »Kanonenschläge« im Bereich des Instituts. Daraus, dass auch Bagatellen, wie das unerlaubte Unterstellen eines Motorrads im Bootsschuppen und die unerlaubte Nutzung des Zimmers eines beurlaubten Hörers durch einen anderen, aufgelistet wurden, kann man vermuten, dass hierbei auch der Konflikt zwischen DITSL und Lehranstalt eine Rolle spielte. Jedenfalls wiegelte Bieber in seiner Stellungnahme ziemlich ab.[218]

Ein ernsteres Konfliktfeld tat sich jedoch auf, das so früher nicht existierte: das obligatorische Wohnen im Internat. Drei Studierende hatten gekündigt und waren ausgezogen. Geschäftsführer Cohrs hielt das für einen Verstoß gegen die Aufnahmeverpflichtungen; sie hätten nach wie vor im Internat zu wohnen. Außerdem habe er bei einer Besichtigung der Internatsräume festgestellt, dass einzelne Hörer ohne Bettwäsche schliefen. In einzelnen Fällen seien die Matratzen und die Schonerdecken so stark verbraucht und verschmutzt, dass dem Internat hierdurch ein beträchtlicher Schaden entstünde. Die Wände seien zum Teil mit »minderwertigsten Reklamebildern und geschmacklosen Frauenbildern« bedeckt. In einzelnen Fällen haben die Hörer diese Bilder direkt auf die Tapete geklebt, sodass die Räume für den kommenden Lehrgang neu tapeziert werden müssten.[219]

217 Vgl. Vorläufige Hausordnung für das Wohnheim des Deutschen Instituts für tropische und subtropische Landwirtschaft vom 1. Januar 1960, in: DITSL-Bibliothek, Unsortiertes Material, unpag. In der Präambel hieß es: »Ordnung verlangt klare, unmissverständliche und vernünftige Richtlinien. Ordnung ist nur möglich, wenn alle Beteiligten in bestem Willen mitwirken.« Ebd., S. 1.

218 Vgl. Besprechungsvermerk von Cohrs vom 12.5.1959, in: StAM, 314/1, Nr. 166, unpag.; Stellungnahme zum Besprechungsvermerk anlässlich der Unterredung zwischen Herrn Cohrs und Herrn Dr. Bieber am 12.5.1959, in: ebd., unpag.

219 Vgl. Schreiben des DITSL, Cohrs, an Dr. Horst Bieber vom 24.6.1959, in: ebd., unpag.; Schreiben des DITSL, Cohrs, an Dr. Horst Bieber vom 2.7.1959, in: ebd., unpag. (Zitat ebd.); Rundschreiben an die Hörer vom Juni 1959, in: DITSL-Bibliothek, Unsortiertes Material, unpag. Interessanterweise gab es nach 1945 Bestrebungen, das Internatssystem auch an den Universitäten einzuführen. Vgl. Konstan-

Noch ein weiterer Fall sorgte für Aufsehen und ist ein Dokument damaliger Moralvorstellungen. Ein Studierender hatte die Verlobung mit einer Frau gelöst, die ein Kind von ihm erwartete. Er gab an, seine Braut vor der Verlobung nicht im Unklaren gelassen zu haben, dass er nach Afrika auszuwandern gedenke und sie mitnehmen wolle. Die Lösung der Verlobung erfolgte vornehmlich, weil seine Braut sich später weigerte, mit ihm auszuwandern.[220] Sogar das Hessische Ministerium für Landwirtschaft und Forsten schaltete sich in diesem Fall als Schulaufsichtsbehörde ein. Dort missbilligte man aus rein menschlichen Gründen das Verhalten des Studierenden gegenüber seiner Verlobten, insbesondere im Hinblick auf das erwartete Kind. Gleichwohl sei die Auflösung der Verlobung und die Regelung der sich daraus ergebenden Fragen durch einen Rechtsanwalt eine private Angelegenheit. Die Lehranstalt und die Schulaufsicht seien davon nicht unmittelbar berührt. Es gehe deshalb nicht an, dem Studierenden die charakterliche Qualifikation abzusprechen und ihn zur Abschlussprüfung nicht zuzulassen.[221]

Kein Wunder also, dass Bieber bei seiner Verabschiedung des Lehrgangs von einem schweren Jahr sprach, das hinter allen liege. Er wies noch einmal darauf hin, dass der Lehrgang 1959 ein sehr umstrittener Lehrgang gewesen sei. Aber Bieber war klug genug einzugestehen, dass ein Bild je nach der Perspektive, von der aus man es betrachte, anders erscheine. »In dem Streite, bedingt durch die verschiedenen Anschauungen der verschiedenen Generationen, durch die persönliche, individuelle Einstellung erhält die Leuchtkraft dieses Bildes einen ganz verschiedenen Aspekt.«[222]

Im nächsten Lehrjahr spitzte sich der Konflikt um das Internat dann zu. Eine größere Zahl von Hörern verlangte, aus dem Wohnheim ausziehen zu dürfen, um die Gebühren für das zweite Semester sparen zu können. Sie erzwangen eine Unterredung, bei der einer von ihnen ankündigte, über die »Verhältnisse in Witzenhausen« eine Veröffentlichung im »Stern«, später im »Spiegel« veranlassen zu wollen. Die Absicht der Veröffentlichung sei in Form einer regelrechten Drohung ausgesprochen worden. Der betreffende Studierende erklärte, dass den Hörern die Folgen gleichgültig seien, »auch wenn die ganze Lehranstalt auffliegt«.[223]

tin von Freytag-Loringhoven, Erziehung im Kollegienhaus. Reformbestrebungen an den deutschen Universitäten der amerikanischen Besatzungszone 1945-1960, Stuttgart 2012.

220 Vgl. Durchschrift eines Schreibens der LTSL, Bieber, an die Geschäftsführung des DITSL, Cohrs, vom 2.10.1959, in: StAM, 314/1, Nr. 166, unpag.

221 Vgl. Durchschrift eines Schreibens des HMLF an den Geschäftsführer des DITSL vom 24.11.1959, in: HHStAW, 509, Nr. 1425, unpag.

222 Vgl. Abschiedsworte Dr. Dr. Biebers an die Absolventen des Lehrganges 1959 der LTSL, in: StAM, 314/1, Nr. 210, unpag. (Zitat ebd.).

223 Vgl. Schreiben des DITSL, Cohrs, an den Vorsitzenden des Kuratoriums, Min.Rat Hartan, vom 7.4.1960, in: BAK, B 116, Nr. 22545, unpag. (Zitat ebd.).

Zumindest einer der Studierenden war durch familiäre Umstände in eine finanzielle Krise geraten und hatte die beantragten Mittel aus dem »Grünen Plan« noch nicht bekommen. Deshalb wollte er aus dem Internat ausziehen. Um ihm die Fortsetzung des Studiums zu ermöglichen, stimmte Bieber der Bitte zu.[224] Offensichtlich war der Druck zu stark, und Lehranstalt und DITSL entschlossen sich zu Änderungen in dieser Frage. Den voraussichtlichen Teilnehmern des Lehrgangs 1961 teilte Bieber jedenfalls in einem Rundschreiben mit, dass hinsichtlich des Internats und der Verpflegung Änderungen vorgenommen worden seien. Während bisher das Wohnen im Internat und die Gemeinschaftsverpflegung obligatorisch waren, werde jetzt nur noch gewünscht, dass die Studierenden das Wohnheim benutzten, sie sollten sich jedoch selbst verpflegen.[225]

Mit dem Lehrgang von 1960 gab es, wie berichtet, offensichtlich noch weitere Konflikte. In erster Linie hätten sie nie gegen eine konkrete Person zu kämpfen gehabt, so ihr Sprecher, sondern gegen Vorurteile und traditionelle Abmachungen, die sie stark einschränkten. Man kann wohl zu Recht unterstellen, dass noch mehr dahinterstand, wenn so direkt auf die Probleme im offiziell publizierten Jahresbericht des Lehrgangs hingewiesen wurde.[226]

Im Lehrgang von 1961 kam es zu eher schultypischen Auseinandersetzungen: Beim Schreiben einer schriftlichen Klassenarbeit versuchte ein Studierender unerlaubte Hilfsmittel zu verwenden. Er schrieb die Arbeit zu Ende und erhielt vom Dozenten laut Beschluss der Lehrerkonferenz die Note 6 sowie vom Direktor einen Verweis erteilt. Ebenfalls eher »schülertypisches« Verhalten legten zwei Hörer an den Tag, die durch den Spanischlehrer zum Direktor gebracht wurden, weil sie den Unterricht durch andauerndes Schwatzen wiederholt ge-

224 Vgl. Durchschrift eines Schreibens der LTSL, Bieber, an die Geschäftsführung des DITSL, Cohrs, vom 27.4.1960, in: StAM, 314/1, Nr. 166, unpag.

225 Vgl. Rundschreiben der LTSL, Bieber, an die voraussichtlichen Teilnehmer des Lehrgangs 1961, o.Dat. (Dezember 1960), in: ebd., Nr. 212, unpag. Demgegenüber hieß es aber noch 1964: »Die Studierenden der Lehranstalt für tropische und subtropische Landwirtschaft müssen der besonderen Eigenart der Lehranstalt entsprechend in den Wohnheimen der Lehranstalt wohnen. Ausnahmen können nur bei Überfüllung der Wohnheime gestattet werden. Die nach dem Muster der englischen Colleges aufgebaute Lehranstalt für tropische und subtropische Landwirtschaft verlangt das gemeinsame Zusammenleben aller Studierenden im Rahmen einer studentischen Selbstverwaltung. Von diesem Prinzip kann aus erzieherischen Gründen nicht abgegangen werden.« Wohnheim-Hausordnung vom 2.1.1964, in: AD, Ordner Studierende, Jahrgänge 1957-1964, unpag.

226 Vgl. Wolfram Körner, Semesterbericht des Lehrganges 1960 der Lehranstalt für tropische und subtropische Landwirtschaft, in: DTL, 62 (1961), S. 94-97, hier S. 94f.

stört hätten. Bieber verwarnte beide.[227] Solche Zusammenstöße mit den Dozenten gab es in diesem Lehrgang wohl häufiger. Die Jahrgangszeitung ging darauf jedenfalls in gereimter und dadurch abgemilderter Form ein. So wehrten sie sich erfolgreich gegen eine nicht angekündigte Klausur in Handelskunde, sehr zum Unwillen des Dozenten. Ein anderer Dozent musste sich mit einem recht gut informierten Studierenden, einem Diplom-Landwirt herumschlagen, der ihm inhaltlich Paroli bot.[228]

Der ansonsten wohl recht pflegeleichte Lehrgang von 1962 geriet mit der Stadt in Streit und nahm wegen aufgetretener Unstimmigkeiten nicht am Erntefest teil. Im Herbst erhielten die Studierenden aus ihrer Sicht »nochmals die Bestätigung, daß man nicht gern darauf verzichtet, ein Klein- und Spießbürger zu sein«. Über einen »Scherz« der Studierenden innerhalb des Schulgeländes machte die Polizei angeblich unrichtige Eintragungen und die Presse übernahm diese trotz Richtigstellung bei der Polizei.[229]

Im Lehrgang 1964 sollte ein auslandsdeutscher Studierender aus Guatemala von der Schule verwiesen werden und auch seine Abschlussprüfung nicht ablegen dürfen. Wie der betreffende Dozent mutmaßte, hatte er angeblich eine Prüfungsarbeit in Bodenkunde nicht selbst verfasst. Um die Echtheit zu beweisen, sollte er den Inhalt mündlich wiederholen, was misslang.[230] Der Dozent hatte offensichtlich insgesamt vier Hörer beschuldigt, abgeschrieben zu haben und verlangt, dass sie die Arbeit wiederholen sollten, obgleich er keinen direkten Beweis vorlegen konnte. So sei es fast zu einer kleinen Revolution der Hörer gekommen und beinahe wäre die ganze Sache auch in der »Bild«-Zeitung veröffentlich worden. Die Affäre ging bis nach Wiesbaden, mit dem Resultat, dass die Prüfung nicht wiederholt werden musste und der Dozent bei den Studierenden jeglichen Kredit verspielt hatte.[231]

227 Vgl. Aktennotiz aus der LTSL vom 11.10.1961, in: StAM, 314/1, Nr. 212, unpag.; Aktennotiz aus der LTSL vom 11.9.1961, in: ebd., unpag.

228 Vgl. Jahrgangszeitung des Jahrgangs 1961 der LTSL, in: ebd., unpag.

229 Vgl. Ortwin Neuendorf, Semesterbericht 1962, in: DTL, 64 (1963), S. 112-113 (Zitat S. 113).

230 Vgl. Schreiben von Frederico Lüttmann (Vater) an Direktor Bieber vom 14.3.1965, in: AD, SA Neri Lüttmann, unpag.; Durchschrift eines Schreibens von Dr.Dr. Bieber an Frederico Lüttmann vom 24.3.1965, in: ebd., unpag.

231 Vgl. Durchschrift eines Schreibens von Gerhard Sontag an Franz Mummert vom 5.4.1965, in: ebd., AHV, Ordner Schriftwechsel 1965, L-Z, unpag.

Ausländische Studierende

Spätestens seit Beginn der 1960er Jahre rückte die Gruppe der ausländischen Studierenden stärker in den Blick. Zwar hatte es schon früher an der Kolonialschule ausländische Schüler gegeben, aber doch recht wenige. Diese kamen überwiegend aus Persien, Afghanistan und der Türkei. Nun waren es vornehmlich Afrikaner aus den »Entwicklungsländern«, die – gefördert durch die Politik – an der Lehranstalt studieren wollten.

Aber auch die alte Klientel zeigte nach wie vor Interesse an einem Studium in Deutschland. So sollen Anfang 1957 im türkischen Landwirtschaftsministerium rund 1.500 Anträge von jungen Türken, die sich in Deutschland als Landwirte weiter ausbilden lassen wollten, vorgelegen haben. Das DITSL fragte beim Auswärtigen Amt an, ob Fonds zur Unterstützung der Entwicklungsländer auch für die Türkei in Betracht kämen. Hintergrund war der Plan, in Witzenhausen im Sommer 1957 mit einem halbjährigen Vorbereitungslehrgang für solche Ausländer zu beginnen, deren praktische und theoretische Ausbildung noch so weit gehoben werden musste, dass sie an dem nächsten ordentlichen Lehrgang teilnehmen konnten.[232]

Anfang 1960 wandte sich Bieber an das Bundesarbeitsministerium mit der expliziten Bitte, bei der Vermittlung von Stipendiaten aus den Entwicklungsländern behilflich zu sein. Man lege jedoch Wert auf »besonders gut ausgelesenes Menschenmaterial«, also auf Leute mit der nötigen Intelligenz, die fleißig arbeiten wollten. Grundsätzlich schlug Bieber für nichtausgebildete Bewerber den zwei- bis dreimonatigen Besuch einer Sprachenschule vor, danach eine zweijährige praktische Tätigkeit in der deutschen Landwirtschaft, anschließend dann den Besuch der HLS in Witzenhausen, nach erfolgreichem Abschluss Teilnahme an einem Lehrgang der Lehranstalt. Bei einer längeren landwirtschaftlichen Praxis ließe sich die Ausbildungszeit wesentlich verkürzen.[233]

Am Lehrgang 1962 nahm dann mit einem Studenten aus Ghana zum ersten Mal ein Afrikaner teil. Grund genug, sich im Altherrenverband prinzipielle Gedanken um die Aufnahme von Afrikanern in den Verband zu machen. Man hoffte, das Problem aussitzen zu können und darauf, dass die »jungen Farbigen« vielleicht gar nicht beitreten wollten, sondern ihren eigenen Verband aufmach-

232 Vgl. Durchschrift eines Schreibens des DITSL, Fischer, an Legationsrat I. Klasse Dumke, AA, vom 23.1.1957, in: StAM, 314/1, Nr. 164, unpag.; Schreiben des AA, Dr. von Bismarck-Osten, an das DITSL, Fischer, vom 15.2.1957, in: ebd., unpag.; Schreiben des DITSL, Fischer, an das AA vom 4.11.1957, in: ebd., unpag. (Zitat ebd.); Schreiben des AA, Klingeberg, an das DITSL vom 4.3.1958, in: ebd., unpag.

233 Vgl. Schreiben der LTSL, Bieber, an ORR von Wistinghausen, Bundesarbeitsministerium, vom 28.1.1960, in: BAK, B 149, Nr. 6309, unpag.

ten, wobei man helfen wollte.[234] Die extra gestartete Rundfrage wegen der Aufnahme des Hörers aus Ghana in den Verband ergab unterschiedliche Auffassungen; trotzdem hätten angeblich alle anerkannt, dass nur die rechtliche Seite zu werten sei und alles andere der Zukunft überlassen sein müsse.[235] Und auch beim Lehrgang 1963 gab es, wie im Altherrenverband kolportiert wurde, neben diversen anderen ausländischen Hörern auch »3 dunkle (je 1 aus Ghana, Togo und Nigerien)«.[236]

Die Aufnahme von Ausländern war nach den Vorläufigen Bestimmungen für die Lehranstalt vom August 1956 bei »entsprechender Vorbildung« möglich, d.h. wenn diese der eines deutschen staatlich geprüften Landwirts entsprach. Die Bewerbungen von Ausländern, besonders auch aus afrikanischen Ländern, hatten von Jahr zu Jahr zugenommen. Zugleich hatte sich, so Staatssekretär Tröscher, aber immer häufiger gezeigt, dass bei den Bewerbern von einer wirklich entsprechenden Vorbildung nicht gesprochen werden konnte. Eine großzügige Zulassung von Ausländern hatte dabei aus seiner Sicht unter anderem den Nachteil, dass ein großer Teil der Zugelassenen den Stoff des einjährigen Lehrgangs mangels Vorbildung nicht genügend verarbeiten konnte. Bei den anderen Bewerbern entstehe vielfach der Eindruck einer Bevorzugung der Ausländer mit lückenhafter Vorbildung. Es könne so zu einer Entwertung des verliehenen Titels kommen. Andererseits führe eine Zurückhaltung in der Zulassung von Ausländern zu Enttäuschungen und Protesten bei deutschen Stellen im Ausland und bei ausländischen Dienststellen. Tröscher sah den Ausweg aus dieser misslichen Lage in einem einjährigen Vorbereitungslehrgang für Ausländer und Deutsche aus Übersee. Dann könne eine relativ großzügige Zulassungspraxis verantwortet werden. Der Vorbereitungslehrgang hätte vor allem folgende Gebiete zu bearbeiten: 1. Physik, Chemie, Biologie als Grundlagen der Landbautechnik, 2. Grundlegung wirtschaftskundlicher Kenntnisse einschließlich Weltwirtschaft, 3. Einführung in die Landmaschinentechnik, 4. Vertiefung der deutschen Sprachkenntnisse. Der erste Vorkurs sollte am 1. April 1964 gleichzeitig mit dem Hauptlehrgang 1964 beginnen. Er sollte durchgeführt werden, »um endlich eine klare Linie in die Ausbildung der Ausländer in Witzenhausen zu bringen«.[237] Das hessische Landwirtschaftsministerium bekräftigte diese Einstellung dann

234 Vgl. Schreiben von Paul Tag an Treue vom 19.12.1962 (aus Nairobi/Kenia), in: AD, AHV, Allgemeine Korrespondenz, September 1962-Dezember 1963, L-Z, unpag.

235 Vgl. Rundschreiben des AHV vom Januar 1963, in: ebd., unpag.

236 Vgl. Durchschrift eines Schreibens von Gerhard Sontag an Hans Karl Treue vom 25.1.1963, in: ebd., unpag. (Zitat ebd.).

237 Vgl. Durchschlag eines Schreibens des Hessischen Ministers für Landwirtschaft und Forsten, Staatssekretär Tröscher, an den Bundesminister für Ernährung, Landwirtschaft und Forsten vom Juni 1963, in: HHStAW, 509, Nr. 7627, unpag. (Zitat ebd.).

Abb. 7: Die Absolventen des Lehrgangs von 1966, darunter sechs aus Entwicklungsländern (aus einem Fotoalbum aus den 1960er Jahren)

noch einmal und betonte die Notwendigkeit des Vorbereitungslehrgangs für Ausländer.[238]

Der Vorbereitungslehrgang begann dann bereits im Januar 1964. Die Bewerber kamen unter anderem aus Togo, Kamerun, Nigeria, Kenia, Tunesien, Äthiopien und dem Libanon. Die Lehranstalt sollte die Zugelassenen selbst benachrichtigen, vorher aber unbedingt feststellen, ob die Aufbringung der Kosten für den Besuch der Lehranstalt gesichert war, da dem hessischen Landwirtschaftsministerium keine Stipendien für Ausländer zur Verfügung standen.[239] Einige der Teilnehmer des Vorbereitungslehrgangs absolvierten anschließend den normalen Lehrgang 1964 erfolgreich. Natürlich nicht immer mit den besten Noten. In einem späteren Empfehlungsschreiben für einen dieser Absolventen betonte das DITSL dann auch, dass es sich bei ihm um einen zuverlässigen, praktisch gut veranlagten und fleißigen Studierenden gehandelt habe. Das Gesamturteil »Befriedigend« sei für einen Ausländer ein gutes Ergebnis, da die Ausbildung in

238 Vgl. Durchschlag eines Schreibens des Hessischen Ministers für Landwirtschaft und Forsten an das DITSL, Keup, vom 18.6.1963, in: ebd., unpag.

239 Vgl. Durchschlag eines Schreibens des HMLF an die LTSL vom 22.8.1963, in: ebd., unpag.

Deutschland durch Sprachschwierigkeiten im Studium sehr belastet gewesen sei.[240]

Wer in die Förderung des BMZ aufgenommen wurde, erhielt für die Dauer des Studiums an der Lehranstalt ein monatliches Stipendium in Höhe von 400 DM. Alle Kosten für Unterkunft, Verpflegung und sonstigen Lebensunterhalt waren davon zu bestreiten; die Kosten für das Studium, wie Schulgeld, wurden extra bezahlt. Die Stipendiaten wurden gleichzeitig über die damit verbundenen Verpflichtungen aufgeklärt: Sie hatten sich nicht nur während ihrer Berufsausbildung besonders anzustrengen, sondern sollten auch im Privatleben durch besonders gutes Auftreten ein Vorbild sein. Sie mussten sich, angeblich weil die Bundesregierung den Flug bezahlte, verpflichten, nach Beendigung ihres Studiums wieder in ihre Heimatländer zurückzukehren.[241]

Ein persischer Studierender wurde am 19. September 1962 »wegen ungebührlichem Verhalten und häufigem Fernbleiben des Unterrichts« von der Teilnahme am Lehrgang ausgeschlossen.[242] Ein Studierender aus Ghana hatte gleich zu Beginn des Lehrgangs 1963 eine Schlägerei mit einem Kommilitonen aus Nigeria, in deren Verlauf er ein Messer zog. Da weiter nichts passierte, wurden beide lediglich verwarnt. Weil er aber später in eine Schlägerei in einer Gastwirtschaft in Bischhausen verwickelt war und fälschlich angab, ihm seien dabei 500 DM entwendet worden, geriet er erneut ins Visier. Mitstudenten sagten aus, dass er mehrere Male nach 22 Uhr Damenbesuch gehabt habe. Direktor Bieber betonte, bei der Entscheidung solle eher die disziplinarische als die moralische Seite im Vordergrund stehen, es ginge nicht an, dass künftige Ingenieure in Schlägereien verwickelt würden und die unterschriebenen Verpflichtungen im Wohnheim nicht einhielten. Eine Mehrheit des Lehrerkollegiums votierte für seinen Ausschluss, und er verließ die Lehranstalt im Oktober 1963.[243]

Dass auch ansonsten nicht alles harmonisch verlief, geht aus einem Zeitungsartikel vom Juni 1965 hervor. Witzenhausen, so die Klage, sei nur auf den ersten Blick international mit seiner dreistelligen Zahl von Nationen, die dort versammelt seien. Jeder, der ein paar Monate dort lebe, müsse jedoch feststellen, dass Witzenhausen keinerlei internationales Gepräge habe. Es kümmere sich keiner um die Ausländer, sie blieben alleine. Witzenhausen könnte eine »Modellstadt der Völkerfreundschaft« sein, aber nur wenige machten von dieser »unvergleichlichen Chance« Gebrauch. Die Aktion »Gespräche mit Ausländern« des Volks-

240 Durchschrift eines Schreibens des DITSL, Schmaltz, an das Institut für Bienenkunde an der Universität Frankfurt vom 8.1.1975, in: AD, SA Gabriel Segbe.

241 Vgl. Durchschrift eines Schreibens der Carl Duisberg-Gesellschaft an Alemu Tayework vom 24.4.1964, in: ebd., SA Alemu Tayework, unpag.

242 Vgl. Jahresbericht 1962 der LTSL, S. 2, in: StAM, 314/1, Nr. 172, unpag.

243 Vgl. Protokoll der Dozenten-Konferenz am 24.10.1963, in: AD, Akte Lehranstalt – Hessisches Landwirtschaftsministerium, unpag.

bildungswerks sei sang- und klanglos aufgrund geringen Interesses eingegangen. Allerdings seien Ausländer auch häufig keine einfachen Gesprächspartner, da sie naturgemäß keine homogene Gruppe bildeten, sondern Rivalitäten unter ihnen herrschten und Unterschiede existierten. Eine Witzenhäuserin, die in Göttingen studierte, antwortete auf die Frage, warum sie sich nicht mit ausländischen Studenten auf der Straße zeige, dann käme sie übel ins Gerede.[244]

4. »Die ungeliebten Experten«: Absolventen ab 1957

Der weitere berufliche Weg ist bei 19 Absolventen unbekannt. Bei 35 ist es als sicher anzunehmen, dass sie in Deutschland verblieben, bei einigen weiteren ist es zu vermuten. Eine genaue Zahl für die in das Ausland gegangenen Absolventen ist kaum zu ermitteln. Klar ist jedoch, dass die Zahl recht groß war, die Tätigkeit im Ausland stand wieder eindeutig im Vordergrund. Nach Deutschland zurück kehrten im Laufe der Zeit etwa 155. Im Ausland verblieben für immer nur recht wenige, etwa 69. Das hing in erster Linie mit einer Hinwendung der Absolventen zu Stellen in der Entwicklungspolitik zusammen, die zeitlich befristet waren und bei denen die Rückkehr nach Deutschland dementsprechend die Regel bildete.

Von denjenigen, die in das Ausland gingen, wurden alle bekannten Stationen erfasst, sodass ein Bild entsteht, wo Angehörige dieser schulischen Generation im Laufe ihres Lebens gearbeitet haben. Bei den geografischen Tätigkeitsgebieten dominierte eindeutig Afrika mit 340 Absolventen. Bedingt durch die Arbeit in der deutschen Entwicklungspolitik standen nun andere Länder als früher im Vordergrund: Es führte Tunesien mit 25 Absolventen, vor Kenia mit 24 und Tansania mit 20; danach folgten Kongo mit 18 und Nigeria mit 17. In Nord- und Südamerika waren 173 Absolventen tätig. Hier führte Brasilien mit 27 vor den USA mit 18 Absolventen, danach kamen Kolumbien mit 17, Ecuador mit 14 und Peru mit 13 Absolventen. Auf Asien entfielen nun immerhin 146 Absolventen, die meisten waren mit 17 in Indien tätig, gefolgt vom Iran mit 15, Indonesien mit 13 und Pakistan mit 10 Absolventen. Europa spielte mit 31 Absolventen eine

244 Vgl. »Tropenschüler« bleiben Außenseiter, in: Hessische Nachrichten vom 18.6.1965 (Zitat ebd.), zit. nach: ebd., Zeitungsausschnittsammlung, unpag. Diese Ausgrenzung, speziell der afrikanischen Studierenden, sollte noch längere Zeit andauern. Vgl. Im Lokal oft schief angeguckt. Schwarze schildern ihre Probleme, in: Witzenhäuser Allgemeine vom 23.5.1981, zit. nach: ebd., Dokumente zu Fachbereich und DITSL, unpag.

eher untergeordnete Rolle, zumal darunter etliche Österreicher und Schweizer waren, die in ihre Heimatländer zurückkehrten.

Auch in dieser Schülergeneration kam es häufig zu vollkommen anderen als den ursprünglich geplanten Berufskarrieren. Deren Zahl scheint allerdings geringer als bei den vorherigen Schülergenerationen gewesen zu sein, wohl deshalb, weil die Schüler älter waren und sich sehr bewusst auf das Berufsfeld als Tropenlandwirt konzentrierten. Trotzdem gab es natürlich einige Absolventen, die fachfremd arbeiteten, entweder im Bereich der heimischen Landwirtschaft bei Landwirtschaftskammern, im Landwirtschaftlichen Beratungsdienst und in Landwirtschaftsämtern oder in ganz anderen Berufsfeldern, z.B. bei Versicherungsgesellschaften, Kommunalverbänden, als Lehrer oder als Leiter eines Altenwohnheims.

Besonderen Charakter nahm das Beziehungsgeflecht bei dem Zusammentreffen von Witzenhäusern bei Entwicklungshilfeprojekten an. Ob es sich dabei um eine gezielte Rekrutierung handelte, lässt sich schwer sagen. Auf jeden Fall nahm diese Form der Zusammenarbeit ehemaliger Schüler rapide zu. Genannt werden sollen nur die wichtigsten Projekte, bei denen sie – erst einmal nur auf diese Generation bezogen – vertreten waren: das Teeprojekt in Ruanda (3), das Paktia-Projekt in Afghanistan (3), das Kilombero-Projekt in Tansania (6) und das Nilgiris-Projekt in Indien (8).

Stellensuche

Viele Absolventen der ersten Lehrgänge erhielten ohne größere Probleme Stellungen im Ausland. Die Tätigkeitsfelder erstreckten sich in der Regel auf den klassischen Plantagen- oder Farmbetrieb in den Tropen, die im Ausland tätigen deutschen Industrie- und Handelsunternehmen sowie spätestens seit Beginn der 60er Jahre in zunehmendem Maße auf die anlaufende deutsche Entwicklungspolitik. Das ist auch ein Grund dafür, warum ich mich auf diejenigen Absolventen konzentriert habe, die genau diesen beruflichen Weg eingeschlagen haben. Neben der empirischen Evidenz sprach dafür auch ein qualitatives Moment: Bei allen Differenzen zu den Zeiten vor 1945 verkörpern sie doch stärker den Typus des »Kulturpioniers« als andere. Schließlich kam ein nicht zu leugnendes Quellenproblem hinzu, da sich zu den Absolventen, die auf Farmen oder in Industrieunternehmen landeten, recht wenig Material finden lässt.

Aus dem ersten Lehrgang gingen einige Absolventen auf die Farmen ihrer Eltern, allein vier reisten nach Brasilien aus. Auch aus dem zweiten Lehrgang gingen die allermeisten ins Ausland oder zu Firmen wie Mannesmann und Schering, die sie ins Ausland entsenden wollten, zwei studierten weiter. Wie Bieber in seiner – heute nicht mehr politisch korrekten – Art vermerkte, verursachte die Unterbringung der weiblichen Studierenden des Lehrgangs 1958 in Auslandsstellungen zunächst einiges Kopfzerbrechen. »Diese Sorgen erwiesen sich jedoch als verfrüht, da sie andere, typisch weibliche Stellungen annahmen, d.h. sie verlobten und verheirateten sich mit ihren Consemestern.« Insgesamt bewährten sich die Absolventen in ihren Stellungen ausnahmslos gut. Die Firma Schering wollte bereits zwei weitere Absolventen engagieren.[245] Auch beim Jahrgang 1959 gelang es fast allen Absolventen, rasch Stellungen im Ausland zu bekommen. Aus Sicht der Schulleitung handelte es sich dabei um sehr gute Stellungen. Immer mehr gehe die deutsche Industrie dazu über, auf die Absolventen der Lehranstalt zurückzugreifen, wie z.B. Mannesmann, Schering und die Düngeindustrien. Von den ersten drei Jahrgängen hatte man bis Anfang 1960 insgesamt 50 Absolventen in Auslandsstellungen gebracht.[246]

War schon vom Lehrgang 1961 eine Reihe der Absolventen direkt in Stellen in der Entwicklungspolitik gegangen, so setzte sich diese Tendenz 1962 verstärkt fort. Man kann diesen Lehrgang zweifellos als eine Zäsur für zwei sich deutlich abzeichnende Trends betrachten: zum einen eben die verstärkte Betätigung der Absolventen im Feld der Entwicklungspolitik und zum anderen hin zu einer Aufnahme eines regulären Landwirtschaftsstudiums nach dem Besuch der Lehranstalt.[247] Eine wichtige Rolle spielte bei den beiden letzten Lehrgängen der Lehranstalt das im Juli 1963 eingerichtete Seminar für ländliche Entwicklungshilfe: Aus dem Lehrgang 1964/65 nahmen elf Absolventen an dem Halbjahreskursus teil, um dann direkt bei der GAWI zu beginnen, aus dem Lehrgang 1965/66 immerhin sechs.[248]

Von 1957 bis einschließlich 1963 verließen 240 Absolventen die Lehranstalt, davon gingen angeblich ca. 90 Prozent in tropische und subtropische Länder. Wie es in einem Artikel dazu heißt, arbeiteten sie vielfach als Pflanzungsassistenten, andere für die Regierungen der unabhängig gewordenen Länder. Auch die kirchlichen Organisationen, wie Brot für die Welt und Misereor übernahmen eine ganze Reihe von Absolventen, ebenso die Industrie, speziell die Pflanzenschutz- und Düngemittel-, aber auch die Landmaschinenindustrie.[249]

245 Vgl. Horst Bieber, Aus der Lehranstalt für tropische und subtropische Landwirtschaft in Witzenhausen, in: DKP, 61 (1960), vom Mai 1960, S. 9-18, hier S. 9f. (Zitat S. 9); Jahresbericht über den Lehrgang 1958 der LTSL, in: StAM, 314/1, Nr. 168, unpag.

246 Vgl. Gute Berufsaussichten für Tropeningenieure, in: Hessische Allgemeine vom 12.3.1960, zit. nach: AD, Akte Zeitungsausschnitte über die Lehranstalt, unpag.; Jahresbericht über den Lehrgang 1959 der LTSL, S. 5f., in: StAM, 314/1, Nr. 169, unpag.

247 Vgl. Jahresbericht 1962 der LTSL, in: ebd., Nr. 172, unpag.

248 Vgl. Bericht über das Schuljahr 1965/66 der LTSL, S. 13, in: ebd., Nr. 175, unpag.

249 Vgl. Institut für tropische und subtropische Landwirtschaft in Witzenhausen, in: Kurhessische Wirtschaft, 19 (1964) 16 vom 15.8.1964, S. 281-282, zit. nach: AD, Unsortiertes Material, unpag.

Die meisten Absolventen waren in guten Stellungen, ihre Verdienste gestalteten sich allerdings sehr unterschiedlich, und dieses ist vielleicht mit ein Grund dafür, weswegen eine relativ starke Fluktuation von guten zu noch besseren Stellungen festzustellen war. Wenngleich ein Großteil der Absolventen in der Praxis der warmen Länder tätig war, so bestand doch unter ihnen wenig Neigung, sich allmählich selbständig zu machen, d.h. Farmer zu werden. Daran war wohl hauptsächlich die politische Unsicherheit in den afrikanischen und südamerikanischen Ländern schuld. Während 1958 die Absolventen froh waren, wenn sie eine Stellung bekamen, in der sie neben Kost und Logis nur eine Art Taschengeld in Höhe von ca. 200 bis 300 DM erhielten, verdienten einige der Absolventen mittlerweile im Ausland bis zu 1.000 US-Dollar.[250]

Aber nicht bei allen klappte es auf Anhieb mit dem Arbeitsplatz. Wolff beschreibt seine schwierige Suche nach seinem Abschluss 1958. Auf seine zahlreichen Bewerbungsschreiben erhielt er zwar Einladungen zu Bewerbungsgesprächen von der Ruhr-Stickstoff AG in Bochum, der BASF in Ludwigshafen und der Lufthansa Cargo in Frankfurt am Main. Wegen unzureichender Tropenerfahrung blieben alle Bewerbungen erfolglos. Allerdings äußerte man Interesse an einer erneuten Bewerbung, beim Vorliegen entsprechender Erfahrungen. Er entschloss sich daher, nach Australien auszuwandern und zu versuchen, im Norden des Kontinents in der Landwirtschaft tätig zu werden und die fehlenden praktischen Erfahrungen zu sammeln.[251]

Es konnte aber auch schnell mit dem Arbeitsplatz gehen: Schülke bekam einen Anruf vom Bundeslandwirtschaftsministerium, am übernächsten Tag dort zum Vorstellungsgespräch zu erscheinen. Es ging um ein Tierzucht-Projekt in Tunesien, der Projektleiter suchte ihn aus einer Reihe von Bewerbern, darunter auch einige Semesterkollegen, heraus, weil er die meiste Erfahrung mit Schwarzbunt aus Norddeutschland mitbrachte. Er bot ihm die Stelle sofort an, Schülke sagte zu und wurde stellvertretender Projektleiter.[252]

Studium

Ein Trend setzte sich immer stärker durch: Eine steigende Anzahl der Absolventen der Lehranstalt studierte nach ihren Abschluss an einer Universität, insgesamt 52 der Absolventen (15,6 %), weitere 40 nahmen an den Kursen des Witzenhäuser Seminars für ländliche Entwicklungshilfe teil. In der Regel studierten sie Landwirtschaft, in Einzelfällen auch andere Fächer. Zu den ersten von ihnen

250 Vgl. Bericht über das Schuljahr 1965/66 der LTSL, S. 14, in: BAK, B 116, Nr. 22542, unpag.
251 Vgl. Wolff, Erlebnisse, S. 99.
252 Vgl. Interview mit Egon Schülke.

gehörte Peter Wolff, der in Berlin studierte. Am Institut für ausländische Landwirtschaft lebte er sich schnell ein, auch wenn die übrige Hörerschaft keine hohe Meinung von Witzenhausen habe, da neuerdings die schwächsten Absolventen der HLS dorthin gingen.[253]

Ein Absolvent des Lehrgangs von 1961, der zuvor in Brasilien und bei einem GAWI-Projekt in Südkorea war, wollte ebenfalls in Berlin studieren. Er hatte die Erfahrung gemacht, die auch für viele andere prägend werden sollte, dass die Möglichkeiten als Nichtakademiker über einen längeren Zeitraum in der »Entwicklungshilfe« tätig zu sein, immer schlechter und unsicherer wurden. Zunehmend war nicht mehr der praktisch ausgebildete Agraringenieur gefragt, sondern der wissenschaftlich geschulte, möglichst spezialisierte Diplomlandwirt. Deshalb wollte er den langen und mühsamen Weg des Studiums auf sich nehmen, zusammen mit anderen Witzenhäusern, die bereits Auslandserfahrung gesammelt hatten.[254]

Winfried Manig wollte von vornherein studieren und bemühte sich schon während seiner Zeit in Witzenhausen um einen Studienplatz in Berlin. Er begann am 15. Oktober 1962 offiziell sein Studium und machte sein Examen an der Lehranstalt im Dezember. Manig absolvierte das Studium in vier Jahren und kümmerte sich in dieser Zeit bereits um eine Promotionsstelle. Er fand eine bei einem vom Berliner Senat finanzierten Forschungsvorhaben zur Lebensmittelversorgung Westberlins. Während der fast dreijährigen Promotionszeit bewarb er sich um eine Stelle im Ausland. Der Geschäftsführer Schäfer stellte ihm auf Nachfrage der ZL ein sehr gutes Zeugnis aus. Manig sei im Lehrgang selbst und bei den Dozenten der Lehranstalt beliebt und geschätzt gewesen. Er hielt Manig sowohl für den Einsatz als Vertreter einer nationalen als auch einer internationalen Organisation für geeignet. Er ging dann nach Äthiopien zur Ethio-German Agricultural Research Station in Bako-Shoa und traf dort auf zwei weitere Witzenhäuser.[255]

253 Vgl. Durchschrift eines Schreibens von Peter Wolff an Dr. Piekenbrock vom 10.11.1960, in: AD, SA Peter Wolff, unpag.

254 Vgl. Schreiben von Rudolf Fernsebner an den AHV, Gerhard Sontag, vom 27.8.1968, in: ebd., AHV, Ordner Schriftwechsel 1968, A-K, unpag.

255 Vgl. Interview mit Winfried Manig. Zur Dissertation vgl. ders., Die Versorgung Westberlins mit Nahrungsmitteln. Eine empirische und standorttheoretische Untersuchung, dargestellt für Trinkmilch, Fleisch und Kartoffeln, Diss. TU Berlin 1969; Durchschrift eines Schreibens von Dr. Schäfer an die ZL vom 23.12.1969, in: AD, SA Winfried Manig, unpag.; eigene Datenbank; siehe dazu: Winfried Manig, Die optimale Intensität des Düngemitteleinsatzes in Äthiopien, in: TL, 73 (1972) 2, S. 174-187; ders., Formen der Landbewirtschaftung im Baco-Gebiet, Bacon, Ethio-German Agricultural Research Station 1972; ders., Marketing of selected agricultural commodities in the Baco area, Ethiopia, Ithaca 1973.

Im Gegensatz dazu studierte Eberhard Klinge erst nach längerer Auslandserfahrung im fortgeschrittenen Alter, weil man zunehmend im internationalen Bereich Vollakademiker suchte, die international auch vermittelbar waren, beispielsweise in Organisationen wie der FAO.[256] Ebenfalls erst nach zwei Auslandsaufenthalten studierte Jörg Thierolf Landwirtschaft in Göttingen. Er war 33 Jahre alt und stand vor der Entscheidung, entweder für immer im Ausland zu bleiben oder die berufliche Karriere in Deutschland fortzusetzen. Die Entscheidung für Deutschland war dann mit dem Studium verknüpft, um bessere Perspektiven zu haben.[257]

Beruflicher Werdegang

Wahrscheinlich primär im Zuge des technischen Fortschritts, des verstärkten Reisens und der absolvierten Auslandsaufenthalte, bildete die Auseise an sich kaum mehr ein relevantes Thema, wie das noch vor 1945 der Fall gewesen war. Immerhin beschlich den einen oder anderen doch noch ein eigentümliches Gefühl, wenn bei der Ausreise die Lichter Hamburgs langsam in der Dunkelheit verschwanden, und man annehmen konnte, Deutschland für längere Zeit nicht wiederzusehen. Ein Absolvent des ersten Lehrgangs gab an, dieses Gefühl sei jedoch schnell vorübergegangen, da so viel Neues schon während der Schiffsreise auf ihn eingestürmt sei. In Bogotá, der Endstation seiner Reise, war er sehr beeindruckt von der Lichterflut der Stadt. Nachdem er dann im Hotel ankam, wurde ihm eigentlich erst klar, in einem fremden Land zu sein, vor allem da er die spanische Sprache erst sehr schlecht beherrschte.[258]

Und auch ein Absolvent des dritten Lehrgangs muss im Nachhinein eingestehen, dass die Ausreise doch ein großer Schritt ins Ungewisse war. Aber er empfand das als sehr interessant. Außerdem lebe man sich auch in der Fremde schnell ein. Heute sei das sicher einfacher, da es einen intensiveren Kontakt mit dem Ausland gebe, viele Leute seien heutzutage schon im Ausland, auch im außereuropäischen Ausland, gewesen und es gebe relativ viele Ausländer in Deutschland mittlerweile.[259]

Die Lebenswege der Absolventen ab 1957 waren sehr unterschiedlich, allerdings lassen sich doch – wie bereits erwähnt – dominierende Betätigungsfelder

256 Vgl. Interview mit Eberhard Klinge; ders., Arbeitsteilige Rindfleischproduktion in Westafrika; dargestellt am Beispiel einer semiintensiven Feedlot in Burkina Faso, Diss. TU Berlin 1987.

257 Vgl. Interview mit Jörg Thierolf.

258 Vgl. Schreiben von Günther Hässig, Caribbean International LTDA., an Direktor Dr. Fischer, DITSL, vom 10.6.1958, in: StAM, 314/1, Nr. 195, unpag.

259 Vgl. Interview mit Richard Muttscheller.

ausmachen. Zunächst gab es, anders als in früheren Zeiten, kaum noch Absolventen, die beabsichtigten, sich selbständig zu machen. Das lag an der Dekolonisation und der damit verbundenen politischen Unsicherheit in vielen Ländern, vor allem für Europäer. Deshalb gingen viele als Farmassistenten und Verwalter in die tropische Praxis, zunehmend aber auch zu Firmen der im Ausland tätigen chemischen und der Landmaschinenindustrie, zudem für beide Kirchen als landwirtschaftliche Berater für Missionsstationen.[260]

Diejenigen, die in die Industrie gingen, schätzten oft die damit verbundene Sicherheit des Arbeitsplatzes, die in der Entwicklungshilfe nicht gegeben war. Dort konnte man zwar besser verdienen, hatte aber den Nachteil befristeter Verträge. So Carl Hoeppe, der bei der BASF landete, die er als eine »treusorgende Mutter« beschreibt, die den Schritt ins Ausland erleichterte, weil es ja immer noch das Standbein in Ludwigshafen gab.[261]

Ehrenfried Zillich war, wie einige andere Witzenhäuser, für die Kleinwanzlebener Saatzucht (KWS) in Einbeck tätig. Er hatte unter anderem die Aufgabe, in verschiedenen Ländern vorbereitende Untersuchungen des Saatgutmarktes und der Pflanzenzüchtung durchzuführen, um zu erfahren, in welchem Land, mit welchem Partner und mit welchen Kulturarten sich die KWS noch engagieren könnte. Schwerpunkte waren zunächst Brasilien und Südafrika.[262]

Ein Kommilitone von Hoeppe schlug hingegen einen Berufsweg ein, wie er in der Zeit vor 1945 üblich gewesen war. Er ging nach Argentinien und arbeitete seither in drei verschiedenen Estancias. Die erste Stelle war ein Reinfall, weil der Besitzer nicht bezahlte, deshalb musste er wieder weg. Auf der zweiten Stelle war er als Besamungstechniker tätig, hielt es dort eineinhalb Jahre aus. Nun war er auf der Estancia eines Deutschen und hoffte, dass es für ihn wirtschaftlich gesehen aufwärts gehen werde.[263] Auch recht traditionell war ein Absolvent des Lehrgangs 1964/65 unterwegs, der in Tansania Manager von zwei Betrieben eines deutschen Privatmannes wurde. Eine harte, aber interessante Arbeit, Langeweile kenne er nicht. Zwar habe die Arbeitsmoral der »Eingeborenen« nachgelassen, aber bisher habe er das Arbeitspensum immer schaffen können.[264]

260 Vgl. Horst Bieber, Wie wird man Ingenieur für trop. und subtrop. Landwirtschaft?, in: Agros. Zeitschrift für landwirtschaftliche Fach- und Führungskräfte, (1964) 8 vom August 1964, S. 31-32, zit. nach: AD, Zeitungsausschnittsammlung, unpag.

261 Vgl. Interview mit Carl Hoeppe.

262 Vgl. Gerhard Sontag, Kameradenbrief, in: Uu, Nr. 21, April 1974, S. 34-53, hier S. 50.

263 Vgl. Schreiben von Utz Bahm an den Verband Alter Herren von Wilhelmshof e.V. vom 4.5.1963, in: AD, AHV, Ordner Schriftwechsel 1962/63, A-L, unpag.

264 Vgl. Gerhard Sontag, Kameradenbrief, in: Uu, Nr. 7, April 1967, S. 19-34, hier S. 22.

Als Farmverwalter ging Martin Skottke, vermittelt durch einen Alten Herren, nach Rhodesien. Das war für ihn das Sprungbrett für eine Karriere in diesem Bereich; er blieb anschließend insgesamt 14 Jahre dort, das Land wurde ihm nach eigenen Aussagen zur zweiten Heimat. Er bekleidete verschiedene Positionen, auch auf größeren Farmen, die interessant und beruflich befriedigend waren. Deswegen und aufgrund der längerfristigen Perspektive schlug er mehrmals Angebote deutscher Entwicklungshilfeorganisationen aus. Und Skottke betont die Unterschiede, die sich in der Einstellung zur Arbeit aus dieser längerfristigen Perspektive ergaben. Später war er unter anderem dort als technischer Berater einer großen Futtermittelfabrik tätig, die im Monat 4.000 Tonnen für Rinder, Schweine und Hühner herstellte. Mit einem Kollegen betrieb er privat eine kleine Schweinezucht, war Mitglied im Prüfungsausschuss auf dem Gebiet für Tierzucht, Tierhaltung und Weidewirtschaft bei der dortigen Landwirtschaftsschule und ebenfalls Mitglied des Zambian-Livestock-Development Committee, das Pläne für die Entwicklung der Tierzucht ausarbeitete.[265] Danach nahm er eine Stelle als Geschäftsführer der dortigen Cattle Financing Company an, deren Aufgabe es war, die Viehhaltung zu finanzieren. Sie kauften Rindvieh ein, Zucht- und Schlachtvieh, und liehen es dann an Farmer aus, die züchten und mästen wollte. Daneben sollte er eine zweite Gesellschaft aufbauen, die Zambia Farm Development Company, die sich mit dem Aufbau von Großfarmen befasste. Er konnte nicht über Langeweile klagen, aber es waren aus seiner Sicht sehr interessante Aufgaben bei guter Bezahlung.[266]

Exkurs: Der »Stamm« der Experten

Die Kritik an den Experten der Entwicklungszusammenarbeit wuchs in den 1970er Jahren. Ihr Wirken wurde zunehmend als Einmischung verstanden, es wurden Zweifel an ihrer Integrität und Solidarität geäußert. Deswegen plädierten Wissenschaftler nun dafür, so wenig Experten wie möglich vor Ort einzusetzen, oder durch eine bessere Auswahl und Ausbildung der »allgemeinen Expertenmüdigkeit« entgegenzuwirken. Immer wieder habe es Konflikte vor Ort gegeben, häufig aufgrund des Fehlverhaltens der Fachleute, die westlichen Wissensbeständen uneingeschränkt huldigten, die lokalen Verhältnisse geringschätzten, Arroganz und Selbstüberschätzung demonstrierten und mangelnde interkulturelle Kompetenzen mitbrachten. Bundesdeutsche Psychologen verlangten Experten, ohne »autoritäre Züge«, mit einem »konfliktfreien Wesen«. Man brauche »Sozialexperten«, die sensibel, doch zielgerichtet auf die »Motivationslage

265 Vgl. Interview mit Martin Skottke; Gerhard Sontag, Kameradenbrief, in: ebd., Nr. 12, Oktober 1969, S. 31-42, hier S. 33.

266 Vgl. Martin Skottke, Bericht aus Zambia, in: ebd., Nr. 15, April 1971, S. 36-37.

von Gruppen« einwirken könnten. Dafür sollte eine bessere Ausbildung sorgen, vor allem Vorbereitungsseminare, die unter psychologischen und sozialen Aspekten schulten.[267]

Als Berater für Entwicklungsländer auf dem landwirtschaftlichen Gebiet kamen nach allgemeiner Einschätzung nur völlig gesunde Menschen mit nachgewiesener Tropentauglichkeit in Betracht, die zudem die erforderliche Leistungsfähigkeit und Widerstandskraft besaßen. Es sollten nur Fachkräfte entsandt werden, die sprachkundig waren und Erfahrungen aus dem Klimabereich mitbrachten, in dem sie tätig werden sollten. Bei der Auswahl sollte der Frage der charakterlichen Eignung besondere Aufmerksamkeit gewidmet werden.[268]

Der Psychologe Prof. Ernst Eduard Boesch vertrat die Ansicht, dass prinzipiell sture Menschen, Prinzipienfanatiker, Pedanten und trockene Spezialisten für diese Aufgaben nicht brauchbar seien. Diesen Negativkatalog verlängerte er um sozial kontaktarme Eigenbrötler, doktrinäre Parteigänger; der fernwehige Romantiker sei trotz gegenteiligen Anscheins für die Arbeit in Entwicklungsländern kaum besser geeignet als der egozentrische, selbstbezogene Erfolgsmensch. Auf jeden Fall befinde sich der Europäer im Entwicklungsland in einer Ausnahmeposition. Er sei privilegiert wie benachteiligt: durch höheres Einkommen, durch soziale Privilegien, aber auch durch »rassische«, sprachliche und kulturelle Isolierung.[269]

Auch spätere Studien betonten die menschlichen Qualitäten, die für den Einsatz im Rahmen der Technischen Hilfe erforderlich seien und zählten ebenfalls psychische Stabilität und Belastbarkeit, einen gewissen Grad an Anpassungsfähigkeit und Beweglichkeit, Geduld und Einfühlungsvermögen, soziale Kontakt- oder Gemeinschaftsfähigkeit selbstverständlich dazu. Kritisch betrachtet wurde

267 Vgl. Hubertus Büschel, Die Moral der ExpertInnen: Krise und Reformen in der westdeutschen »Entwicklungshilfe« und der ostdeutschen »Solidarität« in Afrika südlich der Sahara der 1960er und 1970er Jahre, in: Journal für Entwicklungspolitik, 26 (2010) 3, S. 29-49. Zu der Forderung nach einer strengeren Auswahl, besseren Vorbereitung etc. mögen auch die in der Frühphase teilweise spektakulär gescheiterten Entwicklungsprojekte wie das Stahlwerk im indischen Rourkela beigetragen haben. Vgl. Jan Bodo Sperling, Die Rourkela-Deutschen, Stuttgart 1965; Corinna R. Unger, Rourkela, ein ›Stahlwerk im Dschungel‹. Industrialisierung, Modernisierung und Entwicklungshilfe im Kontext von Dekolonisation und Kaltem Krieg (1950-1970), in: Anja Kruke (Hg.), Dekolonisation. Prozesse und Verflechtungen 1945-1990, Bonn 2009, S. 367-388.

268 Vgl. Schreiben des Bundesministers für Ernährung, Landwirtschaft und Forsten an den Bundesminister für wirtschaftliche Zusammenarbeit vom 2.5.1962, in: BAK, B 213, Nr. 3633, unpag.

269 Vgl. Inhalt und Methodik kurzfristiger Vorbereitungskurse für Führungskräfte, die in Entwicklungsländer gehen. Protokoll eines Expertengespräches vom 24.-25. Mai 1961, Berlin-Tegel 1961, hg. von der DSE, S. 10ff.

hingegen der bei vielen anzutreffende Erlebnisdrang und die Tendenz zur Flucht vor dem dichten Netz sozialer Normen in der stark differenzierten heimischen Gesellschaft. Damit einher könne die Flucht vor persönlichen Schwierigkeiten im Zuge des Sozialisierungsprozesses gehen.[270]

Angesichts dieser hohen Anforderungen verwundert es nicht, dass ihnen nicht alle Experten gerecht werden konnten. Entsprechende Kritik wurde früh geäußert; dabei rückten die menschlichen Beziehungen zwischen den Angehörigen der Entwicklungsländer und den deutschen Fachkräften in den Mittelpunkt, mit denen es oft nicht zum Besten stand. Dieses unbefriedigende Verhältnis habe eine lange Geschichte, so ein Kritiker, und sei zumeist in der Kolonialzeit begründet, in der sich ein ganz bestimmtes Verhältnis zwischen den Kolonialherren und den unterworfenen Ländern eingespielt habe. Der Kolonisierte war in der damaligen Zeit der »Eingeborene«, der keine gleichen Rechte wie der Kolonialherr hatte. Diese Vorstellungen hätten sich als sehr langlebig erwiesen. So käme es trotz guter Vorbereitung immer wieder zum Aufbau von Haltungen, die der Arbeit hinderlich seien.[271]

Die Kritik erreichte auch die bundesdeutschen Massenmedien. In einem viel beachteten ZEIT-Artikel rückte Werner Dolph unter der Überschrift »Die ungeliebten Experten« deren materielle Verhältnisse pointiert in den Vordergrund: Die Entlohnung der GAWI-Experten orientiere sich am Gehalt deutscher Auslandsdiplomaten, das sie steuerfrei bezögen, wenn sie ihren inländischen Wohnsitz aufgäben. In Deutschland meist zur unteren Mittelschicht gehörend, rückten sie im Gastland gleich zur gesellschaftlichen Spitzengruppe auf. Der ohnehin fast unüberwindbare Abstand zur einheimischen Bevölkerung steigere sich so ins Überdimensionale. Vielen gelinge es nicht, den sprunghaften Zuwachs an Konsumkraft und Sozialprestige zu verarbeiten.[272]

Ein ranghoher BMZ-Mitarbeiter sah 1976 ebenfalls die Krise der personellen Entwicklungspolitik gekommen. Die Ursachen dafür lägen in einer »Expertenmüdigkeit«, die bedingt sei durch eine eingetretene Ernüchterung über die ausbleibenden Erfolge, unter anderem durch die in der Tradition kolonialer Denkgewohnheiten versuchte unkritische Übertragung eigener Modelle. Man habe längst erkannt, dass Entwicklungspolitik, vor allem personelle Hilfe, nicht wert-

270 Vgl. Reinhold Sachs, Zur akademischen Ausbildung von Fachkräften westeuropäischer Länder für die landwirtschaftliche Entwicklungshilfe, Berlin August 1967, S. 10f., zit. nach: StAM, 429/07, Nr. 167, unpag.

271 Vgl. Rolf Umbach, Gedanken zur interkulturellen Zusammenarbeit, in: Carl Hoeppe (Hg.), Die zweite Dekade der Entwicklungspolitik. Vorträge der Witzenhäuser Woche 1972 (Der Tropenlandwirt. Zeitschrift für die Landwirtschaft in den Tropen und Subtropen, Beiheft Nr. 3), Witzenhausen 1972, S. 56-64, hier S. 57ff., S. 63.

272 Vgl. Werner Dolph, Die ungeliebten Experten, in: Die Zeit vom 15.6.1973; Hermann J. Wald, Der häßliche Entwicklungsexperte, in: ebd. vom 9.8.1974.

frei sein könne, möge sie auch noch so fachlich ausgerichtet sein. Jeder ausländische Experte projiziere, bewusst oder unbewusst, seine dem eigenen Kulturkreis entstammenden Wertvorstellungen, Erfahrungen und gesellschaftspolitischen Überzeugungen auf die Menschen in den Entwicklungsländern, mit denen er es im Rahmen seiner Aufgabe zu tun habe. Viele Experten entsprächen zudem nicht mehr den gestiegenen fachlichen Anforderungen der Gastländer – ein auch für die Witzenhäuser Absolventen wichtiger Punkt. So möge der Allround-Landwirt in den Anfangsjahren durchaus nützlich gewesen sein, heute würden allenfalls fachlich hochqualifizierte Spezialisten benötigt. Die gewünschte Offenheit für Land und Probleme sowie die notwendige Anpassungsfähigkeit habe sich aufgrund mangelhafter Auswahl und unzureichender Vorbereitung oft nicht eingestellt. Im Gegenteil, viele Experten – und vor allem deren Ehefrauen – würden den Zuwachs an Einkommen und Sozialprestige psychisch nicht verkraften. Eher aus der Mittelschicht stammend, verkehrten sie nun in exklusiven Zirkeln, mit großem Haus und Bediensteten, ein Hauch von Jet-Set und süßem Leben, mit der Folge der sozialen Isolierung im Gastland und Furcht vor der Rückkehr ins Heimatland. Der bei den Deutschen sowieso stark ausgeprägte Ethnozentrismus verstärke sich zu kultureller Arroganz, teilweise sogar zu Verachtung, die sich in Unduldsamkeit, Schulmeisterei und Grobheit äußere. Die Fähigkeit zu interkultureller Zusammenarbeit werde schließlich durch mangelnde pädagogische Qualifikation und durch die Sprachbarriere noch weiter beeinträchtigt.[273]

Der Ethnologe Thomas Hüsken diagnostiziert, dass in Umkehrung der traditionellen Entwicklungsperspektive die Projektexperten selbst zu einem »Stamm der Experten« würden. Dieser Stamm kompensiere die Defizite der eigenen Agentur und die Komplexität der Verhältnisse im Einsatzland durch eine Fülle informeller Praktiken, interpersoneller Netzwerke und klientelistisch organisierter Klane. Häufig habe man es, so Hüsken, mit »hybriden Experten« im Sinne »nichtlinearer und bisweilen eklektizistischer Lebenswege, synkretistischer Weltsichten und Praktiken« zu tun, wie seine Porträts zeigten. Beim Zugang zum Einsatzland könnten die Experten nicht auf eine Betreuung durch ihren Arbeitgeber rechnen. Auf der Suche nach Orientierung müssten die Experten sich auf ihre Selbstorganisationsfähigkeit verlassen. Ihre Antworten und Handlungsstrategien seien deshalb individuell, pragmatisch, widersprüchlich und gelegentlich auch problematisch.[274]

273 Vgl. Gerd Pflaumer, Die Krise der personellen Entwicklungshilfe, in: Aus Politik und Zeitgeschichte, 26 (1976) 18 vom 1.5.1976, S. 30-46.

274 Vgl. Thomas Hüsken, Der Stamm der Experten. Rhetorik und Praxis des Interkulturellen Managements in der deutschen staatlichen Entwicklungszusammenarbeit, Bielefeld 2006, S. XI und S. 220 (Zitate ebd.).

Sandra Mass rekurriert bei ihrer Analyse der Ausbildung deutscher Entwicklungshelfer auf eine Aussage von Winfried Böll, leitender BMZ-Mitarbeiter, der den Entwicklungsexperten als »eine Art sublimierten Tarzan« beschrieb. Er stünde im Mittelpunkt divergierender Zuschreibungen und sich widersprechender Erwartungen: Als Vertreter der Industrieländer sollte er sowohl die Errungenschaften des Westens repräsentieren als auch kritische Distanz zu den negativen Auswirkungen der Konsumgesellschaft halten, sowohl die westliche wie die indigene Kultur kennen und sich von seinen historischen Vorgängern abgrenzen. Bei der ersten Generation von Entwicklungshelfern seien die europäischen Imaginationen von den moralischen und körperlichen Gefährdungen der Kolonialisten tradiert worden. Anstelle der Angst vor »rassischer« Vermischung sei dabei die Bedrohung des möglichen Verlustes der ökonomischen Vorzeigefunktion der Entwicklungshelfer getreten. Im Hintergrund habe, so Mass, die offen thematisierte Angst des Versagens der »entwickelten« Menschen gestanden. Als Gefahren wurden vor allem die klimatischen Bedingungen und die Gleichförmigkeit des täglichen Ablaufs ausgemacht; dazu kam der offenbare Luxus, der besonders die Frauen zu Leichtsinn und Unbeständigkeit verführe. Also insgesamt – wie schon in früheren Zeiten – das klassische »going native«, die Furcht vor physischem wie psychischem Kontrollverlust, geprägt durch Trunksucht und Verfall.[275]

Entwicklungspolitik als Berufsfeld

Wie bereits erwähnt, stieg der Anteil der Absolventen, die in die damals so genannte Entwicklungshilfe gingen, im Laufe des Bestehens der Lehranstalt steil an. Spätestens ab dem Jahrgang 1962 stellten sie die Mehrheit. Zunächst war die Nachfrage nach Absolventen sehr groß; ihre praxisorientierte, nichtakademische Qualifikation entsprach der damaligen Konzeption der bundesdeutschen Entwicklungspolitik. Sie wurden teilweise geradezu von der Schulbank weg von den Trägerorganisationen verpflichtet. Die ZL fragte immer wieder an, und die Schulleitung gab entsprechende Einschätzungen zu einzelnen ehemaligen Studierenden hinsichtlich ihrer Eignung für einen Einsatz in Entwicklungsprojekten ab. Naturgemäß fielen die Beurteilungen – von einigen wenigen Ausnahmen abgesehen – sehr positiv aus; fast alle wurden für einen Einsatz empfohlen.[276]

Diesen Eindruck bestätigt mit Eberhard Klinge auch ein Absolvent des Lehrgangs von 1963. Nach seiner Beobachtung waren die Absolventen der Lehran-

275 Vgl. Sandra Mass, »Eine Art sublimierter Tarzan« – Die Ausbildung deutscher Entwicklungshelfer und -helferinnen als Menschentechnik in den 1960er Jahren, in: WerkstattGeschichte 42, 15 (2006), S. 77-89.

276 Vgl. die Anfragen und Beurteilungen in: StAM, 314/1, Nr. 247.

stalt auf einmal sehr stark gefragt, sodass viele, wenn sie fertig waren, schon eine feste Stelle hatten. Die Zahl derjenigen, die wie früher in die Privatwirtschaft strebten, wie es auch zunächst seine Idee war, ging zurück: »Dass man da irgendwo raus ging als Farmverwalter oder Plantagenverwalter, was weiß ich, oder als Assistent und machte dann da seine Karriere oder hat sich selbst seine Farm zugelegt oder weiß nicht was. Das war dann auf einmal nicht mehr.« In die Industrie gingen hingegen nach wie vor Absolventen, vorrangig in die Bereiche Düngemittel, Pflanzenschutz usw. Dann begann die große Zeit der sogenannten Entwicklungshilfe, die zunehmend mehr Absolventen aufnahm.[277]

Insgesamt fanden die Absolventen der Lehranstalt in der landwirtschaftlichen Entwicklungshilfe ein reiches Betätigungsfeld. Und zwar eines, bei dem die Arbeit, bei aller Unsicherheit der einzelnen Aufträge, für die damalige Zeit recht lukrativ vergütet wurde. Es wurden teilweise Gehälter von mehr als 3.000 DM im Monat gezahlt. Die Mindestgehälter lagen immerhin noch über 2.000 DM.[278] Selbst die zweiten oder dritten Assistenten in den landwirtschaftlichen Entwicklungshilfeprojekten verdienten Mitte der 60er Jahre ungefähr 1.800 DM monatlich, wobei sie kaum Steuern zahlten und die Reisekosten des Europaurlaubs von der entsendenden Stelle getragen wurden.[279]

GAWI/GTZ

Der bei Weitem überwiegende Teil der Witzenhäuser Absolventen, die in dieser Zeit in der bundesdeutschen Entwicklungspolitik tätig wurden, waren bei der staatlich finanzierten GAWI beschäftigt. Sie war 1958 als Deutsche Wirtschaftsförderungs- und Treuhand-Gesellschaft mbH gegründet und 1964 in Deutsche Förderungsgesellschaft für Entwicklungsländer umbenannt worden. Das handlichere Kürzel GAWI stand für ihren Vorkriegsnamen, Garantieabwicklungs-Gesellschaft mbH. Sie war die Trägerorganisation bei den meisten staatlichen Entwicklungsprojekten und rekrutierte entsprechend Personal.[280] Die jüngeren GAWI-Auslandsmitarbeiter wurden häufig zunächst mit einem Assistentenvertrag ausgestattet und erhielten erst danach einen Vollvertrag. Darauf wartete

277 Vgl. Interview mit Eberhard Klinge (Zitat ebd.).

278 Vgl. Durchschrift einer Bescheinigung von Dr. Schäfer, DITSL, für Max Bernhardt vom 13.10.1965, in: AD, SA Max Bernhardt, Bl. 112-113, hier Bl. 113.

279 Durchschrift eines Schreibens der LTSL, Dr. Dr. Bieber, an die Landwirtschaftliche Berufsgenossenschaft Unterfranken, Gesetzliche Unfallversicherung, Würzburg, vom 10.6.1965, in: ebd., SA Rainer Eifert.

280 Zur GAWI vgl.: Hartmut Ihne/Jürgen Wilhelm (Hg.), Einführung in die Entwicklungspolitik, Hamburg 2006 (2. Aufl.), S. 179ff.; Schloz, Entwicklungspolitik, S. 83ff.; 7 Jahre Mitarbeit bei den Förderungsmaßnahmen der Bundesrepublik für Entwicklungsländer, hg. von der Deutschen Förderungsgesellschaft für Entwicklungsländer (GAWI), Frankfurt a.M. 1965.

auch ein Absolvent des Lehrgangs von 1960, dem die GAWI bereits einen solchen zugesagt, aber noch nicht angeboten hatte. Er war etwas über die Langsamkeit erbost, aber man dürfe sich nur nicht aus der Ruhe bringen lassen. Er rechnete dann auf jeden Fall mit einer Versetzung, da dies im Assistentenvertrag festgelegt war.[281]

Einen recht typischen Start in diesem Bereich erlebte Egon Schülke, der seinen Abschluss Ende 1962 gemacht hatte und im Mai 1963 auf einen 20 Kilometer von Tunis entfernt gelegenen Betrieb kam, der von der Bundesregierung zur Förderung der Viehzucht als Demonstrations- und Musterbetrieb eingerichtet wurde, als eine Art Melkerschule. Es gab dort nur zwei deutsche Experten, den Projektleiter und ihn selbst, sodass er Vertreter des Projektleiters und Assistent in einer Person war. Dazu kamen noch ein tunesischer Agraringenieur und zwei Melker. Gemäß der damals gängigen Vorstellung von Musterbetrieben, sollten dort in halbjährigen Kursen junge Leute in der Milchwirtschaft, Melktechnik, Viehhaltung, Jungviehaufzucht und Futterbau angelernt werden. Schülke war dabei für die Vermittlung der praktischen Kenntnisse zuständig. Die Mitarbeiter hatten laufend im Land die Tierbestände zu überwachen und zu kontrollieren. Bis dahin waren bereits etwa 1.500 Tiere aus Deutschland importiert worden, die zu einem großen Teil bei tunesischen Bauern standen. Sie waren auch für die Milchkontrolle zuständig und Schülke musste die Kontrollergebnisse für den Jahresabschluss nachrechnen. Keine leichte Aufgabe, denn auf die Tunesier war oft kein Verlass: »Leider ist es hier ja auch so, daß die Leute nach Möglichkeit ellenlange Titel haben, aber keine Ahnung von dem, was sie machen.«[282]

Einen weiteren Schwerpunkt bundesdeutscher Entwicklungspolitik bildete ein Siedlungsvorhaben in Kitale im westlichen Kenia. Dort waren mehrere Witzenhäuser Absolventen für die GAWI tätig. Ein Absolvent des Lehrgangs von

281 Vgl. Schreiben von Georg Schröttle an Gerhard Sontag vom 19.10.1965, in: AD, AHV, Ordner Schriftwechsel 1965, L-Z, unpag.

282 Vgl. Schreiben von Egon Schülke an Gerhard Sontag vom 22.5.1963, in: ebd., Allgemeine Korrespondenz, September 1962-Dezember 1963, L-Z, unpag. (Zitat ebd.); Interview mit Egon Schülke. Vgl. dazu den Bericht des Projektleiters: Walter Rossmann, Der Lehr- und Demonstrationsbetrieb für Tierzucht-Béjaoua. Ein im Rahmen der Technischen Hilfe der Bundesrepublik Deutschland in Tunesien verwirklichtes Projekt, in: Zeitschrift für ausländische Landwirtschaft, 5 (1966) 4 vom November 1966, S. 275-293. Allgemein dazu: Projektberichte: Tierzucht-Demonstrationsbetrieb Béjaoua/Tunesien, in: LiA, 1 (1967) 1, S. 21-22; Harald Gäbel, Deutsch-Tunesische Zusammenarbeit in der Tierzucht, in: ebd., 2 (1968) 2, S. 11-12; Egon Schülke, Leistungsvergleiche im Futterbau Tunesiens, in: ebd., 3 (1969) 4, November 1969, S. 113-116; Heinrich Lehne, Entwicklungszusammenarbeit der BR Deutschland mit den Maghreb-Ländern, in: Angelika Hartmann/Konrad Schliephake (Hg.), Angewandte interdisziplinäre Orientforschung, Hamburg 1991, S. 52-60.

1963, der zuvor im Jemen gearbeitet hatte, zeigte sich sehr angetan. Im Gegensatz zum vom Bürgerkrieg zwischen Royalisten und Republikanern zerrissenen Jemen lebe man in Kenia herrlich, könne sich überall hinwagen, ohne Gewalt befürchten zu müssen. Das Team von Landwirten arbeitete in der Beratung von etwa 140 afrikanischen Großfarmern, die unter die einzelnen Teammitglieder aufgeteilt waren, sodass jeder eine Anzahl von Betrieben hatte, die er im regelmäßigen Turnus besuchte. Die Hauptaufgabe bestand zunächst in der Ertragssteigerung durch die Vermittlung einschlägiger landwirtschaftlicher Kenntnisse, da die Produktion nach der Übernahme der Farmen durch Afrikaner zurückgegangen war. Die Arbeit war aus seiner Sicht interessant und wurde auch von der kenianischen Landwirtschaftsverwaltung gewürdigt.[283] Das Projekt lief recht lange und die Zusammensetzung des Personals veränderte sich im Laufe der Zeit. Ein Absolvent des Lehrgangs von 1962 schied später ganz bei der GAWI aus, blieb aber in Kenia und ging für die Friedrich-Ebert-Stiftung (FES) zu einem Genossenschaftsprojekt nach Chemelil, 160 Kilometer vom Viktoriasee entfernt gelegen, wo er die Planung für den Anbau von 3.600 ha Zuckerrohr übernahm.[284]

Ehrenfried Zillich arbeitete 1962 bei einem Projekt in Togo, das als ein Versuch begonnen worden war, einen neuen Weg der Entwicklungspolitik auf unterer Ebene zu finden. Allerdings sollte es auch möglichst wenig kosten, was sich dann unter anderem in Personalmangel niederschlug, der auch mit idealistischem Einsatz nicht wettgemacht werden konnte. Innerhalb des Projekts sollten landwirtschaftlich-handwerkliche Produktionsgenossenschaften in drei weit voneinander entfernt liegenden Dörfern eingerichtet werden, von denen aus dann langsam die hemmenden traditionellen Strukturen innerhalb des Dorfs und in der Umgebung beseitigt werden sollten, damit der »Geist der Neuzeit«, wie er es selbst etwas ironisch nannte, einziehen könne. Der Aufbau wurde weitgehend von einem Landmaschineningenieur und ihm durchgeführt, da der Projektleiter jeweils drei Monate in Togo und drei Monate in Deutschland war. Beide Protagonisten kamen frisch von der Schulbank und hatten relativ wenig praktische Erfahrung. Zwei Jahre später war ihnen klar, dass mit den reinen Produktionsgenossenschaften nicht genügend für das Land getan werden konnte. Diese gerieten in Gefahr, sich zu abgekapselten Betrieben zu entwickeln, die nicht »ausstrahlten«, in denen die Mitglieder das Gefühl der Teilhaberschaft verloren hatten und sich als Lohnempfänger fühlten. Deshalb begannen sie mit einer vorsichtigen Umstellung bei der Einrichtung des dritten Dorfs, 450 km im Norden,

283 Vgl. Schreiben von Werner Rose an Gerhard Sontag vom 6.2.1966, in: AD, AHV, Ordner Schriftwechsel 1966, L-Z, unpag.; Gerhard Sontag, Kameradenbrief, in: Uu, Nr. 6, Oktober 1966, S. 25-43, hier S. 28.

284 Vgl. Gerhard Sontag, Kameradenbrief, in: ebd., Nr. 19, März 1973, S. 36-57, hier S. 39.

in einem Gebiet, das bisher noch von keiner Hilfsmaßnahme berührt worden war. Sie behielten die Produktionsgenossenschaft bei, beschränkten sie jedoch auf den Sektor Landwirtschaft. Gleichzeitig wurde in großem Stil mit Breitenarbeit in der Umgebung begonnen, besonders im Hinblick auf den Anbau von Intensivbaumwolle und der Betonung des Wertes der Genossenschaft für den ganzen Bezirk. Die Beteiligung der Togoer war ermutigend, andererseits benötigten sie aber selbst immer wieder Ermutigung, was einen hohen Kommunikationsbedarf bedeutete. Zillich wertete die insgesamt vier Jahre in Togo als eine gute Lehrzeit, in der er praktische Erfahrungen sammeln konnte über die ganze Skala des landwirtschaftlichen Genossenschaftswesens.[285] In einem Artikel ging Zillich noch einmal genauer auf die Zielsetzung der drei »Musterdörfer« ein: Vorrangig sei die Förderung des Handwerks gewesen, erst in zweiter Linie der Landwirtschaft. Mit Hilfe der Reserven an Arbeitskraft und an freien Landflächen sollte eine traditionelle Dorfgemeinschaft eine Mehrerzeugung über die normale Bedarfsdeckung hinaus für den Markt erreichen. Zillich räumte selbst ein, dass es sich um eine nachholende Entwicklung gegenüber den Industrienationen handelte. Die Hemmnisse, die durch die bestehenden traditionellen Arbeits- und Sozialstrukturen bedingt waren, sollten ohne scharfen Bruch, also sozialverträglich, beseitigt werden. Dafür verlangten die »Entwicklungshelfer« unentgeltliche Aufbauarbeit, weil sie die durch gewisse Entbehrungen und Stolz auf vollbrachte Leistungen entstandenen charakterlichen Wandlungen für letztlich wirksamer als das Anreizmittel Geld hielten. Natürlich hatte das Projekt mit jeder Menge Problemen und Widerständen zu kämpfen, man griff allerdings auch teilweise zu recht abgehobenen Maßnahmen, wie der Einführung von Wirtschaftlichkeitsberechnungen mit Berücksichtigung der Kapitalverzinsung. Es käme, so Zillich, in Afrika darauf an, »das eigenverantwortliche Unternehmerbewusstsein zu wecken und zu stärken«. Es gab Erfolge, wenngleich wohl eher in anderer Hinsicht: das demokratische Prinzip setzte sich durch, ebenso die Gleichberechtigung der Frauen in den Genossenschaften, junge Männer blieben im Dorf, es erfolgte zumindest eine gewisse Ausstrahlung auch auf andere Dörfer.[286] Im Interview äußert sich Zillich deutlicher; man habe rasch gesehen, dass der Schwerpunkt Werkstatt und Holzbearbeitung eine Fehlplanung war. Dafür lief nach seinen Aussagen die Arbeit mit den Counterparts gut, wenn sie

285 Vgl. Weihnachtsrundschreiben von Ehrenfried Zillich vom Dezember 1966, in: AD, AHV, Ordner Schriftwechsel 1967, L-Z, unpag. Vgl. die kritische Bewertung des Projekts bei: Hubertus Büschel, Hilfe zur Selbsthilfe. Deutsche Entwicklungsarbeit in Afrika 1960-1975, Frankfurt a.M. 2014, S. 401ff.

286 Vgl. Ehrenfried Zillich, Die drei Musterdörfer in Togo, in: Afrika heute, 3 (1965) 12 vom 1.7.1965, S. 160-162 (Zitat S. 161); Bundesregierung unterstützt Musterdörfer in Togo, in: Entwicklungspolitik, Ausgabe I/12 vom 28.8.1965, S. 12-13. Siehe auch den Aufsatz des ehemaligen Projektleiters: Hans von der Decken, »Drei Musterdörfer – Togo«, in: LiA, 2 (1968) 4, S. 28.

von allen anerkannt wurden, »war da auch kein Problem irgendwelcher Art«. Probleme gab es da eher mit dem neuen Projektleiter und der Zielsetzung.[287]

Richard Muttscheller arbeitete seit 1964 am Kilombero Agricultural Research Institute bei Ifakara in Tansania. Ihm wurden als dienstältesten Experten zeitweise die Verwaltungsgeschäfte übergeben. Die dem Projekt zugeteilten Mitarbeiter seien junge, tatendurstige und im positiven Sinne ehrgeizige Kräfte gewesen, die etwas auf die Beine stellen wollten. Unter ihnen befanden sich auch noch zwei weitere Witzenhäuser Absolventen.[288] Nach dem Beschluss des Bundeskabinetts sollte das Projekt zu einer Landwirtschaftlichen Versuchs- und Lehranstalt umgebaut werden. Diese werde zwei Hauptziele verfolgen: die Sicherstellung einer gesunden Ernährungsgrundlage für die einheimische Bevölkerung durch Verbesserung der angebauten und unter Umständen ernährungsphysiologisch besser geeigneter Kulturen sowie die Einführung einer oder mehrerer der Qualität und Quantität nach absatzfähiger Erwerbsfrüchte zur Hebung des Lebensstandards. Nach den Berichten der Projektmitarbeiter entbehrten die bisher durchgeführten Arbeiten einer einheitlichen Konzeption und litten unter mangelhafter Arbeits- und Organisationsplanung. Das dringendste Problem bestand im Bau von Wohnhäusern. Es sollten zunächst fünf aus vor Ort vorhandenen Materialien errichtet werden, die nach Fertigstellung der endgültigen Häuser für das leitende Personal den afrikanischen Counterparts zur Verfügung gestellt werden sollten.[289] Für die Zeit von 1963 bis 1965 kam ein beteiligter Landwirt zu dem Schluss, dass die bundesrepublikanische Regierung unbedingt Entwicklungsprojekte in Tansania durchführen wollte, da das Land früher einmal eine deutsche Kolonie war. Der damalige Landwirtschaftsminister Tansanias, ein ehemaliger englischer Kampfpilot, der von den Deutschen abgeschossen worden war und ein Bein verloren hatte, hasste die Deutschen, und er war dafür verantwortlich, dass das Projekt in die äußerste Ecke Tansanias gelegt wurde. So waren die Deutschen weit weg und sollten das Projekt möglichst lange finanzieren. Als landwirtschaftliches Vorzeige- und Ausbildungsprojekt war es am ungeeignetsten Ort platziert.[290]

287 Vgl. Interview mit Ehrenfried Zillich (Zitat ebd.).

288 Vgl. Schreiben der Botschaft der Bundesrepublik Deutschland in Daressalam an das AA vom 3.6.1965, in: PAA, B 58-III B 2, Nr. 481, unpag.

289 Vgl. Durchschrift des Berichts über den Besuch des Landwirtschaftsreferenten der Deutschen Botschaft Daressalam auf der Landwirtschaftlichen Versuchs- und Lehranstalt Ifakara am 17.9.1965 von Hans von Strenge, Landwirtschaftsreferent der Botschaft, in: ebd., unpag.; Tansania, in: Entwicklungspolitik, Ausgabe I/8 vom 25.5.1965, S. 11.

290 Vgl. Interview mit Rolf Schall, in: Zeitzeugen der Entwicklungszusammenarbeit, hg. vom Entwicklungspolitischen Bildungs- und Informationszentrum e.V., Berlin o.J. (2008), S. 43-45, hier S. 45.

Nach eigenen Angaben führte Muttscheller ein »Buschleben« mit allen Vor- und Nachteilen, meinte aber, wenn man nicht zu anspruchsvoll sei, überwögen die Vorteile. Auf der Station baute man Reis, Soja, Hirse, Mais und Erdnüsse angebaut, daneben noch Baumwolle und Sesam. Außerdem liefen Versuche mit Kokospalmen und Cashewnüssen. Die Arbeit gefiel ihm gut, und er kam mit den Leuten gut aus, wohl auch, weil er in Kisuaheli Fortschritte gemacht hatte.[291] Muttscheller pflanzte auch Kakao an, und als er nach vier Jahren versetzt werden sollte, gab er an, es sei sehr schwer, jemanden zu finden, der diese Arbeit weiterführe. Er fühlte sich mit dieser Arbeit stark verbunden und wollte wohl auch nicht, dass er seine Ideen weitergab und andere den Erfolg für sich beanspruchten. Durch seine nunmehr guten Kenntnisse der Landessprache würde er »von den Afrikanern aller sozialen Schichten – unsere Arbeiter gar nicht gezählt, denen darf ich gar nicht sagen, daß ich eventuell versetzt werde – hundertprozentig anerkannt«. Auch Politiker und Verwaltungsbeamte würden seinen Weggang nur sehr ungern sehen. »Zuhause wird man darüber lächeln und denken, was haben die Tanzanier damit zu tun; die bekommen Hilfe von uns und haben daher zu nehmen, was wir ihnen geben und an Geschenke können vom Empfängerland schon gar keine Bedingungen geknüpft werden. Die Leute hier denken anders, und Kleinigkeiten können oft zu großen Schwierigkeiten führen.« Er blieb dann noch bis 1970 dort.[292]

Am 22. März 1970 wurde die Versuchsstation Ifakara offiziell eröffnet. Einer der führenden Mitarbeiter war auch in dieser Zeit ein Witzenhäuser Absolvent, der für alle Fragen des landwirtschaftlichen Wasserbaus und der Bewässerung zuständig war. Das Arbeits- und Aufgabengebiet des Projekts hatte den engen lokalen Rahmen gesprengt, neue Demonstrationsparzellen in der weiteren Umgebung waren hinzugekommen. Nach Ansicht des Landwirtschaftsreferenten der Deutschen Botschaft, des Witzenhäusers Hans von Strenge, nahm das Interesse der ländlichen Bevölkerung an den Ergebnissen der Arbeiten der Versuchsstation nicht zuletzt durch den Einsatz des Beratungsdienstes ständig zu. Die Arbeit der Station habe in weiten Kreisen der Bevölkerung und der Regierungsstellen Tansanias Widerhall und volle Anerkennung gefunden.[293]

291 Vgl. Gerhard Sontag, Kameradenbrief, in: Uu, Nr. 8, Oktober 1967, S. 30-44, hier S. 32.

292 Vgl. Schreiben von Richard W. Muttscheller an Min.Rat Dr. Theiss, BML, vom 11.7.1968, in: BAK, B 213, Nr. 7654, unpag. (Zitate ebd.); Interview mit Richard Muttscheller.

293 Vgl. Bericht des Landwirtschaftsreferenten über den Stand des Projektes der deutschen Technischen Hilfe (FE 315) KATRIN, Ifakara mit Ende 1970, in: PAA, B 58-III B 2, Nr. 1211, unpag.; Durchschrift eines Schreibens der Deutschen Botschaft Daressalam an das AA vom 26.3.1970, in: ebd., unpag. An der Eröffnung nahmen Präsident Julius Nyerere und Bundesminister Erhard Eppler teil.

Gleich mehrere Witzenhäuser waren an einem anderen großen Entwicklungsprojekt der Bundesrepublik in Nilgiris im indischen Bundesstaat Tamil Nadu beteiligt. Hugo Klöckner verbrachte seine Praktikantenzeit für einen Einsatz in diesem Projekt zur Sprachfortbildung, fachlichen Weiterbildung und um den »English way of life« kennenzulernen in England. Im Nachhinein stufte er diesen Aufenthalt als sehr hilfreich ein, er habe seine Sprachkenntnisse verbessert und sein Fachwissen aufgefrischt.[294] Im Projekt selbst erwies sich Klöckner »als besonders befähigt«, er habe »überdurchschnittliche Leistungen erbracht«. Klöckner hatte die Aufgabe, indische Landarbeiter zu Schlepperfahrern auszubilden und ihnen den Umgang mit Motorrückenspritzen beizubringen. Sein Vorgesetzter lobte seine ruhige Art, sein Verständnis für »einfache Menschen« und seine guten technischen Kenntnisse, mit denen er in kurzer Zeit Landarbeiter ohne jede technische Vorkenntnisse zu gutem Bedienungspersonal ausbildete. Darüber hinaus bewährte er sich auch als Farmverwalter, sodass ihm eine weitere Farm zur Bewirtschaftung zugewiesen wurde. Aufgrund seines Einsatzes und seiner Fachkenntnisse konnte dieser Betrieb bereits nach kurzer Zeit mit Weizen und Kartoffeln bestellt werden.[295] Bei diesem Projekt waren zeitweise sieben Witzenhäuser beschäftigt. Ein Absolvent des Lehrgangs 1964/65 berichtete über seine Tätigkeit: Er war zunächst als Farmmanager eingesetzt, erhielt dann eine eigene Abteilung, die Fruit and Fruitculture Branch. Er unternahm Versuche mit Erdbeersorten, um sie als Kultur einzuführen. Da sich in der Nähe eine Marmeladenfabrik befand, wäre die Vermarktung gesichert. Ferner versuchte er den Anbau von Gladiolen als Schnittblumen. Auch dafür sei der Absatz gesichert, denn der Bedarf an Blumen in den Großstädten war groß, da die Inder ihre Tempel vor allem während der Tempelfeste mit großen Mengen an Blumen ausschmücken. Vom Blumenverkauf könnten die armen Bauern Bargeld bekommen. Da durch jahrzehntelange Monokultur mit Kartoffeln die Erträge langsam fielen, sollten die Bauern vom Kartoffelanbau weggebracht und ihnen der Fruchtwechsel mit anderen Kulturen schmackhaft gemacht werden. Da bot sich die

294 Vgl. Bericht über einen Abschnitt meiner Fortbildung im Sommer 1967 auf einer Getreidefarm in England von Hugo Klöckner vom 25.10.1967, in: StAM, 429/07, Nr. 186, unpag.

295 Vgl. Durchschrift eines Schreibens von Horst B.K. Geuting, Nilgiris Development Project, an die GAWI vom 3.9.1968, in: BAK, B 213, Nr. 19628, unpag. Zum Projekt vgl.: Landwirtschaftshilfe in den Blauen Bergen Indiens, in: Entwicklungspolitik, Ausgabe II/3 vom 19.4.1966, S. 10; Landwirtschaftliches Entwicklungsprojekt Nilgiris, in. LiA, 7 (1973) 6, November/Dezember 1973, S. 146; Deutsche Agrarhilfe. Was – Wo – Wie?; hg. von der BfE, Frankfurt a.M. 1973 (2. Aufl.), S. 176ff. Allgemein dazu: Amit Das Gupta, Handel, Hilfe, Hallstein-Doktrin. Die bundesdeutsche Südasienpolitik unter Adenauer und Erhard 1949 bis 1966, Husum 2004, S. 133ff.; Corinna R. Unger, Entwicklungspfade in Indien. Eine internationale Geschichte 1947-1980, Göttingen 2015.

Viehwirtschaft an, Futter- und Gemüsebau und der Anbau von Erdbeeren und Schnittblumen.[296]

Klöckner erinnert sich im Interview an den Projektleiter, der diktatorisch war, und durch dessen Vorgehen sich starker Druck im Projekt aufbaute. Es kam, so Klöckner, zu einem kleinen Aufstand, man unterschrieb eine Petition gegen den Projektleiter, dass er abgezogen werden sollte. Klöckner unterschrieb nicht. Er habe sich trotz anfänglicher Probleme mit dem Projektleiter auseinandergesetzt, der aus seiner Sicht eine eher militärische Haltung hatte. Er widersprach ihm mehrmals und warnte ihn, so weiterzumachen, was zwangsläufig zu seiner Absetzung führen werde, was dann auch geschah.[297]

Einer der »Stars« unter den Absolventen der Lehranstalt war zweifellos Ernst Lamster aus dem Lehrgang von 1962. Er ging nach seinem Abschluss in Witzenhausen zunächst für einen Privatmann nach Paraguay, um eine Hacienda aufzubauen. Dort konnte er nach eigenen Angaben seine Kenntnisse anwenden und viele praktische Erfahrungen sammeln in der Vermessung des Urwalds, im Waldschlag, in der Pflanzung von Mais, Reis, Soja, Bohnen, Baumwolle, Erdnuss und vor allem in der Kaffee- und Weidepflanzung. Zu seinem Auftrag gehörten auch der Bau der Gebäude, sowie die Licht- und Wasseranlage und der Bau einer Ziegelei und eines Sägewerkes. Nach Beendigung seines Auftrages kaufte er sich einen kleinen landwirtschaftlichen Betrieb und übte sich dort in der praktischen Landwirtschaft und in der Tierzucht. Zum Jahresbeginn 1965 trat er als Abteilungsleiter in eine brasilianische Kolonisationsgesellschaft ein, im Bundesstaat Paraná. Seit Mai 1966 war er dort Direktor und Leitender Ingenieur dieser Firma. Mitte 1969 lief sein Vertrag aus, und Lamster bemühte sich um eine Anstellung in der Entwicklungspolitik.[298]

Lamster landete schließlich im Auftrag des BMZ, später auch der Gesellschaft für Technische Zusammenarbeit (GTZ) im brasilianischen Bundesstaat Minas Gerais, wo er einige Berühmtheit erlangte. Mit zu seinem Bekanntheitsgrad in bundesdeutschen Entwicklungshelferkreisen trug auf jeden Fall Thomas Neumaier, Absolvent von 1960, bei, der ihm eigene Beiträge widmete und ihn in anderen immer wieder erwähnte. Dazu kam ein PR-Film, der seine Arbeit zum Thema hatte. Lamster wurde zum lebenden Beweis stilisiert, dass – entgegen der Meinung der Mehrheit der Bundesbürger – »Entwicklungshilfe« auch erfolgreich sein könne. Recht bezeichnend für die damalige Haltung soll eine von Neumaier geschilderte Szene etwas länger zitiert werden: »Dr. Agripino Abranches Viana, Landwirtschaftsminister des brasilianischen Bundesstaates Minas Gerais,

296 Vgl. Gerhard Sontag, Kameradenbrief, in: Uu, Nr. 13, April 1970, S. 28-40, hier S. 35.

297 Vgl. Interview mit Hugo Klöckner.

298 Vgl. Lebenslauf von Ernst Lamster vom 4.7.1968, in: AD, SA Ernst Lamster, unpag.

hat an diesem Vormittag in Belo Horizonte wichtige Beratungen. Es geht um die endgültige Festlegung des brasilianischen Agrar-Entwicklungsprogramms für die Zeit von 1977 bis 1980. Als wir in seinem Vorzimmer Bescheid geben, daß ihn der Witzenhäuser Agrarfachmann Ernst Lamster (62) dringend sprechen muß, dauert es nur wenige Minuten, und schon steht uns der Minister zur Verfügung, er unterbricht seine Sitzung und entläßt seinen Gesprächspartner für kurze Zeit und bittet uns in sein Ministerbüro. Der Fall wird unkonventionell geklärt. Kam. Lamster berichtet dem Minister von einigen Schwierigkeiten, die für mehrere Kleinbauern bei der Finanzierung ihrer Bewässerungsflächen entstanden sind. Er unterbreitet dem Minister einen Lösungsvorschlag und bittet um seine Zustimmung. Agripino Abranches handelt rasch: Er weist sofort an, daß der betroffenen Gruppe von brasilianischen Kleinbauern Kredite zur Verfügung gestellt werden. Der brasilianische Landwirtschaftsminister weiß, daß er sich auf seinen deutschen Berater verlassen kann. Er klopft Ernst Lamster auf die Schulter und sagt zu mir: ... wir brauchen fünf solche Lamster.« Er erfüllte zu dieser Zeit drei Aufgaben: Im Landwirtschaftsministerium wirkte er als landwirtschaftlicher Regierungsberater mit. Beim Sitz der brasilianischen Organisation für landwirtschaftliche Beratung und Kreditvergabe hatte er ein Büro als Sachverständiger für das landwirtschaftliche Beratungswesen, und bei einem staatlichen Ingenieurbüro arbeitete er mit anderen brasilianischen Ingenieuren an der technischen Detailplanung der Bewässerungsflächen. Bereits 1968 hatte Lamster einen Auftrag des BMZ bekommen und reiste im August 1969 als Sachverständiger für Feldversuchswesen nach Minas Gerais. Dort stand fruchtbares Land zur Verfügung, das verhältnismäßig einfach kultiviert werden könne, zumal ein Großteil in geografisch günstigen Gebieten liege. In diesem Umstand sah Lamster die Ansätze für seine erfolgreiche Arbeit, so Neumaier. Er steigerte die Reisproduktion durch die Einführung besserer Sorten; auf einer Fläche von 20.000 Hektar konnten die Erträge um 20 Prozent erhöht werden. Lamster führte den Anbau der Futterhirse ein, um Reserven für die Trockenzeit zu schaffen. Ein Silobauprogramm schloss sich an. Nun hatten die brasilianischen Kleinbauern das ganze Jahr über gleichmäßige Milcherträge. Durchschnittserträge von 4.000 kg/Hektar erzielte der deutsche Agrarfachmann mit der Einführung neuer mexikanischer Weizensorten. Er propagierte die Düngung, den Einsatz von Spurenelementen und die Fruchtfolge. Neu für die Brasilianer war auch die Einführung des Winterfutterpflanzenanbaus. Nach vier Jahren hatte Lamster bereits so viele Bauern überzeugt, dass sich die Gesamtfläche auf 8.000 Hektar belief.[299] Lamster selbst attestierte sich ebenfalls große Erfolge: Vier Ernten pro

299 Vgl. Drei Ernten für die Bauern von Minas Gerais. Witzenhäuser Tropenlandwirt leistet in Brasilien erfolgreiche Entwicklungshilfe, in: Uu, Nr. 26, Oktober 1976, S. 47-50 (Zitat S. 47f.); Thomas Neumaier, Bessere Ernten für Minas Gerais, hg. von der GTZ, Eschborn 1977; Agrarhilfe, S. 84ff. Zur GTZ vgl.: Renate Pollvogt,

Jahr seien möglich geworden; der Reingewinn der Bauern um bis zu 800 Prozent gestiegen. Dafür hätte das Projekt recht geringe Gesamtkosten verursacht, über vier Jahre 950.000 DM. Es sei eine fortgeschrittene Art der »Hilfe zur Selbsthilfe«, mehr Rat als Kapital zu investieren. Anzumerken bleibt, das Lamster für seine Verdienste im Januar 1982 das Bundesverdienstkreuz verliehen bekam.[300]

Privatfirmen

In der frühen bundesdeutschen Entwicklungspolitik war eine Reihe an Privatfirmen tätig, die überwiegend von der EWG finanzierte Projekte übernahmen. Eine der aktivsten dieser Firmen war die bereits erwähnte Agrar- und Hydrotechnik, deren Afrika-Abteilung von Werner Ocker geleitet wurde, der die Kolonialschule von 1926 bis 1928 besucht hatte. Deshalb ist es nicht verwunderlich, dass mehrere Witzenhäuser dort eine Anstellung fanden. Ein Absolvent des Lehrgangs von 1962 war auf einem Teeprojekt in Ruanda, auf dem noch einige weitere Absolventen tätig waren. Aus Moor und Urwald, so schrieb er, bauten sie eine kleine Pflanzung auf. Rutschten in der Regenzeit im Urwald auf den neuangelegten Wirtschaftswegen herum »und schimpfen mit den Afrikanern, die natürlich wie immer viel zu langsam und faul sind«. So ganz langsam werde man selbst »Afrikaner«, ob man wolle oder nicht. Trotzdem machte ihm die Arbeit immer noch viel Freude; allerdings nahm der bei dem von der EWG finanzierten Projekt aus Brüssel verlangte bürokratische Aufwand ständig zu, sodass er neben den Pflanzungsstunden nachmittags und abends mehr Büroarbeit leisten musste als ihm lieb war. Ansonsten habe sich das Leben in Afrika in den letzten Jahren sehr verändert; die Afrikaner gebärdeten sich immer mehr als Herren und die Weißen würden als notwendiges arbeitendes Übel angesehen, mit dem man so ziemlich alles machen könne.[301] Im März 1967 hatte er Besuch von einem Semesterkameraden, der in Berlin studiert hatte, mit einer Gruppe von sechs Diplom-

Zur Anatomie einer entwicklungspolitischen Organisation – Die GTZ. Genese und Struktur der Deutschen Gesellschaft für Technische Zusammenarbeit (GTZ), Saarbrücken/Fort Lauderdale 1987; Thomas Neumaier, Ländliche Entwicklung heute. Die GTZ in drei Kontinenten, hg. von der GTZ, Eschborn 1977; Gerti Wöhe, Job ohne Wiederkehr?, in: Die Zeit vom 3.11.1978.

300 Vgl. Ernst Lamster, Deutsche Agrarhilfe bringt bessere Ernten in fünf Kontinenten, in: Deutsch-Brasilianische Hefte, 26 (1977) 6, S. 384-386, hier S. 384; Deutscher Landwirtschaftsexperte mit Bundesverdienstkreuz ausgezeichnet, in: Uu, Nr. 37, April 1982, S. 12.

301 Vgl. Schreiben von Uwe Ottens an Gerhard Sontag vom 16.11.1966, in: AD, AHV, Ordner Schriftwechsel 1966, L-Z, unpag. (Zitat ebd.). Teilweise auch in: Gerhard Sontag, Kameradenbrief, in: Uu, Nr. 7, April 1967, S. 19-34, hier S. 23. Vgl. zu den Firmen: Friedrich-Karl Schmitz-Winnenthal, Die Rolle der Consulting-Firmen, in: Carl Hoeppe (Hg.), Die zweite Dekade der Entwicklungspolitik. Vorträge der

Abb. 8: Witzenhäuser Absolventen aus der Vor- und der Nachkriegszeit 1964 bei einem Teeprojekt in Ruanda (aus der Schülerakte von Hans-Joachim Kühne)

landwirten, die drei Monate auf verschiedenen Entwicklungsprojekten als Praktikanten arbeiteten, um die Arbeitsmethoden der Afrikaner kennenzulernen. Nicht ganz untypisch für die Verhältnisse erschien im Folgemonat ein Finanzkomitee der EWG, um die Pflanzung zu besichtigen. »Bei kaltem Buffet und Tanzdarbietungen der Eingeborenen hat es den Herren gut gefallen und alles klappte ausgezeichnet.«[302]

Bei einem zweiten Teeprojekt der Agrar- und Hydrotechnik in Ruanda waren ebenfalls einige Witzenhäuser engagiert. Ein weiterer Absolvent des Lehrgangs von 1962 konnte 1973 die vier Jahre zuvor angelegten Pflanzen abernten. Von den ursprünglich vorgesehenen 500 ha blieb nur noch ein Rest von 33 ha für die nächste Saison übrig. 2.560 Bauern waren am Teeanbau beteiligt, und da nun mit der Ernte begonnen werden konnte, wurde ein Durchbruch erzielt, denn die Bauern waren nach Erhalt von Bargeld von der ganzen Sache überzeugt.[303]

Witzenhäuser Woche 1972 (Der Tropenlandwirt. Zeitschrift für die Landwirtschaft in den Tropen und Subtropen, Beiheft Nr. 3), Witzenhausen 1972, S. 97-100.

302 Vgl. Gerhard Sontag, Kameradenbrief, in: Uu, Nr. 8, Oktober 1967, S. 30-44, hier S. 32 (Zitat ebd.).

303 Vgl. Gerhard Sontag, Kameradenbrief, in: ebd., Nr. 19, März 1973, S. 36-57, hier S. 40.

Das Teeprojekt sollte Ende 1974 auslaufen und der Regierung übergeben werden. Der Aufbau der Versuchsstation mit kleiner Fabrik war abgeschlossen, auf dem Teesektor mit 20 ha die einzige große Station in Zentralafrika. Auch der Bau der Teefabrik mit 1.200 Tonnen Kapazität stand kurz vor dem Abschluss.[304] Der erstgenannte Absolvent schloss das Teeprojekt nach zwölfjähriger Tätigkeit in Ruanda Ende 1974 ab. Er hatte bei null begonnen, nun waren über 600 Hektar mit Tee bepflanzt, es gab eine große Versuchsstation und eine Fabrik. Er hoffte, dass die Pflanzung nicht so schnell wieder zu Urwald werden würde.[305]

Derselbe Absolvent war später für die Agrar- und Hydrotechnik in der Zentralafrikanischen Republik tätig. Dort war es seine Aufgabe, in Bangui bei einem großen Landwirtschaftsprojekt, die Vermarktung von Erdnüssen, Sorghum, Mais und Sesam zu leiten. Dafür musste er 600 Dörfer auf 8.000 qkm betreuen, Straßen bauen, 600 Rinderpaare für Gespanndienste zum Pflügen anleiten etc. Er selbst sollte bei dem Projekt, das von GTZ finanziert wurde, so lange bleiben, bis für den tödlich verunglückten Leiter ein neuer, geeigneter Mann gefunden wurde. Die Tätigkeit war nach seinen Aussagen anstrengend und aufreibend, zusätzlich erschwert durch eine übertriebene Bürokratie auf administrativer Ebene, politische Unsicherheit, korruptes Beamtentum und leere Staatskassen. Straßen als solche gab es kaum, in der Regenzeit konnte man selbst die Hauptstraße kaum befahren, LKWs brauchten bis zu drei Wochen für 500 km.[306]

Jörg Thierolf, Absolvent des Lehrgangs von 1965/66, arbeitete ab 1966 auf einem Projekt der Agrar- und Hydrotechnik im Senegal. Er berichtete im Interview, sie hätten die künftigen Berater selbst ausgebildet, und zwar mit Methoden, wie sie in der modernen Berufsausbildung üblich waren. Dabei handelte es sich um Arbeitsunterlagen, in denen die einzelnen landwirtschaftlichen Arbeitsgänge in Schritte zerlegt waren, die sie dann demonstrierten, die nachgemacht und geübt werden mussten. Das begeisterte ihn, und nach kurzer Zeit war er für das größte Arrondissement mit 24 senegalesischen Beratern verantwortlich. In diesem Zusammenhang schildert er die Phasen, die er selbst dabei durchlief: Er ging hin als Idealist, um zu helfen. Dann musste er registrieren, dass das nicht ohne Weiteres möglich war. Die Einheimischen übernahmen die Veränderungen nicht so schnell, wie er das wollte, was zu einer leichten Wut führte. Ein Soziologe klärte ihn dann darüber auf, dass er von den traditionellen Arbeitsmethoden ausgehen müsse und dann beweisen, dass es auf seine Weise besser sei, und das

304 Vgl. Gerhard Sontag, Kameradenbrief, in: ebd., Nr. 22, Oktober 1974, S. 53-76, hier S. 56.

305 Vgl. Gerhard Sontag, Kameradenbrief, in: ebd., Nr. 23, April 1975, S. 42-65, hier S. 45.

306 Vgl. Gerhard Sontag, Kameradenbrief, in: ebd., Nr. 32, Oktober 1979, S. 43-63, hier S. 47f.

brauche Zeit. Er schraubte seine Ansprüche in Bezug auf Geschwindigkeit der Umsetzung herab und versuchte es mit ganz kleinen Schritten.[307]

Ein Absolvent des Lehrgangs von 1963 arbeitete für die Firma Agroprogress Kienbaum International GmbH aus Bonn in Madagaskar. Er kam im Herbst 1988 nach Deutschland zurück und war enttäuscht vom geringen Erfolg seiner dortigen Arbeit. Die Gründe lagen für ihn einerseits in der Projektplanung, andererseits in den politischen Rahmenbedingungen. Die Bürokratie eines sozialistisch-zentralistisch orientierten Wirtschaftssystems, verbunden mit französischer Administration habe einfach die notwendige Entwicklung in Madagaskar nicht zugelassen. Das Projekt, finanziert vom Europäischen Entwicklungsfonds, sei in seiner Zielsetzung für die Verhältnisse in Madagaskar einfach 15 Jahre zu früh gekommen.[308]

Kirchen und Parteien

Weitere wichtige Arbeitgeber im Feld der Entwicklungspolitik waren die beiden großen christlichen Kirchen in Deutschland bzw. deren einschlägige Trägerorganisationen Misereor und Dienste in Übersee.[309] So arbeitete zum Beispiel ein Absolvent des Lehrgangs von 1963 für Misereor in der Elfenbeinküste. Er berichtete konkret aus der Projektpraxis. Er war bis Oktober 1965 allein auf dem Projekt, bekam dann einen Maurer als Mitarbeiter, der die einheimische Bevölkerung beim Bau ihrer Häuser und Dörfer beriet. Die Bevölkerung merke, dass man ihr helfen wolle und arbeite zum Teil selbst mit. Zunächst versuchte er, die Leute zu interessieren. Es war leichter, freiwilligen Teilnehmern durch eine Demonstration etwas zu erklären, auf der anderen Seite konnten die Afrikaner sie kennenlernen und sehen, was sie eigentlich wollten. Nun ging er zur Schulung der Verantwortlichen über. Das hieß konkret, kleine Kurse für Landwirtschaft oder Bau, in denen die Leute über ihre Arbeit nachdenken und diskutieren konnten. Er selbst arbeitete in 25 verschiedenen Dörfern mit etwa 150 Personen. Das Hauptgewicht lag auf der Einführung der Fruchtfolge mit Düngeranwendung. Er hoffte, im Folgejahr auf einigen Feldern mit einer teilweisen Mechanisierung beginnen zu können, wobei besonders an das Pflügen mit dem Schlepper und Säen mit kleinen Handsämaschinen gedacht war. Für ihn war die Arbeit an der Basis deshalb sehr interessant, weil er mit den Leuten sehr eng zusammenarbeitete und sie so gut kennenlernte.[310]

307 Vgl. Interview mit Jörg Thierolf.
308 Vgl. Gerhard Sontag, Kameradenbrief, in: Uu, Nr. 51, April 1989, S. 3-18, hier S. 16f.
309 Vgl. Hein, Westdeutschen, S. 60ff.
310 Vgl. Schreiben von Franz Söllner an Gerhard Sontag vom 5.6.1966, in: AD, AHV, Ordner Schriftwechsel 1966, L-Z, unpag. Teilweise in: Vgl. Gerhard Sontag, Kameradenbrief, in: Uu, Nr. 6, Oktober 1966, S. 25-43, hier S. 30.

Auch die Stiftungen der politischen Parteien in der Bundesrepublik betrieben ihre eigene »Entwicklungshilfe« und waren deshalb potenzielle Arbeitgeber für Witzenhäuser Absolventen. Ein Absolvent des Lehrgangs von 1965/66 war für das Büro für internationale soziale Hilfe, das zur Konrad-Adenauer-Stiftung gehörte, ab 1966 in Südvietnam tätig. Im Mai 1968 teilte er mit, dass er die turbulenten Ereignisse der Tet-Offensive gut überstanden habe und Ende Juli nach Deutschland zurückkehren werde. Er arbeitete als Berater beim Wiederaufbau eines zerstörten Viertels in Saigon und bei der Verteilung der von der Bundesrepublik zur Verfügung gestellten Mittel im Rahmen der Soforthilfsmaßnahmen. Am wichtigsten aber war der Aufbau eines Ausbildungszentrums für die größte Gewerkschaft des Landes, das der Ausbildung von Sozialkadern, Verwaltungsfachleuten und landwirtschaftlichen Genossenschaftskadern dienen sollte.[311]

Für die FES leitete ein Absolvent des Lehrgangs von 1961 ein Genossenschaftsprojekt in Nord-Sumatra. Er war bereits zwölf Jahre in diesem Metier unterwegs in den Tropen und wollte nach Deutschland zurückzukehren.[312] Er war im November 1968 als erster deutscher Genossenschaftsberater nach Sidikalang gekommen. Vertragspartner war das damalige Ministerium für Genossenschaften und Umsiedlung. Ziel des Projektes war es, Genossenschaften in absehbarer Zeit selbständig und unabhängig von staatlicher Unterstützung zu machen. Für die FES stand neben der Erhöhung der Produktivität der bäuerlichen Familienbetriebe auch die Entwicklung demokratischer Organisationsformen im Vordergrund. Es gab zu Beginn massive politische Schwierigkeiten, außerdem war es nicht einfach, gegen die ausgeprägte Miss- und Vetternwirtschaft in Nord-Sumatra vorzugehen. Die Aufgeschlossenheit der Bevölkerung gegenüber dem Stiftungsmitarbeiter war jedoch ein Beweis für die Richtigkeit der konsequenten Haltung gegenüber lokalen Anbiederungsversuchen. Schon bald ergaben sich Ansätze für erste pädagogische Kurse, jeweils einen Nachmittag pro Woche, in fünf Dörfern und mit etwa 100 Bauern. Daraus bildeten sich Dorfgemeinschaften, die sich später zu Dorfgenossenschaften konstituierten. Den Dorfgenossenschaften, deren Mitglieder füreinander garantierten, wurden von der FES zinslose Kredite in Form von Dünger oder anderen Produktions-

311 Vgl. Gerhard Sontag, Kameradenbrief, in: ebd., Nr. 10, Oktober 1968, S. 29-42, hier S. 39. Vgl. allgemein zur Arbeit der Konrad-Adenauer-Stiftung: Maximilian Schürmann, Zwischen Partnerschaft und politischem Auftrag. Eine Fallstudie zur entwicklungspolitischen Tätigkeit der Konrad-Adenauer-Stiftung, Saarbrücken 1989.

312 Vgl. Gerhard Sontag, Kameradenbrief, in: Uu, Nr. 22, Oktober 1974, S. 53-76, hier S. 64. Vgl. allgemein zur Arbeit der FES: Patrik von zur Mühlen, Die internationale Arbeit der Friedrich-Ebert-Stiftung. Von den Anfängen bis zum Ende des Ost-West-Konflikts, Bonn 2007.

mitteln gewährt. Der Absolvent war später noch als Projektleiter der FES in Sambia und Kenia tätig.[313]

Kritik der Entwicklungspolitik

Die Kritik der Absolventen an der »Entwicklungshilfe« entzündete sich an verschiedenen Punkten: sie konnte konkret auf das jeweilige Projekt bezogen sein, dessen Planung und Umsetzung betreffen, aber auch die Vorgesetzten, die eigenen Vertragsverhältnisse – oder sie war genereller Natur. Strukturelle Probleme griff ein Absolvent des 62er Lehrgangs auf, der lange auf seinen Vertrag warten musste. Wie ein älterer Kollege, der ihm geholfen hatte, sarkastisch dazu anmerkte, gehörte das zur »Pflichtübung im Parcours der Entwicklungshelfer«. Wo es keine Schwierigkeiten gebe, würden welche gemacht, um der natürlichen Auslese nachzuhelfen.[314] Kritik an den Verträgen und den Anstellungsverhältnissen übt mit Eberhard Klinge auch ein Absolvent des Lehrgangs von 1963. Die üblichen Zeitverträge hätten zu persönlicher Unsicherheit und zu Arbeitslosigkeit geführt.[315]

Die Bedeutung des jeweiligen Projektleiters betont Hugo Klöckner. Nach seinen Erfahrungen fehlte ihnen häufig die nötige Beweglichkeit und das Verständnis. Außerdem habe es sich in vielen Fällen um reine Fachidioten gehandelt. Auf der anderen Seite muss auch er zugeben, dass die Projektleiter es selbst nicht leicht hatten mit den Anforderungen und bürokratischen Hürden aus Deutschland. Sie mussten das Projekt nach außen vertreten, sich an die Empfehlungen der Gutachter halten, die Vorgaben der GTZ erfüllen und das BMZ zufriedenstellen.[316]

Den politischen Einfluss beklagt Richard Muttscheller hinsichtlich seines Projekts in Tansania. Ein beim BMZ ressortierter Regierungsberater zwang sie praktisch, das zu tun, was er wollte. Er kam mit dem Flugzeug, einer kleinen Cessna, eingeflogen und hatte den Vorgesetzten eingeredet, dass ein Flug billiger sei, als eine Fahrt mit dem Landrover. Da gehörte, so Muttscheller, zweifellos auch ein gewisses Geschick dazu. Sie bauten Reis an, und er verlangte, Seitengräben an den Straßen anzulegen. Worauf ihm Muttscheller entgegnete, dass es dann

313 Vgl. Norbert von Hofmann, 40 Jahre Friedrich-Ebert-Stiftung in Indonesien – Der lange Weg zur Demokratieförderung in: ders./Volker Vinnai/Hermann Benzing, Die Arbeit der Friedrich-Ebert-Stiftung in Indonesien, Tansania und Zentralamerika seit den 1960er Jahren, Bonn 2010, S. 17-103, hier S. 60f.

314 Vgl. Schreiben von Horst Ertel an Gerhard Sontag vom 10.2.1968, in: AD, AHV, Ordner Schriftwechsel 1968, A-K, unpag. (Zitat ebd.).

315 Vgl. Interview mit Eberhard Klinge (Zitat ebd.).

316 Vgl. Interview mit Hugo Klöckner (Zitat ebd.).

keinen Reis mehr geben werde, weil das Wasser weg sei. Er verlangte außerdem, dass 80.000 ha Hevea gepflanzt werden sollten. Nachdem ihm Muttscheller mitgeteilt hatte, in der Trockenzeit würde alles eingehen, wollte er ihn entlassen. Der Projektleiter griff nicht ein, weil er in Trier saß und nur einmal das Projekt besuchte. Vom Landwirtschaftsberater der Deutschen Botschaft in Daressalam, war, obwohl ein Witzenhäuser, auch keine Unterstützung zu erwarten gewesen. Laut Muttscheller wurde dieser von allen Afrikanern mit »Heil Hitler!« begrüßt.[317]

Ausgehend von einem konkreten Projekt formulierte Winfried Manig im Interview eine Kritik am dahinterstehenden Konzept. Das Beratungsprojekt in Äthiopien war insgesamt betrachtet erfolgreich, er hatte aber Zweifel, ob es wirklich so erfolgreich war. Er sah die administrative Abgehobenheit als falsch an. »Die haben da irgendwas gemacht und, ob das immer bei den Bauern ankam, habe ich meine Zweifel.« Das Konzept stammte aus der Beratungsentwicklung im Kaiserreich und sah den Aufbau von Musterbetrieben vor, auf denen der Bevölkerung die moderne Landwirtschaft demonstriert werden sollte, in der Hoffnung, dass sie das weiterverfolgten. Bezogen auf Äthiopien sei das ein völlig falsches Konzept gewesen, weil die kulturellen Differenzen einfach zu groß waren. Als Beispiel führt er die Traktorfahrer an, die Bauernsöhne aus der Umgebung waren. Sie seien Mähdrescher gefahren, Traktor gefahren, hätten Düngemittel eingesetzt und Pflanzenschutzmittel gespritzt, aber wenn sie nach Hause kamen, hätten sie in ihrem eigenen Betrieb gewirtschaftet wie ihre Väter und Großväter. Sein Fazit lautet, dass die Hilfe in der dargebrachten Form nicht erfolgreich sein konnte, weil die Differenz einfach zu groß war zwischen dem, was die Menschen kannten, was sie sich vorstellen konnten, und dem, was die Experten an technischem Know how vermittelten. Sie hätten die Bauern einfach nicht mitnehmen können, sondern überfordert. Verschärfend hätten dabei die noch stärker auf Modernisierung fixierten Counterparts gewirkt. Das war der einzige Bereich, in welchem sie den Bauern gegenüber einen Vorteil hatten. Die Bauern hatten ihre Erfahrung, die Hochschulabsolventen hatten nur ihr Lehrbuchwissen, auf das sie sich stützten und das sie für moderne Landwirtschaft hielten. Also versuchten sie die Vorgaben durchzudrücken.[318]

Für Schülke schien die Entwicklungspolitik nur eine politische Abwicklung von Deutschland aus zu sein, ursprünglich entstanden mit einer Alibifunktion, befeuert durch den Ost-West-Konflikt und weitergeführt mit einer »Zeitgeistmentalität der Hilfe«. Für die GTZ sei das ein reiner Abwicklungsmechanismus gewesen: »Mittel belegen, Mittel ausgeben, Erfolgsbericht schreiben. Das ist das Schema der GTZ.«[319] Auch die vielgepriesene »Hilfe zur Selbsthilfe« sei, so

317 Vgl. Interview mit Richard Muttscheller.
318 Vgl. Interview mit Winfried Manig (Zitat ebd.).
319 Vgl. Interview mit Egon Schülke (Zitate ebd.).

Schülke, nur eine Verkaufspolitik gewesen. Die GTZ hatte große Projektbüros in den Ländern, geleitet von eigenen Repräsentanten und arbeitete mit einheimischen Experten in den Projekten. Das war ein Politikum, die Schuld konnte nicht mehr auf deutsche Experten abgewälzt werden. Schülke plädiert dafür, den Ländern selbst die Entscheidung zu überlassen, ob sie deutsche Hilfe in Einzelpunkten brauchen. »So lange die Überschrift nicht ›selber helfen‹ ist, so lange wird, zumindestens eingeschränkt in Afrika, nichts passieren. Sondern das passieren, was jetzt passiert.«[320]

Eberhard Klinge stellt im Interview die Sinnhaftigkeit von Entwicklungspolitik überhaupt in Frage. Er habe nach zehn Jahren aus Schwarzafrika weggewollt, weil sich nichts bewegte. Den Menschen sei es eigentlich schlechter gegangen als am Anfang, das deprimierte auf die Dauer und nagte an der Motivation. Teilweise seien die Projekte zweifellos erfolgreich gewesen, auch seine eigenen: »Wenn ich zum Beispiel denke an Togo mit meinen Ananas. Das ist so gut gelaufen, dass später da zwei Plantagengesellschaften in Huatja entstanden sind, die heute noch Ananas produzieren. Aber, das habe ich irgendwann gesehen, das sind inselhafte Erfolge. Da ist keine Breitenwirksamkeit.« Im Grunde genommen habe sich so durch die klassische Entwicklungshilfe, der er schon in der damaligen Zeit zunehmend kritisch gegenüberstand, wenig entwickelt und das mit sehr viel Geld. Klinge sieht das vor allem im Kontrast zu Südostasien, wo es auch Entwicklungshilfe gab, aber eine ganz andere Entwicklung in Gang gesetzt wurde. Nach seiner Hypothese hätten sich diese Länder aber wohl auch genauso gut entwickelt ohne Entwicklungshilfe.[321]

Für eine Entwicklungspolitik, die stärker auf die Adressaten eingeht, plädierte hingegen Fritz Knacke, Absolvent des Lehrgangs von 1962 und mit langjähriger Erfahrung ausgestattet. Nach seiner Ansicht seien die Europäer es gewohnt »Nägel mit Köpfen zu machen«, sie packten zu, wo sie hinkämen, verwandelten Natur in Kultur. So vergäßen sie zu oft, dass im »Entwicklungsland« jemand sei, der von ihnen lernen wolle. Der Entwicklungshelfer koste den Steuerzahler in der Bundesrepublik viel Geld, deshalb meinte er, die Zeit produktiv nutzen zu müssen, indem er »Zeichen seines Fleißes« aufrichtete. Die Zeit sei allerdings nur dann wirklich produktiv genutzt, wenn das so errichtete »Monument« funktio-

320 Vgl. Interview mit Egon Schülke (Zitat ebd.). Vgl. insgesamt zum Konzept: Hubertus Büschel, Eine Brücke am Mount Meru: Zur Globalgeschichte von Hilfe zur Selbsthilfe und Gewalt in Tanganjika, in: ders./Daniel Speich (Hg.), Entwicklungswelten. Globalgeschichte der Entwicklungszusammenarbeit, Frankfurt a.M./New York 2009, S. 175-206; Büschel, Hilfe.

321 Vgl. Interview mit Eberhard Klinge (Zitat ebd.). Vgl. allgemein zur Nachhaltigkeit der Projekte: Bernd Schubert u.a., Die Nachhaltigkeit der Wirkungen von Agrarprojekten. Eine Querschnittsanalyse von Projekten der deutschen Technischen Zusammenarbeit, Köln 1984; Detlef Schwefel (Hg.), Soziale Wirkungen von Projekten in der Dritten Welt, Baden-Baden 1987.

niere, wenn der Entwicklungshelfer nicht mehr dabei sei. Deshalb sei es im Grunde produktiver, wenn der Entwicklungshelfer seine Zeit mit Lernprozessen verbringe, mit dem Ziel, die Betroffenen zur Produktivität zu motivieren und zwar in einer Form, die sie allein weiterführen könnten, womit die Ausgaben für ihn recht bald entfielen und gleichzeitig ein emanzipatorischer Prozess eingeleitet werde.[322]

Der Umgang mit den Menschen

Die Kontakte mit der Bevölkerung des jeweiligen Landes beschränkten sich für die Experten häufig auf ihre Counterparts, die als eine Art »Zwischenelite« zu betrachten sind. Das Verhältnis zu ihnen war in der Regel gut, wie es auch Ehrenfried Zillich über sein Projekt in Togo berichtet. Dort habe es in dieser Hinsicht keinerlei Probleme irgendwelcher Art gegeben.[323] Ähnliches berichtet Eberhard Klinge ebenfalls aus Togo; allerdings hätten die deutschen Experten etwas über den Dingen gestanden, es war ein paternalistisches System. Die Counterparts hatten eine gute Ausbildung. Sein persönlicher Ansprechpartner war hervorragend, arbeitete dort später weiter, als er weg war. Sein einziges Problem war, so Klinge, seine Hautfarbe, er hatte bei seinen eigenen Landsleuten ein geringeres Standing als die weißen Experten. Das war ein generelles Problem der einheimischen Counterparts.[324]

Laut Egon Schülke waren bei seinen Projekten von vornherein Counterparts dabei. Er hatte in Tunesien einen Agraringenieur als Counterpart, mit dem er alles besprach. Das war ein gut, teilweise auch in Frankreich ausgebildeter Experte. Als er allerdings den Schülern das Bohnensäen demonstrieren sollte, stand er vor ihnen und fing an zu zittern. Schülke rettete ihn aus der peinlichen Situation und kam danach sehr gut mit ihm zurecht. Vorher war es eher ein fachliches Konkurrenzverhältnis gewesen, bei dem der einheimische Agraringenieur gewisse Vorteile hatte, aber eben nicht auf der praktischen Ebene.[325]

Winfried Manig berichtet über Äthiopien, dass die Counterparts noch größere Schwierigkeiten als die deutschen Experten gehabt hätten. Viele von ihnen brauchten genauso Dolmetscher, wenn sie mit den Bauern reden wollten, denn die Bauern sprachen kein Amharisch. Die Counterparts kamen alle aus Großstädten und waren plötzlich auf das Land verschickt worden; häufig war es ihre

322 Vgl. Fritz Knacke, So wichtig sind wir gar nicht. Einige Beispiele, wie man sich überflüssig machen könnte, in: E+Z Entwicklung und Zusammenarbeit, 16 (1975) 4, S. 20.
323 Vgl. Interview mit Ehrenfried Zillich.
324 Vgl. Interview mit Eberhard Klinge.
325 Vgl. Interview mit Egon Schülke.

erste Arbeitsstelle. Sie mussten also mindestens drei Jahre praktisch arbeiten, dann konnten sie sich um ein Stipendium bewerben, bei der FAO oder bei US-Aid.[326]

Darüber hinaus gab es am ehesten Kontakte der deutschen Experten mit den einheimischen Arbeitern. Voraussetzung dafür war, wie Martin Skottke mit Bezug auf Sambia betont, die Kenntnis der Sprache. Weniger das Englische, sondern die lokale Sprache. Er selbst habe sich aber innerhalb von zwei Monaten genügend Grundkenntnisse aneignen können, um sich mit seinen Vorarbeitern zu verständigen und habe seine Kenntnisse dann in den nächsten Jahren vervollständigt.[327] Richard Muttscheller redet in diesem Zusammenhang von seinen beiden »Jungs«, die immer mit dabei waren. Counterparts gab es zu seiner Zeit noch nicht. Das Verhältnis zu den Arbeitern sei im Übrigen bestens gewesen.[328] Über den Kontakt mit den Leuten im Betrieb berichtet Egon Schülke, dass das Verhältnis gut war. Allerdings hierarchisch strukturiert: »Man war der Chef. Man lernte das Chefsein deutlich.« Das sei in Tunesien nicht ganz einfach gewesen, da die Tunesier an sich nicht einfach seien. Sie hätten die Tendenz immer »Jein« zu sagen. Es sei deshalb sehr schwer zu begreifen, was die Leute wirklich wollten. Da habe man sehr feinfühlig vorgehen müssen.[329]

Jörg Thierolf bewertete die Mitarbeiter sehr kritisch. Er war offensichtlich frustriert über die geringen Fortschritte im Projekt. Nach der Saatzeit seien immer alle entmutigt, und man könne sehen, dass die Faulheit keine Grenzen kenne und man Mentalitäten nicht in einigen Jahrzehnten ändern könne. Sein sarkastischer Kommentar dazu war, seine einzige Hoffnung bestünde darin, dass noch einige Generationen an deutschen Experten genügend Arbeit haben würden.[330] Ein Absolvent des Lehrgangs von 1965/66 sah es ähnlich. Die Arbeit in Ruanda machte ihm zwar viel Spaß, allerdings gebe es »Ärger mit den Negern, die sich bei der Arbeit unendlich dumm« anstellten. Man müsse fest dahinter sein, damit es einigermaßen stimme. Aus seiner Sicht war es ein Glück, dass sie immerhin bei der Auswahl der Arbeiter vollkommen freie Hand hatten.[331] Für eine ähnlich harte Linie in der Behandlung der afrikanischen Arbeiter plädierte ein Absolvent des Lehrgangs von 1959. Nach anfänglichen Schwierigkeiten habe er sich einen sehr guten Stamm an Arbeitern herangebildet, mit denen man auch arbeiten könne. Die größten Schwierigkeiten hatte er dabei mit den Traktorfahrern, die er permanent wechselte, da sie nicht fahren konnten. Die »Leutebehandlung«

326 Vgl. Interview mit Winfried Manig.
327 Vgl. Interview mit Martin Skottke.
328 Vgl. Interview mit Richard Muttscheller.
329 Vgl. Interview mit Egon Schülke.
330 Vgl. Schreiben von Jörg Thierolf an Gerhard Sontag vom 16.7.1968, in: AD, AHV, Ordner Schriftwechsel 1968, L-Z, unpag.
331 Vgl. Schreiben von Erhard Loher an Gerhard Sontag vom 27.6.1966, in: ebd., Ordner Schriftwechsel 1966, L-Z, unpag. (Zitat ebd.).

unterschied sich für ihn in Togo nicht von seiner Umgehensweise mit den »Angolamohren«. Man müsse sehr hart sein, dann klappe es vorzüglich. Nur müsse man dabei »kolossal aufpassen, dass einem nicht die Hand ausrutscht«, da man sonst aus dem Land geworfen würde. Um das zu umgehen, habe er sich angewöhnt, anders zu strafen, indem er Arbeitstage bei der Bezahlung strich. Im Übrigen könne einem die kleine Schicht der Gebildeten am besten sagen, wie man mit dem einfachen Volk umzugehen habe.[332] Günstiger beurteilte ein Absolvent des Lehrgangs von 1965/66 die peruanischen »Indianer«. Sie seien ein »lustiges, lebhaftes Völkchen« und die Arbeit mit ihnen mache viel Spaß. Sie lernten rasch alle Arbeiten, dem Vieh Injektionen zu geben, das Enthornen der Kälber, die Impfungen gegen Maul- und Klauenseuche usw.[333]

Alltagsleben

Schilderungen der Natur und des Naturerlebnisses, wie sie früher üblich waren und häufig auftauchten, spielen für die Absolventen ab 1957 praktisch keine Rolle mehr. Ein Absolvent des Lehrgangs von 1957, der aus Liberia berichtete, stellt die große Ausnahme dar. Nach seinen Angaben lebte er zu diesem Zeitpunkt bereits über zwei Wochen »mitten unter den Schwarzen, die keinerlei Spuren von Zivilisation an den Tag« brächten. Um ihn herum nichts als dichter Urwald mit seiner bunten und zum Teil gefährlichen Tier- und Vogelwelt. Er bewohnte ein großes »Buschhaus«, hielt sich Hühner, Enten, drei Krokodile und einen Papagei. Es war noch ein recht kolonial geprägtes Leben; ihm standen drei »boys« für sein persönliches Wohlbefinden zur Verfügung, für die langen Nächte konnte man sich nach seinen Aussagen für 10 US-Dollar und unbegrenzte Zeit ein »Eingeborenenmädchen« zwischen zwölf und 17 Jahren kaufen, »welches die langen Nächte verkürzen soll u. kann«.[334]

Ein wichtiges und strukturierendes Element des Alltagslebens, das allerdings wenig Erwähnung in den Berichten findet, ist der für viele der »Entwicklungshelfer« mit ihrem Beruf verbundene soziale Aufstieg. Recht deutlich macht das Hugo Klöckner im Interview, bezogen allerdings auf die Frauen: »Wissen Sie, einige kamen ja in Deutschland so aus dem Hochhaus. Ja, die hatten ja nie Eigentum gehabt, so ein Häuschen, ja? Und da hatten die Frauen nun große Kolonialhäuser. Die hatten ja Schwierigkeit mit dem Personal umzugehen und mit

332 Vgl. Schreiben von Holger Langbein an Gerhard Sontag vom 18.10.1968, in: ebd., Ordner Schriftwechsel 1968, L-Z, unpag. (Zitate ebd.).

333 Vgl. Gerhard Sontag, Kameradenbrief, in: Uu, Nr. 8, Oktober 1967, S. 30-44, hier S. 36.

334 Vgl. Schreiben von Fred Slama, AFC, an Dr. Fischer vom 8.8.1958 (Zitat ebd.), in: StAM, 314/1, Nr. 195, unpag.

dem großen Garten. Und sie waren ja nun wer. Und dann, man vertiefte sich ja, es wurde über die Inder geschimpft. Waren ja nun auch einige Frauen mit wenig Niveau dabei.«[335]

Überhaupt sind die mitreisenden Frauen ein großes Thema. Die Männer hatten ihre Arbeit – die Frauen viel Freizeit. Auf diesen Nenner könnte man eines der Probleme bringen. Egon Schülke berichtet im Interview, dass er viele Kollegen erlebt habe, die an ihren Frauen gescheitert sind, weil diese nicht mehr shoppen gehen konnten. Häufig seien die Frauen dann nach Deutschland zurückgekehrt. In schwarzafrikanischen Ländern sei der allein zurückgebliebene Mann oft nach kurzer Zeit eine Beziehung mit einer Einheimischen eingegangen, was die Ehe dann nach und nach zerrüttete. »Ich habe damals immer schon gesagt, wenn du ins Ausland gehst, musst du das richtige Gepäckstück mitnehmen. Und das richtige Gepäckstück ist auch die richtige Frau. Das ist also nicht zynisch oder höhnisch gemeint, sondern vielleicht ein bisschen arabisch abgefärbt.«[336]

Neben der Arbeit prägten die lokalen Urlaube und selbstverständlich die Heimaturlaube das Alltagsleben. Wie ein Absolvent des Lehrgangs von 1963 berichtete, bildeten die Kurzurlaube eine willkommene Abwechslung. Er selbst war in der Zeit in Kenia, und man fuhr an die Küste oder bestieg den Kilimandscharo. Aber, so merkte er an, vor allem freue man sich auf den mehrmonatigen Heimaturlaub.[337]

Eine ausführliche Schilderung des Alltagslebens in Äthiopien schickte Winfried Manig im Juli 1970 nach Witzenhausen. Er war mit seiner Frau zu diesem Zeitpunkt zwei Monate im Land; es gefiel ihnen sehr gut, deshalb sei das Eingewöhnen schnell gegangen. Zunächst habe es wenig Regen gegeben, nun aber komme es zu heftigen Güssen, die das Land um das Haus herum in kleine Seen verwandelten. Dafür wuchs nun alles in dem frisch kultivierten Garten mit enormer Schnelligkeit, selbst Oleander und Bougainvillea. Nach einer Seite schaute man in den Busch, von dem sie nur durch einen Weg getrennt waren. Morgens konnten sie die Affen beobachten, die in Scharen die Bäume bevölkerten. Die Tochter genoss die Freiheit und war den ganzen Tag draußen, auch wenn es regnete. Die Hauptattraktion für die Kinder, am Wochenende und an den Feierabenden auch für die Erwachsenen, war das Schwimmbad. Die Einheimischen seien sehr nette, zurückhaltende Leute, darunter viele schöne Gestalten. Ein Ausflug an den Dedessafluss brachte Abwechslung. Die Landschaft unterschied

335 Interview mit Hugo Klöckner. Vgl. allgemein dazu: Erik Cohen, Expatriate Communities, in: Current Sociology, 24 (1977) 3, S. 5-129. Cohen bezeichnet die Gruppen der privilegierten Ausländer als »neo-koloniales oder imperialistisches Phänomen«.

336 Vgl. Interview mit Egon Schülke (Zitat ebd.).

337 Vgl. Schreiben von Karl Steck an Gerhard Sontag vom 10.3.1968, in: AD, AHV, Ordner Schriftwechsel 1968, L-Z, unpag.

sich stark von Baco. Es herrschte tropisches Klima, und es gab riesige Bambuswälder, ringsum keine Menschenseele, nur die Geräusche des Busches. »Die Phantasie spielte heftig mit, und man meinte, überall auf den Höhen müßten doch Schlösser stehen, so richtige romantische Bauwerke.« Das Nationalgericht Injera, ein Fladen, ca. 50 cm im Durchmesser, bestehend aus vergorenem Teffmehl, sei auch für den europäischen Gaumen sehr wohlschmeckend. Sie aßen es zweimal wöchentlich, damit sparten sie die knappen Kartoffeln. Gemüse bekamen sie von der Projektgärtnerei, Obst von einem Gärtner aus Baco oder von der Schwedischen Mission. Alles andere besorgten sie sich aus Addis Abeba, wozu sie jeden Monat drei freie Tage bekamen.[338]

Neue Gefahren

In der Nachkriegszeit waren es nicht mehr in erster Linie exotische Krankheiten oder gar wilde Tiere, die eine Gefahr für die Tropenlandwirte bildeten, sondern von Menschen ausgehende, oft politisch motivierte Gewalt. Ein Absolvent des zweiten Lehrgangs erlebte die sogenannte Kongokrise 1960 mit. Beim Weg von der Arbeit nach Hause versperrte ihm am 13. Juli in einem Dorf eine etwa 30 Mann starke Gruppe, bewaffnet mit Speeren und Messern, den Weg. Er wurde zum Halten gezwungen und einige versuchten, ihn aus dem Wagen zu zerren. Da er aber sofort wieder anfuhr, misslang das. Obwohl ihm Speere und Messer nachgeworfen wurden, kam er heil aus dieser Umzingelung hinaus. Vor seinem Bungalow warteten bereits Hunderte von Kongolesen auf ihn und hinderten ihn daran, in den Hof einzufahren. Erst eine eindringliche Unterredung mit dem Anführer ermöglichte ihm die Heimkehr. Vor seiner Ankunft hatten betrunkene schwarze Soldaten alle anwesenden Weißen entwaffnet. Sie hatten erklärt: »Wir kommen, um euch zu killen, dann gehen wir zur Missionsstation und räumen dort auf.« Er floh dann nach Französisch-Äquatorialafrika.[339]

Ebenfalls im Kongo befanden sich mehrere Witzenhäuser zur Zeit der Unruhen von 1968. Sie flohen in das angrenzende Ruanda, blieben dort oder gingen nach Deutschland zurück. »Wenn wir auch fast unser ganzes Eigentum verloren haben, so bedeutet das nicht viel im Vergleich dazu, daß einer von uns körperlichen Schaden erlitten oder gar sein Leben verloren hätte.«[340]

Ein Absolvent des 1963er Lehrgangs war Zeuge der Unruhen in Nicaragua vor den Präsidentenwahlen im Februar 1967; er arbeitete in Managua bei einer

338 Vgl. Brief aus Äthiopien, in: Uu, Nr. 14, Oktober 1970, S. 31-33 (Zitat S. 32).

339 Vgl. Joachim Grytzka, Erlebnisse im Kongo 1960, in: DTL, 62 (1961), S. 100-104 (Zitat S. 102).

340 Vgl. Gerhard Sontag, Kameradenbrief, in: Uu, Nr. 9, April 1968, S. 22-36, hier S. 24 (Zitat ebd.).

einheimischen Firma beschäftigt. Bei einer Wahldemonstration des Gegners von Anastasio Somoza, Fernando Agüero, am 22. Januar versammelten sich Menschenmassen im Stadtzentrum. Die Demonstration hatte sich bis 17 Uhr noch nicht aufgelöst, obwohl nach dieser Uhrzeit alle Versammlungen beendet sein mussten. Die Nationalgarde versuchte die Demonstration mit Feuerwehrschläuchen aufzulösen. Ein Nationalgardist wurde durch einen Pistolenschuss aus der Menge getötet, worauf die Nationalgardisten ebenfalls feuerten. Er beobachtete das Geschehen, das als Massaker in der Avenida Roosevelt bekannt wurde, von einem Restaurant aus. »Nach einer Stunde hatte die Garde das Gebiet innerhalb meines Blickfeldes eingenommen, so dass die so genannte Front, wie ich es hier einmal nennen möchte, den Pöbel vor sich her trieb, bis zu einem grossen Hotel ›El Grand Hotel‹.« Hier verschanzten sich rund 1.000 Mann. Zu seinem Bedauern wurde es nicht gleich gestürmt, weil sich 40 US-Amerikaner und andere Ausländer darin befanden. Die Schießereien in der Stadt gingen weiter, und er musste die Nacht in dem Restaurant verbringen. Insgesamt wurden nach seinen Angaben rund 200 Menschen getötet, spätere Schätzungen gehen von 1.000 bis 1.500 Getöteten aus.[341]

In einem besonders gefährlichen Gebiet bewegte sich ein Absolvent des Lehrgangs von 1965/66 – in Südvietnam. Die seit Anfang 1968 laufende Tet-Offensive, bei der es allein in Saigon 6.000 Tote gab, hatte er gut überstanden und wollte bis Ende Juli im Land bleiben. Das von ihm betreute Ausbildungszentrum für die größte südvietnamesische Gewerkschaft lag etwas außerhalb der Stadt, und es fanden dort fast jede Nacht heftige Feuergefechte statt. Bei einem der Gefechte wurden die Mauern sowie ein Teil der Baumaschinen stark demoliert. Die Provinzen waren alle in den Händen des Vietcongs zumindest nachts und die Stadt konnte man praktisch nur noch mit dem Flugzeug verlassen. Der Fremdenhass war aufgrund der letzten politischen und militärischen Entwicklungen stark angestiegen. Von den Deutschen hatte man zwar im Allgemeinen noch eine recht gute Meinung, aber, so merkte er sarkastisch an, was nützte es, wenn man auf der Straße für einen Amerikaner gehalten wurde.[342]

Seit 1963 war die Bundesrepublik im Rahmen der Technischen Hilfe in Carare-Opón in Kolumbien tätig. Sechs deutsche Experten bauten dort einen forst- und holzwirtschaftlichen Lehr- und Demonstrationsbetrieb auf, für den bisher rund sechs Millionen DM aufgewendet worden waren. Am 25. März 1971 machte dieses Projekt plötzlich Schlagzeilen, als die Entführung von vier deutschen Experten durch Guerilleros gemeldet wurde. Unter ihnen befand sich auch

341 Vgl. Schreiben von Karl-Heinz Temmen an die Leitung der LTSL vom 10.3.1967 (Zitat ebd.), in: AD, AHV, Ordner Schriftwechsel 1967, L-Z, unpag.

342 Vgl. Schreiben von Wolfgang von Reitzenstein an Gerhard Sontag vom 3.5.1968, in: ebd., Ordner Schriftwechsel 1968, L-Z, unpag.

ein Absolvent des Lehrgangs von 1962. Alle Geiseln konnten unversehrt gerettet werden.[343]

Die Nachwehen der Dekolonisation erlebte ein Absolvent des Lehrgangs von 1958 im Ende 1961 unabhängig gewordenen Tansania. Drei Jahre später kam es dort zu Unruhen, meuternde Soldaten besetzten alle strategisch wichtigen Punkte in Daressalam, entwaffneten ihre britischen Offiziere. Nach seiner Ansicht hatten die Funktionäre der Gewerkschaften versucht, mit Hilfe des Ostblocks die Regierung zu stürzen. Das ganze »lausige Heer« der Gewerkschaftsführer sei kommunistisch, darüber bestand für ihn überhaupt kein Zweifel. Präsident Julius Nyerere ließ alle verdächtigen Funktionäre einsperren, die Gewerkschaften auflösen. Nyerere habe wohl die Briten um Hilfe gebeten; solange englische Soldaten da seien, habe man nichts zu befürchten. Angesichts der anrückenden plündernden Soldaten hatte man Frauen und Kinder auf ein Fischerboot verfrachtet, das weit von der Küste entfernt vor Anker ging.[344]

Ganz gewöhnlichen Kriminellen fiel 1972 ein Absolvent des ersten Nachkriegslehrgangs zum Opfer. Er geriet beim Urlaub in Acapulco in einen Hinterhalt mexikanischer Gangster und versuchte, die Straßensperre zu durchbrechen. Sie feuerten sofort und trafen ihn tödlich. Er war vom Deutschen Entwicklungsdienst DED sechs Monate zuvor im Auftrag der UNO als Fachmann für Schädlingsbekämpfung nach Honduras entsandt worden.[345]

Netzwerke

»Netzwerke« ist wahrscheinlich etwas hoch gegriffen als Bezeichnung für den Zusammenhalt und die Zusammenarbeit unter den Witzenhäuser Absolventen. Auf jeden Fall gab es bis in die 1970er Jahre hinein einen gewissen Esprit de Corps, der auch generationenübergreifend wirksam war. Auffällig dabei ist, dass es einige größere Projekte der bundesdeutschen Entwicklungspolitik gab, bei denen sich ganze Gruppen von Absolventen sammelten. Zwar ist es nicht möglich, eine gezielte Rekrutierungsstrategie nachzuweisen, die Vermutung, dass es eine solche gab, liegt jedoch nahe. Ein Beispiel dafür war das Entwicklungsprojekt »Siedlungsvorhaben Kenia« in Kitale, bei dem Mitte der 1960er Jahre streckenweise fünf Absolventen beschäftigt waren, davon alleine drei aus dem Lehrgang von 1963. Später wuchs die Zahl der Witzenhäuser sogar auf acht an; das waren

343 Vgl. Neumaier, Witzenhäuser in Kolumbien entführt, in: Uu, Nr. 15, April 1971, S. 22.

344 Vgl. Schreiben von Eberhard Jelinek an Gerhard Sontag vom 8.3.1964, in: AD, AHV, Ordner Schriftwechsel 1964, A-L, unpag.

345 Vgl. Deutscher UNO-Experte in Mexiko erschossen, in: Bild-Zeitung vom 27.7.1972, zit. nach: ebd., SA Arnulf Dix, unpag.

mehr als die Hälfte aller Angestellten. Wie man stolz vermerkte, waren bei der Silvesterparty fast nur Witzenhäuser versammelt.[346]

Ein weiteres Großprojekt, bei dem sich Witzenhäuser sammelten, war das Nilgiris-Projekt in Indien. Dort waren zeitweise sieben Absolventen beschäftigt.[347] Das galt auch für das bereits angesprochene, lange Jahre laufende, Teeprojekt in Ruanda. Im Laufe der Zeit waren dort recht viele Witzenhäuser beschäftigt, was unter anderem daran lag, dass es von der Firma Agrar- und Hydrotechnik betrieben wurde, deren Afrika-Abteilung ein ehemaliger Kolonialschüler leitete. Das Vorhaben hatte sich weiter vergrößert und umfasste später drei einzelne große Teeprojekte, die weit auseinander lagen. »Interessant für Sie ist vielleicht die Tatsache, daß nun alle Projekte Witzenhäuser als Manager haben, was relativ neu ist. Herr Ocker hat alle Tops mit seinen Leuten besetzt, die natürlich auch ziemlich zu ihm stehen.«[348]

Aber auch bei kleineren Projekten, wie im peruanischen Huancayo, das von der Firma Agrarprogress betrieben wurde, waren zeitweise – inklusive des Projektleiters – sechs Witzenhäuser tätig.[349]

Wie Hugo Klöckner es im Interview formulierte, wurden dort, wo ein Witzenhäuser Projektleiter war, weitere Absolventen nachgeholt. Man kannte sich, konnte sich aufeinander verlassen. Er selbst habe sich da weitgehend rausgehalten, auch, weil er keine »Karriere« anstrebte.[350] Auch Martin Skottke gab an, er habe sich von derartigen Rekrutierungsstrategien, die er kannte, bewusst ferngehalten. Er hielt sie zwar für vollkommen legitim, mochte sie aber persönlich nicht. Zwar habe er am gesellschaftlichen Leben der Witzenhäuser im Ausland teilgenommen, aber immer auch einen eigenen Bekanntenkreis gehabt.[351] Winfried Manig geht ebenfalls von der Existenz funktionierender Netzwerke der Absolventen aus. Aber auch er wollte sich raushalten und habe lediglich Tipps bei der Jobsuche gegeben, was nicht immer klappte, da es keine traditionellen »Old Boys Netzwerke« gegeben habe. Dafür sei die Zusammensetzung der Nachkriegsabsolventen auch zu heterogen und ihre Zahl zu groß gewesen.[352]

Eberhard Klinge sieht dabei auch eine zeitliche Entwicklung: Zu Beginn der Nachkriegslehrgänge, habe es einen stärkeren Zusammenhalt bei den Absolven-

346 Vgl. Gerhard Sontag, Kameradenbrief, in: Uu, Nr. 6, Oktober 1966, S. 25-43, hier S. 28; ders., Kameradenbrief, in: ebd., Nr. 9, April 1968, S. 22-36, hier S. 25.

347 Vgl. Gerhard Sontag, Kameradenbrief, in: ebd., Nr. 13, April 1970, S. 28-40, hier S. 35.

348 Vgl. Schreiben von Uwe Ottens an Gerhard Sontag vom 20.7.1965, in: AD, AHV, Ordner Schriftwechsel 1965, L-Z, unpag.

349 Vgl. Gerhard Sontag, Kameradenbrief, in: Uu, Nr. 19, März 1973, S. 36-57, hier S. 43 (Zitat ebd.).

350 Vgl. Interview mit Hugo Klöckner.

351 Vgl. Interview mit Martin Skottke.

352 Vgl. Interview mit Winfried Manig.

ten gegeben als in späteren Jahren. Dann sei alles stärker fragmentiert gewesen, was auch damit zusammengehangen habe, dass die klassische Entwicklungshilfe, die sie zunächst betrieben, zu einem Auslaufmodell wurde. Tropenlandwirte würden kaum mehr benötigt, dominierend sei nun die wissenschaftliche Zusammenarbeit.[353]

Bindung an die Schule

Die Bindung an die Schule war in diesen Zeiten noch recht groß. Die Absolventen des zweiten Nachkriegslehrgangs formulierten das bereits unmittelbar nach ihrem Abschluss in ihrem Dankesschreiben an die Dozenten der Lehranstalt. Sie seien gern in Witzenhausen gewesen und wollten der Lehranstalt immer ein freundliches Andenken bewahren. Sie versprachen, die Verbindung zur Lehranstalt auch zukünftig nicht abreißen zu lassen und bleiben.[354]

Bei manchen, wie bei Eberhard Klinge, der sich in der Verbandsarbeit engagiert, reicht diese tiefe Verbindung bis zum heutigen Tag. Er hat sich sehr darum bemüht, die älteren Absolventen mit den neuen Entwicklungen in Witzenhausen zu versöhnen. Kein einfaches Unterfangen und – wie man an den Kündigungen und anderen Reaktionen sieht – auch nicht immer erfolgreich. Aber zumindest bei einigen änderte sich wohl die Einstellung, und sie interessierten sich wieder für ihre alte Ausbildungsstätte. Aber insgesamt ist der Spagat zwischen den unterschiedlichen Generationen sehr schwierig, in erster Linie für den Verband. Einiges an Traditionen konnte, wenn auch in modernisierter Form, gerettet werden, beispielsweise die feierlichen Verabschiedungen der Studierenden.[355] Hinsichtlich der späteren Entwicklung der Schule bzw. des Fachbereichs gibt es auch darüber hinaus zum Teil recht kritische Einstellungen. Offensichtlich konnten sich viele Tropenlandwirte mit der später erfolgten ökologischen Ausrichtung des Studiums nicht recht anfreunden.[356]

Zur Bindung an die Schule gehört auch, dass einige der Lehrgänge ihr 25- bzw. 50-jähriges Jubiläum des Abschlusses feiern. Bei Jörg Thierolf war es 1991 25 Jahre her, dass sein Lehrgang als letzter nach einem Jahr die Abschlussprüfung als Ingenieure für tropische und subtropische Landwirtschaft abgelegt und bestanden hatte. »Die relativ kleine studierende Gruppe, das enge Beisammen-

353 Vgl. Interview mit Eberhard Klinge.

354 Vgl. Schreiben der Teilnehmer des Lehrgangs 1958 an die Dozenten der LTSL vom 16.12.1958, in: StAM, 314/1, Nr. 209, unpag.

355 Vgl. Interview mit Eberhard Klinge.

356 Vgl. Interview mit Egon Schülke.

sein, die von vornherein gemeinsame Zielsetzung und der Ort Witzenhausen haben uns untereinander bis heute verbunden.«[357]

Rückkehr nach Deutschland

Einer der zentralen Gründe für eine Rückkehr nach Deutschland war für viele die schwierige schulische Situation ihrer Kinder im Ausland. Nicht überall gab es akzeptable internationale oder gar deutsche Schulen. Spätestens mit dem anstehenden Wechsel der Kinder auf eine höhere Schule, wurde das Problem dann noch drängender.[358]

Thomas Neumaier, der publizistisch tätige Absolvent, lotete in einem Artikel die Chancen der aus dem Ausland Zurückkehrenden aus. »Verlockende finanzielle Angebote, ein Hauch von Abenteuer, etwas Idealismus und der Reiz einer verantwortungsvollen, interessanten Tätigkeit«, so Neumaier, bewegten so manchen Agraringenieur, im Rahmen der staatlichen Entwicklungspolitik oder für Industrieunternehmen im Ausland zu arbeiten. Viele von ihnen fänden dort die Erfüllung ihrer Wünsche, andere wiederum würden mit der fremden Umwelt und den ungewohnten klimatischen Bedingungen nicht fertig. Für fast alle komme jedoch nach mehreren Jahren der Zeitpunkt des Vertragsendes und der Rückreise nach Deutschland. Er beklagte sich anhand eines konkreten Beispiels über die mangelhafte Honorierung der Auslandserfahrung nach der Rückkehr. Die im Ausland verbrachte Dienstzeit sollte nach seiner Meinung im öffentlichen Dienst angerechnet, die Vergütung flexibler gestaltet werden, die Firmen sollten verstärkt auf solche Leute zurückgreifen, es sollte ihnen eine Abfindung gewährt und die Zentralstelle für Arbeitsplatzvermittlung in die Suche mit eingeschaltet werden.[359]

Die Rückkehr nach Deutschland war für viele Absolventen mit einem Berufswechsel verbunden. Jörg Thierolf wurde Leiter der Landwirtschaftsschule in Hofgeismar, später Regierungsschuldirektor, verantwortlich für die Ausbildung von Referendaren. Zwar habe die Auslandserfahrung nichts gezählt, aber das Positive an der Ausbildung in Witzenhausen sei schon damals der Erwerb von

357 Vgl. Jörg Thierolf, 25-jähriges Jubiläum des Lehrgangs 1965/66, in: Uu, Nr. 54 vom November 1990, S. 23-24 (Zitat ebd.). Vgl. dazu auch: Ortwin Neuendorf/Winfried Manig, Der Jahrgang 1962 feierte sein 50-jähriges Absolventen Jubiläum, in: ebd., Nr. 85 vom Juni 2013, S. 16-19; Eberhard Klinge, 50 Jahre Studienabschluss in Witzenhausen. Jahrgangstreffen 1963, in: ebd., Nr. 86 vom Juni 2014, S. 16-19; Hans Hemann, Jahrgangtreffen 1973, in: ebd., S. 20-21.

358 Vgl. Gerhard Sontag, Kameradenbrief, in: ebd., Nr. 28, Oktober 1977, S. 36-55, hier S. 39.

359 Vgl. Thomas Neumaier, Auslandserfahrung wird nicht genügend honoriert, in: E+Z Entwicklung und Zusammenarbeit, 11 (1970) 12, S. 6.

Schlüsselqualifikationen gewesen. Dazu gehörte auch die Fähigkeit weiterzublicken, so seine Beschreibung. Außerdem die Anpassungsfähigkeit an andere Situationen und das Verfolgen realistischer Ziele. Das sei bei anderen Absolventen ähnlich gewesen.[360]

Egon Schülke arbeitete nach seiner Rückkehr in der deutschen Landwirtschaftsverwaltung. Er ging dabei von einem Idealtypus aus, meinte, sie arbeite strikt sachbezogen und musste dann registrieren, dass sie, wie er es ausdrückt, genauso korrupt wie in Afrika war. Ein Referatsleiter, der von der FDP kam, zog bei der Beförderung einen anderen vor, weil dessen Vater Bundestagsabgeordneter war. Für Schülke ein »Kulturschock« – zumal der Kandidat weder die nötige Grundausbildung noch die entsprechenden Dienstjahre mitgebracht habe. Insgesamt sei die Rückkehr nach Deutschland vielen schwergefallen, weil sie Probleme hatten, beruflich wieder Fuß zu fassen. Ein Grund dafür war die Nichtberücksichtigung ihrer Auslandserfahrung, die gar nichts zählte.[361]

Beruflich im Metier blieb hingegen Martin Skottke nach seiner Rückkehr, er ging zur Bundesstelle für Entwicklungshilfe (BfE) bzw. zur GTZ, und zwar in den Bereich Tierproduktion. Allerdings natürlich weit weg von der Praxis; nun handelte es sich um Verwaltung, Projektentwicklung, Projektüberwachung. Die Auslandsaufenthalte bezogen sich häufig auf die Begleitung von Gutachtenmissionen, damit sie nicht zu stark abhoben. Später sei er mehr im Ausland als in der GTZ-Zentrale gewesen.[362] Im kirchlichen Rahmen, bei der Arbeitsgemeinschaft für Entwicklungshilfe in Aachen, fand ein Absolvent des Lehrgangs von 1963, der unter anderem mehrere Jahre an der Elfenbeinküste für Misereor tätig gewesen war, eine Anstellung. Ihm oblagen Vorbereitung, Vertragsabschluss, Projektwahl, Ausreise und Rückgliederung von Entwicklungshelfern, die in Projekten arbeiteten, die von Misereor finanziert wurden. Insgesamt betreute er 250 Helfer und Helferinnen in Afrika.[363]

Ein Absolvent des Lehrgangs von 1961, zuletzt in Afghanistan, kehrte nach 15 Jahren Auslandstätigkeit nach Deutschland zurück. Die Familie hatte zum ersten Mal einen funktionsfähigen mitteleuropäischen Haushalt eingerichtet und war wieder »integriert«. Nach zweijähriger Vorbereitungszeit auf die Beamtenlaufbahn hatte er die schwierige Wiedereingliederung in die Lebensgewohnheiten der Bundesrepublik gut überstanden. Er absolvierte die Staatsprüfung im Landwirtschaftsministerium in Stuttgart und arbeitete beim Saatbauamt in Do-

360 Vgl. Interview mit Jörg Thierolf.
361 Vgl. Interview mit Egon Schülke.
362 Vgl. Interview mit Martin Skottke.
363 Vgl. Gerhard Sontag, Kameradenbrief, in: Uu, Nr. 13, April 1970, S. 28-40, hier S. 38.

naueschingen. Er war froh, in jüngeren Jahren im Ausland gewesen zu sein, habe viel gelernt und gesehen.[364]

Bei der BASF in Ludwigshafen landete ein Absolvent des Lehrgangs von 1965/66, der sich auf Pflanzenschutz spezialisiert hatte. Er war zuvor in Peru tätig gewesen und hoffte, bald für die Firma wieder ins Ausland gehen zu können, hatte Sehnsucht nach Sonne und Heimweh nach den Indios und dem »einfachen Leben«.[365]

364 Vgl. Gerhard Sontag, Kameradenbrief, in: ebd., Nr. 29, April 1978, S. 40-63, hier S. 61.

365 Vgl. Gerhard Sontag, Kameradenbrief, in: ebd., Nr. 13, April 1970, S. 28-40, hier S. 33.

VI. In der Ära der Reformen: 1966 bis 1971

1. Die Deutsche Ingenieurschule für Tropenlandwirtschaft

Institutionelle Entwicklung

Peter Wolff verortet die Ingenieurschule in einem größeren Rahmen der Wandlungen im landwirtschaftlichen Ausbildungswesen der Bundesrepublik. Zu Recht betont er, sie sei Teil des Entwicklungsprozesses gewesen, den das höhere landwirtschaftliche Fachschulwesen in den 1960er Jahren durchlief. Durch die zunehmende Mechanisierung und Rationalisierung nach dem Zweiten Weltkrieg mussten die Absolventen der HLS stärker in die landwirtschaftlichen Dienstleistungsbereiche ausweichen und konnten häufig nicht mehr die Leitung eines Großbetriebs übernehmen. Das machte eine Verbreiterung und Vertiefung des Unterrichts notwendig. Zunächst erfolgte eine Verschärfung der Zugangsvoraussetzungen; die Bewerber mussten nun generell die Mittlere Reife besitzen, eine dreijährige Landwirtschaftslehre mit parallelem Besuch der Berufsschule absolviert, die Gehilfenprüfung abgelegt haben und danach ein Gehilfenjahr und den Besuch einer Landwirtschaftsschule vorweisen können. Die Höheren Gartenbauschulen waren die ersten, die ihre Ausbildungsdauer auf sechs Semester verlängerten und damit den Ingenieurschulen anglichen und so Ingenieurprüfungen abhalten durften. Die HLS dehnten ihre Ausbildungsdauer ebenfalls mehr und mehr aus, und in Bayern erhielten die drei Ackerbauschulen Landsberg, Schönbrunn und Triesdorf 1962 Ingenieurabteilungen für Landwirtschaft. Die anderen Bundesländer folgten nach.[1]

Die Gründe für die Umgestaltung der Lehranstalt wurden bereits im vorigen Teil aufgeführt, deshalb hier nur ein kurzer Rückblick zur Vorgeschichte der neuen Ingenieurschule. Wie es ein Artikel in der »Welt« formulierte, hatten sich Ausbildung und Berufsbilder nach dem Krieg wohl in kaum einem anderen Wirtschaftszweig so stark gewandelt wie in der Landwirtschaft. Landwirt-

1 Vgl. Wolff, Ingenieurschule, S. 2 ff.

schaftsmeister, Landwirtschaftstechniker und -berater verschiedener Fachrichtungen und der Ingenieur für Landbau waren zum Teil völlig neu geschaffene Ausbildungswege dieser Jahre. Im Zuge der von der Kultusministerkonferenz der Länder beschlossenen Vereinheitlichung der Ausbildung an den Ingenieurschulen und Höheren Fachschulen entwickelte sich die HLS ab 1962 zu sechssemestrigen Ingenieurschulen für Landbau. Im Zuge der Neuordnung des landwirtschaftlichen Ausbildungswesens ergab sich die Notwendigkeit, auch die Ausbildung des Ingenieurs für Tropenlandwirtschaft umzugestalten. Die Lehranstalt konnte die finanziellen Mittel für einen sechssemestrigen Ausbau nicht aufbringen, deshalb entschloss man sich, den Lehrbetrieb einzustellen. Die Konsequenz lag in der Errichtung der »Deutschen Ingenieurschule für tropische und subtropische Landwirtschaft« anstelle der früheren Lehranstalt in Witzenhausen.[2]

Nach langen, zähen Verhandlungen zwischen dem Bund, dem Land Hessen und der GmbH zeichnete sich im März 1966 ein Ergebnis ab: Die Lehranstalt sollte rasch umgestaltet werden; entscheidend war, dass Bund und Land ein Interesse am Fortbestehen einer tropenlandwirtschaftlichen Ausbildung am Standort hatten.[3] Fixiert wurde die Vereinbarung zwischen dem Land Hessen und der Bundesrepublik Deutschland am 6. Oktober 1966. Das Land Hessen errichtete als Träger am 1. Juli 1966 in Witzenhausen eine Ingenieurschule für Tropenlandwirtschaft, die den Namen »Deutsche Ingenieurschule für Tropenlandwirtschaft« erhielt. Sie sollte ihren Lehrbetrieb mit dem Wintersemester 1966/67 aufnehmen. Damit war nach einer Unterbrechung von rund 25 Jahren wieder ein grundständiges Studium zur »Internationalen Agrarwirtschaft [sic!]« möglich, so Franz-Hermann Riebel, der neue Leiter der Schule. Die Schulaufsicht übte der Hessische Minister für Landwirtschaft und Forsten aus. Dieser entschied in entwicklungspolitischen Fachfragen im Benehmen mit dem Bundesminister für wirtschaftliche Zusammenarbeit. Die Kosten trugen der Bund und das Land je zur Hälfte. Das Seminar für ländliche Entwicklungshilfe sollte spätestens Ende 1967 in die Ingenieurschule eingegliedert werden.[4] Dem folgte eine formale Ver-

2 Vgl. Der Ingenieur für Tropen-Landwirtschaft. Das moderne Berufsbild, in: Die Welt, Nr. 293 vom 16.12.1967, zit. nach: Uu, Nr. 9, April 1968, S. 18-19; Wolff, 85 Jahre, S. 49ff.

3 Vgl. Umwandlung der Tropenlehranstalt in Witzenhausen steht jetzt bevor, in: Hessische Allgemeine vom 8.3.1966, zit. nach: AD, Akte Zeitungsausschnitte über die Lehranstalt, unpag.; Wolff, Ingenieurschule, S. 19.

4 Vgl. Vereinbarung über die Errichtung und Unterhaltung einer Ingenieurschule für Tropenlandwirtschaft in Witzenhausen vom 26.10.1966, in: Staats-Anzeiger für das Land Hessen, Nr. 47/1966, S. 1481, zit. nach: AD, Vertragsangelegenheiten, unpag.; Franz-Hermann Riebel, Deutsche Ingenieurschule für Tropenlandwirtschaft 1966-1971, in: Uu, Nr. 79, April 2007, S. 8-9 (Zitat S. 8); Schreiben des BMZ, Ruhenstroth, an das BML vom 4.11.1966, in: BAK, B 116, Nr. 22544, unpag.

einbarung zwischen dem Land Hessen und dem DITSL. Die GmbH überließ dem Land zum Betrieb einer Ingenieurschule für Tropenlandwirtschaft ihre Grundstücke und Gebäude einschließlich aller für den bisherigen Schulbetrieb benötigten Ausstattungsgegenstände und Lehrmittel zur Benutzung. Ferner machte sie Archiv, Lehrmaterialien und die Bibliothek den Lehrkräften und Studierenden der Ingenieurschule zur Benutzung zugänglich. Im Gegenzug übernahm das Land Hessen alle Versorgungslasten der GmbH in Höhe von über 100.000 DM pro Jahr.[5]

Am 9. November 1966 wurde die Ingenieurschule dann feierlich eröffnet. Staatssekretär Tröscher betonte in seiner Ansprache, mit der Eröffnung werde eine Entwicklung und Tradition fortgesetzt, die vor 70 Jahren mit der Gründung der Deutschen Kolonialschule begann. Nach dem Krieg habe die Lehranstalt für tropische und subtropische Landwirtschaft diese erfolgreiche Entwicklung fortgesetzt; auch deren über 300 Absolventen hätten den Namen Witzenhausen in aller Welt ebenso zu einem guten Klang verholfen wie es früher die Kolonialschüler getan hätten. Als Vertreter des BMZ betonte Ministerialdirektor Ruhenstroth die Notwendigkeit einer zentralen Ausbildungsstätte und überreichte an Staatssekretär Tröscher einen Bewilligungsbescheid über 800.000 DM zur Instandsetzung der von der GmbH übernommenen Gebäude.[6] Mit der staatlichen Finanzierung war man aber auch an die Ausgabenpolitik dieser Seite gebunden. So hielt man angesichts der Wirtschaftskrise 1966/67 zwar die laufende Finanzierung des Lehrbetriebs trotz der allgemeinen Finanzlage in Bund und Ländern für gesichert, einmalige Ausgaben für an sich notwendige Dinge wurden jedoch erschwert und verzögerten den weiteren Ausbau der Ingenieurschule.[7] Die neue Schule startete mit gewissen Schwierigkeiten; es gab zunächst lediglich 14 Lehrgangsteilnehmer, Riebel war vorerst nur kommissarischer Leiter, und die Dozentenfrage war noch nicht endgültig gelöst. Zu Beginn fanden die Vorlesungen unter Mithilfe von Dozenten der Ingenieurschule für Landwirtschaft statt, die ihrerseits in einen Neubau eingezogen war.[8] Die Zeit zur Vorbereitung der

5 Vgl. Vereinbarung zwischen dem Land Hessen und dem DITSL vom 18.11.1966, in: AD, Vertragsangelegenheiten, unpag.

6 Vgl. Markstein der Landwirtschaft. Neue Tropeningenieurschule eröffnet, in: Hessische Allgemeine vom 10.11.1966, zit. nach: ebd., Diverses, Zeitungsausschnittsammlung ; Eröffnung der »Deutschen Ingenieurschule für Tropenlandwirtschaft«, in: Uu, Nr. 6, Oktober 1966, S. 43-44.

7 Vgl. Delfs-Fritz, Protokoll über den Konvent des Verbandes Alter Herren vom Wilhelmshof e.V. am 10.6.1967 in Witzenhausen, in: ebd., Nr. 8, Oktober 1967, S. 6-8, hier S. 7. Zur Wirtschaftskrise vgl.: Werner Abelshauser, Deutsche Wirtschaftsgeschichte seit 1945, München 2004, S. 290ff.; Michael von Prollius, Deutsche Wirtschaftsgeschichte nach 1945, Göttingen 2006, S. 150ff.

8 Vgl. W. Delfs-Fritz, Einiges über die Vorstands- und Beiratssitzung vom 14. Januar 1967, in: Uu, Nr. 7, April 1967, S. 2-4, hier S. 2.

neuen Schule betrug nur wenige Monate, vieles war daher am Anfang eher behelfsmäßig. Man begann zunächst nur mit einem dritten Semester für Bewerber mit einem erfolgreichen Nachweis einer anderen Ingenieurschule.[9]

In einem Merkblatt fasste Riebel Ende 1966 die wesentlichen Züge der neuen Schule zusammen: Sie habe wie die übrigen Ingenieurschulen in der Bundesrepublik die Aufgabe, in einem sechssemestrigen Studium auf wissenschaftlicher Grundlage eine höhere fachliche Bildung zu vermitteln. Ihre Besonderheit bestehe darin, dass sie ihre Studierenden auf eine selbständige Tätigkeit als Ingenieur für den Landbau in tropischen und subtropischen Ländern vorbereite. Bewerber mussten das Abschlusszeugnis einer Realschule oder einen vergleichbaren Abschluss nachweisen und eine landwirtschaftliche oder gärtnerische Ausbildung absolviert haben. Solche Bewerber, die das 1. und 2. Semester einer Ingenieurschule für Land- oder Gartenbau erfolgreich besucht hatten, konnten in das 2. bzw. 3. Semester aufgenommen werden.[10]

Nach einer Konsolidierungsphase und der Auswertung erster Unterrichtserfahrungen, entwickelte die Schule einen modifizierten Lehrplan und traf weitere neue Regelungen. Der Lehrplan galt zum Wintersemester 1968/69 für das am 1. Oktober beginnende 1. Semester. Für dieses Semester wurde die Maximalzahl von 30 Hörern angenommen. Im Wintersemester 1969/70 sollten wieder maximal 30 Hörer für das 1. Semester angenommen werden. Ab dem Sommersemester 1970 sollten Zusteiger dann nach der Vorprüfung der anderen Ingenieurschulen zugelassen werden. Für sie sollte ein eigenes Eingangssemester eingerichtet werden, in dem der spezifische Lehrstoff (insbesondere die beiden Fremdsprachen) aus den ersten drei Semestern des Studiums der Tropenlandwirtschaft nachgeholt werden sollte. Dem Eingangssemester sollte sich im folgenden Wintersemester dann das reguläre 4. Semester anschließen.[11]

Wie Peter Wolff zu Recht anmerkt, blieb der Deutschen Ingenieurschule für Tropenlandwirtschaft kaum die Chance zu einer wirklichen Konsolidierung, da sie in einer Zeit der bildungspolitischen Neuorientierung gegründet worden war. Das deutsche Hochschulsystem geriet seit Anfang der 1960er Jahre in heftige politische Auseinandersetzungen die bald auch auf den Bereich der Ingenieurschulen übergriffen. Deren Studenten drängten ab Mitte der 1960er Jahre auf

9 Vgl. Riebel, Ingenieurschule.

10 Vgl. Merkblatt der Deutschen Ingenieurschule für Tropenlandwirtschaft, Witzenhausen, Riebel, vom Dezember 1966, in: BAK, B 116, Nr. 22542, unpag. Sehr ähnlich: Thomas Neumaier, Ausbildung von Tropenlandwirten, in: Informationen. Artikeldienst Land- und Forstwirtschaft, Ländliche Hauswirtschaft, 17 (1968) 5 vom 23.3.1968, zit. nach: HHStAW, 509, Nr. 7680, unpag.

11 Vgl. Pressemitteilung: Erste Erfahrungen bei der Deutschen Ingenieurschule für Tropenlandwirtschaft ausgewertet, in: Uu, Nr. 10, Oktober 1968, S. 21-22; Merkblatt Aufnahme in das Studium an der Deutschen Ingenieurschule für Tropenlandwirtschaft in Witzenhausen, o.Dat. (1968), in: HHStAW, 509, Nr. 7680, unpag.

eine Reform des Studiums. Daneben war eines ihrer Ziele, einen international vergleichbaren Status der deutschen Ingenieurschulen und eine adäquate Anerkennung des Ingenieurschulabschlusses im Ausland zu erreichen. Im Juni 1968 kam es zu einem bundesweiten Streik der Ingenieurschulstudenten.[12]

Im Wintersemester 1968/69 begann zum ersten Mal ein 1. Semester, in das 26 Hörer aufgenommen wurden. Für das 3. Semester wurden aufgrund des großen Andrangs zwei Parallelklassen eingerichtet. Für die ausländischen Studenten wurde mit dem Wintersemester ein Ausländerkolleg zur Hinführung auf das Studium in Deutschland eröffnet.[13] Am 28. Oktober 1968 entließ die Ingenieurschule in einer Feierstunde ihre ersten Absolventen als graduierte Ingenieure. Gleichzeitig wurde das neu hergerichtete Hauptgebäude von der Schule übernommen, laut Riebel ein Markstein in der Geschichte der Ingenieurschule.[14]

In einer aus dieser Zeit stammenden Selbstdarstellung der Schule knüpfte man an die »lange Tradition in der Ausbildung von Fach- und Führungskräften für die Landwirtschaft in Übersee«, also an die Kolonialschule an. Im Gegensatz dazu sei die Ingenieurschule jedoch staatlich. Sie umfasse drei Ausbildungszweige: ein Vorstudienkolleg (gegründet 1968), die eigentliche Ingenieurschule und das Beraterseminar für ländliche Entwicklungshilfe. Die drei Ausbildungszweige seien zwar in Lehrplänen und Lehrmethodik unterschiedlich, ergänzten sich aber gegenseitig. So diene das Vorstudienkolleg der Vorbereitung ausländischer Studienbewerber (insbesondere solcher aus den Entwicklungsländern) auf ein landwirtschaftliches Studium in der Bundesrepublik. Es sollte sich auf die Dauer in einer zwei- bis dreijährigen Vorbereitungsphase vor allem der Unterweisung der Ausländer in den schulischen Voraussetzungen des Studiums und in der Fachsprache, ihrer praktischen Einübung und der Lenkung der erforderlichen Fachpraktika widmen. Das Beraterseminar leiste keine fachliche Grundausbildung, sondern setze sie bei den Lehrgangsteilnehmern voraus und wolle

12 Vgl. Wolff, 85 Jahre, S. 68 ders., Ingenieurschule, S. 35; Elmar Lang, Musterknaben streiken, in: Die Zeit vom 17.5.1968; Reife Köpfe, in: Der Spiegel, Nr. 27 vom 1.7.1968, S. 50-51; Helmut Kahlert, Vergessene Aktionen. Wie die Fachhochschule entstanden ist (http://www.stiftung-sozialgeschichte.de/joomla/index.php/de/component/content/article/95-zeitschrift-archiv/sozial-geschichte-extra/beitraege/183-vergessene-aktionen).

13 Vgl. Franz-Hermann Riebel, Neues von der Ingenieurschule für Tropenlandwirtschaft, in: Uu, Nr. 10, Oktober 1968, S. 7-8.

14 Vgl. Durchschlag eines Schreibens des Hessischen Ministers für Landwirtschaft und Forsten, Tröscher, an den Hessischen Minister für Wirtschaft und Verkehr, Arndt, vom 21.10.1968, in: HHStAW, 507, Nr. 11207, unpag.; Wolfgang Delfs-Fritz, 1898-1968. In Witzenhausen beginnt ein neuer Abschnitt in der Ausbildung von Tropenlandwirten, in: TL, 69 (1968), S. 5-7, hier S. 6; Zentralgebäude der Ingenieurschule für Tropenlandwirtschaft übergeben, in: Hessische Allgemeine vom 29.10.1968, zit. nach: AD, Zeitungsausschnittsammlung, unpag.

sie, bezogen auf eine Tätigkeit in der ländlichen Entwicklungshilfe ergänzen und fruchtbar machen.[15]

Im Oktober 1968 beschlossen die Ministerpräsidenten der Länder den Übergang der Ingenieurschulen für Landbau in Fachhochschulen oder Gesamthochschulen. Mit dieser Entwicklung, also in unserem Falle mit dem späteren Übergang in die Gesamthochschule Kassel (GhK) sollte auch die Existenz der Deutschen Ingenieurschule für Tropenlandwirtschaft enden.[16]

Ende November 1968 debattierte das hessische Kabinett über eine Umbenennung der Schule, da sich die Frage aufdrängte, ob die Bezeichnung »Tropenlandwirtschaft« die Ausbildungsaufgabe der Schule und die Verwendungsmöglichkeit ihrer Absolventen umfassend und deutlich genug wiedergab. Tatsächlich umfasste der Unterricht nicht nur die Landwirtschaft der Tropen, sondern auch jene subtropischer Gebiete und weiter Bereiche gemäßigten Klimas.[17] Kurze Zeit später wurde die bisherige Deutsche Ingenieurschule für Tropenlandwirtschaft in Deutsche Ingenieurschule für ausländische Landwirtschaft (DIAL) umbenannt.[18] Die Schulleitung zeigte sich zwar nicht gänzlich glücklich mit der Namensänderung, doch entscheidender sei der umfassendere Charakter. Das der Schule im Oktober 1968 offiziell übergebene Hauptgebäude war inzwischen fertiggestellt worden, die Mensa hatte ihren Betrieb aufgenommen. Nun sollte der zweite Bauabschnitt folgen, der sich im Stadium der Planung befand und ein neues Hörsaalgebäude mit einem besonderen naturwissenschaftlichen Trakt sowie die Erweiterung des Gewächshauses vorsah.[19]

Die politischen Bestrebungen zielten auf eine allgemeine »Überführung der Ingenieurschulen und der Höheren Fachschulen in die Fachhochschule«. Mit Erlass vom 17. März 1970 forderte der Hessische Kultusminister sie auf, eine Studienreform mit Beginn des Sommersemesters 1970 einzuleiten.[20] An der

15 Vgl. Selbstdarstellung »Die Deutsche Ingenieurschule für Tropenlandwirtschaft Witzenhausen«, o.Dat. (Ende 1968), in: HHStAW, 507, Nr. 11207, unpag.

16 Vgl. Wolff, Ingenieurschule, S. 14f.; Christoph Oehler, Die Entstehung der Gesamthochschule Kassel – Hochschulpolitische Rahmenbedingungen, in: Norbert Kluge/Aylâ Neusel/Christoph Oehler/Ulrich Teichler (Hg.), Gesamthochschule Kassel 1971-1981. Rückblick auf das erste Jahrzehnt, Kassel 1981, S. 15-41.

17 Vgl. Kabinettsvorlage des Hessischen Ministers für Landwirtschaft und Forsten, Tröscher, vom 28.11.1968, in: HHStAW, 509, Nr. 7661, unpag.

18 Vgl. Durchschrift eines Schreibens des Hessischen Ministers für Landwirtschaft und Forsten an den Hessischen Ministerpräsidenten vom 21.3.1969, in: BAK, B 116, Nr. 22542, unpag; Ingenieurschule nicht auf Tropenlandwirtschaft spezialisiert, in: Hessische Allgemeine vom 15.3.1969, zit. nach: AD, Zeitungsausschnittsammlung, unpag.

19 Vgl. Friedrich Siegel, Neues von der Ingenieurschule für ausländische Landwirtschaft, in: Uu, Nr. 11, April 1969, S. 5-6.

20 Vgl. Wolff, 85 Jahre, S. 68 und S. 70.

DIAL wurde diese »innere« Studienreform im Frühjahr 1970 in Angriff genommen. Die wesentlichen Grundsätze sahen die Gliederung der mindestens dreijährigen Studienzeit in ein Grund- und ein Hauptstudium vor. Die Lehrfächer wurden in Pflicht-, Wahlpflicht- und Wahlfächer differenziert, um den allgemeinen Trend der Spezialisierung durch ein Angebot von Wahlpflichtfächer-Gruppen der Studienbereiche in den höheren Semestern gerecht werden zu können. Bei den Lehrveranstaltungen erhielten Übungen und Seminare gegenüber den Vorlesungen ein höheres Gewicht, um die Selbsttätigkeit der Studierenden zu fördern, unter Verringerung der Wochenstundenzahl. Anstelle der starren Semesterprogramme traten aufgelockerte Studienprogramme für Grund- und Hauptstudium. Daraus sollte sich für die Studenten eine größere Freizügigkeit, Lehrveranstaltungen zu belegen und zu besuchen, ergeben. Der Nachweis der Studienergebnisse erfolgte durch den Erwerb von Scheinen in den einzelnen Fächern, anstelle der Zeugnisse und Semesterversetzungen, wobei der Leistungsnachweis durch verschiedenartige schriftliche Arbeiten, Klausuren und Fachgespräche erbracht werden konnte. Die Vorlage aller Grund- und Hauptscheine berechtigte zur Abschlussprüfung, die neben einer größeren Studienarbeit Klausuren und mündliche Prüfungen in mehreren Fächern vorsah. Die größere Freizügigkeit des Studiums durch Aufhebung der »Semesterverbände« sollte Studierenden der Fachrichtung Landbau aus anderen Ingenieurschulen des In- und Auslands den Zugang erleichtern.[21]

Bis zur Studienreform galt das Versetzungsprinzip von einem Semester ins nächste. Nach drei Semestern stand eine schriftliche und mündliche Vorprüfung in allen Pflichtfächern der ersten drei Semester an. Zum Abschluss erfolgte die Ingenieurprüfung in allen Fächern des fünften und sechsten Semesters. Wenn die Prüfung mit »Gut« oder »mit Auszeichnung« bestanden wurde, konnte die fachgebundene Hochschulreife zuerkannt, mit einer Ergänzungsprüfung die allgemeine Hochschulreife erworben werden.[22]

Das Studienjahr 1969/70 schloss im Juli mit der Ingenieurprüfung ab. Dabei kam die innere Studienreform bereits zum Tragen. Im Rahmen eines Schulversuchs konnte eine in den letzten Semestern angefertigte Studienarbeit als Abschlussarbeit (Ingenieurarbeit) anerkannt werden. Darüber hinaus bestand die Prüfung nur aus einem mündlichen Teil, einem praxisbezogenen Fachgespräch von 45 Minuten, das seinen Ausgangspunkt in einem vorher benannten Wahlfach fand. Innerhalb der inneren Reform wurde auch der Lehrplan, d.h. das Studienprogramm neu gestaltet. Das Grundstudium, das sich im 3. Semester teilweise mit dem dort beginnenden Hauptstudium überschnitt, blieb im Wesentlichen gleich. Das Hauptstudium dagegen bekam ein neues Gepräge: Der für

21 Vgl. Siegel, Bericht vom Ausbildungszweig Ingenieurschule, in: Uu, Nr. 13, April 1970, S. 14.

22 Vgl. Wolff, Ingenieurschule, S. 36.

alle Studenten verbindliche Kern des Lehrstoffs schloss mit den Pflichtfächern im 5. Semester ab. Im 6. Semester gab es ein differenziertes Angebot in vier Wahlpflichtfächergruppen. Je nach Neigungen bzw. Berufsabsichten konnte der Student verpflichtend wählen, ob er sein Wissen im Bereich der Pflanzenproduktion, Tierproduktion, Sozialökonomik oder Agrarpädagogik ergänzen und vertiefen wollte. Damit konnten die Studierenden nun innerhalb des Studiengangs Ausländische Landwirtschaft gewisse Schwerpunkte setzen.[23]

Anlässlich eines Besuchs von Bundesminister Erhard Eppler im November 1970 präsentierte Riebel die neue Ausrichtung der Schule: Statt wie früher Pflanzer und Plantagenmanager auszubilden, stünde nun die »Internationale Dienstleistung« im Mittelpunkt. Dazu sei ein stärkerer Schwerpunkt im sozialökonomischen Bereich erforderlich. Problematisch erschien Riebel, dass das BMZ die Ausbildung ständig durch eine noch stärkere entwicklungspolitische Ausrichtung überfordern wolle.[24]

Die Entwicklung der beiden anderen Zweige der Ingenieurschule soll hier nur kurz dargestellt werden. Das Beraterseminar für ländliche Entwicklungshilfe entstand bei der Überleitung des Seminars für ländliche Entwicklungshilfe in die Ingenieurschule in der Zeit von 1966 bis 1968. Es sollte zunächst deutsche landwirtschaftliche Fachkräfte für eine Tätigkeit in Entwicklungsländern vorbereiten. Mit der Integration in die Ingenieurschule weiteten sich die Aufgaben des Beraterseminars aus; laut einem Prospekt vom Oktober 1969 diente es nun der beruflichen Fort- und Weiterbildung von deutschen und ausländischen Experten der ländlichen Entwicklungshilfe. Damit war die Entwicklung zum späteren Kontaktstudienseminar bzw. Kontaktstudienzentrum vorgezeichnet. So bot das Beraterseminar bereits von Mitte Februar bis Mitte Mai 1969 im Auftrag der ZL einen Lehrgang für landtechnische Fachkräfte aus Ländern der Dritten Welt an und im Sommer 1969 einen Speziallehrgang für 20 portugiesische Agrarberater. Die geplante Fortbildung deutscher Fachkräfte entwickelte sich hingegen nur sehr schleppend.[25]

23 Vgl. Siegel, 2. Abteilung: Ingenieurschule, in: Uu, Nr. 14, Oktober 1970, S. 17-18; Tätigkeitsbericht der DIAL für das Jahr 1970, S. 4, in: BAK, B 116, Nr. 35990, unpag.; Dr. Riebel, Tätigkeitsbericht der Ingenieurschule für das Jahr 1970, in: Uu, Nr. 15, April 1971, S. 13-17.

24 Vgl. Entwicklung und derzeitiger Stand der Schule (Kurzfassung der Darstellung des Direktors der Schule, Dr. Riebel, anläßlich des Besuchs von Bundesminister Dr. Eppler am 4.11.1970), in: StAM, 314/1, Nr. 254, unpag. Zu Eppler vgl.: Jan Cernicky, Erhard Eppler 1968-1974, in: Gieler, 50 Jahre, S. 69-95; ders., Erhard Eppler 1968-1974, in: Gieler, Entwicklungsminister, S. 40-56.

25 Vgl. Wolff, Ingenieurschule, S. 51; Abschlußbericht über den landtechnischen Lehrgang für landwirtschaftliche Fachkräfte (Counterparts) aus Entwicklungsländern vom 12.2.-31.5.1969 vom 14.7.1969, in: HHStAW, 509, Nr. 7679, unpag.; Vgl. Wolfgang Delfs-Fritz, Kontaktstudium, in: Uu, Nr. 14, Oktober 1970, S. 8-9; Dr. Glau-

Bei den bis 1967 durchgeführten Lehrgängen standen die halbjährigen Grundlehrgänge für Agrarberater mit insgesamt 129 Teilnehmern und die einmonatigen Vorbereitungslehrgänge für den DED mit 166 Teilnehmern im Vordergrund. Daneben bot das Seminar zum Beispiel Lehrgänge für die Ehefrauen der Entwicklungshelfer an und Fortbildungslehrgänge für Ausländer sowie Einzeleinweisungen für Deutsche und Ausländer.[26]

Nach eigener Einschätzung wurde im Beraterseminar weniger Wert auf die Aneignung schulischen Wissens und Könnens gelegt, sondern auf das Erlernen neuer, oder doch zumindest anders akzentuierter Verhaltensweisen und Arbeitsmethoden, wie sie der Beruf einer Fach- und Führungskraft in der ländlichen Entwicklungshilfe erforderte. Ziel war es, die Seminaristen zu befähigen, in einer für sie neuartigen Umwelt zu leben und ihnen recht fremdartige Menschen zu führen, anzuleiten und zu beraten. Dazu bediente sich das Beraterseminar weitgehend »außerschulischer«, damals eher unkonventioneller Lehr- und Lernmethoden.[27]

Laut Riebel hatte das Seminar mit seinen sechsmonatigen Grundlehrgängen für Agrarberater das Modell einer allgemeinen Vorbereitung entwickelt und zum ersten Mal realisiert, das später als Vorbild für die Vorbereitungslehrgänge der DSE in Bad Honnef diente. Witzenhausen habe sich so im Laufe der Zeit nicht nur zu einem Zentrum der ländlichen Entwicklungshilfe, sondern auch zu einem Zentrum aktiver Pädagogik entwickelt.[28] Für Diskussionen sorgte die geplante (Teil-)Verlegung des Beraterseminars nach Bad Honnef. Riebel erklärte, mit dem Weggang des Beraterseminars würde das Konzept Witzenhausen als Zentrum der ausländischen Landwirtschaft und der ländlichen Entwicklungshilfe zerstört. Bundesminister Erhard Eppler schloss in seiner Replik nicht aus, in Witzenhausen eine Art »Mutterhaus« für den Entwicklungsdienst zu schaffen.[29] Doch die Entwicklung ging in eine andere Richtung: Der Bund ließ die deut-

ner, Kontaktstudium an der Deutschen Ingenieurschule für ausländische Landwirtschaft Witzenhausen im Sommer 1971, in: ebd., S. 14.

26 Vgl. Selbstdarstellung »Die Deutsche Ingenieurschule für Tropenlandwirtschaft Witzenhausen«, o.Dat. (Ende 1968), in: HHStAW, 507, Nr. 11207, unpag.

27 Vgl. Memorandum »Die Deutsche Ingenieurschule für ausländische Landwirtschaft« vom 27.5.1969, in: AD, Akte DKS – HLS, unpag.

28 Vgl. Entwicklung und derzeitiger Stand der Schule (Kurzfassung der Darstellung des Direktors der Schule, Dr. Riebel, anläßlich des Besuchs von Bundesminister Dr. Eppler am 4.11.1970), in: StAM, 314/1, Nr. 254, unpag.

29 Vgl. Ingenieurschule setzt sich für die Erhaltung des Beraterseminars ein, in: Hessische Allgemeine vom 24.10.1970, zit. nach: StAW, Mappe Ingenieurschulen in Witzenhausen, unpag.; Kein Abbau der Ingenieurschule und keine geistige Auszehrung, in: Hessische Allgemeine vom 6.11.1970, zit. nach: AD, Unsortiertes Material, unpag.

schen Kräfte kaum noch in Witzenhausen, sondern in erster Linie bei der DSE in Bad Honnef vorbereiten.[30]

Schon in den ersten Jahren der Ingenieurschule war deutlich geworden, dass viele der ausländischen Studierenden erhebliche Probleme hatten, vor allem während der ersten Studiensemester. Die Ursache hierfür lag, neben den oft mangelhaften deutschen Sprachkenntnissen, in einer unzureichenden naturwissenschaftlichen und praktischen Vorbildung. Die Schule zog die Konsequenz daraus und richtete eine gezielte Vorbereitung durch einen Vorkurs ein.[31] Seit dem 1. Oktober 1968 lief das Vorstudienkolleg (Ausländerkolleg), in dem junge Leute aus der »Dritten Welt« auf die Ingenieurschule vorbereitet werden sollten. Voraussetzung für die Zulassung zu diesem Vorstudium waren ausreichende Kenntnisse der deutschen Umgangssprache, wie sie zum Beispiel durch einen viermonatigen Sprachkursus bei einem Goetheinstitut erworben werden konnten sowie ein Schulabschluss, der zumindest der Mittleren Reife entsprach. Aus den Erfahrungen des ersten Ausländerkollegs sollte sich die endgültige Form des Vorstudiums entwickeln. Ein vorläufiger Entwurf unterteilte dieses in ein schulgebundenes Praktikum, ein landwirtschaftliches Praktikum und den eigentlichen Vorkurs. Das erste Semester war der Auswertung des landwirtschaftlichen Praktikums, einem ausführlichen Repetitorium der naturwissenschaftlichen Voraussetzungen für das Hauptstudium und dem begleitenden Sprachunterricht gewidmet. Im zweiten Semester sollten die Schüler ihre naturwissenschaftlichen Kenntnisse vertiefen, einen Einführungsunterricht in die fachlichen Studienfächer mit Klärung von Spezialbegriffen erhalten, ein begleitendes Praktikum in Landtechnik, Tierzucht, Pflanzenbau sowie Übungen in Betriebslehre absolvieren, den Sprachunterricht in Deutsch weiterführen und mit dem Englischunterricht beginnen. Am Ende des einjährigen Vorkurses entschied die Konferenz der im Vorstudium unterrichtenden Lehrer unter Vorsitz des Direktors oder des mit der Leitung des Ausländerkollegs beauftragten Lehrers über die Eignung der Teilnehmer für die Zulassung zum Ingenieurstudium.[32]

Das erste Ausländerkolleg der DIAL endete am 14. Juli 1969. Es hatte mit 14 Teilnehmern begonnen, am Ende konnten acht von ihnen in das erste Semester der Ingenieurschule aufgenommen werden. Das zweite Ausländerkolleg begann am 1. Oktober 1969 mit elf Teilnehmern. Im Gegensatz zum ersten Kolleg, das nur zwei Semester umfasste, waren nun vier Semester vorgesehen. Die Absolventen wurden gleichzeitig durch den Besuch der Fachoberschule auf das Fachabitur vorbereitet. Diese Koppelung war im Hinblick auf den für den Herbst

30 Vgl. Tätigkeitsbericht der DIAL für das Jahr 1970, S. 2f., in: BAK, B 116, Nr. 35990, unpag.

31 Vgl. Wolff, Ingenieurschule, S. 26f.

32 Vgl. Heinz Bliss, Bericht vom Ausbildungszweig Vorstudienkolleg, in: Uu, Nr. 11, April 1969, S. 7.

1971 vorgesehenen Übergang der Ingenieurschule in die Gesamthochschule notwendig geworden. So lernten die Ausländer an vier Tagen der Woche am Ausländerkolleg und besuchten Freitag und Sonnabend die der Berufsschule angeschlossene Fachoberschule.[33] Auf die Dauer sollten ausländische Bewerber mit einer der Mittleren Reife vergleichbaren Vorbildung weitgehend an die Fachoberschule Witzenhausen abgegeben werden, sodass in den eigentlichen Vorkurs nur noch Bewerber mit dem Abitur aufgenommen werden würden.[34]

Hinsichtlich der Bedeutung der Ingenieurschule kam Riebel zu einem positiven Fazit: »In ihrer kurzen Zeit hat sie jedoch das Bett für einen der frühen agrarwissenschaftlichen Fachbereiche der Universität bereitet und für den Erhalt der besonderen Internationalität Witzenhausens Sorge getragen.«[35]

Auf dem Weg in die Gesamthochschule

Der Wissenschaftsrat empfahl im Juli 1969, an zwei Universitäten im Rahmen eines Aufbaustudiums einen Studiengang für die Landwirtschaft der Tropen und Subtropen einzurichten; dabei hatte er Göttingen und Hohenheim im Blick. Ferner sollte das Verhältnis zwischen Agraringenieurschulen und wissenschaftlichen Hochschulen neu geordnet und qualifizierten Studierenden der Übergang erleichtert werden.[36] Im Zuge der Weiterentwicklung der deutschen Ingenieurschulen rechnete auch die Schulleitung der DIAL Ende 1969 mit der kommenden Umwandlung in eine Fachhochschule zum Wintersemester 1971/72.[37]

Ende 1969 war in diesem Kontext die Überleitung der beiden Witzenhäuser Ingenieurschulen in eine Fachhochschule Gießen im Gespräch.[38] Der Witzen-

33 Vgl. Heinz Bliss, Bericht vom Ausbildungszweig Vorstudienkolleg, in: ebd., Nr. 12, Oktober 1969, S. 17; Dr. Heinz Bliss, Bericht vom Ausbildungszweig Vorstudienkolleg, in: ebd., Nr. 13, April 1970, S. 15.

34 Vgl. Tätigkeitsbericht der DIAL für das Jahr 1970, S. 6, in: BAK, B 116, Nr. 35990, unpag.; Dr. Riebel, Tätigkeitsbericht der Ingenieurschule für das Jahr 1970, in: Uu, Nr. 15, April 1971, S. 13-17, hier S. 16.

35 Riebel, Ingenieurschule, S. 9. Eine wichtige Rolle attestierte auch Wolff der Ingenieurschule, bezog diese Wertung aber auf den Übergang der Ausbildung von der privaten Trägerschaft in staatliche Verantwortung. Vgl. Wolff, Ingenieurschule, S. 1.

36 Vgl. Wissenschaftsrat für strafferes Studium der Agrarwissenschaften, in: Die Welt vom 17.7.1969, zit. nach: AD, Unsortiertes Material, unpag.

37 Vgl. Entwurf eines Prospekts »Deutsche Ingenieurschule für Ausländische Landwirtschaft Witzenhausen«, vom Oktober 1969, in: ebd., Kiste Diverses, GhK, unpag. Vgl. allgemein dazu: Wolff, Entwicklung, S. 98ff.

38 Vgl. Werden die Witzenhäuser Ingenieurschulen in die Fachhochschule Gießen verlegt?, in: Hessische Allgemeine vom 23.12.1969, zit. nach: AD, Unsortiertes Material, unpag. Gegen diese Pläne wehrten sich die Lokalpolitiker vehement. Vgl. Fo-

häuser Ortsverein der SPD legte als Gegenvorschlag den Plan zu einer eigenen Fachhochschule Witzenhausen vor, der die beiden Ingenieurschulen vereinigen und neun Fachbereiche umfassen sollte: Ausländerkolleg, Ausländische Landwirtschaft, Pädagogik, Beratungswesen in der ländlichen Entwicklungshilfe, Landbau, Forstwirtschaft, Hauswirtschaft, Landwirtschaftliches Beratungswesen und Kontaktstudium.[39]

In dieser Zeit legte der hessische Kultusminister einen Referentenentwurf für ein Fachhochschulgesetz vor. Dieser sah, wie auch der Gesetzentwurf der Landesregierung, die angesprochene Überleitung der beiden Witzenhäuser Ingenieurschulen in eine Fachhochschule Gießen vor. Dieser Lösung hielt Riebel ebenfalls den Vorschlag einer eigenen Fachhochschule Witzenhausen entgegen. Vehement wehrte er sich gegen die Überleitung der beiden Schulen in die Fachbereiche Ausländische Landwirtschaft und Landbau der Fachhochschule Gießen. Er verwies dabei auf das »Modell für ein demokratisches Bildungswesen« des Bundesvorstands der SPD vom Januar 1969. Danach war die Dezentralisierung von Hochschulen in der Form von Teilhochschulen im System einer Gesamthochschule gefordert. Ferner die »offene Hochschule«, die auch Studienbewerber annehmen könnte, die nicht über die formale Qualifikation verfügten sowie die Weiterbildung der Absolventen. Die Witzenhäuser Ingenieurschulen seien zu einem guten Teil von diesen Vorstellungen geprägt. Eine Fachhochschule Witzenhausen stünde auch der Weiterentwicklung zu Gesamthochschulen nicht im Wege. Für ihn lag es daher nahe, sie der geplanten GhK zuzuordnen.[40]

tokopie eines Schreibens von Wilhelm Brübach (Landrat, MdL) an den Hessischen Kultusminister vom 18.12.1969, in: StAW, Mappe Ingenieurschulen in Witzenhausen, unpag.; Durchschrift eines Schreibens von Bürgermeister Rudolf Harberg an den Hessischen Minister für Landwirtschaft und Forsten, Tassilo Tröscher, vom 23.12.1969, unpag., in: ebd.; Durchschrift eines Schreibens von Bürgermeister Rudolf Harberg an den Hessischen Städtebund vom 2.1.1970, in: ebd., unpag.; Bedenken der Stadt vorgetragen, in: Hessische Allgemeine vom 6.1.1970, zit. nach: ebd., unpag.

39 Vgl. Fachhochschule Witzenhausen gefordert. SPD-Ortsverein unterbreitet Vorschlag, in: Hessische Allgemeine vom 29.1.1970, zit. nach: AD, Zeitungsausschnittsammlung, unpag. Riebel reagierte positiv auf den Vorschlag; diese Pläne seien ähnlich denen, welche die Dozenten und Studenten dem Kultusminister zugeleitet hätten. Er forderte aber, dass die Fachhochschule in eine größere Bildungskonzeption eingebaut und der Gesamthochschule Kassel zugeordnet werden müsse. Vgl. Fachhochschul-Plan findet Echo, in: Hessische Allgemeine vom 31.1.1970, zit. nach: ebd., unpag.; Für eigene Fachhochschule. Dozenten begrüßen Vorschlag der SPD Witzenhausen, in: Hessische Allgemeine vom 4.2.1970, zit. nach: StAW, Mappe Ingenieurschulen in Witzenhausen, unpag.

40 Vgl. Denkschrift »Entwurf einer Fachhochschule Witzenhausen« der DIAL, Riebel, vom 23.2.1970, in: BAK, B 213, Nr. 5533, unpag.; Modell für ein demokratisches Bildungswesen, hg. vom Vorstand der SPD, Bad Godesberg 1969.

Den auch vom hessischen Landwirtschaftsminister mitgetragenen Wunsch nach Errichtung einer eigenen Fachhochschule lehnte das Kabinett jedoch ab, sicherte aber nach Intervention des Ministers einen Verbleib der Ingenieurschulen in Witzenhausen zu. Allerdings schien im Frühjahr 1970 eine Zuordnung zu Gießen schon so gut wie sicher zu sein. Demgegenüber gab der Staatssekretär im hessischen Kultusministerium ebenfalls eine Standortgarantie ab: Witzenhausen werde Mittelpunkt der Entwicklung im landwirtschaftlichen Ingenieurschulwesen bleiben, an einen Standortwechsel für die beiden Ingenieurschulen sei nicht gedacht.[41]

Das am 15. Juli 1970 verabschiedete hessische Fachhochschulgesetz sah dann die Überleitung der beiden Ingenieurschulen in die künftige Fachhochschule Kassel vor. Die DIAL werde künftig in einem Fachbereich »Ausländische Landwirtschaft« der neuen Fachhochschule aufgehen. Als Termin war der 1. August 1971 vorgesehen, die Verantwortung sollte vom Landwirtschafts- auf das Kultusministerium übergehen. Mit Inkrafttreten des Gesetzes werde die Schule dann ihre Eigenständigkeit verlieren.[42] Mit dem »Gesetz zum weiteren Ausbau der Gesamthochschule Kassel« vom 13. Juli 1971 wurde die Eingliederung der Fachhochschule Kassel in die GhK zum 2. August 1971 gesetzlich geregelt. Am 1. August 1971 trat das Gesetz in Kraft; die beiden Witzenhäuser Ingenieurschulen wurden als Fachbereiche Landbau und Ausländische Landwirtschaft in die Fachhochschule Kassel übergeleitet, die einen Tag später in der GhK aufging.[43]

41 Vgl. Ergebnisbericht über die Sitzung des Verwaltungsausschusses der DIAL am 23.3.1970 in Bonn vom 1.4.1970, in: BAK, B 116, Nr. 52314, unpag.; »Witzenhausen bleibt Mittelpunkt des landwirtschaftlichen Schulwesens«, in: Hessische Allgemeine vom 25.4.1970, zit. nach: AD, Unsortiertes Material, unpag.; Wolff, Ingenieurschule, S. 55f.

42 Vgl. Gesetz über die Fachhochschulen im Lande Hessen (Fachhochschulgesetz – FHG) vom 15.7.1970, in: Gesetz- und Verordnungsblatt für das Land Hessen, Teil I, (1970) 31 vom 22.7.1970, S. 415-430; Dr. Riebel, Neues aus der Ingenieurschule, in: Uu, Nr. 14, Oktober 1970, S. 16-17; Tätigkeitsbericht der DIAL für das Jahr 1970, S. 1, in: BAK, B 116, Nr. 35990, unpag.

43 Vgl. Gesetz zum weiteren Ausbau der Gesamthochschule Kassel vom 13.7.1971, in: Gesetz- und Verordnungsblatt für das Land Hessen, Teil I, (1971) 20 vom 20.7.1971, S. 190; Wolff, Ingenieurschule, S. 57; ders., 85 Jahre, S. 75ff. Damit existierten neben der GhK mit den Organisationseinheiten Internationale Agrarwirtschaft und Landwirtschaft in Witzenhausen die Fachhochschulen Nürtingen, Weihenstephan, Osnabrück, Südost-Westfalen mit der Abteilung Soest, Rheinland-Pfalz mit der Abteilung Bingen, Bad Kreuznach und Rendsburg. Im Sommersemester 1972 gab es insgesamt 1.510 Studierende im Fachbereich Landbau, davon 138 an der OE Internationale Agrarwirtschaft und 171 an der OE Landwirtschaft der Gesamthochschule Kassel in Witzenhausen. Vgl. Eduard Nohe, Fachhochschulen mit Fachbereich Landbau in der Bundesrepublik, in: Ausbildung und Beratung, 25 (1972) 12, S. 203-206, hier S. 203f.

Für die betroffenen Studierenden, so Bernhard Lutz, vollzog sich der Übergang in die Gesamthochschule fast unmerklich. Prinzipiell trat keine Veränderung ein, weder im Lehrbetrieb, noch sonst.[44] Harald Rojahn sah hingegen Tendenzen einer eindeutigen Liberalisierung. Habe es sich 1969 noch um einen Schulbetrieb mit Klassenbuch und Präsenzpflicht gehandelt, so habe der Vorlesungsbetrieb die Option beinhaltet, nicht hinzugehen. Daneben sei die Seminararbeit forciert, die Methodik angepasst worden. Inhaltlich hingegen habe es keine wesentlichen Veränderungen gegeben.[45] Viele Studierende begrüßten den Übergang, nicht zuletzt deswegen, weil der Name Gesamthochschule das Zeugnis aufwertete, vor allem auch international. Plötzlich stand da etwas, wie Michael Zöbisch sich erinnert, was übersetzt wie »University of Kassel« klang.[46]

Aufgaben der Ingenieurschule

In der Öffentlichkeit rückten die Aufgaben der Ingenieurschule bei der Ausbildung entsprechenden Personals für die bundesdeutsche Entwicklungspolitik immer stärker in den Vordergrund. Das BMZ ließ keinen Zweifel darüber aufkommen, was es für die Kernaufgabe hielt und gleichzeitig die Federführung des Ministeriums in Fragen der Schule begründete: »Dies ergibt sich aus der Aufgabenstellung der Deutschen Ingenieurschule für Tropenlandwirtschaft als Ausbildungsstätte für landwirtschaftliche Fachkräfte, die im staatlichen und privaten Bereich für Entwicklungshilfe tätig werden wollen.«[47] Diese Führungsrolle und Einflussnahme des BMZ wurde auch bei einer Besprechung über den Lehrplan für die neue Ingenieurschule deutlich. Im Gegensatz zu der früheren Lehranstalt, die sich schon aus Zeitgründen darauf beschränkt hatte, ihren Studierenden eine allgemeine, weitgehend fachliche Ausbildung zu vermitteln, sollte die Ingenieurschule nach den Vorstellungen des BMZ stärker auf die entwicklungspolitischen Anforderungen hin ausgerichtet werden. Darin lag auch einer der Hauptgründe für die vollständige Integration des Seminars für ländliche Entwicklungshilfe, vor allem der in den Grundlehrgängen für Agrarberater vermittelten Kenntnisse und Befähigungen, in die sechssemestrige Ingenieurschulausbildung.[48]

Neben der Ausbildung deutscher Experten legte der Bund ebenfalls größten Wert darauf, dass künftig in Witzenhausen auch mehr Angehörige aus Entwicklungsländern als Tropenlandwirte geschult würden, wie dies bisher geschehen

44 Vgl. Interview mit Bernhard Lutz.
45 Vgl. Interview mit Harald Rojahn.
46 Vgl. Interview mit Michael Zöbisch.
47 Vgl. Schnellbrief des BMZ, Dumke, an den BML, Min.Dir. Prof. Dr. Pielen, vom 23.5.1966, in: BAK, B 116, Nr. 22544, unpag. (Zitat ebd.).
48 Vgl. Aktenvermerk von Riebel vom 14.9.1966, in: HHStAW, 509, Nr. 7679, unpag.

sei. Eine Quote von zehn Prozent hielt man seitens des BMZ für zu gering und forderte, dass mindestens 20 Prozent der Schüler aus den Entwicklungsländern selbst kommen sollten.[49]

Anfang Dezember 1969 zeigte sich auf einer Fachtagung, dass nach wie vor ein ausgesprochener Mangel an ausgebildeten Ingenieuren für ausländische Landwirtschaft bestand. Einschließlich des Bedarfs für die in Vorbereitung befindlichen Projekte würden bis 1971/72 allein in der deutschen Agrarhilfe mehr als 200 derartige Ingenieure benötigt.[50] Auch von Vertretern des BMZ wurde die Bedeutung der Ingenieurschule immer wieder betont: Sie sei ein wesentlicher Bestandteil der deutschen Technischen Hilfe auf dem Agrarsektor. Als einzige Ausbildungsstätte ihrer Art in der Bundesrepublik könne ihre Existenzberechtigung und steigende Bedeutung für die Zukunft von niemand in Zweifel gezogen werden. Mit der Erweiterung des Studienprogramms auf sechs Semester sei die erforderliche Zeit für die intensivere Ausbildung des Agraringenieurs gegeben und damit die internationale Anerkennung gewährleistet.[51]

Riebel konstatierte aufgrund der Weiterentwicklung der Konzeption der deutschen Agrarhilfe einen verstärkten Bedarf an pädagogisch ausreichend vorgebildeten landwirtschaftlichen Fachkräften für Fragen der Ausbildung und der Beratung. Besonders der Bedarf an Lehrern für landwirtschaftliche Ausbildungsstätten werde seiner Ansicht nach noch ansteigen.[52] Immerhin befanden sich Anfang 1971 unter den ca. 650 deutschen Agrarexperten, die im Auftrag der Bundesregierung im Rahmen der Technischen Hilfe in Entwicklungsländern arbeiteten, rund 100 Absolventen der Ingenieurschule und der früheren Lehranstalt.[53]

Dozenten und Lehrpläne

Der Ausbau der Ingenieurschule machte im Frühjahr 1968 kräftige Fortschritte. In den Monaten zuvor konnte eine Reihe neuer Dozenten eingestellt werden.

49 Vgl. Vermerk aus dem Hessischen Ministerium für Wirtschaft und Verkehr, Abteilung IIa, vom 16.4.1968, in: ebd., 507, Nr. 11207, unpag.

50 Vgl. Kurznachrichten: 1. Fachtagung in der Deutschen Ingenieurschule für ausländische Landwirtschaft, Witzenhausen, in: TL, 71 (1970) 1, April 1970, S. 72; Schreiben der DIAL, Riebel, an den Hessischen Minister für Landwirtschaft und Forsten vom 24.2.1970, in: HHStAW, 509, Nr. 7660, unpag.; Protokoll über die Fachtagung mit Institutionen der Agrarhilfe am 9. Dezember 1969 in der DIAL, in: ebd., unpag.

51 Vgl. Vermerk aus dem BMZ, Referat III A 6, Dr. Lampe, vom 9.11.1970, in: BAK, B 213, Nr. 5533, unpag.

52 Vgl. Schreiben der DIAL, Riebel, an Min.Rat Zahn, BMZ, vom 19.1.1971, in: ebd., Nr. 7667, unpag.

53 Vgl. Informationen über die deutsche Agrarhilfe: 100 Witzenhäuser Absolventen in der deutschen Agrarhilfe, in: TL, 72 (1971) 1, April 1971, S. 99.

Insgesamt waren an der Schule zu diesem Zeitpunkt folgende hauptamtliche Dozenten tätig: Franz-Hermann Riebel (Entwicklungspolitik), Friedrich Siegel (Betriebslehre, Beratungswesen), Hans-Joachim Glauner (Sozialökonomik I), Gerhard Küthe (Tierhaltung und -zucht), Franz Lorenz (Landtechnik II), Hartmut Matzat (Englisch, Deutsch für Ausländer), Walter Redecker (Pflanzenbau II, Gewächshäuser), Mechtild Rommel (Biologie, Pflanzenbau I), Albrecht Schäfer (Chemie, Bodenkunde, Pflanzenernährung), Wilma Schäfers (Französisch, Spanisch), Hans Walter (Mathematik, Physik, Landtechnik I), Peter Wolff (Kulturtechnik, Wasserwirtschaft).[54]

Die Zahl der Dozenten an der Ingenieurschule konsolidierte sich langsam, man kam im Laufe der Zeit verstärkt vom System der Gastdozenten ab. Aus den Erfahrungen früherer Jahre bemühte sich die Schule nun darum, die Auslandserfahrungen ihrer Lehrenden auf dem Laufenden zu halten. Dafür waren im regelmäßigen Turnus Fortbildungsreisen ins Ausland vorgesehen. So war Johannes Wörz 1969 zehn Wochen in verschiedenen Ländern im ostasiatischen Raum, genauso wie Franz-Hermann Riebel, der zudem noch Afrika besuchte.[55]

Zum 1. Juni 1970 ergaben sich gewichtige personelle Änderungen: Peter Wolff wurde als Landwirtschaftsrat zur Anstellung in das Beamtenverhältnis auf Probe übernommen, die Dozenten Heinz Bliss, Hans-Joachim Glauner und Mechtild Rommel wurden zu Beamten auf Lebenszeit ernannt. Nachfolger des mit dem Ende des Sommersemesters ausgeschiedenen Dozenten für Pflanzenbau, Walter Redecker, der das 65. Lebensjahr erreicht hatte, wurde mit Carl Hoeppe ebenfalls ein Absolvent der Lehranstalt.[56] Im Laufe des Jahres 1970 wurde der erste Unterrichtsassistent eingestellt, ebenfalls ein Ehemaliger aus der Schule mit einigen Jahren Auslandserfahrung. Die Zahl der Planstellen für hauptamtliche Dozenten blieb mit 14 unverändert. Größere Auslandsreisen absolvierten Wolff und Hartmut Matzat in den Iran, nach Afghanistan, Pakistan, Indien, und Ceylon. Bliss machte eine Studienreise nach Marokko, Rommel eine Vortragsreise nach Argentinien und Riebel eine Gutachterreise nach Tansania und Kongo.[57]

Die Messzahl je Klasse an Ingenieurschulen sollte nach Ansicht des Hessischen Landwirtschaftsministers 30 Studierende betragen, aber auch bei den kleineren Klassen dürfte der Lehrkörper nicht verkleinert werden. Im speziellen Fall seien die landwirtschaftlichen Hauptlehrgebiete viel umfangreicher und differenzierter als bei einem Unterricht für mitteleuropäische Landwirtschaft, da sehr

54 Vgl. Franz-Hermann Riebel, Neues von der Ingenieurschule für Tropenlandwirtschaft, in: Uu, Nr. 9, April 1968, S. 7-8, hier S. 7.

55 Vgl. Friedrich Siegel, Neues von der Ingenieurschule für ausländische Landwirtschaft, in: ebd., Nr. 11, April 1969, S. 5-6.

56 Vgl. Dr. Riebel, Neues aus der Ingenieurschule, in: ebd., Nr. 14, Oktober 1970, S. 16-17.

57 Vgl. Dr. Riebel, Tätigkeitsbericht der Ingenieurschule für das Jahr 1970, in: ebd., Nr. 15, April 1971, S. 13-17.

verschiedene Verhältnisse in den verschiedenen überseeischen Erdteilen klargelegt werden müssten. Deshalb seien im Entwurf des Haushaltsplans für 1967 ein Direktor (auch Lehrkraft) und neun weitere hauptamtliche Lehrkräfte vorgesehen gewesen, für die übrigen Fächer nebenamtliche Kräfte, nach Möglichkeit Mitarbeiter des Seminars für ländliche Entwicklungshilfe.[58]

Es waren aber häufig eben genau die Gastdozenten, oft Professoren aus Göttingen oder Gießen, die bei den Studierenden Eindruck hinterließen: »Das war also jedes Mal eine Erleuchtung. Insgesamt bin ich der Meinung, dass wir keine schlechte Ausbildung bekommen haben. Es war ja nun auch der erste Jahrgang praktisch. Ja, auch die damals sogenannten Professoren, einige gaben sich unheimliche Mühe, weil es auch für die das erste Mal war und andere, eben, wie gesagt, einige kümmerte es nicht, andere hatten ganz einfach nichts drauf, in der Beziehung. Aber ich muss sagen, die meisten haben sich unheimlich angestrengt.« Das Verhältnis zu den Dozenten sei sehr gut und entspannt gewesen, so Bernd Braedt. Diese Ansicht unterstreicht Matthias Zweigert, der angibt, er sei ohnehin mit allen gut ausgekommen.[59] Michael Zöbisch berichtet von erheblichen Unterschieden zwischen den einzelnen Dozenten. Es habe exzellente gegeben, die sehr gut unterrichteten, die motivierten konnten. Daneben habe es aber auch eher trockene Dozenten gegeben, deren Vorlesungen man die mangelnde Auslandserfahrung deutlich anmerkte. Zu den guten Dozenten zählten nach Zöbisch auch die Gastdozenten aus Göttingen, wie zum Beispiel Prof. Eilhard Mitscherlich.[60]

Einen kleinen Einblick in den unterrichteten Fächerkanon bietet der Entwurf des Lehr- und Stundenverteilungsplans für das vierte und sechste Semester im Sommersemester 1968. Für beide Semester waren jeweils 37 Wochenstunden einschließlich Übungen vorgesehen. Die meisten Unterrichtsstunden beanspruchte in beiden Semestern der Pflanzenbau mit sechs bzw. acht Stunden, gefolgt vom Fach Betriebs- und Arbeitslehre mit jeweils vier Stunden. Die übrigen verteilten sich im Fachgebiet Pflanzen- und Tierproduktion auf die Fächer Pflanzenernährung und Düngung, Tierhaltung und -ernährung und Tierheilkunde, im Fachgebiet Landtechnik auf Technisches Zeichnen und Messen, Landtechnik, Landwirtschaftliche Technologie und Kulturtechnik und Wasserwirtschaft, bei den Wirtschafts- und sozialkundlichen Fächern auf Völkerkunde und -psychologie, Wirtschaftsgeografie und Entwicklungs- und Agrarpolitik,

58 Vgl. Durchschlag eines Schreibens des Hessischen Ministers für Landwirtschaft und Forsten an den Bundesminister für wirtschaftliche Zusammenarbeit vom 28.3.1967, in: HHStAW, 509, Nr. 7680, unpag.

59 Vgl. Interview mit Bernd Braedt (Zitat ebd.); Interview mit Matthias Zweigert.

60 Vgl. Interview mit Michael Zöbisch.

bei den Sprachen auf Englisch und Französisch bzw. Spanisch, dazu kamen Sport und Verfügungsstunden.[61]

In einer Selbstdarstellung der Ingenieurschule von Ende 1968 wurde der Lehrplan mit den entsprechenden Wochenstunden für alle sechs Semester des Ingenieurstudiums aufgeführt:[62]

Fach	**Semester**						**Insges.**
	1.	**2.**	**3.**	**4.**	**5.**	**6.**	
Physik	3	3	-	-	-	-	6
Chemie	3	3	-	-	-	-	6
Mathematik	2	2	2	-	-	-	6
Botanik	4	3	2	-	-	-	9
Zoologie	3	1	-	-	-	-	4
Klima- und Bodenkunde	3	4	-	-	-	-	7
Volkswirtschafts- und Soziallehre	6	4	-	-	-	-	10
Ackerbau	-	-	4	4	-	-	8
Pflanzenproduktionslehre	-	-	2	9	8	6	25
Tierproduktionslehre	-	3	4	2	5	5	19
Landtechnik	2	3	2	2	5	4	18
Kulturtechnik und Wasserwirtschaft	-	-	-	2	4	4	10
Betriebs- und Arbeitslehre	-	-	4	4	4	5	17
Entwicklungs- und Agrarpolitik	2	2	4	3	3	3	17
Englisch	5	5	2	2	2	2	18
Französisch oder Spanisch	-	-	5	5	2	2	14
Deutsch für Ausländer	nach Bedarf						
Sport	2	2	2	2	2	2	12
Verfügungsstunden	2	2	4	2	2	4	16
Insgesamt	37	37	37	37	37	37	222

Tab. 3: Anzahl der der Semesterwochenstunden für alle sechs Semester des Ingeneurstudiums, nach Fächern, 1968

61 Vgl. Schreiben der Deutschen Ingenieurschule für Tropenlandwirtschaft, Riebel, an den Hessischen Minister für Landwirtschaft und Forsten vom 5.2.1968, in: HHStAW, 509, Nr. 7680, unpag.

62 Vgl. Selbstdarstellung »Die Deutsche Ingenieurschule für Tropenlandwirtschaft Witzenhausen«, o.Dat. (Ende 1968), in: ebd., 507, Nr. 11207, unpag.

Der Lehrplan ging also von den allgemeinen naturwissenschaftlichen und sozialökonomischen Grundlagen und den überregionalen Gesetzmäßigkeiten des deutschen Landbaus aus. Nach eigener Darstellung wurden stetig damit in Beziehung gesetzt schwerpunktmäßig folgende Stoffe vermittelt: Produktionsbedingungen und -formen der Landwirtschaft in den wichtigsten Klimabereichen der Erde, die allgemeinen kulturellen, gesellschaftlichen und wirtschaftlichen Verhältnisse der verschiedenen Zonen der Erde einschließlich ihrer wirtschaftlichen Beziehungen sowie die besonderen Arbeitsbedingungen in überseeischen Ländern. Der Sprachunterricht war obligatorischer Bestandteil der Ausbildung. Zwei Pflichtsprachen wurden gelehrt: Englisch und wahlweise Französisch oder Spanisch.[63]

Im September 1969 nahm die Schulleitung kleinere Änderungen am Rahmenlehrplan vor. Am wichtigsten war dabei die Absenkung der Wochenstundenzahl auf jeweils 36 Stunden und die Erhöhung der Verfügungsstunden um insgesamt 20 auf nunmehr 36 Stunden. Es sei bei der Änderung berücksichtigt worden, dass gerade für die Studierenden einer Ingenieurschule für ausländische Landwirtschaft ein umfangreiches Literaturstudium erforderlich schien. Die Verfügungsstunden sollten überwiegend für Seminare, Übungen und Literaturstudium unter Anleitung von Dozenten verwendet werden.[64]

Die im Lehrplanentwurf zunächst vorgesehene Zahl von 37 Semesterwochenstunden sorgte immer wieder für Diskussionen, es blieb, so Peter Wolff, kaum Zeit zum »Studieren«. Im Rahmen der Studienreform konnte die Semesterwochenstundenzahl dann ab dem Sommersemester 1970 auf 32 gesenkt werden.[65]

Zumindest der noch zu Zeiten der Lehranstalt heftig beklagte Mangel an deutschsprachiger Fachliteratur hatte sich bis Ende der 1960er Jahre etwas gemildert. Eine Aufstellung der für das Studium notwendigen Lehrbücher vom Januar 1969 zeigt dies. Sie enthält unter anderem zur Tropenlandwirtschaft: Arnold Fink, Tropische Böden (Hamburg 1963), Gunther Franke/Herbert Bruchholz, Nutzpflanzen der Tropen und Subtropen, 2 Bde. (Leipzig 1967), Kunz Dittmer, Allgemeine Völkerkunde. Formen und Entwicklung der Kultur (Braunschweig 1954).[66]

63 Vgl. Entwurf eines Prospekts »Deutsche Ingenieurschule für Ausländische Landwirtschaft Witzenhausen«, vom Oktober 1969, in: AD, Kiste Diverses, GhK, unpag.

64 Vgl. Schreiben des Hessischen Ministers für Landwirtschaft und Forsten an den Bundesminister für wirtschaftliche Zusammenarbeit und den Bundesminister für Ernährung, Landwirtschaft und Forsten vom 16.9.1969 (in der Anlage Durchschlag eines Schreibens des Hessischen Ministers für Landwirtschaft und Forsten an die DIAL vom 16.9.1969), unpag:, in: BAK, B 116, Nr. 22542, unpag.

65 Vgl. Wolff, Ingenieurschule, S. 29, S. 33.

66 Vgl. Bescheinigung von Siegel für Helmut Kalmbach vom 17.1.1969, in: AD, SA Helmut Kalmbach, unpag.

Inhaltlich betrachtet, befand sich das Studium nach der Einschätzung von Bernhard Lutz auf dem Stand der Zeit. Vor allem im Kernfach Tropenlandwirtschaft habe es sich um eine kompetente Ausbildung gehandelt. Man habe beispielsweise die großen Pflanzenfamilien kennengelernt, etwas über Hevea, über Palmöl etc. erfahren, und das sei ihm im späteren Berufsleben immer wieder zugutegekommen. Mit ausgemachten Spezialisten habe man damit natürlich nicht konkurrieren können. Es sei in erster Linie darum gegangen, die Strukturen zu lernen, weniger in die Tiefe zu gehen, bis in die letzten Feinheiten.[67] Kritischer betrachtet Karl-Hans Hultsch die Ausbildung auf der Ingenieurschule. Seiner Ansicht nach haben die Studierenden wenig gelernt und das Wenige war auch nicht unbedingt aktuell. Nur einige Dozenten boten einen überzeugenden Unterricht. Hultsch selbst gibt an, von der Ausbildung wenig profitiert zu haben. Diese überaus kritische Einschätzung mag damit zusammenhängen, dass er danach ein Landwirtschaftsstudium in Göttingen absolvierte, ein »richtiges Agrarstudium«, wie er es nennt.[68] Auch Richard Wiens bemängelt das Niveau der Ausbildung an der Ingenieurschule. Er hatte zuvor die MES absolviert, wo das Niveau nach seinem Eindruck deutlich höher gewesen war. Selbst durchschnittlich begabte Studierende hätten so einen guten Abschluss machen können. Auch bei der späteren Berufsarbeit im Ausland habe er feststellen müssen, dass das Wissen nicht ausreichte, um mit den einheimischen Lehrkräften und Führungskräften mithalten zu können. Erst nach zwei, drei Jahren sei man in der Lage gewesen, die jeweilige Position wirklich auszufüllen.[69]

Matthias Zweigert kommt bei der Bewertung der Ausbildung auf der Ingenieurschule zu einem abgewogenen Urteil. Es habe sich natürlich nicht um ein wissenschaftlich ausgerichtetes Studium gehandelt, sondern sei eher ein sehr praxisorientiertes Studium gewesen. Immerhin habe man aber Strukturen und Methoden gelernt, sei in der Lage gewesen, sich selbständig neues Wissen anzueignen, weil man das notwendige Grundwissen mitbrachte: »Ich wusste wo was steht, nach Witzenhausen, das war eigentlich das Wichtigste überhaupt und um von allem Wissen gehört zu haben, um sich dann damit eben einfach auseinandersetzen zu können und das Wissen, was man gehört hat vertiefen zu können und auch wie man das, und das war vielleicht so die wichtigste Message, die ich mitgekriegt habe.«[70]

Harald Rojahn erinnert sich an ein recht intensives Lernen, vor allem bei den spezifischen Fächern wie Pflanzenbau und Tierhaltung. Die Stofffülle sei enorm gewesen, das Studium in diesen Bereichen breit angelegt. Die Qualität hingegen sei sehr stark vom jeweiligen Dozenten abhängig gewesen, also insgesamt recht

67 Vgl. Interview mit Bernhard Lutz.
68 Vgl. Interview mit Karl-Hans Hultsch.
69 Vgl. Interview mit Richard Wiens.
70 Vgl. Interview mit Matthias Zweigert (Zitat ebd.).

unterschiedlich. Er empfand es immer als ein Manko, dass die Sozial- und Kulturwissenschaften nur schwach vertreten waren. Insgesamt sei es nicht zu anspruchsvoll und leicht zu bewältigen gewesen.[71]

Die konkrete Vorbereitung auf das Ausland fand nach Aussagen von Bernhard Lutz erst in den Kursen der GTZ in Bad Honnef statt. In Witzenhausen sei in dieser Hinsicht wenig geboten worden. Wissen über das Ausland sei eher am Rande im Sprachunterricht, weniger im Fach Völkerkunde vermittelt worden. Bei den Veranstaltungen zu Soziologie, Agrarsoziologie, Wirtschaftsgeographie und Agrarpolitik seien die allgemeinen Gemeinsamkeiten der Entwicklungsländer eingeflossen. Später hätten sich die Lücken im kulturellen Verständnis offenbart und man habe noch viel lernen müssen.[72]

Auch Richard Wiens bestätigt das weitgehende Fehlen einer speziellen Ausrichtung der Ausbildung auf die Dritte Welt. Man sei auf die spezielle Situation, die man dort zu erwarten hatte, nicht adäquat vorbereitet worden: »Wenn wir Kulturen gelernt haben, dann waren das tropische Pflanzen, tropische Tiere, wirtschaftlich, aber sicherlich nicht im Hinblick mit diesen Ländern, diesen Situationen, diesen Menschen umzugehen. Mit Sicherheit nicht.«[73] Im Gegensatz dazu hält Bernhard Lyschik den Unterricht im Nachhinein für durchaus an der Entwicklungspolitik orientiert. Völkerkunde, der Überblick über die Weltreligionen, sei schon auf Leute ausgerichtet gewesen, die nach Afrika gehen wollten.[74]

Michael Zöbisch bringt die Mängel, aber auch die Zeitbedingtheit der spezifischen Vorbereitung auf das Ausland an der Ingenieurschule auf den Punkt: »Also, so wie man das heute sagt, so Integrationsdinger und interkulturelles Zeug, das gab es nicht.« Die soziokulturelle, oder besser: interkulturelle Vorbereitung habe vornehmlich außerhalb der Vorlesungen und Übungen stattgefunden. Es gab einen relativ hohen Anteil ausländischer Studierender und so entwickelte sich eher ein »learning by doing« in der Freizeit, beim gemeinsamen Kochen im Studentenwohnheim etc.[75]

Harald Rojahn empfand die Vorbereitung auf das Ausland im Nachhinein als ungenügend. Speziell hinsichtlich der Sensibilisierung für das Arbeiten in einem fremden kulturellen Kontext, sei zu wenig geleistet worden. Auch das Fach Entwicklungspolitik sei eher konservativ ausgerichtet gewesen, die bereits damals

71 Vgl. Interview mit Harald Rojahn.
72 Vgl. Interview mit Bernhard Lutz.
73 Vgl. Interview mit Richard Wiens (Zitat ebd.).
74 Vgl. Interview mit Bernhard Lyschik.
75 Vgl. Interview mit Michael Zöbisch (Zitate ebd.).

existierende Kritik an der Entwicklungshilfe, beispielweise von Ivan Illich, nicht eingeflossen in die Darstellung der Thematik.[76]

Aufnahmebedingungen und Auswahl

Ende 1966 war festgelegt worden, dass die Zulassung zum 1. Semester der Ingenieurschule das Abschlusszeugnis einer Realschule (Mittelschule) oder ein gleichwertiges Zeugnis, in einer Übergangszeit bis zum 31. Juli 1970 auch das Zeugnis einer weiterführenden landwirtschaftlichen oder verwandten Fachschule mit der Gesamtnote »Gut« oder besser voraussetzte. Dazu musste der Nachweis einer abgeschlossenen landwirtschaftlichen oder gärtnerischen Lehre treten. Die andere Möglichkeit bestand in dem Übertritt aus dem 1. bzw. 2. erfolgreich absolvierten Semester einer anderen Ingenieurschule.[77]

Bis Wintersemester 1968/69 nahm die Ingenieurschule nur Studierende auf, die zuvor zwei Semester an einer anderen Ingenieurschule erfolgreich absolviert hatten. Ab Sommersemester 1970 mussten sie die Vorprüfung bestanden, d.h. drei Semester an einer anderen Ingenieurschule studiert haben. Da an den agrarwirtschaftlichen Ingenieurschulen wiederum die landwirtschaftliche Gehilfenprüfung bzw. entsprechende Praxiszeiten die Voraussetzung zur Zulassung bildeten, verfügten diese Studierenden über ausreichende praktische Kenntnisse und Fertigkeiten. Im Zuge der Studienreform fand eine gewisse Aufweichung dieser Zulassungsvoraussetzung statt. Zunächst galt die Mittlere Reife, nach Einführung der Fachoberschulen die Fachhochschulreife als Zugangsvoraussetzung.[78]

76 Vgl. Interview mit Harald Rojahn. Rojahn rekurrierte auf das Buch von Ivan Illich, Schulen helfen nicht. Über das mythenbildende Ritual der Industriegesellschaft, Reinbek bei Hamburg 1970. Auf die generelle Problematik der damaligen Auseinandersetzung mit der Entwicklungspolitik macht Peter Wolff aufmerksam. Es habe zu der Zeit kaum theoretische Ansätze dazu gegeben, was Entwicklungspolitik eigentlich sei und was sie bewirken solle. Auf der Ingenieurschule habe Riebel das Fach Entwicklungspolitik dann weiterhin vertreten, sich aber nach Ansicht von Wolff zu wenig mit den Fortschritten des Fachgebiets, vor allem mit den theoretischen Diskussionen, die später intensiv geführt wurden, auseinandergesetzt. Die Studierenden hätten sich teilweise intensiver mit der Entwicklungspolitik beschäftigt als er. Vgl. Interview mit Peter Wolff.

77 Vgl. Informationsblatt der Deutschen Ingenieurschule für Tropenlandwirtschaft Witzenhausen vom 9.12.1966, S. 3, in: HHStAW, 509, Nr. 7680, unpag.

78 Vgl. Wolff, Ingenieurschule, S. 42f.; Schreiben des Hessischen Ministers für Landwirtschaft und Forsten an das BML, Min.Dir. Prof. Pielen, vom 27.8.1968, in: BAK, B 116, Nr. 22542, unpag.

Ausländer wurden aufgenommen, sofern ihre allgemeine und fachliche Vorbildung den obengenannten Voraussetzungen entsprach, ihre Kenntnisse der deutschen Sprache – insbesondere der landwirtschaftlichen Fachsprache – den Anforderungen des Unterrichts genügten und der Hessische Minister für Landwirtschaft und Forsten als Träger der Schulaufsicht seine Zustimmung erteilte. Diese konnte von dem erfolgreichen Besuch eines Vorbereitungskurses abhängig gemacht werden.[79]

Die Studierenden zahlten eine Studiengebühr von 100 DM je Semester, wenn sie nicht aus Hessen, Niedersachsen, Bremen oder Nordrhein-Westfalen stammten und befreit waren. Die Vollverpflegung kostete monatlich 150 DM, das Einzelzimmer 50 DM, ein Platz im Doppelzimmer 35 DM.[80] Für die finanzielle Studienförderung galten auch in Witzenhausen die Richtlinien des Honnefer Modells.[81]

Bewertungen und Zeugnisse

Zwei Themen kennzeichneten die Debatten um die Bewertung der Abschlusszeugnisse der Ingenieurschule: deren Anerkennung im In- und Ausland sowie die Möglichkeit zur Nachgraduierung für frühere Absolventen.

Die 1968 streikenden Studenten der Ingenieurschulen waren besorgt um ihre berufliche Zukunft, weil ihr Abschluss im Ausland nicht anerkannt war. Im Juni 1968 verfasste der AStA der Ingenieurschule ein Flugblatt: »Schicken Sie Ihre Kinder nicht zur Ingenieurschule! Sorgen Sie dafür, daß Ihre Kinder eine ordentliche und anerkannte Ausbildung erhalten!« Die Studierenden fürchteten mit der bis 1970 in der EWG geplanten Einführung der Niederlassungs- und Berufsausübungsfreiheit werde eine Deklassierung der deutschen graduierten Ingenieure zu Technikern einhergehen, obwohl die Ausbildung über der in anderen Ländern läge. Die Ausbildung würde dadurch wertlos. Sie forderten deshalb eine Anhebung und Neuordnung der Zugangsvoraussetzungen sowie die Zuordnung der Ingenieurschulen zu einem Gesamthochschulbereich. In einer Resolution führten sie die Bedeutung einer vollen Anerkennung der Ausbildung gerade für die Tropenlandwirte an, da sie vorwiegend im Ausland tätig werden wollten.

79 Vgl. Informationsblatt der Deutschen Ingenieurschule für Tropenlandwirtschaft Witzenhausen vom 9.12.1966, S. 3, in: HHStAW, 509, Nr. 7680, unpag.

80 Vgl. ebd., unpag.

81 Vgl. Thomas Neumaier, Ausbildung von Tropenlandwirten, in: Informationen. Artikeldienst Land- und Forstwirtschaft, Ländliche Hauswirtschaft, 17 (1968) 5 vom 23.3.1968, zit. nach: ebd., unpag.

Ohne die internationale Anerkennung würde ihre Ausbildung wertlos sein. Die Dozenten unterstützten ihre Forderungen.[82]

Auseinandersetzungen um die Anerkennung der Witzenhäuser Abschlüsse hatte es bereits lange gegeben. Wie das Beispiel eines iranischen Absolventen zeigt, waren sie immer noch aktuell. Er hatte in seinem Heimatland Schwierigkeiten mit der Anerkennung des Abschlusses, da dort die landwirtschaftliche Ausbildung in zwei Stufen erfolgte, der Stufe des Technikers und der Stufe des Diplomingenieurs. Erfahrungen mit dem Abschluss des graduierten Ingenieurs lagen noch nicht vor. Das iranische Kultusministerium hatte ihm geraten, eine Bescheinigung des Hessischen Kultusministers beizubringen, zu welcher dieser beiden Stufen die Ausbildung in Witzenhausen noch am ehesten gehörte. Riebel tendierte dazu, die Ausbildung eher der Stufe des Diplomingenieurs als der des Technikers zuzurechnen.[83]

Im Inland bestimmte ein Erlass des Hessischen Kultusministers vom August 1970, dass Absolventen der hessischen Ingenieurschulen, anderer höherer Fachschulen sowie der Pädagogischen Fachinstitute an einer Universität des Landes Hessen weiterstudieren konnten. Damit war der Abschluss der allgemeinen Hochschulreife (Abitur) gleichgestellt. Die graduierten Absolventen konnten also auch zu nichtlandwirtschaftlichen Studiengängen an der Universität zugelassen werden. Absolventen der Ingenieurschulen aus anderen Bundesländern wurden in Hessen analog behandelt. Die Schulleitung rechnete deshalb im Zuge der Gegenseitigkeit mit einer Ausweitung dieser Regelung auch für die anderen Bundesländer, da der Kultusminister mit dieser Bestimmung einen Beschluss der Ständigen Konferenz der Kultusminister ausführte. Aktuell war in Niedersachsen mit dem Abschluss die fachgebundene Hochschulreife verbunden, wobei die landwirtschaftliche Fakultät der Universität Göttingen in der Regel zwei Semester anrechnete.[84]

Lange Zeit hatte sich der Verband intensiv darum bemüht, eine Angleichung und damit Aufwertung der Abschlüsse der früheren Absolventen der Witzenhäuser Einrichtung mit denen der Studierenden der Ingenieurschule zu errei-

82 Vgl. Flugblätter des AStA der Deutschen Ingenieurschule für Tropenlandwirtschaft vom Juni 1968, in: AD, Zeitungsausschnittsammlung, unpag.; Informationsstand am Rathaus, in: Hessische Allgemeine vom 21.6.1968, zit. nach: ebd., unpag.

83 Vgl. Durchschrift eines Schreibens von Dr. Riebel an den Hessischen Minister für Landwirtschaft und Forsten vom 27.8.1970, in: ebd., SA Kaschayar Kian, unpag.

84 Vgl. Kopie eines Rundschreibens des Hessischen Kultusministers an die Rektoren der hessischen Universitäten, nachrichtlich u.a. an die DIAL, vom 6.8.1970, in: ebd., AHV, Loses Material, unpag.; Durchschrift eines Schreibens von Siegel an Helmut Wanke vom 9.11.1970, in: AD, SA Helmut Wanke, unpag.; Dr. Riebel, Graduierung – Allgemeine Hochschulreife, in: Uu, Nr. 14, Oktober 1970, S. 7-8.

chen.[85] Ab Februar 1971 war nach einer Mitteilung des Hessischen Landwirtschaftsministers eine Nachgraduierung der Absolventen der früheren Lehranstalt für tropische und subtropische Landwirtschaft bzw. deren Vorgängerinstitutionen möglich. Auf Antrag wurde nun die Berechtigung zuerkannt, die Bezeichnung »Ingenieur (grad.)« zu führen, falls die Antragsteller vorher eine HLS oder eine gleichwertige Schule besucht hatten.[86]

2. »Also richtig Action war das damals noch«: Studierende ab 1966

Motivation

Bei den Motiven der Studierenden zum Besuch der Ingenieurschule stand offensichtlich nach wie vor der Wunsch, ins Ausland zu gehen, im Mittelpunkt. Nun kam aber bei vielen hinzu, dass sie sich sehr konkret eine Tätigkeit im Bereich der Entwicklungspolitik als Berufsziel vorstellten. Dies galt auch für Joachim Wadsack, der das Seminar für ländliche Entwicklungshilfe besuchte. Er hatte bereits mit 15 Jahren das Ziel, in Südamerika zu arbeiten. Für ihn kam als nicht zu unterschätzender Faktor die Sicherheit hinzu, nach dem Absolvieren des Seminars einen Vertrag mit der GAWI zu erhalten. Wadsack war auf die Ausbildungsmöglichkeit durch eine Zeitungsanzeige in einer landwirtschaftlichen Zeitung aufmerksam geworden.[87] Auch bei Bernhard Lutz stand die angestrebte Auslandstätigkeit im Vordergrund; weitergehende Überlegungen hatte er nach eigenen Aussagen nicht angestellt. Jedenfalls verknüpfte er mit Aufnahme des Studiums nicht die Vorstellung, dann vierzig Jahre auf Reisen zu sein. Auf jeden Fall bedeutete das Studium für ihn nicht zuletzt eine Loslösung vom Elternhaus, da Witzenhausen zu weit weg von München war, um jedes Wochenende nach Hause zu fahren.[88]

85 Vgl. Wolfgang Delfs-Fritz, Einige Worte zu aktuellen Themen, in: ebd., S. 6-7, hier S. 7.

86 Vgl. Schreiben des Hessischen Ministers für Landwirtschaft und Umwelt an den VTW vom 1.2.1971, in: AD, AHV, Ordner Diverses, unpag.; Anordnung des Hessischen Kultusministers zur Nachgraduierung der Absolventen vom 16.3.1971, in: Staats-Anzeiger für das Land Hessen, Nr. 17 vom 26.4.1971, S. 725, zit. nach: ebd.; Gerhard Sontag, Liebe Kameraden!, in: Uu, Nr. 15, April 1971, S. 1-2.

87 Vgl. Interview mit Joachim Wadsack.

88 Vgl. Interview mit Bernhard Lutz.

Expliziter auf eine Tätigkeit in einem Land der Dritten Welt bezog sich Harald Rojahn. Für ihn passte das Bestreben, helfen zu wollen, mit der Landwirtschaft zusammen. Seine Perspektive war klar darauf ausgerichtet, nach dem Abschluss an der Ingenieurschule in die damals sogenannte Entwicklungshilfe zu gehen.[89] Nach Einschätzung von Richard Wiens war bei vielen eine Mischung aus Abenteuerlust und Idealismus der Beweggrund zum Besuch der Ingenieurschule. Sie wollten tatsächlich in dem Bereich arbeiten, um zu helfen. Die afrikanischen Politiker, die ihre Länder in die Unabhängigkeit geführt hatten, waren vielfach ihre Helden und Vorbilder. Hinzu traten bei vielen wirtschaftliche Gründe, da die meisten finanziell nicht allzu gut ausgestattet waren; aber es war eher nicht das Ziel, reich zu werden, der sie zum Besuch der Schule bewog.[90]

So schrieb ein späterer Studierender in seinem Lebenslauf anlässlich seiner Bewerbung explizit: »Durch meine aktive Zugehörigkeit zur Evangelischen Jugend, und durch einige Besuche in Witzenhausen, ist der Entschluß in mir gereift, durch eine Ausbildung zum Ingenieur an Ihrem Institut, der Aufgabe der christlichen Nächstenliebe und der Gerechtigkeit und Verantwortlichkeit gegenüber anderen wirklich gerecht werden zu können.«[91] Auch Matthias Zweigert notierte aus diesem Anlass, er wolle in die Entwicklungshilfe gehen; ihm sei es eine erfüllende Lebensaufgabe, nützlich helfen zu können. In seiner Vorstellung harrten der tropischen Landwirtschaft große zukünftige Aufgaben. Dabei mitzuhelfen, sei sein sehnlichster Wunsch.[92]

Michael Zöbisch betont, dass die Landwirtschaft für viele Leute eine Art »Plan B« darstellte. Wer die Schule nicht geschafft, danach eine Lehre absolviert hatte als Landwirt oder Gärtner, dann aber merkte, er wollte mehr erreichen, für den sei die Ingenieurschule eine gute Alternative gewesen. Auch für diejenigen, die ihre Zukunft nicht in Deutschland sahen, sondern eben im Ausland. Die meisten hatten dabei wohl Afrika, vielleicht noch Lateinamerika im Kopf gehabt. Dort gab es Chancen, im landwirtschaftlichen Bereich tätig zu werden. Bei vielen spielte wohl auch die Exotik des Auslands eine Rolle, die dort zu erwartende »Action«. Der Vorgänger Zöbischs auf seiner Stelle als Landwirtschaftslehrling war auch in Witzenhausen gewesen. Er ging nach Afrika und erzählte Zöbisch auf Heimaturlauben »tolle Sachen«. »Also richtig Action war das damals noch.

89 Vgl. Interview mit Harald Rojahn.

90 Vgl. Interview mit Richard Wiens. Nicht zu unterschätzen ist dabei zweifellos der generelle Einstellungswandel der akademischen Jugend zum Kolonialismus, der sich symbolhaft im Sturz des Hamburger Wissmann-Denkmals 1968 manifestierte. Vgl. Ingo Cornils, Denkmalsturz. The German Student Movement and German Colonialism, in: Michael Perraudin/Jürgen Zimmerer (Hg.), German Colonialism and National Identity, New York/London 2011, S. 197-212.

91 Lebenslauf von Eberhard Goll vom 27.4.1969, in: AD, SA Eberhard Goll, unpag.

92 Vgl. Lebenslauf von Matthias Zweigert vom 29.6.1969, in: ebd., SA Matthias Erdmann Zweigert, unpag.

Und das hat junge Leute, ich meine, wenn man so Lehrlinge, 17, 16, 17, total begeistert. Und da habe ich mir gedacht, das wäre vielleicht was.« Zöbisch betont daneben die damals noch vorhandenen Möglichkeiten, sich hochzuarbeiten, was viele auch angestrebt hätten und entsprechend motiviert gewesen seien. Sie hätten oft nicht die Chancen einer guten ersten Ausbildung gehabt, besonders, wenn sie aus ländlichen Gebieten kamen. Das sei für viele eine Art Motivationsschub gewesen, das Studium gut und vor allem schnell zu absolvieren. Witzenhausen habe in dieser Hinsicht eine Möglichkeit geboten, zwischen den Ausbildungssystemen stehend, eine Art Lückenfüller.[93]

Peter Wolff resümierte, das Interesse an den Tropen und Subtropen, speziell der dortigen Agrarwirtschaft und an den Problemen der Dritten Welt, sei wohl allen Studierenden gemeinsam gewesen. Viele versuchten mit der Entscheidung für dieses Studium, die scheinbare Enge ihres bisherigen Lebensumfelds zu verlassen bzw. persönliche Probleme durch das Anstreben einer Tätigkeit in Übersee zu lösen. Für viele seien sicher auch die relativ günstigen Berufschancen und Verdienstmöglichkeiten im Rahmen der Entwicklungspolitik entscheidend für die Wahl dieses Studiums gewesen.[94]

Nach den Eindrücken von Richard Wiens trat zudem spätestens nach 1968 ein Wandel in der Studentenschaft, im Charakter der Studierenden ein. Es seien eher die Abenteurertypen gekommen, weniger solche, denen es vorrangig um die Wissensaneignung gegangen sei. Also, so seine Sicht, habe der eher oberflächliche Typ dominiert. Darunter habe mit der Zeit auch die Schule gelitten, da das Interesse an ihrem eigentlichen Bildungsauftrag zurückging. Nach seinem Eindruck wollten viele nur den Abschluss machen, weil sie aus irgendwelchen Gründen beruflich nicht erfolgreich gewesen seien. Mit Hilfe dieses Abschlusses hätten sie dann versucht, ihren beruflichen Werdegang zu korrigieren. Der eigentliche Drang, tatsächlich etwas zu bewirken, sei dabei tendenziell in den Hintergrund getreten.[95]

Hintergrund der Studierenden

Die Zahl der Studierenden an der Ingenieurschule stieg im Laufe der Zeit kontinuierlich an, was auch daran lag, dass später jeweils auch erste und zweite Semester liefen. Im Wintersemester 1966/67 betrug die Zahl der neu beginnenden Studierenden 14, im Wintersemester 1967/68 bereits 28. Ab dem Wintersemester 1968/69 stand nach gründlichen Umbauten der Klosterkomplex wieder zur Verfügung, die Dozentenstellen waren besetzt, ein sechssemestriger Studiengang

93 Vgl. Interview mit Michael Zöbisch (Zitate ebd.).
94 Vgl. Wolff, Ingenieurschule, S. 43f.
95 Vgl. Interview mit Richard Wiens.

konnte angeboten werden. Entsprechend stieg die Gesamtzahl der Studierenden im Wintersemester 1968/69 auf 83 und im Wintersemester 1971/72 auf 122 Studierende.[96]

Die Ingenieurschule besuchten bis 1971 insgesamt 166 Schüler, darunter zwei Frauen. Die Bedeutung des konfessionellen Hintergrunds war – wie in der Gesamtgesellschaft – weiter zurückgegangen. 91 Schüler (54,8 %) machten gar keine Angaben, 44 waren evangelisch-lutherisch (26,5 %), 21 katholisch (12,7 %).

Bei denjenigen, deren Geburtsort sich auf dem Gebiet der heutigen Bundesrepublik befand (104), lag erstmals Hessen mit 23 in Front (13,9 %), gefolgt von Niedersachsen mit 18 (10,8 %) und Bayern sowie Nordrhein-Westfalen mit jeweils 13 Schülern. Der hohe Anteil der Schüler aus Hessen, ist wohl ein Hinweis darauf, dass die Schule nun auch als eine Einrichtung des Landes betrachtet wurde.

Auffällig ist, dass der vormals hohe Anteil an Schülern, die aus der DDR (Brandenburg, Mecklenburg-Vorpommern, Sachsen, Sachsen-Anhalt und Thüringen) und den ehemaligen deutschen Ostgebieten oder deutschen Siedlungen im Osten (Polen, Rumänien, Tschechien) stammten, stark zurückging. Es waren insgesamt nur noch 27 (16,3 %), trotzdem stellten die Schüler, die in den polnischen Gebieten geboren worden waren, mit 14 (8,4 %) immer noch die drittgrößte Gruppe insgesamt.

Insgesamt besuchten 35 Ausländer die Ingenieurschule (21,1 %). Die Liste ihrer Herkunftsländer wurde bunter und umfasste nun auch schwarzafrikanische Länder. Die größte Gruppe kam mit acht Schülern aus dem Tschad, die zweitgrößte mit fünf aus der Demokratischen Republik Kongo.

Das Eintrittsalter der Schüler lag nun im Schnitt bei 23,4 Jahren und damit um ein halbes Jahr niedriger als bei den Schülern der Lehranstalt. Das Gros der Schüler war mit 138 in der Dekade zwischen 1940 und 1950 geboren. Wir haben es also überwiegend mit der Nachkriegsgeneration zu tun, die durch die Jahre des Wiederaufbaus geprägt war, zum Teil aber bereits in die »68er«-Generation hineinragte.

Die Schichtzugehörigkeit ergab folgendes Bild: Ein Schüler aus der Oberschicht (0,6 %), 38 aus der Oberen Mittelschicht (22,9 %), 91 aus der Mittleren Mittelschicht (54,1 %), 22 aus der Unteren Mittelschicht (13,3 %), drei aus der Unterschicht (1,8 %), keine Angaben bei 11 Schülern. Bei den Herkunftsmilieus dominierte wiederum das agrarische mit 69 Schülern (41,6 %), gefolgt vom akademischen mit 18 (10,8 %) und dem Bereich Handel und Banken mit zwölf (7,2 %).

Die im Primärbereich besuchten Schulen wurden in der Regel nicht mehr angegeben, nur noch die entsprechenden Abschlüsse. Dafür wurden die berufsbildenden Schulen aufgeführt. Von den 75 Absolventen einer Ingenieur- bzw. Hö-

96 Vgl. Riebel, Ingenieurschule, S. 9.

heren Landwirtschaftsschule waren 30 (40,0%) in Witzenhausen gewesen. 24 hatten eine Landwirtschaftliche Fachschule, 14 eine Landwirtschaftsschule und 23 eine Berufsschule besucht.

Der größte Teil mit 86 Schülern hatte die Mittlere Reife, 34 Abitur und 29 Fachschulreife.

Der Nachweis einer abgeschlossenen Lehre bzw. mehrjährigen landwirtschaftlichen Praxis spielte keine Rolle mehr, da das zu den Zugangsvoraussetzungen für die vorher zu besuchenden landwirtschaftlichen Schulen zählte. Immerhin 56 Schüler (33,7%) hatten auch bereits vor ihrem Beginn an der Ingenieurschule praktische Erfahrungen im Ausland sammeln können.

Wie beschrieben, kam immer noch eine relevante Gruppe der Studierenden aus der DDR oder den ehemaligen deutschen Ostgebieten. Sie hatten ihren Besitz verloren, und die Söhne mussten sich eine Alternative suchen. Das galt auch für Karl-Hans Hultsch, der aus der Oberlausitz stammte und zwei Wochen vor dem Mauerbau 1961 in den Westen kam. Sein Vater hatte ein Lebensmittelgeschäft besessen. Hultsch hatte nach einer Landwirtschaftslehre zwei Semester die Ingenieurschule für Landbau in Dresden besucht. In Westdeutschland absolvierte er dann eine Lehre als Chemielaborant bei der BASF sowie die HLS Nürtingen.[97]

Welche Vorbildung brachten die Studierenden der Ingenieurschule mit, wie geeignet waren sie für die Ausbildung? Carl Hoeppe erinnert sich, dass die Studierenden in den ersten Jahren sehr gut und für ihn als Dozent herausfordernd waren. Für den Eintritt war das alte Konzept maßgeblich: Mittlere Reife, bzw. Fachhochschulreife oder Abitur, Landwirtschaftslehre mit Abschlussprüfung und möglichst noch ein Jahr als Gehilfe. Bewerber mit einem solchen Lebenslauf brachten, so Hoeppe, eine Menge mit. Außerdem verfügten viele von ihnen bereits über Auslandserfahrung.[98]

Die von Hoeppe angesprochene gute Vorbildung wird exemplarisch bei einem Bewerber deutlich, der vor dem Studium an der Ingenieurschule bereits als Freiwilliger drei Jahre lang für den DED gearbeitet hatte. Zur Vorbereitung auf die Tätigkeit in Übersee hatte er zudem an einem dreimonatigen Vorbereitungskurs des DED teilgenommen. Er war dann als Lehrer an einer landwirtschaftlichen Berufsschule in Chile tätig und vermittelte dort angehenden Mechanikern eine Spezialausbildung für Reparaturen und Wartung von Kraftfahrzeugen und Traktoren. Danach arbeitete er eine Zeit lang an der Universität in Valdivia als Instrukteur für chilenische Fachkräfte im Rahmen eines GAWI-Projekts für Forstwissenschaft. Er erfüllte auch hinsichtlich der formalen Kriterien die Aufnahmebedingungen, brachte Fachhochschulreife mit, hatte die Berufsschule und eine Staatsbauschule besucht, verfügte über landwirtschaftliche Praxis und be-

97 Vgl. Interview mit Karl-Hans Hultsch.

98 Vgl. Interview mit Carl Hoeppe.

rufliche Erfahrungen als Mechaniker.[99] So gute Voraussetzungen brachten natürlich nicht alle Bewerber mit, viele von ihnen verfügten in der damaligen Zeit aber auf jeden Fall noch über einen landwirtschaftlichen Hintergrund.[100]

Alltagsleben

Im Nachhinein wird das Alltagsleben an der Ingenieurschule, wie das häufig in solchen Betrachtungen der Fall ist, wahrscheinlich etwas verklärt dargestellt. Festhalten kann man aber, dass es eine vergleichsweise lockere Atmosphäre gewesen sein muss, wie unisono berichtet wird. Joachim Wadsack betont für das Seminar, dass die Teilnehmer motiviert gewesen seien, da alle ins Ausland wollten. Alle hätten deshalb gut mitgemacht und seien auf ebenfalls sehr motivierte Dozenten gestoßen.[101]

Über die Ingenieurschule berichtet Karl-Hans Hultsch, dass die Studierenden den Unterricht ein wenig entspannt gesehen hätten. Nach seiner Einschätzung waren die Anforderungen, die an sie gestellt wurden, nicht zu hoch, zwar ein sehr dichtes Programm, aber zu schaffen. Das Lernen sei eher nebenbei gelaufen. Ansonsten habe man viel Zeit auf dem Tennisplatz zugebracht. »Fast, naja, ich will nicht sagen, mehr Tennis gespielt als zur Vorlesung gegangen, aber ... Naja, wobei, ich meine, ich kenne das ja selber so vom Studium her. Im Nachhinein erscheint es einem vielleicht auch ein bisschen anders als in der Zeit. Das muss man auch sehen. Also, nachher war immer alles einfacher. Aber gut. Also zur Vorlesung bin ich schon regelmäßig gegangen. Die habe ich also nicht geschwänzt, das muss ich schon sagen. Immerhin. Da waren eigentlich auch immer alle da, weil es auch lustig war.«[102]

Michael Zöbisch drückt es pointiert aus: Es sei kein hartes, elitäres Studium gewesen, sondern viel »Saufzeit« dabei. Es habe einige »Saufcliquen« gegeben, generell sei man am exzessiven Trinken nicht vorbeigekommen, aber nur wenige hätten es wirklich übertrieben. Sehr angenehm sei das Zusammenleben mit den ausländischen Studierenden gewesen, von denen man viel über das Ausland habe

99 Vgl. Zeugnis des DED für Georg Dieser vom 5.5.1968, in: AD, SA Georg Dieser, unpag.; eigene Datenbank. Vgl. zum DED: 25 Jahre Deutscher Entwicklungsdienst. Bilanz und Perspektiven, Hg. Deutscher Entwicklungsdienst, Bonn 1988; Willi Erl/Hans-Dietrich Pallmann (Hg.), Betrifft: Zusammenarbeit. 25 Jahre Deutscher Entwicklungsdienst, Berlin 1988; Ingo Haase, Zwischen Lenkung und Selbstbestimmung. Geschichte und Gegenwart des Deutschen Entwicklungsdienstes, Berlin 1996.

100 Vgl. Interviews mit Richard Wiens, Harald Rojahn, Bernhard Lyschik.

101 Vgl. Interview mit Joachim Wadsack.

102 Vgl. Interview mit Karl-Hans Hultsch (Zitat ebd.).

lernen können. So gab es praktisch eine inoffizielle interkulturelle Vorbereitung. Man habe viel zusammen unternommen, beispielsweise häufig zusammen gekocht.[103] Dass, wie bei anderen Studierenden ebenfalls nicht ganz unüblich, der Alkoholkonsum eine gewisse Rolle spielte, wird auch von anderen Absolventen bestätigt. Bernhard Lyschik berichtet, viele hätten sich in einer Gastwirtschaft getroffen, dann häufiger auch einen über den Durst getrunken und ein wenig Radau gemacht. Aber dabei immer zusammengehalten.[104] Den guten Zusammenhalt betont auch Harald Rojahn. Das habe an der relativ überschaubaren Gruppe von damals 100 Studierenden gelegen, jeder habe jeden gekannt, so habe es einen unkomplizierten Umgang untereinander und mit den Lehrkräften gegeben. Man habe leicht soziale Kontakte knüpfen können. Natürlich hätten sich Gruppen und Cliquen gebildet, aber prinzipiell sei der Kontakt untereinander sehr gut gewesen.[105]

Im Vergleich zur MES sei der Zusammenhalt unter den Studierenden an der Ingenieurschule viel besser gewesen, so Richard Wiens, obwohl man teilweise verstreut über die ganze Stadt privat gewohnt habe. Der Zusammenhalt habe sich auf viele gemeinsame Aktivitäten gegründet. Die Studierenden verbrachten ihre Freizeit häufig zusammen, spielten Karten, wanderten, trieben gemeinsam Sport. Weil es eine kleine Gruppe war, seien fast alle in die Aktivitäten eingebunden gewesen, ob es beim Rudern, beim Tennis, Fußball oder Handball war. Daraus habe sich ein enges Zusammengehörigkeitsgefühl entwickelt. Dazu habe auch der Druck von außen beigetragen, explizit Angriffe von Jugendlichen aus Witzenhausen. Ebenfalls förderlich in diesem Sinne war die bestehende Konkurrenz zur MES, man fühlte sich als etwas Besseres. Man hielt sich im Gegensatz zu der eher konservativ orientierten Schule für deutlich progressiver.[106]

Der Verband bemühte sich im eigenen Interesse darum, die »Kameradschaft« untereinander zu fördern und die Studierenden dem Verband näherzubringen. Dazu gab es Einladungen, Bierabende etc. Gemeinsam mit den Teilnehmern des Seminars veranstaltete man im Sommer im Park vor dem Bootshaus ein Hammelessen, zu dem auch die Dozenten geladen waren.[107]

Wie Richard Wiens berichtet, entzündeten sich Konflikte im schulischen Alltagsleben nicht zuletzt an der Person des Direktors Franz-Hermann Riebel. Er war eine dominante Persönlichkeit und polarisierte. Riebel war ohne Zweifel sehr engagiert, auch im Hinblick auf die Entwicklung der Ingenieurschule hin zu einem höheren Niveau. Der Versuch, diese Ausrichtung auch gegen Wider-

103 Vgl. Interview mit Michael Zöbisch.
104 Vgl. Interview mit Bernhard Lyschik.
105 Vgl. Interview mit Harald Rojahn.
106 Vgl. Interview mit Richard Wiens.
107 Vgl. Gerhard Sontag, Kameradenbrief, in: Uu, Nr. 8, Oktober 1967, S. 30-44, hier S. 42.

stände durchzudrücken, kam nicht bei allen Studierenden gut an. Wiens ist allerdings davon überzeugt, dass viele Studierende überhaupt nicht verstanden hätten, wie er eigentlich im positiven Sinne für die Schule gekämpft habe.[108]

Die vor 1945 schon als traditionell zu bezeichnenden Konflikte um Alkohol, Frauen etc., spielten bereits bei der Lehranstalt kaum noch eine Rolle und traten im Zeichen einer zunehmenden Liberalisierung bei der Ingenieurschule ganz in den Hintergrund. Wenn es zu entsprechenden Auseinandersetzungen kam, handelte es sich meistens eher um Bagatellen. So wie beim Demolieren der Duschautomaten im Collmannhaus[109] oder wie bei Richard Wiens, der entgegen eines Verbots, das er bewusst missachtete, im Wohnheim der MES geduscht und sich darauf berufen hatte, ehemaliger Schüler der Schule zu sein. Der Direktor der MES hielt eine Differenzierung der Studierenden der DIAL in Ehemalige der MES und andere nicht für gangbar und erteilte Wiens Hausverbot. Ausdrücklich wurde dazu vermerkt, dass sich dies nicht auf die Gesamtheit der Studierenden der Deutschen Ingenieurschule für Tropenlandwirtschaft bezog, da ein kameradschaftlicher Verkehr der Studierenden dieser beiden Institutionen erwünscht sei. Mitten in der Unterredung stand Wiens dann auf mit der Bemerkung: »Hier habe ich nichts mehr zu sagen« und verließ den Raum.[110]

Politik

Zentrales politisches Ereignis während des Bestehens der Ingenieurschule war zweifellos der bereits erwähnte Streik der Studierenden im Juni 1968. Mit großer Mehrheit fasste deren Vollversammlung den Beschluss, in einen Vorlesungsstreik zu treten. Sie erklärten sich damit mit allen 60.000 Ingenieurschulabsolventen in Deutschland solidarisch. Zentrale Punkte der mit dem Streik verbundenen Forderungen waren die Anerkennung des deutschen Ingenieurs im EWG-Bereich und der übrigen Welt, eine weitgehende Mitbestimmung und Mitverantwortung in der Schulleitung, die Zuordnung der Ingenieurschulen zu einem neu zu schaffenden Gesamthochschulbereich sowie die Anhebung der Eingangsvoraussetzungen auf das Niveau des Fachabiturs. Die Studierenden in Witzenhausen beschlossen, den Streik so lange fortzuführen, bis Aussicht auf Erfüllung ihrer Forderungen bestand. In der Stadt selbst verteilten sie Flugblätter, auf dem Marktplatz bauten sie einen Informationsstand auf, Passanten wurden mit Informationsmaterial versorgt und möglichst in Diskussionen verwi-

108 Vgl. Interview mit Richard Wiens.

109 Vgl. Horst Reinhardt, blindgänger, in: look at us. informationsblatt der tropen, Dezember 1970, S. 6-7.

110 Vgl. Vermerk von Dr. Feltz, Direktor der MES, vom 18.10.1967, in: AD, SA Richard Wiens, unpag.

ckelt. Die Flugblätter trugen Überschriften wie: »Bürger, schickt Eure Kinder nicht auf deutsche Ingenieurschulen!« oder »Dumm, dümmer, deutscher Ingenieur?!« oder »Miniröcke ja, Miniingenieure nein?!« Die Presse nahm sich der Sache an und berichtete fast täglich von der »Streikfront«. Der Streik dauerte den Juni und den größten Teil des Julis über an. Auf der entscheidenden Vollversammlung vor den Ferien und den Prüfungen beschlossen die Studierenden nach sehr langen, heftigen Diskussionen, den Streik über die Sommerferien bis in den Oktober hineinzutragen. Das hieß, dass alle Prüfungen, auch das Ingenieurexamen des sechsten Semesters, nicht stattfanden und auf einen Termin nach den Ferien verlegt werden mussten. Am Ende der Ferien erhielten die Studierenden des Ingenieursemesters jedoch einen bindenden, unumstößlichen Examenstermin von der Schulleitung zugesandt. Auch für das vierte Semester bestand bei Weiterführung des Streiks die Gefahr, dass das Sommersemester nachgeholt werden müsste. So beschloss die Vollversammlung am 2. Oktober dann auch erwartungsgemäß, den Streik bis auf Weiteres auszusetzen, nicht aber abzubrechen, da die Forderungen nicht erfüllt worden waren.[111]

Im Sommersemester 1969 ging der Streik weiter. Zu den bestehenden Forderungen und Zielen traten neue hinzu. Nach mehrmaligen turbulenten Diskussionen und Abstimmungen wurde schließlich der Vorlesungsbetrieb wieder aufgenommen. Der sehr massive Streik an fast allen Ingenieurschulen der Bundesrepublik mit vielen Semesterabbrüchen erbrachte jedoch nicht die erhoffte Reaktion und Reformwilligkeit seitens der Regierung. Man hoffte nun darauf, dass die neue Regierung, die sozialliberale Koalition unter Bundeskanzler Willy Brandt, stärker auf die studentischen Forderungen eingehen würde.[112]

Richard Wiens betrachtet die Studierenden der Ingenieurschule – vor allem im Kontrast zu denen der MES – als die Abenteurer, die »wüsten Typen«. So hätten sie sich auch gefühlt; sie seien nicht so angepasst gewesen, wie die Max-Eyth-Schüler. Als selbsternannte Revolutionäre und »Aufmucker« hätten sie sich an der Revolte von 1968 intensiv beteiligt, während sich die anderen überhaupt nicht gewehrt oder gezeigt hätten.[113]

111 Vgl. Warnung im Flugblatt: Schicken Sie Ihre Kinder nicht zur Ingenieurschule, in: Hessische Allgemeine vom 20.6.1968, zit. nach: StAW, Mappe Ingenieurschulen in Witzenhausen, unpag.; Informationsstand am Rathaus, in: Hessische Allgemeine vom 21.6.1968, zit. nach: ebd., unpag.; Peter Boris Schiele, Unsere Studenten im Streik!, in: Uu, Nr. 10, Oktober 1968, S. 11-13.

112 Vgl. Klaus Herold, Aus der Studentenschaft, in: ebd., Nr. 12, Oktober 1969, S. 18-19.

113 Vgl. Interview mit Richard Wiens. Zumindest zeigte man sich von dieser Seite sehr erbost darüber, dass die Schüler der MES im Mai 1969 gegen einen Streik stimmten. Es tauchten Schilder »Zur Fachidioten-Fabrik« auf, die Richtung MES zeigten. Vgl. Jetzt auch Witzenhäuser Studenten im Streik, in: Hessische Allgemeine vom 10.5.1969, zit. nach: StAW, Mappe Ingenieurschulen in Witzenhausen, unpag.

Im Verhältnis zu den vorangegangenen Semestern verlief das Wintersemester 1969/70 dann ausgesprochen ruhig. Die Unruhe innerhalb der Studentenschaft schlug sich noch einmal in der Neuwahl des AStA Ende November nieder, der sich bis zum Endes des Semesters halten konnte. Nach den Streiks machte sich eine allgemeine Frustration breit. Dennoch bildeten die Fragen der Fachhochschulgesetzgebung und der Studienreform weiterhin das Hauptarbeitsfeld des AStA. Zu beiden Themenkreisen lagen Entwürfe der Regierung vor. Doch aus Sicht der Studierenden zeigten weder diese Entwürfe noch die später daraus entstandenen Vorlagen echte Reformansätze. Da die Streiks die Angelegenheit nicht weitergebracht hatten, wollten die Studierenden zukünftig in Zusammenarbeit mit den Dozenten das Beste aus der Situation machen.[114]

Die Neuwahlen des AStA zu Beginn des Sommersemesters 1970 ergaben das erstaunliche Resultat, dass sich der gesamte AStA aus Studenten des 2. und damit jüngsten Semesters an der Schule zusammensetzte, von den Semestersprechern der beiden anderen Semester einmal abgesehen, die aufgrund ihres Amts ihren Sitz im AStA hatten. Die einseitige Verteilung konnte nicht positiv gesehen werden, sprach aber andererseits für eine verstärkte Bereitschaft zum Engagement. Dafür waren die sieben Plätze in der neu eingerichteten Schulkonferenz so verteilt worden, dass dort Vertreter aus allen Semestern beteiligt waren. Sicherlich entsprachen diese inneren Reformen nicht immer den Vorstellungen der Studierenden, aber sie bedeuteten gegenüber dem System der Ingenieurschule alten Stils einen erheblichen Fortschritt. Der Wegfall der Versetzungen, der Zwischenprüfung, des schriftlichen Teils der Ingenieurprüfung, die Abschaffung der Präsenzpflicht oder Aufteilung der Fächer in Pflicht-, Wahlpflicht- und Wahlfächer wurden auf jeden Fall von ihnen begrüßt. Der damit verbundene Zwang zur Eigenarbeit forderte mehr von jedem einzelnen Studierenden, stellte aber in ihren Augen eine bessere Vorbereitung für die spätere berufliche Tätigkeit dar.[115]

Ausländische Studierende

Offensichtlich strebte das Hessische Kultusministerium als Schulaufsichtsbehörde im Einvernehmen mit dem BMZ an, die Zahl der ausländischen Studierenden auf maximal 15 Prozent zu begrenzen. Trotzdem kam Anfang 1968 ein Drittel aus Entwicklungsländern. Nach Meinung des Hessischen Wirtschaftsministeriums hätten die bisherigen Erfahrungen gezeigt, dass diese so mangelhafte Leistungen erbrachten, dass es schwerfiele, den von einer Ingenieurschule zu fordernden Leistungsstandard zu halten. Deshalb sollte die Frage der Zulassung

114 Vgl. Harald Rojahn, Aus der Studentenschaft, in: Uu, Nr. 13, April 1970, S. 15-16.
115 Vgl. Harald Rojahn, Aus der Studentenschaft, in: ebd., Nr. 14, Oktober 1970, S. 18-19.

von Ausländern noch einmal im Einvernehmen mit dem Hessischen Minister für Landwirtschaft und Forsten überdacht werden. Dabei schlug das Wirtschaftsministerium in Übereinstimmung mit dem HMLF und Riebel vor, die Auswahl der Bewerber aus Entwicklungsländern künftig strenger als bisher zu gestalten, dem Studium einen einjährigen Vorkurs vorzuschalten, bei dem die für das Studium ungeeigneten Bewerber rigoros ausgesiebt werden sollten. Wenn dann nur noch wirklich qualifizierte Ausländer zum Studium zugelassen würden, sei es vertretbar, die Ausländerquote von 15 auf 20 Prozent zu erhöhen und dabei auf die Einrichtung eigener Ausländerklassen zu verzichten.[116]

Ausländische Bewerber gab es augenscheinlich genügend. Ein Referent der Basler Mission setzte sich in einem Empfehlungsschreiben für einen Kandidaten aus der Demokratischen Republik Kongo ein und hoffte, dass er an der Ingenieurschule aufgenommen werden würde, »denn Afrika braucht für seinen Aufbau nicht nur Europäer, sondern auch eigene Leute, die diese Ausbildung haben«.[117] Den großen Mangel an einheimischen landwirtschaftlichen Fachkräften erörterte Riebel anlässlich seines Besuchs mit Vertretern des kongolesischen Landwirtschaftsministeriums. Wie die Deutsche Botschaft berichtete, bestand dieser Mangel in der Tat, und die Ingenieurschule in Witzenhausen habe die Möglichkeit, kongolesische Stipendiaten einzuladen.[118]

Übrigens war der oben erwähnte Bewerber aus dem Kongo ein Beispiel dafür, dass es mit den ausländischen Studierenden auch reibungslos klappen konnte: Er absolvierte die Zeit in Witzenhausen problemlos und studierte danach in Göttingen weiter. Gleiches galt auch für einen Studierenden aus Lesotho, den Riebel für ein Stipendium empfahl. Seine Berufsaussichten würden sich durch einen universitären Studienabschluss erheblich verbessern, deshalb wollte er sein Studium ebenfalls in Göttingen fortsetzen. Als Diplomlandwirt hätte er grundsätzlich bessere Chancen, eine Anstellung zu finden.[119]

Probleme mit den ausländischen Studierenden werden eher am Rande erwähnt, wenn, dann etwas verbrämt. Bernhard Lyschik gibt an, er habe geglaubt, sich als jemand, der bereits Auslandserfahrung mitbrachte, erlauben zu können, einen afrikanischen Kommilitonen mit einem Zitat aus einer Zeitung, in dem das

116 Vgl. Durchschrift eines Schreibens des Hessischen Ministers für Wirtschaft und Verkehr, Abteilung IIa, Reg.Dir. Barth, an den Bundesminister für wirtschaftliche Zusammenarbeit vom Januar 1968, in: HHStAW, 507, Nr. 11207, unpag.

117 Vgl. Schreiben des Referenten der Basler Mission, Pfarrer Roland Dumartheray, an Dr. Riebel vom 28.10.1968, in: AD, SA Rémy Domingos, unpag. (Zitat ebd.).

118 Vgl. Kopie eines Schreibens der Botschaft der Bundesrepublik Deutschland in Kinshasa an das AA vom 23.5.1970, in: HHStAW, 509, Nr. 7660, unpag.

119 Vgl. Durchschrift eines Schreibens von Riebel an die CDG vom 22.4.1971, in: AD, SA Thabiso Mohapeloa, unpag.

Wort »Neger« vorkam, provozieren zu dürfen. Das habe für Auseinandersetzungen gesorgt, obwohl er es nach eigener Aussage nicht so gemeint hatte.[120]

Auseinandersetzungen, gar Prügeleien, erwähnt auch Michael Zöbisch. Sie seien aber selten vorgekommen. In der Regel habe man den ausländischen Kommilitonen intensiv geholfen, sie im Zweifelsfall zur Klausur geschleift und dort mit Spickzetteln versorgt. Allerdings habe es auch immer Leute gegeben, die sich für etwas Besseres hielten. Generell habe es keine Vorbehalte gegen »Schwarze« gegeben. Lediglich ein (weißer) Kommilitone aus Namibia habe sie immer »Kohlenkästen« oder die »Raben« genannt und gemeint, sie seien gute Arbeiter, wenn man sie nur ordentlich zusammenhielte. »Ok, das war so ein richtiger, also das war kein Rassist in dem Sinne, dass er denen jetzt irgendwie die Gurgel drehen wollte, aber es war einer, der hat gesagt, ihr seid schwarz, ich bin weiß und mit euch privat, meine Freundin ist auf alle Fälle weiß. Aber wir kommen schon miteinander zurecht, wenn ich der Chef bin.« Zwischen ihm und einem anderen Kommilitonen aus Lesotho habe es oft »rege Diskussionen« gegeben, das seien zwei »Kampfhähne« gewesen. Aber das sei nicht weiter tragisch gewesen, dafür hätten die übrigen im Zweifelsfall gesorgt.[121]

3. Kritische Realisten: Absolventen ab 1966

Der weitere berufliche Weg ist bei 13 Absolventen unbekannt. Bei 25 (15,1 %) ist es als sicher anzunehmen, dass sie in Deutschland verblieben, bei einigen weiteren steht es zu vermuten. Eine genaue Zahl für die in das Ausland gegangenen Absolventen ist kaum zu ermitteln. Klar ist jedoch, dass die Zahl recht groß war, die Tätigkeit im Ausland stand wieder eindeutig im Vordergrund. Nach Deutschland zurück kehrten im Laufe der Zeit etwa 64. Im Ausland verblieben für immer nur recht wenige, etwa 34. Das hing in erster Linie mit einer Hinwendung der Absolventen zu Stellen in der Entwicklungspolitik zusammen, die zeitlich befristet waren und bei denen die Rückkehr nach Deutschland dementsprechend die Regel darstellte. Insgesamt 55 der Absolventen (33,1 %) begannen ein Studium, 13 unter ihnen in England. Weitere 12 nahmen an den Kursen des Witzen-

120 Vgl. Interview mit Bernhard Lyschik. Vgl. zu ähnlich gelagerten Äußerungen: Gunther Herhaus, Sie werden es nicht für möglich halten …, in: look us. informationsblatt der tropen, Februar 1969, unpag.

121 Vgl. Interview mit Michael Zöbisch (Zitat ebd.). Zu einem auf die afrikanischen Studierenden bezogenen Konflikt im AStA vgl.: Redaktion, was ist bloß los?, in: look at us. informationsblatt der tropen, Dezember 1970, S. 15.

häuser Seminars für Ländliche Entwicklungshilfe teil, das seit der Überleitung in die Ingenieurschule als Beraterseminar firmierte.

Von denjenigen, die in das Ausland gingen, wurden alle bekannten Stationen erfasst, sodass ein Bild entsteht, wo Angehörige dieser schulischen Generation im Laufe ihres Lebens gearbeitet haben. Afrika lag nach wie vor als Betätigungsfeld mit 148 Absolventen vorne. Die größte Gruppe war mit zwölf wiederum in Tunesien beschäftigt, gefolgt von Togo mit elf und Ghana sowie Nigeria mit jeweils zehn Absolventen. In Nord- und Südamerika waren insgesamt 58 Absolventen beschäftigt. Schwerpunkte bildeten Peru mit 13 und Brasilien mit zwölf Absolventen. Danach folgte Guatemala mit sieben Absolventen. Die meisten der 61 in Asien tätigen Absolventen arbeiteten mit acht in Indonesien, gefolgt von Indien mit sechs und Bangladesch, Saudi-Arabien sowie Thailand mit jeweils fünf Absolventen. Auffällig ist der starke Rückgang für Nordamerika und der relative Verlust Südamerikas, vielleicht mit Ausnahme von Peru, Brasilien und Guatemala. In Afrika verloren die klassischen Einwandererstaaten Südwest- und Südafrika, von den unabhängig gewordenen Ländern ganz abgesehen. Hier orientierte sich der Strom der Absolventen an den Schwerpunkten der bundesdeutschen Entwicklungspolitik: Togo, Nigeria, Ghana, Tunesien, Burkina Faso. Das galt auch für Asien, wo viele Absolventen in Indonesien, Indien, Bangladesch, Thailand und Saudi-Arabien arbeiteten.

In dieser Schülergeneration kam es weitaus weniger häufig zu vollkommen anderen als den ursprünglich geplanten Berufskarrieren. Man hat den Eindruck, dass die meisten Schüler sehr genau wussten, worauf sie sich einließen, ihr Berufsziel konsequent verfolgten und es aufgrund der Rahmenbedingungen auch meistens verwirklichen konnten. Trotzdem gab es natürlich einige Absolventen, die fachfremd arbeiteten, entweder im Bereich der heimischen Landwirtschaft, als Tierärzte oder in ganz anderen Berufsfeldern, z. B. als Rechtsanwalt, als Ethnologen oder Haus- und Grundstücksmakler.

Eine detaillierte Übersicht über die Tätigkeit der Absolventen der Ingenieurschule und der Organisationseinheit (OE) Internationale Agrarwirtschaft der Gesamthochschule Kassel für die Jahre von 1968 bis 1975 kam zu folgendem Ergebnis: Von insgesamt 204 Absolventen waren 112 (54.9 %) aktuell im Ausland tätig, dazu kamen 25 (12,3 %), die vorher im Ausland gearbeitet hatten, augenblicklich aber in der Bundesrepublik, 27 (13,2 %) studierten zur Zeit in Deutschland weiter, fünf (2,4 %) in England. Von den an Universitäten Studierenden, waren 14 bereits im Ausland tätig gewesen. In Deutschland arbeiteten 31 Absolventen (15,2 %); bei vier Absolventen (2,0 %) gab es keine Kenntnis über ihren Verbleib. Von den im Ausland tätigen Absolventen arbeiteten elf in Europa, 29 in Lateinamerika, 54 in Afrika und 17 in Asien und Australien.[122]

122 Vgl. Übersicht über die Tätigkeit der Absolventen der Deutschen Ingenieurschule für tropische Landwirtschaft und der späteren OE 20, Internationale Agrarwirt-

Eine vom BMZ 1981 beim Fachbereich angeforderte Untersuchung über den Verbleib der Absolventen, erbrachte folgende Ergebnisse: Unter den insgesamt 91 Absolventen der Ingenieurschule, befanden sich 22 Ausländer. 95,9 Prozent der ausländischen Absolventen stammten aus Ländern der Dritten Welt. 62 Absolventen der Ingenieurschule sandten den Fragebogen zurück. Von den deutschen Absolventen unter ihnen nahmen 48 (69,6%) eine Auslandstätigkeit auf. Regionaler Schwerpunkt dabei war Afrika, die hohen Zahlen bei der Verteilung zeigten die große Mobilität, die den Absolventen abverlangt wurde. Bei den beruflichen Tätigkeiten dominierte eindeutig der Entwicklungshilfebezug; allein 65 Tätigkeiten im Bereich der staatlichen Entwicklungshilfe wurden gemeldet. 37,2 Prozent der Absolventen der Ingenieurschule wurden in der Öffentlichen Entwicklungshilfe tätig, vier Prozent bei Freiwilligen Diensten, Stiftungen, Missionen etc. Überwiegend übten die Absolventen Tätigkeiten mit einem direkten Bezug zur internationalen Zusammenarbeit aus. Dabei gab es einen relativ geringen Anteil in den internationalen Organisationen Tätiger (Problem der Bewertung des Abschlusses). Die unmittelbar praktischen Tätigkeiten als selbständiger Landwirt oder im Management landwirtschaftlicher Betriebe nahmen ebenfalls einen geringen Anteil ein. Die Arbeitsmarktsituation erzwang bei vielen eine ausländische Zusatzqualifikation. Trotz aller Probleme mit der internationalen Anerkennung des Studienabschlusses wurde Witzenhausen seinem Ausbildungsauftrag gerecht: Der überwiegende Anteil der Absolventen nahm früher oder später eine Auslandstätigkeit auf, meistens in Ländern der Dritten Welt.[123]

Die Tendenz hin zu einem weiterqualifizierenden Studium war unverkennbar: Von den Absolventen der Ingenieurschule absolvierten 38 erfolgreich ein solches (55%), davon 33 in Agrarwissenschaft und engverwandten Fachrichtungen, beliebtester Studienort war Göttingen, dann folgten Reading und Berlin. Die Gründe für ein zusätzliches Studium nach der Ausbildung in Witzenhausen lagen vor allem in den gestiegenen Anforderungen innerhalb des Berufsfelds nach formal höherer Qualifikation und fachlicher Spezialisierung sowie in dem Streben nach höherwertigen Tätigkeiten und besseren Verdienstmöglichkeiten.[124] Den ansteigenden Anteil derjenigen, die weiterstudierten, bestätigt auch Michael Zöbisch im Interview. Einige davon hätten Witzenhausen als ein

schaft der Gesamthochschule Kassel für die Jahre von 1968 bis 1975 vom 5.11.1975, in: HHStAW, 509, Nr. 7671, unpag.

123 Vgl. Peter Wolff, Bericht über die berufliche Tätigkeit der Absolventen des Studiengangs Internationale Agrarwirtschaft der Gesamthochschule Kassel und deren Vorgängereinrichtung. Vorläufige Ergebnisse einer Befragung der Absolventen, Wintersemester 1983/84, in: AD, Vertragsangelegenheiten, unpag.; ders./Rüdiger Raschke, Tätigkeiten der Absolventen des Studienganges Internationale Agrarwirtschaft, in: Ausbildung und Beratung, 37 (1984) 3, S. 50-52; Wolff, Ingenieurschule, S. 49.

124 Vgl. Peter Wolff/Rüdiger Raschke, Postgraduales Studium nach dem Fachhochschulstudium Internationale Agrarwirtschaft, in: Ausbildung und Beratung, 37

Sprungbrett genutzt, um akademisch weiterzukommen. Er selbst studierte nach einer mehrjährigen Auslandstätigkeit ebenfalls in England und promovierte später in Kassel. Diesen Weg – eben nicht unmittelbar nach der Zeit in Witzenhausen zu studieren –, hält er für seine Generation eher für typisch.[125]

Zum Ende unseres Untersuchungszeitraums hin befanden sich im Frühjahr 1971 unter den ca. 650 deutschen Agrarexperten, die im Rahmen der Technischen Hilfe in Entwicklungsländern arbeiteten, rund 100 Absolventen der Deutschen Ingenieurschule für ausländische Landwirtschaft und der früheren Lehranstalt für tropische und subtropische Landwirtschaft in Witzenhausen.[126] Ein Absolvent der Lehranstalt resümierte, die Ingenieurschule habe wesentlich dazu beigetragen, dass erfolgreiche Entwicklungspolitik geleistet werden konnte. Insgesamt arbeiteten nach seinen Angaben Anfang 1968 in 80 verschiedenen Ländern der Erde mehr als 700 deutsche Tropenlandwirte aus Witzenhausen. Er fasste hierbei alle zusammen, also Farmer, Assistenten und Verwalter auf großen Pflanzungen, Düngemittel- und Pflanzenschutzberater, Bewässerungs- und Landmaschinenspezialisten etc.[127]

Stellensuche

Ministerialrat Wolfram Ruhenstroth-Bauer aus dem BMZ hatte in einem Vortrag in Witzenhausen im Frühjahr 1968 den voraussichtlichen Personalbedarf im Agrarhilfeprogramm auf jährlich 25 bis 30 Witzenhäuser Ingenieure beziffert. Mit Enttäuschung wurde deshalb von den Studierenden registriert, dass die GAWI in zwei Auswahltagungen im November 1968 und Februar 1969 von 14 Bewerbern der Ingenieurschule nur fünf angenommen hatte, während es im Vorjahr noch alle elf gewesen waren. Als Begründung war das jugendliche Alter oder die beschränkte Zahl der Plätze angeführt worden. Die Studentenvertretung monierte, dass in der Öffentlichkeit sehr für die Ingenieurschule geworben werde, daher kämen die Studierenden mit großen Erwartungen und zum großen Teil mit der speziellen Absicht, in der Entwicklungspolitik tätig zu werden. Wenn

(1984) 4, S. 71-74; dies., betr.: Postgraduales Studium, in: Uu, Nr. 41, April 1984, S. 14-23.

125 Vgl. Interview mit Michael Zöbisch.

126 Vgl. Informationen über die deutsche Agrarhilfe: 100 Witzenhäuser Absolventen in der deutschen Agrarhilfe, in: TL, 72 (1971) 1, April 1971, S. 99.

127 Vgl. Thomas Neumaier, Die Welt steht ihnen offen, in: Land und Garten, Nr. 4 vom 27. 1. 1968, S. 42, zit. nach: AD, AHV, Ordner Schriftwechsel 1968, L-Z, unpag.

dann lediglich ein Drittel der Bewerber akzeptiert würde, sorge das für Frustrationen.[128]

Bei der ersten Auswahltagung stellten sich insgesamt 16 Bewerber vor, davon elf aus Witzenhausen, die übrigen fünf wurden genommen, von den Witzenhäusern wurden sechs abgelehnt und einer zurückgestellt. Bei der zweiten Auswahl stellten sich insgesamt 15 Bewerber vor, davon drei Witzenhäuser, von denen einer abgelehnt und einer an den DED empfohlen wurde. Von den übrigen zwölf Bewerbern wurde nur einer abgelehnt. Es gab mehrere schriftliche Eignungsprüfungen und Gruppendiskussionen, bei Auffälligkeiten auch Einzelgespräche, ferner ein Fachgespräch und eine Einzelvorstellung, bei der die übrigen Auswahlmitglieder Fragen stellen konnten. Die Ablehnung bei der ersten Auswahl erfolgte in zwei Fällen wegen »Intelligenzmängeln«, in zwei weiteren Fällen wegen fehlender persönlicher Reife, in einem Fall wurden psychopathologische Symptome diagnostiziert, bei einem weiteren erfolgte eine Zurückstellung wegen des zu geringen Alters. Bei der zweiten Auswahl wurde von den drei Witzenhäuser Bewerbern einer »wegen manifester Verwahrlosungserscheinungen, die eine konfliktlose Eingliederung in ein GAWI-Projekt als nahezu aussichtslos erscheinen ließen«, abgelehnt. Bei ihm lag außerdem »eine unterdurchschnittliche Intelligenz vor«.[129]

An diese Schwierigkeiten erinnert sich auch Richard Wiens, der die Ingenieurschule im Spätsommer 1969 beendete. Sie seien wohl der erste Jahrgang gewesen, der nicht komplett von der GAWI übernommen worden sei. Bei der Auswahl sei es in den Tests darum gegangen festzustellen, ob die Absolventen fähig seien, von der Mentalität und vom Charakter her, in den tropischen Ländern zu arbeiten. Allein dieser Ansatz habe ihm nicht gefallen und davon abgehalten, sich dort zu bewerben, weil er es als einen zu starken Eingriff in die Persönlichkeit empfand und er die Beurteilung für anmaßend hielt. Er selbst schrieb 15 Bewerbungen, von denen nur eine einzige positiv beantwortet wurde, und das nach einem längeren Prozess. Er habe so erst zum Jahresende eine Anstellung gefunden, ebenso sei es anderen ergangen. Das war auch ein Grund, aus dem sich einige für ein Studium entschlossen. Im Gegensatz dazu waren jene, die direkt in die staatliche Entwicklungspolitik gegangen seien, nach Einschätzung von Wiens etwa die Hälfte der Absolventen.[130] Etwas anders fällt die Erinnerung von Karl-

128 Vgl. Kopie eines Schreibens des AStA der Deutschen Ingenieurschule für Tropenlandwirtschaft an Min.Rat Ruhenstroth, BMZ, vom 3.3.1969, in: BAK, B 213, Nr. 5533, unpag. Vgl. dazu auch: Peter von Blanckenburg, Deutsche Fachkräfte der Agrarhilfe für Entwicklungsländer. Strukturanalyse und Vorausschätzung von Angebot und Bedarf, Berlin 1968. Blanckenburg ging von einem steigenden Personalbedarf im Bereich der Agrarhilfe in den kommenden Jahren aus.

129 Vgl. Schreiben der GAWI an Min.Rat Gaedke, BMZ vom 11.4.1969, in: BAK, B 213, Nr. 5533, unpag. (Zitat ebd.).

130 Vgl. Interview mit Richard Wiens.

Hans Hultsch aus, der ebenfalls im Spätsommer 1969 die Ingenieurschule abschloss. Er betont, es sei kein Problem gewesen, eine Stelle in dem Bereich zu bekommen. Und es hätten auch alle aus dem Semester gleich eine Stelle bekommen, die meisten davon in der Entwicklungshilfe. Einer sei zu Schering gegangen, ein anderer zu Merck.[131]

Als Beispiel für eine Stellensuche und spätere Vermittlung in die staatliche Entwicklungspolitik kann ein Absolvent gelten, der die Ingenieurschule im Oktober 1968 beendet hatte. Er brachte einen »klassischen« Lebenslauf mit: Volksschule, Landwirtschaftslehre, Gehilfenprüfung, danach arbeitete er als Gehilfe, daneben Abschluss an der Landwirtschaftsschule Celle. Ab August 1963 besuchte er die Berufsaufbauschule der Landwirtschaftlichen Lehranstalt Hameln, erlangte mit dem Examen im September 1964 die Fachschulreife. Von Oktober 1965 bis Juli 1966 studierte er an der Ingenieurschule für Landbau in Witzenhausen, nach der Zwischenprüfung folgte der Wechsel in das dritte Semester der Ingenieurschule für Tropenlandwirtschaft. Im Anschluss daran absolvierte er ab April 1969 das Seminar für ländliche Entwicklungshilfe. Wie üblich, sollte er danach zunächst ein Jahr als Projektassistent arbeiten. Für ihn war das Entwicklungshilfeprojekt Paktia in Afghanistan vorgesehen. Nach Abschluss des Auslandsausbildungsvertrags unterrichtete ihn die GAWI über die Einzelheiten und das Ausreisedatum. Er wurde den afghanischen Behörden als Mitarbeiter der German Agricultural Group Paktia vorgestellt und nahm seine Arbeit am 1. November 1969 auf.[132]

Riebel wandte sich im Oktober 1969 an den hessischen Landwirtschaftsminister und kündigte an, dass im kommenden Jahr wieder ca. 30 Absolventen die Schule beenden würden und die Schulleitung bereits jetzt wegen Benennung potenzieller Arbeitgeber anspräche n. Er schlug eine gemeinsame Sitzung der wichtigsten in der Agrarhilfe engagierten Institutionen in Witzenhausen vor. Zu klärende Fragen waren aus seiner Sicht unter anderem der Personalbedarf der

131 Vgl. Interview mit Karl-Hans Hultsch.

132 Vgl. Schreiben der GAWI an die Deutsche Botschaft Kabul vom 20.10.1969 (Anlage: Handschriftlicher Lebenslauf von Paul Brandenburg vom 10.1.1968), in: PAA, AV Kabul, Nr. 1872, unpag.; Verbalnote der Deutschen Botschaft Kabul für das Königlich Afghanische Ministerium für Auswärtige Angelegenheiten vom 30.10.1969, in: ebd., unpag. Vgl. zu Paktia: Martin Baraki, Die Beziehungen zwischen Afghanistan und der Bundesrepublik Deutschland 1945-1978 dargestellt anhand der wichtigsten entwicklungspolitischen Projekte der Bundesrepublik in Afghanistan, Frankfurt a.M. 1996, insbesondere zum Teilprojekt Landwirtschaft, S. 244ff.; Klaus Lampe, Obstbauliche Beratung im semiariden Raum Afghanistans. Aus der Arbeit des Landwirtschaftsprojektes Paktia/Afghanistan [Aus den Tätigkeitsberichten von Günter Ehmann, der bei einem Verkehrsunfall in Pakistan ums Leben kam], in. LiA, 6 (1972) 5, September/Oktober 1972, S. 104-106; Agrarhilfe, S. 8ff.

Projektträger in der Agrarhilfe, die Einsatzmöglichkeiten für die Absolventen und die Vorstellungen der Projektträger zum Studium, zur Vorbereitung und Weiterbildung der Absolventen.[133] Die Tagung fand dann tatsächlich Anfang Dezember 1969 in Witzenhausen statt. Im Ergebnis verkündeten die BMZ-Vertreter, für die Projekte der Bundesregierung würden 30 Agraringenieure gesucht, für 1970/71 157 Stellen eingeplant, davon 136 im landwirtschaftlichen Bereich.[134]

Matthias Zweigert, der die Ingenieurschule im Sommer 1972 beendete, erinnert sich, dass zu der Zeit die potenziellen Arbeitgeber nicht Schlange gestanden hätten. Die Absolventen hätten sich selbst aktiv um eine Beschäftigung bemühen müssen. Das tat er auch und hatte dann ein Vorstellungsgespräch bei der Eckes AG in Mainz sowie bei der BfE in Frankfurt. Am Ende nahm er eine ihm von der GAWI angebotene Stelle für Brasilien an. Dabei half, dass er bereits Auslandsserfahrung in Brasilien gesammelt hatte und Portugiesisch sprach. Bei der Arbeit handelte es sich um ein Pflanzkartoffelprojekt im Süden Brasiliens, den Aufbau einer Pflanzgutstation für Kartoffeln, was er sehr spannend fand.[135]

Bernhard Lutz, der ein Jahr später die Ingenieurschule abschloss, berichtet hingegen, die Jobsuche habe keinerlei Schwierigkeiten bereitet. Er habe einige Adressen von Institutionen gehabt, die in Frage kamen und diese dann angeschrieben. Er konnte sich dann bereits am 15. August 1973 bei der GAWI in Frankfurt vorstellen und bekam eine Stelle in Tunesien. Ausschlaggebend sei dabei gewesen, dass die GAWI händeringend jemanden suchte, der Französisch sprach. Jedenfalls hätten auch seine Kommilitonen keine Probleme bei der Stellensuche gehabt, zudem habe ein relevanter Teil von ihnen weiterstudiert.[136]

Harald Rojahn, der im Februar 1974 die Ingenieurschule beendete, hatte bereits während der Semesterferien Praktika bei der BfE gemacht und begann dort nach seinem Abschluss in Witzenhausen. Zu dieser Zeit habe es zumindest noch das Gefühl einer Art »Abnahmegarantie« seitens der GAWI gegeben. Zu den entsprechenden Auswahltagungen sei dann fast der geschlossene Jahrgang nach Frankfurt zum Test beim Psychologen gefahren. Alle seien davon ausgegangen, vom BMZ finanziert und für einen fest umrissenen Arbeitsmarkt bestimmt zu sein, der sie dann auch aufnehmen müsse. Das habe in der Mehrzahl der Fälle auch geklappt. Nur ein kleiner Teil der Absolventen habe Anstellungen

133 Vgl. Schreiben der DIAL, Riebel, an den Hessischen Minister für Landwirtschaft und Forsten vom 29.10.1969, in: HHStAW, 509, Nr. 7660, unpag.

134 Vgl. Protokoll über die Fachtagung mit Institutionen der Agrarhilfe am 9. Dezember 1969 in der DIAL, in: ebd., unpag.

135 Vgl. Interview mit Matthias Zweigert.

136 Vgl. Interview mit Bernhard Lutz.

in der pharmazeutischen Industrie gefunden, eine größere Zahl sei jedoch entweder zu den kirchlichen Hilfswerken oder zum DED gegangen.[137]

Vor der Ausreise zu einem der staatlichen Entwicklungshilfeprojekte stand in aller Regel noch die länderspezifische Vorbereitung der GAWI/GTZ, die in Bad Honnef absolviert wurde. Länderspezifische Vorbereitung bedeutete in erster Linie ein rudimentäres Erlernen der jeweils gefragten Sprache, Informationen zum Land, aber auch Methoden der Beratung, wie zum Beispiel die damals sehr beliebte Zielorientierte Projektplanung. Karl-Hans Hultsch berichtet, dass sein erstes Seminar vier Wochen gedauert habe, dabei bekam er jeden Morgen vier Stunden Türkischunterricht bei einer türkischen Lehrerin. Da sie nur zu zweit waren, kann man von einem recht intensiven Unterricht ausgehen.[138] Die eigentliche Ausreise war dann kein so großer Schritt mehr wie in früheren Zeiten. Die Gründe dafür lagen in den neuen Verkehrs- und Kommunikationsmitteln, vor allem aber auch in der Tatsache, dass viele vorher bereits im Ausland gewesen waren, teilweise auch im außereuropäischen.[139]

Beruflicher Werdegang

Es gingen unverändert viele der Absolventen in die Entwicklungspolitik, einige zur Industrie, eine Reihe blieb in Deutschland oder wechselte die Tätigkeitsbereiche. Naturgemäß verlief die berufliche Karriere nicht bei allen gleich erfolgreich, einendes Merkmal bildete jedoch der Umstand, dass sich die meisten von ihnen sehr flexibel auf neue berufliche Umstände – oder im Falle der Entwicklungspolitik auch neue Länder – einstellen konnten. Diejenigen, die an einem oder mehreren Projekten mitarbeiteten, haben häufig über deren Erfolge, meistens aber deren Scheitern, im Nachhinein intensiv reflektiert. Ihre Aussagen werfen so ein Licht auf die Schwächen der bundesrepublikanischen Entwicklungspolitik insgesamt.

137 Vgl. Interview mit Harald Rojahn. Zur BfE vgl.: Schloz, Entwicklungspolitik, S. 88ff.; Theodor Winter, Die Aufgaben der Bundesstelle für Entwicklungshilfe, in: Dritte landwirtschaftliche Projektleitertagung. Berichte und Arbeitsergebnisse, Bundesstelle für Entwicklungshilfe, Abteilung Landwirtschaft, Frankfurt a.M. 1970, S. 37-43; Fachliche Betreuung der deutschen Agrarprojekte wird verstärkt, in: LiA, (1971) 1, Februar 1971, S. 22; Zwischen Nächstenliebe und Eigennutz. 19. Februar 2009 – Vor 40 Jahren: Bundesstelle für Entwicklungshilfe beschlossen, in: WDR-Stichtag vom 19.2.2009 (http://www1.wdr.de/themen/archiv/stichtag/stichtag4068.html); Neumaier, Witzenhäuser in der BfE, in: Uu, Nr. 15, April 1971, S. 20; ders., Witzenhausen und BfE, in: ebd., Nr. 18, Oktober 1972, S. 25-26.

138 Vgl. Interview mit Karl-Hans Hultsch.

139 Vgl. Interview mit Joachim Wadsack.

Für den DED arbeiteten zwei Absolventen in Indien, die im Sommer 1970 die Ingenieurschule beendeten. Sie waren seit Ende Dezember 1970 auf einem Projekt 25 km von Bangalore entfernt und sollten dort eine Dairy-Farm aufbauen. Ein Teil des Landes war schon vermessen, und um die Bewässerung sicherzustellen, wurden Brunnen gebohrt. Vorgesehen war eine Sprinkler-Irrigation, wobei sie nach eigenen Aussagen den Vorlesungsstoff von Dr. Peter Wolff (Nivellements, Zeichnungen, Sprinklerberegnung usw.) zum guten Teil praktisch anwenden konnten.[140]

Über Konflikte zwischen DED- und GTZ-Mitarbeitern berichtet Matthias Zweigert, der für die GTZ im Niger tätig war, einem damaligen Schwerpunktland der deutschen Entwicklungspolitik. Die GTZ war dort mit etwa zwanzig Mitarbeitern vertreten, dazu kamen jede Menge DED-Mitarbeiter; in seinem Projekt allein sieben. Sie sollten die Außenstellen des Pflanzenschutzamtes in dem riesigen Land aufbauen und betreuen. Die Zusammenarbeit mit den DED-Mitarbeitern war laut Zweigerts Aussagen von einer gewissen Spannung geprägt, obwohl er selbst meint, die auftretenden Probleme recht gut geregelt zu haben. Aber es gab auf jeden Fall längere Diskussionen und Auseinandersetzungen. Dabei spielte das Gehaltsgefälle eine Rolle, vor allem aber die unterschiedliche Orientierung; hier die boden- und basisgruppenorientierten Idealisten in den Dörfern und dort die outputorientierten Experten, die in die Hauptstadt durften. Auf jeden Fall habe sein Nachfolger viel mehr Schwierigkeiten als er selbst gehabt. Während seiner Zeit hätten sie sich nach den Streitereien gut zusammengerauft und an einem Strang gezogen. Sie waren dabei eine Methode einzuführen, die einen völlig neuen Materialeinsatz beinhaltete, nämlich, dass die Bauern selbst die Heuschreckenbekämpfung übernahmen und nicht mehr auf den zentralen Staatsapparat zurückgriffen. Dieser musste zuvor mit Flugzeugen und Großgeräten anrücken, die nie funktionierten, nie rechtzeitig vor Ort waren. Die Bauern sollten stattdessen die Pflanzenschutzmittel selbst mit von der Kreditanstalt für Wiederaufbau (KfW) finanzierten Handgeräten anwenden. Ein Ansatz, der dem DED näherlag als das zentralistische Vorgehen, und insofern machten die DED-Mitarbeiter auch gut mit. Das Projekt habe zunächst gut funktioniert, von den Dorfbrigaden spreche man im ganzen Sahel noch heute. Die Krux lag in der nicht gelösten Versorgung mit den Pflanzenschutzmitteln, die eigentlich der Staat übernehmen sollte. Die Bauern hätten nur die Geräte bei sich gehabt und waren aufgefordert, die Batterien zu besorgen, die es aus nationaler Produktion gab, die Pflanzenschutzmittel wurden dann vom Staat gestellt. Zweigert hält es auf jeden Fall für einen Fortschritt, die Bauern zu eigener Schädlingsbekämpfung animiert zu haben. Trotz eines relativ niederschmetternden Gutachtens, das

140 Vgl. Gerhard Sontag, Kameradenbrief, in: Uu, Nr. 15, April 1971, S. 40-53, hier S. 46.

nach seiner Zeit in Niger vorgelegt wurde, ist er der Überzeugung, dass sich der Einsatz gelohnt habe.[141]

Joachim Wadsack erinnert sich an seine Anfänge im Bereich der Entwicklungszusammenarbeit: Bei seiner ersten Stelle bekam er den Vertrag erst später. Der Projektleiter war ein pensionierter Tierzuchtdirektor, der nach Wadsacks Ansicht noch weniger Ahnung als die Anfänger hatte und sich nicht auf die gänzlich anderen Umstände umstellen konnte. Das gesamte Management war alles andere als professionell. So wurde er, weil er zufällig über eine Schreibmaschine verfügte, auch noch Projektsekretär und übernahm die Korrespondenz. In dieser Anfangszeit seien sehr viele Leute bei der GAWI gewesen, die sich dafür bei ihren normalen Stellen hätten beurlauben lassen, die aber von der Materie wenig Ahnung hatten und auch keine Auslandserfahrung mitbrachten. Da wurde viel improvisiert, es war ein Aufbau aus dem Stand heraus. Das sei auch ein Grund gewesen, warum das Seminar für ländliche Entwicklungshilfe in Witzenhausen gefördert und die Ingenieurschule von Land und Bund übernommen worden sei. Man habe sehr rasch gemerkt, dass entsprechende Fachleute fehlten, die das umsetzen konnten. Wobei die ersten Muster- oder Pilotprojekte noch recht einfach in der Umsetzung gewesen seien, weil man nur wenig mit der indigenen Bevölkerung zu tun gehabt habe und wenig Rücksicht auf die Leute zu nehmen brauchte.[142]

Von der Vielseitigkeit der Aufgaben berichtet Harald Rojahn, der, obwohl kein Fachmann für Tsetsefliegen, als Projektkoordinator für diesen Bereich in Kenia eingesetzt wurde. Das sei aber gerade der Aspekt gewesen, der bis dahin in dem Projekt gefehlt habe, das ursprünglich sehr technisch ausgerichtet gewesen sei und den Beratungsansatz, den methodischen Umgang mit den Bauern vernachlässigt habe. Deshalb hätten die Partner und die EU jemanden reinsetzen wollen, der den Aspekt der Entwicklung, der Vermittlung, der Beratung reinbrachte. Rojahn organisierte dann einige Meetings und Seminare, bei denen er feststellen konnte, dass viele von den damals modernen Methoden wie Project Cycle Management etc. nichts gehört hatten. Insgesamt sei das für ihn eine viel abstraktere Aufgabe im Vergleich zu früheren Projekten gewesen. Natürlich habe er durch seine häufigen Projektbesuche einen Bezug zur Realität gehabt, aber er war nicht in der Frontposition, wie in dem Fischereiprojekt in Burkina Faso oder dem Beratungsprojekt in Haiti. Das habe zum einen etwas mit hierarchischen Positionen zu tun, die man im Laufe des Berufslebens erreicht habe, mehr aber noch mit den ohnehin immer wieder wechselnden Szenarien im Kontakt mit den Zielgruppen.[143]

141 Vgl. Interview mit Matthias Zweigert.
142 Vgl. Interview mit Joachim Wadsack.
143 Vgl. Interview mit Harald Rojahn.

Sehr ausführlich schildert Richard Wiens das Schicksal eines Teeprojekts in Ruanda, das als paradigmatisch angesehen werden kann. Wiens hat darüber ein sehr lesenswertes Buch publiziert, in dem er mit den intimen Kenntnissen des Insiders die einzelnen Projektphasen beschreibt, angefangen mit der Planung. Das genossenschaftliche Teeprojekt für Kleinbauern in Ruanda war nach Anlaufschwierigkeiten zunächst überaus erfolgreich. Es scheiterte später mit der Übergabe an die Ruander an Korruption und Vetternwirtschaft. Darin verarbeitet der Autor gleichzeitig eine Kritik der Entwicklungspolitik insgesamt, die aus seiner Sicht mit den Entwicklungsgeldern vor allem die einheimischen Eliten finanziere, die »WaBenzi«, also diejenigen, die einen Mercedes Benz fahren – oder sich darin fahren lassen.[144]

Im Interview kommen bei Wiens noch einmal die Frustrationen zum Tragen, die dieses Projekt, zumindest dessen Ende, begleiteten: »Das Tragische ist nur, dass dieses Projekt zum Ende hin, als das in einheimische Leitung übergegangen ist, ein Abbruch, Absturz erfahren hat. Der Einheimische war, der einheimische Direktor war an allem interessiert, nur nicht die Interessen der Bauern und die Interessen der Genossenschaft weiterzuverfolgen. Hat seinen eigenen wirtschaftlichen Erfolg gesehen.« Dabei setzte er zum Beispiel die Fahrzeuge für seine eigenen wirtschaftlichen Unternehmen, als Taxi, als Transportfahrzeuge ein und nicht mehr für den Tee der Bauern, sondern für die Baumaterialien oder Wirtschaftsgüter der Plantagen. Die Bauern hätten dieses Verhalten natürlich sofort bemerkt und innerhalb kürzester Zeit ihre Interessen aufgegeben und die Kulturen liegen gelassen. Wenn der Tee nicht transportiert werde, verliere man innerhalb eines Tages die Möglichkeit, ihn weiterzuverarbeiten. Dadurch lag der Verlust dann bei den Bauern, die jeweils etwa ein Viertelhektar Tee bearbeiteten, neben ihren Subsistenzkulturen. Eine weitere Komplikation habe sich dadurch ergeben, dass man einheimischen, fortschrittlichen Leuten erlaubt hatte, sich selbständig zu machen. So hatte man nun zwei, drei private Unternehmer, die zusätzlich zu anderen Kulturen auch Tee anpflanzten und von denen einer sogar fünf Hektar hatte. Dieser war nicht mehr auf die Transporte angewiesen, von dem Projekt aber Düngemittel und Spritzmittel bezog und Beratung bekam. Auf dem Höhepunkt seines wirtschaftlichen Erfolgs habe er ein Fest für die gesamte Führungsmannschaft der Genossenschaft veranstaltet und dabei sein neues, modernes Haus präsentiert. Nach Ansicht von Wiens war das für die Genossenschaft durchaus hilfreich, da er als Vorbild dienen konnte für die kleineren Bauern, als Beweis, dass man mit dem Tee erfolgreich sein konnte. Bei einer Evaluierung des Projekts durch die Europäische Gemeinschaft wurde der Umstand jedoch scharf kritisiert mit dem Vorwurf, so führe man alte koloniale

144 Vgl. Richard Wiens, Giheke Kitabu. Aus dem Innenleben Afrikas oder Entwicklung ohne Kooperation?, Neckenmarkt/Wien/München 2009. Zu den WaBenzi vgl. S. 281ff.

Strukturen wieder ein. Zwar hätten einige erfolgreiche Kleinunternehmer sicher nicht den gesetzlichen Mindestlohn bei ihren Arbeitern gezahlt und deren Abhängigkeit ausgenutzt, die Unterstellung, so hätte man Sklavenarbeiter geschaffen, hält Wiens für vollständig übertrieben. Er glaubt nach wie vor an die Genossenschaftsidee, diese Selbsthilfe der Bauern könne es ihnen ermöglichen, sich aus den Abhängigkeiten zu lösen. Voraussetzung sei allerdings eine gute Anleitung und Betreuung durch ein interessiertes und engagiertes, nicht korruptes Management bzw. eine Projekt- oder Betriebsleitung.[145]

Wiens hatte übrigens bereits sehr früh – als »junger Spross«, wie er es ausdrückt – die Verantwortung über eine Plantage bekommen, weil man geglaubt hatte, dass sie alle Könner, alle Experten wären. Er musste jedoch rasch feststellen, von den eigentlichen Aufgaben kaum eine Ahnung zu haben. Wiens wusste nach eigener Aussage nicht, was Chinin war, wie man Tee anbaut. Mit Menschenführung hatte er wenig Erfahrung, dort im Kongo galt es jedoch über 1.200 Mitarbeiter zu führen. So musste er in der ersten Zeit die Augen und Ohren offen halten und von anderen lernen. Im Laufe der Zeit bekam er die nötige Sicherheit und machte seine Sache aus der Sicht der Firma sehr gut. Er habe damals geglaubt, so Wiens, das umgesetzt zu haben, was er sich vorgenommen hatte, draußen zu helfen. Das war nur bis zu einem gewissen Grad richtig, denn die ganze Ausrichtung dieser Plantagen sei ja auf den wirtschaftlichen Gewinn der Firma in Deutschland hin orientiert gewesen.[146]

Ebenfalls einen sehr frühen Karrieresprung machte Joachim Wadsack, der vom Projektassistenten zum Projektleiter befördert wurde. Das war in der Tat sehr unüblich, aber der Projektleiter wollte in Urlaub und die GAWI hatte keinen parat, der die Aufgabe für die kurze Zeit übernehmen konnte. Für Wadsack war das in jeder Hinsicht ein glücklicher Zufall, da er bei der Aufgabe seine spätere Frau kennenlernte, die als Lehrerin an einem Gymnasium für den DED arbeitete.[147]

Karl-Hans Hultsch geht in dem Interview sehr kritisch mit der Einmischung der jeweiligen Provinzialverwaltungen in die Arbeit der Projekte ins Gericht. Das sei in Kenia der Fall gewesen, wo nichts von den zugesagten nationalen Geldern ankam. In der Türkei wurden zumindest die Autos gestellt, die Fahrer und auch der Kraftstoff. Aber ohne Zustimmung der Provinzialverwaltung war kein Fortkommen möglich, das habe die Arbeit stark beeinträchtigt. Da die Bauern sehr obrigkeitsgläubig waren, hätten sie ohne den Segen der Verwaltung auch keine Ratschläge der Projektmitarbeiter angenommen. Insofern sei auch das Ziel, die für den Tabakanbau lediglich drei Monate im Jahr genutzten Flächen wäh-

145 Vgl. Interview mit Richard Wiens. Vgl. dazu: ders., Probleme des genossenschaftlichen kleinbäuerlichen Teeanbaus in Zentralafrika, in: TL, 76 (1975) 1, S. 90-94.
146 Vgl. Interview mit Richard Wiens.
147 Vgl. Interview mit Joachim Wadsack.

rend der übrigen Zeit mit Zwischenfrüchten zu nutzen, erfolglos geblieben. Ebenso scheiterte der Versuch mit Milchsammelstellen, vor allem an der dort gängigen Korruption. Entsprechend negativ fiel die Projektevaluation aus; es wurde dann lediglich noch um ein Jahr verlängert und dann eingestellt. Während der Verlängerung verblieben nur noch zwei Leute dort, um den Schein zu wahren.[148]

Harald Rojahn spricht ein weit verbreitetes strukturelles Problem der Entwicklungszusammenarbeit an: Die Fehleinschätzung der örtlichen Situation und die vergleichsweise kurze Laufzeit der Projekte. Am Beispiel eines Regionalentwicklungsvorhabens in Guinea, bei dem er lokale Nichtregierungsorganisationen fördern sollte, erklärt Rojahn die Problematik. Der Ansatz sei nicht uninteressant gewesen, aber man hätte mehr Zeit gebraucht. Weil deren Entstehungsprozess an sich mehr Zeit benötige, und weil man sie schlecht vor die Entscheidung stellen könne, das Geld sofort zu nehmen oder es gar nicht mehr zu bekommen. Gerade darin besteht aus seiner Sicht ein Handicap dieser Projekte: Es gebe einen ständigen Druck, Mittelabfluss zu erzeugen, weil eines der Erfolgskriterien sei, dass das Geld nach fünf Jahren ausgegeben sein müsse. Das führe dann dazu, dass man nicht mehr genau hinschaue, was man eigentlich mit dem Geld mache. Insgesamt ändere das alles aber nichts daran, dass am Ende – häufig trotz negativer Evaluation – Glanzbroschüren produziert und die Ergebnisse bejubelt würden. Der Widerspruch zwischen dem, was publiziert und dem, was wirklich geleistet wurde, sei oftmals ein großer.[149]

Über Probleme bei der Übergabe der Projekte berichtet Joachim Wadsack am Beispiel Tunesiens. Im Rahmen seines Projekts hatten sie Weiden angelegt für die Dörfer und Gemeinden. Es haperte dann aber an deren Unterhaltung. Wadsack hält das für ein strukturelles Problem in Afrika, das auch in anderen Zusammenhängen immer wieder zu beobachten sei, etwa bei Häusern, an denen die notwendigen Reparaturen nicht vorgenommen würden, bei der Pflege und Instandhaltung von Maschinen etc.[150]

Unterschiede zwischen Privatfirmen und der GAWI registrierte Bernd Braedt nicht. Man habe kaum den Eindruck bekommen, dass es sich um eine Privatfirma handelte, da die Gelder von der Europäischen Union (EU) kamen. Bei seinem nächsten Einsatz in Peru arbeitete er für Hendrikson, eine Consultingfirma aus Frankfurt; das Geld kam vom BMZ. Trotz der Kontrolle des Projekts durch Abgesandte vom BMZ oder aus Brüssel sei es recht locker zugegangen. Von einer größeren Effizienz, kostengünstigerem Arbeiten gegenüber einer staatlichen, bürokratischen Organisation wie der GAWI sei nichts zu spüren gewesen, jedenfalls nicht bei der Agrar-und Hydrotechnik, Hendrikson und anderen, die

148 Vgl. Interview mit Karl-Hans Hultsch.
149 Vgl. Interview mit Harald Rojahn.
150 Vgl. Interview mit Joachim Wadsack.

Braedt kennenlernte. Im Übrigen auch wohl deshalb nicht, weil aus seiner Sicht der Arbeitgeber jeweils im eigentlichen Sinne das BMZ, die GTZ oder die EU gewesen seien – der Geldgeber bestimmte den Rahmen.[151]

Michael Zöbisch hingegen sieht Unterschiede zwischen Privatfirmen und staatlichen Institutionen im Bereich der Entwicklungszusammenarbeit. Nach seiner Erfahrung arbeiteten private Firmen kosteneffizienter. Für weniger Geld könnten sie das Gleiche oder sogar mehr bieten, zumindest bezogen auf die quantitativen Aspekte. Man sollte aber seiner Ansicht nach in Qualitäten denken. Speziell in der Beratungstätigkeit sehe man vordergründig wenig Fortschritte; es könne aber durchaus sein, dass die Betreffenden die Vorschläge diskutierten, vielleicht auch annähmen. Dafür benötige man ein sensorisches Gespür. Traditionell konservativ eingestellte Kleinbauern würden nicht ohne Weiteres den Ratschlägen von Fremden vertrauen. Sie wollten zunächst die Umsetzung, die realen Erfolge sehen. Dafür kämen die Beispielbauern ins Spiel, auch Vorpreschbauern, Example Farmers oder Leader Farmers genannt. Sie bekämen das Saatgut, die Geräte so weiter und sollten dann die Überlegenheit der Methode demonstrieren. Dem notwendigen Zeitaufwand für solche Aufgaben stünde das System der Projektfortschrittsberichte entgegen, die man mindestens einmal pro Jahr vorlegen müsse. Deren Tenor habe immer lauten müssen, man stünde kurz vor dem Erfolg, vor dem Durchbruch, dann mache man noch eine Phase und eine weitere. In diesem Punkte sind laut Zöbisch die Vorgehensweisen von Privatfirmen und von staatlichen Institutionen unterschiedlich. Eine Firma bekäme einen dreijährigen Auftrag, dann sei das für sie vorbei; ob sie einen Folgeauftrag bekäme sei unsicher. In der staatlichen Entwicklungshilfe ginge es jedoch immer weiter, dort könne man sich mehr erlauben. Es sei auf jeden Fall von oben abgesegnet. Die Entscheidungen auf einem höheren Niveau, zum Beispiel für ein bestimmtes Cropping System, was man einführen wolle, würden von führenden Mitarbeitern des Ministeriums getroffen. Da würde sich eine Firma für einen schnellen Erfolg eher etwas einfallen lassen, keine direkte Korruption, aber wohlwollendes Verhalten. Das könne eine Privatfirma leichter machen, staatliche Organisationen der Entwicklungshilfe hätten hingegen auch eine gewisse Ethik zu vertreten. »Und wir sollen, meine ich auch akzeptieren, dass es manchmal, dass wir nicht vorankommen, und dass ein sehr gutes Cropping System, Beratungssystem, oder Bildungssystem nicht eingeführt wird, weil irgendeiner nicht unterschreibt, nur weil ich dem z.B. kein Auto kaufe. Akzeptiere ich. Weil ich weiß, dass wenn ich das einmal tue, muss ich es immer tun.«[152]

Über seine Arbeit für eine Privatfirma, Lahmeyer International, damals die größte Consulting-Firma in diesem Bereich in Deutschland, berichtet Richard Wiens. Er kannte die Firma bereits aus früherer Zusammenarbeit und hoffte, mit

151 Vgl. Interview mit Bernd Braedt.
152 Vgl. Interview mit Michael Zöbisch (Zitat ebd.).

seiner dortigen Tätigkeit wirtschaftlich gesichert zu sein. Im Gegensatz zu seiner Arbeit bei Agroprogress, bei der es sich wesentlich um ländliche Regionalentwicklung gehandelt habe, sei es bei Lahmeyer um Infrastrukturprojekte gegangen; eine anspruchsvollere Aufgabe. Ländliche Regionalentwicklung sei nicht mehr so gefragt gewesen, da solche Projekte häufig von den Entwicklungsländern selbst durchgeführt wurden, da sie mittlerweile über entsprechend ausgebildete Fachkräfte verfügten. Da sei der Einsatz der westlichen Experten in diesen Projekten gar nicht mehr so gewünscht worden. Dadurch sei diese Form der Entwicklungspolitik ziemlich stark zurückgegangen. Lahmeyer lieferte hingegen Bewässerungs- und Elektrizitätstechnik, baute Staudämme und versuchte, diese Projekte in die Gesamtentwicklung der betreffenden Länder zu integrieren.[153]

Insgesamt einen Wandel in der konkreten Arbeit, eine Verlagerung der Tätigkeiten von deutschen Experten in der Entwicklungszusammenarbeit konstatiert Joachim Wadsack. In der Anfangsphase sei es eher so gewesen, dass die deutschen Experten wirklich auf dem Felde tätig waren. Heute hingegen säßen sie überwiegend im Büro. Etwas sarkastisch formuliert sei der einzige Rohstoff, mit dem sie zu tun hätten, Papier, nämlich jenes, das man beschreibt. Wadsack hält das für eine negative Entwicklung und erinnert sich dabei an seine eigenen Anfänge in Marokko. In dem Projekt habe er alles erst selbst aufgebaut, die Maschinen mit ausgesucht, Saatgutzentren mit gebaut, bis man einen Architekten bekam etc. Heute werde in der Entwicklungszusammenarbeit nur noch Beratung betrieben, mit aus seiner Sicht teilweise absurden Auswüchsen.[154]

Bernhard Lutz spricht recht offen über die hohen bis sehr hohen Gehälter, die in diesem Bereich gezahlt wurden, zumindest im Vergleich mit den damals in Deutschland üblichen Verdienstmöglichkeiten. Zu dem ohnehin hohen Grundgehalt, plus dreizehnten Monatsgehalt, seien dann noch Auslandszulage, Klimazulage etc. gezahlt worden. Das Gehalt war zudem steuerfrei, wenn man keine Wohnung mehr in Deutschland hatte, aber nicht sozialversicherungsfrei. Außerdem bekam man in der Regel die Wohnung gestellt und einen Dienstwagen. Im Verhältnis zu dem, was man damals in Deutschland verdiente war es, so Lutz, exorbitant. Auf der anderen Seite musste man dann davon auch leben in Deutschland. Nur die GTZ habe das aufgeteilt in Inlands- und Auslandsgehalt, bei einem relativ niedrigen Inlandsgehalt, das dann versteuert und versichert wurde, und einem entsprechend hohen Auslandsgehalt.[155]

Resümierend stellt Matthias Zweigert, der sich selbst sehr intensiv als »GTZler« gefühlt habe, fest, dass viele Projekte erfolglos gewesen seien. Wenn man mit offenen Augen durch das »GTZ-Leben« gehe, könne man sich dieses Eindrucks

153 Vgl. Interview mit Richard Wiens.
154 Vgl. Interview mit Joachim Wadsack.
155 Vgl. Interview mit Bernhard Lutz.

nicht erwehren – und das bezieht er nicht nur auf seine eigenen Projekte. Diese seien teilweise sehr zufriedenstellend verlaufen, mit einigen Abstrichen. Damit meint er in erster Linie ein Pflanzkartoffelprojekt in Brasilien. Die geschaffene Institution besteht noch, kümmert sich jetzt nicht nur um Pflanzkartoffeln, sondern auch um andere Dinge. Sie wird allerdings von einer staatlichen Agrarforschungsinstitution, die in Brasilien insgesamt eine sehr große Rolle spielt, getragen. Insofern sei es auch kein Selbstläufer in dem Sinne eines sich selbst tragenden, nachhaltig wirkenden Projekts gewesen. Solche Vorhaben seien auch kaum zu realisieren, das sei die Krux der staatlichen, vor allem der deutschen Entwicklungshilfe, dass sie doch immer sehr hochrangig ansetze und auch bestimmte Voraussetzungen brauche, um tätig zu werden und die könne nur der Staat fördern. Da habe der DED mit seiner basisbezogenen Tätigkeit vielleicht sogar bessere Möglichkeiten, einen Selbstläufer zu entwickeln. »Aber ich bin insgesamt sehr zufrieden gewesen mit meinem Berufsleben und dazu gehört Witzenhausen bestimmt dazu und insofern hab ich nicht irgendwie jetzt Tränen in den Augen, dass ich nicht mehr in Afrika bin. Ich hab meinen Teil dazu beigetragen und jetzt müssen andere ran.«[156]

Auf Fehlentwicklungen im Bereich der Entwicklungszusammenarbeit macht auch Bernhard Lyschik aufmerksam: »Die einen werden immer reicher und die anderen werden immer ärmer.« Die Ursache dafür sieht er im Egoismus der Leute, die meisten, inklusive der »Entwicklungshelfer« würden für die eigene Tasche arbeiten. Es gehe sowohl hier als auch in den »Entwicklungsländern« um die Eliten, die im letzten Fall ebenfalls zum Teil hier ausgebildet wurden, an Universitäten und auf Ingenieurschulen, auch in Witzenhausen. Diese Eliten arbeiteten zusammen, wobei auch gewisse Formen der Korruption eine Rolle spielten. Sein eigener Projektleiter in Ghana sei ein Musterbeispiel dafür gewesen, ein geldgieriger Mensch, der gut mit den einheimischen Eliten zusammenarbeitete und den die einfachen Leute wenig interessierten. Im Banne dieser Einstellung seien Fehlentscheidungen getroffen worden. Zum Bespiel bei einem Projekt in Ghana, bei dem der Wald zur Anlage von Reisfeldern gerodet wurde. Die vorher angefertigte Möglichkeitsstudie habe ergeben, dass mehr dagegen als dafür sprach. Es habe sich vorher um kleine Flächen, eine kleinbäuerliche Bevölkerung gehandelt, die zum Teil die zu rodenden Nussbäume zur Ölherstellung nutzte. Die waren aber durch die Raupen bereits umgebrochen worden. Lyschik gab dann das Gutachten an einen Experten der West African Rice Association weiter, sehr zum Leidwesen seines Projektleiters. Das Projekt wurde trotz lokaler Ablehnung in dieser Form durchgeführt, es floss viel Geld hinein, so mussten beispielweise Ersatzteile für die großen Raupen aus Obervolta geholt werden. Als die Flächen gerodet waren, kam es genauso, wie im Gutachten beschrieben: Es fehlten dann die ganzen schweren Maschinen, Traktoren, Pflüge, Sämaschi-

156 Vgl. Interview mit Matthias Zweigert (Zitat ebd.).

nen und Erntemaschinen. Also ein Großprojekt, das wider besseres Wissen – es war natürlich vorher ein entsprechendes Gegengutachten erstellt worden – durchgesetzt und realisiert wurde. Lyschik kritisiert daran die mangelnden persönlichen Konsequenzen. Allen beteiligten Deutschen sei es gut gegangen, sie hätten ihr Geld verdient, auch die großen Firmen und die übrigen Experten hätten daran verdient. Die Verlierer seien die einfachen Leute gewesen.[157]

Einen etwas anderen Schwerpunkt setzt Richard Wiens bei seiner Kritik an der üblichen Vorgehensweise in der Entwicklungszusammenarbeit. Er erläutert das am Beispiel einer erfolgreichen Studie, die einen positiven Vorschlag zur Realisierung eines bestimmten Projekts unterbreitet. Dann würde der Auftraggeber, der ein Interesse daran habe, seine Finanzmittel wirtschaftlich erfolgreich einzusetzen, den Gedanken einer Hilfe für die Armen unterstützen. Danach würde das Vorhaben den einheimischen Verantwortlichen vorgetragen, dem Entwicklungsministerium oder dem Finanzministerium. Dort könnte die Reaktion sein, dass man die Auflage, 20 Prozent einheimische Leistung zu bringen, ablehne, oder eine andere Region für die Durchführung des Projekts vorschlage, weil der Minister von dort kommt. Falls dort, was nicht unwahrscheinlich ist, die wirtschaftlichen, die biologischen, die geografischen Verhältnisse ganz anders sind, sei von vornherein ein Misserfolg vorgeplant.[158]

Für Wiens konnte die Konsequenz daraus nur lauten, dass der Geber mehr Einfluss nehmen musste, vor allem bei der Projektdurchführung. Dafür fehlte es auf deutscher Seite an der notwendigen Bereitschaft, sonst wären nach Ansicht von Wiens mehr Projekte erfolgreich gewesen. Vollkommen zu Recht stellt er sich aber auch die Frage, ob es dafür eine Akzeptanz auf Seiten der »Entwicklungsländer« gegeben hätte, die er klar verneint. Wahrscheinlich wäre das mit dem Argument einer andauernden Kolonisierung abgelehnt worden und mit dem Hinweis auf die eigenen Möglichkeiten. Es gebe auch andere Beispiele. Persönlich kann er von Deutz berichten, wo man den Versuch unternommen hatte, angepasste Trecker, zum Beispiel für Afrika, zu entwickeln. Also Einfachschlepper, die nichts anderes konnten als Ziehen und Transportieren, und die mit relativ geringen Kosten zu produzieren gewesen wären. Das hätten die Afrikaner abgelehnt und Trecker mit Hydraulik, Autopiloten etc. gefordert, weil sie sich sonst benachteiligt, um nicht zu sagen: diskriminiert gefühlt hätten. Daraufhin sei Deutz aus der Entwicklung ausgestiegen. Drei, vier Jahre später hätten die Franzosen das gemacht, die nicht gefragt, sondern Einfachschlepper für den

157 Vgl. Interview mit Bernhard Lyschik. Vgl. dazu: Céline Pessis, The tractor as a tool of development? The mythologies and legacies of mechanized tropical agriculture in French Africa, 1944-56, in: Joseph M. Hodge/Gerald Hödl/Martina Kopf (Hg.), Developing Africa. Concepts and Practices in Twentieth-Century Colonialism, Manchester 2014, S. 179-203.

158 Vgl. Interview mit Richard Wiens.

Baumwollsektor in Kamerun geliefert hätten, der darniederlag. Sie seien von den Einheimischen mit Begeisterung gefahren und eingesetzt worden, auch, weil sie leicht zu bedienen waren.[159]

Kritik der Entwicklungspolitik

Es ist kein Wunder, dass politische Themen, die in den Interviews aufgegriffen wurden, sich vornehmlich um die Entwicklungszusammenarbeit selbst drehten. So ist Richard Wiens nach wie vor der Überzeugung, dass Entwicklungshilfe notwendig ist. Er vertritt, ähnlich wie es einige berühmte Ökonomen fordern, die These, dass man mehr Geld dafür einsetzen sollte. Deutschland habe sich ja ursprünglich verpflichtet, 0,7 Prozent des Bruttoinlandsprodukts für Entwicklungshilfe zur Verfügung zu stellen. Davon sei man noch weit entfernt, müsse diese Zusage aber einhalten, allein schon, um den Ländern zu zeigen, dass man gewillt sei abzugeben, gewillt sei zu helfen. Aus Sicht von Wiens müsse das finanzielle Niveau also auf jeden Fall gehalten, die Ressourcen allerdings anders eingesetzt werden. Das bedeutet für ihn unter anderem einen Verzicht auf Großprojekte. Geeigneter seien kleinere Projekte, wie er es im Falle der Wasserversorgung selbst gemacht hatte. Er schätzt, dass er im Laufe der Zeit an die 100 Städte mit Wassersystemen, Wasserversorgungssystemen durchgerechnet hat, die zum großen Teil dann auch realisiert wurden. Dabei habe es sich beispielsweise in Kenia um Städte von 5.000, manchmal sogar bis zu 20.000 Einwohnern gehandelt. Dafür sei alles bis ins Detail durchgerechnet worden, die technisch notwendigen Maßnahmen, deren Kosten, die Beiträge, damit es rentabel werde, inklusive der Tarifsysteme. Dabei habe er darauf geachtet, wirtschaftlich unterschiedlich starke Gruppen zu kombinieren, sodass die wirtschaftlich besser gestellten Verbraucher ein bisschen mehr bezahlten als die schlechter gestellten, also eine Form der Kostensubvention. Das Ziel war, einen gemeinsamen Tarif zu finden, der das wirtschaftliche Überleben der Anlage sicher und andererseits allen Beteiligten die Möglichkeit gibt, Trinkwasser zu nutzen. Das sei eine spannende Aufgabe, die Kombination wirtschaftlicher und sozialer Ziele.[160]

Michael Zöbisch ist hingegen insgesamt sehr kritisch, was die Entwicklungszusammenarbeit anbelangt: »Und, aber teilweise ist man ja, also manchmal, sehr oft, nicht nur manchmal, möchte man den ganzen Scheiß einfach hinwerfen. Weil man einfach sieht, wie ineffizient, wie teuer, wie unfair das Ganze ist.« Man müsse eigentlich neue, andere Ansätze finden, allerdings gebe es momentan eher eine Rückwärtsbewegung in der Entwicklungszusammenarbeit. Man tendiere dahin, die Laufzeiten der Entwicklungshilfekonzepte immer weiter zu kürzen,

159 Vgl. ebd.
160 Vgl. ebd.

was dazu führe, dass die Leute für schnellen Erfolg viel tun, was man eigentlich nicht tun sollte. Sein Programm sei noch geplant worden, von 2010 bis 2018, hatte also acht Jahre Perspektive. Davon waren drei Jahre finanziert, drei weitere seien jetzt dazugekommen, womit man leben könne, obwohl auch acht Jahre im Bereich Bildung eine relativ kurze Zeit darstellten. Aber jetzt herrsche der Dreijahresrhythmus. Alle Indikatoren, jeder Erfolg müsse in diesen drei Jahren nachgewiesen werden. Das setze die Beteiligten unter Druck, führe zu Schuldzuweisungen und zu mehr Unehrlichkeit. So käme es zu einer Situation, einfache Erfolge auf dem Niveau des Policy Dialogue einzufahren, da werde es bereits als Erfolg dargestellt, wenn ein Diskussionspapier eingereicht wurde. Da käme aber unten, bei den Leuten ganz wenig an. Ein Gegenbeispiel ist für Zöbisch die Welthungerhilfe, die aus geringen Mitteln viel mache. Ihm selbst schwebt aber eher eine richtige Expertenorganisation vor, in der bezahlte, professionelle Mitarbeiter vernünftige Arbeit leisten. Momentan bezahle man Leute zu gut für zu wenig, was am Ende dabei rauskomme. Vor allem der Trend hin zu den großen Organisationen laufe weiter, die alle unter den entsprechenden negativen Symptomen – Peter-Prinzip, Parkinsonsche Gesetze etc. – litten. Mit dem DED, der unabhängig agieren konnte, habe man jetzt sogar ein ganz wichtiges Instrument kaputt gemacht. Jetzt seien alle früheren Entwicklungshelfer eingebunden in Projekte, müssten Experten sein, würden aber mit einem Hungerlohn abgespeist. Ihnen gegenüber säßen jetzt als ihre Vorgesetzten die Auslandsmitarbeiter der Gesellschaft für Internationale Zusammenarbeit (GIZ), als Berater oder Senior Berater, die teilweise viel weniger geeignet seien und viel weniger Ahnung hätten. Vor allem sei deren Einstellung eine ganz andere. Das seien Leute, die dächten, sie seien ganz oben, ihre Perspektive sei eine Makroperspektive, und das sei genau der verkehrte Ansatz.[161]

Der Umgang mit den Menschen

Wie wir schon bei den Absolventen der Lehranstalt sehen konnten, bestand nur recht wenig Kontakt zur Bevölkerung der jeweiligen »Entwicklungsländer«. In den meisten Fällen erstreckte er sich auf die einheimischen Mitarbeiter, insbesondere die dafür abgestellten, häufig in Deutschland ausgebildeten Counterparts und allenfalls noch auf Offizielle.

Bernhard Lyschik gibt an, sogar drei Counterparts auf einmal gehabt zu haben, mit denen es keine Schwierigkeiten gab. Darüber hinaus gab es zwangsläufig Kontakt mit den Arbeitern – aber eben lediglich auch durch die Arbeit bedingt. Mit diesen habe es Reibereien wegen ihrer schlechten Bezahlung gegeben bzw. weil sie deswegen versuchten, die Arbeit zu schwänzen und privat zu ar-

161 Vgl. Interview mit Michael Zöbisch (Zitat ebd.).

beiten. Zur sonstigen Bevölkerung habe es praktisch keinen Kontakt gegeben. Die »Weißen« seien meistens unter sich geblieben, hätten allenfalls höher gestellte ghanaische Officer zu ihren Partys eingeladen – und umgekehrt. Diese Partys hätten jedes Wochenende stattgefunden, nicht immer zur Freude der einheimischen Bevölkerung, wie Lyschik später erfuhr. Während man drinnen bei lauter Musik und exzessivem Alkoholkonsum feierte, standen sie draußen rum und schauten zu. »Das ist überall so in dem Ausland, die Leute, die klumpen sich zusammen. Und die Experten, die wollen nicht da, die einfachen Leute haben, mit denen sie gearbeitet haben. Die waren doch eine Stufe höher.«[162]

Richard Wiens hat die Erfahrung gemacht, dass selbst die Counterparts keinen privaten Kontakt zu den deutschen Experten gewünscht hätten. Die übrige Bevölkerung, in seinem Fall die Mitglieder der Genossenschaft, einfache Bauern, seien interessiert gewesen, Informationen und Hilfe zu bekommen. Es habe sich also um eine rein wirtschaftliche Beziehung gehandelt, was eine Etage höher auch für die Counterparts gegolten habe. Sie waren teilweise gut ausgebildet, sehr intelligent. Bei Problemen mit den schwierigeren Leuten unter den Einheimischen seien sie auch bereit gewesen, die Projektmitarbeiter zu unterstützen, wenn diese mal nicht den richtigen Ansatz fanden. Auf oberster Ebene gab es einen ruandischen Stellvertreter der Projektleitung, ein notorischer Alkoholiker, der nur daran interessiert war, billig Alkohol in großen Mengen zu bekommen. Seine Aufgabe als Kontrolleur und Ausbilder und Vertrauter der Bauern habe er überhaupt nicht wahrgenommen. Er sei dann entlassen worden, was zu einem Eklat führte, weil man nicht ohne Weiteres einen einheimischen Mitarbeiter entlassen konnte. Selbst ein von der Projektleitung hoch geschätzter Mitarbeiter zeigte deutlich, dass er keinen engeren privaten Kontakt aufnehmen wollte. Sie seien zwar als Projektleitung zu Hochzeiten oder anderen sozialen Ereignissen eingeladen worden, aber wie Wiens meint, lediglich aus dem einfachen Grunde, weil sie ein Geschenk mitbrachten, den Saal mieteten, in dem gefeiert wurde, die Getränke oder die Musik bezahlten. Aber sie seien nicht eingeladen worden, weil sie Freunde waren, sondern allenfalls weil ihr Besuch einen gewissen Status brachte. Teilweise habe man ihnen sogar feindselig gegenübergestanden, in Ruanda nur als Ausnahme, in einem Dorf auf dem Weg nach Kigali, wo die Autos mit Steinen beworfen wurden, im Kongo schon häufiger.[163] So ist auch der Tenor in seinem Buch: Mit den Einheimischen hatten sie so gut wie keinen privaten Kontakt. Ein anderer Projektmitarbeiter hatte es zusammen mit seiner Frau zu Beginn seines Aufenthalts ernsthaft versucht, sie hätten das Bemühen dann aber ziemlich bald enttäuscht eingestellt. Gegenseitiges Verstehen, so ihre Schlussfolgerung, habe sich zwischen ihnen und den Besuchern nie entwickelt. Diese seien

162 Vgl. Interview mit Bernhard Lyschik (Zitat ebd.).
163 Vgl. Interview mit Richard Wiens.

fast nie mit ihren Frauen erschienen und offensichtlich nur auf den Genuss des großzügig angebotenen Bieres erpicht gewesen.[164]

Zu ähnlichen Ergebnissen kommt auch Bernhard Lutz für Tunesien. Dort habe die deutsche Community privat enge Kontakte untereinander gepflegt, tunesische Mitarbeiter seien nur selten zu einem gemeinsamen Mittag- oder Abendessen eingeladen worden. Hinsichtlich der Bevölkerung habe es allenfalls mit der örtlichen Polizei überhaupt Kontakt gegeben, man habe am Tag fünf freundliche Worte mit den Polizisten gewechselt, damit sie zufrieden waren. Die Counterparts waren gut ausgebildet, eine typisch französische Ausbildung, eher theorielastig. Es fehlte ihnen laut Lutz an der Verbindung von Theorie und Praxis. Das persönlich kühlere Verhältnis sei aber weniger eine Frage der fachlichen Kompetenz gewesen, sondern habe kulturelle Gründe gehabt. Lutz drückt es drastisch aus: Er habe als Projektassistent natürlich auch nicht zehn Tunesier auf sein Zimmer einladen können »und alle anderen sind dann da im Bikini durch den Garten gelaufen. Das hätte die Jungs bestimmt etwas, wie sagt man da, motiviert.«[165] Aus anderen Gründen war das Verhältnis von Harald Rojahn zu seinem Counterpart in Burkina Faso schwierig: Rojahn hatte, um sein Französisch aufzupolieren, mit gutem Erfolg einen von der Friedrich-Naumann-Stiftung finanzierten Sprachkurs in Nizza absolviert. Als er in Ouagadougou aus dem Flugzeug stieg, habe er zunächst nichts verstanden. Rojahn hatte erhebliche Schwierigkeiten, sich sprachlich einzuhören und einzuleben. Er musste sich dann in einem Meeting von seinem Counterpart sagen lassen, er solle erst einmal Französisch lernen, bevor er anfange ihnen zu erzählen, was sie anders machen sollten. Probleme mit dem Counterpart gab es auch, weil er ein Auto des Projekts nutzte, um am Wochenende Holz zu fahren, und das Projekt sollte das Benzin bezahlen. Das habe Rojahn irgendwann unterbunden, was dazu beitrug, dass es kein ganz spannungsfreies Verhältnis war. Es habe sich im Laufe der Zeit aber verbessert. Und als er den Counterpart später wieder traf, habe man sich gut verstanden. Es sei nachher eigentlich eine durchaus faire und positive Partnerschaft gewesen.[166]

Bernd Braedt erinnert sich an vier bis fünf gut ausgebildete Counterparts bei seinem Projekt in Äthiopien. Sie hätten alle über einen Master-Abschluss verfügt. Sein Counterpart hatte in Gießen studiert und ging später als zweiter oder dritter Mann in das Hauptinstitut nach Addis Abeba. Das Verhältnis zu ihnen sei bestens gewesen. Man habe viel zusammen gefeiert. Demgegenüber sei der Kontakt mit der übrigen Bevölkerung nicht besonders gut gewesen. Man sei im

164 Vgl. Wiens, Giheke, S. 201.
165 Vgl. Interview mit Bernhard Lutz (Zitat ebd.).
166 Vgl. Interview mit Harald Rojahn.

Dorf sehr gern gesehen gewesen, als gute Kunden auf dem Wochenmarkt und in den zwei, drei Läden, mehr aber auch nicht.[167]

Netzwerke

Es hat den Anschein, als wenn der Zusammenhalt zwischen den Absolventen im Laufe der Zeit nachließ. Das würde auch dem schon bei den Ehemaligen der Lehranstalt festzustellenden Trend entsprechen. Auf jeden Fall wird der Umstand, im Ausland regelmäßig andere »Witzenhäuser« getroffen oder an den Jahrestreffen in Witzenhausen teilgenommen zu haben, immer seltener erwähnt. Zwar gab es offensichtlich immer noch sehr gute und enge Kontakte zwischen Einzelnen, ein ausgeprägteres Zusammengehörigkeitsgefühl im größeren Rahmen entwickelte sich aber kaum noch. Dafür gibt es aus meiner Sicht mehrere Gründe: Einmal eine gesamtgesellschaftliche Entwicklung dahin, dass viele Leute generell solchen Zusammenschlüssen und Netzwerken skeptisch bis ablehnend gegenüberstanden, was sich auch in den sinkenden Mitgliederzahlen des Verbands niederschlug. Zum Zweiten die schon früher vorhandene und sich weiter verstärkende Tendenz, die Ausbildung wirklich nur als reine Ausbildung zu betrachten, als einen Abschnitt, der sich in die vorhergehende und jetzt häufig auch noch folgende weitere Ausbildung (Universitätsstudium) einreihte, aber keinen Initiationsritus mehr beinhaltete. Und drittens die Situation an der Ingenieurschule selbst, wo drei Semester parallel liefen und die Zahl der Studierenden anstieg.

Ein gutes Beispiel dafür, dass dieser Zusammenhalt partiell doch noch gepflegt wurde, sind die Jahrestreffen der – allerdings auch sehr starken – Landesgruppe in Brasilien. Matthias Zweigert, der drei Jahre dort tätig war, erinnert sich an zwei solcher Treffen, an denen er in dieser Zeit teilnahm. Der rührige Ernst Lamster war einer der Hauptprotagonisten, es gab aber auch andere recht aktive Verbandsmitglieder. Natürlich, so Zweigert, traf man dort »Witzenhäuser« und tauschte sich aus. »Das war so ein bisschen wie, ja, Witzenhausen in der Ferne.« Man kam dann zusammen und hat gut gegessen, viel erzählt und Vorträge gehört. Das ging über die unterschiedlichen Generationen hinweg. Zweigert, der vor seiner Zeit in Witzenhausen zwei Jahre auf der Kaffeeplantage eines Onkels in Rolândia gearbeitet hatte, kannte viele der »Alten Herren« noch von früher. Sie hatten ihn damals erst auf den Gedanken gebracht, nach Witzenhausen zu gehen.[168]

Den Treffen mit alten Kollegen steht Bernhard Lyschik ablehnend gegenüber. Seiner Meinung nach ginge es dabei immer nur um das Geld, um Fragen, wie

167 Vgl. Interview mit Bernd Braedt.
168 Vgl. Interview mit Matthias Zweigert (Zitat ebd.).

man seine berufliche Position verbessern könne etc., was ihn nicht interessiere. Auch die dort geknüpften Beziehungen dienten nur zur Verbesserung der eigenen Situation, seien also instrumenteller Natur. Denn, nur wer die besseren Beziehungen habe, bekomme einen besseren Job und entsprechend mehr Geld. Ihm sei es darum gegangen, das Gespräch auf die Entwicklungsländer und die Menschen dort zu lenken, dafür habe sich aber keiner interessiert.[169]

Die Existenz eines funktionierenden Netzwerks von »Witzenhäusern«, die gezielt andere für die Projekte rekrutiert hätten, verneint Bernd Braedt jedenfalls. Natürlich habe man immer bei passender Gelegenheit die Namen von Kommilitonen ins Spiel gebracht, aber in erster Linie deshalb, weil man sie eben kannte. Er selbst habe auch nur selten die Möglichkeiten gehabt, jemanden zu protegieren und zu platzieren. Aber er sei natürlich des Öfteren um seine Meinung in personellen Fragen gebeten worden. Heutzutage sei das bei einer großen Organisation wie der GIZ ohnehin kaum möglich, jemanden direkt zu empfehlen, das nütze sowieso nichts. Das ginge bei den Bewerbungen dann ohnehin immer den üblichen, bürokratischen Weg. Also könne man selbst als Projektleiter potenziellen Kandidaten lediglich Hinweise darauf geben, auf welche Stellen sie sich bewerben könnten.[170]

Rückkehr nach Deutschland

Die Rückkehr nach Deutschland gestaltete sich nicht immer einfach. Diejenigen, die jahrelang im Ausland gelebt hatten, mussten sich nicht nur eine neue Arbeitsstelle suchen, sondern auch wieder an das Alltagsleben gewöhnen. Laut Bernhard Lutz hatten viele Probleme, sich mit dem neuen sozialen Status zu arrangieren, niedrigeres Gehalt, keine Bediensteten etc. Dazu kam eine notwendige kulturelle Anpassung, da sich Deutschland während ihres Auslandsaufenthalts auch verändert hatte und sie aus ihren jeweiligen Ländern ein anderes Leben gewohnt waren. Dazu gehörte beispielsweise auch die neue Erfahrung der Pünktlichkeit, wenn der Bus zur angekündigten Zeit kam. Lutz hatte in den ersten Tagen in München auch Probleme mit der Geschwindigkeit: Die S-Bahn kam, die Leute stiegen aus, er packte seine Koffer, schritt zur Tür, da ging die Tür schon wieder zu, die Bahn fuhr ab. Er gewöhnte sich dann rasch daran, dass man das etwas schneller machen muss. Es habe andere Leute gegeben, »die in Paris einem Afrikaner die Koffer auf den Caddy legten und sagten, fahr das bitte zum Zoll und der sagte, was soll ich bitte, ich bin genauso Passagier wie Du«.[171]

169 Vgl. Interview mit Bernhard Lyschik.
170 Vgl. Interview mit Bernd Braedt.
171 Vgl. Interview mit Bernhard Lutz (Zitat ebd.). Über diesen Anpassungsprozess berichtet auch ein Absolvent des Jahrgangs von 1962: »Wer lange im Ausland gelebt

Nach einer meistens sehr aktiven Zeit im Auslandseinsatz verliefen die Lebenswege im fortgeschrittenen Stadium der beruflichen Karriere unterschiedlich. Karl-Hans Hultsch war nach seinem letzten Auslandsaufenthalt längere Zeit arbeitslos, weil sich nicht so recht etwas Interessantes ergab. Die vom Arbeitsamt vorgeschlagenen Arbeitsmöglichkeiten entsprachen nicht seiner beruflichen Vorbildung und Erfahrung. Die Chancen auf eine Anstellung in Deutschland bei der chemischen Industrie, BASF oder Bayer, waren aufgrund des Alters gering, trotz der Auslandserfahrung. Er war zwar bei der GTZ und den einschlägigen Consultingfirmen gelistet, im Gespräch, aber es tat sich kein konkretes Projekt mehr auf.[172]

Im Gegensatz dazu begann Bernd Braedt im Anschluss an seinen letzten längeren Auslandsaufenthalt in Lesotho mit Kurzzeiteinsätzen, am Anfang sehr häufigen, zwei-, drei-, viermal pro Jahr. Mittlerweile nur noch einmal pro Jahr. Wie er anmerkt, macht über 70-jährigen beispielsweise die Hitze in Sri Lanka doch schon zu schaffen. So war er die letzten zehn Jahre häufig in Afghanistan und Pakistan, aber auch in Kirgistan, Tadschikistan usw. Immer als »Kurzzeiter« und immer für die GTZ, für Projekte, aber auch für Evaluierungen.[173]

hat, muss auch bei der Rückkehr in sein Herkunftsland mit einer Phase des Anpassens, deutlicher ausgedrückt, mit einem Kulturschock rechnen.« Jürgen Carls, Ein Leben in der Fremde, Baden-Baden 2015, S. 145.

172 Vgl. Interview mit Karl-Hans Hultsch.

173 Vgl. Interview mit Bernd Braedt.

VII. Ausblick: Die Entwicklung ab 1971

Am 28. Februar 1970 beschloss die Hessische Landesregierung, in Kassel eine integrierte Gesamthochschule zu errichten. Damit waren die gesetzlichen Grundlagen für eine Eingliederung der beiden Witzenhäuser Ingenieurschulen geschaffen. Aus dem Fachbereich Ausländische Landwirtschaft der Fachhochschule Kassel wurde die vorläufige OE 20 – Ausländische Landwirtschaft der neuen Gesamthochschule. 1972 erfolgte eine erneute Umbenennung in OE Internationale Agrarwirtschaft. Im Oktober 1978 entstand daraus der Fachbereich 21 Internationale Agrarwirtschaft. Mit der Überleitung in die GhK wurde die Direktoratsverfassung abgeschafft, die Geschäfte führte nun ein im jährlichen Turnus aus dem Kreis der Hochschullehrer gewählter Leiter der OE. Im Hinblick auf die inhaltliche Gestaltung ergaben sich zunächst wenige Änderungen, da die Struktur des Studiengangs bereits 1971 reformiert worden war. Der Lehrplan blieb so im Wesentlichen für den Studiengang Internationale Agrarwirtschaft bis zu dessen Ende im Sommersemester 1981 gültig.[1]

Mit der Gründung von Gesamthochschulen verband sich ein anspruchsvolles Programm zur Neugestaltung des Hochschulbereichs. Die Bildungspolitiker strebten damit eine Integration unterschiedlicher Studiengänge bzw. eine erhöhte Durchlässigkeit an, sie erwarteten eine Angleichung der Ausbildungs- und Berufschancen, unabhängig von sozialer und regionaler Herkunft, hofften auf eine Verkürzung der Studienzeiten, verbunden mit Effektivierung der Lehre, sowie auf ein neues Verhältnis von Theorie und Praxis. In der Gesamthochschule Kassel, die als erste von insgesamt elf so bezeichneten Institutionen gegründet wurde, sollten besonders weitgehende Reformziele verwirklicht werden. Bereits in den Konzeptionen des Hessischen Kultusministeriums im Jahre 1970 waren die Studienreform, die Mitbestimmung und Reform der Personalstruktur stärker akzentuiert als etwa in entsprechenden Planungen der nordrhein-westfälischen Landesregierung. Die GhK führte in diversen Fächern integrierte Studiengänge nach dem sogenannten Konsekutivmodell ein. Nach diesem »Kasseler Modell« gab es eine erste gemeinsame Studienphase für Studierende mit Fachhochschul-

1 Vgl. Wolff, 85 Jahre, S. 50ff.

reife und Hochschulreife, die zu einem ersten Abschluss führte. Die Zahl der Studiensemester an der Hochschule entsprach dem Fachhochschulstudium, es sollte jedoch in der Zielsetzung eine praxisorientierte Synthese zwischen den Funktionen von Universität und Fachhochschule erreicht werden. Den Studierenden stand es frei, in einer zweiten Studienstufe ein zweites Diplom zu erwerben, das dem der Universitäten entsprach. Den Praxisbezug sollten die Berufspraktischen Studien sicherstellen, zwei zusätzliche Semester, die an einem Arbeitsplatz verbracht und durch vorbereitende, begleitende und nachbereitende Veranstaltungen in das Studium eingebettet wurden.[2]

Die Eingliederung der Ingenieurschule in die Gesamthochschule führte zu einigen Problemen. Der Arbeitskreis zur Vorbereitung der Erarbeitung der Grundlage für die Gesamthochschule hielt eine Umorientierung speziell der rein landwirtschaftlichen Fachgebiete der Ingenieurschule für notwendig. Zur Koordination sollten 13 Ausschüsse gebildet werden, sofort etabliert wurde ein solcher für Information und Planung, der die laufende Verbindung mit Kassel halten und die Arbeit der anderen Ausschüsse vorbereiten sollte.[3]

Das Sommersemester 1971 schloss mit der Ingenieurprüfung ab; mit der feierlichen Graduierung der neuen Ingenieure durch den Landwirtschaftsminister verbunden war die Übergabe der Schule in den Bereich des Kultusministers und damit der Prozess der Eingliederung als Fachhochschule in die Gesamthochschule Kassel eingeleitet.[4] Am 1. August 1971 ging die Ingenieurschule offiziell in die Fachhochschule Kassel und einen Tag später dann in die neu errichtete GhK ein.[5]

Insgesamt, so resümierte Franz-Hermann Riebel zehn Jahre später, bereitete die Eingliederung auf beiden Seiten Probleme. In Kassel seien die Witzenhäuser Ingenieurschulen zunächst schlicht vergessen worden – im Einrichtungserlass des Hessischen Kultusministers für den Gründungsbeirat der Gesamthochschule kamen sie nicht vor. Die allmähliche Adaption der beiden Fachbereiche 20 (Landwirtschaft) und 21 (Internationale Agrarwirtschaft) war Teil des Lernprozesses, den die Gesamthochschule durchlief.[6]

Die Projektgruppe der GhK betonte im Januar 1972, dass die von der früheren Ingenieurschule vertretenen Lehr- und Forschungsschwerpunkte Entwick-

2 Vgl. Norbert Kluge/Aylâ Neusel/Christoph Oehler/Ulrich Teichler, Zehn Jahre Gesamthochschule Kassel in der Retrospektive, in: dies. (Hg.), Gesamthochschule, S. 7-14, hier S. 8f.; Aylâ Neusel, Das »Kasseler Modell« der integrierten Studiengänge – von innen betrachtet, in: ebd., S. 65-90.

3 Vgl. Protokoll 10/71 über die Schulkonferenz am 4. Juni 1971, in: Archiv des FB, Schulkonferenzen 1970-1973, unpag.

4 Vgl. Siegel, Abt. Ingenieurstudium, in: Uu, Nr. 16, Oktober 1971, S. 12-13.

5 Vgl. Dr. Riebel, Neues aus dem Fachbereich, in: ebd., S. 10-12.

6 Vgl. Franz-Hermann Riebel, Agrarwirtschaft in Witzenhausen, in: Kluge u.a., Gesamthochschule, S. 178-199, hier S. 178.

lungspolitik und Agrarpolitik zwar im Bildungsangebot der Gesamthochschule singulär seien und deshalb wenig Ansatzpunkte zur Integration böten, gleichwohl stellten sie jedoch bundesweit den einzigen Bereich dieser Art dar. Ein Verzicht auf einen weiteren Ausbau würde außerdem den Zielsetzungen der Bundesregierung zuwiderlaufen. Als Alternativmodelle für eine organisatorische Integration wurde unter anderem ein dezentrales Standortmuster thematisiert, das keine Verlagerung nach Kassel und damit keine vollständige Integration vorsah. Der Zusammenschluss beider Organisationseinheiten zu einem Fachbereich Agrarwirtschaft wurde hierbei bereits erwogen.[7] Ein Vertreter der BfE konstatierte Anfang 1972 eine regelrechte Reformpsychose in Witzenhausen: Die Schule habe ihren Namen 80 Jahre nicht gewechselt und jetzt laufend. Die Angliederung an die GhK sei eine »Krampflösung ohne sachlichen Bezug«. In Witzenhausen war man hingegen überwiegend der Meinung, dass eine Integration in die Gesamthochschule Kassel unter den gegebenen Verhältnissen hochschulpolitisch die sinnvollste Lösung sei.[8]

Das 1972 eingerichtete – anfangs wohl parallel zum Beraterseminar – existierende Kontaktstudienzentrum sollte gemäß seinem entwicklungspolitischen Auftrag ein weitgefächertes Programm zur wissenschaftlichen Weiterbildung anbieten, das sich auf Aufgabenstellungen der ländlichen Entwicklung vor allem in Ländern der Dritten Welt konzentrierte. In der Regel veranstaltete das Zentrum die Programme in enger Zusammenarbeit mit entwicklungspolitisch orientierten Trägerorganisationen. Besondere Bedeutung sollte dem Reintegrations-Programm Hochschule und Internationale Entwicklung zukommen. Es wurden für die damalige Zeit moderne Lernmethoden eingesetzt, z.B. Rollenspiele, Kleingruppenarbeit, Erkundungsprojekte, Micro-teaching. Das Zentrum bestand aus einem kleinen Stab fester Mitarbeiter; seine Aktivitäten stützten sich auf die Hochschullehrer des Fachbereichs sowie auf dessen Einrichtungen.[9]

7 Vgl. Schreiben der Projektgruppe der GhK an den Gründungsbeirat der GhK vom 5.1.1972, in: Archiv des FB, Gründungsbeirat, Protokolle 1-10, unpag.

8 Vgl. Fachbereichsinternes Protokoll der Sitzung der Arbeitsgruppe betreffend die weitere Förderung der OE Ausländische Landwirtschaft der GhK durch den Bund am 15.3.1972, in: BAK, B 116, Nr. 52314, unpag. (Zitat ebd.); Vermerk aus dem BML, Lieber, vom 3.4.1972, in: ebd., unpag.; Siegel, Neues aus dem Fachbereich. Abteilung Hochschulstudium, in: Uu, Nr. 18, Oktober 1972, S. 5.

9 Vgl. Gesamthochschule Kassel – Fachbereich 21 (Internationale Agrarwirtschaft), Witzenhausen o.J., S. 10f. Vgl. insgesamt zu den Reintegrationsprogrammen: Franz-Hermann Riebel, Reintegrationsprogramm des Deutschen Instituts für tropische und subtropische Landwirtschaft, in: TL, 79 (1978) 2, S. 166-172; Diethard Mai, Heimkehr ins Ungewisse: Ausländische Graduierte deutscher Hochschulen im Reintegrationsprozess. Der Beitrag des Witzenhäuser Reintegrationsprogramms »Landwirtschaftliche Beratung und Verwaltung« zur Rückkehr und beruflichen Eingliederung von Fach- und Führungskräften aus Entwicklungsländern, in: Siawuch Amini/Michael

Das DITSL bot seit Dezember 1973 im Auftrage des BMZ und der Zentralstelle für Arbeitsvermittlung in Frankfurt zum ersten Mal einen Studienkurs »Hochschuldidaktik für Agrarwissenschaftler aus Entwicklungsländern« an. Der Kurs wurde in Zusammenarbeit mit der GhK innerhalb des Kontaktstudienangebots der OE Internationale Agrarwirtschaft am Standort Witzenhausen durchgeführt. Der Studienkurs diente über die hochschuldidaktische Einführung und Befähigung der Teilnehmer hinaus der Vorbereitung für die Rückkehr und berufliche Integration im Heimatland. An dem ersten Studienkurs nahmen 15 Wissenschaftler teil, die in der Bundesrepublik ein Studium der Landwirtschaft, Ernährungswirtschaft oder Forstwirtschaft mit der Promotion abgeschlossen hatten und an Hochschulen ihrer Heimatländer tätig werden wollten. Der halbjährige Studienkurs wurde von Riebel geleitet.[10] Dieser zog am Ende ein positives Fazit zum ersten halbjährigen Kurs zur Reintegration von Hochschulabsolventen der Agrarwirtschaft aus Entwicklungsländern, Schwierigkeiten habe jedoch die zum Teil sehr lange Abwesenheit aus den Herkunftsländern bereitet.[11]

1975 befanden sich etwa 22.000 Studenten aus Entwicklungsländern in der Bundesrepublik; seit Mitte der 1960er Jahre war deutlich geworden, dass eine unerwartet hohe Zahl von ihnen nicht nach Abschluss ihres Studiums in die Herkunftsländer zurückkehrte. Eine gezielte Reintegration gewann dadurch zunehmend an Bedeutung. Das seit 1973 im Auftrag des BMZ laufende Programm zur Förderung der Rückkehr und zur Erleichterung der beruflichen Eingliederung konnte auf gute Erfolge zurückblicken. Die Halbjahreskurse, die unter anderem Fragen der Forschungsorganisation, der Studienplananalyse, Lehr- und Evaluationstechniken und Budgetplanung behandelten, hatten sich konsolidiert.

Fremerey (Hg.), Ansatzpunkte Ländlicher Entwicklung. Perspektiven aus Sozioökonomie, Technologie und Weiterbildung. Festschrift für Prof. Dr. Eckhard Baum (Journal of Agriculture and Rural Development in the Tropics and Subtropics, Beiheft 77), Kassel 2004, S. 169-194.

10 Vgl. Studienkurs »Hochschuldidaktik« Witzenhausen, in: LiA, 8 (1974) 1, S. 21; Otto Schmaltz, Bericht vom Institut, in: Uu, Nr. 21, April 1974, S. 13-15; Peter Wolff, Neues aus der OE, in: ebd., S. 21-22; Information über den Studienkurs »Hochschuldidaktik für Agrarwissenschaftler aus Entwicklungsländern« des DITSL, o.Dat., in: AD, AHV, Loses Material, unpag. Vgl. als Überblick zu den Hochschuldidaktik-Kursen: Brigitte Behrendt/Franz-Hermann Riebel, Der »Arbeitsplatz des Hochschullehrers«, in: Prisma. Die Zeitschrift der Gesamthochschule Kassel, Nr. 26, Juni 1981, S. 94-99; Franz-Hermann Riebel, Hochschulentwicklung in der Dritten Welt. Zehn Jahre Studienkurse »Hochschulentwicklung und Internationale Entwicklung« 1973-1983 (Arbeitsberichte und Materialien des Kontaktstudienzentrums, Nr. 12), Witzenhausen 1984.

11 Vgl. Vermerk über die Sitzung des Verwaltungsausschusses der OE Internationale Agrarwirtschaft am 29.10.1974 vom 4.11.1974, in: HHStAW, 509, Nr. 7671, unpag.

Bislang waren zwei Hochschuldidaktik-Kurse mit insgesamt 27 Absolventen beendet worden, von denen tatsächlich über 75 Prozent im Hochschulbereich tätig wurden.[12]

Bei den Reintegrationsprogrammen berief man sich auf eine historische Tradition: Die Wiedereingliederung der Fachkräfte nach Rückkehr in ihre Heimat habe von Beginn an zu den Aufgaben der Schule gehört. Bezog sich diese Aufgabe zunächst nur auf deutsche Fachkräfte, so werde sie heute auch auf solche aus den Ländern der Dritten Welt ausgedehnt. Finanziert wurde das Programm wesentlich durch Zuschüsse des BMZ, die über die Zentralstelle für Arbeitsvermittlung bereitgestellt wurden.[13]

Nähere Bestimmungen zur OE Internationale Agrarwirtschaft definierten ihre Aufgaben: Sie hatte sich in ihrer gesamten wissenschaftlichen Arbeit mit der Agrarwirtschaft im internationalen Bereich zu befassen und in der Forschung vor allem die Schwerpunkte Agrarentwicklung, Verbesserung der Produktionsbedingungen und Agrarökonomik zu bearbeiten. Dafür bot sie ein sechssemestriges Studium auf wissenschaftlicher Grundlage an, das eine höhere fachliche Bildung vermittelte, die für eine selbständige Tätigkeit als Ingenieur (grad.) der Fachrichtung Internationale Agrarwirtschaft befähigte. Eingangsvoraussetzung bildete die allgemeine Hochschulreife, die fachgebundene Hochschulreife oder die Fachhochschulreife.[14]

Offensichtlich waren alle Beteiligten der Meinung, dass die OE Internationale Agrarwirtschaft mehr und mehr zu einer »Zentrale für die Belange der Dritten Welt« werden sollte. Durch eine verstärkte Mitwirkung des Bundes und eine enge Kooperation mit ähnlichen Organisationen, konnte der Wirkungsbereich und damit die Nutzung vorhandener Einrichtungen erweitert und intensiviert werden.[15] Das BMZ zeigte nach wie vor Interesse an einer hochwertigen Ausbildung auf dem Agrarsektor in Witzenhausen, deshalb sollten die hochschulpolitischen Integrationsbemühungen auch keinen Vorrang haben vor der ordnungsgemäßen Ausbildung für die Entwicklungspolitik.[16]

12 Vgl. Jahresbericht 1975 für das Programm Reintegration des DITSL vom 9.2.1976, zit. nach: StAM, 423/11, Nr. 43, unpag.

13 Vgl. Broschüre des DITSL »Reintegrationsprogramm« von F.-H. Riebel vom Juni 1977, in: BAK, B 116, Nr. 52314, unpag.; Franz-Hermann Riebel, Reintegrationsprogramm des Deutschen Instituts für tropische und subtropische Landwirtschaft Witzenhausen, in: TL, 79 (1978) vom Oktober 1978, S. 166-172.

14 Vgl. Gesamthochschule Kassel, OE Internationale Agrarwirtschaft Witzenhausen, Aufgabe – Struktur – Studienprogramm – Vorlesungsverzeichnis, Witzenhausen o.Dat. (1972/73), in: AD, Dokumente zu Fachbereich und DITSL, S. 1 ff.

15 Vgl. Protokoll Nr. 17 über die OE-Konferenz am 5. Juni 1973 vom 6.6.1973, in: Archiv des FB, Schulkonferenzen 1970-1973, unpag. (Zitat ebd.).

16 Vgl. Vermerk über eine Besprechung am 18.7.1973 in der Hessischen Landesvertretung in Bonn vom 19.7.1973, in: HHStAW, 509, Nr. 7671, unpag.

Für die Bekanntheit Witzenhausens in aller Welt sorgten auch die vielen ausländischen Studierenden. Mehr als 30 Prozent der Studierenden kamen in diesen Jahren aus sogenannten Entwicklungsländern. Der Anteil der Ausländer wies eine steigende Tendenz auf. Im Sinne einer besseren internationalen Zusammenarbeit werde es darauf ankommen, ihre Zahl weiter zu erhöhen.[17]

Die OE plante 1973 die Einrichtung eines achtsemestrigen neuen integrierten Diplomstudiengangs Internationale Agrarwirtschaft zum Wintersemester 1975/76. Eigene Berufsfeldanalysen hatten ergeben, dass aufgrund der gestiegenen Ansprüche im Bereich der internationalen Agrarwirtschaft und einer veränderten Einstellung der Entwicklungsländer gegenüber formal nicht vollqualifizierten Fachkräften der bisherige Studiengang geändert werden musste. Dafür sprach auch die wachsende Zahl von Absolventen, die im Anschluss an Witzenhausen ein weiteres Studium in einem wissenschaftsbezogenen Studiengang anschlossen. Die OE hatte bereits im Sommer 1973 eine aus Vertretern der Hochschullehrer und Studierenden zusammengesetzte Arbeitsgruppe »Neuer Studiengang« eingerichtet, die auf der Basis der vorangegangenen Berufsfeldanalysen Zielsetzung und Curriculum eines neuen Diplomstudienganges erarbeitete. Bei diesen Überlegungen berücksichtigte die Arbeitsgruppe das »Kasseler Modell« integrierter Diplomstudiengänge.[18]

Die Kosten der OE übernahmen Bund und Hessen gemeinsam, es war die erste volle Gemeinschaftsaufgabe zwischen dem Bund und einem Bundesland im Hochschulbereich, bei der sich der Bund auch an den laufenden Kosten beteiligte. Die anfangs mit der Eingliederung in die GhK auf Seiten der OE verbundene Euphorie war mittlerweile einer gewissen Skepsis gewichen. Viele Hoffnungen waren enttäuscht worden. So hatte der Titel des graduierten Ingenieurs trotz aller Bemühungen der Bundesregierung im Ausland keine Anerkennung als akademischer Abschluss gefunden. Die rigiden Studienbedingungen, die hohen Stundenbelastungen der Studierenden und Dozenten, die unzureichende materielle Ausstattung und die Distanz zur Forschung waren geblieben. Auch die interdisziplinäre Kooperation an der GhK hatte sich nicht wie erhofft entwickelt, so Riebel im Herbst 1974.[19]

Der Studentenvertreter Harald Rojahn verfasste eine kritische Betrachtung zum Studiengang und hob die steigende Zahl derjenigen hervor, die unmittelbar oder nach einigen Jahren Berufspraxis an einer Universität weiterstudierten. Sie

17 Vgl. Peter Wolff, 75 Jahre Ausbildung von Tropenlandwirten in Witzenhausen, vom 1.5.1973, in: AD, Kiste Diverses, GhK, S. 5f.

18 Vgl. Dr. Glauner, Entwurf eines Antrags an den Gründungspräsidenten auf Einrichtung eines integrierten Diplomstudienganges an der OE 20 vom 22.4.1974, in: Archiv des FB, Protokolle der OE-Konferenzen 1972-1977, unpag.

19 Vgl. Riebel, Internationale Agrarwirtschaft am Standort Witzenhausen der Gesamthochschule Kassel, in: Uu, Nr. 22, Oktober 1974, S. 43-48.

zeige, dass die beruflichen Möglichkeiten bereits aktuell stark eingeschränkt seien. Ein besonderes Hemmnis bilde die Nichtanerkennung des Titels des graduierten Ingenieurs im europäischen Ausland. Das Spezifikum Witzenhausens habe bislang in der Verbindung einer mehrjährigen beruflichen Praxis mit einer wissenschaftlich fundierten theoretischen Ausbildung bestanden. Rojahn sah die Gefahr, dass die Praxis erheblich reduziert werde und sich in Angleichung an die Universitäten eine Theoretisierung vollziehe, die er als überhöht bezeichnete, weil sich an dem Lehr- und Lernsystem nichts geändert habe. Es sei in seiner Grundtendenz rezeptiv-leistungsorientiert. In einer im Vergleich zu den Universitäten viel zu hohen Zahl von Pflichtstunden, an denen die Vorlesungen nach wie vor einen erheblichen Anteil hätten, werde dem Studenten eine Fülle von Fakten vermittelt, die er in einem System studienbegleitender Leistungsnachweise reproduzieren müsse. So verbleibe zu wenig Zeit für eigene Vertiefung, Diskussionen etc. In diesem System würden mehr Motivationen zerstört als geweckt. Seiner Ansicht nach befand sich die OE in einem Zielkonflikt innerhalb der Hochschule und gegenüber dem BMZ, das sich trotz Kenntnis des Berufsfelds indifferent verhalte.[20] Riebel antwortete auf diese Kritik von Rojahn, die er als zu systemimmanent betrachtete. Im Gegensatz zu ihm konstatierte er eine starke Veränderung des Lehr- und Lernsystems, die Studienanfänger aus dem Jahre 1968 würden sich wohl kaum mehr zurechtfinden. Es sei die Einführung des Kasseler Studiengangmodells geplant, nicht eine kritiklose Übernahme des universitären Systems.[21]

Im März 1975 setzte der hessische Kultusminister eine Curriculumarbeitsgruppe (CAG) ein, die prüfen sollte, ob, und unter welchen Bedingungen die Studiengänge der beiden landwirtschaftlichen Organisationseinheiten zu einem gemeinsamen dreijährigen Studiengang mit Diplomabschluss zusammengefasst werden könnten.[22] Zu den Leitlinien der CAG für das Integrierte Studiengangsystem Agrarwirtschaft zählte die Betonung der Interdisziplinarität, die Auseinandersetzung mit der beruflichen Praxis unter Einbezug der gesellschaftlichen und politischen Bedingungen. Für das Studium war eine Dreiteilung vorgesehen: Eine Orientierungsphase (1-2 Semester), das Kernstudium (2-3 Semester) und das Schwerpunktstudium (2-4 Semester). Ziel war keine Erhöhung der Studentenzahlen anzustreben, jedoch eine qualitativ tragfähige Zukunftsperspektive

20 Vgl. Harald Rojahn, Die Ausbildung für Aufgaben der ländlichen Entwicklungshilfe in Witzenhausen. Zur Problematik eines Studienganges zwischen Berufsfeld und Hochschulentwicklung, in: entwicklung + ländlicher raum, 8 (1974) 5, S. 14-16.

21 Vgl. Franz-Hermann Riebel, Zur Problematik des Studiengangs Internationale Agrarwirtschaft, in: ebd., S. 17.

22 Vgl. Durchschlag eines Schreibens des Hessischen Kultusministers, Wellmer, an den Gründungspräsidenten der GhK vom 25.3.1975, in: HHStAW, 509, Nr. 7671, unpag. Auch in: AD, Akte CAG Agrarwirtschaft bis 1979, unpag.

zur Sicherung des Standorts.[23] Das BMZ machte seine Bereitschaft, sich weiter an der Finanzierung zu beteiligen, davon abhängig, dass der Lehrplan auf eine Grundausbildung ausgerichtet wurde, bei der die spezielle Tropenlandwirtschaft als Zusatzausbildung angehängt werden konnte.[24]

Die konstituierende Sitzung der CAG Agrarwirtschaft fand am 7. Mai 1975 statt. Das Arbeitsprogramm sah unter anderem vor, dass die Arbeitsgruppe Kriterien für einen Studiengang nach dem Kasseler Modell entwickeln sollte, ebenso ein Curriculum für ein integriertes Studiengangsystem Agrarwirtschaft, in dem die bisherigen Studiengänge der Organisationseinheiten Landwirtschaft und Internationale Agrarwirtschaft zusammengefasst werden sollten.[25] Für die OE Internationale Agrarwirtschaft war es vorrangiges Ziel, ein auf die Bedürfnisse der Absolventen ausgerichtetes Diplomstudium (Diplom A), das die internationale Anerkennung als Bachelor gewährleiste, zu etablieren.[26]

Die Mitarbeiter der OE arbeiteten weiter an der Reform der Studiengänge in Witzenhausen. Im November 1977 schlugen sie dem Gründungsbeirat der GhK für den Teilstandort Witzenhausen drei Fachbereiche vor: Internationale Agrarwirtschaft, Agrarproduktion/Agraringenieurwesen und Ökologische Umweltsicherung. Auf jeden Fall sollte aber ein Fachbereich am Standort Witzenhausen bestehen bleiben, der den Bezug auf das Berufsfeld Internationale Agrarentwicklung erkennen ließ. Man wünschte sich keine streng disziplinär aufgeteilten Fachbereiche, da die typischen wissenschaftlichen Problemstellungen Witzenhausens, wie etwa Agrarproduktion, Agrarentwicklung, Umweltsicherung etc., im allgemeinen Verständnis grundsätzlich multidisziplinär ausgerichtet seien. Bei der Planung der Fachbereiche sollte zumindest ein Teil standortübergreifend angelegt werden.[27]

Der Hessische Kultusminister, Hans Krollmann (SPD), war fest entschlossen, die in Witzenhausen vorhandenen Studiengänge der GhK vom gegenwärtigen Fachhochschulniveau auf die Ebene wissenschaftlicher Studiengänge mit entsprechenden Abschlüssen anzuheben. Dabei beabsichtigte er, ein integriertes Studiengangsystem Agrarwirtschaft einzurichten, in dem die gegenwärtigen Fachhochschulstudiengänge mit ihren jeweiligen fachlichen Schwerpunkten vertreten sein sollten. Er plante zwar eine qualitative Verbesserung des Studien-

23 Vgl. Franz-Hermann Riebel, Neues Studiengangsystem Agrarwirtschaft in Witzenhausen, in: Uu, Nr. 23, April 1975, S. 27-33.

24 Vgl. Kurzprotokoll der 44. Sitzung des Ausschusses für wirtschaftliche Zusammenarbeit am 23.4.1975, in: HHStAW, 509, Nr. 7671, unpag.

25 Vgl. Entschließung der CAG Agrarwirtschaft zu Aufgabenstellung und Arbeitsprogramm vom 12.6.1975, in: ebd., unpag.

26 Vgl. Prof. Dr. Glauner, Neues aus dem Fachbereich, in: Uu, Nr. 24, Oktober 1975, S. 30-31.

27 Vgl. Protokoll Nr. 74 der OE-Konferenz am 29. November 1977 vom 1.12.1977, in: Archiv des FB, Protokolle der OE-Konferenzen 1972-1977, unpag. (Zitat ebd.).

gangs, aber keine quantitative Ausdehnung: »Ich gehe davon aus, daß die von mir geplanten Maßnahmen nicht nur geeignet sind, den Ruf der Stadt Witzenhausen als international bekannte Ausbildungsstätte für landwirtschaftliche Experten zu erhalten, sondern zu festigen und auszubauen.«[28]

Es gab allerdings Anzeichen dafür, dass sich der Bund aus seinem finanziellen Engagement zurückziehen und nicht mehr die Hälfte der Kosten der OE Internationale Agrarwirtschaft mittragen wollte. Rein zahlenmäßig war das Interesse des Bundes an in Deutschland ausgebildeten Agrarexperten für die Länder der Dritten Welt seit Jahren rückläufig. Auch der Typus der benötigten Agrarexperten hatte sich gewandelt. Gefragt waren nun vor allem hochqualifizierte, möglichst mit Diplomabschluss versehene Agrarexperten mit solider breiter Allgemeinausbildung, die lediglich eine zusätzliche Ausbildung in den Spezialgebieten der tropischen und subtropischen Agrarwirtschaft erhalten hatten. Außerdem hatte der Standort Witzenhausen seine frühere Monopolstellung mittlerweile eingebüßt. Wenn es dennoch eine grundsätzliche Bereitschaft des Bundes gab, Witzenhausen als zentrale Ausbildungsstelle für Agrarexperten für tropische und subtropische Landwirtschaft weiter zu fördern, lag das an der vom Land Hessen angestrebten Anhebung des Ausbildungsniveaus und am Vertrauen zu Lehrkörper, Einrichtungen und dem guten Namen Witzenhausens im Ausland.[29] Nach dem Hessischen Hochschulgesetz vom 6. Juni 1978 entwickelte sich die OE zum Fachbereich der GhK weiter. Die GhK wurde gleichzeitig zu einer selbständigen Universität in Hessen. Der Fachbereich sollte auch künftig einen Studiengang mit dem Schwerpunkt tropische und subtropische Landwirtschaft anbieten.[30]

28 Vgl. Fotokopie eines Schreibens des Hessischen Kultusministers an den Magistrat der Stadt Witzenhausen vom 30.1.1978, in: AD, Akte CAG Agrarwirtschaft bis 1979, unpag. (Zitat ebd.).

29 Vgl. Durchschrift eines Schreibens des Hessischen Kultusministers an den Hessischen Minister der Finanzen, Heribert Reitz, vom Februar 1978, in: HHStAW, 509, Nr. 7673, unpag.

30 Vgl. Erster Entwurf eines Vertrages zwischen dem Land Hessen, vertreten durch den Präsidenten der GhK und dem DITSL, vertreten durch die Geschäftsführung, vom 25.8.1978, in: ebd., 504, Nr. 470/250 (Zugang 107/2008), unpag.; Dr. Küthe, Neues aus der OE, in: Uu, Nr. 30, Oktober 1978, S. 27-28. Am 17. Oktober 1978 trat die Verordnung über die Bildung von Fachbereichen an der GhK in Kraft. Damit erhielt die ehemalige OE Internationale Agrarwirtschaft den Titel Fachbereich 21 – Internationale Agrarwirtschaft. Vgl. Rundschreiben von Gerhard Küthe an die Kollegen im Hause vom 15.12.1978, in: AD, Dokumente zu Fachbereich und DITSL, unpag.; Verordnung über die Bildung von Fachbereichen und Studienbereichen an der Gesamthochschule Kassel vom 17. Oktober 1978, in: Gesetz- und Verordnungsblatt für das Land Hessen, Teil I, Nr. 31 vom 8.12.1978, S. 671-675.

Der Hessische Kultusminister und der Bundesminister für wirtschaftliche Zusammenarbeit trafen endgültig am 15. August 1978 eine Vereinbarung über die Ausbildung und Weiterbildung in tropischer und subtropischer Agrarwirtschaft an der GhK, die dem Land die Federführung bei der beizubehaltenden Ausbildung, Weiterbildung und Forschung in Internationaler Agrarwirtschaft sicherte. Der Bund wollte seine Förderung am Bedarf an Absolventen für eine Tätigkeit in der entwicklungspolitischen Zusammenarbeit ausrichten.[31]

Mit Beginn des Wintersemesters 1979/80 sollte der neue integrierte Diplomstudiengang eingeführt werden.[32] Nach mehrjähriger Vorbereitung durch die CAG Agrarwirtschaft und die beteiligten Fachbereiche Landwirtschaft und Internationale Agrarwirtschaft wurde Anfang 1979 die neue Studien- und Prüfungsordnung verabschiedet. Im Wintersemester 1979/80 wurden die ersten 270 Studenten des neuen integrierten Diplomstudiengangs zugelassen.[33] Den wichtigsten Punkt bildete der Einbezug von Praxisphasen in das Studium: Zunächst zwölf Monate auf einem landwirtschaftlichen Ausbildungsbetrieb, durch Begleitseminare flankiert (Gehilfenprüfung als gleichwertig anerkannt). Dann folgte ein zweisemestriges Grundstudium sowie ein zweisemestriges Kernstudium, danach kam die zweite Phase der Berufspraktischen Studien für sechs Monate. Im Anschluss daran folgte die zweisemestrige Spezialisierung auf vier mögliche Studienschwerpunkte: Landwirtschaftliche Betriebslehre, Pflanzenproduktion, Tierproduktion oder Internationale Agrarwirtschaft für zwei Semester. Das Studium schloss mit dem Diplom ab und entsprach einem sechssemestrigen Fachhochschulstudiums.[34]

Der Aufbau des Studiengangs entsprach dem »Kasseler Modell«. Es beinhaltete zwei Studienphasen, ein Grundstudium von zwei Studien und einem Praxissemester sowie ein Hauptstudium von vier Studien-, einem Praxis- und einem Prüfungssemester und endete mit dem ersten berufsqualifizierenden Abschluss, dem Diplom 1, vergleichbar mit dem Bachelor. Die zweite Studienphase bildeten

31 Vgl. Durchschrift eines Schreibens des Hessischen Kultusministers an das DITSL vom 17.10.1978, in: HHStAW, 509, Nr. 470/250 (Zugang 107/2008), unpag.; Vereinbarung über die Ausbildung und Weiterbildung in tropischer und subtropischer Agrarwirtschaft an der Gesamthochschule Kassel vom 30.6.1978, in: Bundesanzeiger, Nr. 46 vom 7.3.1979, S. 6, zit. nach: AD, Vertragsangelegenheiten, unpag.

32 Vgl. Dr. Hans Walter, Neues aus dem Fachbereich 21, in: Uu, Nr. 31, April 1979, S. 19-21. Vgl. insgesamt zum Studiengang: Hans Bichler, Der »Integrierte Diplomstudiengang Agrarwirtschaft«. Ein Beitrag zur Geschichte einer fast 20-jährigen Phase einer Ausbildung in Witzenhausen, Witzenhausen 1998.

33 Vgl. Wolff, 85 Jahre, S. 99f.

34 Vgl. Jahresbericht 1979 des FB Landwirtschaft der GhK, Witzenhausen 1980, S. 1f.

die postgradualen Studiengänge von zwei Studiensemestern, die mit einem zweiten, berufsqualifizierenden Diplom 2 abschlossen, vergleichbar dem Master.[35]

Mit dem Ende des Sommersemesters 1981 lief der alte Studiengang Internationale Agrarwirtschaft aus, ab Herbst 1981 gab es dann nur noch den Integrierten Studiengang Agrarwirtschaft. Abgeschlossen wurde nun auch der Teil II der Studienordnung für das Ergänzungs- und Vertiefungsstudium. Ein dreisemestriges Spezialstudium sollte zum zweiten Abschluss führen, der damit dem universitären Diplom gleichkam. Die möglichen drei Orientierungen hatten sich erneut leicht geändert; es sollte sich jetzt um Landentwicklung (Planung, Implementierung, Begutachtung kulturtechnischer Maßnahmen), Ländliche Institutionen sowie Ausbildung und Beratung handeln.[36]

Mit Erlass vom 6. Juli 1981 genehmigte der Hessische Kultusminister die vorgelegte Diplomprüfungsordnung des neu konzipierten Studiengangs Agrarwirtschaft. Damit konnten im Hinblick auf entwicklungspolitische Belange folgende Ziele erreicht werden: Die Einrichtung eines höherwertigen ersten berufsqualifizierenden Abschlusses, der eine höhere Akzeptanz im internationalen Vergleich versprach, die Aufnahme von Bewerbern mit Fachhochschulreife und allgemeiner Hochschulreife im Verhältnis 50 zu 50, eine Integration von größeren Praxisanteilen in das Studium, insgesamt einen betonten Praxisbezug der Ausbildung, breitere Wahlmöglichkeiten aus dem Angebot beider Fachbereiche sowie die Berufung neuer Hochschullehrer für neue Fachgebiete. Das Konzept sah vor, neben dem bereits etablierten und weiterzuentwickelnden Studienangebot Ökologische Umweltsicherung im postgradualen Bereich ein weiteres Studienangebot Internationale Agrarentwicklung mit den Schwerpunkten Landentwicklung (unter anderem Kulturtechnik und Wasserwirtschaft), Ländliche Institutionen und Beratungswesen – Agrarpädagogik einzurichten. Damit wäre auch für den Bereich der internationalen Kooperation die Möglichkeit gegeben, Absolventen mit einem ersten Abschluss nach einer gewissen Berufserfahrung eine adäquate Weiterbildung in entwicklungspolitisch besonders relevanten Arbeitsgebieten über drei Semester zu bieten, ohne dass sie wie bisher den als Umweg empfundenen Weg über die Fakultäten anderer Universitäten zu gehen hätten.[37]

Ende 1981 zeigten sich an einem Konflikt um den Hochschuldidaktik-Kurs im Sommersemester 1982 die Interessen des BMZ. Riebel sah sich nicht in der Lage, den Kurs durchzuführen und nahm ein Forschungsfreisemester. Daraufhin sollte der komplette Kurs ausfallen. Das Bundesministerium unterstützte

35 Vgl. Peter Wolff, Der Schwerpunkt Internationale Agrarwirtschaft im Studiengang Agrarwirtschaft an der Gesamthochschule Kassel in Witzenhausen, in: TL, 83 (1982), S. 187-200, hier S. 188f.

36 Vgl. Dr. Wörz, Neues aus dem Fachbereich 21, in: Uu, Nr. 35, April 1981, S. 15-17.

37 Vgl. Memorandum des Präsidenten der GhK vom 7.9.1981, in: HHStAW, 509, Nr. 7665, S. 2ff.

den Fachbereich 21 der GhK nach dem zwischen dem Bund und Land Hessen bestehenden Vertrag wegen des entwicklungspolitischen Gehaltes seiner Ausbildung mit einer Million DM pro Jahr. Den Hochschuldidaktik-Kurs sah das Ministerium dabei als eines der Kernstücke des entwicklungspolitischen Gehalts der Ausbildung an. Deshalb wertete man den möglichen Ausfall des Kurses als einen Verstoß gegen die Verpflichtungen des bestehenden Vertrags, mit unabsehbaren Folgen für die weitere Finanzierung, wie gedroht wurde.[38]

Ende 1983 kündigte das BMZ die Vereinbarung zwischen dem Bund und dem Land Hessen über die Ausbildung und Weiterbildung in tropischer und subtropischer Landwirtschaft an der GhK zum Ende des darauffolgenden Jahres. Aber auch künftig sollte es einen Bundeszuschuss geben, allerdings strikt entsprechend des Bedarfs an Absolventen, die in der entwicklungspolitischen Zusammenarbeit tätig werden sollten. Er durfte eine Million DM nicht übersteigen.[39]

Der Integrierte Studiengang Agrarwirtschaft sollte durch die Aufbaustudiengänge »Ökologische Umweltsicherung« und »Internationale Agrarentwicklung« ab 1984 weiter ausgebaut werden. Dies entsprach auch den Intentionen von GhK-Präsident Prof. Franz Neumann, der forderte, dass die Entwicklung wissenschaftlicher Reformstudiengänge in den agrarwirtschaftlichen Fachbereichen nicht auf halbem Weg stehen bleiben dürfe. Für die Aufbaustudiengänge gebe es hervorragende Ansatzpunkte, wie das seit 1974 angebotene Ergänzungsstudium »Ökologische Umweltsicherung«, mit dem man bereits der Zeit weit voraus gewesen sei.[40]

Das ereignisreiche Jahr 1990 brachte auch für den Fachbereich Internationale Agrarwirtschaft deutliche Veränderungen bzw. leitete sie ein. Hochschulpolitisch wurde das Jahr durch die Weiterführung der Hochschulentwicklungsplanung der GhK geprägt. Für den Standort Witzenhausen führten diese Überlegungen zu dem Beschluss, die beiden dort ansässigen Fachbereiche zukünftig zu einem gemeinsamen Fachbereich zusammenzuführen. Die Verantwortlichen des Fachbereichs Internationale Agrarwirtschaft gingen davon aus, dass auch im neuen Fachbereich die wissenschaftliche Beschäftigung mit Fragen der interna-

38 Vgl. Durchschrift eines Schreibens des Hessischen Kultusministers an den Präsidenten der GhK vom 11.12.1981, in: ebd., Nr. 7673, unpag.; Franz-Hermann Riebel, Reintegration und Wissenschaftstransfer, in: Aspekte zukünftiger Reintegrationsförderung, hg. vom Kontaktstudienzentrum, FB Internationale Agrarwirtschaft der GhK Kassel und dem DITSL (Arbeitsberichte und Materialien, Heft 5), Witzenhausen 1981, S. 42-47.

39 Kopie eines Schreibens des BMZ an das Hessische Kultusministerium vom 23.12.1983, in: HHStAW, 509, Nr. 7673, unpag.

40 Vgl. Agrarwirtschaft in Witzenhausen: GhK plant Ausbau mit Aufbaustudiengängen, in: Uu, Nr. 42, Oktober 1984, S. 16-17.

tionalen Agrarwirtschaft einen herausragenden Platz einnehmen werde.[41] Entsprechend beschlossen sie die Zusammenführung der beiden Fachbereiche; entsprechende Gespräche und Planungen sollten im Sommersemester 1991 beginnen.[42] In der Tat liefen seit dem Sommerhalbjahr dann sehr intensive Diskussionen über die geplante Zusammenlegung. Dabei zeichnete sich ab, dass eine Reihe von Arbeitsgruppen und Instituten im Entstehen begriffen war, die gerade das internationale Profil stärken könnten.[43] Zum Ende des Sommersemesters 1992 legte eine Kommission unter Leitung von Prof. Wolff Empfehlungen zur Durchführung der Zusammenlegung vor, mit denen der Rahmen abgesteckt wurde. Im Januar 1993 stimmten die Gremien der Hochschule dann den Vorstellungen und Forderungen der Fachbereiche zu, und am 26. Januar 1993 wurde die Bildung des neuen Fachbereiches 11 Landwirtschaft, internationale Agrarentwicklung und ökologische Umweltsicherung durch Erlass des Hessischen Ministeriums für Wissenschaft und Kunst genehmigt.[44]

Im März 1993 erfolgte der offizielle Zusammenschluss der beiden Fachbereiche. Damit sei – so titelte die Hessische Niedersächsische Allgemeine – das »Fundament für die Zukunft« gelegt. Geplant war nun eine Konsolidierung des Aufbaustudiengangs Ökologische Umweltsicherung, der Aufbau der Studienstufe II sowie ein neues Gewächshaus.[45] Die Tradition der internationalen Ausbildung sollte mit neuen Ideen fortgeführt werden. Dazu war unter anderem vorgesehen, parallel zur zweiten Stufe des Diplomstudiums, einen englischsprachigen Schwerpunkt mit dem Abschluss Master of Science einzurichten.[46] Auch der GhK-Präsident hielt die tropenlandwirtschaftliche Ausbildung in Witzenhausen nach wie vor für sinnvoll. In der »einen Welt« würden sich die lebensbedrohenden Gefahren für die Menschen im Süden auch auf den Norden auswirken. Hier bedürfe es nach wie vor der Fachkräfte für eine verständnisvolle Zusammenarbeit des Nordens mit dem Süden.[47]

41 Vgl. Jahresbericht 1990 des FB Internationale Agrarwirtschaft der GhK – Universität, Witzenhausen 1991, S. 7.

42 Vgl. Prof. Dr. Wolff, Bericht des Fachbereichs Internationale Agrarwirtschaft, in: Uu, Nr. 55, Mai 1991, S. 28-30, hier S. 28.

43 Vgl. Prof. Dr. Michael Fremerey, Bericht des Fachbereichs Internationale Agrarwirtschaft, in: ebd., Nr. 56, November 1991, S. 32-33.

44 Vgl. Prof. Dr. Michael Fremerey, Bericht des Fachbereichs Internationale Agrarwirtschaft, in: ebd., Nr. 57, Mai 1992; S. 22-23; Jahresbericht 1992 des FB Internationale Agrarwirtschaft der GhK – Universität, Witzenhausen 1993, S. 7.

45 Vgl. Fundament für die Zukunft ist gelegt, in: HNA vom 22.3.1993, zit. nach: Uu, Nr. 59, Mai 1993, S. 26.

46 Vgl. Frischer Wind in alten Mauern, in: HNA vom 23.3.1993, zit. nach: ebd., S. 27.

47 Vgl. Franz Neumann, Vom notwendigen Ende der Räuberei. Franz-Hermann Riebel freundschaftlich zugeeignet, in: Prisma. Zeitschrift der Universität/Gesamthochschule Kassel, Nr. 47 vom November 1993, S. 48-53, hier S. 48.

Zwei weitere Institute befanden sich in Gründung: das Institut für soziokulturelle Studien (ISOS) und das Tropenzentrum. Das ISOS bildete die Nachfolgeeinrichtung der ehemaligen Arbeitsgruppe Kontaktstudienzentrum und verfolgte eine interdisziplinäre Forschungsstrategie, bei der soziologische, pädagogische, ökonomische und kulturanthropologische Perspektiven zusammenfließen sollten. Das Tropenzentrum bildete den institutionellen Rahmen zur Vertretung des internationalen agrarwissenschaftlichen Profils des Fachbereichs, mit besonderem Gewicht auf tropischem und subtropischem Gebiet. Es diente der Erarbeitung, Aktualisierung und Umsetzung von Strategien und Programmen in Lehre und Forschung und bot darüber hinaus logistisch-technische Unterstützung für die wissenschaftlichen Aktivitäten der Fachgebiete.[48]

Bis Mitte 1994 hatten rund 1.900 Absolventen den Integrierten Diplomstudiengang Agrarwirtschaft erfolgreich beendet. Seit 1993 hatten sie die zusätzliche Möglichkeit, den Studienschwerpunkt Ökologischer Landbau zu wählen. Sie wurden Diplom-Ingenieure in der Fachrichtung Agrarwirtschaft, was international dem Bachelor of Science entsprach. Der Abschluss des viersemestrigen Aufbaustudiengangs Ökologische Umweltsicherung für Studenten mit einschlägigem Hochschulstudium, berechtigte unmittelbar zur Promotion.[49]

Neue Gefahr für den Standort Witzenhausen drohte durch ein Gutachten der Hessischen Hochschulstrukturkommission, das im Dezember 1994 die Schließung des Fachbereichs empfohlen hatte. Die Professoren des Fachbereichs forderten dagegen die Durchsetzung einer Bestandsgarantie für den Hochschulstandort in den Koalitionsverhandlungen zur Bildung einer Landesregierung Anfang 1995. Ihr Positionspapier für die Hessische Fachkommission Agrarwissenschaften sah für Witzenhausen eine Umorientierung vor: Der Integrierte Studiengang Agrarwirtschaft sollte sich künftig vorrangig auf Fragen der ökologischen Landwirtschaft konzentrieren. Trotzdem sollte nach wie vor eine umfassende Ausbildung, auch für spätere Experten der Entwicklungszusammenarbeit gewährleistet werden. Gerade für den internationalen Bereich sei eine Spezialisierung auf standortgerechten Landbau (Sustainable Agriculture) ein äußerst attraktiver Ansatz. Ferner forderten die Professoren die Einführung eines

48 Vgl. Hans Hemann, Institut für soziokulturelle Studien (ISOS) und Tropenzentrum, in: Uu, Nr. 61, Juli 1994, S. 9-10; Wolff, 100 Jahre, S. 23 f.

49 Vgl. Dr. Hans Bichler, Fachbereich Landwirtschaft, Internationale Agrarentwicklung und Ökologische Umweltsicherung in Witzenhausen, in: Uu, Nr. 61, Juli 1994, S. 12-16, hier S. 13 f.; Jahresbericht 1993/94 des FB Landwirtschaft, Internationale Agrarentwicklung und Ökologische Umweltsicherung (FB 11) der Universität GhK, Witzenhausen 1994, S. 7; Michael Fremerey (Hg.), Die Organisation des Studienschwerpunkts Ökologischer Landbau – Genese, Strukturen, Prozesse, Kassel 1999.

Diploms II, bei dem die internationale Ausprägung des Studiengangs gewährleistet sein sollte.[50]

Eine parallel stattfindende Evaluation aller »grünen Standorte« mit tropisch/subtropischen Aktivitäten durch den Wissenschaftsrat erschwerte die zukunftsorientierte Planung zusätzlich. Die Zielsetzung einer Konzentration an wenigen, wissenschaftlich profilierten Standorten stellte die tropisch/subtropische Ausbildungsrichtung des Fachbereichs auf den Prüfstand. Kurzum: es musste versucht werden, den Bestand des Fachbereichs auf den verschiedenen Ebenen zu verteidigen und dies mit einem Konzept, das der Lehre und Forschung in Witzenhausen als zukunftsbezogenes Fundament und Profil dienen konnte. Ein erster Schritt war eine Bestandsgarantie für den Hochschulstandort Witzenhausen, die tatsächlich in den Koalitionsverhandlungen zur Bildung der Landesregierung Anfang 1995 erreicht werden konnte. Für das neue Profil des Fachbereichs waren drei Überlegungen maßgeblich: Witzenhausen musste, um gegenüber anderen agrarwissenschaftlichen Standorten konkurrenzfähig zu werden, eine zweite Studienstufe erhalten, die einem vollwertigen universitären Abschluss (Diplom II) entsprach, die besonderen Anstrengungen und Leistungen auf dem Gebiet der ökologischen Landwirtschaft mussten sich in der Profilbildung niederschlagen, die Tradition der international orientierten Lehre und Forschung sollte erhalten bleiben. Unter diesen Vorgaben entwickelte eine CAG einen Strukturplan für den Fachbereich sowie die Studien- und die Diplomprüfungsordnung für den neuen grundständigen und gestuften Diplomstudiengang Ökologische Landwirtschaft, der ähnlich aufgebaut sein sollte wie der frühere: Ein halbes Jahr Berufspraktische Studien I, vier Semester Grundstudium, ein halbes Jahr Berufspraktische Studien II, zwei Semester Hauptstudium I (Ökologischer Landbau, Internationale Agrarentwicklung, Agrarmanagement), Abschluss Diplom-Ingenieur in der Fachrichtung Agrarwirtschaft. Danach die Möglichkeit zu zwei Semestern Hauptstudium II (Vertiefungsstudium) mit Abschluss Diplom-Agraringenieur der Fachrichtung Ökologische Landwirtschaft.[51]

50 Vgl. Prof. Dr. Samuel C. Jutzi/Dr. Hans Bichler, Zukunftsperspektive für den Fachbereich Landwirtschaft, Internationale Agrarentwicklung und Ökologische Umweltsicherung, in: Uu, Nr. 63, Februar 1996, S. 19-22.

51 Vgl. Jahresbericht 1995/96 des FB Landwirtschaft, Internationale Agrarentwicklung und Ökologische Umweltsicherung (FB 11) der Universität GhK, Kassel 1996, S. 5 ff. Die ökologische Profilierung hatte am Fachbereich Landwirtschaft bereits 1973 mit dem zweisemestrigen Ergänzungsstudium Ökologische Umweltsicherung eingesetzt, eines der ersten Umweltstudienangebote in Deutschland. 1991 erweiterte der Fachbereich es zu einem viersemestrigen Aufbaustudiengang mit Diplom-Abschluss. Die Biotonne (ab 1984) und das Kasseler Abfallforum (1990) gingen aus Witzenhäuser Aktivitäten hervor. Seit 1981 hatte es hier die europaweit erste Professur für »Methoden des Alternativen Landbaus« gegeben, die ab 1989 Ökologi-

Der Wissenschaftsrat kam 1996 in seinen Empfehlungen zu den Internationalen Agrarwissenschaften an den Hochschulen zu dem Ergebnis, dass eine zentrale Einrichtung für die Internationalen Agrarwissenschaften nicht mehr zeitgemäß sei. Er plädierte für eine enge Zusammenarbeit mit der allgemeinen Landwirtschaft; auch Tropenlandwirte müssten eine breite methodische Ausbildung haben. Den angebotenen zweijährigen postgradualen Studiengängen mangele es an der Zielorientierung. Der Wissenschaftsrat präferierte ein neues, dreijähriges, zur Promotion führendes Graduiertenstudium unter Zusammenarbeit mehrerer Fakultäten und forderte eine Vereinheitlichung der Studienabschlüsse sowie eine Verbesserung der Weiterbildungsmöglichkeiten. An zwei bis drei besonders geeigneten Fakultäten sollten Schwerpunkte in Forschung und Lehre gebildet werden, allerdings zeitlich begrenzt auf zehn Jahre, um den Wettbewerb zu erhalten.[52]

Durch Fokussierung auf Ökologische Landwirtschaft und Erhalt der internationalen Orientierung, konnte die Ausbildung mit dem zweistufigen Diplomstudiengang Ökologische Landwirtschaft 1996 fortgesetzt werden (Schwerpunkte: Ökologischer Landbau, Agrarmanagement oder Internationale Agrarentwicklung). Ab 1997 gab es das Diplom-II mit Vertiefung Ökologischer Landbau, ab 1998 auch Landschaftsökologie sowie Nachhaltige Regionalentwicklung.[53]

Durch einen Erlass der Hessischen Ministerin für Wissenschaft und Kunst von Mitte Oktober 1996 wurde der Standort gesichert und die Reform der agrarwissenschaftlichen Ausbildung vorangetrieben, zusätzlich wurden in Witzenhausen Angebote des Fachbereichs Landschaftsplanung der GhK aufgebaut. Der bisherige Diplomstudiengang Agrarwirtschaft lief aus; an seine Stelle trat der Diplomstudiengang Ökologische Landwirtschaft. Bis zum Diplom I wurde weiterhin eine Spezialisierungsmöglichkeit auf Internationale Agrarentwicklung beibehalten. Das Diplom-II-Studium betonte pflanzenbauliche sowie wirtschafts- und sozialwissenschaftliche Fragestellungen unter starkem Einbezug der internationalen Dimension von Landbewirtschaftung.[54]

scher Landbau genannt wurde. Vgl. Holger Mittelstraß, Fachbereich Ökologische Agrarwissenschaften, in: Uu, Nr. 83, Juni 2011, S. 22-28, hier S. 25 f.

52 Vgl. Stefan Tangermann, Wissenschaftspolitische Perspektiven für die international ausgerichtete agrarwissenschaftliche Ausbildung und universitäre Forschung in Deutschland, in: Samuel C. Jutzi (Hg.), Agrarwissenschaften der Tropen und Subtropen. Perspektiven des deutschen Beitrages (Der Tropenlandwirt, Beiheft Nr. 62), Witzenhausen 1998, S. 1-17.

53 Vgl. Mittelstraß, Fachbereich, S. 25 f.

54 Vgl. Dr. Hans Bichler, Bericht vom Fachbereich, in: Uu, Nr. 64, Januar 1997, S. 10-12. Bis 1997 hatten 23 Prozent der Studierenden den Schwerpunkt Internationale Agrarwirtschaft gewählt. Insgesamt waren nur sieben Prozent der Studierenden in der Internationalen Entwicklungszusammenarbeit tätig. Vgl. Hans Bichler/Harald Schomburg, Agrarwirte in Studium und Beruf. Ergebnisse einer Befragung der Ab-

Mit dem Wintersemester 1996/97 startete der neue Diplomstudiengang Ökologische Landwirtschaft. Der Studiengang bekam dem »Kasseler Modell« entsprechend eine zweite Studienstufe, damit erfolgte die Aufwertung zum vollwertigen Universitäts-Standort. Daneben sollten Angebote in den Studienrichtungen Landschaftsökologie/Umweltsicherung und Nachhaltige Regionalentwicklung aufgebaut werden, die für die Studienfächer Landwirtschaft, Architektur, Stadtplanung und Landschaftsplanung gedacht seien. Der Standort Witzenhausen – so die Hoffnung – werde sich damit zum Wissenschaftszentrum für ökologische Landwirtschaft und Regionalentwicklung profilieren und weiterentwickeln können, hieß es dazu in einer Pressemitteilung.[55]

2002 setzte eine Internationalisierung unter neuem Vorzeichen ein: der englischsprachige Masterstudiengang International Ecological Agriculture (ab 2005 International Organic Agriculture genannt) startete. Seit 2002/03 stellte der Fachbereich sein Lehrangebot auf ein modulares System um. Ab dem Sommersemester 2005 wurde ein neuer modularisierter Bachelor- und Masterstudiengang, Bachelor Ökologische Landwirtschaft, Master Ökologische Landwirtschaft und International Ecological Agriculture, angeboten. Es gab keine Studienschwerpunkte mehr, diese sollten die Studenten selbst setzen. Ab 2006 begannen Kooperationen mit Fulda bzw. 2009 mit Göttingen bei weiteren englischsprachigen Studiengängen.[56]

2009 lief der Diplomstudiengang Agrarwirtschaft endgültig aus. Innerhalb von 30 Jahren hatten ihn insgesamt 2.588 Studierende besucht. Deren Verteilung war gewissen Konjunkturen unterworfen: Anfang und Mitte der 1980er Jahre war der Schwerpunkt Internationale Agrarentwicklung am stärksten frequentiert, Ende der 1980er Jahre lag der Schwerpunkt auf der Tierproduktion, Anfang der 1990er Jahre auf der Pflanzenproduktion, Mitte der 1990er Jahre auf der Betriebswirtschaft und ab Ende der 1990er Jahre war der Ökologische Landbau am beliebtesten. 2009 wurden ebenfalls die 1994 neugegründeten Institute, das Institut für Nutzpflanzenkunde und das Institut für Soziokulturelle Studien wieder aufgelöst.[57]

solventinnen und Absolventen des Integrierten Diplomstudienganges Agrarwirtschaft in Witzenhausen (Arbeitspapiere des Wissenschaftlichen Zentrums für Berufs- und Hochschulforschung an der Universität Gesamthochschule Kassel, Nr. 34), Kassel 1997, S. 24 und S. 49.

55 Vgl. Neuer Studiengang in Witzenhausen, in: HNA vom 18.10.1996, zit. nach: Uu, Nr. 64, Januar 1997, S. 52; »Hauptarbeit steht noch bevor«, in: HNA vom 14.3.1997, S. 10, zit. nach: ebd., Nr. 65, September 1997, S. 51.

56 Vgl. Hans Bichler, Erfolgreiche Anpassung des Studiums, in: ebd., Nr. 77, Oktober 2005, S. 9-11, hier S. 9; Mittelstraß, Fachbereich, S. 26f.; Anke Serfling, Grüner wird's nicht, in: Neue Landwirtschaft, 20 (2009) 12, S. 38-39.

57 Vgl. Mittelstraß, Fachbereich, S. 23f.

Die tropenlandwirtschaftliche Expertise findet sich heute noch in einigen Fachgebieten. Darüber hinaus bildet das Tropenzentrum »den institutionellen Rahmen der international orientierten Forschung und Lehre des Fachbereichs Ökologische Agrarwissenschaften«, zugleich ist es Informations- und Dokumentationsstelle für den ländlichen Raum der Tropen und Subtropen. Aktuell bietet der Fachbereich folgende Studiengänge an: einen Bachelor-Studiengang Ökologische Landwirtschaft, ein Duales Studium Landwirtschaft, das den Bachelor-Studiengang Ökologische Landwirtschaft sowie eine landwirtschaftliche Lehre umfasst, einen Master-Studiengang Ökologische Landwirtschaft, einen Master-Studiengang Sustainable International Agriculture und einen Master-Studiengang International Food Business and Consumer Studies. Seit dem Wintersemester 2015/16 ist ein weiterer Master-Studiengang Sustainable Food Systems hinzugekommen, der in Kooperation mit fünf europäischen Universitäten bestritten wird.[58]

Zum 40-jährigen Jubiläum des Fachbereichs kam der Studienkoordinator Holger Mittelstraß zu folgender – aus meiner Sicht sehr treffender – Bewertung: »Betrachtet man die ältere und jüngere Geschichte der Agrarausbildung in Witzenhausen, zeigt sich, dass nur der immerwährende Wandel Kontinuität hatte. […] Auch unter z.T. schwierigen Rahmenbedingungen entwickelte der Fachbereich immer wieder innovative Lösungen.«[59]

58 Vgl. Maria Finckh, Ökologische Agrarwissenschaften, in: 40 Jahre Universität Kassel. Natur – Technik – Kultur – Gesellschaft, Kassel 2011, S. 72-74; Der Fachbereich Ökologische Agrarwissenschaften der Universität Kassel stellt sich vor, Witzenhausen 2014, S. 17ff. (Zitat S. 34); Homepage des FB 11 Ökologische Agrarwissenschaften: www.uni-kassel.de/fb11agrar/studiengaenge/master-sustainablewfood-systems.html.

59 Mittelstraß, Fachbereich, S. 28.

VIII. Schlussbetrachtung

Auch wenn es ungewöhnlich erscheinen mag, möchte ich bei meiner Schlussbetrachtung zunächst die Fragen hervorheben, die nicht geklärt werden konnten. Aufgrund fehlenden Materials war es mir nicht möglich, mehr zu den konkreten Lehrinhalten zu sagen. Die ursprüngliche Idee, die Tropenlandwirtschaft als Lehrfach in den Mittelpunkt zu rücken, ließ sich nicht realisieren, dafür war die Ausbildung in Witzenhausen, zumindest über einen langen Zeitraum hinweg, zu wenig wissenschaftlich ausgerichtet, die Dozenten nicht in die relevanten fachlichen Diskurse eingebunden. Entsprechend läßt sich kaum etwas zur Transformation kolonialer Wissensbestände und zur Weitergabe kolonialer Kompetenzen ausführen. Klar ist aber, dass trotz personeller Kontinuitäten bei den Lehrenden, die koloniale Expertise – wenn auch nur langsam – mit der Zeit »dekolonialisiert« wurde.

Demgegenüber stehen die in der Einleitung angesprochenen Fragen, zu denen in der Arbeit Aussagen getroffen werden konnten. Wenn man sie kurz Revue passieren lässt, kann man zur Entwicklung der Schule als Institution sagen, dass sich bei ihr – wie bei vielen Organisationen – ein beachtliches Beharrungsvermögen zeigt. Trotz sich teilweise gravierend verändernder Umweltbedingungen, vor allem auch in politischer Hinsicht, gelang es den Verantwortlichen, die Institution durch Anpassung am Leben zu erhalten. Sowohl die Kolonialschule als auch ihre Nachfolgeinstitutionen nach 1945 erfanden sich gleichsam mehrmals neu. Wir sehen uns hier also mit der nur auf den ersten Blick paradoxen Situation konfrontiert, dass Wandel notwendig war, um eine institutionelle Kontinuität aufrechterhalten zu können. Vom Ausgangspunkt der Mangelsituation an fachlich qualifizierten Koloniallandwirten ausgehend, erfolgten diese Anpassungsleistungen dann entlang der sich verändernden Anforderungen und der sich ebenfalls wandelnden internationalen, politischen bzw. wirtschaftlichen Rahmenbedingungen. Der Einfluss der Politik drückte sich nicht zuletzt im Trend zur Verstaatlichung der Schule aus. Es ist sicher eine ebenso banale wie richtige Erkenntnis, dass Schule per se immer politisch ist. Hinzufügen sollte man, dass dieses für eine Schule, die ihre Absolventen vorrangig für die Arbeit im Ausland ausbildet, im doppelten Sinne gilt.

Zumindest bis zum Zweiten Weltkrieg stand bei den Lehrinhalten die praktische Ausbildung, fokussiert auf die Arbeitserziehung, im Vordergrund. Das theoretische Niveau der Vorlesungen war offensichtlich nicht sehr hoch, gleichwohl kann man davon ausgehen, dass sich der vermittelte Lehrstoff weitgehend auf der Höhe der Zeit befand. Dafür sorgten überwiegend qualifizierte, teilweise renommierte Dozenten, die allerdings nur in den wenigsten Fällen konkrete Auslandserfahrung mitbrachten. Die häufig recht »bunten« Karrieren der Absolventen können als Beleg für die Alltagstauglichkeit des Lehrstoffs und vor allem der vermittelten praktischen Fähigkeiten dienen.

Die Vorbereitung auf das Ausland, das, was man heute als »interkulturelles Lernen« bezeichnet, war sicher nicht ausgeprägt. Der Unterricht in Völkerkunde war durchgängig zu praxisfern, die Zeit für einen erfolgreichen Sprachunterricht einfach zu kurz. Kenntnisse in »Menschenführung« konnten sich die Schüler kaum aneignen, was auch häufiger kritisiert wurde. Vermittelt wurde aber auf jeden Fall, teilweise offen, teilweise subtil, die Vorstellung eigener kultureller Überlegenheit. Die Berufsaussichten der Absolventen waren – sieht man von den Phasen, in denen die Weltwirtschaft kriselte und von den Kriegszeiten ab – durchgängig positiv. Seit der zweiten Hälfte der 1960er Jahre waren für die Absolventen jedoch zusätzliche Qualifikationen erforderlich, um im Ausland eine gehobenere Stellung zu erlangen. Abgesehen von der Anfangsphase, wo den Absolventen von potenziellen Arbeitgebern eine gewisse Skepsis entgegengebracht wurde, war das Image der Ausbildungsinstitution recht gut. Da die Schule lange Zeit ohne eine direkte nationale Konkurrenzinstitution blieb, hatte sie in diesem Bereich ein Monopol inne.

Hinsichtlich der Schüler bzw. Studierenden lässt sich ein Wandel in der sozialen Herkunft konstatieren. Hier bildete das hohe Schulgeld die für viele unüberwindliche Hürde. Dominierten zu Beginn Söhne aus der oberen Mittelschicht, so verschob sich im Laufe der Zeit der Schwerpunkt hin zur unteren Mittelschicht. Diese Verschiebung war zum einen durch sich ändernde Zulassungsbedingungen in Gang gesetzt, in noch stärkerem Maße aber durch den allgemeinen sozialen Wandel bedingt. Offensichtlich politisch intendiert war die Öffnung der Schule für breitere Schichten während des Nationalsozialismus. Interessanterweise gewannen die aus einem agrarischen Milieu stammenden Schüler erst mit der Umstellung der Aufnahmebedingungen nach dem Zweiten Weltkrieg eine Mehrheit. Der Bildungshintergrund der Schüler war vielfältig; auch hier gab es erst nach 1945 mit der ausnahmslosen Forderung nach einer vorherigen landwirtschaftlichen Ausbildung eine Änderung. Die gängige These, es habe sich bei den Schülern in der Regel um die »zweiten Söhne« gehandelt, die kein Erbe zu erwarten hatten, und deshalb in das Ausland gehen sollten, kann man nicht vorbehaltlos zustimmen. Jedoch waren es auf jeden Fall zu einem nicht geringen Teil Bewerber, die bereits eine schwierige Schulkarriere hinter sich hatten.

Auffällig ist, dass bei den Charakteren, welche die Schule anzog, einige Motive zu deren Besuch gleich blieben: die Sehnsucht nach dem Ausland, der Fremde, und damit verbunden ein gewisses Quantum an Abenteuerlust. Wie es der ehemalige Direktor Köster ausdrückte: »Kolonialschüler waren von Anfang an nicht leicht zu lenken, Muttersöhnchen fanden in der Kolonialschule nicht die ihnen zusagende Luft und in allen Kolonialschülern steckte mehr oder weniger ein gehöriger Schuß Abenteuerblut.«[60] In späteren Zeiten galt das zweifellos immer noch, auch wenn sich das Tätigkeitsgebiet geändert hatte: »Bestimmt sind auch der Reiz der Fremde oder gar ein Funke Abenteuerlust und natürlich finanzielle Erwägungen ausschlaggebend, für die Entscheidung, in einem Entwicklungsland tätig zu werden.«[61] Wie hier angedeutet, spielten häufig allerdings profanere Beweggründe eine Rolle, wie die Möglichkeit, in relativ kurzer Zeit einen verwertbaren höheren Abschluss zu erlangen, die zeitweise in Deutschland geringen Chancen für mittellose Landwirte, finanzielle Anreize durch gut dotierte Stellungen in der Entwicklungspolitik etc. Aber charakteristisch blieb vor allem der Drang, den engen deutschen Verhältnissen zu entfliehen. Es liegen darüber zwar keine genauen Daten vor, aber man kann getrost mit Peter Wolff die begründete Vermutung hegen, dass nach 1957 das Interesse an den Problemen der »Dritten Welt« wohl allen Studierenden gemeinsam war. Und auch er betont, dass viele von ihnen mit dem Gang in das Ausland versuchten, die Enge ihres bisherigen Lebensraums zu verlassen und persönliche Probleme zu lösen.[62]

Wichtig erscheint mir die Diskrepanz zwischen den offiziell von der Schule angestrebten Zielen (Charakterschulung, Kameradschaft, »Kulturpioniere« etc.) und den realen Verhältnissen (Konflikte im Alltagsleben der Schule, Versagen im Ausland etc.) zu betonen. Aber es wird auch deutlich, dass den Schülern auf jeden Fall eine gewisse Arbeitseinstellung sowie ein Stolz auf Ausbildung und Nation vermittelt wurden. Dabei verbanden sich die Vorstellungen von »Kulturpionieren« mit der Idee der spezifischen Naturnutzung als Bestandteil der nationalen Identität. Die Selbstzuschreibungen von Fleiß, Ausdauer etc. als angeblich typisch deutsche Eigenschaften prägten den damit verbundenen durchaus chauvinistischen Blick.[63]

Daneben kann man die verschiedenen Unruhen in der Schüler- bzw. Studentenschaft der Schule als Ausweis für die Lebendigkeit des studentischen Lebens

60 Reinhold Köster, Die Deutsche Kolonialschule, G.m.b.H., Rückblick und Ausblick, Ms. vom Januar 1946, S. 5, in: AD, Akte KKI II, 10-11, unpag.

61 Christoph Häselbarth, Experten in der Dritten Welt – Job oder Lebensaufgabe?, in: LiA, 7 (1973) 3, Mai/Juni 1973, S. 49-52, hier S. 50.

62 Vgl. Wolff, Kolonialschule, S. 330f.

63 Vgl. William H. Rollins, Imperial Shades of Green: Conservation and Environmental Chauvinism in the German Colonial Project, in: German Studies Review, 22 (1999) 2, S. 187-213, hier S. 202f.

und für sehr unterschiedliche Meinungen interpretieren.[64] Die Schüler entwickelten einen ausgeprägten »Eigen-Sinn«,[65] der die Vorstellungen und Ziele der Schulleitung in vielen Fällen konterkarierte. Allein diese Gemengelage relativiert allzu eindimensionale Vorstellungen von der Schule als einer Kaderschmiede des Kolonialismus.

Bedingt durch die politischen Veränderungen wandelten sich bei den Absolventen auch die bevorzugten Zielländer: Dominierten vor dem Ersten Weltkrieg eindeutig die deutschen Kolonien, so gab es in der Zwischenkriegszeit auch einen starken Zug nach Südamerika, bis Mitte der 1920er Jahre das Niederlassungsverbot für Deutsche in den ehemaligen Kolonien aufgehoben wurde. Nach 1945 folgten die Absolventen in zunehmendem Maße den Schwerpunkten der bundesdeutschen Entwicklungspolitik mit ihren jeweiligen Projekten. Hierbei spielten, wie auch bereits in früheren Zeiten, die beruflichen Netzwerke der Witzenhäuser eine nicht unbeträchtliche Rolle. Insgesamt gab es aber – bedingt durch unterschiedliche Faktoren – viele Absolventen, die fachfremd tätig wurden.

War die beschriebene Erfolgsgeschichte der Schule auch eine solche für deren Absolventen? Zumindest nicht in jedem Fall. Sieht man von den insgesamt wirtschaftlich schwierigen Zeiten einmal ab, konnten sie auch in besseren häufig keine adäquate Position erreichen. Wie es einer von ihnen bei der Umfrage des Verbands der Tropenlandwirte unter den älteren Absolventen bis zum Abgangsjahr 1940 vom November 1978 ausdrückte: »Nur sehr wenige erreichten aufgrund des hiesigen Diploms Anstellungen im tropischen und subtropischen Ausland, die einigermassen den Zielsetzungen und den Kosten des hiesigen Studiums entsprachen. [...] Prof. Fabarius, der einmal eine Studienreise nach Südwest gemacht hatte, verkündete z.B. u.a. den hehren Spruch Südwest betreffend: ›Der Vater arbeitet sich tot, der Sohn leidet Not und der Enkel hat das Brot.‹ [...] Nun, das sind keine Maximen, mit denen man einen vernünftigen Menschen in den Sand locken konnte. Trotzdem gingen viele nach dort und anderen ehemaligen deutschen Kolonien: Schlecht, schlechter und am schlechtesten bezahlt!«[66]

Die Dekolonisation wirkte sich auf die Absolventen der Witzenhäuser Ausbildungsinstitutionen so aus, dass immer weniger Länder ihnen geeignet erschienen, um sich dort auf erworbenem Land selbständig zu machen; ältere Pflanzer und Farmer zogen sich aus anderen Ländern sukzessive zurück.[67] Fast parallel

64 Vgl. Peter Wolff, Studentische Unruhen an der DKS, in: Uu, Nr. 44, Oktober 1985, S. 24-25, hier S. 25.

65 Vgl. Alf Lüdtke, Eigen-Sinn. Fabrikalltag, Arbeitererfahrungen und Politik vom Kaiserreich bis in den Faschismus, Hamburg 1993.

66 Zit. nach: Hoffmann, Kolonialexperten, S. 121f. (Anm. 1).

67 Vgl. aus der breiten Literatur zur Dekolonisation bspw.: Rudolf von Albertini, Dekolonisation. Die Diskussion über Verwaltung und Zukunft der Kolonien 1919-1960, Köln 1966; Wolfgang J. Mommsen (Hg.), Das Ende der Kolonialreiche. Dekolonisation und die Politik der Großmächte, Frankfurt a.M. 1990; Kruke,

dazu bot die anlaufende, damals sogenannte Entwicklungshilfe aber eine Fülle neuer Arbeitsmöglichkeiten, auf die sich die Schule erstaunlich rasch einstellte.[68] Die Erkenntnis, dass das »koloniale Zeitalter« endgültig vorbei war, hatte recht früh eingesetzt. Dabei half wohl auch, dass die verantwortlichen Direktoren Bieber und Riebel ihre entsprechenden beruflichen Erfahrungen nicht in den klassischen Kolonien gesammelt hatten. Gleichwohl wurde deutlich, dass vor allem Curt Winter und der Altherrenverband nach 1957 die Traditionen der Kolonialschule lange Zeit hochhielten – häufig damit im Gegensatz zu den Schülern stehend.

Interessant ist die Frage nach den Kontinuitäten insbesondere bei den Absolventen bzw. deren Tätigkeiten. Ich denke, dass prinzipiell der Weg vom »Kulturpionier« zum Experten der Entwicklungszusammenarbeit zwar kein gradliniger war, dass es aber auf jeden Fall verbindende Elemente gab. Sie bestanden zum Beispiel in der Betonung der »Pionierarbeit«, damit verbunden in der propagierten Urbarmachung jungfräulichen Bodens, also der Erschließung neuer Ressourcen. Diese Dispositionen erleichterten zweifellos den Übergang vom Kolonialismus zur Entwicklungspolitik. Repräsentanten und Absolventen der Witzenhäuser Ausbildungsstätte waren in der Regel selber immer um eine positive Kontinuitätsstiftung bemüht, die häufig unter dem Motto stand, man habe schon immer »Entwicklungshilfe« geleistet. Diese versuchte Umdeutung der eigenen kolonialen Vergangenheit ist selbstverständlich kritisch zu betrachten.[69]

Die Einstellung der Absolventen, ihre Mentalitäten,[70] änderten sich nicht so schnell wie ihre Umwelt; das entspricht dem, was Ernst Bloch als »Ungleichzeitigkeit« bezeichnete.[71] Selbstverständlich gab es aber bei ihnen einen Wandel, nicht zuletzt bedingt durch den Wechsel der Generationen. Er drückte sich in einem empathischen Interesse an den Problemen der »Dritten Welt« und einer kritischen Haltung zum deutschen Kolonialismus aus, wie er spätestens bei den

Dekolonisation; Jan C. Jansen/Jürgen Osterhammel, Dekolonisation. Das Ende der Imperien, München 2013.

68 Vgl. zu den Anfängen bundesdeutscher Entwicklungspolitik: Schloz, Entwicklungspolitik; Bellers/Haase, Entwicklungspolitik; Dumke, Anfänge; Hein, Westdeutschen; Lohmann, Entwicklungspolitik; Bohnet, Geschichte; Eckert, Entwicklungszusammenarbeit.

69 Vgl. Erhard d'Angelo, Witzenhausen – ein Zentrum internationaler Begegnung, in: Auslandskurier, 14 (1973) 6, S. 19-20.

70 Vgl. bspw.: Ulrich Raulff (Hg.), Mentalitäten-Geschichte, Berlin 1987; Hasso Spode, Was ist Mentalitätsgeschichte? Struktur und Entwicklung einer Forschungstradition, in: Heinz Hahn (Hg.), Kulturunterschiede. Interdisziplinäre Konzepte zu kollektiven Identitäten und Mentalitäten, Frankfurt a.M. 1999, S. 9-57.

71 Vgl. Ernst Bloch, Erbschaft dieser Zeit, Frankfurt a.M. 1985 (zuerst Zürich 1935).

»68ern« vorhanden war und sich symbolisch im Sturz des Hamburger Wissmann-Denkmals durch Studenten 1968 zeigte.[72]

Trotzdem überdauerten Reste überkommener Vorstellungen bei ihnen, bedingt durch Sozialisation und nach wie vor dominierende Haltungen. Das kann man zum Beispiel bei den vorherrschenden Stereotypisierungen des »Fremden« sehen.[73] Die koloniale Ideologie der Zivilisierungsmission (Mission civilisatrice, White man's burden) blieb ein gemeinsames Merkmal. Auch im frühen Konzept der »Hilfe zur Selbsthilfe« steckte noch ein Rest dieser zivilisierungsmissionarischen Haltung.[74]

Ebenso behielten die Akteure weitgehend die während des Kolonialismus geprägte dichotomische Sichtweise und Unterscheidung zwischen »Wir« und die »Anderen« bei. Laut Aram Ziai blieb die dualistische Grundstruktur des kolonialen Diskurses trotz Wegfalls des offen rassistischen Elements erhalten, die Zweiteilung »zivilisiert/unzivilisiert« wurde lediglich ersetzt durch den Dualismus »entwickelt/unterentwickelt«. Damit sei auch die Vorstellung, dass Gesellschaften in überlegene und unterlegene eingeteilt werden können, dass es einen universellen Vergleichsmaßstab gebe und dass die westlichen Gesellschaften als überlegene an der Spitze dieser Skala stünden, wirkungsmächtig geblieben. Das Eigene diente als Norm, anhand derer die Minderwertigkeit des Fremden scheinbar objektiv nachgewiesen werden konte.[75] Überhaupt waren die Entwicklungstheorien und -praktiken stark beeinflusst von historischen Machtbeziehungen und geopolitischen Interessen. Darüber hinaus war der Entwicklungsdiskurs geformt durch einen rassisch geprägten Prozess des »Othering«. Trotzdem –

72 Vgl. Cornils, Denkmalsturz; Gordon Uhlmann, Das Hamburger Wissmann-Denkmal. Von der kolonialen Weihestätte zum postkolonialen Debatten-Mahnmal, in: van der Heyden/Zeller, Kolonialismus, S. 281-285.

73 Vgl. Kodjo Attikpoe, Folgenschwere Konstrukte. Beobachtungen zu Afrika-Bildern in weißen Köpfen, in: Katja Böhler/Jürgen Hoeren (Hg.), Afrika – Mythos und Zukunft, Freiburg i.Br. 2003, S. 18-28.

74 Vgl. Jürgen Osterhammel, »The Great Work of Uplifting Mankind«. Zivilisierungsmission und Moderne, in: Boris Barth/Jürgen Osterhammel (Hg.), Zivilisierungsmissionen. Imperiale Weltverbesserung seit dem 18. Jahrhundert, Konstanz 2005, S. 363-425; Tina Kühr, On a Civilizing Mission: Die imperiale Zivilisierungspropaganda in den USA und im Deutschen Kaiserreich, 1889-1914, Diss. Phil. Bonn 2006; Büschel, Hilfe.

75 Vgl. Aram Ziai, Rassismus und Entwicklungszusammenarbeit, in: Bea Gomes/Walter Schicho/Arno Sonderegger (Hg.), Rassismus. Beiträge zu einem vielgesichtigen Phänomen, Wien 2008, S. 191-213, hier S. 201 f.; ders., Zwischen Global Governance und Post-Development. Entwicklungspolitik aus diskursanalytischer Perspektive, Münster 2006, S. 36ff. Frantz Fanon fasste diesen Umstand zu Beginn der 1950er Jahre zugespitzt so zusammen: »Es ist der Rassist, der den Minderwertigen schafft.« Frantz Fanon, Schwarze Haut, weiße Masken, Wien 2013 (zuerst Paris 1952), S. 87.

oder gerade deswegen – blieben »Rasse« und Rassismus Tabuthemen in der praktischen Entwicklungspolitik.[76] Für viele der Absolventen halte ich das Urteil von Nina Berman für zutreffend, die bei ihrer Arbeit über Deutsche, die mit »guten Absichten« nach Afrika kamen, deren dortige Aktivitäten aber desaströse Folgen für die Afrikaner hatten, zu folgendem Schluss kam: »In most cases a discrepancy exists between how Germans view their own role in Africa (as expressed in their writings and other documents) and the material repercussions of their presence.«[77] Anzumerken bleibt, dass offensichtlich viele der Absolventen aus der Zeit nach 1957 die bundesdeutsche Entwicklungspolitik und damit auch ihre eigene Rolle durchaus kritisch betrachteten.

Trotz aller zweifellos vorhandenen Kontinuitäten kann man meiner Ansicht nach nicht die angesprochene These von Walter K.H. Hoffmann teilen, dass die Anforderungsprofile und Funktionen des Kolonialexperten und des heutigen Experten sowie die Inhalte und Formen der Expertenausbildung weitgehend gleich geblieben seien. Wahrscheinlich trifft das am ehesten noch auf die spezifischen Inhalte der Kernfächer zu. Hier hat es bei den tropenlandwirtschaftlichen Fächern wohl lediglich eine Modernisierung gegeben. Dem stand aber die Betonung anderer, begleitender Fächer, wie der Berufspädagogik etc. entgegen – von der Vermittlung interkultureller Kompetenzen ganz abgesehen – wie sie in Witzenhausen durch das Seminar für ländliche Entwicklungshilfe eingeführt wurden. Auch hinsichtlich der Anforderungsprofile vermag die These nicht zu überzeugen. Wir haben oben ausführlicher das Idealbild des Entwicklungsexperten beschrieben, der einem »sublimierten Tarzan« (Winfried Böll) gleichen sollte. Ebenso haben sich die Funktionen zweifellos geändert.

Die Akteure selbst, also die Dozenten und Absolventen, hatten wahrscheinlich zu allen Zeiten einen eher eurozentrischen Blick, für sie handelte es sich in der Tat – das kann man unterstellen – um einen Wissenstransfer in das Ausland. Gleichzeitig gab es aber auch Rückwirkungen auf die Verhältnisse in Witzenhausen. Sie wurden vermittelt durch die Schreiben und Berichte der Absolventen, die teilweise im Unterricht vorgetragen wurden und diesen beeinflussten, genauso wie politische Ereignisse, etwa der Krieg gegen die Herero, in dessen Konsequenz das Fach Tierzucht ausgebaut wurde. Darüber hinaus gab es Verflechtungen durch ausländische Schüler und Studierende, deren Zahl vor allem seit den 1960er Jahren stark anstieg.

Die angesprochenen strukturellen Probleme zogen sich wie rote Fäden durch die Geschichte der Ausbildungsinstitution: Die Auseinandersetzung um den

76 Vgl. Paulette Goudge, The Power of Whiteness. Racism in Third World Development and Aid, London 2003, S. 157; Sarah C. White, Thinking Race, Thinking Development, in: Third World Quarterly, 23 (2002) 3, S. 407-419.

77 Vgl. Nina Berman, Impossible Missions? German Economic, Military, and Humanitarian Efforts in Africa, Lincoln/London 2004 (Zitat S. 213).

Praxisanteil an der Ausbildung war insgesamt typisch für die landwirtschaftlichen höheren Lehranstalten in Deutschland. Sie klang erst in der Zeit nach 1957 ab, nicht zuletzt bedingt durch geänderte Zugangsvoraussetzungen.[78] Die Entwicklung der Kolonialschule hin zur Lehranstalt, dann zur Ingenieurschule und später zu einem universitären Fachbereich, ordnet sich insgesamt ein in den allgemeinen Trend zur Verwissenschaftlichung der höheren technischen, speziell auch der landwirtschaftlichen Ausbildung in Deutschland im 20. Jahrhundert.[79] Damit zusammen hing häufig das Problem, wie der verliehene Abschluss der Ausbildungsinstitution bewertet wurde. Hier gab es à la longue betrachtet unter dem Eindruck des internationalen Wandels einen Trend hin zur internationalen Vergleichbarkeit.

Der Ausbau der DKS erfolgte analog zum Aufstieg der Kolonialwissenschaften in Deutschland im Kontext der Reformen Dernburgs. Das relevante Wissen wurde dabei sowohl durch das Lernen in der Metropole als auch durch die koloniale Erfahrung produziert.[80] Mit dem Ausbau der Kolonialreiche war zunehmend anwendbares, praktisches Wissen gefragt. Das koloniale Projekt verlangte nach einem spezifischen Wissen, das zunächst außerhalb der Universitäten vermittelt wurde. Für die Zeit um 1900 ergab sich ein unübersichtliches Bild: manche Disziplinen waren Teil des universitären Kanons, andere standen außen vor. Diejenigen, die sich dafür interessierten, fanden sich in den nicht-universitären Orten wie Witzenhausen ein. Diese Orte dienten für die weitere Disziplinbildung mit als Ausgangsbasis. Man kann entsprechend im Fall der Tropenlandwirtschaft getrost von einer doppelten Marginalisierung sprechen: Die Landwirtschaft etablierte sich als Wissenschaft ohnehin erst relativ spät und die kolonialen Fächer noch später. Dann führte der Weg – dem allgemeinen Trend zur Verwissenschaftlichung folgend – aber perspektivisch betrachtet in die Universitäten hinein.[81]

Die Stunde der Experten schlug. Im Zuge der Verwissenschaftlichung von Wirtschaft, Gesellschaft und Politik gewannen die Träger neuer Erkenntnisse an Bedeutung. Das galt auch für den Bereich der Tropenlandwirtschaft, die geradezu mit dem Impetus des wissenschaftlichen Agierens angetreten war. Die zu-

78 Vgl. Jonathan Harwood, Technology's Dilemma. Agricultural Colleges between Science and Practice in Germany, 1860-1932, Oxford u.a. 2005, bes. S. 77ff.

79 Vgl. Jonathan Harwood, On the Genesis of Technoscience: A Case Study of German Agricultural Education, in: Perspectives on Science, 13 (2005) 3, S. 329-351.

80 Vgl. Bradley D. Naranch, »Colonized Body« – »Oriental Machine«: Debating Race, Railroads, and the Politics of Reconstruction in Germany and East Africa, 1906-1910, in: Central European History, 33 (2000) 3, S. 299-338, hier S. 310.

81 Vgl. Iris Schröder, Disziplinen. Zum Wandel der Wissensordnungen im 19. Jahrhundert, in: Habermas/Przyrembel, Käfern, S. 147-161, hier S. 159ff. Vgl. zur Landwirtschaft allgemein: Frank Uekötter, Die Wahrheit ist auf dem Feld. Eine Wissensgeschichte der deutschen Landwirtschaft, Göttingen 2010.

nehmende Bedeutung des Experten ist zum Teil durch den Aufstieg der Wissensgesellschaft bedingt. Zum anderen ist der Experte immer auch ein Produkt kultureller Zuschreibungen, kommunikativer Aushandlungen und politischer Faktoren, seine Anerkennung durch andere Experten und die Öffentlichkeit ist dabei maßgeblich.[82]

Die Ambivalenz der Rolle kolonialer Experten ist hervorzuheben, was teilweise auch für die Absolventen der Kolonialschule gilt: Sie sicherten Kolonialherrschaft und Ausbeutung, waren gleichzeitig aber für die Anfänge des Naturschutzes und eine ökologische Planung verantwortlich.[83] Die Bedeutung und Anzahl dieser Experten wuchs in der Zeit nach 1945 weiter an, wobei dieser Umstand, gerade in Bezug auf die anwendungsorientierten Praktiker unter ihnen, von den Historikern weitgehend ignoriert wurde und erst in jüngster Zeit verstärkt Aufmerksamkeit erfuhr.[84]

Insgesamt war die lange Geschichte der unterschiedlichen Witzenhäuser Ausbildungsinstitutionen geprägt durch ihre dauernde Infragestellung von außen sowie von einer damit verbundenen inneren Selbstreflexion. Immer wieder stellten sich Fragen nach dem gesellschaftlichen Auftrag, der inhaltlichen Ausrichtung und der Wissenschaftlichkeit, sogar nach der Existenzberechtigung überhaupt. Auch das ist ein Zeichen dafür, dass sie nicht abseits oder gar über dem jeweiligen Zeitgeschehen standen, sondern stets durch das politische und gesellschaftliche Umfeld beeinflusst wurden.[85] Allerdings in keiner Weise nur passiv, sondern in stetiger Interaktion mit der Umwelt. Das war eine Interaktion, die sich bei den Schülern bzw. Studierenden und den Absolventen fortsetzte. Sie sorgten für die permanente Verflechtung Witzenhausens mit »der Welt«.

82 Vgl. Martin Kohlrausch, Technologische Innovation und transnationale Netzwerke: Europa zwischen den Weltkriegen, in: Journal of Modern European History, 6 (2008) 2, S. 181-195, hier S. 183 f.

83 Vgl. William Beinart/Karen Brown/Daniel Gilfoyle, Experts and Expertise in Colonial Africa Reconsidered: Science and the Interpenetration of Knowledge, in: African Affairs, 108 (2009), S. 413-433.

84 Vgl. John McCracken, Experts and Expertise in Colonial Malawi, in: ebd., 81 (1982) 322, S. 101-116; Hubertus Büschel/Daniel Speich Chassé, Einführung: Entwicklungsarbeit und globale Modernisierungsexpertise, in: Geschichte und Gesellschaft, 51 (2015) 4, S. 535-551.

85 Vgl. Barbara Becker/Hans Bichler/Samuel C. Jutzi, Der Mensch lebt nicht vom Brot allein … Ein Versuch über die Agrar- und Umweltwissenschaften an der GhK, in: Annette Ulbricht-Hopf/Christoph Oehler/Jürgen Nautz (Hg.), ProfilBildung. Texte zu 25 Jahren Universität Gesamthochschule Kassel, Zürich 1996, S. 211-223, hier S. 212; Wolff, Kolonialschule, S. 318.

Danksagung

Wie bereits in der Einleitung erwähnt, stammt die Idee für das Projekt von Marion Hulverscheidt und Christian Hülsebusch, bei denen ich mich herzlich bedanken möchte. Der Dank gilt auch Dirk van Laak, der das Vorhaben von Anfang an begleitet hat.

Die langjährige Arbeit wäre nicht möglich gewesen ohne die großzügige und unbürokratische Finanzierung durch die Hamburger Stiftung zur Förderung von Wissenschaft und Kultur, bei der sich insbesondere Matthias Kamm für das Projekt eingesetzt hat.

Ich habe in Witzenhausen beste Bedingungen vorgefunden. Mein besonderer Dank geht hier an Claudia Blaue, die unermüdlich mit Rat und Tat zur Seite stand und ein unerschöpflicher Quell an wertvollen Literaturhinweisen war. Hans Hemann war sehr hilfsbereit und öffnete mir die Tür zum Verband der Tropenlandwirte Witzenhausen und damit zu den Absolventen.

Besonders dankbar bin ich in diesem Zusammenhang allen Interviewpartnern, die sich bereitwillig zur Verfügung gestellt und sehr offen Rede und Antwort gestanden haben. Ich hoffe, sie finden sich in diesem Buch wieder. Egon Schülke steuerte darüber hinaus Materialien aus seinem Privatarchiv bei, und Peter Wolff gestattete mir die Nutzung seiner nicht veröffentlichten Erinnerungen. Für die Möglichkeit zur Nutzung unveröffentlichten Materials danke ich ferner Ursula von Schönau-Wehr und Werner Troßbach.

Herzlich bedanken möchte ich mich bei den Mitarbeiterinnen und Mitarbeitern der konsultierten Archive und Bibliotheken, vor allem bei Frau Grüner und Herrn Klein vom Bundesarchiv Berlin, ebenso bei Martin Kröger vom Politischen Archiv des Auswärtigen Amts.

Mareike Aufderheide hat sich der Mühe unterzogen, die Interviews zu verschriftlichen, was aufgrund meines technischen Unvermögens bei den Aufnahmen nicht immer ganz leicht war. Dafür danke ich ihr sehr.

Bedanken möchte ich mich auch bei meinen Freunden, die sich geduldig die Geschichte der Kolonialschule Witzenhausen und ihrer Nachfolgeinstitutionen angehört haben.

Gewidmet sei das Buch meiner verstorbenen Mutter, die in jungen Jahren überlegte, eine Ausbildung an der Kolonialen Frauenschule Rendsburg, dem

Pendant zu Witzenhausen, zu beginnen. Da es gewiss nicht ihrem Naturell entsprochen hätte und sie nach eigenem Bekunden auch völlig ungeeignet gewesen wäre, zeigte mir das doch, welche Faszination offensichtlich von den »kolonialen Perspektiven« ausging.

Anhang

Abkürzungen

AA	Auswärtiges Amt
AD	Archiv des Deutschen Instituts für Tropische und Subtropische Landwirtschaft, Witzenhausen
AHV	Verband Alter Herren vom Wilhelmshof (Altherrenverband)
AR	Aufsichtsrat
AStA	Allgemeiner Studentenausschuss
AwI	Arbeitswissenschaftliches Institut der DAF
BAB	Bundesarchiv Berlin
BAK	Bundesarchiv Koblenz
BfE	Bundesstelle für Entwicklungshilfe
BML	Bundesministerium für Ernährung, Landwirtschaft und Forsten
BMZ	Bundesministerium für wirtschaftliche Zusammenarbeit
BStU	Behörde des Bundesbeauftragten für die Stasi-Unterlagen
CAG	Curriculumarbeitsgruppe
CDG	Carl Duisberg-Gesellschaft e.V.
DAF	Deutsche Arbeitsfront
DAF-AO	Auslandsorganisation der DAF
DED	Deutscher Entwicklungsdienst
DFG	Deutsche Forschungsgemeinschaft
DIAL	Deutsche Ingenieurschule für Ausländische Landwirtschaft
DITSL	Deutsches Institut für Tropische und Subtropische Landwirtschaft
DKG	Deutsche Kolonialgesellschaft
DKP	Der Deutsche Kolonialpionier
DKS	Deutsche Kolonialschule Witzenhausen
DOAG	Deutsch-Ostafrikanische Gesellschaft
DSE	Deutsche Stiftung für Entwicklungsländer
DSt	Deutsche Studentenschaft
DTL	Der Deutsche Tropenlandwirt
EU	Europäische Union

EWG	Europäische Wirtschaftsgemeinschaft
FAO	Food and Agriculture Organization of the United Nations
FB	Fachbereich
FES	Friedrich-Ebert-Stiftung
GAWI	Deutsche Förderungsgesellschaft für Entwicklungsländer (Garantieabwicklungs-Gesellschaft mbH)
GhK	Gesamthochschule Kassel
GIZ	Gesellschaft für Internationale Zusammenarbeit
GTZ	Gesellschaft für Technische Zusammenarbeit
HHStAW	Hessisches Hauptstaatsarchiv Wiesbaden
HJ	Hitlerjugend
HLS	Höhere Landbauschule
HMLF	Hessisches Ministerium für Landwirtschaft und Forsten
HNA	Hessische Niedersächsische Allgemeine
HVW	Hochschulverband Witzenhausen e. V.
ISOS	Institut für soziokulturelle Studien
KfW	Kreditanstalt für Wiederaufbau
KPA	Kolonialpolitisches Amt der NSDAP
KWK	Kolonialwirtschaftliches Komitee
KWS	Kleinwanzlebener Saatzucht AG, Einbeck
LiA	Landwirt im Ausland
LTSL	Lehranstalt für tropische und subtropische Landwirtschaft, Witzenhausen
MES	Max-Eyth-Schule, Witzenhausen
Min.Dir.	Ministerialdirektor
Min.Rat	Ministerialrat
NDB	Neue Deutsche Biographie
NSDAP	Nationalsozialistische Deutsche Arbeiterpartei
OE	Organisationseinheit
ORR	Oberregierungsrat
PAA	Politisches Archiv des Auswärtigen Amts, Berlin
RAD	Reichsarbeitsdienst
RdI	Reichsministerium des Innern
Reg.-Präs.	Regierungspräsident
Reg.Rat	Regierungsrat
RKB	Reichskolonialbund
RMVP	Reichsministerium für Volksaufklärung und Propaganda
RMWEV	Reichsministerium für Wissenschaft, Erziehung und Volksbildung
SA	Schülerakte (in den Anmerkungen) – Sturmabteilung der NSDAP
SPD	Sozialdemokratische Partei Deutschlands
SS	Schutzstaffel der NSDAP
StAH	Staatsarchiv Hamburg
StAM	Staatsarchiv Marburg

StAW	Stadtarchiv Witzenhausen
TL	Der Tropenlandwirt
UAG	Universitätsarchiv Göttingen
Uu	Unter uns
VDSt	Verein Deutscher Studenten
VTW	Verband der Tropenlandwirte Witzenhausen
ZL	Zentralstelle Landwirtschaft der DSE

Interviews

Prof. Dr. Peter Wolff, Witzenhausen, 1.8.2012 (Abschluss 1958)
Prof. Dr. Carl Hoeppe, Witzenhausen, 22.4.2013 (1959)
Dr. Richard Muttscheller, Fellbach, 5.2.2014 (1959)
Martin Skottke, Rosbach v.d.H., 27.8.2013 (1960)
Ehrenfried Zillich, Immensen, 31.5.2013 (1961)
Egon Schülke, Witzenhausen, 22.5.2013 (1962)
Prof. Dr. Winfried Manig, Herberhausen, 10.6.2013 (1962)
Eberhard Klinge, Witzenhausen, 23.4.2013 (1963)
Hugo Klöckner, Vietzke, 27.11.2013 (1964)
Jörg Thierolf, Witzenhausen, 21.5.2013 (1965)
Bernd Braedt, Witzenhausen, 23.5.2013 (1968)
Dr. Karl-Hans Hultsch, Rosdorf, 3.6.2013 (1969)
Richard Wiens, Meckenheim, 12.9.2013 (1969)
Bernhard Lyschik, St. Andreasberg, 30.5.2013 (1970)
Matthias Zweigert, Bad Homburg v.d.H., 27.8.2013 (1972)
Dr. Michael Zöbisch, Braunschweig, 25.3.2014 (1972)
Bernhard Lutz, Witzenhausen (Redon/Frankreich), 19.7.2013 (1973)
Harald Rojahn, Witzenhausen (Beltheim), 5.6.2014 (1974)
Joachim Wadsack, Zierenberg, 3.9.2013 (Seminar für ländliche Entwicklungshilfe)

Auswahlbibliographie

40 Jahre Deutsche Kolonialschule Witzenhausen. Festschrift zum 40-jährigen Bestehen der Deutschen Kolonialschule Witzenhausen 1898-1938, bearb. von Jakobus Onnen, Witzenhausen 1938

Christina Amthor, Zwischen Reform und Revisionismus. Die Deutsche Kolonialschule Wilhelmshof in Witzenhausen an der Werra und ihre Entwicklung bis zum Ende des Ersten Weltkriegs, Wissenschaftliche Hausarbeit zur Ersten Staatsprüfung für das Lehramt an Gymnasien im Fach Geschichte, Jena 2007

Eckart Baum, Daheim und überm Meer. Von der Deutschen Kolonialschule zum Deutschen Institut für Tropische und Subtropische Landwirtschaft in Witzenhausen, Witzenhausen 1997

Jens Böhlke, Zur Geschichte der Deutschen Kolonialschule in Witzenhausen. Aspekte ihres Entstehens und Wirkens, Witzenhausen 1995

Esaïe Djomo, Eine Bildungsstätte für Kulturpioniere ohne Betätigungsfeld: Die Deutsche Kolonialschule zu Witzenhausen an der Werra in der Weimarer Republik in: Sven Halse (Hg.), Worte, Blicke, Träume. Beiträge zum deutschen Kolonialismus in Literatur und Ausbildung, Kopenhagen u.a. 2007, S. 165-186

Ernst Albert Fabarius, Die Bedeutung der Deutschen Kolonialschule als Hochschule für das Deutschtum im Auslande, Witzenhausen 1921

Ernst Albert Fabarius, Eine deutsche Kolonialschule. Denkschrift zur Förderung deutsch-nationaler Kultur-Aufgaben und zur Wahrung deutsch-protestantischer Interessen in den überseeischen Gebieten, Coblenz 1897

Torben Gülstorff, Vom Wilhelmshof in die Fremde. Einblicke in die Lehre vom Eigenen und Fremden an der Kolonialschule Witzenhausen. Ansätze eines interkulturellen Lernens?, in: Öt Kontinens, 2011, S. 395-412

Maren Heimlich, »Der Weg in die Welt«. Die Deutsche Kolonialschule Witzenhausen 1937, Göttingen 1974

Maren Hennemuth, Tropenlandwirtschaftliche Ausbildung in Witzenhausen. Der Wandel von der Kolonialschule zur Lehranstalt für tropische und subtropische Landwirtschaft 1938-1964, Mag.-Arbeit Universität Gießen 2011

Walter K.H. Hoffmann, Vom Kolonialexperten zum Experten der Entwicklungszusammenarbeit. Acht Fallstudien zur Geschichte der Ausbildung von Fachkräften für Übersee in Deutschland und in der Schweiz, Saarbrücken/Fort Lauderdale 1980

Marion Hulverscheidt, Der Weg in die Welt. Propagandafilme für deutsche Kolonialschulen, in: Philipp Osten u.a. (Hg.), Das Vorprogramm. Lehrfilm/Gebrauchsfilm/Propagandafilm/unveröffentlichter Film in Kinos und Archiven am Oberrhein 1900-1970, Heidelberg/Strasbourg 2015, S. 339-361

Karsten Linne, Witzenhausen: »Mit Gott, für Deutschlands Ehr, Daheim und überm Meer«. Die Deutsche Kolonialschule, in: Joachim Zeller/Ulrich van der Heyden (Hg.): Kolonialismus hierzulande. Eine Spurensuche in Deutschland, Erfurt 2008, S. 125-130

Elke Pryswitt, Die Funktion der Deutschen Kolonialschule in Witzenhausen (1898-1943) bei der Auswanderung nach Übersee, Mag.-Arbeit Universität Göttingen 1993

Moritz Schanz, Die deutsche Kolonialschule in Witzenhausen, Berlin 1910 (Beihefte zum Tropenpflanzer, Bd. XI, Nr. 6, September 1910, S. 393-468)

Melanie Sing, Charles, woher hast du diesen Dolch? Das ›Völkerkundliche Museum Witzenhausen‹ – Entwicklung einer postkolonialen Ausstellungsstrategie, Magisterarbeit Universität Oldenburg 2014

Christina Wieditz, Gründung und Anfänge der Deutschen Kolonialschule in Witzenhausen: Agrarwissenschaftliche Ausbildung zwischen nationalen und religiösen Ideen und Motiven, Wissenschaftliche Hausarbeit zur Ersten Staatsprüfung für das Lehramt an Gymnasien im Fach Geschichte, Universität Kassel 2013

Peter Wolff, Die Lehranstalt für tropische und subtropische Landwirtschaft in Witzenhausen – ein Rückblick, in: Der Tropenlandwirt, 84 (1983) 2, S. 228-240

Peter Wolff (Hg.), Witzenhausen – 85 Jahre im Dienste der Agrarentwicklung in den Tropen und Subtropen (Der Tropenlandwirt, Beiheft Nr. 18), Witzenhausen 1983

Peter Wolff, Deutsche Ingenieurschule für Tropenlandwirtschaft – ein Rückblick (Der Tropenlandwirt, Beiheft Nr. 21), Witzenhausen 1984

Peter Wolff, Zur Geschichte der tropenlandwirtschaftlichen Ausbildung in Deutschland, Teil 1: Ausbildungsstätten in der Kolonialzeit, in: Der Tropenlandwirt, 90 (1989) 2, S. 111-126

Peter Wolff, Zur Geschichte der tropenlandwirtschaftlichen Ausbildung in Deutschland, Teil 2: Der Zeitraum zwischen den beiden Weltkriegen, in: Der Tropenlandwirt, 91 (1990) 2, S. 165-175

Peter Wolff, 100 Jahre tropenlandwirtschaftliche Ausbildung in Deutschland (Arbeiten und Berichte Nr. 46, Universität Kassel, Fachbereich 11), Witzenhausen 1998

Peter Wolff/Marina Hethke/Karl Hammer, 100 Jahre Gewächshäuser für tropische Nutzpflanzen in Witzenhausen. Von der kolonialen Pflanzensammlung zur Forschungs- und Bildungseinrichtung, Witzenhausen 2002

Peter Wolff, Von der Deutschen Kolonialschule Witzenhausen zum Fachbereich Ökologische Agrarwissenschaften der Universität Kassel, in: Jacob Maurer (Hg.), Witzenhausen im Werraland. Persönlichkeiten, Geschichte, Naturkunde, Witzenhausen 2008, S. 318-338

Personenregister